装备科技译著出版基金

"十四五"时期国家重点出版物出版专项规划项目

石墨烯手册

第5卷：能源、医疗和环境应用

Handbook of Graphene

Volume 5: Energy, Healthcare, and Environmental Applications

[美]坚吉兹·奥兹坎(Cengiz Ozkan)
[美]乌米特·奥兹坎(Umit Ozkan) 主编
王旭东 王刚 曹振 李佳惠 李季 译

国防工业出版社
·北京·

著作权登记号　国字:01－2022－4682 号

图书在版编目(CIP)数据

石墨烯手册. 第 5 卷,能源、医疗和环境应用/(美)坚吉兹·奥兹坎(Cengiz Ozkan),(美)乌米特·奥兹坎(Umit Ozkan)主编;王旭东等译. —北京:国防工业出版社,2023. 1

书名原文:Handbook of Graphene Volume 5: Energy,Healthcare,and Environmental Applications

ISBN 978－7－118－12693－8

Ⅰ. ①石…　Ⅱ. ①坚… ②乌… ③王…　Ⅲ. ①石墨烯—纳米材料—应用—能源工业—手册②石墨烯—纳米材料—应用—医疗保健事业—手册③石墨烯—纳米材料—应用—环境工程—手册　Ⅳ. ①TB383－62

中国版本图书馆 CIP 数据核字(2022)第 196381 号

Handbook of Graphene, Volume 5: Energy, Healthcare, and Environmental Applications by Cengiz Ozkan and Umit S. Ozkan

ISBN 978－1－119－46971－1

※

国防工业出版社出版发行

(北京市海淀区紫竹院南路 23 号　邮政编码 100048)

北京虎彩文化传播有限公司印刷

新华书店经售

*

开本 787×1092　1/16　**印张** 31½　**字数** 723 千字

2023 年 1 月第 1 版第 1 次印刷　**印数** 1—1500 册　**定价** 289.00 元

(本书如有印装错误,我社负责调换)

国防书店:(010)88540777　书店传真:(010)88540776

发行业务:(010)88540717　发行传真:(010)88540762

石墨烯手册

译审委员会

译者序

碳，作为有机生命体的骨架元素，见证了人类的历史发展；碳材料和其应用形式的更替，也通常标志着人类进入了新的历史进程。石墨烯这种单原子层二维材料作为碳材料家族最为年轻的成员，自2004年被首次制备以来，一直受到各个领域的广泛关注，成为科研领域的"明星材料"，也被部分研究者认为是有望引发新一轮材料革命的"未来之钥"。经过近20年的发展，人们对石墨烯的基础理论和在诸多领域中的功能应用方面的研究，已经取得了长足进展，相关论文和专利数量已经逐渐走出了爆发式的增长期，开始从对"量"的积累转变为对"质"的追求。回顾这一发展过程会发现，从石墨烯的拓扑结构，到量子反常霍尔效应，再到魔角石墨烯的提出，人们对石墨烯基础理论的研究可以说是深入且扎实的。但对于石墨烯的部分应用研究而言，无论在研究中获得了多么惊人的性能，似乎都难以真正离开实验室而成为实际产品进入市场。这一方面是由于石墨烯批量化制备技术的精度和成本尚未达到某些应用领域的要求；另一方面，尽管石墨烯确实具有优异甚至惊人的理论性能，但受实际条件所限，这些优异的性能在某些领域可能注定难以大放异彩。

我们必须承认的是，石墨烯的概念在一定程度上被滥用了。在过去数年时间内，市面上出现了无数以石墨烯为噱头的商品，石墨烯似乎成了"万能"添加剂，任何商品都可以在掺上石墨烯后身价倍增，却又因为不够成熟的技术而达不到宣传的效果。消费者面对石墨烯产品，从最初的好奇转变为一次又一次的失望，这无疑为石墨烯应用产品的发展带来了负面影响。在科研上也出现了类似的情况，石墨烯几乎曾是所有应用领域的热门材料，产出了无数研究成果和水平或高或低的论文。无论对初涉石墨烯领域的科研工作者，还是对扩展新应用领域的科研工作者而言，这些成果和论文都既是宝藏也是陷阱。

如何分辨这些陷阱和宝藏？石墨烯究竟在哪些领域能够为科技发展带来新的突破？石墨烯如何解决这些领域的痛点以及这些领域的前沿已经发展到了何种地步？针对这些问题，以及目前国内系统全面的石墨烯理论和应用研究相关著作较为缺乏的状况，北京石墨烯技术研究院启动了《石墨烯手册》的翻译工作，旨在为国内广大石墨烯相关领域的工作者扩展思路、指明方向，以期抛砖引玉之效。

《石墨烯手册》根据Wiley出版的*Handbook of Graphene*翻译而成，共8卷，分别由来自世界各国的石墨烯及相关应用领域的专家撰写，对石墨烯基础理论和在各个领域的应用研究成果进行了全方位的综述，是近年来国际石墨烯前沿研究的集大成之作。《石墨烯手册》按照卷章，依次从石墨烯的生长、合成和功能化；石墨烯的物理、化学和生物学特性研究；石墨烯及相关二维材料的修饰改性和表征手段；石墨烯复合材料的制备及应用；石墨烯在能源、健康、环境、传感器、生物相容材料等领域的应用；石墨烯的规模化制备和表征，以及与石墨烯相关的二维材料的创新和商品化展开每一卷的讨论。与国内其他讨论石墨烯基础理论和应用的图书相比，更加详细全面且具有新意。

《石墨烯手册》的翻译工作历时近一年半，在手册的翻译和出版过程中，得到国防工业出版社编辑的悉心指导和帮助，在此向他们表示感谢！

《石墨烯手册》获得中央军委装备发展部装备科技译著出版基金资助，并入选“十四五”时期国家重点出版物出版专项规划项目。

由于手册内容涉及的领域繁多，译者的水平有限，书中难免有不妥之处，恳请各位读者批评指正！

北京石墨烯技术研究院
《石墨烯手册》编译委员会
2022 年 3 月

前言

尽管石墨烯只是具有一个原子厚度的碳原子层，但它却是目前最具价值的纳米材料之一。最初，石墨烯通过将石墨在透明胶带上进行重复机械剥离而被发现，如今其已能够通过多种化学手段进行批量合成。这一令人瞩目的材料具有多种优异的特性，包括薄、轻质、高柔韧性、高透光度、高强度、低阻抗，并且具备优越的电学、热学、光学和力学性能。因为这些新颖的特性，石墨烯在几乎每个领域的尖端应用中都受到了人们的广泛关注，并被视为改变世界的新材料。

本系列石墨烯手册通过8个独特的卷章呈现，涵盖了与石墨烯相关的各个方面，包括：石墨烯的发展、合成、应用技术和集成方法；石墨烯及相关二维材料的修饰改性、功能化和表征手段；石墨烯的物理学、化学和生物学研究；石墨烯复合材料；石墨烯在能源、医疗和环境领域中的应用（包括电子学、光子学、自旋电子学、生物电子学、光电子学领域及光伏电池、能量储存、燃料电池、储氢以及石墨烯基器件）；石墨烯的规模化制备和表征，以及与石墨烯相关的二维材料的创新和商品化。

本书即手册的第5卷聚焦于石墨烯在能源、医疗和环境领域中的应用，其主题包括但不限于能源和环境领域中的石墨烯纳米材料，还有：机械加工领域中的石墨烯纳米润滑剂；能量储存领域中的三维石墨烯泡沫；三维石墨烯材料的合成及其在电催化与电化学传感器中的应用；先进可充电电池电极中的石墨烯和石墨烯基杂化复合材料；先进锂离子电池中的石墨烯基材料；石墨烯基超级电容和锂离子电池导电助剂；石墨烯基柔性驱动器、传感器和超级电容器；燃料电池中作为催化剂载体的石墨烯；酸性介质中作为氧还原反应和析氧反应电催化剂的氮掺杂碳纳米结构；石墨烯基材料用于光催化析氢的最新进展；石墨烯热功能器件及其性能表征；石墨稀与荧光体的自组装及其在传感和成像领域中的应用；智能医疗中的刺激响应性石墨烯基材料；石墨烯材料在分子诊断学中的应用；氧化石墨烯膜在液体分离中的应用。

最后，对在各自领域为本书做出卓越贡献的全部作者表示感谢，也对国际先进材料协会致以诚挚的谢意。

2019年2月16日

目录

第1章 石墨烯纳米材料在能源和环境领域中的应用

Mingqing Yang, Hua Tian, Jiayi Zhu, Junhui He
中国科学院物化技术研究所，光化学转换与功能材料重点实验室，微纳材料与技术研究中心，功能纳米材料实验室

摘 要 21世纪，化石燃料枯竭、全球变暖、环境污染等逐渐恶化的能源和环境问题正在给人类社会敲响警钟，绿色能源和环境技术已经成为至关重要且亟待发展的热门领域。在几种化石燃料可能的替代品中，太阳能是唯一有望满足人类社会长期发展需求的能量来源，因此备受研究者关注。对太阳能的利用需要解决两个关键问题：首先，太阳能需要被有效地转化为可供使用的能量形式（如电能或燃料），以此抑制能源危机和全球变暖的过程。基于这一目标，太阳能电池以及用于催化制氢和还原二氧化碳的光催化剂备受关注。其次，太阳能和其他可再生能源均具有间歇性的特点，这对储能设备的性能提出较高要求，而超级电容器是在这方面最具潜能的器件。纳米科学与技术作为跨学科研究领域，物理学家、化学家、材料科学家、生物化学家和工程师共同面对人类社会所面临的挑战。在当前的纳米科技领域中，纳米材料正在快速蓬勃发展并成为人们关注的重点。如今，多种纳米材料已经用于解决能源和环境领域存在的问题。其中，石墨烯——一种碳原子通过 sp^2 杂化形成的单层二维六角网络结构，展现出许多独有的特性，如量子霍尔效应、常温高载流子迁移率、高理论比表面积、高透光率、高弹性模量以及高热导率。此外，石墨烯还具有优异的化学稳定性，并且能够实现可控的低成本、规模化、可复现的制备。基于上述优势，石墨烯已应用于能源和环境领域中的各种场景，包括太阳能电池、超级电容器中的高性能电极、有机污染物的降解、二氧化碳的催化还原、检测污染物的化学传感器，以及广谱光电探测器。本章系统性综述了石墨烯基材料的制备方法及其在上述能源和环境相关领域中的应用，同时讨论了本领域在未来的研究前景以及可能面临的新挑战。

关键词 石墨烯，能源，环境，太阳能电池，催化剂，超级电容器，传感器，光电探测器

1.1 概述

随着人类社会和经济的不断发展，化石燃料枯竭、全球变暖、环境污染等逐渐恶化的能源和环境问题正在给人类社会敲响警钟，绿色能源和环境技术已经成为至关重要且亟

待发展的热门领域。在几种化石燃料可能的替代品中，太阳能被唯一有望满足人类社会长期发展需求的能量来源，因此备受研究者关注。对太阳能的利用需要解决两个关键问题：首先，太阳能需要被有效地转化为可供使用的能量形式（如电能或燃料），以此抑制能源枯竭和全球变暖的过程。基于这一目标，用于催化制氢和还原二氧化碳的碳太阳能电池的光催化剂备受关注[1-6]。其次，太阳能和其他可再生能源均具有间歇性的特点，这对储能设备的性能存在较高要求，而超级电容器是在这方面最具潜能的器件[7-9]。另外，环境监控、农业生产、医疗诊断，以及工业废物处理等应用领域，也对开发可信赖的气体传感器存在大量需求。由于一氧化氮（NO）、二氧化氮（NO_2）、甲醛（HCHO）、氨气（NH_3）以及一氧化碳（CO）等气体具有毒性且会对生态环境造成相应损害，对上述有害气体进行有效监测，对于包括环境监测在内的多个领域都具有重要意义[10-14]。就目前而言，传感材料的研发已经成为开发高性能气体传感器的关键之一。

自Geim课题组于2004年首次实现“完美”石墨烯纳米片的分离及其独特电子特性的表征以来，石墨烯的相关研究无论在科学界还是工程界都经历了指数式的增长（石墨烯，2010年诺贝尔物理奖）[15]。石墨烯是一种由单层碳原子形成的二维晶格结构，拥有许多独一无二的特性，包括量子霍尔效应（QHE）、室温下的高载流子迁移率（约为$10000cm^2/V$）、高理论比表面积（约为$2630m^2/g$）、优秀的透光率（每层约为97.7%）、高弹性模量（约为1TPa）以及优异的热导率（3000~5000W/（m·K））[16-20]。为了使石墨烯能够在各个应用领域中发挥其优异特性，研究者开发了多种合成策略用以制备石墨烯及其衍生物，如自下而上的外延生长法以及自上而下的石墨剥离法。特别是从石墨的氧化出发的化学剥离和还原法，具有成本低、易放大、可控性以及可复现性强等优点，是一种石墨烯的高效制备方法。由于石墨烯的性能具有高通用性和可调性，其已经在光电器件、储能材料、催化剂、化学和生物传感器以及高分子复合材料等大量重要应用领域中受到关注[21-28]。

石墨烯的优异特性已经在能源与环境方面的多个领域中得到应用，包括薄膜太阳能电池中的透明导电电极和其他活性材料、超级电容器中的高效电极、二氧化碳还原和有机物降解中的催化剂、监测气体污染物的传感器，以及广谱光电探测器。本章主要聚焦于石墨烯及石墨烯基材料的合成方法，及其在上述能源和环境领域中相关应用的最新进展。

1.2 石墨烯基材料的制备

1.2.1 石墨烯

曼彻斯特大学的Geim等对高有序度的热解石墨进行机械法剥离（通常称为胶带法），成功实现了石墨烯纳米片的制备[15]。从那时起，因石墨烯杰出的结构、电学、光学、机械特性，便成了全世界科研工作者的研究重点之一。如今，人们已经开发了多种方法用以实现石墨烯的制备，这些方法可以分为自下而上和自上而下两大类。

自下而上法主要是指从各种碳源直接合成石墨烯材料。例如，化学气相沉积（CVD）法作为典型的自下而上法，其主要用于在金属基底上生长大面积单层或少层的石墨烯纳米片。该方法是指当金属表面被加热时，附近烃类（或碳氧化物）会分解释放氢气（或氧气），同时产生碳原子沉积在金属表面形成单层石墨烯。用CVD法在金属表面制备的石墨烯可以通过金属刻蚀转移到其他基底表面，这对于石墨烯在器件设备领域中的应用至关重要[29]。通过碳化硅（SiC）升华作用实现的外延生长法，同样用于制备单层石墨烯。该方法制备石墨烯的产率较高，且具有相对较少的缺陷；但无法实现大面积石墨烯的制备。除了上述基于固相沉积的方法，石墨烯还可以通过乙醇和钠的湿法化学反应和高温裂解获得，或者通过有机化学合成法制备类石墨烯的多环芳烃化合物[30-31]。

与自下而上法不同，自上而下法的主要优势在于产率高、基于液相合成的高可加工性，以及易于实施的工艺流程。从石墨的氧化出发的化学剥离和还原法，具有成本低、易放大、可控性以及可复现性强等优点，是一种石墨烯的高效制备方法。该方法主要包括以下3个步骤：石墨的氧化，将氧化石墨剥离为氧化石墨烯（GO），以及氧化石墨烯的还原[32]。切割碳纳米管（CNT）法为大规模制备宽度可控的石墨烯纳米窄带提供了可能性。研究者开发了多种方法对碳纳米管进行有效切割以实现石墨烯纳米带的制备，包括碳纳米管的氧化处理以及碳纳米管的过渡金属纳米粒子切割技术[33-35]。尽管在石墨烯材料制备方法的研发方面已经取得了显著进展，但要使石墨烯在各个领域的应用中发挥独特优势，人们仍然在石墨烯材料尺寸、形状、品质的可控制备，以及寻求低成本、规模化、可复现的制备工艺上面临着巨大挑战。

1.2.2 石墨烯基复合材料

对于石墨烯基复合材料而言，石墨烯在其中既可以作为功能性成分，也可以作为基体用于固定其他的成分物质。石墨烯的大理论比表面积以及导电的稳固结构通常能够促进电荷转移和氧化还原反应过程，并且能够增强复合材料的机械强度。因此，在石墨烯上锚定氧化还原活性材料或光催化剂，通常能够提高复合材料的能量转化和储存性能，以及对有机污染物的催化降解性能[36-38]。由于金属氧化物能够在还原氧化石墨烯（rGO）上得到良好分散和固定，复合材料中的金属氧化物尺寸能够达到纳米级而不会发生团聚，并且能够在电化学还原/氧化环境中表现出良好的稳定性。相比容易发生团聚的相应材料，上述复合材料的催化活性以及耐用性得到了极大提升。基于此，人们将石墨烯与金属氧化物（包括 SnO_2、MnO_2、Mn_3O_4、Co_3O_4、Fe_3O_4 等）复合制备了高电化学活性复合材料，并将其应用于锂离子电池和超级电容器中的电化学储能[27,39]。

对于应用于能源和环境领域中的石墨烯基复合材料，其制备方法主要分为两大类，即原位合成法和非原位杂化法。例如，许多有机或无机纳米粒子是通过原位化学合成法引入石墨烯复合材料中。如图1.1(a)、(b)所示，在化学合成过程中，带正电的金属离子（如 Pd^{2+}）趋向于通过静电相互作用吸附在带负电的 rGO 纳米片上[40]。因此，金属化反应优先发生在 rGO 纳米片上，并由此形成相应的复合材料。对于带负电的离子（如 $PtCl_4^{2-}$）同样能够在 rGO 纳米片上发生还原反应获得金属纳米粒子。如果石墨烯在复合材料的制备过程中是作为反应物之一存在的（如石墨烯还原 MnO_4^-），那么反应本身即会将产物限制在石墨烯纳米片的表面。另外，非原位杂化法涉及将石墨烯纳米片与反应前驱体或纳米晶体在溶液中进行混合的过程。其中，rGO 纳米片通常被分散在水中或各种有机溶剂中。石墨烯极易进行功能化改性，转化为带正电或负电的衍生物，并通过静电力与其他带电成分组装获得复合材料。在这项工作中，研究者利用静电相互作用将蜂窝状 MnO_2 纳米微球与石墨烯纳米片进行共组装，实现了石墨烯包覆 MnO_2 纳米复合材料的制备[21]。

从图 1.1(c)、(d)中可以看出，超薄柔性石墨烯纳米片的存在使石墨烯包覆的 MnO_2 纳米复合材料呈现出粗糙褶皱的纹理，蜂窝状 MnO_2 纳米微球牢固地附着在石墨烯薄片上。基于上述技术方法，成功地制备了具有多种功能的石墨烯基复合材料。

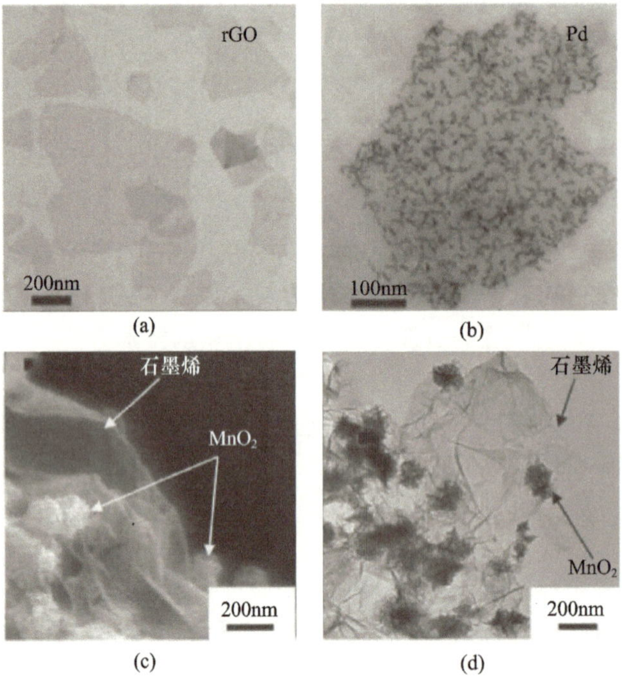

图 1.1 TEM 图像[21,40]

(a)石墨烯纳米片；(b)负载有直径约为 4nm 的钯纳米粒子的虫状石墨烯纳米片；(c)，(d)石墨烯包覆 MnO_2 纳米复合材料的 SEM 和 TEM 图像。

1.3 石墨烯基材料在能源与环境领域中的应用

1.3.1 太阳能电池

太阳能电池能够将太阳能直接转化为电能，是一种最有潜力满足全球能源需求的设备方案。作为碳纳米材料中的石墨烯在太阳能电池薄膜制备、染料敏化以及异质结集成方面，表现出巨大的应用前景[41]。

石墨烯作为一种单原子层二维碳材料，具有杰出的光电特性以及优异的化学稳定性和机械柔韧性，并且被认为是氧化铟锡(ITO)透明电极的理想替代材料。相关研究者已经开发出多种制备大面积石墨烯薄膜的方法，以满足其在光电领域中的应用。通常制备石墨烯基透明电极的方法主要分为两种，即液相组装法制备 rGO 薄膜和 CVD 法制备大尺寸连续石墨烯薄膜。液相组装法制备 rGO 薄膜具有以下几点优势：①制备 rGO 的原材料通常为储量充裕且廉价的石墨；②通过湿法处理技术(如旋转涂布、浸渍涂覆、层层自组装以及减压过滤)，可轻易地将 rGO 组装为大面积的薄膜以供后续加工[42-45]。Zhu 等报道了一种制备 rGO 柔性透明导电薄膜的新方法，该方法将通过相反电荷的 rGO 进行层层自组装,并逐步进行温和的后处理[46],获得的石墨烯薄膜具有优异的光学和电学特性,并且在极端的循环弯曲载荷下仍能保持好的导电性,如图1.2(a)、(b)所示。上述性能可以归因于石墨烯纳米片卓越的结构特性,包括柔韧性、机械稳定性以及石墨烯片层之间高的π-π共轭堆叠趋势。而负载在柔性基底上的ITO透明电极在经历相同的循环弯曲载荷后导电性下降明显,这是由于刚性的无机ITO结构在弯曲载荷条件下会逐渐出现大量的裂纹缺陷。尽管如此,液相组装法制备rGO薄膜的导电性和透明度与实际应用的太阳能电池透明电极仍有巨大差距(要求表面电阻小于$100sq^{-1}$,透光率大于90%),而CVD法制备大尺寸连续石墨烯薄膜有望解决上述问题。如图1.2(c)、(d)所示,Wang等采用CVD法制备大尺寸连续石墨烯薄膜[47],其可见光波段透光率能够达91%~72%,平均表面电阻率为1350~210Ω/sq,为液相组装法制备rGO薄膜的1/3~1/2。此外,研究者将石墨烯薄膜作为光电阳极,开发了有机光伏器件并测定了其光伏电池性能,石墨烯阳极表现出优秀的性能(开路电压$V_{oc}=0.55V$,短路电流密度$J_{sc}=6.05mA/cm^2$,填充因子FF=51.3%,能量转换效率PCE=1.71%)。在相同条件下,以ITO为阳极的参考器件展现出如下光电性能特征:$V_{oc}=0.56V$,$J_{sc}=9.03mA/cm^2$,FF=61.1%,PCE=3.10%。这意味着采用同器件结构,石墨烯阳极太阳能电池的能量转化效率能够达到ITO阳极的55.2%。

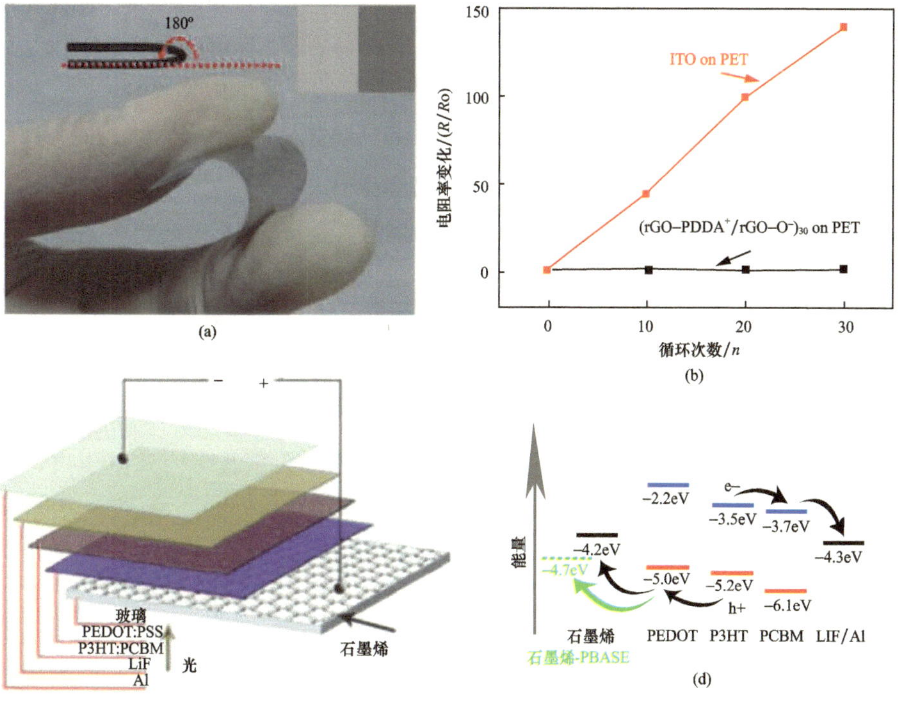

图1.2 (a)负载于PET基底上的$(rGO-PDDA^+/rGO-O^-)_{30}$薄膜正在进行弯曲载荷测试(插图左:空白PET基底;插图右:负载有$(rGO-PDDA^+/rGO-O^-)_{30}$薄膜的PET);(b)负载于PET上的$(rGO-PDDA^+/rGO-O^-)_{30}$(黑)和ITO(红)薄膜在180°循环弯曲载荷过程中的表面电阻变化率(R/R_0);(c),(d)制备的石墨烯/PEDOT:PSS/P3HT:PCBM/LiF/Al结构器件的示意图和能级图。(图像摘自文献[46-47])Functional Nanomaterials Laboratory TIPC,CAS:中国科学院物化技术研究所功能纳米材料实验室

在聚合物基薄膜太阳能电池中，电子供/受体层是最重要的组成部分之一，它需要包含一个共轭聚合物聚[如聚(3－己基噻吩)，P3HT]，用以吸收光子并产生电子－空穴对，还需要包含一个具有较高电子亲和势的受体，用以将电子－空穴对分离为独立的电荷[48]。由于石墨烯基材料具有较大的供/受体界面面积且拥有连续的电子输送路径，其有望与共轭聚合物进行复合，并用于促进电子－空穴对的分离以及电荷输送。近年来，功能化石墨烯可作为有机太阳能电池(OPV)器件的电子受体材料[49]。

直接将电池的正、负极用电子供/受体层连接会使载流子快速复合并导致漏电。因此，通常在阳极和电子供/受体层之间构建一个空穴传输层，如常用的聚(3,4－乙烯二氧噻吩)：聚苯乙烯磺酸盐层(PEDOT:PSS)。氧化石墨烯膜可以作为PEDOT:PSS简单而高效的替代品应用于聚合物基薄膜太阳能电池中。在以玻璃/PBASE－ITO/GO/P3HT:PCBM/Al为结构的太阳能电池中，隙带宽度约为3.6eV的氧化石墨烯膜足以阻挡电子从[6,6]－苯基－C61－丁酸异甲酯(PCBM)的最低未占分子轨道(LUMO)移动到ITO阳极，同时将空穴传输到阳极。此外，该工作还探讨了薄膜厚度对聚合物基薄膜太阳能电池性能的影响[2,50]。

为了部分替代硅，从而降低太阳能电池器件的成本，研究者已经尝试将碳基材料应用于p型无定型碳/n型硅(p－AC/n－Si)异质结和碳纳米管/硅(CNT/Si)异质结上。最近，我们制备了一种新的异质结构，它是由覆盖在n型硅晶片或n型硅纳米线(SiNW)阵列上的双壁碳纳米管(DWCNT)薄膜组成。研究发现，异质结的光响应显著依赖于硅纳米线的长度。硅纳米线长度约600nm的异质结表现出最高的光响应值，可达10.72。此外，该异质结还表现出优异的光电流响应速度(<10 ms)以及良好的重现性[51]。

利用不同的功能化方法，研究者可以制备出厚度可控、表面连续性好、性能可调节的石墨烯基薄膜。利用CVD法将石墨烯纳米片沉积在n型硅上实现100%覆盖，制成肖特基结太阳能电池，能量转换效率高达1.5%，填充系数约为56%。此外，该石墨烯薄膜还可作为石墨烯/n型硅太阳能电池的半透明电极[52]。

1.3.2 超级电容器

超级电容器作为一种储能器件，因其功率密度高、可逆性好、循环寿命长而备受关注。高性能超级电容器应具有较高的能量密度(1～10W·h/kg，由其电容和电压决定)、较高的功率密度(10^3～10^5W/kg，由其电压和内阻决定)，以及超长的循环寿命(>100000次循环)[53-55]。因此，超级电容器在环保汽车、人造器官、高性能便携式电子产品等多个领域中是极具应用前景的电源设备。

通常，超级电容器可以根据其能量存储机理简单地分为两类：一类是双电层电容器(EDLC)，它通过静电过程储存能量，即通过极化作用在电极/电解液界面积聚电荷。因此，在双电层电容器中使用导电性好、比表面积大的电极材料(如活性炭、碳纳米管、碳纳米纤维和新兴的石墨烯基材料)是至关重要的[56-57]。石墨烯基材料，特别是rGO，拥有优异的化学活性表面，同时具有比表面积大、导电性好、成本低、可批量生产、液相可加工性强等优势。此外，团聚的石墨烯纳米片通常呈现开孔结构，这使得电解质离子更容易与之接触形成双电层。Ruoff等首次报道了基于rGO的双电层电容器，其在水基电解质中的比电容与传统的碳基电极材料相当，可达135F/g[18]。

另一类是赝电容器，其通过电极中化学物质的快速氧化还原反应积累和释放电荷。

常用的电极材料包括金属氧化物(如 RuO_2、NiO、MnO_2)和导电聚合物[如聚苯胺(PANi)和聚吡咯(PPy)]。与多孔碳基电极材料相比,这种类型的电极能够在单位表面积上提供更高的比电容[58-59]。在所有材料中,MnO_2 具有独特的电化学行为、较低的成本和良好的环境相容性,是超级电容器的良好候选材料。研究者已经报道了多种方法用以合成不同结构和性能的 MnO_2 基材料用于制备超级电容器[60-62]。此外,研究者还希望通过合理的设计使 MnO_2 具有更加"开放"的结构,从而使其在氧化还原反应中的电化学活性位点数量最大化,进一步提高其储能密度。近年来,我们利用微乳液法合成了单分散的蜂窝状 MnO_2 纳米微球,并研究了反应条件对其结构、形貌和尺寸的影响。然而,由于 MnO_2 在循环过程中导电性和电化学溶解性较差,其通常难以产生理想的比电容。为了克服这些障碍,研究者普遍选择将高导电性的碳材料和缓冲基质制成 MnO_2 基材料的基底,以提高其导电性和稳定性。与石墨、炭黑以及碳纳米管等碳材料相比,由于石墨烯优越的导电性、优异的机械柔韧性以及较高的热学和化学稳定性,正逐渐成为最具吸引力的碳材料之一[63-66]。

我们利用静电共沉淀法将蜂窝状 MnO_2 纳米微球和石墨烯纳米片自组装,合成了新型石墨烯包覆 MnO_2 纳米复合材料[21,61-62]。如图1.3(a)、(b)所示,相比未经复合蜂窝状 MnO_2 纳米微球,石墨烯包覆 MnO_2 纳米复合材料表现出更好的电容性能,这是由于蜂窝

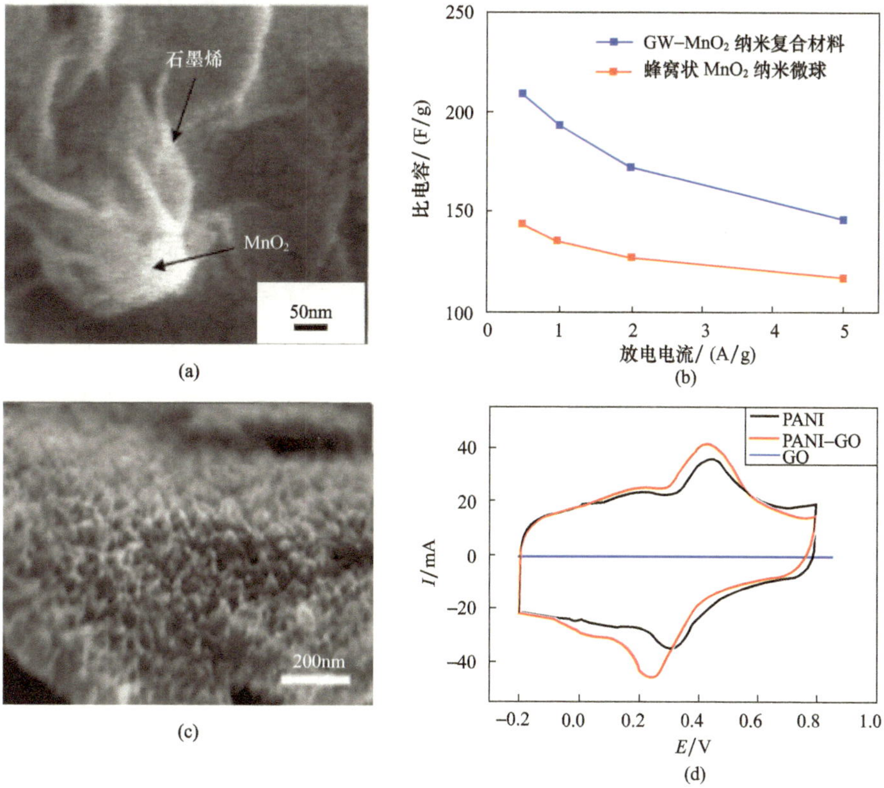

图1.3 (a)石墨烯包覆 MnO_2 纳米复合材料的SEM图像;(b)在 1mol/L Na_2SO_4 溶液中,不同放电电流(0.5~5A/g)下石墨烯包覆 MnO_2 纳米复合材料和蜂窝状 MnO_2 纳米微球的比电容;(c)苯胺浓度为0.05mol/L时,PANi-GO纳米复合材料的SEM图像;(d)扫描速率为20mV/s条件下,GO、随机连接的PANi纳米线和PANi-GO纳米复合材料的CV曲线(图像摘自文献[21,68])

状 MnO_2 纳米微球的赝电容与石墨烯纳米片良好的导电性之间产生了协同效应。蜂窝状 MnO_2 纳米微球通过 Mn 在Ⅲ、Ⅳ价态之间的氧化还原反应实现能量储存，这一过程还涉及电解质中存在的碱金属离子，如 Na^+。

另外，石墨烯纳米片在纳米复合材料中起到电子传导通道的作用，促进了电子在整个电极的快速传递，同时可以通过碳表面的双电子层提供电容性能。石墨烯/Co_3O_4 超级电容器在 KOH 水溶液中，扫描速率为 10mV/s 时，其最大比电容为 243.2F/g，并且在 2000 次循环后仍可保留约 95.6% 的比容量[67]。

由于导电聚合物具有适中的导电性、快速的充放电动力学、可进行掺杂－去掺杂过程、并且易于制膜，其也是一种极具吸引力的可用于超级电容器的电极材料。截至目前，聚苯胺是在超级电容器中与氧化石墨烯或 rGO 复合使用最多的导电聚合物之一。Wei 等发现，通过调节苯胺浓度（0.05mol/L），能够在氧化石墨烯纳米片上获得高产率的均匀排列的聚苯胺纳米线阵列（图 1.3(c)、(d)）。从图 1.3(d) 循环伏安曲线中可以看出，氧化石墨烯几乎呈一条直线，而 PANi－GO 和 PANi 均出现两对氧化还原峰，这是由于聚苯胺在这一过程中发生的两次氧化还原。因此，PANi－GO 的电容性能主要来自聚苯胺在电极/电解液界面发生的法拉第反应，不同于碳基材料产生的双电层电容。氧化石墨烯除了能够提高电导率和电容性之外，还能提高复合电极的循环稳定性。PANi－GO 分层复合电极在 2000 次循环后仍能保持 92% 的初始电容量，而纯聚苯胺电极的电容量下降为 74%[68]。

1.3.3 气体传感器

近年来，石墨烯及其衍生物，如本征石墨烯、氧化石墨烯（GO）、还原氧化石墨烯（rGO）以及金属氧化物复合石墨烯，具有良好的热稳定性、大的比表面积、弹道导电性、高机械强度、低电子噪声，以及室温下的高载流子迁移率等优异性能，在传感领域中得到了广泛的报道[10-11,27,69-71]。石墨烯之所以被认为是一种极具前景的气敏材料，最重要的原因是其电学性能受所吸附气体分子的影响显著。据其发现者描述："石墨烯具有极致的敏感性，因为在原则上它无法被超越——你不可能比单个分子更敏感。"[15] 与它的一维对应物碳纳米管相比，石墨烯的平面结构简化了霍尔结构的制备和四探针测试过程，限制了接触电阻的影响，有助于聚焦于活性区域。石墨烯也显示出很多潜在的优势，如低成本、高表面体积比、易于加工等。

1.3.3.1 石墨烯基气体传感器

诺沃肖洛夫的团队于 2007 年报道了第一个石墨烯气体传感器，证明了石墨烯制成的微米大小的传感器可以探测到石墨烯表面单个气体分子的吸附和脱离过程[72]。吸附气体分子所含的电子依次改变石墨烯中局部载流子浓度，导致电阻呈阶梯状变化。不同气体引起的电阻率变化大小不同，其变化趋势能够说明气体是电子受体还是电子供体（图 1.4）。这项研究为基于石墨烯的气体传感器研发开辟了新的途径。石墨烯与不同吸附质之间的相互作用各不相同，从范德瓦耳斯力弱相互作用到共价键强相互作用均有涉及。这些相互作用都会改变石墨烯的电子特性，很容易通过简便的电子学手段进行监测。Ko 等开发了一种石墨烯基 NO_2 气体检测器，在该检测器中，SiO_2/Si 衬底上存在一层厚度 3.5～5nm 的机械剥离石墨烯层，并通过电子束蚀刻技术连接在两个金属触点上。该传感器响应快、选择性高、重现性和可逆性好，在室温下暴露在 100μL/L 的 NO_2 中的响应电阻变化高达 9%[73]。Yoon 等采用固化聚二甲基硅氧烷盖印技术将石墨烯纳米片转移到二氧化硅基板上用于 CO_2 气体检测。该方法与传统的透明胶带法相比，能够实现石墨烯纳米片在基体目标位置的沉积，并且遗留更少的残留物。使用该方法制备 CO_2 检测器，响应时间为 8s，恢复时间为 10s，并且发现 CO_2 气体分子比其他气体分子更容易在石墨烯上发生吸附和脱附[74]。

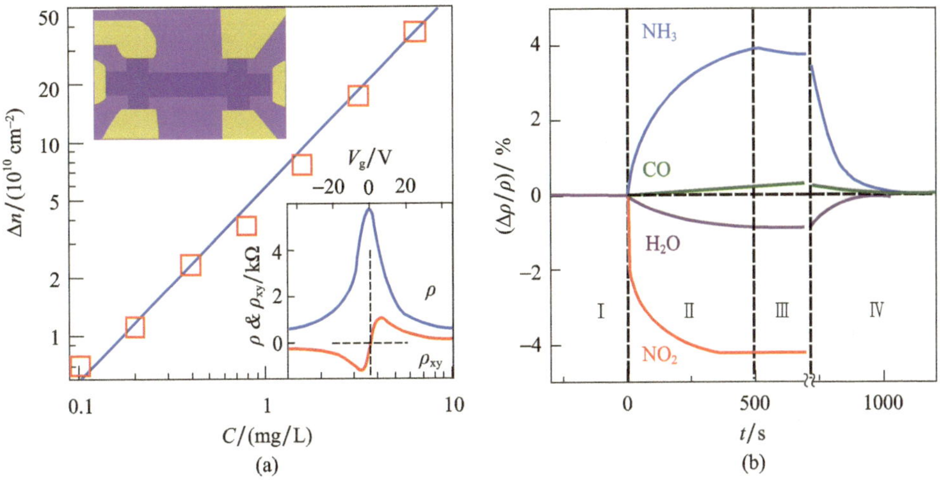

图 1.4 石墨烯对化学掺杂的敏感性

(a)化学诱导的 SLG 载流子浓度随 NO_2 浓度的变化，(上插图：该器件的 SEM 照片；霍尔棒的宽度为 1mm。下插图：石墨烯器件的电场效应表征)；(b)石墨烯暴露于 1μL/L 的各种气体中，在磁感应强度(B)为 0 时电阻率(ρ)的变化，变化的正(负)号表示电子(空穴)掺杂。区域Ⅰ，暴露于气体前设备处于真空状态；区域Ⅱ，暴露于体积为 5L 的稀释气体中；区域Ⅲ，实验装置的排空；区域Ⅳ，150℃退火。

Rumyantsev 等通过测量石墨烯基器件的低频噪声谱来选择性检测不同有机挥发物[75]。当石墨烯晶体管暴露于某些挥发物中时，其低频噪声谱上会出现具有不同特征频率的起伏，而暴露于其他物质中只会引起电阻变化而非噪声谱变化。研究者发现，一些有机挥发物，如乙醇、甲醇、四氢呋喃、氯仿和乙腈在低频噪声光谱中诱发了具有独特特征频率的洛伦兹成分，从而影响了谱线形态，并在谱线上表现出独有的气体特征。最近，研究者研发了一种由聚合物 - 石墨烯纳米片复合涂层电极制成的半选择性化学电阻传感器阵列，以检测和识别化学战剂(CWA)(图 1.5)[76]。该阵列采用一组化学性质不同的聚合物，为多种模拟化学战剂和背景干扰素生成独特的响应信号。在连续 5 天反复接触多种分析物后，研发的传感器仍能保持与初始状态相似的信号强度。对于 5 个相似结构的模拟化学战剂传感器的分类精度可达 100%，对于所测试的全部分析物分类精度达 99%，这验证了所开发传感器系统对化学战剂的识别能力。上述新型传感器的制备方法和数据处理技术，对开发识别化学战剂或其他种类化学气体的传感器平台具有巨大意义。

1.3.3.2 氧化石墨烯及还原氧化石墨烯基气体传感器

通过对石墨进行氧化剥离以生产氧化石墨烯，随后使用还原剂进行化学处理或进行高温热处理将其还原，是一种成本效益高且能够大规模生产石墨烯基器件的方法。氧化石墨烯中含有大量以有机官能团形式存在的氧原子，包括羟基、羧酸和环氧基等。从这个意义上讲，由于氧化石墨烯和分析物之间存在形成氢键和/或 π-π 堆叠作用的潜在趋势，氧化石墨烯有希望成为理想的传感平台。由于氧化石墨烯含有较多含氧官能团，尽管其表现出电绝缘性，但其导电性可以通过化学还原或热还原去除含氧基团的方法得到显著改善。上述方法并不会将氧化石墨烯完全还原为本征石墨烯，这是由于氧化石墨烯在还原后其表面仍会残余部分含氧官能团。因此，还原氧化石墨烯相比氧化石墨烯，仍拥有活性氧反应位点，并表现出更好的导电性，这使其气体传感方面具有较高的应用前景[70-77]。

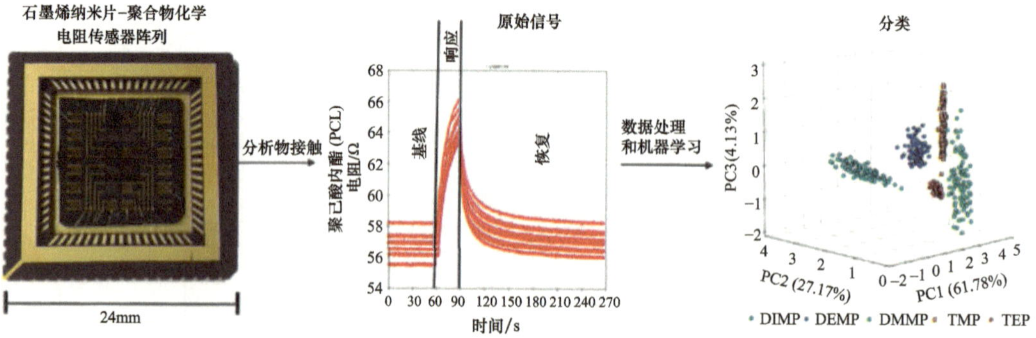

图1.5　用于检测和识别化学战剂模拟物的石墨烯纳米片-聚合物化学电阻传感器阵列[76]

举例说明，Wang 等利用 AC 电泳(DEP)工艺制备了基于氧化石墨烯纳米结构的氢气传感器[78]。制备氢气传感器的最佳 DEP 参数为：峰峰值电压(Vpp)为 10V、频率为 500kHz、时间为 30s。结果表明，相对于典型的滴落干燥法制备的器件，优化后的器件作为氢气传感器表现出更好的传感效果。在室温下对 100μL/L 的氢气进行检测，传感器表现出良好的传感响应(5%)及快速响应时间(<90s)和恢复时间(<60s)。本课题组以氧化石墨烯为传感层，将石英晶体微天平(QCM)作为检测平台，制备了氧化石墨烯功能化的 QMC 传感器并研究了它们对甲醛的检测性能[79]。结果显示，传感器对甲醛表现出良好的响应性，在甲醛浓度为 1.7μL/L 时，频率位移在 60s 内可达 39Hz。其传感特性至少能够在 100 天内保持稳定，并且其响应程度与甲醛浓度成正比。这种线性关系为氧化石墨烯功能化的 QCM 谐振器实现甲醛的定量分析提供了可能。该器件对甲醛的检测机理是氧化石墨烯表面官能团与甲醛分子之间通过氢键发生了吸附-脱附现象。

由于还原氧化石墨烯具有生产成本低、结构和性能可精确调节(如电导率、在水中的分散性)、易于进一步修饰改性等优点，在气体传感领域比本征石墨烯更具优势。因此，rGO 基传感器在检测各种气体方面得到了广泛研究[80-83]。Hu 等报道了高灵敏度和选择性的 rGO 传感器可以在室温下实现氨气的检测，其中 rGO 由氧化石墨烯通过吡咯还原制得[84]。传感性能增强是吸附的吡咯分子和石墨烯的固有特性的共同作用的结果。上述低功耗、低成本的 rGO 传感器能够在 1.4s 内对 1nL/L 氨气产生响应，灵敏度为 2.4%，证明了上述 rGO 传感器在实际应用中实现氨气检测的可行性。Lipatov 等开发了一系列基于热处理法制备的 rGO 基综合气体传感器，利用 rGO 基传感器器件间的显著差异，可以实现化学性质相似的分析物，如乙醇、甲醇和异丙醇之间的区分(图1.6)[80]。由于采用相同工艺制备的 rGO 纳米片的结构和电子特性均存在显著差异，在综合气体传感系统中使用的每个 rGO 基器件都表现出独特的传感响应行为。通过结合每个分析物的所有 20

个片段所引起的电阻变化规律,能够分析出乙醇、甲醇和异丙醇的特征,实现上述气体的选择性检测。

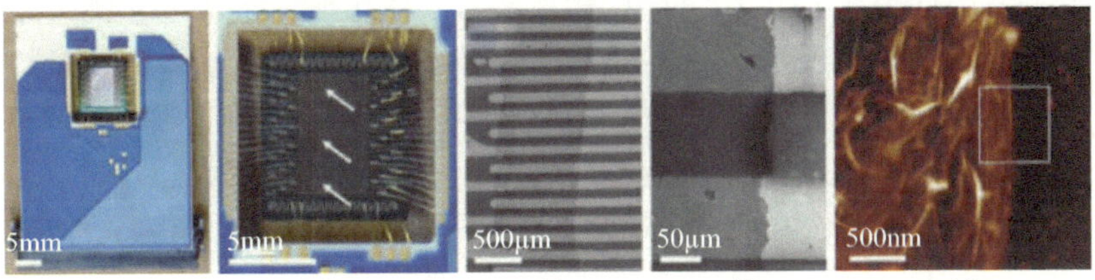

(a) (b) (c) (d) (e)

图 1.6 rGO 基多传感阵列[80]

(a)多电极 KAMINA 芯片的照片;(b)KAMINA 芯片活性部分的照片,白色箭头标记的黑色垂直条带即 rGO 薄膜;(c),(d)rGO 传感器的 SEM 图像,较亮的水平线为 Pt 电极,较暗的垂直条带为 rGO;(e)Si/SiO_2 基底上 rGO 薄膜的 AFM 图像。

1.3.3.3 改性石墨烯基气体传感器

通常,石墨烯基传感器需要进行化学修饰,以调整其物理化学性质以备使用。因此,研究者开发了多种化学修饰方法,包括引入缺陷、掺杂剂或功能分子,以及用金属、金属氧化物纳米粒子或聚合物对其进行功能化改性[85-98]。这些修饰过程通过改变石墨烯的物理化学性质以满足应用需求,并且已有多种基于这些技术的高性能气体传感平台见诸报道。掺有氮、硫、硼、硅等各种杂原子的石墨烯,已被广泛研究并实现了多种应用。这些引入的杂原子通过改变石墨烯的带隙调节其电子性质,而其物理化学性质也会因在其基面上引入的缺陷而发生改变,这对提高气体传感器的性能至关重要。几种掺杂的石墨烯基传感器已被报道并验证。Niu 等通过对氧化石墨烯和三苯基膦的混合物进行高温热处理,获得了磷掺杂石墨烯纳米片,并制备了高灵敏度的氨气传感器[86]。通过对含氮和硅的氧化石墨烯-离子液体复合材料进行高温热处理,实现氮原子和二氧化硅在石墨烯纳米片中的共掺杂,可以提高对 NO_2 的传感性能。因此,向石墨烯中引入掺杂剂和缺陷,会显著增强气体分子与石墨烯之间的相互作用,这一点也会体现在石墨烯电导率的显著变化上。

1.3.3.4 石墨烯/金属氧化物杂化基气体传感器

尽管石墨烯基气体传感器能够实现对各种气体的高灵敏度检测,但存在选择性差的缺点,限制了其实际应用[99]。在这方面,石墨烯基杂化纳米结构在气体传感器领域表现出广阔的应用前景。金属氧化物纳米粒子与石墨烯的杂化对气体的传感表现出显著的协同作用,这一过程调节了杂化物的电子特性,能提高其选择性和灵敏度。近年来,将负载金属氧化物的石墨烯或还原氧化石墨烯杂化结构用于高灵敏度、高选择性且成本低廉的常温气体传感器,一直是相关领域的研究热点。

研究者已经研发了多种金属氧化物改性的石墨烯基气体传感器,这些研究大多涉及将 SnO_2 和 ZnO 与石墨烯基传感器进行复合,其他用于复合的金属氧化物还包括 WO_3、Cu_2O、Co_3O_4、In_2O_3、NiO 等。Mao 等报道了一种选择性气体传感平台,该平台采用 SnO_2 纳米晶修饰的 rGO 和金作为交叉电极[100],制成的传感器在室温下对目标气体表现出优秀的响应性(NO_2 的检出限为 1μL/L),该修饰过程在增强 NO_2 的信号强度的同时削弱了

NH_3 的信号强度(图1.7)。Cui 等证明了在 SnO_2 中掺杂铟和钌不仅能够改善对 NO_2 的传感性能，而且能够降低工作温度[101]。在室温下，rGO/In－SnO_2 传感器对 NO_2 的感测性能得到了增强，检测限低至 0.3μL/L。此外，用设备对其他几种气体进行检测也表现出优异的选择性。Shubhda 等首次报道了在不同石墨烯浓度(质量分数为 0.2%、0.5% 和 1%)和工作温度下，石墨烯－WO_3 纳米复合材料传感器对 NO_2 气体传感响应性的详细研究[102]。石墨烯－WO_3 的二氧化氮传感响应性几乎是纯 WO_3 膜的 2.5 倍。Choi 等用铱纳米粒子和氧化石墨烯纳米片对 p 型 Co_3O_4 纳米纤维进行敏化处理，开发了一种高灵敏度和高选择性的丙酮传感器，可用于糖尿病的诊断[103]。研究者发现，对 p 型金属氧化物纳米纤维上的两种催化剂进行优化共敏处理，能够实现对呼出气体的精确检测，从而在糖尿病检测领域获得潜在应用。Deng 等在 rGO 纳米片上制备了 Cu_2O 介晶纳米线，并开发了用于检测 NO_2 的气体传感器[71]。由于其具有较大的比表面积并且电导率得到了改善，Cu_2O/rGO 杂化材料对浓度为 2μL/L 的 NO_2 的传感响应为 67.8%，远高于 rGO(22.5%)或 Cu_2O(44.5%)本身，并且在 NO_2 浓度高于 1.2μL/L 时表现出显著增强的传感性能。Zhou 等制备了一种 Cu_2O 功能化的石墨烯基纳米片高灵敏度传感器，该传感器仅在室温下暴露于浓度为 5nL/L 的 H_2S 气体中，即能获得极高的灵敏度(11%)[92]。这表明 Cu_2O 功能化石墨烯杂化物在未来的气体传感器中具有巨大的应用潜景。

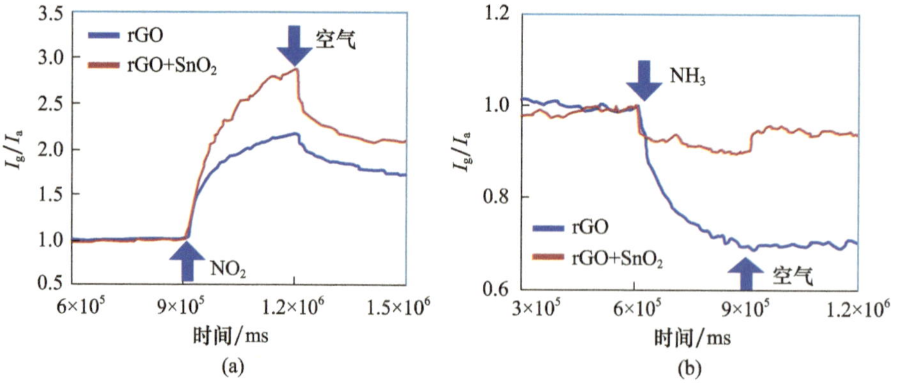

图 1.7　SnO_2 的引入对 rGO 气体传感器对 NO_2、NH_3 传感信号的影响，传感信号通过对空气中测得的传感器电流进行归一化获得(基准线，$I_g/I_a=1$)(图像摘自文献[100])

1.3.4　二氧化碳的催化还原及降解有机污染物的催化降解

在 2009 年哥本哈根世界气候大会之后，如何减少 CO_2 的排放并将其转化为有用的化学制品已成为全球科研领域的研究热点。为了减少高化石能源消耗行业的 CO_2 排放量，人们已经付出了巨大的努力。最近，我们对 CO_2 的捕集、封存和转化研究进行了系统性综述，详细介绍了各种 CO_2 利用技术的原理和特点，分别总结了它们的优点和缺点，并展望了 CO_2 的利用前景。截至目前，利用太阳能，通过光催化技术将 CO_2 转化为有价值的烃类物质已经引起了研究者的关注，该方法是解决能源短缺和全球变暖问题的最佳方案之一，能够解决能源和环境问题。在光催化反应中，于催化剂表面由光引发的电子－空穴对一经产生即在化学反应过程中被直接消耗，而非通过电极进行收集储存。然而，在加热时，光引发的电子－空穴对在到达光催化剂表面发生化学反应之前即会发生重组与消散，这限制了光催化剂的催化效率[104-105]。最近，Zhou 等报道了一种石墨烯基 TiO_2 纳米复合材料高效光催化剂，用于将 CO_2 转化为可再生燃料（图 1.8(a)、(b)）。石墨烯纳米片较大的比表面积能够负载更多的催化剂，而其优秀的导电性能够迅速将电子捕获转移，因而其催化性能得到了有效提高[6,22]。

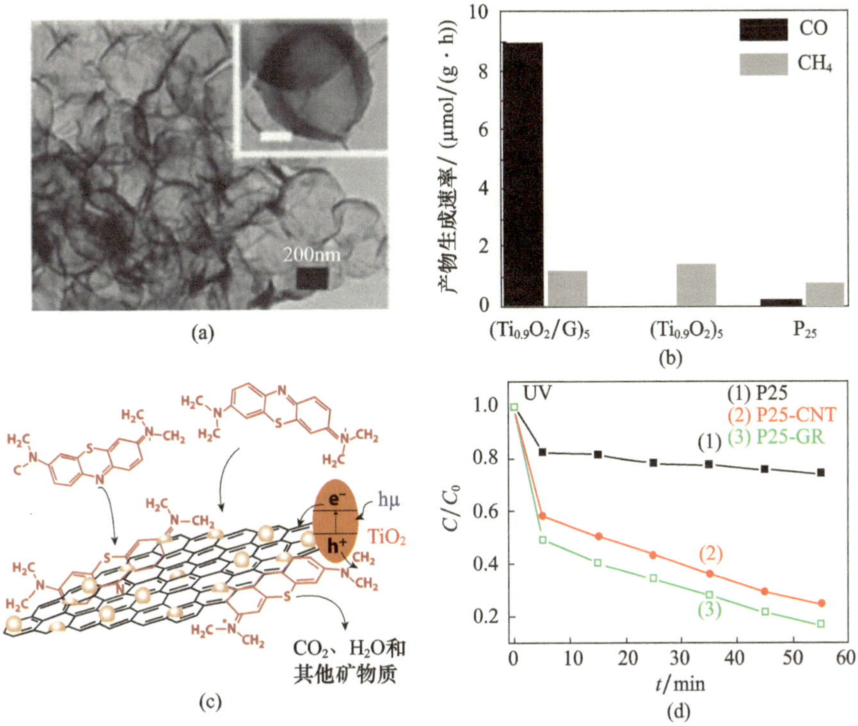

图 1.8 (a)（石墨烯－$Ti_{0.91}O_2$）$_5$ 空心球，插图的比例尺为 100nm；(b)平均产物生成速率的对比；(c)P25－石墨烯的结构以及亚甲基蓝在 P25－石墨烯上发生光降解反应的推测过程；(d)在紫外线照射下用不同的光催化剂对亚甲基蓝进行光降解（图像摘自文献[6,22]）

在过去的几十年中，有机污染物的光降解也逐渐受到了关注。相关文献报道了一种通过一步水热法制备的化学键合 TiO_2－石墨烯纳米复合光催化剂。如图 1.8(c)、(d)所示，TiO_2－石墨烯光催化剂表现出较高的染料吸附性能、较宽的光吸收范围，以及高效的电荷分离特性，因而有助于亚甲基蓝（MB）的高效光降解。非均相反应通常发生在两相界面上，并且涉及吸附、化学反应、脱附 3 个连续步骤。石墨烯的二维结构和表面所含的羟基有助于甲醛分子在其上的吸附。在某些情况下，通过将催化剂负载于二维平面载体上，所得体系的有效活性位点数量远超过单纯的纳米粒子催化剂，从而获得最大的活性位点利用率。近来的研究表明，将 MnO_2 催化剂通过自组装引入石墨烯纳米片表面，形成的石墨烯－MnO_2 杂化纳米结构（图 1.9）可用于甲醛气体的催化氧化[26]。在石墨烯纳米片上修饰 MnO_2 催化剂的杂化策略，不仅能暴露更多的活性表面以促进催化，而且在氧化还原反应过程中引入了电荷转移的高速途径，同时带来了大量的表面羟基，这一结构抑制了甲醛分解过程中间产物 CO 的生成,从而简化了的分解途径。因此,与纯 MnO_2 相比,这种杂化设计能够极大程度地提高甲醛的氧化效率,在65℃下表现出100%的去除率。此外,石墨烯 - MnO_2 杂化催化剂还表现出优异的稳定性和出色的循环使用性能。动力学研究表明,石墨烯的引入将 MnO_2 催化剂的活化能从65.5kJ/mol 降低到39.5kJ/mol。

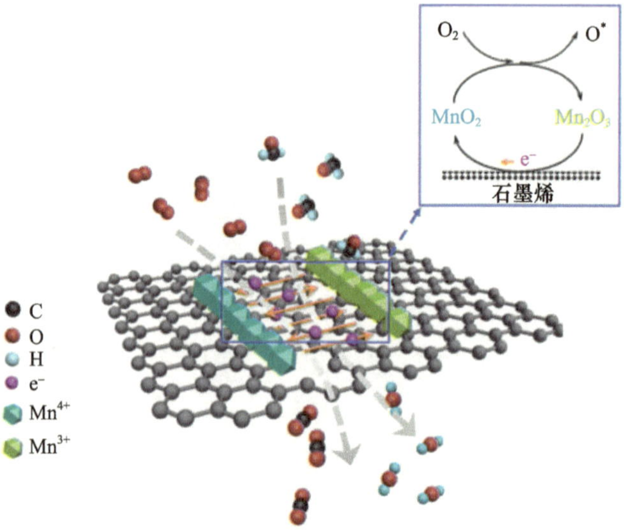

图1.9 石墨烯 - MnO_2 杂化纳米结构上甲醛催化氧化过程的推测路径[26]

1.3.5 光电探测器

由于高性能广谱光电探测器在成像、遥感、环境监测、天文探测、光度计和分析应用等各个领域均有重要的应用意义,其已成为相关领域的研究热点[24,106-109]。石墨烯具有较宽的入射光吸收波段,范围涵盖可见光到红外光再到太赫兹波段,是一种前景广阔的广谱光电探测材料。已有文献报道,基于场效应晶体管结构的零带隙单层或少层石墨烯基光电探测器,能够在电磁波谱的近红外和可见光波段工作。在近期的工作中,我们利用简单的滴落涂布法将氧化石墨烯纳米片的悬浮液涂覆在硅纳米线(SiNW)阵列顶部,并经过热处理,制备了 rGO - SiNW 阵列异质结,从而将两者的优势集成到单个光电探测器中[108]。该光电探测器在室温下对可见光(532nm)、近红外光(1064nm)、中红外光(10.6μm)和2.52THz 辐照(118.8μm)均具表现出光响应性。这一光响应活性范围(532nm ~ 118.8μm)是目前已报道的石墨烯基光电探测器所能达到的极限。在可见光和近红外光照射下,SiNW 阵列和 rGO 均会产生光致激发现象,进而表现出光响应性,其中 SiNW 阵列产生的光致激发能够使光电探测器的响应速度提高50%(图1.10)。在中红外光和太赫兹辐照下,光致激发现象仅发生在 rGO 上,并表现出光响应性。在这4种光辐射中,rGO - SiNW 阵列异质结光电探测器对中红外光表现出最高响应度,为9mA/W。该光电探测器能够对来自人体的红外辐射进行高灵敏度检测,有望应用于人体红外传感器。此外,rGO 纳米片的还原程度会显著影响光电探测器的响应度。这些结果表明,rGO - SiNW 阵列异质结在超广谱光电检测领域,尤其是中红外光区域存在广阔应用前景。

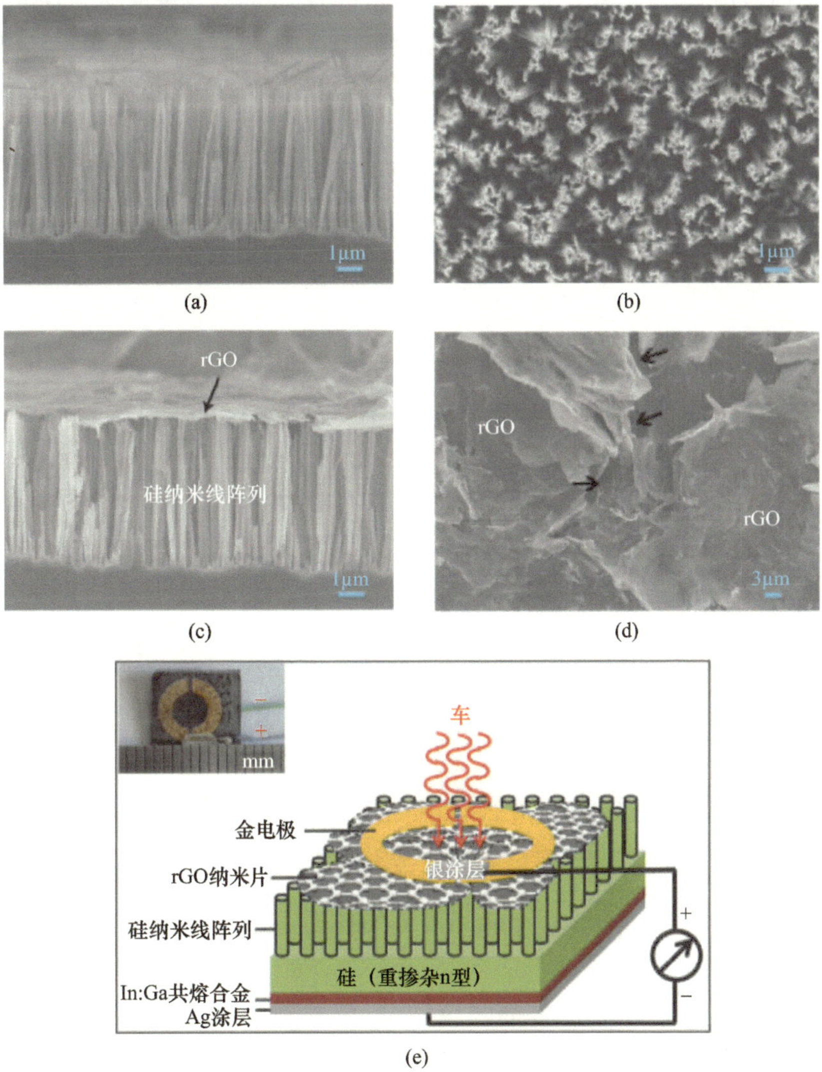

图 1.10　SiNW 阵列的 SEM 图像

(a)横截面;(b)俯视图,550℃进行热处理制备的 rGO－SiNW 阵列异质结的 SEM 图像;(c)截面图;(d)俯视图;(e)设备配置的示意图,插图为设备的实物照片(图像摘自文献[108])。

最近,我们采用层层自组装法将氧化石墨烯的乙醇悬浊液滴涂在预纹理化的基底上,随后进行热处理,制备了一种具有优异导电性、薄且紧凑的自支撑 rGO 薄膜[24]。在目前已报道的 rGO 中,自支撑 rGO 薄膜表现出最高的电导率(87100S/m),第二低的表面电阻(21.2Ω/m^2),中等的电子迁移率(16.7cm^2/(V·s))。基于自支撑 rGO 薄膜制备了完全悬浮的 rGO 光电探测器,与已报道的 rGO 光电探测器相比,其表现出最快的响应速度(约 100ms),甚至与 CVD 法和机械剥离法生产的石墨烯薄膜光电探测器不相上下。这项工作为制备高导电性 rGO 薄膜提供了新的途径,不仅促进了 rGO 薄膜本身的应用,还为其作为功能平台修饰量子点或活性分子打下了坚实基础,为其在电子、光电和传感设备领域拓展了应用前景。在另一项工作中,我们开发了一种以 rGO 厚膜为唯一活性成分的简易光电探测器(图1.11)[25]。这项工作首次证明了基底的移除能够显著增强rGO光电探测器的广谱光响应性。基底的移除阻塞了光激发载流子在常温条件下的冷却路径,从而在很大程度上增强了光热电效应。不同于先前报道的基底移除对单色光波响应性的增强,rGO薄膜器件基底的移除能够增强其从紫外到近红外的广谱光响应性。尤其是对于可见光,该光电探测器基底的移除不仅使其响应度提高了6倍以上,还使其性能超越了其他以石墨烯作为唯一活性成分的相应材料。

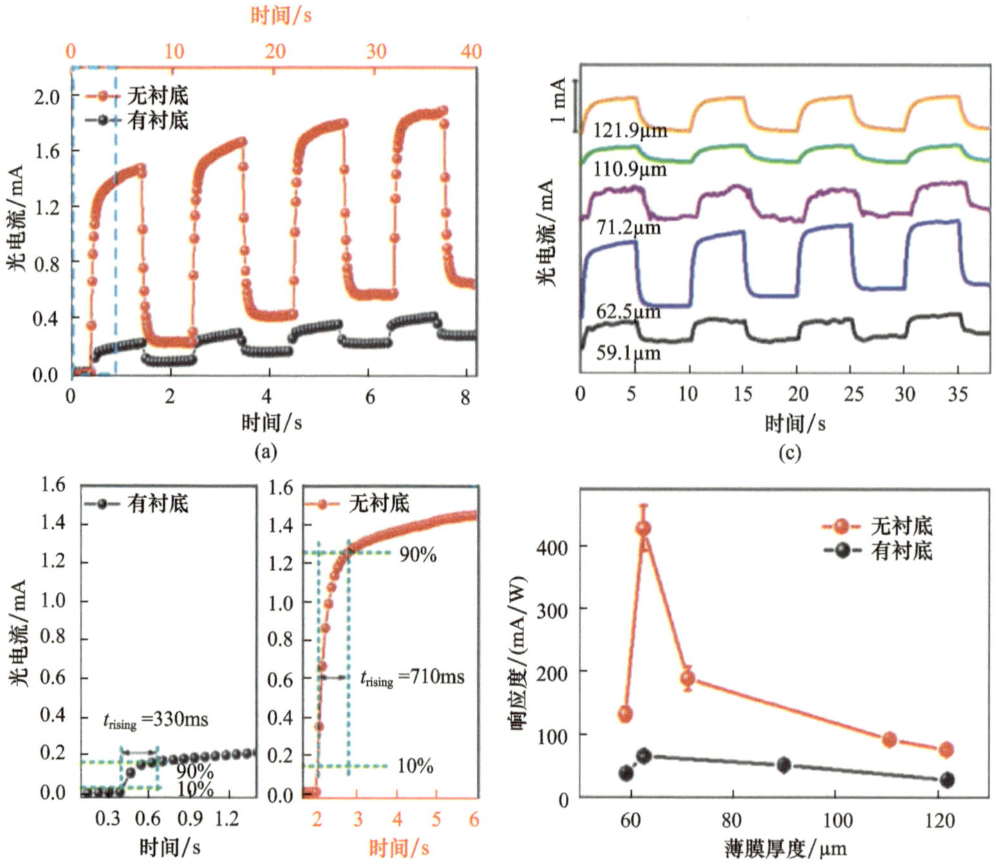

图1.11 自支撑rGO薄膜器件在波长532nm、光功率密度为0.28W/cm² 的光照射下的光响应性[25]
(a)62.5μm厚rGO薄膜自支撑和有支撑器件的光电流随时间变化;(b)62.5μm厚rGO薄膜的自支撑和有支撑器件的上升沿响应时间;(c)不同厚度rGO薄膜自支撑器件的光响应性;(d)自支撑和有支撑器件响应度与厚度的关系。数据点基于7个不同光响应周期的平均值。

1.4 结论与展望

石墨烯之所以引人注目,是因为其独特的单原子二维结构,以及良好的电学、热学、力学和光学性能。此外,石墨烯还具有优异的化学稳定性,并且能够实现可控的低成本规模化制备。因此,石墨烯是一种在能源和环境领域极具应用前景的材料。本章系统性地综述了石墨烯基材料的合成及其在太阳能电池光电极、超级电容器高性能电极、CO_2 光催化还原、有机污染物光降解,以及广谱光电探测器领域中的应用。

尽管已经取得了一定的研究成果,但石墨烯基材料在上述领域中的研究仍处于初始阶段,并且至少存在以下挑战:首先,不同的应用场景要求实现不同等级的石墨烯的大规模合成,这必须考虑其不同的结构(层数、大小、边缘基团等)和产量。例如,对于太阳能电池中的光阳极而言,CVD 法生长的大面积连续石墨烯薄膜是代替 ITO 透明电极的理想选择。而对于负载催化剂或活性成分用于光催化过程或超级电容,水溶性 rGO 纳米片更胜一筹。其次,除了实验性研究之外,石墨烯基材料在能源和环境相关系统中的作用机理亟待进一步了解和挖掘,先进的理论研究成果有助于理解和预测与之相关的新特性。理论模型与先进实验技术相结合的合理设计将极大程度地促进石墨烯在能源和环境领域中的应用研究。最后,尽管科研成果已经表明石墨烯在不同应用领域均具备极佳的潜力优势,但石墨烯基材料的商品化开发还有很长的路要走,目前尚缺乏合理的时间规划以确定相关产品何时能够惠及用户和消费者。不过可以确信的是,石墨烯基材料的开发与应用必将为未来的能源和环境领域带来巨大的进步。

参考文献

[1] Jiang, C., Jing, L., Huang, X., Liu, M., Du, C., Liu, T. et al., Enhanced solar cell conversionefficiency of InGaN/GaN multiple quantum wells by piezo - phototronic effect. *ACS Nano*, 11, 9405 - 9412, 2017.

[2] Yun, J., Yeo, J., Kim, J., Jeong, H., Kim, D., Noh, Y. et al., Solution - processable reduced graphemeoxide as a novel alternative to PEDOT:PSS hole transport layers for highly efficient and stablepolymer solar cells. *Adv. Mater.*, 23, 4923 - 4928, 2011.

[3] Aeineh, N., Barea, E. M., Behjat, A., Sharifi, N., Mora - Seró, I., Inorganic surface engineering toenhance perovskite solar cell efficiency. *ACS Appl. Mater. Interfaces*, 9, 13181 - 13187, 2017.

[4] Krantz, J., Richter, M., Spallek, S., Spiecker, E., Brabec, C. J., Solution - processed metallic nanowireelectrodes as indium tin oxide replacement for thin - film solar cells, *Adv. Funct. Mater.*, 21, 4784 - 4787, 2011.

[5] Wang, X., Zhi, L., Tsao, N., Tomović, Ž., Li, J., Mullen, K., Transparent carbon films as electrodesin organic solar cells. *Angew. Chem. Int. Ed.*, 47, 2990 - 2992, 2008.

[6] Zhang, H., Lv, X., Li, Y., Wang, Y., Li, J., P25 - graphene composite as a high performance photocatalyst. *ACS Nano*, 4, 380 - 386, 2010.

[7] Chen, S., Zhu, J., Wu, X., Han, Q., Wang, X., Graphene oxide - MnO_2 nanocomposites for supercapacitors. *ACS Nano*, 4, 2822 - 2830, 2010.

[8] Wang, S., Liu, N., Su, J., Li, L., Long, F., Zou, Z. et al., Highly stretchable and self - healable supercapacitorwith reduced graphene oxide based fiber springs. *ACS Nano*, 11, 2066 - 2074, 2017.

[9] Ma, L., Liu, R., Niu, H., Xing, L., Liu, L., Huang, Y., Flexible and freestanding supercapacitorelectrodes based on nitrogen - doped carbon networks/graphene/bacterial cellulose with ultrahighareal capacitance. *ACS Appl. Mater. Interfaces*, 8, 33608 - 33618, 2016.

[10] Gupta Chatterjee, S., Chatterjee, S., Ray, A. K., Chakraborty, A. K., Graphene - metal oxide nanohybridsfor toxic gas sensor: A review. *Sens. Actuators B: Chem.*, 221, 1170 - 1181, 2015.

[11] Varghese, S. S., Lonkar, S., Singh, K. K., Swaminathan, S., Abdala, A., Recent advances ingraphene based gas sensors. *Sens. Actuators B: Chem.*, 218, 160 - 183, 2015.

[12] Wang, C., Feng, C., Wang, M., Li, X., Cheng, P., Zhang, H. et al., One – pot synthesis of hierarchical-WO_3 hollow nanospheres and their gas sensing properties. *RSC Adv.*, 5, 29698 – 29703, 2015.

[13] Zhang, J., Liu, X., Neri, G., Pinna, N., Nanostructured materials for room – temperature gas sensors, *Adv. Mater.*, 28, 795 – 831, 2016.

[14] Tripathi, K. M., Kim, T., Losic, D., Tung, T. T., Recent advances in engineered graphene andcomposites for detection of volatile organic compounds (VOCs) and non – invasive diseasesdiagnosis. *Carbon*, 110, 97 – 129, 2016.

[15] Novoselov, K. S., Geim, A. K., Morozov, S. V., Jiang, D., Zhang, Y., Dubonos, S. V. et al., Electricfield effect in atomically thin carbon films. *Science*, 306, 666 – 669, 2004.

[16] Mayorov, A. S., Gorbachev, R. V., Morozov, S. V., Britnell, L., Jalil, R., Ponomarenko, L. A. et al., Micrometer – scale ballistic transport in encapsulated graphene at room temperature. *NanoLett.*, 11, 2396 – 2399, 2011.

[17] Nair, R. R., Blake, P., Grigorenko, A. N., Novoselov, K. S., Booth, T. J., Stauber, T. et al., Fine structureconstant defines visual transparency of graphene. *Science*, 320, 1308 – 1308, 2008.

[18] Stoller, M. D., Park, S., Zhu, Y., An, J., Ruoff, R. S., Graphene – based ultracapacitors. *Nano Lett.*, 8, 3498 – 3502, 2008.

[19] Lee, C., Wei, X., Kysar, J. W., Hone, J., Measurement of the elastic properties and intrinsicstrength of monolayer graphene. *Science*, 321, 385 – 388, 2008.

[20] Balandin, A. A., Thermal properties of graphene and nanostructured carbon materials. *Nat. Mater.*, 10, 569, 2011.

[21] Zhu, J. and He, J., Facile synthesis of graphene – wrapped honeycomb MnO_2 nanospheres andtheir application in supercapacitors. *ACS Appl. Mater. Interfaces*, 4, 1770 – 1776, 2012.

[22] Tu, W., Zhou, Y., Liu, Q., Tian, Z., Gao, J., Chen, X. et al., Robust hollow spheres consisting ofalternating titania nanosheets and graphene nanosheets with high photocatalytic activity for CO_2 conversion into renewable fuels. *Adv. Funct. Mater.*, 22, 1215 – 1221, 2012.

[23] Liu, Y., Yu, D., Zeng, C., Miao, Z., Dai, L., Biocompatible graphene oxide – based glucose biosensors. *Langmuir*, 26, 6158 – 6160, 2010.

[24] Yang, H., Cao, Y., He, J., Zhang, Y., Jin, B., Sun, J. – L. et al., Highly conductive free – standingreduced graphene oxide thin films for fast photoelectric devices. *Carbon*, 115, 561 – 570, 2017.

[25] Tian, H., Cao, Y., Sun, J., He, J., Enhanced broadband photoresponse of substrate – free reducedgraphene oxide photodetectors. *RSC Adv.*, 7, 46536 – 46544, 2017.

[26] Lu, L., Tian, H., He, J., Yang, Q., Graphene – MnO_2 hybrid nanostructure as a new catalyst forformaldehyde oxidation. *J. Phys. Chem. C*, 120, 23660 – 23668, 2016.

[27] Rezapour, M. R., Myung, C. W., Yun, J., Ghassami, A., Li, N., Yu, S. U. et al., Graphene andgraphene analogs toward optical, electronic, spintronic, green – chemical, energy – material, sensing, and medical applications. *ACS Appl. Mater. Interfaces*, 9, 24393 – 24406, 2017.

[28] Wang, M., Duan, X., Xu, Y., Duan, X., Functional three – dimensional graphene/polymer composites. *ACS Nano*, 10, 7231 – 7247, 2016.

[29] Li, X., Cai, W., An, J., Kim, S., Nah, J., Yang, D. et al., Large – area synthesis of high – quality anduniform graphene films on copper foils. *Science*, 324, 1312 – 1314, 2009.

[30] Emtsev, K. V., Bostwick, A., Horn, K., Jobst, J., Kellogg, G. L., Ley, L. et al., Towards wafer – sizegraphene layers by atmospheric pressure graphitization of silicon carbide. *Nat. Mater.*, 8, 203, 2009.

[31] Jin, Z., Sun, Z., Simpson, L. J., O'Neill, K. J., Parilla, P. A., Li, Y. et al., Solution – phase synthesis ofhet-

eroatom – substituted carbon scaffolds for hydrogen storage. *J. Am. Chem. Soc.* ,132,15246 – 15251,2010.

[32] Hummers, W. S. and Offeman, R. E. , Preparation of graphitic oxide. *J. Am. Chem. Soc.* , 80, 1339 – 1339,1958.

[33] Kosynkin,D. V. ,Higginbotham,A. L. ,Sinitskii,A. ,Lomeda,J. R. ,Dimiev,A. ,Price,B. K. et al. ,Longitudinal unzipping of carbon nanotubes to form graphene nanoribbons. *Nature*,458,872,2009.

[34] Jiao,L. ,Zhang,L. ,Wang,X. ,Diankov,G. ,Dai,H. ,Narrow graphene nanoribbons from carbonnanotubes. *Nature*,458,877,2009.

[35] Elías, A. L. , Botello – Méndez, A. R. , Meneses – Rodríguez, D. , Jehová González, V. , Ramirez – González,D. ,Ci,L. et al. ,Longitudinal cutting of pure and doped carbon nanotubes to formgraphitic nanoribbons using metal clusters as nanoscalpels. *Nano Lett.* ,10,366 – 372,2010.

[36] Lee,S. – K. ,Rana,K. ,Ahn,J. – H. ,Graphene films for flexible organic and energy storage devices. *J. Phys. Chem. Lett.* ,4,831 – 841,2013.

[37] Qiu,J. ,Zhang,P. ,Ling,M. ,Li,S. ,Liu,P. ,Zhao,H. et al. ,Photocatalytic synthesis of TiO_2 andreduced graphene oxide nanocomposite for lithium ion battery. *ACS Appl. Mater. Interfaces*,4,3636 – 3642,2012.

[38] Gong,X. ,Liu,G. ,Li,Y. ,Yu,D. Y. W. ,Teoh,W. Y. ,Functionalized – graphene composites:Fabricationand applications in sustainable energy and environment. *Chem. Mater.* ,28,8082 – 8118,2016.

[39] Wang,D. ,Kou,R. ,Choi,D. ,Yang,Z. ,Nie,Z. ,Li,J. et al. ,Ternary self – assembly of ordered metaloxide – graphene nanocomposites for electrochemical energy storage. *ACS Nano*,4,1587 – 1595,2010.

[40] Liu,J. ,Fu,S. ,Yuan,B. ,Li,Y. ,Deng,Z. ,Toward a universal "adhesive nanosheet" for the assemblyof multiple nanoparticles based on a protein – induced reduction/decoration of graphemeoxide. *J. Am. Chem. Soc.* ,132,7279 – 7281,2010.

[41] Loh, K. P. , Tong, S. W. , Wu, J. , Graphene and graphene – like molecules: Prospects in solar cells. *J. Am. Chem. Soc.* ,138,1095 – 1102,2016.

[42] Park,J. S. ,Cho,S. M. ,Kim,W. – J. ,Park,J. ,Yoo,P. J. ,Fabrication of graphene thin films basedon layer – by – layer self – assembly of functionalized graphene nanosheets. *ACS Appl. Mater. Interfaces*,3,360 – 368,2011.

[43] Geng,J. and Jung,H. – T. ,Porphyrin functionalized graphene sheets in aqueous suspensions:From the preparation of graphene sheets to highly conductive graphene films. *J. Phys. Chem. C*, 114, 8227 – 8234,2010.

[44] Shim,D. ,Jung,S. – H. ,Han,S. Y. ,Shin,K. ,Lee,K. – H. ,Han,J. H. ,Improvement of SWCNT transparentconductive films via transition metal doping. *Chem. Commun.* ,47,5202 – 5204,2011.

[45] Hong,J. – Y. ,Shin,K. – Y. ,Kwon,O. S. ,Kang,H. ,Jang,J. ,A strategy for fabricating single layergraphene sheets based on a layer – by – layer self – assembly. *Chem. Commun.* ,47,7182 – 7184,2011.

[46] Zhu,J. and He,J. ,Assembly and benign step – by – step post – treatment of oppositely chargedreduced graphene oxides for transparent conductive thin films with multiple applications. *Nanoscale*,4,3558 – 3566,2012.

[47] Wang,Y. ,Chen,X. ,Zhong,Y. ,Zhu,F. ,Loh,K. P. ,Large area,continuous,few – layered graphemeas anodes in organic photovoltaic devices. *Appl. Phys. Lett.* ,95,063302,2009.

[48] Sun,Y. ,Welch,G. C. ,Leong,W. L. ,Takacs,C. J. ,Bazan,G. C. ,Heeger,A. J. ,Solution – processedsmall – molecule solar cells with 6.7% efficiency. *Nat. Mater.* ,11,44,2011.

[49] Liu,Z. ,Liu,Q. ,Huang,Y. ,Ma,Y. ,Yin,S. ,Zhang,X. et al. ,Organic photovoltaic devices basedon a novel acceptor material:Graphene. *Adv. Mater.* ,20,3924 – 3930,2008.

[50] Li,S. – S. ,Tu,K. – H. ,Lin,C. – C. ,Chen,C. – W. ,Chhowalla,M. ,Solution – processable graphemeo-

xide as an efficient hole transport layer in polymer solar cells. *ACS Nano*, 4, 3169 – 3174, 2010.

[51] Cao, Y., He, J., Zhu, J., Sun, J., Fabrication of carbon nanotube/silicon nanowire array heterojunctions-and their silicon nanowire length dependent photoresponses. *Chem. Phys. Lett.*, 501, 461 – 465, 2011.

[52] Li, X., Zhu, H., Wang, K., Cao, A., Wei, J., Li, C. et al., Graphene – on – silicon Schottky junctionsolar cells. *Adv. Mater.*, 22, 2743 – 2748, 2010.

[53] Sun, Y., Wu, Q., Shi, G., Graphene based new energy materials. *Energy Environ. Sci.*, 4, 1113 – 1132, 2011.

[54] Huang, X., Qi, X., Boey, F., Zhang, H., Graphene – based composites. *Chem. Soc. Rev.*, 41, 666 – 686, 2012.

[55] Sahoo, N. G., Pan, Y., Li, L., Chan, S. H., Graphene – based materials for energy conversion. *Adv. Mater.*, 24, 4203 – 4210, 2012.

[56] Yoo, J. J., Balakrishnan, K., Huang, J., Meunier, V., Sumpter, B. G., Srivastava, A. et al., Ultrathinplanar graphene supercapacitors. *Nano Lett.*, 11, 1423 – 1427, 2011.

[57] Mishra, A. K. and Ramaprabhu, S., Functionalized graphene – based nanocomposites for supercapacitorapplication. *J. Phys. Chem. C*, 115, 14006 – 14013, 2011.

[58] Wei, W., Cui, X., Chen, W., Ivey, D. G., Manganese oxide – based materials as electrochemicalsupercapacitor electrodes. *Chem. Soc. Rev.*, 40, 1697 – 1721, 2011.

[59] Mu, J., Chen, B., Guo, Z., Zhang, M., Zhang, Z., Zhang, P. et al., Highly dispersed Fe_3O_4 nanosheets on one – dimensional carbon nanofibers: Synthesis, formation mechanism, and electrochemicalperformance as supercapacitor electrode materials. *Nanoscale*, 3, 5034 – 5040, 2011.

[60] Wang, Y. – T., Lu, A. – H., Zhang, H. – L., Li, W. – C., Synthesis of nanostructured mesoporous manganeseoxides with three – dimensional frameworks and their application in supercapacitors. *J. Phys. Chem. C*, 115, 5413 – 5421, 2011.

[61] Chen, H. and He, J., Facile synthesis of monodisperse manganese oxide nanostructures andtheir application in water treatment. *J. Phys. Chem. C*, 112, 17540 – 17545, 2008.

[62] Chen, H., He, J., Zhang, C., He, H., Self – assembly of novel mesoporous manganese oxide nanostructuresand their application in oxidative decomposition of formaldehyde. *J. Phys. Chem. C*, 111, 18033 – 18038, 2007.

[63] Lee, H., Kang, J., Cho, M. S., Choi, J. – B., Lee, Y., MnO_2/graphene composite electrodes for supercapacitors: The effect of graphene intercalation on capacitance. *J. Mater. Chem.*, 21, 18215 – 18219, 2011.

[64] Lei, Z., Shi, F., Lu, L., Incorporation of MnO_2 – coated carbon nanotubes between graphemesheets as supercapacitor electrode. *ACS Appl. Mater. Interfaces*, 4, 1058 – 1064, 2012.

[65] Li, Z., Mi, Y., Liu, X., Liu, S., Yang, S., Wang, J., Flexible graphene/MnO_2 composite papers forsupercapacitor electrodes. *J. Mater. Chem.*, 21, 14706 – 14711, 2011.

[66] Mao, L., Zhang, K., On Chan, H. S., Wu, J., Nanostructured MnO_2/graphene composites forsupercapacitor electrodes: The effect of morphology, crystallinity and composition. *J. Mater. Chem.*, 22, 1845 – 1851, 2012.

[67] Yan, J., Wei, T., Qiao, W., Shao, B., Zhao, Q., Zhang, L. et al., Rapid microwave – assisted synthesisof graphene nanosheet/Co_3O_4 composite for supercapacitors. *Electrochim. Acta*, 55, 6973 – 6978, 2010.

[68] Xu, J., Wang, K., Zu, S. – Z., Han, B. – H., Wei, Z., Hierarchical nanocomposites of polyanilinenanowire arrays on graphene oxide sheets with synergistic effect for energy storage. *ACS Nano*, 4, 5019 – 5026, 2010.

[69] Kumar, S., Kaushik, S., Pratap, R., Raghavan, S., Graphene on paper: A simple, low – cost chemicalsens-

ing platform. *ACS Appl. Mater. Interfaces*, 7, 2189 – 2194, 2015.

[70] Yavari, F. and Koratkar, N., Graphene – based chemical sensors. *J. Phys. Chem. Lett.*, 3, 1746 – 1753, 2012.

[71] Deng, S., Tjoa, V., Fan, H. M., Tan, H. R., Sayle, D. C., Olivo, M. et al., Reduced graphene oxideconjugated Cu_2O nanowire mesocrystals for high – performance NO_2 gas sensor. *J. Am. Chem. Soc.*, 134, 4905 – 4917, 2012.

[72] Schedin, F., Geim, A. K., Morozov, S. V., Hill, E. W., Blake, P., Katsnelson, M. I. et al., Detection ofindividual gas molecules adsorbed on graphene. *Nat. Mater.*, 6, 652 – 655, 2007.

[73] Ko, G., Kim, H. Y., Ahn, J., Park, Y. M., Lee, K. Y., Kim, J., Graphene – based nitrogen dioxide gassensors. *Curr. Appl. Phys.*, 10, 1002 – 1004, 2010.

[74] Yoon, H. J., Jun, D. H., Yang, J. H., Zhou, Z., Yang, S. S., Cheng, M. M. – C., Carbon dioxide gassensor using a graphene sheet. *Sens. Actuators B: Chem.*, 157, 310 – 313, 2011.

[75] Rumyantsev, S., Liu, G., Shur, M. S., Potyrailo, R. A., Balandin, A. A., Selective gas sensing with asingle pristine graphene transistor. *Nano Lett.*, 12, 2294 – 2298, 2012.

[76] Wiederoder, M. S., Nallon, E. C., Weiss, M., McGraw, S. K., Schnee, V. P., Bright, C. J. et al., Graphene nanoplatelet – polymer chemiresistive sensor arrays for the detection and discriminationof chemical warfare agent simulants. *ACS Sens.*, 2, 1669 – 1678, 2017.

[77] Ganhua, L., Leonidas, E. O., Junhong, C., Reduced graphene oxide for room – temperature gassensors. *Nanotechnology*, 20, 445502, 2009.

[78] Wang, J., Singh, B., Park, J. – H., Rathi, S., I. – Y. Lee, S. et al., Dielectrophoresis of graphene oxidenanostructures for hydrogen gas sensor at room temperature. *Sens. Actuators B: Chem.*, 194, 296 – 302, 2014.

[79] Yang, M. and He, J., Graphene oxide as quartz crystal microbalance sensing layers for detectionof formaldehyde. *Sens. Actuators B: Chem.*, 228, 486 – 490, 2016.

[80] Lipatov, A., Varezhnikov, A., Wilson, P., Sysoev, V., Kolmakov, A., Sinitskii, A., Highly selectivegas sensor arrays based on thermally reduced graphene oxide. *Nanoscale*, 5, 5426 – 5434, 2013.

[81] Lu, G., Park, S., Yu, K., Ruoff, R. S., Ocola, L. E., Rosenmann, D. et al., Toward practical gassensing with highly reduced graphene oxide: A new signal processing method to circumventrun – to – run and device – to – device variations. *ACS Nano*, 5, 1154 – 1164, 2011.

[82] Robinson, J. T., Perkins, F. K., Snow, E. S., Wei, Z., Sheehan, P. E., Reduced graphene oxide molecularsensors. *Nano Lett.*, 8, 3137 – 3140, 2008.

[83] Fowler, J. D., Allen, M. J., Tung, V. C., Yang, Y., Kaner, R. B., Weiller, B. H., Practical chemical sensorsfrom chemically derived graphene. *ACS Nano*, 3, 301 – 306, 2009.

[84] Nantao, H., Zhi, Y., Yanyan, W., Liling, Z., Ying, W., Xiaolu, H. et al., Ultrafast and sensitive roomtemperature NH_3 gas sensors based on chemically reduced graphene oxide. *Nanotechnology*, 25, 025502, 2014.

[85] Hussain, T., Panigrahi, P., Ahuja, R., Enriching physisorption of H_2S and NH_3 gases on agraphane sheet by doping with Li adatoms. *Phys. Chem. Chem. Phys.*, 16, 8100 – 8105, 2014.

[86] Niu, F., Tao, L. – M., Deng, Y. – C., Wang, Q. – H., Song, W. – G., Phosphorus doped graphemenanosheets for room temperature NH_3 sensing. *New J. Chem.*, 38, 2269 – 2272, 2014.

[87] Niu, F., Liu, J. – M., Tao, L. – M., Wang, W., Song, W. – G., Nitrogen and silica co – doped graphemenanosheets for NO_2 gas sensing. *J. Mater. Chem. A*, 1, 6130 – 6133, 2013.

[88] Kaniyoor, A., Imran Jafri, R., Arockiadoss, T., Ramaprabhu, S., Nanostructured Pt decoratedgraphene and multi walled carbon nanotube based room temperature hydrogen gas sensor. *Nanoscale*, 1, 382 – 386, 2009.

[89] Li, W., Geng, X., Guo, Y., Rong, J., Gong, Y., Wu, L. et al., Reduced graphene oxide electricallycontacted graphene sensor for highly sensitive nitric oxide detection. *ACS Nano*, 5, 6955 – 6961, 2011.

[90] Pak, Y., Kim, S. – M., Jeong, H., Kang, C. G., Park, J. S., Song, H. et al., Palladium – decorated hydrogengassensors using periodically aligned graphene nanoribbons. *ACS Appl. Mater. Interfaces*, 6, 13293 – 13298, 2014.

[91] Huang, L., Wang, Z., Zhang, J., Pu, J., Lin, Y., Xu, S. et al., Fully printed, rapid – response sensorsbased on chemically modified graphene for detecting NO_2 at room temperature. *ACS Appl. Mater. Interfaces*, 6, 7426 – 7433, 2014.

[92] Zhou, L., Shen, F., Tian, X., Wang, D., Zhang, T., Chen, W., Stable Cu_2O nanocrystals grown onfunctionalized graphene sheets and room temperature H_2S gas sensing with ultrahigh sensitivity. *Nanoscale*, 5, 1564 – 1569, 2013.

[93] Liu, S., Yu, B., Zhang, H., Fei, T., Zhang, T., Enhancing NO_2 gas sensing performances at roomtemperature based on reduced graphene oxide – ZnO nanoparticles hybrids. *Sens. Actuators B: Chem.*, 202, 272 – 278, 2014.

[94] Zhang, H., Feng, J., Fei, T., Liu, S., Zhang, T., SnO_2 nanoparticles – reduced graphene oxidenanocomposites for NO_2 sensing at low operating temperature. *Sens. Actuators B: Chem.*, 190, 472 – 478, 2014.

[95] Meng, H., Yang, W., Ding, K., Feng, L., Guan, Y., Cu_2O nanorods modified by reduced graphemeoxide for NH_3 sensing at room temperature. *J. Mater. Chem. A*, 3, 1174 – 1181, 2015.

[96] Zhang, D., Liu, A., Chang, H., Xia, B., Room – temperature high – performance acetone gas sensorbased on hydrothermal synthesized SnO_2 – reduced graphene oxide hybrid composite. *RSCAdv.*, 5, 3016 – 3022, 2015.

[97] Su, P. – G. and Peng, S. – L., Fabrication and NO_2 gas – sensing properties of reduced graphemeoxide/ WO_3 nanocomposite films. *Talanta*, 132, 398 – 405, 2015.

[98] Wang, C., Zhu, J., Liang, S., Bi, H., Han, Q., Liu, X. et al., Reduced graphene oxide decoratedwith CuO – ZnO hetero – junctions: Towards high selective gas – sensing property to acetone. *J. Mater. Chem. A*, 2, 18635 – 18643, 2014.

[99] Allen, M. J., Tung, V. C., Kaner, R. B., Honeycomb carbon: A review of graphene. *Chem. Rev.*, 110, 132 – 145, 2010.

[100] Mao, S., Cui, S., Lu, G., Yu, K., Wen, Z., Chen, J., Tuning gas – sensing properties of reducedgraphene oxide using tin oxide nanocrystals. *J. Mater. Chem.*, 22, 11009 – 11013, 2012.

[101] Cui, S., Wen, Z., Mattson, E. C., Mao, S., Chang, J., Weinert, M. et al., Indium – doped SnO_2 nanoparticle – graphene nanohybrids: Simple one – pot synthesis and their selective detection of NO_2. *J. Mater. Chem. A*, 1, 4462 – 4467, 2013.

[102] Shubhda, S., Kiran, J., Singh, V. N., Sukhvir, S., Vijayan, N., Nita, D. et al., Faster response of NO_2 sensing in graphene – WO_3 nanocomposites. *Nanotechnology*, 23, 205501, 2012.

[103] Choi, S. – J., Ryu, W. – H., Kim, S. – J., Cho, H. – J., Kim, I. – D., Bi – functional co – sensitization of graphene oxide sheets and Ir nanoparticles on p – type Co_3O_4 nanofibers for selective acetonedetection. *J. Mater. Chem. B*, 2, 7160 – 7167, 2014.

[104] Liang, Y. T., Vijayan, B. K., Gray, K. A., Hersam, M. C., Minimizing graphene defects enhancestitania nanocomposite – based photocatalytic reduction of CO_2 for improved solar fuel production. *Nano Lett.*, 11, 2865 – 2870, 2011.

[105] Lee, J. S., You, K. H., Park, C. B., Highly photoactive, low bandgap TiO_2 nanoparticles wrappedby graphene. *Adv. Mater.*, 24, 1084 – 1088, 2012.

[106] Withers, F. , Bointon, T. H. , Craciun, M. F. , Russo, S. , All - graphene photodetectors. *ACS Nano*, 7, 5052 - 5057, 2013.

[107] Cao, Y. , Zhu, J. , Xu, J. , He, J. , Tunable near - infrared photovoltaic and photoconductive propertiesof reduced graphene oxide thin films by controlling the number of reduced graphene oxidebilayers. *Carbon*, 77, 1111 - 1122, 2014.

[108] Cao, Y. , Zhu, J. , Xu, J. , He, J. , Sun, J. , Wang, Y. et al. , Ultra - broadband photodetector for thevisible to terahertz range by self - assembling reduced graphene oxide - silicon nanowire arrayheterojunctions. *Small*, 10, 2345 - 2351, 2014.

[109] Hong, Q. , Cao, Y. , Xu, J. , Lu, H. , He, J. , Sun, J. - L. , Self - powered ultrafast broadband photodetectorbased on p - n heterojunctions of CuO/Si nanowire array. *ACS Appl. Mater. Interfaces*, 6, 20887 - 20894, 2014.

第2章 机械加工领域中的石墨烯纳米润滑剂

Aakash Niraula, Ashutosh Khatri, Muhammad P. Jahan
美国俄亥俄州牛津迈阿密大学机械与制造工程系

摘 要 近年来,纳米润滑剂在各种加工形式中的应用显著增加。纳米润滑剂在常规溢流冷却剂加工中与载体切削液混合,或者在最小量润滑(MQL)加工中以纳米流体的形式使用。石墨烯是一种二维材料,除了具有优异的导热性和力学性能外,还具有独特的摩擦和磨损性能,因此在机械加工中用作润滑剂。石墨烯的超低摩擦和超薄结构使其成为机械加工中理想的润滑剂,能够进入切削工具-工件界面。石墨烯润滑剂通过进入工具-工件和工具-芯片界面的狭窄间隙,降低摩擦和摩擦产生的热量,从而减少工具磨损,降低工件的表面粗糙度。此外,石墨烯在工具-工件界面处的优异导热性促进了工具尖端的散热,并且提供了防止材料在高温下从工具尖端扩散的保护涂层,从而提高了工具寿命。还有报道称,石墨烯添加剂增强了润滑剂的润湿性,降低了加工过程中的表面摩擦。本章旨在介绍最近关于石墨烯纳米润滑剂在各种加工形式中的应用的研究工作,包括宏观和微观的车削、铣削和磨削。对影响加工性能的石墨烯性能进行了简要综述。此外,还研究分析了石墨烯的各种性质对加工性能的影响,以降低加工过程中的切削力和刀尖温度。最后,对石墨烯纳米润滑剂在机械加工中应用的研究趋势和未来研究范围进行了展望。

关键词 石墨烯,纳米润滑剂,机械加工,MQL,刀具磨损,切削力

2.1 概述

石墨烯是一种半金属,广泛应用于医药、太阳能、电子、传感器和许多其他工业领域。石墨烯以轻质、柔韧性和高导热和导电性而闻名。石墨烯是由 sp^2 杂化碳原子组成的同素异形体,碳原子以六角结构排列。石墨烯的拉伸强度为130GPa,弹性模量为1TPa[1]。石墨烯是具有2D结构的单层,碳原子距离为0.142nm[2]。这种独特的石墨烯结构允许合成许多3D结构。

目前存在许多形式的石墨烯,如氧化石墨烯、石墨烯纳米片和多层石墨烯。氧化石墨烯通过石墨烯的氧化制备。氧化石墨烯保留了石墨的结构。但是,氧化石墨烯的比石墨烯厚。氧化石墨烯的厚度使得氧化石墨烯具有亲水性。氧化石墨烯还具有显著的力学和热性能。氧化石墨烯的热导率为5800W/(m·K)[3]。氧化石墨烯的优异性能使其可用于光学和太阳能、触摸屏、生物传感器等领域。其他形式的石墨烯有还原氧化石墨烯

(rGO)和石墨烯纳米片(GnP),rGO通常通过化学还原、热还原和电化学还原制备,具有较高的电导率,而石墨烯纳米片的污染更少,价格更低[4]。

机械加工是制造零件和结构的常见的方法之一,是汽车、航空航天和生物医学行业中广泛使用的制造工艺之一,用于制造具有低表面粗糙度和高精度的复杂3D零件。该方法存在常规和非常规加工工艺。常规的加工指车削、铣削、钻孔等,其中使用切削工具生产部件,而诸如放电加工、电化学加工和激光加工的非常规加工在工具和工件之间没有直接接触。常规的机械加工具有挑战性,因为其需要工具来从工件上去除材料。医药、生物技术、航空电子、汽车和光学是机械加工的一些工业应用。因此,表面粗糙度、刀具磨损和加工后工件力学性能的持久性在制造产品中同样重要,因为热能和应力会降低加工产品的质量[5]。切削液在提高加工性能方面具有重要作用。冷却和润滑共同使用防止开裂、表面粗糙、热烧伤和结晶。切削液可以在加工过程中使用如溢流冷却和最小量润滑的技术进行配置。在使用切削液时,必须考虑资金和环境的问题[6]。传统的溢流冷却由于流体的高使用率而变得昂贵。然而,最小量润滑可使流体更好地渗透到加工表面[7]。因此,在合适的切削液介质和方法中用合适的石墨烯类型的最小量润滑来代替溢流冷却剂。近年来,纳米润滑剂在MQL中的应用已成为一个重要的研究趋势。研究人员已经尝试了各种具有润滑性能的纳米粒子,如铜(Cu)、银(Ag)、氮化硼(BN)、金刚石、碳纳米管和石墨烯纳米粒子。

本章的目的是全面回顾石墨烯及其衍生物作为纳米润滑剂在各种形式的加工过程中应用的研究工作。在本章开头讨论了石墨烯的摩擦学性质,这些性质决定石墨烯在MQL体系中的有效性方面起着重要的作用。石墨烯的应用在传统的加工工艺中特别有效,因为石墨烯的润滑特性可以减少刀具与工件之间的摩擦,从而减少刀具的磨损,降低表面粗糙度。本章讨论了石墨烯在常规加工和非常规加工中的应用,主要介绍了石墨烯在摩擦学和机械加工应用方面的研究工作的关键信息。最后,对石墨烯在加工过程中的应用研究提出了建议。

2.2 石墨烯纳米润滑剂的摩擦学测试

摩擦学测试常用于检测工件与界面的能量效率和表面性质。为了确定石墨烯纳米粒子在包括机械加工在内的各种应用中的润滑有效性,对石墨烯纳米粒子进行了摩擦学测试。加工结果在很大程度上受系统、工具和润滑剂内的兼容性影响。因此,摩擦学测试是研究工件摩擦、形态和化学性能变化的良好方法。Golchin等[8]研究了在水中使用钴铬(Co-Cr)盘添加多壁碳纳米管(MWCNT)和氧化石墨烯对超高分子量聚乙烯(UHMWPE)的影响;使用0.5%的氧化石墨烯。添加GO后,摩擦系数无明显变化。然而,磨损率显著降低,特别是在未处理的UHMWPE中。GO的加入影响了聚合物的力学性能,尤其是在辅助聚合物结晶方面。

石墨烯及其形式可以用不同的方法制备。Liang等[9]用水中的原位石墨烯作为润滑剂,比较添加剂对氧化石墨烯的效果。在摩擦学研究中使用了3种不同的石墨烯浓度和轴承钢。图2.1显示了摩擦测试中使用的不同润滑剂的摩擦系数(FC)、磨斑直径(WSD)和磨损体积(WV)的比较。石墨烯添加剂表现出较低的摩擦系数,且大小随石墨烯浓度的增加而大幅提高。磨斑直径也比平均值减少了61.8%。实验发现,原位石墨烯提供的结果比氧化石墨烯更好。拉曼光谱的使用得出结论,氧化铁的石墨烯形成降低了氧化过程。在

15N 的载荷下，石墨烯具有较低的摩擦系数和磨斑直径。然而，转速的增加提供了不稳定的摩擦系数结果。总之，石墨烯作为添加剂，即使在极端条件下也能提供更好的抗磨能力。

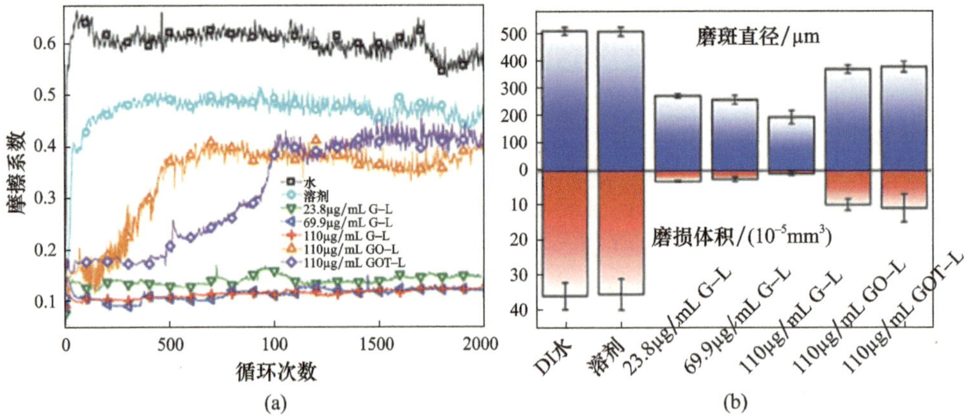

图 2.1 (a)FC 曲线；(b)不同润滑剂的 WSD 和 WV。所有试验均在 2N 正常负荷下进行[9]

Meng 等[10]研究了 Cu/GO 复合材料作为石蜡油中的润滑添加剂。采用超临界二氧化碳($ScCO_2$)制备了 Cu/GO，并与 GO、纳米 Cu 和未原位沉积的 Cu/GO 进行了比较。采用带钢球的四球摩擦磨损实验机对其摩擦学性能进行了评价。研究发现，使用 $ScCO_2$ 有助于产生纳米粒子的均匀分布。在其他润滑剂中，使用 Sc – Cu/GO 在滑动期间提供了最低的摩擦系数。耐磨性也证明 Sc – Cu/GO 最有效，与纯油相比，WSD 降低了 27% 和 52.7%。然而，观察发现 0.5%(质量分数)的 Sc – Cu/GO 提供了最佳摩擦和磨斑直径。图 2.2 显示了各种润滑条件下钢球表面的图像。从图 2.2 中可以发现，在 GO 纳米复合材料中使用 $ScCO_2$ 化合物显著提高了润滑性能。

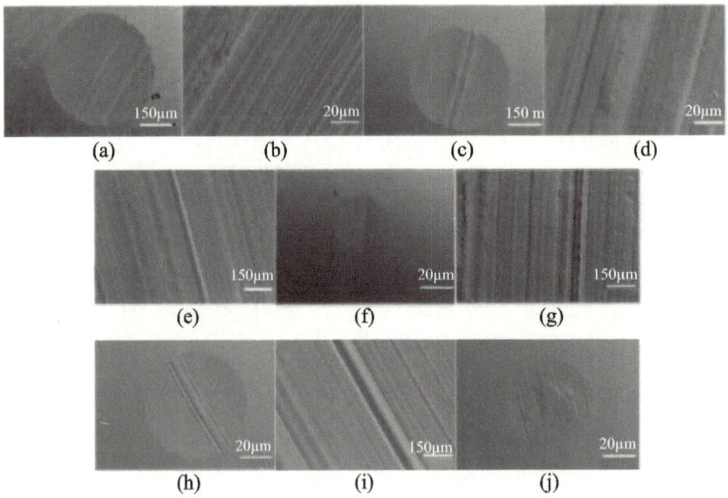

图 2.2 滑动 30min 后，用不同油润滑的钢球上磨损表面的 SEM 图像

(a)，(b)基础油；(c)，(d)0.05%(质量分数)GO 填充油；(e)，(f)0.05%(质量分数)纳米 Cu 填充油；(g)，(h)0.05%(质量分数) Cu/GO 填充油；(i)，(j)0.05%(质量分数)Sc – Cu/GO 填充油[10]。

Xu 等[11]研究了不同比例石墨烯与 MoS_2 混合物的摩擦学行为。在各种参数下测试钢样品的磨损情况，并将酯化生物油与添加剂混合。采用 MQ – 800 型四球摩擦磨损实验机研究了其摩擦磨损性能。结果表明，MoS_2 和石墨烯一起提供了较低的摩擦系数和抗磨性能。石墨烯含量的增加在一定程度上降低了摩擦系数。MoS_2 有助于减少摩擦，且石墨烯可以提高耐磨性。图 2.3 显示了不同比例的石墨烯 - MoS_2 混合物的摩擦和磨损结果。从图 2.3 中可以发现，不含添加剂的检查表面比含有添加剂的检查表面更粗糙。研究还发现，载荷和转速对结果有影响。石墨烯在高载荷表面的堆叠导致更高的摩擦系数和磨损。最佳参数为：负载为 300N，转速为 850r/min。总体来说，该项研究有助于证明石墨烯和 MoS_2 在生物油中作为润滑剂的协同作用。

关于石墨烯纳米润滑剂摩擦学测试的多项研究得出结论，石墨烯作为润滑剂加入到水或其他溶剂中，可以显著降低摩擦系数和磨损体积。由于传统的加工工艺涉及切削工具和工件之间的连续摩擦，在工具 - 工件界面处应用石墨烯可以减少切削工具上的摩擦和热量产生，从而减少工具磨损，并降低工件的表面粗糙度。

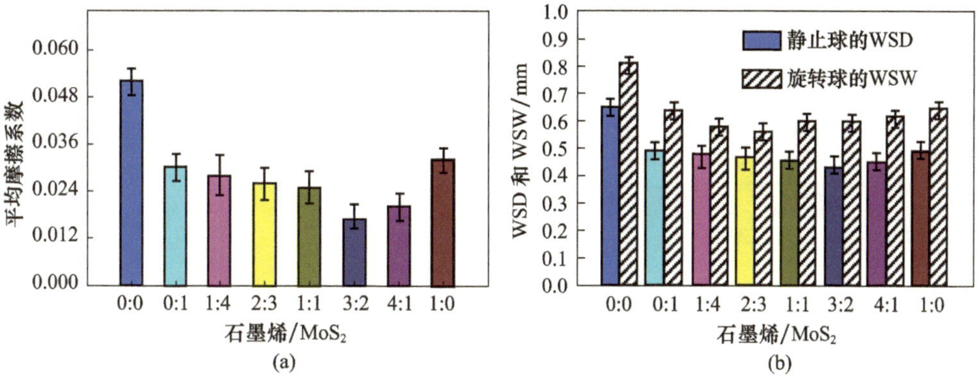

图 2.3 石墨烯和 MoS_2 的(a)平均摩擦系数和(b)WSD 和 WSW(载荷为 300N；转速为 1000r/min；添加剂含量为 0.05%（质量分数）；测试时间为 30min)[11]

2.3 石墨烯纳米润滑剂在机械加工领域中的应用

2.3.1 石墨烯在铣削操作中的应用

铣削是一种常用的加工方法，能够在各种材料上加工复杂的三维结构。通过铣削，可以使用旋转切削刀具创建三维结构。铣削操作受主轴速度、进给率、切削深度、切削工具和切削液类型等参数的影响。近年来，对石墨烯纳米润滑剂与切削液在铣削过程中的应用进行了诸多研究。此外，还研究了复合材料中添加氧化石墨烯片改善玻璃纤维复合材料在微铣削中的可加工性。Chu 等[12]使用氧化石墨烯片(GPL)对多层玻璃纤维进行微铣削。在整个实验中，改变几种切削速度和每齿进给量，以研究刀具磨损、表面粗糙度和切削力的变化，从而研究复合材料的可加工性。通过使用热冲击制备的 GPL 将三相复合材料连接在一起。将三相复合材料与两相纤维复合材料进行了比较。结果表明，分层三相复合材料在切削过程中环氧树脂的附着力较低。与不含 GPL 的两相复合材料相比，刀具磨损降低了 80%。碎片分析显示，分层复合材料中基体和纤维具有更好的黏附性。结果表明，提高复合材料力学性能，原因是氧化石墨烯的存在。切削力在分层复合材料中减小，原因是环氧树脂与切削工具结合、石墨烯降低摩擦系数和纤维断裂长度较短。当每齿进给量大于纤维尺寸时，提高切削速度会增加分层复合材料的切削力。分层复合材料的表面粗糙度也较低。

端铣刀不同于普通钻头，因为其允许横向和水平切削。最近对不锈钢进行了端铣，以研究加工和摩擦学变化。Lv 等[13]研究了氧化石墨烯/氧化硅（GO/SiO_2）作为添加剂对水基 MQL 的影响。研究发现，GO/SiO_2 产生相对较大的磨损减少，比单独的 GO 和 SiO_2MQL 减少 8.5% ~9%，比基础润滑剂 MQL 减少 10.4%。摩擦系数也随着 GO/SiO_2 而显著降低。不同质量比对摩擦系数和磨斑直径的影响结果如图 2.4 所示。实验发现，GO/SiO_2 刀具磨损最小，产生最小的侧面磨损。图 2.5 显示了不同道次的侧面磨损演变。结果表明，纳米粒子在加工过程中形成的薄膜具有较低的磨损和摩擦。

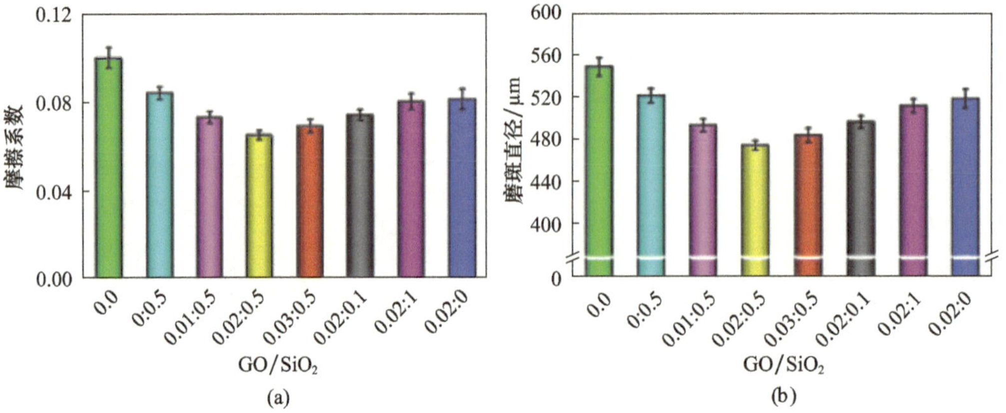

图 2.4 GO 与 SO_2 的质量比对水基 MQL 的（a）摩擦系数和（b）磨斑直径的影响[13]

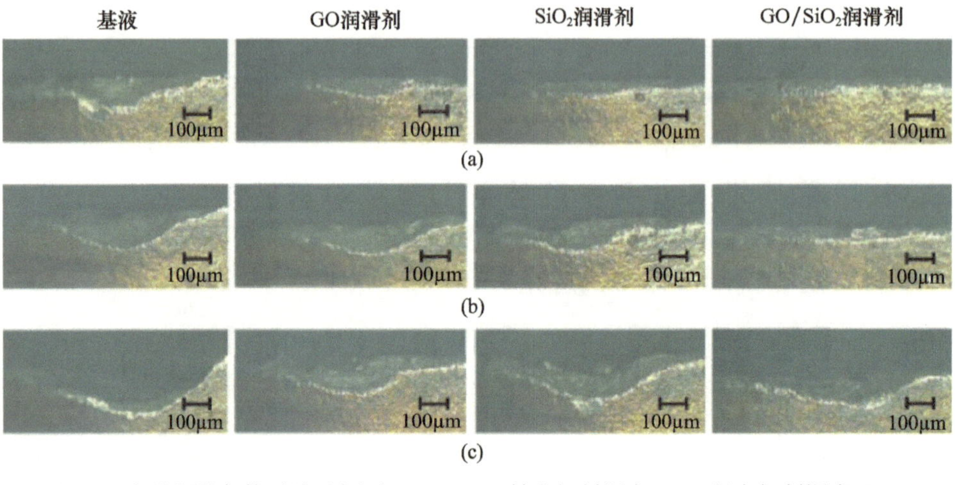

图 2.5 各种润滑条件下（切削速度 100m/min，轴向切削深度 1mm，径向切削深度 5mm，进给量 0.1mm/齿）端铣 AISI－304 奥氏体不锈钢后的侧面磨损演变

（a）第二道加工合格后磨损；（b）第四道；（c）第六道加工后的侧面磨损[13]。

2.3.2 石墨烯在钻孔和攻丝操作中的应用

钻削是一种传统的机械加工工艺，利用钻头在金属工件上钻孔。关于使用石墨烯润滑剂钻孔的研究有限。在最近的一项研究中，Yi 等[14]利用氧化石墨烯作为润滑剂对钛进行钻孔。将碳化钨（WC）用作钻孔工具。研究显示，使用氧化石墨烯纳米粒子的热导率增加了 47.81%。与传统冷却剂相比,使用氧化石墨烯的推力降低了 17.21%。在多次钻孔过程中,氧化石墨烯的刀具磨损也很小,在钻孔中产生的热裂纹也很少。由于氧化石墨烯纳米级结构,润滑剂与工具和工件有效地相互作用,因此其提供了更好的润滑。图 2.6 显示了使用常规冷却剂(CC)和氧化石墨烯作为润滑剂/冷却剂在不同进给率和主轴转速下的表面粗糙度的比较。图 2.7 显示了使用常规冷却剂和氧化石墨烯润滑剂加工过程中产生的切屑的形态。当使用氧化石墨烯作为润滑剂时,可以看到螺旋碎片和薄膜薄片,这也是工件表面更光滑的标志。

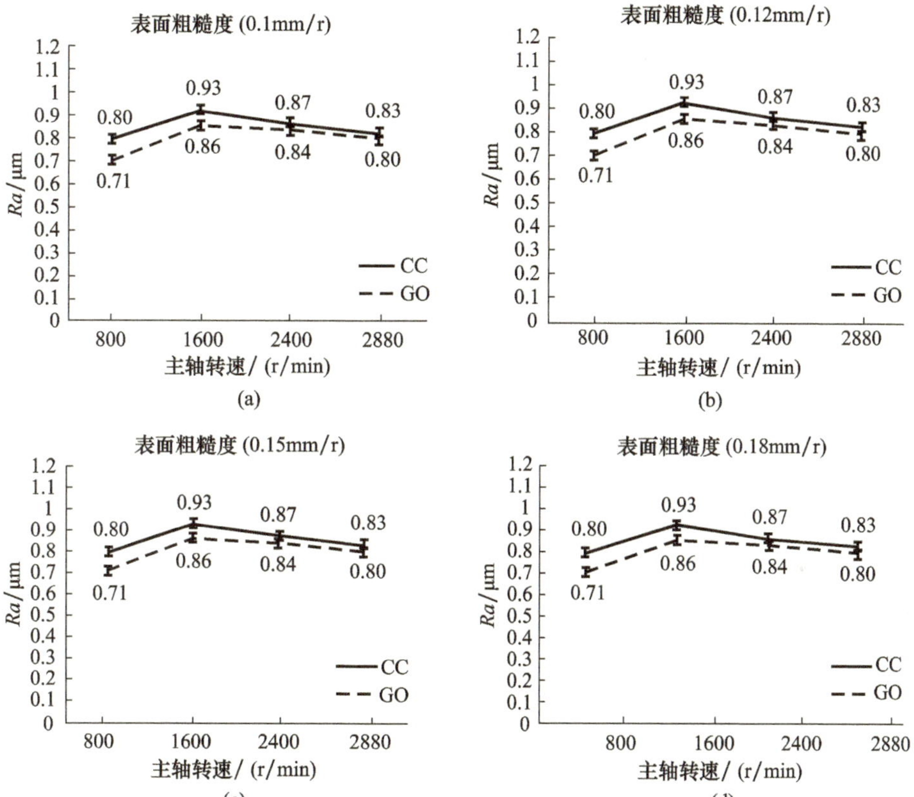

图 2.6 不同进给率和主轴转速下的表面粗糙度

(a)进料率 0.1mm/r;(b)进给率 0.12mm/r;(c)进给率 0.15mm/r;(d)进给率 0.18mm/r[14]。

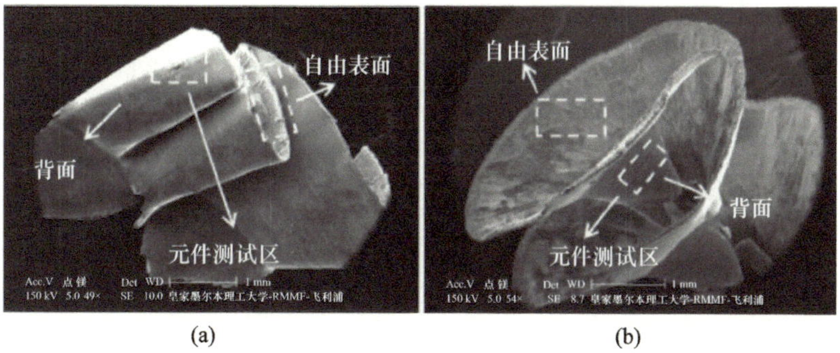

图 2.7 两种不同冷却剂下碎屑形成的 SEM 图像

(a)常规冷却剂;(b)氧化石墨烯悬浮液[14]。

在孔中形成螺纹，必须攻丝。攻丝用于加工螺钉和螺栓上的螺纹以连接零件。采用MQL技术对ADC12铝合金攻丝进行了研究。Ni等[15]研究了蓖麻油、菜籽油、玉米油3种植物油中的石墨烯添加剂。对不同石墨烯浓度下的攻丝扭矩和螺纹表面进行了分析。随着切削速度的增加，观察到高切削力，这可归因于刀具中的碎屑积聚。添加了石墨烯纳米润滑剂的纯蓖麻油提供了约26.3%的最高扭矩降幅，因为其在所有基础油中具有最高的黏度。图2.8显示了在各种润滑条件下攻丝操作期间的平均扭矩。结果表明，石墨烯添加剂降低了切削力和扭矩。然而，石墨烯的扭矩和浓度之间不存在线性关系。高于0.5%（质量分数）时，平均扭矩增加。添加石墨烯后，玉米油的平均扭矩降低了17.7%，与其他油相比，该降低数值最大。在石墨烯添加剂蓖麻油中，螺纹的表面更好。可以通过减轻碎屑黏附来进一步提高攻丝表面的质量。图2.9显示了不同润滑条件下的螺纹表面。从图2.9中可以看出，当石墨烯纳米粒子与载体流体一起使用时，凹槽的表面粗糙度显著降低。图2.9还显示了石墨烯纳米润滑剂（MQL）系统提供了比常规冷却剂相对更低的表面粗糙度。

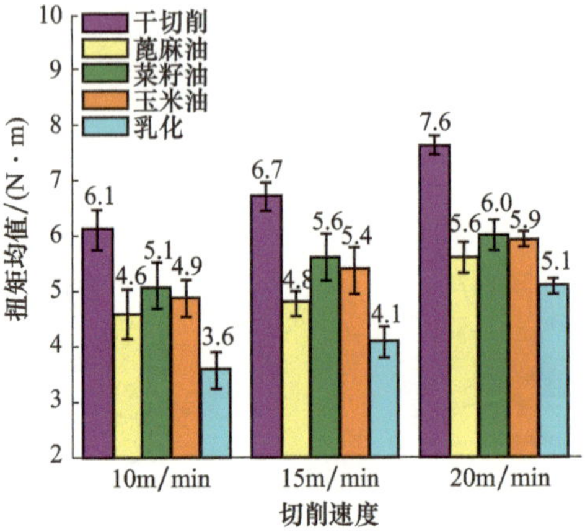

图2.8　不同润滑条件下扭矩值的平均值[15]

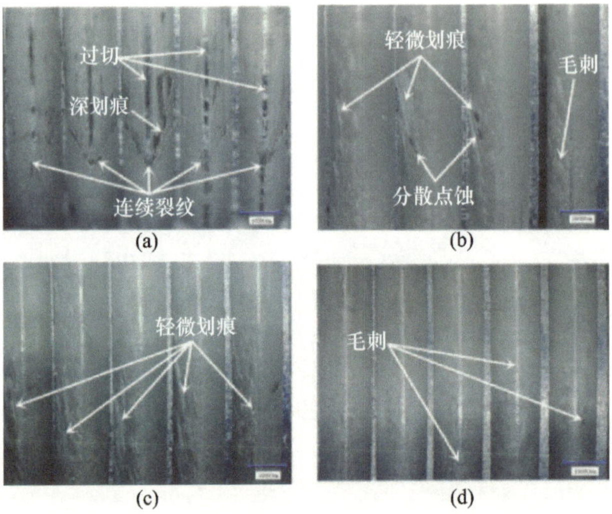

图2.9　不同润滑条件下螺纹表面的显微图

（a）在干切削条件下；（b）在溢流加工中使用乳液；（c）使用雾化的纯蓖麻油；（d）使用0.5%（质量分数）蓖麻油基石墨烯悬浮液[15]。

2.3.3 石墨烯在车削操作中的应用

车削是一种重要的机械加工工艺，用于制造各种材料，如硬化钢、镍超合金和钛合金的圆柱形零件。在车削中，工件旋转，同时切削工具通过去除切屑来执行加工操作。在车削过程中，热应力是问题之一，因为其会降低工件的质量并减少切削工具的寿命。因此，控制切屑厚度、进给率、切削深度和主轴转速等加工参数，以优化车削操作。一些研究集中于通过在切削液中混合纳米粒子作为润滑剂来改善车削中的加工性能。Samuel 等[16]通过微车削 1080 钢，研究了石墨烯片（GPL）在半合成金属加工液（MWF）上的使用。为了测试石墨烯的效率，还使用单壁碳纳米管（SWCNT）和多壁碳纳米管（MWCNT）进行比较。结果表明，石墨烯的使用显著促进了 MWF 的冷却和润滑，其原因是石墨烯的润湿性。石墨烯还表现出像散热器一样的性能，在切割时减少热量，并通过在薄片内滑动提供更好的润滑。结果表明，石墨烯在 MWF 中的质量分数越高，切割温度和切削力越低。在该研究中，石墨烯的质量分数从 0% 变化到 0.5%；与更高的 0.5%（质量分数）SWCNT 和 MWCNT 相比，使用 0.5%（质量分数）的石墨烯显示出更好的结果。图 2.10 显示了不同浓度和润滑添加剂的切削温度和切削力的变化。热导率随着 GPL 含量的增加而增加。但是，随着 GPL 含量的增加，运动黏度变化很小。已确定 GPL 通过滑动而不是黏度提供更好的润滑。

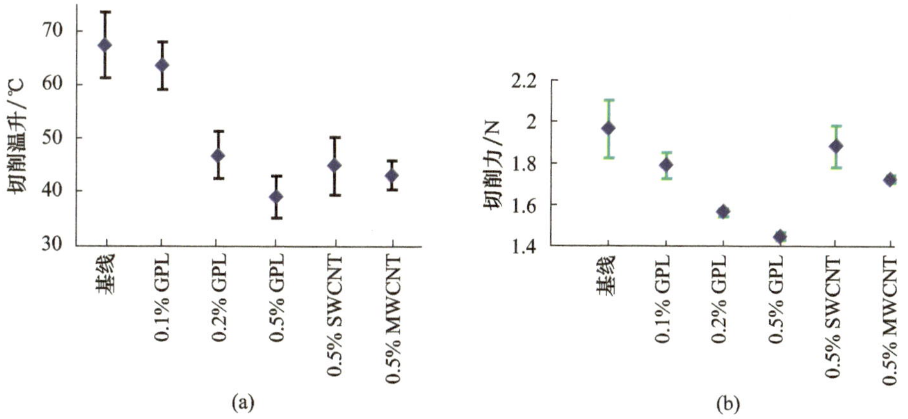

图 2.10 切削温度（a）和切削力（b）的趋势[16]

Chu 等[17]提出胶体悬浮液作为测量用于微机械加工目的的氧化石墨烯片（GOP）特性的手段。石墨烯片尺寸（横向尺寸和厚度）的影响用于评价 GOP 的性能。GO 的制备通过热冲击剥离和超声进行。热冲击剥落产生大约 2 倍厚的 GOP。发现氧功能化是石墨烯片大小差异的原因。为了研究 GOP 在微机械加工中的有效性，采用 CBN 车刀的车削方法测量了加工过程中的表面粗糙度和切削力。研究发现，GOP 胶体悬浮液通常倾向于提供更好的冷却。超声生产的 GOP（US GOP）有利于加工。研究发现，相对于在基线切削液中的加工，使用 US GOP 获得了高达 50% 的切削力减小和 25% 的表面粗糙度减小。图 2.11（a）、（b）分别显示了在不同质量分数的氧化石墨烯中显示的合成切削力和表面粗糙度。结果表明，石墨烯的热导率和动态黏度等本体性质对微机械加工性能影响不大。

Chu 等[18]研究了液滴扩散和成膜对胶体悬浮液 GOP 加工性能的影响。最重要的观察之一是超声生产的氧化石墨烯片在由于加工过程中产生的热而蒸发载体流体时，在

0.5%（质量分数）以下形成均匀膜的能力。发现成膜能力是提高加工性能的基本特征。不均匀的膜导致不同的切削力和切割温度。

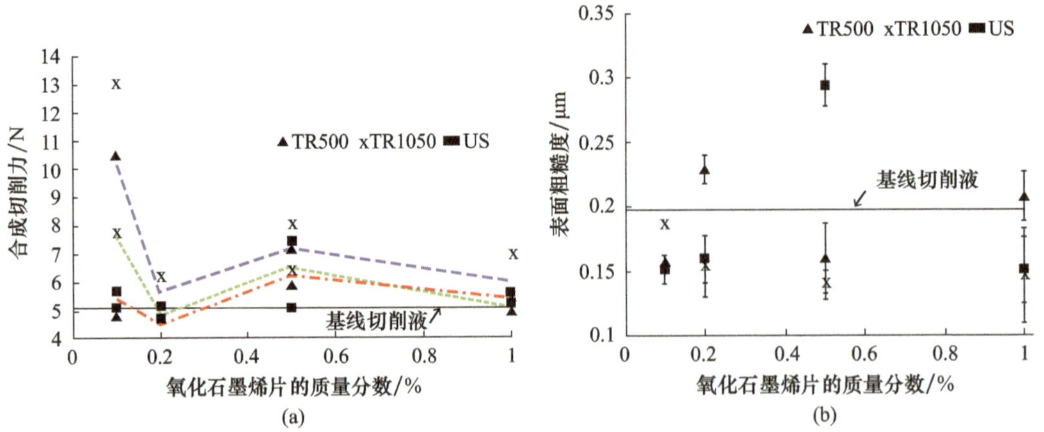

图 2.11 GOP 胶体溶液的（a）切削力和（b）表面粗糙度趋势[17]

Smith 等[19]研究了氧化石墨烯胶体悬浮液作为切削液在碳钢加工过程中的影响。以金刚石作为切削工具对碳钢进行车削。结果表明，氧化石墨烯显著降低了金刚石刀具的磨损。与干式加工相比，磨损减少约 74%。在车削操作期间，氧化石墨烯还降低了切削温度和切削力。图 2.12 显示了干切、基线切削液和氧化石墨烯悬浮液在切削液中的切削温度和切削力随切削长度的变化。结果表明，氧化石墨烯悬浮切削液在 3 种条件下的切削力和刀尖温度最低。在切削液中加入氧化石墨烯纳米片后，切削温度明显降低。利用 X 射线光电子能谱（XPS）光谱发现氧化石墨烯片在车削过程中避免了碳扩散。总之，使用金刚石工具切割金属时可加入氧化石墨烯胶体悬浮液。

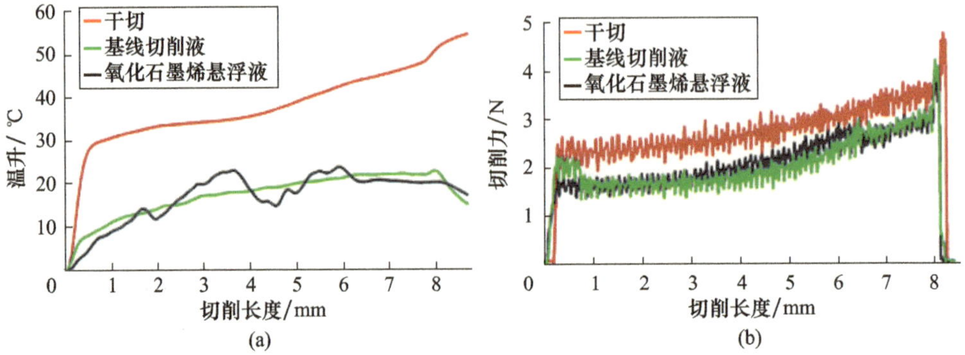

图 2.12 随不同切削条件的（a）切削温度和（b）切削力的切削长度的变化趋势[19]

Chu 等[20]提出用金刚石工具车削钢，以了解石墨烯薄片在减少化学磨损中的原因。鉴于金刚石工具由于石墨化和金属碳化物的形成而不是过渡金属的良好选择，研究集中在使用具有不同层厚度的石墨烯片的模拟上。Chu 等[20]研究了 Smith 等[19]的实验，并通过分子动力学模拟，对实验进行了一些改变，包括在切削工具边缘包裹石墨烯层而不是使用切削液，改变参数以适应计算时间，以及省略杂质。结果发现，模拟显示碳转移增加，这与 Smith 等[19]的研究结果不一致。其原因是模拟中没有切削液，以及实验和模拟规模的差异。结果表明，模拟过程中的刀具磨损减少与实验中的刀具磨损一致。研究发现，石墨烯薄片通过作为围绕切削工具的堆叠边缘来减轻工具磨损。同时发现，薄片也充当金刚石工具和石墨烯薄片之间的碳转移手段。

Chu 等[21]对蓖麻油基切削油上作为添加剂的各种浓度的石墨烯薄片进行了分析。在研究过程中，采用微车削工艺对切削温度、切削力和表面粗糙度进行了评价。制备石墨烯片以获得均匀分散体。微细车削使用立方氮化硼（CBN）作为车刀，使用石墨烯增量为0.05%～0.15%的纯油的切割条件。结果表明，干式切削经历了较高的切削温度，使用GPL使切削温度进一步降低了31%～58%。当GPL为0.10%时，切削力降低了12.9%。图2.13显示了不同加工条件和润滑浓度下刀具温度和切削力的变化。结果表明，石墨烯纳米片的应用成功地降低了切削力和刀具温度。使用GPL也获得了更光滑的表面。结果表明，GPL的润滑性能是降低工具－工件相互作用过程中摩擦的原因。此外，由于在金刚石切割工具上形成的保护性堆叠边缘，GPL体积分数增加超过最优时阻碍效果。

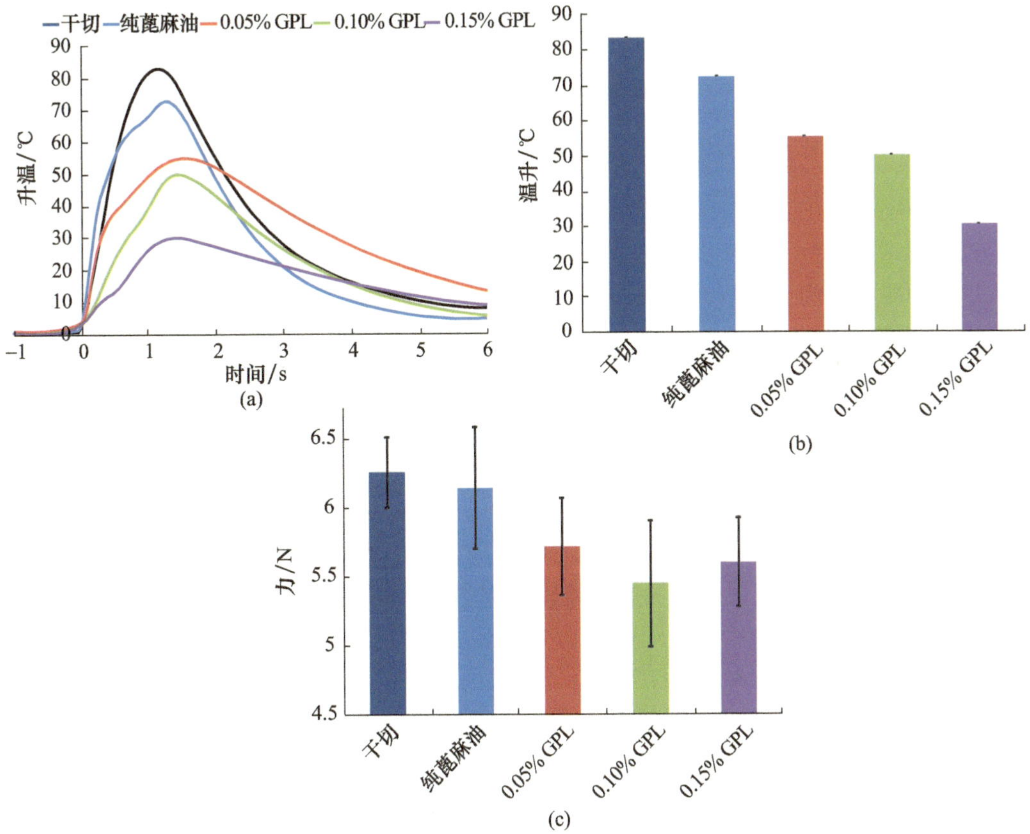

图2.13 对于测试的各类切削油，刀具经受的(a)切削温度轨迹，(b)刀具的峰值温升，(c)总切削力[21]

Sharma 等[22]研究了氧化铝/石墨烯添加剂在钢的MQL加工中的作用。采用石墨烯纳米片和氧化铝制备的新型纳米切削液，利用MQL技术研究了侧面磨损、刀具温度和摩擦系数的变化。摩擦学实验表明，随着GnP体积分数的增加，新型润滑剂具有较低的摩擦系数和刀具磨损。图2.14(a)和(b)显示了使用不同体积分数的氧化铝/石墨烯纳米润滑剂对钢进行摩擦实验期间摩擦和磨损系数的变化。使用ANOVA分析所有车削结果，以评估车削参数变化的显著性。结果表明，纳米粒子体积分数对刀具磨损和节点温度的影响最大。Al－GnP润滑剂使节点温度降低了5.79%，刀侧面磨损降低了12.29%。总体而言，证明石墨烯和氧化铝之间10:50的体积比有助于改善加工特性，并降低成本和环境挑战。

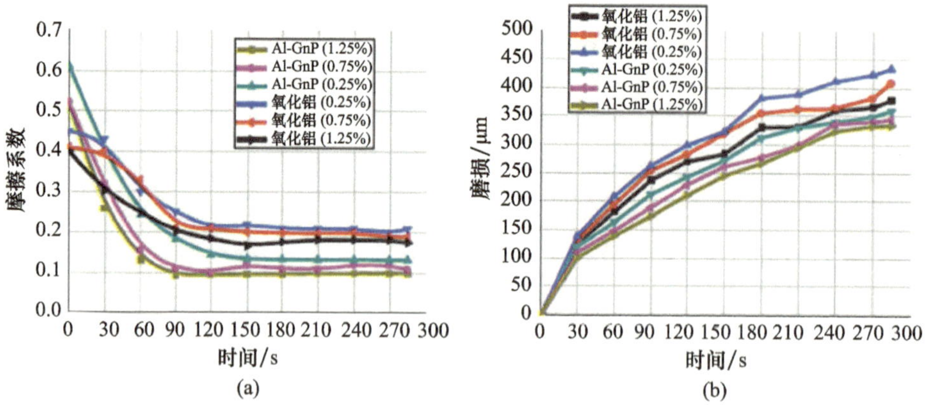

图2.14 不同体积分数的氧化铝和氧化铝－GnP混合纳米流体时(a)滑动销和摩擦计旋转盘之间的摩擦系数随时间的变化，以及(b)AISI 304销对应时间的磨损[22]

在另一项研究中，Singh等[23]研究了具有GnP的铝基纳米流体在Al－GnP纳米流体应用于钢的车削过程中的性能。将Al－GnP与油水基液和独立Al_2O_3纳米流体进行了比较。进行的摩擦学实验表明，与基础流体相比，热导率提高。摩擦磨损实验中AISI 304销的磨损率随润滑剂浓度的增加而降低。进行ANOVA分析，以量化各种切割参数的影响。研究发现，纳米粒子和速度的相互作用影响推力和进给力，而纳米粒子浓度影响表面粗糙度。使用具有较高润湿性的混合添加剂，实现了超过20%的表面粗糙度的显著降低。由于Al－GnP的较高黏度，切削力也随Al－GnP的增加而降低。

Prasad和Srikant[24]以水溶性油为基液，使用不同浓度的纳米石墨粒子，研究了石墨烯纳米粒子在车削过程中的作用。车削时采用高速钢(HSS)和硬质合金刀具，润滑采用MQL技术。结果表明，使用石墨烯纳米流体的MQL时，高速钢刀具的切削力降低幅度最大，为69%。使用石墨纳米流体和硬质合金也显著降低了切削温度。结果表明，随着切削力和温度的降低，石墨烯含量的增加降低了表面粗糙度。在15mL/min流速下，MQL石墨烯纳米流体的表面粗糙度最低。MQL的刀具侧面磨损介于干润滑和溢流润滑之间，硬质合金具有最低的刀具磨损。

2.3.4 石墨烯在磨削操作中的应用

在磨削操作中，采用嵌入磨料的砂轮对金属工件表面进行磨削加工。研磨操作主要用于精加工，因为研磨操作中的材料去除率相对较低。石墨烯纳米粒子作为固体润滑剂和加工液添加剂在磨削加工中的应用已经有了一些研究。Alberts等[25]研究了在表面研磨D－2工具钢时，固体润滑剂石墨纳米片的影响，以及剥蚀石墨直径不同对切削力和表面形貌的影响。结果表明，异丙醇(IPA)中的石墨显著降低了磨削力，以及比磨削能。图2.15显示了不同浓度的GnP对水平磨削力和比磨削能的影响的条形图。研究还发现，石墨烯板的大小与浓度、载体介质和使用方法的相互作用对研磨性能有很大影响。低黏度的 IPA 有助于石墨正确分散,大直径允许较大的石墨烯板与车轮表面接触。用石墨涂层代替喷涂具有较低的摩擦力和比能量。图 2.16 显示了在磨削实验期间各种润滑条件下垂直和平行于磨削表面测量的表面粗糙度。研究发现,较大直径的石墨烯板可提供更光滑的表面,并且溶剂介质 IPA 为研磨操作提供了低成本和良性的选择。

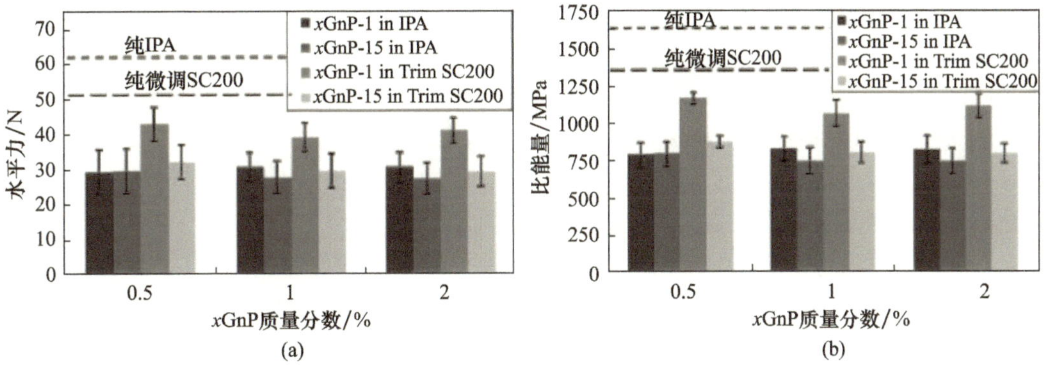

图 2.15 (a)水平磨削力与石墨直径和质量分数以及承载介质的函数关系,(b)比能量与石墨直径和质量分数以及承载介质的函数关系[25]

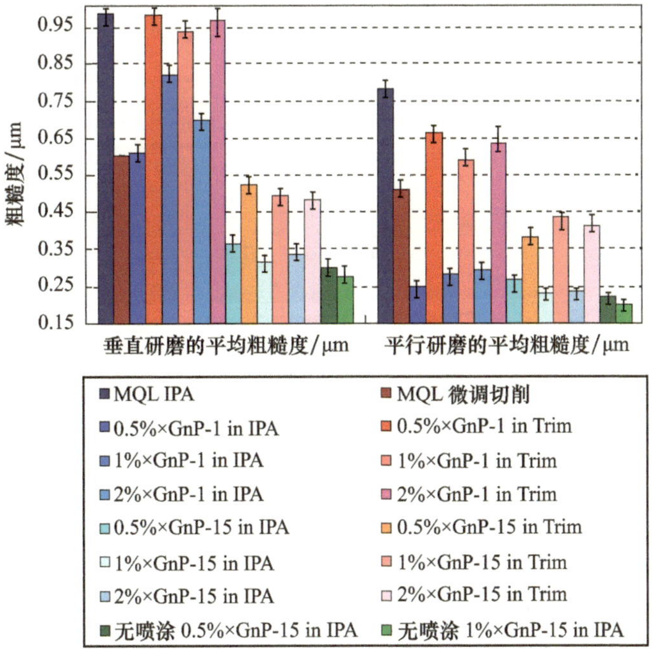

图 2.16 表面粗糙度随石墨直径和浓度、分散介质和使用方法的函数关系[25]

Shaji 和 Radhakrishnan[26] 研究了石墨在干燥和冷却剂射流磨削过程中作为润滑剂的应用。在研究过程中,对比能量、温度和表面粗糙度进行了分析。为了比较石墨润滑剂的工艺性能和效果,在碳钢和轴承钢上除了石墨润滑剂外,还采用了干式和射流冷却剂磨削。进给量与磨削过程中的力成正比,而比能量与进给量成反比。石墨具有较低的受力成分,轴承钢除外,磨削过程中产生的比能量和温度也较低。研究发现,进料与犁削、微破裂和滑动之间的正关系导致较高的力和较低的比能。在硬脆材料上，石墨辅助磨削的表面粗糙度更低。因此，在石墨磨削下，轴承钢比碳钢产生更低的表面粗糙度。总体而言，工件材料和石墨进入对磨削过程有较大的影响。

2.3.5 石墨烯在电火花加工中的应用

虽然石墨烯在常规加工工艺中的应用较为普遍，但也有将石墨烯作为添加剂在粉末混合放电加工（EDM）工艺中的应用。常规加工工艺利用石墨烯的润滑特性来减少切削刀具之间的摩擦，从而使刀尖温度和刀具磨损最小化。由于在 EDM 过程中工具和工件之间没有接触，不确定石墨烯的润滑性能如何用于改善 EDM 机械加工性能。然而，石墨烯还具有其他重要性能，例如更高的电导率可以提高 EDM 性能。此外，石墨烯纳米片已添加到非导电或半导电陶瓷复合材料中，改善其放电加工性能。

Zeller 等[27]通过添加石墨烯纳米片形成 SiC – GnP 纳米复合材料，研究了碳化硅陶瓷的 EDM 机械加工性能。利用不同的能量条件和石墨烯纳米复合材料的组成，对碳化钨棒电极微细 EDM 加工 SiC – GnP 纳米复合材料进行了研究。在不同的陶瓷浓度下，石墨烯的使用显著提高了材料去除率，降低了电极磨损率。实验期间使用各种电压和电流参数。石墨烯含量较高的 SiC – GnP 纳米复合材料表现出最低的电极磨损率和最高的表面粗糙度。图 2.17 显示了在不同 EDM 条件下加工各种组成的 SiC – GnP 纳米复合材料时，材料去除率（MRR）、电极磨损率（EWR）和表面粗糙度（SR）的变化。结果表明，在使用 EDM

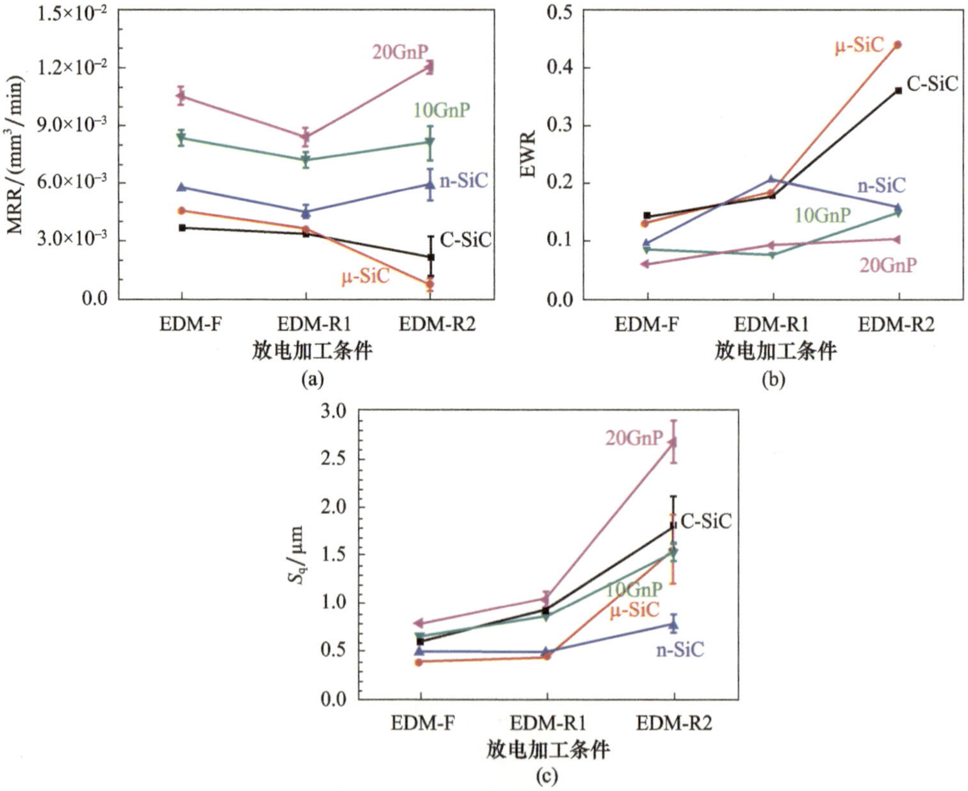

图 2.17 在不同 EDM 条件下 SiC – GnP 复合材料获得的
（a）材料去除率；（b）电极磨损率；（c）表面粗糙度。[27]

加工后石墨烯具有较高的导电性，除了表面粗糙度，还具有较好的加工性能。在 SiC - GnP 中，由于热导率较低，出现了一些由热应力引起的裂纹。结果表明，放电加工后，SiC 单片和 SiC - GnP 的硬度降低，如图 2.18 所示。工件的加工方向似乎影响了 SiC - GnP 纳米复合材料的 EDM 响应。

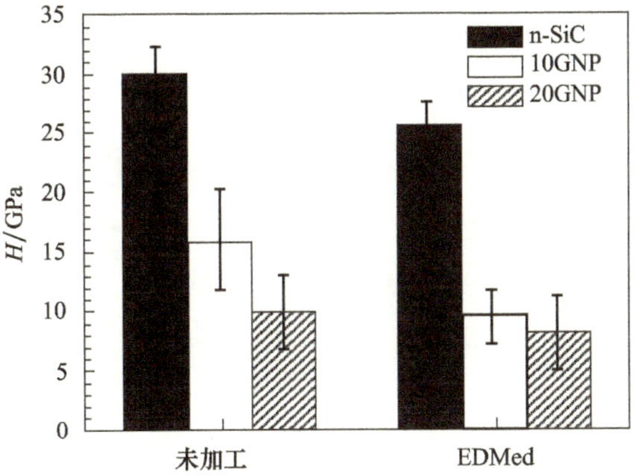

图 2.18 EDM 前后各种成分的工件硬度对比[27]

Hanaoka 等[28]使用辅助电极 EDM 技术研究了各种陶瓷/碳纳米结构复合材料的 EDM 性能。他们制备了氮化硅 - 石墨烯纳米片（Si_3N_4/GnP）和氮化硅 - 碳纳米管（Si_3N_4/CNT）复合材料，并通过辅助电极 EDM 技术对其进行加工，在陶瓷复合材料上提供一层薄的导电材料以启动 EDM 过程。将这些陶瓷/碳纳米结构复合材料与基体Si_3N_4陶瓷的放电加工性能进行比较，研究了 GnP 和 CNT 对陶瓷放电加工性能的影响。研究发现，利用辅助电极方法，绝缘和导电陶瓷都可以通过放电加工工艺进行加工。在复合材料中添加石墨烯纳米片后，氮化硅陶瓷的放电加工性能在电极磨损率和表面粗糙度方面得到了改善。然而，在将 GnP 或 CNT 添加到陶瓷复合材料中之后，在材料去除率方面存在最小的变化。图 2.19 显示了不同 CNT 和 GnP 体积分数的Si_3N_4 陶瓷、Si_3N_4/CNT 复合材料和Si_3N_4/GnP 复合材料的表面形貌的比较。从图 2.19 中可以看出，当在陶瓷复合材料中添加更高体积分数的 CNT 或 GnP 时，凹坑尺寸减小，表面粗糙度降低。图 2.19 所示的所有加工表面都是在辅助电极 EDM 工艺中获得的。与传统的 EDM 方法相比，辅助电极方法对Si_3N_4/GnP 复合材料具有更好的 EDM 性能。当使用辅助 EDM 方法时，与传统 EDM 方法相比，在陶瓷复合材料中添加 GnP 导致更光滑的表面以及尖锐的棱角，如图 2.20所示。

除了在陶瓷复合材料中添加石墨烯纳米片以改善陶瓷的 EDM 性能外，石墨烯在粉末混合 EDM 介电液中的应用研究较少。Swiercz[29]研究了在硬化工具钢的 EDM 过程中，在煤油介质中添加氧化石墨烯薄片的有效性。通过统计分析了在电介质中添加石墨烯对不同加工参数下获得的表面粗糙度的影响。结果表明，添加氧化石墨烯片提高了电介质的电导率，从而提高了 EDM 过程中的加工性能和降低表面粗糙度。添加氧化石墨烯薄片通过增加电极和工件之间的间隙改善了加工稳定性，从而改善了对加工区碎屑的冲刷。此外，氧化石墨烯薄片促进了放电的引发，从而产生低能量放电，这又产生更小的凹坑，表面更光滑。

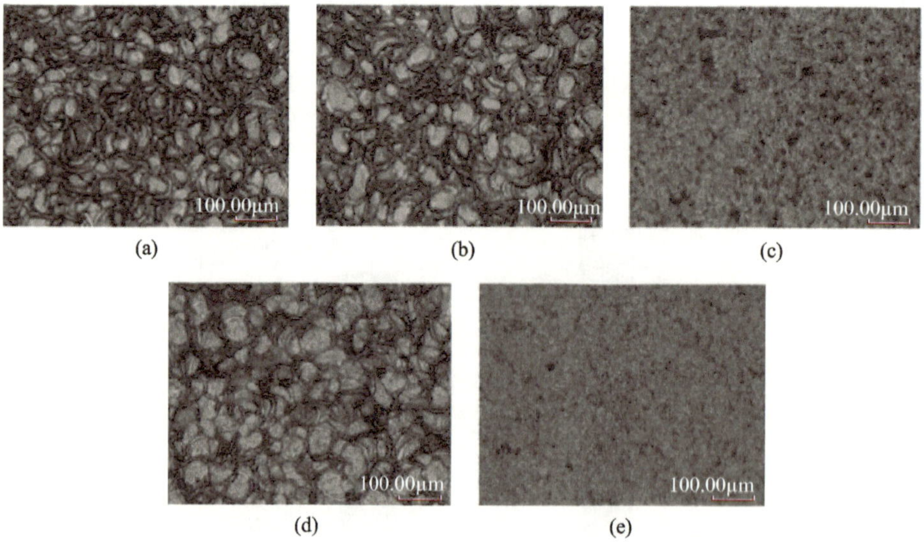

图 2.19　通过辅助 EDM 工艺加工的不同陶瓷/(Si_3N_4/CNT)复合材料的加工表面的光学图像

(a)Si_3N_4；(b)CNT 0.9%(体积分数)；(c)CNT 5.3%(体积分数)；

(d)GnP 11.3%(体积分数)；(e)GnP 20.6%(体积分数)。[28]

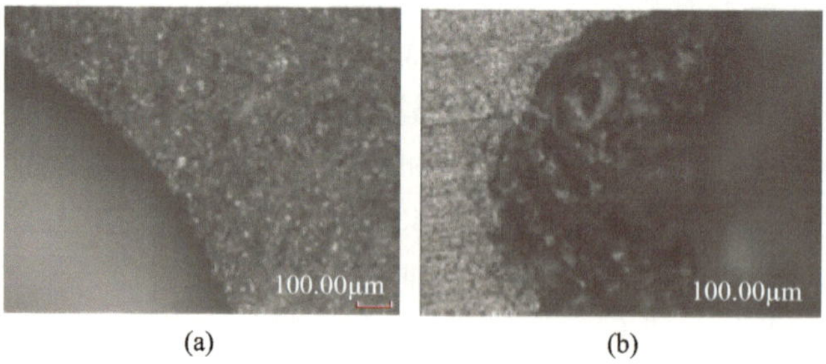

图 2.20　(a)使用和(b)不使用辅助电极方法 Si_3N_4/11.3% GnP 上加工孔的边缘锐度比较[28]

2.4 结论与展望

本章汇总了石墨烯作为机械加工润滑剂的研究工作，讨论了几种加工工艺，如铣削、车削、钻孔、磨削和放电加工，阐述了石墨烯在加工过程中的作用。在传统的机械加工工艺中，石墨烯主要用作 MQL 或射流冷却剂添加剂，用于改善切削液的润滑性能。在非常规的加工工艺中，已经发现添加石墨烯作为复合材料改善半导体或非导电陶瓷材料的 EDM 可加工性。在 EDM 过程中向介电液中添加石墨烯，通过提高电介质的电导率调节放电过程来改善加工性能和降低表面粗糙度的研究很少。本章介绍了每个过程的简要概述，以及研究人员在研究不同切削液的加工过程时发现。本章可以得出以下关键的结论：

(1) 石墨烯纳米片可以显著改善摩擦学性能，可用作硬脆材料加工过程中的润滑剂。

(2) 石墨烯纳米片在研磨中降低了比能量、研磨力和温度，确定了适当的输送机制。

(3)在大多数研究中,石墨烯纳米片提供了最佳的加工结果,包括较低的切削力、推力和刀尖温度。

(4)石墨烯纳米片还表现出优异的润湿性、导电性和黏度,对提高加工性能起到了作用。

(5)石墨烯纳米粒子与其他润滑纳米粒子(纳米铜、MoS_2、油)的集成提供了比仅为石墨烯更好的耐磨性。

(6)在陶瓷复合材料中添加石墨烯,提高陶瓷的导电性,从而提高陶瓷的 EDM 性能。石墨烯还可以通过提供产生更小的凹坑和更光滑的表面的稳定放电来改善 EDM 性能。

由于石墨烯添加剂在机械加工中的应用是一个相对较新的课题,需要深入研究石墨烯改善机械加工性能的机理。以下是一些尚未解决的问题和挑战,未来可以利用这些问题和挑战,更好地了解石墨烯作为加工过程的润滑剂。

(1)在许多研究中,未提出加工的实际应用。在工业应用中,在难以加工的材料中产生复杂的微结构时,研究石墨烯润滑的影响至关重要。

(2)需要对石墨烯纳米片的更高负载进行更多的实验,以充分理解润滑剂含量对微部件的原因和影响。

(3)关注石墨烯添加剂制备的研究很少。大量研究表明,不同的石墨烯添加剂对加工结果有不同的影响。必须在不同的加工条件下评估超声波、原位、热冲击等的使用。

(4)必须持续努力寻找各种复合材料与石墨烯纳米粒子之间的协同作用。

(5)关于石墨烯在 EDM 中的应用的研究有限。由于 EDM 已经使用切削液,应研究现有切削液中的石墨烯添加剂。

(6)应探索石墨烯在其他非常规加工工艺中的应用,如电化学加工(ECM)、电化学放电加工(ECDM)和磨料水射流加工(AWJM),以研究其在提高加工性能方面的有效性。

参考文献

[1] Lee, C. , Wei, X. , Kysar, J. W, Hone, J. , Measurement of the elastic properties and intrinsic strength of monolayer graphene. Science, 321, 5887, 385 - 388, 2008.

[2] Cooper, D. R. , D' Anjou, B. , Ghattamaneni, N. et al. , Experimental review of graphene. ISRN Condens. Matter Phys. , 2012, Article ID 501686, 56 pages, 2012. https://doi.org/10.5402/2012/501686.

[3] Elomaa, O. , Singh, V. K. , Iyer, A. , Hakala, T. J. , Koskinen, J. , Graphene oxide in water lubrication on diamond - like carbon vs. stainless steel high - load contacts. Diamond Relat. Mater. , 52, 43 - 48, 2015.

[4] Graphene synthesis, properties, and applications, n. d. Retrieved from https://www.cheaptubes.com/graphene - synthesis - properties - and - applications/.

[5] Malkin, S. and Anderson, R. B. , Thermal aspects of grinding: Part 1 - Energy partition. J. Eng. Ind. , 96, 4, 1177, 1974.

[6] Howes, T. , Tönshoff, H. , Heuer, W. , Howes, T. , Environmental aspects of grinding fluids. CIRP Ann. , 40, 2, 623 - 630, 1991.

[7] Maruda, W. R. , Legutko, S. , Krolczyk, G. M. , Influence of minimum quantity cooling lubrication (MQCL) on chip formation zone factors and shearing force in turning AISI 1045 steel. Appl. Mech. Mater. , 657, 43 -

47,2014.

[8] Golchin, A., Wikner, A., Emami, N., An investigation into tribological behaviour of multiwalled carbon nanotube/graphene oxide reinforced UHMWPE in water lubricated contacts. Tribol. Int., 95, 156 - 161,2016.

[9] Liang, S., Shen, Z., Yi, M., Liu, L., Zhang, X., Ma, S., In - situ exfoliated graphene for high - performance water - based lubricants. Carbon, 96, 1181 - 1190, 2016.

[10] Meng, Y., Su, F., Chen, Y., Synthesis of nano - Cu/graphene oxide composites by supercritical CO_2 - assisted deposition as a novel material for reducing friction and wear. Chem. Eng. J., 281, 11 - 19, 2015.

[11] Xu, Y., Peng, Y., Dearn, K. D., Zheng, X., Yao, L., Hu, X., Synergistic lubricating behaviors of graphene and MoS_2 dispersed in esterified bio - oil for steel/steel contact. Wear, 342 - 343, 297 - 309, 2015.

[12] Chu, B., Samuel, J., Koratkar, N., Micromilling responses of hierarchical graphene composites. J. Manuf. Sci. Eng., 137, 1, 011002, 2014.

[13] Lv, T., Huang, S., Hu, X., Ma, Y., Xu, X., Tribological and machining characteristics of a minimum quantity lubrication (MQL) technology using GO/SiO_2 hybrid nanoparticle water - based lubricants as cutting fluids. Int. J. Adv. Manuf. Technol., 96, 5 - 8, 2931 - 2942, 2018.

[14] Yi, S., Li, G., Ding, S., Mo, J., Performance and mechanisms of graphene oxide suspended cutting fluid in the drilling of titanium alloy Ti - 6Al - 4V. J. Manuf. Processes, 29, 182 - 193, 2017.

[15] Ni, J., Feng, G., Meng, Z., Hong, T., Chen, Y., Zheng, X., Reinforced lubrication of vegetable oils with graphene additive in tapping ADC12 aluminum alloy. Int. J. Adv. Manuf. Technol., 94, 1 - 4, 1031 - 1040, 2017.

[16] Samuel, J., Rafiee, J., Dhiman, P., Yu, Z., Koratkar, N., Graphene colloidal suspensions as high performance semi - synthetic metal - working fluids. J. Phys. Chem. C, 115, 8, 3410 - 3415, 2011.

[17] Chu, B., Singh, E., Samuel, J., Koratkar, N., Graphene oxide colloidal suspensions as cutting fluids for micromachining - Part I: Fabrication and performance evaluation. J. Micro Nano - Manu/, 3, 4, 041002, 2015.

[18] Chu, B. and Samuel, J., Graphene oxide colloidal suspensions as cutting fluids for micromachining: Part 2 - Droplet dynamics and film formation. ASME. J. Micro Nano - Manuf., 3(4), 041003 - 9, 2015.

[19] Smith, P. J., Chu, B., Singh, E., Chow, P., Samuel, J., Koratkar, N., Graphene oxide colloidal suspensions mitigate carbon diffusion during diamond turning of steel. J. Manuf. Processes, 17, 41 - 47, 2015.

[20] Chu, B., Shi, Y., Samuel, J., Mitigation of chemical wear by graphene platelets during diamond cutting of steel. Carbon, 108, 61 - 71, 2016.

[21] Chu, B., Singh, E., Koratkar, N., Samuel, J., Graphene - enhanced environmentally - benign cutting fluids for high - performance micro - machining applications. J. Nanosci. Nanotechnol., 13, 8, 5500 - 5504, 2013.

[22] Sharma, A. K., Tiwari, A. K., Dixit, A. R., Singh, R. K., Singh, M., Novel uses of alumina/graphene hybrid nanoparticle additives for improved tribological properties of lubricant in turning operation. Tribol. Int., 119, 99 - 111, 2018.

[23] Singh, R. K., Sharma, A. K., Dixit, A. R., Tiwari, A. K., Pramanik, A., Mandal, A., Performance evaluation of alumina - graphene hybrid nano - cutting fluid in hard turning. J. Cleaner Prod., 162, 830 - 845, 2017.

[24] Prasad., M. and Srikant, R., Performance evaluation of nano graphite inclusions in cutting fluids with Mql technique in turning of Aisi 1040 steel. Int. J. Res. Eng. Technol., 02, 11, 381 - 393, 2013.

[25] Alberts, M., Kalaitzidou, K., Melkote, S., An investigation of graphite nanoplatelets as lubricant in grinding. Int. J. Mach. Tools Manuf., 49, 12 - 13, 966 - 970, 2009.

[26] Shaji, S. and Radhakrishnan, V., An investigation on surface grinding using graphite as lubricant. Int. J. Mach. Tools Manuf., 42, 6, 733 - 740, 2002.

[27] Zeller, F. , Müller, C. , Miranzo, P. , Belmonte, M. , Exceptional micromachining performance of silicon carbide ceramics by adding graphene nanoplatelets. J. Eur. Ceram. Soc. , 37, 12, 3813 - 3821, 2017.

[28] Hanaoka, D. , Fukuzawa, Y. , Ramirez, C. , Miranzo, P. , Osendi, M. I. , Belmonte, M. , Electrical discharge machining of ceramic/carbon nanostructure composites. Procedia CIRP, 6, 95 - 100, 2013.

[29] Swiercz, R. , Electrical discharge machining with graphene flakes in dielectric. MECHANIK NR, 2017, https://doi.org/10.17814/mechanik.2017.3.38.

第3章 能量储存领域中的三维石墨烯泡沫

Fancheng Meng, Xiangfeng Wei, Jiehua Liu
合肥工业大学材料科学与工程学院未来能源实验室

摘 要 三维(3D)石墨烯泡沫(GF)具有高电导率、大比表面积和优异的机械柔性,在能源相关领域引起了极大的研究兴趣。本章介绍了GF的主要制备方法和性能。综述了GF在二次电池(金属离子、金属硫、金属空气电池)和超级电容器等储能设备中的应用。最后,对3D石墨烯泡沫在能源设备中面临的挑战和机遇进行了展望。

关键词 石墨烯泡沫,制造,储能,电池,超级电容器

3.1 概述

石墨烯是二维(2D)晶体片,具有以六角结构配置的单层碳原子,层厚度为0.335nm,每个晶胞面积为0.052 nm^2[1]。石墨烯的拉伸强度和弹性模量分别为130GPa和1TPa[2]。石墨烯具有极低的电阻率(约为$10^{-8}\Omega\cdot m$)和极高的电子迁移率(约为$2\times10^5 cm^2/(V\cdot s)$)[3-4]。为了促进广泛的现实生活应用,已经采用了各种方法来将单个石墨烯片的性质转化为宏观石墨烯结构,如纤维、膜和泡沫。其中,具有分层多孔结构和相互连接的蜂窝网络的三维(3D)石墨烯泡沫(GF)显示出在能量存储和转换系统中用作电极材料的巨大潜力[5-6]。此外,GF网络的导电性和机械弹性不仅提供了高的能量密度和倍率性能,而且提供了优异的柔性。由于这些固有的优异性能以及由其功能混合而产生的协同性能,新型3D GF的发展在电池和超级电容器等电化学与电子设备领域中引起了人们极大的研究兴趣。

本章首先介绍了应用广泛的GF的制造方法,主要包括自组装法、模板诱导法和3D打印法,阐述了GF的物理力学性能;综述了金属氧化物、催化纳米粒子(NP)和功能聚合物等易于引入合成多功能GF杂化材料的外来组分。其次详细地讨论了GF作为轻质、柔性、高效电极材料在储能设备中的应用,重点介绍了GF在二次电池和超级电容器中的应用。在电池方面,举例说明了具有GF基电极的先进技术,包括锂离子电池、锂硫电池和锂空气电池等。最后讨论了基于GF的储能设备的未来发展和挑战。

3.2 石墨烯泡沫的制备、结构与性能

石墨烯泡沫是具有连续网络和2D石墨烯主链的物理/化学结构的3D石墨烯结构。π-π堆叠、氢键、静电相互作用、范德瓦耳斯力和化学键是形成三维GF并保持其完整性的

主要因素。由于本章内容的限制,不含多孔几何结构的连续网络的3D石墨烯种类不再讨论。

3.2.1 自组装法

用于制备GF的自组装法由Xu等在2010年报道[7]。该方法首先将化学合成的GO分散在一定浓度的溶剂(主要是水)中;然后将GO分散体转移到密封容器中,在高温条件下保存数小时,产生GO水凝胶。通过附加干燥工艺,可获得3D多孔轻质GF。在高温过程中,附着在GO片上的含氧基团被部分去除,GO的疏水性增强。因此,不同的单独GO片会相互靠近并沉淀。大多数情况下,此时的GO表示为rGO(还原GO),得到的干燥rGO泡沫将在本章中进行阐述。

首先,在没有其他添加剂的情况下,通过水热/溶剂热还原GO制备GF。例如,Xu等[7]报道了使用2mg/mL的均匀GO水分散体作为前体,并在180℃下密封在聚四氟乙烯内衬高压釜中12h。制备的GO水凝胶除了水之外,还含有约2.6%(质量分数)的rGO(图3.1(a))。得到的GF表现出11.7kPa的机械强度和0.5S/cm的电导率。对照实验表明,这些性质随GO浓度和水热反应时间的变化而变化。GO/乙醇分散体也用作合成前体[10-11]。经溶剂热处理后,进行冷冻干燥和高温(400~600℃)退火工艺制备轻质GF。如图3.1(b)所示,GF呈多孔状,孔隙率约为99.9%,堆叠密度为0.3~1.4mg/cm^3。此外,获得了1000次循环的可逆应变为90%的超压缩弹性。Qiu等报道了基于部分还原GO的冰凝诱导自组装[8]。通过这种方法,获得了具有高孔隙率(99.98%)和良好组织的多孔结构的轻质GF(约为0.5mg/cm^3),如图3.1(c)所示。得到的软木状GF表现出强的力学性能和快速可逆的应变释放压缩循环,具有有限的结构塌陷,如图3.1(d)所示。

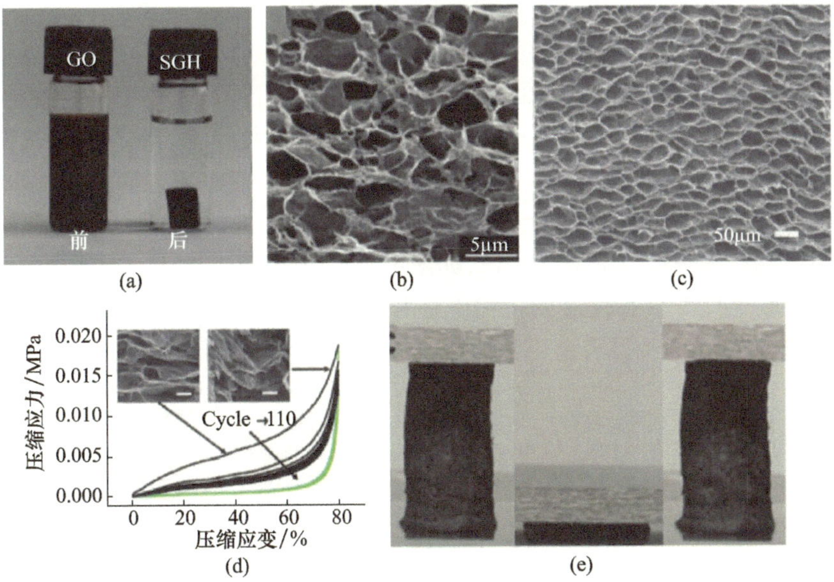

图3.1 通过自组装方法合成的GF

(a)水热还原前后的GO水悬浮液的照片;(b)所得GF的SEM图像(经授权转载自文献[7],2010年ACS版权所有);(c)通过冰凝诱导自由铸造方法制备的具有类似软木块的GF的俯视图;(d)压缩应力—应变曲线,比例尺为10μm(经授权转载自文献[8],2012年NPG版权所有);(e)显示超轻弹性GF可压缩性的数字图像(经授权转载自文献[9],2013年威利版权所有)。

为了加速 GO 凝胶化过程并改善所得 GF 的机械和物理性能，向 GO 前体分散体中加入额外的添加剂以通过原位化学还原引发 GO 片的自组装。为此，采用肼[12]、抗坏血酸[8]、乙二胺[9]等还原剂来控制和提高氧化石墨烯 π - 共轭的恢复率和所得 GF 的性能。图 3.1(e)表明，乙烯二胺还原的 GF 是超弹性的，压缩后恢复率接近 100%。深度还原不仅提高了 GF 的力学性能，而且可以获得更高的电导率(10S/cm)[13]。以硅烷[14]等交联剂作为偶联剂，将不同的 GO/rGO 片化学结合在一起，这为针对各种应用定制 GF 的多孔结构和表面特性提供了机会。

3.2.2 模板诱导法

在模板诱导法中，使用现有的商用泡沫/粒子作为牺牲模板，然后用石墨烯片涂覆模板的骨架/表面。在模板去除之后，石墨烯片将进一步彼此互连，形成 3D 多孔石墨烯单块。

Chen 的小组开发了最有影响的模板诱导法，通过使用化学气相沉积(CVD)方法在泡沫镍(NiF)[15]的硬模板上生长石墨烯。如图 3.2(a)所示，将具有所需密度和多孔结构的 NiF 放置在石英管的热区(1000℃)中。然后流经该区域的气相碳源被催化成原始石墨烯片，并包覆在 NiF 的骨架周围。在随后蚀刻掉 NiF 模板之后，获得高质量的纯 GF。需注意的是，在获得最终 GF 之前，必须去除用于保护 GF 在加工过程中不塌陷的聚甲基丙烯酸甲酯(PMMA)层。GF 的孔隙率约为 99.7%，电导率约为 10S/cm，比表面积(SSA)约为 $850m^2/g$。除 NiF 之外，还开发了其他硬模板用于通过 CVD 工艺合成 GF。例如，Shi 等报道了使用扇形模板制备用于油水分离的 3D 柔性 GF[16]。此外，采用镍 NP 作为生长石墨烯球的分散模板，石墨烯球将通过粉末冶金技术进一步交联成 3D 网络(图 3.2(b)、(c))。所得 GF 显示出电导率 51S/cm 和比表面积 $1080m^2/g$[17-18]。

基于商用泡沫或球的软模板已用于通过 GO 片的自组装加上额外的还原处理来制备 GF。例如，定向的纤维素泡沫导向的 GF 表现出各向异性的机械、电和热性能[20]。通过反复浸涂的聚氨酯泡沫引导的 GF 显示出高压敏性[21]。以粒径均匀的聚苯乙烯微球为模板，制备了用于吸附和预浓缩化学战剂的分级多孔 GF[22]。值得注意的是，碳纳米管泡沫也被开发作为制备 GF 的特殊软模板，并展示了两种不同的方法：一种是通过化学反应将 CNT 直接解压缩成石墨烯纳米带(GNR)，如图 3.2(d)所示[19]。一维 GNR 在多孔的单分子层中物理交联，使 GF 具有良好的机械弹性和表面性能。另一种是用石墨烯涂覆 CNT 泡沫的骨架，从而产生一种具有超强弹性和优异抗疲劳性能的混合 GF[23]。

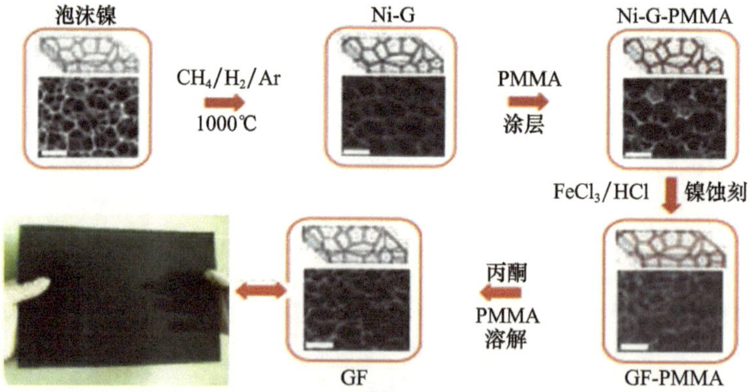

(a)

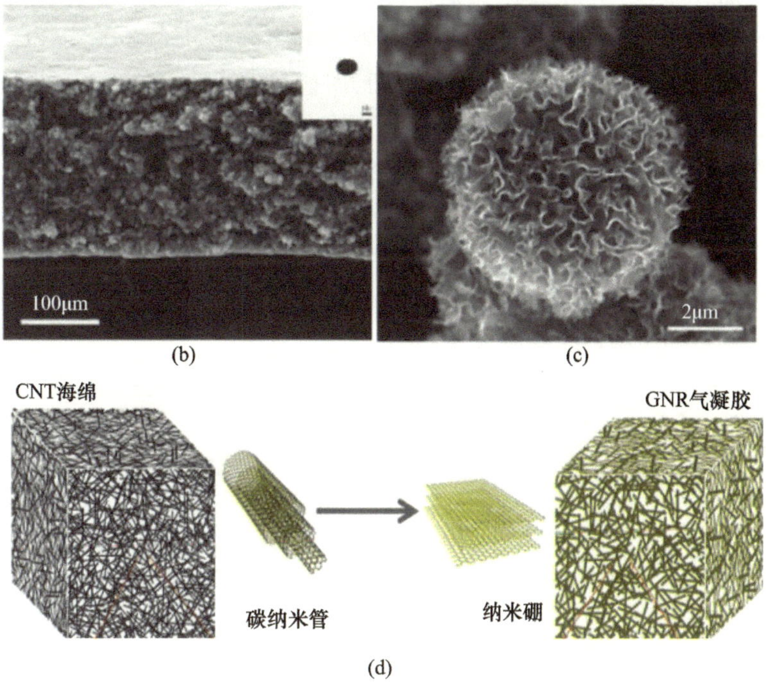

图 3.2 制造 GF 的模板诱导方法

(a)显示具有聚二甲基硅氧烷(PDMS)牺牲层的 GF 的 Ni 泡沫模板 CVD 生长的典型步骤和 170cm × 220mm GF 的照片,比例尺为 500μm(经授权转载自文献[15],2011 NPG 版权所有);(b)通过 CVD 生长镀镍泡沫模板 GF 的低倍率;(c)高倍 SEM 图像(经授权转载自文献[17],2013 年爱思唯尔版权所有);(d)通过将多壁纳米管拉开成多层石墨烯纳米带而转化为石墨烯纳米带(GNR)气凝胶的 CNT 海绵示意图(经授权转载自文献[19],2014 年威利版权所有)。

3.2.3 3D 打印法

3D 打印或增材制造虽然是一种新开发的方法,但很有效,使得能够直接生产具有可控结构和尺寸的散装物体。近年来,石墨烯前体被用作 GF 合成的印刷油墨。

将按需喷墨打印与冷冻铸造技术耦合,Zhang 等[24]合成了具有低堆叠密度(0.5 ~ 10mg/cm^3)和高机械可压缩性的 GF。将 GO 水悬浮液(1mg/mL)注入冷阱中的编程的 3D 框架中以保持体积完整性。然后将骨架浸入液氮中以进一步固化,并进行冷冻干燥处理以除去水分。通过额外的热退火,印刷的 GO 结构被还原为 GF 单块。

将 3D 打印技术与模板诱导法相耦合,制备了具有周期性大孔结构的 GF。例如,使用 GO 和二氧化硅 NP 混合分散体作为印刷油墨,在异辛烷浴中印制 3D 泡沫,如图 3.3 所示[25]。除去溶剂和二氧化硅后,对泡沫进行退火处理。所得高 SSA(302 ~ 739m^2/g)的多孔 GF 直接用作高性能超级电容器电极。

此外,还报道了生产 3D 单片 GF 的其他方法,如电化学沉积/还原 GO 和石墨的剥离[26-27]。这些方法能够以效率损失为代价,制造具有相对可控结构的 GF。因此,不能普遍用于大规模制造。

为了使 GF 具有多功能性并满足各种应用的需求,外源成分掺入和杂原子掺杂是两种常用的手段。据报道,通常外来组分在泡沫形成之前和之后被引入 GF 中。前者一般通过将第二相加入到GO分散体中,随后进行水热或溶剂热过程来实现。例如,经过水热处理的GO和CNT混合分散体产生轻质和超弹性的杂化GF[28]。MoS_2和GO复合分散体制备用于电化学催化应用的杂化GF[29]。然而,即使在形成3D布局之后,也可以通过化学或物理方法将各种外来粒子结合到GF中。例如,电化学活性材料($NiCO_2O_4$和MnO_2)通过水热法在GF上后生长[30]。将聚苯胺(PANI)等导电聚合物电沉积在GF上,获得了较高的面积电容[31]。采用射频溅射法在多孔GF上物理涂覆硅NP,表面密度约为$0.13mg/cm^2$,用于锂离子电池柔性阳极[32]。杂原子掺杂除了产生活性位点,还增加了石墨烯的电子电导率和电负性,进而有利于GF基电极的速率性能和容量[33]。掺杂策略已经通过溶剂热工艺和高温退火处理实现[34-35]。

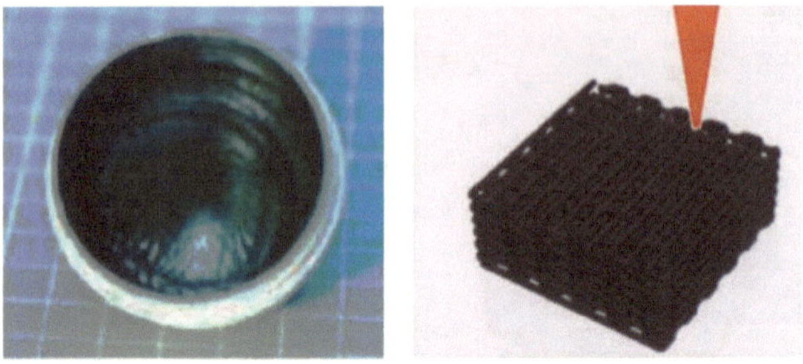

(a) (b)

图3.3 (a)用于3D打印的GO基油墨和(b)打印的GF数码照片
(经授权转载自文献[25],2016年ACS版权所有)

3.2.4 石墨烯泡沫的性能

储能设备的整体性能取决于电极材料的某些关键特性,包括电导率、可接近的SSA、孔隙率、体积密度等。因此,当石墨烯泡沫接合在储能设备的电极中时,这些性质是必需的。幸运的是,GF具有约10S/cm的电导率、几百平方米每克的高SSA、小于$1mg/cm^3$的堆叠密度以及优异的机械柔性,表明在高性能电极材料的应用中具有很大的潜力。表3.1列出了相关文献中报道的GF的一些代表性特性,以供参考。

表3.1 不同方法制备的GF的物理性能

方法	σ/(S/cm)	ρ/(mg/cm^3)	SSA/(m^2/g)	参考文献
热液	6×10^{-3}	0.16	272	[36]
冰凝诱导自组装	0.12	0.5~6.6	—	[8]
电化学剥落	5.09	6.5	504	[27]
热液	0.115	1580	370	[37]
NiF模板CVD	约10	5	850	[15]
NiF模板CVD	11.8	18.2	—	[38]
Ni NP模板CVD	13.8	—	1080	[18]
CNT泡沫模板	0.3	14	—	[28]

续表

方法	σ/(S/cm)	ρ/(mg/cm^3)	SSA/(m^2/g)	参考文献
3D 打印	8.7	15	—	[39]
3D 打印	0.015	0.5 ~ 10	—	[24]
3D 打印	—	—	739	[25]

注：σ 为电导率，ρ 为体积密度，SSA 为比表面积

3.3 石墨烯泡沫在储能设备中的应用

随着现代工业的快速发展，能源短缺和环境污染问题日益突出。我们已经利用各种方法来开发新能源和可再生能源。与太阳能、风能等基于波动和间歇自然资源的能量转换相比，储能系统在必要时使用更可靠。因此，发展大规模储能设备对保持社会流动性具有重要意义。在各种蓄电设备中，电池和超级电容器是通过一系列电化学反应将化学能可逆地转换为电能的最有效和可靠的系统。为此，本节将讨论基于 GF 材料的电池和超级电容器。

3.3.1 电池

电池是以化学能形式储存电能的电化学设备，它主要有两个电极（阳极和阴极），由离子导电电解质隔开。电池按循环寿命一般分为一次电池和二次电池。一次电池是指一次性电池。二次电池也称为可充电电池，可以承受多次重复充电和放电。为了满足环境友好和资源节约的要求，未来二次电池必须更容易接受和普及。与铅酸、镍镉等传统电池相比，锂离子电池（LIB）具有无法比拟的高能量密度，如图 3.4 所示[40]，在新型储能设备领域中引起了学者极大的研究兴趣。

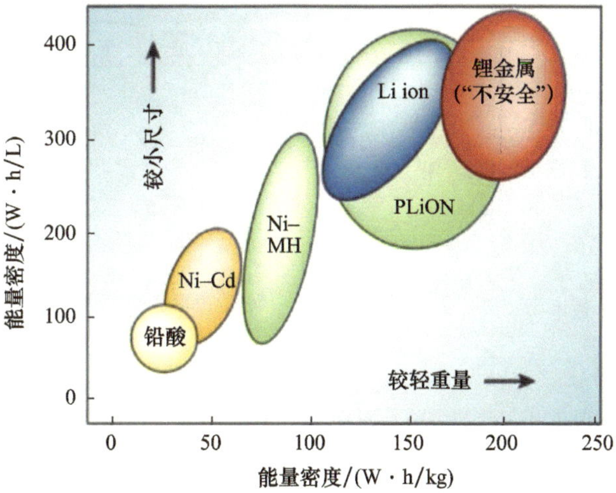

图 3.4 不同充电电池的比能密度（经授权转载自文献[40]，2016 年 NPG 版权所有）

3.3.1.1 金属离子电池

1. 锂离子电池

锂离子电池是一种可充电电池，其中锂离子从阴极扩散到阳极，并分别在充电和放电期间反转该过程。锂化学的基本优点有低还原电位、小离子半径以及金属元素中最低的体积密度，广泛应用于便携式电子设备、电动工具和混合动力/全电动车辆。LIB 最先进的商业阴极材料是 $LiCoO_2$（LCO）、$LiMn_2O_4$（LMO）和 $LiFePO_4$（LFP），而阳极相通常是碳质材料。图 3.5(a)显示了可充电 LIB 的工作机制。

$LiCoO_2$ – 石墨（阴极—阳极）电池电极反应如下。

$$\text{阳极}:C_6 + Li^+ + e^- \leftrightarrow LiC_6$$

$$\text{阴极}:LiCoO_2 \leftrightarrow Li_{1-x}CoO_2 + xLi^+ + xe^-$$

在这一反应中，石墨提供6个碳原子来捕获一个锂离子。因此，计算出石墨的等效可逆容量约为 372mA·h/g，这是常压下石墨中饱和锂储存的理论值[41]。

在当前状态下，阴极材料的典型容量C_C为 120~200mA·h/g[43]，远低于阳极容量C_A。电池的容量由下式确定（基于活性材料）：

$$C_B = \frac{C_A C_C}{C_A + C_C}$$

因此，在给定容量的情况C_C下，C_A约为 1000mA·h/g，以获得令人满意的 LIB 总容量（图 3.5(b)）[42]。尽管金属锂在阳极材料中具有最高的容量，约为 3860mA·h/g，但安全问题和糟糕的循环性能，使其在实际应用中带来了严重的问题。因此，急需广泛研究各种阳极替代品。根据锂存储机制，阳极材料可分为 3 种类型：①合金阳极，如 Si、Ge、Sn 和 SnO_2；②转化阳极，如大多数金属氧化物和金属硫化物；③插层阳极，如 LFP、LTO 和碳质材料。然而，除了碳质材料之外，当前的阳极相是低电子导电的或绝缘的，使得这些阳极相的导电主体成为必要。

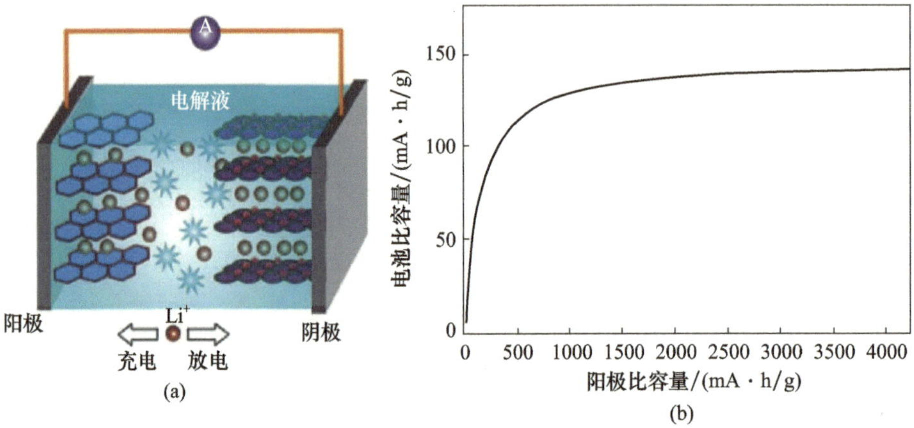

图 3.5 (a)可充电 LIB 工作机制的示意图。在放电/充电过程中，锂离子可逆插入/脱出（经授权转载自文献[5]，2017 年 RSC 版权所有）；(b)电池容量与阳极比容量的关系（经授权转载自文献[42]，2011 年 RSC 版权所有）

(1)阳极。具有 GF 主体的创新正极材料的最新进展见表 3.2，并根据不同的储锂机理进行分类。本节将讨论每个类别中反映 GF 带来显著改善的代表性例子。

表 3.2 LIB 中 GF 基阳极的性能

	GF 合成	活性相/%(质量分数)	可逆 C_A/(mA·h/g)	电容保持率,循环次数	速率性能(mA·h/g)	参考文献
合金阳极	GO 的海绵－模板吸附	Si(66.8%～80.1%)	2450(0.2A/g)	83.7%,200	950(3.2A/g)	[44]
	镍箔模板 CVD	Si 薄膜(0.13mg/cm^2)	2599(0.24A/g)	84.5%,1200(2.39A/g)	1403(4.78A/g) 701(14.34A/g)	[32]
	NiF 模板 CVD	Si@Si O_x(50%)	3531(0.84A/g)	66%,100	2299(4.2A/g) 1206(8.4A/g)	[45]
	NiF 模板 CVD,N－掺杂	Ge@石墨烯(73.76%)	1220(1C)	98%,1000(1C)	1001(10C) 801(40C)	[46]
	NaCl 模板 CVD	Sn@石墨烯 NP(46.8%)	1022(0.2C)	96.3%,1000	652(2C) 270(10C)	[47]
	热液	SnO_2 NP(＞70%)	1030(0.1A/g)	88%,1000(10A/g)	774(1A/g) 507(10A/g)	[48]
	热液	SnO_2 NP(44%)	857.9(0.1A/g)	100%,100(0.1A/g)	约 200(3A/g)	[49]
	溶剂热,氮掺杂	SnO_2 NP(55.77%)	1460(0.2A/g)	102%,1000(2A/g)	960(2A/g) 614(6A/g)	[50]
转换阳极	热液	Fe_2O_3 NP(66.7%)	1129(0.2A/g)	98%,1200(5A/g)	930.4(1A/g) 534.2(5A/g)	[51]
	热液	Fe_2O_3 NP(70.8%)	907(0.1A/g)	89.3%,1000(10A/g)	733(1A/g) 454(10A/g)	[48]
	NiF 模板 CVD	Fe_3O_4(80%)	785(1C)	100%,500(1C)	350(10C) 190(60C)	[52]
	PS 球模板装配	Fe_3O_4(52.6%)	1154(0.1A/g)	＞100%,1000(2A/g)	709(0.1A/g) 500(4A/g)	[53]
	热液	Fe_3O_4@石墨烯(83.7%)	1059(0.093A/g)	＞100%,150(0.093A/g)	363(4.8A/g)	[54]

续表

	GF 合成	活性相/%（质量分数）	可逆 C_A/(mA·h/g)	电容保持率，循环次数	速率性能(mA·h/g)	参考文献
转换阳极	热液	CoO(51.6%)	743(0.1A/g)	100%，100(0.1A/g)	约400(1A/g) 约200(2A/g)	55]
	溶剂热，N 掺杂	ZnCo O_4	1102(0.1A/g)	>100%，150(0.1A/g)	800(0.3A/g) 80(0.727A/g)	[56]
	热液	Ni Co_xS_y(91%)	965(0.1A/g)	90%，800(1A/g)	688(1A/g) 620(2A/g)	[57]
	热液	MOS_2单层(80%)	1200(0.1A/g)	95%，200(0.1A/g)	780(2A/g)	[58]
	NiF 模板喷涂	MOS_2量子点(71%)	858(1A/g)	>100%，100(1A/g)	737(5A/g) 652(10A/g)	[59]
	NiF 模板 CVD	MOS_2(0.8～1.1mg/cm^2)	1100(0.2A/g)	99%，40(0.2A/g)	800(5A/g)	[60]
	热液	SnS_2	1060(0.1A/g)	约100%，200(0.1A/g)	846(1A/g) 670(2A/g)	[61]
	自组装	Fe_7Se_8@碳(77%)	815.2(1A/g)	>100%，250(1A/g)	577.5(2A/g)	[62]
插层阳极	NiF 模板 CVD	$Li_4Ti_5O_{12}$(约88%)	170(1C)	96%，500(30C)	160(30C) 135(200C)	[63]
	NiF 模板 CVD	$Li_4Ti_5O_{12}$(1.27mg/cm^2)	186(0.2C)	99.8%，100(5C)	175(1C) 162(10C)	[64]
	热液	TiO_2(约50%)	197(0.5C)	>100%，100(0.5C)	139(5C) 124(20C)	[65]
	热液	TiO_2(67%)	202(0.1A/g)	约91%，50(0.1A/g)	99(5A/g)	[66]

为了促进 LIB 在电动汽车和静止电气元件中的实际应用,比能量密度是评估候选电极的基本标准。在所有阳极材料中,Si 保持最高理论容量为 4200mA · h/g(9786mA · h/cm^3),对应于合金 $Li_{22}Si_5$[45]。然而,由于其大的体积变化(高达 400%)和固有的低电导率,阻碍了 Si 阳极的实际应用,这导致非常差的循环寿命和快速的容量衰减。为规避这些问题,制定了两项战略:一种是通过合理设计结构将 Si 的尺寸减小到纳米级,以减轻由锂插入/脱出产生的应变;另一种是引入弹性导电部件,以缓冲体积变化并同时提高电极的电导率。在这种情况下,3D GF 是 LIB 阳极用纳米结构 Si 材料的理想载体。

最近报道了一种等离子体增强 CVD 合成的 3D 石墨烯支架材料[32]。在射频溅射的条件下,在 GF 表面包覆一层 Si 薄膜,表面密度约为 0. 13mg/cm^2。在 2. 39A/g 和 7. 17A/g 的电流密度下,GF – Si 阳极的可逆容量分别为 1083mA · h/g 和 803mA · h/g(1200 次循环后)。即使在 28. 68A/g 的快速充放电速率下,仍保持 300mA · h/g 的容量。该 GF – Si 电极的循环寿命和倍率性能超过了大多数其他阳极候选物。Peng 等[45]报道了另一个例子,在 GF 存在下原位生长 Si@ SiO_x 纳米线(NW)。为了平衡硅电极的应力,引入了一层薄薄的氧化硅层,使其具有稳定的锂存储容量。结果是,在 0. 84A/g 下获得 3531mA · h/g(第二次循环)的可逆容量,并且在 100 次循环后保持 2400mA · h/g。在 4. 2A/g 和 8. 4A/g 的较高电流密度下显示的容量分别为 2299mA · h/g 和 1206mA · h/g,表明快速和有效的锂存储能力。

理论容量为 1626mA · h/g(7360mA · h/cm^3)的合金阳极材料 Ge 也被制造成用于 LIB 电极的各种纳米结构。虽然 Ge 的容量不如硅,但 Ge 具有更高的本征电导率和优异的锂扩散率(比硅快 400 倍)。结合氮掺杂策略,由氮掺杂石墨烯(NG)包覆的 3D GF 负载锗量子点(73. 76%(质量分数))表现出优异的储锂性能[46]。如图 3. 6(a) ~ (c)所示,氮掺杂石墨烯泡沫(NGF)具有柔性和多孔性,从 EDS 映射中可以明显看出 Ge 掺入和氮掺杂。NGF – Ge@ NG 电极的可逆容量为 1220mA · h/g(在 1C),在 1000 次循环后仍保持其第二次循环容量的 98%(图 3. 6(d))。此外,该阳极材料显示出优异的倍率性能。例如,在 10C 的电流速率下,比容量保持为 1001mA · h/g,即使在 40C 的显著增加的电流速率下,比容量也保持在 801mA · h/g(图 3. 6(e))。3D NGF – Ge@ NG 蛋壳纳米结构不仅为缓解 Ge 的体积变化提供了足够的空隙空间,而且为电解质的容易进入提供了大量的开放通道,为电子和锂离子的快速扩散提供了导电网络。因此,这种新型阳极的循环寿命和速率性能远优于没有 NG 包裹或 3D GF 支架的对照样品。

由于天然丰度和环境友好性,其他合金材料如锡及其氧化物SnO_2 也引起了人们对 LIB 阳极的极大兴趣。尽管它们的理论容量(分别为 993mA · h/g 和 782mA · h/g)低于 Si 和 Ge[47-48],但远高于商业石墨阳极。此外,GF 主体与实现的活性相之间的协同作用产生了大量的集成容量,高于 Sn 的理论值[48,55]。Wang 等报道了通过溶剂热方法 NGF – SnO_2 杂化网络[50]。当SnO_2 的质量分数为 55. 77%,复合负极的容量为 1460mA · h/g(0. 2A/g)时,明显高于理论容量(1175mA · h/g)。在以 2A/g 进行 1000 次循环的延长循环实验后,容量保持率为 102%,证明了明显的循环稳定性。此外,当充放电速率提高到 2A/g 和 6A/g 时,容量仍分别保持在 960mA · h/g 和 614mA · h/g。

Li 存储的转换机制得益于充放电测试过程中多个电子参与转换反应。与合金化反应相比,转化过程进行得较慢,因此产生较小的体积膨胀和电荷容量。转化阳极材料通常保持在 500 ~ 1000mA · h/g 范围内的可逆容量。为了类似的目的，GF 基质被有意地用于支撑 LIB 阳极的活性材料。例如，金属氧化物 Fe_2O_3 具有 1007mA · h/g 的理论容量，而低电子/离子电导率和大体积膨胀的问题损害了其电化学性能。通过过量金属离子诱导的结合和空间限制的奥斯特瓦尔德成熟策略，介孔 Fe_2O_3NP 被包封在 3D GF 框架中(图 3.6(f))[51]。所得 GF - Fe_2O_3 杂化气凝胶直接用作 LIB 阳极，其在 0.2A/g 下显示出 1129mA · h/g(130 次循环后)的可逆容量，以及在 5A/g 下 1200 次循环后容量保持率为 98% 的显著循环稳定性(图 3.6(g))。在 Luo 等[52]通过原子层沉积将纳米结构 Fe_3O_4(理论容量为 926mA · h/g)精细地涂覆在 GF 上。该电极在 1C 下表现出 785mA · h/g 的高容量和在 60C 下 190mA · h/g 的快速充放电能力。这些结果证实了减小活性组分和引入导电网络是高性能 LIB 电极的两种有效策略。

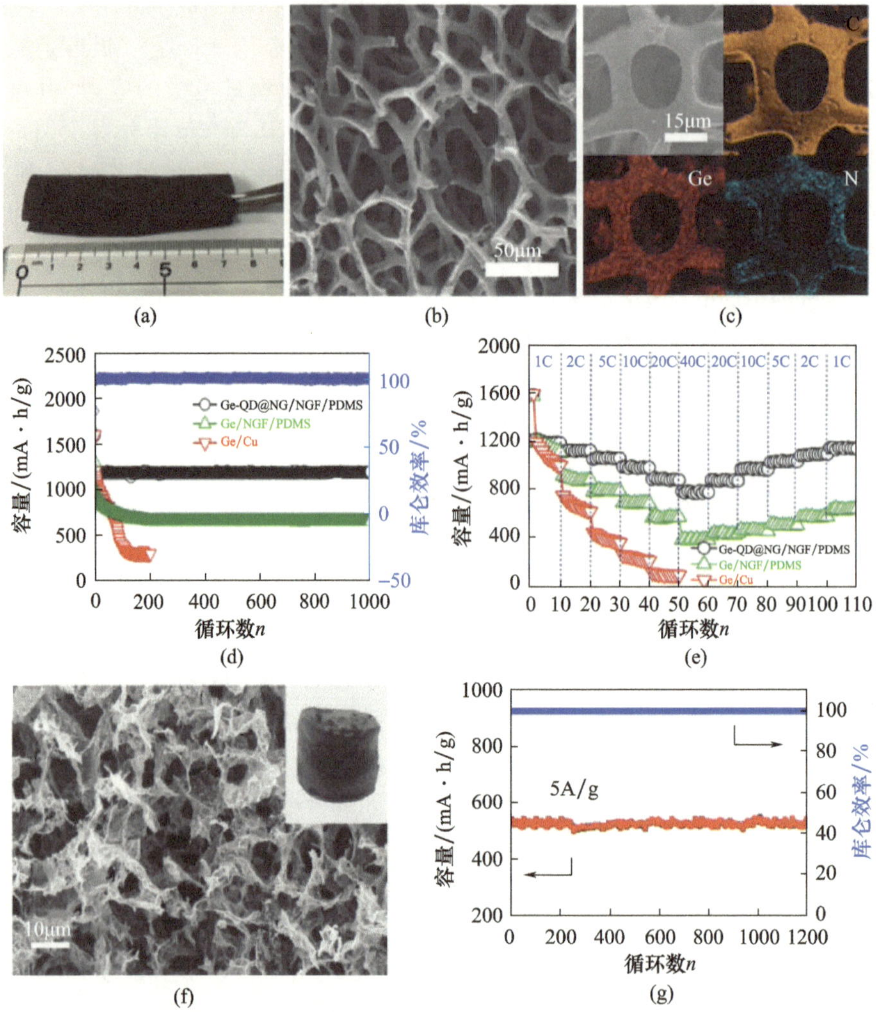

图 3.6 用于 LIB 阳极的 GF 混合物的性能

(a)柔性 NGF - Ge@ NG 蛋壳结构电极的照片；(b)SEM 图像；(c)GE、C 和 N 的 EDS 映射；(d)NGF - Ge@ NG/PDMS、NGF - Ge/PDMS、Cu - Ge 电极的循环性能、库仑效率；(e)倍率性能(经授权转载自文献[46]，2017 NPG 版权所有)；(f)GF - Fe_2O_3 复合材料微结构的 SEM 图像；(g)其在 5A/g 下 1200 次循环的循环性能(经授权转载自文献[51]，2017 年 ACS 版权所有)。

另一种使用的转化型阳极材料是金属硫化物，这是由于它们在性质上的丰度和高的锂活性。其中，MoS_2 具有与石墨相似的层状结构，更容易进行体积膨胀温和锂离子的插层。按表达式计算，单位 MoS_2 可提供4个电子转移，MoS_2 的理论容量为670mA·h/g，实验值为800～1000mA·h/g[59]。最近，Wang等通过水热法合成了GF－MoS_2 杂化结构。用蜂窝状 MoS_2 纳米片锚定的石墨烯主链提供了182m^2/g的比表面积，并表现出1100mA·h/g的稳定容量和在0.2A/g下40次循环后约99%的容量保持率。高倍率性能在5A/g增加的电流速率下800mA·h/g的比容量传递得到了证实。合理设计的蜂窝状 MoS_2 纳米结构的电化学性能优于其他 MoS_2 结构，3D导电石墨烯网络是高性能阳极的基础。

插层型阳极将锂存储在活性材料的通道中，该活性材料在周期性插层和去插层过程中产生很少的应变效应并表现出良好的可循环性。由于目前商业化的可充电LIB的电化学行为基于这一机理，最近取得了实质性的进展。多孔、柔性3D GF的组合可以帮助分布活性组分并防止聚集。表3.2举例说明了一些代表性的插层型阳极及其储锂性能。例如，Qian等在GF存在下合成了零应变尖晶石 $Li_4Ti_5O_{12}$（LTO，理论容量为175mA·h/g）[64]。所得GF－LTO混合LIB阳极在0.2C下的容量为186mA·h/g，当电流增加到10C时，保持在162mA·h/g。倍率性能远优于裸LTO粉末电极。在10C的高电流速率下100次循环后99.8%的容量保持率也证明了有利的循环性。Yu等通过水热反应制备了具有嵌入在3D GF网络中的中孔锐钛矿 TiO_2 纳米晶体（理论容量为170mA·h/g）的GF－TiO_2 复合电极[65]。当含量为50%（质量分数）TiO_2 时，GF－TiO_2 复合材料在0.5C下显示出155m^2/g的SSA和197mA·h/g的可逆容量（100次循环后）。当与3D GF结合时，TiO_2 显示出优异的倍率性能，分别在5C和10C增加的电流速率下保持了139mA·h/g和124mA·h/g的高容量。

（2）阴极。典型的LIB阴极材料包括2D层状Li(Co/Mn/Ni)O_2、3D尖晶石Li(CO_2/Mn_2)O_4、橄榄石Li(Fe/Mn/Co)PO_4、硅酸钍矿Li($FePO_4$/VPO_4)F及其衍生物。目前研究最多的阴极材料只能可逆地接受一个电子，释放容量小于200mA·h/g[67]。固有的较差的导电性和缓慢的锂离子扩散限制了传统阴极在电动汽车LIB中的广泛应用。在LFP的情况下，其电导率为10^{-10}～10^{-9}S/cm，锂离子扩散系数约为$10^{-14}$$cm^2$/s[68]，远不足以提供高性能LIB。因此，采用GF作为LIB阴极活性材料的主体。

Wang等通过水热反应合成了用橄榄石LFP实现的NGF[69]。XPS结果表明，氮原子含量约为4%。然而，氮掺杂显著提高了GF的电导率，从89.73S/cm提高到261.25S/cm，并在掺入84.60%（质量分数）LFP后保持在7.19S/cm。NGF－LFP也显示出良好的SSA，约为200m^2/g。为了验证NGF－LFP作为LIB阴极的电化学行为，使用商业产品LFP/碳作为参考。由于NGF和LFP的协同作用，在0.2C、10C、60C和100C下分别获得了155mA·h/g、124mA·h/g、96mA·h/g和78mA·h/g的高倍率性能。此外，循环稳定性优异，如在10C下，证实在1000次循环中容量保持率达89%，这明显超过了商业LFP/碳阴极的容量保持率。这种新型电极还提供了180W·h/kg的高能量密度和高达8.6kW/kg的高功率密度，性能超过了大多数先进的储能设备，如最先进的超级电容器、镍氢电池和大多数LIB。

新型的LIB阴极材料五氧化二钒（V_2O_5）因低成本和良好的理论容量（294mA·h/g）而成为最近的热点，远高于常用的阴极相，如LCO（140mA·h/g）、LMO（148mA·h/g）和LFP（170mA·h/g）[70]。V_2O_5 可以通过$V_2O_5 + xLi^+ + xe^- \leftrightarrow Li_xV_2O_5$[71]反应接受多个电

子，并作为可逆锂离子插入/提取的宿主。如图3.7(a)所示，Chao等在镀NiF模板GF中合成了一层纳米V_2O_5带阵列，然后用导电聚合物PEDOT涂覆V_2O_5[72]。同质PEDOT壳层厚度约为15nm，有利于电子在V_2O_5周围的转移，在长时间循环过程中保持阵列结构的完整性。基于这种特意设计的结构，GF－V_2O_5/PEDOT混合阴极显示出稳定的高速率分布，比容量范围从1C下的297mA·h/g到80C下的115mA·h/g，远优于没有PEDOT涂层的GF－V_2O_5电极。此外，集成电极表现出优良的循环稳定性，如在60C的高电流速率下1000次循环后98%的容量保持率所证明的(图3.7(b))。此外，在功率为23kW/kg时，能量密度为238W·h/kg，这是一个极好的组合，优于大多数其他储能系统(图3.7(c))。实际应用表明，使用具有GF－V_2O_5/PEDOT电极的微型电池为10个绿色LED并联供电，在下一代高速、超稳定的LIB中显示出很好的前景。

随着人们对便携式和可穿戴电子产品的热切追求，轻质和柔性电池激发大量研究人员的兴趣。电极作为关键部件之一，对最终器件的性能起着决定性的作用。因此，如果不实现柔性电极，就不可能实现柔性电池。在这方面，3D GF是实现这一目标的适当选择。2012年，Li等报道了NiF模板GF的合成，其电导率为10S/cm，面密度为0.1mg/cm^2(厚度为100μm)，孔隙率为99.7%[63]。将纳米结构的LFP和LTO分别作为LIB的阴极和阳极，两种复合电极都是独立式和柔性的。GF－LTO阳极在1C、30C和200C的电流速率下分别显示出170mA·h/g、160mA·h/g和135mA·h/g的高充电/放电容量。在30C和100C下循环500次后，观察到容量衰减小于初始值的4%。由GF－LFP制成的柔性阴极在0.5C下的容量约为155mA·h/g，并在500次循环后保持98%的容量。结果是，在0.2C下，阳极和阴极的放电容量分别为170mA·h/g和164mA·h/g。该结果表明，对于完整电池GF－LTO和GF－LFP是匹配的。因此，通过将电极层压在聚丙烯隔板上，填充有机电解质，然后将它们密封在PDMS封装中来组装全电池。总厚度约为800μm，所得柔性电池在0.2C下在扁平和弯曲状态下的可逆容量约为140mA·h/g(图3.7(d))。当电流速率进一步增加到10C时，容量仍保持在117mA·h/g，100次循环后仅有4%衰减。该柔性电池的能量密度达到110W·h/kg，即使在弯曲状态下也能为红色LED供电，如图3.7(e)所示。

2. 钠离子电池

钠离子电池(SIB)作为替代锂离子电池是最具竞争力的未来大功率电源，受到了广泛关注。钠与锂相比，资源丰富，价格低廉，能量密度为1166mA·h/g(Na^+/Na)，更有可能广泛应用于储能设备。然而，钠离子的大半径和大质量对于小质量和高能量密度电池是不利的，这些问题对于块状电极材料甚至是严重的。因此，必须制造导电的、多孔的和柔性的网络以容纳用于其可逆插入/提取的钠离子。作为LIB中电极的常见组分，由于碳质材料高电导率、高SSA、优异的机械柔性以及环境友好和低成本已用于SIB中。其中，3D石墨烯网络是满足高性能SIB电极要求的理想候选。

以3D GF为骨架的分级多孔碳质结构作为SIB的阳极得到了广泛研究。例如，Liu等通过物理吸附和额外的煅烧过程合成了锚定有模板诱导的石墨烯纳米线的3D GF[73]。在0.1C、5C和20C(1C＝372mA/g)的速率下，自立式石墨烯基阳极的可逆容量分别为545.6mA·h/g、331.0mA·h/g和201.1mA·h/g。该混合电极在1～20C的容量保持率为41%，远优于没有石墨烯纳米线修饰的裸GF的18.5%的保持率。循环稳定性也在1C条件下进行1000次循环，获得了87%的显著容量保持率。

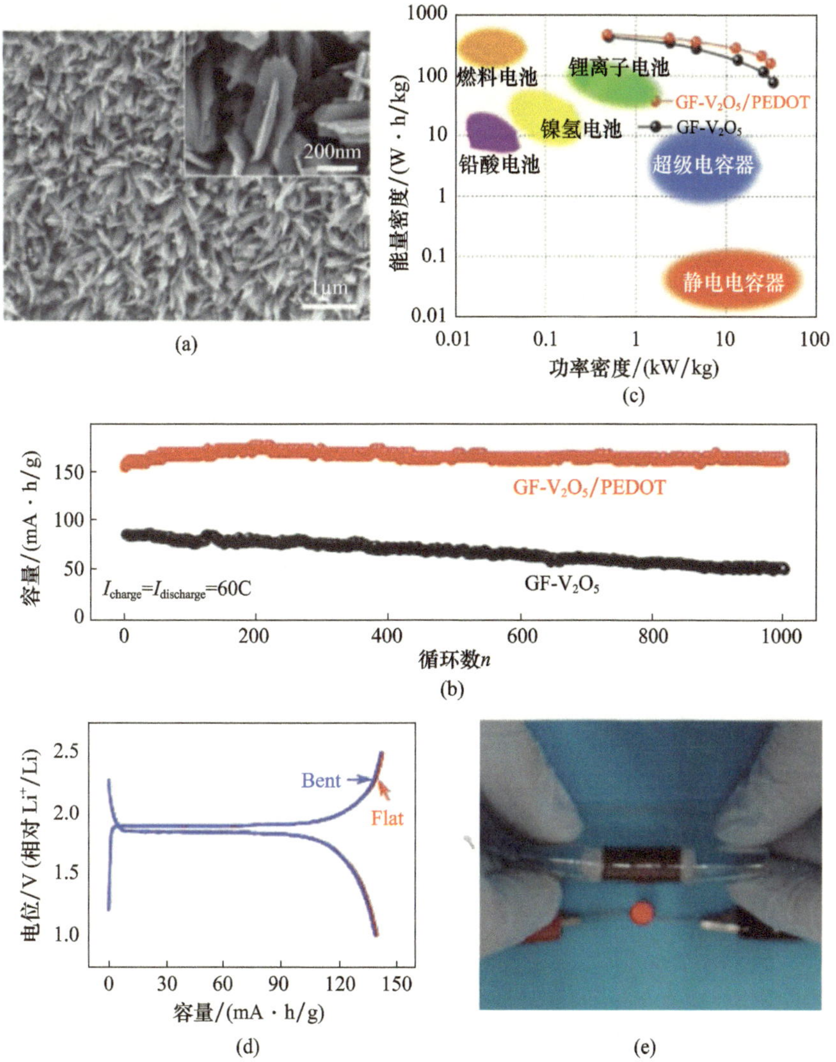

图 3.7 LIB 阴极和柔性 LIB 的 GF 复合材料

(a)SEM 图像;(b)循环稳定性;(c)LIB 中 GF－V_2O_5/PEDOT 纳米结构阴极的能量比较图,GF－V_2O_5/PEDOT 电极同时获得了高能量密度和高功率密度(经授权转载自文献[72],2014 年威利版权所有);(d)基于 GF－LFP 和 GF－LTO 的柔性 LIB,如通过在均匀弯曲状态(e)下对 LED 供电所证明的,所制备的和 20 次弯曲的电池的充电/放电曲线的均匀性表明该电池具有优异的抗机械变形能力(经授权转载自文献[63],2012 年美国国家科学院版权所有)。

除了产生更多的活性位点之外,已证明在 GF 的结构单元中掺杂原子是改善 GF 的电导率、润湿性和电负性的有效方法。通过在碳酸氢铵的气氛中烧结水热衍生的 GF,实现了氮掺杂[33]。与裸 GF 相比,NGF 的 SSA 和电导率分别增加了 53% 和 727%。以 NGF 为主的 SIB 阳极的平均容量为 260.3mA·h/g(1A/g 时),在 5A/g 的较高电流速率下保持在 151.9mA·h/g。采用自组装(GO 和 1A/g)和高温烧结工艺制备了硫掺杂 GF(SGF)[74]。EDS 光谱显示掺杂效率约为 5.3%(原子比)。所得到的多孔 SGF 保持 $537m^2/g$ 的 SSA 和 114S/cm 的电导率。电化学结果表明,SGF 具有良好的钠离子储存性能,在 1A/g 时可逆容量为 182mA·h/g。杂原子掺杂的自立式无束缚 GF 在钠离子电池中具有广阔的应用前景。

为了制备高性能的SIB，在GF中引入了各种有效的钠离子嵌入/脱出的活性杂质。其中，金属硫化物具有容量大、氧化还原可逆性突出等优点而被广泛研究。例如，Sb_2S_3 可以通过 $Sb_2S_2 + 12Na \leftrightarrow 3Na_2S + 2Na_3Sb$（理论容量为946mA·h/g）的反应保留钠离子。最近，通过水热法制备了配备 Sb_2S_5NP 的3D GF，该复合电极的SEM图像如图3.8(a)所示[75]。电化学结果表明，最佳 Sb_2S_5 含量为83%（质量分数）的GF－Sb_2S_5 阳极表现出845mA·h/g（0.1A/g）的高可逆容量，其在10A/g的速率下保持在525mA·h/g（图3.8(b)）。在0.2A/g下循环300次后，获得了91.6%的显著容量保持率，表明了优异的循环稳定性。钠离子的快速扩散和 Sb_2S_5 与石墨烯网络之间的高效电子传输是电化学性能显著的原因。之后，将完整SIB与GF－Sb_2S_5 阳极组装在一起，其显示出2.2V的高输出电位和828mA·h/g的稳定容量，并在图3.8(c)的插图中举例说明了使用该电池为LED供电的演示。

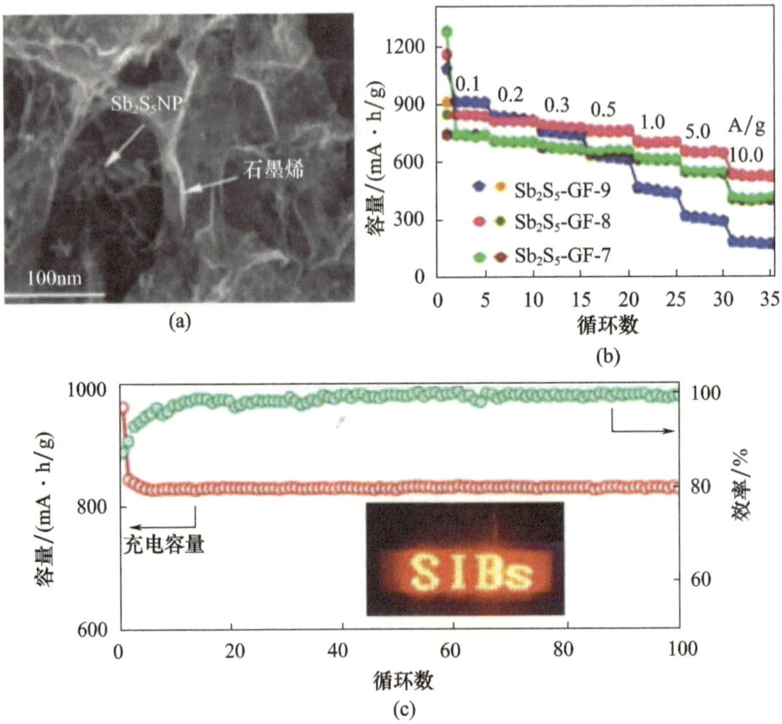

图3.8 SIB的GF－Sb_2S_5 阳极

(a)GF－Sb_2S_5－8电极的SEM图像；(b)Sb_2S_5 含量分别为71%、83%和90%的GF－$Sb_2S_5$7、GF－Sb_2S_5－8和GF－Sb_2S_5－9电极的倍率性能。将完整SIB与 $Na_3(VO_{0.5})_2(PO_4)_2F_2$/C阴极和GF－$Sb_2S_5$－8阳极组装；进行所得电池的循环稳定性和LED供电中的实际应用(c)（经授权转载自文献[75]，2017年ACS版权所有）。

Yu的小组[76]最近开发了一种全可拉伸组件SIB。在本设计中首先使用多孔方糖作为模板来模制多孔和柔性的PDMS泡沫；然后在PDMS泡沫骨架上吸附一薄层GO，再进行还原处理，制备PDMS/石墨烯复合泡沫（PGF）；最后将柔性导电PGF用作基底以支撑SIB的阴极和阳极，并将 $VOPO_4$ 和硬碳分别用作SIB的阴极和阳极。介绍了一种弹性钠离子导电凝胶聚合物P(VDF－HFP)作为组装全电池的电极基板和隔膜。在填充1mol/L $NaClO_4$ 有机电解质并用PDMS封装密封后，制备了具有高达60%的可持续拉伸性的柔性SIB。在0.1C(1C＝0.1A/g)的电流密度下，观察到103mA·h/g的可逆容量，当拉伸到

20%和50%应变时，其保持在96mA · h/g和92mA · h/g。即使在50%应变下进行100次拉伸－释放循环之后，仍保持了完整电池的89%容量。作为实际应用的演示，完整电池与弯头支架集成为不同弯曲状态下的蓝色LED供电。然而，尽管有关于可拉伸LIB和SIB的报道，柔性储能设备仍处于起步阶段，必须尽最大努力来满足现实生活中柔性电子的需求。

3. 铝离子电池

可充电铝离子电池（AIB）具有低成本、低可燃性、天然丰度和优异的电化学稳定性等优点，是下一代大规模储能电池的理想替代品。无论是AIB还是SIB，其工作原理都与LIB类似。然而，由于铝的三电子氧化还原性能，Al^{3+}/Al 提供了相对高的理论容量，为2980mA · h/g（8046mA · h/cm^3）。

在AIB设备方面，已经研究了GF作为阴极材料以容纳用于铝存储的铝离子。例如，Dai等2015年报道了一种具有铝箔阳极和GF阴极的超快可充电AIB[77]。通过不可燃离子液体电解质在镀NiF模板石墨结构阴极中嵌入/脱嵌氯铝酸盐阴离子（$AlCl_4^-$）。图3.9（a）显示了阴极结构的SEM图像。当$AlCl_3$与[EMIm]Cl的最佳摩尔比为1.3～1.5时，所得AIB的比容量为70mA · h/g，库仑效率为98%。电池的速率性能非常优异，因为在宽范围的充电/放电速率（0.1～6A/g）上保持了类似的容量。3D GF柔性结构使阴极具有显著的循环稳定性，在4A/g下超过7500次循环时保持约100%的容量（图3.9（b））。不久，通过用电化学膨胀法衍生的GF代替CVD合成的GF阴极，在12A/g甚至更高的电流速率下实现了4000次循环的100%容量保持[78]。更重要的是，确定AIB中使用的电解质的充电截止电压为2.45V，高于该电压，副反应将引发电解质的分解。这一信息为AIB的未来发展提供了有意义的指导。

为了降低截止电压，提高AIB的容量和循环寿命，Yu等发明了具有镀NiF模板主链和石墨烯纳米带装饰的分级石墨烯架构[79]。通过Ar^+等离子体蚀刻实现GNR结构，并且由于产生了各种纳米孔（2～5nm直径）而获得了额外的优点。理论计算表明，纳米带和纳米孔的组合可以引入更多的纳米空洞，这将吸引和适应更多的$AlCl_4^-$来提高阴极容量。实验结果还表明，GF－GNR阴极的氧化（嵌入）峰约为2.1V，正好低于截止电压极限。因此，Al/GF－GNR衍生的袋式电池在5A/g时显示出123mA · h/g的高可逆容量，并且当电流速率增加到8A/g时保持在111mA · h/g。还获得了显著的循环稳定性，因为在5A/g下对于10000次循环没有观察到容量衰减。电池应该长时间连续使用，同时可以在短时间内充满电，以及在不同的温度下工作。研制的GF－GNR基AIB在80s内5A/g充满电，以0.1A/g连续放电3100s。随着温度从20℃升高到40℃、60℃和80℃，在5A/g条件下获得了123mA · h/g的恒定放电容量（图3.9（c）），图3.9（d）和（e）中显示了AIB在0℃和80℃条件下点亮LED指示器的照片。

值得注意的是，目前研究的大多数GF基AIB以具有大孔GF的重量能量密度为特征，其具有低的堆叠密度。因此，所得AIB的体积容量相对较低（约为0.74mA · h/cm^3）[15,78]。另外，强酸性氯铝酸盐电解质需要专门用于具有耐酸集流体的Swagelok或聚合物电池的AIB原型。针对这种情况，Huang等报道了一种新型GF基微型电池AIB，具有大体积容量[80]。采用二氧化硅纳米球模板吸附法，经退火和刻蚀工艺合成了GF。所得GF具有762m^2/g的高SSA和81mg/cm^3的改进的堆叠密度。将具有由PEDOT涂层稳定的不锈钢盖的标准CR2032型微型电池用于AIB的组装。得到的GF基阴极提供151mA · h/g的重量容量，其相当于12.2mA·h/cm³的体积容量，并且比先前结果高1个数量级以上。随着未来电子产品的小型化，具有大体积容量的电池有望用于空间受限的设备。

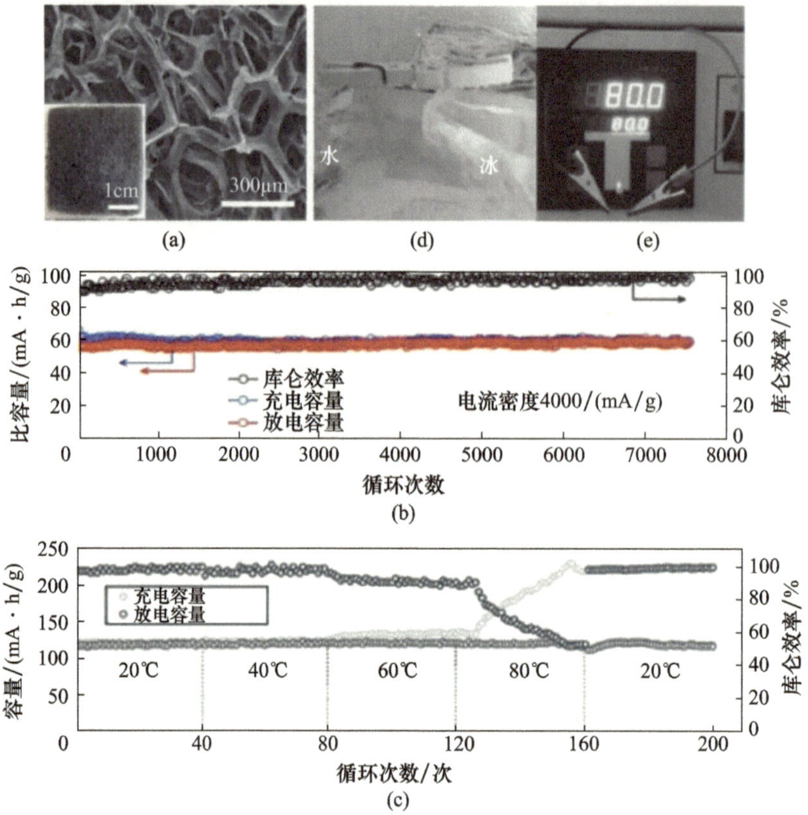

图3.9　AIB阴极的GF

(a)SEM图像和(b)GF阴极的循环稳定性(经授权转载自文献[77]，2015 NPG版权所有)

(c)~(e)石墨烯纳米带修饰的GF用于阴极，其在20~80℃之间表现出稳定的放电容量，能够在0~80℃下为LED指示器供电(经授权转载自文献[79]，2017年威利版权所有)。

3.3.1.2　金属－硫电池

近年来，LIB技术已广泛应用于商用便携式电子设备中。然而，LIB的能量密度仍然不满足大规模的能源需求，如静止能源电网和远程电动汽车。总能量输出的电流限制主要取决于阴极材料，其提供120~200mA·h/g的典型能量密度(理论上，对于所得LIB为430~570W·h/kg[81])。因此，开发具有高能量密度和优异电化学性能的新型正极材料，即迫切开发后LIB电池具有重要的意义。在这方面，金属硫和高储能能力的金属空气电池得到了广泛的发展。

Li－S电池由于锂正极和硫负极的高能量密度的理想结合，是研究最多的金属硫电池。除了高理论容量(1672mA·h/g)，硫还是地壳中最丰富的元素之一，使得Li－S电池具有大规模应用前景。描述Li－S电池在充放电过程中的组成和工作机理的示意图如图3.10所示。典型的Li－S电池有锂金属阳极和硫复合阴极(由有机电解质隔开)。由于硫处于充电状态，电池操作以阳极放电开始，产生通过外部电路移动到硫电极的电子。Li－S电池的电极反应如下：

$$阳极:2Li \longleftrightarrow 2Li^+ + 2e^-$$

$$阴极:S + 2Li^+ + 2e^- \longleftrightarrow Li_2S$$

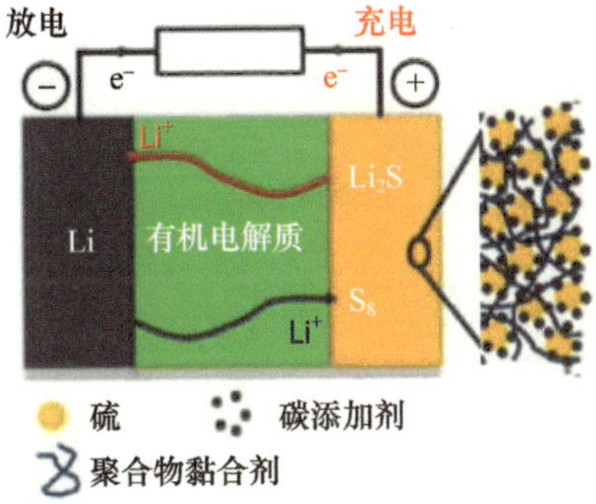

图 3.10 Li – S 电池组成示意图(经授权转载自文献[82],2014 ACS 版权所有)

假设硫完全转变为硫化锂(Li_2S),Li – S 电池的容量为 1167mA · h/g(2510W · h/kg,给定平均放电电压 2.15V)。然而,循环寿命差、能量效率低和反应动力学慢阻碍了 Li – S 电池的商业化。其根本原因是:①中间多硫化物 Li_2S_x($2 < x \leqslant 6$)在电解液中溶解,导致活性物质损失,容量迅速衰减;②硫和锂化相的绝缘性质限制了电子和离子的传输;③元素硫体积变化大,Li_2S 电极结构恶化;④锂枝晶在阳极上生长带来严重的安全问题。因此,有必要为硫阴极接合导电网络,以提高其电导率、缓冲体积膨胀,并帮助固定可溶性多硫化物。为了满足这些要求,3D GF 是最有希望作为硫的功能基质的候选之一,并且已经进行了大量的工作来处理这些问题。由于 GF 具有高导电性和柔性,本节将根据 GF 如何用于捕获多硫化物以及硫如何掺入来介绍。

集成在 GF 中的分级多孔网络提供了所需的物理限制,其将至少延迟多硫化物的溶解。Hou 等报道了一种封装在多孔碳纳米片(PCN)中并进一步实施到用于 Li – S 电池阴极的 GF 中的双限制硫[83]。首先通过 900℃ 热解柠檬酸钾合成了 PCN;然后将 S/PCN 复合材料溶液混合,再在 155℃ 下热处理,此时硫的黏度最低;最后通过水热反应获得 GF – S/PCN 混合阴极,显示混合阴极的数字照片如图 3.11(a)所示。结果是,GF – S/PCN 阴极的首次放电容量为 1328mA · h/g,库仑效率为 98%(图 3.11(b))。即使在 300 次循环后,容量和库仑效率仍分别保持在 647mA · h/g 和 100%。Li – S 电池良好的循环稳定性归因于双限制阴极结构,通过捕获多硫化物并抑制其溶解到电解液中,成功地缓解了溶解效应。

通过化学策略固定多硫化物导致 Li – S 电池的循环稳定性大大提高,并开发了各种方法,包括聚合物/官能团吸收、金属氧化物键合等[85]。例如,富含官能团的聚吡咯(PPy)表现出对硫和多硫化物的高吸附能力。Tan 等[86]首先通过熔融扩散过程将 GF 基质与硫结合,然后将一层 PPy 电聚合到该结构中。GF – S/PPy 杂化物中硫和 PPy 的含量分别为 73%(质量分数)和 6.5%(质量分数)。电化学测试结果表明,GF – S/PPy 阴极在 0.5C 条件下的初始容量为 1288mA · h/g,第二次循环降至 1201mA · h/g,第 100 次循环降至 1017mA · h/g,容量保持率为 78.9%。此外,在 5C 的电流密度下,可逆容量为 590mA · h/g,表现出优异的倍率性能。GF 和 PPy 的协同作用不仅提高了阴极的电子电导率,而且抑制了长链多硫化物的扩散和溶解,从而获得了优异的电化学性能。通过杂原子掺杂到 GF 的类似捕获过程也有助于抑制 Li – S 电池的穿梭效应。Xie 等报道了 GF 框架中的硼掺杂物呈正极化，这将与硫和多硫化物形成化学吸附[87]。硼掺杂提高了 GF 的电导率，提高了 GF－S 阴极的循环寿命。因此，所得掺杂硼的电极在 100 次循环后获得 77% 的容量保持。

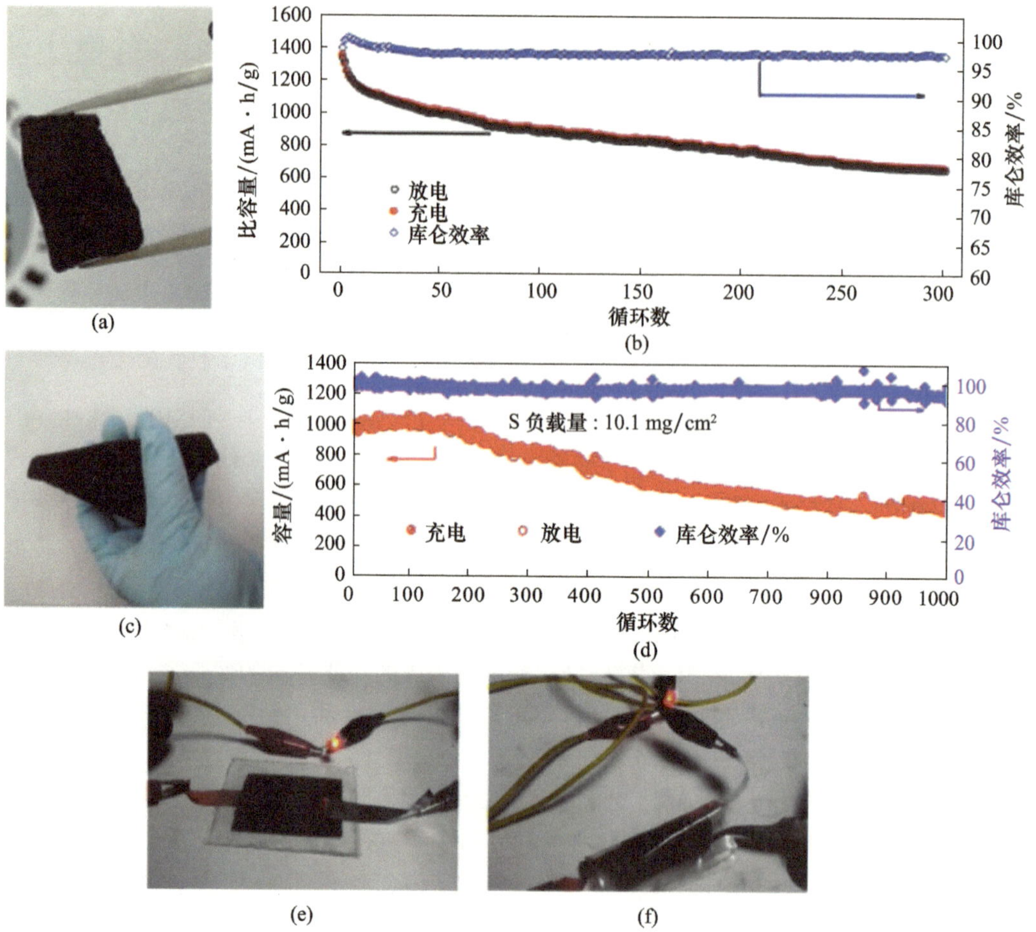

图 3.11 Li－S 电池用 GF 支撑硫阴极

(a)GF－S/PC 电极的数字照片和(b)其在 1.7V 和 3.0V 之间的 0.2C 下的充电/放电循环（经授权转载自文献[83]，2016 RSC 版权所有）；(c)柔性 GF－S/PDMS 电极的照片；(d)在 1.5A/g 下 1000 次循环的循环性能；基于柔性 GF－S/PDMS 的 Li－S 电池原型在(e)平坦和(f)弯曲状态下点亮红色 LED 器件（经授权转载自文献[84]，2015 年爱思唯尔版权所有）。

GF 负载的硫阴极与特意设计的金属氧化物结合有助于提高锂－硫电池的电化学性能。2016 年，Huang 等报道了一种新型 GF－S/TiO_2 混合物用于先进 Li－S 电池[88]。以 GO、$TiCl_4$ 和CS_2 复合溶液为前驱体，采用一步溶剂热法合成了正极材料。所得杂化物中硫和 TiO_2 的含量分别为 75.1%（质量分数）和 10.2%（质量分数）。循环伏安法曲线中的还原峰证实了元素硫向多硫化物和最终产物 Li_2S/Li_2S_2 的转化，揭示可逆反应的峰也是独特的。循环结果表明，GF－S/TiO_2 阴极在 0.5C 下循环 100 次后的放电容量为 597mA · h/g，高于由 GF－S 和纯硫制成的对照阴极。这归因于由化学相互作用导致的硫和 GF－TiO_2 基体更好的导电性。较高的库仑效率表明；TiO_2NP 对穿梭效应的有效抑制。

除元素硫之外，全锂化硫 Li_2S 因其较大的比容量(1166mA · h/g)和可避免的体积膨胀，也被直接用作 Li－S 电池负极的活性材料[89]。Jiao 等合成了 Li_2S@Li_3PS_4（NLPS）核－壳纳米结构，随后将其渗透到 GF 中，负载量为 1.2mg/cm^2。然后将 GF－NLPS 复合阴极组装成 Li－S 电池，与市售 GF－Li_2S 阴极相比，其初始容量为 934mA·h/g（在 0.1C 下），具有较长的充/放电电压平台和更高的活性材料利用率。甚至在第 10 次和第 100 次循环之后，容量分别保持在 590mA·h/g 和 485.5mA·h/g。高 Li_2S 利用率和良好的循环稳定性归因于 Li_3PS_4 的保护层，不仅有助于延缓放电中间体 Li_2S_x 的溶解，而且提高了电化学反应过程中的离子电导率。

Cheng 等也报道了一种柔性高能量的 Li－S 电池[84]。在这项工作中，首先用 PDMS 薄层涂覆 GF，然后渗透活性材料硫。得到的硫负载量为 10.1mg/cm^2 的 GF－S/PDMS 复合材料具有足够的柔性，可以承受重复弯曲而不会造成结构损伤（图 3.11（c）），22000 次弯曲循环的电导率不变，约为 1.25S/cm。如图 3.11（d）所示，在 1.5A/g 时，初始容量约为 1000mA·h/g，在 150 次循环中几乎保持稳定。经过连续循环实验，容量最终保持在 448mA·h/g，循环 1000 次，库仑效率始终保持在 95% 以上。然后组装了柔性 Li－S 电池的原型，它可以为红色 LED 供电，无论它是平的还是弯曲的，如图 3.11（e）和（f）所示。

3.3.1.3 金属－空气电池

金属－空气电池或金属－氧电池是后 LIB 电池的另一种类型，它通过轻金属与空气中的氧之间的催化氧化还原反应代替了原 LIB 电池中的插层反应机理。金属－空气电池由于异常高的能量密度而引起了相当大的研究兴趣。一般来说，金属－空气电池根据所使用的电解质可分为非水和含水体系，对应于锂－空气和锌－空气两种代表性电池，图 3.12给出了这两种电池的结构示意图。由于金属－空气电池能提供极高的能量密度，金属－空气电池的发展对于追求大规模电源具有重要意义。

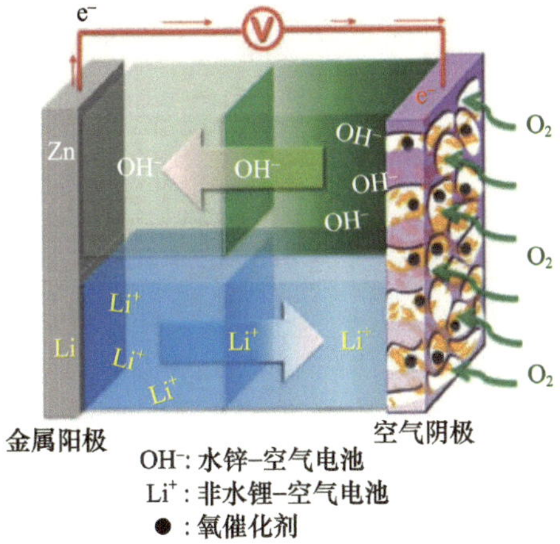

图 3.12 金属－空气电池（含水锌－空气和非水锂－空气）的结构和部件示意图
（经授权转载自文献[90]，2014 年 RSC 版权所有）

1. 非水电解质电池

锂－空气电池是典型的非水电解质电池，人们对其材料、结构、性能和机理等方面进行了大量的研究。通过使用 O_2 阴极，在充电/放电过程中，包括电极周围的氧还原反应（ORR）和析氧反应（OER）的可逆催化反应将连续进行：

$$\text{ORR}: O_2 + e^- \longrightarrow O_2^-$$

$$O_2^- + Li^+ \longrightarrow LiO_2$$

$$2\,LiO_2 \longrightarrow Li_2O_2 + O_2$$

$$\text{OER}: Li_2O_2 \longleftrightarrow 2Li^+ + O_2 + 2e^-$$

由于锂是最轻的金属元素和非水反应机理，锂-空气电池释放的理论能量密度高达3500W·h/kg，并不比汽油低太多[91-92]。目前，有3个主要的挑战限制了锂-空气电池的电化学性能，必须加以规避。①绝缘放电产物 Li_2O_2 在阴极表面的覆盖将导致高极化（1.5~2V过电位）、不可接受的低能量效率和碳质电极的分解。尚未开发出能够显著降低过电位的合适的催化剂体系。②空气电极的比表面积、孔径和电导率与其形貌和 Li_2O_2 数量密切相关。因此，合适的空气电极衬底材料和结构仍然是一个活跃的研究领域。③由于目前使用的电解液体系容易被氧自由基攻击或在长期循环下不稳定，电解液稳定性仍然是锂空气电池的棘手问题。储能设备的革新总是与电极系统的革命联系在一起。在锂空气电池方面，空气电极上缓慢的ORR和OER反应是瓶颈，大量的研究工作始终集中在这一领域。本节将根据GF在空气电极催化剂体系中的作用进行讨论。

GF可以作为锂空气电池中空气电极的基底和催化剂，需要适当设计孔径和分布，以及边缘和缺陷。例如，将由石墨电化学膨松并在惰性气体中退火的GF用作无黏结空气阴极[91]。得到的多孔GF是坚固和柔性的，表面石墨烯片起皱和卷起。组装成锂空气电池后，充放电比容量保持在1000mA·h/g，评价了GF基空气电极的电化学性能。对于800℃退火的GF（$I_D/I_G=0.07$），20次循环的放电容量为1000mA·h/g，循环效率（放电比能与充电比能之比）为80%。为了比较，未经退火（$I_D/I_G=0.71$）制备的GF显示出51%的往返效率和仅为340mA·h/g的剩余放电容量。此外，退火后的电极还表现出稳定的放电电压约为2.8V（对应于ORR）和低于3.7V（对应于OER）的充电电压，而制备的GF的充电电压在20次循环后达到4.7V。值得注意的是，高充电电压将导致碳电极的分解，最终降低阴极性能。退火后GF的循环稳定性增强是由于导电性增强和缺陷数量减少的协同作用。

GF负载有杂化催化剂，如钌（Ru），且 MoS_x 已被证明有效地提高ORR/OER催化活性[92-93]。例如，Jiang等合成了用于锂空气电池的独立式阴极的钌功能化GF[18%（质量分数）钌][93]。采用水热法结合煅烧处理制备了GF-Ru复合材料。首次放电/充电电压曲线表明，与裸GF电极的10000mA·h/g相比，GF-Ru的容量提高至12000mA·h/g。更重要的是，GF阴极的电荷平台范围为4.1~4.5V，比GF-Ru阴极高约0.4V（图3.13（a））。此GF-Ru阴极的优点：①分级多孔结构促进了电解质渗透和氧扩散；②导电的3D网络使得电子能够容易地通过GF转移；③高SSA为电化学反应提供了丰富的活性位点；④大体积孔容纳了大量的放电产物；⑤Ru NP对OER具有优异的催化活性和放电产物 Li_2O_2 的有效转化（图3.13（b））。在500mA·h/g（0.1mA/cm^2）的容量控制条件下，进一步表征了GF-Ru的循环稳定性。结果表明，GF-Ru阴极的这一容量维持了50个循环，充电电位几乎没有增加，而裸GF阴极的容量只维持了30个循环，充电电压逐渐增加。这些结果进一步证实了客体催化剂在改善锂空气电池循环性能方面不可替代。

化学改性GF已被证明是一种高效的锂空气电池催化剂。例如，Chen等通过硬镀CVD法合成了氮掺杂的纳米多孔GF，用于锂空气电池的阴极[94]。还制备了3D硫掺杂和非掺杂GF基电极用于比较。结果表明，对于氮掺杂、硫掺杂和非掺杂GF电极，它们的最大放电容量分别为 10400mA·h/g、4920mA·h/g 和 4690mA·h/g(图 3.13(c))。XRD 结果表明,掺杂电极周围的 Li_2O_2 的形成和分解是高度可逆的。例如,在 1000mA·h/g 的控制容量下,SGF 在 300 次循环后获得了优异的循环稳定性,如图 3.13(d)所示,证明了比 NGF 和裸 GF 更好的耐久性。

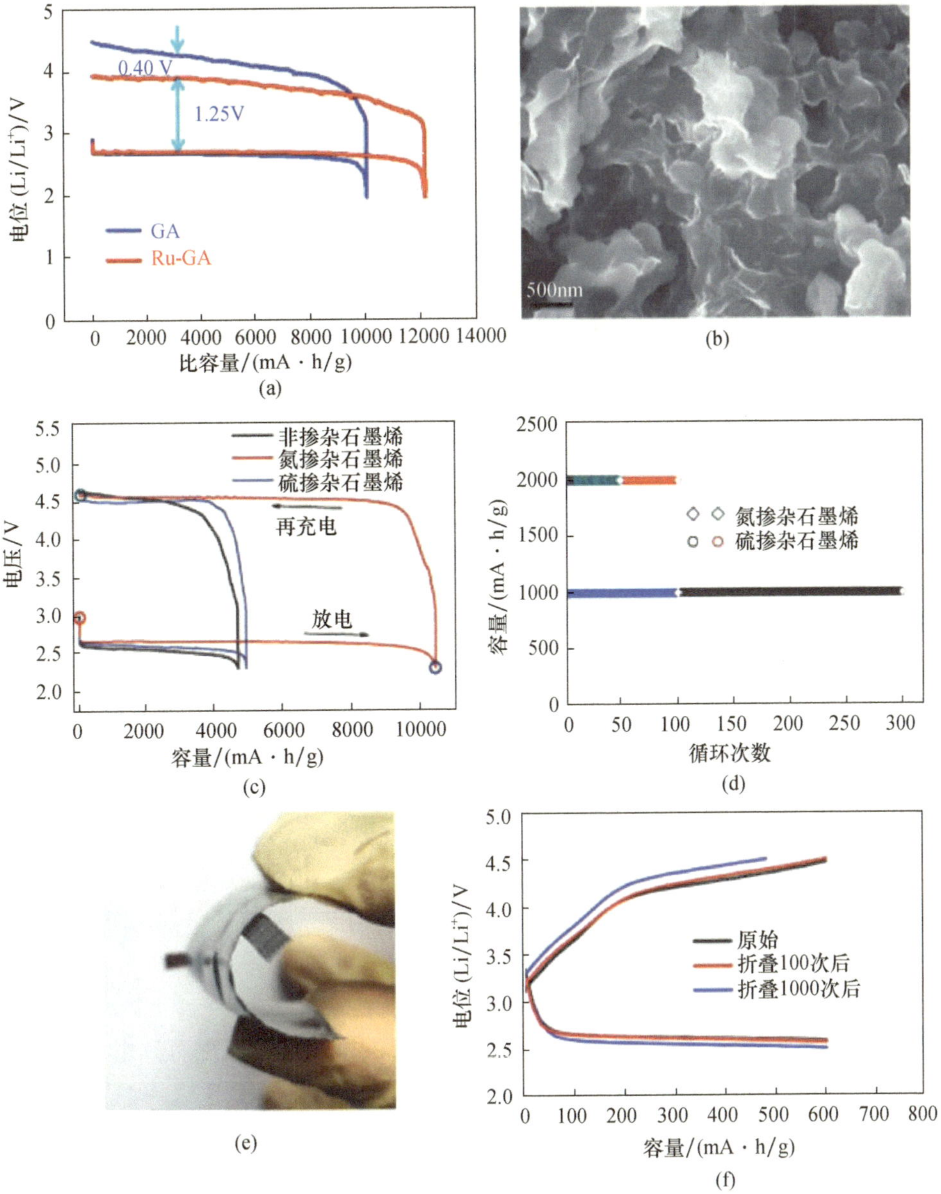

图 3.13 锂-空气电池用 GF 基阴极

(a)0.1mA/cm² 下 GF-Ru 和裸 GF 阴极的放电/充电曲线;(b)放电的 GF-Ru 阴极的 SEM 图像,表明在电极表面形成了许多环形 Li_2O_2 粒子(经授权转载自文献[93],2016 年 NPG 版权所有)(c)放电/充电曲线和(d)NGF 和 SGF 阴极的循环稳定性(经授权转载自文献[94],2016 年威利版权所有);(e)基于 GF-CeO_2 阴极和锂阳极的锂-空气电池的数字照片;(f)放电/充电平台显示在折叠 1000 次后未发生变化(经授权转载自文献[95],2017 年威利版权所有)。

Jiang 等使用CeO_2微球装饰的 GF 作为 GF 基柔性锂空气电池的阴极[95]，CeO_2的加入提高了 GF 对 ORR 的催化活性。柔性 GF - CeO_2阴极的放电容量为 3250mA·h/g(0.2A/g 时)，可稳定循环 80 次，容量极限为 600mA·h/g。如图 3.13(e)和(f)所示，组装的具有 GF - CeO_2电极的柔性锂 - 空气电池在 1000 次弯曲时间内表现出稳定的放电/充电电位平台和良好的电化学可逆性。

2. 水基电解质电池

基于含水电解质的锌 - 空气电池具有许多优点，如高安全性、低成本、长储存寿命，以及平坦的放电平台，提供 1090W·h/kg 的相对较高的理论能量密度[96]。对于锌 - 空气电池，氧在空气电极(阴极)处被还原为氢氧根离子，并且锌金属与移动到阳极表面的氢氧根离子反应形成锌酸根离子$Zn(OH)_4^{2-}$。电极反应描述如下：

$$阴极：O_2 + 2H_2O + 4e^- \rightarrow 4OH^-$$

$$阳极：Zn + 4OH^- - 2e^- \leftrightarrow Zn(OH)_4^{2-}$$

与必须使用离子液体或有机电解质的锂电池不同，含水电解质可以安全地用于锌 - 空气电池。另外，$Zn(OH)_4^{2-}$在碱性水溶液中具有饱和极限，超过该饱和极限，其将分解成绝缘固体 ZnO，使可充电的锌 - 空气电池变得困难。锌 - 空气电池负极也存在 ORR 过程，制约器件整体性能的主要是 ORR 缓慢的反应动力学。因此，ORR 催化剂在锌 - 空气电池中是必不可少的，并且已经在该领域投入了大量的精力，以快速和持久地催化 ORR。

Hu 等使用配备有银纳米线(AgNW，直径为 40 ~ 110nm，长为(30 ± 5)μm)的 3D GF 作为阴极[97]。添加 AgNW 不仅防止了石墨烯片的重新堆叠和团聚，而且将 GF 的电导率提高了大约两个数量级(图 3.14(a))。使用 0.1mol/L KOH 碱性电解质和 Ag/AgCl 参比电极，3D GF - AgNW(0.5mg)显示出 0.0578V 的正起始电位和 12.18mA/cm^2的扩散极限电流密度，如图 3.14(b)所示。简单地将负载质量增加到 1.0mg，GF - AgNW 催化剂显示出与商业 Pt/C 催化剂相当或甚至更好的 ORR 活性。组装成锌 - 空气电池后，GF - AgNW 阴极显示出 206mA/cm^2(在 1V 时)的电流密度和 331mW/cm^2的峰值功率密度，均高于商用 Pt/C 催化剂对应的 169.6mA/cm^2和 30.9mW/cm^2。此外，GF - AgNW 阴极基锌 - 空气电池的比容量为 637mA·h/g(794.5W·h/kg，不含 O_2)，优于商用 Pt/C 催化锌 - 空气电池的 527.7mA·h/g(645.9W·h/kg)的容量(图 3.14(c))。GF - AgNW 的电催化活性归因于 GF 和 AgNW 的协同效应，特别是促进电子和 O_2 的转移，以及加速反应动力学(图 3.14(d))。

GF 负载的混合催化剂也用于铝 - 空气电池[98]。在本工作中，通过水热法对 GF 进行氮掺杂并掺入 Ag NP。组装成铝 - 空气电池后，NGF - Ag 催化阴极的开路电压为 1.96V，最大功率密度为 268mW/cm^2，高于 GF - Ag 阴极。这表明氮掺杂和 Ag NP 掺入的 GF 对铝 - 空气电池中的 ORR 具有较高的催化活性。

总之，由于 3D GF 以下特殊性质，为高性能下一代电池带来了重大进展：①GF 将 2D 石墨烯片的优异导电性赋予 3D 结构网络，使得 GF 成为高效的集流体；②GF 的高 SSA 使得活性材料的纳米级分布和第二相广泛暴露于电解质，促进了金属离子在电极内的快速扩散；③GF 的分级多孔结构加上石墨烯构建块的机械柔性提供了足够的空间和弹性，以适应周期性放电/充电过程中活性材料的体积变化；④GF 可以作为双电层储存能量，响应快，通过缓冲对活性相的冲击，有利于电池的倍率性能和循环寿命；⑤容易掺杂和引入外来相，使 GF 具有吸附和催化等多功能；⑥GF 主链的机械强度、柔性和热稳定性保证了所得电池具有足够的柔性,用于未来的卷起显示器或可穿戴电子设备。尽管如此,基于3D GF的电池电极的缺点也是显而易见的:首先,GF本体中无数的大孔不可避免地增大了电极的整个体积,而过多的空隙空间对总容量的贡献很小;其次,GF结构单元上的剩余官能团可能与电解质反应,导致电解质的不可逆损失和劣化电化学性能;最后,与传统的金属集流体相比,GF表现出较差的导电性,这限制了电池倍率性能的进一步提高。因此,在GF基电池系统的实际应用之前还需要做大量的工作。

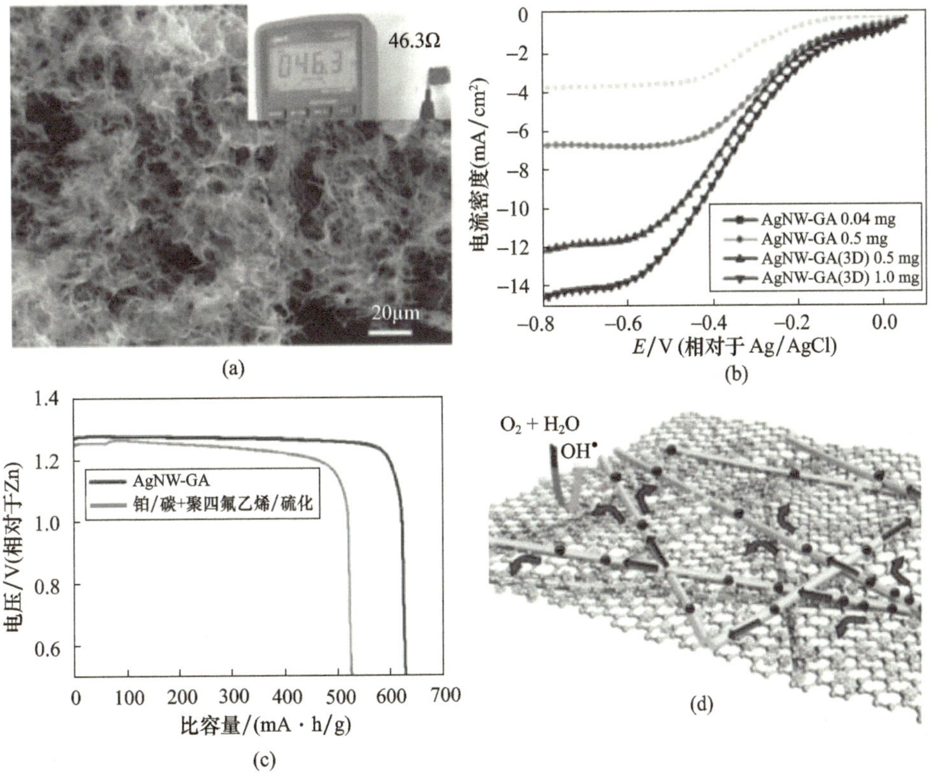

图3.14 GF-AgNW基锌空气电池的性能

(a)GF-AgNW复合材料的SEM图像,其电阻率比原始GF低两个数量级;(b)在0.04mg、0.5mg和1.0mg的不同加载质量下,GF-AgNW的ORR极化,3D表示保留的整体结构;(c)GF-AgNW和商用Pt/碳催化剂基锌-空气电池在10mA/cm^{2}下的放电曲线;(d)显示GF-AgNW阴极上的电子传输和ORR反应的示意图。纳米结构的Ag组分提供了大量的表面Ag原子,用于增强O_2分子的活化、加速反应动力学和促进电荷转移,而石墨烯衬底作为导电载体,为O_2分子和电解质的传输提供了足够的通道(经授权转载自文献[97],2017年威利版权所有)。

3.3.2 超级电容器

超级电容器(SC)也称为电化学电容器,能够存储比传统电容器更高密度的能量,并以比电池和燃料电池更高的速率输送能量。根据电荷存储机制的不同,超级电容器可分为两种类型,即双电层电容器(EDLC)和准电容器。EDLC通过在电极和电解质的界面处分别静电积累正电荷和负电荷,而在活性材料和电解质之间没有电荷转移来存储能量。可用SSA和电导率是影响电极电化学性能的关键因素。准电容器通过在电解质和电极材料的界面处发生的可逆氧化还原反应存储电化学能量。非对称超级电容器是在同一个电池中由静电电极（电源）和电化学电极（能源）组合而成。通常，EDLC 保持高功率密度、优异的倍率性能和长时间循环稳定性。准电容器在能量密度方面更具竞争力。使用多孔导电 GF 网络支撑准电容材料（PCM）是实现高功率密度和高能量密度的明智策略。

3.3.2.1 双电层超级电容器

石墨烯片具有 $2630m^2/g$ 的 SSA 和约 550F/g 的理论电容储能密度[99-100]。因此，3D GF 已广泛用作 EDLC 的电极，其在 CV 测试期间的电化学表现为矩形曲线[101]。通过优化结构布局或活化、掺杂，以及与其他多孔碳相的耦合，可以进一步提高 GF 的电荷存储能力。

Jung 等在 EDLC 中用于电容能量存储的具有可控多孔结构的 3D GF[27]。以石墨烯悬浮液为原料，采用电化学剥离法合成了石墨烯。对石墨烯片的纵横比、石墨烯网络的孔隙率和孔径分布进行了优化，得到了具有高 SSA（$504m^2/g$）、低密度（$6.5mg/cm^3$）和优异电导率的分级 GF。因此，由两个 GF 电极组装的对称超级电容器提供了 325F/g（在 1A/g 时）的比电容和 45W·h/kg 的能量密度，远优于其他未经结构优化的基于石墨烯的超级电容器。

已证明在高温下用磷酸（H_3PO_4）活化 GF 可显著提高其电化学性能[100]。采用水热法合成了活化 GF，并在 H_3PO_4 存在下 800℃进行活化处理，高温活化在石墨烯片中产生了大量的中孔（2～8nm），使 SSA 提高到 $1145m^2/g$。所得 GF 的比电容为 204F/g，而未活化电极的比电容为 186F/g（图 3.15（a）和（b））。此外，基于该活化 GF 的 EDLC 在 10kW/kg 的高功率密度下表现出 4.5W·h/kg 的有利能量密度。该超级电容器的循环稳定性通过 5A/g 的连续充电/放电方法来表征，在 10000 次循环中获得了 92% 的电容保持率，如图 3.15（c）所示。活化后的 GF 具有优异的电容性能，这不仅提供了较大的可用 SSA，而且促进了离子传输的动力学。

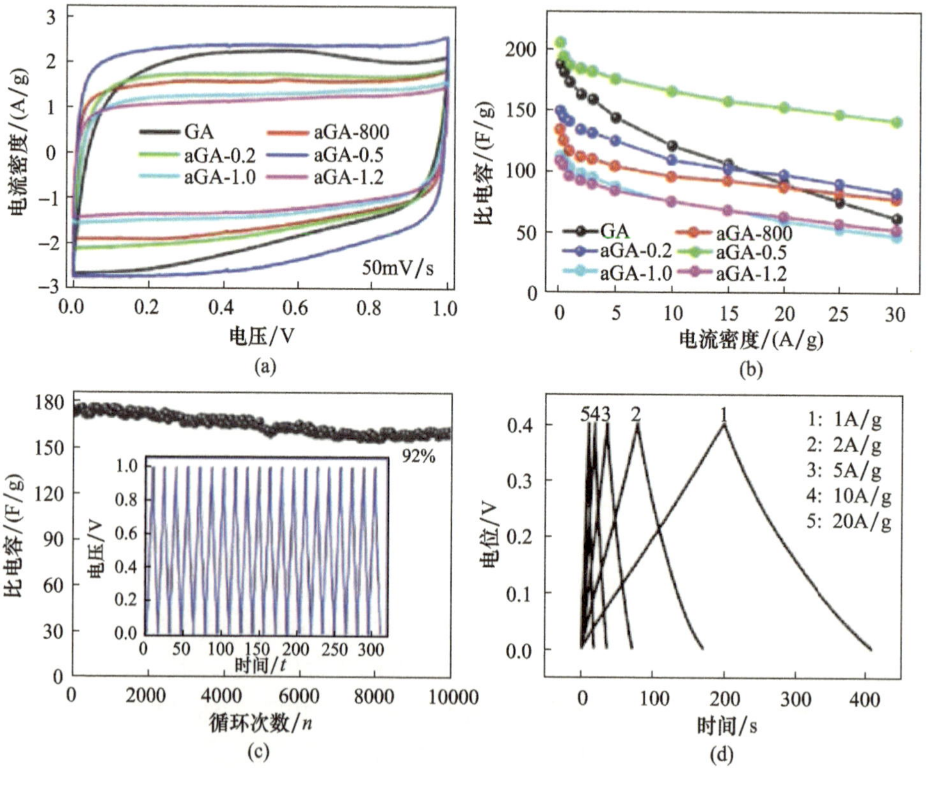

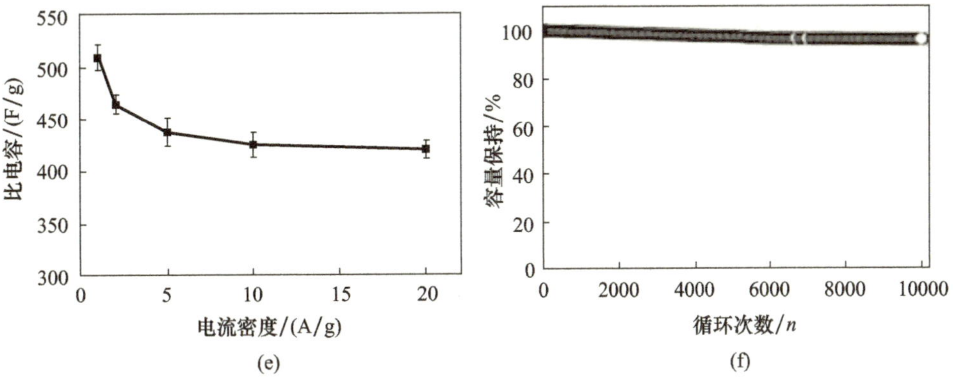

图 3.15 GF 基 EDLC 的性能

(a)CV 曲线和(b)不同电流密度下的电容保持,以 6mol/L KOH 为特征,电极材料为原始 GF(GA)、800℃活化的 GF(aGA-800)和 0.2mol/L、0.5mol/L、1.0mol/L 以及 1.2mol/L H_3PO_4 活化的 GF;(c)aGA-0.5 电极在 5A/g 下的循环性能,最后 20 次充放电曲线如插图所示(经授权转载自文献[100],2015 年爱思唯尔版权所有);(d)充电/放电曲线;(e)NGF 电极在不同电流密度下的所得电容保持;(f)NGF 在 20A/g 条件下超过 10000 次循环的循环稳定性(经授权转载自文献[102],2015 年威利版权所有)。

具有交联网络和精细调谐结构的氮掺杂 GF 表现出了优异的电容性能[102]。将 GO 悬浮液与 GO 交联在一起,通过水热处理制备 GF。得到的氮含量为 9.2% 的鲁棒 GF 显示出 0.77S/cm 的电导率和 548.7m^2/g 的 SSA。矩形 CV 曲线和对称三角形充放电曲线表明 NGF 的 EDLC 行为(图 3.15(d))。NGF 的比电容约为 509F/g(1A/g 时),接近石墨烯的理论电容。实际上,该电容值是任何碳材料实现的最高电容值之一。当电流密度增加到 20A/g 时,比电容保持在 425F/g,在 10000 次充电/放电循环后观察到小于 4% 的衰减(图 3.15(e)、(f))。氮的引入不仅提高了电极的润湿性,而且调节了石墨烯的电子结构,提高了载流子密度和界面电容。

3.3.2.2 准电容器

为了同时实现高功率密度和高能量密度,GF 也被广泛地研究作为支撑 PCM 的导电基体。表 3.3 列出了各种结构的 PCM,如 MnO_2、V_2O_5、Fe_2O_3、Co_3O_4、$Co(OH)_2$、$Ni(OH)_2$、$NiCO_2O_4$、PANI、PPy、PEDOT 等。贡献准电容的 PCM 一般分为三种类型,即金属氧化物/硫化物/氢氧化物、导电聚合物和化学功能化。为清楚起见,在下一节中通过一个代表性示例对每种类型的 PCM 展开讨论。

由于 MnO_2 显著的理论电容(高达 1300F/g)和环境友好性,其是超级电容器中研究最广泛的活性材料之一。Garakani 等报道了一种用于高比能量的非对称超级电容器的 MnO_2、$NiCO_2O_4$ 和石墨烯基三元结构[30]。首先合成了具有 GF 主架和 $NiCO_2O_4$ 纳米线装饰的混合衬底;然后在 $NiCO_2O_4$ 表面上沉积一层 MnO_2 纳米片。所得三元混合物 GF-$NiCO_2O_4$/MnO_2 的 SSA 为 106.7m^2/g,提供了 2577F/g 的高电容(在 1A/g 时)。在组装成具有 GF-$NiCO_2O_4$/CNT 对电极的超级电容器后,在电流密度为 0.25A/g 和 5A/g 时,电池电容分别为 176.3F/g 和 120F/g。在 5A/g 条件下循环 2000 次,电容保持率为 89.4%。此外,比能量密度和功率密度分别达到 55.1W·h/kg 和 9.37kW/kg,使得两个串联集成的超级电容器能够为红色 LED 供电。

表 3.3 GF 基复合材料 SC 应用

GF 合成	宾相	电容	电容保持周期	参考文献
海绵模板吸附 GO	MnO_2 纳米花	450F/g(2mV/s)	90%,10000(10V/s)	[103]
自组装	V_2O_5	484F/g(0.6A/g)	80%,10000(5A/g)	[104]
热液	Fe_2O_3 纳米粒子	445F/g(1A/g)	89%,5000(250mV/s)	[105]
NiF 模板 CVD	Co_3O_4 纳米线	1100F/g(10A/g)	>100%,30000(10A/g)	[106]
溶剂热	Co_3O_4 纳米粒子	660F/g(0.5A/g)	92.92%,2000(3A/g)	[107]
NiF 模板 CVD	$Ni(OH)_2$ 纳米片	1450F/g(5A/g)	78%,1000(5A/g)	[108]
NiF 模板 CVD	$Co(OH)_2$ 纳米片	1030F/g(9.09A/g)	94%,5000(9.09A/g)	[109]
NiF 模板 CVD	$NiCO_2O_4$ 纳米片	2173F/g(6A/g)	94%,14000(100A/g)	[110]
NiF 模板 CVD	$NiCO_2O_4$ 纳米花	1402F/g(1A/g)	76.6%,5000(5A/g)	[111]
热液	$NiCO_2O_4$	822.6F/g(1A/g)	99.4%,3000(10A/g)	[112]
热液	MoS_2	268F/g(0.5A/g)	93%,1000(1A/g)	[113]
NiF 模板 CVD	PANI 薄膜	$1700mV/cm^2(1mA/cm^2)$	69%,5000	[31]
热液	PPy	350F/g(1.5A/g)	100%,1000(50%应变)	[114]
NiF 模板 CVD	PEDOT 纳米纤维	$522F/g(2mA/cm^2)$	$85\%,1000(2mA/cm^2)$	[115]

导电聚合物如 PANI、PPy 和 PEDOT 经常用于高性能超级电容器的研究。在 Yu 等最近报道的一项工作中，证明了用于可弯曲超级电容器的 PANI 纳米线阵列在 GF 上的受控生长[116]。采用模板吸附法，牺牲聚苯乙烯球模板和 KOH 活化制备了介孔/大孔 GF。采用原位电聚合法在 GF 上生长了聚苯胺纳米结构。所得 GF－PANI 复合材料的 SSA 为 60～70m^2/g，电导率约为 10S/cm，在电流速率为 1A/g 和 8A/g 时的比电容分别为 939F/g 和 803F/g。在 5000 次充放电循环后，88.7% 的电容保持也显示出良好的循环稳定性。三维分层多孔结构的协同作用和有效的 PANI 固定作用是高电容性能的主要原因。

用电化学活性外来基团对 GF 进行化学功能化可以对基底产生额外的准电容。Lee 等介绍了一种用于高性能超级电容器的硫脲功能化 GF(TGF)，能量和功率密度显著增强[117]。首先以 GO 和硫脲溶液为前驱体，经过反复凝胶(80℃)和冷冻过程制备了 TGF。因此，GO 同时功能化和还原以形成水凝胶。随后，冷冻干燥处理将水凝胶转化为干燥状态的硫脲接枝 GF(图 3.16(a))，其显示 SSA 为 340m^2/g，堆叠密度约为 5mg/cm^3，电导率为 500S/cm。最后，通过以 2A/g 循环 1000 个循环来活化 GF，在该过程中产生更多的硫代羧酸酯和砜基团。TGF 在 CV 扫描期间表现出一对清晰的氧化还原峰，在 20A/g 条件下 10000 次循环的可逆电容为 1000F/g，稳定电容为 860F/g。在功率密度为 38kW/kg 时，TGF 还表现出 42W·h/kg 的高能量密度，与 LIB 相当(图 3.16(b))。

随着便携式和可穿戴电子设备的发展，对电源系统提出了更高要求。因此，全固态超级电容器(ASSC)和柔性超级电容器在世界范围内引起了广泛的兴趣[119-120]。与其他碳质材料相比，3D GF 具有自立、柔性和单片特性，是制造 ASSC 和柔性超级电容器的最佳候选材料之一，对其在该领域进行了一些开创性工作[121-123]。例如，Zhang 等[118]制造了由 GF－CNT/MnO_2 和 GF－CNT/PPy 与 Na_2SO_4/PVA 凝胶电解质分离的不对称电极组装的 ASSC(图 3.16(c))。所得 ASSC 的最大比电容为 8.56F/cm^3，20000 次循环后的保持率为

84.6%(图 3.16(d))。Qu 等[114]报道了一种由两个对称 GF－PPy 电极和滤纸隔板制造的柔性超级电容器,其在正常和压缩(50%应变)状态下 1000 次循环都表现出几乎恒定的电容(图 3.16(e)、(f))。优异的压缩耐受性归因于 PPy 沿石墨烯片高度均匀的沉积和清晰的三维多孔石墨烯结构。

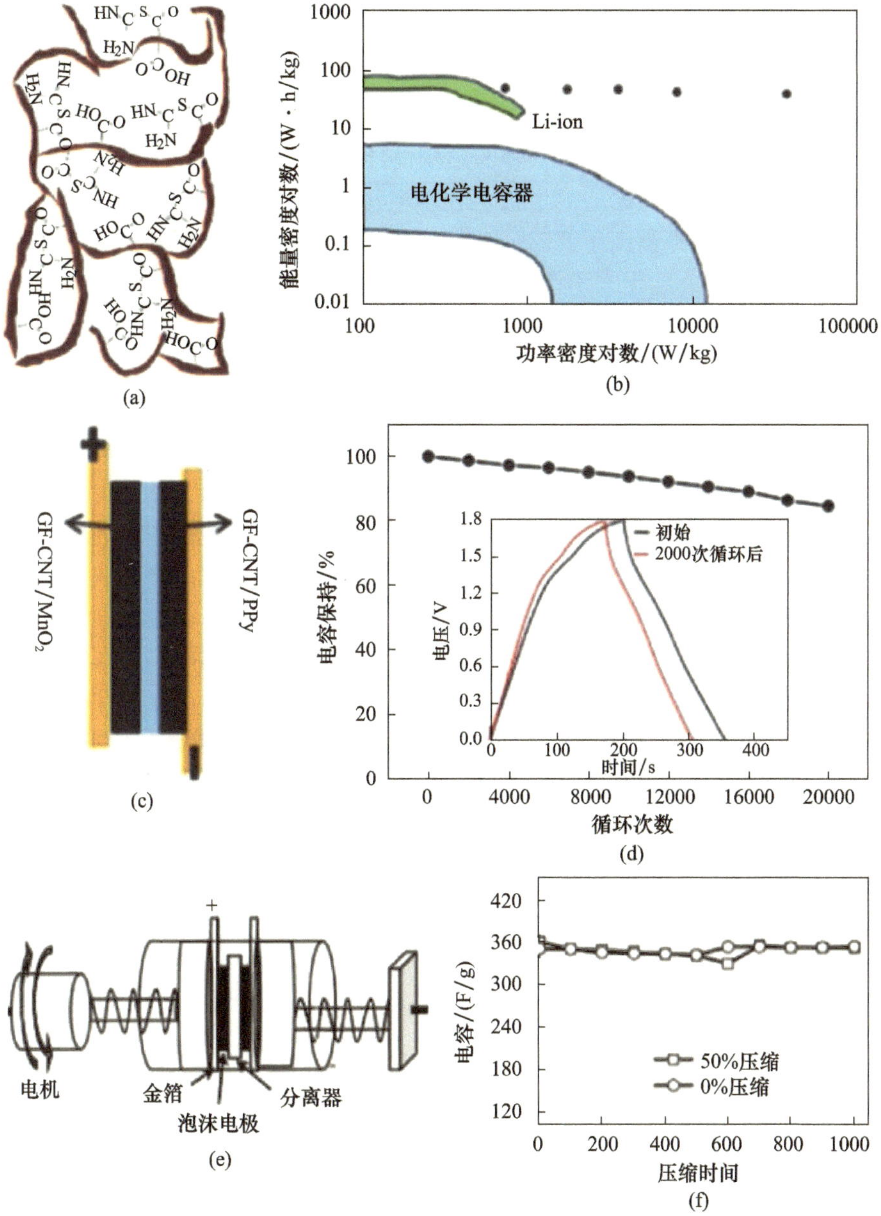

图 3.16 (a)硫脲功能化 GF 的分子结构示意图和(b)其能量密度与 LIB 相当(经授权转载自文献[117],2015 年爱思唯尔版权所有);(c)具有由 Na_2SO_4/PVA 凝胶电解质分离的两个 GF 基杂化电极的 ASSC 的示意图;(d)其在 $2mA/cm^2$ 下的循环稳定性,插图显示了第 1 次和第 20000 次循环的充电/放电曲线(经授权转载自文献[118],2017 年威利版权所有);(e),(f)具有安装在电机上的两个 GF－PPy 电极的可压缩超级电容器在 50% 压缩下表现出稳定的 1000 次循环电容(经授权转载自文献[114],2013 年威利版权所有)

总之，3D GF是一种用于电容储能的有前途的碳基单块，由于其高电子电导率和高SSA，可以提供高功率密度。结合精心设计的结构或/和电化学活性外来组分功能化，高功率密度和高能量密度可同时实现。然而，石墨烯的质量和取向、可解除面积和孔体积、形态和PCM在GF中的分布的精确控制仍然是必须解决的棘手问题。

3.4 结论与展望

本章综述了3D GF的制备和储能应用的最新进展，重点介绍了GF基电极在电池和超级电容器中的结构和性能。通过合理的结构设计和与电化学活性部件的集成，GF的单片和相干性质使它们成为有希望的电极。在不使用集流体和聚合物黏合剂的情况下，所得到的器件的性能系统地提高了几倍。此外，可调谐的弹性和机械强度提供了额外的优点，以满足未来智能和小型化电子产品的多样化要求。

尽管对3D GF进行了广泛的调查，仍然存在有待解决的挑战和问题。首先，单个石墨烯的特殊性能远远不足以转移到3D GF。例如，电极材料的基本因素之一的电导率对于GF通常约为10S/cm，其远逊于石墨烯。为了获得高倍率性能和高功率密度的GF基电池或超级电容器，必须更新GF中构建块的质量和组装方式，如3D网络形式的石墨烯的结晶度、堆叠层和取向。其次，对GF多孔结构的精确控制仍然不足。孔径、体积和分布在所得器件的有趣性质中起重要作用。目前尚缺乏对孔隙和结构决定作用的系统研究。然而，与溶液中的自组装方法相比，具有良好设计的多孔结构的模板诱导方法更有利于获得高质量的GF。再次，将客体材料结合到GF中对于所得到的电池和超级电容器接近高能量密度和高功率密度的组合是必要的。石墨烯主链与异质相的协同作用在很大程度上取决于客体的形貌、均匀性和密度，以及客体与石墨烯之间的相互作用模式和强度。虽然集成后总是观察到协同效应，但在大多数情况下其潜在机制尚未被揭示。因此，活性成分与GF之间的详细关系需要进一步澄清。最后，基于体积性能的比能量密度不能与致密填充材料的比能量密度相比。必须解决过大孔体积对电化学能量存储贡献很小的问题。然而，由于目前难以精确控制GF，这不是一项容易的工作。但从实际应用来看，提高体积能量密度势在必行。

总之，3D GF已经在能量存储系统以及具有附加功能的其他新型电子器件的应用中表现出巨大的潜力。但是，这种新材料的科学技术还处于起步阶段，需要更持续的努力来推广和实现其在现实生活中的应用。

参考文献

[1] Meng, F., Lu, W., Li, Q., Byun, J. - H., Oh, Y., Chou, T. - W., Graphene - based fibers: A review. *Adv. Mater.*, 27, 5113, 2015.

[2] Lee, C., Wei, X., Kysar, J. W., Hone, J., Measurement of the elastic properties and intrinsic strength of monolayer graphene. *Science*, 321, 385, 2008.

[3] Chen, J. - H., Jang, C., Xiao, S., Ishigami, M., Fuhrer, M. S., Intrinsic and extrinsic performance limits of graphene devices on SiO_2. *Nat. Nanotechnol.*, 3, 206, 2008.

[4] Zhu, Y., Murali, S., Cai, W, Li, X., Suk, J. W, Potts, J. R., Ruoff, R. S., Graphene and graphene oxide:

Synthesis, properties, and applications. *Adv. Mater.*, 22, 3906, 2010.

[5] Liu, J. – Y., Li, X. – X., Huang, J. – R., Li, J. – J., Zhou, P., Liu, J. – H., Huang, X. – J., Three – dimensional graphene – based nanocomposites for high energy density Li – ion batteries. *J. Mater. Chem. A*, 5, 5977, 2017.

[6] Patil, U., Lee, S. C., Kulkarni, S., Sohn, J. S., Nam, M. S., Han, S., Jun, S. C., Nanostructured pseudocapacitive materials decorated 3D graphene foam electrodes for next generation supercapacitors. *Nanoscale*, 7, 6999, 2015.

[7] Xu, Y., Sheng, K., Li, C., Shi, G., Self – assembled graphene hydrogel via a one – step hydrothermal process. *ACS Nano*, 4, 4324, 2010.

[8] Qiu, L., Liu, J. Z., Chang, S. L. Y., Wu, Y., Li, D., Biomimetic superelastic graphene – based cellular monoliths. *Nat. Commun.*, 3, 1241, 2012.

[9] Hu, H., Zhao, Z., Wan, W., Gogotsi, Y., Qiu, J., Ultralight and highly compressible graphene aerogels. *Adv. Mater.*, 25, 2219, 2013.

[10] Wu, Y., Yi, N., Huang, L., Zhang, T., Fang, S., Chang, H., Li, N., Oh, J., Lee, J. A., Kozlov, M., Chipara, A. C., Terrones, H., Xiao, P., Long, G., Huang, Y., Zhang, F., Zhang, L., Lepro, X., Haines, C., Lima, M. D., Lopez, N. P., Rajukumar, L. P., Elias, A. L., Feng, S., Kim, S. J., Narayanan, N. T., Ajayan, P. M., Terrones, M., Aliev, A., Chu, P., Zhang, Z., Baughman, R. H., Chen, Y., Three – dimensionally bonded spongy graphene material with super compressive elasticity and near – zero Poisson's ratio. *Nat. Commun.*, 6, 6141, 2015.

[11] Zhang, Y., Huang, Y., Zhang, T., Chang, H., Xiao, P., Chen, H., Huang, Z., Chen, Y., Broadband and tunable high – performance microwave absorption of an ultralight and highly compressible graphene foam. *Adv. Mater.*, 27, 2049, 2015.

[12] Ouyang, W., Sun, J., Memon, J., Wang, C., Geng, J., Huang, Y., Scalable preparation of three¬ dimensional porous structures of reduced graphene oxide/cellulose composites and their application in supercapacitors. *Carbon*, 62, 501, 2013.

[13] Zhang, X., Sui, Z., Xu, B., Yue, S., Luo, Y., Zhan, W., Liu, B., Mechanically strong and highly conductive graphene aerogel and its use as electrodes for electrochemical power sources. *J. Mater. Chem.*, 21, 6494, 2011.

[14] Guan, L. – Z., Gao, J. – F., Pei, Y. – B., Zhao, L., Gong, L. – X., Wan, Y. – J., Zhou, H., Zheng, N., Du, X. – S., Wu, L. – B., Jiang, J. – X., Liu, H. – Y., Tang, L. – C., Mai, Y. – W., Silane bonded graphene aerogels with tunable functionality and reversible compressibility. *Carbon*, 107, 573, 2016.

[15] Chen, Z., Ren, W, Gao, L., Liu, B., Pei, S., Cheng, H. – M., Three – dimensional flexible and conductive interconnected graphene networks grown by chemical vapour deposition. *Nat. Mater.*, 10, 424, 2011.

[16] Shi, L., Chen, K., Du, R., Bachmatiuk, A., Rummeli, M. H., Xie, K., Huang, Y., Zhang, Y., Liu, Z., Scalable seashell – based chemical vapor deposition growth of three – dimensional graphene foams for oil – water separation. *J. Am. Chem. Soc.*, 138, 6360, 2016.

[17] Wang, S., Wang, G., Zhang, X., Tang, Y., Wu, J., Xiang, X., Zu, X., Yu, Q., Novel flower – like graphene foam directly grown on a nickel template by chemical vapor deposition. *Carbon*, 120, 103, 2017.

[18] Sha, J., Gao, C., Lee, S. – K., Li, Y., Zhao, N., Tour, J. M., Preparation of three – dimensional graphene foams using powder metallurgy templates. *ACS Nano*, 10, 1411, 2016.

[19] Peng, Q., Li, Y., He, X., Gui, X., Shang, Y., Wang, C., Wang, C., Zhao, W., Du, S., Shi, E., Li, P., Wu, D., Cao, A., Graphene nanoribbon aerogels unzipped from carbon nanotube sponges. *Adv. Mater.*, 26, 3241, 2014.

[20] Zhang, R., Chen, Q., Zhen, Z., Jiang, X., Zhong, M., Zhu, H., Cellulose – templated graphene monoliths with anisotropic mechanical, thermal, and electrical properties. *ACS Appl. Mater. Interfaces*, 7, 19145, 2015.

[21] Yao, H. – B., Ge, J., Wang, C. – F., Wang, X., Hu, W., Zheng, Z. – J., Ni, Y., Yu, S. – H., A flexible and highly pressure – sensitive graphene – polyurethane sponge based on fractured microstructure design. *Adv. Mater.*, 25, 6692, 2013.

[22] Han, Q., Yang, L., Liang, Q., Ding, M., Three – dimensional hierarchical porous graphene aerogel for efficient adsorption and preconcentration of chemical warfare agents. *Carbon*, 122, 556, 2017.

[23] Kim, K. H., Tsui, M. N., Islam, M. F., Graphene – coated carbon nanotube aerogels remain superelastic while resisting fatigue and creep over −100 to +500℃. *Chem. Mater.*, 29, 2748, 2017.

[24] Zhang, Q., Zhang, F., Medarametla, S. P., Li, H., Zhou, C., Lin, D., 3D printing of graphene aerogels. *Small*, 12, 1702, 2016.

[25] Zhu, C., Liu, T., Qian, F., Han, T. Y. – J., Duoss, E. B., Kuntz, J. D., Spadaccini, C. M., Worsley, M. A., Li, Y., Supercapacitors based on three – dimensional hierarchical graphene aerogels with periodic macropores. *Nano Lett.*, 16, 3448, 2016.

[26] Li, Y., Sheng, K., Yuan, W, Shi, G., A high – performance flexible fibre – shaped electrochemical capacitor based on electrochemically reduced graphene oxide. *Chem. Commun.*, 49, 291, 2013.

[27] Jung, S. M., Mafra, D. L., Lin, C. – T., Jung, H. Y., Kong, J., Controlled porous structures of graphene aerogels and their effect on supercapacitor performance. *Nanoscale*, 7, 4386, 2015.

[28] Kim, K. H., Oh, Y., Islam, M. F., Graphene coating makes carbon nanotube aerogels superelastic and resistant to fatigue. *Nat. Nanotechnol.*, 7, 562, 2012.

[29] Hou, Y., Zhang, B., Wen, Z., Cui, S., Guo, X., He, Z., Chen, J., A 3D hybrid of layered MoS_2/nitrogen – doped graphene nanosheet aerogels: An effective catalyst for hydrogen evolution in microbial electrolysis cells. J. Mater. Chem. A, 2, 13795, 2014.

[30] Garakani, M. A., Abouali, S., Xu, Z. – L., Huang, J., Huang, J. – Q., Kim, J. – K., Heterogeneous, mes – oporous $NiCO_2O_4MnO_2$ – /graphene foam for asymmetric supercapacitors with ultrahigh specific energies. J. Mater. *Chem. A*, 5, 3547, 2017.

[31] Zhang, J., Wang, J., Yang, J., Wang, Y., Chan – Park, M. B., Three – dimensional macroporous graphene foam filled with mesoporous polyaniline network for high areal capacitance. *ACS SustainableChem. Eng.*, 2, 2291, 2014.

[32] Wang, C., Chui, Y. – S., Ma, R., Wong, T., Ren, J. – G., Wu, Q. – H., Chen, X., Zhang, W., A three – dimensional graphene scaffold supported thin film silicon anode for lithium – ion batteries. *J. Mater. Chem. A*, 1, 10092, 2013.

[33] Zhang, J., Li, C., Peng, Z., Liu, Y., Zhang, J., Liu, Z., Li, D., 3D free – standing nitrogen – doped reduced graphene oxide aerogel as anode material for sodium ion batteries with enhanced sodium storage. *Sci. Rep.*, 7, 4886, 2017.

[34] Yu, X., Kang, Y., Park, H. S., Sulfur and phosphorus co – doping of hierarchically porous graphene aerogels for enhancing supercapacitor performance. *Carbon*, 101, 49, 2016.

[35] Zhang, W., Xu, C., Ma, C., Li, G., Wang, Y., Zhang, K., Li, F., Liu, C., Cheng, H. – M., Du, Y., Tang, N., Ren, W, Nitrogen – superdoped 3D graphene networks for high – performance supercapacitors. *Adv. Mater.*, 29, 1701677, 2017.

[36] Sun, H., Xu, Z., Gao, C., Multifunctional, ultra – flyweight, synergistically assembled carbon aerogels. *Adv. Mater.*, 25, 2554, 2013.

[37] Tao, Y., Xie, X., Lv, W, Tang, D. – M., Kong, D., Huang, Z., Nishihara, H., Ishii, T., Li, B., Golberg,

D. ,Kang,F. ,Kyotani,T. ,Yang,Q. – H. ,Towards ultrahigh volumetric capacitance: Graphene derived highly dense but porous carbons for supercapacitors. *Sci. Rep.* ,3,2975,2013.

[38] Wu,Y. ,Wang,Z. ,Liu,X. ,Shen,X. ,Zheng,Q. ,Xue,Q. ,Kim,J. – K. ,Ultralight graphene foam/conductive polymer composites for exceptional electromagnetic interference shielding. *ACS Appl. Mater. Interfaces*, 9,9059,2017.

[39] Sha,J. ,Li,Y. ,Villegas Salvatierra,R. ,Wang,T. ,Dong,P. ,Ji,Y. ,Lee,S. – K. ,Zhang,C. ,Zhang,J. , Smith,R. H. , Ajayan, P. M. , Lou, J. , Zhao, N. , Tour, J. M. , Three – dimensional printed graphene foams. *ACS Nano*,11,6860,2017.

[40] Tarascon,J. – M. and Armand,M. ,Issues and challenges facing rechargeable lithium batteries. *Nature*, 414,359,2001.

[41] Etacheri,V. ,Marom,R. ,Elazari,R. ,Salitra,G. ,Aurbach,D. ,Challenges in the development of advanced Li – ion batteries: A review. *Energy Environ. Sci.* ,4,3243,2011.

[42] Szczech,J. R. and Jin,S. ,Nanostructured silicon for high capacity lithium battery anodes. *Energy Environ. Sci.* ,4,56,2011.

[43] Nitta,N. ,Wu,F. ,Lee,J. T. ,Yushin,G. ,Li – ion battery materials: Present and future. *Mater. Today*,18, 252,2015.

[44] Li,B. ,Yang,S. B. ,Li,S. M. ,Wang,B. ,Liu,J. H. ,From commercial sponge toward 3D graphene – silicon networks for superior lithium storage. *Adv. Energy Mater.* ,5,1500289,2015.

[45] Peng,C. ,Chen,H. ,Li,Q. ,Cai,W. ,Yao,Q. ,Wu,Q. ,Yang,J. ,Yang,Y. ,Synergistically reinforced lithium storage performance of in situ chemically grown silicon@ silicon oxide core – shell nanowires on three – dimensional conductive graphitic scaffolds. *J. Mater. Chem.* A,2,13859,2014.

[46] Mo,R. ,Rooney,D. ,Sun,K. ,Yang,H. Y. ,3D nitrogen – doped graphene foam with encapsulated germanium/nitrogen – doped graphene yolk – shell nanoarchitecture for high – performance flexible Li – ion battery. *Nat. Commun.* ,8,13949,2017.

[47] Qin,J. ,He,C. ,Zhao,N. ,Wang,Z. ,Shi,C. ,Liu,E. – Z. ,Li,J. ,Graphene networks anchored with Sn@ graphene as lithium ion battery anode. *ACS Nano*,8,1728,2014.

[48] Li,Y. ,Zhang,H. ,Kang Shen,P. ,Ultrasmall metal oxide nanoparticles anchored on three – dimensional hierarchical porous graphene – like networks as anode for high – performance lithium ion batteries. *Nano Energy*,13,563,2015.

[49] Chen,Z. ,Li,H. ,Tian,R. ,Duan,H. ,Guo,Y. ,Chen,Y. ,Zhou,J. ,Zhang,C. ,Dugnani,R. ,Liu,H. , Three dimensional graphene aerogels as binder – less,freestanding,elastic and high – performance electrodes for lithium – ion batteries. *Sci. Rep.* ,6,27365,2016.

[50] Wang,R. ,Xu,C. ,Sun,J. ,Gao,L. ,Yao,H. ,Solvothermal – induced 3D macroscopic SnO_2/nitrogen – doped graphene aerogels for high capacity and long – life lithium storage. *ACS Appl. Mater. Interfaces*,6, 3427,2014.

[51] Jiang,T. ,Bu,F. ,Feng,X. ,Shakir,I. ,Hao,G. ,Xu,Y. ,Porous Fe_2O_3 nanoframeworks encapsulated within three – dimensional graphene as high – performance flexible anode for lithiumion battery. *ACS Nano*, 11,5140,2017.

[52] Luo,J. ,Liu,J. ,Zeng,Z. ,Ng,C. F. ,Ma,L. ,Zhang,H. ,Lin,J. ,Shen,Z. ,Fan,H. J. ,Three – dimensional graphene foam supported Fe_3O_4 lithium battery anodes with long cycle life and high rate capability. *Nano Lett.* ,13,6136,2013.

[53] Lu,X. ,Wang,R. ,Bai,Y. ,Chen,J. ,Sun,J. ,Facile preparation of a three – dimensional Fe_3O_4/macroporous graphene composite for high – performance li storage. *J. Mater. Chem.* A,3,12031,2015.

[54] Wei,W. ,Yang,S. ,Zhou,H. ,Lieberwirth,I. ,Feng,X. ,Mullen,K. ,3D graphene foams cross – linked with pre – encapsulated Fe_3O_4 nanospheres for enhanced lithium storage. *Adv. Mater.* ,25,2909,2013.

[55] Dong,Y. ,Liu,S. ,Wang,Z. ,Liu,Y. ,Zhao,Z. ,Qiu,J. ,Compressible graphene aerogel supportedCoO nanostructures as a binder – free electrode for high – performance lithium – ion batteries. *RSC Adv.* ,5,8929,2015.

[56] Jiang,F. ,Zhao,S. ,Guo,J. ,Su,Q. ,Zhang,J. ,Du,G. ,$ZnCo_2O_4$ nanoparticles/N – doped three – dimensional graphene composite with enhanced lithium – storage performance. *Mater. Lett.* ,161,297,2015.

[57] Bai,D. ,Wang,F. ,Lv,J. ,Zhang,F. ,Xu,S. ,Triple – confined well – dispersed biactive $NiCo_2S_4Ni_{0.96}S$/ on graphene aerogel for high – efficiency lithium storage. *ACS Appl. Mater. Interfaces*,8,32853,2016.

[58] Jiang,L. ,Lin,B. ,Li,X. ,Song,X. ,Xia,H. ,Li,L. ,Zeng,H. ,Monolayer MoS_2 – graphene hybrid aerogels with controllable porosity for lithium – ion batteries with high reversible capacity. *ACS Appl. Mater. Interfaces*,8,2680,2016.

[59] Zhu,C. ,Mu,X. ,van Aken,P. A. ,Maier,J. ,Yu,Y. ,Fast li storage in MoS_2 – graphene – carbon nanotube nanocomposites:Advantageous functional integration of 0D,1D,and 2D nanostructures. *Adv. Energy Mater.* ,5,1401170,2015.

[60] Wang,J. ,Liu,J. ,Chao,D. ,Yan,J. ,Lin,J. ,Shen,Z. X. ,Self – assembly of honeycomb – like MoS_2 nanoarchitectures anchored into graphene foam for enhanced lithium – ion storage. Adv. Mater. ,26,7162,2014.

[61] Tang,H. ,Qi,X. ,Han,W,Ren,L. ,Liu,Y. ,Wang,X. ,Zhong,J. ,$SnS_{\circ}$ nanoplates embedded in 3D interconnected graphene network as anode material with superior lithium storage performance. *Appl. Surf. Sci.* ,355,7,2015.

[62] Jiang,T. ,Bu,F. ,Liu,B. ,Hao,G. ,Xu,Y. ,Fe_7Se_8@C core – shell nanoparticles encapsulated within a three – dimensional graphene composite as a high – performance flexible anode for lithium – ion batteries. *New J. Chem.* ,41,5121,2017.

[63] Li,N. ,Chen,Z. ,Ren,W. ,Li,F. ,Cheng,H. – M. ,Flexible graphene – based lithium ion batteries with ultrafast charge and discharge rates. *Proc. Natl. Acad. Sci.* ,109,17360,2012.

[64] Qian,Y. ,Cai,X. ,Zhang,C. ,Jiang,H. ,Zhou,L. ,Li,B. ,Lai,L. ,A free – standing $Li_4Ti_5O_{12}$/graphene foam composite as anode material for Li – ion hybrid supercapacitor. *Electrochim. Acta*,258,1311,2017.

[65] Yu,S. X. ,Yang,L. W. ,Tian,Y. ,Yang,P. ,Jiang,F. ,Hu,S. W. ,Wei,X. L. ,Zhong,J. X. ,Mesoporous anatase TiO_2 submicrospheres embedded in self – assembled three – dimensional reduced graphene oxide networks for enhanced lithium storage. *J. Mater. Chem. A*,1,12750,2013.

[66] Qiu,B. ,Xing,M. ,Zhang,J. ,Mesoporous TiO_2 nanocrystals grown in situ on graphene aerogels for high photocatalysis and lithium – ion batteries. *J. Am. Chem. Soc.* ,136,5852,2014.

[67] Shi,S. J. ,Tu,J. P. ,Tang,Y. Y. ,Zhang,Y. Q. ,Liu,X. Y. ,Wang,X. L. ,Gu,C. D. ,Enhanced electrochemical performance of LiF – modified $Li\ Ni_{1/3}Co_{1/3}Mn_{1/3}O_2$ cathode materials for Li – ion batteries. *J. Power Sources*,225,338,2013.

[68] Tian,X. ,Zhou,Y. ,Tu,X. ,Zhang,Z. ,Du,G. ,Well – dispersed lifepo4 nanoparticles anchored on a three – dimensional graphene aerogel as high – performance positive electrode materials for lithium – ion batteries. *J. Power Sources*,340,40,2017.

[69] Wang,B. ,Al Abdulla,W. ,Wang,D. ,Zhao,X. S. ,A three – dimensional porous $LiFePO_4$ cathode material modified with a nitrogen – doped graphene aerogel for high – power lithium ion batteries. *Energy Environ. Sci.* ,8,869,2015.

[70] Tang,Y. ,Rui,X. ,Zhang,Y. ,Lim,T. M. ,Dong,Z. ,Hng,H. H. ,Chen,X. ,Yan,Q. ,Chen,Z. ,Vanadi-

um pentoxide cathode materials for high - performance lithium - ion batteries enabled by a hierarchical nanoflower structure via an electrochemical process. *J. Mater. Chem. A*,1,82,2013.

[71] Cheah,Y. L. ,Aravindan,V. ,Madhavi,S. ,Chemical lithiation studies on combustion synthesized V_2O_5 cathodes with full cell application for lithium ion batteries. *J. Electrochem. Soc.* ,160,A1016,2013.

[72] Chao,D. ,Xia,X. ,Liu,J. ,Fan,Z. ,Ng,C. F. ,Lin,J. ,Zhang,H. ,Shen,Z. X. ,Fan,H. J. ,AV_2O_5/conductive - polymer core/shell nanobelt array on three - dimensional graphite foam:A high - rate,ultrastable,and freestanding cathode for lithiumion batteries. *Adv. Mater.* ,26,5794,2014.

[73] Liu,X. ,Chao,D. ,Su,D. ,Liu,S. ,Chen,L. ,Chi,C. ,Lin,J. ,Shen,Z. X. ,Zhao,J. ,Mai,L. ,Li,Y. ,Graphene nanowires anchored to 3D graphene foam via self - assembly for high performance Li and Na ion storage. *Nano Energy*,37,108,2017.

[74] Islam,M. M. ,Subramaniyam,C. M. ,Akhter,T. ,Faisal,S. N. ,Minett,A. I. ,Liu,H. K. ,Konstantinov,K. ,Dou,S. X. ,Three dimensional cellular architecture of sulfur doped graphene:Self - standing electrode for flexible supercapacitors,lithium ion and sodium ion batteries. *J. Mater. Chem. A*,5,5290,2017.

[75] Lu,Y. ,Zhang,N. ,Jiang,S. ,Zhang,Y. ,Zhou,M. ,Tao,Z. ,Archer,L. A. ,Chen,J. ,High - capacity and ultrafast Na - ion storage of a self - supported 3D porous antimony persulfide - graphene foam architecture. *Nano Lett.* ,17,3668,2017.

[76] Li,H. ,Ding,Y. ,Ha,H. ,Shi,Y. ,Peng,L. ,Zhang,X. ,Ellison,C. J. ,Yu,G. ,An all - stretchable - component sodium - ion full battery. *Adv. Mater.* ,29,1700898,2017.

[77] Lin,M. - C. ,Gong,M. ,Lu,B. ,Wu,Y. ,Wang,D. - Y. ,Guan,M. ,Angell,M. ,Chen,C. ,Yang,J. ,Hwang,B. - J. ,Dai,H. ,An ultrafast rechargeable aluminium - ion battery. Nature,520,324,2015.

[78] Wu,Y. ,Gong,M. ,Lin,M. - C. ,Yuan,C. ,Angell,M. ,Huang,L. ,Wang,D. - Y. ,Zhang,X. ,Yang,J. ,Hwang,B. - J. ,Dai,H. ,3D graphitic foams derived from chloroaluminate anion intercalation for ultrafast aluminum - ion battery. *Adv. Mater.* ,28,9218,2016.

[79] Yu,X. ,Wang,B. ,Gong,D. ,Xu,Z. ,Lu,B. ,Graphene nanoribbons on highly porous 3D graphene for high - capacity and ultrastable Al - ion batteries. *Adv. Mater.* ,29,1604118,2017.

[80] Huang,X. ,Liu,Y. ,Zhang,H. ,Zhang,J. ,Noonan,O. ,Yu,C. ,Free - standing monolithic nanoporous graphene foam as a high performance aluminum - ion battery cathode. *J. Mater. Chem. A*,5,19416,2017.

[81] Zegeye,T. A. ,Tsai,M. - C. ,Cheng,J. - H. ,Lin,M. - H. ,Chen,H. - M. ,Rick,J. ,Su,W. - N. ,Kuo,C. - F. J. ,Hwang,B. - J. ,Controllable embedding of sulfur in high surface area nitrogen doped three dimensional reduced graphene oxide by solution drop impregnation method for high performance lithium - sulfur batteries. *J. Power Sources*,353,298,2017.

[82] Manthiram,A. ,Fu,Y. ,Chung,S. - H. ,Zu,C. ,Su,Y. - S. ,Rechargeable lithium - sulfur batteries. *Chem. Rev.* ,114,11751,2014.

[83] Hou,Y. ,Li,J. ,Gao,X. ,Wen,Z. ,Yuan,C. ,Chen,J. ,3D dual - confined sulfur encapsulated in porous carbon nanosheets and wrapped with graphene aerogels as a cathode for advanced lithium sulfur batteries. *Nanoscale*,8,8228,2016.

[84] Zhou,G. ,Li,L. ,Ma,C. ,Wang,S. ,Shi,Y. ,Koratkar,N. ,Ren,W. ,Li,F. ,Cheng,H. - M. ,A graphene foam electrode with high sulfur loading for flexible and high energy Li - S batteries. *Nano Energy*,11,356,2015.

[85] Fan,X. ,Sun,W. ,Meng,F. ,Xing,A. ,Liu,J. ,Advanced chemical strategies for lithium - sulfur batteries:A review. *Green Energy Environ.* ,3,2,2018.

[86] Tan,X. ,Lv,P,Yu,K. ,Ni,Y. ,Tao,Y. ,Zhang,W. ,Wei,W,Improving the cyclability of lithium - sulfur batteries by coating ppy onto the graphene aerogel - supported sulfur. *RSC Adv.* ,6,45562,2016.

[87] Xie,Y.,Meng,Z.,Cai,T.,Han,W. – Q.,Effect of boron – doping on the graphene aerogel used as cathode for the lithium – sulfur battery. *ACS Appl. Mater. Interfaces*,7,25202,2015.

[88] Huang,J. – Q.,Wang,Z.,Xu,Z. – L.,Chong,W. G.,Qin,X.,Wang,X.,Kim,J. – K.,Three – dimensional porous graphene aerogel cathode with high sulfur loading and embedded TiO2 nanoparticles for advanced lithium – sulfur batteries. *ACS Appl. Mater. Interfaces*,8,28663,2016.

[89] Jeong,S.,Bresser,D.,Buchholz,D.,Winter,M.,Passerini,S.,Carbon coated lithium sulfide particles for lithium battery cathodes. *J. Power Sources*,235,220,2013.

[90] Wang,Z. – L.,Xu,D.,Xu,J. – J.,Zhang,X. – B.,Oxygen electrocatalysts in metal – air batteries:From aqueous to nonaqueous electrolytes. *Chem. Soc. Rev.*,43,7746,2014.

[91] Zhang,W.,Zhu,J.,Ang,H.,Zeng,Y.,Xiao,N.,Gao,Y.,Liu,W.,Hng,H. H.,Yan,Q.,Binder – free graphene foams for O_2O_2 electrodes of Li – batteries. *Nanoscale*,5,9651,2013.

[92] Li,L.,Chen,C.,Su,J.,Kuang,P.,Zhang,C.,Yao,Y.,Huang,T.,Yu,A.,Three – dimensional MoSx ($1 < x < 2$) nanosheets decorated graphene aerogel for lithium – oxygen batteries. *J. Mater. Chem. A*,4,10986,2016.

[93] Jiang,J.,He,P.,Tong,S.,Zheng,M.,Lin,Z.,Zhang,X.,Shi,Y.,Zhou,H.,Ruthenium functionalized graphene aerogels with hierarchical and three – dimensional porosity as a free – standing cathode for rechargeable lithium – oxygen batteries. *NPG Asia Mater.*,8,e239,2016.

[94] Han,J.,Guo,X.,Ito,Y.,Liu,P.,Hojo,D.,Aida,T.,Hirata,A.,Fujita,T.,Adschiri,T.,Zhou,H.,Chen,M.,Effect of chemical doping on cathodic performance of bicontinuous nanoporous graphene for Li – O_2 batteries. *Adv. Energy Mater.*,6,1501870,2016.

[95] Jiang,Y.,Cheng,J.,Zou,L.,Li,X.,Huang,Y.,Jia,L.,Chi,B.,Pu,J.,Li,J.,Graphene foam decorated with ceria microspheres as a flexible cathode for foldable lithium – air batteries. *ChemCatChem*,9,4231,2017.

[96] Abraham,K. M. and Jiang,Z.,A polymer electrolyte – based rechargeable lithium/oxygen battery. *J. Electrochem. Soc.*,143,1,1996.

[97] Hu,S.,Han,T.,Lin,C.,Xiang,W,Zhao,Y.,Gao,P.,Du,F.,Li,X.,Sun,Y.,Enhanced electrocatalysis via 3D graphene aerogel engineered with a silver nanowire network for ultrahigh – rate zinc – air batteries. *Adv. Funct. Mater.*,27,1700041,2017.

[98] Li,S.,Miao,H.,Xu,Q.,Xue,Y.,Sun,S.,Wang,Q.,Liu,Z.,Silver nanoparticles supported on a nitrogen – doped graphene aerogel composite catalyst for an oxygen reduction reaction in aluminum air batteries. *RSC Adv.*,6,99179,2016.

[99] Xia,J.,Chen,F.,Li,J.,Tao,N.,Measurement of the quantum capacitance of graphene. *Nat. Nanotechnol.*,4,505,2009.

[100] Sun,X.,Cheng,P.,Wang,H.,Xu,H.,Dang,L.,Liu,Z.,Lei,Z.,Activation of graphene aerogel with phosphoric acid for enhanced electrocapacitive performance. *Carbon*,92,1,2015.

[101] Simon,P. and Gogotsi,Y.,Materials for electrochemical capacitors. *Nat. Mater.*,7,845,2008.

[102] Qin,Y.,Yuan,J.,Li,J.,Chen,D.,Kong,Y.,Chu,F.,Tao,Y.,Liu,M.,Cross – linking graphene oxide into robust 3D porous N – doped graphene. *Adv. Mater.*,27,5171,2015.

[103] Ge,J.,Yao,H. – B.,Hu,W,Yu,X. – F.,Yan,Y. – X.,Mao,L. – B.,Li,H. – H.,Li,S. – S.,Yu,S. – H.,Facile dip coating processed graphene/MnO_2 nanostructured sponges as high performance supercapacitor electrodes. *Nano Energy*,2,505,2013.

[104] Yilmaz,G.,Lu,X.,Ho,G. W.,Cross – linker mediated formation of sulfur – functionalized V_2O_5/graphene aerogels and their enhanced pseudocapacitive performance. *Nanoscale*,9,802,2017.

[105] Gholipour - Ranjbar, H. , Ganjali, M. R. , Norouzi, P. , Naderi, H. R. , Synthesis of cross - linked graphene aerogel/Fe_2O_3 nanocomposite with enhanced supercapacitive performance. *Ceram. Int.* ,42,12097, 2016.

[106] Dong, X. - C. , Xu, H. , Wang, X. - W, Huang, Y. - X. , Chan - Park, M. B. , Zhang, H. , Wang, L. - H. , Huang, W, Chen, P. ,3D graphene - cobalt oxide electrode for high - performance supercapacitor and enzymeless glucose detection. *ACS Nano*,6,3206,2012.

[107] Xie, L. ,Su, F. ,Xie, L. ,Li, X. ,Liu, Z. ,Kong, Q. ,Guo, X. ,Zhang, Y. ,Wan, L. ,Li, K. ,Lv, C. ,Chen, C. ,Self - assembled 3D graphene - based aerogel with Co_3O_4 nanoparticles as high - performance asymmetric supercapacitor electrode. *ChemSusChem*,8,2917,2015.

[108] Jiang, C. , Zhao, B. , Cheng, J. , Li, J. , Zhang, H. , Tang, Z. , Yang, J. , Hydrothermal synthesis of $Ni(OH)_2$ nanoflakes on 3D graphene foam for high - performance supercapacitors. Electrochim. Acta,173, 399,2015.

[109] Patil, U. M. , Nam, M. S. , Sohn, J. S. , Kulkarni, S. B. , Shin, R. , Kang, S. , Lee, S. , Kim, J. H. , Jun, S. C. ,Controlled electrochemical growth of $Co(OH)_2$ flakes on 3D multilayered graphene foam for high performance supercapacitors. *J. Mater. Chem.* A,2,19075,2014.

[110] Zhou, J. , Huang, Y. , Cao, X. , Ouyang, B. , Sun, W. , Tan, C. , Zhang, Y. , Ma, Q. , Liang, S. , Yan, Q. , Zhang, H. ,Two - dimensional $NiCo_2O_4$ nanosheet - coated three - dimensional graphene networks for high - rate, long - cycle - life supercapacitors. *Nanoscale*,7,7035,2015.

[111] Zhang, C. , Kuila, T. , Kim, N. H. , Lee, S. H. , Lee, J. H. , Facile preparation of flower - like $NiCo_2O_4$/three dimensional graphene foam hybrid for high performance supercapacitor electrodes. *Carbon*,89,328, 2015.

[112] Tingting, Y. ,Ruiyi, L. ,Zaijun, L. ,Zhiguo, G. ,Guangli, W. ,Junkang, L. ,Hybrid of $NiCo_2O_4$ and nitrogen and sulphur - functionalized multiple graphene aerogel for application in supercapacitors and oxygen reduction with significant electrochemical synergy. *Electrochim. Acta*,211,59,2016.

[113] Yang, M. ,Jeong, J. - M. ,Huh, Y. S. ,Choi, B. G. ,High - performance supercapacitor based on three - dimensional MoSg/graphene aerogel composites. *Compos. Sci. Technol.* ,121,123,2015.

[114] Zhao, Y. ,Liu, J. ,Hu, Y. ,Cheng, H. ,Hu, C. ,Jiang, C. ,Jiang, L. ,Cao, A. ,Qu, L. ,Highly compression - tolerant supercapacitor based on polypyrrole - mediated graphene foam electrodes. *Adv. Mater.* , 25, 591,2013.

[115] Sohn, J. S. ,Patil, U. M. ,Kang, S. ,Kang, S. ,Jun, S. C. ,Impact of different nanostructures of a PEDOT decorated 3D multilayered graphene foam by chemical methods on supercapacitive performance. *RSC Adv.* ,5,107864,2015.

[116] Yu, P. ,Zhao, X. ,Li, Y. ,Zhang, Q. ,Controllable growth of polyaniline nanowire arrays on hierarchical macro/mesoporous graphene foams for high - performance flexible supercapacitors. *Appl. Surf. Sci.* ,393, 37,2017.

[117] Lee, W. S. V. , Leng, M. , Li, M. , Huang, X. L. , Xue, J. M. , Sulphur - functionalized graphene towards high performance supercapacitor. *Nano Energy*,12,250,2015.

[118] Pan, Z. ,Liu, M. ,Yang, J. ,Qiu, Y. ,Li, W. ,Xu, Y. ,Zhang, X. ,Zhang, Y. ,High electroactive material loading on a carbon nanotube@ 3D graphene aerogel for high - performance flexible all - solid - state asymmetric supercapacitors. *Adv. Funct. Mater.* ,27,1701122,2017.

[119] Meng, F. , Li, Q. , Zheng, L. , Flexible fiber - shaped supercapacitors: Design, fabrication, and multi - functionalities. *Energy Storage Mater.* ,8,85,2017.

[120] Meng, F. ,Zheng, L. ,Luo, S. ,Li, D. ,Wang, G. ,Jin, H. ,Li, Q. ,Zhang, Y. ,Liao, K. ,Cantwell, W. J. ,A

highly torsionable fiber - shaped supercapacitor. *J. Mater. Chem. A*,5,4397,2017.

[121] Kotal, M., Kim, H., Roy, S., Oh, I. - K., Sulfur and nitrogen co - doped holey graphene aerogel for structurally resilient solid - state supercapacitors under high compressions. *J. Mater. Chem. A*, 5, 17253,2017.

[122] Zhao, Y., Li, M. P., Liu, S., Islam, M. F., Superelastic pseudocapacitors from freestanding MnO_2 - decorated graphene - coated carbon nanotube aerogels. *ACS Appl. Mater. Interfaces*,9,23810,2017.

[123] Wu, Z. - S., Zhou, G., Yin, L. - C., Ren, W, Li, F., Cheng, H. - M., Graphene/metal oxide composite electrode materials for energy storage. *Nano Energy*,1,107,2012.

第4章 三维石墨烯材料的合成及其在电催化与电化学传感器中的应用

Chunmei Zhang[1,2], Wei Chen[1]
[1]中国科学院长春应用化学研究所电分析化学国家重点实验室
[2]中国科学院大学

摘　要　三维(3D)石墨烯材料作为石墨烯家族材料(石墨烯量子点、石墨烯片、石墨烯纳米带、三维石墨烯等)的一员,以其独特的结构特征,如多孔结构、大比表面积、丰富的活化位点、相互连接的网络、边缘效应等,在催化、分析、能量转换与存储、生物等各个研究领域备受关注。值得注意的是,三维多孔石墨烯结构可以防止石墨烯纳米片的聚集,促进电子和质量传输,并暴露足够的活性位点,这可以显著增强其电化学性能。本章重点介绍了三维石墨烯基材料的制备及其作为高效电催化剂在电化学能量转换和存储以及电化学传感器中的应用。首先重点介绍了三维石墨烯的几种合成策略,如化学自组装、化学方法模板辅助组装、化学气相沉积(CVD)模板辅助组装和3D打印;然后总结了三维石墨烯基材料在电化学分析和电化学传感中的电催化性能。

关键词　石墨烯,三维,催化,电催化剂,电化学传感器,纳米材料

4.1 概述

石墨烯是一种二维(2D)蜂窝状碳片,自2004年被Novoselov和Geim[8]发现以来,由于其独特的物理化学性质,如大比表面积约为2630m^2/g[1]、高电导率和热导率[2-4]、显著的热稳定性[5]、突出的机械强度[6]、优异的透光率[7]等,引起了关注。此外,二维石墨烯还表现出令人满意的电化学性能,如低电荷转移电阻、宽的电化学电位窗口和显著的电化学活性[9-10]。然而,由于二维石墨烯在溶剂中的强烈堆叠、折叠和团聚,其实际应用仍然受到限制。此外,当用作电极活性材料时,二维石墨烯通常表现出活性分子的表面积减小,这限制了其在燃料电池和传感中的应用[11]。为了防止石墨烯片的聚集、增加可达表面积、保证质量传输、提高石墨烯片的性能并促进其实际应用,三维石墨烯基材料的设计和合成得到了大量的研究。

自2009年Vickery等[12]、Wang和Ellsworth[13]首次通过冷冻干燥制备石墨烯基气凝胶以来,出现了大量关于三维石墨烯的研究,旨在改善其性能(低密度、大表面积、高孔隙率、优异的机械强度、超亲水性、优异的电化学性能等),拓宽其应用,如超级电容器[14-16]、

锂离子电池[17]、油和有机染料吸附[18-19]、燃料电池催化剂和传感材料[20-21]。值得注意的是，三维石墨烯基材料在不同领域有不同的名称，如石墨烯水凝胶、石墨烯气凝胶、石墨烯海绵、石墨烯泡沫和多孔石墨烯[22]。三维石墨烯基材料通常含有微孔、中孔和大孔，其对于电化学分析和电化学传感非常重要。三维石墨烯的微孔和中孔结构具有大比表面积和大孔结构，保证了分子对表面的可接近性。三维石墨烯基材料通常是互连的三维多孔结构，可以防止石墨烯片的聚集，保证快速的电子和质量传输。

近来，三维石墨烯基材料在电催化剂和电化学传感方面备受关注。三维石墨烯独特的多孔结构可以促进电解质进入其整个表面，并为锚定在其上的活性组分提供导电通道和多维电子传输路径。本章重点介绍了三维石墨烯基材料的制备及其在电催化剂和电化学传感器中的应用。

4.2 三维石墨烯基材料的合成

自2004年石墨烯问世以来，多孔结构三维石墨烯材料的高效制备一直备受关注。已经投入了巨大的努力合成三维石墨烯基材料。制备3D石墨烯基材料的策略主要可分为化学自组装、化学方法模板辅助组装、化学气相沉积（CVD）模板辅助组装和3D打印4类。

4.2.1 化学自组装

到目前为止，获得三维石墨烯最广泛使用的方法之一是自组装。这种方法通常使用氧化石墨烯（GO）溶液作为三维石墨烯前驱体。在GO溶液中，GO表面官能团的静电斥力与基片的范德瓦耳斯力之间存在平衡[15]。3个过程很容易打破平衡，即超声[23]、改变GO溶液pH[24]、加入交联剂[25]。平衡的破坏会导致GO片的胶凝，即分散在溶液中的GO片可以通过一系列处理，如凝胶化、还原过程和特殊的干燥技术转化为三维石墨烯。基于这一策略，开发了各种GO组装方法，包括水热法、电化学还原、化学还原、金属离子诱导自组装、蒸发诱导自组装、流动导向组装、成核沸腾法和逐层沉积法[26]。相应地，已经通过两种主要方法制备了三维石墨烯基材料，用于电催化剂和电化学传感：一种是在制备过程中加入不同的活性贵金属、非贵金属和杂原子前驱体；另一种是以三维石墨烯为碳载体合成活性材料。

4.2.1.1 三维石墨烯制备过程中的前驱体

水热法、共还原法和溶胶-凝胶聚合方法是制备三维石墨烯催化剂材料的常用的技术。这些方法通常包括：冷冻或热干燥和热解。

Xu等[27]首次通过GO溶液一步水热还原（180℃，12h）合成了自组装三维石墨烯，当GO被水热还原时，氧官能团减少，π共轭增加。π-π堆叠作用和疏水效应可促进还原GO片相互重叠和互锁，从而产生物理交联位点，形成三维多孔骨架。随后，通过水热法可以成功制备出限制在三维石墨烯中的贵金属纳米晶（Au、Ag、Pd、Ir、Rh、Pt等）[28]。当通过水热法处理含有贵金属盐和葡萄糖的GO溶液时，可以获得三维结构。贵金属纳米晶可以促进单层GO片组装成三维结构。

在水热反应中加入三聚氰胺和甲醛，聚合的三聚氰胺甲醛树脂（MFR）可与GO片材黏合[29]。Liu等通过热干燥和热解工艺制造了坚固的三维氮掺杂石墨烯（R-3DNG）（图4.1（a））。首先，将GO、甲醛溶液和三聚氰胺的混合物在高压釜中于180℃条件下反应 12h；然后将得到的水凝胶在 120℃下干燥 24h；最后将干燥后的复合材料在 Ar 气氛中于 750℃煅烧 5h，得到交联的 3DNG。值得注意的是，R－3DNG 可以通过热干燥直接获得，而不会收缩变形，因为由 GO 片构成的空间被 MFR 填充，这可以为 GO 片提供刚性支撑。此外，利用类似的方法，Li 等[30]合成了氮硫共掺杂的三维还原氧化石墨烯（NS－3DrGO，如图 4.1（b）所示）。在步骤（ⅰ）中，可以使用水热法合成由三聚氰胺和甲醛交联产生的 MFR；在步骤（ⅱ）中，将作为硫前驱体的苄基二硫化物与制备的水凝胶混合；在步骤（ⅲ）中，通过热解工艺制备 NS－3DrGO。

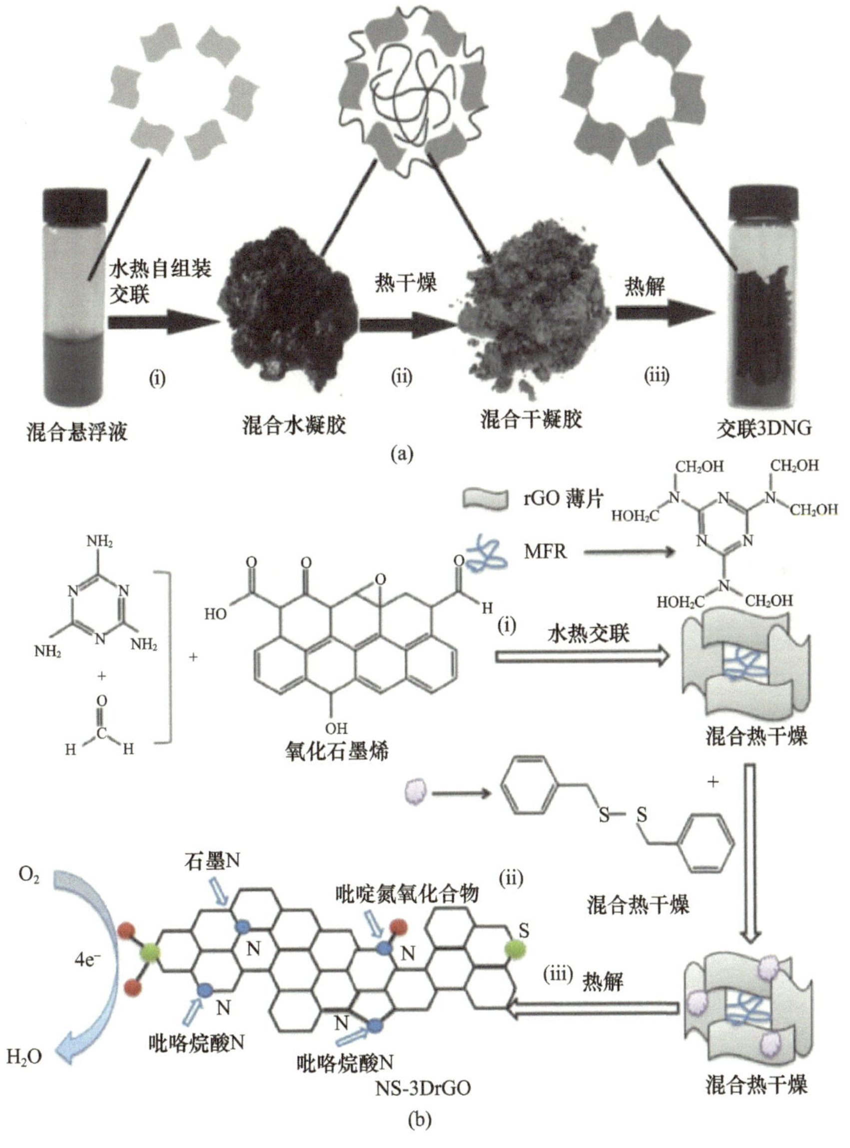

图 4.1 （a）R－3DNG 的制造示意图：（ⅰ）GO、三聚氰胺和甲醛的水热自组装，（ⅱ）热干燥 MFR 键合的 rGO 杂化干凝胶，（ⅲ）热解处理以获得共价键合的 R－3DNG（经授权转载自文献[29]）；（b）NS－3DrGO 的制造示意图：（ⅰ）GO、三聚氰胺和甲醛的水热交联，（ⅱ）将二硫化苄基与水凝胶均匀混合，（ⅲ）热解混合物以合成氮和硫共掺杂的 3DrGO（经授权转载自文献[30]）

在 GO 溶液中加入 NiCo 普鲁士蓝类似物(PBA)前驱体，可成功制备三维(Ni，Co)Se_2GA，如图4.2(a)所示[31]。PBA 是制备空心多孔纳米结构的理想前驱体模板。然而，这些 PBA 衍生的中空结构在电化学反应中的气体放出期间遭受塌陷和聚集。三维石墨烯气凝胶(3DGA)可以提高结构稳定性，增强导电性，从而增强电化学性能。

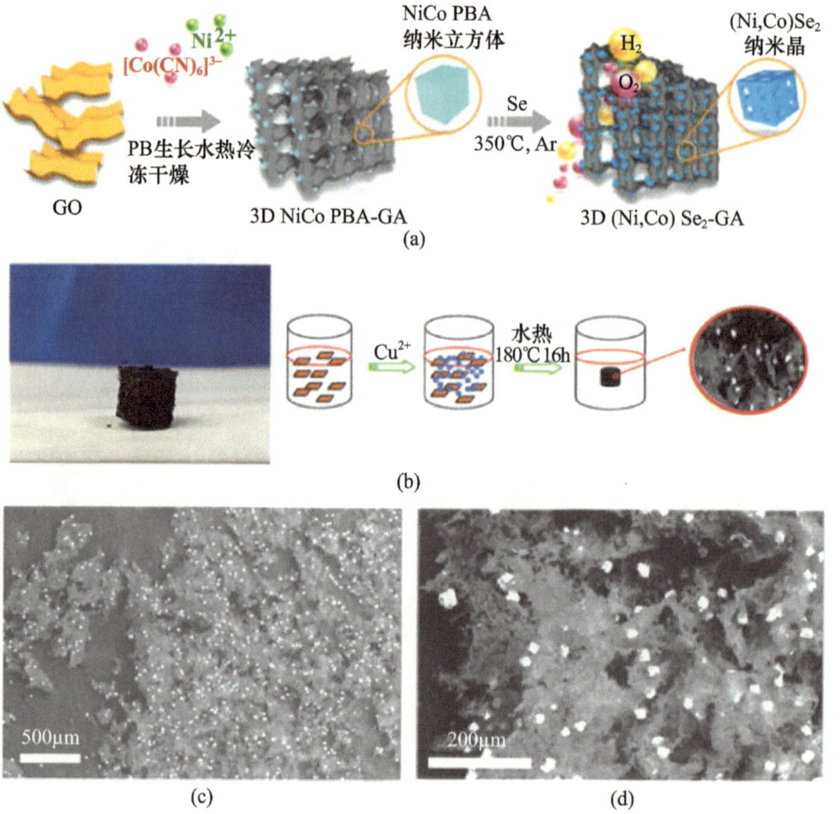

图4.2 (a)水分解用三维(Ni，Co)Se_2GA 电催化剂合成过程示意图(经授权转载自文献[31])；(b)合成3D Cu_2O－GA 复合材料的示意图；(c)，(d)三维 Cu_2O－GA 的 SEM 图像(经授权转载自文献[32])

在 Go 溶液中加入 Cu 前驱体，采用水热法成功合成了三维石墨烯气凝胶负载Cu_2O(三维 Cu_2O－GA)微晶(图4.2(b)～(d))[32]。作为传感材料，Cu_2O 在水热还原过程中被限制在三维石墨烯中，其中氧化石墨烯作为稳定剂和结构导向剂控制Cu_2O 微晶的形貌和氧化状态。类似地，作为电化学传感材料或电化学活性材料，Co_3O_4 纳米花(NF)[33]、Fe_3O_4 纳米粒子[34]、Fe_3O_4 量子点[35]、MoS_2 超薄纳米片[36]和铁氮掺杂－石墨烯气凝胶[37]也可以通过水热法限制在三维石墨烯中。

以 $NaHSO_2$、抗坏血酸钠、维生素 C、Na_2S、对苯二酚或碘化氢为还原剂，在低于100℃的加热条件下，于常压状态，通过简单的化学还原 GO 溶液，可以制备石墨烯水凝胶和石墨烯气凝胶[38－39]。在软还原 GO 过程中，贵金属粒子(Pd[40])、三元金属纳米粒子(Pt/PdCu[41－42])和 Ag 纳米线网络[43]可以被限制在三维石墨烯结构中。例如，Huang 等[44]报道了一种使用乙二醇(EG)作为还原剂，在80℃水浴中通过共还原 Pt Cl_4 和 GO 来合成三维石墨烯负载 Pt 纳米粒子的方法。

石墨烯气凝胶通常通过溶胶－凝胶化学工艺来生产[45]。以 GO、聚乙烯醇（PVA）和金属前驱体为原料[46]，通过溶胶－凝胶聚合，制备了三维石墨烯气凝胶负载 Ni/MnO 粒子的活性电催化剂。GO 和 PVA 的凝胶形成使得能够在热解后将 Ni 和 MnO 粒子有效地固定到石墨烯网络中。在反应体系中加入合适的前驱体，也可以通过溶胶－凝胶法将氮配位过渡金属（MN_x）负载在三维石墨烯中。Jiang 等[47]选择维生素 B12 作为 CoN_x 活性位点前驱体，Qin 等[48]使用 $Fe_2(SO_4)_3$ 和三聚氰胺作为 Fe 和 N 来源。

4.2.1.2　三维石墨烯作为碳基载体

作为碳载体，三维石墨烯具有大的表面积、大量的孔结构和高电导率，可用于生长活性材料。将制备的三维石墨烯加入到反应溶液中，制备三维石墨烯基材料。乙二醇等多元醇作为溶剂和还原剂的策略，是合成三维石墨烯基贵金属催化剂的有效方法。例如，使用 H_2PtCl_6 作为 Pt 前驱体，通过该方法制备负载在三维石墨烯上的 Pt[49]。此外，以 Pd(acac)$_2$ 和 Co(acac)$_2$ 作为 Pd 和 Co 前驱体，在乙二醇溶液中通过水热法合成了 Pd_6Co/3D G、Pd_3Co/3D G、PdCo/3D G 和 Pd/3D G[50]。采用水热法制备了三维石墨烯基钼催化剂。以石墨烯水凝胶为基体，在含有 Mo 和 S 前驱体的溶液中进行水热反应，可以制备出负载在三维石墨烯气凝胶网络上的层状 MoS_2 纳米片[51-53]。采用合成方法制备了三维石墨烯基多组分催化剂。例如，Qiao 等[54]利用这种方法报道了三维石墨烯－MnO_2－$NiCo_2O_4$ 杂化材料（G－Mn－NiCo）（图 4.3）。首先，将获得的三维石墨烯加入 $KMnO_4$ 溶液中以引入 MnO_2 到石墨烯上；然后，通过在含有硝酸钴和硝酸镍的溶液中加热 G－Mn，可以获得负载在 G－Mn 上的 $NiCo_2O_4$。

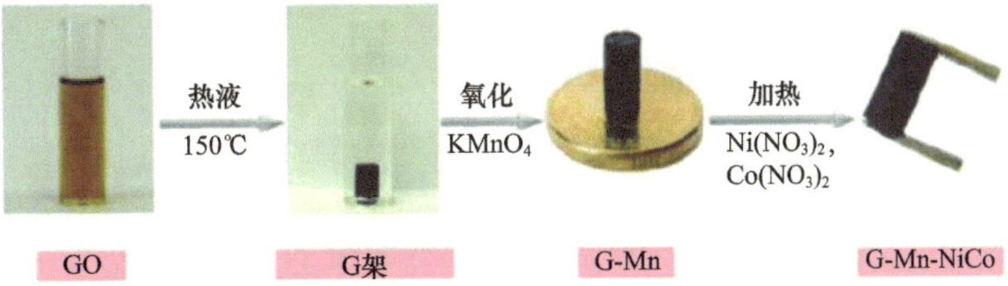

图 4.3　在 3D 石墨烯－MnO_2 框架上制造 $NiCo_2O_4$ 的示意图（经授权转载自文献[54]）

4.2.2　化学方法模板辅助组装

采用模板辅助化学组装方法构建了三维石墨烯[57-58]。泡沫镍是最常用的模板，它在 GO 溶液中回流可以为 GO 涂层提供一个连续的表面[58]，也可采用商用聚氨酯（PU）海绵作为模板，如图 4.4（a）所示[55]。GO 纳米片和尿素可以通过浸渍过程负载在 PU 海绵上，然后在 900℃ 的高温下，海绵型复合材料转变为三维氮掺杂石墨烯（三维 NG），再使用多元醇还原方法成功地将 Pt 纳米粒子负载在三维 NG 上。另外，SiO_2 球体[59-60]也可以作为模板，通过 GO 和 SiO_2 球体的自组装过程、调节 pH 得到基底、退火刻蚀 SiO_2 球体 3 个步骤来制备三维石墨烯。在该过程中，SiO_2 球体被包裹在超薄石墨烯片的溶液中。经过退火和刻蚀处理，制备了具有连续互连的泡沫状多孔结构的三维石墨烯。另外，聚苯乙烯（PS）粒子可用作牺牲模板。例如，通过过滤 CMG 片和 PS 纳米球的混合物，然后暴露在甲苯去除 PS 纳米球，制备多孔化学改性石墨烯（CMG）膜[56]。如图 4.4（b）所示，所获得的三维 CMG 膜显示出相互连接的多孔结构，具有约 2μm 的均匀孔径。

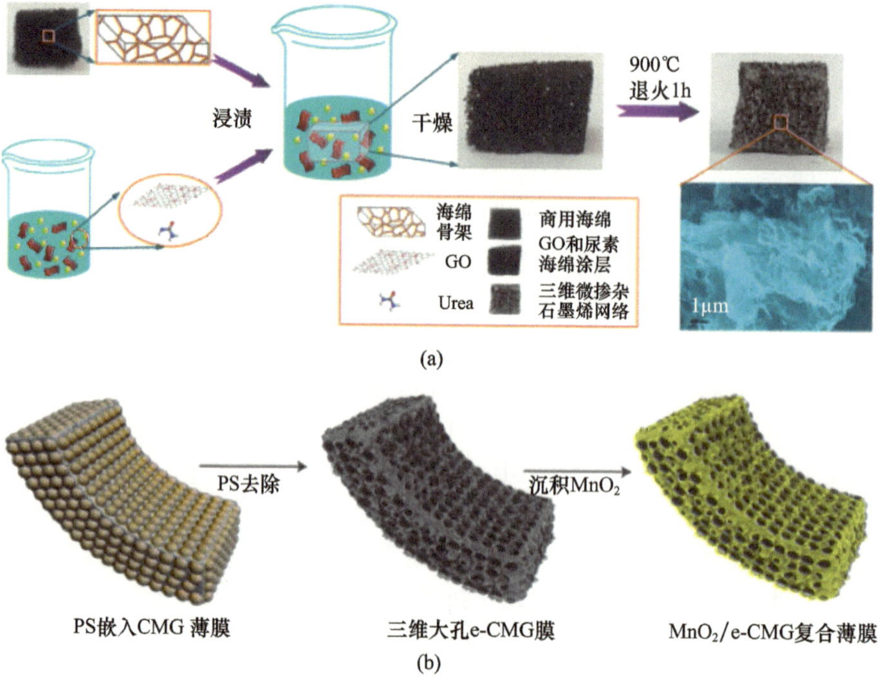

图 4.4 （a）三维 NG 合成示意图（经授权转载自文献[55]）；（b）以 PS 为模板制备三维大孔膜及 MnO_2 后续沉积程序的示意图（经授权转载自文献[56]）

4.2.3 化学气相沉积法模板辅助组装

与化学方法的模板辅助组装不同，化学气相沉积（CVD）是一种模板辅助生长尺寸和层数可控石墨烯的方法。该方法的典型合成过程包括以下两个步骤：首先在高温下的模板上生长石墨烯层；然后去除载体。Chen 等[61]首次报道了以 CH_4 作为碳前驱体和泡沫镍为模板，在 1000℃下合成三维石墨烯。在泡沫镍上形成一薄层聚甲基丙烯酸甲酯（PMMA），并用作载体，以防止在去除泡沫镍过程中空石墨烯骨架的塌陷。然后用丙酮去除 PMMA，得到具有互连网络的石墨烯泡沫。值得注意的是，PMMA 薄层对于制造独立式结构是重要的，没有该独立式结构，三维结构会扭曲和变形。在 Liu 的研究[62]中，除了泡沫镍外，六水合氯化镍（$NiCl_2 \cdot 6H_2O$）不仅用作催化剂前驱体，还用作模板。在 Ar/H_2 气氛下，在 600℃下，通过热处理将前驱体（$NiCl_2 \cdot 6H_2O$）还原制备了三维多孔互连 Ni 骨架。以甲烷为碳源，生长时间为 1.5min，得到三维石墨烯。在退火处理过程中，金属粒子熔化并再生成交联的 Ni 骨架。随后，将获得的材料浸入 $FeCl_3$/HCl 溶液中以去除 Ni 骨架。

此外，还使用其他模板作为制备三维石墨烯的牺牲衬底，如 ZnO [63]、MgO[64]、阳极氧化铝（AAO）[65]、其他金属盐[66]和金属纳米结构[67-69]。

对于电催化活性材料的合成，通常将得到的三维石墨烯作为碳载体，通过其他方法制备三维石墨烯负载催化剂，如水热法[70-71]、电化学沉积法[72-74]、溶液生长法[75]。例如，通过水热法（图 4.5（a））在三维石墨烯－镍泡沫（NGO/GNF）上生长 $NiCo_2O_4$ 纳米针[71]。

首先,采用 CVD 工艺在三维石墨烯泡沫镍(3D GNF)上沉积石墨烯。在沉积石墨烯之前,用丙酮将泡沫脱脂,用 3mol/L HCl 蚀刻,并用去离子水和乙醇洗涤。泡沫镍在管式炉中于 21℃/min,H_2/Ar(2/5)气氛下以 21℃/min 的升温速率升至 1050℃ 加热 30min,以去除泡沫镍表面的氧化层。然后,将 CH_4 引入体系中保持 2h,在泡沫镍上生长石墨烯片。最后,以三维 GNF 为载体材料,通过水热和煅烧处理,在三维 GNF 上直接生长 $NiCo_2O_4$ 纳米针。在该步骤中,将 1mmol $Co(NO_3)_2 \cdot 6H_2O$、0.5mmol $Ni(NO_3)_2 \cdot 6H_2O$ 和 30mmol 尿素加入到 40mL 水-乙醇混合溶液中。搅拌 20min 后,将混合溶液转移到 50mL 衬里聚四氟乙烯的不锈钢高压釜中,在 90℃ 下反应 5h,产物在 250℃ 下煅烧 3h,得到 NCO/GNF。

电化学沉积是在三维石墨烯上原位生长电活性材料的有效方法。三维石墨烯/硫化钴纳米片(3DG/CoS_x)的制备如图 4.5[73] 所示。酸处理后,以泡沫镍为基体和催化剂,采用 CVD 方法制备了独立式三维 G 骨架。所得的三维 G 可作为 CoS_x 电沉积的电极和载体。电沉积后,在 3DG 表面生长了一层 Co S_x 黑色薄层。此外,电沉积循环次数可以确定沉积速率为 0.021mg/cm^2 或循环的 CoS_x 质量负载。以 3DGF 为碳载体[74],也可以通过电沉积获得负载在三维石墨烯泡沫(GF)上的磷酸钴(Co-Pi)和硼酸钴(Co-Bi)。以泡沫镍为三维模板和 CH_4 作为碳源,采用 CVD 法制备了三维 GF。然后通过 3mol/L$FeCl_3$ 溶液去除镍骨架,并用水和乙醇洗涤。三维 GF 在 1.3V 处含 0.5mmol/LCo^{2+} 的 0.1mol/L KPi 电解液中处理 8h 后,得到 Co-Pi/GF 电极。

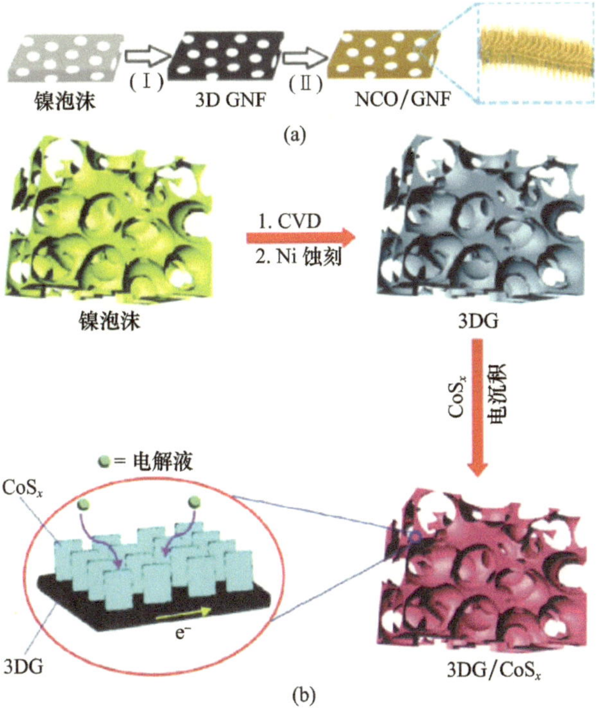

图 4.5 (a)NCO/GNF 制备示意图(经授权转载自文献[71]);(b)3DG/Co S_x 纳米片复合电极合成示意图(经授权转载自文献[73])

除了以上方法,也可以通过溶液生长法制备三维石墨烯基电催化剂。该方法是一种高效的"自下而上"生长金属氢氧化物的方法,包括成核、聚结和粒子生长 3 个步骤。

Shackery 等[75]报道了通过使用该方法制备的氢氧化镍($Ni(OH)_2$)/三维石墨烯复合材料。在合成过程中,将 CVD 法制备的三维石墨烯加入到含有尿素的 $NiCl_2 \cdot 6H_2O$ 溶液中,在 90℃条件下加热 10h。然后,获得具有 $Ni(OH)_2$ 沉积物的石墨烯泡沫。

4.2.4 3D 打印

除了上述传统方法,快速发展的三维打印领域为三维石墨烯的合成提供了另一种有前景的方法。3D 打印是直接获得三维物体的有效且简单的方法。通过 3D 打印工艺,金属、聚合物和陶瓷可以在计算机控制下加热并逐层沉积,以制造三维整体。3D 打印可用于生产尺寸高达数米的散装材料。对于 3D 打印石墨烯,前驱体应该存储在可紫外线固化或喷墨打印的油墨中。通常使用化学改性的石墨烯或 GO 作为油墨中的添加剂或前驱体。3D 打印材料的关键问题是打印后三维材料必须保持形状并支撑自身重量。为了解决这个问题,在一些研究中,在体系中加入黏合剂。例如,Garcia - Tuñon 等[76]报道了一种用支化共聚物表面活性剂功能化的化学改性石墨烯,其通过聚甲基丙烯酸(PMA)和聚乙二醇(PEG)与乙二醇二甲基丙烯酸酯(EGDMA)交联而制备。该共聚物作为水性油墨用于打印自支撑三维石墨烯。使用无黏合剂系统直接打印三维碳块体材料仍然是一个挑战。为了实现这一目标,Lin 等[77]开发了一种新的 3D 打印技术,通过将氧化石墨烯悬浮液的多喷嘴按需喷墨打印与冷冻铸造耦合来制备三维石墨烯气凝胶,如图 4.6 所示。这种三维打印技术可以在冷水槽(-25℃)中在低于水的冻结温度下快速冻结氧化石墨烯悬浮液(1mg/mL),并选择性地将水滴凝固成冰晶。GO 悬浮液可通过定制模式打印(图 4.6(b)和(c))。然后将打印的三维结构浸入液氮中,冷冻干燥,并热退火(图 4.6(d)~(f))。最后得到具有超轻桁架的 3D 打印石墨烯气凝胶。通过该方法获得的三维石墨烯具有超小的密度、良好的导电性和高的可压缩性,具有很高的催化应用潜力。因此,通过 3D 打印将活性纳米结构或材料限制在三维石墨烯中将具有吸引力。

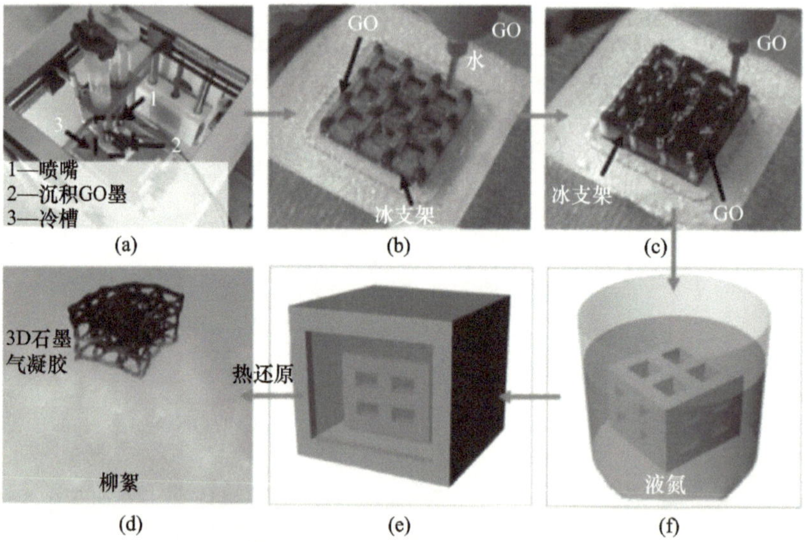

图 4.6 三维石墨烯气凝胶打印过程

(a)三维打印设置;(b)3D 打印的冰支架;(c)GO 悬浮液的 3D 打印;(d)将打印的冰结构浸入液氮中;(e)冷冻干燥;(f)在柳絮上热还原 3D 打印的石墨烯气凝胶(经授权转载自文献[77])。

4.3 三维石墨烯基材料的电催化活性

化石燃料的使用和环境污染已成为当今人类面临的两大紧迫的全球性问题，威胁着人们的生命安全。在过去几十年里，出现了对环境友好的有效化石燃料替代品，如太阳能、生物质能、风能、氢能、燃料电池等。燃料电池包括质子交换膜燃料电池（PEMFC）、直接甲醇燃料电池（DMFC）、直接乙醇燃料电池（DEFC）和直接甲酸燃料电池（DFAFC），已被认为是一类有前途的环境友好电源。燃料电池中的主要反应有氧还原反应（ORR）、甲醇氧化反应（MOR）、乙醇氧化反应（EOR）和甲酸氧化反应（FAOR）。此外，析氢反应（HER）和析氧反应（OER）也是化学能转化的两个重要电化学反应。这些反应的电催化剂在燃料电池的发展中起着至关重要的作用。

4.3.1 用于氧还原反应的三维石墨烯基材料

在燃料电池和金属空气电池中，氧还原反应（ORR）是一个关键反应。已经发表了关于用于 ORR 的二维石墨烯基电催化剂的全面综述[78]。三维石墨烯与二维石墨烯相比，由于其可控的石墨烯层、互连的微孔和大孔结构以及大表面积而表现出更好的 ORR 性能。三维石墨烯的独特结构可以抑制石墨烯层的堆叠和聚集，增强多维离子扩散/电子传输，并提供有效的质量传输。

仅就三维石墨烯而言，三维石墨烯的层数影响 ORR 性能。通常，随着石墨烯层数的增加，ORR 活性增加。Pumera 等[79]通过控制沉积时间，在 1000℃ 和 0.6mbar（1bar = 10^5Pa）条件下从 CH_4/H_2 混合物中沉积，成功制备了不同层数的三维石墨烯。沉积 30min 的双层石墨烯、沉积 90min 的三层石墨烯和沉积 120min 的少层石墨烯分别标记为 DL - 3D - G、TL - 3D - G 和 FL - 3D - G。图 4.7（a）中的 SEM 图像显示，石墨烯覆盖率随着沉积层数量的增加而增加。线性扫描伏安（LSV）法表明，泡沫镍不具有 ORR 性质，随着石墨烯层数的增加，三维石墨烯对 ORR 的催化活性增加。

三维石墨烯的孔结构也影响 ORR 电催化性能。Atanassov 等[40]采用不同的非晶气相二氧化硅牺牲模板 EH5 和 L90 制备了具有微孔和大孔的三维石墨烯纳米片（3D - GNS），材料分别命名为 3D - GNS - EH5 和 3D - GNS - L90。同时，采用软醇还原法，以相同的负载量（30%）将 Pd 纳米粒子负载在 2D - GNS、3D - GNS - EH5 和 3D - GNS - L90 上。Pd 纳米粒子在 2D - GNS、3D - GNS - EH5 和 3D - GNS - L90 上的电化学可达表面积分别为 78.3m^2/g、91.2m^2/g 和 93.7m^2/g，表明 3D - GNS - L90 中大量的大孔有助于在溶液中暴露更多的活性位点。电化学测试表明，由于 3D - GNS - L90 具有三维可控的连通大孔尺寸和较大的比表面积，沉积在三维石墨烯载体上的 Pd 纳米粒子显示出比沉积在二维石墨烯上的 Pd 纳米粒子更大的 ORR 电流密度。大孔体积有利于氧和电解质扩散到活性位点并抑制过氧化物的产生。Müllen 等[34]还报道，负载在三维石墨烯上的 Fe_3O_4 纳米粒子增强的 ORR 性能归因于大孔对电解质向暴露的活性位点的扩散速率的影响。

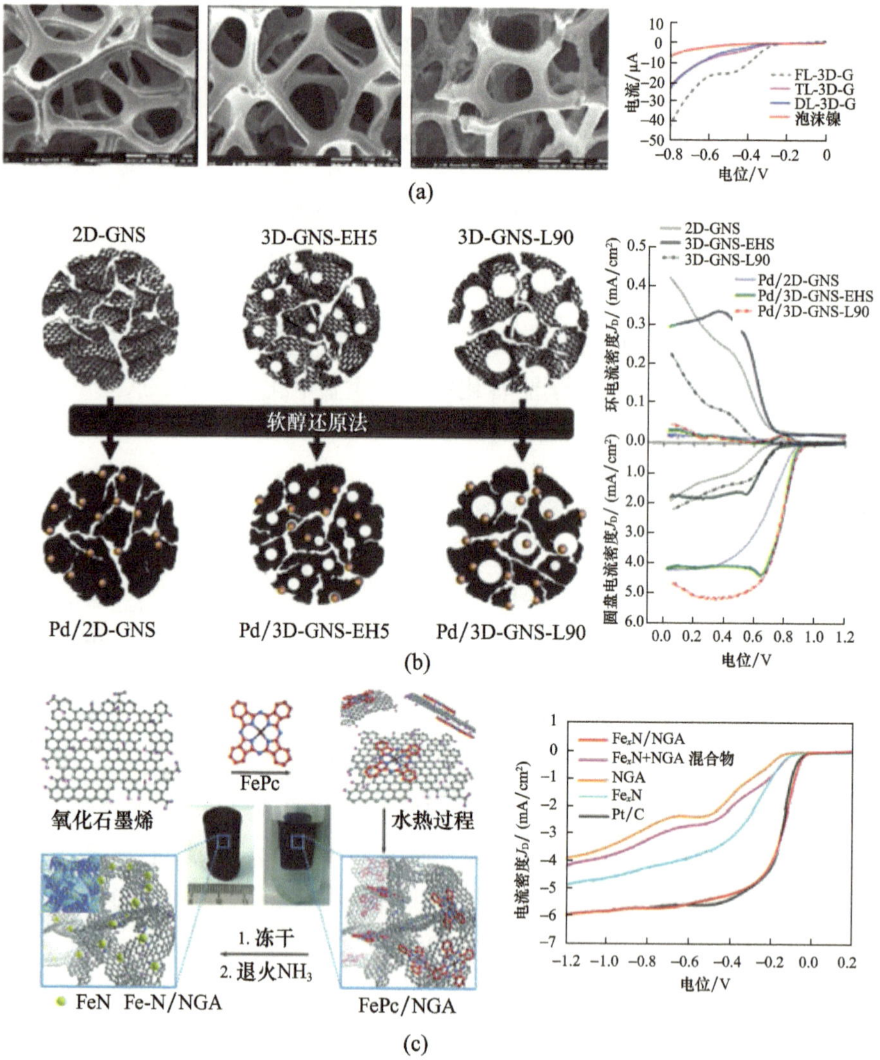

图 4.7 (a) DL-3D-G(左)、TL-3D-G(中)和 FL-3D-G(右)的 SEM 图像,以及 ORR 的相应 LSV(经授权转载自文献[79]);(b) 2D-GNS、3D-GNS-EH5 和 3D-GNS-L90 的制备示意图,以及在 1600r/min 下扫描速率为 5mV/s 的 O_2 饱和 0.1mol/L NaOH 溶液中样品的相应 LSV(经授权转载自文献[40]);(c) 在 O_2-饱和 0.1mol/L KOH 溶液中以 10mV/s 的扫描速率制备 Fe_xN/NGA 的示意图,和 Fe_xN/NGA 杂化物、Fe_xN+NGA 混合物、NGA 和商用 Pt/C 的 LSV(经授权转载自文献[37])

三维石墨烯上的官能团与 ORR 性能密切相关。傅里叶变换红外光谱(FTIR)和 X 射线光电子能谱(XPS)通常用于测量三维石墨烯中的键的性质。三维石墨烯在 $1200cm^{-1}$、$1563cm^{-1}$ 和 $1728cm^{-1}$ 处的 FTIR 峰分别归因于 C—O、C ═C 和 C ═O[80]。三维石墨烯中 C 1s 的高分辨率 XPS 谱在 284.6eV、286.0eV、287.4eV 和 288.6eV 处有 4 个峰,分别属于分别归因于 C—C、C—O、C ═O 和 O—C ═O。Liu 等[81]研究了热处理的三维石墨烯,发现三维石墨烯上的 C ═O 键在决定朝向 ORR 的催化动力学方面起着重要作用。在 25 ~ 800℃的温度范围内对三维石墨烯进行热处理,得到的样品分别命名为 3D G-25、3D G-

200、3D G－400、3D G－600 和 3D G－800。由于断裂的 C ═O 键对三维石墨烯和多孔结构的协同作用，3DG－600 表现出显著的 ORR 性能。当热温度达到 600℃时，FTIR 光谱中 C ═O 键的信号逐渐消失，XPS 也检测不到 C ═O 键，这可能是 C ═O 键在该热温度下断裂所致。C1s 的高分辨率 XPS 谱只有两个峰，分别位于 284.6eV（C—C）和 286.0eV（C—O）。众所周知，ORR 的机理取决于氧分子在催化剂表面的 3 种吸附类型（端、侧和桥吸附）[82]。值得指出的是，桥吸附可以有效地削弱氧分子的 O—O 键。当超过 600℃时，C ═O 键断裂，三维石墨烯上 C ═O 键的原始位置可能留下一个空位，结合氧分子的一个氧原子，可以有效地削弱 O ═O 键，促进氧还原过程。但 3D G－800 的 ORR 性能低于 3D G－600，这是由于骨架结构塌陷，抑制了传质和动力学过程。

ORR 活性纳米粒子与三维石墨烯基底之间的协同效应在氧还原反应中起着至关重要的作用。对于三维石墨烯和杂原子掺杂的三维石墨烯，由于负的起始电位和半波电位[83－87]，ORR 催化活性不能与商业 Pt/C 相比。而与活性纳米材料杂化的三维石墨烯表现出显著的 ORR 性能，可与商用 Pt/C 相媲美[37,48,88－89]。Hou 等[37]报道，3D NG 气凝胶负载的 Fe_xN 纳米粒子（Fe_xN/NGA）是有效的协同 ORR 催化剂（图 4.7（c））。酞菁铁（FePc）作为 Fe 和 N 的来源，可以通过 π－π 相互作用附着在石墨烯表面，防止 GO 在水热反应过程中的重新堆叠。在 NH_3 热解过程中，可以制备 FeN。在 －0.18 ~ －0.02V 范围内，合成的 Fe_xN/NGA 比商用 Pt/C 具有更高的催化活性。同时，与 NGA（起始电位为 －0.09V）和 Fe_xN（起始电位为 －0.07V）相比，Fe_xN/NGA 具有更正的起始电位和更高的电流密度。此外，Fe_xN 和 NG 的物理混合物较差的 ORR 性能表明，Fe_xN/NGA 增强的 ORR 活性源于 Fe_xN 纳米粒子与 NGA 之间的强协同作用。

4.3.2 用于甲醇氧化反应的三维石墨烯基材料

直接甲醇燃料电池具有低环境污染、高能量转换效率、低工作电位和温度，以及易于操作等特点受到人们的持续关注。到目前为止，铂仍然是最广泛使用的甲醇氧化反应（MOR）催化剂。在三维石墨烯基催化剂中，三维多孔石墨烯作为催化剂的载体，不仅可以将纳米粒子限制在三维石墨烯多孔骨架中，防止纳米粒子的团聚和腐蚀，而且可以为反应物提供最大的可接近性，以增强有效的质量和电子转移。迄今为止，各种类型的三维石墨烯基 MOR 催化剂主要由贵金属制备，可分为 3 类，即负载在三维石墨烯上的 Pt 纳米粒子、负载在三维石墨烯上的 Pt 基合金纳米粒子和负载在三维石墨烯上的非铂纳米粒子。

4.3.2.1 铂纳米粒子负载的三维石墨烯

循环伏安图是一种典型的测量甲醇电氧化的电化学技术。对于 MOR，CV 曲线通常由正向和反向扫描的两个氧化峰组成。正向扫描中的峰代表甲醇分子和积累的中间体（CO_{ad}、—$COOH_{ad}$等）的氧化，反向的峰归因于甲醇的氧化。此外，正向与反向氧化电流峰之比（I_f/I_b）用于定性评价催化剂在 MOR 过程中对中毒中间体的耐受性，比值越高，表明催化剂表面上的中间体越少。

燃料电池中使用的催化剂的现状是分散在炭黑上的 Pt 纳米粒子（通常为 2 ~ 4nm）[90－92]。Zhao 等[93]以 Pt/C 为主要成分，通过简便绿色的水热工艺制备了三维结构的 Pt/C/石墨烯气凝胶（Pt/C/GA）杂化材料。虽然在 0.5mol/L H_2SO_4 溶液中，Pt/C/GA

的电化学活性表面积(ECSA)($70.4m^2/g$)低于Pt/C($76.3m^2/g$)，但Pt/C/GA的稳定性优于Pt/C。例如，Pt/C在200次循环后急剧下降，在1000次循环时保持60%的活性。然而，由于独特的三维石墨烯封装结构，Pt/C/GA在1000次循环后保持了84%的活性。

对于Pt纳米粒子负载在三维石墨烯上的催化剂，影响其MOR催化性能的主要因素是Pt纳米粒子的尺寸和Pt纳米粒子在三维石墨烯上的分散性。分散均匀、减小尺寸可以大大增强ECSA，提高电催化性能。有两种有效的方法来控制Pt纳米粒子的尺寸和分散：一种是制备异质原子掺杂的3D石墨烯骨架。文献[94]中的一些理论计算表明，氮掺杂显著增强载体与金属之间的相互作用。氮原子可以活化相邻的碳原子并加速通过水解离形成OH；另一种是使用特殊材料制备均匀的超小Pt纳米粒子。

以三聚氰胺为氮源，Qin等[49]制备了负载在坚固的三维氮掺杂多孔石墨烯(PtNP/R－3DG)上的超细Pt纳米粒子。在R－3GNG上得到的Pt纳米粒子的平均直径约为3nm(图4.8(a)、(b))。相比之下，Pt纳米粒子严重聚集在传统的未掺杂的脆性3DG(PtNP/F－3DG)上，Pt纳米粒子的直径甚至达到几百纳米。这些研究表明，三维石墨烯中的氮原子在Pt纳米粒子的固定和分散中起着至关重要的作用。如图4.8(d)所示，与PtNP/F－3DNG、PtNP/3DG和Pt/C相比，PtNP－R－3DNG在1000次循环后表现出最高的正向阳极峰电流($1.63A/mg_{Pt}$，如图4.8(c)所示)、最高的I_f/I_b比率(2.6)和最小的正向峰值电流损失(32.8%)，揭示了负载在氮掺杂3D石墨烯上的Pt纳米粒子对MOR的更高的催化活性和稳定性。

为了研究在三维石墨烯上负载超细、高分散的Pt纳米粒子，Zhao等[93]以吡咯为N前驱体制备了平均粒径为1.97nm的均匀分布的Pt纳米粒子。与Pt/G和Pt/3D－GA相比，Pt/3D－NGA具有更高的MOR峰值电流密度，这归因于Pt纳米粒子的高分散性和小尺寸。除了单掺杂的三维石墨烯，Li等[95]以氟硼酸铵(NH_4BF_4)为B和N源，通过180℃水热反应20 h制备了B、N共掺杂的石墨烯气凝胶(BN－GA)作为Pt纳米粒子的载体。得到的负载在B、N共掺杂三维石墨烯上的Pt纳米粒子的平均直径约为2.5nm。由于BN－GA载体与Pt之间的强相互作用，所制备的Pt/BN－GA具有较高的质量活性(1184.5mA/mg)，表现出良好的MOR催化性能。

除杂原子掺杂材料之外，使用特殊材料，果胶[96]和两性表面活性剂(十二烷基氨基丙酸钠)[97]是改善Pt纳米粒子在三维石墨烯上的分布和减小尺寸的另一种有效方法。Wang等[97]在两性表面活性剂(十二烷基氨基丙酸钠)的辅助下，在三维石墨烯上制备了平均尺寸为4.5nm的Pt纳米粒子。果胶作为一种无毒的生物材料，是植物细胞壁中的天然水溶性多糖和还原糖(如半乳糖)，可以通过水解获得[98-100]。Zhang等[96]报道，以果胶为候选，以部分水解的还原糖为还原剂，可以制备均匀超细的负载于三维石墨烯上的Pt纳米粒子。同时，将剩余的果胶骨架上的$-COO^-$修饰在Pt纳米粒子表面。该方法得到的Pt纳米粒子的平均直径为3.9nm(图4.8(e)、(f))，这种Pt@三维石墨烯的MOR活性优于商用Pt/C(图4.8(g))。此外，三维石墨烯表现出优异的抗毒性。如图4.8(h)所示，Pt@三维石墨烯的高抗毒性主要是由于吸附的反应性中间物质，如$(-COOH)_{ad}$，和$-COO^-$在Pt纳米粒子表面上改性的果胶主链上的负电荷之间的静电排斥效应。因此，自由活性位点可以增强电极动力学。

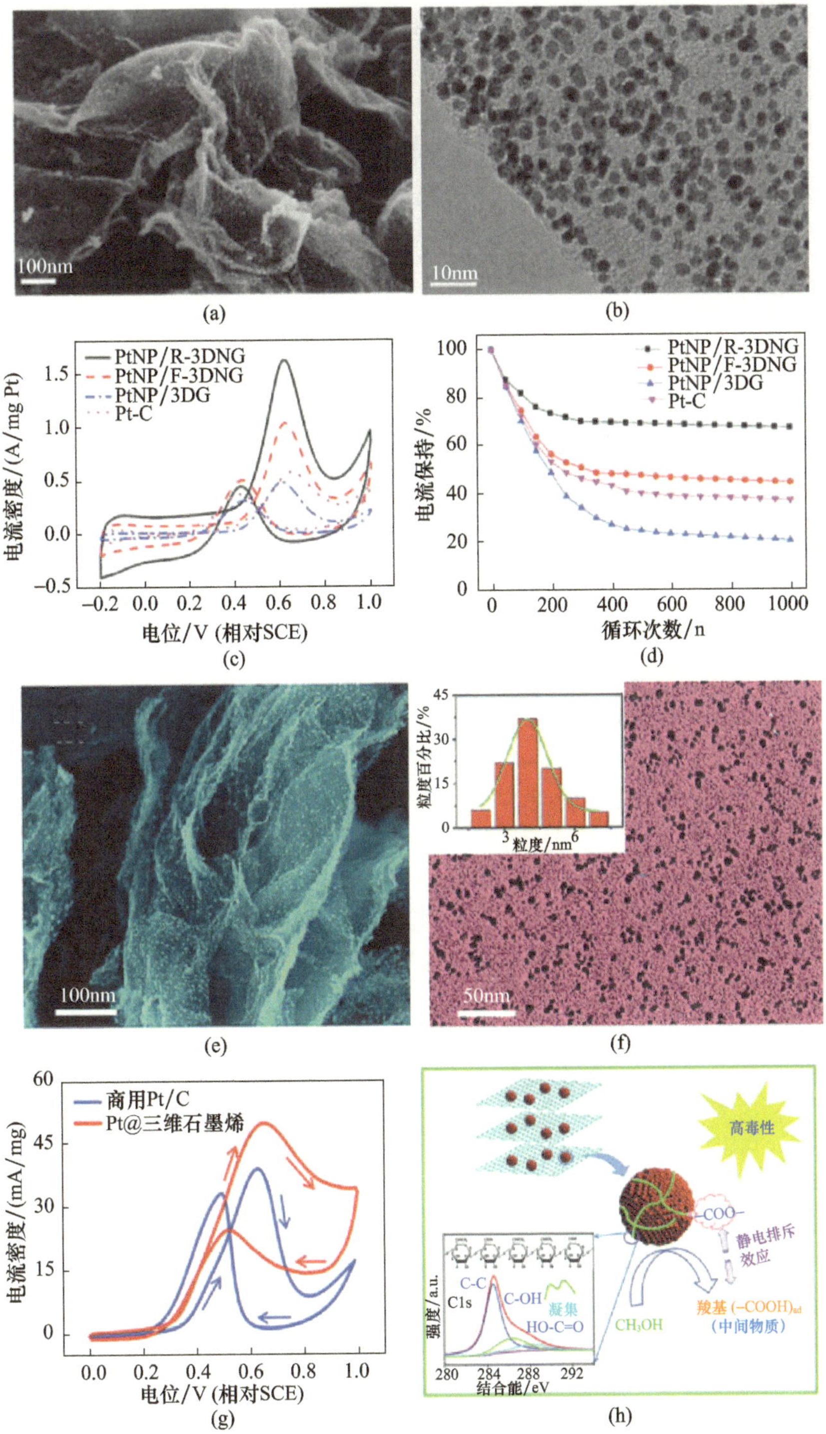

图4.8 PtNR/R-3D NG的SEM(a)和TEM(b)图像。扫描速率为50mV/s的循环伏安曲线(c)和催化剂(d)在含有0.5mol/L CH_3OH 的1.0mol/L H_2SO_4 中的电催化循环稳定性(经授权转载自文献[49])
Pt@三维石墨烯的SEM图像(e)和TEM图像(f);(g)Pt@三维石墨烯和商业Pt/C在含有1.0mol/L CH_3OH 的 N_2-饱和0.1mol/L $HClO_4$ 中的CV曲线,扫描速率为5mV/s;
(h)Pt@三维石墨烯高位电阻机制示意图(经授权转载自文献[96])

4.3.2.2 铂基合金纳米粒子负载的三维石墨烯

为了降低成本，提高催化剂对MOR的电催化活性，研究了负载在二维石墨烯上的各种Pt基纳米材料，如PtPd [101-108]、PtRu [109-111]、PtFe[112]、PtAg[113]、PtNi [114]、Pt-Ni氢氧化物[115]、PtRuFe[116]和CuFePt [117]。然而，到目前为止，仅有3种限制在三维石墨烯中的Pt基合金纳米粒子（PtAu、PtCu、PtRu）用于催化甲醇氧化。

Pt基双金属纳米催化剂的MOR主要包括甲醇的初始吸附脱氢和随后的脱氢碎片的氧化。以PtRu为例，第一步是甲醇氧化；第二步是发生甲醇脱氢和在Pt表面上形成吸附的甲醇残基（CO），如式（4.1）所示。第二种金属Ru与水反应，如式（4.2）所示[118]。化学吸附的CO与化学吸附的羟基物质（OH_{ads}）反应，并从Pt表面去除CO_{ads}，随后形成纯Pt和Ru，如式（4.3）所示：

$$Pt + CH_3OH \rightarrow Pt - CH_3OH_{ads} \rightarrow Pt - CO_{ads} + 4H^+ + 4e^- \tag{4.1}$$

$$Ru + H_2O \rightarrow Ru - OH_{ads} + H^+ + e^- \tag{4.2}$$

$$Pt - CO_{ads} + Ru - OH_{ads} \rightarrow Pt + Ru + CO_2 + H^+ + e^- \tag{4.3}$$

将Pt基双金属纳米粒子PtRu [119-120]、PtCu[121]和PtAu[122]成功地限制在三维石墨烯中，以提高MOR催化性能。

4.3.2.3 非铂纳米粒子负载的三维石墨烯

Pd具有与Pt相似的结构和性能、丰富的丰度、较低的成本和较高的CO耐受性，是一种很有前途的替代金属催化剂。Liu等[123]通过包括水热合成和自由干燥过程的两步程序制备了限制在3DGA中的Pd纳米粒子。虽然所获得的Pd纳米粒子的直径约为92nm，但Pd/3DGA（425m^2/g）的ECSA是商用Pd/C（125m^2/g）的3.4倍，Pd/3DGA（7.54A/mg）的正向峰值电流密度是商用Pd/C（1.56A/mg）的4.8倍以上。此外，Feng等[124]在三维多孔还原氧化石墨烯水凝胶（AuPd@ Pd NC/N-RGOH）上负载了平均尺寸为28.0nm的均匀核壳结构的AuPd@ Pd。核-壳结构可以改变外部Pd原子的d能带中心，容易与甲醇分子结合，增强Pd壳的MOR动力学。

4.3.3 用于乙醇氧化反应的三维石墨烯基材料

乙醇易于储存和运输、可再生资源大规模生产、低毒性和高能量密度，是燃料电池的理想材料之一。通过使用正扫描和反扫描中的氧化电流峰，乙醇氧化的电化学表征与甲醇电氧化的电化学表征相似。碱性条件下乙醇氧化反应（EOR）催化剂上乙醇氧化所涉及的主要反应[125]：

$$CH_3CH_2OH + 5OH^- \rightarrow CH_3COO^- + 4H_2O + 4e^- \tag{4.4}$$

$$CH_3CH_2OH + 12OH^- \rightarrow 2CO_2 + 9H_2O + 12e^- \tag{4.5}$$

$$CO_2 + 2OH^- \rightarrow CO_3^{2-} + H_2O \tag{4.6}$$

测定了原位傅里叶变换红外（FTIR）光谱，证明了COO^-和CO_2的存在。1085cm^{-1}和1045cm^{-1}处的两个损失带归因于乙醇在电解质薄层中的反应。在1415cm^{-1}和1550cm^{-1}处谱带的存在分别归因于乙酸酯的对称和不对称拉伸。线性键合的CO（2055～2060cm^{-1}）的缺失和在2343cm^{-1}处存在能带表明在高电位下存在CO_2。

Qu等[41]首次设计了三维石墨烯框架（3D GF）为支撑骨架的三元Pt/PdCu纳米盒，用于乙醇高效氧化。即使在超声处理之后,Pt/PdCu 纳米立方体也牢固地锚定在石墨烯片上(图 4.9(a))。单个中空纳米立方体的尺寸约为 30nm,内腔为 20nm,均匀外壳为 5nm(图 4.9(b)~(e))。所制备的 Pt/PdCu/3D GF 显示出比纯 Pt、PdCu 和商业 Pt/C 更高的 OER 活性。此外,还合成了限制在三维石墨烯中的单金属纳米粒子(Pd[126])和双金属纳米粒子(PdCo[127]、PdCu[42])用于乙醇氧化。然而,三维石墨烯负载纳米粒子用于提高采收率的研究还很少,尤其是非贵金属纳米粒子。

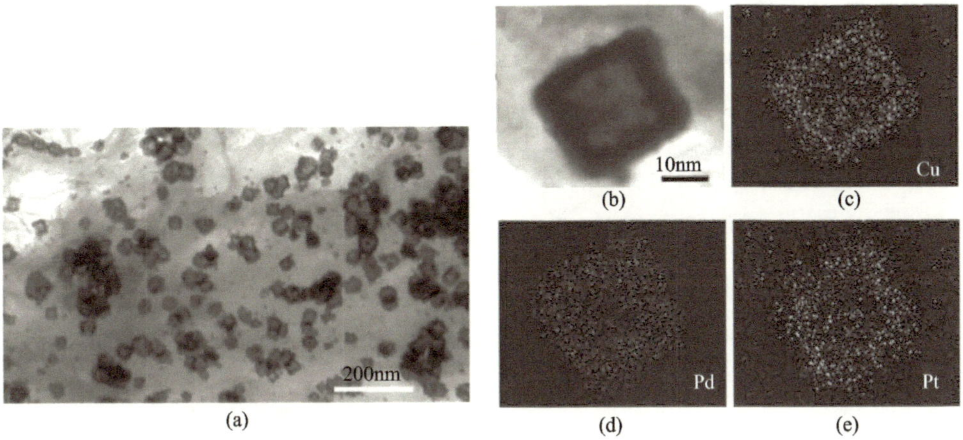

图 4.9 (a)石墨烯上负载的 Pt/PdCu 纳米立方体的 TEM 图像;(b)中空 Pt/Pd Cu 纳米立方体的 HAADF - STEM 图像;(c)~(e)Cu、Pd 和 Pt 的相应映射图像(经授权转载自文献[41])

4.3.4 用于甲酸氧化反应的三维石墨烯基材料

甲酸具有易于操作、运输、储存、交叉率低等优点,是便携式汽车燃料电池的主要液体燃料之一。甲酸氧化反应(FAOR)通常遵循双途径机制:一种是直接脱氢生成 CO_2;另一种是间接方法,甲酸脱水成有毒中间体 CO_{ad},然后氧化成 CO_2 分别表达如下[128]:

$$HCOOH \rightarrow CO_2 + 2H^+ + 2e^- \tag{4.7}$$

$$HCOOH \rightarrow CO_{ad} + H_2O \rightarrow CO_2 + 2H^+ + 2e^- \tag{4.8}$$

各种 Pt 基纳米结构催化剂已用于甲酸氧化[129-130]。然而,Pt 容易被中间体 CO_{ad} 毒化,并形成 Pt—CO 键合。要将甲酸氧化为二氧化碳和氢气,必须破坏 C—H 和 O—H 键。Pt 可以在低电位下破坏 C—O/C—H 键,但需要高电位来破坏 O—H 键。尽管如此,在所有电位范围内,O—H 键都能容易地被 Pd 断裂,偶联的 Pd 能防止甲酸的脱水,提高其 CO 耐受性[131-134]。因此,Pd 基催化剂对甲酸氧化具有较高的抗 CO 中毒能力而备受关注。三维石墨烯是 FAOR 中非常理想的催化剂载体,可以最大化燃料分子对催化剂表面的可接近性,增强传质。然而,到目前为止,仅有纳米粒子 Pd_2/PtFe[135] 和 Pd_6Co[50] 负载在三维石墨烯上作为甲酸氧化的高效电催化剂。

Qu 等通过双溶剂热方法为 FAOR 设计了支撑在三维石墨烯上的三元 Pd_2/PtFe 纳米线(Pd_2/PtFe/3D GF)[135]。本研究首先对 H_2PtCl_6、GO 溶液、$FeSO_4$、谷氨酸和乙二醇进行 185℃热处理 6h,将得到的 PtFe/3D GF 与 $PdCl_2$、乙二醇、谷氨酸进一步混合,在 140℃下反应 3h。Pd_2/PtFe/3D GF 的 CV 在正扫描中 0.08V 有 4 个峰,0.65V 有 2 个峰,在反扫描中在0.51V和0.18V处有两个峰，对应于甲酸氧化在PtFe和Pd上的特征。Pd_2/PtFe/3D GF的FAOR电流高于PtFe/3D GF和Pd/3D GF，说明了Pd和PtFe之间的协同作用。此外，与PTFE/3D GF和PD/3D GF相比，Pd_2/PtFe/3DGF表现出更高的甲酸氧化电流和更慢的降解。

Zhang等[50]通过简便的一锅法无须表面活性剂在三维石墨烯(Pd_6Co/3DG)上合成了均匀且超小的Pd_6Co纳米晶体，并将该复合材料用作FAOR的催化剂(图4.10(a))。在典型的合成中，将三维石墨烯、Pd(acac)$_2$和Co(acac)$_2$溶解在乙二醇中，并转移到聚四氟乙烯密封的高压釜中，并在260℃条件下保持10h。图4.10(b)所示的SEM图像表明，合成的PdCo纳米晶体均匀分布在平均尺寸为5.2nm的大孔三维石墨烯上。图4.10(c)中的CV曲线表明，Pd_6Co/3D G比其他样品表现出更多的负电位和最高峰值电流密度(430.8mA/mgPd)，有助于均匀分布的超小纳米粒子和溶解在酸性电解质中的CO原子。

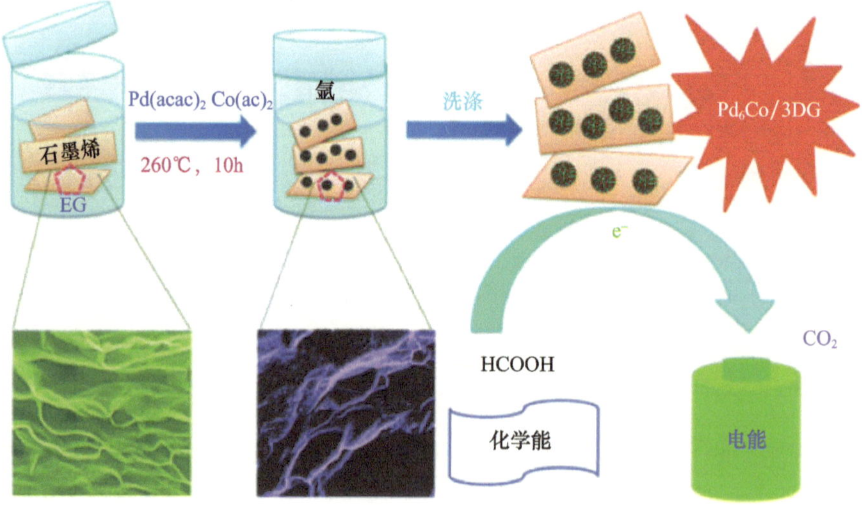

(a)

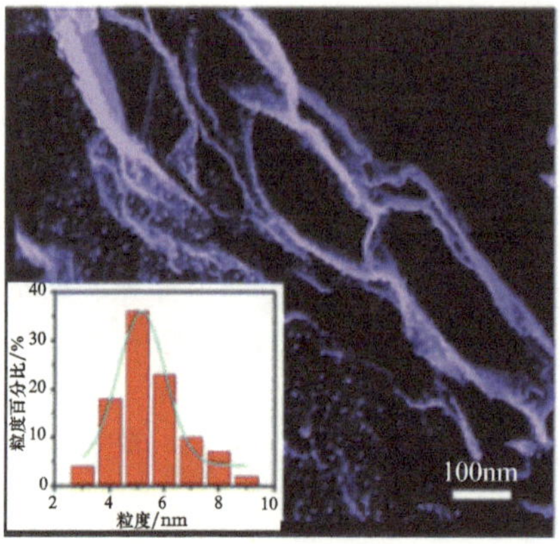

(b)

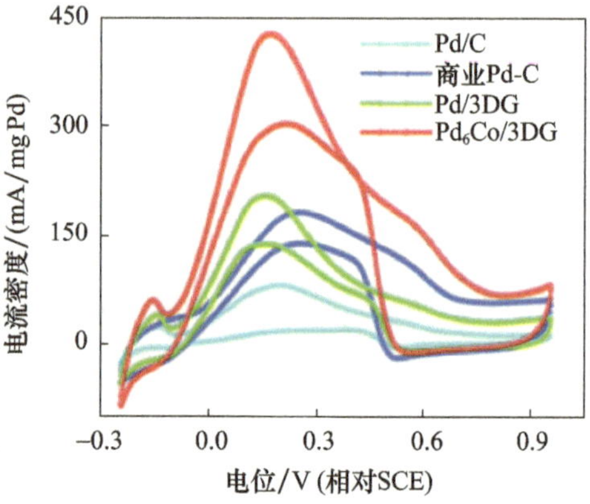

(c)

图4.10 (a)Pd_6Co/3DG催化剂的制备及其在甲酸氧化中的应用的示意图；(b)Pd_6Co/3DG的SEM图像；(c)含0.5mol/L HCOOH的0.5mol/L H_2SO_4中Pd/C、商业Pd/C、Pd/3DG和Pd_6Co/3DG的循环伏安曲线(经授权转载自文献[50])

4.3.5 用于析氢反应的三维石墨烯基材料

燃料电池电动汽车(FCEV)即氢动力汽车,将提供与燃烧汽车相似的性能,但具有较少的 CO_2 和污染物排放。丰田、福特、现代和巴伐利亚汽车制造工厂(BMW)主要汽车制造商,已经耗尽了其持续能力,将 FCEV 带入清晰和现实的未来。如果氢动力汽车进入我们的生活,氢气的需求将会增加。因此,应该以更环保的方式批量生产氢气。电化学析氢反应(HER)是开发清洁可再生能源的最有前途的方法之一[136]。HER 是整个水分解反应的重要半反应,涉及不同介质中的双电子氧化还原过程:

$$\text{酸性介质}: 2H^+ + 2e^- \rightarrow H_2 \tag{4.9}$$

$$\text{碱性介质}: 2H_2O + 2e^- \rightarrow H_2 + 2OH^- \tag{4.10}$$

碱性介质中的 HER 机理仍不明确,而酸性介质中的 HER 通常包含 3 个可能的反应步骤,包括 Volmer 步骤、Heyrovsky 步骤(也称为化学解吸步骤)和 Tafel 步骤[137-138]表达如下:

$$\text{Volmer 步骤}: H^+ + e^- \rightarrow H_{ads} \tag{4.11}$$

$$\text{Heyrovsky 步骤}: H_{ads} + H^+ + e^- \rightarrow H_2 \tag{4.12}$$

$$\text{Tafel 步骤}: H_{ads} + H_{ads} \rightarrow H_2 \tag{4.13}$$

在 Volmer 步骤中,电子转移到阴极表面得到电解质中的质子,在活性表面位点上形成吸附的氢原子。当 H_{ads} 覆盖度较低时,吸附的氢原子会与电解质中新的质子和电子偶联形成 H_2。这一步称为 Heyrovsky 反应。当 H_{ads} 覆盖度较高时,吸附的氢原子优先与相邻的吸附的氢原子结合析出 H_2,这一步称为 Tafel 反应。利用 Tafel 斜率可以预测 HER 过程中的主导反应。在 25℃ 时,3 个阶段的理论 Tafel 斜率分别为 118mV/dec、39mV/dec 和 29mV/dec。Tafel 斜率是电晶体的固有性质,并且可以基于如下方程式从 Tafel 图的斜率获得。

$$\eta = b\log\left(\frac{j}{j_0}\right) \tag{4.14}$$

式中:η 为过电位;j 为电流密度;j_0 为交换电流密度。

开发具有低过电位和良好稳定性的高效电催化剂是 HER 亟待解决的关键问题。多孔、导电和柔性的三维石墨烯可以作为无黏结剂和独立式 HER 电极,提供互连导通的导电路径,促进电荷传输,并增强 HER 性能。对 HER 来说,三维石墨烯基材料可以分为两类:作为 HER 的催化剂的三维石墨烯和作为 HER 的理想碳载体的三维石墨烯网络。

4.3.5.1 三维石墨烯催化剂

三维石墨烯作为 HER 催化剂,由于其可调谐的电子结构、高电导率以及在酸性和碱性溶液中的强耐受性,可以直接参与分解水。对于三维石墨烯,电子结构和具有尖锐边缘位点的形貌会影响其 HER 性能。

近年来,为了改善三维石墨烯的电子结构,通常在三维石墨烯中掺杂杂原子(N,S)。异质掺杂不仅可以提高三维石墨烯的 ORR 性能,而且可以提高三维石墨烯的 HER 活性。例如,Zhou 等[139]以泡沫镍为模板,噻蒽为碳硫源,采用 CVD 法合成了高硫掺杂含量为 2.9% 的 3D 硫掺杂石墨烯。对得到的硫掺杂三维石墨烯进行 Ar 等离子体处理。硫掺杂和等离子体处理的结合形成协同效应,提供更多的活性位点以提高 HER 性能。此外,Chen 的小组以纳米多孔 Ni 为衬底和模板,吡啶和噻吩分别为碳源、氮源和硫源,通过 CVD 工艺制备了氮硫(NS)共掺杂纳米多孔石墨烯[140]。从图 4.11(a)~(d)中可以看出，N 和 S 共掺杂的石墨烯比未掺杂和单一的 N 或 S 掺杂样品表现出更高的 HER 活性，说明化学共掺杂可以增强三维石墨烯的 HER 活性。密度泛函理论（DFT）研究表明，含一个氮原子和硫原子的石墨烯晶格的简单结构模型分别具有带正电荷和带负电荷的电子密度分布，并且在晶格缺陷处的带负电荷的 S 掺杂剂和带正电荷的 N 掺杂剂的组合为 HER 提供了可用于氢产生的快速电子转移路径。

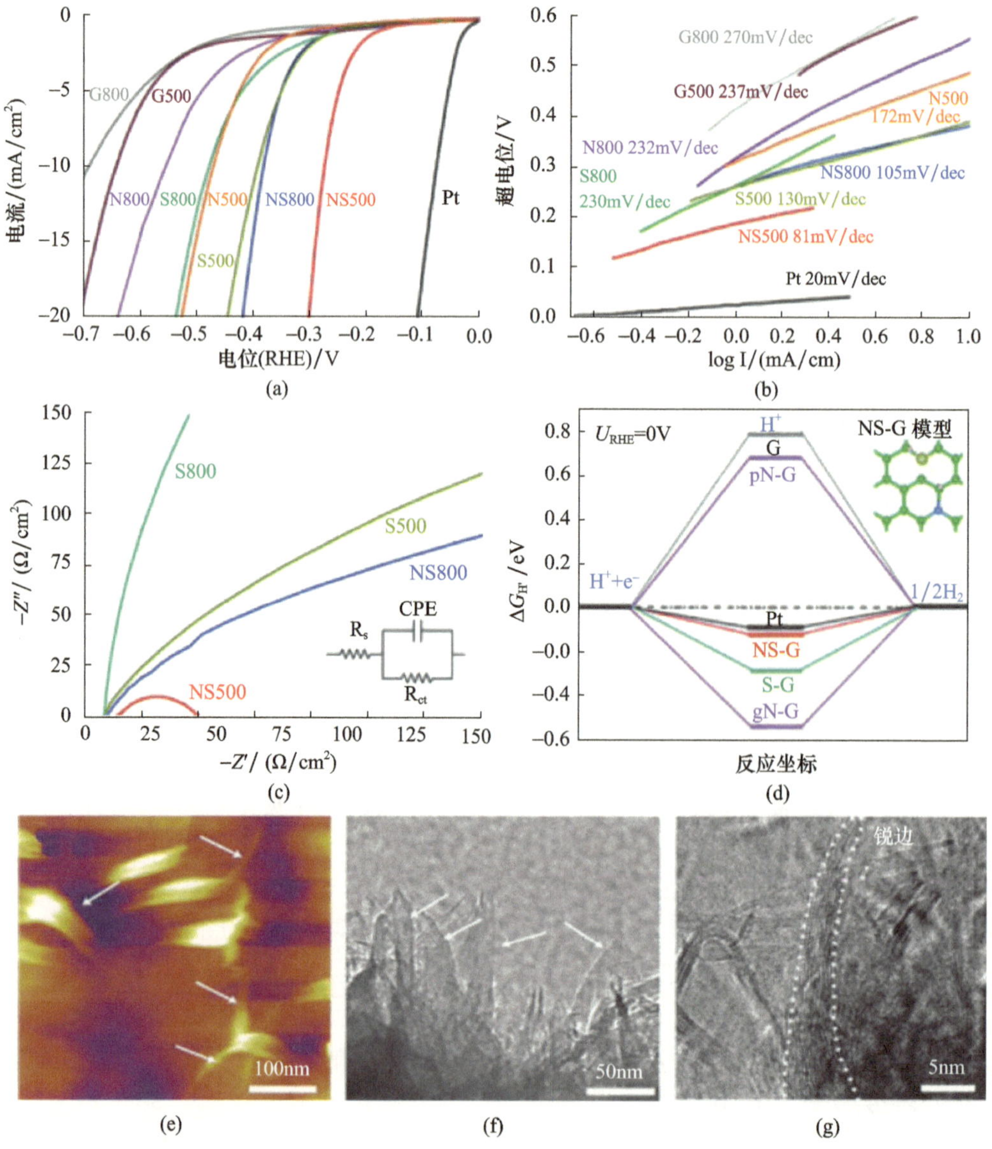

图 4.11 NS 共掺杂纳米孔石墨烯的 HER 活性（a）~（d）（a）与未掺杂纳米孔石墨烯相比，在不同 CVD 温度和不同掺杂剂下制备的样品的 CV 曲线；（b）研究样品的 Tafel 图；（c）样品的电化学阻抗谱；（d）DFT 计算具有几何晶格缺陷的化学掺杂纳米孔石墨烯的 HER 活性。该图示出了对于 Pt 催化剂和吡啶（pN－G）、石墨（gN－G）、硫掺杂（S－G）和氮/硫共掺杂（Ns－G）石墨烯样品在平衡电势下计算的 HER 自由能图。插图显示了一个氮（蓝色）、硫（黄色）和氢原子（白色）的 NS 掺杂石墨烯模型（经授权转载自文献[140]）具有丰富尖锐边缘位点的 3D 石墨烯网络的 AFM 图像（e）和 HRTEM 图像（f）、（g）（经授权转载自文献[141]）

除了异质掺杂方法外,控制具有丰富尖锐边缘位点的3D石墨烯的形貌是提高HER性能的另一种方法。Wang等[141]证明,石墨烯的形貌工程提供丰富的尖锐边缘位点暴露是调节石墨烯骨架电子结构的有效方法,进而使其具有优异的电催化HER性能。采用CVD法在SiO_x纳米线网络表面直接沉积垂直石墨烯片,制备了具有大规模锐边位点的无掺杂剂3D石墨烯网络。在空气气氛下对Si衬底进行高温处理以捕获活性氧物种,得到了SiO_x纳米线网络。AFM图像(图4.11(e))和HRTEM图像(图4.11(f)和(g))证实了石墨烯片的尖锐边缘,在竖直方向上石墨烯片从下到上变得越来越窄,形成尖锐边缘。在尖锐边缘位置的碳原子具有比内部碳原子更高的电荷密度。三维石墨烯网络中的边缘位点密度超高,可以促进析氢反应的过程。因此,所获得的三维石墨烯网络在0.5mol/L H_2SO_4溶液中表现出极低的起始电位(18mV)和良好、稳定性、优异的HER活性。

4.3.5.2 三维石墨烯作为碳基载体的催化剂

三维石墨烯不仅可以作为HER催化剂,而且可以作为提高HER活性的理想碳载体。近年来,过渡金属硫化物和磷化物已被证明是具有高HER性能的优异催化剂[137-138,142]。然而,较差的导电性限制了这些催化剂的HER活性。通常,由于三维结构的石墨烯高导电网络可以增强催化剂的导电性,这可以增强HER过程中电荷载流子的电荷转移。三维石墨烯中的大孔增强了催化剂与电解质的相互作用,进一步加快了HER动力学。

利用三维石墨烯作为碳载体,纳米结构的硫化钼作为电化学HER的铂的有前途的替代品得到了广泛研究,如MoS_2纳米片[51]、垂直排列的超薄MoS_2纳米片[36]、MoS_2纳米粒子[53]以及MoS_2纳米球和纳米片异质结构[52]。

Wang等[51]以GO、七钼酸铵[$(NH_4)_6Mo_7O_{24}\cdot 4H_2O$]和硫脲($CH_4N_2S$)为前驱体,通过水热法制备了支撑在3D石墨烯气凝胶网络(GA - MoS_2)上的层状MoS_2纳米片。图4.12(a)所示的结构表明,获得的GA - MoS_2是自支撑宏观圆柱体,复合材料具有相互连接的多孔微结构,MoS_2纳米片均匀分布。GA和MoS_2薄纳米片的3D框架可以为析氢提供更多暴露的活性边缘位点。与GA、MoS_2和G - MoS_2相比,3DGA - MoS_2显示出对HER的最高活性,起始电位接近100mV(SHE),如图4.12(b)所示。

Liu等[36]报道了使用简便可控的水热方法支撑在氮掺杂三维石墨烯(MoS_2/N - rGO)上的垂直取向MoS_2超薄纳米片。从图4.12(c)可以明显看出,横向尺寸为几十纳米的MoS_2纳米片垂直黏附在N - rGO网络表面,提供了丰富的暴露活性位点。MoS_2/N - rGO显示出高效的HER性能,具有119mV的过电位、36mV/dec的低Tafel斜率和长时间稳定性,优于N - rGO、MoS_2和MoS_2/rGO(图4.12(d),LSV)。MoS_2/N - rGO优异的HER活性归因于纳米MoS_2片的垂直排列边缘、三维骨架结构和rGO中的氮掺杂。

Dong等[53]通过水热路线合成了负载在三维氮掺杂石墨烯片(3D MoS_2/N - rGO)上的对HER具有高电催化活性的MoS_2纳米粒子。横向尺寸约为35nm的MoS_2纳米粒子负载在3D石墨烯上(图4.12(e),SEM图像)。同时,研究了一半量的MoS_2制备的MoS'_2/N - rGO、MoS_2不同氮源合成的3D MoS_2/N′ - rGO和制备的GO氧化程度较高的3D MoS_2/N - rGO′的HER活性,并与3D MoS_2/N - rGO进行了比较。电化学结果表明,3D MoS_2/N - rGO对HER具有高效的电催化活性,起始电位低(112mV),Tafel斜率小(44mV/dec),优于其他样品(图4.12(f),LSV)。研究表明,丰富的活性S_2^{2-}和S^{2-}物种和配体物种以及3D MoS_2/N - rGO的吡咯N和石墨烯N及其优异的导电性都有助于提高HER活性。

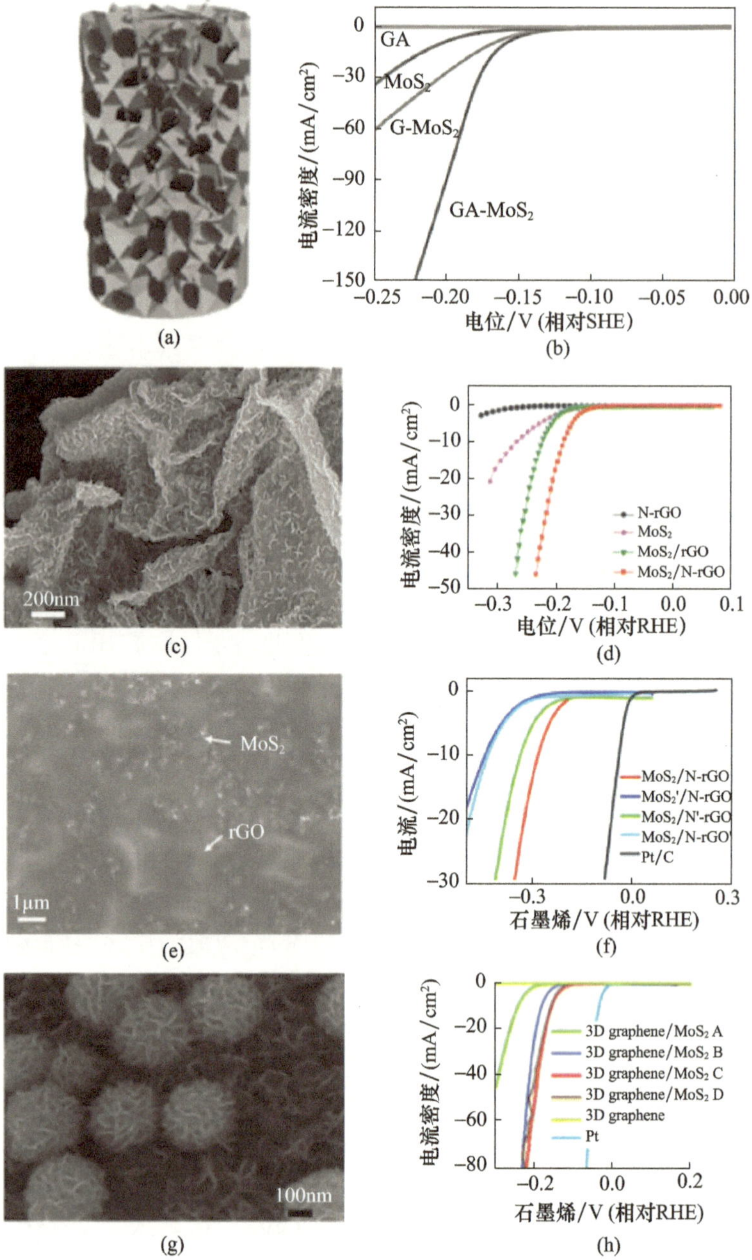

图4.12 (a)支撑在三维石墨烯气凝胶网络上的层状 MoS_2 纳米片的结构草图(GA - MoS_2)和(b)GA - MoS_2、G - MoS_2、MoS_2 和 GA 的极化曲线(经授权转载自文献[51]);(c)分散在 rGO 骨架上的垂直取向 MoS_2 超薄纳米片(MoS_2/N - rGO)的 TEM 图像和(d)样品的极化曲线(经授权转载自文献[36]);(e)负载在 3D 氮掺杂石墨烯片上的 MoS_2 纳米粒子(3D MoS_2/N - rGO)的 SEM 图像和(f)3D MoS_2/N - rGO、用一半量的 MoS_2 修饰的氮掺杂石墨烯片的 3D MoS'_2/N - rGO、改变肼和 PPy 的添加顺序的 3DMoS_2/N′ - rGO 以及通过更高的 GO 氧化程度制备的 3D MoS_2/N - rGO′的极化曲线(经授权转载自文献[53]);(g)支撑在三维石墨烯泡沫上的交叉分布 MoS_2 纳米球和纳米片(三维石墨烯/MoS_2)的场发射扫描电子显微镜(FESEM)图像和(h)样品的极化曲线。A、B、C 和 D 分别表示用 0.55mg/mL、1.1mg/mL、2.2mg/mL 和 4.4mg/mL 的四硫代钼酸铵(ATTM)量制备的样品(经授权转载自文献[52])

Wang 等[52]通过 CVD 法与水膜法相结合的方法制备了三维石墨烯支撑的 MoS_2 纳米球和纳米片(三维石墨烯/MoS_2)异质结构,具有花状结构的 MoS_2 纳米球和纳米片均匀地支撑在三维石墨烯表面(图 4.12(g))。这种交叉分布的异质结构有利于暴露更多的 MoS_2 活性边缘位点,并有助于电解质在 HER 中的渗透。合成样品的 LSV(图 4.12(h))表明,四硫代钼酸铵(ATTM)的最佳前驱体浓度为 2.2mg/mL。高 HER 性能归因于 MoS_2 异质结构和三维石墨烯高导电网络的协同效应。交叉分散、分布均匀的 MoS_2 纳米球和纳米片有助于 H_2 的制备和释放。

此外,还制备了负载在三维石墨烯上的金属磷化物作为 HER 的电催化剂。Dong 等[143]制备了用于 HER 的磷化钴纳米粒子修饰的三维石墨烯气凝胶作为电催化剂。Du 等[144]设计了负载在三维少层石墨烯/镍泡沫上的纳米结构磷化镍(Ni_2P)作为活性 HER 催化剂。

4.3.6 用于析氧反应的三维石墨烯基材料

析氧反应(OER)是水分解的氧化半反应。在电解水分解池中,阴极上的析氢反应受到阳极上 OER 缓慢动力学的严重限制[145]。因此,电解产生氢的大规模工业应用需要有效的催化剂来降低 OER 的动力学障碍[146]。在酸性条件下,两个水分子由于失去 4 个电子而被氧化为 4 个质子(H^+)和一个氧分子(O_2)(式(4.15))。在碱性条件下,羟基被氧化为 H_2O 和 O_2,失去相同数量的电子[式(4.16)][147]。

$$2H_2O \rightarrow 4H^+ + O_2 + 4e^- \tag{4.15}$$

$$4OH^- \rightarrow 2H_2O + O_2 + 4e^- \tag{4.16}$$

为了驱动析氧反应,需要相当大的电势(1.23V,热力学值)。目前最先进的 OER 电化学活性催化剂是 IrO_2 和 RuO_2,但 Ir 和 Ru 的高成本和稀缺性限制了其在水分解中的应用。已投入大量努力制造低成本替代品,如地球上丰富的过渡金属替代品(Fe、Co、Ni、Mn、Cu 等)[148]。这些非贵过渡金属 OER 催化剂通常使用电沉积、浸涂、旋涂和溅射方法负载在二维平面基底上[149-153]。3D 多孔材料与二维平面结构相比,由于其高表面积、多孔结构和高电子电导率,可以增强 OER 活性[154]。因此,负载或限位于三维结构中的金属基材料近年来受到了广泛的关注。例如,Zhang 等[154]使用衍生自 ZIF-8 的多孔碳膜作为中间层,制备了三维镍泡沫/多孔碳/阳极化 Ni 催化剂,以保护内部不稳定的三维镍泡沫并支撑 Ni 层。这种独特的结构导致 OER 活性的增强,因为催化剂负载量更高,且稳定性更好。Wang 等[31]报道了使用普鲁士蓝类似物作为前驱体制备负载在三维石墨烯气凝胶上的硒铜铅镍矿$(Ni,Co)Se_2$ 纳米笼($(Ni,Co)Se_2$-GA)及其作为 OER 催化剂的应用。与三维石墨烯气凝胶相比,在 $10mA/cm^2$ 的电流密度下,$(Ni,Co)Se_2$ 纳米笼显示出低得多的过电位(320mV)。一旦$(Ni,Co)Se_2$ 纳米笼锚定在 3D 石墨烯气凝胶上,OER 性能进一步提高,在 $10mA/cm^2$ 的电流密度下过电位低至 250mV。$(Ni,Co)Se_2$-GA OER 活性的增强主要是因为高的表面积和 GA 与$(Ni,Co)Se_2$ 之间的强耦合增加了电导率。

近年来,作为一类二维金属氢氧化物的衍生物,层状双氢氧化物(LDH)已被证明是 OER 的有效催化剂[155]。LDH 由堆叠的氢氧镁石类似 $M(OH)_2$ 层(M 代表 Fe、Ni、Co 等)组成[156]。三维互穿网络石墨烯负载 LDH 纳米片可显著提高催化剂的活性和效率。Qiao

等[157]设计了负载在氮掺杂石墨烯水凝胶上的 NiCo 双氢氧化物作为 OER 催化剂。这种催化剂显示出比现有技术的 IrO_2 贵金属 OER 电催化剂高得多的催化电流。OER 活性的提高归因于 NiCo 活性中心和氮掺杂三维石墨烯的协同效应。

此外，Shi 等[158]报道了通过简便且生态友好的电沉积方法将 Ni-Fe LDH 负载在三维电化学还原的氧化石墨烯（Ni-Fe/3D-ErGO）上，如图 4.13(a)所示。在疏水相互作用和电场的驱动下，ErGO 片自组装形成多孔三维互连网络（图 4.13(b)、(c)）。然后通过第二次电沉积工艺将 Ni-Fe LDH 纳米片负载在 3D ErGO 上。与 Au、3D ErGO、Ni-Fe/Au 和 Ni-Fe/2D ErGO 相比，Ni-Fe/3D ErGO 表现出更强的阳极电流和更低的过电位（0.259V），反映出对于负载催化剂和 OER 过程中的电子转移，3D ErGO 是比 Au 和 2D ErGO 更好的基底（图 4.13(d)）。最近，剥离获得的单层 LDH 纳米片显示出比本体 LDH 更好的 OER 性能[159-160]。Zhang 等[161]通过将单层煤层状 LDH 纳米片（CoAl-NS）静电自组装到三维多孔石墨烯网络（3DGN/CoAl-NS）上，设计了一种新型三维多孔石墨烯 OER 电催化剂。在 3D GN/CoAl-NS 上，电流密度为 $10mA/cm^2$ 时的 OER 过电位低至 252mV，低于三维石墨烯上支撑的 3D GN、散装 CoAl LDH（3DGN/CoAl-B）和 3D GN/IrO_2（图 4.13(e)）。OER 活性的增强与剥离的 CoAl-NS、独特结构的 3D GN 以及 3D GN 负载的 CoAl-NS 有效的静电自组装方法密切相关。剥离的纳米片比本体 LDH 具有更多的暴露活性位点，导致更大的 ECSA 和更容易的电子转移。3D GN 具有丰富的孔隙、大的比表面积和相互连接的导电骨架的结构特征，可以防止 CoAl-NS 的团聚，增强电解质对催化剂表面的接触。静电自组装方法可以有效地将 CoAl-NG 负载到 3DGN 上。

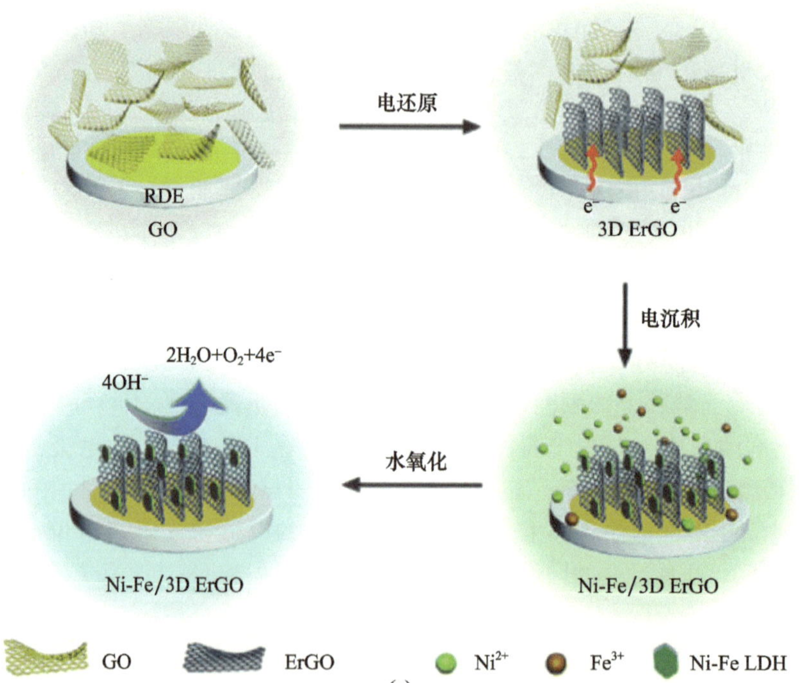

(a)

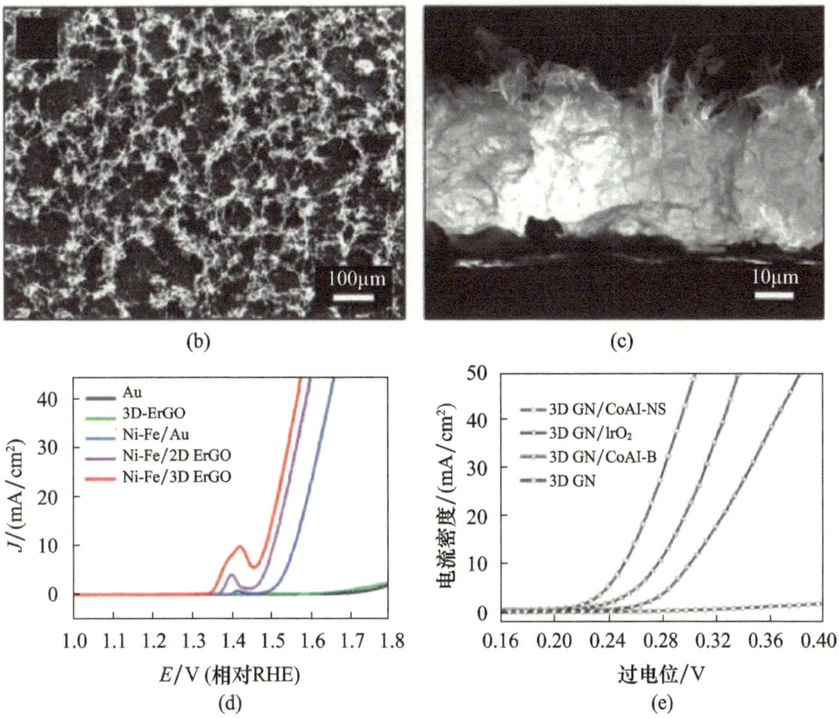

图4.13 (a)OER 用 Ni－Fe/3D ErGO 电极的制备和应用示意图；(b)3D ErGO 的俯视图；(c)截面 SEM 图像；(d)Au、3D ErGO、Ni－Fe/Au、Ni－Fe/2D ErGO 和 Ni－Fe/3D ErGO 的 LSV 曲线(经授权转载自文献[158])；(e)3D GN/CoAl－NS、3D GN/IrO_2 和 3D GN/CoAl－B 的 LSV 曲线(经授权转载自文献[161])

4.3.7 用于二氧化碳还原反应的三维石墨烯基材料

二氧化碳(CO_2)的电化学还原是通过转化 CO_2 为燃料和有用的工业化学品来结束人为碳循环的有效方法(图4.14)[162－163]。根据联合国政府向气候变化专门委员会(IPCC)的计算结果，大气中的 CO_2 浓度从1750年的280mg/L上升到2015年的400mg/L，到2100年甚至继续上升到570mg/L，可能导致全球变暖、海平面上升、物种灭绝等严重的环境问题。因此，为了降低大气 CO_2 浓度和利用 CO_2 资源，在温和条件下的 CO_2 电化学还原作为一种有前途的方法受到广泛关注，由于 C ═O 的离解能(约750kJ/mol)高于许多其他碳基化学键，如 C—C(约336kJ/mol)和 C—H(约430kJ/mol)，CO_2 实际上是一种稳定的分子。由于 CO_2 中碳的最高氧化态，CO_2 在还原过程中会产生各种产物。CO_2 的电化学还原包含以下反应[163]：

$$CO_2 + H_2O + 2e^- \rightarrow CO + 2OH^- \ (-0.11V\ 相对\ RHE) \tag{4.17}$$

$$CO_2 + H_2O + 2e^- \rightarrow HCOO^- + OH^- \ (-0.03V\ 相对\ RHE) \tag{4.18}$$

$$CO_2 + 5H_2O + 6e^- \rightarrow CH_3OH + 6OH^- \ (0.03V\ 相对\ RHE) \tag{4.19}$$

$$CO_2 + 6H_2O + 8e^- \rightarrow CH_4 + 8OH^- \ (0.17V\ 相对\ RHE) \tag{4.20}$$

$$2CO_2 + 8H_2O + 12e^- \rightarrow C_2H_4 + 12OH^- \ (0.08V\ 相对\ RHE) \tag{4.21}$$

$$2CO_2 + 9H_2O + 12e^- \rightarrow C_2H_5OH + 12OH^- \ (0.09V\ 相对\ RHE) \tag{4.22}$$

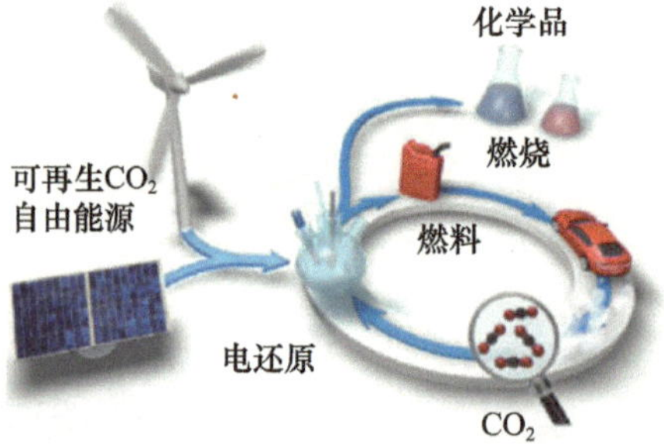

图4.14 CO_2的电化学还原,加上可再生能源,如太阳能和风能,可转化为燃料和工业化学品(经授权转载自文献[162])

CO_2 倾向于转化为 CO、HCOOH、CH_3OH、CH_4、C_2H_4 和 C_2H_5OH 基于包含 2、6、8、12 个电子的多电子转移机理。应当注意的是,H_2 演进是与 CO_2 - 饱和电解质 CO_2 还原的竞争反应。水可以被还原到 H_2 热力学势,其接近 0V(相对于 RHE)。因此,重要的是设计对 CO_2 还原而不是对 HER 具有优异电催化活性的电催化剂。

尽管已经研究了许多用于 CO_2 还原反应的金属催化剂,如 Au、Ag、Pt、Pd、Ru、Ir、Mn、Cu、Zn、Fe 和 Ni,但它们中的大多数仍然具有不同的缺点,包括高成本(对于贵金属催化剂)、低碳烃(对于 Cu 基催化剂)以及 CO 在 Ni、Pt 和 Fe 上的强结合以抑制 CO_2 还原。最近,具有杂原子掺杂的无金属碳材料(如碳纳米管、碳纤维、金刚石、石墨烯点、纳米孔碳和石墨烯)已经用作 CO_2 还原的催化剂[164]。作为一种无金属碳材料,杂原子掺杂的 3D 石墨烯也是一种有效的 CO_2 还原催化剂。Wu 等[165]通过控制反应温度来调节氮含量,具有氮缺陷的 3D 石墨烯泡沫可作为高效的无金属催化剂用于 CO_2 还原反应。由于 3D 分级结构和氮缺陷的结合,该氮掺杂 3D 石墨烯表现出未预先确定的低起始过电位(-0.19V)、高选择性(CO 产生的法拉第效率达到 85%)和高耐久性。DFT 计算表明,3D 石墨烯中的吡啶氮缺陷通过降低自由能势垒形成吸附 $COOH^*$,最终导致 CO 的形成,表现出最高的催化活性。该研究为后续研究 3D 石墨烯作为催化剂在 CO_2 还原中的应用奠定了基础。

4.4 三维石墨烯基材料的电化学传感性质

电化学催化剂在清洁能源的发展中起着关键作用。电化学传感材料在临床诊断、病理研究、食品工业、环境保护等方面具有重要意义。电分析法是一类通过测量电化学电池的电流和/或电势分析其中含有物质的分析技术,有良好的应用前景。与荧光法、滴定法、磷光法、化学发光法、色谱法、分光光度法等分析技术相比,电化学技术提供了方便的检测过程,克服了其耗时、仪器昂贵、步骤复杂等缺点。用于电化学传感的电化学技术通常包含以下 3 种基本方法。

(1)循环伏安法:是一种重要且广泛应用的电分析方法,可以给出氧化还原反应中中间体的信息,并根据电流 - 浓度的校准曲线来确定物质的浓度。

(2)差分脉冲伏安(DPV)法是用于对极少量化学品进行电化学测量的伏安法。

(3)计时电流法(又称为恒电流法)是获得固定电位下不同时间的电流—时间($i-t$)曲线的技术。标准 $i-t$ 曲线是梯形曲线。从标准电流与浓度的校准曲线可以测量微量分析物的浓度。

作为敏感化学传感器的有吸引力的材料，与三维石墨烯基电催化剂相似，有证据表明三维石墨烯具有如下所述的一些优点[166-167]。首先，三维石墨烯继承了石墨烯的本征特性，防止了石墨烯片的聚集；其次，与电催化剂类似，互连的网络有利于分析物的灵敏快速检测，互连的开孔网络可以增强大分子的动力学扩散和传质，有利于催化剂的负载。

作为一种灵敏的传感材料，三维石墨烯基材料已用于检测重金属离子、H_2O_2、葡萄糖、多巴胺和有机农药。

4.4.1 用于重金属离子检测的三维石墨烯基材料

重金属被认为是“低浓度、高毒性的化学成分”，具有普遍分布、累积、不可逆、不可生物降解等特点，对环境和人类健康构成极大的风险。同时，一些重金属如铁(Fe)、钴(Co)、铜(Cu)、锌(Zn)等，生物所需的浓度较低，但较高的量可能会产生毒性作用。一些重金属如铅(Pb)、镉(Cd)、铬(Cr)、砷(As)和汞(Hg)具有剧毒，容易引起疾病[168]。

因此，检测血液中水或血清中重金属离子的浓度具有重要意义。最近，限制在3D石墨烯中的金属纳米粒子，如Bi和Au纳米粒子(图4.15)被修饰在电极上，并用作检测重金属离子的传感材料。

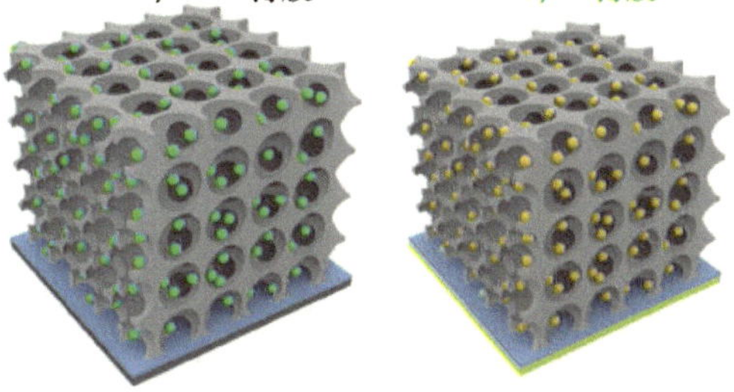

图4.15 3D石墨烯基传感材料的三维模型图：3D GF/BiNP薄膜(a)和3D G/Au薄膜(b)(经授权转载自文献[169-170])

Shi等[169]通过化学还原法制备了3D石墨烯骨架/铋纳米粒子(3D GF/BiNP)。用3D GF/BiNP检测Pb^{2+}、Cd^{2+}、和Zn^{2+}。该材料可同时检测Cd^{2+}和Pb^{2+}，检测限超低(Cd^{2+}为0.05μg/L和Pb^{2+}为0.02μg/L，S/N=3)，线性范围为1~120μg/L。Zn^{2+}用来单独分析，检测限为4.0μg/L，线性范围为40~300μg/L。这些高传感活性归因于大的活性面积、高的传质效率、优异的结合强度和快速电子转移能力。图4.16(a)中的循环伏安曲线显示，每个样品都有一对峰值。3D GF/BiNP修饰玻碳电极(3D GF/BiNP-GCE)的峰电位差ΔE=82mV，比GCE(107mV)、BiNP-GCE(104mV)和3D GF-GCE(89mV)小，具有更快的电子转移速率和更好的导电性。根据图4.16(b)中拟合线的斜率，可计算出3D GF/BiNP-GCE的有效面积为0.282cm^2，GF-GCE为0.233cm^2，BiNP-GCE为0.057cm^2，GCE为0.033cm^2。图4.16(c)中的EIS显示，3D GF/BiNP-GCE的半圆小于其他样品，表明3D GF/BiNP-GCE具有更好的导电性。此外，3D GF/BiNP-GCE表现出优异的结合强度和结构稳定性(图4.16(d))。Shi等[170]也利用类似的结构(图4.15(a))设计了三维石墨烯/

金膜(3D G/Au 膜)的电化学Hg^{2+}生物传感器。该传感器具有超低的检测限(50mol/L),较宽的线性范围(0.1fmol/L~0.1μmol/L),在真实血清和水样中具有良好的可靠性和选择性。

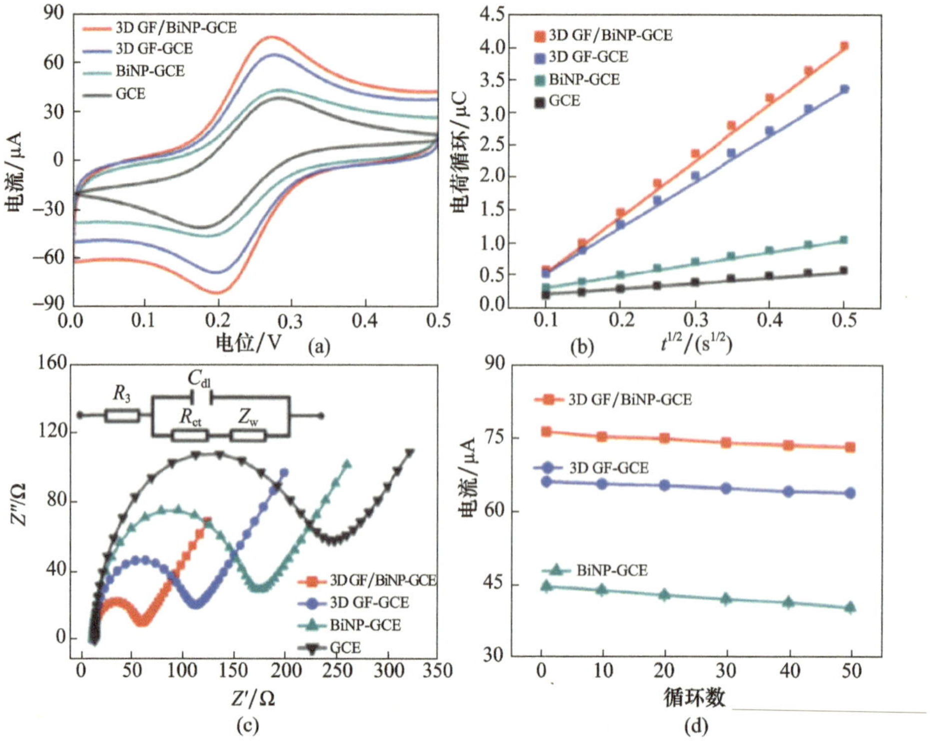

图4.16 GCE、3D GF - GCE、GF/BiNP - GCE 和 GF/BiNP - GCE 的(a)循环伏安曲线;(b)电荷与$t^{1/2}$的关系曲线;(c)EIS 测量;(d)在 3D GF/BiNP - GCE、3D GF - GCE 和 BiNP - GCE 上测量的50个循环的电流变化(经授权转载自文献[169])

4.4.2 用于过氧化氢检测的三维石墨烯基材料

过氧化氢(H_2O_2)在工业、生物系统、制药、食品等中起着重要作用[171]。开发简单、低成本、灵敏和快速的 H_2O_2 监测方法非常重要。无酶电化学传感是检测 H_2O_2 的有效方法。

三维氮掺杂石墨烯在 H_2O_2 直接传感方面显示出巨大的潜力[172]。同时,在过氧化氢的电化学传感中,三维石墨烯是比二维石墨烯更好的载体。Chen 等[32]报道了用于支撑 Cu_2O 材料的三维和二维石墨烯结构的制备,以及它们在监测 H_2O_2 的浓度方面的应用。结果表明,三维石墨烯气凝胶担载Cu_2O(3D Cu_2O - GA)具有较高的 H_2O_2 检测电分析性能,检测限为0.37μmol/L。

三维石墨烯基材料已用于电化学方法监测隐形眼镜和消毒剂中的 H_2O_2 浓度。如 Kogularasu 等[173]制备了三维氧化石墨烯包封的氧化钴多面体(3D GO - Co_3O_4 PH),并使用该复合材料在隐形眼镜和消毒剂溶液中进行 H_2O_2 检测。对于隐形眼镜清洗液,计算检测限为40nmol/L。对消毒液的检测限为33nmol/L。该方法的传感性能与标准滴定法相当,验证了 3D GO - Co_3O_4 在 H_2O_2 实时在线检测中的潜力。

三维石墨烯基材料也已经用于使用电化学方法监测活细胞中的 H_2O_2 浓度。过氧化氢分子是线粒体中大多数氧化酶多种反应的副产物，与体内信号转导、第二信使和生长因子有关[174-175]。最近的一项研究表明，活细胞在刺激下排泄一定量的 H_2O_2，并通过膜扩散出去，以保持细胞内 H_2O_2 浓度保持在正常水平[176]。已经证明，经病原体、紫外线和药物刺激处理后，细胞中的 H_2O_2 浓度增加。细胞中过度产生的 H_2O_2 可能预示着一些疾病。证据表明，由于肿瘤细胞的增殖和解体，某些种类的肿瘤细胞比正常细胞释放更多的 H_2O_2[177-179]。因此，活细胞中的选择性和准确的检测 H_2O_2 至关重要。

三维石墨烯基传感材料主要分为三维石墨烯负载贵金属纳米材料、三维石墨烯负载非贵金属氧化物材料和掺杂三维石墨烯3类。其中，贵金属纳米材料具有高催化性能、优异的电子传输性能，以及良好的化学稳定性和生物兼容性而备受关注。例如，通过一种简单有效的自组装方法合成了金纳米花（AuNF）修饰的离子液体（IL）功能化的石墨烯骨架（AuNF/IL-GF），该复合材料对 H_2O_2 表现出优异的非酶电化学传感活性[180]。令人惊讶的是，在实时监测从乳腺细胞释放 H_2O_2 的过程中，基于这种三维材料的电化学传感器可以区分正常乳腺细胞 HBL-100 与癌乳腺细胞 MCF-7 和 MDA-MB-231，并评估对不同乳腺癌细胞的放疗效果。另外，被限制在3D石墨烯中的金属氧化物可以作为电化学传感器进行 H_2O_2 检测。例如，通过水热法，将尺寸为 5~7nm 的 Fe_3O_4 量子点负载在三维石墨烯（Fe_3O_4/3DG NC）上，并将用该纳米复合材料修饰的 GCE 应用于检测活细胞分泌的 H_2O_2（图4.17）[35]。Fe_3O_4/3DG NC 对 H_2O_2 有极好的检测活性，具有较高的灵敏度（274.15mA·L/mol·cm^2）、快速响应（2.8 s）、较低的检测限（约78nm）、较高的选择性和良好的重现性。通过控制细胞数量和刺激药物剂量，利用三维石墨烯基材料制备的非酶生物传感器监测 A549 细胞释放的 H_2O_2 浓度，有助于了解癌细胞的病理过程。最后，杂原子（N、P、B）也可以提高石墨烯的电化学传感活性。例如，基于氮掺杂三维石墨烯的电化学传感器已用于的 H_2O_2 检测[172]。此外，Tian 等[181]以植酸为磷前驱体制备了磷掺杂三维石墨烯，并将该复合材料作为高效无金属电催化剂，用于从活 Hela 细胞释放的 H_2O_2 的电化学传感。

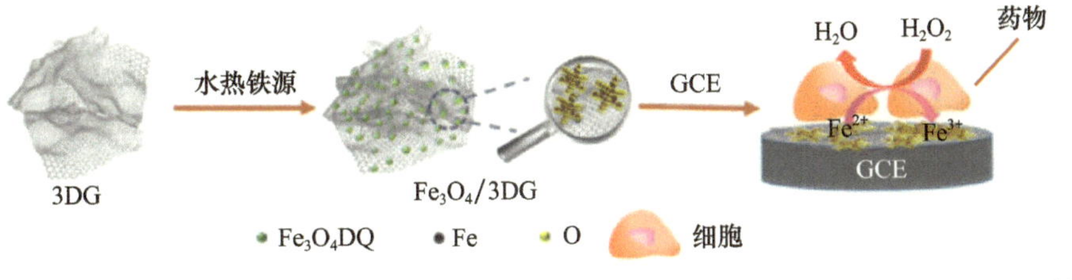

图4.17 用于实时检测活细胞分泌的 H_2O_2 的 Fe_3O_4/3DG 的制备过程图解（经授权转载自文献[35]）

4.4.3 用于葡萄糖检测的三维石墨烯基材料

葡萄糖传感已广泛应用于临床分析和生物技术中，检测或诊断糖尿病。食物和环境污染引起血液中的葡萄糖紊乱，从而导致糖尿病。根据国际糖尿病联合会（IDF）2017年的报告，目前有4.25亿人患有糖尿病，如果不采取措施，预计2045年糖尿病人数可能高达6.29亿。因此，糖尿病一直是健康危机之一[182]，而葡萄糖传感对于血糖检测非常重要。近年来，基于金属氢氧化物（$Cu(OH)_2$[183]、$Ni(OH)_2$[184-185]、$Co(OH)_2$[186]等）和金属氧化物（NiO[187-188]、CuO 纳米结构[189]、Cu_2O[190]、Co_3O_4[191-192]、MnO_2[193]等）的葡萄糖传感器，不含葡萄糖氧化酶，因其快速响应、低检测限、高灵敏度、低成本和高稳定性而备受关注。基于三维石墨烯负载金属氧化物和氢氧化物材料的非酶电化学传感器也引起了人们的广泛关注。例如，Bao 等[194]通过热方法制备了单分散 Co_3O_4 纳米粒子分散在 3D 石墨烯结构上的三维/石墨烯框架/Co_3O_4 复合材料。基于该材料的非酶葡萄糖传感器对葡萄糖具有较高的灵敏度（122.16μA/(mmol/L · cm^2)）和较低的检测限（0.157μmol/L）。Hoa 等[33]通过水热法制备了负载在氧化石墨烯水凝胶三维网络上的 Co_3O_4 纳米花（NF）（Co_3O_4NF/GOH）。Co_3O_4NF/GOH 材料显示出比纯 GOH 更高的葡萄糖敏感性。用 Co_3O_4NF/GOH 监测马和兔血清中的葡萄糖浓度。除金属氧化物之外，金属氢氧化物也被用作电化学传感材料，特别是氢氧化镍受到了广泛关注。Zhan 等[70]通过水热法制备了负载在三维石墨烯泡沫上的六方 $Ni(OH)_2$ 纳米片（$Ni(OH)_2$/3DGF）。作为非酶葡萄糖传感材料，$Ni(OH)_2$/3DGF 在灵敏度、响应时间、选择性和线性校准方面表现出优异的活性（图 4.18）。加入 1mmol/L 葡萄糖研究 3 种不同的电位，如图 4.18(a)所示。考虑到电流响应增强以及背景电流和噪声的影响，0.55V 是葡萄糖检测的合适工作电位。图 4.18(b)显示了 $Ni(OH)_2$/3DGF 对在 0.55V 电位下连续加入 0.1mol/L NaOH 溶液中的葡萄糖的电流响应。获得了一条梯形曲线，响应时间在 5s 内。图 4.18(c)显示了从 1μmol/L 到 1.17mmol/L 的线性响应。图 4.18(d)显示，添加干扰后没有明显的电流响应，表明 $Ni(OH)_2$/3DGF 是一种敏感和选择性的葡萄糖传感材料。Shackery 等[75]还在三维石墨烯上制备了 $Ni(OH)_2$ 纳米薄片（$Ni(OH)_2$/三维石墨烯），这种材料对葡萄糖检测的检测限可以降低到 24nmol/L。

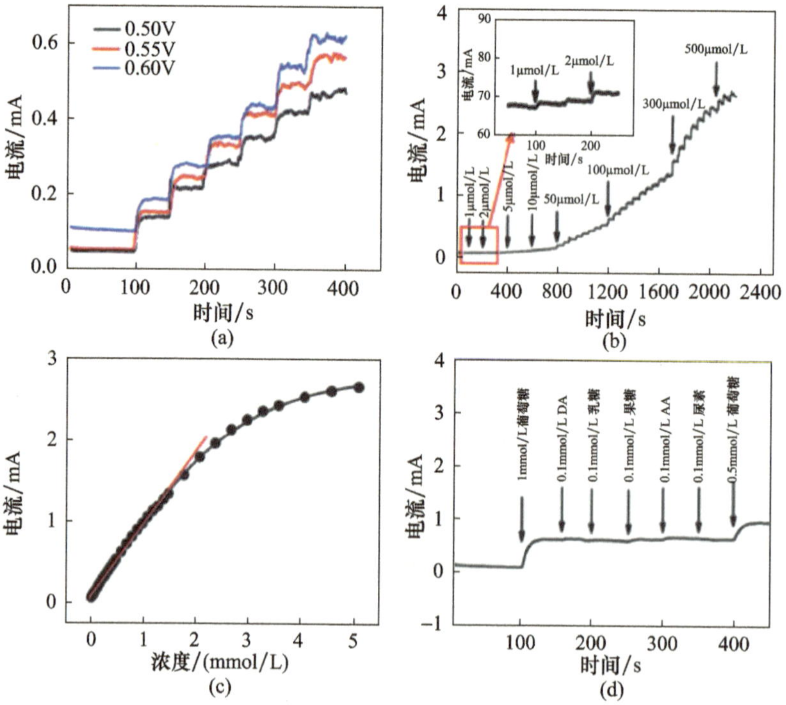

图 4.18 (a)连续加入 1mmol/L 葡萄糖的 0.1mol/L NaOH 溶液中不同电位下 $Ni(OH)_2$/3DGF 的电流响应；(b)0.5V 下，含葡萄糖的 0.1mol/L NaOH 溶液中的 $i-t$ 响应曲线，插图显示了 $Ni(OH)_2$/3DGF 对 1μmol/L 和 2μmol/L 葡萄糖的电流响应；(c)$Ni(OH)_2$/3DGF 对葡萄糖的相应校准曲线；(d)在 0.1mol/L NaOH 溶液中加入 1mmol/L 葡萄糖和 0.1mol/L 不同分析物（DA、乳糖、果糖、AA 和尿素）时 $Ni(OH)_2$/3DGF 电极的电流响应（经授权转载自文献[70]）

4.4.4 用于多巴胺检测的三维石墨烯基材料

多巴胺(DA)是人体代谢、肾、激素和中枢神经系统中重要的神经递质,其缺乏可导致各种神经系统疾病,如帕金森病[195]。电化学检测多巴胺具有成本低、操作简便、选择性好、浊度干扰小等优点而备受关注。需要考虑的关键问题是,由于生物体内抗坏血酸(AA)和尿酸(UA)的氧化电位几乎相同,它们的存在通常会影响 DA 的检测。因此,效率高、选择性和灵敏的电极材料对 DA 的电化学传感至关重要。

作为一种很有前途的多巴胺传感材料,因 3D 石墨烯大比表面积、开孔结构、高电导率,以及多巴胺分子与石墨烯之间的紧密相互作用而引起了人们的广泛关注。Dong 等[20]通过 CVD 方法制备了 3D 石墨烯泡沫作为新型独立式电化学传感电极。3D 石墨烯电极在 0.177V 电位下对不同浓度的多巴胺表现出灵敏快速的响应,如图 4.19(a)所示。图 4.19(b)表明,3D 石墨烯电极具有高灵敏度(619.6μA/(mmol/L · cm^2))和低检测限(25nmol/L),线性响应可达约 25μmol/L。这款 3D 石墨烯电极可以区分多巴胺和尿酸。图 4.19(c)和(d)显示了 3D 石墨烯泡沫在含有多巴胺和尿酸的 PBS 溶液中的 LSV 曲线。可见,在不同电位下,多巴胺(图 4.19(c))和尿酸(图 4.19(d))的氧化峰随其浓度增加而

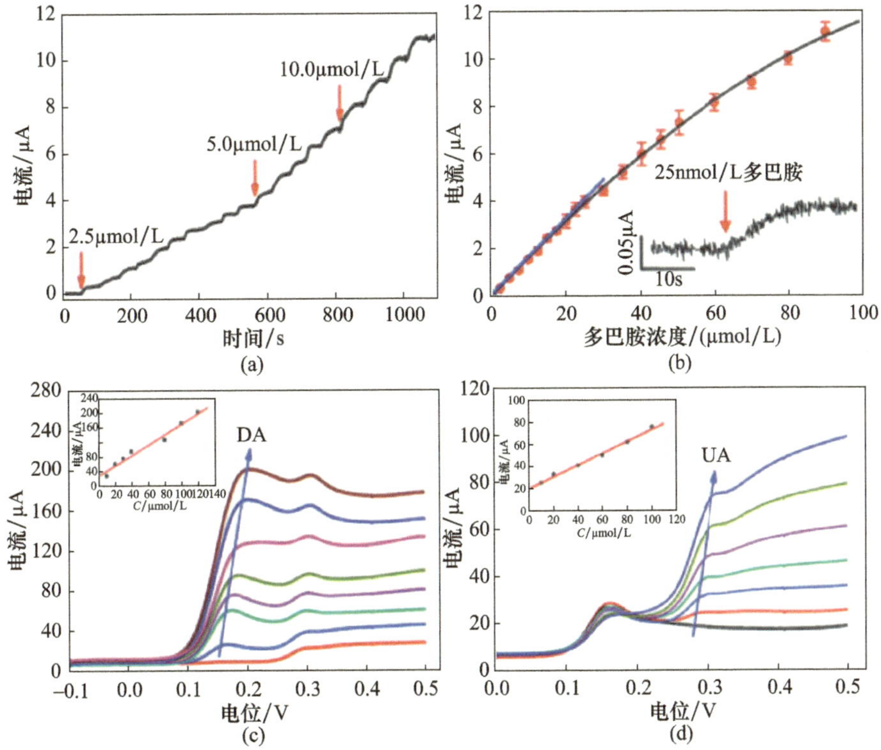

图 4.19 (a)在 0.177 V 下连续添加多巴胺的独立式三维石墨烯的电流响应;(b)基于来自 3 个电极的平均剂量 - 响应曲线的线性拟合曲线,插图显示了对 25nmol/L 多巴胺的电流响应;(c)三维石墨烯在含有 40μmol/L 尿酸(UA)的 PBS 溶液中的 LSV 曲线,其中不同浓度的多巴胺(DA):0μmol/L、10μmol/L、20μmol/L、30μmol/L、40μmol/L、80μmol/L、100μmol/L 和 120μmol/L;(d)三维石墨烯在含有 10μmol/L DA 的 PBS 溶液中的 LSV 曲线,其中不同浓度的 UA:0μmol/L、10μmol/L、20μmol/L、30μmol/L、40μmol/L、80μmol/L 和 100μmol/L。(c)和(d)中的插图是峰值氧化电流与 DA 或 UA 浓度的关系
(经授权转载自文献[20])

增加，表明可以选择性检测多巴胺和尿酸。Yu 等[196]制备了用于 DA 传感的三维还原氧化石墨烯（3D－rGO）材料。与 rGO 和 PVP 保护的 rGO 相比，3D－rGO 还表现出更好的传感性能。此外，基于 DPV 方法测量，3D－rGO 基材料在 UA 和 AA 存在下表现出高的 DA 传感选择性。通过这种 DPV 方法，Yue 等[197]使用在 3D 石墨烯泡沫（ZnO NWA/GF）上生长的垂直排列的 ZnO 纳米线阵列（ZnO NWA）来同时检测 UA、DA 和 AA。

4.4.5 用于尿素检测的三维石墨烯基材料

尿素是人体内的代谢终产物，能反映肾功能[198]。尿素水平的测量在食品和环境工业中至关重要。Nguyen 等[199]合成了镍/氧化钴修饰的 3D 石墨烯（$NiCo_2O_4$/三维石墨烯）纳米复合材料，用于尿素的非酶检测。图 4.20（a）显示在溶液中存在尿素的情况下，$NiCo_2O_4$/三维石墨烯和 $NiCo_2O_4$/CNT 电极上在约 0.3V 和约 0.19 V 处的一对氧化还原峰。在 CV 曲线中，尿素在 $NiCo_2O_4$/3D 石墨烯上的氧化峰高于在 $NiCo_2O_4$/CNT 上的氧化峰，表明三维石墨烯作为碳载体的优越性。图 4.20（b）显示了 $NiCo_2O_4$/三维石墨烯对尿素的电流响应。氧化电流增大，在 1s 内达到稳定值，线性范围为 0.06～0.30mmol/L，相关系数为 0.998。图 4.20（c）显示 K^+、Cl^-、Na^+、硫脲、尿酸、抗坏血酸、肌酐等金属离子对 $NiCo_2O_4$/三维石墨烯/ITO 电极上尿素的检测没有影响。将该电化学传感器用于尿样中尿素的检测，在 95% 的置信水平下与标准比色法无显著差异。因此，开发的 $NiCo_2O_4$/三维石墨烯是一种很有前景的实际传感应用材料。

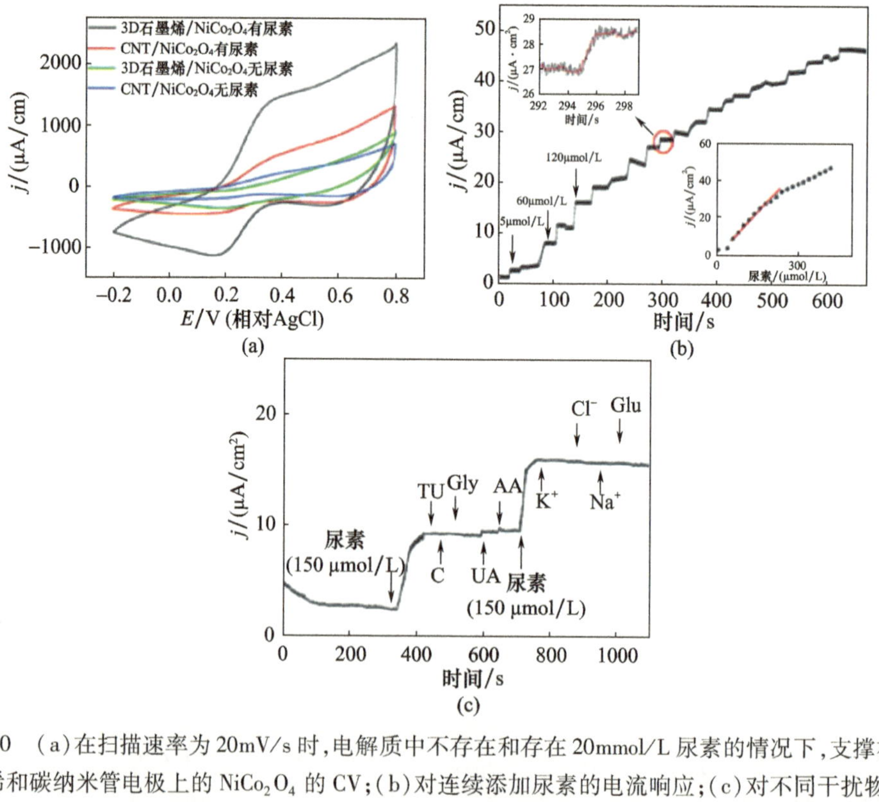

图 4.20 （a）在扫描速率为 20mV/s 时，电解质中不存在和存在 20mmol/L 尿素的情况下，支撑在 3D 石墨烯和碳纳米管电极上的 $NiCo_2O_4$ 的 CV；（b）对连续添加尿素的电流响应；（c）对不同干扰物质的电流响应：0.06μmol/L 肌酸酐、1.14μmol/L 抗坏血酸、2μmol/L 尿酸、0.5μmol/L 葡萄糖、0.03μmol/L 甘氨酸、20μmol/L K^+、51μmol/L Na^+ 和 53μmol/L Cl^-（经授权转载自文献[199]）

4.4.6 用于其他分子检测的三维石墨烯基材料

基于三维石墨烯的材料作为潜在的传感探针也已广泛用于检测对人类健康和环境至关重要的其他分子,如苯酚、氯霉素、马拉硫磷和西维因。

苯酚是许多工业化合物的重要前驱体。但是,苯酚及其蒸气对人的眼睛、皮肤和呼吸道有害。因此,监测苯酚的浓度很重要。Liu 等[200]制作了三维石墨烯结合电化学传感器来检测苯酚。以光刻法制备的聚二甲基硅氧烷(PDMS)微柱为基底,用3-氨丙基三乙氧基硅烷对其进行表面改性,形成三维石墨烯;然后将带有负电荷的氧化石墨烯片静电吸附在PDMS表面;最后将材料在肼蒸气中还原。如图4.21(a)~(c)所示,在水合肼蒸气中还原后制备三维石墨烯。图4.21(d)中的亮区表明PDMS微柱没有被石墨烯覆盖。用于苯酚检测的三维石墨烯基电化学传感器如图4.21(e)所示。该传感器由三维石墨烯微柱、进样微通道、一个Ag/AgCl和两个Au电极组成。利用酪氨酸酶修饰的石墨烯微柱检测微通道中注入的苯酚。该传感器检测限用于安培法检测苯酚的检测限为50nmol/L。

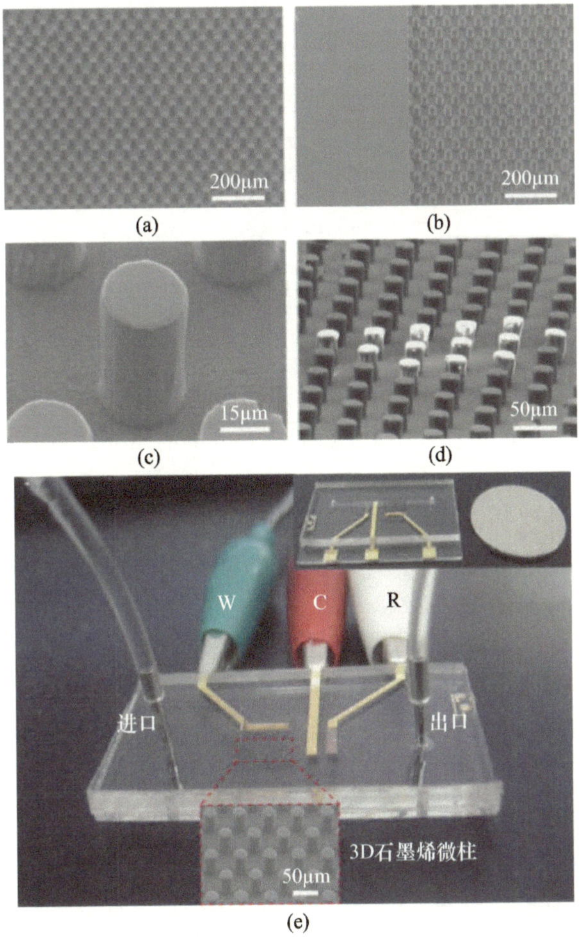

图4.21 3D石墨烯微柱的低倍率(a)、(b)和高倍率(c)SEM图像;(d)由于电荷效应,未被石墨烯覆盖的PDMS微柱很亮;(e)用于检测苯酚的基于石墨烯微柱的电化学传感器装置的数字图像(经授权转载自文献[200])

氯霉素(CAP)作为一种广谱抗生素，自20世纪50年代以来广泛用于控制多种细菌。但过度使用CAP可能引起心血管崩溃、再生障碍性贫血、骨髓抑制等。近年来，世界范围内禁止在食品生产动物中使用CAP。希望开发用于监测食品和药物样品的CAP传感器，以控制在动物中的非法使用。Zhang等[201]通过锌箔还原和组装氧化石墨烯制备了三维还原氧化石墨烯(3D rGO)结构，并将3D rGO作为敏感的电化学传感器用于CAP传感(图4.22)。结果表明，与N-rGO/GCE和裸GCE相比，3D rGO/GCE具有更大的电活性表面积(0.22cm^2)和更低的电子转移电阻，是一种很有前途的电化学传感平台。用CV和DPV测定各种材料对CAP的检测。3D rGO/GCE传感器具有良好的传感性能，检测范围为1~113μmol/L，检测限为0.15μmol/L。在实际样品的检测中，该传感器表现出优异的稳定性、重现性、选择性和回收率，说明该三维石墨烯材料是一种很有前途的CPA传感材料。

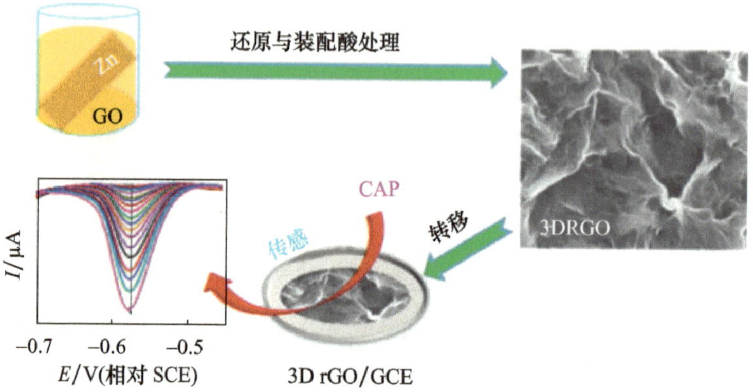

图4.22 3D rGO的制备和CAP传感应用示意图(经授权转载自文献[201])

有机磷和氨基甲酸酯类农药广泛用于蔬菜和作物，以保护它们免受害虫的侵害。这些化学物质及其残留物的过量使用对环境、动物和人类有害。因此，有必要灵敏地检测其浓度。

Xie等[202]通过水热法在三维石墨烯(3D GR)上制备了CuO纳米粒子，用于马拉硫磷的电化学检测，如图4.23(a)所示。图4.23(b)~(e)显示了裸GCE、3DGR/GCE、CuONP/GCE和CuO-NP/3D GR/GCE在不含(ⅰ)和含(ⅱ)2nmol/L马拉硫磷的0.1mol/L Na_2HPO_4-柠檬酸盐缓冲溶液中的电化学活性(基于CV曲线)。结果表明，在溶液中加入马拉硫磷对裸GCE和3DGR/GCE几乎没有影响，而CuO-NP/GCE和CuO-NP/3DGR/GCE的阳极峰电流明显降低。结果表明，CuO-NP/3D GR/GCE的抑制率为52.75%，高于CuO-NP/GCE。在CuO-NP/3DGR/GCE上较大的抑制率主要是由于3D GR具有较大的表面积，为CuO-NP的固定化提供了更多的活性位点，从而增强了CO-NP与马拉硫磷的相互作用。基于这一机理，通过DPV法在CuO-NP/3D GR/GCE上测定马拉硫磷(图4.23(f))。DPV曲线表明，随着马拉硫磷浓度的增加，峰值电流逐渐减小。从图4.23(h)中可以看出，抑制比增加并达到一个平台，表明马拉硫磷的饱和吸附。图4.23(h)中的插图显示，马拉硫磷的线性范围为0.03~1.5nm，LOD计算为0.01nmol/L。

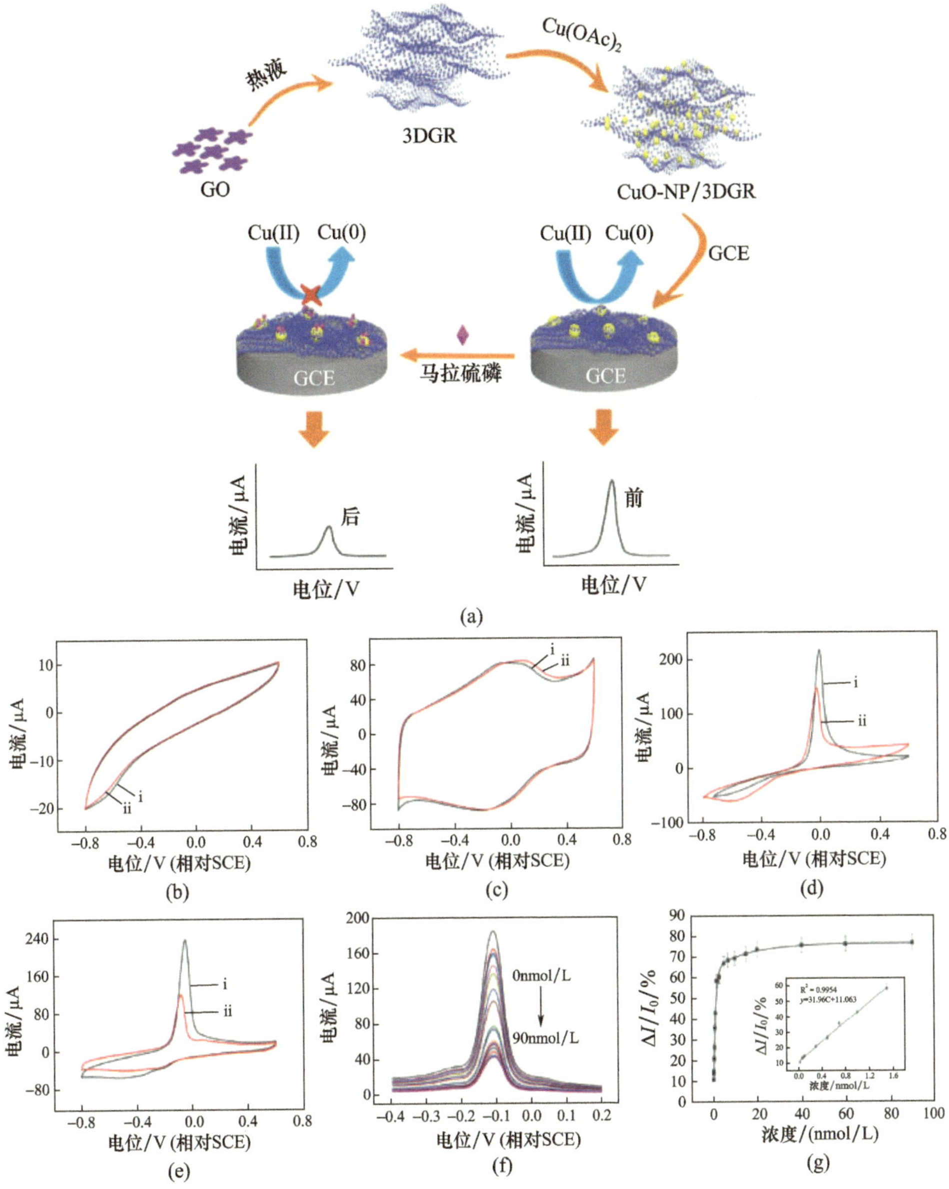

图 4.23 (a) CuO－NP/3DGR/GCE 的制备和马拉硫磷电化学检测的示意图;(b)～(e)0.1mol/L Na_2HPO_4－柠檬酸盐缓冲溶液中,裸 GCE、3DGR/GCE、CuONP/GCE 和 CuO－NP/3DGR/GCE 在不含(ⅰ)和含(ⅱ)2nmol/L 马拉硫磷以 100mV/s 扫描速率的 CV 曲线;(f)连续添加马拉硫磷时 CuO－NP/3DGR/GCE 的 DPV(马拉硫磷的浓度从上到下为 0nmol/L、0.03nmol/L、0.07nmol/L、0.1nmol/L、0.3nmol/L、0.5nmol/L、0.7nmol/L、1nmol/L、1.5nmol/L、2nmol/L、3nmol/L、5nmol/L、7nmol/L、10nmol/L、15nmol/L、20nmol/L、40nmol/L、60nmol/L 和 90nmol/L);(g)抑制率对马拉硫磷浓度的相应曲线图;插图为校准曲线(经授权转载自文献[202])

Rahmani 等[203]报道了一种改性三维石墨烯－Au 作为一种新型的电化学传感器,用于使用 DPV 法检测蔬菜、水果和水样中可能存在的西维因,并对电解质类型、pH、富集电位、时间等实验参数进行了优化。在最佳条件下,在 pH = 4.0 的 0.2mol/L 磷酸盐缓冲溶液中,富集时间为 120s,线性范围为 0.004～0.3μmol/L,检测限为 0.0012μmol/L。并将该材料应用于实际样品中西维因浓度的测定。表4.1中的结果表明，该材料可有效检测西维因，且电化学检测方法可与分光光度法相比较。

表4.1 实际样品中西维因含量的测定[203]

样品	添加/(μmol/L)	建立/(μmol/L)	回收率/%	RSD($N=3$)/%	分光光度法[204-205]
桃子	0.00	—	—	—	N. D.
	0.004	0.0041	102.5	3.76	N. D.
	0.2	0.206	103.0	3.14	0.209
苹果	0.0	—	—	—	N. D.
	0.008	0.0077	96.2	3.60	N. D.
	0.2	0.198	99.0	3.28	0.201
葡萄	0.0	—	—	—	N. D.
	0.008	0.0082	102.5	3.61	N. D.
	0.3	0.298	99.3	3.02	0.297
番茄	0.00	—	—	—	N. D.
	0.050	0.052	104.0	3.55	N. D.
	0.25	0.255	102.0	3.10	0.248
黄瓜	0.00	—	—	—	N. D.
	0.050	0.0488	97.6	3.58	N. D.
	0.20	0.197	98.5	3.13	0.198
蔬菜	0	—	—	—	N. D.
	0.20	0.202	101.0	3.19	0.205
	0.30	0.309	103.0	2.98	0.317
水	0	—	—	—	N. D.
	0.080	0.078	97.5	3.49	N. D.
	0.250	0.247	98.8	3.17	0.252

注：N. D. 表示未检测到。

4.5 小结

近年来，因各种三维石墨烯材料优异的性能和在电催化剂和电化学传感中的广泛应用而受到广泛的关注。本章详细综述了近年来三维石墨烯基材料合成的相关进展。此外，已经讨论了三维石墨烯基材料在ORR、MOR、EOR、FAOR、HER、OER、CO_2还原和重金属离子、H_2O_2、葡萄糖、多巴胺和其他分子的电化学传感的电催化反应中的应用。三维石墨烯基材料良好的催化和传感性能可以归因于三维石墨烯的结构优势，包括互连的三维网络、良好的导电性、多维通道和丰富的孔隙率。

尽管在设计用于电催化剂和电化学传感的三维石墨烯材料方面已经取得了一定进展，但新方法的开发、更多种类的支撑在三维石墨烯上的纳米材料、对催化机理的深入理解以及更多电化学应用将需要进一步探讨。

参考文献

[1] Stoller, M. D. , Park, S. , Zhu, Y. , An, J. , Ruoff, R. S. , Graphene - based ultracapacitors. Nano Lett. ,8, 3498 - 3502,2008.

[2] Dikin, D. A. , Stankovich, S. , Zimney, E. J. , Piner, R. D. , Dommett, G. H. B. , Evmenenko, G. , Nguyen, S. T. ,Ruoff, R. S. ,Preparation and characterization of graphene oxide paper. Nature,448,457 - 460,2007.

[3] Yoo,J. J. ,Balakrishnan,K. ,Huang,J. ,Meunier,V. ,Sumpter,B. G. ,Srivastava,A. ,Conway,M. ,Mohana Reddy,A. L. ,Yu,J. ,Vajtai,R. ,Ajayan,P. M. ,Ultrathin planar graphene supercapacitors. Nano Lett. ,11, 1423 - 1427,2011.

[4] Ghosh,S. ,Calizo,I. ,Teweldebrhan,D. ,Pokatilov,E. P. ,Nika,D. L. ,Balandin,A. A. ,Bao,W,Miao,F. , Lau,C. N. ,Extremely high thermal conductivity of graphene:Prospects for thermal management applications in nanoelectronic circuits. Appl. Phys. Lett. ,92,151911,2008.

[5] Wu,Z. - S. ,Ren,W. ,Gao,L. ,Zhao,J. ,Chen,Z. ,Liu,B. ,Tang,D. ,Yu,B. ,Jiang,C. ,Cheng,H. - M. ,Synthesis of graphene sheets with high electrical conductivity and good thermal stability by hydrogen arc discharge exfoliation. ACS Nano,3,411 - 417,2009.

[6] Lee,C. ,Wei,X. D. ,Kysar,J. W. ,Hone,J. ,Measurement of the elastic properties and intrinsic strength of monolayer graphene. Science,321,385 - 388,2008.

[7] Nair, R. R. , Blake, P. , Grigorenko, A. N. , Novoselov, K. S. , Booth, T. J. , Stauber, T. , Peres, N. M. R. , Geim, A. K. , Fine structure constant defines visual transparency of graphene. Science, 320, 1308 - 1308,2008.

[8] Novoselov, K. S. , Geim, A. K. , Morozov, S. V. , Jiang, D. , Zhang, Y. , Dubonos, S. V. , Grigorieva, I. V. , Firsov,A. A. ,Electric field effect in atomically thin carbon films. Science,306,666 - 669,2004.

[9] Fan,Z. ,Wang,K. ,Wei,T. ,Yan,J. ,Song,L. ,Shao,B. ,An environmentally friendly and efficient route for the reduction of graphene oxide by aluminum powder. Carbon,48,1686 - 1689,2010.

[10] Qian,Y. ,Lu,S. ,Gao,F. ,Synthesis of manganese dioxide/reduced graphene oxide composites with excellent electrocatalytic activity toward reduction of oxygen. Mater. Lett. ,65,56 - 58,2011.

[11] Qiu,H. - J. ,Guan,Y. ,Luo,P. ,Wang,Y. ,Recent advance in fabricating monolithic 3D porous graphene and their applications in biosensing and biofuel cells. Biosens. Bioelectron. ,89,85 - 95,2017.

[12] Vickery,J. L. ,Patil,A. J. ,Mann,S. ,Fabrication of graphene - polymer nanocomposites with higher - order three - dimensional architectures. Adv. Mater. ,21,2180 - 2184,2009.

[13] Wang,J. and Ellsworth,M. ,Graphene aerogels. ECS Trans. ,19,241 - 247,2009.

[14] Cao,X. ,Shi,Y. ,Shi,W,Lu,G. ,Huang,X. ,Yan,Q. ,Zhang,Q. ,Zhang,H. ,Preparation of novel 3D graphene networks for supercapacitor applications. Small,7,3163 - 3168,2011.

[15] Cao,X. ,Yin,Z. ,Zhang,H. ,Three - dimensional graphene materials:Preparation,structures and application in supercapacitors. Energ. Environ. Sci. ,7,1850 - 1865,2014.

[16] Xu,Y. ,Shi,G. ,Duan,X. ,Self - assembled three - dimensional graphene macrostructures:Synthesis and applications in supercapacitors. Acc. Chem. Res. ,48,1666 - 1675,2015.

[17] Han,S. ,Wu,D. ,Li,S. ,Zhang,F. ,Feng,X. ,Porous graphene materials for advanced electrochemical energy storage and conversion devices. Adv. Mater. ,26,849 - 864,2014.

[18] Liu,F. ,Chung,S. ,Oh,G. ,Seo,T. S. ,Three - dimensional graphene oxide nanostructure for fast and efficient water - soluble dye removal. ACS Appl. Mater. Interfaces,4,922 - 927,2012.

[19] Li, H. , Liu, L. , Yang, F. , Covalent assembly of 3D graphene/polypyrrole foams for oil spill

cleanup. J. Mater. Chem. A,1,3446 – 3453,2013.

[20] Dong,X. ,Wang,X. ,Wang,L. ,Song,H. ,Zhang,H. ,Huang,W. ,Chen,P. ,3D Graphene foam as a monolithic and macroporous carbon electrode for electrochemical sensing. ACS Appl. Mater. Interfaces,4,3129 – 3133,2012.

[21] Li,C. and Shi,G. ,Three – dimensional graphene architectures. Nanoscaley 4,5549 – 5563,2012.

[22] Tong,X. ,Wei,Q. ,Zhan,X. ,Zhang,G. ,Sun,S. ,The new graphene family materials:Synthesis and applications in oxygen reduction reaction. Catalysts,7,1,2017.

[23] Compton,O. C. ,An,Z. ,Putz,K. W. ,Hong,B. J. ,Hauser,B. G. ,Catherine Brinson,L. ,Nguyen,S. T. ,Additive – free hydrogelation of graphene oxide by ultrasonication. Carbon,50,3399 – 3406,2012.

[24] Bai,H. ,Li,C. ,Wang,X. ,Shi,G. ,A pH – sensitive graphene oxide composite hydrogel. Chem. Commun. ,46,2376 – 2378,2010.

[25] Bai,H. ,Li,C. ,Wang,X. ,Shi,G. ,On the gelation of graphene oxide. J. Phys. Chem. C,115,5545 – 5551,2011.

[26] Ma,Y. and Chen,Y. ,Three – dimensional graphene networks:Synthesis,properties and applications. Natl. Sci. Rev. ,2,40 – 53,2015.

[27] Xu,Y. ,Sheng,K. ,Li,C. ,Shi,G. ,Self – assembled graphene hydrogel via a one – step hydrothermal process. ACS Nano,4,4324 – 4330,2010.

[28] Tang,Z. ,Shen,S. ,Zhuang,J. ,Wang,X. ,Noble – metal – promoted three – dimensional macroassembly of single – layered graphene oxide. Angew. Chem. ,122,4707 – 4711,2010.

[29] Qin,Y. ,Yuan,J. ,Li,J. ,Chen,D. ,Kong,Y. ,Chu,F. ,Tao,Y. ,Liu,M. ,Crosslinking graphene oxide into robust 3D porous N – doped graphene. Adv. Mater. ,27,5171 – 5175,2015.

[30] Li,Y. ,Yang,J. ,Huang,J. ,Zhou,Y. ,Xu,K. ,Zhao,N. ,Cheng,X. ,Soft template – assisted method for synthesis of nitrogen and sulfur co – doped three – dimensional reduced graphene oxide as an efficient metal free catalyst for oxygen reduction reaction. Carbon,122,237 – 246,2017.

[31] Xu,X. ,Liang,H. ,Ming,F. ,Qi,Z. ,Xie,Y. ,Wang,Z. ,Prussian blue analogues derived penroseite(Ni,Co)Se_2 nanocages anchored on 3D graphene aerogel for efficient water splitting. ACS Catal. ,7,6394 – 6399,2017.

[32] Cheng,C. ,Zhang,C. ,Gao,X. ,Zhuang,Z. ,Du,C. ,Chen,W,3D network and 2D paper of reduced graphene oxide/Cu_2O composite for electrochemical sensing of hydrogen peroxide. Anal. Chem. ,90,1983 – 1991,2018.

[33] Hoa,L. T. ,Chung,J. S. ,Hur,S. H. ,A highly sensitive enzyme – free glucose sensor based on Co_3O_4 nanoflowers and 3D graphene oxide hydrogel fabricated via hydrothermal synthesis. Sens. Actuators,B,223,76 – 82,2016.

[34] Wu,Z. – S. ,Yang,S. ,Sun,Y. ,Parvez,K. ,Feng,X. ,Müllen,K. ,3D nitrogen – doped graphene aerogel – supported Fe_3O_4 nanoparticles as efficient electrocatalysts for the oxygen reduction reaction. J. Am. Chem. Soc. ,134,9082 – 9085,2012.

[35] Zhao,Y. ,Huo,D. ,Bao,J. ,Yang,M. ,Chen,M. ,Hou,J. ,Fa,H. ,Hou,C. ,Biosensor based on 3D graphene – supported $Fe_3O_4H_2O_2$ quantum dots as biomimetic enzyme for in situ detection of released from living cells. Sens. Actuators,B,244,1037 – 1044,2017.

[36] Zhao,L. ,Hong,C. ,Lin,L. ,Wu,H. ,Su,Y. ,Zhang,X. ,Liu,A. ,Controllable nanoscale engineering of vertically aligned MoS_2 ultrathin nanosheets by nitrogen doping of 3D graphene hydrogel for improved electrocatalytic hydrogen evolution. Carbon,116,223 – 231,2017.

[37] Yin,H. ,Zhang,C. ,Liu,F. ,Hou,Y. ,Hybrid of iron nitride and nitrogen – doped graphene aerogel as

synergistic catalyst for oxygen reduction reaction. Adv. Funct. Mater. ,24,2930 - 2937,2014.

[38] Sheng,K. - X. ,Xu,Y. - X. ,Li,C. ,Shi,G. - Q. ,High - performance self - assembled graphene hydrogels prepared by chemical reduction of graphene oxide. New Carbon Mater. ,26,9 - 15,2011.

[39] Chen,W. and Yan,L. ,In situ self - assembly of mild chemical reduction graphene for three - dimensional architectures. Nanoscale,3,3132 - 3137,2011.

[40] Kabir,S. ,Serov,A. ,Atanassov,P. ,3D - Graphene supports for palladium nanoparticles: Effect of micro/macropores on oxygen electroreduction in anion exchange membrane fuel cells. J. Power Sources,375,255 - 264,2018.

[41] Hu,C. ,Cheng,H. ,Zhao,Y. ,Hu,Y. ,Liu,Y. ,Dai,L. ,Qu,L. ,Newly - designed complex ternary Pt/PdCu nanoboxes anchored on three - dimensional graphene framework for highly efficient ethanol oxidation. Adv. Mater. ,24,5493 - 5498,2012.

[42] Hu,C. ,Zhai,X. ,Zhao,Y. ,Bian,K. ,Zhang,J. ,Qu,L. ,Zhang,H. ,Luo,H. ,Small - sized PdCu nanocapsules on 3D graphene for high - performance ethanol oxidation. Nanoscale,6,2768 - 2775,2014.

[43] Hu,S. ,Han,T. ,Lin,C. ,Xiang,W. ,Zhao,Y. ,Gao,P. ,Du,F. ,Li,X. ,Sun,Y. ,Enhanced electrocatalysis via 3D graphene aerogel engineered with a silver nanowire network for ultrahigh - rate zinc - air batteries. Adv. Funct. Mater. ,27,1700041,2017.

[44] Huang,Q. ,Tao,F. ,Zou,L. ,Yuan,T. ,Zou,Z. ,Zhang,H. ,Zhang,X. ,Yang,H. ,One - step synthesis of Pt nanoparticles highly loaded on graphene aerogel as durable oxygen reduction electrocatalyst. Electrochim. Acta,152,140 - 145,2015.

[45] Worsley,M. A. ,Pauzauskie,P. J. ,Olson,T. Y. ,Biener,J. ,Satcher,J. H. ,Baumann,T. F. ,Synthesis of graphene aerogel with high electrical conductivity. J. Am. Chem. Soc. ,132,14067 - 14069,2010.

[46] Fu,G. ,Yan,X. ,Chen,Y. ,Xu,L. ,Sun,D. ,Lee,J. - M. ,Tang,Y. ,Boosting bifunctional oxygen electrocatalysis with 3D graphene aerogel - supported Ni/MnO particles. Adv. Mater. ,30,1704609 - n/a,2018.

[47] Jiang,Y. ,Lu,Y. ,Wang,X. ,Bao,Y. ,Chen,W,Niu,L. ,A cobalt - nitrogen complex on N - doped three - dimensional graphene framework as a highly efficient electrocatalyst for oxygen reduction reaction. Nanoscale,6,15066 - 15072,2014.

[48] Qin,Y. ,Yuan,J. ,Zhang,L. ,Zhao,B. ,Liu,Y. ,Kong,Y. ,Cao,J. ,Chu,F. ,Tao,Y. ,Liu,M. ,Rationally designed 3D Fe and N codoped graphene with superior electrocatalytic activity toward oxygen reduction. Small,12,2549 - 2553,2016.

[49] Qin,Y. ,Chao,L. ,Yuan,J. ,Liu,Y. ,Chu,F. ,Kong,Y. ,Tao,Y. ,Liu,M. ,Ultrafine Pt nanoparticle - decorated robust 3D N - doped porous graphene as an enhanced electrocatalyst for methanol oxidation. Chem. Commun. ,52,382 - 385,2016.

[50] Zhang,L. Y. ,Zhao,Z. L. ,Yuan,W,Li,C. M. ,Facile one - pot surfactant - free synthesis of uniform Pd_6Co nanocrystals on 3D graphene as an efficient electrocatalyst toward formic acid oxidation. Nanoscale,8,1905 - 1909,2016.

[51] Zhao,Y. ,Xie,X. ,Zhang,J. ,Liu,H. ,Ahn,H. J. ,Sun,K. ,Wang,G. ,MoS_2 nanosheets supported on 3D graphene aerogel as a highly efficient catalyst for hydrogen evolution. Chemistry,21,15908 - 15913,2015.

[52] Wang,X. ,A 3D graphene - supported MoS_2 nanosphere and nanosheet heterostructure as a highly efficient free - standing hydrogen evolution electrode. RSC Adv. ,6,31359 - 31362,2016.

[53] Dong,H. ,Liu,C. ,Ye,H. ,Hu,L. ,Fugetsu,B. ,Dai,W. ,Cao,Y. ,Qi,X. ,Lu,H. ,Zhang,X. ,Three - dimensional nitrogen - doped graphene supported molybdenum disulfide nanoparticles as an advanced catalyst for hydrogen evolution reaction. Sci. Rep. ,5,17542,2015.

[54] Chen,S. ,Duan,J. ,Han,W,Qiao,S. Z. ,A graphene - MnO_2 framework as a new generation of three - di-

mensional oxygen evolution promoter. Chem. Commun. ,50,207 – 209,2014.

[55] Zhao,L. ,Sui,X. – L. ,Li,J. – L. ,Zhang,J. – J. ,Zhang,L. – M. ,Wang,Z. – B. ,3D hierarchical Pt – nitrogen – doped – graphene – carbonized commercially available sponge as a superior electrocatalyst for low – temperature fuel cells. ACS Appl. Mater. Interfaces,8,16026 – 16034,2016.

[56] Choi,B. G. ,Yang,M. ,Hong,W. H. ,Choi,J. W. ,Huh,Y. S. ,3D macroporous graphene frameworks for supercapacitors with high energy and power densities. ACS Nano,6,4020 – 4028,2012.

[57] Song,W. – L. ,Song,K. ,Fan,L. – Z. ,A versatile strategy toward binary three – dimensional architectures based on engineering graphene aerogels with porous carbon fabrics for supercapacitors. ACS Appl. Mater. Interfaces,7,4257 – 4264,2015.

[58] Wang,H. ,Wang,G. ,Ling,Y. ,Qian,F. ,Song,Y. ,Lu,X. ,Chen,S. ,Tong,Y. ,Li,Y. ,High power density microbial fuel cell with flexible 3D graphene – nickel foam as anode. Nanoscale, 5, 10283 – 10290,2013.

[59] Qiu,X. ,Li,T. ,Deng,S. ,Cen,K. ,Xu,L. ,Tang,Y. ,A general strategy for the synthesis of PtM(M = Fe, Co,Ni)decorated three – dimensional hollow graphene nanospheres for efficient methanol electrooxidation. Chem. Eur. J. ,24,1246 – 1252,2018.

[60] Zhu,H. ,Wang,J. ,Liu,X. ,Zhu,X. ,Three – dimensional porous graphene supported Ni nanoparticles with enhanced catalytic performance for Methanol electrooxidation. Int. J. Hydrogen Energ. ,42,11206 – 11214,2017.

[61] Chen,Z. ,Ren,W. ,Gao,L. ,Liu,B. ,Pei,S. ,Cheng,H. – M. ,Three – dimensional flexible and conductive interconnected graphene networks grown by chemical vapour deposition. Nat. Mater. ,10,424,2011.

[62] Li,W. ,Gao,S. ,Wu,L. ,Qiu,S. ,Guo,Y. ,Geng,X. ,Chen,M. ,Liao,S. ,Zhu,C. ,Gong,Y. ,Long,M. , Xu,J. ,Wei,X. ,Sun,M. ,Liu,L. ,High – density three – dimension graphene macroscopic objects for high – capacity removal of heavy metal ions. Sci. Rep. ,3,2125,2013.

[63] Mecklenburg,M. ,Schuchardt,A. ,Mishra,Y. K. ,Kaps,S. ,Adelung,R. ,Lotnyk,A. ,Kienle,L. ,Schulte, K. ,Aerographite:Ultra lightweight,flexible nanowall,carbon microtube material with outstanding mechanical performance. Adv. Mater. ,24,3486 – 3490,2012.

[64] Ning,G. ,Fan,Z. ,Wang,G. ,Gao,J. ,Qian,W,Wei,F. ,Gram – scale synthesis of nanomesh graphene with high surface area and its application in supercapacitor electrodes. Chem. Commun. ,47,5976 – 5978, 2011.

[65] Zhou,M. ,Lin,T. ,Huang,F. ,Zhong,Y. ,Wang,Z. ,Tang,Y. ,Bi,H. ,Wan,D. ,Lin,J. ,Highly conductive porous graphene/ceramic composites for heat transfer and thermal energy storage. Adv. Funct. Mater. , 23,2263 – 2269,2013.

[66] Yoon,S. – M. ,Choi,W. M. ,Baik,H. ,Shin,H. – J. ,Song,I. ,Kwon,M. – S. ,Bae,J. J. ,Kim,H. ,Lee, Y. H. ,Choi,J. – Y. ,Synthesis of multilayer graphene balls by carbon segregation from nickel nanoparticles. ACS Nano,6,6803 – 6811,2012.

[67] Wang,R. ,Hao,Y. ,Wang,Z. ,Gong,H. ,Thong,J. T. L. ,Large – diameter graphene nanotubes synthesized using Ni nanowire templates. Nano Lett. ,10,4844 – 4850,2010.

[68] Ito,Y. ,Tanabe,Y. ,Qiu,H. J. ,Sugawara,K. ,Heguri,S. ,Tu,N. H. ,Huynh,K. K. ,Fujita,T. ,Takahashi,T. ,Tanigaki,K. ,Chen,M. ,High – Quality three – dimensional nanoporous graphene. Angew. Chem. Int. Ed. ,53,4822 – 4826,2014.

[69] Min,B. H. ,Kim,D. W. ,Kim,K. H. ,Choi,H. O. ,Jang,S. W. ,Jung,H. – T. ,Bulk scale growth of CVD graphene on Ni nanowire foams for a highly dense and elastic 3D conducting electrode. Carbon,80,446 – 452,2014.

[70] Zhan, B. , Liu, C. , Chen, H. , Shi, H. , Wang, L. , Chen, P. , Huang, W. , Dong, X. , Free – standing electrochemical electrode based on $Ni(OH)_2$/3D graphene foam for nonenzymatic glucose detection. Nanoscale, 6, 7424 – 7429, 2014.

[71] Yu, M. , Chen, J. , Liu, J. , Li, S. , Ma, Y. , Zhang, J. , An, J. , Mesoporous $NiCo_2O_4$ nanoneedles grown on 3D graphene – nickel foam for supercapacitor and methanol electro – oxidation. Electrochim. Acta, 151, 99 – 108, 2015.

[72] Si, P. , Dong, X. – C. , Chen, P. , Kim, D. – H. , A hierarchically structured composite of Mn_3O_4/3D graphene foam for flexible nonenzymatic biosensors. J. Mater. Chem. B, 1, 110 – 115, 2013.

[73] Wang, Y. , Tang, J. , Kong, B. , Jia, D. , Wang, Y. , An, T. , Zhang, L. , Zheng, G. , Freestanding 3D graphene/cobalt sulfide composites for supercapacitors and hydrogen evolution reaction. RSC Adv. , 5, 6886 – 6891, 2015.

[74] Zeng, M. , Wang, H. , Zhao, C. , Wei, J. , Wang, W. , Bai, X. , 3D graphene foam – supported cobalt phosphate and borate electrocatalysts for high – efficiency water oxidation. Sci. Bull. , 60, 1426 – 1433, 2015.

[75] Shackery, I. , Patil, U. , Song, M. J. , Sohn, J. S. , Kulkarni, S. , Some, S. , Lee, S. C. , Nam, M. S. , Lee, W, Jun, S. C. , Sensitivity enhancement in nickel hydroxide/3D – graphene as enzymeless glucose detection. Electroanalysis, 27, 2363 – 2370, 2015.

[76] Garcia – Tuñon, E. , Barg, S. , Franco, J. , Bell, R. , Eslava, S. , D' Elia, E. , Maher, R. C. , Guitian, F. , Saiz, E. , Printing in three dimensions with graphene. Adv. Mater. , 27, 1688 – 1693, 2015.

[77] Zhang, Q. , Zhang, F. , Medarametla, S. P. , Li, H. , Zhou, C. , Lin, D. , 3D printing of graphene aerogels. Small, 12, 1702 – 1708, 2016.

[78] Liu, M. M. , Zhang, R. Z. , Chen, W. , Graphene – supported nanoelectrocatalysts for fuel cells: Synthesis, properties, and applications. Chem. Rev. , 114, 5117 – 5160, 2014.

[79] Wang, L. , Sofer, Z. , Ambrosi, A. , Šimek, P. , Pumera, M. , 3D – graphene for electrocatalysis of oxygen reduction reaction: Increasing number of layers increases the catalytic effect. Electrochem. Commun. , 46, 148 – 151, 2014.

[80] Wang, S. , Ma, L. , Gan, M. , Fu, S. , Dai, W. , Zhou, T. , Sun, X. , Wang, H. , Wang, H. , Free – standing 3D graphene/polyaniline composite film electrodes for high – performance supercapacitors. J. Power Sources, 299, 347 – 355, 2015.

[81] Zhang, L. Y. , Liu, Z. , Xu, B. , Liu, H. , Thermal treated 3D graphene as a highly efficient metal – free electrocatalyst toward oxygen reduction reaction. Int. J. Hydrogen Energ. , 42, 28278 – 28286, 2017.

[82] Lv, M. , She, X. , Li, Q. , Sun, J. , Li, H. , Zhao, X. S. , Guo, P. , Synthesis of magnetic $MnFe_2O_4$/polyaniline composite microspheres and their electrocatalytic activity for oxygen reduction reaction. Sci. Adv. Mater. , 7, 1686 – 1693, 2015.

[83] Lin, Z. , Waller, G. H. , Liu, Y. , Liu, M. , Wong, C. – P. , 3D Nitrogen – doped graphene prepared by pyrolysis of graphene oxide with polypyrrole for electrocatalysis of oxygen reduction reaction. Nano Energy, 2, 241 – 248, 2013.

[84] Xue, Y. , Yu, D. , Dai, L. , Wang, R. , Li, D. , Roy, A. , Lu, F. , Chen, H. , Liu, Y. , Qu, J. , Three – dimensional B, N – doped graphene foam as a metal – free catalyst for oxygen reduction reaction. Phys. Chem. Chem. Phys. , 15, 12220 – 12226, 2013.

[85] Wang, Z. , Cao, X. , Ping, J. , Wang, Y. , Lin, T. , Huang, X. , Ma, Q. , Wang, F. , He, C. , Zhang, H. , Electrochemical doping of three – dimensional graphene networks used as efficient electrocatalysts for oxygen reduction reaction. Nanoscale, 7, 9394 – 9398, 2015.

[86] Wu, M. , Dou, Z. , Chang, J. , Cui, L. , Nitrogen and sulfur co – doped graphene aerogels as an efficient

metal - free catalyst for oxygen reduction reaction in an alkaline solution. RSC Adv. , 6, 22781 - 22790,2016.

[87] Zhou,Y. ,Yen,C. H. ,Fu,S. ,Yang,G. ,Zhu,C. ,Du,D. ,Wo,P. C. ,Cheng,X. ,Yang,J. ,Wai,C. M. , Lin,Y. ,One - pot synthesis of B - doped three - dimensional reduced graphene oxide via supercritical fluid for oxygen reduction reaction. Green. Chem. ,17,3552 - 3560,2015.

[88] Cheng,J. ,Li,Y. ,Huang,X. ,Wang,Q. ,Mei,A. ,Shen,P. K. ,Highly stable electrocatalysts supported on nitrogen - self - doped three - dimensional graphene - like networks with hierarchical porous structures. J. Mater. Chem. A,3,1492 - 1497,2015.

[89] Tong,X. ,Chen,S. ,Guo,C. ,Xia,X. ,Guo,X. - Y. ,Mesoporous $NiCo_2O_4$ nanoplates on three - dimensional graphene foam as an efficient electrocatalyst for the oxygen reduction reaction. ACS Appl. Mater. Interfaces, 8,28274 - 28282,2016.

[90] Galeano,C. ,Meier,J. C. ,Soorholtz,M. ,Bongard,H. ,Baldizzone,C. ,Mayrhofer,K. J. J. ,Schüth,F. ,Nitrogen - doped hollow carbon spheres as a support for platinum - based electrocatalysts. ACS Catal. ,4, 3856 - 3868,2014.

[91] Gasteiger,H. A. ,Kocha,S. S. ,Sompalli,B. ,Wagner,F. T. ,Activity benchmarks and requirements for Pt, Pt - alloy,and non - Pt oxygen reduction catalysts for PEMFCs. Appl. Catal. ,B,56,9 - 35,2005.

[92] Li,Y. ,Zhang,L. ,Hu,Z. ,Yu,J. C. ,Synthesis of 3D structured graphene as a high performance catalyst support for methanol electro - oxidation. Nanoscale,7,10896 - 10902,2015.

[93] Zhao,L. ,Sui,X. - L. ,Li,J. - L. ,Zhang,J. - J. ,Zhang,L. - M. ,Wang,Z. - B. ,Ultra - fine Pt nanoparticles supported on 3D porous N - doped graphene aerogel as a promising electro - catalyst for methanol electrooxidation. Catal. Commun. ,86,46 - 50,2016.

[94] Groves,M. N. ,Chan,A. S. W. ,Malardier - Jugroot,C. ,Jugroot,M. ,Improving platinum catalyst binding energy to graphene through nitrogen doping. Chem. Phys. Lett. ,481,214 - 219,2009.

[95] Li,M. ,Jiang,Q. ,Yan,M. ,Wei,Y. ,Zong,J. ,Zhang,J. ,Wu,Y. ,Huang,H. ,Three - dimensional boron - and nitrogen - codoped graphene aerogel - supported Pt nanoparticles as highly active electrocatalysts for methanol oxidation reaction. ACS Sustain. Chem. Eng. ,6,6644 - 6653,2018.

[96] Zhang,L. Y. ,Zhang,W. ,Zhao,Z. ,Liu,Z. ,Zhou,Z. ,Li,C. M. ,Highly poison - resistant Pt nanocrystals on 3D graphene toward efficient methanol oxidation. RSC Adv. ,6,50726 - 50731,2016.

[97] Wang,Z. ,Shi,G. ,Zhang,F. ,Xia,J. ,Gui,R. ,Yang,M. ,Bi,S. ,Xia,L. ,Li,Y. ,Xia,L. ,Xia,Y. ,Amphoteric surfactant promoted three - dimensional assembly of graphene micro/nanoclusters to accommodate Pt nanoparticles for methanol oxidation. Electrochim. Acta,160,288 - 295,2015.

[98] Bonnin,E. ,Garnier,C. ,Ralet,M. - C. ,Pectin - modifying enzymes and pectin - derived materials:Applications and impacts. Appl. Microbiol. Biotechnol. ,98,519 - 532,2014.

[99] Zhao,X. J. ,Zhang,W. L. ,Zhou,Z. Q. ,Sodium hydroxide - mediated hydrogel of citrus pectin for preparation of fluorescent carbon dots for bioimaging. Colloid Surf. ,B,123,493 - 497,2014.

[100] Zahran,M. K. ,Ahmed,H. B. ,El - Rafie,M. H. ,Facile size - regulated synthesis of silver nanoparticles using pectin. Carbohyd. Polym. ,111,971 - 978,2014.

[101] Esabattina,S. ,Posa,V. R. ,Zhanglian,H. ,Godlaveeti,S. K. ,Nagi Reddy,R. R. ,Somala,A. R. ,Fabrication of bimetallic PtPd alloy nanospheres supported on rGO sheets for superior methanol electro - oxidation. Int. J. Hydrogen Energ. ,43,4115 - 4124,2018.

[102] Yang,Y. ,Luo,L. - M. ,Guo,Y. - F. ,Dai,Z. - X. ,Zhang,R. - H. ,Sun,C. ,Zhou,X. - W. ,In situ synthesis of PtPd bimetallic nanocatalysts supported on graphene nanosheets for methanol oxidation using triblock copolymer as reducer and stabilizer. J. Electroanal. Chem. ,783,132 - 139,2016.

[103] Chen, X., Cai, Z., Chen, X., Oyama, M., Synthesis of bimetallic PtPd nanocubes on graphene with N, N - dimethylformamide and their direct use for methanol electrocatalytic oxidation. Carbon, 66, 387 - 394, 2014.

[104] Lu, Y., Jiang, Y., Wu, H., Chen, W., Nano - PtPd cubes on graphene exhibit enhanced activity and durability in methanol electrooxidation after CO stripping - cleaning. J. Phys. Chem. C, 117, 2926 - 2938, 2013.

[105] Ren, F., Wang, H., Zhai, C., Zhu, M., Yue, R., Du, Y., Yang, P., Xu, J., Lu, W., Clean method for the synthesis of reduced graphene oxide - supported PtPd alloys with high electrocatalytic activity for ethanol oxidation in alkaline medium. ACS Appl. Mater. Interfaces, 6, 3607 - 3614, 2014.

[106] Du, S., Lu, Y., Steinberger - Wilckens, R., PtPd nanowire arrays supported on reduced graphene oxide as advanced electrocatalysts for methanol oxidation. Carbon, 79, 346 - 353, 2014.

[107] Sun, L., Wang, H., Eid, K., Alshehri, S. M., Malgras, V, Yamauchi, Y., Wang, L., One - step synthesis of dendritic bimetallic PtPd nanoparticles on reduced graphene oxide and its electrocatalytic properties. Electrochim. Acta, 188, 845 - 851, 2016.

[108] Lu, Y., Jiang, Y., Chen, W., Graphene nanosheet - tailored PtPd concave nanocubes with enhanced electrocatalytic activity and durability for methanol oxidation. Nanoscale, 6, 3309 - 3315, 2014.

[109] Li, C. - Z., Wang, Z. - B., Sui, X. - L., Zhang, L. - M., Gu, D. - M., Ultrathin graphitic carbon nitride nanosheets and graphene composite material as high - performance PtRu catalyst support for methanol electro - oxidation. Carbon, 93, 105 - 115, 2015.

[110] Lu, J., Zhou, Y., Tian, X., Xu, X., Zhu, H., Zhang, S., Yuan, T., Synthesis of boron and nitrogen doped graphene supporting PtRu nanoparticles as catalysts for methanol electrooxidation. Appl. Surf. Sci., 317, 284 - 293, 2014.

[111] Xu, X., Zhou, Y., Lu, J., Tian, X., Zhu, H., Liu, J., Single - step synthesis of PtRu/N - doped graphene for methanol electrocatalytic oxidation. Electrochim. Acta, 120, 439 - 451, 2014.

[112] Ji, Z., Zhu, G., Shen, X., Zhou, H., Wu, C., Wang, M., Reduced graphene oxide supported FePt alloy nanoparticles with high electrocatalytic performance for methanol oxidation. New J. Chem., 36, 1774 - 1780, 2012.

[113] Shafaei Douk, A., Saravani, H., Noroozifar, M., One - pot synthesis of ultrasmall PtAg nanoparticles decorated on graphene as a high - performance catalyst toward methanol oxidation. Int. J. Hydrogen Energ., 43, 7946 - 7955, 2018.

[114] Hao, Y., Wang, X., Zheng, Y., Shen, J., Yuan, J., Wang, A. - J., Niu, L., Huang, S., Size - controllable synthesis of ultrafine PtNi nanoparticles uniformly deposited on reduced graphene oxide as advanced anode catalysts for methanol oxidation. Int. J. Hydrogen Energ., 41, 9303 - 9311, 2016.

[115] Huang, W., Wang, H., Zhou, J., Wang, J., Duchesne, P. N., Muir, D., Zhang, P., Han, N., Zhao, F., Zeng, M., Zhong, J., Jin, C., Li, Y., Lee, S. - T., Dai, H., Highly active and durable methanol oxidation electrocatalyst based on the synergy of platinum - nickel hydroxide - graphene. Nat. Commun., 6, 10035, 2015.

[116] Rethinasabapathy, M., Kang, S. - M., Haldorai, Y., Jankiraman, M., Jonna, N., Choe, S. R., Huh, Y. S., Natesan, B., Ternary PtRuFe nanoparticles supported N - doped graphene as an efficient bifunctional catalyst for methanol oxidation and oxygen reduction reactions. Int. J. Hydrogen Energ., 42, 30738 - 30749, 2017.

[117] Zhang, X., Zhang, B., Liu, D., Qiao, J., One - pot synthesis of ternary alloy CuFePt nanoparticles anchored on reduced graphene oxide and their enhanced electrocatalytic activity for both methanol and for-

mic acid oxidation reactions. Electrochim. Acta,177,93 –99,2015.

[118] Watanabe,M. and Motoo,S. ,Electrocatalysis by ad – atoms: Part III. Enhancement of the oxidation of carbon monoxide on platinum by ruthenium ad – atoms. J. Electroanal. Chem. ,60,275 –283,1975.

[119] Kung,C. –C. ,Lin,P. –Y. ,Xue,Y. ,Akolkar,R. ,Dai,L. ,Yu,X. ,Liu,C. –C. ,Three dimensional graphene foam supported platinum – ruthenium bimetallic nanocatalysts for direct methanol and direct ethanol fuel cell applications. J. Power Sources,256,329 –335,2014.

[120] Zhao,S. ,Yin,H. ,Du,L. ,Yin,G. ,Tang,Z. ,Liu,S. ,Three dimensional N – doped graphene/PtRu nanoparticle hybrids as high performance anode for direct methanol fuel cells. J. Mater. Chem. A,2,3719 –3724,2014.

[121] Peng,X. ,Chen,D. ,Yang,X. ,Wang,D. ,Li,M. ,Tseng,C. –C. ,Panneerselvam,R. ,Wang,X. ,Hu,W. ,Tian,J. ,Zhao,Y. ,Microwave – assisted synthesis of highly dispersed PtCu nanoparticles on three – dimensional nitrogen – doped graphene networks with remarkably enhanced methanol electrooxidation. ACS Appl. Mater. Interfaces,8,33673 –33680,2016.

[122] Jang,H. D. ,Kim,S. K. ,Chang,H. ,Choi,J. –H. ,Cho,B. –G. ,Jo,E. H. ,Choi,J. –W,Huang,J. ,Three – dimensional crumpled graphene – based platinum – gold alloy nanoparticle composites as superior electrocatalysts for direct methanol fuel cells. Carbon,93,869 –877,2015.

[123] Liu,M. ,Peng,C. ,Yang,W. ,Guo,J. ,Zheng,Y. ,Chen,P. ,Huang,T. ,Xu,J. ,Pd nanoparticles supported on three – dimensional graphene aerogels as highly efficient catalysts for methanol electrooxidation. Electrochim. Acta,178,838 –846,2015.

[124] Yu,D. –X. ,Wang,A. –J. ,He,L. –L. ,Yuan,J. ,Wu,L. ,Chen,J. –R. ,Feng,J. –J. ,Facile synthesis of uniform AuPd@ Pd nanocrystals supported on three – dimensional porous N – doped reduced graphene oxide hydrogels as highly active catalyst for methanol oxidation reaction. Electrochim. Acta,213,565 –573,2016.

[125] Alvarenga,G. M. ,Coutinho Gallo,I. B. ,Villullas,H. M. ,Enhancement of ethanol oxidation on Pd nanoparticles supported on carbon – antimony tin oxide hybrids unveils the relevance of electronic effects. J. Catal. ,348,1 –8,2017.

[126] Serov,A. ,Andersen,N. I. ,Kabir,S. A. ,Roy,A. ,Asset,T. ,Chatenet,M. ,Maillard,F. ,Atanassov,P. ,Palladium supported on 3D graphene as an active catalyst for alcohols electrooxidation. J. Electrochem. Soc. ,162,F1305 –F1309,2015.

[127] Xu,H. –T. ,Qiu,H. –J. ,Fang,L. ,Mu,Y. ,Wang,Y. ,A novel monolithic three – dimensional graphene – based composite with enhanced electrochemical performance. J. Mater. Chem. A,3,14887 –14893,2015.

[128] Larsen,R. ,Ha,S. ,Zakzeski,J. ,Masel,R. I. ,Unusually active palladium – based catalysts for the electrooxidation of formic acid. J. Power Sources,157,78 –84,2006.

[129] Neurock,M. ,Janik,M. ,Wieckowski,A. ,A first principles comparison of the mechanism and site requirements for the electrocatalytic oxidation of methanol and formic acid over Pt. Faraday Discuss. ,140,363 –378,2009.

[130] Jiang,K. ,Zhang,H. –X. ,Zou,S. ,Cai,W. –B. ,Electrocatalysis of formic acid on palladium and platinum surfaces: From fundamental mechanisms to fuel cell applications. Phys. Chem. Chem. Phys. ,16,20360 –20376,2014.

[131] Uhm,S. ,Lee,H. J. ,Lee,J. ,Understanding underlying processes in formic acid fuel cells. Phys. Chem. Chem. Phys. ,11,9326 –9336,2009.

[132] Yu,X. and Pickup,P. G. ,Recent advances in direct formic acid fuel cells(DFAFC). J. Power Sources,

182,124 - 132,2008.

[133] Choi, S. I. , Herron, J. A. , Scaranto, J. , Huang, H. , Wang, Y. , Xia, X. , Lv, T. , Park, J. , Peng, H. C. , Mavrikakis, M. , Xia, Y. , A comprehensive study of formic acid oxidation on palladium nanocrystals with different types of facets and twin defects. ChemCatChem, 7, 2077 - 2084, 2015.

[134] Xi, Z. , Erdosy, D. P. , Mendoza - Garcia, A. , Duchesne, P. N. , Li, J. , Muzzio, M. , Li, Q. , Zhang, P. , Sun, S. , Pd Nanoparticles coupled to $WO_{2.72}$ nanorods for enhanced electrochemical oxidation of formic acid. Nano Lett. , 17, 2727 - 2731, 2017.

[135] Hu, C. , Zhao, Y. , Cheng, H. , Hu, Y. , Shi, G. , Dai, L. , Qu, L. , Ternary Pd_2/PtFe networks supported by 3D graphene for efficient and durable electrooxidation of formic acid. Chem. Commun. , 48, 11865 - 11867, 2012.

[136] Geng, X. , Wu, W. , Li, N. , Sun, W. , Armstrong, J. , Al - Hilo, A. , Brozak, M. , Cui, J. , Chen, T. P. , Three - dimensional structures of MoS_2 nanosheets with ultrahigh hydrogen evolution reaction in water reduction. Adv. Funct. Mater. , 24, 6123 - 6129, 2014.

[137] Zou, X. and Zhang, Y. , Noble metal - free hydrogen evolution catalysts for water splitting. Chem. Soc. Rev. , 44, 5148 - 5180, 2015.

[138] Shi, Y. and Zhang, B. , Recent advances in transition metal phosphide nanomaterials: Synthesis and applications in hydrogen evolution reaction. Chem. Soc. Rev. , 45, 1529 - 1541, 2016.

[139] Zhou, J. , Qi, F. , Chen, Y. , Wang, Z. , Zheng, B. , Wang, X. , CVD - grown three - dimensional sulfur - doped graphene as a binder - free electrocatalytic electrode for highly effective and stable hydrogen evolution reaction. J. Mater. Sci. , 53, 7767 - 7777, 2018.

[140] Yoshikazu, I. , Weitao, C. , Takeshi, F. , Zheng, T. , Mingwei, C. , High catalytic activity of nitrogen and sulfur co - doped nanoporous graphene in the hydrogen evolution reaction. Angew. Chem. Int. Ed. , 54, 2131 - 2136, 2015.

[141] Wang, H. , Li, X. B. , Gao, L. , Wu, H. L. , Yang, J. , Cai, L. , Ma, T. B. , Tung, C. H. , Wu, L. Z. , Yu, G. , Three - dimensional graphene networks with abundant sharp edge sites for efficient electrocatalytic hydrogen evolution. Angew. Chem. , 130, 198 - 203, 2018.

[142] Yan, Y. , Xia, B. , Xu, Z. , Wang, X. , Recent development of molybdenum sulfides as advanced electrocatalysts for hydrogen evolution reaction. ACS Catal. , 4, 1693 - 1705, 2014.

[143] Zhang, X. , Han, Y. , Huang, L. , Dong, S. , 3D graphene aerogels decorated with cobalt phosphide nanoparticles as electrocatalysts for the hydrogen evolution reaction. ChemSusChem, 9, 3049 - 3053, 2016.

[144] Han, A. , Jin, S. , Chen, H. , Ji, H. , Sun, Z. , Du, P. , A robust hydrogen evolution catalyst based on crystalline nickel phosphide nanoflakes on three - dimensional graphene/nickel foam: High performance for electrocatalytic hydrogen production from pH 0 - 14. J. Mater. Chem. A, 3, 1941 - 1946, 2015.

[145] Lu, X. and Zhao, C. , Electrodeposition of hierarchically structured three - dimensional nickel - iron electrodes for efficient oxygen evolution at high current densities. Nat. Commun. , 6, 6616, 2015.

[146] Smith, R. D. L. , Prevot, M. S. , Fagan, R. D. , Zhang, Z. , Sedach, P. A. , Siu, Trudel, S. , Berlinguette, C. P. , Photochemical route for accessing amorphous metal oxide materials for water oxidation catalysis. Science, 340, 60 - 63, 2013.

[147] Gong, M. and Dai, H. , A mini review of NiFe - based materials as highly active oxygen evolution reaction electrocatalysts. Nano Res. , 8, 23 - 39, 2015.

[148] Mccrory, C. C. L. , Jung, S. , Peters, J. C. , Jaramillo, T. F. , Benchmarking heterogeneous electrocatalysts for the oxygen evolution reaction. J. Am. Chem. Soc. , 135, 16977 - 16987, 2013.

[149] Subbaraman, R. , Tripkovic, D. , Chang, K. - C. , Strmcnik, D. , Paulikas, A. P. , Hirunsit, P. , Chan, M. ,

Greeley, J. , Stamenkovic, V. , Markovic, N. M. , Trends in activity for the water electrolyser reactions on 3d M(Ni, Co, Fe, Mn) hydr(oxy) oxide catalysts. Nat. Mater. , 11, 550, 2012.

[150] Dincă, M. , Surendranath, Y. , Nocera, D. G. , Nickel – borate oxygen – evolving catalyst that functions under benign conditions. Proc. Natl. Acad. Sci. , 107, 10337 – 10341, 2010.

[151] Bediako, D. K. , Lassalle – Kaiser, B. , Surendranath, Y. , Yano, J. , Yachandra, V. K. , Nocera, D. G. , Structure – activity correlations in a nickel – borate oxygen evolution catalyst. J. Am. Chem. Soc. , 134, 6801 – 6809, 2012.

[152] Kanan, M. W. and Nocera, D. G. , In situ formation of an oxygen – evolving catalyst in neutral water containing phosphate and Co^{2+}. Science, 321, 1072 – 1075, 2008.

[153] Takashi, H. , Hen, D. , Morgan, S. , Kevin, S. , Avner, R. , Michaël, G. , Nripan, M. , Enhancement in the performance of ultrathin hematite photoanode for water splitting by an oxide underlayer. Adv. Mater. , 24, 2699 – 2702, 2012.

[154] Jun, W. , Hai – Xia, Z. , Yu – Ling, Q. , Xin – Bo, Z. , An efficient three – dimensional oxygen evolution electrode. Angew. Chem. , 125, 5356 – 5361, 2013.

[155] Fan, G. , Li, F. , Evans, D. G. , Duan, X. , Catalytic applications of layered double hydroxides: Recent advances and perspectives. Chem. Soc. Rev. , 43, 7040 – 7066, 2014.

[156] Wang, Q. and O'hare, D. , Recent advances in the synthesis and application of layered double hydroxide (LDH) nanosheets. Chem. Rev. , 112, 4124 – 4155, 2012.

[157] Chen, S. , Duan, J. , Jaroniec, M. , Qiao, S. Z. , Three – dimensional N – doped graphene hydrogel/NiCo double hydroxide electrocatalysts for highly efficient oxygen evolution. Angew. Chem. Int. Ed. , 52, 13567 – 13570, 2013.

[158] Yu, X. , Zhang, M. , Yuan, W. , Shi, G. , A high – performance three – dimensional Ni – Fe layered double hydroxide/graphene electrode for water oxidation. J. Mater. Chem. A, 3, 6921 – 6928, 2015.

[159] Song, F. and Hu, X. , Exfoliation of layered double hydroxides for enhanced oxygen evolution catalysis. Nat. Commun. , 5, 4477, 2014.

[160] Liang, H. , Meng, F. , Cabán – Acevedo, M. , Li, L. , Forticaux, A. , Xiu, L. , Wang, Z. , Jin, S. , Hydrothermal continuous flow synthesis and exfoliation of NiCo layered double hydroxide nanosheets for enhanced oxygen evolution catalysis. Nano Lett. , 15, 1421 – 1427, 2015.

[161] Ping, J. , Wang, Y. , Lu, Q. , Chen, B. , Chen, J. , Huang, Y. , Ma, Q. , Tan, C. , Yang, J. , Cao, X. , Wang, Z. , Wu, J. , Ying, Y. , Zhang, H. , Self – Assembly of single – layer CoAl – layered double hydroxide nanosheets on 3D graphene network used as highly efficient electrocatalyst for oxygen evolution reaction. Adv. Mater. , 28, 7640 – 7645, 2016.

[162] Kuhl, K. P. , Hatsukade, T. , Cave, E. R. , Abram, D. N. , Kibsgaard, J. , Jaramillo, T. F. , Electrocatalytic conversion of carbon dioxide to methane and methanol on transition metal surfaces. J. Am. Chem. Soc. , 136, 14107 – 14113, 2014.

[163] Ma, M. and Smith, W. A. , Anisotropic and Shape – Selective Nanomaterials: Structure – Property Relationships, S. E. Hunyadi Murph, G. K. Larsen, K. J. Coopersmith (Eds.), pp. 337 – 373, Springer International Publishing, Cham, 2017.

[164] Xiaochuan, D. , Jiantie, X. , Zengxi, W. , Jianmin, M. , Shaojun, G. , Shuangyin, W. , Huakun, L. , Shixue, D. , Metal – free carbon materials for CO_2 electrochemical reduction. Adv. Mater. , 29, 1701784, 2017.

[165] Wu, J. , Liu, M. , Sharma, P. P. , Yadav, R. M. , Ma, L. , Yang, Y. , Zou, X. , Zhou, X. – D. , Vajtai, R. , Yakobson, B. I. , Lou, J. , Ajayan, P. M. , Incorporation of nitrogen defects for efficient reduction of CO_2 via two – electron pathway on three – dimensional graphene foam. Nano Lett. , 16, 466 – 470, 2016.

[166] Chen, M., Hou, C., Huo, D., Fa, H., Zhao, Y., Shen, C., A sensitive electrochemical DNA biosensor based on three - dimensional nitrogen - doped graphene and Fe_3O_4 nanoparticles. Sens. Actuators, B, 239, 421 - 429, 2017.

[167] Baig, N. and Saleh, T. A., Electrodes modified with 3D graphene composites: A review on methods for preparation, properties and sensing applications. Microchim. Acta, 185, 283, 2018.

[168] Gumpu, M. B., Sethuraman, S., Krishnan, U. M., Rayappan, J. B. B., A review on detection of heavy metal ions in water - An electrochemical approach. Sens. Actuators, B, 213, 515 - 533, 2015.

[169] Shi, L., Li, Y., Rong, X., Wang, Y., Ding, S., Facile fabrication of a novel 3D graphene framework/Bi nanoparticle film for ultrasensitive electrochemical assays of heavy metal ions. Anal. Chim. Acta, 968, 21 - 29, 2017.

[170] Shi, L., Wang, Y., Ding, S., Chu, Z., Yin, Y., Jiang, D., Luo, J., Jin, W., A facile and green strategy for preparing newly - designed 3D graphene/gold film and its application in highly efficient electrochemical mercury assay. Biosens. Bioelectron., 89, 871 - 879, 2017.

[171] Chen, W., Cai, S., Ren, Q. - Q., Wen, W, Zhao, Y. - D., Recent advances in electrochemical sensing for hydrogen peroxide: A review. Analyst, 137, 49 - 58, 2012.

[172] Cai, Z. - X., Song, X. - H., Chen, Y. - Y., Wang, Y. - R., Chen, X., 3D nitrogen - doped graphene aerogel: A low - cost, facile prepared direct electrode for H_2O_2 sensing. Sens. Actuators, B, 222, 567 - 573, 2016.

[173] Kogularasu, S., Govindasamy, M., Chen, S. - M., Akilarasan, M., Mani, V., 3D graphene oxide - cobalt oxide polyhedrons for highly sensitive non - enzymatic electrochemical determination of hydrogen peroxide. Sens. Actuators, B, 253, 773 - 783, 2017.

[174] Bai, Z., Li, G., Liang, J., Su, J., Zhang, Y., Chen, H., Huang, Y., Sui, W., Zhao, Y., Non - enzymatic electrochemical biosensor based on Pt NPs/RGO - CS - Fc nano - hybrids for the detection of hydrogen peroxide in living cells. Biosens. Bioelectron., 82, 185 - 194, 2016.

[175] Rhee, S. G., H_2O_2, a necessary evil for cell signaling. Science, 312, 1882 - 1883, 2006.

[176] Kim, M. - G., Shon, Y., Kim, J., Oh, Y. - K., Selective activation of anticancer chemotherapy by cancer - associated fibroblasts in the tumor microenvironment. J. Natl. Cancer I, 109, djw186 - djw186, 2017.

[177] Xi, J., Xie, C., Zhang, Y., Wang, L., Xiao, J., Duan, X., Ren, J., Xiao, F., Wang, S., Pd nanoparticles decorated N - doped graphene quantum Dots@ N - Doped carbon hollow nanospheres with high electrochemical sensing performance in cancer detection. ACS Appl. Mater. Interfaces, 8, 22563 - 22573, 2016.

[178] Xi, J., Zhang, Y., Wang, N., Wang, L., Zhang, Z., Xiao, F., Wang, S., Ultrafine Pd nanoparticles encapsulated in microporous Co_3O_4 hollow nanospheres for in situ molecular detection of living cells. ACS Appl. Mater. Interfaces, 7, 5583 - 5590, 2015.

[179] Wang, L., Dong, Y., Zhang, Y., Zhang, Z., Chi, K., Yuan, H., Zhao, A., Ren, J., Xiao, F., Wang, S., PtAu alloy nanoflowers on 3D porous ionic liquid functionalized graphene - wrapped activated carbon fiber as a flexible microelectrode for near - cell detection of cancer. NPG Asia Mater., 8, e337, 2016.

[180] Zhang, Y., Xiao, J., Lv, Q., Wang, L., Dong, X., Asif, M., Ren, J., He, W., Sun, Y., Xiao, F., Wang, S., In situ electrochemical sensing and real - time monitoring live cells based on freestanding nanohybrid paper electrode assembled from 3D functionalized graphene framework. ACS Appl. Mater. Interfaces, 9, 38201 - 38210, 2017.

[181] Tian, Y., Wei, Z., Zhang, K., Peng, S., Zhang, X., Liu, W., Chu, K., Three - dimensional phosphorus - doped graphene as an efficient metal - free electrocatalyst for electrochemical sensing. Sens. Actuators, B, 241, 584 - 591, 2017.

[182] International Diabetes Federation (IDF) (2017) IDF Diabetes Atlas, International Diabetes Federation, 2017.

[183] Zhou, S., Feng, X., Shi, H., Chen, J., Zhang, F., Song, W., Direct growth of vertically aligned arrays of Cu(OH)$_2$ nanotubes for the electrochemical sensing of glucose. Sens. Actuators, B, 177, 445 - 452, 2013.

[184] Jiang, Y., Yu, S., Li, J., Jia, L., Wang, C., Improvement of sensitive Ni(OH)$_2$ nonenzymatic glucose sensor based on carbon nanotube/polyimide membrane. Carbon, 63, 367 - 375, 2013.

[185] Mao, W., He, H., Sun, P., Ye, Z., Huang, J., Three - dimensional porous nickel frameworks anchored with cross - linked Ni(OH)$_2$ nanosheets as a highly sensitive nonenzymatic glucose sensor. ACS Appl. Mater. Interfaces, 10, 15088 - 15095, 2018.

[186] Qian, W., Yao, M., Xin, J., Nianjun, Y., Yannick, C., Hakim, B., Nahed, D., Musen, L., Rabah, B., Sabine, S., Electrophoretic deposition of carbon nanofibers/Co(OH)$_2$ nanocomposites: Application for non - enzymatic glucose sensing. Electroanalysis, 28, 119 - 125, 2016.

[187] Liu, S., Yu, B., Zhang, T., A novel non - enzymatic glucose sensor based on NiO hollow spheres. Electrochim. Acta, 102, 104 - 107, 2013.

[188] Zhang, Y., Wang, Y., Jia, J., Wang, J., Nonenzymatic glucose sensor based on graphene oxide and electrospun NiO nanofibers. Sens. Actuators, B, 171 - 172, 580 - 587, 2012.

[189] Wang, X., Hu, C., Liu, H., Du, G., He, X., Xi, Y., Synthesis of CuO nanostructures and their application for nonenzymatic glucose sensing. Sens. Actuators, B, 144, 220 - 225, 2010.

[190] Liu, M., Liu, R., Chen, W., Graphene wrapped Cu$_2$O nanocubes: Non - enzymatic electrochemical sensors for the detection of glucose and hydrogen peroxide with enhanced stability. Biosens. Bioelectron., 45, 206 - 212, 2013.

[191] Madhu, R., Veeramani, V., Chen, S. - M., Manikandan, A., Lo, A. - Y., Chueh, Y. - L., Honeycomb-like porous carbon - cobalt oxide nanocomposite for high - performance enzymeless glucose sensor and supercapacitor applications. ACS Appl. Mater. Interfaces, 7, 15812 - 15820, 2015.

[192] Khun, K., Ibupoto, Z. H., Liu, X., Beni, V., Willander, M., The ethylene glycol template assisted hydrothermal synthesis of Co$_3$O$_4$ nanowires; structural characterization and their application as glucose non - enzymatic sensor. Mater. Sci. Eng., B, 194, 94 - 100, 2015.

[193] Chen, J., Zhang, W. - D., Ye, J. - S., Nonenzymatic electrochemical glucose sensor based on MnO$_2$/MWNTs nanocomposite. Electrochem. Commun., 10, 1268 - 1271, 2008.

[194] Bao, L., Li, T., Chen, S., Peng, C., Li, L., Xu, Q., Chen, Y., Ou, E., Xu, W., 3D graphene frameworks/Co$_3$O$_4$ composites electrode for high - performance supercapacitor and enzymeless glucose detection. Small, 13, 1602077, 2017.

[195] Liu, B., Lian, H. T., Yin, J. F., Sun, X. Y., Dopamine molecularly imprinted electrochemical sensor based on graphene - chitosan composite. Electrochim. Acta, 75, 108 - 114, 2012.

[196] Yu, B., Kuang, D., Liu, S., Liu, C., Zhang, T., Template - assisted self - assembly method to prepare three - dimensional reduced graphene oxide for dopamine sensing. Sens. Actuators, B, 205, 120 - 126, 2014.

[197] Yue, H. Y., Huang, S., Chang, J., Heo, C., Yao, F., Adhikari, S., Gunes, F., Liu, L. C., Lee, T. H., Oh, E. S., Li, B., Zhang, J. J., Huy, T. Q., Luan, N. V, Lee, Y. H., ZnO nanowire arrays on 3D hierarchical graphene foam: Biomarker detection of Parkinson's disease. ACS Nano, 8, 1639 - 1646, 2014.

[198] Singh, M., Verma, N., Garg, A. K., Redhu, N., Urea biosensors. Sens. Actuators, B, 134, 345 - 351, 2008.

[199] Nguyen, N. S., Das, G., Yoon, H. H., Nickel/cobalt oxide – decorated 3D graphene nanocomposite electrode for enhanced electrochemical detection of urea. Biosens. Bioelectron., 77, 372 – 377, 2016.

[200] Liu, F., Piao, Y., Choi, J. S., Seo, T. S., Three – dimensional graphene micropillar based electrochemical sensor for phenol detection. Biosens. Bioelectron., 50, 387 – 392, 2013.

[201] Zhang, X., Zhang, Y. – C., Zhang, J. – W., A highly selective electrochemical sensor for chloramphenicol based on three – dimensional reduced graphene oxide architectures. Talanta, 161, 567 – 573, 2016.

[202] Xie, Y., Yu, Y., Lu, L., Ma, X., Gong, L., Huang, X., Liu, G., Yu, Y., CuO nanoparticles decorated 3D graphene nanocomposite as non – enzymatic electrochemical sensing platform for mala – thion detection. J. Electroanal. Chem., 812, 82 – 89, 2018.

[203] Rahmani, T., Bagheri, H., Behbahani, M., Hajian, A., Afkhami, A., Modified 3D graphene – Au as a novel sensing layer for direct and sensitive electrochemical determination of carbaryl pesticide in fruit, Vegetable, and Water Samples. Food Anal. Methods., 11, 3005 – 3014, 2018.

[204] Gupta, N., Pillai, A. K., Parmar, P., Spectrophotometric determination of trace carbaryl in water and grain samples by inhibition of the rhodamine – B oxidation. Spectrochim. Acta, Part A, 139, 471 – 476, 2015.

[205] Vinod Kumar Gupta, H. K. – M. and Sadegh, R., Simultaneous determination of hydroxylamine, phenol and sulfite in water and waste water samples using a voltammetric nanosensor. Int. J. Electrochem. Sci., 10, 303 – 316, 2015.

第5章 先进可充电电池电极中的石墨烯和石墨烯基杂化复合材料

Hee Jo Song, Dong – Wan Kim
韩国首尔高丽大学土木环境建筑工程学院

摘　要　石墨烯基材料在各种可充电电池电极中引起了人们极大的兴趣。这种材料的固有特性,如大比表面积和高电导率,以及与其他活性组分的良好兼容性,能诱导可充电电池的优异电化学性能。石墨烯材料可直接用作可充电电池中的活性电极。更重要的是石墨烯基复合材料与各种活性材料的结合可以改善锂/钠离子电池中的几个电化学性能参数,提高比容量和倍率性能,并减小循环过程中的体积变化,延长电池寿命。以锂硫电池为例,硫化合物和石墨烯材料之间良好的化学结合可以防止多硫化物溶解在电解质中。当用于锂–空气电池时,石墨烯材料的电催化活性降低了充电/放电过电位,从而增加了能量转换效率,提高了循环性能。本章对用于先进可充电电池的石墨烯基复合材料的最新成就与进展进行了有组织和翔实的综述,包括锂离子电池和下一代钠离子、锂硫和锂–空气电池。重点关注其合成,包括制备方法以及其先进的电化学性能。

关键词　石墨烯,复合材料,锂离子电池,钠离子电池,锂硫电池,锂–空气电池

5.1 概述

为了满足现代社会的需求,全球能源生产不断增长导致了传统的碳氢化合物化石燃料(煤、石油和天然气)和核能的快速消耗。主要由发电厂、制造业和汽车产生的这种消耗导致了各种环境问题,如与空气污染、放射性物质的排放和与 CO_2 排放相关的全球变暖。因此,环境友好型能源生产已成为当前和未来的重要问题[1-2]。在过去几十年中,包括太阳热能、光能、风能、潮汐能、生物质能、地热和水电能源在内的可再生能源得到了广泛发展,这些技术生态友好、可持续,并且排放的温室气体较少。遗憾的是,从能源生产的角度来看,与传统能源相比,这种可再生能源受到时间和空间的限制[3-4]。因此,有效管理可再生能源的收获和生产至关重要。为此,必须重点开发将这些能量转换为其他形式的储能系统,允许在需要时使用[5]。

可充电电池是可以通过电化学反应有效地存储常规能量和可再生能量的电化学能量存储装置。此外,可以便捷地将其他能量形式(化学和动能)转化为电能。一个多世纪以来,许

多类型的可充电电池，如Pb－酸电池、Ni－Cd电池和Ni－金属氢化物电池，已经被用作能量存储装置。自20世纪90年代初以来，可充电锂离子电池（LIB）因其高功率密度、高能量密度、最小的记忆效应、低自放电、长工作寿命和良好的环境兼容性而被开发为能量存储和转换的电源[6]。由于这些优点，LIB已经广泛应用于各种设备，从小型便携式和家用电子设备到电动车辆。然而，现有的LIB不能满足大规模储能系统领域的巨大需求。因此，在大规模能量存储系统中应用LIB需要显著提高LIB电极的功率密度、能量密度和持久耐久性。

石墨烯基材料，包括石墨烯及其衍生物氧化石墨烯（GO）、还原氧化石墨烯（rGO）和异质原子掺杂石墨烯，是加速提高可充电电池电化学性能用于大规模储能系统应用的最具吸引力的候选材料之一。其良好的表面可及性使得基于石墨烯的材料能够通过简单的混合、包封、包裹或锚定来结合活性材料[7-10]。此外，大比表面积、良好的化学和热稳定性，以及高的电、热和机械性能的独特特性使得石墨烯基杂化复合材料作为LIB的电极具有很大的潜力[7-10]。此外，最近已经密集开发了具有更高功率和能量密度的更具成本效益的器件，用于下一代可充电电池，即钠离子电池（NIB）、锂硫电池（LSB）和锂－空气电池（LAB）[11-12]。众所周知，石墨烯基材料还可以提高多种下一代可充电电池的电化学性能[11-12]。

在本章中，讨论了石墨烯基复合材料作为先进可充电电池电极领域的最新发展。由于石墨烯本身表现出电化学活性，我们简单介绍独立石墨烯作为可充电电池的电极。更重要的是，本章回顾了掺入各种活性材料的石墨烯基材料用于改善可充电电池的电化学性能。

5.2 锂离子电池

锂离子电池（LIB）是通过锂离子的迁移将化学能转化为电能的电化学装置。典型的LIB由正极（阴极）、负极（阳极）、两个电极之间的隔膜和电解质组成。在充电过程中，锂离子通过电解质从阴极移动到阳极。

在放电过程中，发生逆反应。下面的方程式示出了循环期间在电极中发生的代表性电化学反应。

$$\text{阴极}: LiMO_x \rightleftharpoons Li_{1-x}MO_x + xLi^+ + xe^- \tag{5.1}$$

$$\text{阳极}: 6C + xLi^+ + xe^- \rightleftharpoons Li_xC_6 \tag{5.2}$$

$$\text{整体}: LiMO_x + 6C \rightleftharpoons Li_{1-x}MO_x + Li_xC_6 \tag{5.3}$$

石墨烯材料由于其电化学行为与石墨相似而被用作阳极材料。此外，它们还被用作各种电极装饰的支撑基体。本节介绍了石墨烯材料作为高性能LIB中阳极和阳极/阴极支架的发展概况。

5.2.1 用于锂离子电池阳极活性材料的石墨烯及其衍生物

在商用锂离子电池阳极中，石墨与锂离子在0.2～0.3V（相对Li/Li^+）的低工作电位下相互作用。根据一个锂离子与C_6形成LiC_6的电化学反应[13]，石墨的理论容量为372mA·h/g。然而，石墨电极由于能量密度限制不适合于大规模储能电池。然而，已知由石墨烯（碳质材料）构成的电极由于较高的锂离子存储容量而可以提供比石墨电极更高的能量密度。事实上，Yoo等首次报道了通过剥离块状石墨获得6～15层的重堆叠石墨烯，在20mA/g下表现出540mA·h/g的容量，这高于石墨的最大容量[14]。此外，通过将石墨烯与碳材料

(碳纳米管(CNT)或C60)混合,获得了784mA·h/g的增强容量,碳材料用作间隔物以减少堆叠层的数量。Wang等采用化学合成方法大规模合成石墨烯[15]。通过改进的Hummers方法和肼的化学还原制备石墨烯,其在100次循环后提供了460mA·h/g的容量。Guo等使用改进的Staudenmaier方法、快速热处理和超声处理,通过氧化人造石墨制备了含有20~30层的石墨烯,在0.2mA/cm^{2}下,30次循环显示出500mA·h/g的容量[16]。采用氧化石墨热剥离法合成了层数较少(约4层)、比表面积较大(492.5m^2/g)的高纯石墨烯,其初始容量为1264mA·h/g,在100mA/g下循环40次后容量为848mA·h/g。

尽管具有缺陷的无序石墨烯比完美结晶石墨烯的电导率更低,但无序石墨烯显示出比完美结晶石墨烯更高的可逆容量。Pan等使用GO还原法的变体制备了具有缺陷的无序石墨烯,实现了794~1054mA·h/g的高容量[18]。通过杂原子掺杂获得的缺陷石墨烯可以改善LIB的电化学性能[19-20]。Reddy等使用己烷和乙腈作为氮掺杂石墨烯前驱体,通过化学气相沉积(CVD)工艺制备了在石墨烯中的吡啶位点具有表面缺陷的氮掺杂石墨烯薄膜[19]。这种氮掺杂石墨烯的容量估计是原始石墨烯的2倍。在所有电流密度范围内,硼掺杂石墨烯都表现出比氮掺杂石墨烯更好的倍率性能。Liu等认为,在异质原子掺杂石墨烯材料中,分层的硼掺杂石墨烯C_3B可以容纳最多的锂离子[20]。

石墨烯的形态和结构工程可以增强LIB中锂离子的电化学存储,以激活结构内的电荷传输[21-22]。通过沿轴向切割多壁碳纳米管(MWCNT)的壁,在溶液中制备了来自未压缩的原始多壁碳纳米管的石墨烯纳米带,其容量为800mA·h/g,每次循环容量损失约3%[21]。结构和掺杂可以在石墨烯材料中提供协同效应。Wang等以GO、磺化聚苯乙烯和聚乙烯吡咯烷酮为牺牲模板,以氮、硼掺杂介质,在镍泡沫中制备了分级多孔氮、硼共掺杂石墨烯[22]。值得注意的是,该结构在5000mA/g和80000mA/g分别表现出560mA·h/g和220mA·h/g的优异倍率性能,以及在5000mA/g下循环3000次以上可以保持500mA·h/g容量的长期循环性。

5.2.2 用于锂离子电池阳极的石墨烯基复合材料

除了碳基阳极,各种具有更高能量密度或功率密度的材料被强调为高性能锂离子电池(LIB)阳极。大多数候选物通过合金化/脱合金化、转化或插层/脱层3种类型的电化学反应机制与锂离子反应。通过这些机理反应的代表性元素/化合物分别是第14族元素(Si和Sn)、过渡金属氧化物(TMO,TM=Fe、Mn、Co或Ni)和钛基材料($Li_4Ti_5O_{12}$、TiO_2)。本节描述了石墨烯材料与这些类型的阳极材料一起使用,以提高LIB的电化学性能。

5.2.2.1 石墨烯与合金基材料

合金基材料被认为是LIB有前途的替代阳极,因为其理论容量高于石墨[23-24]。然而,合金基材料的实际应用受到由体积剧烈变化引起的活性材料的粒子变形和粉碎的限制。体积变化会导致电极中的活性材料与电极和集流体之间导电网络的电接触被破坏。此外,这些变化导致断裂和裂纹区域表面连续形成不稳定的固体电解质界面(SEI)层,导致不可逆容量高、循环性差、容量衰减快[25]。为克服这些具有挑战性的内在问题,进行了广泛的研究。为了耐受大的体积变化,许多策略集中于合金基材料的纳米工程(如纳米粒子或纳米线)及其与导电介质的结合,这两者都可以改善电化学动力学和减轻容量衰减。石墨烯可以减轻和缓冲合金基材料在锂化/去锂化过程中大体积变化引起的粒子应力和应变[26-27]。此外,石墨烯优异的导电性可以提供有效的电荷传输[26-27]。受这些特性的启发,人们对通过物理或化学结合将合金基纳米材料与石墨烯材料杂化以制备合金/石墨烯复合材料进行了大量研究。

第14族元素硅(Si)和锡(Sn)通过合金化/脱合金化反应与锂(Li)离子相互作用。它们与锂(Li)离子反应形成富合金相。Si、Sn与锂离子的电化学反应方程如下:

$$M + xLi^{+} + xe^{-} \rightleftharpoons Li_{x}M(0 \leqslant x \leqslant 4.4)(合金化/脱合金化) \tag{5.4}$$

在这些元素中,Si具有高理论容量(最大4200mA·h/g)、低放电电位(相对Li/Li^{+}约0.2V),和在地壳中的高含量,是最有希望用于LIB阳极[23]。然而,Si电极的主要挑战是在锂化/去锂化过程中伴随最大4.4个锂离子活性材料的巨大体积膨胀/收缩(300%~400%)。此外,Si的相对低的本征电导率导致了缓慢的电化学动力学。

大多数Si纳米粒子/石墨烯复合材料是通过湿化学方法制备的。当暴露于空气气氛时,Si的表面容易被氧化,形成具有负电荷的薄非晶氧化硅(SiO_{x})层[28],部分氧化的Si纳米粒子和GO可以容易地分散在水中。因此,可以使用在GO溶液中分散良好的Si纳米粒子来制备Si纳米粒子/rGO复合材料[28-29]。Lee等通过过滤、干燥和后退火(还原气氛)工艺制备了均匀的Si纳米粒子(30nm)/石墨烯纸,在50mA/g(每次循环容量降低0.5%)下,在50次和200次循环后,分别显示出2200mA·h/g和1500mA·h/g的容量[26]。GO中的部分空位产生新的离子扩散通道,可以辅助离子传输(图5.1(a))[28]。与没有有意碳缺陷的复合材料相比,具有最佳碳空位的Si纳米粒子(50nm)/石墨烯复合材料表现出更高的比容量(在1000mA/g下150次循环后为2500mA·h/g)和倍率性能(图5.1(b))。此外,根据Xiang等的研究,使用热膨胀石墨获得的Si纳米粒子/石墨烯复合材料显示出比使用热还原GO获得的Si纳米粒子/石墨烯复合材料更高的容量,因为通过热膨胀制备的石墨烯比热还原GO具有更少的结构缺陷[29]。

表面功能化的Si纳米粒子与石墨烯材料的自组装是制备与石墨烯材料强键合的Si纳米粒子的另一种有效方法。根据Zhou等的研究,在普通条件下部分氧化的Si纳米粒子和GO都表现出负的表面电荷[30]。PDDA通过静电引力吸附在Si纳米粒子(40nm)表面,使表面电荷由负变为正。这些带正电荷的Si纳米粒子通过静电吸引进行自组装(图5.1(c)、(d))。热还原和HF蚀刻后,复合材料在100mA/g下循环150次后显示出1205mA·h/g的容量(图5.1(e))[30]。Wen等使用过硫酸铵(APS)功能化的Si(APS-Si)纳米粒子(50~100nm)与石墨烯键合[31]。APS-Si上的端基NH_2与GO上的COOH基团反应形成酰胺键。喷射退火工艺提供了封装在石墨烯复合材料中的Si纳米粒子,其在100mA/g下在120次循环后表现出2250mA·h/g的高容量。另外,使用重氮化学制备的通过芳族接头具有共价键的Si纳米粒子-苯基-石墨烯复合材料在300mA/g下828mA·h/g的容量可以循环高达50次。

双重保护策略,如在Si纳米粒子上使用碳/石墨烯的双重涂覆,可以减轻Si纳米粒子的体积变化。Zhou等制备了C包覆的Si(200nm)/石墨烯复合材料(C-Si/石墨烯)[33]。首先,用1-乙基-3-甲基咪唑二氰胺作为碳前驱体涂覆通过Si-APS-GO自组装制备的Si纳米粒子/石墨烯复合材料,随后热解以在Si/石墨烯上获得薄的无定形碳层。在300mA/g下循环100次后,该复合材料的容量为902mA·h/g。有两个小组报道了C/Si/石墨烯/Si/C双保护形式的石墨烯/Si/C复合材料。Evanoff等通过化学沉积制备石墨烯/

Si/C 粒子[34]。将SiH_4分解得到的 Si 纳米粒子沉积在石墨烯表面，然后用C_3H_6气体进行碳化。在 1400mA/g 下循环 150 次后，该复合材料表现出超过 1000mA · h/g 的容量；相反，在 Si/碳复合材料(石墨烯 - Si/C)上的石墨烯涂层也已经被研究。Li 等报道了通过热解包封在 GO 中的苯胺功能化的 Si 纳米粒子得到的包封在石墨烯中的 Si 纳米粒子/C，在 2000mA/g 下循环 300 次后显示出 70% 的容量保持率[35]。Fang 等[36]使用聚多巴胺作为碳涂层介质(图 5.1(f)、(g))。石墨烯 - Si/石墨烯复合材料在 2100mA/g(图 5.1(h))的速率下进行 300 次循环后，显示出约 1000mA · h/g 的容量[36]。此外，Chang 等在三维蜂窝石墨烯气凝胶中制备了 rGO 保护的 Si 纳米粒子[37]。将自组装的 Si 纳米粒子(70nm) - PDDA - GO 与另一种 GO 混合并水热反应形成 3D Si 纳米粒子 - rGO1 - rGO2 气凝胶复合材料，该复合材料表现出相对稳定的循环性能，在 1000mA/g 下循环 200 次后的容量为 880mA · h/g。

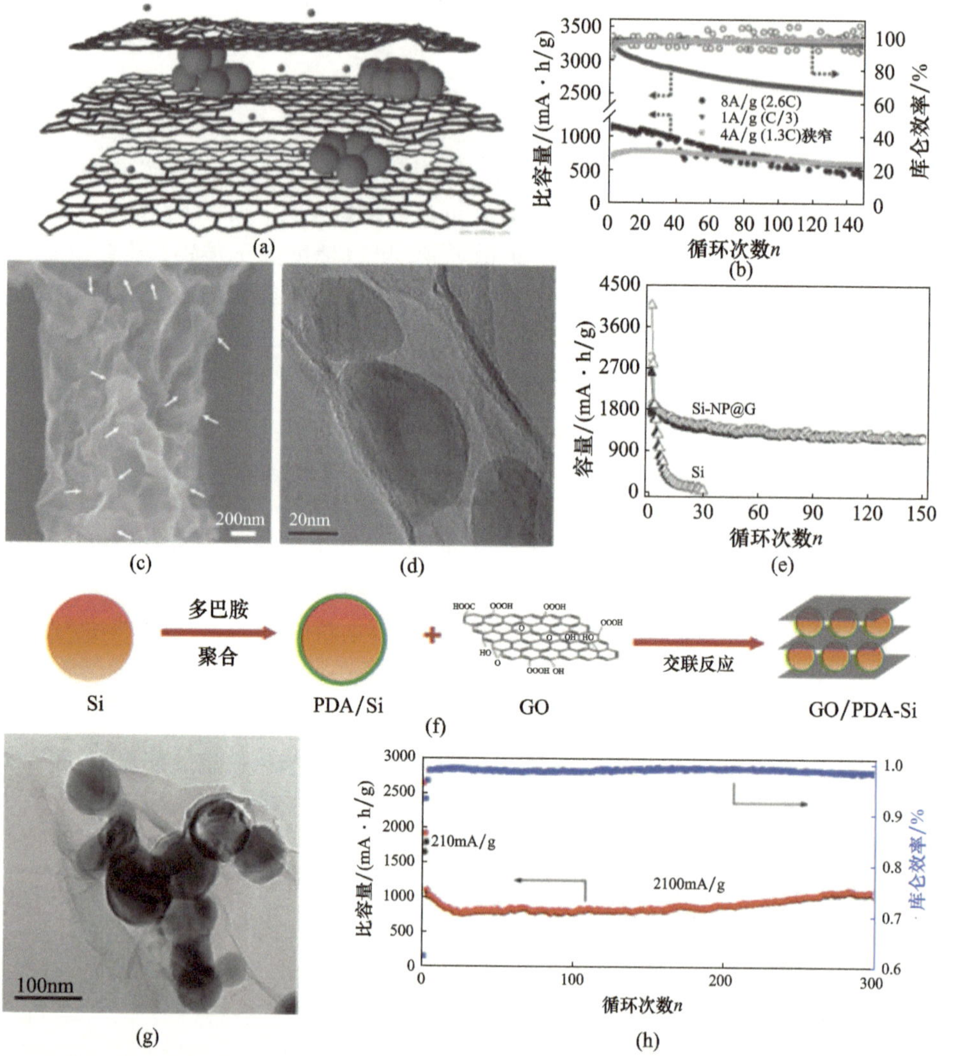

图 5.1 Si/石墨烯复合材料的(a)示意图和(b)长期循环性能(经授权转载自文献[28]，2011 年威利 - VCH 版权所有)；(c)SEM(d)TEM 图像；(e)Si 纳米粒子/石墨烯的长期循环性(经授权转载自文献[30]，2012 年威利 - VCH 版权所有)；(f)合成步骤示意图；(g)SEM 图像；(h)GO/PDA - Si 复合材料的长期循环性能(经授权转载自文献[36]，2015 年美国化学学会版权所有)

Son 等通过 CVD 工艺直接在 Si 纳米粒子表面生长石墨烯。该方法的关键问题是同时形成杂质，如 SiC。而利用 CO_2 气体获得了不含杂质的纯 Si 纳米粒子/石墨烯复合材料[38]。在锂化过程中，良好对准的石墨烯层通过滑动过程保持其分层堆叠结构，从而在 Si 纳米粒子周围保持石墨烯。

Sn 与 Li 离子相互作用的电压范围为 0.4 ~ 0.8V(相对 Li/Li^+)，理论容量为 1000mA · h/g[24]。然而，与 Si 类似，Sn 在最大 4.4 个锂离子锂化/脱锂化过程中也遭受活性材料的大体积膨胀/收缩(260%)，导致粉化[39]。石墨烯材料对于提高 LIB 阳极中 Sn 的电化学性能也起着重要作用。Wang 等首次将 Sn 纳米粒子和石墨烯结合为 LIB 阳极[27]。他们通过低温(0℃)溶液法制备了 Sn 纳米粒子(2 ~ 5nm)/石墨烯复合材料，$NaBH_4$ 用作还原剂，分别对 Sn^{2+} 和 GO 进行还原，生成 Sn 和石墨烯(图 5.2(a))。高度结晶的 SnO_2 纳米粒子(2 ~ 5nm)/石墨烯复合材料在 55mA/g 下循环 100 次后显示出 508mA · h/g 的容量(图 5.2(b))。Nithya 等也使用类似的$NaBH_4$ 还原方法合成了 Sn 纳米粒子(5 ~ 10nm)/rGO 复合物[39]。Sn 与 rGO 之比为 5 : 1 的 Sn/rGO 混合物在 198.6mA/g 下循环 150 次后的容量为 550mA · h/g。

3D 结构可以提高 Sn/石墨烯复合材料的长期循环性和锂离子存储能力。Zhu 等采用电泳沉积法在 Ni 泡沫电极上制备了 3D 多孔 Sn/石墨烯，在 500mA/g 下循环 200 次后，容量为 552mA · h/g[40]。Wang 等在 Ni 箔上沉积石墨烯和 Sn，形成 Sn(100 ~ 250nm)纳米粒子修饰的 3D 类山状石墨烯电极[41]。值得注意的是，该电极具有良好的长期循环性能，4000 次循环后在 879mA/g 下可保持 466mA · h/g 的容量，并且在 293mA/g 下循环 400 次后具有 794mA · h/g 的高容量。

还研究了 Sn 基复合材料的双重保护策略。Qin 等制备了锚定在包裹在石墨烯壳中的 Sn 纳米粒子(5 ~ 30nm)上的 3D 多孔石墨烯网络[42]。在合成过程中，柠檬酸在 Sn 纳米粒子的催化辅助下转化为石墨烯，NaCl 对形成 3D 多孔石墨烯网络和防止 Sn 纳米粒子团聚起到了关键作用。该复合物在 200mA/g 下 100 次循环后显示出 1089mA · h/g 的高容量，在 2000mA/g 下显示出超过 1000 次循环的长期循环能力，在 2000mA/g 下的容量为 682mA · h/g。Li 等在垂直排列的石墨烯上制备了封装在石墨烯中的 Sn[43]。使用微波等离子体合成的垂直排列的石墨烯主体提供了电荷传输路径和 Sn 纳米粒子的缓冲体积变化(图 5.2(c)、(d))。另外，CVD 工艺通过防止 Sn 纳米粒子与石墨烯主体分离而提供了 Sn 纳米粒子与垂直对准的石墨烯主体之间的进一步结合。该复合材料独特的 3D 结构在 150mA/g 下 100 次循环后提供了 1037mA · h/g 的高容量，超过 40000mA/g 的倍率性能，以及超过 5000 次循环的长期循环能力，在 9000mA/g 的容量为 400mA · h/g(图 5.2(e))。Luo 等报道了包封在石墨烯骨架碳质泡沫中的 Sn 纳米粒子[44]。通过冷冻干燥 Sn/G 水凝胶形成泡沫状石墨烯主链，并通过与葡萄糖的水热反应引入额外的碳壳涂层。据称，石墨烯主链上 Sn 纳米粒子的合理质量负载防止了锂化/去锂化过程中的粒子团聚。该复合材料在 500 次循环后表现出 506mA · h/g 的容量和 270mA · h/g 的高倍率性能，即使在 3200mA/g 下也是如此。

在第一个放电步骤中，氧化锡(SnO_2)最初与锂离子不可逆地相互作用形成 Sn 和 Li_2O。在随后的充电/放电步骤中，Sn 通过合金化/脱合金化反应与锂离子相互作用。与 SnO_2Li 离子的电化学反应方程序如下[45]：

$$SnO_2 + 4Li^+ + 4e^- \rightarrow Sn + 2Li_2O\text{（不可逆）} \tag{5.5}$$

$$Sn + xLi^+ + xe^- \rightleftharpoons Li_xSn(0 \leqslant x \leqslant 4.4)\text{（合金化/脱合金化）} \tag{5.6}$$

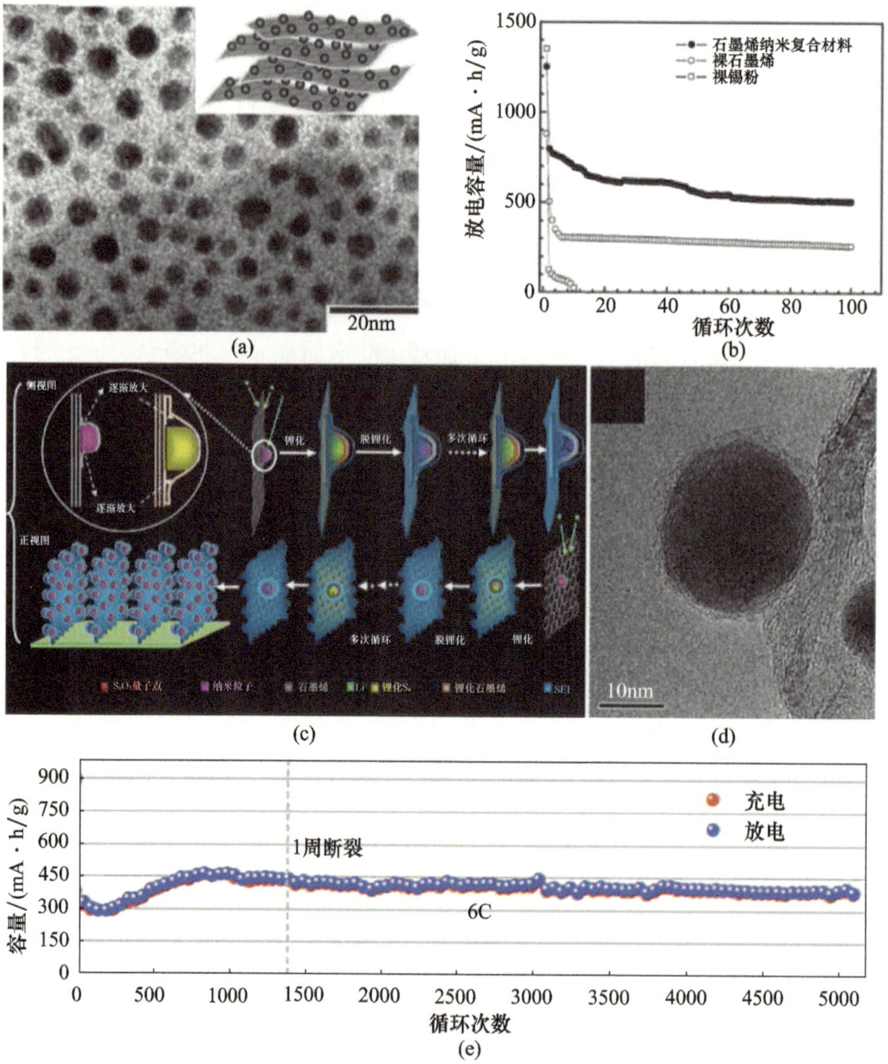

图 5.2　Sn/石墨烯复合材料的（a）TEM 图像和（b）长期循环性能（经授权转载自文献[27]，2009 年英国皇家化学学会版权所有）；（c）循环过程中 Sn/石墨烯体积变化的示意图；（d）Sn/石墨烯的 TEM 图像；（e）长期循环性能（经授权转载自文献[43]，2013 年爱思唯尔公司版权所有）

由于 Li_2O 的不可逆形成，SnO_2 的理论容量（782mA·h/g）低于 Sn，但仍大于石墨。虽然 Li_2O 可以缓冲 Sn 的体积变化，但其缺乏导电性阻碍了电荷传输，导致缓慢的电化学动力学[46]。这些原因可使石墨烯材料对 SnO_2 的电化学性能产生积极影响。许多研究者采用类似的合成策略制备 SnO_2/石墨烯复合材料，已用于制备 Si/石墨烯和 Sn/石墨烯复合材料。

自 Paek 等首次报道了 SnO_2 纳米粒子/石墨烯复合材料以来[47]，已经进行了大量关于 SnO_2 纳米粒子/石墨烯复合材料合成的研究，以改善 LIB 的电化学性能。超细纳米 SnO_2 粒子/石墨烯复合材料可以通过各种湿化学方法合成。在典型的合成中，GO 和 Sn

源在溶液中混合在一起以在 GO 表面上形成 SnO_2 或锡化前驱体。GO 表面的含氧官能团如羟基和羧基可作为纳米粒子形成的成核位点。GO 可以通过使用强还原剂的化学处理或热处理还原为 rGO/石墨烯。

据 Paek 等介绍，$SnCl_4 \cdot 5H_2O$ 水解产生的 SnO_2 水溶胶与分散在乙二醇中的 rGO 反应，形成超细 SnO_2（约 5nm）/石墨烯复合材料[47]。再次退火之后，所获得的复合材料在 50mA/g 下 30 次循环之后表现出 570mA · h/g 的容量。在石墨烯上原位形成 SnO_2 纳米粒子可用于有效地在石墨烯层上制备均匀分布的 SnO_2 纳米粒子，而无须重新填充石墨烯层[48]。Zhong 等通过超快微波辅助高压釜法制备 SnO_2 纳米粒子/石墨烯复合材料（图 5.3(a)、(b)）[49]。所获得的 SnO_2 纳米粒子/石墨烯夹心状结构在 100mA/g 下 200 次循环后显示出 590mA · h/g 的容量和在 400mA/g 下 500mA · h/g 的倍率性能（图 5.3(c)）。

异质原子掺杂的石墨烯可以增强 SnO_2 纳米粒子的电化学动力学。Zhou 等通过原位肼蒸气还原制备了掺入 SnO_2 纳米晶体的氮掺杂石墨烯[50]。氮掺杂石墨烯促进了复合材料中的电荷传输。特别地，SnO_2 和石墨烯之间的 Sn－N 键有效地固定了 SnO_2 纳米晶体，这防止了锂化过程中的粒子聚集。该复合材料在 20000mA/g 下表现出 400mA · h/g 的高倍率性能和超过 500 次循环的长期循环性，无容量衰减。聚吡咯在与石墨烯的热解过程中用作氮掺杂源[51]。在氮掺杂石墨烯的多元醇还原 $SnCl_2$ 后，该复合材料在 90mA/g 下循环 100 次后的容量为 1220mA · h/g。

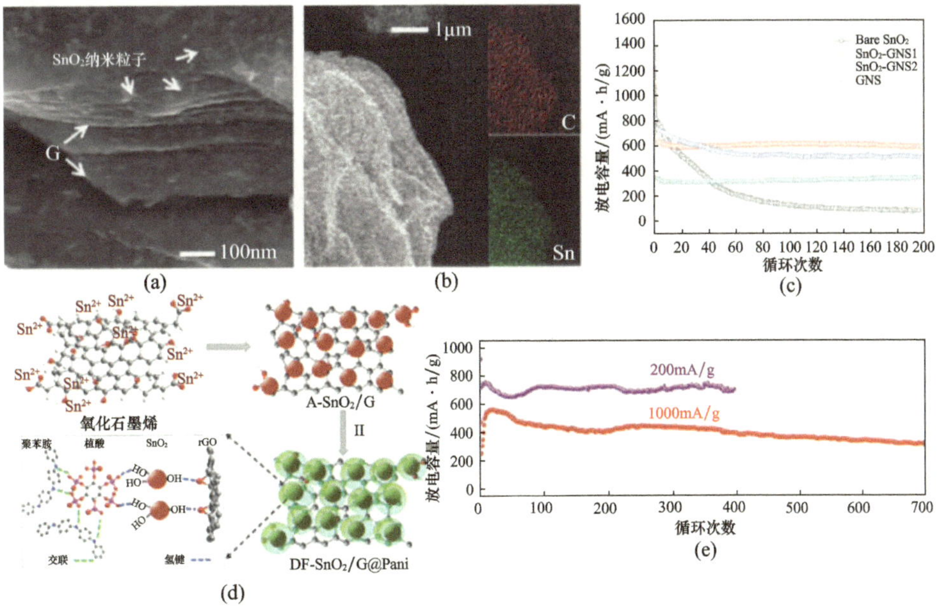

图 5.3 (a)SnO_2/石墨烯复合材料的 SEM 图像；(b)SEM 图像及相应的 C、S 元素 EDS 能谱；(c)SnO_2/石墨烯的长期循环性（经授权转载自文献[49]，2011 年美国化学学会版权所有）；(d)SnO_2/石墨烯/PANI 的合成程序示意图；(e)PANI 涂覆的 SnO_2 纳米粒子/石墨烯复合材料的长期循环性（经授权转载自文献[53]，2014 年美国化学学会版权所有）

如上所述，对于 Si 和 Sn，双保护层可以更好地承受充电/放电期间 SnO_2 纳米粒子的体积变化[52-53]。采用以葡萄糖为碳源的水热反应制备包裹在石墨烯中的 SnO_2/C 或包覆

碳的 SnO_2/石墨烯[52]。此外，聚苯胺(PANI)具有良好的导电性，可以用作碳涂层。锚定在石墨烯复合材料上的 PANI 涂覆的 SnO_2 纳米粒子防止了粒子聚集，并有效减轻了充电/放电过程中的大体积变化，提供了超过 700 次循环的长期循环性能，在 1000mA/g 的容量约为 300mA · h/g(图 5.3(d)、(e))[53]。

5.2.2.2 石墨烯与过渡金属氧化物

自 2000 年以来，纳米过渡金属氧化物(过渡金属为 Mn、Fe、Co 或 Ni)比常规石墨阳极具有更高的理论容量(700～1200mA · h/g)而用于 LIB 阳极，有望满足大规模储能系统的要求[54]。在电化学反应过程中，过渡金属氧化物在第一步锂化过程中转化为嵌入 Li_2O 其中的过渡金属纳米粒子。然而，与 SnO_2 此相反，所形成的 Li_2O 可伴随过渡金属纳米粒子的氧化而分解，转化为过渡金属氧化物和锂离子，即过渡金属氧化物可以通过转化反应机理可逆地与 Li_2O 反应。过渡金属氧化物与锂离子的电化学反应的代表性方程解释如下[55]：

$$M_xO_y + 2yLi^+ + 2ye^- \leftrightarrow xM^0 + yLi_2O\text{(转化)} \tag{5.7}$$

然而，与合金基材料类似，由于在锂化/脱锂化过程中大的体积变化和粒子粉碎，其循环性能较差[56-57]。此外，低电导率和充放电曲线之间的大极化导致能量效率较低[56-57]。为了克服这些限制，石墨烯是改善过渡金属氧化物电化学性能的有吸引力的基质之一。特别地，石墨烯和过渡金属氧化物纳米粒子/纳米结构之间良好的物理/化学接触，不仅可以提供高的电导率，而且可以缓冲大的体积变化并防止粒子聚集。因此，自 2010 年以来，为应对这些内在的挑战性问题开展了大量研究。

锰氧化物(Mn_3O_4、MnO_2)是 LIB 阳极的理想化合物之一。Wang 等首次报道了 rGO 上的Mn_3O_4 纳米粒子用于 LIB 阳极[56]。Mn_3O_4/rGO 复合材料通过两步溶液相反应制备，即在 DMF 中水解，随后在水中进行水热反应。在合成过程中，Mn_3O_4 纳米粒子可能在 GO 上的氧官能团上生长。在 rGO 的辅助下，该复合材料在 40mA/g 和 1600mA/g 时的容量分别为 900mA · h/g 和 390mA · h/g，基于非均相 Li_2O 和 Mn 金属的转化反应，MnO_2 有较高的理论容量为 1233mA · h/g[58]。Yu 等通过水热反应和后续超滤方法制备了逐层结构的 MnO_2 纳米管/石墨烯薄膜[58]。分层结构可以显著增强 Li 离子的迁移和电导率，其在 100mA/g 和 1600mA/g 下表现出 686mA · h/g 和 208mA · h/g 的容量。Jiang 等认为，MnO_2 纳米线修饰的 N 掺杂多孔石墨烯在 1000mA/g 下提供了 1132mA · h/g 的高容量，在 10000mA/g 下提供了 248mA · h/g 的良好倍率性能，这是由于氮掺杂石墨烯不仅可以提高 MnO_2 的电导率，还可以作为 LIB 阳极的活性材料[59]。

Fe_2O_3 和 Fe_3O_4 等氧化铁已经应用于 LIB 阳极。石墨烯包裹的 Fe_2O_3 纳米粒子可以通过温和的湿化学方法在 PVP 的辅助下制备，以控制 Fe_2O_3 纳米粒子与石墨烯之间的界面相互作用(图 5.4(a)、(b))[60]。由于完全被石墨烯包裹，该复合材料在 200mA/g 下 180 次循环后显示出 1032mA · h/g 的容量，在 2500mA/g 和 6000mA/g 下显示出 745mA · h/g 和 500mA · h/g 的倍率性能(图 5.4(c))。Liu 等在水－甘油醇溶液中通过简单的水热反应制备了紧密嵌入 rGO 网络的 Fe_2O_3 纳米片[61]。在合成过程中，rGO 网络提供了 Fe_2O_3 纳米片的成核位置，合成的 Fe_2O_3 纳米片防止了 rGO 的重新堆叠。这种独特的复合材料在 5C 下 200 次循环后表现出 896mA · h/g 的容量，以及在 10C 下 1000 次循环的长期循环性，其容量为 429mA · h/g。多孔石墨烯网络可以确保 Fe_2O_3 的高电化学性能，因为这种结构可以保持大量的活性材料并提供电荷传输路径。因此，Li 等利用了使用金属离子交换树脂通过离子交换/活化组合方法合成的三维分级多孔石墨烯网络[62]。在通过水热反应与分散良好的 Fe_2O_3 纳米粒子锚定之后，该复合材料在 100mA/g 下 100 次循环后显示出 907mA·h/g 的容量，以及在 2000mA/g 和 10000mA/g 下 500 次和 1000 次循环的长循环能力，容量分别接近 600mA·h/g 和 450mA·h/g（90% 容量保持率）。Jiang 等使用普鲁士蓝制备了包裹在三维石墨烯中的立方体形多孔 Fe_2O_3 纳米结构，在 200mA/g 下循环 130 次后显示出 1129mA·h/g 的容量，在 5000mA/g 下循环 1200 次后显示出 523mA·h/g（98% 容量保持率）的长循环性能（图 5.4(d)、(e)）[63]。

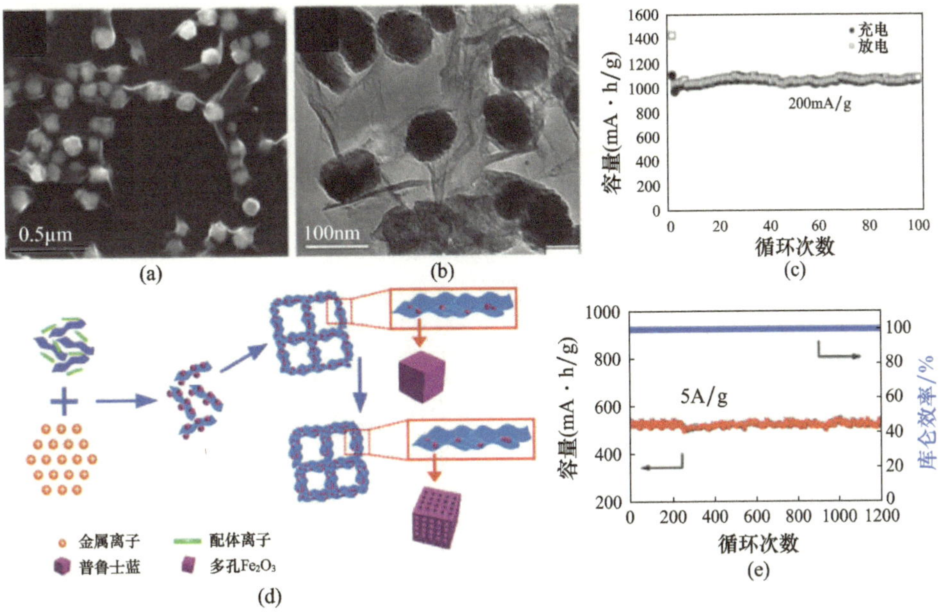

图 5.4 Fe_2O_3 纳米粒子/石墨烯复合材料的(a)SEM、(b)TEM 图像和(c)长循环性能（经授权转载自文献[60]，2013 年英国皇家化学学会版权所有）；(d)合成程序的示意图；(e)封装在三维石墨烯中的 Fe_2O_3 纳米结构的长期循环性（经授权转载自文献[63]，2017 年美国化学学会版权所有）

另一种氧化铁化合物 Fe_3O_4 在 LIB 阳极上引起了关注。Li 等报道了分级结构的石墨烯包裹的 Fe_3O_4－石墨烯纳米带，紧密锚定在石墨烯纳米带上的 Fe_3O_4 纳米粒子被另一个石墨烯包裹[64]。由于 Fe_3O_4 与石墨烯的协同作用，该复合材料在 400mA/g 下具有良好的循环性能，循环 300 次，容量为 708mA·h/g。Zhang 等通过溶剂热反应和后续退火工艺制备了碳包覆的超小 Fe_3O_4 纳米粒子/石墨烯复合材料[65]。在石墨烯和碳涂层作为导电骨架和防止粒子团聚的辅助下，该复合材料在 200mA/g 下循环 100 次后的容量接近 1200mA·h/g，在 5000mA/g 下的倍率性能为 444mA·h/g。

研究了氧化钴/石墨烯（Co_3O_4/石墨烯）复合材料在 LIB 阳极上的应用。Wu 等首次报道了 Co_3O_4 纳米粒子均匀锚定在石墨烯上[57]。通过 $Co(OH)_2$ 前驱体溶液相分散在石墨烯上加上 NH_4OH，制备 Co_3O_4/石墨烯复合材料，并随后退火得到 Co_3O_4 纳米粒子。均匀分布在石墨烯上的 Co_3O_4 纳米粒子可以作为间隔物，防止石墨烯层之间的重新堆叠。该复合材料在 50mA/g 下表现出 800～900mA·h/g 的容量。利用 3D 多孔石墨烯结构作为 Co_3O_4 纳米粒子的载体。Choi 等在聚苯乙烯球的辅助下采用 3D 异质结构多孔石墨烯结构网络作为压花技术的牺牲模板[66]。孔径可以通过原始聚苯乙烯球的尺寸控制，100nm ~ 2μm(图 5.5(a)、(b))。由于石墨烯网络的开孔结构，沉积在多孔石墨烯表面的 Co_3O_4 纳米粒子在 50mA/g 和 1000mA/g 下表现出 1000mA · h/g 和 800mA · h/g 的容量(图 5.5(c))。此外，Zhu 等使用通过 CVD 工艺制备的少层状 3D 多孔石墨烯纳米网框架，使用多孔 MgO 层上的 CH_4 作为牺牲模板[67]。在掺入 Co_3O_4 纳米粒子后，该复合材料在 150mA/g 下显示出 1543mA · h/g 的高容量，并在 1000mA/g 下显示出 1075mA · h/g 的倍率性能。Dou 等采用表面活性剂辅助自组装方法制备了超薄原子逐层介孔 Co_3O_4/石墨烯复合材料[68]。在合成过程中，超薄 Co_3O_4 与石墨烯上的含氧官能团连接形成 Co—O—C 键，这意味着 Co_3O_4 与石墨烯 Co_3O_4 之间的强杂化可以防止石墨烯的团聚和重新堆叠(图 5.5(d)、(e))。这种独特的结构在 100mA/g 和 2000mA/g 下分别提供了 2014mA · h/g 和 1134mA · h/g 的超高容量，以及 2000 次的长循环性能，在 1000mA/g 下的容量为 957mA · h/g(图 5.5(f))。

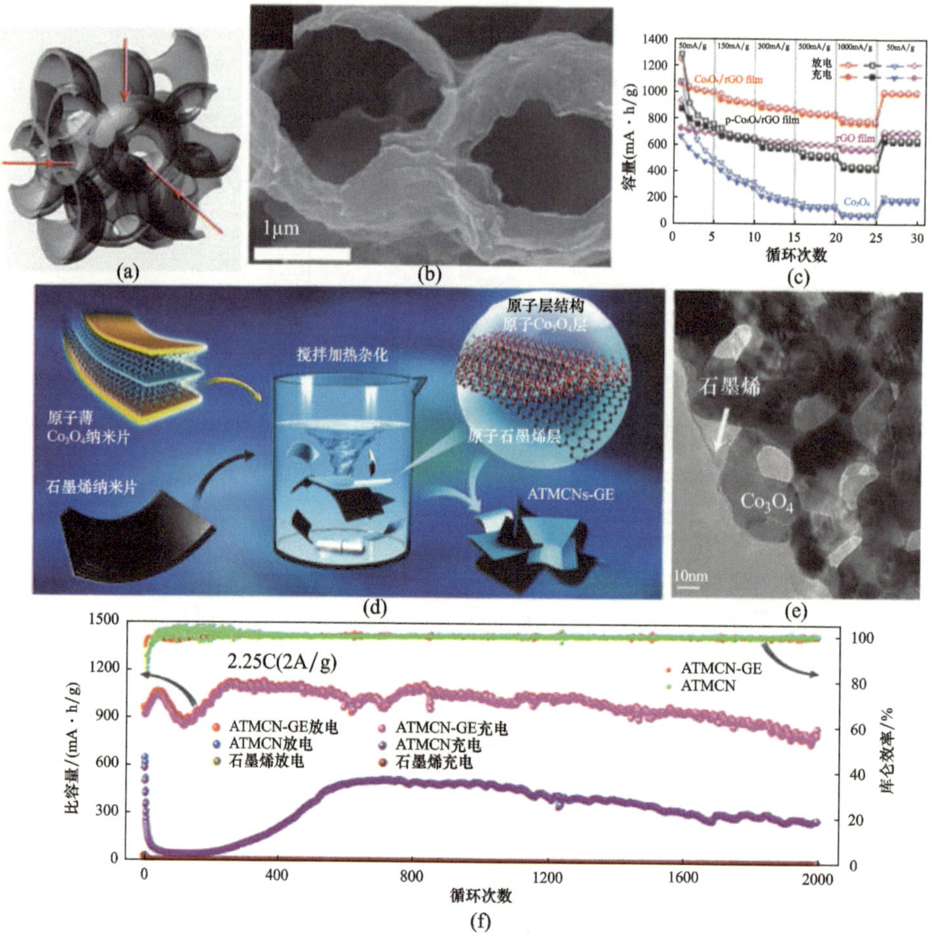

图 5.5 Co_3O_4/rGO 的(a)示意图；(b)相应的 SEM 图像；(c)倍率性能(经授权转载自文献[66]，2012 年英国皇家化学学会版权所有)；(d)薄中孔 Co_3O_4 纳米片/石墨烯复合材料的合成步骤示意图；(e)TEM 图像；(f)Co_3O_4 纳米片/石墨烯复合材料的长循环性能(经授权转载自文献[68]，2016 年威利 - VCH 版权所有)

有研究人员尝试使用氧化镍(NiO)作为 LIB 阳极。Mai 等采用液相沉积法制备了 NiO/石墨烯复合材料[69],证明了 NiO 中的石墨烯修饰可以部分降低电压极化,即使在高倍率下也是如此。该复合材料在 100mA/g 下循环 35 次后的容量为 646mA · h/g,在 400mA/g 和 800mA/g 下的倍率性能分别为 509mA · h/g 和 368mA · h/g。Lee 等使用工业化 Ni 线通过在油酸中的简易电线脉冲技术和随后的部分氧化工艺制备了杂化 NiO/Ni/石墨烯复合材料,以形成 NiO[70]。石墨烯上均匀分布的 NiO/Ni 纳米粒子在 142mA/g 时的容量接近 700mA · h/g,在 353mA/g 时的容量为 500mA · h/g。然而,与其他过渡金属氧化物/石墨烯复合材料相比,关于 NiO/石墨烯复合材料的报道很少。

5.2.2.3 石墨烯与钛基化合物

对钛基化合物,特别是钛酸锂($Li_4Ti_5O_{12}$)作为 LIB 的阳极已经进行了研究。当 $Li_4Ti_5O_{12}$通过插层/脱层反应与 Li 离子相互作用时,一个 $Li_4Ti_5O_{12}$主体在锂化过程中可以容纳 3 个锂离子,最大容量为 175mA · h/g。$Li_4Ti_5O_{12}$与 Li 离子的电化学反应方程序如下[71]:

$$Li_4Ti_5O_{12} + xLi^+ + xe^- \rightleftharpoons Li_{4+x}Ti_5O_{12}\,(0 \leqslant x \leqslant 3)\,(\text{插层/脱层}) \tag{5.8}$$

虽然 $Li_4Ti_5O_{12}$的理论容量低于石墨,但在高功率和长寿命 LIB 阳极方面具有潜在的优势。与其他阳极材料相比,$Li_4Ti_5O_{12}$在充电/放电过程中表现出可忽略的体积变化(<0.2%),表明在重复循环后具有超高的结构稳定性[71]。然而,较差的导电性和缓慢的锂离子扩散限制了 $Li_4Ti_5O_{12}$的电化学性能[72]。尽管可以通过引入均匀的碳涂层来提高 $Li_4Ti_5O_{12}$的导电性,但是使用具有优异导电性的石墨烯为在具有高倍率性能和长循环性能的 LIB 阳极 $Li_4Ti_5O_{12}$中提供足够的电荷传输提供了合理的解决方案。

Shi 等通过简单的机械球磨工艺制备了 $Li_4Ti_5O_{12}$纳米/石墨烯复合材料[73]。在复合材料中,石墨烯(质量分数为 5%)降低了充电与放电平台电位之间的极化和电荷转移电阻(图 5.6(a))。该复合材料显示出 122mA · h/g 的容量,即使在 20C 高倍率下循环 300 次后,相对于初始容量的损失小于 6%(图 5.6(b))。然而,大多数研究都集中在通过湿化学方法合成 $Li_4Ti_5O_{12}$/石墨烯复合材料。Tang 等通过水热反应和随后的退火工艺,由 TiO_2 胶体包覆的 GO 在石墨烯上制备了 $Li_4Ti_5O_{12}$纳米片[74]。该复合材料在 10C 下表现出 155mA · h/g 的倍率性能和超过 200 次的循环性能,在 20C 下的容量为 140mA · h/g。Zhang 等制备了 $Li_4Ti_5O_{12}$微球/rGO 复合材料[75]。首先通过钛酸丁酯的水解制备 TiO_2 微球前体;然后 TiO_2 前体与 GO 和 LiOH 水热反应,随后进行退火工艺。在水热反应过程中,涂覆在 TiO_2 前体上的 GO 限制了 $Li_4Ti_5O_{12}$微球粒子的生长(图 5.6(c))。该复合材料显示出超过 500 次循环的长循环性能,在 5C 下的容量为 130mA · h/g(图 5.6(d))。Chen 等通过 TiO_2/rGO 和 LiOH 的水热处理,随后进行退火工艺,在 rGO 上制备了介孔单晶 $Li_4Ti_5O_{12}$的复合物[76]。rGO 在合成过程中防止了纳米粒子聚集。该复合材料在 10C 下(1C = 175mA/g)表现出超过 2000 次循环的长循环性能,容量为 115mA · h/g。

还研究了合成 $Li_4Ti_5O_{12}$/石墨烯复合材料用于高性能 LIB 阳极的其他方法。Oh 等通过 Li_2CO_3 与 GO 包裹的工业级 TiO_2 纳米粒子(P25)(由 P25 与 GO 静电相互作用制备)的固态反应制备了 $Li_4Ti_5O_{12}$/rGO 复合材料[77]。该 $Li_4Ti_5O_{12}$/rGO 复合材料在 10C 下 100 次循环后表现出 147mA · h/g 的容量。Zhu 等报道了通过静电纺丝方法制备的石墨烯嵌入

$Li_4Ti_5O_{12}$纳米纤维[78]。该复合材料在22C下保持1200次循环的长期循环性。

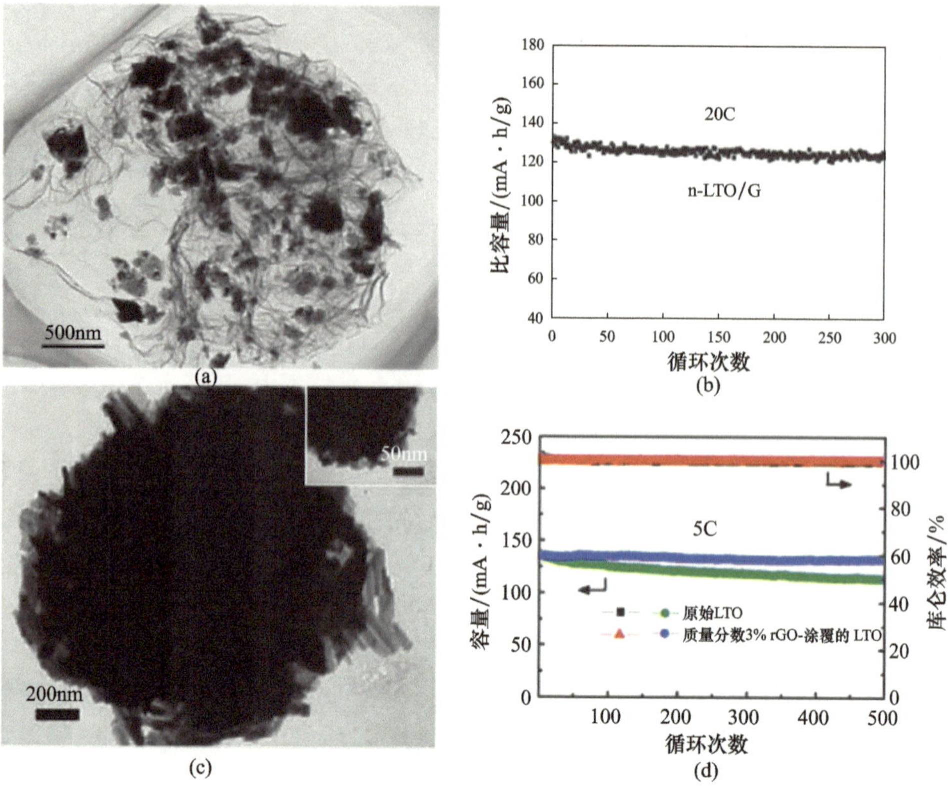

图5.6 $Li_4Ti_5O_{12}$/石墨烯的(a)TEM图像和(b)长循环性能(经授权转载自文献[73]，2011年爱思唯尔版权所有)3%(质量分数)rGO涂覆的$Li_4Ti_5O_{12}$复合材料的(c)TEM图像和(d)长循环性能(经授权转载自文献[75],2015年爱思唯尔版权所有)

与$Li_4Ti_5O_{12}$类似,二氧化钛(TiO_2)具有体积变化小(4%)的优点。但TiO_2也具有较差的导电性和缓慢的Li离子扩散,制约了其电化学性能[79-80]。与$Li_4Ti_5O_{12}$相比,TiO_2具有低倍率性能和高工作电位(约1.7V,vs. Li/Li^+),而多达一个Li离子可以与一个纳米级TiO_2主体可逆地反应[81-82],表明TiO_2的理论容量增加到336mA·h/g。TiO_2与Li离子的电化学反应方程序如下[81-82]:

$$TiO_2 + xLi^+ + xe^- \rightleftharpoons Li_xTiO_2(0 \leqslant x \leqslant 1)(\text{插层/脱层}) \tag{5.9}$$

为了获得具有良好电化学性能的LIB,许多研究人员采取了将TiO_2纳米粒子掺入石墨烯材料中的方法,通过缩短锂离子路径来促进锂离子扩散。为此,已报道了许多用于高性能LIB的TiO_2纳米粒子/石墨烯复合材料。大多数TiO_2纳米粒子/石墨烯复合材料通过湿化学方法制备,其中石墨烯或功能化的石墨烯材料作为TiO_2的成核位点[83-84]。Wang等通过简单的水解制备了TiO_2/石墨烯复合材料,其中TiO_2纳米粒子自组装在十二烷基硫酸钠功能化的GO上。该复合材料在1C下100次循环后显示出170mA·h/g的容量和高达30C的可比倍率性能[83]。在酸性溶液中简单制备的石墨烯上自组装介孔锐钛矿TiO_2纳米球在1C下循环100次后显示出200mA·h/g的容量和在50C下的速率容量为97mA·h/g[84]。

已经广泛研究了各种一维(1D)到三维(3D)结构 TiO_2(例如,1D 纳米线、纳米管、二维纳米片和复杂的三维微/纳米结构)的构建。与零维(0D)纳米粒子相比,1D 结构 TiO_2 可以防止活性材料在连续循环过程中聚集。使用 0D 结构 TiO_2 纳米粒子可以通过简单的水热反应制备 1D 结构锐钛矿 TiO_2/石墨烯复合材料(图 5.7(a),(b))[85]。锐钛矿型 TiO_2 纳米管/石墨烯复合材料在 100mA/g 下 50 次循环后显示出 250mA·h/g 的容量,在 8000mA/g 下显示出 80mA·h/g 的长循环性能(图 5.7(c))[85]。有趣的是,1D 结构 TiO_2(B)纳米线/石墨烯复合材料也可以通过类似的水热反应制备[86-87]。认为在各种 TiO_2 多晶型物中,TiO_2(B)的电化学性能最高[86]。Yan 等制备了 TiO_2(B)纳米线/N 掺杂石墨烯复合材料,由于 N 掺杂石墨烯的辅助,其在 10C 和 100C 下分别表现出 220mA·h/g 和 101mA·h/g 的优异倍率能力,以及超过 1000 次循环的长循环性能,容量保持率为 96%[87]。

石墨烯上 TiO_2 纳米片的优先取向是目前探索的另一种策略。理论研究表明,锐钛矿 TiO_2 沿[001]方向具有开放通道[88]。因此,TiO_2 具有高度暴露的(001)晶面的锐钛矿纳米片,可以提高 LIB 的电化学性能,特别是倍率性能。通过溶剂热法,使用异丙醇钛在异丙醇中,可以容易地在石墨烯材料上直接生长具有高度暴露的(001)刻面的锐钛矿 TiO_2 纳米片[88-89]。Ding 等制备的 2D 复合材料在 10C 和 20 C 下分别表现出 120mA·h/g 和 107mA·h/g 的高倍率性能[88]。Li 等揭示了生长在石墨烯上的各向异性 TiO_2 纳米片比石墨烯上的各向同性 TiO_2 球体表现出更高的电化学性能,在 10C 和 100C 下分别表现出 150mA·h/g 和 112mA·h/g 的超高倍率性能(图 5.7(d)、(e))[89]。

石墨烯材料与三维结构 TiO_2 的结合可以产生协同效应。rGO 包覆进一步改善了介孔 TiO_2 微球的电化学动力学性能,比无 rGO 包覆的介孔微球具有更高的电化学动力学性能(10C 和 60C 下分别为 130mA·h/g 和 80mA·h/g)[90]。石墨烯材料可以保持 TiO_2 架构的形态。通过气溶胶辅助喷雾方法制备的 TiO_2 - rGO 空心球,rGO 提供的机械强度足以防止空心球破裂,具有 800 次循环以上的长循环性能,在 940mA/g 下保持 97% 的容量(图 5.7(f)、(g))[91]。

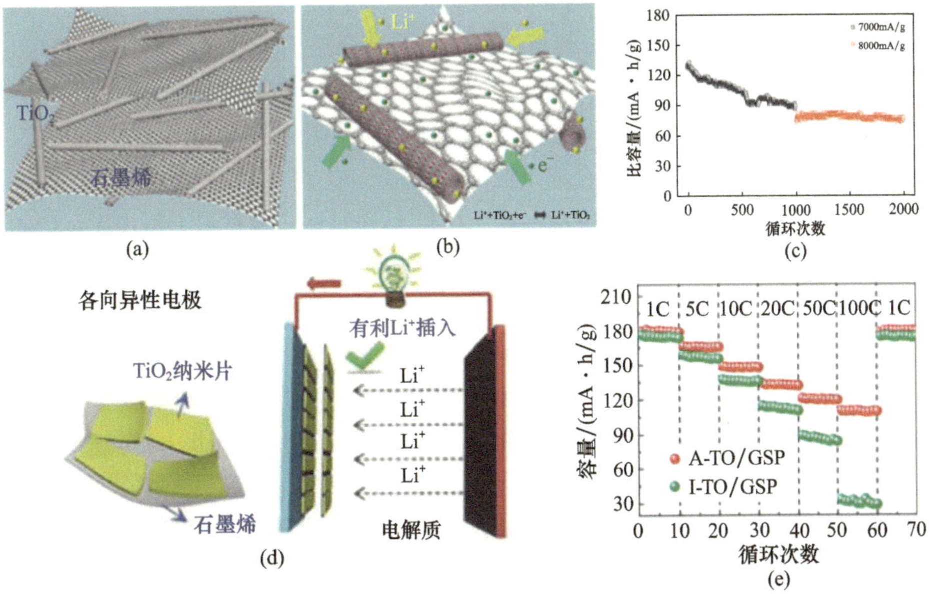

(f)

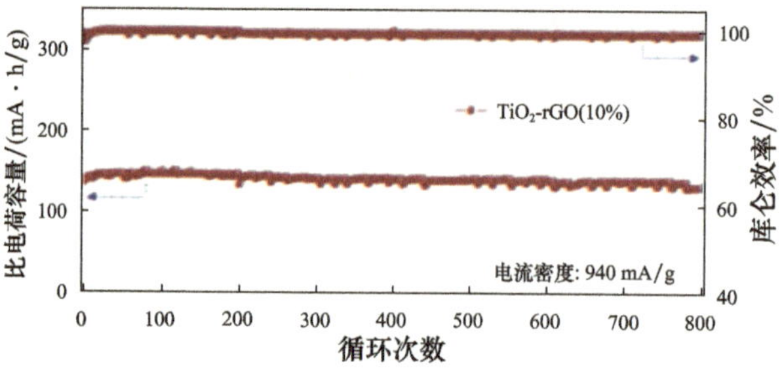

(g)

图5.7 TiO_2纳米管/石墨烯复合材料的(a)、(b)示意图和(c)长循环性能(经授权转载自文献[85]，2012年爱思唯尔版权所有)；各向异性TiOg/石墨烯夹心状纸的(d)示意图和(e)倍率性能(经授权转载自文献[89]，2013年英国皇家化学学会版权所有)；TiO_2/rGO的(f)TEM图像和(g)长循环性能(质量分数为20%)(经授权转载自文献[91]，2017年英国皇家化学学会版权所有)

5.2.3 用于锂离子电池阴极的石墨烯基复合材料

石墨烯材料在高电压下不能与锂离子相互作用，通常用作高性能锂离子电池(LIB)阴极的载体。基于层状、尖晶石和聚阴离子材料3种类型的结构通常用作阴极[92]。在这些结构中，用于LIB阴极的石墨烯基复合材料的研究大多数集中在聚阴离子化合物上，主要是$LiFePO_4$，因为石墨烯材料可以补偿聚阴离子化合物的低电导率[93]。

$LiFePO_4$已用于工业锂离子电池阴极。$LiFePO_4$具有橄榄石型结构的LIB阴极通过插层/脱层反应与锂离子相互作用。当充电时，锂离子可以从$LiFePO_4$主体中脱出，最大容量为170mA·h/g。$LiFePO_4$与锂离子的电化学反应方程序如下[94]：

$$LiFePO_4 \rightleftharpoons Li_{1-x}FePO_4 + xLi^+ + xe^- \ (0 \leqslant x \leqslant 1)(\text{插层/脱层}) \quad (5.10)$$

$LiFePO_4$的主要缺点是低电导率(约10^{-9}S/cm)，限制了电荷传输，降低了电化学性能[93]。几项研究已经证明，$LiFePO_4$与石墨烯材料的结合提供了改进的电化学性能。大多数研究集中在湿化学合成方法。Ding等通过简单的共沉淀随后退火的工艺制备了$LiFePO_4$/石墨烯复合材料[95]。通常，石墨烯材料表面的$LiFePO_4$粒子已经通过一步水热/溶剂热和后退火工艺制备[93]。Wang等合成了亚微米级$LiFePO_4$/石墨烯复合材料，其在0.1C和10C下的容量分别为160mA·h/g和82mA·h/g[93]。通过在复合材料上附加无定形碳或石墨烯材料涂层来提高倍率性能[96-97]。为了获得额外的碳涂层，将柠檬酸与$LiFePO_4$石墨烯混合，随后进行后退火。$LiFePO_4$/C/石墨烯复合材料在20C和50C下分别表现出100mA·h/g和80mA·h/g的高倍率性能[97]。Mo等使用油包水型乳液前体和水热反应制备了$LiFePO_4$/C/石墨烯复合材料[96]，在退火过程中使用柠檬酸作为额外的碳源。该复合材料在0.1C下100次循环后显示出158mA·h/g的容量和在60C下83mA·h/g的高倍率性能。

静电自组装可以导致带正电的$LiFePO_4$前体和带负电的GO之间的化学键合，这提供了$LiFePO_4$和石墨烯材料之间改进的连接[98-99]。Luo等使用水热反应制备的表面改性$LiFePO_4$纳米粒子和GO形成石墨烯包裹的$LiFePO_4$纳米粒子复合材料(图5.8(a))[98]。

该复合材料在 50C 下表现出 80mA · h/g 的高倍率性能和 950 次循环后的长循环性能,在 10C 下 950 次循环后的容量为 95mA · h/g(8.6% 容量损失)(图 5.8(b))。Zhang 等报道了具有氮掺杂碳和石墨烯的 $LiFePO_4$ 纳米棒[99]。在本研究中,十六烷基三甲基溴化铵(CTAB)作为表面活性剂促进纳米棒表面棒状的形成,并在 $LiFePO_4$ 纳米棒表面添加氮掺杂的碳源。该复合材料在 1000 次循环中表现出令人印象深刻的长期循环性,在 10C 和 50C 下分别具有 95.8% 和 77.1% 的容量保持率。

其他高性能 $LiFePO_4$/石墨烯复合材料的石墨烯制备方法也得到了研究。Yang 等利用未折叠石墨烯作为 $LiFePO_4$ 上的 3D 导电网络(图 5.7(c) ~(e))[100]。与堆叠石墨烯相比,未折叠石墨烯能够在导电石墨烯层中形成分散良好的 $LiFePO_4$ 纳米粒子,显著提高了电化学性能。Ha 等在 $LiFePO_4$/石墨烯复合材料中利用通过用 KOH 热处理制备的化学活化石墨烯[101]。作者认为,化学活化石墨烯为锂离子的扩散提供了丰富的多孔通道,显

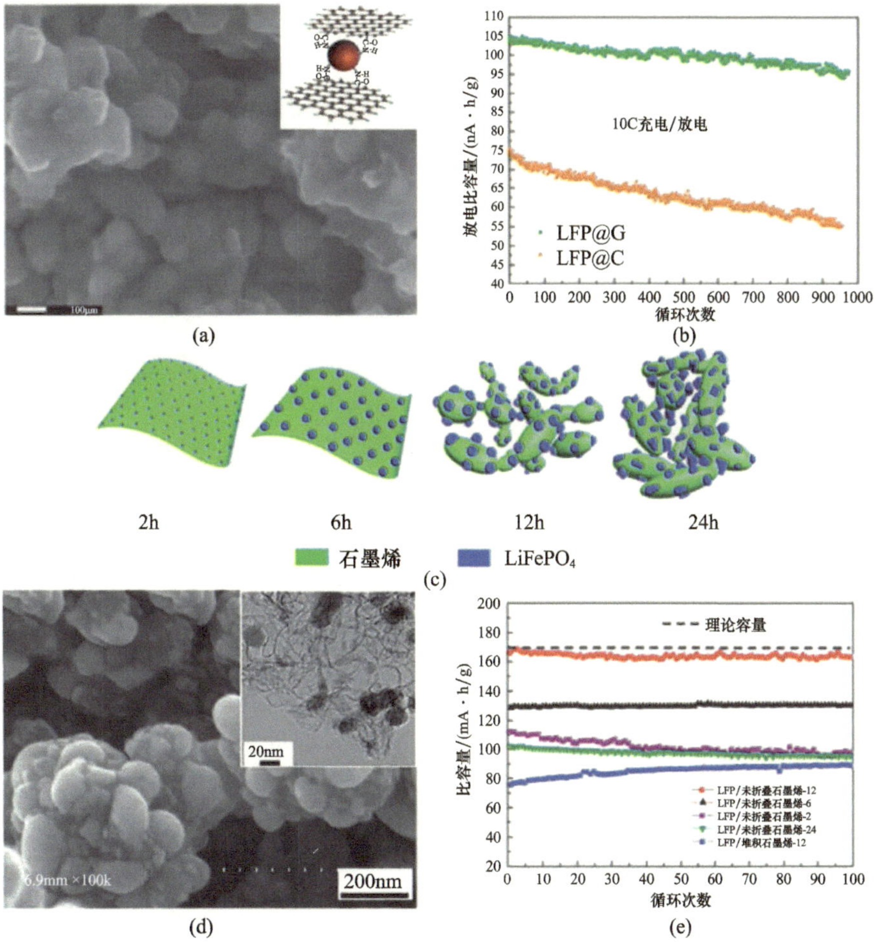

图 5.8 $LiFePO_4$/石墨烯复合材料的(a)SEM 图像和(b)长循环性能(经授权转载自文献[98],2014 年皇家化学学会版权所有),退火时间为 12h 获得的 $LiFePO_4$/石墨烯复合材料的(c)示意图;(d)相应的 SEM、TEM 图像;(e)长循环性能(经授权转载自文献[100],2013 年英国皇家化学学会版权所有)

著提高了 $LiFePO_4$ 复合材料的倍率性能。用常规石墨烯制备的 $LiFePO_4$/石墨烯复合材料显示出与锂离子没有相互作用，而用化学活化石墨烯制备的 $LiFePO_4$/石墨烯复合材料显示出 60mA·h/g 的容量，即使在 5000mA·h/g 的高倍率下也是如此。Guo 等制备了夹心状 $LiFePO_4$ 纳米片/石墨烯复合材料[102]。石墨烯层由十二胺衍生，具有 $LiFePO_4$ 和十二胺前体的层状结构。退火通过高温下 Fe 形态的催化石墨化将十二胺转化为石墨烯层。这种 $LiFePO_4$/石墨烯层状结构缩短了锂离子迁移距离，增加了与电解质接触的比表面积。

5.3 钠离子电池

锂离子电池(LIB)之后，钠离子电池(NIB)由于钠资源丰富且成本低，被认为是大规模储能系统的潜在候选者[103-104]。当大规模应用需要大量钠时，与锂相比，钠每能量单位的成本更低，这可以提供巨大的优势[103-104]。值得注意的是，钠离子和锂离子在电极中相似的电化学行为降低了研究 NIB 电极的障碍。迄今为止，已有大量研究致力于开发高性能 NIB 电极[105]。然而，实现具有高容量、高倍率性能和长期稳定性的 NIB 电极仍然具有挑战性，因为钠离子的质量(W_{Li} 为 6.94g/mol，W_{Na} 为 23g/mol)和离子半径(R_{Li+} 为 0.76Å，R_{Na+} 为 1.02Å)大于锂离子的重量和离子半径[104,106]。本节介绍了石墨烯材料作为高性能 NIB 中阳极和阳极/阴极支架的发展概况。

5.3.1 用于钠离子电池阳极活性材料的石墨烯及其衍生物

用于工业化钠离子电池(LIB)阳极的石墨不允许钠(Na)离子插入其蜂窝层中。由于 Na 离子半径大于 Li 离子半径，石墨的层间距(约 0.34nm)不足以扩散 Na 离子，导致低容量和不可逆电化学反应[107]。相反，已知石墨烯可以容纳 Na 离子，在低电位范围(相对 Na/Na^+)下表现出高的 Na 离子存储容量[108]。

对于高性能 NIB 阳极，石墨烯的关键挑战包括获得少片层、减小再堆叠和实现足够的层间距。Ding 等制备了源自泥炭藓生物质的具有 0.388nm 的大层间距的 3D 分级多孔碳纳米片框架，其在 50mA/g 时表现出 298mA·h/g 的容量和在 100mA/g 时循环 200 次后容量为 255mA·h/g 的循环能力[109]。通过两步氧化-还原工艺形成的具有 0.43nm 的扩大层间距的膨胀石墨在 20mA/g 下提供 284mA·h/g 的容量和在 100mA/g 下超过 2000 次循环的长循环性能，循环后容量为 184mA·h/g(74% 容量保持)[110]。Cohn 等以二甘醇二甲醚为溶剂制备了少层石墨烯，作为“不粘涂层”，促进 Na 离子插层/脱层[111]。

使用通过杂原子掺杂(如 N、B 或 S)获得的缺陷石墨烯也是促进大 Na 离子扩散的有效策略[112-114]。特别地，石墨烯材料的 3D 多孔结构与大的层间距和杂原子掺杂相结合，可以提高 NIB 的电化学性能[112]。

5.3.2 用于钠离子电池阳极的石墨烯基复合材料

由于钠离子电池(NIB)中 Na 离子和锂离子电池(LIB)中 Li 离子相似的电化学行为，研究了与 LIB 中使用的材料相同或相似的材料用于 NIB 阳极[105]。大多数候选物通过合金化/脱合金化、转化或插层/脱层 3 种电化学反应机制与 Na 离子反应。本节描述了石墨烯材料与各种阳极材料一起使用可以提高电化学性能。

5.3.2.1 石墨烯与合金基材料

合金基材料具有高理论容量，可作为 NIB 的阳极[115-116]。然而，这些合金基材料在钠化/去氧化过程中遭受大的体积变化，由于较大的 Na 离子半径，这甚至比 LIB 中的更差[115-116]。在 LIB 中，Si 常用于合金基阳极，因为其具有最大的理论容量(4200mA·h/g)。但是，当作为 NIB 的阳极测试时，晶体 Si 通常表现出很少的 Na 离子的电活性[117-118]。相反，因为其对 Na 离子的可逆活性和高理论容量，已经研究了用于 NIB 阳极的 Sn 基材料，包括金属/合金形式、氧化物和硫化物[115]。然而，这些材料在钠化/去氧化过程中具有相同的大体积膨胀/收缩问题。石墨烯可以减轻和缓冲嵌钠/脱钠过程中大体积变化引起的粒子应力和应变。Sn 通过合金化反应与 Na 离子相互作用，一个 Sn 主体中最多有 3.75 个 Na 离子。SnO_2 最初与 Na 离子通过转化反应相互作用形成 Sn 和 Na_2O，然后 Sn 通过合金化反应并进一步的 Na 离子相互作用。Sn 和 SnO_2 与 Na 离子的电化学反应方程序如下[115]：

$$SnO_2 + 4Na^+ + 4e^- \rightleftharpoons Sn^0 + 2Na_2O(\text{转化}) \tag{5.11}$$

$$Sn + xNa^+ + xe^- \rightleftharpoons Na_xSn(0 \leqslant x \leqslant 3.75)(\text{合金化/脱合金化}) \tag{5.12}$$

NIB 阳极应用不需要特殊的合成方法或 Sn/SnO_2 粒子/复合形式。大多数 SnO_2/石墨烯复合材料通过水热法或溶剂热法制备[119-120]。以 SnO_2/石墨烯复合材料为例，Wang 等[119]在不同的水热温度下 rGO 上制备了超细 SnO_2 纳米粒子。该超细 SnO_2/石墨烯复合材料在低倍率下提供大于 400mA·h/g 的容量，并且在 1000mA/g 下表现出大于 200mA·h/g 的倍率性能。Xie 等在水热反应中使用由尿素制备的氮掺杂石墨烯，实现高效的电荷传输[120]。Jeon 等专注于制备具有大自由空间以适应 Sn 体积变化的 rGO/石墨烯支架[121]。通过相机闪光还原和 rGO/石墨烯的比例来控制多孔 rGO/石墨烯支架。在 Sn 电沉积后，该独特的复合材料在 424mA/g 下 100 次循环后显示出大于 400mA·h/g 的容量，以及在 8470mA/g 下大于 200mA·h/g 的倍率性能。

与氧化物类似，Sn 基硫化物对 SnS_2 和 SnS 分别显示出 1137mA·h/g 和 1022mA·h/g 的高理论容量。Sn 基硫化物最初与 Na 离子通过转化反应相互作用以形成 Sn 和 Na_2S，然后 Sn 通过合金化反应与其他 Na 离子相互作用。SnS_y 与 Na 离子的电化学反应方程序如下[116]：

$$SnS_y + 2yNa^+ + 2ye^- \rightleftharpoons M^0 + yNa_2S(\text{转化}) \tag{5.13}$$

$$Sn + xNa^+ + xe^- \rightleftharpoons Na_xSn(0 \leqslant x \leqslant 3.75)(\text{合金化/脱合金化}) \tag{5.14}$$

一般而言，对于 NIB 阳极，Sn 基硫化物表现出比 Sn 基氧化物更好的电化学性能。由于金属硫化物中的 M—S 键弱于金属氧化物中的 M—O 键，硫化物中的转化反应在动力学上是有利的[122]。为此，几位研究人员研究了将 SnS_2 和 SnS 与石墨烯材料结合。使用硫代乙酰胺、L-半胱氨酸和 Na_2S 作为 S 源，可以通过简单的水/溶剂热法制备 SnS/石墨烯复合材料(图 5.9(a))[123-124]。rGO 复合材料上的少层状 SnS_2 在 200mA/g 下 100 次循环后提供了 650mA·h/g 的容量，4000mA/g 时的倍率性能为 326mA·h/g，在 800mA/g 下以 300mA·h/g(61%容量保持率)的容量稳定循环 1000 多次(图 5.9(b))[124]。Liu 等开发了一种新的 SnS_2 纳米片/石墨烯复合材料的合成方法[125]，其中 SnS_2 纳米片通过锂化

SnS_2($LiSnS_2$)的剥离得到，然后通过CTAB辅助水热法在GO上重新组装(图5.9(c))。在水热反应中，硫脲还原GO生成石墨烯。该复合材料在200mA/g下100次循环后的容量为650mA·h/g，在4000mA/g下的倍率性能为326mA·h/g，在300次循环后的稳定循环能力为610mA·h/g，在200mA/g下无容量衰减(图5.9(d)、(e))。超细SnS_2/石墨烯复合材料也表现出较高的电化学性能[126]。Jiang等通过界面化学键合制备了附着在乙二胺功能化rGO上的超细SnS_2纳米晶体。该复合材料在200mA/g下循环100次后的容量为680mA·h/g，在1860mA/g和11200mA/g下分别具有510mA·h/g和250mA·h/g的良好倍率性能，在1000mA/g下具有480mA·h/g的超过1000次循环的长循环性能[126]。

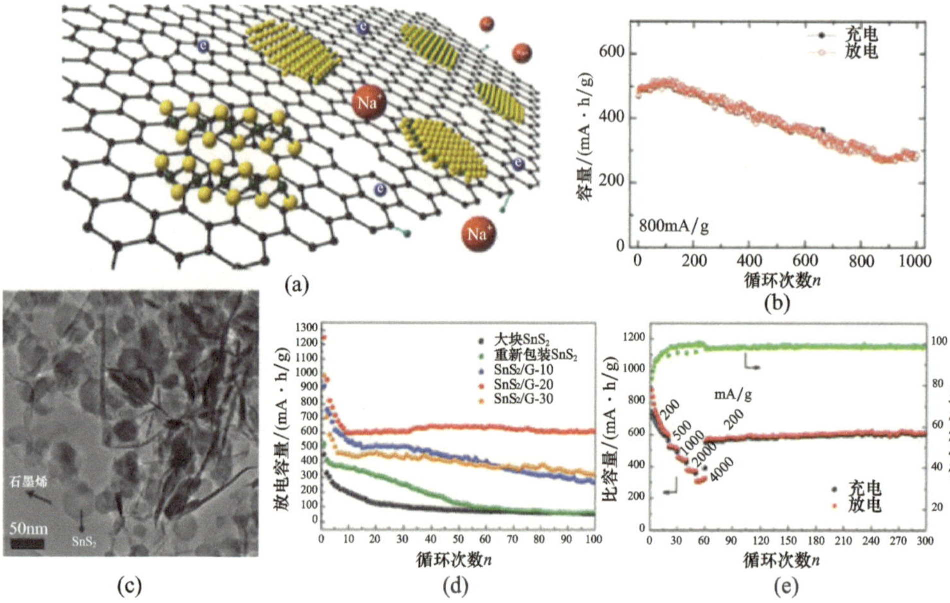

图5.9 SnS_2/rGO的(a)示意图和(b)长循环性能(经授权转载自文献[124]，威利-VCH 2014年版权所有)；SnS_2/石墨烯的(c)TEM图像；(d)长循环性能；(e)倍率性能(经授权转载自文献[125]，英国皇家化学学会2015年版权所有)

虽然锑(Sb)基材料很少用于LIB的阳极，但由于其与Na离子的可逆活性和高理论容量，近年来这些材料在NIB阳极上受到了关注[127]。然而，由于Sb基材料在嵌钠/脱钠过程中也遭受大体积膨胀/收缩的相同问题，因此需要添加"衬垫"(如石墨烯材料)来缓冲Sb的体积变化。除了一个Sb主体最多可以容纳3个Na离子，对于Sb基和Sn基材料观察到相同的电化学反应机理。Sb和SbO_2与Na离子的电化学反应方程序如下[127]：

$$Sb_xO_y + 2yNa^+ + 2ye^- \rightleftharpoons xSb^0 + yNa_2O\text{(转化)} \tag{5.15}$$

$$Sb_xS_y + 2yNa^+ + 2ye^- \rightleftharpoons xSb^0 + yNa_2S\text{(转化)} \tag{5.16}$$

$$xSb + zNa^+ + ze^- \rightleftharpoons xNa_zSb(0 \leqslant z \leqslant 3)\text{(合金化/脱合金化)} \tag{5.17}$$

微米和纳米Sb/石墨烯复合材料都可以通过简单的湿化学方法合成[128]。Wan等制备了通过氧键(Sb-O-石墨烯)与石墨烯结合的均匀Sb纳米球(100nm)[128]。Sb和石墨烯之间的氧键在改善 Sb 纳米球的电化学性能方面发挥了作用，其在 250mA/g 下循环 200 次后显示出 460mA · h/g 的容量，而没有容量退化，在 12000mA/g 的高速率下显示出 220mA · h/g 的倍率性能（图 5.10（a）~（c））。Li 等通过微波等离子体增强 CVD 和随后的石墨烯生长，制备了均匀分布在 3D 碳片网络上的 Sb_2O_3/Sb/石墨烯复合材料[129]。石墨烯作为保护层，使活性材料与碳片网络保持良好的接触。该复合材料在 100mA/g 下 200 次循环后显示出 525mA · h/g 的容量（相对于第二次循环的 93.4% 容量保持率）和在 5000mA/g 下 220mA · h/g 的倍率性能。Yu 等报道了通过将过氧锑酸盐涂覆的 GO 在乙醇中硫化并随后真空退火制备的 Sb_2S_3 纳米粒子/rGO 复合材料，其表现出 730mA · h/g 的容量[130]。Xiong 等利用实验研究和计算分析证明，Sb_2S_3 与 S 掺杂的石墨烯比纯石墨烯具有更强的化学键（图 5.10（d））[131]。该复合材料在 50mA/g 时表现出 792mA · h/g 的比容量，在 5000mA/g 时表现出 591mA · h/g 的良好倍率性能，在 2000mA/g 时表现出 524mA · h/g 的长期循环性能（相对于初始容量的 83% 容量保持率）（图 5.10（e））。

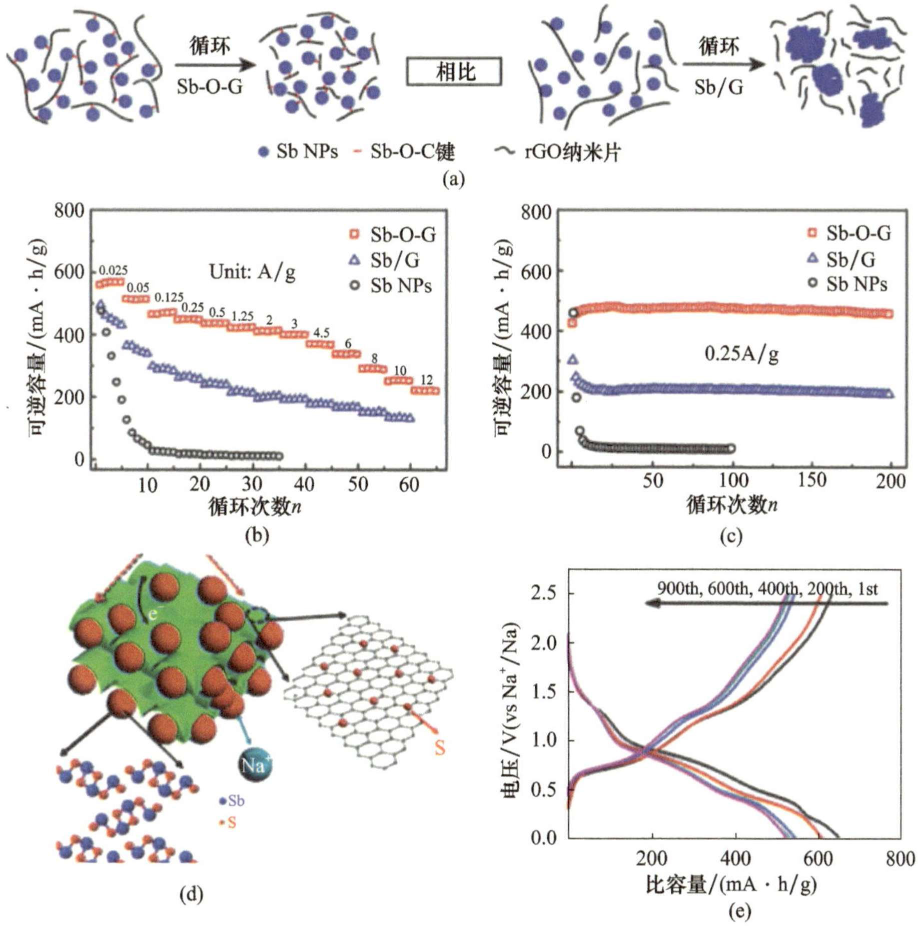

图 5.10 （a）循环过程中 Sb－O－石墨烯和 Sb/石墨烯的结构变化的示意图；Sb－O－石墨烯和 Sb/石墨烯的（b）倍率性能和（c）长循环性能（经授权转载自文献[128]，2016 年美国化学学会版权所有）；（d）Sb_2S_3/SGS 复合材料的示意图；（e）Sb_2S_3/S 掺杂石墨烯复合材料在不同循环下的放电/充电曲线（经授权转载自文献[131]，2016 年美国化学学会版权所有）

5.3.2.2 石墨烯与金属氧化物/硫化物

已知TMO(TM = Fe、Mn、Co或Ni)可以与Na离子相互作用,作为与LIB中的离子相同的电化学反应。TMO与Na离子的电化学反应的代表方程如下:

$$M_xO_y + 2yNa^+ + 2ye^- \rightleftharpoons x\,M^0 + yNa_2O \tag{5.18}$$

一些研究将TMO与石墨烯材料结合用于NIB阳极。Jain等通过简单的溶液基化学制备了均匀锚定在石墨烯上的Fe_2O_3纳米晶体,在100mA/g下循环200次后表现出400mA·h/g的容量,在1000mA/g下表现出190mA·h/g的倍率性能[132]。Zhang等通过凝聚制备了锚定在rGO上的超细Fe_3O_4纳米粒子,在40mA/g下循环200次后,其容量为204mA·h/g[133]。Liu等在三维石墨烯网络上制备了介孔Co_3O_4纳米片[134]。采用简单的水热反应在三维石墨烯网络上合成Co_3O_4纳米片,该网络通过CVD生长在Cu泡沫上[134]。该复合材料在25mA/g下循环50次后的容量为523mA·h/g,在500mA/g下的倍率性能约为80mA·h/g。Zou等报道了一种通过溶剂热反应合成的金属有机骨架(MOF)衍生的分级中空NiO/Ni/石墨烯复合材料,其在1000mA/g下循环200次后的容量约为200mA·h/g,在2000mA/g下的倍率性能为207mA·h/g[135]。

二硫化钼(MoS_2)是最有吸引力的NIB阳极材料之一。其独特的层状结构,其中通过弱范德瓦耳斯力吸引堆叠的共价键合的S-Mo-S类夹心状2D层提供了沿c轴的较大层间间距,作为Na离子的插层主体[136]。另外,插入MoS_2的Na离子可以通过转化反应与另外的Na离子相互作用。MoS_2与Na离子的详细电化学反应机理较为复杂,但可简述如下[136]:

$$MoS_2 + xNa^+ + xe^- \rightleftharpoons Na_xMoS_2\text{(插层)} \tag{5.19}$$

$$Na_xMoS_2 + (4-x)Na^+ + (4-x)e^- \rightarrow Mo + 2Na_2S\text{(转化)} \tag{5.20}$$

二维单层或少层MoS_2纳米片与石墨烯材料、少层MoS_2的结合可以有效地缓解应变,二维材料之间的较大面对面接触可以提供快速的电荷传输,改善了电化学动力学并缓冲了MoS_2的体积变化[137-138]。已经有各种制备MoS_2纳米片/石墨烯复合材料的合成方法的研究。一种方法是大块MoS_2的化学或物理剥离以形成纳米片。不稳定的剥离MoS_2片有强烈的通过范德瓦耳斯力与周围的石墨烯和其他MoS_2片重新堆叠的趋势,形成使表面能最小化的二维MoS_2/石墨烯复合材料[139]。David等通过用超强酸溶液处理、超声处理和随后的退火工艺制备了MoS_2纳米片/石墨烯复合材料(图5.11(a)、(b))[137]。所得复合材料在25mA/g时的容量超过200mA·h/g(图5.11(c))。Wang等通过锂化扩展MoS_2和GO的水热反应制备了MoS_2纳米片/石墨烯复合材料[138]。该复合材料在100mA/g下循环200次后提供大于300mA·h/g的容量(81%的容量保持率)。Sun等用酒石酸钾钠通过球磨剥落制备了MoS_2纳米片/石墨烯复合材料[140]。酒石酸钾钠与大块MoS_2和石墨的相互作用导致剥落形成超薄纳米片。该复合材料在20000mA/g和50000mA/g下分别表现出284mA·h/g和201mA·h/g的高倍率性能,以及在300mA/g下250次循环后421mA·h/g的优异循环稳定性(95%容量保持率)。

MoS_2纳米片/石墨烯复合材料可以通过基于溶液的方法制备。Kalluri等通过喷雾热解法制备了由有序堆叠的MoS_2和石墨烯纳米片组成的分级微球[141]。该复合材料在5000mA/g下表现出230mA·h/g的倍率性能和超过500次循环的长期循环性,在

1000mA/g 下表现出 300mA · h/g 的容量(93% 的容量保持率)。Choi 等采用聚苯乙烯纳米珠实现 GO 片在喷雾溶液中的易分散,用于喷雾热解后形成 MoS_2 层包覆的 3D 石墨烯骨架结构(图 5.11(a)、(b))[142]。该复合材料在 200mA/g 下 50 次循环后的容量为 480mA · h/g,在 10000mA/g 下的倍率性能为 234mA · h/g,在 1500mA/g 下的长期循环能力为 323mA · h/g(84% 的容量保持率)(图 5.11(c))。此外,MoS_2 纳米片/石墨烯复合材料可以通过水热法制备[139]。通过水热反应和退火工艺制备的具有高异质界面面积的片 - 片结构 MoS_2/rGO 复合材料在 20mA/g 时的倍率性能为 702mA · h/g,在 640mA/g 时的倍率性能为 352mA · h/g[139]。MoS_2 与 rGO 之间的 2D 异质界面接触可以提高 MoS_2 的电导率和 Na 离子扩散率。

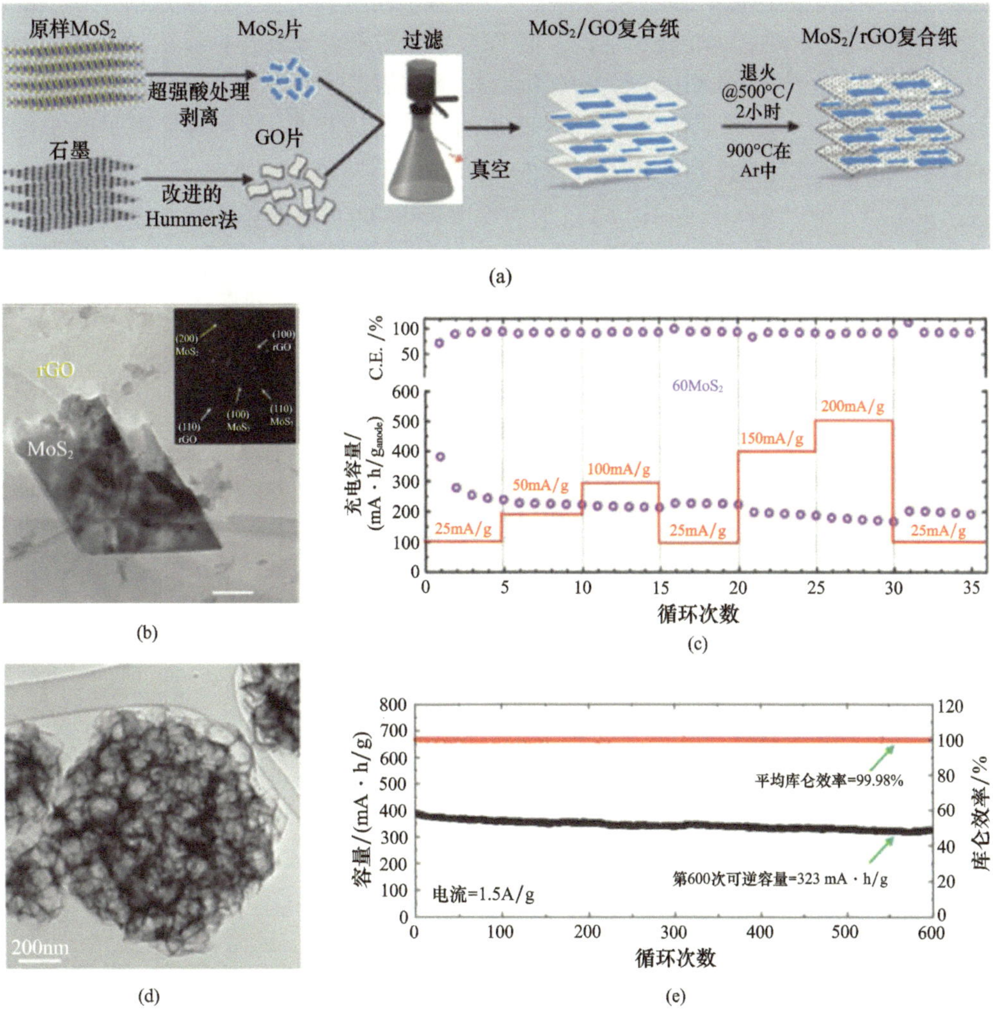

图 5.11 rGO/复合材料的(a)合成程序的示意图、(b)TEM 图像和(c)倍率性能(经授权转载自文献[137],2014 年美国化学学会版权所有);3D MoS_2 石墨烯复合材料的(d)Tem 图像和(e)长期循环性(经授权转载自文献[142],2015 年威利 - VCH 版权所有)

5.3.2.3 石墨烯与钛基化合物

由于 LIB 阳极 $Li_4Ti_5O_{12}$ 和 TiO_2 的成功开发，如 TiO_2、$Na_2Ti_3O_7$、$Na_4Ti_5O_{12}$、$Li_4Ti_5O_{12}$ 和 $NaTi_2(PO_4)_3$ 各种 Ti 基化合物已考虑用于 NIB 阳极[143]。与 LIB 中的机理相似，这些 Ti 基化合物通过插层/脱层过程与 Na 离子相互作用。然而，由于 Na 离子的离子半径大，这些材料需要更宽的离子通道以便于 Na 离子的迁移，这限制了 Ti 基化合物的电化学性能[106]。此外，由于钛基化合物的低电导率，低容量和差的循环性严重阻碍了实际应用[143]。然而，石墨烯材料可以在 Ti 基化合物中提供增强的电荷传输。

在各种 TiO_2 多晶型中，锐钛矿 TiO_2 具有 3D 开放结构而用于 NIB 阳极[144-146]。两个小组研究了在石墨烯材料上合成锐钛矿型 TiO_2 纳米粒子用于高性能 NIB 阳极。Liu 等在 rGO 上制备了超小的锐钛矿 TiO_2 纳米粒子[144]。将牢固附着在 GO 上的 Ti 前体在酸溶液中水解，然后通过水热过程转化为锐钛矿型 TiO_2 纳米粒子。该复合材料在 100mA/g 下循环 100 次后的容量为 186mA · h/g，在 1000mA/g 下的倍率性能为 112mA · h/g。Cha 等在 TiO_2/石墨烯复合材料中使用了具有开孔通道的氮掺杂石墨烯，这同时促进了电子传输（氮掺杂）和 Na 离子扩散（开孔通道）（图 5.12（a）、（b））[145]。该复合材料在 50mA/g 时表现出 405mA · h/g 的容量，在 100mA/g 时表现出 250mA · h/g 的循环能力（图 5.12（c））。这种复合材料的行为可能受到高含量（40%）石墨烯的影响。Yeo 等利用 GO 与聚（烯丙胺盐酸盐）改性 TiO_2 纳米纤维之间的静电引力，制备了石墨烯包裹的锐钛矿型 TiO_2 纳米纤维[146]。该复合材料在 67mA/g 下的容量为 217mA · h/g，在 1675mA/g 下的倍率性能为 124mA · h/g，在 335mA/g 下的容量为 170mA · h/g（90% 容量保持率），循环 200 次。

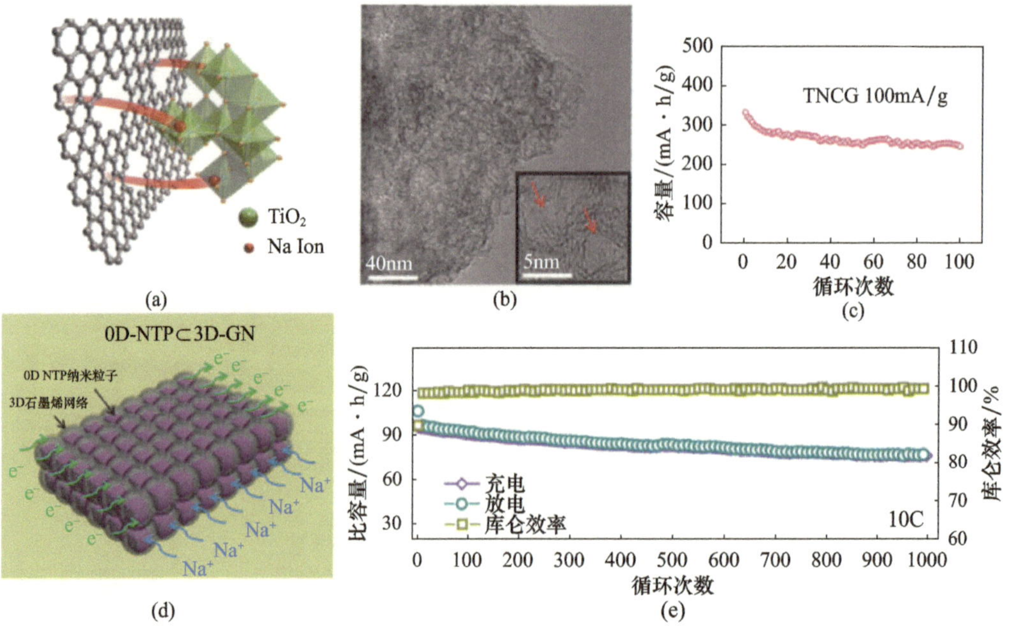

图 5.12 （a）TiO_2/开孔石墨烯复合材料中钠储存机理的示意图；TiO_2/石墨烯复合材料的 TEM 图像（b）；长期循环性（c）（经授权转载自文献[145]，2014 年皇家化学学会版权所有）；嵌入在微米级 3D 石墨烯网络中的 $NaTi_2(PO_4)_3$ 纳米粒子的示意图（d）和长期循环性（e）（经授权转载自文献[147]，2015 年美国化学学会版权所有）

Na 超离子导体(NASICON)型 $NaTi_2(PO_4)_3$ 具有较高的 Na 离子电导率,已考虑用于 NIB 阳极[147]。Wu 等通过溶剂热反应和随后的退火工艺制备了嵌入 3D 石墨烯网络的多孔 $NaTi_2(PO_4)_3$ 纳米粒子(图 5.12(d))[147]。该复合材料在 50C 下的倍率性能为 67mA · h/g,在 1000 次长循环后 10C 下的容量为 77mA · h/g(80% 容量保持率)(图 5.12(e))。

5.3.3 用于钠离子电池阴极的石墨烯基复合材料

与 LIB 类似,大多数与用于钠离子电池(NIB)阴极的石墨烯基复合材料相关的研究集中于聚阴离子化合物,具有橄榄石型结构 $LiFePO_4$ 是用于 LIB 阴极的聚阴离子化合物。为此,已经研究了具有与 $NaMPO_4$(M = Fe、Mn 或 Co)相似组成的 $LiFePO_4$ 体系用于 NIB 阴极。然而,与 $LiFePO_4$ 相反,作为热力学稳定多晶型物,$NaFePO_4$ 的磷铁钠矿结构不与 Na 离子发生电化学反应[148-149]。在具有电化学活性的 $NaFePO_4$ 橄榄石型结构的情况下,体积变化高达 21%,导致较差的电化学性能[148-149]。因此,其他多阴离子化合物对于 NIB 阴极具有更大的吸引力。

NASICON 型 $Na_3V_2(PO_4)_3$ 体系具有较高的可逆电化学性能,是一种很有前途的 NIB 阴极材料[150-151]。$Na_3V_2(PO_4)_3$ 的理论容量为 117mA · h/g,对应于两个 Na 离子与一个 $Na_3V_2(PO_4)_3$ 主体的反应,该体系在充电/放电过程中体积变化较小,为 8.26%[150-151]。然而,该 $Na_3V_2(PO_4)_3$ 体系的主要缺点是低电导率,这限制了电荷传输,降低了电化学性能[150-151]。几项研究已经证明,$Na_3V_2(PO_4)_3$ 与石墨烯材料的结合导致改进的电化学性能。Jung 等通过简单的溶液法和随后的退火制备了亚微米级 $Na_3V_2(PO_4)_3$/石墨烯复合材料[152]。由于石墨烯材料的加入,复合材料表现出高度提高的 10C 下 83mA · h/g 的倍率性能和 10C 下 80mA · h/g 的长循环性能。$Na_3V_2(PO_4)_3$/碳在三维石墨烯网络中可以通过简单的溶液方法制备[153-154]。Rui 等通过冷冻干燥辅助方法和后续退火工艺在多孔石墨烯网络中制备 $Na_3V_2(PO_4)_3$/碳(图 5.13(a)、(b))[153]。该复合材料在 80C 和 100C 下分别表现出 91mA · h/g 和 86mA · h/g 的超快倍率性能,以及超过 10000 次循环的超长寿命循环性能,在 100C 下保持 64% 的容量(图 5.13(c))。Xu 等使用表面电荷改性的 $Na_3V_2(PO_4)_3$ 凝胶前驱体,通过水热反应、冷冻干燥和随后的退火(图 5.13(d)),制备了层层嵌入 rGO 的 $Na_3V_2(PO_4)_3$[155]。该复合材料在 0.5C 下提供 118mA · h/g 的高容量,在 100C 和 200C 下分别提供 73mA · h/g 和 41mA · h/g 的优异倍率性能,以及超过 15000 次循环的超长循环性能,在 50C 下保持 70% 的容量(图 5.13(e))。已经研究了用于 NIB 阴极的其他 NASICON 型系统,包括 $Na_3V_2O_2(PO_4)_2F$,其具有比 $Na_3V_2(PO_4)_3$ 更高的理论容量。

此外,已经研究了用于 NIB 阴极的其他多阴离子化合物,如 $Na_2MP_2O_7$、Na_2MPO_4F 和 $Na_4M_3(PO_4)_2(P_2O_7)$(M = Fe、Mn 或 Co)。Song 等通过溶胶 - 凝胶法和随后的退火工艺制备了 $Na_{3.12}Fe_{2.44}(P_2O_7)_2$/C/rGO 复合材料(图 5.13(f)、(g))[156]。该复合材料在 10C 下表现出 78mA · h/g 的倍率性能和超过 5000 次循环的长期循环性,在 10C 下保持 70% 的容量(图 5.13(h))。

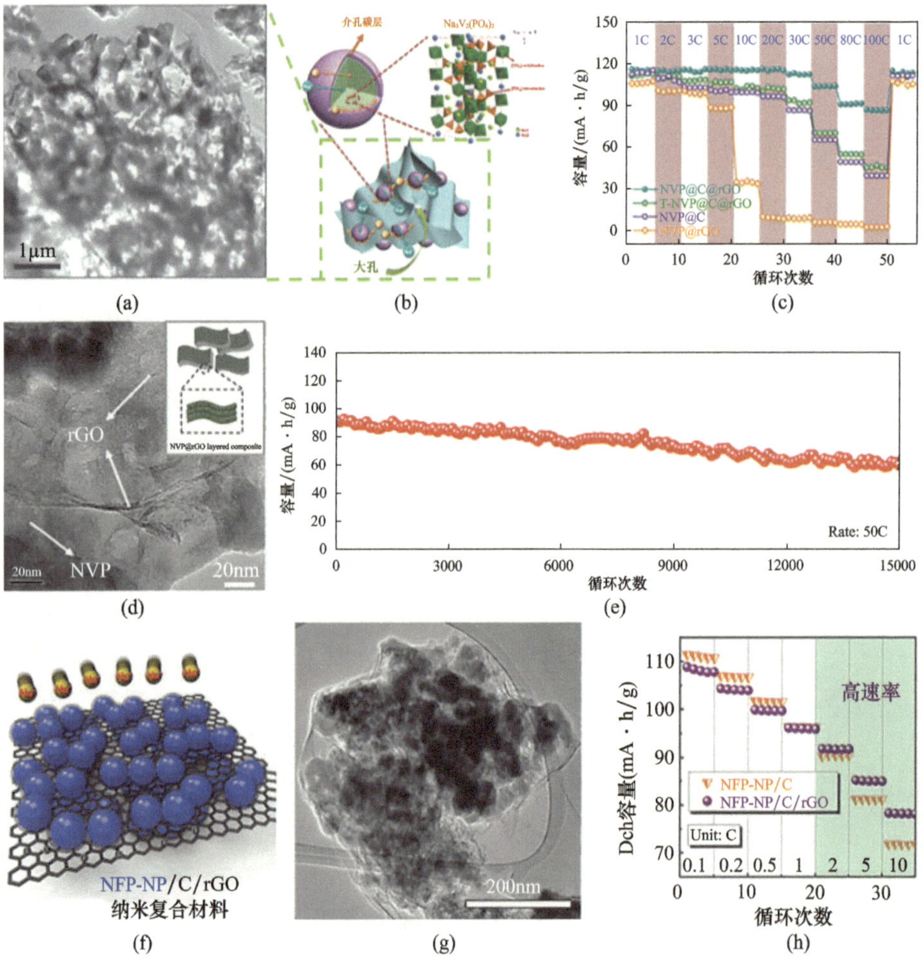

图 5.13 3D 分级介孔和大孔 $Na_3V_2(PO_4)_3/C/rGO$ 的(a)TEM 图像;(b)示意图;(c)倍率性能(经授权转载自文献[153],2015 年威利 - VCH 版权所有);$Na_3V_2(PO_4)_3/rGO$ 复合材料的(d)TEM 图像和(e)长期循环性。经授权转载自文献[155]。2016 年威利 - VCH 版权所有。$Na_{3.12}Fe_{2.44}(PO_4)_2$ 纳米粒子/C/rGO 复合材料的示意图(f);SEM 图像(g),以及倍率性能(h)(经授权转载自文献[156],2017 年英国皇家化学学会版权所有)

5.4 锂 - 硫电池

LSB 由于其极高的理论容量(1672mA · h/g),补偿了其接近 2.2 V 的低工作电位,形成 2600W · h/kg 的高能量密度,被认为是下一代可充电电池的一种[157-158]。虽然 LSB 的研究始于 20 世纪 40 年代,但由于 LIB 的成功商业化,对 LSB 的研究数量逐渐减少。然而,不断增长的能源生产和储存需求已将相当大的注意力集中在具有高能量密度的大型储能系统上,引起人们对 LSB 的兴趣[159]。

典型的 LSB 由阳极(通常为 Li 金属)、硫(S_8)阴极和电解质组成。在放电时,来自 Li 金属阳极的 Li 离子在阴极中与 S_8 相互作用以形成放电产物,如 Li_2S 和 Li_2S_2。在充电时,阴极发生逆反应。以下方程显示了循环过程中电极中发生的代表性电化学反应[157]:

$$阳极:16Li \rightleftharpoons 16Li^{+} + 16e^{-} \tag{5.21}$$

$$阴极:S_8 + 16Li^{+} + 16e^{-} \rightleftharpoons 8Li_2S \tag{5.22}$$

$$整体:16Li + S_8 \rightleftharpoons 8Li_2S \tag{5.23}$$

70多年来,大量的研究为提高LSB的电化学性能做出了贡献。3个主要问题,即粒子粉碎、绝缘放电产物和穿梭效应阻碍了LSB的实际应用[157-159]。第一,在锂化/脱锂过程中,S遭受不可避免的大体积变化,导致活性材料的粉碎和电极的破坏;第二,S及其放电产物(Li_2S和Li_2S_2)的绝缘性质导致缓慢的电化学动力学;第三,中间体锂化多硫化物(Li_2S_x)产物溶解在电解液中,导致容量衰减。此外,溶解的多硫化物扩散到Li阳极,在那里它们连续沉积以在阳极表面上形成绝缘Li_2S或Li_2S_2[157-159]。

石墨烯可以作为缓冲层、电荷导体和S固定剂来克服S阴极的这些缺点。石墨烯的高机械强度、柔韧性和导电性不仅可以缓解和缓冲锂化/去锂化过程中S大体积变化引起的粒子应力和应变,还可以提供有效的电荷传输[160-161],同时S和石墨烯材料之间的物理和化学相互作用可以抑制穿梭效应[162]。本节介绍石墨烯材料在先进LSB阴极中的最新应用。

5.4.1 石墨烯与硫

石墨烯材料中的反应性官能团可以将S和多硫化物固定在阴极中。特别地,GO上的含氧官能团起到固定剂的作用,保持石墨烯和S之间的紧密接触,这有效地防止了多硫化物溶解在电解质中。Ji等通过微乳液中的化学反应和随后的退火工艺,在GO纳米复合材料上制备了厚度为几十纳米的S薄层[162]。第一原理计算表明,GO上的环氧基和羟基都能增强与S的强结合。该复合材料在167.5mA/g下循环50次后,容量为950mA·h/g。通过密度泛函理论计算,Wang等[163]表明,放电产物(Li_2S)与石墨烯之间的结合能低于S与石墨烯之间的结合能(图5.14(a))。放电产物与石墨烯之间较弱的附着力使活性材料与阴极分离,导致容量退化。因此,作者通过使用乙烯二胺功能化的rGO在放电产物和石墨烯之间引入了共价键(图5.14(b))。该复合材料经350次循环后在6688mA/g下具有约600mA·h/g的容量(80%容量保持率)(图5.14(c))。

在合成过程中防止石墨烯材料重新堆叠也很重要。为了实现这一点,Zhao等通过模板CVD在介孔MgAl层状双氢氧化物衍生薄片上合成了本质上未堆叠的双层石墨烯[164]。每个石墨烯层被大量突起分开,这提供了S和石墨烯之间的高度接触,并且该结构封装了一些电化学产生的多硫化物(图5.14(d)、(e))。该复合材料在5C和10C下分别表现出1034mA·h/g和734mA·h/g的高倍率性能,在5C和10C下分别表现出1000次的长循环能力,容量为530mA·h/g和380mA·h/g(图5.14(f))。

石墨烯材料的3D框架已经被提出用于先进的LSB[165-166]。Huang等利用真空辅助热膨胀GO(图5.14(g))制备了截留在分级多孔石墨烯中的S[165]。S经热处理后,超细S粒子被捕获在介孔石墨烯网络中。该复合材料在0.5C下的容量为1068mA·h/g(图5.14(h))。Li等通过软方法制备了致密、集成的S和3D石墨烯架构[166]。致密的S与致密但多孔的石墨烯结构结合,增加了S与石墨烯之间的结合,导致S的固定化和多硫化物的扩散受到限制。该复合材料在0.5 C下循环300次后显示出770mA·h/g的容量。

石墨烯材料对S粒子的包覆与限制是防止中间多硫化物溶解和适应锂化/脱锂化过程中大体积变化的良好策略,从而提高LSB的电化学性能。Wang等在用炭黑纳米粒子修饰的 GO 上制备了亚微米级的 S 粒子，其在 100 次循环中表现出超过 600mA·h/g 的容量（图 5.15(a)~(c)）[160]。通过简单的基于溶液的化学反应沉积方法制备石墨烯包封的 S 粒子（图 5.15(d)）[167]。在合成过程中，$(NH_4)_2S_2O_3$ 和尿素分别作为 GO 的 S 源和还原介质。所获得的 S/石墨烯核/壳结构显示出在 6C 下 480mA·h/g 的良好倍率性能和超过 500 次循环的循环性，在 0.75C 下的容量大于 500mA·h/g（图 5.15(d)）。

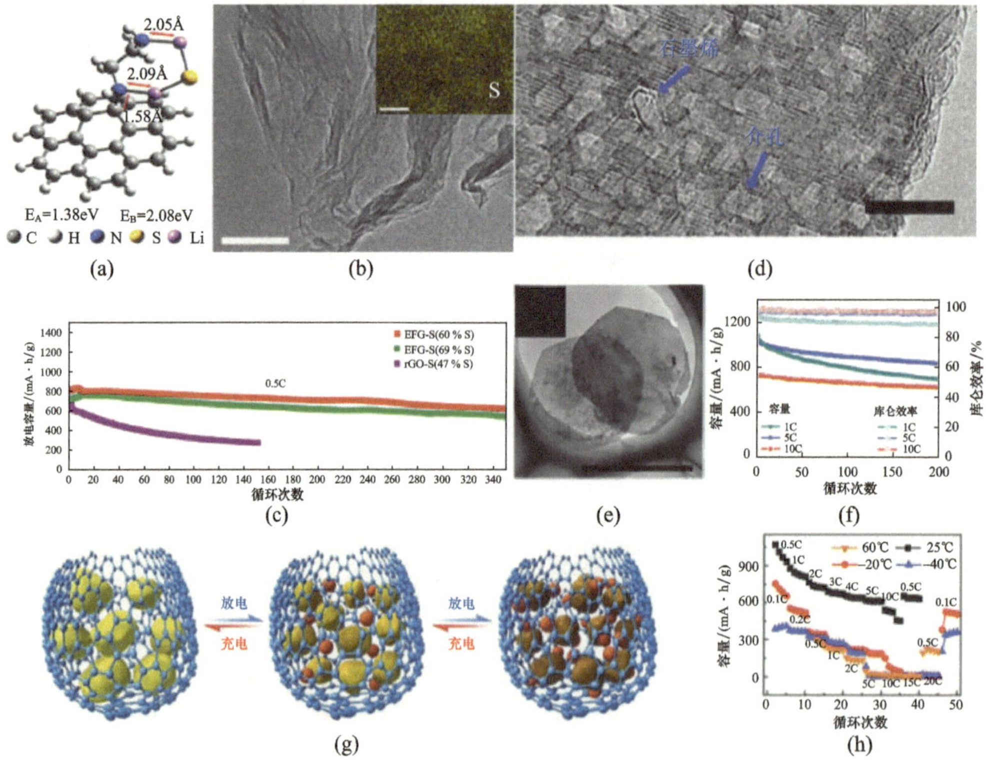

图 5.14 (a) Li_2S 簇和乙二胺功能化的 rGO 之间的相互作用模型；S/rGO 复合材料的(b) TEM，相应的 S EDS 能谱图像和(c)长循环性能（经授权转载自文献[163]，2014 年施普林格·自然版权所有）(d)，(e)双层模板石墨烯/S 复合材料的 TEM 图像和(f)长循环性能（经授权转载自文献[164]，2014 年施普林格·自然版权所有）；(g)循环过程中 S 在石墨烯中捕获的示意图；(h) S/石墨烯复合材料的倍率性能（经授权转载自文献[165]，2012 年爱思唯尔版权所有）

石墨烯材料在 S/碳复合材料上的额外包裹可以增强 LSB 的电化学性能。Li 等制备了由 rGO 封装的 S/热剥离石墨烯复合材料，其在 6400mA/g 下表现出 794mA·h/g 的倍率性能和 200 次循环的循环能力，在 1600mA/g 的容量为 667mA·h/g[161]。Yu 等制备了用 rGO 包裹的毛状物衍生碳/S 复合材料[168]。用 KOH 活化毛发衍生碳，通过退火制备了微孔和氮掺杂碳。采用 CTAB 对 S/C 复合材料进行表面改性，实现 GO 的静电自组装。随后，使用氢碘酸将 GO 还原为 rGO（图 5.15(e)）。该复合材料在 300 次循环中表现出良好的循环性，在 0.2C 下的容量为 989mA·h/g（图 5.15(f)）。Li 等在 rGO 包裹的 MOF－共掺杂多孔碳框架中制备 S[169]。在该体系中，使用具有均匀分布的 Co 纳米粒子的 MOF 衍生的多孔碳框架作为 S 固定剂。特别地，与 Co 纳米粒子的化学相互作用可以进一步固定 S 和中间多硫化物。通过静电吸引将 rGO 包裹在 PDDA 表面改性的 S/碳骨架上。该复合材料在 2000mA/g 下的倍率性能为606mA · h/g,在300mA/g下的循环超过300次,容量为949mA · h/g。

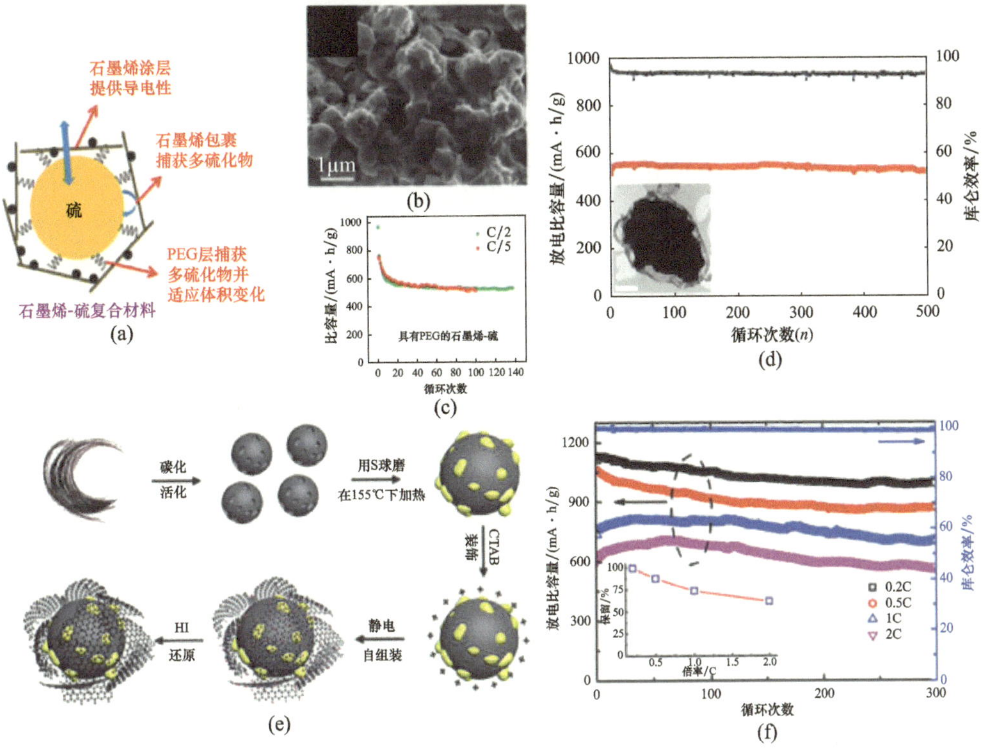

图5.15 S/石墨烯复合材料的(a)模型、(b)SEM图像和(c)长循环性能(经授权转载自文献[160],2011年美国化学学会版权所有);(d)石墨烯包封的硫复合材料的TEM图像和长循环性能(经授权转载自文献[167],2013年英国皇家化学学会版权所有);(e)石墨烯涂覆的C/S复合材料的合成步骤的示意图;(f)不同倍率下C/S/石墨烯复合材料的长循环性能(经授权转载自文献[168],2015年英国皇家化学学会版权所有)

在阴极中实现高S负载量和高S含量同时,保持电化学性能是一个非常具有挑战性的问题,因为LSB的电化学性能随着S负载量的增加而降低。Hu等报道了3D混合石墨烯分级网络宏观结构[170]。首先通过CVD在多孔镍泡沫上生长石墨烯泡沫,然后将石墨烯泡沫浸入GO溶液中并冷冻干燥以在石墨烯泡沫的孔中形成GO气凝胶,随后在还原气氛中的热处理和Ni泡沫蚀刻产生了具有嵌套分级网络的3D石墨烯泡沫－rGO混合物。该材料的S负载通过CS_2溶液的渗透/干燥来控制。这种多孔结构能够实现非常高的S负载、高的电解质渗透和适应S的大体积变化。此外,高导电性网络促进了快速电荷传输,并且rGO上的残余含氧官能团锚定S并防止中间多硫化物溶解在电解质中。该复合材料的S负载量为9.8mg/cm,S含量为83%(质量分数),在0.2C下显示出0.3mA · h/cm的高面积容量和超过350次循环的长循环性能,容量保持率为63.8%。Gao等也通过使用H_2S的双氧化策略实现了高S负载(质量分数为80%)[171]。将H_2S鼓泡到带H_2O_2的GO溶液中。在此过程中,S通过H_2S经H_2O_2和GO的双重氧化生成。通过调节H_2O_2的量来控制S的含量。该复合材料在200mA/g下的容量为680mA · h/g,在500mA/g、1000mA/g和5000mA/g下的容量保持率为85%,在100次循环后表现出良好的循环性。

5.4.2 作为夹层膜的石墨烯衍生物

在阴极和隔膜之间使用选择渗透膜可以抑制中间多硫化物的穿梭效应。碳基材料，尤其是导电 GO，可以作为优异的夹层膜，阻碍多硫化物向 Li 阳极侧的传输，从而获得更高的容量保持率。原则上，GO 中带负电的含氧官能团可以排斥带负电的中间体多硫化物[172]。

Wang 等使用 rGO/炭黑(CB)膜作为中间层，抑制中间多硫化物的穿梭[172]。将制备的 GO 与导电 CB(科琴黑)一起分散在水中，形成 GO/CB 悬浮液。然后，将该悬浮液过滤并退火以制造 rGO/CB 膜。CB 与 rGO 的最佳比例扩大了 rGO 层之间的空间，产生了更多的用于电解质渗透的通道或孔。rGO 上残留的含氧官能团有利于阴极中 S 和多硫化物的容纳。用该 rGO/CB 中间层制造的电池在 100 次循环后具有 895mA·h/g 的容量。Shaibani 等在液晶剪切排列过程中，直接在阴极上制备了高通量 GO 膜[173]。具有强亲水性的超吸收性聚合物水凝胶珠粒用于制备高浓度的 GO 分散体(图 5.16(a))。用这种具有高 S 负载(质量分数为 80%)的膜制造的电池在 0.5C 下循环 100 次后显示出 835mA·h/g 的高容量(图 5.16(b))。Huang 等通过真空过滤技术制备了多孔 GO/CNT 杂化膜(图 5.16(c)、(d))[174]。含有质量分数为 33.3% GO 的 GO/CNT 夹层显示出最佳的电化学性能，在 0.2C 下循环 300 次后的容量为 671mA·h/g(图 5.16(e))。Jiang 等通过流延制备集成到商用聚丙烯隔膜中的 GO[175]，然后拆解循环电池以鉴定 GO 的效果。即使在长期循

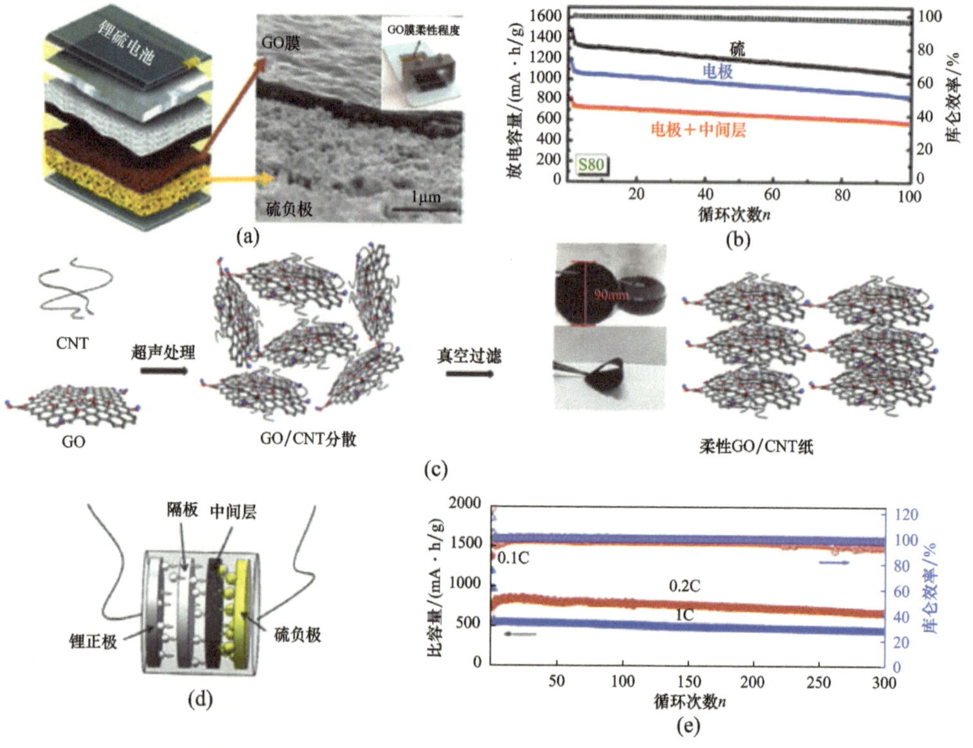

图 5.16 (a)具有 GO/S 阴极的 Li-S 电池结构的示意图和 SEM 图像；(b)GO/S 复合材料的长循环性能(经授权转载自文献[173]，2016 年美国化学学会版权所有)；(c)合成 GO/CNT 杂化膜的示意图，以及(d)其具有中间层的 Li-S 电池的电池构型；(e)GO/CNT 杂化膜的长循环性能(经授权转载自文献[174]，2015 年爱思唯尔版权所有)

环之后，与使用原始隔板相比，使用GO集成隔板在隔板和电解质中产生更少量的S和中间多硫化物。此外，在具有GO集成隔板的LSB电池中，活性材料仍然位于阴极结构内。

5.5 锂－空气电池

由于锂－空气电池(LAB)具有极高的理论能量密度(3505W·h/kg)，显著高于其他类型的可充电电池，可作为替代LIB的下一代可充电电池[176-177]。根据电解质的类型，LAB可以分为非质子、水性、混合水性/非质子和固态4种架构[177]。由于大多数LAB的研究都集中在非质子电解质型(非水型)LAB，所以在本节介绍该非水型LAB。此外，这里讨论的实验仅限于Li－O_2系统(Li－O_2电池(LOB))。由于环境空气中水分和CO_2的存在，LAB会产生副产物，如LiOH和Li_2CO_3，因此导致LAB中复杂和不可逆的问题[178]。

典型的LOB由阳极(通常为Li金属)、阴极(或空气电极)和非水电解质组成。在放电期间，来自Li金属阳极的Li离子在阴极/电解质界面处与O_2相互作用以形成放电产物，如Li_2O_2和Li_2O，这是氧还原反应(ORR)。在充电期间，在阴极处发生逆反应，即析氧反应(OER)。以下方程显示了循环过程中电极中发生的代表性电化学反应[177]：

$$\text{阳极}:Li \rightleftharpoons Li^+ + e^- \tag{5.24}$$

$$\text{阴极}:O_2 + 2Li^+ + 2e^- \rightleftharpoons Li_2O_2 \tag{5.25}$$

$$\text{整体}:2Li + O_2 \rightleftharpoons Li_2O_2 \tag{5.26}$$

10年来，许多研究致力于改善LOB的电化学性能。然而，尽管具有优异的能量密度，但现有技术的LOB仍然面临许多未解决的问题，除了由电解质或Li金属阳极引起的问题，还存在的问题是往返效率低、寿命短和倍率性能差[179]。最具挑战性的问题涉及阴极，主要的电化学还原和O_2氧化反应发生在阴极。为了在放电过程中获得具有高电化学性能的LOB，阴极应充当O_2扩散通道，使得气相O_2能够尽快到达阴极/电解质界面，而不是迁移通过电解质，同时与Li离子进行快速电化学反应[12,180]。此外，阴极应提供足够的空间以收集沉积在阴极表面上的大量放电产物。在充电时，应在阴极上促进放电产物分解为Li离子和O_2[12,180]。

迄今为止，由于石墨烯材料可控的表面缺陷、柔性、大表面积和高电导率，不仅用作多孔空气电极，还用作有效的ORR/OER电催化剂[181]。此外，石墨烯材料已用作修饰有其他电催化剂的支撑基质[182]。本节介绍先进LOB阴极中石墨烯材料的发展概况。

5.5.1 作为电催化材料的石墨烯

如上所述，多孔3D石墨烯结构已用于阴极中作为有效的ORR/OER电催化剂。通过结构工程和适当功能化石墨烯材料中的缺陷位点，可以实现具有高电化学性能的LOB。Li等首次在非水LOB中使用石墨烯作为材料(图5.17(a))[183]。获得的8705mA·h/g的放电容量高于其他碳材料，如BP－2000和Vulcan XC－72(图5.17(b))。通过GO热或化学还原得到的石墨烯中与边缘和缺陷位点(或碳空位)相关的sp^3键的存在提高了ORR/OER[184]。此外，从GO中除去含氧官能团可以防止充电过程中释放的氧原子氧化。根据Park等[185]的研究，具有中孔范围内的宽孔径分布的工业级石墨烯形成了用于电解质、O_2和Li离子的合适的扩散通道。此外，大量的C—C缺陷与少量的C—O缺陷一起改善了所需的电极分解反应。Xiao 等制作了用于 LOB 阴极的 3D 架构的多孔石墨烯材料(图 5.17(c))[181]。他们首次使用解决方案技术控制石墨烯架构。具有高度多孔、3D 结构和互连的孔道的石墨烯材料的独特形态促进了对阴极的连续 O_2 供应以及 ORR。利用密度泛函理论计算，证明了 Li_2O_2 优先沉积在 C—C 缺陷位置附近。另外，缺陷位置之间的适当距离可以产生隔离的纳米 Li_2O_2 岛，这将防止在能量上不利的 Li_2O_2 聚集。这种具有独特结构的功能化石墨烯在 0.1mA/cm^2 时提供了 15000mA · h/g 的高容量(图 5.17(d))。

各种研究已经考察了用作 LOB 中的催化剂的其他石墨烯基阴极。Zhou 等通过真空促进热膨胀和脱氧处理，在石墨烯表面制备了具有分级介孔/大孔和少量氧基团的微米级石墨烯[186]。由于开孔结构和脱氧石墨烯表面的协同作用，该材料表现出 19800mA · h/g 的放电容量，并在 1000mA/g 下工作超过 50 次循环。Kim 等以聚苯乙烯胶粒为牺牲模板制备了孔结构可控的微孔石墨烯纸(图 5.17(e)、(f))[187]。该石墨烯结构在 200mA/g 时的容量为 12200mA · h/g，在 500mA/g 和 2000mA/g 时的循环能力分别为 100 次和 78 次循环，有限容量为 1000mA · h/g(图 5.17(g))。Huang 等利用多重微乳液和胶束软模板法合成了孔结构可调的多孔石墨烯泡沫(图 5.17(h))[188]。该多孔石墨烯材料在 200mA/g 下 40 次循环中表现出稳定的循环性，有限容量为 1000mA · h/g(图 5.17(i))。

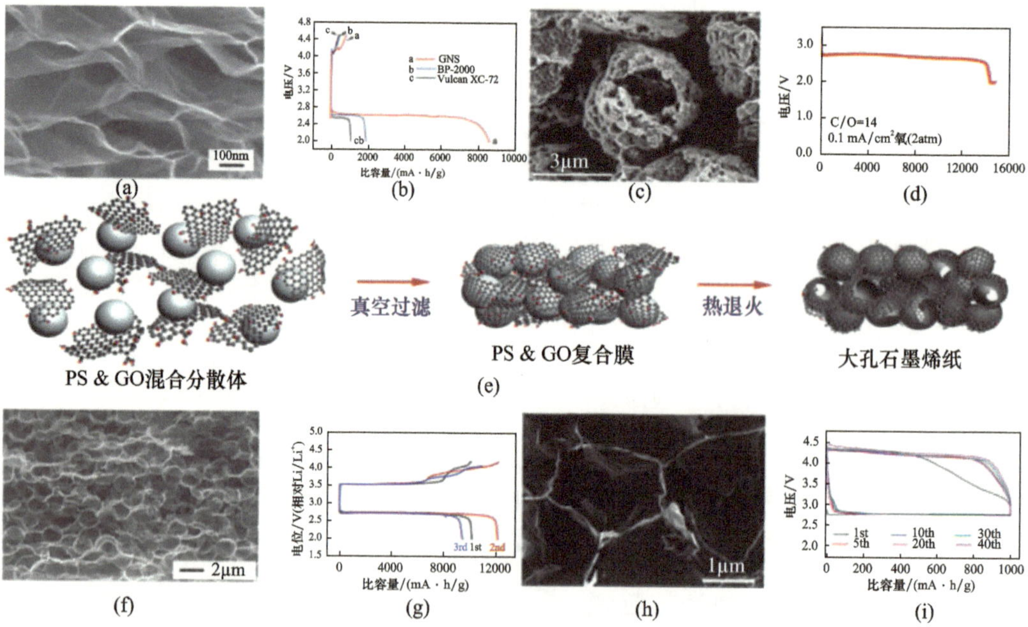

图 5.17 (a)75mA/g 下石墨烯电极的 SEM 图像和(b)充电/放电曲线(经授权转载自文献[183],2011 年皇家化学学会版权所有)；在 0.1mA/cm^2 下功能化石墨烯的(c)SEM 图像和(d)充电/放电曲线(经授权转载自文献[181],2011 年美国化学学会版权所有)；(e)大孔石墨烯纸的制造过程的示意图；(f)SEM 图像；(g)大孔石墨烯纸在 200mA/g 下的充电/放电曲线(经授权转载自文献[187],2016 年爱思唯尔版权所有)；带电极的多孔石墨烯泡沫在 200mA/g 下的(h)SEM 图像和(i)充电/放电曲线(经授权转载自文献[188],2014 年英国皇家化学学会版权所有)

异质原子掺杂石墨烯材料也是提高 LOB 电化学性能的有效途径。掺杂各种杂原子(N,B)提高了改性石墨烯材料对 ORR 和 OER 的催化活性。在NH_3/Ar 气体下对石墨烯材料进行退火,可以制备氮掺杂石墨烯[189-190]。根据 Shui 等的研究,氮掺杂的多孔石墨烯表现出 85% 的往返效率和 100 次循环以上的长循环性能,有限容量为 800mA · h/g[190]。Zhao 等分别以聚苯乙烯球和聚多巴胺为牺牲剂和氮掺杂源,制备了 3D 多孔氮掺杂石墨烯骨架[191]。这种石墨烯材料在 1000mA/g 下表现出超过 54 次循环的长循环性能。Wu 等通过冷冻干燥随后用硼酸退火 GO 制备了 B 掺杂的三维结构 rGO[192]。作者提出与石墨烯连接的 B—O 官能团作为额外的反应位点来激活 ORR 反应。

5.5.2 作为支撑基质的石墨烯

除了作为 ORR/OER 电催化剂之外,多孔三维石墨烯结构还可以作为其他有效电催化剂的支撑基质。贵金属(Ru、Ir 和 Pt)及其氧化物形式是用于 LOB 的最有效的 ORR/OER 电催化剂。最近,贵金属和多孔石墨烯材料的组合已被证明是提高 ORR/OER 活性的简便策略。石墨烯上的 Ru 和 Ir 也可以为 OER 提供增强的催化活性[193-195]。Sun 等使用二氧化硅纳米粒子作为牺牲模板在多孔石墨烯上制备了 Ru 纳米晶体(图 5.18(a)、(b))[193]。在没有 Ru 的情况下,多孔石墨烯在 1000mA/g 时表现出超过 10000mA · h/g 的高放电容量。此外,Ru/石墨烯复合材料在 200mA/g 时显示出 77.8% 的高效率和超过 200 次循环的长循环性能,有限容量为 500mA · h/g(图 5.18(e))。Zeng 等在氮、铁和钴掺杂的石墨烯上制备了 Ru 纳米粒子[194]。石墨烯和 Ru 纳米粒子的共掺杂分别提高了对 ORR 和 OER 的催化活性,在 200mA/g 下获得了 23905mA · h/g 的放电容量。此外,Zhou 等提出,在脱氧分级石墨烯载体上功能化的纳米晶线 Ir 的协同效应将提供高 ORR/OER 活性(图 5.18(c)和(f))[195]。Wu 等制备了 Pt 包覆的 3D 中空石墨烯纳米笼(图 5.18(d))[182]。据称,中空石墨烯纳米笼基体不仅为高效催化反应提供了众多的活性位点,还充当了快速氧气扩散的扩散通道。此外,由于石墨烯-金属界面相互作用,石墨烯增强了 Pt 的催化活性。在 500mA/g 时,该 Pt/石墨烯复合材料的充电电压平台降低到 3.5V(图 5.18(g))。

尽管这种贵金属/石墨烯复合材料具有高性能,但贵金属的使用受到高成本和稀缺性的限制,这促进了用于高性能 LOB 阴极的丰富且廉价的替代催化剂的开发[196]。过渡金属氧化物,如 MnO_2 和 Co_3O_4,由于低成本、自然储量丰富和有效的 ORR/OER 活性,而被认为是替代的电催化剂。Cao 等专注于使用 $\alpha-MnO_2$/石墨烯复合材料作为 LOB 阴极[196]。据称,定义明确的 $\alpha-MnO_2$/石墨烯复合材料提高了 ORR/OER 的催化性能(图 5.19(a))[196]。此外,MnO_2 完全覆盖的石墨烯的使用减少了 Li_2Co_3 副产物的形成,副产物可以通过将碳材料暴露于电解质而形成[197]。

以乙醇为石墨烯源,通过 CVD 工艺制备了石墨烯包裹的三维多孔 Ni 泡沫,其可用作过渡金属氧化物的支撑基体。Liu 等报道了石墨烯包裹的泡沫内三维结构上的花状 $\delta-MnO_2$[198]。采用水热法在石墨烯/Ni 泡沫上生长了由超薄纳米片组装而成的花状 $\delta-MnO_2$。由于 $\delta-MnO_2$/石墨烯/Ni 泡沫的独特三维结构,该复合材料在 0.333mA/cm^2 下 132 次循环中表现出稳定的循环性,有限容量为 492mA · h/g(图 5.19(b))。Zhang 等通过氨辅助溶液法制备了直接生长在石墨烯包裹的三维多孔镍泡沫上的无黏合剂 Co_3O_4 纳米片阵列[199]。该复合材料在 0.1mA/cm^2 下 62 次循环后表现出稳定的循环性,有限容量为 583mA · h/g(图 5.19(c))。Ryu 等制备了均匀附着在非共价功能化、无氧石墨烯上的 1D 结构 Co_3O_4 纳米纤维,几乎没有缺陷[200]。石墨烯表面的非共价功能化可以防止石墨烯片重新堆叠，使 Co_3O_4 纳米纤维易于附着。由于 Co_3O_4 和石墨烯的协同效应，该复合材料在 200mA/g 下在 80 次循环中表现出稳定的循环性，有限容量为 1000mA · h/g（图 5.19(d)）。

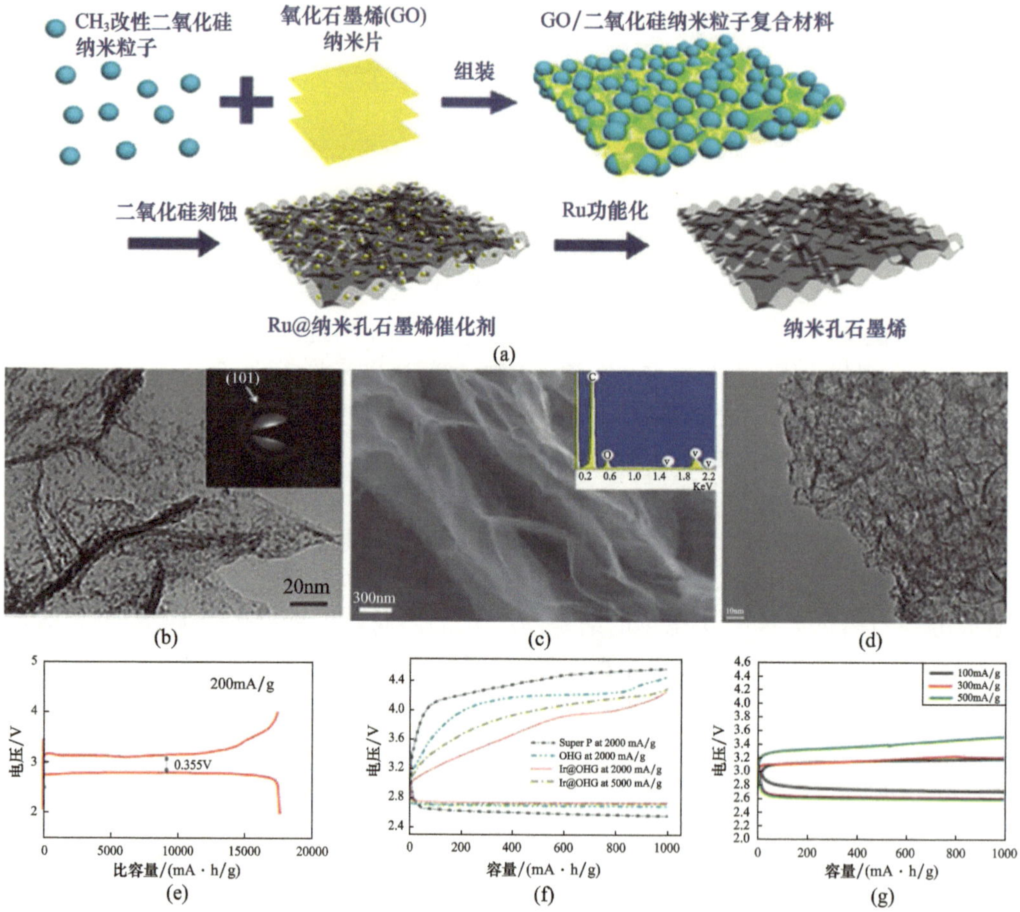

图 5.18 (a)多孔石墨烯和 Ru 功能化纳米孔石墨烯结构的合成步骤示意图；200mA/g 下 Ru 功能化纳米孔石墨烯的(b)TEM 图像和(e)充电/放电曲线（经授权转载自文献[193]，2014 年美国化学学会版权所有）；Ir 在不同电流密度下的(c)SEM 图像和(f)充电/放电曲线，其中 Ir 结合了分级石墨烯（经授权转载自文献[195]，2015 年英国皇家化学学会版权所有）不同速率下 Pt 涂覆的中空石墨烯纳米笼的(d)TEM 图像和(g)充电/放电曲线（经授权转载自文献[182]，2016 年威利 – VCH 版权所有）

5.6 结论与展望

本章综述了用于先进可充电电池 LIB、NIB、LSB 和 LAB 电极的石墨烯基复合材料的最新进展。由于石墨烯及其衍生物具有较大的表面积、较高的电导率、良好的机械柔性，以及与其他电化学活性组分的良好兼容性，不仅可以直接作为活性电极，还可以以混合、封装、包裹、锚定等形式支撑各种活性材料，以提高电极的容量、倍率性能、效率、可循环性等电化学性能。

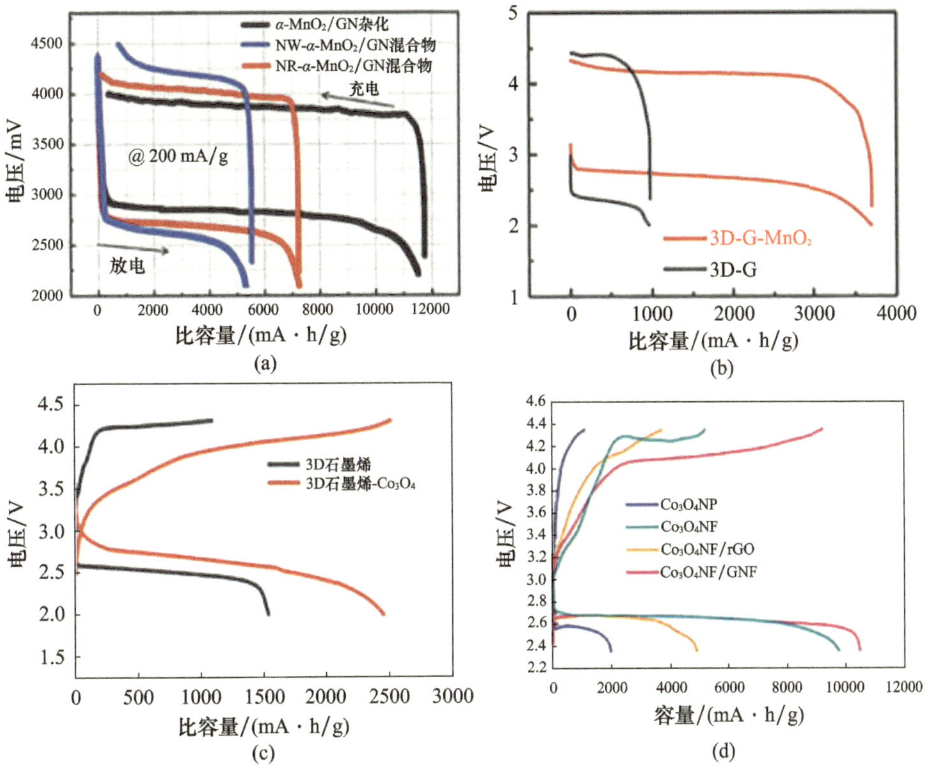

图5.19 (a)200mA/g下 α－MnO_2/石墨烯的充电/放电曲线(经授权转载自文献[196],2012年英国皇家化学学会版权所有);(b)0.083mA/cm^2 下三维石墨烯/MnO_2 复合材料的充电/放电曲线(经授权转载自文献[198],2014年威利－VCH版权所有);(c)0.1mA/cm^2 下3D石墨烯/Co_3O_4 复合材料的充电/放电曲线(经授权转载自文献[199],2015年英国皇家化学学会版权所有);(d)Co_3O_4 纳米纤维/石墨烯纳米片在200mA/g下的充电/放电曲线(经授权转载自文献[200],2013年美国化学学会版权所有)

近10年来,在LIB和NIB中,对石墨烯复合材料进行了大量的研究。在通过合金化/脱合金化和转化反应机制与Li离子反应的阳极化合物中,石墨烯材料可以缓冲活性材料的大体积变化,并提供足够的电荷传输路径。而且,石墨烯材料可以补偿Ti基化合物(TiO_2)和聚阴离子阴离子化合物($LiFePO_4$、$Na_3V_2(PO_4)_3$)的低电导率。

在LSB中,石墨烯材料的高机械柔性和导电性不仅可以缓解循环过程中S大体积变化引起的粒子应力,还可以提供有效的电荷传输。而且,S与石墨烯材料之间良好的物理/化学相互作用可以抑制中间多硫化物的穿梭效应。

在LAB中,石墨烯材料具有可控的表面缺陷、柔性、大表面积和高电导率,不仅可以作为多孔空气电极,还可以作为有效的ORR/OER电催化剂。此外,石墨烯材料可用作修饰有其他电催化剂的支撑基体。

然而,高性能充电电池仍然存在一些挑战。具有代表性的是石墨烯材料在合成过程中的再堆叠行为应得到补充。尽管石墨烯具有大表面积,但是在重新堆叠的情况下难以利用石墨烯的整个表面。而且,用于阴极时复合材料中的石墨烯材料不参与电化学反应,导致实际容量和总能量密度降低。因此，作为载体，应探索活性材料与石墨烯材料之间的最佳比例。

参考文献

[1] 1. Larcher, D. and Tarascon, J. M., Towards greener and more sustainable batteries for electrical energy storage. *Nat. Chem.*, 7, 19, 2015.

[2] Deng, D., Kim, M. G., Lee, J. Y., Cho, J., Green energy storage materials: Nanostructured TiO_2 and Sn – based anodes for lithium – ion batteries. *Energy Environ. Sci.*, 2, 818, 2009.

[3] Dresselhaus, M. S. and Thomas, I. L., Alternative energy technologies. *Nature*, 414, 332, 2001.

[4] Dunn, B., Kamath, H., Tarascon, J. M., Electrical energy storage for the grid: A battery of choices. *Science*, 334, 928, 2011.

[5] Cook, T. R., Dogutan, D. K., Reece, S. Y., Surendranath, Y., Teets, T. S., Nocera, D. G., Solar energy supply and storage for the legacy and nonlegacy worlds. *Chem. Rev.*, 110, 6474, 2010.

[6] Armand, M. and Tarascon, J. – M., Building better batteries. *Nature*, 451, 652, 2008.

[7] Novoselov, K. S., Geim, A. K., Morozov, S. V., Jiang, D., Zhang, Y., Dubonos, S. V., Grigorieva, I. V., Firsov, A. A., Electric field effect in atomically thin carbon films. *Science*, 306, 666, 2004.

[8] Stoller, M. D., Park, S., Zhu, Y., An, J., Ruoff, R. S., Graphene – based ultracapacitors. *Nano Lett.*, 8, 3498, 2008.

[9] Lee, C., Wei, X., Kysar, J. W., Hone, J., Measurement of the elastic properties and intrinsic strength of monolayer graphene. *Science*, 321, 385, 2008.

[10] Balandin, A. A., Ghosh, S., Bao, W., Calizo, I., Teweldebrhan, D., Miao, F., Lau, C. N., Superior thermal conductivity of single – layer graphene. *Nano Lett.*, 8, 902, 2008.

[11] Cao, Y., Xiao, L., Sushko, M. L., Wang, W, Schwenzer, B., Xiao, J., Nie, Z., Saraf, L. V, Yang, Z., Liu, J., Sodium ion insertion in hollow carbon nanowires for battery applications. *Nano Lett.*, 12, 3783, 2012.

[12] Bruce, P. G., Freunberger, S. A., Hardwick, L. J., Tarascon, J. M., Li – O_2 and Li – S batteries with high energy storage. *Nat. Mater.*, 11, 19, 2011.

[13] Wu, Y. P., Rahm, E., Holze, R., Carbon anode materials for lithium ion batteries. *J. Power Sources*, 114, 228, 2003.

[14] Yoo, E. J., Kim, J., Hosono, E., Zhou, H. – S., Kudo, T., Honma, I., Large reversible Li storage of graphene nanosheet families for use in rechargeable lithium ion batteries. *Nano Lett.*, 8, 2277, 2008.

[15] Wang, G., Shen, X., Yao, J., Park, J., Graphene nanosheets for enhanced lithium storage in lithium ion batteries. *Carbon*, 47, 2049, 2009.

[16] Guo, P., Song, H., Chen, X., Electrochemical performance of graphene nanosheets as anode material for lithium – ion batteries. *Electrochem. Commun.*, 11, 1320, 2009.

[17] Lian, P., Zhu, X., Liang, S., Li, Z., Yang, W., Wang, H., Large reversible capacity of high quality graphene sheets as an anode material for lithium – ion batteries. *Electrochim. Acta*, 55, 3909, 2010.

[18] Pan, D., Wang, S., Zhao, B., Wu, M., Zhang, H., Wang, Y., Jiao, Z., Li storage properties of disordered graphene nanosheets. *Chem. Mater.*, 21, 3136, 2009.

[19] Reddy, Srivastava, A., Gowda, S. R., Gullapalli, H., Dubey, M., Ajayan, P. M., Synthesisof nitrogen – doped graphene films for lithium battery application. *ACS Nano*, 4, 6337, 2010.

[20] Liu, Y., Artyukhov, V. I., Liu, M., Harutyunyan, A. R., Yakobson, B. I., Feasibility of lithium storage on

graphene and its derivatives. *J. Phys. Chem. Lett.* ,4,1737,2013.

[21] Bhardwaj,T. ,Antic,A. ,Pavan,B. ,Barone,V. ,Fahlman,B. D. ,Enhanced electrochemical lithium storage by graphene nanoribbons. *J. Am. Chem. Soc.* ,132,12556,2010.

[22] Wang,Z. L. ,Xu,D. ,Wang,H. – G. ,Wu,Z. ,Zhang,X. – B. ,In situ fabrication of porous graphene electrodes for high – performance energy storage. *ACS Nano*,7,2422,2013.

[23] Cui,L. – F. ,Ruffo,R. ,Chan,C. K. ,Peng,H. ,Cui,Y. ,Crystalline – amorphous core – shell,silicon nanowires for high capacity and high current battery electrodes. *Nano Lett.* ,9,491,2009.

[24] Lou,X. W. ,Wang,Y. ,Yuan,C. ,Lee,J. Y. ,Archer,L. A. ,Template – free synthesis of SnOg hollow nanostructures with high lithium storage capacity. *Adv. Mater.* ,18,2325,2006.

[25] Chan,C. K. ,Peng,H. ,Liu,G. ,McIlwrath,K. ,Zhang,X. F. ,Huggins,R. A. ,Cui,Y. ,High – performance lithium battery anodes using silicon nanowires. *Nat. Nanotech.* ,3,31,2008.

[26] Lee,J. K. ,Smith,K. B. ,Hayner,C. M. ,Kung,H. H. ,Silicon nanoparticles – graphene paper composites for Li ion battery anodes. *Chem. Commun.* ,46,2025,2010.

[27] Wang,G. ,Wang,B. ,Wang,X. ,Park,J. ,Dou,S. ,Ahn,H. ,Kim,K. ,Sn/graphene nanocomposite with 3D architecture for enhanced reversible lithium storage in lithium ion batteries. *J. Mater. Chem.* ,19,8378,2009.

[28] Zhao,X. ,Hayner,C. M. ,Kung,M. C. ,Kung,H. H. ,In – plane vacancy – enabled high – power Si – graphene composite electrode for lithium – ion batteries. *Adv. Energy Mater.* ,1,1079,2011.

[29] Xiang,H. ,Zhang,K. ,Ji,G. ,Lee,J. Y. ,Zou,C. ,Chen,X. ,Wu,J. ,Graphene/nanosized silicon composites for lithium battery anodes with improved cycling stability. *Carbon*,49,1787,2011.

[30] Zhou,X. ,Yin,Y. – X. ,Wan,L. – J. ,Guo,Y. – G. ,Self – assembled nanocomposite of silicon nanoparticles encapsulated in graphene through electrostatic attraction for lithium – ion batteries. *Adv. Energy Mater.* ,2,1086,2012.

[31] Wen,Y. ,Zhu,Y. ,Langrock,A. ,Manivannan,A. ,Ehrman,S. H. ,Wang,C. ,Graphene – bonded and – encapsulated Si nanoparticles for lithium ion battery anodes. *Small*,9,2810,2013.

[32] Yang,S. ,Li,G. ,Zhu,Q. ,Pan,Q. ,Covalent binding of Si nanoparticles to graphene sheets and its influence on lithium storage properties of Si negative electrode. *J. Mater. Chem.* ,22,3420,2012.

[33] Zhou,M. ,Cai,T. ,Pu,F. ,Chen,H. ,Wang,Z. ,Zhang,H. ,Guan,S. ,Graphene/carbon – coated Si nanoparticle hybrids as high – performance anode materials for Li – ion batteries. *ACS Appl. Mater. Interfaces*,5,3449,2013.

[34] Evanoff,K. ,Magasinski,A. ,Yang,J. ,Yushin,G. ,Nanosilicon – coated graphene granules as anodes for Li – ion batteries. *Adv. Energy Mater.* ,1,495,2011.

[35] Li,Z. – F. ,Zhang,H. ,Liu,Q. ,Liu,Y. ,Stanciu,L. ,Xie,J. ,Novel pyrolyzed polyaniline – grafted silicon nanoparticles encapsulated in graphene sheets as Li – ion battery anodes. *ACS Appl. Mater. Interfaces*,6,5996,2014.

[36] Fang,C. ,Deng,Y. ,Xie,Y. ,Su,J. ,Chen,G. ,Improving the electrochemical performance of Si nanoparticle anode material by synergistic strategies of polydopamine and graphene oxide coatings. *J. Phys. Chem. C*,119,1720,2015.

[37] Chang,P. ,Liu,X. ,Zhao,Q. ,Huang,Y. ,Huang,Y. ,Hu,X. ,Constructing three – dimensional honeycombed graphene/silicon skeletons for high – performance Li – ion batteries. *ACS Appl. Mater. Interfaces*,9,31879,2017.

[38] Son,I. H. ,Hwan Park,J. ,Kwon,S. ,Park,S. ,Rummeli,M. H. ,Bachmatiuk,A. ,Song,H. J. ,Ku,J. ,Choi,J. W. ,Choi,J. M. ,Doo,S. G. ,Chang,H. ,Silicon carbide – free graphene growth on silicon for lithi-

um – ion battery with high volumetric energy density. *Nat. Commun.* ,6,7393,2015.
[39] Nithya,C. and Gopukumar,S. ,Reduced graphite oxide/nano Sn:A superior composite anode material for rechargeable lithium – ion batteries. *ChemSusChem*,6,898,2013.
[40] Zhu,J. ,Wang,D. ,Cao,L. ,Liu,T. ,Ultrafast preparation of three – dimensional porous tin – graphene composites with superior lithium ion storage. *J. Mater. Chem. A*,2,12918,2014.
[41] Wang,C. ,Li,Y. ,Chui,Y. S. ,Wu,Q. H. ,Chen,X. ,Zhang,W. ,Three – dimensional Sn – graphene anode for high – performance lithium – ion batteries. *Nanoscale*,5,10599,2013.
[42] Qin,J. ,He,C. ,Zhao,N. ,Wang,Z. ,Shi,C. ,Liu,E. – Z. ,Li,J. ,Graphene networks anchored with Sn@graphene as lithium ion battery anode. *ACS Nano*,8,1728,2014.
[43] Li,N. ,Song,H. ,Cui,H. ,Wang,C. ,Sn@ graphene grown on vertically aligned graphene for high – capacity,high – rate,and long – life lithium storage. *Nano Energy*,3,102,2014.
[44] Luo,B. ,Qiu,T. ,Ye,D. ,Wang,L. ,Zhi,L. ,Tin nanoparticles encapsulated in graphene backboned carbonaceous foams as high – performance anodes for lithium – ion and sodium – ion storage. *Nano Energy*,22,232,2016.
[45] Lou,X. W. ,Li,C. M. ,Archer,L. A. ,Designed synthesis of coaxial SnO_2@ carbon hollow nanospheres for highly reversible lithium storage. *Adv. Mater.* ,21,2536,2009.
[46] Yu,Y. ,Chen,C. H. ,Shi,Y. ,A tin – based amorphous oxide composite with a porous,spherical,multideck – cage morphology as a highly reversible anode material for lithium – ion batteries. *Adv. Mater.* ,19,993,2007.
[47] Paek,S. – M. ,Yoo,E. J. ,Honma,I. ,Enhanced cyclic performance and lithium storage capacity of SnOg/graphene nanoporous electrodes with three – dimensionally delaminated flexible structure. *Nano Lett.* ,9,72,2009.
[48] Yao,J. ,Shen,X. ,Wang,B. ,Liu,H. ,Wang,G. ,*In situ* chemical synthesis of SnO_2 – graphene nanocomposite as anode materials for lithium – ion batteries. *Electrochem. Commun.* ,11,1849,2009.
[49] Zhong,C. ,Wang,J. ,Chen,Z. ,Liu,H. ,SnO_2 – graphene composite synthesized via an ultrafast and environmentally friendly microwave autoclave method and its use as a superior anode for lithium – ion batteries. *J. Phys. Chem. C*,115,25115,2011.
[50] Zhou,X. ,Wan,L. J. ,Guo,Y. G. ,Binding SnO_2 nanocrystals in nitrogen – doped graphene sheets as anode materials for lithium – ion batteries. *Adv. Mater.* ,25,2152,2013.
[51] Vinayan,B. P. and Ramaprabhu,S. ,Facile synthesis of SnO_2 nanoparticles dispersed nitrogen doped graphene anode material for ultrahigh capacity lithium ion battery applications. *J. Mater. Chem. A*,1,3865,2013.
[52] Li,B. ,Cao,H. ,Zhang,J. ,Qu,M. ,Lian,F. ,Kong,X. ,SnO_2 – carbon – RGO heterogeneous electrode materials with enhanced anode performances in lithium ion batteries. *J. Mater. Chem.* ,22,2851,2012.
[53] Dong,Y. ,Zhao,Z. ,Wang,Z. ,Liu,Y. ,Wang,X. ,Qiu,J. ,Dually fixed SnO_2 nanoparticles on graphene nanosheets by polyaniline coating for superior lithium storage. *ACS Appl. Mater. Interfaces*,7,2444,2015.
[54] Poizot,P. ,Laruelle,S. ,Grugeon,S. ,Dupont,L. ,Tarascon,J. – M. ,Nano – sized transition – metal oxides as negative – electrode materials for lithium – ion batteries. *Nature*,407,496,2000.
[55] Wu,Z. – S. ,Zhou,G. ,Yin,L. – C. ,Ren,W. ,Li,F. ,Cheng,H. – M. ,Graphene/metal oxide composite electrode materials for energy storage. *Nano Energy*,1,107,2012.
[56] Wang,H. ,Cui,L. – F. ,Yang,Y. ,Casalongue,H. S. ,Robinson,J. T. ,Liang,Y. ,Cui,Y. ,Dai,H. ,Mn_3O_4 – graphene hybrid as a high – capacity anode material for lithium ion batteries. *J. Am. Chem. Soc.* ,132,13978,2010.

[57] Wu, Z. - S., Ren, W., Wen, L., Gao, L., Zhao, J., Chen, Z., Zhou, G., Li, F., Cheng, H. - M., Graphene anchored with Co_3O_4 nanoparticles as anode of lithium ion batteries with enhanced reversible capacity and cyclic performance. *ACS Nano*, 6, 3187, 2010.

[58] Yu, A., Park, H. W., Davies, A., Higgins, D. C., Chen, Z., Xiao, X., Free - standing layer - by - layer hybrid thin film of graphene - MnO_2 nanotube as anode for lithium ion batteries. *J. Phys. Chem. Lett.*, 2, 1855, 2011.

[59] Jiang, C., Yuan, C., Li, P., Wang, H. - G., Li, Y., Duan, Q., Nitrogen - doped porous graphene with surface decorated MnO_2 nanowires as a high - performance anode material for lithium - ion batteries. *J. Mater. Chem. A*, 4, 7251, 2016.

[60] Chen, D., Quan, H., Liang, J., Guo, L., One - pot synthesis of hematite@ graphene core@ shell nanostructures for superior lithium storage. *Nanoscale*, 5, 9684, 2013.

[61] Liu, S., Chen, Z., Xie, K., Li, Y., Xu, J., Zheng, C., A facile one - step hydrothermal synthesis of α - Fe_2O_3 nanoplates imbedded in graphene networks with high - rate lithium storage and long cycle life. *J. Mater. Chem. A*, 2, 13942, 2014.

[62] Li, Y., Zhang, H., Kang Shen, P., Ultrasmall metal oxide nanoparticles anchored on three - dimensional hierarchical porous gaphene - like networks as anode for high - performance lithium ion batteries. *Nano Energy*, 13, 563, 2015.

[63] Jiang, T., Bu, E, Feng, X., Shakir, I., Hao, G., Xu, Y., Porous Fe_2O_3 nanoframeworks encapsulated within three - dimensional graphene as high - performance flexible anode for lithium - ion battery. *ACS Nano*, 11, 5140, 2017.

[64] Li, L., Kovalchuk, A., Fei, H., Peng, Z., Li, Y., Kim, N. D., Xiang, C., Yang, Y., Ruan, G., Tour, J. M., Enhanced cycling stability of lithium - ion batteries using graphene - wrapped Fe_3O_4 - graphene nanoribbons as anode materials. *Adv. Energy Mater.*, 5, 1500171, 2015.

[65] Zhang, Z., Wang, F., An, Q., Li, W, Wu, P, Synthesis of graphene@ Fe_3O_4@ C core - shell nanosheets for high - performance lithium ion batteries. *J. Mater. Chem. A*, 3, 7036, 2015.

[66] Choi, B. G., Chang, S. J., Lee, Y. B., Bae, J. S., Kim, H. J., Huh, Y. S., 3D heterostructured architectures of Co_3O_4 nanoparticles deposited on porous graphene surfaces for high performance of lithium ion batteries. *Nanoscale*, 4, 5924, 2012.

[67] Zhu, X., Ning, G., Ma, X., Fan, Z., Xu, C., Gao, J., Xu, C., Wei, F., High density Co_3O_4 nanoparticles confined in a porous graphene nanomesh network driven by an electrochemical process: Ultra - high capacity and rate performance for lithium ion batteries. *J. Mater. Chem. A*, 1, 14023, 2013.

[68] Dou, Y., Xu, J., Ruan, B., Liu, Q., Pan, Y., Sun, Z., Dou, S. X., Atomic layer - by - layer Co_3O_4/graphene composite for high performance lithium - ion batteries. *Adv. Energy Mater.*, 6, 1501835, 2016.

[69] Mai, Y. J., Shi, S. J., Zhang, D., Lu, Y., Gu, C. D., Tu, J. P., NiO - graphene hybrid as an anode material for lithium ion batteries. *J. Power Sources*, 204, 155, 2012.

[70] Lee, D. H., Kim, J. C., Shim, H. W., Kim, D. W., Highly reversible Li storage in hybrid NiO/Ni/graphene nanocomposites prepared by an electrical wire explosion process. *ACS Appl. Mater. Interfaces*, 6, 137, 2014.

[71] Ohzuku, T., Ueda, A., Yamamota, N., Zero - strain insertion material of $Li[Li_{1/3}Ti_{5/3}]O_4$ for rechargeable lithium cells. *J. Electrochem. Soc.*, 142, 1431, 1995.

[72] Kim, H. - K., Bak, S. - M., Kim, K. - B., $Li_4Ti_5O_{12}$/reduced graphite oxide nano - hybrid material for high rate lithium - ion batteries. *Electrochem. Commun.*, 12, 1768, 2010.

[73] Shi, Y., Wen, L., Li, F., Cheng, H. - M., Nanosized $Li_4Ti_5O_{12}$/graphene hybrid materials with low polar-

ization for high rate lithium ion batteries. *J. Power Sources*, 196, 8610, 2011.

[74] Tang, Y., Huang, F., Zhao, W, Liu, Z., Wan, D., Synthesis of graphene - supported L^TisOm nanosheets for high rate battery application. *J. Mater. Chem.*, 22, 11257, 2012.

[75] Zhang, J., Cai, Y., Wu, J., Yao, J., Graphene oxide - confined synthesis of $Li_4Ti_5O_{12}$ microspheres as high - performance anodes for lithium ion batteries. *Electrochim. Acta*, 165, 422, 2015.

[76] Chen, W., Jiang, H., Hu, Y., Dai, Y., Li, C., Mesoporous single crystals $Li_4Ti_5O_{12}$ grown on rGO as high - rate anode materials for lithium - ion batteries. *Chem. Commun.*, 50, 8856, 2014.

[77] Oh, Y., Nam, S., Wi, S., Kang, J., Hwang, T., Lee, S., Park, H. H., Cabana, J., Kim, C., Park, B., Effective wrapping of graphene on individual $Li_4Ti_5O_{12}$ grains for high - rate Li - ion batteries. *J. Mater. Chem. A*, 2, 2023, 2014.

[78] Zhu, N., Liu, W., Xue, M., Xie, Z., Zhao, D., Zhang, M., Chen, J., Cao, T., Graphene as a conductive additive to enhance the high - rate capabilities of electrospun $Li_4Ti_5O_{12}$ for lithium - ion batteries. *Electrochim. Acta*, 55, 5813, 2010.

[79] Sudant, G., Baudrin, E., Larcher, D., Tarascon, J. - M., Electrochemical lithium reactivity with nanotextured anatase - typeTiO_2. *J. Mater. Chem.*, 15, 1263, 2005.

[80] Ren, Y., Zhang, J., Liu, Y., Li, H., Wei, H., Li, B., Wang, X., Synthesis and superior anode performances ofTiO_2 - carbon - rGO composites in lithium - ion batteries. *ACS Appl. Mater. Interfaces*, 4, 4776, 2012.

[81] Hu, Y. S., Kienle, L., Guo, Y. G., Maier, J., High lithium electroactivity of nanometer - sized rutile TiO_2. *Adv. Mater.*, 18, 1421, 2006.

[82] Baudrin, E., Cassaignon, S., Koelsch, M., Jolivet, J., Dupont, L., Tarascon, J., Structural evolution during the reaction of Li with nano - sized rutile type TiO_2 at room temperature. *Electrochem. Commun.*, 9, 337, 2007.

[83] Wang, D., Choi, D., Li, J., Yang, Z., Nie, Z., Kou, R., Hu, D., Wang, C., Saraf, L. V., Zhang, J., Aksay, I. A., Liu, J., Self - assembled TiO_2 - graphene hybrid nanostructures for enhanced Li - ion insertion. *ACS Nano*, 3, 907, 2009.

[84] Li, N., Liu, G., Zhen, C., Li, F., Zhang, L., Cheng, H. - M., Battery performance and photocatalytic activity of mesoporous anatase TiO_2 nanospheres/graphene composites by template - free self - assembly. *Adv. Funct. Mater.*, 21, 1717, 2011.

[85] Wang, J., Zhou, Y., Xiong, B., Zhao, Y., Huang, X., Shao, Z., Fast lithium - ion insertion of TiO_2 nanotube and graphene composites. *Electrochim. Acta*, 88, 847, 2013.

[86] Li, X., Zhang, Y., Li, T., Zhong, Q., Li, H., Huang, J., Graphene nanoscrolls encapsulated TiO_2 (B) nanowires for lithium storage. *J. Power Sources*, 268, 372, 2014.

[87] Yan, X., Li, Y., Li, M., Jin, Y., Du, F., Chen, G., Wei, Y., Ultrafast lithium storage in TiO_2 - bronze nanowires/N - doped graphene nanocomposites. *J. Mater. Chem.* A, 3, 4180, 2015.

[88] Ding, S., Chen, J. S., Luan, D., Boey, F. Y., Madhavi, S., Lou, X. W., Graphene - supported anatase TiO_2 nanosheets for fast lithium storage. *Chem. Commun.*, 47, 5780, 2011.

[89] Li, N., Zhou, G., Fang, R., Li, F., Cheng, H. M., TiO_2/graphene sandwich paper as an anisotropic electrode for high rate lithium ion batteries. *Nanoscale*, 5, 7780, 2013.

[90] Yan, X., Li, Y., Du, F., Zhu, K., Zhang, Y., Su, A., Chen, G., Wei, Y., Synthesis and optimizable electrochemical performance of reduced graphene oxide wrapped mesoporous TiO_2 microspheres. *Nanoscale*, 6, 4108, 2014.

[91] Mondal, A., Maiti, S., Singha, K., Mahanty, S., Panda, A. B., TiO_2 - rGO nanocomposite hollow spheres:

Large scale synthesis and application as an efficient anode material for lithium – ion batteries. *J. Mater. Chem. A*,5,23853,2017.

[92] Whittingham,M. S. ,Lithium batteries and cathode materials. *Chem. Rev.* ,104,4271,2004.

[93] Wang,L. ,Wang,H. ,Liu,Z. ,Xiao,C. ,Dong,S. ,Han,P. ,Zhang,Z. ,Zhang,X. ,Bi,C. ,Cui,G. ,A facile method of preparing mixed conducting $LiFePO_4$/graphene composites for lithium – ion batteries. *Solid State Ionics*,181,1685,2010.

[94] Yamada,A. ,Chung,S. C. ,Hinokuma,K. ,Optimized $LiFePO_4$ for lithium battery cathodes. *J. Electrochem. Soc.* ,148,A224,2001.

[95] Ding,Y. ,Jiang,Y. ,Xu,F. ,Yin,J. ,Ren,H. ,Zhuo,Q. ,Long,Z. ,Zhang,P. ,Preparation of nanostructured $LiFePO_4$/graphene composites by co – precipitation method. *Electrochem. Commun.* ,12,10,2010.

[96] Mo,R. ,Lei,Z. ,Rooney,D. ,Sun,K. ,Facile synthesis of nanocrystalline $LiFePO_4$/graphene composite as cathode material for high power lithium ion batteries. Electrochim. Acta,130,594,2014.

[97] Long,Y. ,Shu,Y. ,Ma,X. ,Ye,M. ,In – situ synthesizing superior high – rate $LiFePO_4$/C nanorods embedded in graphene matrix. *Electrochim. Acta*,117,105,2014.

[98] Luo,W. – B. ,Chou,S. – L. ,Zhai,Y. – C. ,Liu,H. – K. ,Self – assembled graphene and $LiFePO_4$ composites with superior high rate capability for lithium ion batteries. *J. Mater. Chem. A*,2,4927,2014.

[99] Zhang,K. ,Lee,J. T. ,Li,P. ,Kang,B. ,Kim,J. H. ,Yi,G. R. ,Park,J. H. ,Conformal coating strategy comprising N – doped carbon and conventional graphene for achieving ultrahigh power and cyclability of $LiFePO_4$. *Nano Lett.* ,15,6756,2015.

[100] Yang,J. ,Wang,J. ,Tang,Y. ,Wang,D. ,Li,X. ,Hu,Y. ,Li,R. ,Liang,G. ,Sham,T. – K. ,Sun,X. , $LiFePO_4$ – graphene as a superior cathode material for rechargeable lithium batteries:Impact of stacked graphene and unfolded graphene. *Energy Environ. Sci.* ,6,1521,2013.

[101] Ha,J. ,Park,S. K. ,Yu,S. H. ,Jin,A. ,Jang,B. ,Bong,S. ,Kim,I. ,Sung,Y. E. ,Piao,Y. ,A chemically activated graphene – encapsulated $LiFePO_4$ composite for high – performance lithium ion batteries. *Nanoscale*,5,8647,2013.

[102] Guo,X. ,Fan,Q. ,Yu,L. ,Liang,J. ,Ji,W,Peng,L. ,Guo,X. ,Ding,W,Chen,Y. ,Sandwich – like $LiFePO_4$/graphene hybrid nanosheets:In situ catalytic graphitization and their high – rate performance for lithium ion batteries. *J. Mater. Chem. A*,1,11534,2013.

[103] Hong,S. Y. ,Kim,Y. ,Park,Y. ,Choi,A. ,Choi,N. – S. ,Lee,K. T. ,Charge carriers in rechargeable batteries:Na ions vs. Li ions. *Energy Environ. Sci.* ,6,2067,2013.

[104] Slater, M. D. , Kim, D. , Lee, E. , Johnson, C. S. , Sodium – ion batteries. *Adv. Funct. Mater.* , 23, 947,2013.

[105] Barpanda,P. ,Nishimura,S. – I. ,Yamada,A. ,High – voltage pyrophosphate cathodes. *Adv. Energy Mater.* ,2,841,2012.

[106] Wang,L. P. ,Yu,L. ,Wang,X. ,Srinivasan,M. ,Xu,Z. J. ,Recent developments in electrode materials for sodium – ion batteries. *J. Mater. Chem. A*,3,9353,2015.

[107] Stevens,D. A. and Dahn,J. R. ,The mechanisms of lithium and sodium insertion in carbon materials. *J. Electrochem. Soc.* ,148,A803,2001.

[108] Wang,Y. – X. ,Chou,S. – L. ,Liu,H. – K. ,Dou,S. – X. ,Reduced graphene oxide with superior cycling stability and rate capability for sodium storage. *Carbon*,57,202,2013.

[109] Ding,J. ,Wang,H. ,Li,Z. ,Kohandehghan,A. ,Cui,K. ,Xu,Z. ,Zahiri,B. ,Tan,X. ,Lotfabad,E. M. , Olsen,B. C. ,Mitlin,D. ,Carbon nanosheet frameworks derived from peat moss as high performance sodium ion battery anodes. *ACS Nano*,7,11004,2013.

[110] Wen, Y., He, K., Zhu, Y., Han, F., Xu, Y., Matsuda, I., Ishii, Y., Cumings, J., Wang, C., Expanded graphite as superior anode for sodium - ion batteries. *Nat. Commun.*, 5, 4033, 2014.

[111] Cohn, A. P., Share, K., Carter, R., Oakes, L., Pint, C. L., Ultrafast solvent - assisted sodium ion intercalation into highly crystalline few - layered graphene. *Nano Lett.*, 16, 543, 2016.

[112] Xu, J., Wang, M., Wickramaratne, N. P., Jaroniec, M., Dou, S., Dai, L., High - performance sodium ion batteries based on a 3D anode from nitrogen - doped graphene foams. *Adv. Mater.*, 27, 2042, 2015.

[113] Ling, C. and Mizuno, F., Boron - doped graphene as a promising anode for Na - ion batteries. *PCCP*, 16, 10419, 2014.

[114] Wang, X., Li, G., Hassan, F. M., Li, J., Fan, X., Batmaz, R., Xiao, X., Chen, Z., Sulfur covalently bonded graphene with large capacity and high rate for high - performance sodium - ion batteries anodes. Nano Energy, 15, 746, 2015.

[115] Wang, J. W., Liu, X. H., Mao, S. X., Huang, J. Y., Microstructural evolution of tin nanoparticles during in situ sodium insertion and extraction. *Nano Lett.*, 12, 5897, 2012.

[116] Liu, Y., Zhang, N., Jiao, L., Tao, Z., Chen, J., Ultrasmall Sn nanoparticles embedded in carbon as high - performance anode for sodium - ion batteries. *Adv. Funct. Mater.*, 25, 214, 2015.

[117] Malyi, O., Kulish, V. V., Tan, T. L., Manzhos, S., A computational study of the insertion of Li, Na, and Mg atoms into Si(111) nanosheets. *Nano Energy*, 2, 1149, 2013.

[118] Komaba, S., Matsuura, Y., Ishikawa, T., Yabuuchi, N., Murata, W., Kuze, S., Redox reaction of Sn - polyacrylate electrodes in aprotic Na cell. *Electrochem. Commun.*, 21, 65, 2012.

[119] Wang, Y. - X., Lim, Y. - G., Park, M. - S., Chou, S. - L., Kim, J. H., Liu, H. - K., Dou, S. - X., Kim, Y. - J., UltrafineSnO_2 nanoparticle loading onto reduced graphene oxide as anodes for sodium - ion batteries with superior rate and cycling performances. *J. Mater. Chem. A*, 2, 529, 2014.

[120] Xie, X., Su, D., Zhang, J., Chen, S., Mondal, A. K., Wang, G., A comparative investigation on the effects of nitrogen - doping into graphene on enhancing the electrochemical performance of SnO_2/graphene for sodium - ion batteries. *Nanoscale*, 7, 3164, 2015.

[121] Jeon, Y., Han, X., Fu, K., Dai, J., Kim, J. H., Hu, L., Song, T., Paik, U., Flash - induced reduced graphene oxide as a Sn anode host for high performance sodium ion batteries. *J. Mater. Chem. A*, 4, 18306, 2016.

[122] Hu, Z., Liu, Q., Chou, S. L., Dou, S. X., Advances and challenges in metal sulfides/selenides for Next - Generation rechargeable sodium - ion batteries. *Adv. Mater.*, 29, 1700606, 2017.

[123] Qu, B., Ma, C., Ji, G., Xu, C., Xu, J., Meng, Y. S., Wang, T., Lee, J. Y., Layered SnS_2 - reduced graphene oxide composite - A high - capacity, high - rate, and long - cycle life sodium - ion battery anode material. *Adv. Mater.*, 26, 3854, 2014.

[124] Zhang, Y., Zhu, P., Huang, L., Xie, J., Zhang, S., Cao, G., Zhao, X., Few - layered SnS_2 on few - layered reduced graphene oxide as Na - ion battery anode with ultralong cycle life and superior rate capability. *Adv. Funct. Mater.*, 25, 481, 2015.

[125] Liu, Y., Kang, H., Jiao, L., Chen, C., Cao, K., Wang, Y., Yuan, H., Exfoliated - SnS_2 restacked on graphene as a high - capacity, high - rate, and long - cycle life anode for sodium ion batteries. *Nanoscale*, 7, 1325, 2015.

[126] Jiang, Y., Wei, M., Feng, J., Ma, Y., Xiong, S., Enhancing the cycling stability of Na - ion batteries by bonding SnS_2 ultrafine nanocrystals on amino - functionalized graphene hybrid nanosheets. *Energy Environ. Sci.*, 9, 1430, 2016.

[127] Qian, J., Chen, Y., Wu, L., Cao, Y., Ai, X., Yang, H., High capacity Na - storage and superior cyclability of nanocomposite Sb/C anode for Na - ion batteries. Chem. Commun., 48, 7070, 2012.

[128] Wan,F. ,Guo,J. Z. ,Zhang,X. H. ,Zhang,J. P. ,Sun,H. Z. ,Yan,Q. ,Han,D. X. ,Niu,L. ,Wu,X. L. , In situ binding Sb nanospheres on graphene via oxygen bonds as superior anode for ultrafast sodium – ion batteries. *ACS Appl. Mater. Interfaces*,8,7790,2016.

[129] Li,N. ,Liao,S. ,Sun,Y. ,Song,H. W. ,Wang,C. X. ,Uniformly dispersed self – assembled growth of Sb_2O_3/Sb@graphene nanocomposites on a 3D carbon sheet network for high Na – storage capacity and excellent stability. *J. Mater. Chem. A*,3,5820,2015.

[130] Yu,D. Y. ,Prikhodchenko,P. V. ,Mason,C. W. ,Batabyal,S. K. ,Gun,J. ,Sladkevich,S. ,Medvedev, A. G. ,Lev,O. ,High – capacity antimony sulphide nanoparticle – decorated graphene composite as anode for sodium – ion batteries. *Nat. Commun.* ,4,2922,2013.

[131] Xiong,X. ,Wang,G. ,Lin,Y. ,Wang,Y. ,Ou,X. ,Zheng,F. ,Yang,C. ,Wang,J. H. ,Liu,M. ,Enhancing sodium ion battery performance by strongly binding nanostructured Sb_2S_3 on sulfur – doped graphene sheets. *ACS Nano*,10,10953,2016.

[132] Jian,Z. ,Zhao,B. ,Liu,P. ,Li,F. ,Zheng,M. ,Chen,M. ,Shi,Y. ,Zhou,H. ,Fe_2O_3 nanocrystals anchored onto graphene nanosheets as the anode material for low – cost sodium – ion batteries. *Chem. Commun.* , 50,1215,2014.

[133] Zhang,S. ,Li,W. ,Tan,B. ,Chou,S. ,Li,Z. ,Dou,S. ,One – pot synthesis of ultra – small magnetite nanoparticles on the surface of reduced graphene oxide nanosheets as anodes for sodium – ion batteries. *J. Mater. Chem. A*,3,4793,2015.

[134] Liu,Y. ,Cheng,Z. ,Sun,H. ,Arandiyan,H. ,Li,J. ,Ahmad,M. ,Mesoporous Co_3O_4 sheets/3D graphene networks nanohybrids for high – performance sodium – ion battery anode. *J. Power Sources*,273,878,2015.

[135] Zou,F. ,Chen,Y. M. ,Liu,K. ,Yu,Z. ,Liang,W. ,Bhaway,S. M. ,Gao,M. ,Zhu,Y. ,Metal organic frameworks derived hierarchical hollow NiO/Ni/graphene composites for lithium and sodium storage. *ACS Nano*,10,377,2016.

[136] Wang,J. ,Luo,C. ,Gao,T. ,Langrock,A. ,Mignerey,A. C. ,Wang,C. ,An advanced MoS_2/carbon anode for high – performance sodium – ion batteries. *Small*,11,473,2015.

[137] David,L. ,Bhandavat,R. ,Singh,G. ,MoS_2/graphene composite paper for sodium – ion battery electrodes. *ACS Nano*,8,1759,2014.

[138] Wang,Y. X. ,Chou,S. L. ,Wexler,D. ,Liu,H. K. ,Dou,S. X. ,High – performance sodium – ion batteries and sodium – ion pseudocapacitors based on MoS_2/graphene composites. *Chem. Eur. J.* ,20,9607,2014.

[139] Xie,X. ,Ao,Z. ,Su,D. ,Zhang,J. ,Wang,G. ,MoS_2/graphene composite anodes with enhanced performance for sodium – ion batteries:The role of the two – dimensional heterointerface. *Adv. Funct. Mater.* ,25, 1393,2015.

[140] Sun,D. ,Ye,D. ,Liu,R,Tang,Y. ,Guo,J. ,Wang,L. ,Wang,H. ,MoS_2/graphene nanosheets from commercial bulky MoS_2 and graphite as anode materials for high rate sodium – ion batteries. *Adv. Energy Mater.* ,8,1702383,2018.

[141] Kalluri,S. ,Seng,K. H. ,Guo,Z. ,Du,A. ,Konstantinov,K. ,Liu,H. K. ,Dou,S. X. ,Sodium and lithium storage properties of spray – dried molybdenum disulfide – graphene hierarchical microspheres. *Sci. Rep.* , 5,11989,2015.

[142] Choi,S. H. ,Ko,Y. N. ,Lee,J. – K. ,Kang,Y. C. ,3DMoS_2 – graphene microspheres consisting of multiple nanospheres with superior sodium ion storage properties. *Adv. Funct. Mater.* ,25,1780,2015.

[143] Yang,Z. ,Choi,D. ,Kerisit,S. ,Rosso,K. M. ,Wang,D. ,Zhang,J. ,Graff,G. ,Liu,J. ,Nanostructures and lithium electrochemical reactivity of lithium titanites and titanium oxides:A review. *J. Power Sources*, 192,588,2009.

[144] Liu, H., Cao, K., Xu, X., Jiao, L., Wang, Y., Yuan, H., Ultrasmall TiO_2 nanoparticles in situ growth on graphene hybrid as superior anode material for sodium/lithium ion batteries. *ACS Appl. Mater. Interfaces*, 7, 11239, 2015.

[145] Cha, H. A., Jeong, H. M., Kang, J. K., Nitrogen – doped open pore channeled graphene facilitating electrochemical performance of TiO_2 nanoparticles as an anode material for sodium ion batteries. *J. Mater. Chem. A*, 2, 5182, 2014.

[146] Yeo, Y., Jung, J. W, Park, K., Kim, I. D., Graphene – wrapped anatase TiO_2 nanofibers as high – rate and long – cycle – life anode material for sodium ion batteries. *Sci. Rep.*, 5, 13862, 2015.

[147] Wu, C., Kopold, R., Ding, Y. – L., Aken, RA., Maier, J., Yu, Y., Synthesizing porous $NaTi_2(PO_4)_3$ nanoparticles embedded in 3D graphene networks for high – rate and long cycle – life sodium electrodes. *ACS Nano*, 9, 6610, 2015.

[148] Zhu, Y., Xu, Y., Liu, Y., Luo, C., Wang, C., Comparison of electrochemical performances of olivine $NaFePO_4$, in sodium – ion batteries and olivine $LiFePO_4$, in lithium – ion batteries. *Nanoscale*, 5, 780, 2013.

[149] Oh, S. – M., Myung, S. – T., Hassoun, J., Scrosati, B., Sun, Y. – K., Reversible $NaFePO_4$ electrode for sodium secondary batteries. *Electrochem. Commun.*, 22, 149, 2012.

[150] Jian, Z., Zhao, L., Ran, H., Hu, Y. – S., Li, H., Chen, W, Chen, L., Carbon coated $Na_3V_2(PO_4)_3$ as novel electrode material for sodium ion batteries. *Electrochem. Commun.*, 14, 86, 2012.

[151] Jian, Z., Han, W., Lu, X., Yang, H., Hu, Y. – S., Zhou, J., Zhou, Z., Li, J., Chen, W., Chen, D., Chen, L., Superior electrochemical performance and storage mechanism of $Na_3V_2(PO_4)_3$ cathode for room – temperature sodium – ion batteries. *Adv. Energy Mater.*, 3, 156, 2013.

[152] Jung, Y. H., Lim, C. H., Kim, D. K., Graphene – supported $Na_3V_2(PO_4)_3$ as a high rate cathode material for sodium – ion batteries. *J. Mater. Chem. A*, 1, 11350, 2013.

[153] Rui, X., Sun, W, Wu, C., Yu, Y., Yan, Q., An advanced sodium – ion battery composed of carbon coated $Na_3V_2(PO_4)_3$ in a porous graphene network. *Adv. Mater.*, 27, 6670, 2015.

[154] Fang, J., Wang, S., Li, Z., Chen, H., Xia, L., Ding, L., Wang, H., Rorous $Na_3V_2(PO_4)_3$@C nanoparticles enwrapped in three – dimensional graphene for high performance sodium – ion batteries. *J. Mater. Chem. A*, 4, 1180, 2016.

[155] Xu, Y., Wei, Q., Xu, C., Li, Q., An, Q., Zhang, P., Sheng, J., Zhou, L., Mai, L., Layer – by – layer $Na_3V_2(PO_4)_3$ embedded in reduced graphene oxide as superior rate and ultralong – life sodium – ion battery cathode. *Adv. Energy Mater.*, 6, 1600389, 2016.

[156] Song, H. J., Kim, K. H., Kim, J. C., Hong, S. H., Kim, D. W., Superior sodium storage performance of reduced graphene oxide – supported $Na_{3.12}Fe_{2.44}(P_2O_7)_2$/C nanocomposites. *Chem. Commun.*, 53, 9316, 2017.

[157] Ji, X., Lee, K. T., Nazar, L. F., A highly ordered nanostructured carbon – sulphur cathode for lithium – sulphur batteries. *Nat. Mater.*, 8, 500, 2009.

[158] Zhang, B., Qin, X., Li, G. R., Gao, X. P., Enhancement of long stability of sulfur cathode by encapsulating sulfur into micropores of carbon spheres. *Energy Environ. Sci.*, 3, 1531, 2010.

[159] Yin, Y. X., Xin, S., Guo, Y. G., Wan, L. J., Lithium – sulfur batteries: Electrochemistry, materials, and prospects. *Angew. Chem.*, 52, 13186, 2013.

[160] Wang, H., Yang, Y., Liang, Y., Robinson, J. T., Li, Y., Jackson, A., Cui, Y., Dai, H., Graphene – wrapped sulfur particles as a rechargeable lithium – sulfur battery cathode material with high capacity and cycling stability. *Nano Lett.*, 11, 2644, 2011.

[161] Li, N., Zheng, M., Lu, H., Hu, Z., Shen, C., Chang, X., Ji, G., Cao, J., Shi, Y., High – rate lithium – sulfur batteries promoted by reduced graphene oxide coating. *Chem. Commun.*, 48, 4106, 2012.

[162] Ji, L., Rao, M., Zheng, H., Zhang, L., Li, Y., Duan, W., Guo, J., Cairns, E. J., Zhang, Y., Graphene oxide as a sulfur immobilizer in high performance lithium/sulfur cells. *J. Am. Chem. Soc.*, 133, 18522, 2011.

[163] Wang, Z., Dong, Y., Li, H., Zhao, Z., Wu, H. B., Hao, C., Liu, S., Qiu, J., Lou, X. W., Enhancing lithium – sulphur battery performance by strongly binding the discharge products on amino – functionalized reduced graphene oxide. *Nat. Commun.*, 5, 5002, 2014.

[164] Zhao, M. Q., Zhang, Q., Huang, J. Q., Tian, G. L., Nie, J. Q., Peng, H. J., Wei, R, Unstacked double – 1 ayer templated graphene for high – rate lithium – sulphur batteries. *Nat. Commun.*, 5, 3410, 2014.

[165] Huang, J. – Q., Liu, X. – F., Zhang, Q., Chen, C. – M., Zhao, M. – Q., Zhang, S. – M., Zhu, W., Qian, W. – Z., Wei, F., Entrapment of sulfur in hierarchical porous graphene for lithium – sulfur batteries with high rate performance from – 40 to 60℃. *Nano Energy*, 2, 314, 2013.

[166] Li, H., Yang, X., Wang, X., Liu, M., Ye, F., Wang, J., Qiu, Y., Li, W., Zhang, Y., Dense integration of graphene and sulfur through the soft approach for compact lithium/sulfur battery cathode. *Nano Energy*, 12, 468, 2015.

[167] Xu, H., Deng, Y., Shi, Z., Qian, Y., Meng, Y., Chen, G., Graphene – encapsulated sulfur (GES) composites with a core – shell structure as superior cathode materials for lithium – sulfur batteries. *J. Mater. Chem. A*, 1, 15142, 2013.

[168] Yu, M., Li, R., Tong, Y., Li, Y., Li, C., Hong, J. – D., Shi, G., A graphene wrapped hair – derived carbon/sulfur composite for lithium – sulfur batteries. *J. Mater. Chem. A*, 3, 9609, 2015.

[169] Li, Z., Li, C., Ge, X., Ma, J., Zhang, Z., Li, Q., Wang, C., Yin, L., Reduced graphene oxide wrapped MOFs – derived cobalt – doped porous carbon polyhedrons as sulfur immobilizers as cathodes for high performance lithium sulfur batteries. *Nano Energy*, 23, 15, 2016.

[170] Hu, G., Xu, C., Sun, Z., Wang, S., Cheng, H. M., Li, F., Ren, W., 3D Graphene – foam – reduced – graphene – oxide hybrid nested hierarchical networks for high – performance Li – S Batteries. *Adv. Mater.*, 28, 1603, 2016.

[171] Gao, F., Qu, J., Zhao, Z., Qiu, J., Efficient synthesis of graphene/sulfur nanocomposites with high sulfur content and their application as cathodes for Li – S batteries. *J. Mater. Chem. A*, 4, 16219, 2016.

[172] Wang, X., Wang, Z., Chen, L., Reduced graphene oxide film as a shuttle – inhibiting interlayer in a lithium – sulfur battery. *J. Power Sources*, 242, 65, 2013.

[173] Shaibani, M., Akbari, A., Sheath, P., Easton, C. D., Banerjee, P. C., Konstas, K., Fakhfouri, A., Barghamadi, M., Musameh, M. M., Best, A. S., Ruther, T., Mahon, P. J., Hill, M. R., Hollenkamp, A. F., Majumder, M., Suppressed polysulfide cross – over in Li – S batteries through a high – flux graphene oxide membrane supported on a sulfur cathode. *ACS Nano*, 10, 7768, 2016.

[174] Huang, J. – Q., Xu, Z. – L., Abouali, S., Akbari Garakani, M., Kim, J. – K., Porous graphene oxide/carbon nanotube hybrid films as interlayer for lithium – sulfur batteries. *Carbon*, 99, 624, 2016.

[175] Jiang, Y., Chen, F., Gao, Y., Wang, Y., Wang, S., Gao, Q., Jiao, Z., Zhao, B., Chen, Z., Inhibiting the shuttle effect of Li – S battery with a graphene oxide coating separator: Performance improvement and mechanism study. *J. Power Sources*, 342, 929, 2017.

[176] Bruce, P. G., Hardwick, L. J., Abraham, K. M., Lithium – air and lithium – sulfur batteries. *MRS Bull.*, 36, 506, 2011.

[177] Girishkumar, G., McCloskey, B., Luntz, A. C., Swanson, S., Wilcke, W., Lithium – air battery: Promise and challenges. *J. Phys. Chem. Lett.*, 1, 2193, 2010.

[178] Geng, D., Ding, N., Hor, T. S. A., Chien, S. W., Liu, Z., Wuu, D., Sun, X., Zong, Y., From lithium – oxygen to lithium – air batteries: Challenges and opportunities. *Adv. Energy Mater.*, 6, 1502164, 2016.

[179] Chang, Z., Xu, J., Zhang, X., Recent progress in electrocatalyst for Li – O_2 batteries. *Adv. Energy Mater.*, 7, 1700875, 2017.

[180] Kim, H., Lim, H. – D., Kim, J., Kang, K., Graphene for advanced Li/S and Li/air batteries. *J. Mater. Chem. A*, 2, 33, 2014.

[181] Xiao, J., Mei, D., Li, X., Xu, W., Wang, D., Graff, G. L., Bennett, W. D., Nie, Z., Saraf, L. V., Aksay, I. A., Liu, J., Zhang, J. G., Hierarchically porous graphene as a lithium – air battery electrode. *Nano Lett.*, 11, 5071, 2011.

[182] Wu, F., Xing, Y., Zeng, X., Yuan, Y., Zhang, X., Shahbazian – Yassar, R., Wen, J., Miller, D. J., Li, L., Chen, R., Lu, J., Amine, K., Platinum – coated hollow graphene nanocages as cathode used in lithium – oxygen batteries. *Adv. Funct. Mater.*, 26, 7626, 2016.

[183] Li, Y., Wang, J., Li, X., Geng, D., Li, R., Sun, X., Superior energy capacity of graphene nanosheets for a nonaqueous lithium – oxygen battery. *Chem. Commun.*, 47, 9438, 2011.

[184] Yoo, E. and Zhou, H., Li – air rechargeable battery based on metal – free graphene nanosheet catalysts. *ACS Nano*, 5, 3020, 2011.

[185] Park, J. E., Lee, G. – H., Choi, M., Dar, M. A., Shim, H. – W., Kim, D. – W., Comparison of catalytic performance of different types of graphene in Li – O_2 batteries. *J. Alloys Compd.*, 647, 231, 2015.

[186] Zhou, W, Zhang, H., Nie, H., Ma, Y., Zhang, Y., Zhang, H., Hierarchical micron – sized mesoporous/macroporous graphene with well – tuned surface oxygen chemistry for high capacity and cycling stability Li – O_2 battery. *ACS Appl. Mater. Interfaces*, 7, 3389, 2015.

[187] Kim, D. Y., Kim, M., Kim, D. W., Suk, J., Park, J. J., Park, O. O., Kang, Y., Graphene paper with controlled pore structure for high – performance cathodes in Li – O_2 batteries. *Carbon*, 100, 265, 2016.

[188] Huang, X., Sun, B., Su, D., Zhao, D., Wang, G., Soft – template synthesis of 3D porous graphene foams with tunable architectures for lithium – O_2 batteries and oil adsorption applications. *J. Mater. Chem. A*, 2, 7973, 2014.

[189] Li, Y., Wang, J., Li, X., Geng, D., Banis, M. N., Li, R., Sun, X., Nitrogen – doped graphene nanosheets as cathode materials with excellent electrocatalytic activity for high capacity lithium – oxygen batteries. *Electrochem. Commun.*, 18, 12, 2012.

[190] Shui, J., Lin, Y., Connell, J. W., Xu, J., Fan, X., Dai, L., Nitrogen – doped holey graphene for high – performance rechargeable Li – O_2 batteries. *ACS Energy Lett.*, 1, 260, 2016.

[191] Zhao, C., Yu, C., Liu, S., Yang, J., Fan, X., Huang, H., Qiu, J., 3D Porous N – doped graphene frameworks made of interconnected nanocages for ultrahigh – rate and long – life Li – O_2 batteries. *Adv. Funct. Mater.*, 25, 6913, 2015.

[192] Wu, F., Xing, Y., Li, L., Qian, J., Qu, W., Wen, J., Miller, D., Ye, Y., Chen, R., Amine, K., Lu, J., Facile synthesis of boron – doped rGO as cathode material for high energy Li – O_2 batteries. *ACS Appl. Mater. Interfaces*, 8, 23635, 2016.

[193] Sun, B., Huang, X., Chen, S., Munroe, P., Wang, G., Porous graphene nanoarchitectures: An efficient catalyst for low charge – overpotential, long life, and high capacity lithium – oxygen Batteries. *Nano Lett.*, 14, 3145, 2014.

[194] Zeng, X., You, C., Leng, L., Dang, D., Qiao, X., Li, X., Li, Y., Liao, S., Adzic, R. R., Ruthenium nanoparticles mounted on multielement co – doped graphene: An ultra – high – efficiency cathode catalyst for Li – O_2 batteries. *J. Mater. Chem. A*, 3, 11224, 2015.

[195] Zhou, W., Cheng, Y., Yang, X., Wu, B., Nie, H., Zhang, H., Zhang, H., Iridium incorporated into deoxygenated hierarchical graphene as a high - performance cathode for rechargeable Li - O_2 batteries. *J. Mater. Chem. A*, 3, 14556, 2015.

[196] Cao, Y., Wei, Z., He, J., Zang, J., Zhang, Q., Zheng, M., Dong, Q., α - MnO_2 nanorods grown in situ on graphene as catalysts for Li - O_2 batteries with excellent electrochemical performance. *Energy Environ. Sci.*, 5, 9765, 2012.

[197] Cao, Y., Zheng, M. - S., Cai, S., Lin, X., Yang, C., Hu, W., Dong, Q. - F., Carbon embedded α - MnO_2@ graphene nanosheet composite: A bifunctional catalyst for high performance lithium oxygen batteries. *J. Mater. Chem. A*, 2, 18736, 2014.

[198] Liu, S., Zhu, Y., Xie, J., Huo, Y., Yang, H. Y., Zhu, T., Cao, G., Zhao, X., Zhang, S., Direct growth of flower - Like δ - MnO_2 on three - dimensional graphene for high - performance rechargeable Li - O_2 batteries. *Adv. Energy Mater.*, 4, 1301960, 2014.

[199] Zhang, J., Li, P., Wang, Z., Qiao, J., Rooney, D., Sun, W., Sun, K., Three - dimensional graphene - Co_3O_4 cathodes for rechargeable Li - O_2 batteries. *J. Mater. Chem. A*, 3, 1504, 2015.

[200] Ryu, W. H., Yoon, T. H., Song, S. H., Jeon, S., Park, Y. J., Kim, I. D., Bifunctional composite catalysts usingCo_3O_4 nanofibers immobilized on nonoxidized graphene nanoflakes for high - capacity and long - cycle Li - O_2 batteries. *Nano Lett.*, 13, 4190, 2013.

第6章 先进锂离子电池中的石墨烯基材料

Ran Tian, Huanan Duan
上海交通大学材料科学与工程学院金属基复合材料国家重点实验室

摘　要　近年来，人们对有限的化石燃料和全球变暖日益增长的认识，促进了对高性能和长寿命的先进储能装置的兴趣。一些最有前景的设备包括可充电锂离子电池、锂硫电池和锂空气电池。在此方面，基于石墨烯的材料引起了很多关注，因为石墨烯和具有良好设计结构的活性材料之间的协同效应，已经被证明能够提高这些器件的效率、容量、重量能量/功率密度和循环寿命。本章重点介绍了石墨烯基材料在上述3种储能系统中的最新进展。讨论了未来与储能相关的应用所面临的挑战和机遇以及前景。

关键词　石墨烯，锂离子电池，锂硫电池，锂空气电池，阳极，阴极，合成，复合材料

6.1 概述

随着世界能源需求的不断增加，人们已经进行了许多尝试来减少 CO_2、CH_4 和其他温室气体的排放。因此，向全球工业界和学术界投入了大量资金，旨在开发目前已经占据一些市场份额的电动汽车，并利用太阳能、风能和波浪能等绿色能源。大多数可再生能源的供应不连续和不稳定，以及家庭和工业对电力的不断增长的需求，引起了最近能源储存的激烈发展。另外，高性能、具有成本竞争力和安全的能量存储系统的可用性仍然是许多能量或功率要求高的应用开发中的薄弱环节。在所有电化学存储系统中，与其他二次电池技术相比，由于锂离子电池（LIB）高能量密度和优越的比能量，被证明是最有前景的候选电池（图6.1）。这种高能量密度提供了对先前能量存储系统的显著突破（这是由于电极之间的大电压差）。因此，近几十年来，LIB在许多移动及固定的能耗或功耗要求高的应用中引起了人们的关注[1-2]。近年来，化石燃料的持续短缺与减轻空气污染的迫切需求激发了人们对配备高性能和长循环寿命能量存储和供应装置的低排放电动汽车的极大兴趣。这一趋势极大地推动了高性能LIB的研究工作。

由于提高LIB的性能可以极大地扩展其应用，并实现与可再生能源相关的新技术，因此需要立即解决下一代LIB的开发问题。目前，大量与LIB相关的研究致力于电极材料，因为最终决定电池系统性能的是电极材料。具有较高倍率容量、较高比容量、阴极高电压

和阳极足够低电压的电极可以使 LIB 具有更高的能量和功率密度，使得电池体积更小、价格更低，并使其能够在工业中广泛使用。

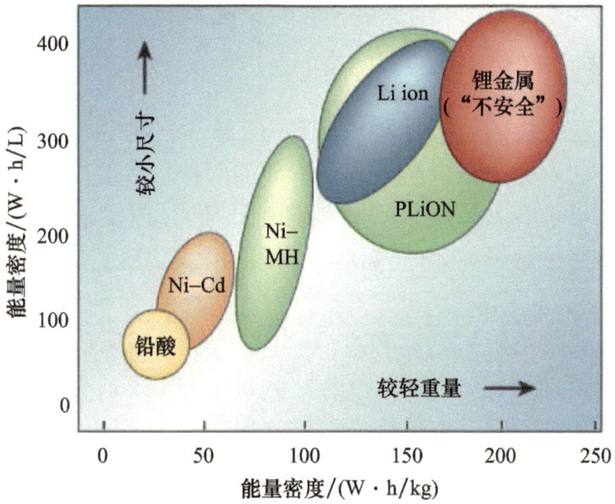

图 6.1　不同电池技术在容量和重量能量密度方面的比较[2]

6.2　石墨烯及其特性

石墨烯是一种由碳原子密集堆叠在蜂窝状晶格中形成的新型二维“芳香”单层，如图 6.2(a)所示，近年来引起了大量关注[3]。由于石墨烯优越的性能，其被认为是下一代储能装置如 LIB、超级电容器、燃料电池等的理想材料。石墨烯提供了独特的双重优势：①高电子迁移率和边缘的快速非均匀电子转移，数值超过 $15000cm^2/(V/s)$；②约 $2630m^2/g$ 的比表面积，远高于其一维（碳纳米管，$1315m^2/g$）和三维（石墨，$10m^2/g$）碳材料[4]。此外，石墨烯显示出具有优异柔性的高拉伸强度，这对于构建柔性器件和结构是非常有益的。石墨烯还具有出色的光学透明度和透射率，这导致原子单层出乎意料的高透明度，以及在室温下 $4.84\times10^3 \sim 5.30\times10^3 W/(m\cdot K)$ 的优异热导率[5]。

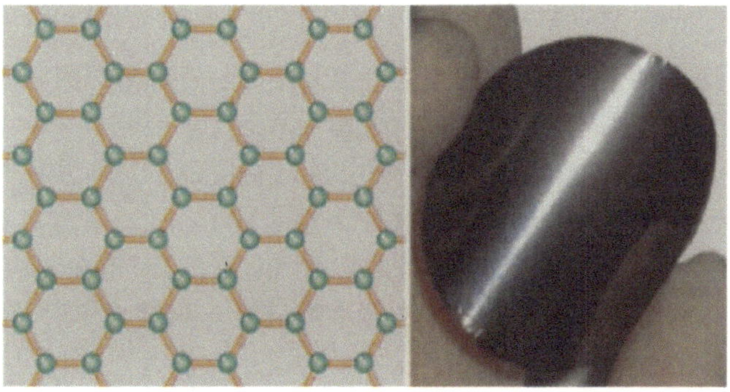

(a)　　(b)

图 6.2　(a)石墨烯结构示意图；(b)柔性石墨烯纸的照片[3]

6.3 用于锂离子电池的石墨烯合成方法

6.3.1 石墨烯的制备

虽然不同制备方法合成的石墨烯结构相似，但通常表现出不同的特性和性能。目前制备石墨烯的主要方法可分为自上而下和自下而上两种。自上而下的方法利用机械动力或化学插层来克服石墨中石墨烯层之间的范德瓦耳斯力，以实现石墨烯单层的分离。自下而上的方法通常使用小分子前体通过化学气相沉积（CVD）或化学合成等合成技术生长成单层石墨烯[6]。

自上而下的方法胶带法机械剥离和溶液剥离、化学剥离和还原等方法。尽管制备的石墨烯具有最好的质量，但由于产率低，胶带法的机械剥离不适合大规模应用。自下而上的方法也有同样的低效益问题。本节将介绍广泛用于LIB应用的常见制备方法。

6.3.2 氧化石墨烯的剥离和还原

首先通过石墨的氧化反应制备，同时用含氧官能团功能化石墨烯层（图6.3）。这些活性官能团不仅扩大了碳层间的距离，而且使石墨烯层具有亲水性。因此，单层氧化石墨烯（GO）容易通过超声破碎从液体中的氧化石墨上剥离[7-8]。该方法具有成本低、收率高、工艺简单等优点，被广泛用于石墨烯基材料前驱体的大规模生产。

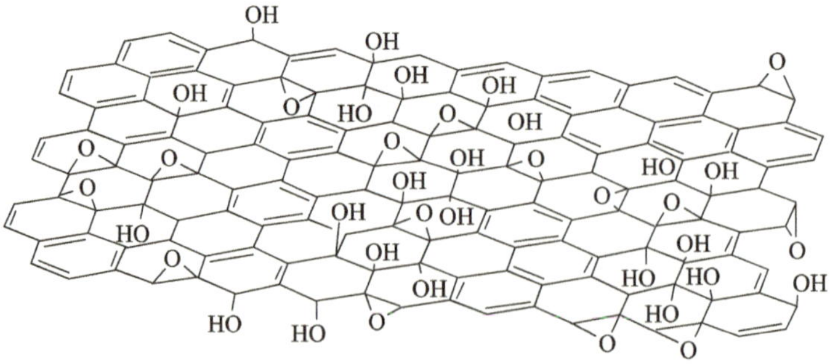

图6.3 氧化石墨烯结构的示意图（Lerf - Klinowski 模型）[9]

为了从氧化石墨制备石墨烯，需要包括剥离和还原的过程来分离各层，还原含氧官能团，并通过热、电化学和化学还原方法重建平面 sp^2 杂化碳晶格（图6.4）。在这些方法中，用化学试剂还原含氧官能团的化学还原法是最制备单层和少层石墨烯最广泛使用的方法。尽管还原氧化石墨烯（rGO）的电导率相对较低，但其通常具有比理想石墨烯高得多的表面活性，这不仅为加工提供了更好的润湿质量，而且在溶液中表现出独特的自组装行为。因此，石墨烯基材料可以从液体中的rGO自组装成各种结构，如水凝胶、膜等[10-11]。这些材料为在实践中使用2D石墨烯纳米片的独特性质提供了非常有效的方法。在LIB领域，其不仅促进电解质向电极表面的传输，而且在电极中提供3D互连的导电通道。但该方法存在一个缺点：大部分化学还原剂残留难以去除，可能对电池性能产生副作用。

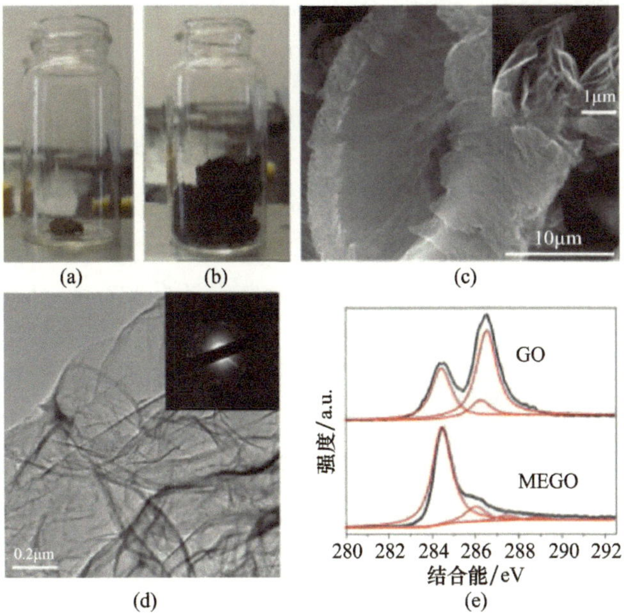

图 6.4　在微波炉中处理 1min 之前(a)和之后(b)的 GO 光学照片;(c)通过微波辐射制备的 rGO 的典型 SEM 图像,插图中的高倍 SEM 图像显示了破碎的 rGO 片;(d)rGO 的典型 TEM 图像和相应的电子衍射图案;(e)GO 和 rGO 的 XPS C1s 光谱[8]

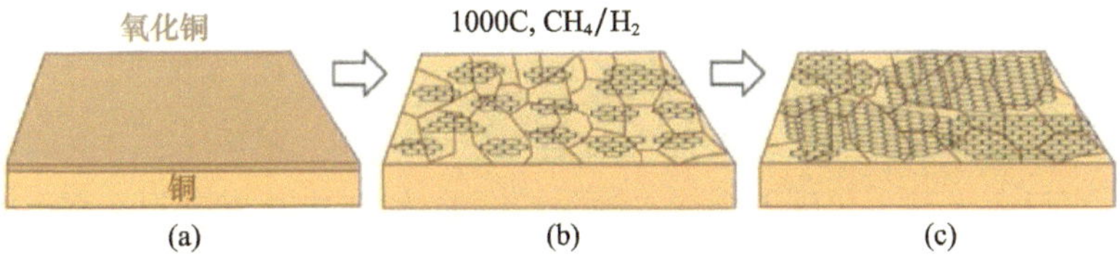

图 6.5　通过 CVD 法在铜衬底上生长的石墨烯的成核和生长过程的示意图

(a)具有天然氧化铜的铜衬底;(b)将铜箔暴露于 1000℃的 CH_4/H_2 气氛中并形成石墨烯岛的成核;(c)将石墨烯结构域聚结成连续的石墨烯膜[12]。

6.3.3　化学气相沉积法制备石墨烯

化学气相沉积(CVD)通常用于在衬底上制备高质量和大面积的石墨烯薄膜。气体混合物通常由碳源(如 CH_4 和 C_2H_2)、还原组分(如 H_2)和载气(如 Ar)组成。成核和生长模型可用于描述合成过程。对于 Cu 衬底,图 6.5 示出了 CVD 工艺中石墨烯生长的 3 个主要阶段:①通过在氢气氛中退火还原表面氧化物,以及 Cu 衬底的晶粒生长和表面缺陷的消失;②具有不同晶格取向的石墨烯岛的成核,其受到下面预处理的 Cu 晶粒的结晶取向的影响;③石墨烯结构区域的扩大并聚结成连续的石墨烯膜[12]。而且,CVD 法可以制备具有特定结构的石墨烯,并且在制备过程中可以容易地调节石墨烯的表面化学,这对于电化学应用是重要的。通过使用该方法,垂直取向的石墨烯纳米片可以直接生长在金属集流体上,并且所构造的电容器表现出对 120Hz 电流的有效滤波。此外,通过使用 Ni 泡沫作为牺牲模板,在去除镍金属后,可以通过 CVD 法制备 3D 石墨烯泡沫,其可以用作 LIB

中的碳骨架和集流体[13-14]。尽管如此,相对较高的成本和较低的产率是用于实际 LIB 应用的石墨烯量产的两个最大障碍。

6.4 用于锂离子电池的石墨烯基复合材料

6.4.1 用于锂离子电池阳极的石墨烯

商用石墨阳极被 Li 离子插层形成 LiC_6时,理论容量为 372mA · h/g[1]。高孔隙率的碳质材料具有更高的容量,因为其在充放电过程中为 Li 吸附和反应提供了更多的活性位点和空间。与其他碳材料相比,石墨烯具有更大的比表面积,并且不具有复杂的多孔结构。这种结构有利于提高比容量,因为碳层的两侧都能吸附 Li 离子,对 Li 离子扩散的阻碍低[15]。石墨烯直接作为锂离子电池正极材料的电化学性能研究较早。通常通过氧化石墨的化学、热或光热还原制备石墨烯,其表现出比普通石墨高得多的比容量,范围为 500~1000mA · h/g[16-18]。通过在石墨烯中引入碳纳米管(CNT)和 C_{60},可以进一步增加容量,因为添加 CNT 和 C_{60}后,由于 CNT 和 C_{60}的电子亲和力,使石墨烯层之间的间隔扩大。石墨烯的滚动和破碎也有助于形成用于锂存储的纳米腔,该材料因此结合了硬碳和软碳的锂存储行为。随后,石墨烯片的大表面积和粗糙形态可以提供更多的储锂活性位点[16]。然而,石墨烯的不规则堆叠和迂曲度使性能恶化,在许多情况下大大降低了比容量。提高性能的一种方法是在石墨烯中产生孔,这可以缩短 Li 离子扩散的路径,提高表面利用率。

LIB 阳极与纯石墨烯的实际应用也存在许多缺点。例如,小的 Li 簇可以在石墨烯表面上形成,并且可以潜在地成核并生长为 Li 枝晶[19]。而且,由于石墨烯两侧锂离子之间的电排斥力,可以大大减少单层石墨烯上吸附的锂的量,防止其形成 LiC_6相。第一性原理计算还表明,原始石墨烯的 Li 容量受到 Li 聚集和相分离的限制,低于插层石墨的容量。有人提出,吸电子基团和 p 型掺杂剂的加入将有助于提高容量,同时,点缺陷和曲率也可能作为活性位点,进一步增加容量。在图 6.6 中,Wu 等表明,氮或硼掺杂的石墨烯是大功率高能 LIB 具有前景的阳极[20]。在 25A/g 的电流密度下,氮掺杂石墨烯和硼掺杂石墨烯分别获得了约 199mA · h/g 和 235mA · h/g 的极高容量。由于 Li 扩散的能量位垒非常低,且 Li 吸收增加,硼掺杂的单空位石墨烯,特别是两个硼掺杂的石墨烯,应该更有希望实现这一目标[21]。

6.4.2 用作阳极的石墨烯基复合材料

由于直接使用纯石墨烯作为阳极的缺点,由石墨烯和各种活性材料组成的石墨烯基复合材料成为很有前景的替代品,引起了人们的关注。近年来,许多不同的活性材料,包括过渡金属氧化物和硫化物、锡、硅和磷,由于它们比普通碳质材料的比容量高得多,已经得到了广泛的研究[10,22-26]。然而,由于在充电/放电过程中发生的剧烈的体积变化和随后的粉碎,这些材料通常具有较低的电导率和较差的循环稳定性。提高这些材料导电性的常规方法是将它们与碳质材料混合。石墨烯作为一种新型的导电基体,通过提高电导率来改善这些材料的性能,以及由于其大的表面积和柔性而抑制粉碎的纳米粒子的体积膨胀/收缩和聚集。同时，这些纳米粒子与石墨烯的集成提供了可以防止石墨烯片重新堆叠并保持大表面积和足够的 Li 离子扩散通道的载体。因此，这种石墨烯基复合材料阳极的比容量可以提高[10,27-28]。这类复合材料的另一个优点是与纯石墨烯相比，可以提高初始库仑效率（CE），特别是用作阳极。Cheng 等展示了一种由石墨烯包裹的 Fe_3O_4 纳米粒子组成的有序的柔性交错复合材料。石墨烯在锂化和去锂化过程中起到“柔性约束”作用，Fe_3O_4 承受粒子的体积变化，而 Fe_3O_4 粒子抑制石墨烯的再储存，导致锂存储容量、循环稳定性和倍率性能大大提高[29]。Duan 等[10]强调了金属氧化物纳米粒子与石墨烯基底之间的相互作用。如图 6.7 所示，他们通过温和化学还原制备的石墨烯片的原位自组装合成了 3D 结构 SnO_2/石墨烯片泡沫（ASGF）。利用 L 抗坏血酸有效还原 SnO_2 纳米粒子/氧化石墨烯胶体溶液，形成 3D 导电石墨烯网络。退火处理有助于 SnO_2 纳米粒子与还原石墨烯片之间形成 Sn—O—C 键，显著提高了泡沫作为阳极材料的电化学性能[10]。

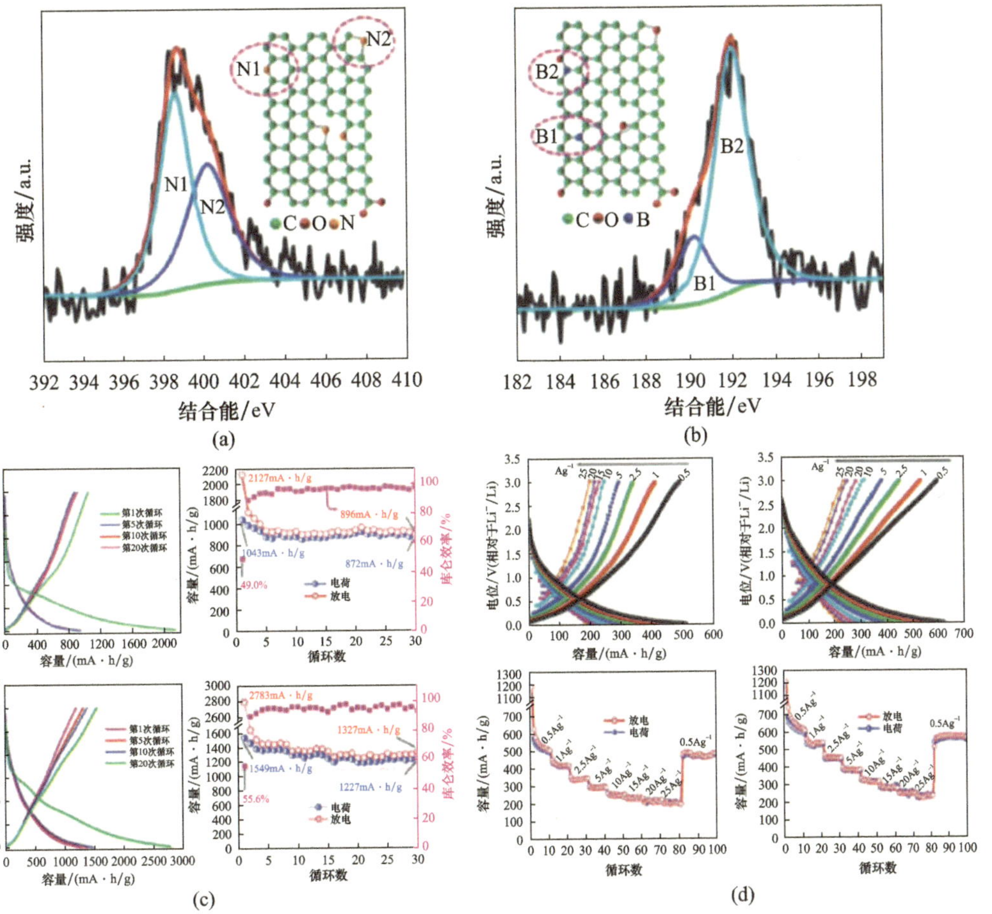

图 6.6 (a)氮掺杂石墨烯的 N1s XPS 光谱。插图：石墨烯晶格中 N 的结合条件的示意性结构，显示吡啶 - N(N1)和吡啶 - N(N2)，由品红色虚线环表示；(b)硼掺杂石墨烯的 B1s XPS 光谱。插图：显示 BC_3(B1)和 BC_2O(B2)的石墨烯晶格中 B 的结合条件的示意结构，用品红色虚线环表示；(c)氮掺杂石墨烯和硼掺杂石墨烯的循环性能；(d)N 掺杂石墨烯和硼掺杂石墨烯的倍率性能[20]

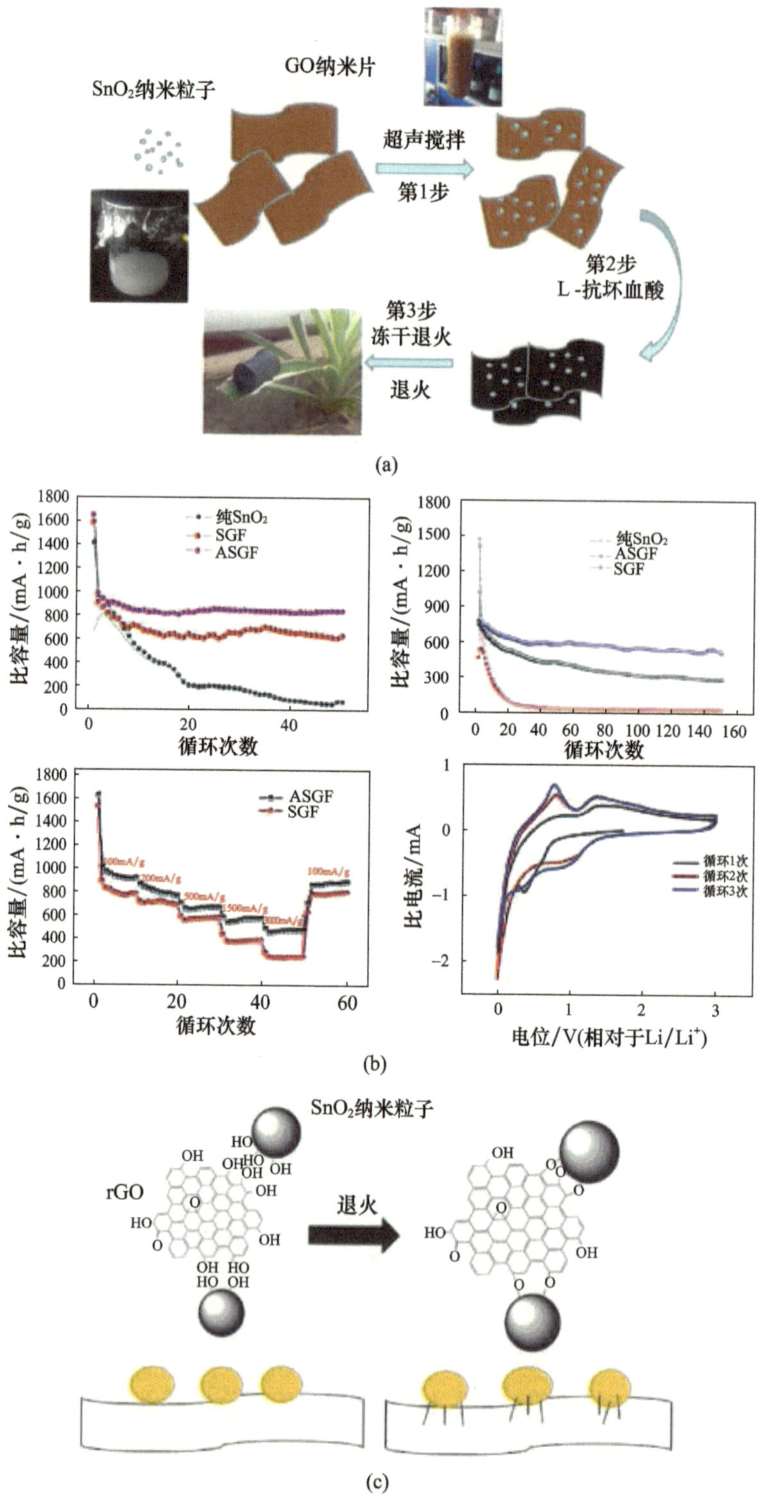

图6.7 (a)制备ASGF的示意图；(b)ASGF的电化学性能；(c)退火对作为先进锂离子电池正极的3D结构 SnO_2/石墨烯泡沫的影响[10]

在各种非碳阳极材料中，硅（Si）具有低电位和最高理论比容量（约4200mA·h/g）性能而备受关注。然而，由于充电/放电过程中的低电导率和大的体积变化（320%），导致粒子的粉化、固体电解质界面（SEI）层的重复形成以及与集流体的电接触损失，难以将Si阳极在实际应用[30]。因此，已经使用各种碳质材料来帮助保持电极的完整性，并通过构造可用的缓冲结构来提高循环性。石墨烯作为坚固和弹性的二维材料封装Si纳米粒子，以改善Si基复合材料阳极，是特别可行的。例如，将Si纳米粒子结合到石墨烯片中形成分级结构以增强循环性能和倍率能力，其中石墨烯起到导电网络和弹性缓冲层的作用[31-32]。为了充分保护Si纳米粒子，Guo等使用带正电荷的Si纳米粒子，即经聚（二烯丙基二甲基氯化铵）（PDDA）修饰和带负电荷的GO实现自组装封装[33]。还原后，柔性石墨烯壳不仅能适应Si的大体积变化，还能提供高电导率。此外，用Si—C杂化物代替Si，可以形成双导电网络，进一步提高电化学性能；可以用Si纳米线代替Si纳米粒子构建核壳结构，更好地降低大体积变化的应变。

除了上述非碳质材料之外，其他碳材料，如多孔碳、碳纳米管和碳纳米纤维，也可以与石墨烯结合以改善电化学性能。例如，制备了石墨烯-多壁碳纳米管（MWCNT）杂化纳米结构，其中MWCNT抑制了石墨烯层的重新堆叠，为Li离子提供了较短的扩散距离，有助于降低整个电极的内阻，从而比纯石墨烯阳极表现出更小的阻抗和更好的电化学性能[33]。

6.4.3 石墨烯基锂金属阳极

由于Li金属的理论值为3860mA·h/g，相对于标准氢电极（SHE），其最低标准电化学电位为-3.04 V，因此Li金属是下一代锂离子电池的有前景的阳极候选材料[34]。这两个重要特性保证了锂金属在全电池的所有阳极替代品中提供最高的能量密度。然而，充电/放电过程中，Li枝晶的形成严重限制了其实际应用。Li枝晶的形成是由于在连续的Li剥离/电镀期间剧烈的体积变化，导致在Li和电解质之间的不溶性SEI层中形成裂纹。这种裂纹会影响Li离子的均匀性和SEI层上的电场分布，有利于Li枝晶的局部形成和电解液的连续分解。这些分解反应导致LIB内阻增加、库仑效率低和循环性能差。连续生长的Li枝晶也可能穿透隔板，并在电池中引起内部短路和热失控[35]。

石墨烯具有足够的力学性能以在循环过程中维持恒定的电极体积，以及良好的化学和电化学稳定性，是锂金属阳极的良好支架。Cui等研究发现，rGO具有独特的亲硫性（图6.8）[34]。当接触熔融Li时，规则堆叠的GO膜可以快速还原并在石墨烯层之间形成纳米间隙。随后，由于激发rGO的亲锂性质和纳米间隙毛细管力的协同作用，该薄膜通过将其边缘置于熔融锂中而实现快速且均匀的锂注入。该复合材料阳极由质量分数为7%的还原氧化石墨烯组成，具有可以容纳金属锂的纳米级间隙。因此，阳极保持高达3390mA·h/g的容量，在碳酸盐电解质中表现出低过电位（3mA/cm^{2}时，约80mV）和平坦的电压分布。石墨烯也是生长Li金属的好衬底。Zhang等构建了一个独特的纳米结构锂金属阳极，包裹在未堆叠的石墨烯“鼓”中[36]。石墨烯诱导的超低局部电流密度表明，其具有优异的抑制Li枝晶生长的性能。在具有醚基电解质的LiTFSI-LiFSI双盐中，在石墨烯/Li金属复合材料阳极上形成稳定、柔性和致密的SEI层，在5.0mA·h/cm^{2}的高锂化容量和2.0mA/cm^{2}的高电流密度下，库仑效率可达93%。阳极还显示出超过800次循环的长循环寿命。

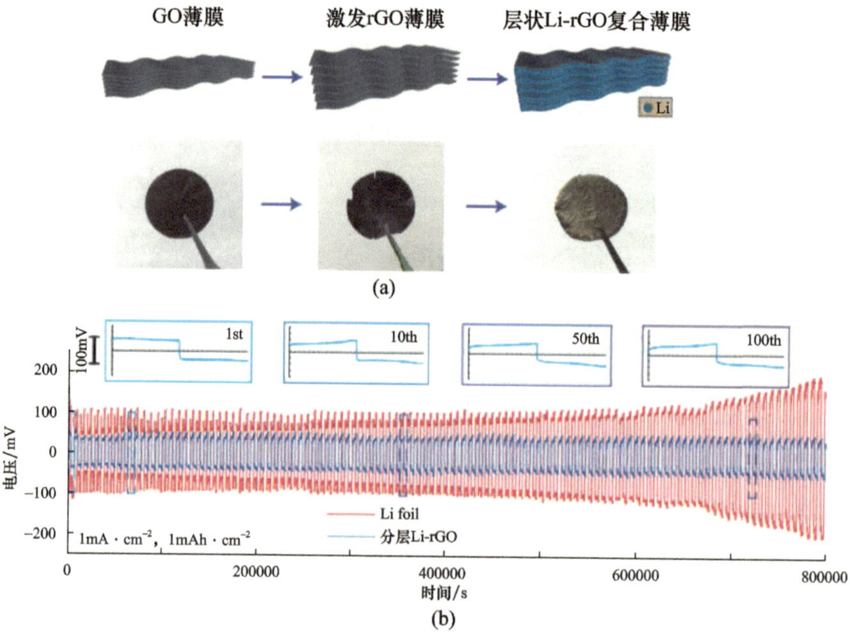

图 6.8 (a)层状 Li－rGO 复合膜的制备；(b)对称 Li－rGO 电极(蓝色)和裸露 Li 箔(红色)的恒电流循环[34]

6.4.4 用作阴极的石墨烯基复合材料

实际上，LIB 最常见的阴极材料是层状金属氧化物，如 $LiCoO_2$(LCO)、$LiNiCoAlO_2$(NCA)和 Li $Ni_xCo_yMn_{1-x-y}O_2$(NCM)，橄榄石过渡金属磷酸盐，如 $LiFePO_4$(LFP)、$Li_3V_2(PO_4)_3$(LVP)和尖晶石 Li Mn_2O_4(LMO)。尽管这些结晶阴极材料具有相当好的 Li 离子扩散系数，但低电导率是高倍率应用的显著障碍。例如，LCO、LMO 和纯 LFP 晶体的电导率分别为10^{-3}S/cm、10^{-5}S/cm 和10^{-9}S/cm[37]。低电导率通常限制了其倍率性能，阻碍了电池快速充电的能力。在商业阴极制造过程中，使用炭黑如超级 P 和乙炔黑作为导电添加剂以改善电化学性能。石墨烯具有高导电性、化学稳定性和机械强度，被证明是改善阴极电化学性能的优异导电添加剂[38]。石墨烯层上的 π 电子离域并容易移动。此外，其平面和柔性的片状结构有利于形成用于电化学活性材料的导电网络。石墨烯还有助于电子在集流体和电化学活性纳米粒子之间的传输，降低内阻并增加 LIB 的输出功率。

例如，LFP/石墨烯复合材料是用作 LIB 阴极的典型的石墨烯基复合材料。LFP 是一种常见的具有橄榄石结构的负极材料，由于其成本效益、环境效益和良好的安全性能，已被广泛研究并在大型电池组中投入使用。LFP 的理论容量为 170mA · h/g，但其较低的固有电子电导率(约10^{-9}S/cm)是影响电池性能的关键缺点。此外，LFP 粒子的 Li 离子扩散通道是一维通道，通道的堵塞容易由缺陷引起。纳米化和碳涂层已用于解决这些缺点。Su 等引入 rGO 作为添加剂，形成基于石墨烯的导电网络，具有“面到点”的导电模式及良好的电子传输性能[39]。将 rGO 添加到电极材料中并分散在粒子之间，实现了与常规电极制备中的导电炭黑超级 P(SP)相同的功能。如图 6.9 所示，rGO 和活性材料具有“面到点”接触模式，这允许活性材料和导电添加剂之间更好地“面到点”接触，而不是活性材料和 SP 之间的“点到点”模式；rGO 允许在平面内的快速电子传输，即使少量的 rGO 添加剂也可以形成有效的导电网络。结果表明，在电化学阻抗谱（EIS）测试中，rGO 质量分数 2% 的样品的比容量（138mA · h/g）比炭黑质量分数 20% 的样品比容量（122mA · h/g）高，循环性能更好，电荷转移电阻更低。

2010 年，Ding 等首次报道了使用共沉淀法合成 $LiFePO_4$/rGO 纳米复合材料。复合阴极在 0.2C 下的比容量为 160mA · h/g，显著高于裸 LFP 阴极（113mA · h/g）[40]。原子力显微镜（AFM）的形貌研究表明，复合阴极中的 LFP 纳米粒子锚定在 rGO 片上，粒径（10nm）远小于不含 rGO 的 LFP（100nm）。Yang 等研究了还原方法对合成 $LiFePO_4$/rGO 复合阴极电化学性能的影响[41]。结果表明，在 0.1C 下，$LiFePO_4$/肼还原氧化石墨烯和 $LiFePO_4$/热还原氧化石墨烯的放电容量在第 50 次循环时分别为 166mA · h/g 和 86mA · h/g，前者的极化值为 31.4mV，比后者低 47.4mV。显然，制备 rGO 的还原方法对石墨烯基正极材料的合成及其在锂离子电池中的性能也起着重要作用。

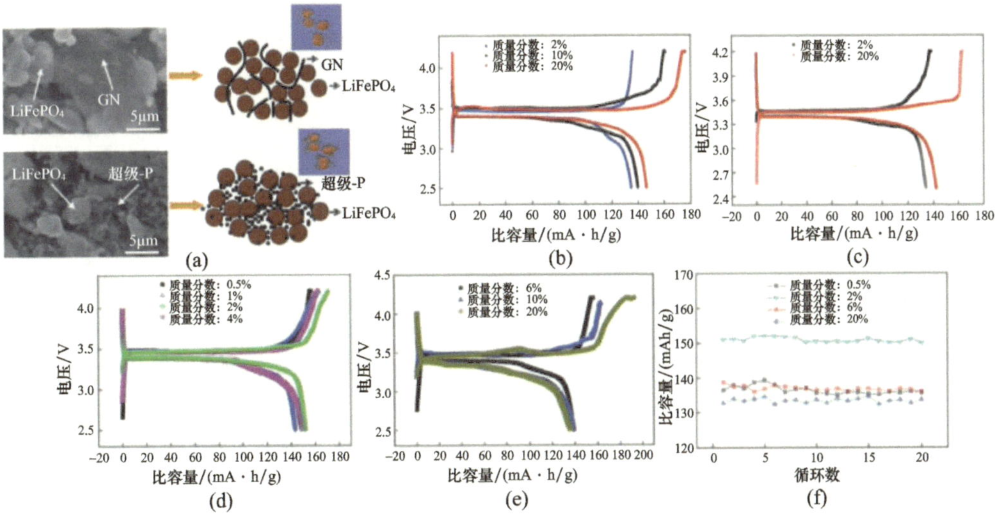

图 6.9 (a) $LiFePO_4$ 正极材料中添加 GN 的示意图；(b) ~ (f) 复合正极的电化学性能[39]

6.5 用于锂 – 硫电池的石墨烯基复合材料

6.5.1 锂 – 硫电池

20 多年来，LIB 的使用取得了很大的成功。由于电池的电化学性能已接近理论极限，传统型 LIB 的改进空间不大。因此，具有新化学性质的后锂离子电池正受到广泛的探索和深入的研究。锂硫（Li – S）电池具有较高的理论比容量（1675mA · h/g）和能量密度（2600W · h/kg），以及原材料的其他优势，如天然丰度和环境友好性，是最重要的候选电池之一[42]。如图 6.10 所示，硫阴极的工作机制依赖于固（S_8）– 液［链 – 多硫化物（S_{4-8}^{2-}）］– 固（Li_2S_2/Li_2S）过程[43]。在 2.39V，固体 S_8 转化到可溶性 S_8^{2-}，在 2.37V 时，S_8^{2-}

依次还原到S_6^{2-}，然后在2.24V还原到S_4^{2-}。因为多硫化物是可溶性的，所以反应很快。继续放电将使多硫化物还原为固体Li_2S_2/Li_2S。由于对应于固态反应的第二平台和尾部的反应活性慢得多，通常不能达到理论值(1672mA·h/g)。

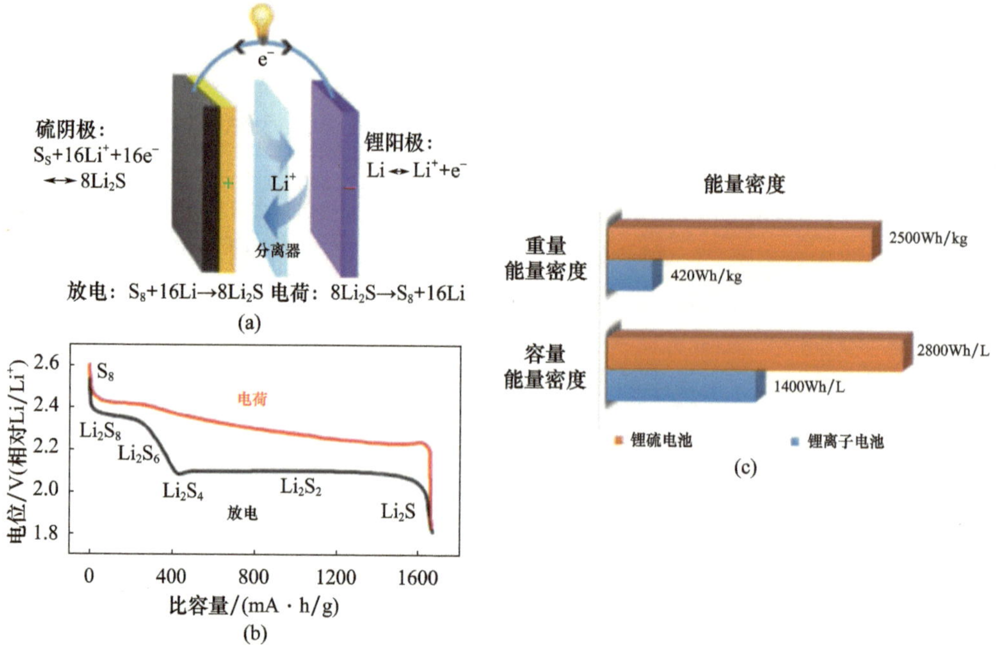

图6.10 锂-硫电池在以太网电解质中的(a)电化学示意图和(b)充电/放电电压曲线；(c)锂-硫电池与锂离子电池的能量密度曲线图[43]

虽然锂-硫电池理论上具有很高的比容量和能量密度，但由于循环过程中电池容量的严重衰减，与实际应用相去甚远。容量衰减的根源在于多种因素，如元素硫和放电产物Li_2S的低电导率和离子电导率、"穿梭效应"(由液体电解质中溶解的多硫化物引起)，以及表面钝化、连续的固体电解质界面形成和转化反应中巨大的体积变化而导致的锂阳极劣化。由于这些限制和挑战，需要进一步的研究和努力来提高Li-S电池的电化学性能[44]。

溶解的多硫化物物种的"穿梭效应"不仅导致低的库仑效率，还导致活性材料的损失，这是锂-硫电池容量快速衰减的主要原因之一。多硫化物"穿梭效应"的定义是"多种多硫化物阴离子在充放电过程中可在阴阳极之间自由移动"形成的中间氧化还原产物($Li_2S_x(4<x\leqslant 8)$)易溶于大多数液体电解质中。具有高价态的可溶性多硫化物向电池的阳极侧迁移并与锂金属反应。这种迁移和减少会消耗大量的活性材料，导致低的柱效率。经历"穿梭效应"的电池在循环过程中可能会经历无限充电和/或低充电效率[44]。

6.5.2 用于锂-硫电池的石墨烯基复合材料

石墨烯在Li-S电池中也有重要应用，因为其具有大表面积、高电导率和优异的机械柔性。据报道，简单地将硫与热剥离石墨烯混合，然后通过热注入工艺制备的石墨烯-硫纳米复合材料在0.5C和10C的电流密度下分别表现出1068mA·h/g和543mA·h/g的高放电容量。在-40℃的超低温下，放电容量为386mA·h/g，远低于常规LIB的工作温度范围[45]。Dai等通过一步球磨质量分数为70%的硫和30%的石墨制备了具有3D“夹心状”结构的石墨烯纳米片-硫复合材料。由于石墨烯的加入提高了离子和电子导电性，在1.5~3.0V的电压范围内，0.1C下的初始可逆电容量为1265.3mA·h/g，2C下的高可逆电容量为966.1mA·h/g[46]。此外，Zhang等采用具有高表面积的未堆叠双层石墨烯来有效地包封硫（质量分数为64%）和电化学产生的多硫化物。即使1000次循环后，复合阴极在5C和10C下仍具有530mA·h/g和380mA·h/g的高可逆容量[47]。

此外，石墨烯层的机械柔性允许其涂覆或包裹纳米粒子的表面，从而通过简单有效的湿化学方法来限制硫实现核-壳结构。CVD法也已用于制备石墨烯涂层。Zhang等通过催化自限组装在硫粒子上制备石墨烯纳米壳，使得其为小硫粒子提供良好的限制，用于多硫化物吸附的高表面积以及交联的离子通道和电子路径。在0.1C和2.0C的电流下，制备的阴极放电容量分别为1520mA·h/g和1058mA·h/g，1000次循环的每环衰减速率极小，为0.06%[48]。为了改善硫粒子的包覆，Manthiram等报道了一种双涂层方法，将硫封装在氮掺杂的双壳中空碳球（NDHCS）中，然后进行石墨烯包裹（图6.11）[49]。通过空心球和石墨烯包裹的物理限制以及氮原子与多硫化物之间的化学键，硫/多硫化物被有效地固定在阴极中。这种合理设计的独立式纳米结构硫阴极提供了构建良好的没有黏合剂的三维碳导电网络，使得能够在0.2C的电流下具有1360mA·h/g的高初始放电容量，在2C的电流速率下具有600mA·h/g的优异倍率性能，并且在近100%库仑效率下稳定地可持续循环200次[49]。

石墨烯也已用于构建Li-S电池的分级电子和离子导电网络。已经证明，组装的三维石墨烯结构作为硫的支架具有许多优点，如高导电网络、坚固的机械支撑和用于高硫负载的足够的表面积。Zhang等通过催化生长创造了具有高效三维电子转移路径和离子扩散通道的三明治状分级支架以存储硫，这些通道来自氮掺杂阵列CNT和石墨烯层。1C时1152mA·h/g的初始可逆容量和80次循环后880mA·h/g的保持容量显示出分级结构的效果[50]。此外，Cheng的小组报告了一种石墨烯泡沫-硫杂化物，通过简单的一锅水热法获得，具有优异的电化学性能。该性能归因于高导电的三维交联纤维石墨烯和小尺寸的硫粒子的结合，大大提高了电荷和离子的传输性能。这种三维支架可以适应活性材料的高负载，同时还在N、S掺杂后在石墨烯和可溶性多硫化物之间形成强界面，赋予其良好的电化学性能。根据这份报告，三维石墨烯泡沫电极中的硫负载量可以从3.3mg/cm^{2}调整到10.1mg/cm^2。负载有10.1mg/cm^{2}硫的电极提供了13.4mA·h/cm^{2}的极高的面容量，远高于先前报道的Li-S电极。高硫负载电极在6A/g的电流密度下保持高于450mA·h/g的可逆容量，并保持稳定的循环性能，超过1000次循环，每次循环容量衰减约0.07%[51]。为了进一步提高倍率性能，Yang等展示了一种简单的电化学组装策略，在导电衬底上获得垂直排列的硫-石墨烯（S-G）纳米壁，这对于锂离子和电子的快速扩散是极好的。结果表明，复合材料首次循环可逆容量为1261mA·h/g，120次循环后可逆容量超过1210mA·h/g，具有优异的循环性能和高倍率性能（8C且13.36A/g时，超过400mA·h/g）[52]。

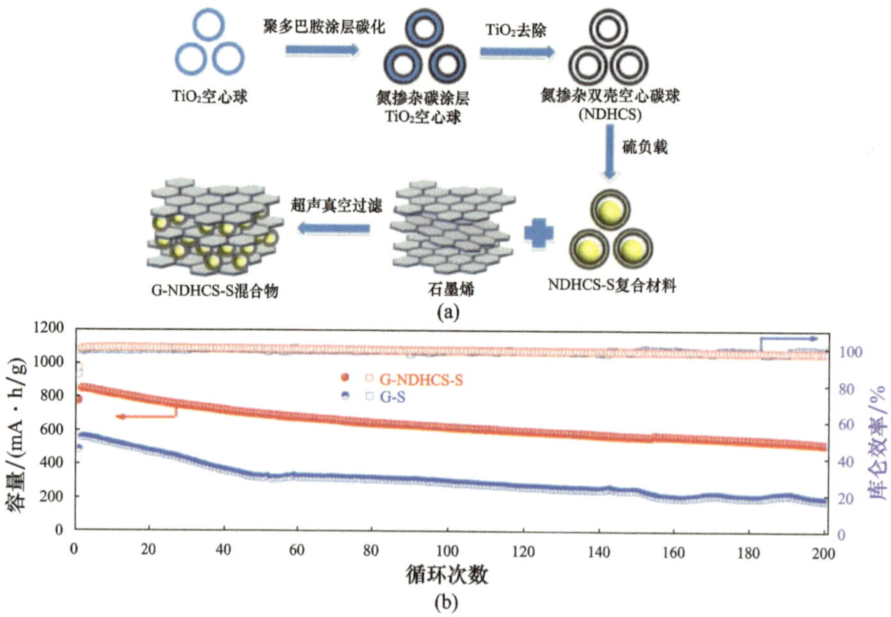

图6.11 G－NDHCS－S混合物的示意图(a)和电化学性能(b)[49]

6.6 用于锂－氧电池的石墨烯基复合材料

6.6.1 锂－氧电池

传统的锂氧(Li－O_2)和锂空气(Li－air)电池使用金属锂作为阳极和吸氧阳极。原Li－O_2电池由洛克希德·马丁公司在20世纪70年代发明,但由于安全和可靠性问题被认为不可行。1996年,EIC实验室(马萨诸塞州诺伍德)的Abraham和Jiang发现使用有机电解质的Li－O_2电池是可充电的,这重新点燃了人们对这种电池的兴趣。在过去的几年里,由于与传统LIB中使用的插层电极相比,该Li－O_2电池具有非凡的理论比能量,引起了越来越多的关注[53]。

根据电解质的类型,Li－O_2电池分为非水性、水性、混合型和固态四种类型。如图6.12所示,放电过程中,锂在阳极被氧化为锂离子。锂离子通过由隔膜保持的电解质并转移到阴极。阴极侧的氧气通过电池壳体中的开口扩散到填充有电解质的多孔阴极电极中。溶解氧与锂离子反应,完成氧还原反应(ORR)。非水Li－O_2电池中ORR的主要产物为Li_2O_2,活性中间体可与非水电解质反应生成碳酸锂、氢氧化锂和烷基碳酸锂;而水Li－O_2电池中ORR的主要产物为LiOH。在充电过程中,上述反应反转,在阴极中发生析氧反应(OER)。被认为是终极锂离子电池技术的锂空气电池使用来自环境空气的氧气。由于空气中的二氧化碳和水会与电池中的活性成分反应,大多数实验室研究都是在纯氧环境下进行的。Li－O_2和锂空气电池都使用氧气作为氧化剂,这两类电池中的电化学反应是相同的。在下面的讨论中,两者都为Li－O_2电池[54]。

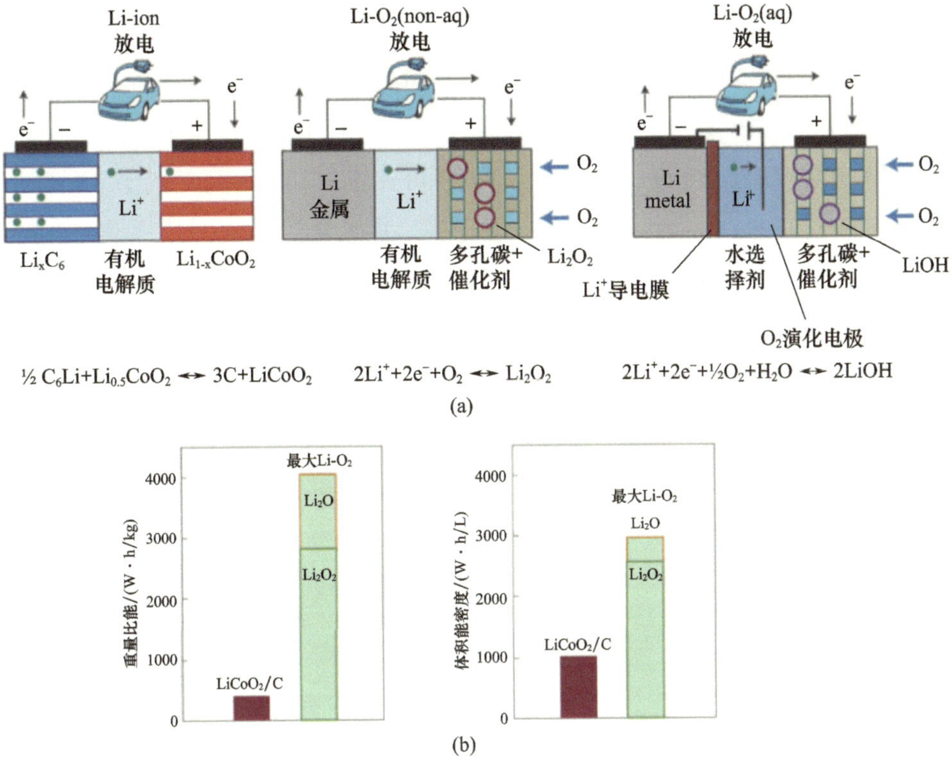

图6.12 (a)锂离子电池、非水电池和水 Li－O$_2$ 电池的示意图；(b)现今锂离子电池($LiCoO_2$/C)对照值[54]

6.6.2 用于锂－氧电池的石墨烯和石墨烯基复合材料

目前，Li－O$_2$ 电池中的多孔电极主要使用多孔碳材料，这种材料在电化学反应过程中提供了充分的电子传递和容纳放电产物的充足空间。Zhou 等证明了石墨烯可以作为空气阴极的良好催化剂[55]。rGO 表现出接近 Pt/炭黑电极的高放电电压，这归因于与石墨烯纳米片中的边缘和缺陷位点相关的 sp^3 键。热处理后 rGO 不仅在 ORR 中提供了相似的催化活性，而且由于在热处理过程中吸附官能团的去除和石墨结构的形成，rGO 表现出比先前制备的 rGO 更稳定的循环性能。电极的比表面积和孔隙率也很重要，因为总容量和能量密度取决于可保持在多孔电极结构中的放电产物的量(Li_2O_2)[55]。此外，Xiao 等用含有晶格缺陷、羟基、环氧基和羧基的功能化石墨烯片(FGS)构建了 3D 分级多孔电极。由于具有促进快速 O_2 扩散的互连微孔通道和为 Li－O$_2$ 反应提供高密度反应位点的纳米级孔的独特的双峰孔结构，电极显示出超高的容量(约 15000mA·h/g)[56]。然而，不适当的孔径(太小或太大)将抑制氧还原过程，因为太小的孔容易被 Li_2O_2 沉积堵塞，从而防止进一步的 ORR，而太大的孔倾向于被电解质占据，从而防止氧扩散。

在可再充电 Li－O$_2$ 电池的发展中的另一个问题是降低大的充电/放电过电位以提高能量效率。为此，在空气电极中需要有效的催化剂来提高 ORR 和 OER。虽然常用的碳材料如超级P和MWCNT由于缺陷的存在是ORR的良好催化剂，但它们不适合OER。因此，已经研究了金属氧化物、金属硫化物和贵金属等材料作为ORR和OER的催化剂[57-58]。石墨烯可以作为导电层来负载这些非碳基催化剂，以提高催化效率。如图6.13所示，Wang等研究表明，Ru纳米晶体修饰的多孔石墨烯作为空气阴极表现出优异的催化活性，具有低充电/放电过电位（约0.355 V）的高可逆容量17700mA·h/g，以及高达200次循环的长循环寿命[59]。多孔结构允许氧在整个电极中有效扩散，石墨烯与金属基催化剂之间的协同效应可以大大提高对ORR和OER的催化活性。除了金属基催化剂之外，已经表明氮掺杂的石墨烯也能够催化ORR。密度泛函理论（DFT）计算结果表明，平面内吡啶氮掺杂石墨烯比原始或石墨氮掺杂石墨烯更有效地促进团簇的Li_2O_2成核。N的强吸电子能力可以激发其相邻的碳原子成为吸附Li和O_2的活性位点，导致Li_2O_2的成核。然而，与吡啶氮相关的空位对Li的强吸附会捕获Li离子，这可能成为逆OER过程中Li解吸的障碍[60]。

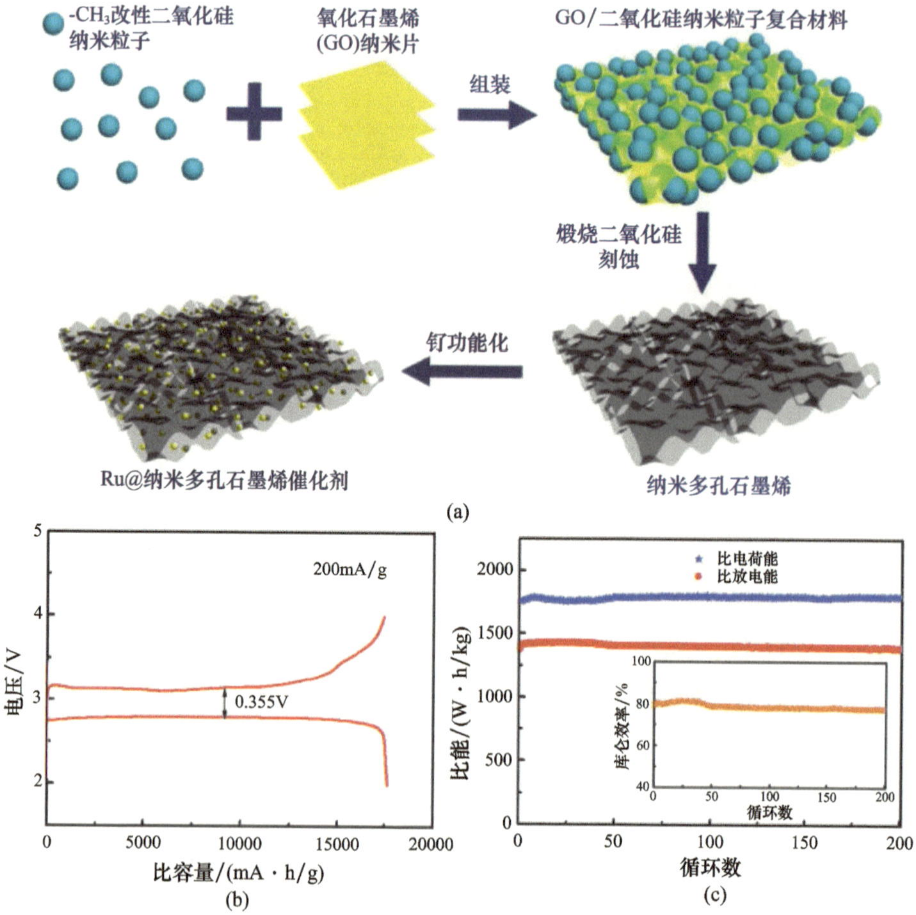

图6.13 （a）合成多孔石墨烯和钌功能化的纳米孔石墨烯结构的示意图；（b）在200mA/g下，2.0～4.4V的电压范围内使用Ru@PGE-2作为阴极催化剂的Li-O_2电池第一次循环的充电/放电曲线（c）通过在2.0～4.4V的电压范围内将容量缩减到500mA·h/g，在200mA/g下使用Ru@PGE-2催化剂的Li-O_2电池的比能量与循环次数的关系[59]

6.7 结论与展望

石墨烯作为电化学储能装置的潜在电极材料，与其他传统的碳基和非碳基材料相比具有许多优点。由于石墨烯独特的二维片状结构、高度可及、大的表面积和高的电子电导率，几乎是 LIB 的理想材料，并且已经对其实现了许多显著的改进以获得优异的电化学性能。

目前，碳基材料在 LIB 中起着非常重要的作用。然而，具有高碳含量的电极通常具有低堆叠密度，因为多孔碳和纳米结构碳具有低体积密度。值得注意的是，尽管石墨烯也面临同样的问题，但是，在石墨烯和活性材料的合理设计和受控组装之后，可以获得高密度石墨烯基电极。此外，在许多情况下，组装后的石墨烯基复合电极具有独立性，并且不含导电添加剂和黏合剂，可以进一步帮助提高体积能量密度。

石墨烯基复合材料作为锂离子电池电极具有许多优点，但其实际应用尚未实现。一些严重的问题仍然没有解决。例如，石墨烯基阳极的低库仑效率是阻碍其实际应用的一个重要问题。一种可能的解决方案是，仔细设计石墨烯基材料的结构，以降低与电解质接触的表面积，并控制石墨烯上的缺陷以避免不必要的副反应。另一种有前景的方法是将石墨烯与其他组分如 Si、Sn 和 Ge 杂化，以降低石墨烯对其库仑效率的影响。因此，在不影响电化学性能的情况下，复合材料中石墨烯的量应优化到最小。此外，石墨烯基复合材料在 Li－S 电池和 Li－O_2 电池中的界面相互作用似乎起着至关重要的作用，但对此的研究较少，确切的工作机制尚不清楚。毫无疑问，这些问题使得石墨烯基材料目前不适合大规模电池应用。因此，需要通过理论计算和实验研究来解决现有的挑战。这是现阶段大多数研究的重中之重。只有在石墨烯基复合材料设计和合成方面进一步突破，未来才能实现大能量密度的先进 LIB。

参考文献

[1] Dunn, B., Kamath, H., Tarascon, J. - M., Electrical energy storage for the grid: A battery of choices. *Science*, 334, 928, 2011.

[2] Tarascon, J. M. and Armand, M., Issues and challenges facing rechargeable lithium batteries. *Nature*, 414, 359 - 367, 2001.

[3] Li, D. and Kaner, R. B., Materials science. Graphene - based materials. *Science*, 320, 1170, 2008.

[4] Han, S., Wu, D., Li, S., Zhang, F., Feng, X., Porous graphene materials for advanced electrochemical energy storage and conversion devices. *Adv. Mater.*, 26, 849, 2014.

[5] Lv, W, Li, Z., Deng, Y., Yang, Q. - H., Kang, F., Graphene - based materials for electrochemical energy storage devices: Opportunities and challenges. *Energy Storage Mater.*, 2, 107 - 138, 2016.

[6] Avouris, P. and Dimitrakopoulos, C., Graphene: Synthesis and applications. *Mater. Today*, 15, 86 - 97, 2012.

[7] Compton, O. C. and Nguyen, S. T., Graphene oxide, highly reduced graphene oxide, and graphene: Versatile building blocks for carbon - based materials. *Small*, 6, 711, 2010.

[8] Zhu, Y., Murali, S., Stoller, M. D., Velamakanni, A., Piner, R. D., Ruoff, R. S., Microwave assisted exfoliation and reduction of graphite oxide for ultracapacitors. *Carbon*, 48, 2118 - 2122, 2010.

[9] He, H., Klinowski, J., Forster, M., Lerf, A., A new structural model for graphite oxide. *Chem. Phys. Lett.*, 287, 53 – 56, 1998.

[10] Tian, R., Zhang, Y., Chen, Z., Duan, H., Xu, B., Guo, Y., Kang, H., Li, H., Liu, H., The effect of annealing on a 3D SnO_2/graphene foam as an advanced lithium – ion battery anode. *Sci. Rep.*, 6, 19195, 2016.

[11] Wang, C., Wang, X., Wang, Y., Chen, J., Zhou, H., Huang, Y., Macroporous free – standing nano – sulfur/reduced graphene oxide paper as stable cathode for lithium – sulfur battery. *Nano Energy*, 11, 678 – 686, 2015.

[12] Mattevi, C., Kim, H., Chhowalla, M., A review of chemical vapour deposition of graphene on copper. *J. Mater. Chem.*, 21, 3321 – 3334, 2011.

[13] Chen, Z., Ren, W., Gao, L., Liu, B., Pei, S., Cheng, H. M., Three – dimensional flexible and conductive interconnected graphene networks grown by chemical vapour deposition. *Nat. Mater.*, 10, 424, 2011.

[14] Min, B. H., Kim, D. W., Kim, K. H., Choi, H. O., Jang, S. W., Jung, H. T., Bulk scale growth of CVD graphene on Ni nanowire foams for a highly dense and elastic 3D conducting electrode. *Carbon*, 80, 446 – 452, 2014.

[15] Cai, X., Lai, L., Shen, Z., Lin, J., Graphene and graphene – based composites as Li – ion battery electrode materials and their application in full cells. *J. Mater. Chem. A*, 5, 15423 – 15446, 2017.

[16] Yoo, E. J., Kim, J., Hosono, E., Zhou, H., Kudo, T., Honma, I., Large reversible Li storage of graphene nanosheet families for use in rechargeable lithium ion batteries. *Nano Lett.*, 8, 2277, 2008.

[17] Lian, P., Zhu, X., Liang, S., Li, Z., Yang, W., Wang, H., Large reversible capacity of high quality graphene sheets as an anode material for lithium – ion batteries. *Electrochim. Acta*, 55, 3909 – 3914, 2010.

[18] Wang, H., Li, X., Baker – Fales, M., Amama, P. B., 3D graphene – based anode materials for Li – ion batteries. *Curr. Opin. Chem. Eng.*, 13, 124 – 132, 2016.

[19] Fan, X., Zheng, W. T., Kuo, J. L., Singh, D. J., Adsorption of single li and the formation of small li clusters on graphene for the anode of lithium – ion batteries. *ACS Appl. Mater. Interfaces*, 5, 7793, 2013.

[20] Wu, Z. S., Ren, W., Xu, L., Li, F., Cheng, H. M., Doped graphene sheets as anode materials with superhigh rate and large capacity for lithium ion batteries. *ACS Nano*, 5, 5463, 2011.

[21] Hardikar, R. P., Das, D., Han, S. S., Lee, K. R., Singh, A. K., Boron doped defective graphene as a potential anode material for Li – ion batteries. *Phys. Chem. Chem. Phys.*, 16, 16502 – 16508, 2014.

[22] Wang, Q., Jiao, L., Du, H., Si, Y., Wang, Y., Yuan, H., Co_3S_4 hollow nanospheres grown on graphene as advanced electrode materials for supercapacitors. *J. Mater. Chem.*, 22, 21387 – 21391, 2012.

[23] Guan, B., Sun, W., Wang, Y., Carbon – coated $MnMoO_4$ nanorod for high – performance lithium – ion batteries. *Electrochim. Acta*, 190, 354 – 359, 2016.

[24] Zhou, K., Lai, L., Zhen, Y., Hong, Z., Guo, J., Huang, Z., Rational design of Co_3O_4/Co/carbon nanocages composites from metal organic frameworks as an advanced lithium – ion battery anode. *Chem. Eng. J.*, 316, 137 – 145, 2017.

[25] Yang, S., Song, X., Zhang, P., Gao, L., Heating – rate – induced porous α – Fe_2O_3 with controllable pore size and crystallinity grown on graphene for supercapacitors. *ACS Appl. Mater. Interfaces*, 7, 75 – 79, 2015.

[26] Tang, H., Qi, X., Han, W., Ren, L., Liu, Y., Wang, X., Zhong, J., SnS_2 nanoplates embedded in 3D interconnected graphene network as anode material with superior lithium storage performance. *Appl. Surf. Sci.*, 355, 7 – 13, 2015.

[27] Tian, R., Wang, W., Huang, Y., Duan, H., Guo, Y., Kang, H., Li, H., Liu, H., 3D composites of layered MoS_2 and graphene nanoribbons for high performance lithium – ion battery anodes. *J. Mater. Chem. A*, 4, 13148 – 13154, 2016.

[28] Shi, M. , Wu, T. , Song, X. , Liu, J. , Zhao, L. , Zhang, P. , Gao, L. , Active Fe_2O_3 nanoparticles encapsulated in porous g – C_3N_4/graphene sandwich – type nanosheets as a superior anode for high – performance lithium – ion batteries. *J. Mater. Chem. A*, 4, 10666 – 10672, 2016.

[29] Zhou, G. , Wang, D. W, Li, F. , Zhang, L. , Li, N. , Wu, Z. S. , Wen, L. , Lu, G. Q. , Cheng, H. M. , Graphene – wrapped Fe_3O_4 anode material with improved reversible capacity and cyclic stability for lithium ion batteries. *Chem. Mater.* , 22, 5306 – 5313, 2010.

[30] Choi, N. S. , Yew, K. H. , Choi, W. U. , Kim, S. S. , Enhanced electrochemical properties of a Si – based anode using an electrochemically active polyamide imide binder. *J. Power Sources*, 177, 590 – 594, 2014.

[31] Luo, J. , Zhao, X. , Wu, J. , Jang, H. D. , Kung, H. H. , Huang, J. , Crumpled graphene – encapsulated Si nanoparticles for lithium ion battery anodes. *J. Phys. Chem. Lett.* , 3, 1824, 2012.

[32] Ji, L. , Zheng, H. , Ismach, A. , Tan, Z. , Xun, S. , Lin, E. , Battaglia, V. , Srinivas an, V. , Zhang, Y. , Graphene/Si multilayer structure anodes for advanced half and full lithium – ion cells. *Nano Energy*, 1, 164 – 171, 2012.

[33] Zhou, X. , Yin, Y. X. , Wan, L. J. , Guo, Y. G. , Self – assembled nanocomposite of silicon nanoparticles encapsulated in graphene through electrostatic attraction for lithium – ion batteries. *Adv. Energy Mater.* , 2, 1086 – 1090, 2012.

[34] Lin, D. , Liu, Y. , Cui, Y. , Reviving the lithium metal anode for high – energy batteries. *Nat. Nanotechnol.* , 12, 194, 2017.

[35] Zhang, R. , Li, N. – W. , Cheng, X. – B. , Yin, Y. – X. , Zhang, Q. , Guo, Y. – G. , Advanced micro/nano – structures for lithium metal anodes. *Adv. Sci.* , 4, 1600445 – n/a, 2017.

[36] Zhang, R. , Cheng, X. – B. , Zhao, C. – Z. , Peng, H. – J. , Shi, J. – L. , Huang, J. – Q. , Wang, J. , Wei, F. , Zhang, Q. , Conductive nanostructured scaffolds render low local current density to inhibit lithium dendrite growth. *Adv. Mater.* , 28, 2155 – 2162, 2016.

[37] Whittingham, M. S. , Lithium batteries and cathode materials. Chem. Rev. , 104, 4271, 2004.

[38] Wang, Y. and Cao, G. , Developments in nanostructured cathode materials for high – performance lithium – ion batteries. *Adv. Mater.* , 39, 2251 – 2269, 2010.

[39] Su, F. Y. , You, C. , He, Y. B. , Lv, W. , Cui, W. , Jin, F. , Li, B. , Yang, Q. H. , Kang, F. , Flexible and planar graphene conductive additives for lithium – ion batteries. *J. Mater. Chem.* , 20, 9644 – 9650, 2010.

[40] Ding, Y. , Jiang, Y. , Xu, F. , Yin, J. , Ren, H. , Zhuo, Q. , Long, Z. , Zhang, P. , Preparation of nano – structured $LiFePO_4$/graphene composites by co – precipitation method. *Electrochem. Commun.* , 12, 10 – 13, 2010.

[41] Yang, J. , Wang, J. , Tang, Y. , Wang, D. , Li, X. , Hu, Y. , Li, R. , Liang, G. , Sham, T. K. , Sun, X. , $LiFePO_4$ – graphene as a superior cathode material for rechargeable lithium batteries: Impact of stacked graphene and unfolded graphene. *Energy Environ. Sci.* , 6, 1521 – 1528, 2013.

[42] Seh, Z. W. , Sun, Y. , Zhang, Q. , Cui, Y. , Designing high – energy lithium – sulfur batteries. *Chem. Soc. Rev.* , 45, 5605, 2016.

[43] Wang, D. – W. , Zeng, Q. , Zhou, G. , Yin, L. , Li, F. , Cheng, H. – M. , Gentle, I. R. , Lu, G. Q. M. , Carbon – sulfur composites for Li – S batteries: Status and prospects. *J. Mater. Chem. A*, 1, 9382 – 9394, 2013.

[44] Manthiram, A. , Fu, Y. , Su, Y. S. , Challenges and prospects of lithium – sulfur batteries. *Acc. Chem. Res.* , 46, 1125, 2013.

[45] Huang, J. Q. , Liu, X. F. , Zhang, Q. , Chen, C. M. , Zhao, M. Q. , Zhang, S. M. , Zhu, W, Qian, W. Z. , Wei, F" Entrapment of sulfur in hierarchical porous graphene for lithium – sulfur batteries with high rate performance from – 40 to 60℃. *Nano Energy*, 2, 314 – 321, 2013.

[46] Xu, J., Shui, J., Wang, J., Wang, M., Liu, H. K., Dou, S. X., Jeon, I. Y., Seo, J. M., Baek, J. B., Dai, L., Sulfur – graphene nanostructured cathodes via ball – milling for high – performance lithium – sulfur batteries. *ACS Nano*, 8, 10920 – 10930, 2014.

[47] Zhao, M. Q., Zhang, Q., Huang, J. Q., Tian, G. L., Nie, J. Q., Peng, H. J., Wei, F., Unstacked double – layer templated graphene for high – rate lithium – sulphur batteries. *Nat. Commun.*, 5, 3410, 2014.

[48] Peng, H. J., Liang, J., Zhu, L., Huang, J. Q., Cheng, X. B., Guo, X., Ding, W., Zhu, W., Zhang, Q., Catalytic self – limited assembly at hard templates: A mesoscale approach to graphene nanoshells for lithium – sulfur batteries. *ACS Nano*, 8, 11280 – 11289, 2014.

[49] Zhou, G., Zhao, Y., Manthiram, A., Dual – confined flexible sulfur cathodes encapsulated in nitrogen – doped double – shelled hollow carbon spheres and wrapped with graphene for Li – S batteries. *Adv. Energy Mater.*, 5, 1402263, 2015.

[50] Tang, C., Zhang, Q., Zhao, M. Q., Huang, J. Q., Cheng, X. B., Tian, G. L., Peng, H. J., Wei, F., Lithium – sulfur batteries: Nitrogen – doped aligned carbon nanotube/graphene sandwiches: Facile catalytic growth on bifunctional natural catalysts and their applications as scaffolds for high – rate lithium – sulfur batteries. *Adv. Mater.*, 26, 6100 – 6105, 2014.

[51] Zhou, G., Li, L., Ma, C., Wang, S., Shi, Y., Koratkar, N., Ren, W., Li, F., Cheng, H. M., A graphene foam electrode with high sulfur loading for flexible and high energy Li – S batteries. *Nano Energy*, 11, 356 – 365, 2015.

[52] Li, B., Li, S., Liu, J., Wang, B., Yang, S., Vertically aligned sulfur – graphene nanowalls on substrates for ultrafast lithium – sulfur batteries. *Nano Lett.*, 15, 3073, 2015.

[53] Bhatt, M. D., Geaney, H., Nolan, M., O'Dwyer, C., Key scientific challenges in current rechargeable non – aqueous Li – O_2 batteries: Experiment and theory. *Phys. Chem. Chem. Phys.*, 16, 12093, 2014.

[54] Bruce, P. G., Freunberger, S. A., Hardwick, L. J., Tarascon, J. M., Li – O_2 and Li – S batteries with high energy storage. *Nat. Mater.*, 11, 19 – 29, 2012.

[55] Yoo, E. and Zhou, H., Li – Air Rechargeable battery based on metal – free graphene nanosheet catalysts. *ACS Nano*, 5, 3020 – 3026, 2011.

[56] Xiao, J., Mei, D., Li, X., Xu, W., Wang, D., Graff, G. L., Bennett, W. D., Nie, Z., Saraf, L. V., Aksay, I. A., Hierarchically porous graphene as a lithium – air battery electrode. *Nano Lett.*, 11, 5071, 2011.

[57] Ottakam Thotiyl, M. M., Freunberger, S. A., Peng, Z., Chen, Y., Liu, Z., Bruce, P. G., A stable cathode for the aprotic Li – O_2 battery. *Nat. Mater.*, 12, 1050, 2013.

[58] Lu, J., Li, L., Park, J. B., Sun, Y. K., Wu, F., Amine, K., Aprotic and aqueous Li – O_2 batteries. *Chem. Rev.*, 114, 5611 – 5640, 2014.

[59] Sun, B., Huang, X., Chen, S., Munroe, P., Wang, G., Porous graphene nanoarchitectures: An efficient catalyst for low charge – overpotential, long life, and high capacity lithium – oxygen batteries. *Nano Lett.*, 14, 3145, 2014.

[60] Jing, Y. and Zhou, Z., Computational insights into oxygen reduction reaction and initial Li_2O_2 nucleation on pristine and N – Doped graphene in Li – O_2 batteries. *ACS Catal.*, 5, 4309 – 4317, 2015.

第7章 石墨烯基超级电容和锂离子电池导电助剂

Qian Cheng
日本茨城筑波 NEC 公司 IoT 设备研究实验室

摘　要　超级电容器也称为电化学电容器或超电容器,通过使用静电吸附和解吸(电化学双层电容器(EDLC))或与电解质的快速和可逆氧化还原反应(赝电容器)来存储能量。首先介绍一种用于超级电容器的石墨烯和单壁碳纳米管(SWCNT)复合膜。在水溶液和有机电解质中,单电极的比电容分别为290.6F/g和201F/g。SWCNT在石墨烯/单壁碳纳米管(CNT)超级电容器中充当导电助剂、间隔物和黏合剂。利用电沉积法在石墨烯上修饰花状纳米结构,探索石墨烯作为MnO_2储能器件的平台。在1mA的充电电流下,MnO_2沉积后的比电容为328F/g。通过包覆聚苯胺(PANI)纳米锥,石墨烯和CNT复合材料也被进一步探索作为超级电容器的电极。通过涂覆聚苯胺纳米线,探索了电刻蚀或电蚀碳纤维布作为超级电容器电极。聚苯胺纳米线可以达到673F/g的质量归一化比电容和3.5F/cm^2的面积归一化比电容。通过电沉积制备纳米结构$Co(OH)_2$薄片,将其涂覆在电刻蚀或电蚀的碳纤维布和石墨烯/CNT复合材料上,作为超级电容器的电极材料。用碳纤维布和$Co(OH)_2$电极获得了3404.8F/g的超高比电容和3.3F/cm^2的面积归一化比电容。同时还介绍了一种用于正极和负极材料的多孔石墨烯海绵助剂,以获得更好的倍率性能。在正极中添加质量分数为0.5%的石墨烯时,在6C时的充电容量保持率从56%提高到77%,在10C时从7%提高到45%,而在负极中添加相同量的MC时,在6C倍率下的放电容量保持率从43%提高到76%,在10C倍率下的放电容量保持率从16%提高到40%。这些结果证明了石墨烯用作锂离子电池助剂可以确保更好的倍率性能和高倍率循环性的适用性。

关键词　石墨烯,石墨烯/CNT复合材料,超级电容器,MnO_2,导电聚合物,储能,高能量密度

7.1 概述

7.1.1 历史背景

在表面存储电荷可能性的发现源于与古代琥珀摩擦有关的现象。直到所谓的"静电"物理学被研究和各种电机在18世纪中叶发展起来,该类现象才得到很好的理解。莱

顿瓶的研制，以及莱顿瓶两面电荷分离和电荷存储原理的发现，对电化学电容器具有重要意义。莱顿瓶在早期工作和技术应用中称为"电容器"。在后来的技术中，该器件称为"电器皿"，其能力是用于依电压方向的电荷存储，这也被称为"电容"。以法拉为单位的电荷存储应用于电容器。

电能可以存储在充电电容器中的原理自1745年就为人所知。在容纳电荷 $+Q$ 和 $-Q$ 的板之间创建的电压为 V 时，存储的能量 G 是 $1/2\ CV^2$ 或 $1/2QV$，G 是吉布斯自由能，其随着 V 的平方而增加[1]。

自19世纪末以来，在电解质和固体之间的界面处形成的双电层中存储电能的概念是已知的。第一个使用双层电荷存储的电器件在1957年由通用电气的 H. I. Becker 报道[2]。不幸的是，Becker 的器件不切实际；两个电极都需要浸入电解质容器中，该器件从未商业化。

美国俄亥俄州标准石油公司（SOHIO）开发了第一个商用碳电化学双层电容器。SOHIO 最终致力于开发铝电解电容器的替代品[3]。第二家超级电容器公司是日本电气股份公司（NEC）。从1975年开始，NEC 进行基础研究，随后迅速发展制造能力，并于1978年开始将"超级电容器"推向市场。正是这个原因，"超级电容器"一词唯一合适的是用于 NEC 的电化学电容器产品。NEC 开发了一种工艺，为整个器件串联堆叠几个电池[1]。

1993年12月，Alexander Ivanov 博士在第三届双层电容器及类似储能器件国际研讨会上发表论文，描述了能量为12.5W·h 的大尺寸超级电容器。这是超级电容器的电容大到足以供应电动汽车的首次报道。

松下公司也在1978年开始了其名为 Goldcap 的项目。其超级电容器同时使用水和有机电解质。松下公司还开发了许多大尺寸超级电容器。2002年，旭硝子公司的 T. Morimoto 博士描述了一种非对称电化学电容器，将电化学双层电容器与锂离子电池的负极材料结合，制成比能量为16W·h/L 的锂离子电容器。这是锂离子电容器的开创性研究[4]。

麦克斯威科技公司在1990年获得美国能源部的奖励，开始了其超级电容器项目。其项目的目标是开发一种可用于混合动力汽车和电动汽车的超级电容器。麦克斯威开发了一系列称为 BoostCaps 的产品，可在当今市场上销售。

总结来说，这是超级电容器30年的历史。超级电容器技术还有许多问题需要解决，才能有真正的实际应用。

7.1.2 超级电容器原理

传统的电容器由被绝缘层隔开的两个平行板组成。存储在电容器中的电荷由下式描述：

$$C = \frac{\varepsilon_r \varepsilon_0 A}{d} \tag{7.1}$$

式中：C 为电容（F）；A 为每个板的面积；d 为两个导电板之间的距离；ε_0 为自由空间的介电常数（8.854×10^{12}F/m）；ε_r 为两个板之间电介质的相对介电常数[2]。

式（7.1）为理解所有电容器系统提供了基础。

根据储能机制，超级电容器可分为两类（图7.1）：一类是电化学双层电容器。将两个导电电极放入电解液中，而不是被电介质隔开。外部电路充电时，在电极与电解质界面处会形成一个距离小于1nm的“电化学双层”，远小于常规电容器的介质层厚度[5-6]。此外，使用多孔材料作为电极材料使得板的封装在固定体积下具有更大的比表面积，这导致比常规电容器高得多的电容。另一种是赝电容器，利用快速可逆的表面或近表面反应进行电荷存储，如像MnO_2、RuO_2这样的过渡金属氧化物，以及聚苯胺、聚吡咯等导电聚合物[3,7]。下面将详细讨论这两种类型的超级电容器的原理。

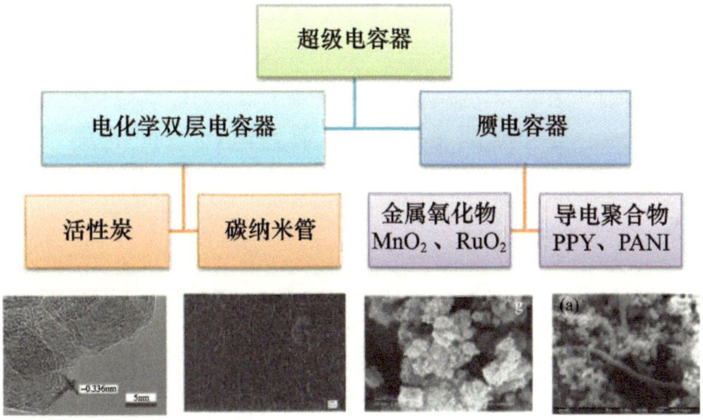

图7.1 超级电容器的分类

7.1.2.1 电化学双层电容器

电化学双层电容器（EDLC）是一种电化学电容器，其利用电解质离子在电化学稳定且具有高可及比表面积的活性材料上的可逆吸附来静电存储电荷[6]。有一些模型来描述电化学双层结构。传统电容器和超级电容器的结构比较如图7.2所示。

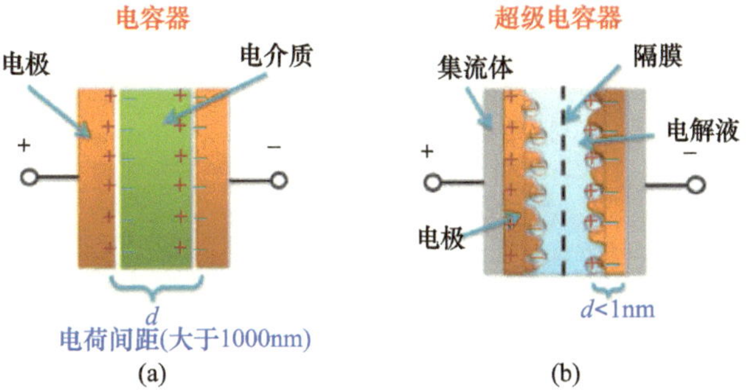

图7.2 （a）常规电容器和（b）超级电容器的两种电容器结构图的比较

1. Helmholtz 模型

Helmholtz模型由Helmholtz于1853年首次提出，模型描述了界面由电极表面的电子层和电解质中的单层离子组成。

2. Gouy - Chapman 模型

在20世纪初，Gouy认为电容不是一个常数，它取决于施加的电位和离子浓度。为了创建该模型，使用泊松方程将电位与电荷密度联系起来，使用玻耳兹曼方程确定离子的分布[9]。利用Gouy的理论表示微分电容如下：

$$G_G = \frac{\varepsilon \kappa}{4\pi}\cos\frac{z}{2} \tag{7.2}$$

式中：z 为离子的化合价；κ 为倒易相互 Debye - Hückel 长度，且有

$$\kappa=\sqrt{\frac{8\pi n\,e^2 z^2}{\varepsilon kT}} \tag{7.3}$$

式中：n 为每立方厘米的离子数；T 为热力学温度；k 为玻耳兹曼常数。由扩散电荷分布产生的G_G电容因此不再是常数。这个模型也适用于 D. C. Chapman 模型，也称为 Gouy - Chapman 模型。

3. Stern 和 Grahame 模型

1924 年，Stern 修改了 Gouy - Chapman 模型，包括一个致密层以及 Gouy 的扩散层[10-12]。Grahame 把 Stern 层分成两个区域：扩散到电极表面的离子层为外 Helmholtz 平面（OHP），也称为 Gouy 平面；电极表面上的吸附离子层为内 Helmholtz 平面（IHP）。因此，总电容C_{dl}为

$$\frac{1}{C_{dl}}=\frac{1}{C_H}+\frac{1}{C_{diff}} \tag{7.4}$$

然而，如果发生离子的特定吸附，则式（7.4）无效，在这种情况下电容可表达如下：

$$\frac{1}{C_{dl}}=\frac{1}{C_H}+\frac{1}{C_{diff}}\left(1+\frac{\partial\sigma_A}{\partial\sigma}\right) \tag{7.5}$$

式中：σ 为电极上的电荷密度；σ_A为吸附离子的表面电荷。

该模型自其方程式化以来没有得到显著改进，但是在该模型中没有考虑可能由偶极子与带电电极表面相互作用引起的任何电容效应。图 7.3 对 3 种模型进行了总结。

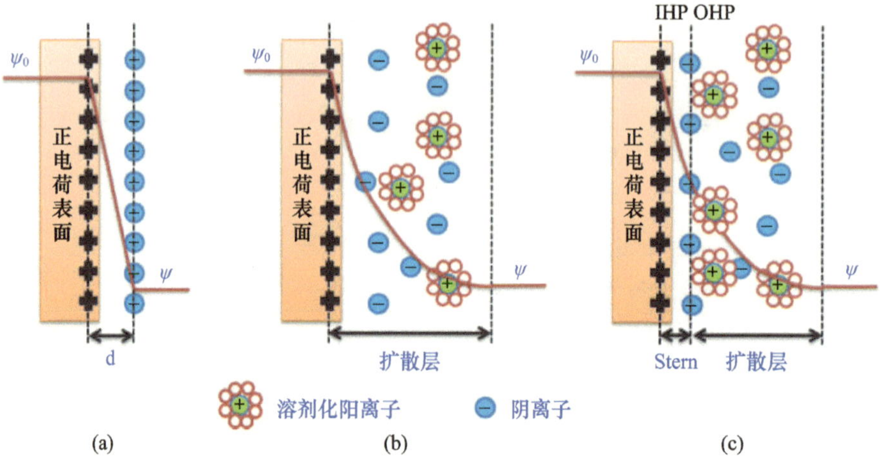

图 7.3　正电荷表面的双电层模型：（a）Helmholtz 模型；（b）Gouy - Chapman 模型；（c）Stern 模型。显示了内 Helmholtz 平面（HIP）和外 Helmholtz 平面（OHP）。IHP 是指特异性吸附离子（通常为阴离子）最近接近的距离，OHP 是指非特异性吸附离子的距离。OHP 也是扩散层开始的平面。d 是由 Helmholtz 模型描述的双层距离

7.1.2.2　赝电容

电化学双层电容器由基于赝电容的补充，赝电容使用快速且可逆的氧化还原反应来存储能量，如RuO_2、MnO_2、聚苯胺和聚吡咯。规则的电化学双层电容是由离子的静电表面吸附和解吸产生的，是一个非法拉第过程。在双层电容器电极上，积累的电荷是传导带电

子的过剩或不足的组合，或在界面的近表面上的电荷，以及电极界面处双层溶液侧电解质累积阳离子和阴离子的平衡电荷密度的组合。然而，双层电容器器件必须采用两个这种双层结构，每个电极界面处一个，在充电或放电时一个对另一个工作。

通常发生在电极表面的赝电容使用完全不同的电荷存储机制。其起源是法拉第式的，涉及电荷穿过双层移动到活性材料的内部，就像电池反应[13-14]。电容的产生是由于电荷接收能力（Δq）和电位电荷（ΔV）之间的热力学产生的特殊关系，因此可以用方程式表示和实验测量电容，等效于导数 $d(\Delta q)/d(\Delta V)$。

这种氧化还原反应所表现出的电容称为赝电容，因为其运行方式完全不同于经典的电化学双层电容器。

一般在双层碳电容器中，由于表面的官能团，有1%~5%的赝电容，但在电池中也有5%~10%的双层电容[15]。赝电容可由H或金属原子的电吸附和电活性物质的氧化还原反应引起，电活性物质强烈依赖于表面对电解质中离子的化学亲和力。一方面赝电容可以显著提高超级电容器的电容，另一方面弱化了其他属性，如生命周期。已经研究了几种类型的具有显著赝电容行为的材料：①过渡金属的水合氧化物膜，如 MnO_2、IrO_2、RuO_2、MoO_3、WO_3、Co_3O_4；②导电聚合物的膜，如聚吡咯、聚噻吩、聚苯胺及其衍生物[13-14]。

1. 金属氧化物

金属氧化物具有较高的比电容，是超级电容器的理想材料。金属氧化物在赝电容研究中的应用从钌氧化物开始，钌氧化物具有高导电性和高理论比电容[16-17]。然而，该种材料对于商业应用来说太昂贵。早期的大部分 RuO_2 应用于军事。

最近，许多学者致力于研究用于实际超级电容器的低成本金属氧化物。锰氧化物作为这类材料备受关注。由于 MnO_2 具有良好的电化学性能、低成本、良好的循环性能和环境友好性，是非常有前途的超级电容器材料。据报道，无定形氧化锰粉末在含水电解质中的比电容为500F/g或更高[18-20]。MnO_2 还可以制成各种形貌的纳米结构，这可以提高材料的利用率，因为只有表面和近表面材料才能与电解质发生氧化还原反应。

2. 导电聚合物超级电容器

导电聚合物是另一种具有赝电容行为的材料，其典型地通过单体的化学氧化或单体的电化学氧化合成。

一般来说，由于碳基超级电容器离子的快速吸附和解吸而具有高功率能力，但能量密度相当低。导电聚合物可以通过氧化还原反应大大提高比电容。然而，该材料的缺点：一是离子在电极主体内的缓慢扩散而导致的相对低的功率性能；二是纯导电聚合物电极的功率循环特性[21]。

导电聚合物与金属氧化物相比，其具有较高的理论比电容和低成本，备受关注[22-23]。聚苯胺有140mA·h/g的电荷密度，略低于用昂贵的金属氧化物如 $LiCoO_2$ 获得的电荷密度[24-25]，但远高于通常为一个电极输送小于15mA·h/g的碳器件的电荷密度。

EDLC具有非常好的循环性能，超过500万次循环[6]，而导电聚合物赝电容器通常在不到千次循环的情况下离子的掺杂和去掺杂引起的物理结构的变化而开始退化[26]。通过增加掺杂水平，可以用导电聚合物电极实现更高的比能量。然而，体积变化或膨胀会导致电极在长时间循环下的机械失效。

导电聚合物有吸引力，是因为其在掺杂状态下具有10～500S/cm的良好导电性，因此具有良好的本征导电性[27-28]，且有相对快的充电和放电动力学、合适的形态及快速的掺杂和去掺杂过程。导电聚合物也具有塑性，因此容易加工，特别是作为薄膜。导电聚合物在氧化时可用对阴离子p掺杂，在还原时可用对阳离子n掺杂。这两个充电过程的简化方程为

$$C_p \rightarrow C_p^{n+}(A^-)_n + ne^- \text{（p 掺杂）} \tag{7.6}$$

$$C_p + ne^- \rightarrow (C^+)_n Cp^{n-} \text{（n 掺杂）} \tag{7.7}$$

7.1.3 用于超级电容器的碳材料

碳材料包括不同的同素异形体（石墨、金刚石、富勒烯、纳米管、石墨烯），具有不同的微结构，赋予了不同的能量存储性能。其化学稳定、易于加工且天然丰富，使碳基材料对储能相关应用非常有吸引力[29]。

7.1.3.1 活性炭

活性炭比表面积大、成本低，成为超级电容器的商业材料。活性炭通常由含碳原料如木材、沥青、网壳等在高温下碳化，然后在不同温度下活化蒸汽或二氧化碳以获得不同的性能而制备。活性炭可具有1000～2000m^2/g的比表面积，这突出了其在超级电容器应用中的潜力[4,6,30]。活性炭的孔分布可分为微孔（<2nm）、中孔（2～50nm）和大孔（>50nm）3类[31]。一些研究人员已经研究了活性炭的电容和它们的比表面积之间的相关性。在高达3000m^2/g的比表面积下，仅获得10mF/cm^2的相对小的比电容，远小于理论电化学双层电容（15～25mF/cm^2），表明并非所有的孔在电荷积累中都是有效的。因此，尽管比表面积是EDLC性能的重要参数，但碳材料的一些其他方面如电导率、孔结构、表面官能度等也会影响其电化学性能。

简单地说，活性炭已经用作商用超级电容器电极材料。然而，其性能与预期相去甚远。因此，高能量密度、高功率密度、循环寿命的超级电容器需要设计新材料或新的电极结构[6]。

7.1.3.2 碳纳米管

碳纳米管（CNT）具有独特的内部结构、大比表面积、低质量密度、优异的化学稳定性和导电性，是一种很有前途的超级电容器电极材料。CNT可分为单壁碳纳米管（SWCNT）和多壁碳纳米管（MWCNT），两者由于良好的导电性和易于接近的比表面积而广泛用作高功率电极材料。此外，其高机械回弹性和开放的管状网络使其成为活性材料的理想载体。但由于其相对小的比表面积，能量密度是一个需要关注的问题[32]。Niu等报道了一种基于MWNT的超级电容器电极，其在酸性电解质中显示出102F/g的高比电容，比表面积为430m^2/g，功率密度为8kW/kg[33]。Futaba等提出了一种通过利用液体的拉链效应制造密集排列的SWNT固体的方法，其显示出增强的比电容[32]。固体SWCNT在有机电解液中的能量密度约为35W·h/kg。

由于CNT介孔结构和良好的电学和力学性能，可以用作活性材料如过渡金属氧化物和导电聚合物的有效导电载体。Zhang等报道了使用与集流体直接连接的碳纳米管阵列作为载体制备具有分级多孔结构的复合电极，并分别选择MnO_2和PANI作为赝活性材料制备了复合材料[34-35]。聚苯胺和碳纳米管复合材料获得了约1000F/g的非常高的比电

容。该 MnO_2 和碳纳米管复合材料具有 101F/g 的比电容和良好的循环性能。然而,单壁碳纳米管的高合成成本限制了其实际应用。

7.1.3.3 石墨烯

石墨烯,所有石墨结构的母体,提供了一个有吸引力的替代品[36]。石墨烯明显不同于 CNT 和富勒烯。石墨烯和化学改性石墨烯片具有与 CNT[38] 相当或甚至更高的电导率[37]、大比表面积和优异的力学性能。单个石墨烯片的比表面积为 $2630m^2/g$,远大于电化学双层电容器中通常使用的活性炭和碳纳米管[39]。这些因素使得石墨烯成为最有前途的超级电容器材料。在双层电容器中,由于靠近电极表面的离子积累,电解液中存在扩散层,根据所用电解液的不同,双层电容比电容在 5~20μF/cm 之间[6]。用碱性或酸性水溶液获得的比电容通常高于用有机电解质获得的比电容。在含水电解质中的理论比电容最多为 526F/g。通过对石墨进行简单的化学处理,可以很容易地获得石墨烯基材料。此外,单片的基于石墨烯的结构不依赖于固体载体中孔的分布来提供大比表面积[40]。每一个化学修饰的石墨烯片都可以物理"移动",以适应不同类型的电解质。因此,可以保持电解质对石墨烯基材料中非常大的比表面积的接近,同时保持网络中的整体高电导率。最近有几项关于石墨烯作为超级电容器电极材料的潜力的研究。已报道的高比电容为 135F/g 和 205F/g[39,41-42]。

石墨烯的合成方法很多:一是化学气相沉积(CVD)法,如在镍基底上分解乙烯[43]。二是石墨的微机械剥离,可以生产出高质量的石墨烯,用于一些基础研究[44]。三是在诸如 SiC 的电绝缘衬底上外延生长[45]。四是基于软化学的方法,首先将其氧化为氧化石墨烯,然后还原为化学还原的石墨烯,该方法可用于石墨烯的大规模生产;第五种是电化学方法[46],石墨棒用作浸没在电解液中的正极或负极,当施加恒定电位时,石墨可以插层,然后剥离成石墨烯,这类方法生产的石墨烯质量通常较低。

石墨烯具有高电导率、大比表面积、极大的柔性、优异的力学性能和丰富的化学性质,是超级电容器的优异电极材料。石墨烯薄膜可作为可拉伸电极[47]。据悉,化学修饰的石墨烯片可以物理"移动",以调整适应不同类型的电解质离子。此外,石墨烯薄膜还可制成柔性储能器件。

得克萨斯大学奥斯汀分校的 Ruoff 等开创了用于超级电容器的化学还原石墨烯的原理。研究表明,石墨烯在水性、有机和离子液体电解质中的比电容分别可达 135F/g、99F/g 和 75F/g[38,48]。Zhao 等采用 CVD 法在 H_2SO_4 溶液中在碳纤维和碳纸上合成了面积归一化电容值为 $0.076F/cm^2$ 的碳纳米片[49]。

通过化学氧化和化学还原商用石墨生产的石墨烯容易团聚,形成不能反映本征性质的厚层。最近报道了单层和双层石墨烯的 EDL 电容(为 $21mF/cm^2$)和量子电容的实验测定[50]。

石墨烯和导电聚合物复合材料受到很大的关注。Cheng 及其同事通过在石墨烯纸上原位正极电沉积苯胺单体作为 PANI 膜,制备了石墨烯/聚苯胺复合纸[51]。所获得的复合纸结合了柔韧性、导电性和电化学活性,并表现出 233F/g 的比电容。还采用化学聚合方法合成了石墨烯纳米片/聚苯胺复合材料[52]。在低扫描速率下观察到 1046F/g 的比电容。当功率密度为 70kW/kg 时,复合材料的能量密度可达 39W·h/kg。超级电容器用石墨烯材料汇总见表 7.1。

表7.1 超级电容器用石墨烯材料汇总

材料	年份	比电容	参考文献
化学还原石墨烯	2008	135F/g(1mol/L $BMIMBF_4$/AN)99F/g(1mol/L H_2SO_4)	[39]
化学还原石墨烯	2009	205F/g(6mol/L KOH)	[53]
化学还原石墨烯(超薄、透明)	2010	135F/g(1mol/L H_2SO_4)	[54]
聚苯胺化学还原石墨烯	2010	480F/g(2mol/L H_2SO_4)	[55]
弯曲石墨烯	2010	245F/g($EMIMBF_4$)	[56]
在石墨烯上原位沉积 MnO_2	2011	328F/g(1mol/L KCl)	[57]
石墨烯碳纳米管复合材料	2011	291F/g(1mol/L KCl)201F/g(1mol/L $TEABF_4$/PC)	[58]
活化石墨烯	2011	166F/g(1mol/L $BMIMBF_4$/AN)200F/g(EMIMTFSI)	[59]
激光还原氧化石墨烯	2012	276F/g($EMIMBF_4$)	[60]

7.1.3.4 其他碳材料

还有一些其他类型的碳结构,如活性炭纤维、碳气凝胶也用于超级电容器。共同的性能是大比表面积和良好的导电性。活性炭纤维可具有高达 $2000m^2/g$ 的大比表面积和可控的孔径分布[61]。其通常由预制纤维碳前驱体的碳化然后进行活化过程制备。碳气凝胶是另一种适合用于超级电容器的材料,非常轻、高度多孔,并且可以在不结合基底的情况下使用。通常通过溶胶-凝胶法合成碳气凝胶。尽管碳气凝胶具有大的比表面积($592 \sim 2371m^2/g$),但比电容有限,特别是在高放电速率下,这主要是由于在活化过程中产生的微孔不可接近和碳气凝胶材料的相对高的内阻[62]。然而,一种新型的碳纳米管气凝胶电极材料给出了有希望的电容性能,尽管在制备方面存在困难[63]。

7.1.4 应用

一个重要的应用是使用超级电容器复合材料与锂离子电池、燃料电池或 NiMH 电池,以制造用于车辆的混合动力系统。目前,超级电容器已经在手机和笔记本电脑等广泛的消费产品中用作存储功能的电源备份。其还可用于脉冲,提供峰值功率并降低电池的占空比,以延长电池寿命,或者可用于数码相机等机械制动器。其在太阳能电池和电机启动器的应用中也有很大的潜力。超级电容器的高功率能力适合在再生制动能量的同时提供加速功率。超级电容器除了汽车应用、工业设备(如起重机、叉车)和电梯之外,还可用于提高能量使用效率。此外,超级电容器正成为飞机、导弹,以及 GPS 定位器和夜视镜的便携式设备的军事应用中的重要能量和动力来源。

7.1.5 动机和目标

石墨烯和化学还原的石墨烯片具有大比表面积、高电导率和优异的力学性能,是很有前途的超级电容器材料。单层石墨烯的比电容为 $2630m^2/g$,远大于活性炭和碳纳米管。在双层电容器中,由于靠近电极表面的离子积累,在电解质中存在扩散层,根据所使用的电解质,双层电容在 $5 \sim 20\mu F/cm^2$ 之间。在含水电解质中的理论比电容最多为 526F/g。然而,目前报道的数据只能获得其理论比电容的 40% 左右。一个主要问题是石墨烯离子的重新堆叠。特别是对于具有大离子尺寸的有机离子的离子可能难以接近电极。因此,在本研究中希望调整石墨烯基材料的微观结构,以增加电解质的可及性,从而充分利用大比表面积。此外,如果仅依赖电化学双层电容,则比电容和能量密度是有限的。因此,可以用高比电容活性材料修饰石墨烯基材料,以获得高的比电容和能量密度。本研究的目的是制作一种3D纳米架构电极,以提高能量密度和电解质可达性。

7.2 实验技术

7.2.1 电化学方法

7.2.1.1 循环伏安法

循环伏安法(CV)具有简单、通用性强等优点,是研究电活性聚合物、共轭聚合物和金属氧化物的电化学技术之一。其提供了关于所研究系统的定量和定性信息。在该技术中,当以恒定速率在特定电压范围内扫描电位时,作为电位的函数来监测工作电极处的电流。对于不同的反应,该动态参数(电位循环速率)可以相应地变化,并且以mV/s为单位来表示。所获得的伏安图揭示了关于氧化和还原过程发生的电化学电位、这些过程发生的速度、电化学系统稳定的电位范围以及所研究的电极反应的可逆性程度的信息。扫描速率、开关电位以及正极/负极峰电流、正极峰/负极峰电位的大小是循环伏安法重要的参数。此外,CV揭示了关于产物在多个氧化还原循环期间的稳定性的信息。

CV用于两个目的:一是使用CV通过电沉积制备纳米结构材料;二是用于研究碳、导电聚合物和金属氧化物的电化学性能。

循环伏安法在恒定扫描速率($v = \mathrm{d}V/\mathrm{d}t$)下测量相对于所施加电压的电流,它是评估电容的一种方法。如第1章所解释的,电容器的电容由关系式$C = \mathrm{d}Q/\mathrm{d}V$定义,其中,$V$是与每个极板上电荷$Q$的容纳相关的极板之间的电压差。电荷是电流在时间范围内的积分,可以计算如下:

$$Q = \int I \mathrm{d}t \tag{7.8}$$

式中:I为电流(A);Q为电荷(C);t为时间(s)。

将式(7.9)合并到电容方程式,可以计算电容:

$$C = \frac{\mathrm{d}Q}{\mathrm{d}V} = \int I \frac{\mathrm{d}t}{\mathrm{d}v} = I\frac{\Delta t}{\Delta V} = \frac{I}{v} \tag{7.9}$$

式中:I为平均电流密度(A);v为扫描速率(V/s)。

理想情况下电容响应是矩形伏安图。然而,在实际系统中由于阻力不可避免,因此大多数实验数据呈不规则峰的平行四边形。在不同扫描速率下获得的曲线通常显示在同一曲线图上,以示出对应于不同功率水平的充电和放电特性的速率。更快的扫描速率表示更高的功率水平。正如预期,电容随着放电频率的升高而减小。描述镜像的伏安图表示可逆的充电和放电曲线,而不可逆过程将具有两个单独的充电和放电曲线。

7.2.1.2 恒流充放电法

另一种评价超级电容器的方法是通过恒流充放电技术的比电容、等效串联电阻(ESR)。以恒定电流对电池充电或放电导致电压响应。因此,电流积分$\int i\mathrm{d}t$是电荷输送的量度，功率由乘积 $I \times V$ 确定，能量由 $\frac{1}{2}Q \times V$ 确定。假设 EDLC 是与等效串联电阻串联的电容，那么 ESR 可以通过电压变化与电流变化的比率来确定。然而，该程序仅在低电流下准确，在较高电流下与预测行为有显著偏差。

7.2.1.3 电化学阻抗谱

复平面图或奈奎斯特(Nyquist)图表示作为频率函数的阻抗行为，通常用于评估超级电容器的频率响应。在复平面中，虚部 Z_2 通常用于表示电容参数，Z_1（实部）表示欧姆，这两个分量都是在一定的频率范围下研究的。这类图通常由复平面中的一个或多个半圆组成，有时半圆的中心低于 Z_1 轴。超级电容器的理论奈奎斯特图由 3 个取决于频率的区域组成。在非常高的频率下，超级电容器的行为就像一个纯电阻。在低频下，虚部急剧增加，并观察到垂直线，表示纯电容行为。在中频区域，可以观察到电极孔隙率的影响。当频率降低时，从非常高的频率开始，信号在电极的多孔结构内部穿透越来越深，然后越来越多的电极表面用于离子吸附。该中频范围与高孔隙率电极的多孔结构内部的电解质渗透有关，该区域通常被称为 Warburg 曲线。

7.2.2 测试电池配置

典型的超级电容器单元电池由两个电极组成，这两个电极通过多孔隔膜与电接触隔离[1]。电极通常含有具导电、低比表面积的助剂（如炭黑），以提高导电性。金属箔或碳填充聚合物的集流体用于从每个电极传导电流。隔膜和电极浸渍有电解质，该电解质允许离子电流在电极之间流动，同时防止电子电流使电池放电。

双电极测试配置如图 7.4 所示。三电极电池与两电极测试和封装电池在几个重要方面不同。三电极系统只能分析工作电极。Khomenko 等报道了测得的电容值与测试单元配置的相关性[64]。采用双电极和三电极电池结构，测试了由多壁碳纳米管与聚苯胺(PANI)和聚吡咯(PPy)组成的复合电极。在三电极电池测试的情况下，测试 250～1100F/g 的值。对于在两电极电池中的相同材料，测试 190～360F/g 的值。从表 7.2 中可以看出，三电极电池产生的值大约是两电极电池系统的 2 倍。然而，三电极体系对于分析特定电位下的法拉第反应是有价值的。

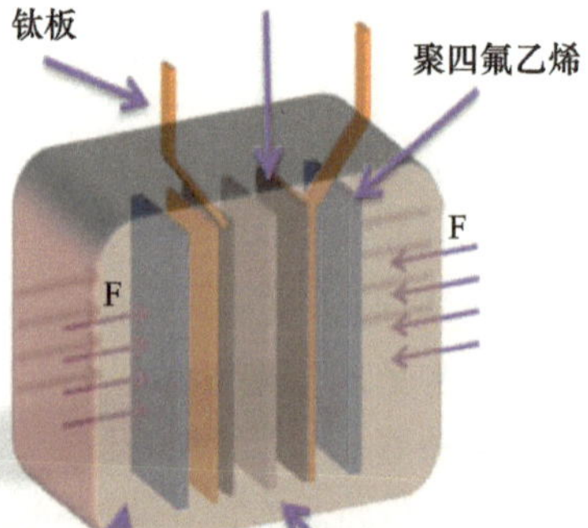

图 7.4 双电极测试配置

表7.2 取决于电池类型的比电容(F/g)值

电极材料	三电极电池		双电极电池	
	CV	恒电流	CV	恒电流
聚苯胺	670	650	344	360
聚吡咯	506	495	192	200

常见的有机电解质是溶在碳酸丙烯酯(PC)或乙腈(AN)中的四氟硼酸四乙基铵($TEABF_4$),常见的含水电解质包括6mol/L KOH和1mol/L H_2SO_4。所存储的能量与电压的平方有关,因此与水性电解质约1V的电化学窗口相比,有机电解质经常用于更宽的电化学窗口(约2.7V)。离子液体电解质是一种室温无溶剂液体,具有高达7V的高电位窗口、低毒性和热稳定性。它是超级电容器的下一代电解质。含水电解质的材料性能将具有最大的比电容,这是由于离子尺寸小以及离子电导率良好[65]。

7.2.3 测试步骤

充电电流、电位范围和计算方法也会影响超级电容器的结果。封装超级电容器的电化学性能包括比电容、能量密度、功率密度和寿命周期测试。能量密度由电极材料的比电容和电化学电压窗口决定。超级电容器的功率密度由等效串联电阻决定。可通过电化学阻抗谱测量的等效串联电阻受包括集流体、电极、电解质和隔膜的所有电池部件的影响。单个电极的比电容比整个电池的比电容大4倍:

$$C_{sp} = 4 \times \frac{C}{m} \tag{7.10}$$

式中:m 为两个电极中的活性材料的总质量;C 为两电极电池的测量电容,其使用恒流放电曲线确定,即

$$C = \frac{I}{\mathrm{d}V/\mathrm{d}t} \tag{7.11}$$

式中:$\mathrm{d}V/\mathrm{d}t$ 由恒流放电曲线的斜率计算。

混合电池的充电电压取决于电极材料和电解质。放电曲线的初始部分表现出由于内阻引起的 IR 下降,并且对于诸如碳材料的非法拉第材料,曲线的其余部分通常呈线性。基于随电压变化的电容,赝电容器和混合系统可以表现出大的线性偏差。

7.2.4 测试方法总结

三电极体系对于确定单个电极的电化学性能非常有效。双电极测试体系是最好的结构,可以模拟真实的封装超级电容器,超级电容器可以用来表征超级电容器的能量密度、功率密度和循环性能。为了获得良好的信噪比并使测量误差最小化,测试电池的容量应超过0.25F。

7.3 石墨烯和碳纳米管复合材料

7.3.1 概述

随着便携式电子设备市场的快速增长和混合动力电动车辆的发展,对具有高能量密

度和高功率密度的能量存储设备的需求越发迫切。虽然锂离子电池具有非常好的能量性能，但它们的功率性能不满足许多功率要求高的应用。超级电容器又称电化学电容器，其具有脉冲供电、循环寿命长（>10 万次循环）、工作机制简单、电荷传播动力学高等优点，近年来备受关注[5]。超级电容器与常规电容器相比，具有高功率能力和相对大的能量密度，上述超级电容的独有特性使得超级电容器能够应用于各种能量存储系统中。例如，它已用于内存备份系统、消费电子、工业电源和能源管理[66]。最近的一个应用是在 A380 的应急门中使用超级电容器，突出其安全可靠的性能[5]。在这种情况下，超级电容器与初级高能电池或燃料电池耦合，用作具有高功率能力的临时能量存储器件。超级电容器在未来的储能系统中表现出与电池同等的重要性。

碳基材料，包括活性炭[30,67]、碳纳米管（CNT）[32,68]和石墨烯[39,51,53,56,69-71]，由于其优异的物理化学性能，在电化学双层超级电容器中得到了广泛应用。活性炭优点是大的比表面积和低的成本，是超级电容器使用最多的电极材料。然而，在活性炭中有大量的碳原子不能被电解质离子接近（图 7.5(a)），这些碳原子在激活其电化学功能方面都被浪费，是限制活性炭电极比电容的主要因素。此外，活性炭的低电导率也限制了其在高功率密度超级电容器中的应用，并导致低的单位面积比电容。CNT 具有较高的电导率和增强的电荷转移通道，使其成为最有希望的节能应用候选材料。CNT 通常是高功率电极材料的选择，其具有改进的电导率和较高的容易接近的比表面积。如图 7.5(b) 所示，单壁碳纳米管很可能成束堆叠。因此，只有 CNT 的最外层部分能够起到离子吸收的作用，而内部的碳原子全部被浪费，导致 CNT 基超级电容器的比电容较低。

另外，石墨烯所有石墨结构的母体提供了一个吸引人的替代品[36]。石墨烯明显不同于 CNT 和富勒烯。石墨烯和化学改性石墨烯片具有与 CNT 相当甚至更好的高电导率[37]、大比表面积和优异的力学性能[38]。单个石墨烯片的比表面积为 $2630m^2/g$，远大于电化学双层电容器中通常使用的活性炭和碳纳米管[39]。这些因素使得石墨烯成为最有前途的超级电容器材料。在双层电容器中，由于靠近电极表面的离子积累，在电解液中存在扩散层，根据使用的电解液，双层电容在 5～20μF/cm 之间[6]。用碱性或酸性水溶液获得的比电容通常高于用有机电解质获得的比电容。在含水电解质中的理论比电容最多为 526F/g。通过对石墨进行简单的化学处理，可以很容易地获得石墨烯基材料[40]。此外，单片石墨烯基结构不依赖于固体载体中孔的分布来提供大比表面积。每一个化学修饰的石墨烯片都可以物理“移动”，以适应不同类型的电解质。因此，可以保持电解质对石墨烯基材料中非常大的比表面积接近，同时保持网络中的整体高电导率。最近有几项关于石墨烯作为超级电容器电极材料的潜力的研究，已报道的高比电容为 135F/g 和 205F/g[39,41-42]。然而，原始的基于石墨烯的超级电容器也存在问题。第一，化学还原的石墨烯通常具有 100～200S/m 的电导率，比导电单壁碳纳米管（通常为 10000S/m）低两个数量级。第二，与大多数纳米材料一样，石墨烯也可能形成不可逆的聚集体或在干燥过程中通过范德瓦耳斯力相互作用重新堆叠形成石墨[72]。在这种情况下，如果石墨烯片堆叠在一起，那么离子将难以进入内层以形成双电层，离子只能积聚在石墨烯片的顶表面和底表面上，然后将导致较低的比电容，因为堆叠材料不能被充分利用，如图 7.5(c) 所示。第三，石墨烯电极不能在没有黏合剂的情况下工作，黏合剂通常会降低比电容。

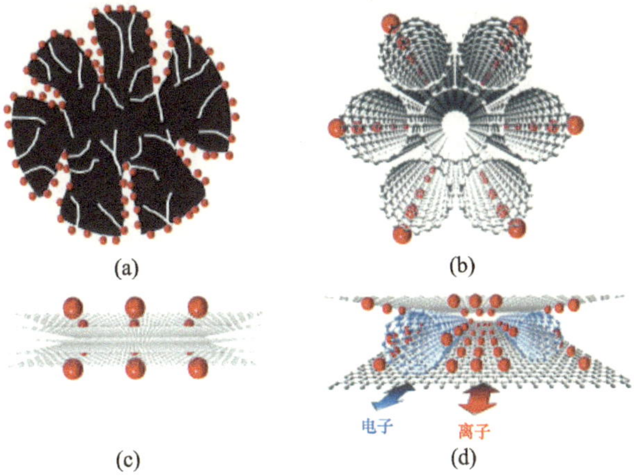

图7.5　不同碳材料作为超级电容器电极的比较

(a)活性炭。活性炭具有高比表面积。然而,电解质离子不能进入许多微孔;(b)单壁碳纳米管束。SWCNT通常形成束,限制了其比表面积。电解质离子只能进入最外表面;(c)纯石墨烯。石墨烯纳米片很可能在干燥过程中通过范德瓦耳斯力相互作用团聚。电解质离子难以进入超小孔,特别是对于较大的离子如有机电解质或在高充电速率下;(d)石墨烯/CNT复合材料。SWCNT可用作石墨烯纳米片之间的间隔物,以产生电解质离子的快速扩散路径。而且,可以增强电子的导电性。CNT还用作黏合剂以将石墨烯纳米片保持在一起,防止石墨烯结构分解到电解质中。

本研究描述了使用石墨烯/CNT复合材料作为电化学双层超级电容器的电极材料,如图7.5(d)所示。石墨烯的最大理论电化学双层电容约为526F/g。而报道的实验只能达到其理论值的25.7%~39.0%[39,41-42]。一个主要问题是石墨烯片的堆叠。离子,特别是较大的有机离子,可能难以接近电极。克服石墨烯堆叠的一个解决方案是使用弯曲石墨烯[56]。根据我们的实验,弯曲石墨烯片也存在堆叠问题,这将降低电极的最终比电容,而且制造均匀的大弯曲石墨烯片是非常困难的。另一种想法是使用间隔物来改变石墨烯电极的结构。对于电化学双层超级电容器,需要间隔物具有高导电性、大比表面积和优异的力学性能。单壁碳纳米管是一种很好的候选材料,它具有非常高的(10000S/m)电导率,比化学还原的石墨烯纳米片大两个数量级。因此,使用CNT可以降低电极的内部电阻,提高功率性能。SWCNT还可以作为石墨烯纳米片的智能“间隔物”,以防止彼此之间的团聚,从而提高电解质离子的可接近性。在隔离物的帮助下,电解质离子更容易接近电极,因此可以在电化学上使用更多的材料。此外,CNT具有优异的结合性能,以用作将石墨烯纳米片保持在一起的黏合剂。最近,已经尝试使用逐层和化学气相沉积技术制造具有CNT膜的石墨烯纳米片,用于超级电容器。但这些方法耗时长,不适合大规模生产[73-74]。还研究了利用低温溶液处理两种用于透明导体的碳基纳米材料的混合薄膜,但由于其小的面积归一化比电容[75],这种超薄薄膜在电池或超级电容器中的应用意义有限。此外,尽管最近也使用金属氧化物和/或导电聚合物制造基于石墨烯的复合电极,但赝电容器通常受到较差的功率性能和循环性的影响[76-82]。

7.3.2　实验

以石墨为原料,采用改进的Hummers法合成氧化石墨烯。首先将石墨和$NaNO_3$在烧瓶中混合在一起，随后向烧瓶中加入 H_2SO_4（100ml，95%），并维持在冰浴中进行搅拌。将高锰酸钾（8g）缓慢加入到悬浮液中以避免过热，并在室温下搅拌反应 2h，悬浮液逐渐变为亮棕色。反应结束后，维持搅拌的同时向烧瓶中加入蒸馏水（90ml），之后将悬浮液迅速升温至 90℃，悬浮液变为黄色。将稀释的悬浮液在 98℃ 下搅拌 12h，随后加入 H_2O_2（30ml，30%）。依次用 5% HCl 去离子水多次洗涤混合物以纯化样品，并用离心机进行分离（4000r/min，6min），最后过滤并真空干燥，得到氧化石墨烯呈黑色粉末状。

将 100mg 上述氧化石墨烯粉末分散到蒸馏水（30ml）中，超声处理 30min 得到悬浮液。随后将悬浮液在热台上加热至 100℃，加入水合肼（3ml），并在 98℃ 下还原反应 24h。反应结束后过滤收集黑色粉末状的还原氧化石墨烯，并用蒸馏水洗涤滤饼数次以除去过量的肼并通过超声处理重新分散到水中。然后将悬浮液以 4000r/min 离心 3min 以除去大的石墨粒子。通过真空过滤收集最终的石墨烯产物并在真空中干燥。

购买高比表面积（407m^2/g）和高电导率（100S/cm）的单壁碳纳米管（SWCNT）（Cheap Tube 公司，纯度 >90%，无定形碳质量分数 <3%，长度 5 ~ 30μm，直径 1 ~ 2nm）。碳纳米管未经任何进一步处理即可使用。

使用相同质量的材料用 CNT、石墨烯和石墨烯/CNT 复合材料组装两个电极。首先将 SWCNT 和石墨烯分别分散在乙醇中，浓度为 0.2mg/mL。然后通过真空过滤将悬浮液过滤到微孔滤纸上。石墨烯/CNT 复合薄膜通过在乙醇中超声混合石墨烯和 CNT，并利用真空过滤制备。将由 CNT、石墨烯和石墨烯/CNT 复合材料制成的膜附着到测试池中的高纯钛集流体上。在 1mol/L KCl 电解质水溶液、1mol/L $TEABF_4$/PC 有机电解质和 1 - 乙基 - 3 - 甲基咪唑双（三氟甲烷砜）酰亚胺（EMI - TFSI）中，通过聚丙烯薄膜分离两个电极。石墨烯与单壁碳纳米管的质量比控制为 1 : 4、1 : 1 和 4 : 1 用于电化学测试。我们测试了纯石墨烯和单壁碳纳米管的电化学性能进行比较，还将多壁碳纳米管与纯石墨烯复合以进行比较。

将过滤后的 CNT、石墨烯和石墨烯/CNT 薄膜切成 1cm × 2cm，质量为 1mg，制备了 CNT、石墨烯和石墨烯/CNT 电极。将石墨烯/CNT 电极组装成纽扣式电池超级电容器，每个电极 1.6mg，放在手套箱中。

利用扫描电镜（SEM，JSM - 6500F）和透射电镜（TEM，JEM - 2100）研究了 CNT、石墨烯和石墨烯/CNT 复合材料的形貌和结构。比表面积和孔径分布在美国康塔仪器公司的 AUTOSORB - 1 下测试。

7.3.3 结果与讨论

在实验中，利用超声将化学还原的石墨烯和 CNT 混合。为了制备均匀的石墨烯/CNT 复合膜，制备均匀的石墨烯/CNT 悬浮液至关重要。石墨烯还可以作为表面活性剂，帮助将碳纳米管分散在水中。有几项研究报道 CNT 是一种水溶性材料[83-84]。大多数表面活性剂具有多环芳烃组分。然而，这些大分子表面活性剂常常给碳纳米管带来一些不好的影响。例如，表面活性剂聚合物将降低 CNT 的电导率[85]。另外，石墨烯可以辅助 CNT 在水中的分散。在化学还原的石墨烯基面上具有许多 π 共轭的芳香域，它们与碳纳米管表面的强相互作用可以通过 π - π 吸引发生[86]。石墨烯材料具有优异的水分散性。从图 7.6(a) 中可以看出，2h 后石墨烯在水中分散得非常好。单壁碳纳米管材料在蒸馏水中根本不分散。因此,化学还原的石墨烯优异的水加工性有助于 CNT 在水中均匀分散。在本实验中,为了通过真空过滤制备薄膜,需要 CNT 分散良好,至少稳定 1h。图 7.6(b)显示出了石墨烯促进 CNT 在石墨烯/CNT 复合材料中分散方面的功能。实验中使用的单壁碳纳米管长度为 5 ~ 30μm,极易与石墨烯纳米片纠缠。通过这种方式获得了均匀的石墨烯/CNT 悬浮液和均匀的复合膜。

图 7.7 显示了 CNT、石墨烯和石墨烯/CNT 复合电极的形态。图 7.7(a)显示了石墨烯/CNT 薄膜的共形形态,这对于实现高薄膜电导率至关重要。可以看到 CNT 非常长,像蜘蛛网一样相互缠绕,这种类网状结构可以捕获石墨烯纳米片或与其接触的其他结构。还可以看到一些无定形碳附着在薄膜上。图 7.7(b)和(c)是石墨烯/CNT 复合材料在不同磁化强度下的 SEM 图像,揭示了石墨烯纳米片和 CNT 的混合。由于 CNT 具有最高的电导率,这种结构用于降低电极的电阻,因为 CNT 可以充当离子和电子的"路径"。此外,CNT 还可以作为石墨烯纳米片的间隔物,这将增强离子的可接近性。图 7.7(d)是碳纳米管的 TEM 图像,一些 CNT 缠绕成束。图 7.7(d)的插图是 CNT 的电子衍射图案。图 7.7(e)是石墨烯纳米片典型结构的 TEM 图像,表明石墨已经被广泛剥离以产生单层和少层石墨烯。同时还发现一些沉积物没有被化学方法剥离,通过分析电子衍射图案可以更准确地鉴定石墨烯。图 7.7(e)中的插图就是一个例子,该衍射图在图 7.7(e)所示的红点处获得,具有石墨或石墨烯预期的典型 6 倍对称性。{110} * 反射比{100} * 反射更强烈,表明其是多层石墨烯[87]。图 7.7(f)是石墨烯/CNT 复合材料的 TEM 图像。CNT 被缠绕成束,还可以看到一些小片的石墨烯(由箭头指示)纳米片已经附着在 CNT 束上。

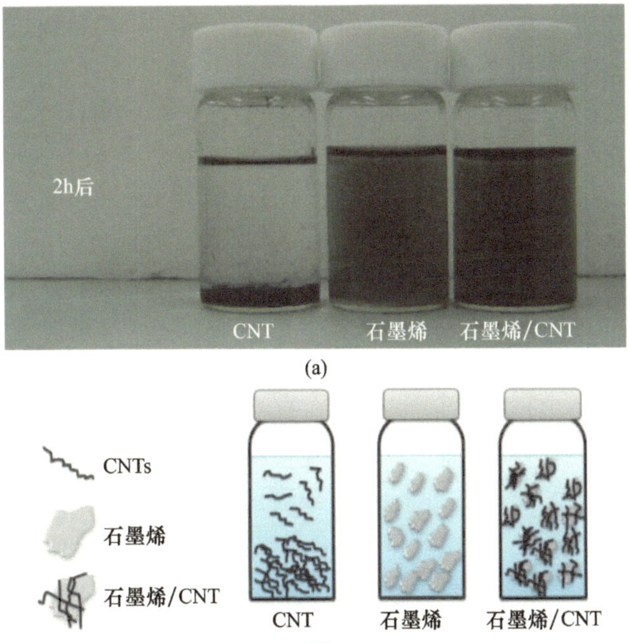

图 7.6 化学还原的石墨烯和 CNT 在水中的相互作用
(a)超声处理后 CNT、石墨烯和石墨烯/CNT 复合材料在水中 2h 的分散性;
(b)悬浮液中各种结构的示意图。

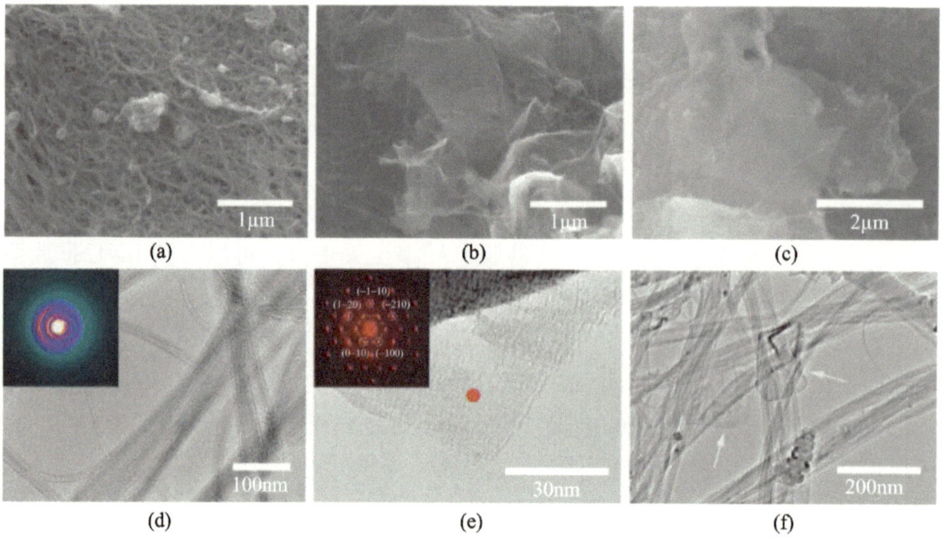

图7.7　各种碳电极的形态和结构表征

(a)CNT膜的SEM图像;(b)低放大倍数下石墨烯/CNT复合材料的SEM图像;(c)高放大倍数下石墨烯/CNT复合材料的SEM图像;(d)CNT的TEM图像(插图是电子衍射图案);(e)制备的石墨烯的TEM图像(插图是在图像中指示的位置处获得的电子衍射图案);(f)石墨烯/CNT复合材料的TEM图像。

超级电容器的电容很大程度上取决于用于电化学测量的电池配置，当使用三电极体系时，电容总是明显更高[88]。本实验中使用了双电极测试电池，因为其可以为超级电容器提供最精确的材料性能测量[89]。在我们的实验中，在不使用任何黏合剂的情况下组装两个电极。超级电容器用常规用于电化学双层电容器的两种不同电解质进行测试。含水电解质是1mol/L KCl，有机电解质是溶在碳酸丙烯酯(PC)中的1mol/L四氟硼酸四乙基铵($TEABF_4$)。采用循环伏安法(CV)、恒电流充放电和电化学阻抗谱(EIS)测试了超级电容器电极的电化学性能和电容。使用静电充电/放电来获得3种不同类型电极的比电容。在0.1Hz~100kHz的频率窗口中，在没有0.005V的正弦DC偏置的情况下进行阻抗谱测量。图7.8显示了原始CNT、纯石墨烯和石墨烯/CNT复合电极的电化学测试结果。图7.8(a)和(b)分别是在10mV/s扫描速率下在水性和有机电解质中的CV曲线。石墨烯/CNT复合材料在水溶液和有机电解质中均表现出最大的电流，表明有最大的比电容。值得注意的是，图7.8(a)所示的CV曲线具有最接近矩形的几何形状，表明电极中极好的电荷传播。只要存在低接触电阻，超级电容器的CV回路的形状应该是矩形的。较大的电阻使回路变形，导致具有斜角的较窄回路。从图7.8(b)可以观察到，由于有机电解质中的电阻较大，有机电解质中的CV曲线不呈现矩形几何形状。水分含量和氧化还原基团如羟基和羧基也可能导致CV曲线的不规则形状。图7.8(c)和(d)是两种电解质中的静电充电/放电曲线。从图7.8(c)和(d)中可以看出，CNT产生最对称的充电/放电曲线，表明电阻最小。但是CNT具有从电流静态充电/放电曲线计算的最小比电容。同时，石墨烯/CNT复合电极比纯石墨烯具有大的比电容和较小的电阻。这表明石墨烯/CNT复合材料可以增强能量(与比电容相关)和功率(与电阻相关)性能。石墨烯/CNT复合材料优异的电化学性能归因于石墨烯和CNT

的纳米结构。这种结构为其功能带来了若干优点:①高导电性的 CNT 可以为离子和电子的传输提供通道,这反过来又降低了内阻;②长度约为 30μm 的 CNT 可能彼此缠结,如图 7.7(a)所示,使 CNT 充当有效的导电黏合剂以保持石墨烯纳米片;③石墨烯纳米片表面上缠结的 CNT 还可以充当间隔物,防止石墨烯纳米片团聚,从而提高了离子交换速率。

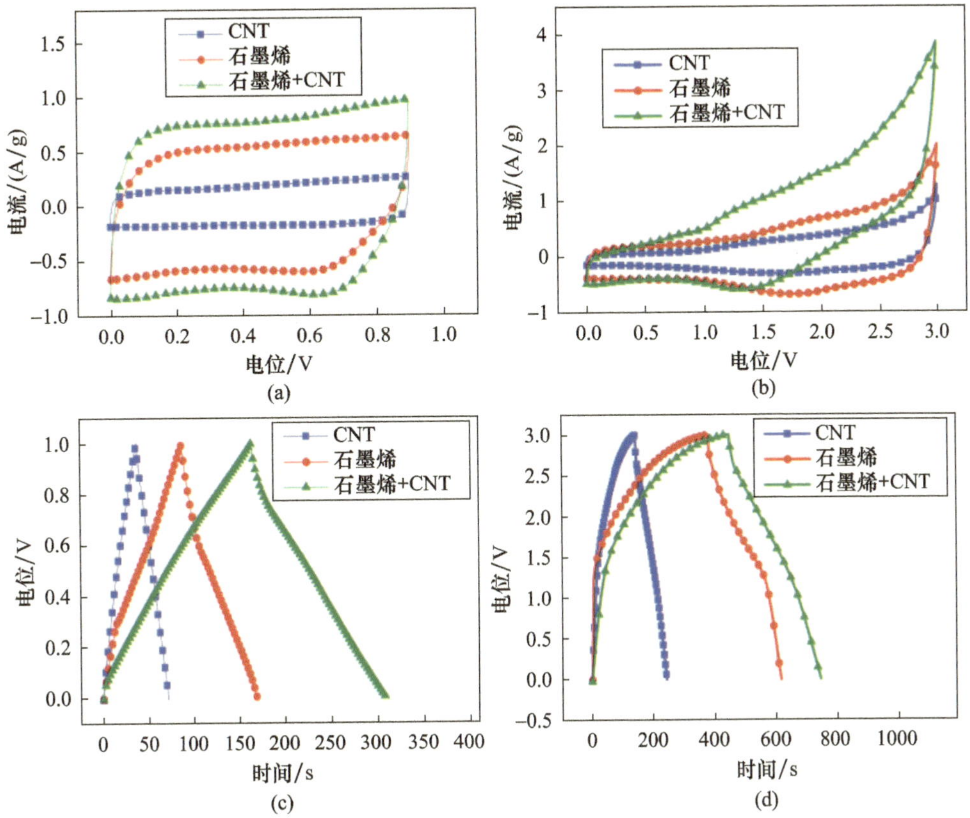

图 7.8 由 CNT、石墨烯和石墨烯/CNT 复合材料制成的各种电极的电化学性能

(a)在 10mV/s 的扫描速率下在含水电解质中的循环伏安曲线;(b)在相同扫描速度 10mV/s 下在 1mol/L $TEABF_4$/PC 电解质中的循环伏安曲线;(c)在 500mA/g 的充电电流下在含水电解质中的静电充电/放电曲线;(d)在 500mA/g 的相同充电电流下在有机电解质中的静电充电/放电曲线。

图 7.9(a)显示了石墨烯/CNT 复合电极分别在含水电解质和有机电解质中的 CV 曲线。复合电极在含水电解质中在 100mV/s 的高扫描速率下显示出最接近矩形的 CV 曲线,表明电极内非常好的电荷传播。有机电解质的 CV 曲线的偏差归因于电解质的不良导电性和水含量。图 7.9(b)是在 0.5A/g 的相同充电电流密度下,两种不同电解质中的静电充电/放电曲线的比较。值得一提的是,比电容对超级电容器的测试体系有很强的依赖性。三电极体系总是比两电极体系具有明显更高的测试值,两电极体系具有更准确的数据。在本实验中,使用对称电极进行相同重量的超级电容器测试。在含水电解液中,整个电池(两个电极)的比电容为 72.6F/g,在有机电解液中为 50.3F/g。每个电极(单个电极)的比电容也可以根据下面给出的式(7.12)和式(7.13)计算,其是总电池比电容的 4 倍。

$$\frac{1}{C_{总}} = \frac{1}{C} + \frac{1}{C} \tag{7.12}$$

$$\frac{C^s}{C^s_{总}} = \frac{C/m}{C_{总}/2m} = \frac{4}{1} \tag{7.13}$$

式中：$C_{总}$为测试电池的总电容；C_s为每个电极的比电容；$C^s_{总}$为整个测试电池的比电容；m为每个电极的质量。因此，电池（石墨烯/CNT =4∶1）的每个电极的比电容在含水电解质中为290.4F/g，在有机电解质中为201.0F/g。还测试了不同重量比的石墨烯/CNT（1∶4、1∶1）的比电容。然而，其仅显示出最佳性能的比电容的39%和73%。我们还尝试了石墨烯与多壁碳纳米管的复合。然而，由于MWCNT的比表面积较低，只能得到110F/g（石墨烯/MWCNT =4∶1）的比电容。

图7.9（c）和（d）显示了两种电解质中的Nyquist图。在复平面中，虚部Z_2表示电容特性，实部Z_1表示欧姆特性。在0.1～100000Hz之间的频率范围内研究了这两个分量。这些曲线图通常由复平面中的一个或多个半圆组成，有时半圆的中心低于Z_1轴。超级电容器的理论Nyquist图由3个取决于频率的区域组成。在非常高的频率下，超级电容器的行为就像一个原始的电阻器。在低频下，虚部急剧增加，并观察到几乎垂直的线，表明原始的电容行为。在中频区域，可以观察到电极孔隙率的影响。当频率降低时，从非常高的频率开始，信号越来越深地穿透到电极的多孔结构中，然后越来越多的电极表面变得可用于离子吸附。这个中频范围与高孔隙率电极多孔结构中的电解质渗透有关，这个区域通常被称为沃伯格曲线[90]。图7.9（c）和（d）分别是CNT、石墨烯和石墨烯/CNT复合材料在含水电解质和有机电解质中的EIS。所有的EIS线在低频区表现为线性，在高频区表现为弧形。高频区附近的环位移与石墨烯纳米片之间的电阻有关。在所有的碳基超级电容器中都观察到了半圆形区域。在活性炭电极超级电容器中通常表现出非常大的半圆，这意味着活性炭粒子之间较大粒子间电阻，这一现象主要取决于电极比表面积和粒子间电阻。形成薄活性层或添加具有低比表面积的导电助剂可降低该值，但其将导致低的单位面积电容或单位重量电容。图7.9（c）和（d）中极小的半圆形区域显示了石墨烯纳米片之间的低电阻与石墨烯电极和集流体之间的良好电导。因此，可以从两种电解质中的EIS曲线观察到，石墨烯/CNT复合材料的半圆形区域小于纯石墨烯的半圆形区域，表明CNT的加入降低了石墨烯片的层间电阻和与集流体的接触电阻。已知沃伯格曲线是从图7.9（c）和（d）的Nyquist图中左下到右上成45°角的直线，该曲线非常短，表明两种电解质中的电解离子更容易进入石墨烯表面。等效串联电阻由Nyquist图的x截距获得，在含水电解液中分别为1.1Ω（CNT）、1.68Ω（石墨烯）和1.6Ω（石墨烯/CNT），在有机电解液中分别为7.8Ω（CNT）、12.9Ω（石墨烯）和9.73Ω（石墨烯/CNT）。ESR数据确定超级电容器可以充电和放电的速率，这是确定超级电容器的功率密度的非常重要的因素。功率密度与ESR成反比。图7.10中给出了电化学性能的总结，从中可以看出石墨烯/CNT具有最高的功率和能量密度/性能。能量密度和功率密度分别为

$$E_{密度} = \frac{1}{2} C_{sp} V^2 \tag{7.14}$$

$$P_{密度} = \frac{V^2}{4 R_{esr}} \tag{7.15}$$

式中：C_{sp}为比电容；R_{esr}为等效串联电阻；V为最大充电电压。在实验和计算中，水系电解质使用1V电压，有机电解质使用3V电压。

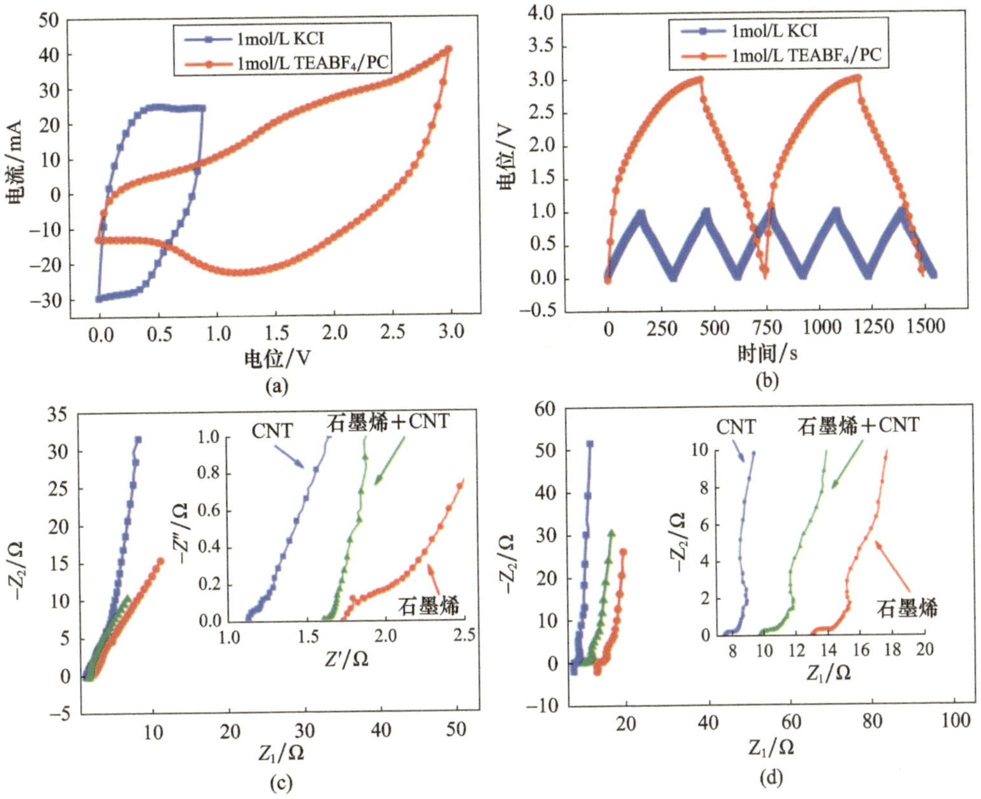

图7.9　由CNT、石墨烯和石墨烯/CNT复合材料制成的电极的电化学行为的比较

(a)石墨烯/CNT复合材料电极在水性和有机电解质中在100mV/s的扫描速率下的比较；(b)石墨烯/CNT复合材料在水性和有机电解质中在0.5A/g的充电电流下的静电充电/放电曲线的比较；(c)CNT、石墨烯和石墨烯/CNT复合材料在KCl电解质中的EIS测试；(d)CNT、石墨烯和石墨烯/CNT复合材料在$TEABF_4$/PC电解质中的EIS测量。

倍率性能对于评价超级电容器的性能也很重要。需要良好的能量存储器件来通过高电流提供其能量。图7.11(a)是CNT、石墨烯和石墨烯/CNT复合电极在不同充电电流密度下的比电容。当充电电流为0.5A/g时，在1mol/L KCL电解液中的最大比电容为290.4F/g，在1mol/L $TEABF_4$电解液中的最大比电容为201.0F/g。当充电电流为2A/g时，在1mol/L KCl电解液中得到217.0F/g，在1mol/L $TEABF_4$电解液中得到150.8F/g。这意味着，当充电电流从0.5A/g增加到2A/g时，石墨烯/CNT复合电极在含水电解质和有机电解质中都保持了75%的比电容。当充电电流从0.5A/g增加到2A/g时，石墨烯电极在电解质中的保存率约为65%。当充电电流变化时，原始CNT电极在两种电解质中几乎保持了93%。性能解释如下：CNT膜具有电解质离子可接近的大孔。较高的充电电流意味着较高的离子交换速率。纯石墨烯干燥后的聚集不具有良好的倍率性能，通常导致超小的孔径。在高充电速率下，电解质离子没有足够的时间进入超小孔，并且导致在高充电电流下较小的比电容。因此认为石墨烯/CNT复合材料具有比纯石墨烯更高的倍率性能，石墨烯片与CNT交织导致每个片之间更大的空间以及更大的孔径。

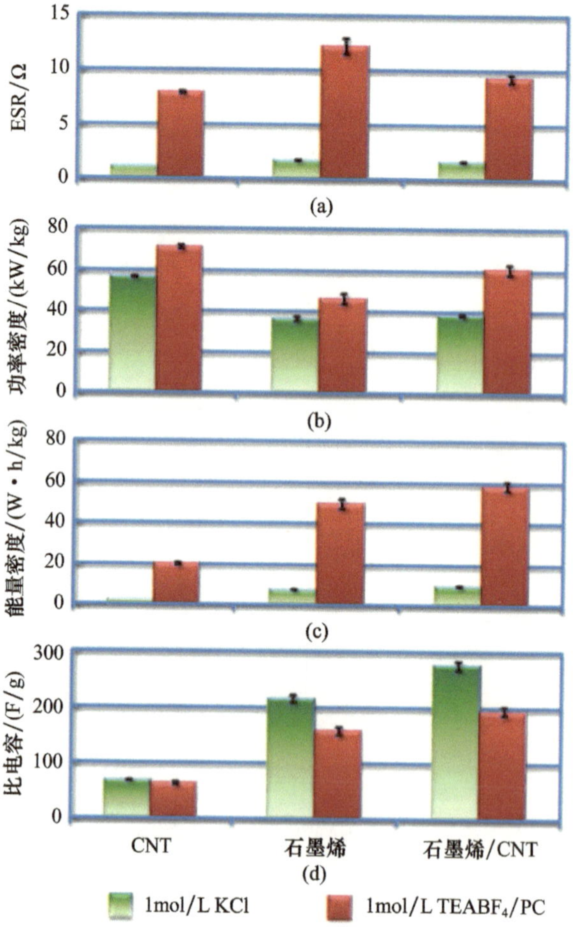

图7.10　CNT、石墨烯和石墨烯/CNT复合材料的电化学性能总结

(a)CNT、石墨烯和石墨烯/CNT复合材料分别在水系电解液和有机电解质中的等效串联电阻；(b)功率密度的比较；(c)能量密度的比较；(d)比电容的比较。

石墨烯/CNT复合电极在有机电解液中表现出良好的能量性能。不过，对于便携式电子产品和车载应用，62.8W·h/kg的能量密度仍有待提高。因此，应该从式(7.14)中注意到，能量密度与充电电压的功率平方成正比。我们期望石墨烯/CNT电极在室温下在充电电压为4V的1-乙基-3-甲基咪唑双(三氟甲烷砜)亚胺(EMI-TFSI)的离子液体中产生更高的能量密度。离子液体具有高离子电导率、大的电化学窗口(高达7V)、优异的热稳定性(典型值为-40~200℃)以及不挥发、不易燃和无毒的特性，非常适合于实现高能量密度应用的超级电容器，如电动汽车。在实验中，还在手套箱中将每个质量为1.6 mg的两块电极组装成微型电池超级电容器。石墨烯/CNT电极的CV曲线如图7.12(a)所示。由于有机电解质的电阻和电极与电解质之间的电荷转移电阻相对大于含水电解质的电阻，观察到倾斜的CV曲线。在CV曲线中没有注意到氧化或还原峰。还评估了EMI-TFSI中石墨烯/CNT电极的倍率性能，如图7.12(b)所示。在0.3A/g的电流密度下，比电容达到280F/g。在3.1A/g的电流密度下，可以具有161.9F/g的比电容。在离子液体电解质中，当电流密度从0.3A/g增加到2.0A/g时，石墨烯/CNT复合材料的比电容保存率为68%。

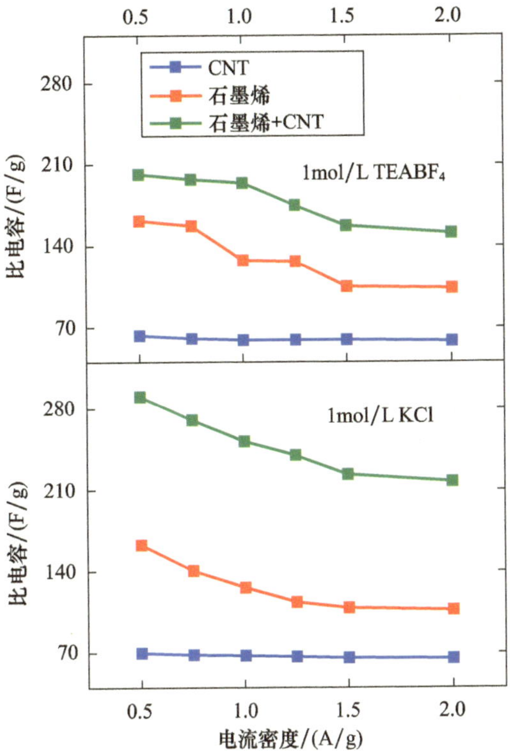

图7.11 不同充电电流密度下CNT、石墨烯、石墨烯/CNT复合超级电容器的比电容

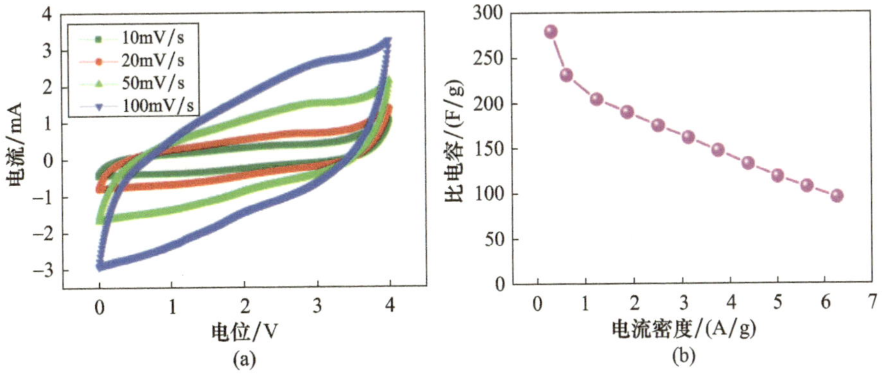

图7.12 (a)扫描速率为10mV/s、20mV/s、50mV/s和100mV/s时在离子液体中的循环伏安曲线；(b)不同充电电流密度下石墨烯/CNT复合超级电容器在离子液体电解质中的比电容

寿命和耐久性对于评估能量存储系统也很重要。为了解决这个问题，我们对水性电解质在2A/g下从0~1V进行了1300次完整的充放电循环，对离子液体在4V下进行。为了进行比较，在相同的实验条件下含水电解质中研究了纯石墨烯和SWCNT(图7.13(a))。在1300次循环后，SWCNT下降了9.3%。然而，石墨烯和石墨烯/CNT的比电容在1mol/L

KCl 中的 1300 个循环中没有降低，而显著增加。这种现象命名为“电活化”[57]。在离子液体电解质中也观察到同样的现象。图 7.13(b) 显示了 EMI - TFSI 中石墨烯/CNT 电极的代表性长时间循环。在离子液体电解质中循环 1000 次后，比电容提高了 29%，表明具有良好的循环性。这种“电活化”的发生是因为石墨烯片通过移动以适应不同的电解质离子。长时间的充电和放电还应有助于进入石墨烯片的离子利用石墨烯的大比表面积。对于少层状石墨烯片，其更有可能聚集成更厚的层(图 7.14(a))。长时间循环应有助于离子嵌入石墨烯片的空间，因此导致层之间更大的间隔，这反过来将为“双层”电容提供更大的可用比表面积(图 7.14(b))。这就是观察到比电容实际上在循环期间增加的原因。长时间循环后，纯石墨烯增加了 60%，而石墨烯/CNT 复合电极在电解质中循环后增加了 18%，在离子液体中比电容增加了 29%。

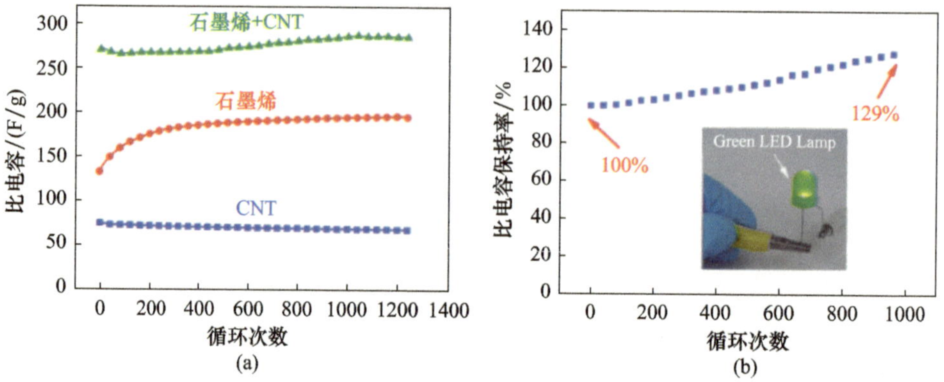

图 7.13 (a) SWCNT、石墨烯和石墨烯/CNT 复合电极在 1mol/L KCL 中的循环性能；(b) 石墨烯/CNT 复合电极在 EMI - TFSI 中的循环性能。插图为用带有石墨烯/CNT 电极的电池来点亮 LED

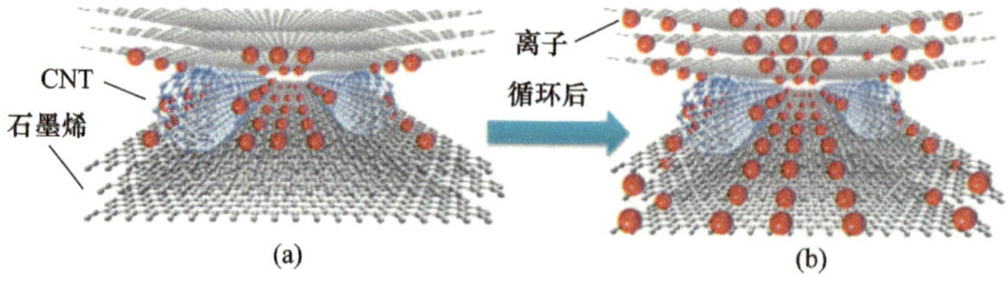

图 7.14 循环后增加电极比表面积的电活化的示意图

(a) 石墨烯片可能聚集形成少层石墨烯，其在前几次充电和放电循环中不能被电解质离子完全接近；(b) 在长时间循环后，聚集的石墨烯片被插入的离子分离。因此，电解质离子可用比表面积越来越多，导致循环后比电容增加。

在离子液体中使用的石墨烯/CNT 电极表现出 155.6W·h/kg 的优异能量性能，远优于商业产品[91]。这种改进归因于更高的可及比表面积和更高的电解离子吸收效率。在石墨烯/CNT 复合材料中，单个单层或少层的石墨烯纳米片提供了用于离子吸收的理想结构。此外，石墨烯基电极不依赖于固体载体中的精确孔分布来提供大比表面积。石墨烯纳米片可以自我调节以适应不同类型的电解质。因此，可以保持电解质接近石墨烯材料的非常大的比表面积，同时保持总体高的电导率。石墨烯/CNT 电极还可以比活性炭基电极更厚,导致更高的单位面积电容。这是因为活性炭具有较大的电阻,限制了其厚度,并且通常含有导电但低比表面积的助剂,如炭黑,以实现从电池的快速电荷转移[39]。石墨烯/CNT 复合材料的高导电性消除了对导电填料的需要外,并允许增加电极厚度。增加电极厚度和消除助剂会改善的集流体/隔膜比,这又进一步增加了超级电容器的能量密度。CNT 的加入可以增加电极的电导率,还可以增加电极的功率密度。而且,石墨烯/CNT 电极可以达到 263.2kW/kg 的功率密度。

通过图 7.15 中给出的吸附和解吸等温线,可以了解石墨烯/CNT 复合材料的比表面积和孔隙率。通过多点 Brunauer - Emmett - Teller(BET)法测量,石墨烯/CNT 复合材料的比表面积为 421.3m^2/g。石墨烯/CNT 复合材料的氮吸附等温线显示 IV 型等温线,其特征在于吸附和解吸等温线之间的滞后以及在较高相对压力下的陡峭斜率,这与介孔性相关。此外,混合型 A 和 B 磁滞回线与两端开口的管状毛细管和平行板之间的空间有关,这归因于石墨烯/CNT 复合材料的独特结构[92]。与纯石墨烯电极相比,石墨烯/CNT 复合材料电极在含水电解质中的比电容增加,以及石墨烯/CNT 复合材料在离子液体中的优异性能归因于增加的平均孔径,如图 7.15 插图所示,该孔径通过 Barrett、Joyner 和 Halenda(BJH)方法计算。石墨烯/CNT 复合材料具有 1.3 ~ 32.7nm 的孔,平均孔径为 6.1nm。纯石墨烯的平均孔径为 3.2nm。这表明,SWCNT 充当智能间隔物以增加孔径并有助于更好的电解质可及性和倍率性能。

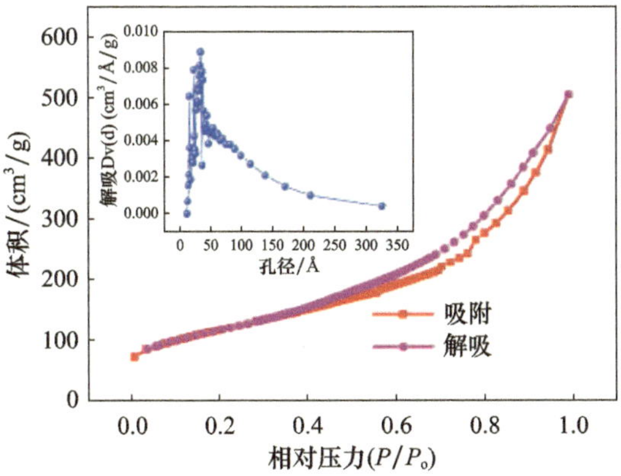

图 7.15 石墨烯/CNT 复合材料的氮吸附等温线。插图是石墨烯/CNT 复合材料的孔径分布

为了演示实用的超级电容器,还组装了在负极和正极使用石墨烯/CNT 电极的纽扣电池超级电容器,以交替点亮绿色发光二极管(LED)灯,如图 7.13(b)所示。基于石墨烯/CNT 复合电极的超级电容器具有与镍金属氢化物(NiMH)电池相当的能量密度,镍金属氢化电池的能量密度为 30 ~ 100W · h/kg,但具有比现在广泛用于 Toyota Prius 和 Honda Insight 等混合动力汽车中的 NiMH 电池(0.25 ~ 1kW/kg)好得多的动力性能。镍氢电池受限于使用寿命、放电电流、自放电、差的温度适应性[93]。基于石墨烯的超级电容器可以在不损失性能的情况下克服这些问题。在这方面,超级电容器(由具有智能器件封装的石墨烯/CNT 电极制成)在用于混合动力车辆的电能存储中显示出巨大的潜力。

在我们的实验中发现,纯石墨烯不能在没有任何黏合剂的情况下使用。将纯石墨烯电极在 1mol/L KCL 中浸泡 3 天,浸泡后损失约 45% 的质量。而对于 SWCNT 电极,在浸泡3天后保留了几乎100%的质量。这是因为SWCNT彼此缠结并且不需要任何黏合剂来将它们保持在一起。因此认为SWCNT可以用作石墨烯/CNT复合电极的黏合剂。当将石墨烯/CNT复合电极放入电解液中相同时间时,发现质量保留了95%,表明石墨烯/CNT复合电极具有优异的稳定性。

7.3.4 小结

我们成功制备了高性能石墨烯/CNT超级电容器,用更实用的双电极体系测量的比电容为290.4F/g。在有机电解液中,石墨烯电极的能量密度为62.8W·h/kg,功率密度为58.5kW/kg,分别比普通石墨烯电极提高了23%和31%。此外,估计复合电极在离子液体中将产生155.6W·h/kg的能量密度和263.2kW/kg的功率密度。高能量和功率性能使超级电容器成为用于混合动力汽车和电动汽车极具前途的候选者。此外,该利用结果还可制备其他石墨烯基复合薄膜,以满足不同的应用要求,如锂离子电池、电化学传感器和太阳能电池。

7.4 石墨烯与纳米二氧化锰复合电极

7.4.1 概述

在过去几年中已经投入了相当大的精力开发可用于混合动力车辆和/或电动汽车中的具有高能量和高功率密度的新的能量存储器件,以满足低CO_2排放的要求。超级电容器又称超电容器或电化学双层电容器,是一种很有前途的节能器件。它可以在短时间内提供巨大的能量,对于某些电力输送系统不可或缺[3]。与传统电池相比,它具有优异的循环性和非常好的功率性能,更适合于储能系统。然而,超级电容器通常具有低能量性能,这通常用比电容和能量密度来评估。因此,有必要提高其能量性能,以满足未来从便携式电子设备到混合动力汽车和大型工业设备的储能系统的更高要求。

超级电容器的主要材料成分可分为3类。第一类是碳材料,如活性炭[30,67]、碳纳米管[32]、石墨烯[39,51,53]。使用碳材料是基于双层电容的机制。它们利用电解质离子在电化学稳定并具有高可接近比表面积的活性材料上的可逆吸附来静电存储电荷。第二类是在基于氧化还原的电化学电容器中使用的过渡金属氧化物,如MnO_2和RuO_2[94-95],用于活性材料表面的快速和可逆的氧化还原反应。但金属氧化物通常具有高电阻,导致低功率密度。第三类是导电聚合物,如聚苯胺和聚吡咯[89,96],它们使用各种水性和非水性电解质表现出高的质量和体积赝电容。然而,当用作本体材料时,导电聚合物在循环期间具有有限的稳定性,降低了初始性能[16]。

虽然活性炭具有大比表面积,但其低电导率限制了在高功率密度超级电容器中的应用[97]。例如,超级电容器用商用活性炭测试中只能在有机电解质中达到26F/g的比电容。CNT具有优异的导电性和大比表面积,也被研究用来替代活性炭用于超级电容器。然而,CNT基超级电容器在我们的研究中表现出相对较低的能量密度,未能达到预期的性能。

石墨烯是从石墨到碳纳米管和富勒烯的所有石墨结构的母体,在过去几年中已成为重要的研究课题之一。这种二维材料构成了一种新型的纳米结构碳,包括以石墨sp^2键构型排列的单层碳原子。与碳纳米管和富勒烯明显不同,它表现出许多独特的性质,吸引了科学界和技术界。石墨烯和化学改性的石墨烯片已经显示出与 CNT 相当甚至更好的高电导率[37]、高大表面积和良好的力学性能[38]。此外,通过对石墨[40]进行简单的化学处理,可以容易地获得石墨烯基材料。此外,具有单个石墨烯片的基于石墨烯的复合材料通常不依赖于其固体载体中孔的分布来提供大比表面积;相反,每一个化学改性的石墨烯片都可以物理“移动”以适应不同类型的电解质。因此,可以保持电解质对石墨烯基材料的非常大的比表面积接近,同时保持网络的整体高电导率[39,41-42]。

过渡金属氧化物也已广泛研究用作超级电容器的电极材料。虽然 RuO_2 作为超级电容器电极材料表现出突出的电容性能,但它的高生产成本将使其无法取得广泛的和商业化应用。相反,已经探索了相对低成本的材料,如氧化锰和氧化镍作为电极材料,但它们的功率性能仍然相对较低,因为这些金属氧化物通常具有低的电导率[98-99]。在具有前景的金属氧化物中,MnO_2 可以形成许多多晶型物,如 α-型、β-型、γ-型和 δ-型,提供独特的性能并广泛用作催化剂、离子筛,特别是作为 Li/MnO_2 和 Zn/MnO_2 电池中的电极材料[100-102]。另外,由于 MnO_2 优异的电化学性能、环境友好和较低的生产成本,是一种很有前途的赝电容器材料[103-107]。在过去的几年中,已经成功地合成并表征了各种 MnO_2 纳米结构,包括树枝状簇和具有不同形貌的纳米晶体(如纳米线、纳米管、纳米带和纳米花)[108-113]。Yan 等利用表面碳还原高锰酸盐制备了具有必要黏合剂和导体剂的石墨烯/MnO_2 复合电极,并在 2mV/s 的扫描速率下获得了 310F/kg 的比电容。Wu 等报道了使用石墨烯-MnO_2 复合材料作为超级电容器电极的结果。

为了开发石墨烯材料在超级电容器中的应用潜力,本研究中,在石墨烯片上涂覆了活性材料,获得了用于超级电容器的混合电极,以进一步提高比电容和能量密度,同时保持其良好的功率性能。在石墨烯-MnO_2 电极上通过原位正极电沉积制备了石墨烯/MnO_2 复合电极。通过简单地调节所施加的电流、电镀液和温度,该技术可以容易地控制金属氧化物膜的涂层质量、厚度、均匀性和形态。此外,可以将该方法用于金属氧化物膜的原位沉积,这不需要添加黏合剂(PTFE)和电导体(炭黑或乙炔黑)的任何附加处理步骤。化学途径合成的电极材料需要添加导体和黏合剂来制造电极。此外,可以容易地合成纳米结构,这可以在主体材料中提供大的比表面积、短的扩散路径,以及良好的孔结构利于电解质的进入。我们还设计并组装了一个以石墨烯电极为正极、包覆 MnO_2 石墨烯为负极的非对称超级电容器体系。利用扫描电镜、电子衍射和高分辨透射电镜对石墨烯/MnO_2 复合电极进行了表征,以了解其形貌和结构。通过循环伏安法、充放电和电化学阻抗谱对石墨烯超级电容器进行了评价,以揭示其电化学性能,包括比电容、能量密度和功率密度。

7.4.2 实验

7.4.2.1 氧化石墨烯

以石墨为原料,采用改进的 Hummers 法合成氧化石墨烯。首先将石墨(3.0g)和 $NaNO_3$(1.5g)在烧瓶中混合在一起,向烧瓶中加入 100mL H_2SO_4(95%),将其保持并在冰浴中搅拌。其次,将高锰酸钾(8.0g)慢慢加入悬浮液中以避免过热。将混合物在室温下搅拌 2h。悬浮液的颜色将变为亮棕色。再次,加入 90mL 蒸馏水。悬浮液温度可迅速达到 90℃左右,颜色变为黄色。将稀释的悬浮液在 98℃搅拌 12h,并向混合物中加入 30mL

30% H_2O_2。为了纯化,先用5% HCL 漂洗混合物,再用去离子水洗涤几次。最后,将悬浮液以 4000r/min 离心 6min,过滤并真空干燥后,获得黑色粉末状的氧化石墨烯。

7.4.2.2 氧化石墨烯的还原

将 100mg 氧化石墨烯分散在 30mL 蒸馏水中,超声 30min 后将悬浮液加热至 100℃,加入 3mL 水合肼。然后将悬浮液在 98℃下保持 24h。之后,通过过滤收集黑色粉末状还原石墨烯。再将所得材料用蒸馏水洗涤几次以除去过量的肼,并重新分配到水中用于超声处理。最后将悬浮液以 4000r/min 离心 3min 以除去块状石墨,通过真空过滤收集最终产物并在真空中干燥。

7.4.2.3 原位二氧化锰电沉积

使用循环伏安法(在不同循环下为 250mV/s)将 MnO_2 纳米结构从两种不同类型的溶液(0.1mol/L Na_2SO_4 和 0.1mol/L $Mn(CH_3COO)_2$)的混合物正极电沉积到尺寸为 20mm × 10mm 的石墨烯膜上。将 20mm × 10mm 的铂片垂直放在离工作电极 20mm 处作为对电极。Ag - AgCl 板用作参比电极。在正极电沉积之前,先用丙酮清洗石墨烯薄膜,然后用蒸馏水清洗。电沉积后,将工作电极在蒸馏水中漂洗,在烘箱中 60℃下干燥 1h 以除去残留的水,然后储存在真空干燥器中。通过使用高精度微量天平,从正极沉积前后电极之间的质量差确定沉积在石墨烯膜上的氧化锰的质量。根据涂覆循环,将比沉积物质量控制在 0.2 ~0.5mg/cm^2。

7.4.2.4 测试电池的制作

在获得石墨烯和纳米结构 MnO_2 材料后,对组装了石墨烯基超电容器进行评价。其制作工艺如图 7.16 所示。将石墨烯粉末分散在浓度为 0.3mg/mL 的蒸馏水中,使用激光笔观察丁达尔现象。随后将整个悬浮液通过真空过滤制成石墨烯纸,并将石墨烯纸切割成特定尺寸的碎片作为电极,准备进行正极 MnO_2 电沉积。将 MnO_2 涂覆的石墨烯与石墨烯电极组装成用于测试的双电极配置。正极由纯石墨烯制成,负极由 MnO_2 涂覆的石墨烯制成,这两个电极都使用高纯度钛片作为集流体。在 1mol/L KCl 电解质水溶液中用聚丙烯薄膜分隔两个电极。

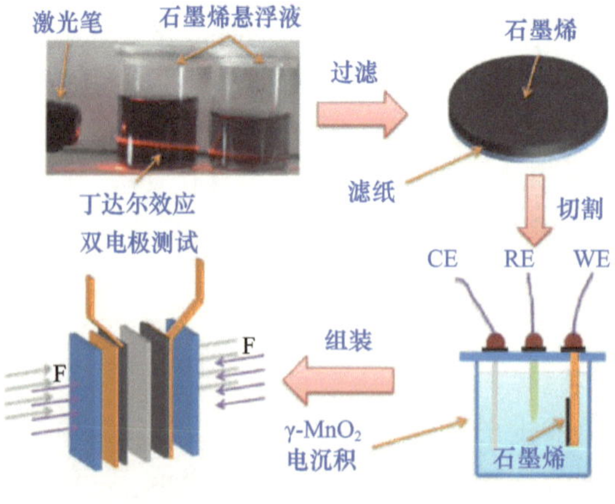

图 7.16 复合电极的制造过程说明。首先将石墨烯悬浮在蒸馏水中,然后通过真空过滤将整个悬浮液制成石墨烯纸,再将石墨烯纸切割成设计尺寸的碎片,用正极 MnO_2 电沉积作电极。之后将 MnO_2 涂覆的石墨烯与石墨烯电极组装用于双电极测试

7.4.2.5 电化学测试

采用循环伏安法和电化学阻抗谱研究了超级电容器电极在双电极体系中的电化学性能和电容。在从 10～100mV/s 变化的不同扫描速率下测试电极的 CV 响应。在 1mol/L KCl 含水电解质溶液中在 0～0.9 V 之间的电位下进行伏安测试。在没有 0.005V 的 DC 偏置正弦信号的情况下，在 0.1Hz～10kHz 的频率范围内进行阻抗谱测量。

7.4.2.6 结构表征

利用扫描电镜（SEM，JSM－6500）和透射电镜（TEM，JEM－2100）研究了石墨烯与氧化锰的形貌和纳米结构。

7.4.3 结果与讨论

7.4.3.1 石墨烯及 MnO_2 包覆石墨烯的形貌

图 7.17 显示了合成的氧化石墨烯和石墨烯的形貌。图 7.17（a）是合成的氧化石墨烯（GO）的 SEM 图像，从中可以看到薄片。图 7.17（b）是化学还原后样品的 SEM 图像，石墨烯显示出像皱纹纸一样的形貌。图 7.17（c）显示了合成石墨烯的 TEM 图像。在这种特殊情况下，有两个少层石墨烯片重叠。插图是石墨烯片的电子衍射图案。给出了几种典型的一阶和二阶布拉格反射，并给出了其密勒指数。虽然 TEM 图像显示了无定形的形貌，但相应的电子衍射图清楚地表明了石墨烯片优异的结晶度。

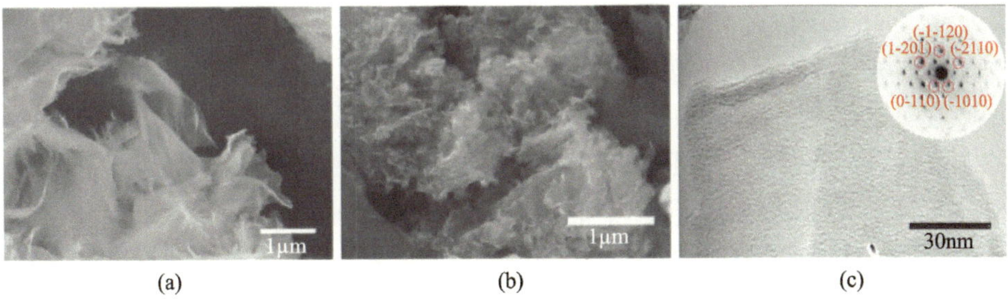

图 7.17 氧化石墨烯和石墨烯的形态

（a）氧化石墨烯的 SEM 图像；（b）石墨烯的 SEM 图像；（c）石墨烯片的 TEM 图像，插图是石墨烯纳米片的电子衍射图案，其中也标注了一些典型的布拉格反射。

图 7.18 显示了合成 MnO_2 纳米结构的形态。图 7.18（a）是涂覆在石墨烯膜上的 MnO_2 纳米花的 SEM 图像。由于 MnO_2 的高密度涂层，在图像中没有直接看到石墨烯。还可以从低放大率图像（图 7.18（a））观察到 MnO_2 纳米花生长在石墨烯薄膜的所有表面上。当以更高的分辨率进行观察时，如图 7.18（a）的插图所示，看到 MnO_2 纳米花实际上由许多微小的纳米棒组成。合成的 MnO_2 纳米棒具有小于 10nm 的典型直径，纳米棒的结构为 $\gamma-MnO_2$，如高分辨率电子显微镜（HREM）和电子衍射所证实的（图 7.18（b））。此处合成的 MnO_2 纳米结构可以优选在循环伏安控制下在能量有利的位点上生长，导致高度多孔的结构，其促进活性材料和电解质之间的有效接触，为电化学反应提供更多的活性位点。还应注意，具有孔隙率和互连性的结构为离子提供额外的可及空间，同时保持用于固态电子转移的足够电导率。此外，棒状结构可以向离子和电子提供短的扩散路径长度，并且提供用于电解质渗透的足够的孔隙率，从而产生高充放电速率[114]。

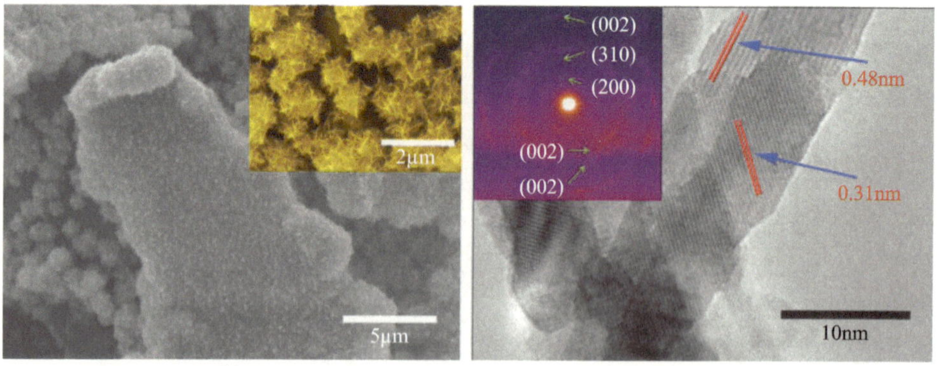

(a) (b)

图 7.18 MnO_2 涂覆的石墨烯的形貌和结构表征

(a)MnO_2 纳米花的 SEM 图像，插图是放大倍数较高的图像的一部分，揭示了 MnO_2 纳米花是由微小的纳米棒制成的；(b)MnO_2 纳米花/纳米棒的高分辨率 TEM 图像，插图是 MnO_2 纳米花的电子衍射图案。

7.4.3.2 电化学行为

图 7.19(a)显示了纯石墨烯超级电容器电极的循环伏安回路，各种扫描速率在 10～100mV/s 范围内。众所周知，如果存在低接触电阻并且较大的电阻使回路变形，理想情况下循环伏安曲线是矩形，非理想情况矩形会发生扭曲，从而导致观察到的具有斜角的较窄回路。在包括 100mV/s 的高扫描速率下，本设备的循环伏安曲线接近矩形，表明超级电容器中优异的电容行为和低的接触电阻。在不同充电电流下的充放电曲线如图 7.19(b)所示。该电极的表观比表面积为 $2cm^2$。放电曲线在总电位范围内几乎呈线性，表现出非常好的电容行为[115]。利用上述测量的实验数据，计算了单电极电容 C，是双电极系统总电容 C 的 2 倍。电容为 150F/g，最大储能也计算为 5.2W·h/kg。

在 4mA 下大约 1300 次循环的恒流充放电中观察到一个非常有趣的现象。比电容没有减小，实际上急剧增加，如图 7.19(c)所示，这一过程在本研究中称为电活化。可能的原因是石墨烯片移动以适应不同的电解质离子。长时间的充放电还可以帮助离子充分接触石墨烯片，以充分利用比表面积。对于少数几层的石墨烯片，它们倾向于聚集变厚。然而，长时间的活化可以让电解质中的离子插入石墨烯层之间的空间中，从而产生更多的比表面积供离子进入。这归因于比电容增加。我们还将整个测试电池浸入电解液中进行相同时间的电活化，不充入任何电流进行比较，但比电容未发生变化，这证实了“电活化”对于提高纯石墨烯超级电容器的性能真正可行。

从电活化后获得的循环伏安曲线可以看出，曲线的形状非常类似于活化前的曲线，如图 7.19(d)所示。但是平台电流增加了很多，说明比电容增加了。充放电曲线也证实了这一点，如图 7.19(d)所示。由电活化后的充放电曲线计算出的比电容为 245F/g，比电活化前提高了 60%以上。对应的能量密度为 8.5W·h/kg。在 10mA/s 的扫描速率下，电活化前后的循环伏安曲线如图 7.19(e)所示。电流增加了很多，说明电容变大了。而且曲线更接近矩形。这归因于电活化后更好的润湿性。充放电曲线的比较也证实，电活化后的电极具有更长的充电时间，这也意味着更大的电容(图 7.19(f))。

比电容 245F/g 远高于文献报道的 CNT 基超级电容器，分别为 102F/g 和 180F/g[33,116]。

基于石墨烯的超级电容器显示出更高的比电容,石墨烯纳米片可以物理"移动"以适应不同的电解质离子,导致电解质离子更高的可及性,也更有效地利用比表面积[39]。

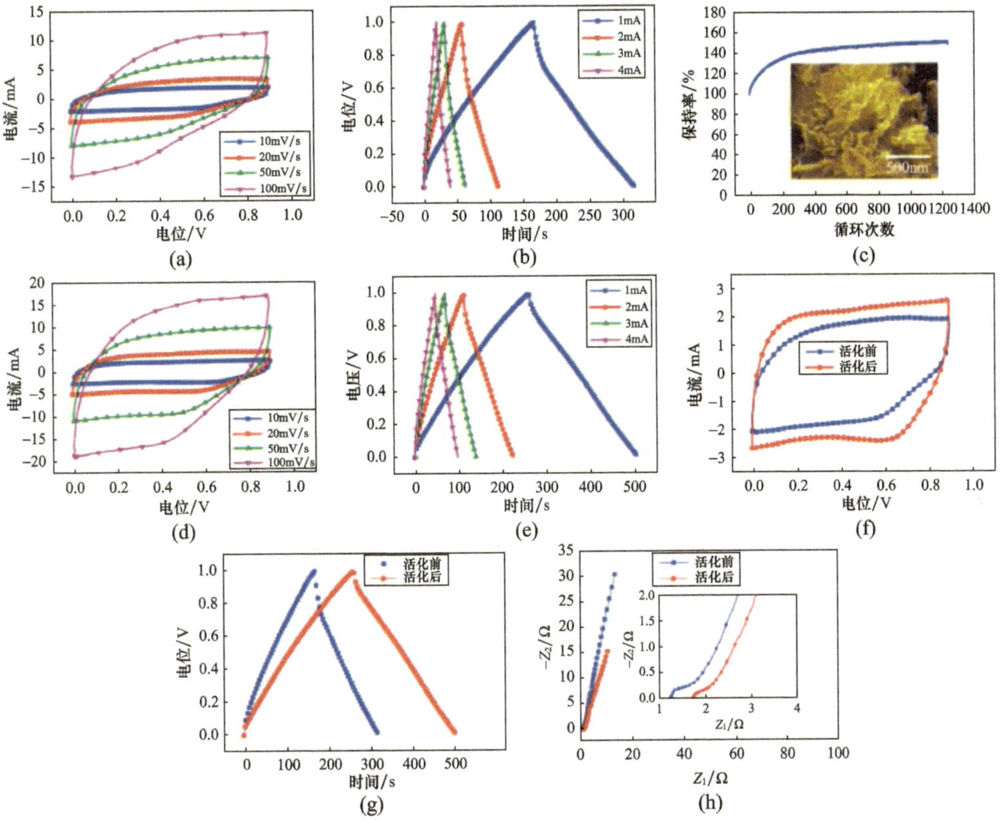

图 7.19 石墨烯电极的电化学测试

(a)石墨烯电极在 10~100mV/s 的不同扫描速率下的循环伏安曲线;(b)石墨烯电极在 1~4mA 的不同充电电流下的充放电曲线;(c)石墨烯电极的电活化。曲线下方的 SEM 图像是石墨烯活化后的形貌。在电活化之后未发生明显的形态差异;(d)在 10~100mV/s 的扫描速率下活化之后的石墨烯的循环伏安曲线;(e)在从 1~4mA 的不同充电电流下活化之后的石墨烯电极的充电/放电曲线;(f)电活化之前和之后的循环伏安曲线的比较;(g)电活化之前和之后的充电和放电曲线的比较;(h)电活化之前和之后的石墨烯电极的 Nyquist 图。插图是原点附近的绘图的放大部分。

使用复平面图或 Nyquist 图来表示作为频率函数的阻抗行为,通常用于评估超级电容器的频率响应。在复平面中,虚分量Z_2 通常用于表示电容参数,Z_1(实分量)表示欧姆参数,这两个分量都是在一定的频率范围为研究的。这类图通常由复平面中的一个或多个半圆组成,有时半圆的中心低于Z_1轴。超级电容器的理论 Nyquist 图由 3 个取决于频率的区域组成。在高频率区域,超级电容器的行为就像一个纯电阻。在低频区域,虚部急剧增加,通常观察到垂直线,表示纯电容行为。在中频区域,可以观察到电极孔隙率的影响。当频率降低时,从高频率开始,信号在电极的多孔结构内部穿透得越来越深,越来越多的电极表面变得可用于离子吸附。这个中频范围与高孔隙率电极的多孔结构内部的电解质渗透有关,这个区域通常被称为沃伯格曲线[90]。图 7.19(h)为纯石墨烯电极在电活化前后的 Nyquist 图。这两条曲线在低频区域时表现为直线,在高频区域表现为圆弧。激活前和激活后的高频回路分别为 8414~75Hz 和 5623~96Hz。这种环位移与石墨烯纳米片之间的电阻有关。许多人已经在碳基超级电容器中观察到并报道了半圆环。在活性炭电极超级电容器中通常会发现一个非常大的回路，这意味着活性炭粒子之间有很大的晶间电阻。这在很大程度上取决于电极比表面积和粒子间电阻率。实现薄活性层或添加一些低比表面积导电助剂可以降低该值，但将导致单位面积电容或单位质量电容降低。活性材料和集流器也会影响回路。图 7.19(h) 中的小环区显示了石墨烯纳米片之间的低电阻与石墨烯电极和集流体之间的良好导电性。图 7.19(h) 中的沃伯格曲线非常短，表明电解质离子很好地进入石墨烯表面。等效串联电阻由图 7.19(h) 中 Nyquist 图的 x 截距获得。分别为 1.25Ω 和 1.73Ω。ESR 数据决定了超级电容器能够充放电的速率，是决定超级电容器功率密度的一个非常重要的因素。

电活化前、后的比功率密度分别为 50kW/kg 和 36.1kW/kg，高功率密度值保证了这种超级电容器可用于冲击电源输送应用。

图 7.20 给出了涂覆 MnO_2 的石墨烯电极的示意图和 SEM 图像，以解释涂覆 MnO_2 的石墨烯电极具有优异性能的原因。图 7.20(a) 是 MnO_2 电沉积前后的示意图。MnO_2 纳米花生长在石墨烯纳米片的两侧，形成非常独特的电极结构。由于石墨烯片之间的距离可以由于 MnO_2 纳米结构的生长而增加，因此在该结构中的离子扩散速率将被提高。将测试电池组装为非对称超级电容器，石墨烯作为正极，涂覆 MnO_2 的石墨烯作为负极，如图 7.20(b) 所示。同时还在图 7.20(c) 中的 SEM 图像中提供了进一步的证据，表明 MnO_2 纳米花确实生长在石墨烯纳米片的表面上。

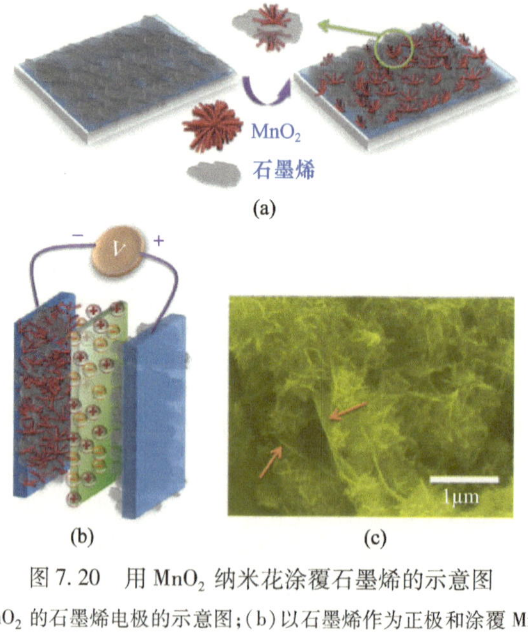

图 7.20 用 MnO_2 纳米花涂覆石墨烯的示意图

(a) 石墨烯电极和涂覆 MnO_2 的石墨烯电极的示意图；(b) 以石墨烯作为正极和涂覆 MnO_2 的石墨烯作为负极的非对称超级电容器的示意图；(c) 涂覆 MnO_2 的石墨烯的 SEM 图像。还显示了石墨烯纳米片，用箭头表示。

图 7.21(a) 和 (b) 显示了不同扫描速率和充电电流下的 CV 曲线和涂覆 MnO_2 后的充放电曲线。与涂覆 MnO_2 前的纯石墨烯电极相比，在所有施加的扫描速率下，CV 图的形状几乎为镜像对称的矩形，没有太大变化，这表明电极具有优异的可逆性和理想的电容性能。在 10mV/s 扫描速率下，涂覆前后的 CV 曲线如图 7.21(c) 所示。镀膜后电流增加了

很多。电流增加是由于涂覆在石墨烯上的 MnO_2 的氧化还原反应。据报道,水性中性电解质中的 MnO_2 的赝电容可归因于以下氧化还原反应:

$$MnO_2 + \delta X^+ + \delta e^- \leftrightarrow MnOOX_\delta \tag{7.16}$$

式中:X^+ 对应于 H^+ 或碱金属阳离子,如 Na^+ 和 K^+。根据法拉第定律,当电压窗口为1.0V时[117],Mn(Ⅳ)O_2 至Mn(Ⅲ)OO_X减小的理论比电容约为1100F/g[117]。涂覆 MnO_2 前后电极在1mA下的充放电曲线如图7.21(d)所示。在涂覆 MnO_2 之后充电和放电时间都增加。将超级电容器测试电池组装为使用纯石墨烯作为正极和涂覆 MnO_2 的石墨烯作为负极的双电极系统。在涂覆 MnO_2 之后计算的比电容为328F/g。涂覆 MnO_2 后比电容提高了34.4%。涂覆 MnO_2 后的能量密度可达11.4W·h/kg。图7.21(e)显示了涂覆 MnO_2 石墨烯电极的Nyquist图。ERS为2.2Ω,由图上的 x 截距计算。最大功率密度为25.8kW/kg。高频环从2371~14Hz。该环非常小,表明石墨烯和 MnO_2 纳米结构之间的电阻很小。这是因为 MnO_2 纳米结构是在石墨烯片上电化学生长而不是机械共混。在Nyquist图中还可以发现,在低频区域,涂覆 MnO_2 的石墨烯比纯石墨烯电极具有更多的直线。由于理想可极化电容产生沿着系列的垂直线,该线必须具有有限的斜率,以表示电解质在电极孔中的扩散电阻和质子在主体材料中的扩散。通常,这种类型的质子扩散(固态扩散)在主体材料中比在电解质中慢,因此线性归因于固体材料中的半无限扩散。由于缩短的质子扩散路径降低扩散阻力,涂覆 MnO_2 的石墨烯的斜率增加。原位电化学涂层为整个石墨烯电极的三维涂层。因此,MnO_2 纳米结构的生长可以加宽石墨烯纳米片之间的距离,这将使电解质离子转移更容易。长时间循环如图7.21(f)所示。我们发现,电容在循环开始时增加,就像纯石墨烯电极一样。然而,在150次循环后几乎保持恒定,在1300次循环后,电容仅下降了1%,表明涂覆 MnO_2 的石墨烯电极具有优异的循环性。

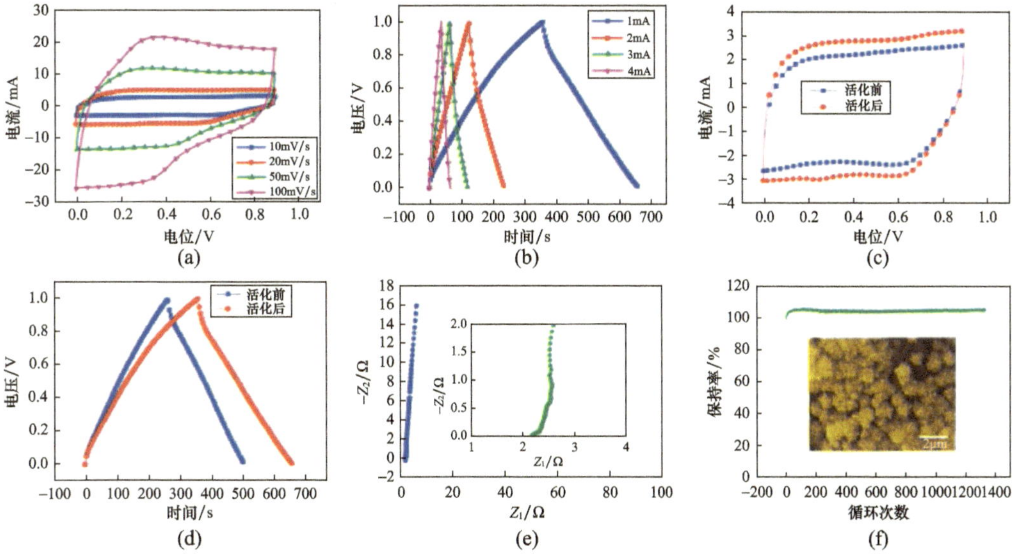

图7.21 涂覆 MnO_2 后石墨烯电极的电化学性能

(a)涂覆 MnO_2 后石墨烯电极在10~100mV/s扫描速率下的CV曲线;(b)涂覆 MnO_2 后石墨烯电极在1~4mA充电电流下的充电/放电曲线;(c)涂覆 MnO_2 前后CV曲线对比;(d)涂覆 MnO_2 前后充电/放电曲线对比;(e)涂覆 MnO_2 后石墨烯电极的Nyquist图(插图是原点附近的曲线的放大部分);(f)含水电解质中的电容保持曲线。保持曲线下方的图像显示了老化后的SEM形态。

石墨烯和涂覆 MnO_2 的石墨烯都表现出非常好的功率和能量性能。这些优异的性能归因于高的可及比表面积和高的电解质离子吸收效率。具有单个单层薄片或少层状石墨的石墨烯片可以提供用于离子吸收的理想结构。此外,石墨烯基电极不依赖于其固体载体中的精确孔分布来提供大比表面积。石墨烯纳米片可以自动调节到不同类型的电解质。因此,可以保持电解质对石墨烯材料的非常大的比表面积的接近,同时保持整体的高电导率。基于石墨烯的电极可以具有比基于活性炭的电极更厚,因此可以提供更高的单位面积电容。这是因为活性炭具有较高的电阻,限制了厚度,并且通常含有导电但低比表面积的助剂(如炭黑),以实现从电池的快速电荷转移[39]。石墨烯材料的高导电性消除了对导电填料的需要,因此允许增加电极厚度。增加电极厚度和消除助剂改善了电极材料的集成/分散性,这又将进一步增加超级电容器的能量密度。在每个石墨烯纳米片上生长的 MnO_2 纳米花可以扩大石墨烯片之间的距离,以增加电解质离子的进入。据报道,MnO_2 纳米结构仅有表面原子层或表面数纳米厚可以参与与电解质中阳离子的氧化还原反应。因此,纳米结构 MnO_2 具有良好的氧化还原反应效率,这进一步提高了比电容。因此,超级电容器电极的高性能得益于石墨烯和纳米结构 MnO_2。

涂覆 MnO_2 的石墨烯电极具有较高的比电容和优异的功率性能,在混合动力汽车中作为节能部件具有很大的应用潜力。混合动力汽车中常用的镍氢电池(NiMH)存在使用寿命有限、放电电流有限、自放电高、温度适应性差等缺点。基于石墨烯的超级电容器可以在不损失性能的情况下解决这些问题。因此,超级电容器可用作混合动力车辆的电能存储器件。

7.4.4 小结

我们已经成功地使用石墨烯和 MnO_2 纳米花涂覆的石墨烯制备了无黏合剂超级电容器,使用石墨烯制备的电容器的比电容为245F/g,使用涂覆 MnO_2 的石墨烯制备的电容器的比电容为328F/g。电沉积的 $\gamma-MnO_2$ 可作为间隔物,提高离子在电解液中的扩散速率。石墨烯的表面修饰可以大大提高超级电容器的能量密度,使超级电容器在混合动力汽车或纯电动汽车上的应用成为可能。同时还发现电活化是激活石墨烯基电极电位的有效方法。此外,我们研制的非对称超级电容器的功率密度达到了25.8kW/kg,非常适合大功率应用。涂覆在石墨烯上的 MnO_2 纳米花,使其成为非常有潜力的高能量和高功率密度超级电容器电极材料。此外,利用研究结果还可制备其他具有不同性能的石墨烯基复合薄膜,以满足不同的应用,如锂离子电池、电化学传感器和太阳能电池。

7.5 聚苯胺纳米锥包覆石墨烯与碳纳米管复合电极

7.5.1 概述

随着便携式电子设备、电动车辆(EV)和混合动力电动车辆(HEV)的快速增长,对高性能能量存储器件的需求日益增加。超级电容器也称为电化学电容器或超电容器,为满足储能系统日益增长的功率需求提供了一种有前景的替代方案[3,118]。超级电容器具有脉冲高电源、长循环寿命(>100000 次循环)、简单的工作机制和电荷传播的高动态等特点,近年来再次广受关注,而这些特性使得超级电容器成为要求短负载周期和高可靠性应用的理想储能器件[5]。根据超级电容器的电极材料和工作机理，有三大类超级电容器吸引了研究、开发和工业生产方面的密集活动：第一类超级电容器是使用碳基电极，并且在充电和放电中不使用法拉第工艺。对于这类超级电容器，活性炭自首次开发用于商业应用以来，近40年来一直是首选材料[30,67]。这些超级电容器是基于电化学双层电容的机理。其利用电解质离子在电化学稳定且具有高可接近比表面积的材料上的可逆吸附以静电方式存储电荷[6]。最近，碳纳米管[32]、石墨烯[39,51,53]及其复合材料[58]也被研究用于改善超级电容器的性能。第二类超级电容器是基于还原氧化的电化学电容器，其中过渡金属氧化物（如 MnO_2[58,119-121] 和 RuO_2[94-95]）用于在活性材料表面发生快速和可逆的氧化还原反应。金属氧化物通常具有高的比电容，但是由于其相对高的电阻而经常遭受差的功率性能。第三类超级电容器是基于导电聚合物，如聚苯胺[22,105,122]和聚吡咯[89,96,123]。导电聚合物提供高的比电容和低的生产成本，尽管导电聚合物基超级电容器由于聚合物骨架结构的不稳定而在循环期间通常具有差的稳定性。

碳材料可以作为活性材料（金属氧化物或导电聚合物）的导电骨架，会带来更好的功率性能和循环性能[20,51,124]。为了比较目前用于超级电容器的各种碳材料，图7.22示意性总结了其优缺点。正如文献[58]中所讨论的，在所有的碳材料中，活性炭具有大的比表面积和低的成本，是超级电容器使用最多的电极材料。然而，在活性炭中，有许多碳原子不能被电解质离子接近，如图7.22(a)所示，这些碳原子在活化它们的电化学功能方面没有被有效利用，这是限制活性炭电极比电容的主要因素。此外，活性炭的低电导率也限制了其在高功率密度超级电容器中的应用，并导致低的单位面积比电容。另外，碳纳米管，特别是单壁碳纳米管，已经显示出大大改善的电导率和高可及比表面积。然而，SWCNT很可能以束的形式堆叠。因此，只有 SWCNT 的最外层部分可以起到离子吸收的作用，内部碳原子全部被电化学浪费（图7.22(b)），这是 CNT 基超级电容器较低比电容的主要原因。为了克服上述活性炭和碳纳米管的缺点，所有石墨结构的母体石墨烯提供了一种有吸引力的替代[36]。石墨烯和化学改性石墨烯片具有高电导率[37]、大比表面积和与 CNT 相当甚至更好[38]的优异力学性能。单个石墨烯片的比表面积为 $2630m^2/g$，远大于电化学双层电容器中通常使用的活性炭、碳纳米管[39]。然而，与大多数其他纳米材料一样，石墨烯纳米片在干燥过程中往往会通过范德瓦耳斯力相互作用形成不可逆的团聚，甚至重新堆叠成石墨，这可能会阻碍石墨烯的性能。而且，化学还原的石墨烯通常具有100~200S/m的电导率，比导电单壁碳纳米管（通常为10000S/m）低两个数量级[125]，不使用黏合剂就不能将石墨烯制成电极。图7.22(d)显示了本研究中使用的1-乙基-3-甲基咪唑双（三氟甲烷磺）酰亚胺（EMI-TFSI）的离子液体阳离子和阴离子。在这种情况下，如果石墨烯片堆叠在一起，那么尺寸约为0.8nm的离子将难以进入内层以形成电化学双层。因此，离子只能积聚在石墨烯片的最外表面上，然后将导致较低的比电容，因为堆叠材料不能在电化学中使用，如图7.22(c)所示。

我们最近提出并开发了具有三维网络结构的石墨烯-SWCNT复合电极，当这种电极用于对称超级电容器时，已经表现出创纪录的高能量密度和功率密度[51]。另外，如果能用金属氧化物或导电聚合物等活性材料修饰石墨烯-SWCNT电极，将大大提高比电容和能量密度。导电聚合物聚苯胺（PANI）具有成本低、易于合成、在空气中稳定性好、电导率高、理论比电容高等优点[126]。用于超级电容器的 PANI 通常具有良好的电化学性能，比电容为 233 ~ 1220F/g [35,51,122,127]。这种基于聚苯胺的超级电容器可以提供一种高性能和低成本的替代能源,以取代各种应用的可充电电池,如电动汽车和大功率工具[128]。

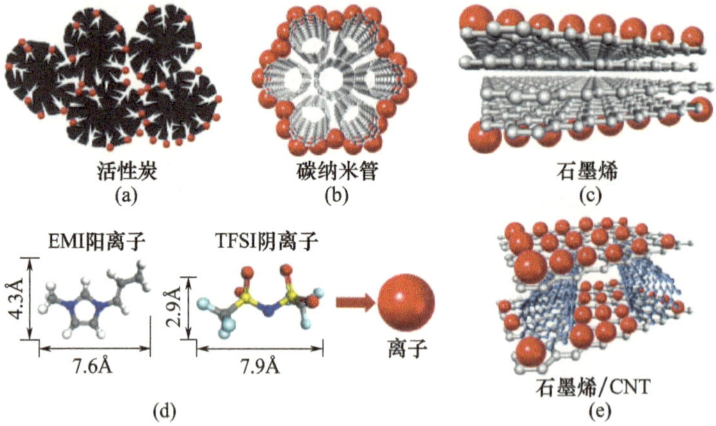

图 7.22 各种碳结构作为超级电容器电极材料的比较

(a)活性炭。活性炭比表面积高,但电导率低。此外,对于电化学双层,有机或离子液体电解质离子不能进入微孔,不能接近主体原子。(b)单壁碳纳米管。SWCNT 很可能通过范德瓦耳斯力相互作用彼此连接以形成束。电解质离子难以进入内部束区域,不能对电容有所贡献。(c)纯石墨烯。二维石墨烯纳米片在干燥过程中容易团聚。电解质离子只能吸附在石墨烯纳米片的最外表面。(d)EMI 和 TFSI 离子的结构模型显示出尺寸相关性。(e)石墨烯/CNT 复合材料。SWCNT 可用作石墨烯纳米片之间的间隔物,以产生电解质离子的快速扩散路径,而且其可以增强电子的导电性。CNT 还用作黏合剂以将石墨烯纳米片保持在一起,防止石墨烯结构分解到电解质中。

复合材料的制作过程:首先提出使用石墨烯和单壁碳纳米管悬浮液(图 7.23(a))通过超声和真空过滤制备石墨烯/CNT 复合材料。石墨烯/CNT 复合材料具有高导电性、化学稳定性、高孔隙率的三维结构和相对较低的成本,如图 7.23(b)所示。石墨烯/CNT 复合材料的多孔结构有利于电解质向电极材料中的扩散,为离子的快速传输和均匀包覆提供了通道。更重要的是,这种石墨烯/CNT 复合材料可以制成柔性电极,从而制成可穿戴的储能器件。在石墨烯/CNT 框架形成后,使用一种简单方便的制备路线,通过电沉积法在石墨烯/CNT 复合材料上制备垂直排列的聚苯胺纳米锥,如图 7.23(c)所示。在石墨烯/CNT 复合电极上直接生长的聚苯胺是无黏结剂的,这可能导致较小的界面电阻,提高了电化学反应速率。此外,垂直排列的聚苯胺纳米锥可以缩短电子传输路径和离子扩散路径。由于仅几纳米的表面活性材料可以发生氧化还原反应并有助于提高电容,因此还可以提高材料利用率。

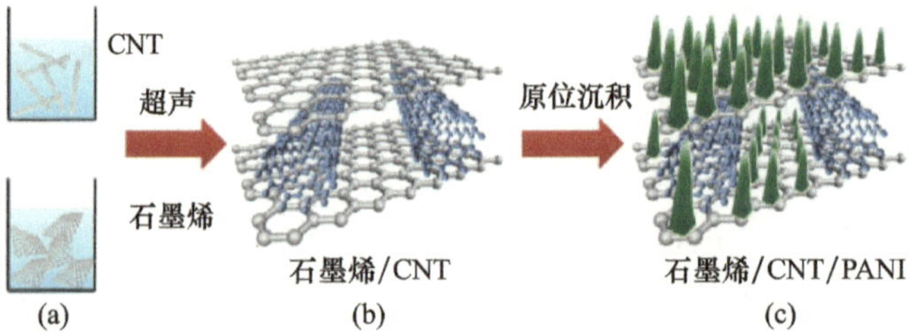

图 7.23 复合材料的制造过程

(a)将石墨烯和单壁碳纳米管悬浮在乙醇中;(b)通过超声将石墨烯和 SWCNT 悬浮液混合在一起,然后通过使用真空过滤制成石墨烯/CNT 复合材料;(c)通过正极原位沉积用垂直排列的聚苯胺纳米锥涂覆石墨烯/CNT 纸,以制备石墨烯/CNT/PANI 复合材料。

7.5.2 实验

7.5.2.1 氧化石墨烯

以石墨为原料,采用改进的 Hummers 法合成氧化石墨烯。首先,将石墨(3.0g)和 $NaNO_3$(1.5g)在烧瓶中混合在一起,向烧瓶中加入 100mL H_2SO_4(95%),将其保持并在冰浴中搅拌。其次,将高锰酸钾(8.0g)慢慢加入悬浮液中以避免过热。将混合物在室温下搅拌 2h。悬浮液的颜色将变为亮棕色。再次,加入 90mL 蒸馏水。悬浮液温度可迅速达到 90℃左右,颜色变为黄色。将稀释的悬浮液在 98℃搅拌 12h,并向混合物中加入 30mL 30% H_2O_2。为了纯化,先用 5% HCl 漂洗混合物,再用去离子水洗涤几次。最后,将悬浮液以 4000r/min 离心 6min。过滤并真空干燥后,获得黑色粉末状的氧化石墨烯。

7.5.2.2 氧化石墨烯的还原

首先,将氧化石墨烯(100 mg)分散在 30mL 蒸馏水中,超声 30min。其次,将悬浮液加热至 100℃,加入 3mL 水合肼。然后将悬浮液在 98℃下保持 24h。之后,通过过滤收集黑色粉末状的还原石墨烯。再次,将所得材料用蒸馏水洗涤几次以除去过量的肼,并重新分散到水中进行超声处理。最后,将悬浮液以 4000r/min 离心 3min 以除去块状石墨。通过真空过滤收集最终产物并在真空中干燥。

7.5.2.3 石墨烯/碳纳米管/聚苯胺复合材料

市场上购买大比表面积($407m^2/g$)和高电导率(100S/cm)的单壁碳纳米管(Cheap Tube 公司,纯度 >90%,无定形碳含量 <3%(质量分数),长度 5 ~ 30μm,直径 1 ~ 2nm)。在没有任何进一步处理的情况下使用碳纳米管。首先将 SWCNT 和石墨烯分别分散在浓度为 0.2mg/mL 的乙醇中。石墨烯/CNT 复合薄膜通过在乙醇中超声混合石墨烯和 CNT,然后真空过滤制备。以铂片(1cm × 2cm)为对电极,采用三电极体系电沉积聚苯胺。记录相对于饱和 Ag/AgCl 参比电极的所有电位值。工作电极和对电极之间的距离固定在 1.5cm。正极沉积通过电化学站(IVIUM 科技)在含有 0.3mol/L 苯胺单体的 1mol/L HCL 电解质中控制[129]。采用两步法在传统的三电极体系上合成了 PANI 纳米线。首先是 PANI的成核,在室温下 0.8V 的恒定电位下进行 1min;然后在电流密度为 $5mA/cm^2$ 的恒定电流条件下生长纳米线,涂层密度为 $0.4mg/cm^2$、$0.6mg/cm^2$ 和 $0.8mg/cm^2$。

7.5.2.4 电化学和结构表征

采用循环伏安法、恒流充放电、电化学阻抗谱(EIS)研究了超级电容器电极在双电极体系中的电化学性能和电容。在从 10 ~ 100mV/s 变化的不同扫描速率下测量电极的 CV 响应。在 1mol/L KCl 含水电解质溶液中在 0 ~ 0.9V 之间的电位下进行伏安测试。在充电电压为 4V 的 1 - 乙基 - 3 - 甲基咪唑双(三氟甲烷砜)酰亚胺(EMI - TFSI)中,研究了石墨烯/CNT 和石墨烯/CNT/PANI 复合材料。在 0.1Hz ~ 100kHz 的频率范围内,在未达到 0.005V 直流偏置正弦信号的情况下进行了阻抗谱测量。利用扫描电镜(SEM,JSM - 6500)和透射电镜(TEM,JEM - 2100)研究了石墨烯和聚苯胺的形貌和纳米结构。

7.5.3 结果与讨论

图 7.24 显示了石墨烯、石墨烯/CNT 复合材料和石墨烯/CNT 与纳米锥聚苯胺涂层复合材料的形貌。图 7.24(a)显示了合成的石墨烯的形态,从中可以看到薄片。石墨烯的

低放大 TEM 图像如图 7.24(b)所示。可以看出，这种少层石墨烯薄而平坦，对于实现大比表面积必不可少。少层石墨烯的高倍放大图如图 7.24(c)所示，从中可以得知这是三层石墨烯。通过分析电子衍射图案可以明确地鉴定石墨烯。图 7.24(c)中的插图就是一个例子。它具有石墨或石墨烯所具有的典型六重对称性。{110} * 反射比{100} * 反射更强烈，表明它是多层石墨烯[87]。图 7.24(d)为石墨烯/CNT 复合材料的 TEM 图像。可以推测，CNT 非常长，像蜘蛛网一样相互纠缠。这种类网状结构可以捕获石墨烯纳米片或与其接触的其他结构。本研究中使用的 CNT 比化学还原石墨烯具有更高的电导率，因此这种结构可以降低电极的电阻，CNT 可以作为电子的"通道"。此外，CNT 还可以作为石墨烯纳米片的间隔物，这将增强离子的可及性。图 7.24(e)是低放大倍数下聚苯胺涂层后的 SEM 形貌。聚苯胺纳米锥均匀地生长在石墨烯片上，这是由于石墨烯和 CNT 复合材料具有高导电性和可接近的 3D 结构。可以通过简单地调节涂覆时间来控制聚苯胺涂层的厚度。由于垂直取向的聚苯胺纳米锥直接涂覆在石墨烯片表面，缩短了电子扩散路径，有望具有良好的功率性能。聚苯胺纳米锥涂层的高分辨率 SEM 图像如图 7.24(f)所示。通过图 7.24(f)中的插图 TEM 图像得知，纳米锥的直径约为 35nm。对于聚苯胺等活性材料，只有表面或近表面才能与电解质发生氧化还原反应。因此，纳米化聚苯胺可以提高活性材料的利用率。

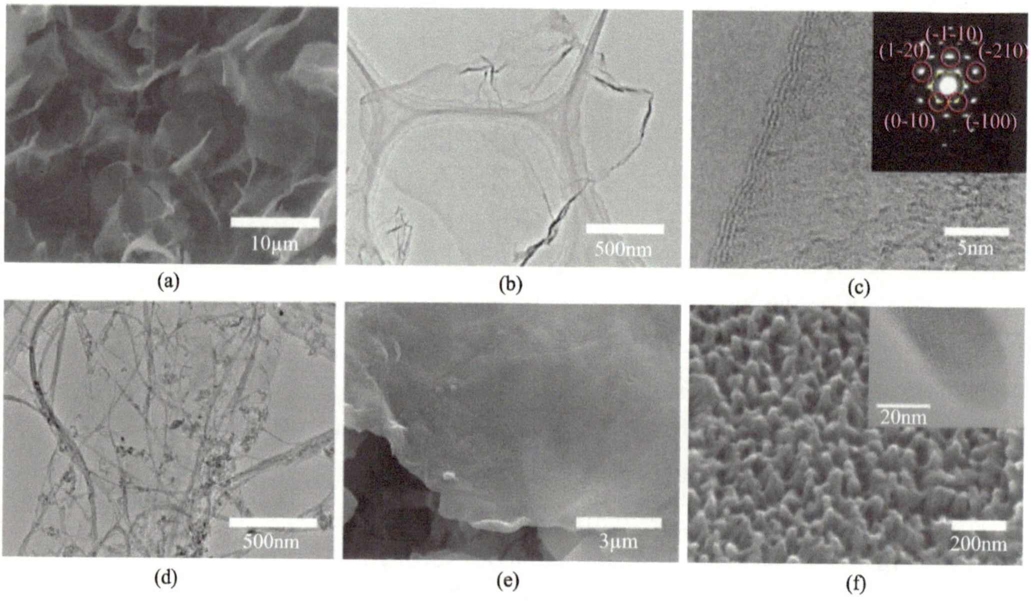

图 7.24 各种碳材料的形态和结构表征

(a)合成石墨烯的 SEM 图像；(b)低放大倍数下石墨烯的 TEM 图像；(c)高放大倍数下石墨烯的 TEM 图像，插图是该石墨烯片获得的电子衍射图案；(d)石墨烯/CNT 复合材料的 TEM 图像；(e)具有聚苯胺涂层的石墨烯/CNT 复合材料的低放大倍数的 SEM 图像；(f)聚苯胺涂层的高放大倍数的 SEM 图像，插图为聚苯胺纳米锥的 TEM 图像。

超级电容器的电容很大程度上取决于用于电化学测量的电池配置，当使用三电极系统时，电容总是明显更高[88]。本研究中使用了双电极测试电池，它可以为超级电容器提供精确的材料性能测量[89]。实验中在不使用任何黏合剂的情况下组装两个电极。超级电容器采取常规用于电化学双层电容器的两种不同电解质进行测试。含水电解质为 1mol/L KCl，离子液体电解质为 EMI - TFSI。采用循环伏安法、静态充放电和电化学阻抗谱研究了超级电容器电极的电化学性能和电容。图 7.25(a)显示了活性炭、单壁碳纳米管、纯石墨烯和石墨烯/CNT 复合材料在 1mol/L KCl 电解质中的充放电曲线。这些碳材料基于电化学双层电容储存能量，而这种电容主要取决于有效比表面积。从图 7.25(a)中得知，具有 3D 电极结构的石墨烯/CNT 复合材料具有最大的有效比表面积。然而，水系电解质电池电压限制了高电位下的水分解。因此，电解质从水系电解质到有机电解质，使电化学双层电容器的电池电压从 0.9V 提高到 2.7V。然而，易燃的有机溶剂仍然是安全问题。许多研究致力于设计具有较宽电压窗口的高导电性、稳定的电解质。目前，现有技术是使用离子液体作为电解质。离子液体是一种室温无溶剂液体电解质，具有高的离子电导率、大的电化学窗口(高达 7V)、优异的热稳定性、不挥发、不易燃、无毒等特点。图 7.25(b)显示了 EMI - TFSI 中石墨烯/CNT 复合材料在 10 ~ 200mV/s 的扫描速率下的循环伏安曲线。循环伏安曲线的对称和矩形形状表明电极中良好的电荷传播。只要存在低接触电阻，超级电容器的循环伏安回路的形状应该是矩形的。较大的电阻使回路变形，导致具有斜角的较窄回路。倍率性能对于评价超级电容器的性能也很重要。需要良好的能量存储器件来通过高电流提供其能量。图 7.25(c)是石墨烯/CNT 复合电极在 0.3 ~ 6.3A/g 充电电流密度下的比电容。充电电流密度为 0.3A/g 时，平均比电容达到 271.0F/g。在 3.1A/g 的电流密度下，可以具有 134.5F/g 的比电容。在 EMI - TFSI 离子液体电解液中，当电流密度从 0.3A/g 增加到 2.0A/g 时，石墨烯/CNT 复合材料的平均保存率为 60%。

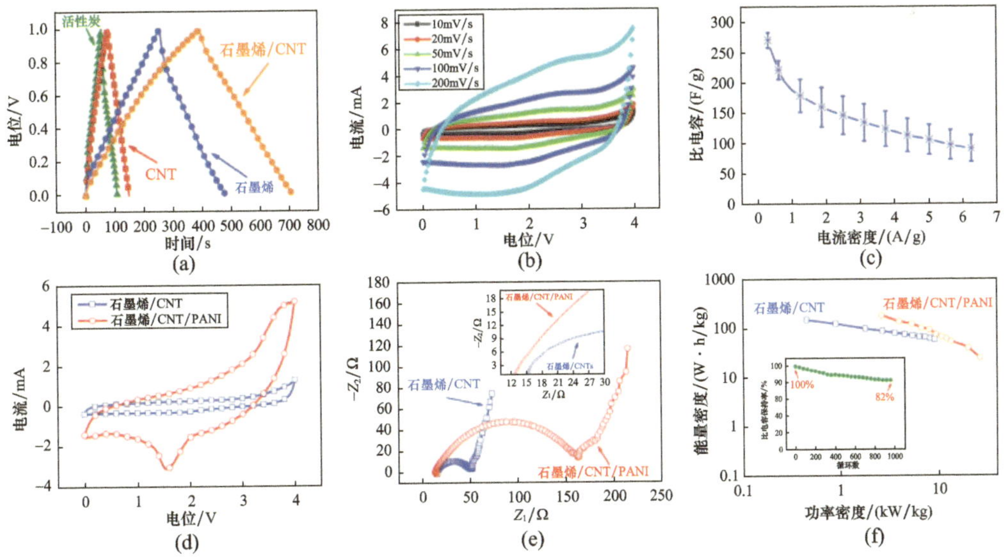

图 7.25 石墨烯/CNT 基材料的电化学性质

(a)在 1A/g 的充电电流密度下，活性炭、单壁碳纳米管、纯石墨烯和石墨烯/CNT 复合材料在 1mol/L KCl 电解质中的恒流充电/放电曲线；(b)在 EMI - TFSI 电解质中从 10 ~ 200mV/s 的扫描速率下，石墨烯/CNT 复合材料的循环伏安曲线；(c)在不同充电电流密度下，石墨烯/CNT 复合材料的比电容；(d)PANI 涂覆前后石墨烯/CNT 复合材料的循环伏安曲线；(e)石墨烯/CNT 和石墨烯/CNT/插图是高频区的放大图像；(f)Ragone 图和石墨烯/CNT 和石墨烯/CNT/PANI 复合材料。插图是石墨烯/CNT/PANI 在充电电流密度为 2A/g 时的循环性能。

为了进一步提高超级电容器的能量性能，通过在石墨烯/CNT导电框架上原位正极电沉积纳米结构聚苯胺制备了石墨烯/CNT/PANI复合电极。通过简单地调节施加的电流、电镀液和温度，该技术可以容易地控制聚苯胺的涂层质量、厚度、均匀性和形态。此外，可以将该方法用于聚苯胺的原位沉积，其不需要添加黏合剂（PTFE）和电导体（炭黑或乙炔黑）的任何附加处理步骤。化学途径合成的电极材料需要添加导体和黏合剂来制造电极。此外，我们的技术可以很容易地合成纳米结构，它可以提供大比表面积、在主体材料中的短扩散路径和良好的多孔结构，用于电解质的进入。重要的是超定向排列聚苯胺纳米锥可以缩短电子传输路径，提高材料的利用率。聚苯胺纳米锥在石墨烯/CNT复合材料上的包覆密度为 $0.4mg/cm^2$、$0.6mg/cm^2$ 和 $0.8mg/cm^2$，$0.6mg/cm^2$ 时表现出最好的比电容。然后将石墨烯/CNT/PANI电极与石墨烯/CNT组装为非对称超级电容器扣式电池，如图7.26所示。

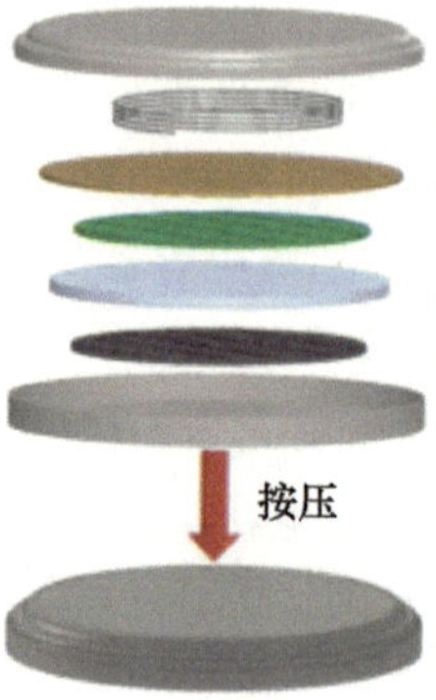

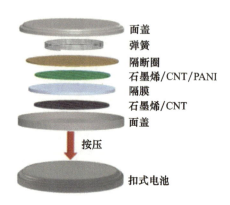

图7.26　石墨烯/CNT/聚苯胺微型电池配置

图7.25(d)显示了在涂层密度为 $0.6mg/cm^2$ 的PANI涂层前后石墨烯/CNT复合材料的循环伏安曲线。PANI包覆后的循环伏安电流大幅增加，表明PANI包覆提高了电容，PANI的氧化还原反应是整个电容的主要贡献。图7.25(e)是聚苯胺涂层前后石墨烯/CNT复合材料的阻抗Nyquist图。在复平面中，虚部（垂直方向）Z_2 表示电容特性，实部 Z_1 表示欧姆特性。在0.1Hz和100kHz之间的频率范围内研究这两个分量。这些曲线图通常由复平面中的一个或多个半圆组成，有时半圆的中心低于 Z_1 轴。理想情况下，超级电容器的Nyquist图由3个区域组成，这3个区域都取决于频率。在高频区域，超级电容器的表现就像一个纯电阻。在低频区域，虚部急剧增加，并观察到垂直线，表示纯电容行为。在中频区域中，可以观察到电极孔隙率的影响。当频率降低时，从很高的频率开始，电解质越来越深地渗透到电极的多孔结构中，然后越来越多的电极表面可用于离子吸收。这个中频范围与高孔隙率电极多孔结构内部的电解质渗透有关，这个区域通常被称为沃伯格曲线[90]。图7.25(e)中的两条线在低频区几乎是线性的，而在高频区具有半圆。这种半圆在碳基超级电容器中经常观察到。活性炭电极中通常有一个非常大的半圆，这意味着活性炭粒子之间的大的晶间电阻。使用薄活性层或添加一些低比表面积导电助剂可以减小该半圆，但将导致低重量的归一化电容。该半圆还可揭示活性材料和集流体之间的相关性。此外，由于过充电或杂质或官能团引起的法拉第氧化还原反应，化学还原的石墨烯还具有（在充电的高电位下）法拉第漏电阻，这导致法拉第电阻 R_F。反应的动力学可

逆性越大,则R_F越小。实际系统通常由一个用于电化学双层充电的非法拉第电流与一些通过R_F的法拉第电流分量并联组成。在赝电容的阻抗中,R_F与电位相关的电荷转移速率的相互关系对应,也影响半圆的直径。石墨烯/CNT 复合材料比石墨烯/CNT/PANI 材料具有更小的电荷转移电阻和晶间电阻。石墨烯/CNT 电极和石墨烯/CNT/PANI 电极的等效串联电阻(ESR)由 Nyquist 图插图中的 Z_1 截距获得(图 7.25(e)),分别为 14.8Ω 和 13.3Ω。注意到在石墨烯//CNT 电极上涂覆 PANI 后,ESR 降低。这是因为石墨烯和碳纳米管堆叠在一起,碳材料的接触点可能会增加电阻;导电聚合物的涂覆可以扩大碳材料和碳材料之间与集流体的接触面积,从而降低电阻。ESR 数据决定了超级电容器的充放电速率,是决定超级电容器功率密度的一个非常重要的因素。最大功率密度可计算如下:

$$P_{max} = \frac{V^2}{4m\,R_{ESR}} \tag{7.17}$$

式中:R_{ESR}为等效串联电阻;m 为两个电极的总重量;V 为最大充电电压。

在 EMI－TFSI 电解质中使用 4V 电压。石墨烯/CNT 和石墨烯/CNT/PANI 的最大功率密度分别为 270.3kW/kg 和 200.5kW/kg。

Ragone 曲线图描述了能量密度和功率密度之间的关系,如图 7.25(f)所示。能量密度和功率密度可计算如下:

$$E_{密度} = \frac{1}{2}C_{sp}V^2 \tag{7.18}$$

$$P = \frac{E_{密度}}{\Delta T} \tag{7.19}$$

式中:C_{sp}为总比电容;V 为最大充电电压;ΔT 为放电时间[52]。石墨烯/CNT 的最高能量密度为 150.6W·h/kg,功率密度为 0.5kW/kg;石墨烯/CNT 的最高功率密度为 9.1kW/kg,能量密度为 61.1W·h/kg。石墨烯/CNT/PANI 电极的能量密度最高为 188.4W·h/kg,功率密度为 2.7kW/kg;而在能量密度为 25.1W·h/kg 时得,最高功率密度为 26.7kW/kg。图 7.25(f)中的插图显示了石墨烯/CNT/PANI 在 2A/g 的充电电流密度下的循环特性。将密度 0.4mg/cm^2、0.6mg/cm^2 和 0.8mg/cm^2 的 PANI 涂覆到石墨烯/CNT 复合材料上。图 7.25(f)插图所示的循环性能是在涂层密度为 0.6mg/cm^2 时获得的,该密度具有最佳的比电容。1000 次循环后,电容下降了 18%,表明电极具有良好的循环性能。

7.5.4 小结

我们成功制备了用于超级电容器的石墨烯/CNT 3D 电极结构。单壁碳纳米管在该复合材料中充当导电间隔物、层间导电和导电黏合剂。石墨烯/CNT 复合材料的平均比电容为 271.0F/g,能量密度为 150.6W·h/kg。此外,通过在石墨烯表面原位沉积垂直排列的聚苯胺纳米锥,制备了石墨烯/CNT/PANI 复合电极。获得了 188.4W·h/kg 的显著能量密度和 200.5kW/kg 的最大功率密度。垂直排列的纳米锥聚苯胺缩短了电子传输路径,提高了活性材料利用率和比电容,使超级电容器在混合动力汽车或纯电动汽车中的应用成为可能。此外,该结果还可用于制备其他石墨烯基复合薄膜,以满足不同的应用要求,如锂离子电池、电化学传感器和太阳能电池。

7.6 纳米多孔氢氧化钴在石墨烯和碳纳米管复合材料上的电沉积

7.6.1 概述

石墨烯是单层石墨，与碳纳米管和富勒烯明显不同，石墨烯和化学还原的石墨烯纳米片具有高电导率、大比表面积和机械强度，是超级电容器的最佳材料。单个石墨烯片的比表面积为2630m^2/g，远大于用于电化学双层电容器的活性炭、碳纳米管(图7.27(a))[39]。单个石墨烯片的基于石墨烯的结构不依赖于固体载体中孔的分布来提供其大比表面积。相反，每一个化学修饰的石墨烯片都可以物理"移动"，以适应不同类型的电解质。可以使电解质容易进入具有非常大比表面积的石墨烯基材料中，同时保持网络中的整体高电导率。然而，化学还原的石墨烯基超级电容器也存在问题：第一，化学还原的石墨烯通常具有100~200S/m的电导率，比导电单壁碳纳米管(通常为10000S/m)低两个数量级。第二，与大多数纳米材料一样，在获得石墨烯的干燥过程中，石墨烯也可能形成不可逆的附聚物或通过范德瓦耳斯力相互作用重新堆叠形成石墨(图7.27(b))[72]。如果石墨烯片堆叠在一起，那么离子将难以进入内层以形成双电层。离子只能积聚在石墨烯片的顶面和底面上，然后将导致较低的比电容(因为堆叠材料不能被充分利用)，如图7.27(b)所示。第三，石墨烯电极不能在没有黏合剂的情况下工作，黏合剂通常会降低比电容。

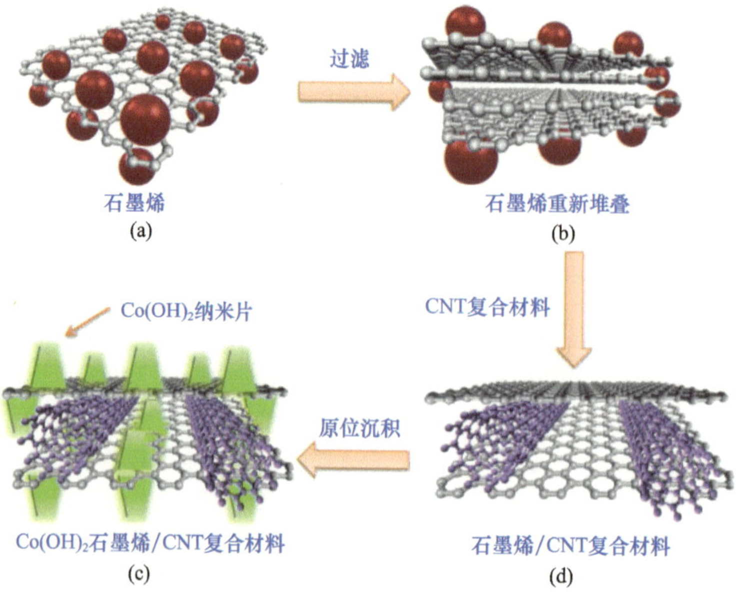

图7.27 复合材料的制造过程说明

(a)单层石墨烯，其具有2630m^2/g的大比表面积和优异的导电性，是超级电容器的最佳材料；(b)化学还原的石墨烯，在还原和干燥过程中，石墨烯纳米片很可能通过范德瓦耳斯力相互作用而团聚，电解质离子很难进入超小孔，特别是对于较大的离子如有机电解质或在高充电速率下；(c)通过负极原位沉积用垂直排列的$Co(OH)_2$纳米片涂覆石墨烯/CNT复合材料以制备石墨烯/CNT/$Co(OH)_2$复合材料；(d)石墨烯和CNT复合材料，单壁碳纳米管可以作为较小的间隔物来增加两个石墨烯层之间的距离，这产生了电解质离子的快速扩散路径和均匀的涂层。

我们提出并开发了具有3D网络结构的石墨烯-SWCNT复合电极，当这种电极用于对称超级电容器时，表现出创纪录的高能量密度和功率密度，这已在第6章中进行了详细讨论[10]。另外，如果能用金属氧化物或导电聚合物等活性材料修饰石墨烯-SWCNT电极，将大大提高比电容和能量密度。在活性材料中，金属氧化物和金属氢氧化物是最有前途的电化学超级电容器电极材料，其通常显示出非常高的比电容理论值。氢氧化钴具有大的内部空间的层状结构，在离子的快速插入和脱离中具有很大的潜力[130]，其3458F/g的高理论比电容也使其成为非常有吸引力的超级电容器的电极材料[131]。

我们的策略如图7.27(c)和(d)所示。首先，提出利用石墨烯和单壁碳纳米管悬浮液通过超声和真空过滤制备石墨烯/CNT复合材料。石墨烯/CNT复合材料具有高导电性、化学稳定性和高孔隙率的三维结构，成本相对较低，如图7.27(d)所示。石墨烯/CNT复合材料的多孔结构有利于电解质向电极材料中的扩散，为离子的快速传输和均匀包覆提供了通道。更重要的是，这种石墨烯/CNT复合材料可以制成柔性电极，从而制成可穿戴的储能器件。在石墨烯/CNT框架形成后，使用一种简单方便的制备路线，通过负极电沉积法在石墨烯/CNT复合材料上制备垂直排列的$Co(OH)_2$纳米片，如图7.27(c)所示。极上的$Co(OH)_2$为无须黏结剂辅助，直接生长在石墨烯/CNT复合电极上，因此其界面电阻较小，能够提高电化学反应速率。此外，垂直排列的$Co(OH)_2$可以缩短电子传输路径和离子扩散路径。由于仅几纳米的表面活性材料可以发生氧化还原反应并有助于提高电容，因此还可以提高材料利用率。

7.6.2 实验

以石墨为原料，采用改进的Hummers法合成氧化石墨烯。首先，将石墨和$NaNO_3$在烧瓶中混合，向烧瓶中加入H_2SO_4(100mL,95%)，将其保持在冰浴中，同时搅拌。其次，将高锰酸钾(8g)缓慢加入到悬浮液中以避免过热。将混合物在室温下搅拌2h。悬浮液颜色将变为亮棕色。再次，在搅拌下向烧瓶中加入蒸馏水(90mL)，悬浮液温度迅速达到90℃，颜色变为黄色。将稀释的悬浮液在98℃下搅拌12h，并将(30mL,30%)H_2O_2加入到混合物中。为了纯化，先用5% HCl冲洗，再用去离子水冲洗几次来洗涤混合物。最后，将悬浮液以4000r/min离心6min。过滤并真空干燥后，得到黑色粉末状的氧化石墨烯。然后将100mg氧化石墨烯粉末分散到蒸馏水(30mL)中，超声处理30min。随后将悬浮液在热板上加热至100℃，而后将水合肼(3mL)加入到悬浮液中。悬浮液在98℃下还原24h。之后，通过过滤收集黑色粉末状的还原石墨烯，再用蒸馏水洗涤得到的过滤沉淀几次以除去过量的肼并通过超声处理重新分散到水中。然后将悬浮液以4000r/min离心3min以除去大的石墨粒子。通过真空过滤收集最终的石墨烯产物并在真空中干燥。

市场上购买大比表面积($407m^2/g$)和高电导率(100S/cm)的单壁碳纳米管(Cheap Tube公司，纯度高于90%，无定形碳含量小于3%(质量分数)，长度5~30μm，直径1~2nm)。在没有任何进一步处理的情况下使用碳纳米管。首先将SWCNT和石墨烯分别分散在浓度为0.2mg/mL的乙醇中。石墨烯/CNT复合薄膜通过在乙醇中超声混合石墨烯和CNT，然后真空过滤制备。采用三电极体系进行$Co(OH)_2$纳米片的电沉积，铂片(1cm×2cm)作为对电极。记录相对于饱和Ag/AgCl参比电极的所有电位值。工作电极和对电极之间的距离固定在1.5cm。在0.1mol/L $Co(C_2H_3O_2)_2$电解液中通过电化学站(IVIUM

科技）控制负极沉积。

采用循环伏安法、恒流充放电、电化学阻抗谱研究了超级电容器电极在双电极体系中的电化学性能和电容。在从10～100mV/s变化的不同扫描速率下测量电极的循环伏安响应。在1mol/L KCl含水电解质溶液中在0～0.9 V之间的电位下进行伏安测试。在充电电压为4 V的1－乙基－3－甲基咪唑双（三氟甲烷砜）酰亚胺（EMI－TFSI）中研究了石墨烯/CNT和石墨烯/CNT/$Co(OH)_2$复合材料。在没有0.005V直流偏置正弦信号的情况下，在0.1Hz～100kHz的频率范围内进行了阻抗谱测量。利用扫描电子显微镜（SEM，JSM－6500）和透射电子显微镜（TEM，JEM－2100）研究了石墨烯和$Co(OH)_2$的形貌和纳米结构。

7.6.3 结果与讨论

图7.28显示了石墨烯和石墨烯/CNT/$Co(OH)_2$复合材料的形貌。图7.28（a）显示了刚制备的石墨烯的形态，从中可以看到薄片。可见，少层石墨烯薄而平，这对于实现大比表面积是必不可少的。少层石墨烯的高倍放大图如图7.28（b）所示。可以看到其使一些少数层（少于5层）的石墨烯片重叠在一起。图7.28（c）为$Co(OH)_2$原位沉积后的SEM形貌。可以通过负极电沉积获得非常均匀的$Co(OH)_2$涂层。均匀的$Co(OH)_2$涂层归因于石墨烯和碳纳米管复合材料的高导电性和可接近的3D结构。通过简单地调节涂覆时间和涂覆电流，可以控制$Co(OH)_2$涂层的厚度。由于垂直排列的$Co(OH)_2$纳米片直接涂覆在高导电性石墨烯片表面，缩短了电子扩散路径，因此该结构有望比原始$Co(OH)_2$电极具有更好的功率性能。$Co(OH)_2$片高分辨率SEM图像如图7.28（d）所示。纳米片的厚度约为10nm。对于金属氧化物、氢氧化物等活性材料，只有表面和近表面（几纳米）材料才能与电解质发生氧化还原反应。因此，纳米片$Co(OH)_2$可以提高活性材料的材料利用率。

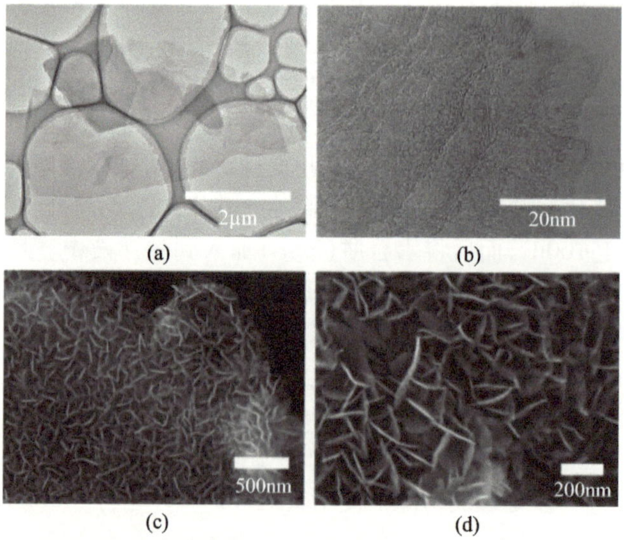

图7.28 各种石墨烯基材料的形态和结构表征

（a）合成石墨烯的TEM图像；（b）高倍放大的石墨烯的TEM图像；（c）涂覆$Co(OH)_2$的石墨烯/CNT复合材料的SEM图像；（d）高倍放大的$Co(OH)_2$纳米片的SEM图像。

该能量密度与充电电压的功率平方成比例，因此使用1-乙基-3-甲基咪唑双三氟甲磺酰亚胺盐(EMI-TFSI)离子液体引入较高的充电电压(4V)。离子液体具有高的离子电导率、大的电化学窗口(可达7V)、优异的热稳定性(典型值为-40~200℃)、不挥发、不易燃、低毒等特点，是一种很有前途的超级电容器电解质。图7.29(a)给出了石墨烯/CNT/复合电极的循环伏安曲线。由于电解质的电阻和电极与电解质之间的接触比含水电解质的电阻和电极与电解质之间的接触大，因此观察到倾斜的循环伏安曲线。在图7.29(a)中没有发现明显的氧化和还原峰。恒流充放电曲线如图7.29(b)所示。在0.77A/g(1mA)的电流密度下，比电容为310.0F/g，在电流密度为1.5A/g(2mA)时，比电容仅为157.8F/g，说明该$Co(OH)_2$超级电容器在大功率应用中能量性能较差。图7.29(c)显示了离子液体电解质中的Nyquist图。在复平面中，虚部Z_2表示电容特性，实部Z_1表示欧姆特性。在0.1~100000Hz之间的频率范围内研究了这两个分量。这些曲线图通常由复平面中的一个或多个半圆组成，有时半圆的中心低于Z_1轴。超级电容器的理论Nyquist图由3个区域组成，这3个区域取决于频率。在高频率区域，超级电容器表现得像一个原始的电阻器。在低频区域，虚部急剧增加，并观察到几乎垂直的线，表明原始的电容行为。在中频区域，可以观察到电极孔隙率的影响。当频率降低时，从非常高的频率开始，信号越来越深地穿透到电极的多孔结构中，然后越来越多的电极表面变得可用于离子

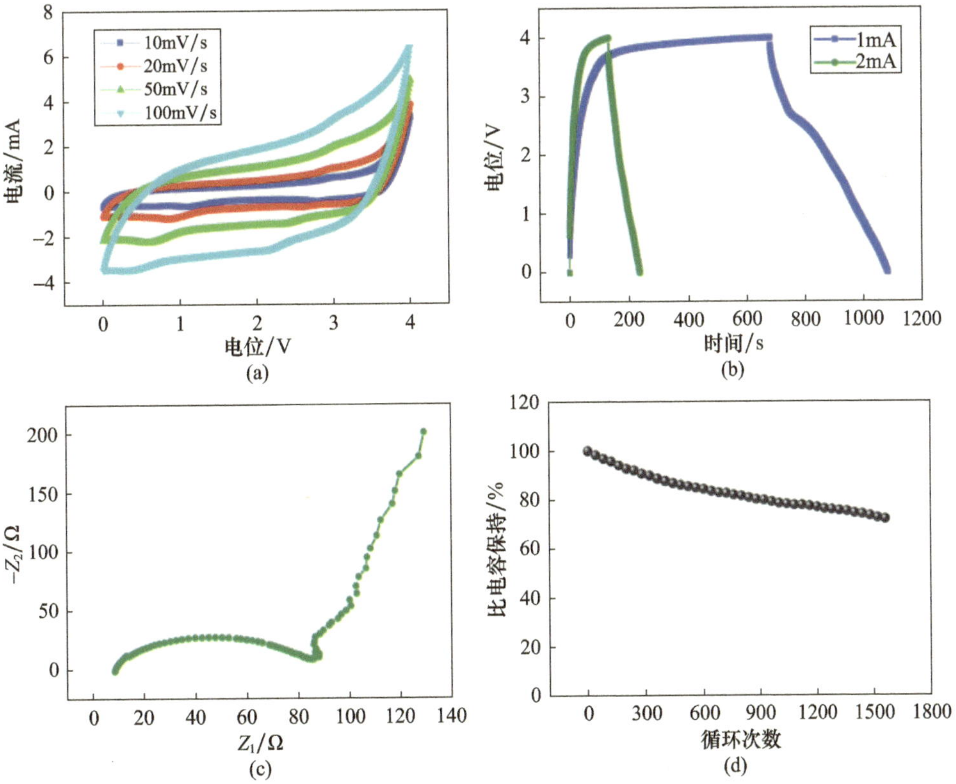

图7.29 石墨烯/CNT基材料的电化学性能

(a)石墨烯/CNT/复合材料在EMI-TFSI电解质中在10~100mV/s的不同扫描速率下的循环伏安曲线；(b)在EMI-TFSI中在1~2mA下的恒流充放电曲线；(c)石墨烯/CNT/复合材料的EIS曲线；(d)石墨烯/CNT/$Co(OH)_2$复合材料的循环性能。

吸附。这个中频范围与高孔隙率电极多孔结构中的电解质渗透有关,这个区域通常被称为沃伯格曲线[90]。图7.29(c)为石墨烯/CNT和$Co(OH)_2$纳米片复合材料在EMI-TFSI电解质中的EIS。EIS曲线在低频区表现为线性,在高频区表现为弧形。高频区附近的环路偏移与电极的电阻有关。在所有的碳基超级电容器中都观察到了半圆形区域。在活性炭电极超级电容器中通常表现出非常大的半圆,这意味着活性炭粒子之间的大的粒间电阻。主要取决于电极比表面积和粒子间电阻。形成薄活性层或添加具有低比表面积的导电助剂可以降低该值,但将导致低的单位面积电容或单位质量电容。图7.29(c)中的小半圆形区域显示了复合材料之间的低电阻和石墨烯基电极与集流体之间的良好电导。已知沃伯格曲线是一条从图7.29(c)的Nyquist图中左下到右上成45°角的直线,该曲线非常短,表明两种电解质中电解离子进入石墨烯表面的能力增强。等效串联电阻由Nyquist图的x截距获得,在EMI-TFSI中为8.8Ω。ESR数据决定了超级电容器可以充放电的速率,功率密度与ESR成反比,功率密度为198.0kW/kg,它是决定超级电容器功率密度的一个非常重要的因素。循环特性如图7.29(d)所示。在1600次循环后,可以得到71%的比电容保持率。

7.6.4 小结

成功地制备了纳米结构石墨烯、单壁碳纳米管和氢氧化钴纳米片复合电极。在0.77A/g的电流密度下获得310.0F/g的比电容。采用双电极体系,获得了172W·h/kg的高能量密度和198kW/kg的功率密度。垂直排列的$Co(OH)_2$纳米片缩短了电子传输路径,提高了活性材料利用率和比电容,使超级电容器在高能耗应用中成为可能。此外,该结果还可用于制备其他石墨烯基复合材料,以满足生物传感器等多种应用需求。

7.7 用于具有优异倍率性能的锂离子电池的多孔石墨烯海绵助剂

7.7.1 概述

在过去的20多年里,随着移动设备和节能交通工具[如混合动力电动汽车(HEV)和电动汽车(EV)]以及用于智能能源管理系统的固定能量存储设备的不断发展,锂离子电池变得越来越受欢迎[132-137]。目前市售的具有石墨正极和层状结构$LiMO_2$($M = Mn$、Ni、Co二元或三元体系)负极的锂离子电池在电池级的重量能量密度大于160W·h/kg,但存在低功率性能的问题,如较差的充电和放电倍率性能和高速率循环性[138-142]。这是因为能量密度聚焦电池设计通常要求正极(对于双面沉积大于200g/m^2)和负极(对于双面沉积大于450g/m^2)上的高质量负载、低电解质系数、正极和负极的低孔隙率(小于25%)、少量导电助剂使用(<3%(质量分数))和具有小比表面积的活性材料,这导致具有差功率性能的高能量密度LiB/锂离子电池的出现[143-144]。目前,LiB的功率性能,如充电时间和脉冲功率正变得越来越重要,特别是随着应用目标从小型移动设备转向电动汽车,例如,与不到5min的汽油加油相比,EV用户几乎不愿意在长时间驾驶中等待超过半小时为汽车充电[135,145-148]。因此,提高锂离子电池的功率性能非常重要。

在电池工业中用于增加 LiB 的功率性能的一些策略包括:①较低的电极质量负载,以在高速率下获得更好的电解质可及性;②正极和负极中较大的导电助剂重量比例以获得更好的电极导电性;③较大的电极孔隙率以获得更多的电解质吸收;④使用交替的电极材料如无定形碳或锂钛氧化物(LTO)作为正极材料以进行快速锂化[149-152]。虽然通过电池设计工程可以提高功率性能,但这导致电池的低能量密度和高单位能量价格。

在本研究中,我们开发了一种具有高导电性、大比表面积和高电解质吸收能力的蜂窝状石墨烯海绵"Magic G"(MG),作为 LiB 负极和正极材料的助剂,可以提高锂离子电池的倍率性能和高倍率循环性能,这种材料如图 7.30 所示。

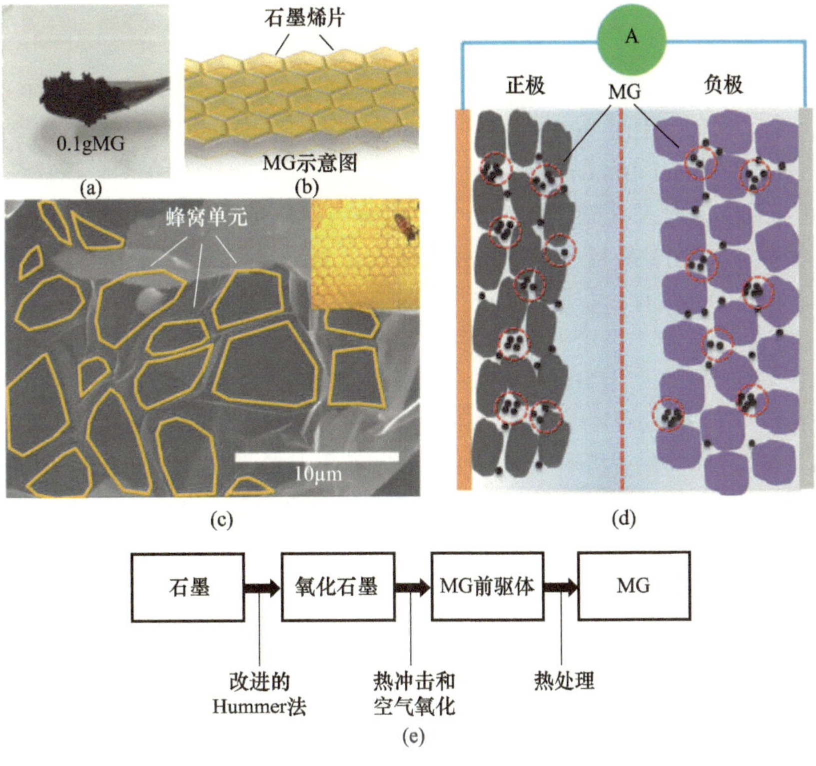

图 7.30　材料合成过程示意图

(a)0.1g Magic G 的数码照片,其具有超低密度,甚至可以在空气中飘浮;(b)具有蜂窝结构的 MG 示意图,每个蜂窝单元的壁由石墨烯片制成;(c)MG 的 SEM 图像,蜂窝单元结构石墨烯片由橙线表示,插图为具有多个未被占用单元的实际蜂窝;(d)由正极、负极、电解液、隔膜组成的锂离子电池示意图,MG 可以用作电池正极和负极的助剂;(e)Magic G 的合成方法以天然石墨为原料,采用改进的 Hummer 法将石墨制成氧化石墨(GO),然后将 GO 在 400℃下于 N_2 中热冲击处理 10min,并在 500℃下于空气中温和氧化 30min,形成 Magic G 前驱体(PreMG)。最后,将 PreMG 在 1000℃下于 N_2 中热处理 4h 以获得 MG。

7.7.2　方法

7.7.2.1　多孔石墨烯海绵助剂的合成

以天然石墨为原料,采用 Hummers 法将石墨转化为氧化石墨(GO)[58-59]。首先,将石墨和$NaNO_3$在烧瓶中混合在一起，向烧瓶中加入H_2SO_4(100mL,95%)，将烧瓶保持在冰浴中并持续搅拌。其次，将高锰酸钾(8g)缓慢加入到悬浮液中以避免过热。将混合物在室温下搅拌2h，悬浮液的颜色变为亮棕色。再次将蒸馏水(90mL)加入烧瓶中继续搅拌，悬浮液温度迅速达到90℃，颜色变为黄色。将稀释的悬浮液在98℃下搅拌12h，随后将H_2O_2(30%，30mL)加入到混合物中。为了进一步纯化，先用5% HCl洗涤混合物，再用去离子水洗涤数次。最后，将悬浮液以4000r/min离心6min，过滤并真空干燥后，得到黑色粉末状氧化石墨烯。将合成的氧化石墨在N_2中于400℃热冲击20min，然后在干燥空气中500℃下温和氧化30min以活化石墨烯表面，得到Magic G前驱体(PreMG)。在下一步中，将PreMG在N_2中以5℃/min加热至1000℃，并在1000℃下保持6h，使活化的PreMG完全还原为MG。

7.7.2.2 表征

通过场发射扫描电子显微镜(FE－SEM，日立，SU8000，5kV)和透射电子显微镜(TEM，日立，H－90000UHR，300kV)对产物的形貌进行了观察。原子力显微镜(AFM，布鲁克，AXS Nano Scope V Dimension Icon，轻敲模式，扫描范围2～10μm，扫描速度0.3～0.5Hz)也用于形貌表征。将碳以0.5mg/L浓度分散在乙醇/水(1:4)混合物中并滴在硅片上，室温保存24h制得AFM样品。采用衰减全反射法(Ge，入射角45°)，用傅里叶变换红外(FT－IR)分光光度计(瓦里安，7000FT－IR，分辨率$4cm^{-1}$，累积数512)捕获样品的FT－IR光谱。拉曼光谱在NRS－7000系列上进行，最大分辨率为$0.7cm^{-1}/0.3cm^{-1}$，测量范围为$50～8000cm^{-1}$。用BELSORP18PLUSUS－HT测定了样品在200℃预处理5h后的气体吸附量。用brunauer－emmett－teller(BET)理论计算比表面积，用MP(0.4～2nm)和BJH(2～200nm)方法分析孔分布。采用程序升温脱附－质谱(TPD－MS、GC/MS QP2010plus10)，在He气氛中以10℃/min的速度从室温到1000℃进行质谱分析。研究了半电池和全电池结构对材料电化学性能的影响。半电池测量的截止电位范围为0～1.5V，而全电池充放电在2.5～4.2V的电压范围内进行。

7.7.2.3 电池的制备

将合成的MG分别作为半电池和全电池的正极与负极助剂。通过将质量比为97%:1%:1%:1%的粒状天然石墨(CGB－20，Nippon Graphite Industries)、炭黑、羧甲基纤维素(CMC)和苯乙烯－丁二烯橡胶(SBR)的混合物以60 g/m^2的单面质量负载量涂覆在铜膜上以制备参比正极电极。添加MG的正极电极是通过涂覆质量比为97%:0.5%:0.5%:1%:1%的粒状天然石墨、炭黑、MG、CMC和SBR的混合物来制备。将正极电极的密度压制在$1.49g/m^3$。铜箔厚度为10μm。

通过将质量比为93%:3%:4%的锂镍钴锰氧化物(NCM111，BASF)、炭黑和聚偏二氟乙烯(PVDF)的混合物以127 g/m^2的单面质量负载量涂覆在铝膜上以制备参比负极电极。添加MG的负极电极通过将NCM111、炭黑、MG和PVDF的质量比为93%:2.5%:0.5%:4%的混合物以同样的负载量涂覆在铝膜上来制备。将负极电极的密度压制在$2.78g/m^3$。

对于半电池结构，正极和负极与锂金属沉积的铜膜组装为叠层电池。用制备的正极和负极组装全电池，A/C比为1.2；使用浓度为1 mol/L的$LiPF_6$ EC/DEC(3:7)作为电解质。用与上述相同的正极和负极(30层负极和31层正极)制造了8A·h叠层电池，测定能量密度为162W·h/kg。而所有倍率性能和循环性能在具有同样正极和负极电极的小型叠层电池(正极23mm×24mm,负极22mm×23mm)中测试。

7.7.3 结果与讨论

图7.31显示了Magic G及其前驱体材料的形貌。采用图7.31(a)所示的片状天然石墨作为原料,通过改进的Hummers法将其氧化为氧化石墨(GO),然后在400℃下于N_2中热冲击10min,并在500℃下于空气中温和氧化30min,生成Magic G前驱体(PreMG),如图7.31(b)所示。最后,将PreMG在1000℃下于N_2中热处理4h,得到MG(图7.31(c))。发现MG具有蜂窝结构,具有大量的空单元,蜂窝单元的壁由石墨烯片构成。图7.31(d)是MG的TEM图像,其中能够观察到褶皱的石墨烯片。

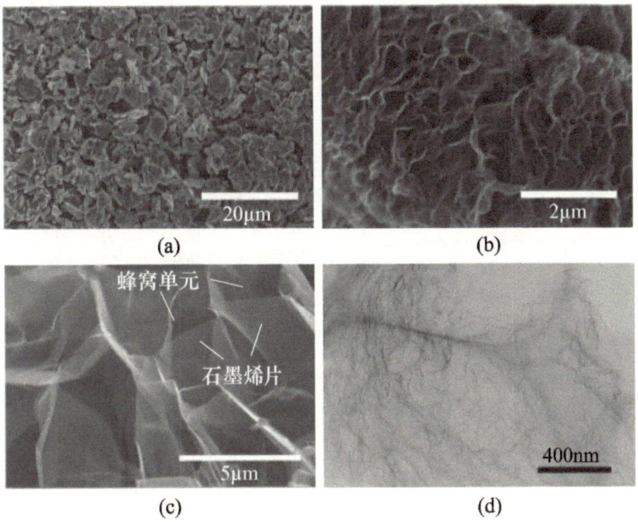

图7.31 (a)制备MG的石墨原料;(b)PreMG和(c)MG的SEM图像;(d)MG的TEM图像

原子力显微镜(AFM)也用于表征PreMG和MG。PreMG显示褶皱形态,这与图7.31(b)中的SEM图像一致。折叠形态是由大量的官能团在空气中氧化后产生的(图7.32(a))。MG显示出比PreMG平坦的形态,如图7.32(b)所示。从图7.31(c)中还可以看出,蜂窝单元石墨烯片的壁比PreMG的壁平坦得多。在每个图像底部线分析所示的厚度分布表明,MG的厚度约为3nm。

PreMG和MG的氮气吸附-脱附等温线和孔分布如图7.33所示。PreMG和MG的多点用BET理论计算比表面积分别为505m^2/g和1051m^2/g。比表面积的大幅增加归因于膨胀的石墨烯片的产生和1000℃下官能团分解引起的缺陷增加。用MP法(0.4~2nm)和BJH法(2~200nm)分析了PreMG与MG的孔分布,MP法未检测到小于2nm的孔,这表明PreMG或MG都没有微孔结构。从PreMG到MG,孔体积从1.3cm^3/g增加到3.6cm^3/g,而平均孔径略有增加,从12.8nm增加到13.8nm。孔隙体积的增加是由于蜂窝结构从PreMG演变为MG,这与图7.31(b)和(c)一致。MG的大比表面积有利于在活性材料表面形成均匀的涂层以降低电阻,MG的大孔容有利于吸收更多的电解质用于充电和放电。

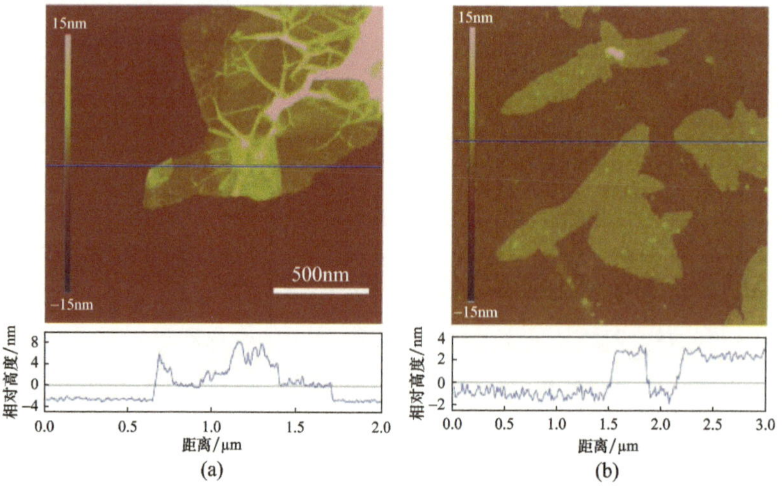

图 7.32 (a)PreMG 和(b)MG 的代表性 AFM 图像和横截面高度分布

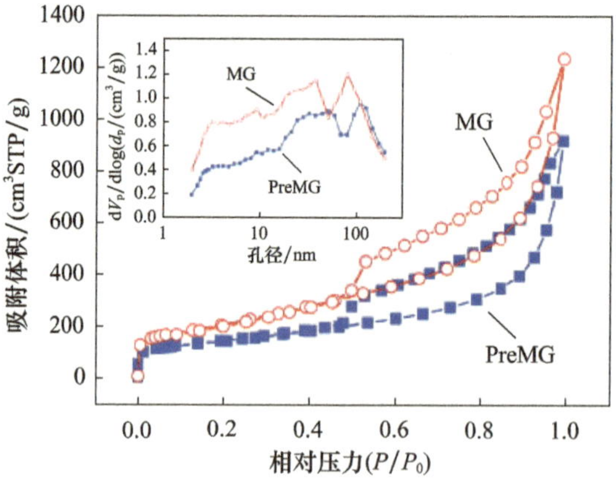

图 7.33 PreMG 和 MG 的氮吸收等温线。插图是 PreMG 和 MG 的孔径分布

利用拉曼光谱用归一化 G 峰强度表征了 PreMG 和 MG 碳材料的结构。PreMG 和 MG 均为低结晶碳，表明 π 电子共轭长度较短[153-155]。如图 7.34(a)所示，ΔvG 对应石墨在 $1580cm^{-1}$附近的伸缩振动。较尖锐的峰(较小的 ΔvG)意味着 MG 的石墨化度较高，MG 比 PreMG 具有更高的石墨化度。就表示碳材料边缘部分的I_D/I_G比而言，MG 表现出高于 PreMG 的I_D/I_G，可以将其归因于热处理后基面上边缘缺陷的增加(图 7.34(b))[156]。拉曼光谱表明，MG 在热处理后比 PreMG 具有更好的结晶，预期其具有高电导率。然而，MG 被证实为富缺陷的碳材料，当将其添加到正极时，其可能影响电化学性能的初始库仑效率。

X 射线光电子能谱(XPS)分析如图 7.35 所示。两个样品都在高结合能一侧表现出不对称性，这是石墨的共轭系统所特有的形状[157-158]。虽然在 PreMG 中检测到 C—O、C ═O和 O—C—OH，但这些含氧基团在热处理后几乎消失，氧含量(质量分数)从 12.9% 降低到 1.0%。在初始充电时，官能团将与锂离子发生不可逆反应。MG 的低氧含量似乎导致了电导率和库仑效率的提高。

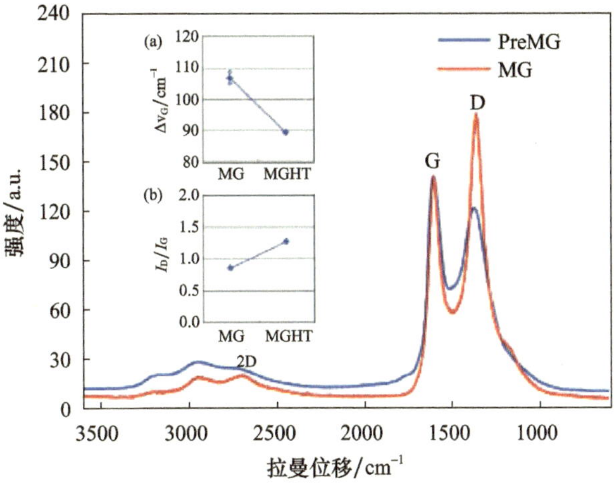

图 7.34 PreMG 和 MG 的拉曼光谱

插图比较(a)G 峰的半最大全宽 $\Delta v G$ 与(b)碳材料的边缘比 I_D/I_G。

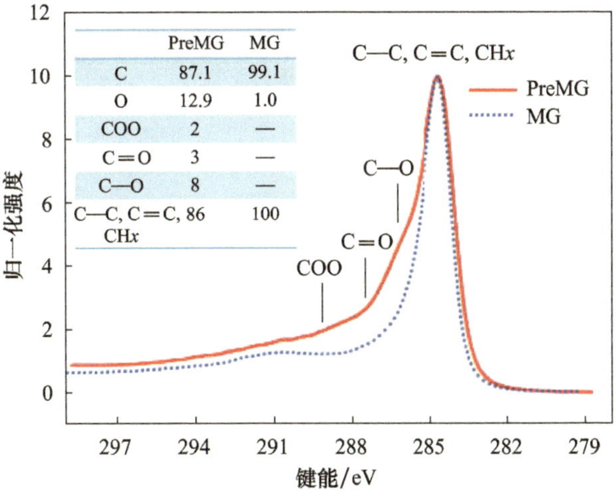

图 7.35 PreMG 和 MG 的 XPS 表征

插图是表面的元素和官能团的定量分析

为了表征 PreMG 和 MG 的官能团，还进行了衰减全反射傅里叶变换红外光谱(ATR-FTIR)表征，如图 7.36 所示。在 PreMG 中检测到的 C ═O(1746cm^{-1})和 O—H(1227cm^{-1})在 MG 中几乎不存在[159-160]。在 1000~1400cm^{-1}的宽峰中也可能包含吸收峰为 1160~1370cm^{-1}的内酯[161]。在 MG 的 1580cm^{-1}左右检测到 C ═C 键。由于导电材料对电子的吸收，MG 光谱在较低的波数中表现出较高的基线，说明 MG 的电导率有所增加。然而，在 PreMG 或 MG 中都没有检测到石墨在 868cm^{-1}处的独特弯曲振动，这表明两者均具有非晶态性质。

程序升温脱附质谱(TPD-MS)法用于分析在 He 气氛中加热至 1000℃时的气体脱附过程(图 7.37)。在质量分数分别为 0.66%、23% 和 5.3% 的 PreMG 中检测到 H_2O(18)、CO(28)和 CO_2(44)的峰。然而，在 MG 样品中仅观察到少量 H_2O(质量分数为 0.24%)

和 CO_2（质量分数为 0.11%）吸附[162]。50℃时生成的 H_2O 是吸附水。从 500℃开始的 CO 生成归因于羰基、苯酚或醚官能团，而 CO_2 可能与内酯有关[162-164]。PreMG 经热处理后，MG 中仅有少量的 H_2O 和 CO_2 吸附，说明大部分含氧官能团已经分解。对于 PreMG 和 MG，通过 TPD-MS 计算的块体材料的氧含量（质量分数）分别为 17.6% 和 0.74%。从 XPS 和 TPD-MS 得知，PreMG 作为块体材料，其内部与表面相比具有更高的氧含量。然而，MG 的表面氧含量高于块体，这可能是 MG 的轻微表面氧化所致。

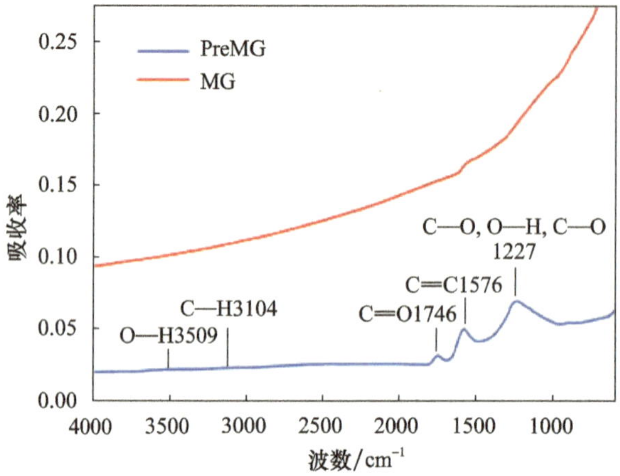

图 7.36 PreMG 和 MG 的 ATR-FTIR 表征

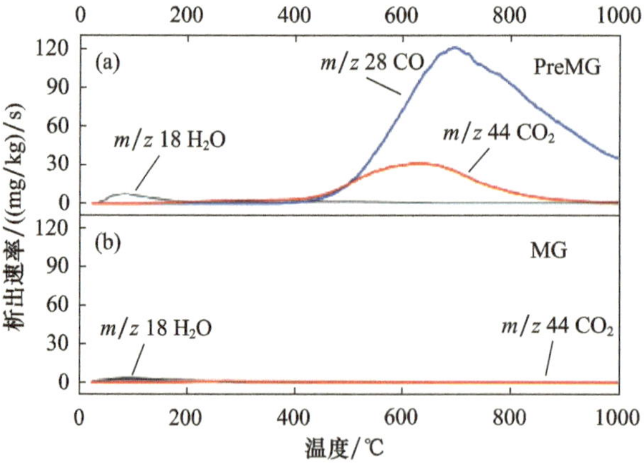

图 7.37 （a）PreMG 和（b）MG 的 TPD-MS 分析

含和不含 0.5%（质量分数）MG 助剂的正极和负极的半电池初始充放电曲线分别如图 7.38（a）和（b）所示。对于图 7.38（a）中的正极材料，添加 MG 不会改变容量，含或不含 MG 的两种正极材料显示出几乎相同的容量，约为 363mA·h/g，接近石墨的理论容量（372mA·h/g）。然而，与原始石墨 92% 的库仑效率相比，含有 MG 助剂的正极材料表现出较差的库仑效率，为 85%。这是因为 MG 具有大量的表面缺陷，这些表面缺陷会与电解质发生不可逆反应，在第一次循环时在表面上形成更多的 SEI，导致了较差的库仑效率。图 7.38（b）显示了含和不含 MG 的 NCM111 负极的半电池初始充放电过程。与正极材料相似，MG 的加入不影响容量，约为 142mA·h/g，但 MG 不会对负极库仑效率产生较大的负面影响。

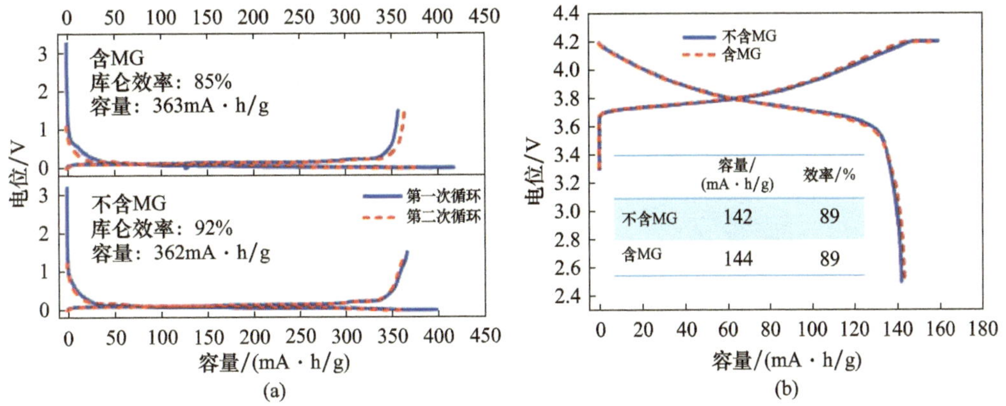

图 7.38 参考电池和含 MG 电池的半电池初始充电/放电曲线
(a)石墨正极与金属锂;(b)NCM111 负极与金属锂。

参考电池和石墨正极中添加 0.5%(质量分数)MG 的电池的全电池充放电倍率性能如图 7.39(a)和(b)所示。在图 7.39(a)中,电池在 0.1C、0.2C、0.5C、1C、2C、3C、4C、6C、8C 和 10C 时充电,并在 0.1C 时从 2.5V 放电至 4.2V,以评估充电倍率性能。绘制每个 C 率下的容量保持率,结果显示倍率性能从 2C 开始改善。具体地,容量保持率在 6C(10min 充电)时从 56% 增加到 77%,在 10C(6min 充电)时从 7% 增加到 45%。这种充电倍率性能的极大改进,特别是在高倍率下,可归因于:①MG 助剂的高电导率;②具有大比表面积的蜂窝状结构,可更好地吸附电解质;③MG 沉积在活性材料表面上,具有更小的电荷转移电阻。在图 7.39(b)中,电池在 0.1C 时充电,并在 0.1C、0.2C、0.5C、1C、2C、3C、4C、6C、8C 和 10 C 时从 2.5V 放电至 4.2V,以评估放电倍率性能。类似地,容量保持率在 6C 时从 43% 增加到 55%,在 10C 时从 16% 增加到 30%,这表明添加 MG 引起更快的锂嵌脱动力学。如图 7.38(a)所示,在正极中添加大比表面积的 MG 可能导致较低的初始库仑效率。因此,还研究了添加或不添加 MG 的负极的倍率性能。图 7.39(c)和(d)显示了参考电池和在 NMC111 负极中添加 0.5%(质量分数)的 MG 的电池的充电和放电倍率性能。图 7.39(c)显示了在与图 7.39(a)完全相同的条件下测试的充电特性,即在 0.1C、0.2C、0.5C、1C、2C、3C、4C、6C、8C 和 10C 时充电,在 0.1C 时从 2.5 ~ 4.2V 放电。充电曲线绘制在图 7.39(e)中,可以看出,含 MG 的负极在恒流(CC)充电中显示出更高的容量,特别是在高速率下。在负极中加入 MG 后,6C 时的容量保持率从 56% 提高到 78%,而 10C 容量保持率从 7% 提高到 52%。向负极材料中添加 MG 在增加充电倍率性能方面也是有效的,因为添加 MG 和来自 MG 吸附的电解质导致了负极材料的更好的电子和离子传导性。至于图 7.39(d)所示的放电倍率性能,6C 保持率从 43% 提高到 76%,10C 保持率从 16% 提高到 40%。每个 C 率的放电曲线如图 7.39(f)所示;含 MG 的电池在高倍率下显示出更大的放电容量。很明显,在负极中添加 MG 对电池的放电倍率性能具有积极影响。这是因为在放电时锂离子需要嵌入负极活性材料(锂化),而半导电负极作为块体材料通常具有低电导率和高电荷转移电阻,这可以通过添加 MG 来改善。图 7.39(g)为不含 MG 的负极电极表面的 SEM 图像。可以得知,尽管加入了质量分数为 3% 的炭黑,但几乎没有炭黑粒子附着在负极材料的表面上。这是因为炭黑更容易积聚到活性材料粒子之间的空间，而不是附着在它们的表面上。然而，图7.39(h)清楚地显示，负极表面被MG粒子覆盖，炭黑粒子附着在MG表面上，这可以提供较低的表面电阻。最后，根据电化学性能得出结论，MG可以有效地提高锂离子电池的正极和负极的倍率性能。

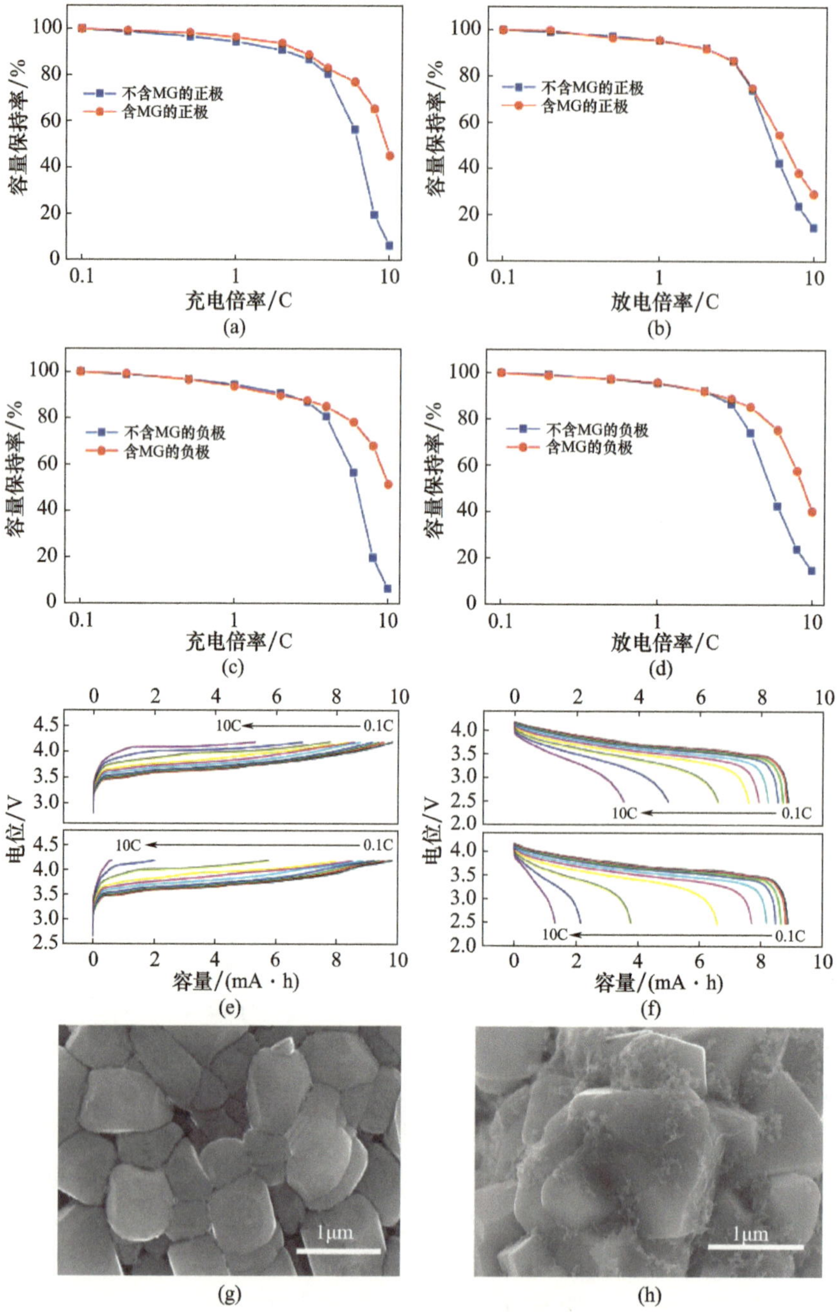

图7.39　全电池充电和放电倍率性能

(a)含MG和不含MG的石墨正极的充电倍率性能；(b)含MG和不含MG的石墨正极的放电倍率性能；
(c)含MG和不含MG的NCM111负极的充电倍率性能；(d)含MG和不含MG的NCM111负极的放电倍率性能；
(e)含MG和不含MG在0.1C、0.2C、0.5C、1C、2C、3C、4C、6C、8C和10C时的充电曲线；
(f)含MG和不含MG在0.1C、0.2C、0.5C、1C、2C、3C、4C、6C、8C和10C时的放电曲线。

电化学阻抗谱(EIS)用作阻抗分析,以阐明电池的阻抗响应[165-166]。LiB的典型Nyquist图通常在高频和中频范围内呈半圆状。据报道,第一个大半圆主要归于负极,第二个半圆归于正极[167-168],而Osaka等认为,第一个半圆属于正极,第二个半圆属于负极[169-171]。在对SOC50正极/正极对称电池、SOC50负极/负极对称电池和SOC50正极/负极全电池进行系统比较后,得出结论:在具有石墨正极和NCM111的叠层全电池中,第一个半圆归因于负极,第二个半圆归因于正极。除了负极和正极两个主要半圆之外,图中还包括一条在45℃附近的直线,其与活性材料内部的扩散过程有关。在超低频率(低于1mHz)下,呈一条接近垂直的线对应于纯电容器行为。在锂离子电池元件和接口等效电路的基础上提出了该电池的等效电路,如图7.40(a)所示。将电荷转移电阻与沃伯格阻抗串联,再将它们与界面电容并联,用以表示负极和正极的电化学反应。该等效电路还包含等效串联电阻(R_s)和外部电感元件,外部电感元件由电感器和电阻器(L_1和R_1)组成,该电感器和电阻器与测量设备(包括卷绕的集流体)的电极之间的布线有关。负极部分由具有两个不同半径的活性材料组成的模型表示。两组扩散元件和电荷转移电阻的串联应与电解质之间的电容和粒子之间的电连接并联。粒子中电容的变化表示为恒相位元件(CPE)。两个不同半径粒子的电容应并联,并简化为一个CPE[166]。为了考虑SEI的成分,假设锂离子通过迁移进入SEI。将表示SEI的阻抗分量制成SEI层的电阻和电容的并联[165,169,171]。图7.40(b)和(c)显示了具有参考电池和添加MG的电池拟合数据的典型EIS曲线。不含MG和含MG的电池等效串联电阻分别计算为0.104Ω/cm^{2}和0.094Ω/cm^2。MG的加入可使体电阻降低9.6%。两个电池的负极的归一化电荷转移电阻(R_c)分别为0.106Ω/cm^{2}和0.072Ω/cm^2。MG的加入使负极电荷转移电阻降低了32%。还可以计算出不含MG和含MG的正极的电荷转移电阻(R_a)分别为0.44Ω/cm^{2}和0.4Ω/cm^2。我们发现,添加MG降低了9%的正极电荷转移电阻。此外,图7.40(c)所示的扩散曲线在低频时具有比图7.40(b)所示的相对小的斜率,这表明由MG引起了更高的电化学双层电容。

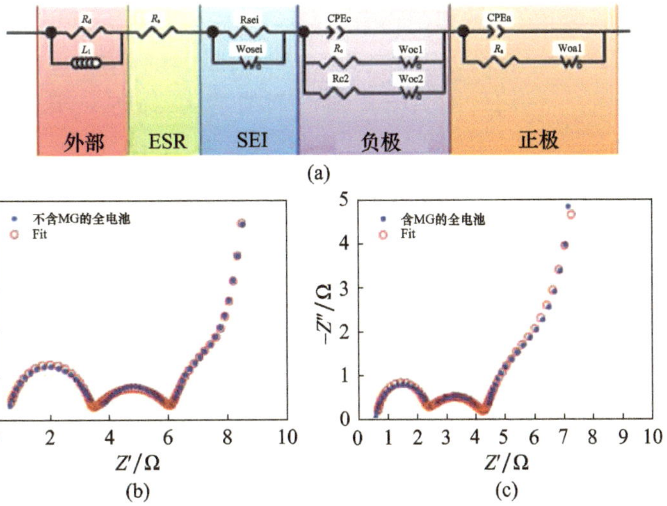

图7.40 电化学阻抗谱分析

(a)等效电路;(b)不含MG电池的EIS曲线;(c)含MG电池的EIS曲线。

放大的高频范围如每个EIS图的插图所示。

图7.41显示了全电池中参考电池和含MG助剂的电池在1C、3C和6C时的循环特性。在1C时的前100个循环中，参考电池和含MG的电池分别显示出91%和96%的容量保持率。在3C时循环100次后，与含MG电池82%的容量保持率相比，参考电池下降到68%。在6C时再循环100次后，参考电池的容量保持率降至38%，而含MG的电池仅降至55%。倍率循环性的显著提高可能归因于添加MG后的高电导率、高电解质吸收能力和表面电荷转移电阻的改善。

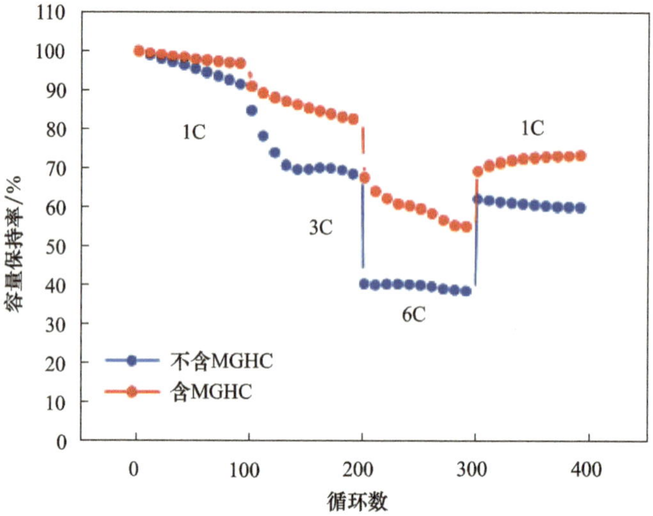

图7.41 参考电池和含MG电池在1C、3C和6C时的倍率循环

7.7.4 小结

我们设计并制备了一种用于正极和负极材料的蜂窝状石墨烯海绵助剂，通过提高电子电导率、增强电解质的吸附、降低活性材料的电荷转移电阻来提高充放电倍率性能。添加MG的电池在高速充电、放电和循环中的容量保持率有显著提高。我们认为，石墨烯基助剂作为下一代锂离子电池的助剂材料具有光明前景，具有用于EV和PHV的高能量密度和良好的倍率性能。我们将致力于优化助剂的结构，以进一步提高快速充电LiB的性能。

7.8 结论与展望

7.8.1 结论

具有各种微结构的石墨烯基材料已被证明是很有前途的超级电容器电极材料。如上所述，研究者已经开发了用石墨烯基材料制备超级电容器的几种策略，例如，石墨烯和碳纳米管复合材料、石墨烯/CNT与导电聚合物、金属氧化物和金属氢氧化物复合。在广泛应用的储能器件中，其所带来的高能量密度、高功率密度、长循环寿命无疑能够提高储能材料的各项性能。

7.8.1.1 石墨烯与碳纳米管复合材料

图7.42为石墨烯与碳纳米管复合材料。

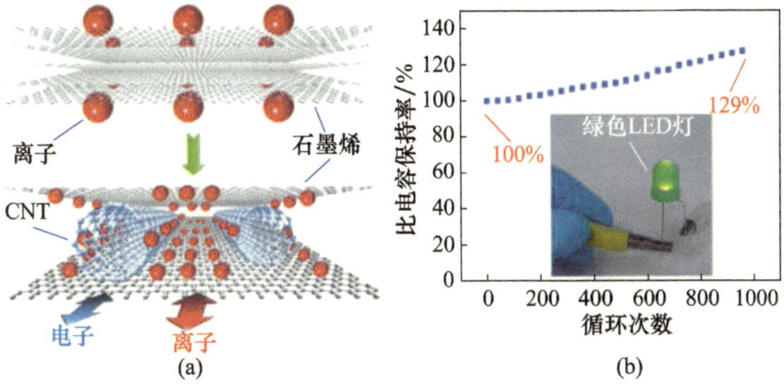

图7.42 石墨烯与碳纳米管复合材料
(a)结构示意图;(b)循环性能。

(1)我们成功制备了高性能石墨烯/CNT超级电容器,在离子液体电解质中能量密度为155.6W·h/kg,最大功率密度为263.2kW/kg。

(2)复合电极在水溶液和离子液体电解质中均表现出优异的循环性能,1000次循环无衰减。

(3)单壁碳纳米管可以作为石墨烯电极材料的"智能"间隔物、层间导体和导电黏合剂。

(4)CNT的加入可以降低化学还原石墨烯材料的电阻。

7.8.1.2 石墨烯与纳米二氧化锰复合材料

图7.43为石墨烯与纳米二氧化锰复合材料。

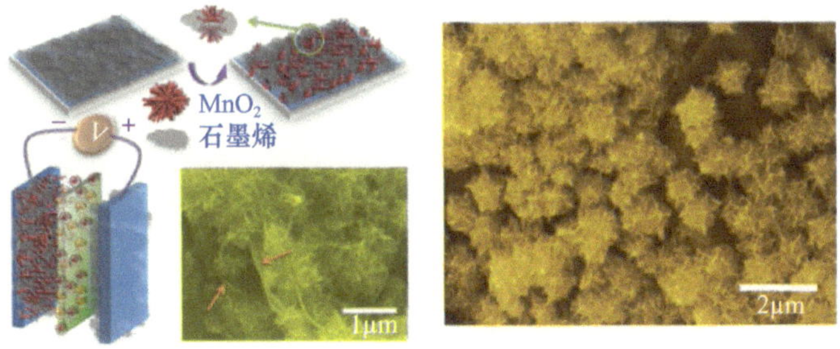

图7.43 石墨烯与纳米二氧化锰复合材料
(a)结构示意图;(b)SEM图像。

(1)我们已经成功地用石墨烯和 MnO_2 纳米花涂覆的石墨烯制备了无黏合剂超级电容器,二者分别具有245F/g和328F/g的比电容。

(2)电沉积的 $\gamma-MnO_2$ 可作为间隔物,以提高离子在电解液中的扩散速率。

(3)石墨烯的表面修饰可以极大提高超级电容器的能量密度。

(4)电活化是激活石墨烯基电极电位的有效方法。

7.8.1.3 聚苯胺纳米锥包覆石墨烯与碳纳米管复合电极

图7.44为聚苯胺纳米锥包覆石墨烯与碳纳米管复合电极。

(1)提出了一种包覆在石墨烯/CNT复合材料上的垂直取向聚苯胺纳米锥的新型结构，比电容为339F/g。

(2)获得了188.4W·h/kg的超高能量密度和200.5kW/kg的最大功率密度，具有良好的循环性能，突出了其在混合动力汽车和电动汽车中的应用。

(3)电沉积垂直排列的聚苯胺纳米锥可以缩短电子传输路径，提高活性材料的利用率，提高比电容。

(4)电沉积是制备无黏合剂电极的有效方法。

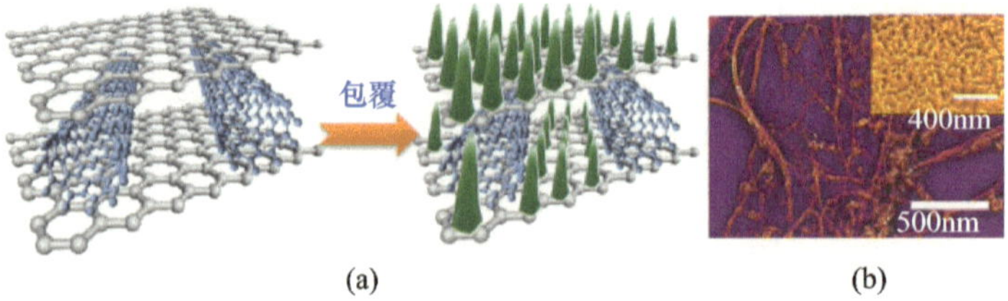

图7.44 聚苯胺纳米锥包覆石墨烯与碳纳米复合电极
(a)结构示意图；(b)AFM图像。

7.8.1.4 纳米多孔氢氧化钴在石墨烯和碳上的电沉积

图7.45为纳米多孔氢氧化钴在石墨烯和碳上的电沉积。

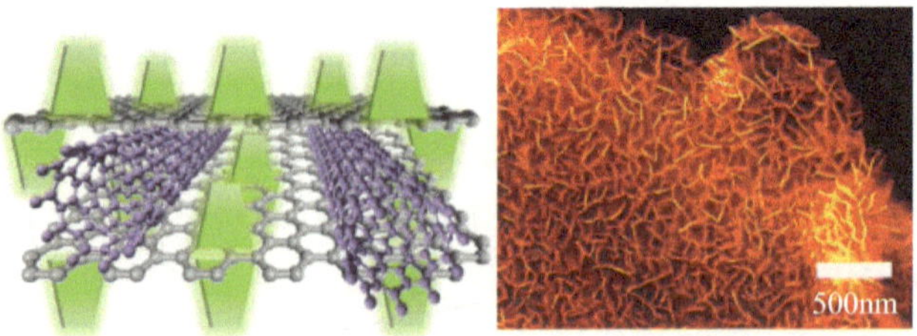

图7.45 纳米多孔氢氧化钴在石墨烯和碳上的电沉积
(a)结构示意图；(b)SEM图像。

(1)在充电电压最大为4V的离子液体电解质中，石墨烯/CNT电极和$Co(OH)_2$/石墨烯/CNT电极的比电容分别为255.4F/g和310.0F/g。

(2)获得了172.0W·h/kg的高能量密度和197.6kW/kg的最大功率密度。

(3)$Co(OH)_2$纳米片直接生长可以缩短电子传输路径，提高材料的利用率。

(4)$Co(OH)_2$在石墨烯/CNT复合电极上直接沉积可以得到增强的循环性能。

(5)电沉积可用于均匀的$Co(OH)_2$纳米片涂层。

7.8.1.5 用于高倍率性能锂离子电池的多孔石墨烯海绵助剂

图7.46为用于高倍率性能锂离子电池的多孔石墨烯海绵助剂。

(1)一种用于正极和负极材料的蜂窝状石墨烯海绵助剂，通过提高电子电导率、增强电解质的吸附、降低活性材料的电荷转移电阻来提高充放电倍率性能。

(2)添加MG的电池在高速充电、放电和循环中的容量保持率显著提高。

(3)石墨烯基助剂作为下一代锂离子电池的助剂材料具有光明前景，具有用于EV和PHV的高能量密度和良好的倍率性能。

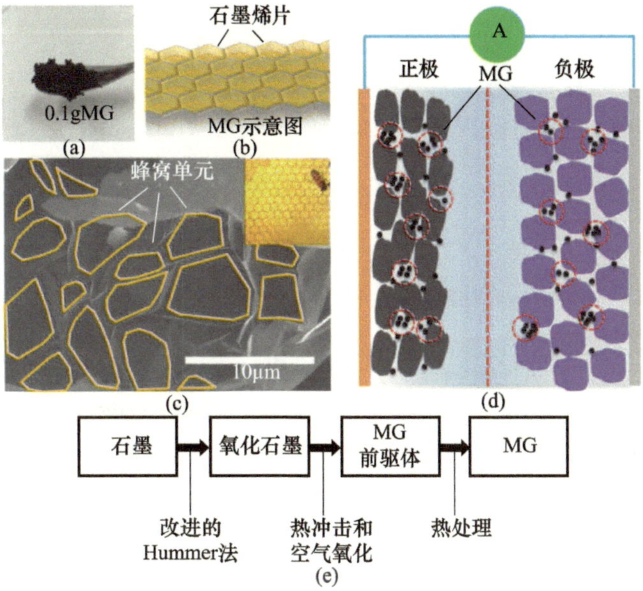

图7.46　用于高倍率性能锂离子电池的多孔石墨烯海绵助剂

(a)数码照片;(b)结构示意图;(c)SEM图像;(d)电池示意图;(e)制备流程。

7.8.2　展望

未来几代超级电容器有望在保持其高功率性能和循环性能的同时,具有与锂离子电池相同的能量密度水平。这一目标可以通过使用具有高比电容的电极材料的尾端结构来实现,该电极材料可以在高充电电压下工作。未来超级电容器或将成为锂离子电池的替代能源,用于纯电动汽车领域。

图7.47为超级电容器路线图。第一代超级电容器为对称活性炭超级电容器,能量密度为5~10W·h/kg。这种性能通过使用能量密度为10~100W·h/kg的高纯度单壁碳纳

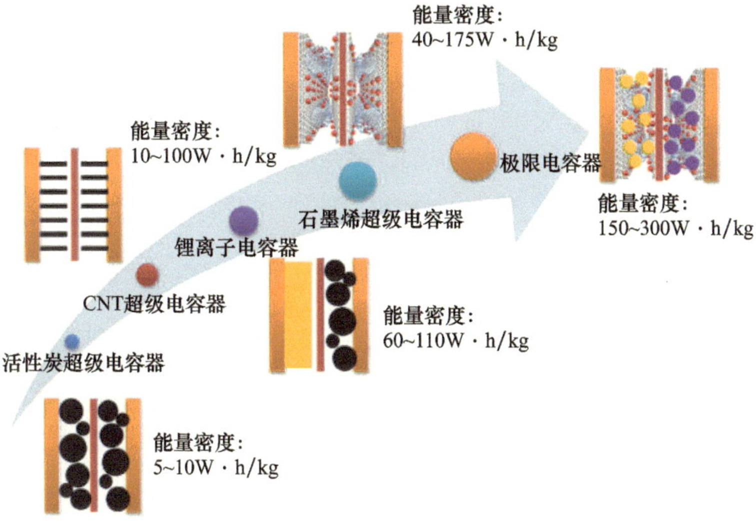

图7.47　超级电容器路线图

米管来增强。人们还为高电压设计了不对称结构，将能量密度提高到 60 ~ 110W · h/kg。我们通过使用石墨烯基材料进一步将能量密度提高到了 40 ~ 175W · h/kg。下一代超级电容器称为极限电容器，其将是石墨烯和碳纳米管复合材料，由纳米结构材料修饰其正极和负极。我们预计其能量密度能够与同级别锂离子电池的 150 ~ 300W · h/kg 相当。

参考文献

[1] 1. Conway, B. E. , Electrochemical Super capacitor: Scientific *Fundamentals and Technological Applicationsy Springer US*, 1 - 698, 1999.

[2] Becker, H. I. , Inventor low voltage electrolytic capacitor. United States. 1954 July; 23, 1957.

[3] Simon, P. and Gogotsi, Y. , Materials for electrochemical capacitors. *Nat. Mater.* , 7, 11, 845 - 854, 2008.

[4] Frackowiak, E. , Carbon materials for supercapacitor application. *Phys. Chem. Chem. Phys.* , 9, 15, 1774 - 1785, 2007.

[5] Zhang, L. L. and Zhao, X. S. , Carbon - based materials as supercapacitor electrodes. *Chem. Soc. Rev.* , 38, 9, 2520 - 2531, 2009.

[6] Pandolfo, A. G. and Hollenkamp, A. F. , Carbon properties and their role in supercapacitors. *J. Power Sources*, 157, 1, 11 - 27, 2006.

[7] Chen, H. S. , Cong, T. N. , Yang, W. , Tan, C. Q. , Li, Y. L. , Ding, Y. L. , Progress in electrical energy storage system: A critical review. *Prog. Nat. Sci.* , 19, 3, 291 - 312, 2009.

[8] Sandomirskii, V. B. and Smilga, V. P. , The electric double layer and the adhesion of solids. Sov. *Phys. Solid State*, 1, 2, 275 - 282, 1959.

[9] Ukshe, E. A. , Bukun, N. G. , Leikis, D. I. , The capacitance of the double electric layer in molten salts. *Dokl. Akad. Nauk Sssr.* , 135, 5, 1183 - 1186, 1960.

[10] Naumova, S. F. and Nesterov, G. S. , Change in the electric double - layer capacitance of magnetite in sodium - hydroxide solutions. *Sov. Mining Sci. Ussr.* , 14, 2, 209 - 213, 1978.

[11] Martynov, G. A. , Electric double - layer in dilute electrolyte - solutions - Analysis of the model and comparison with experiment. *Sov. Electrochem.* , 15, 5, 517 - 522, 1979.

[12] Aldamzharova, S. K. , Levitskaya, S. A. , Zebreva, A. I. , Influence of the structure of the electric double - layer and the aggregated state of the gallium electrode on the electrochemical - behavior of certain metals. *Sov. Electrochem.* , 16, 4, 426 - 430, 1980.

[13] Wei, W. F. , Cui, X. W. , Chen, W. X. , Ivey, D. G. , Manganese oxide - based materials as electrochemical supercapacitor electrodes. *Chem. Soc. Rev.* , 40, 3, 1697 - 1721, 2011.

[14] Snook, G. A. , Kao, P. , Best, A. S. , Conducting - polymer - based supercapacitor devices and electrodes. *J. Power Sources*, 196, 1, 1 - 12, 2011.

[15] Xu, C. J. , Kang, F. Y. , Li, B. H. , Du, H. D. , Recent progress on manganese dioxide based supercapacitors. *J. Mater. Res.* , 25, 8, 1421 - 1432, 2010.

[16] Kotz, R. and Carlen, M. , Principles and applications of electrochemical capacitors. *Electrochim. Acta*, 45, 15 - 16, 2483 - 2498, 2000.

[17] Winter, M. and Brodd, R. J. , What are batteries, fuel cells, and supercapacitors? *Chem. Rev.* , 104, 10, 4245 - 4269, 2004.

[18] Shi, Y. H. , Meng, H. M. , Sun, D. B. , Yu, H. Y. , Fu, H. R. , Manganese oxide coating electrodes prepared by pulse anodic electrodeposition. *Acta Phys. Chim. Sin.* , 24, 7, 1199 - 1206, 2008.

[19] Liu, D. W., Garcia, B. B., Zhang, Q. F., Guo, Q., Zhang, Y. H., Sepehri, S. et al., Mesoporous hydrous manganese dioxide nanowall arrays with large lithium ion energy storage capacities. *Adv. Funct. Mater.*, 19, 7, 1015 - 1023, 2009.

[20] Yan, J., Fan, Z. J., Wei, T., Qian, WZ., Zhang, M. L., Wei, F., Fast and reversible surface redox reaction of graphene - MnO_2 composites as supercapacitor electrodes. Carbon, 48, 13, 3825 - 3833, 2010.

[21] Du Pasquier, A., Laforgue, A., Simon, P., Amatucci, G. G., Fauvarque, J. F., A nonaqueous asymmetric hybrid Li(4)Ti(5)O(12)/poly(fluorophenylthiophene) energy storage device. *J. Electrochem. Soc.*, 149, 3, A302 - A306, 2002.

[22] Ryu, K. S., Kim, K. M., Park, N. G., Park, Y. J., Chang, S. H., Symmetric redox supercapacitor with conducting polyaniline electrodes. *J. Power Sources*, 103, 2, 305 - 309, 2002.

[23] Rudge, A., Raistrick, I., Gottesfeld, S., Ferraris, J. P., A study of the electrochemical properties of conducting polymers for application in electrochemical capacitors. *Electrochim. Acta*, 39, 2, 273 - 287, 1994.

[24] Nohma, T., Kurokawa, H., Uehara, M., Takahashi, M., Nishio, K., Saito, T., Electrochemical Characteristics of $LiNiO_2$ and $LiCoO_2$ as a positive material for lithium secondary batteries. *J. Power Sources*, 54, 2, 522 - 524, 1995.

[25] Peng, Z. S., Wan, C. R., Jiang, C. Y., Synthesis by sol - gel process and characterization of $LiCoO_2$ cathode materials. *J. Power Sources*, 72, 2, 215 - 220, 1998.

[26] Talbi, H., Just, P. E., Dao, L. H., Electropolymerization of aniline on carbonized polyacrylonitrile aerogel electrodes: Applications for supercapacitors. *J. Appl. Electrochem.*, 33, 6, 465 - 473, 2003.

[27] Lota, K., Khomenko, V., Frackowiak, E., Capacitance properties of poly(3,4 - ethylene dioxythiophene)/carbon nanotubes composites. *J. Phys. Chem. Solids*, 65, 2 - 3, 295 - 301, 2004.

[28] Mastragostino, M., Arbizzani, C., Soavi, F., Polymer - based supercapacitors. J. Power Sources, 97 - 8, 812 - 815, 2001.

[29] Rao, C. N. R., Sood, A. K., Subrahmanyam, K. S., Govindaraj, A., Graphene: The new two - dimensional nanomaterial. *Angew. Chem. Int. Ed.*, 48, 42, 7752 - 7777, 2009.

[30] Frackowiak, E. and Beguin, F., Carbon materials for the electrochemical storage of energy in capacitors. *Carbon*, 39, 6, 937 - 950, 2001.

[31] Qu, D. Y. and Shi, H., Studies of activated carbons used in double - layer capacitors. *J. Power Sources*, 74, 1, 99 - 107, 1998.

[32] Futaba, D. N., Hata, K., Yamada, T., Hiraoka, T., Hayamizu, Y., Kakudate, Y. *et al.*, Shape - engineerable and highly densely packed single - walled carbon nanotubes and their application as super - capacitor electrodes. *Nat. Mater.*, 5, 12, 987 - 994, 2006.

[33] Niu, C. M., Sichel, E. K., Hoch, R., Moy, D., Tennent, H., High power electrochemical capacitors based on carbon nanotube electrodes. *Appl. Phys. Lett.*, 70, 11, 1480 - 1482, 1997.

[34] Zhang, H., Cao, G. P., Wang, Z. Y., Yang, Y. S., Shi, Z. J., Gu, Z. N., Growth of manganese oxide nanoflowers on vertically - aligned carbon nanotube arrays for high - rate electrochemical capacitive energy storage. *Nano Lett.*, 8, 9, 2664 - 2668, 2008.

[35] Zhang, H., Cao, G. P., Wang, Z. Y., Yang, Y. S., Shi, Z. J., Gu, Z. N., Tube - covering - tube nanostructured polyaniline/carbon nanotube array composite electrode with high capacitance and superior rate performance as well as good cycling stability. *Electrochem. Commun.*, 10, 7, 1056 - 1059, 2008.

[36] Meyer, J. C., Geim, A. K., Katsnelson, M. I., Novoselov, K. S., Booth, T. J., Roth, S., The structure of suspended graphene sheets. *Nature*, 446, 7131, 60 - 63, 2007.

[37] Gomez - Navarro, C., Weitz, R. T., Bittner, A. M., Scolari, M., Mews, A., Burghard, M. *et al.*, Electronic

transport properties of individual chemically reduced graphene oxide sheets. *Nano Lett.* ,7,11,3499 - 3503,2007.

[38] Becerril, H. A. , Mao, J. , Liu, Z. , Stoltenberg, R. M. , Bao, Z. , Chen, Y. , Evaluation of solution - processed reduced graphene oxide films as transparent conductors. *ACS Nano*,2,3,463 - 470,2008.

[39] Stoller, M. D. , Park, S. J. , Zhu, Y. W. , An, J. H. , Ruoff, R. S. , Graphene - based ultracapacitors. *Nano Lett.* ,8,10,3498 - 3502,2008.

[40] Tung, V. C. , Allen, M. J. , Yang, Y. , Kaner, R. B. , High - throughput solution processing of large - scale graphene. *Nat. Nanotechnol.* ,4,1,25 - 29,2009.

[41] Stankovich, S. , Dikin, D. A. , Dommett, G. H. B. , Kohlhaas, K. M. , Zimney, E. J. , Stach, E. A. et al. , Graphene - based composite materials. *Nature*,442,7100,282 - 286,2006.

[42] Geim, A. K. and Kim, P. , Carbon wonderland. *Sci. Am.* ,298,4,90 - 97,2008.

[43] Eizenberg, M. and Blakely, J. M. , Carbon monolayer phase condensation on Ni(111). *Surf. Sci.* ,82,1,228 - 236,1979.

[44] Novoselov, K. S. , Geim, A. K. , Morozov, S. V, Jiang, D. , Zhang, Y. , Dubonos, S. V et al. , Electric field effect in atomically thin carbon films. *Science*,306,5696,666 - 669,2004.

[45] Berger, C. , Song, Z. M. , Li, X. B. , Wu, X. S. , Brown, N. , Naud, C. et al. , Electronic confinement and coherence in patterned epitaxial graphene. *Science*,312,5777,1191 - 1196,2006.

[46] Liu, N. , Luo, F. , Wu, H. X. , Liu, Y. H. , Zhang, C. , Chen, J. , One - step ionic - liquid - assisted electrochemical synthesis of ionic - liquid - functionalized graphene sheets directly from graphite. *Adv. Funct. Mater.* ,18,10,1518 - 1525,2008.

[47] Kim, K. S. , Zhao, Y. , Jang, H. , Lee, S. Y. , Kim, J. M. , Kim, K. S. *et al.* , Large - scale pattern growth of graphene films for stretchable transparent electrodes. *Nature*,457,7230,706 - 710,2009.

[48] Vivekchand, S. R. C. , Rout, C. S. , Subrahmanyam, K. S. , Govindaraj, A. , Rao, C. N. R. , Graphene - based electrochemical supercapacitors. *J. Chem. Sci.* ,120,1,9 - 13,2008.

[49] Zhao, X. , Tian, H. , Zhu, M. Y. , Tian, K. , Wang, J. J. , Kang, F. Y. *et al.* , Carbon nanosheets as the electrode material in supercapacitors. *J. Power Sources*,194,2,1208 - 1212,2009.

[50] Xia, J. L. , Chen, F. , Li, J. H. , Tao, N. J. , Measurement of the quantum capacitance of graphene. *Nat. Nanotechnol.* ,4,8,505 - 509,2009.

[51] Wang, D. W. , Li, F. , Zhao, J. P. , Ren, W. C. , Chen, Z. G. , Tan, J. *et al.* , Fabrication of graphene/polyaniline composite paper via in situ anodic electropolymerization for high - performance flexible electrode. *ACS Nano*,3,7,1745 - 1752,2009.

[52] Yan, J. , Wei, T. , Shao, B. , Fan, Z. J. , Qian, W. Z. , Zhang, M. L. et al. , Preparation of a graphene nanosheet/polyaniline composite with high specific capacitance. *Carbon*,48,2,487 - 493,2010.

[53] Wang, Y. , Shi, Z. Q. , Huang, Y. , Ma, Y. F. , Wang, C. Y. , Chen, M. M. *et al.* , Supercapacitor devices based on graphene materials. *J. Phys. Chem. C*,113,30,13103 - 13107,2009.

[54] Yu, A. P. , Roes, I. , Davies, A. , Chen, Z. W. , Ultrathin, transparent, and flexible graphene films for supercapacitor application. *Appl. Phys. Lett.* ,96,253105,1 - 3,2010.

[55] Zhang, K. , Zhang, L. L. , Zhao, X. S. , Wu, J. S. , Graphene/polyaniline nanoriber composites as supercapacitor electrodes. *Chem. Mater.* ,22,4,1392 - 1401,2010.

[56] Liu, C. G. , Yu, Z. N. , Neff, D. , Zhamu, A. , Jang, B. Z. , Graphene - based supercapacitor with an ultrahigh energy density. *Nano Lett.* ,10,12,4863 - 4868,2010.

[57] Cheng, Q. , Tang, J. , Ma, J. , Zhang, H. , Shinya, N. , Qin, L. C. , Graphene and nanostructured MnO_2 composite electrodes for supercapacitors. *Carbon*,49,9,2917 - 2925,2011.

[58] Cheng, Q. , Tang, J. , Ma, J. , Zhang, H. , Shinya, N. , Qin, L. C. , Graphene and carbon nanotube composite electrodes for supercapacitors with ultra - high energy density. *Phys. Chem. Chem. Phys.* , 13, 39, 17615 - 17624, 2011.

[59] Zhu, Y. W. , Murali, S. , Stoller, M. D. , Ganesh, K. J. , Cai, W. W. , Ferreira, P. J. et al. , Carbon - based supercapacitors produced by activation of graphene. *Science*, 332, 6037, 1537 - 1541, 2011.

[60] El - Kady, M. F. , Strong, V. , Dubin, S. , Kaner, R. B. , Laser scribing of high - performance and flexible graphene - based electrochemical capacitors. *Science*, 335, 6074, 1326 - 1330, 2012.

[61] Xu, B. , Wu, F. , Chen, R. J. , Cao, G. P. , Chen, S. , Zhou, Z. M. et al. , Highly mesoporous and high surface area carbon: A high capacitance electrode material for EDLCs with various electrolytes. *Electrochem. Commun.* , 10, 5, 795 - 797, 2008.

[62] Fang, B. Z. and Binder, L. , A novel carbon electrode material for highly improved EDLC performance. *J. Phys. Chem. B*, 110, 15, 7877 - 7882, 2006.

[63] Bordjiba, T. , Mohamedi, M. , Dao, L. H. , New class of carbon - nanotube aerogel electrodes for electrochemical power sources. *Adv. Mater.* , 20, 4, 815 - 820, 2008.

[64] Khomenko, V. , Frackowiak, E. , Beguin, F. , Determination of the specific capacitance of conducting polymer/nanotubes composite electrodes using different cell configurations. *Electrochim. Acta*, 50, 12, 2499 - 2506, 2005.

[65] Hu, L. B. , Choi, J. W. , Yang, Y. , Jeong, S. , La Mantia, F. , Cui, L. F. et al. , Highly conductive paper for energy - storage devices. *Proc. Natl. Acad. Sci. U. S. A.* , 106, 51, 21490 - 21494, 2009.

[66] Miller, J. R. and Simon, P. , Materials science. Electrochemical capacitors for energy management. *Science*, 321, 5889, 651 - 652, 2008.

[67] Frackowiak, E. and Beguin, F. , Electrochemical storage of energy in carbon nanotubes and nanostructured carbons. *Carbon*, 40, 10, 1775 - 1787, 2002.

[68] Izadi - Najafabadi, A. , Yasuda, S. , Kobashi, K. , Yamada, T. , Futaba, D. N. , Hatori, H. *et al.* , Extracting the full potential of single - walled carbon nanotubes as durable supercapacitor electrodes operable at 4 V with high power and energy density. *Adv. Mater.* , 22, 35, E235 - E238, 2010.

[69] Sun, Y. Q. , Wu, Q. O. , Shi, G. Q. , Graphene based new energy materials. *Energy Environ. Sci.* , 4, 4, 1113 - 1132, 2011.

[70] Pumera, M. , Graphene - based nanomaterials for energy storage. *Energy Environ. Sci.* , 4, 3, 668 - 674, 2011.

[71] Peng, C. , Zhang, S. W. , Zhou, X. H. , Chen, G. Z. , Unequalisation of electrode capacitances for enhanced energy capacity in asymmetrical supercapacitors. *Energy Environ. Sci.* , 3, 10, 1499 - 1502, 2010.

[72] Yan, J. , Wei, T. , Shao, B. , Ma, F. Q. , Fan, Z. J. , Zhang, M. L. *et al.* , Electrochemical properties of graphene nanosheet/carbon black composites as electrodes for supercapacitors. *Carbon*, 48, 6, 1731 - 1737, 2010.

[73] Yu, D. S. and Dai, L. M. , Self - assembled graphene/carbon nanotube hybrid films for supercapacitors. *J. Phys. Chem. Lett.* , 1, 2, 467 - 470, 2010.

[74] Fan, Z. J. , Yan, J. , Zhi, L. J. , Zhang, Q. , Wei, T. , Feng, J. *et al.* , A three - dimensional carbon nanotube/graphene sandwich and its application as electrode in supercapacitors. *Adv. Mater.* , 22, 33, 3723 - 3728, 2010.

[75] Tung, V. C. , Chen, L. M. , Allen, M. J. , Wassei, J. K. , Nelson, K. , Kaner, R. B. *et al.* , Low - temperature solution processing of graphene - carbon nanotube hybrid materials for high - performance transparent conductors. *Nano Lett.* , 9, 5, 1949 - 1955, 2009.

[76] Zhang, L. L. , Zhao, S. Y. , Tian, X. N. , Zhao, X. S. , Layered graphene oxide nanostructures with sand-

wiched conducting polymers as supercapacitor electrodes. *Langmuir*,26,22,17624 - 17628,2010.

[77] Wu,Z. S. ,Wang,D. W. ,Ren,W,Zhao,J. ,Zhou,G. ,Li,F. et al. ,Anchoring hydrous RuO_2 on graphene sheets for high - performance electrochemical capacitors. *Adv. Funct. Mater.* ,20,20,3595 - 3602,2010.

[78] Wang,H. L. ,Hao,Q. L. ,Yang,X. J. ,Lu,L. D. ,Wang,X. ,A nanostructured graphene/polyaniline hybrid material for supercapacitors. *Nanoscale*,2,10,2164 - 2170,2010.

[79] Biswas, S. and Drzal, L. T. , Multi layered nanoarchitecture of graphene nanosheets and polypyrrole nanowires for high performance supercapacitor electrodes. *Chem. Mater.* ,22,20,5667 - 5671,2010.

[80] Yan,J. ,Wei,T. ,Qiao,W. M. ,Shao,B. ,Zhao,Q. K. ,Zhang,L. J. *et al.* ,Rapid microwave - assisted synthesis of graphene nanosheet/Co_3O_4 composite for supercapacitors. *Electrochim.* Acta,55,23,6973 - 6978,2010.

[81] Wang,B. ,Park,J. ,Wang,C. Y. ,Ahn,H. ,Wang,G. X. ,Mn_3O_4 nanoparticles embedded into graphene nanosheets:Preparation,characterization,and electrochemical properties for supercapacitors. *Electrochim. Acta*,55,22,6812 - 6817,2010.

[82] Yan,J. ,Wei,T. ,Fan,Z. J. ,Qian,W. Z. ,Zhang,M. L. ,Shen,X. D. et al. ,Preparation of graphene nanosheet/carbon nanotube/polyaniline composite as electrode material for supercapacitors. *J. Power Sources*,195,9,3041 - 3045,2010.

[83] Islam,M. F. ,Rojas,E. ,Bergey,D. M. ,Johnson,A. T. ,Yodh,A. G. ,High weight fraction surfactant solubilization of single - wall carbon nanotubes in water. *Nano Lett.* ,3,2,269 - 273,2003.

[84] Moore,V. C. ,Strano,M. S. ,Haroz,E. H. ,Hauge,R. H. ,Smalley,R. E. ,Schmidt,J. et al. ,Individually suspended single - walled carbon nanotubes in various surfactants. *Nano Lett.* ,3,10,1379 - 1382,2003.

[85] Kang,J. ,Hong,S. ,Kim,Y. ,Baik,S. ,Controlling the carbon nanotube - to - medium conductivity ratio for dielectrophoretic separation. *Langmuir*,25,21,12471 - 12474,2009.

[86] Kim,J. ,Cote,L. J. ,Kim,F. ,Yuan,W. ,Shull,K. R. ,Huang,J. X. ,Graphene oxide sheets at interfaces. *J. Am. Chem. Soc.* ,132,23,8180 - 8186,2010.

[87] Hernandez,Y. ,Nicolosi,V. ,Lotya,M. ,Blighe,F. M. ,Sun,Z. Y. ,De,S. *et al.* ,High - yield production of graphene by liquid - phase exfoliation of graphite. *Nat. Nanotechnol.* ,3,9,563 - 568,2008.

[88] Frackowiak,E. ,Khomenko,V,Jurewicz,K. ,Lota,K. ,Beguin,F. ,Supercapacitors based on conducting polymers/nanotubes composites. *J. Power Sources*,153,2,413 - 418,2006.

[89] Khomenko,V. ,Frackowiak,E. ,Beguin,F. ,Determination of the specific capacitance of conducting polymer/nanotubes composite electrodes using different cell configurations. *Electrochim. Acta*,50,12,2499 - 2506,2005.

[90] Portet,C. ,Taberna,P. L. ,Simon,P,Laberty - Robert,C. ,Modification of Al current collector surface by sol - gel deposit for carbon - carbon supercapacitor applications. *Electrochim. Acta*,49,6,905 - 912,2004.

[91] Pushparaj,V. L. ,Shaijumon,M. M. ,Kumar,A. ,Murugesan,S. ,Ci,L. ,Vajtai,R. *et al.* ,Flexible energy storage devices based on nanocomposite paper. *Proc. Natl. Acad. Sci. U. S. A.* , 104, 34, 13574 - 13577,2007.

[92] Frisch,B. and Thiele,W. R. ,A Measuring method for the determination of density,specific surface - area and porosity of powders and compacted bodies. *Powder Metall. Int.* ,18,1,17 - 21,1986.

[93] Fetcenko,M. A. ,Ovshinsky,S. R. ,Reichman,B. ,Young,K. ,Fierro,C. ,Koch,J. *et al.* ,Recent advances in NiMH battery technology. *J. Power Sources*,165,2,544 - 551,2007.

[94] Conway,B. E. ,Transition from supercapacitor to battery behavior in electrochemical energy - storage. *J. Electrochem. Soc.* ,138,6,1539 - 1548,1991.

[95] Long,J. W. ,Swider,K. E. ,Merzbacher,C. I. ,Rolison,D. R. ,Voltammetric characterization of ruthenium oxide - based aerogels and other RuO_2 solids:The nature of capacitance in nanostructured materials.

Langmuir,15,3,780 - 785,1999.

[96] Park,J. H. ,Ko,J. M. ,Park,O. O. ,Kim,D. W. ,Capacitance properties of graphite/polypyrrole composite electrode prepared by chemical polymerization of pyrrole on graphite fiber. *J. Power Sources*,105,1,20 - 25,2002.

[97] Shaijumon,M. M. ,Ou,F. S. ,Ci,L. J. ,Ajayan,P. M. ,Synthesis of hybrid nanowire arrays and their application as high power supercapacitor electrodes. *Chem. Commun.* ,28,20,2373 - 2375,2008.

[98] Shinomiya,T. ,Gupta,V. ,Miura,N. ,Effects of electrochemical - deposition method and microstructure on the capacitive characteristics of nano - sized manganese oxide. *Electrochim. Acta*,51,21,4412 - 4419,2006.

[99] Cheng,L. ,Li,H. Q. ,Xia,Y. Y. ,A hybrid nonaqueous electrochemical supercapacitor using nanosized iron oxyhydroxide and activated carbon. *J. Solid State Electrochem.* ,10,6,405 - 410,2006.

[100] Thackeray, M. M. , Manganese oxides for lithium batteries. *Prog. Solid State Chem.* , 25, 1 - 2, 1 - 71,1997.

[101] Ammundsen,B. and Paulsen,J. ,Novel lithium - ion cathode materials based on layered manganese oxides. *Adv. Mater.* ,13,12 - 13,943 - 949,2001.

[102] Whittingham,M. S. ,Lithium batteries and cathode materials. *Chem. Rev.* ,104,10,4271 - 4301,2004.

[103] Pang,S. C. ,Anderson,M. A. ,Chapman,T. W. ,Novel electrode materials for thin - film ultracapacitors: Comparison of electrochemical properties of sol - gel - derived and electrodeposited manganese dioxide. *J. Electrochem. Soc.* ,147,2,444 - 450,2000.

[104] Lee,H. Y. ,Kim,S. W. ,Lee,H. Y. ,Expansion of active site area and improvement of kinetic reversibility in electrochemical pseudocapacitor electrode. *Electrochem. Solid State Lett.* ,4,3,A19 - A22,2001.

[105] Chin,S. F. ,Pang,S. C. ,Anderson,M. A. ,Material and electrochemical characterization of tet - rapropylammonium manganese oxide thin films as novel electrode materials for electrochemical capacitors. *J. Electrochem. Soc.* ,149,4,A379 - A384,2002.

[106] Miura,N. ,Oonishi,S. ,Prasad,K. R. ,Indium tin oxide/carbon composite electrode material for electrochemical supercapacitors. *Electrochem. Solid State Lett.* ,7,8,A247 - A249,2004.

[107] Prasad,K. R. and Miura,N. ,Electrochemically synthesized MnO_2 - based mixed oxides for high performance redox supercapacitors. *Electrochem. Commun.* ,6,10,1004 - 1008,2004.

[108] Xiong,Y. J. ,Xie,Y. ,Li,Z. Q. ,Wu,C. Z. ,Growth of well - aligned gamma - MnO_2 monocrystalline nanowires through a coordination - polymer - precursor route. *Chem. Eur. J.* ,9,7,1645 - 1651,2003.

[109] Subramanian,V. ,Zhu,H. W. ,Vajtai,R. ,Ajayan,P. M. ,Wei,B. Q. ,Hydrothermal synthesis and pseudocapacitance properties of MnO_2 nanostructures. *J. Phys. Chem. B*,109,43,20207 - 20214,2005.

[110] Sugantha,M. ,Ramakrishnan,P. A. ,Hermann,A. M. ,Warmsingh,C. P. ,Ginley,D. S. ,Nanostructured MnO_2 for Li batteries. Int. J. Hydrogen Energy,28,6,597 - 600,2003.

[111] Tench,D. and Warren,L. F. ,Electrodeposition of conducting transition - metal oxide hydroxide films from aqueous - solution. *J. Electrochem. Soc.* ,130,4,869 - 872,1983.

[112] Moore,G. J. ,Portal,R. ,La Salle,A. L. G. ,Guyomard,D. ,Synthesis of nanocrystalline layered manganese oxides by the electrochemical reduction of AMnO(4)(A = K,Li). J. Power Sources,97 - 8,393 - 397,2001.

[113] Ghaemi,M. ,Biglari,Z. ,Binder,L. ,Effect of bath temperature on electrochemical properties of the anodically deposited manganese dioxide. J. Power Sources,102,1 - 2,29 - 34,2001.

[114] Liu,R. and Lee,S. B. ,MnO_2/poly(3,4 - ethylenedioxythiophene) coaxial nanowires by one - step coelectrodeposition for electrochemical energy storage. *J. Am. Chem. Soc.* ,130,10,2942 - 2943,2008.

[115] Qu,D. Y. ,Studies of the activated carbons used in double - layer supercapacitors. *J. Power Sources*,109,

2,403 - 411,2002.

[116] An,K. H. ,Kim,W. S. ,Park,Y. S. ,Moon,J. M. ,Bae,D. J. ,Lim,S. C. et al. ,Electrochemical properties of high - power supercapacitors using single - walled carbon nanotube electrodes. *Adv. Funct. Mater.* , 11,5,387 - 392,2001.

[117] Ma,S. B. ,Nam,K. W. ,Yoon,W. S. ,Yang,X. Q. ,Ahn,K. Y. ,Oh,K. H. et al. ,Electrochemical properties of manganese oxide coated onto carbon nanotubes for energy - storage applications. *J. Power Sources*, 178,1,483 - 489,2008.

[118] Miller,J. R. and Simon,P. ,Materials science - Electrochemical capacitors for energy management. *Science*, 321,5889,651 - 652,2008.

[119] Fischer,A. E. ,Pettigrew,K. A. ,Rolison,D. R. ,Stroud,R. M. ,Long,J. W. ,Incorporation of homogeneous,nanoscale MnO_2 within ultraporous carbon structures via self - limiting electroless deposition:Implications for electrochemical capacitors. *Nano Lett.* ,7,2,281 - 286,2007.

[120] Chang,J. K. ,Lee,M. T. ,Tsai,W. T. ,Deng,M. J. ,Cheng,H. F. ,Sun,I. W. ,Pseudocapacitive mechanism of manganese oxide in 1 - ethyl - 3 - methytimidazolium thiocyanate ionic liquid electrolyte studied using X - ray photoelectron spectroscopy. *Langmuir*,25,19,11955 - 11960,2009.

[121] Babakhani,B. and Ivey,D. G. ,Anodic deposition of manganese oxide electrodes with rod - like structures for application as electrochemical capacitors. *J. Power Sources*,195,7,2110 - 2117,2010.

[122] Gupta,V. and Miura,N. ,Influence of the microstructure on the supercapacitive behavior of polyaniline/single - wall carbon nanotube composites. *J. Power Sources*,157,1,616 - 620,2006.

[123] Li,J. ,Cui,L. ,Zhang,X. G. ,Preparation and electrochemistry of one - dimensional nanostructured MnO_2/PPy composite for electrochemical capacitor. *Appl. Surf. Sci.* ,256,13,4339 - 4343,2010.

[124] Li,G. R. ,Feng,Z. P,Ou,Y. N. ,Wu,D. C. ,Fu,R. W,Tong,Y. X. ,Mesoporous MnO_2/carbon aerogel composites as promising electrode materials for high - performance supercapacitors. *Langmuir*,26,4, 2209 - 2213,2010.

[125] Park,S. and Ruoff,R. S. ,Chemical methods for the production of graphenes. *Nat. Nanotechnol.* ,4,4,217 - 224,2009.

[126] Lacroix,J. C. and Diaz,A. F. ,Electrolyte effects on the switching reaction of polyaniline. *J. Electrochem. Soc.* ,135,6,1457 - 1463,1988.

[127] Sivakkumar,S. R. ,Kim,W. J. ,Choi,J. A. ,MacFarlane,D. R. ,Forsyth,M. ,Kim,D. W. ,Electrochemical performance of polyaniline nanofibres and polyaniline/multi - walled carbon nanotube composite as an electrode material for aqueous redox supercapacitors. *J. Power Sources*,171,2,1062 - 1068,2007.

[128] Tarascon,J. M. and Armand,M. ,Issues and challenges facing rechargeable lithium batteries. *Nature*, 414,6861,359 - 367,2001.

[129] Cheng,Q. ,Tang,J. ,Ma,J. ,Zhang,H. ,Shinya,N. ,Qin,L. - C. ,Polyaniline - coated electro - etched carbon fiber cloth electrodes for supercapacitors. *J. Phys. Chem. C*,115,47,23584 - 23590,2011.

[130] Jayashree,R. S. and Kamath,P. V. ,Electrochemical synthesis of alpha - cobalt hydroxide. *J. Mater. Chem.* ,9,4,961 - 963,1999.

[131] Liang,Y. Y. ,Cao,L. ,Kong,L. B. ,Li,H. L. ,Synthesis of Co(OH)(2)/USY composite and its application for electrochemical supercapacitors. *J. Power Sources*,136,1,197 - 200,2004.

[132] Lu,L. ,Han,X. ,Li,J. ,Hua,J. ,Ouyang,M. ,A review on the key issues for lithium - ion battery management in electric vehicles. *J. Power Sources*,226,272 - 288,2013.

[133] Cheng,Q. ,Yuge,R. ,Nakahara,K. ,Tamura,N. ,Miyamoto,S. ,KOH etched graphite for fast chargeable lithium - ion batteries. *J. Power Sources*,284,258 - 263,2015.

[134] Scrosati, B., Recent advances in lithium ion battery materials. *Electrochim. Acta*, 45, 2461 – 2466, 2000.
[135] Kang, B. and Ceder, G., Battery materials for ultrafast charging and discharging. *Nature*, 458, 190 – 193, 2009.
[136] Armand, M. and Tarascon, J. – M., Building better batteries. *Nature*, 451, 652 – 657, 2008.
[137] Dunn, B., Kamath, H., Tarascon, J. – M., Electrical energy storage for the grid: A battery of choices. *Science*, 334, 928 – 935, 2011.
[138] Liu, S., Xiong, L., He, C., Long cycle life lithium ion battery with lithium nickel cobalt manganese oxide (NCM) cathode. *J. Power Sources*, 261, 285 – 291, 2014.
[139] Hu, W. et al., Mild and cost – effective one – pot synthesis of pure single – crystalline β – Ag 0.33V 2O 5 nanowires for rechargeable Li – ion batteries. *ChemSusChem*, 4, 1091 – 1094, 2011.
[140] Hu, W, Zhang, X. – B., Cheng, Y. – L., Wu, Y. – M., Wang, L. – M., Low – cost and facile one – pot synthesis of pure single – crystalline ε – Cu(0.95) V2O5 nanoribbons: High capacity cathode material for rechargeable Li – ion batteries. *Chem. Commun.* (*Cambridge, England*), 47, 5250 – 5252, 2011.
[141] Wang, Z. L., Xu, D., Wang, L. M., Zhang, X. B., Facile and low – cost synthesis of large – area pure V 2O 5 nanosheets for high – capacity and high – rate lithium storage over a wide temperature range. *ChemPlusChem*, 77, 124 – 128, 2012.
[142] Huang, Y. et al., Self – assembly of ultrathin porous NiO nanosheets/graphene hierarchical structure for high – capacity and high – rate lithium storage. *J. Mater. Chem.*, 22, 2844 – 2847, 2012.
[143] Vayrynen, A. and Salminen, J., Lithium ion battery production. *J. Chem. Thermodyn.*, 46, 80 – 85, 2012.
[144] Wang, H., Ma, D., Huang, Y., Zhang, X., Electrospun V2O5 nanostructures with controllable morphology as high – performance cathode materials for lithium – ion batteries. *Chemistry* (*Weinheim an der Bergstrasse, Germany*), 18, 8987 – 8993, 2012.
[145] Cheng, Q., Tang, J., Shinya, N., Qin, L. – C., Co(OH)2 nanosheet – decorated graphene – CNT composite for supercapacitors of high energy density. *Sci. Technol. Adv. Mater.*, 15, 14206, 2014.
[146] Klein, R. et al., Optimal charging strategies in lithium – ion battery. *Proceedings of the 2011 American Control Conference*, pp. 382 – 387, 2011.
[147] Ma, D. et al., Three – dimensionally ordered macroporous FeF3 and its in situ homogenous polymerization coating for high energy and power density lithium ion batteries. *Energy Environ. Sci.*, 5, 8538, 2012.
[148] Huang, X. L. et al., Homogeneous CoO on graphene for binder – free and ultralong – life lithium ion batteries. *Adv. Funct. Mater.*, 23, 4345 – 4353, 2013.
[149] Ohtomo, A., Muller, D. A., Grazul, J. L., Hwang, H. Y., Artificial charge – modulation in atomic – scale perovskite titanate superlattices. *Nature*, 419, 378 – 380, 2002.
[150] Buiel, E., Li – insertion in hard carbon anode materials for Li – ion batteries. *Electrochim. Acta*, 45, 121 – 130, 1999.
[151] Chan, C. K. *et al.*, High – performance lithium battery anodes using silicon nanowires. *Nat. Nanotechnol.*, 3, 31 – 35, 2008.
[152] Yang, Z. et al., Nanostructures and lithium electrochemical reactivity of lithium titanites and titanium oxides: A review. *J. Power Sources*, 192, 588 – 598, 2009.
[153] Ferrari, A. C. et al., Raman spectrum of graphene and graphene layers. *Phys. Rev. Lett.*, 97, 187401, 1 – 4, 2006.
[154] Ferrari, A. C. and Basko, D. M., Raman spectroscopy as a versatile tool for studying the properties of graphene. *Nat. Nanotechnol.*, 8, 235 – 246, 2013.
[155] Dresselhaus, M. S., Jorio, A., Hofmann, M., Dresselhaus, G., Saito, R., Perspectives on carbon nano-

tubes and graphene Raman spectroscopy. *Nano Lett.* ,10,751 – 758,2010.

[156] Casiraghi,C. *et al.* ,Raman spectroscopy of graphene edges. *Nano Lett.* ,9,1433 – 1441,2009.

[157] Speck,F. et al. ,Atomic layer deposited aluminum oxide films on graphite and graphene studied by XPS and AFM. *Physica Status Solidi C*,7,398 – 401,2010.

[158] Compton,O. C. and Nguyen,S. T. ,Graphene oxide,highly reduced graphene oxide,and graphene:Versatile building blocks for carbon – based materials. *Small*,6,711 – 723,2010.

[159] Stankovich,S. ,Piner,R. D. ,Nguyen,S. T. ,Ruoff,R. S. ,Synthesis and exfoliation of isocyanate – treated graphene oxide nanoplatelets. *Carbon*,44,3342 – 3347,2006.

[160] Chen,C. *et al.* ,Self – assembled free – standing graphite oxide membrane. *Adv. Mater.* ,21,3007 – 3011, 2009.

[161] Figueiredo,J. L. ,Pereira,M. F. R. ,Freitas,M. M. A. ,Orfao,J. J. M. ,Modification of the surface chemistry of activated carbons. *Carbon*,37,1379 – 1389,1999.

[162] Marchon,B. ,Carrazza,J. ,Heinemann,H. ,Somorjai,G. A. ,TPD and XPS studies of O_2,CO_2,and H_2O adsorption on clean polycrystalline graphite. *Carbon*,26,507 – 514,1988.

[163] Zhuang, Q. – L. , Kyotani, T. , Tomita, A. , Drift and TK/TPD analyses of surface oxygen complexes formed during carbon gasification. *Energy Fuels*,8,714 – 718,1994.

[164] Zielke, U. , Huttinger, K. J. , Hoffman, W. P. , Surface – oxidized carbon fibers. 1. Surface structure and chemistry. *Carbon*,34,983 – 998,1996.

[165] Hang, T. et al. , Electrochemical impedance spectroscopy analysis for lithium – ion battery using $Li_4Ti_5O_{12}$ anode. *J. Power Sources*,222,442 – 447,2013.

[166] Mukoyama,D. ,Momma,T. ,Nara,H. ,Osaka,T. ,Electrochemical impedance analysis on degradation of commercially available lithium ion battery during charge – discharge cycling. *Chem. Lett*, 41, 444 – 446,2012.

[167] Zhang, D. *et al.* , Studies on capacity fade of lithium – ion batteries. *J. Power Sources*, 91, 122 – 129,2000.

[168] Nagasubramanian,G. ,Two – and three – electrode impedance studies on 18650 Li – ion cells. *J. Power Sources*,87,226 – 229,2000.

[169] Osaka,T. ,Momma,T. ,Mukoyama,D. ,Nara,H. ,Proposal of novel equivalent circuit for electrochemical impedance analysis of commercially available lithium ion battery. *J. Power Sources*, 205, 483 – 486,2012.

[170] Momma,T. ,Matsunaga,M. ,Mukoyama,D. ,Osaka,T. ,Ac impedance analysis of lithium ion battery under temperature control. *J. Power Sources*,216,304 – 307,2012.

[171] Momma,T. ,Yokoshima,T. ,Nara,H. ,Gima,Y. ,Osaka,T. ,Distinction of impedance responses of Li – ion batteries for individual electrodes using symmetr

第8章 石墨烯基柔性驱动器、传感器和超级电容器

Chao Lu[2], Wei Chen[1,2]
[1] 香港理工大学服装及纺织学院智能可穿戴技术研究中心
[2] 中国科学院苏州纳米技术与纳米仿生研究所

摘　要　石墨烯由一个原子厚的二维碳片组成，具有共价键合的蜂窝结构，由于其独特的化学、物理和力学性能，几十年来引起了各个领域研究人员的极大关注。离子聚合物石墨烯复合材料（IPGC）是一种离子传感器，由一层聚合物电解质夹在两个石墨烯电极层之间组成。有趣的是，它可以通过外部刺激引起的离子迁移来实现能量存储和转换过程以及压力识别。因此，它具有高电导率、大比表面积、可调谐的电子性质和化学稳定性等特点，在电化学驱动器、压离子传感器和超级电容器中具有很大的应用价值。本章根据本小组以及其他人的工作，分别对基于石墨烯的柔性驱动器、传感器和超级电容器进行了全面的回顾和深入的描述。我们总结了原始石墨烯在三类中的应用，并讨论了结构规则如何影响材料活性和器件性能。最后，对纺织和纤维基IPGC器件在可穿戴电子器件中的巨大应用进行了展望，并对研究成果向现实应用的转化进行了探讨。

关键词　离子聚合物石墨烯复合材料，驱动器，传感器，超级电容器，离子换能器，可穿戴电子，空间识别，健康检测

8.1 概述

石墨烯是于2004年由曼彻斯特大学的AndreGeim和KonstantinNovoselov所发现的，其由一个原子厚的二维碳片组成，具有共价键合的蜂窝结构，如图8.1所示[1-3]。这种新型材料由于其独特的化学、物理和力学性能，近年来引起了驱动器、传感器、储能、催化等各个领域的研究人员和科学家的关注。具体而言，石墨烯具有高理论比表面积（$2630m^2/g$）、高载流子浓度（高达$10^{13}cm^{-2}$）和迁移率（超过$10^4cm^2/(V \cdot s)$）、高热导率（$3000 \sim 5000W/m \cdot K$），以及良好的光学透明度（97.3%）[4-5]。此外，高柔性、化学稳定性和导电性使其成为高性能电极材料中有前途的候选材料[6]。另外，石墨烯电极的多孔和互连结构可以促进电子传导和离子转移，这在电化学器件中表现出优异的性能[7-8]。

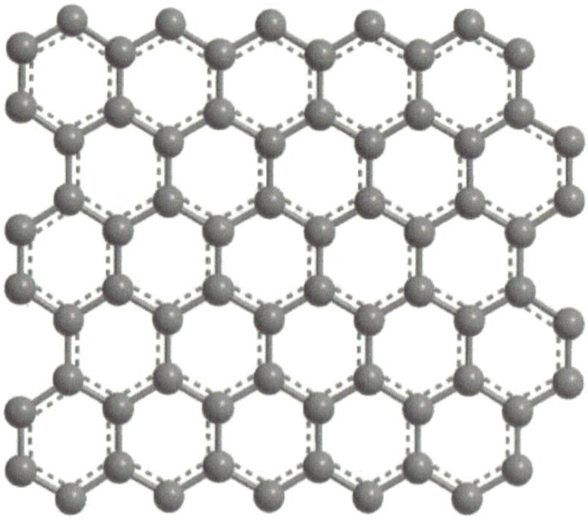

图 8.1　石墨烯结构示意图

石墨烯电极的独特性质是在作为离子聚合物石墨烯复合材料(IPGC)器件的电极时，解决了常规离子聚合物金属复合材料(IPMC)器件的诸多技术难题，在该领域取得了长足的进展[9]。IPMC 和 IPGC 结构都通过一个由两个电极层叠的离子导电聚合物电解质层组成，已被开发为仿生传感器、驱动器和能量存储器件，如图 8.2 所示[10-11]。传统的 IPMC 器件主要由基于金和铂的贵金属电极组成，但由于存在电极开裂、界面耦合差、电容低、循环寿命短等技术问题，阻碍了 IPMC 器件的进一步发展。随着先进的石墨烯电极的出现，这种独特结构的优异性能和纳米效应有效地解决了传统 IPMC 器件的这些问题[12]。如与离子聚合物层的强界面耦合效应，解决了界面开裂问题，大大提高了器件的循环寿命[13]。此外，石墨烯材料的柔性和轻质特性赋予了 IPGC 器件优异的力学性能和高比表面积，使其成为高效储能的材料。

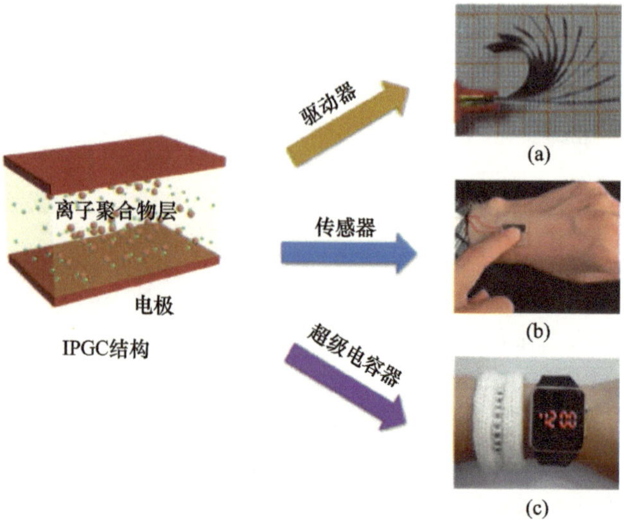

图 8.2　IPGC 结构及其作为驱动器、传感器和超级电容器的应用

(a)经授权转载自文献[14]，2012 年皇家化学学会版权所有；(b)经授权转载自文献[15]，2015 年约翰·威利父子出版公司版权所有；(c)经授权转载自文献[16]，2014 年约翰·威利父子出版公司版权所有。

IPGC 器件由于其优异的性能在现实生活中有许多不同的应用。第一,电化学驱动器是一种 IPGC 器件,在平面平行电场下,通过电极中可逆离子嵌入和脱嵌产生应变[17-18]。由于电化学驱动器在轻、软、可实现的应变和应力方面与天然肌肉相似的特殊性质,在仿生应用中显示出巨大的潜力,包括仿生飞虫、机器人和微机电系统[19-21]。第二,压离子传感器是 IPGC 结构的另一个应用,可以在不依赖外部电源的情况下产生传感信号,并且能够区分弯曲应变的方向[22-23]。这种压离子传感器不仅具有科学价值,而且在复杂人体运动测量中具有很大的应用潜力,特别是在手语识别、坐姿矫正、脉搏波检测等方面。第三,由于石墨烯电极具有较高的离子存储容量,IPGC 结构可以直接作为超级电容器用于储能,通过可逆充放电过程存储和释放电能[24]。超级电容器具有高功率密度和优异的倍率性能,被广泛认为是便携式电子、混合动力汽车和备用电源系统中具有前途的电源[25-26]。

在过去的 10 年里,纳米技术为 IPGC 研究提供了无与伦比的解决方案[13,27]。随着石墨烯的各种纳米结构设计,研究人员更接近解决下一代 IPGC 器件的问题。因此,必须审查迄今取得的进展,并展望不久的将来可能出现的情况。本章旨在总结石墨烯在先进 IPGC 系统中的关键作用,重点介绍柔性驱动器、传感器和超级电容器的代表性应用。然后,讨论了可穿戴电子设备的基于纺织和纤维的 IPGC 器件,并对研究成果向现实应用的转化进行了一些讨论。

8.2 背景和基础知识

自 2000 年 Oguro 和 Shahinpoor 向公众公开 IPMC 器件的制造工艺以来,研究人员基于 IPMC 和 IPGC 结构的各种应用在世界范围内层出不穷[28-29]。对称夹心状结构主要由一层离子导电聚合物电解质层、两个电极通过热压法层叠制成[30]。聚合物电解质层可根据移动离子类型分为两种类型。一种是基于水合离子,如全氟磺酸膜[31]。另一种是基于离子液体,比前一种更稳定,离子导电性更好[32]。此外,电极是影响其性能的另一个重要因素,常规贵金属电极因其不稳定性和界面开裂问题严重制约了器件的发展[33-34]。近年来,纳米技术的兴起,特别是石墨烯材料的出现,为解决多年来阻碍器件发展的技术瓶颈带来了希望。

目前,IPGC 结构已经成功地应用于驱动器、传感器和超级电容器领域,下面将分别讨论每种应用的机制。驱动器可在外部刺激下产生可逆变形,如光、热或电刺激[37-39]。特别是,IPMC 驱动器由于其更好的可控性、更高的能量转换效率以及在智能机器人、工业微操作系统、航空航天和国防技术等方面的潜在应用而受到广泛的研究[13,40]。如图 8.3(a)所示,IPMC 驱动器的应变是由平面平行电场下电极中可逆离子嵌入和脱嵌产生的。然后,阳离子和阴离子的离子半径的差异分别导致正负阳极的应变差异,最终导致驱动器应变[41-42]。

可穿戴应变传感器能够捕捉和识别人类的各种活动,具有良好的特性,在运动捕捉、医疗保健和军事等领域具有巨大的应用潜力[43-44]。开发了各种电阻式和电容式传感器,以高灵敏度、良好的稳定性和灵活性检测人体运动[45-46]。然而,这些类型的传感器不能有效地区分人体运动的弯曲方向。有趣的是,基于 IPGC 结构的传感器已被证明正在实现对从大规模运动到细微生理信号的人类活动的实时检测[47]。如图 8.3(b)所示,IPGC 传感器可以产生电信号输出,以响应具有离子再分布机制的机械变形。当 IPGC 传感器施加外部变形时，聚合物电解质层中的移动离子以离子浓度梯度重新分布，导致器件中的唐南电位。

IPGC 结构的另一个成功应用是超级电容器，可以通过可逆充放电过程存储和释放电能。超级电容器具有高功率密度和优异的倍率性能，被广泛认为是便携式电子、混合动力汽车和备用电源系统的有前途的电源[48-49]。图 8.3(c)显示了超级电容器的充放电机制。简单地说，聚合物结构中的移动离子在外部电场下迁移到电极进行能量存储，并在连接到电器时恢复到原始状态释放能量[50-51]。然而，市售超级电容器相对较低的能量密度严重限制了其实际应用[52]。同时具有高功率密度和能量密度的超级电容器仍然是一个挑战。因此，IPGC 结构存在着巨大的科学价值和应用价值，但仍存在一些挑战。随着纳米技术的发展，特别是石墨烯材料的出现，这些技术问题将最终得到解决。

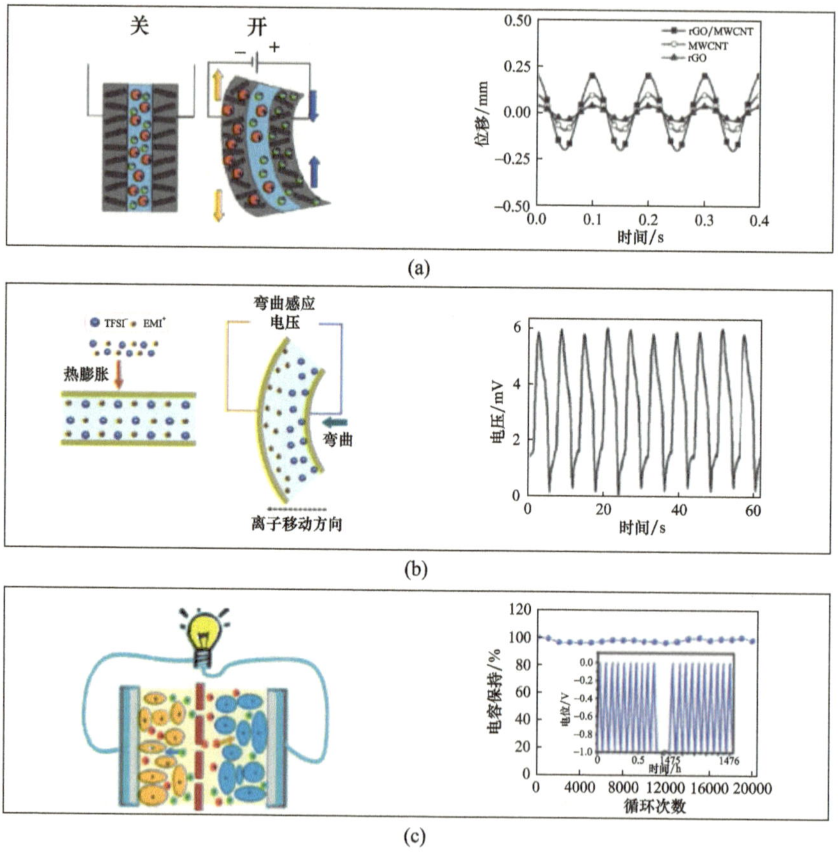

图 8.3　分别基于(a)驱动器、(b)传感器和(c)超级电容器的 IPGC 机制
(a)经授权转载自文献[35]，2012 年约翰·威利父子出版公司版权所有；(b)经授权转载自文献[15]，2015 年约翰·威利父子出版公司版权所有；(c)经授权转载自文献[36]，2014 年英国皇家化学学会版权所有。

8.3 电化学驱动器

8.3.1 高体积膨胀率的本征石墨烯基驱动器

石墨烯材料以其独特的结构和性能引起了学术界和工业界的极大关注。理论计算表明,溶剂化离子插入石墨烯层导致垂直于其基面方向的定向大体积膨胀(>700%)[54-55]。因此,其在 IPGC 驱动器中具有很大的应用价值,这基本上是由离子迁移引起的。Bunch 等制造了一种基于单层和多层石墨烯片的驱动器,其以兆赫范围的基本谐振频率进行致动[56]。Hu 等报道了一种基于石墨烯双压电芯片结构的高性能光驱动器,开发了一系列实现多功能运动输出的光驱动器器件,包括卷帘、智能盒,以及模仿坦克运动的履带式机器人移动、穿越障碍物、攀爬台阶,如图 8.4 所示[53]。石墨烯材料在热驱动器和光驱动器中的成功应用表明,其将是一种很有前途的 IPGC 驱动器。

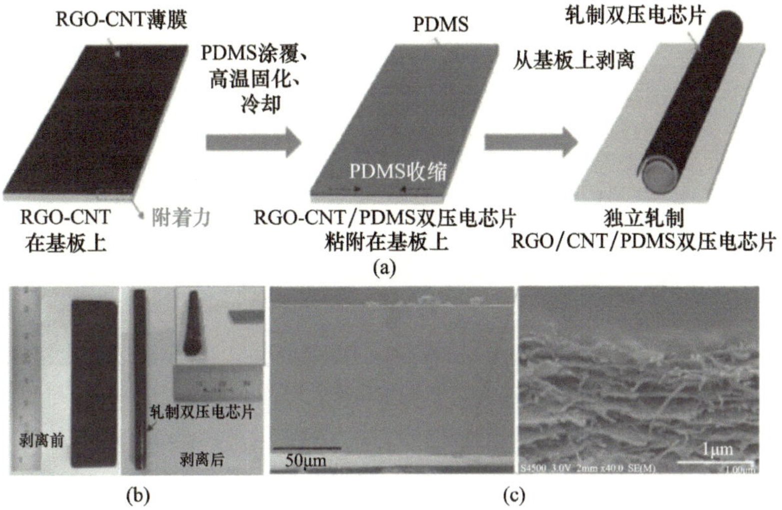

图 8.4 石墨烯基光驱动器的制造过程及其作为卷帘和履带式机器人的应用

(a)轧制 rGO - CNT/PDMS 双压电芯片的制造示意图;(b)100℃ 固化的 rGO - CNT/PDMS 双压电芯片从基底上剥离之前(左)和之后(右)的光学图像,右边的插图显示了轧制的 rGO - CNT/PDMS 双压电芯片的侧视图图像;(c)rGO - CNT/PDMS 双压电芯片的横截面 SEM 图像(经授权转载自文献[53],2015 年约翰·威利父子出版公司版权所有)。

Rogers 等利用第一性原理密度泛函计算研究了石墨烯材料作为 IPGC 驱动器材料的潜力[57-58]。他们预测,由于空穴注入石墨烯结构,可逆和不可逆应变分别高达 6.3% 和 28.2%。如图 8.5(a)所示,大应变显示为石墨烯原子结构从亚稳态箝位到更稳定的未压缩构型变化的结果[57]。此外,利用从头计算密度泛函计算,他们发现由静电双层形成引起的应变是单层石墨烯中的主要驱动机制,如图 8.5(b)所示[58]。这是因为根据计算结果发现静电双层应变是量力应变的 5 倍。重要的是,石墨烯材料在理论上被证明是 IPGC 驱动器的理想候选材料。

电极材料的大体积变化对驱动器设计很重要,但基于石墨烯的驱动器实际应变远低于上述理论值。Chen 等报道了一种平行结构的石墨烯纳米片电极,以提高 IPGC 驱动器的实际应变[59]。通过离子液体预膨胀处理调节其间距,并联石墨烯电极实现了高达 98% 的大体积变化,如图 8.6 所示。这是因为由石墨烯组成的 IPGC 致动器具有与层平行的电场,从而有利于在致动期间的离子迁移,表现出比石墨烯垂直于所施加电场的传统致动器更好的性能。这一巧妙的设计使石墨烯的实际应变更接近其理论值,为 IPGC 的设计提供了新的视角。

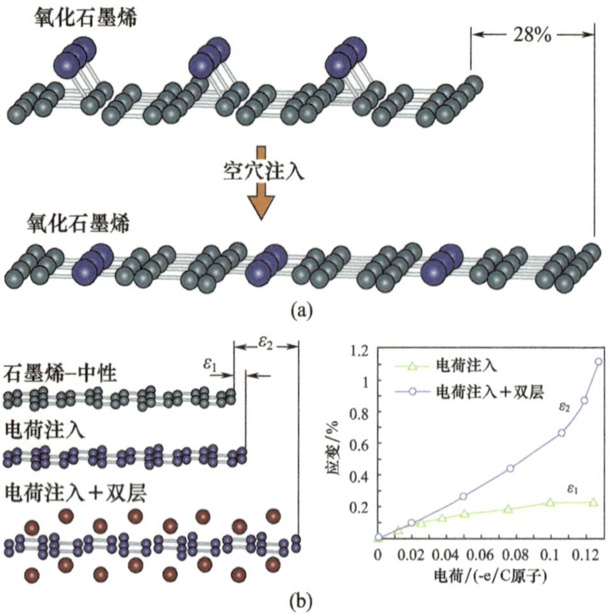

图 8.5 (a)石墨烯原子结构从亚稳态箝位到解压缩配置的变化引起的大的电化学应变，经美国化学学会许可转载(2012 年版权所有)[57]；(b)静电双层形成诱导的应变是主导机制[经美国化学学会许可转载(2011 年版权所有)[58]]

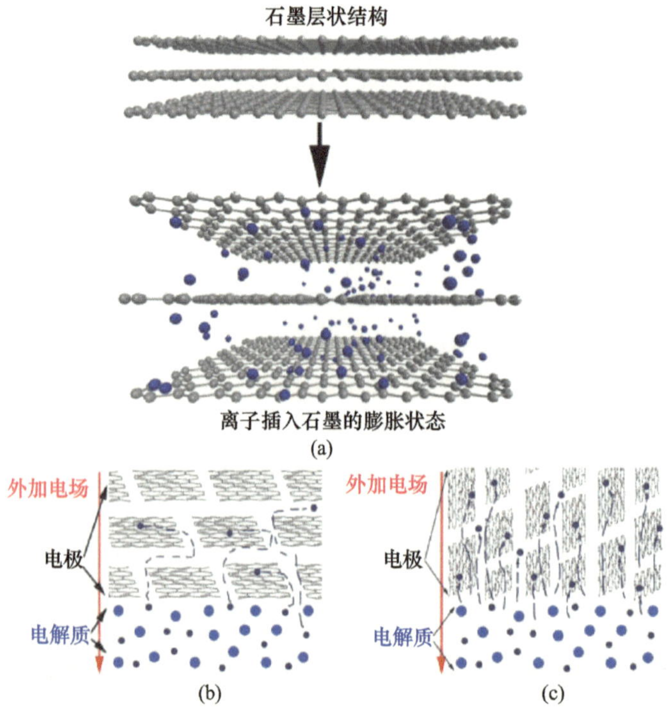

图 8.6 (a)离子插入诱导石墨膨胀；(b)广泛采用的石墨烯电极构型，其中石墨烯平面垂直于施加电场的平面和通过石墨烯边缘之间间隔的离子传输；(c)新开发的石墨烯电极构型(经授权转载自文献[59]，2012 年英国皇家化学学会版权所有)

8.3.2 高使用寿命的杂化石墨烯基驱动器

离子插入和脱出的动态过程对IPGC驱动过程至关重要，但在电极制备过程中石墨烯片的重新填充会使这一过程变得缓慢和困难。基于石墨烯的双压电芯片离子驱动器最初在电极应变为0.2%的电解质溶液中产生了弯曲位移，尽管由于离子难以迁移到平行石墨烯纳米片的层间距中，致动速度相当慢[60-62]。因此，设计多孔和网络化的石墨烯结构对于开发具有高稳定性和大弯曲致动的IPGC驱动器具有重要意义。为了解决这一问题，已经开发了由石墨烯和碳纳米管(CNT)组成的坚固的混合电极。

石墨烯通过π-π堆叠包裹在CNT表面，形成三维多孔网络。CNT的引入不仅有效地防止了石墨烯的重新堆叠，还获得了高电导率[35]。测得混合电极的独立式电极的电导率为135S/cm^{-1}，高于石墨烯的电导率(45S/cm)，但低于CNT的电导率(303S/cm)。在石墨烯和杂化体系中，石墨烯纳米片之间的平面接触比CNT网络之间的点接触稳定得多[63-64]。因此，除了CNT的高导电性，杂化结构还可以受益于石墨烯纳米片平面接触的强相互作用。此外，所获得的杂化物具有堆叠在弯曲CNT上的石墨烯结构，这可以在图8.7中的透射电子显微镜(TEM)图像中清楚地观察到。最后，结构、电化学和驱动表征表明，混合电极的多孔结构有效地改善了电化学充放电过程，从而赋予了宽的频率范围响应、大的弯曲位移和百万倍的长期驱动稳定性[35]。

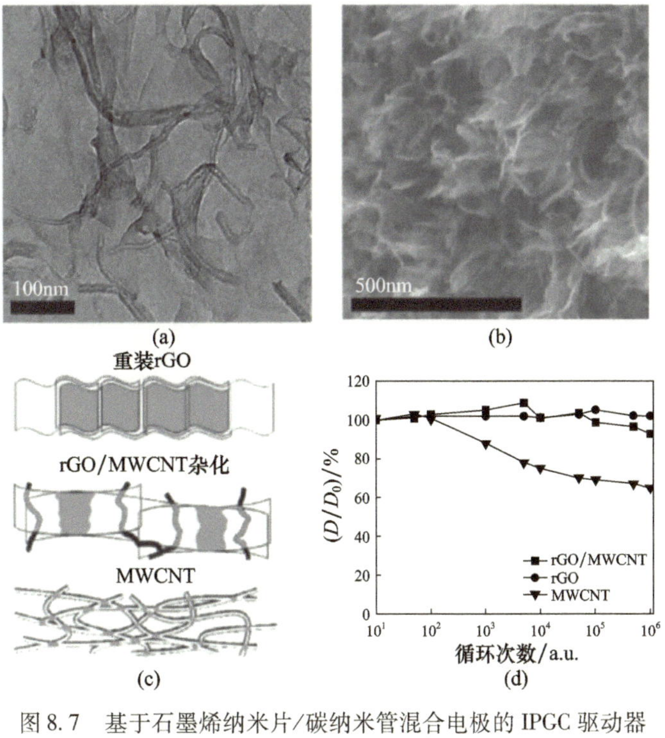

图8.7 基于石墨烯纳米片/碳纳米管混合电极的IPGC驱动器

(a)电极的TEM图像；(b)电极的SEM图像；(c)电极的混合机制；(d)IPGC驱动器在空气中的循环稳定性

(经授权转载自文献[35]，2012年约翰·威利父子出版公司版权所有)。

众所周知，由于电子转导过程，致动性能在很大程度上受到电极材料的电导率的影响[29,66-67]。虽然三维CNT/石墨烯混合网络通过优化动态电化学过程极大地提高了

IPGC 驱动器的工作稳定性，但其电导率无法与金、铂、银等金属电极相比[68]。另外，传统的基于金属电极的 IPMC 驱动器的性能和循环稳定性远低于 IPGC 驱动器。这是由于金属材料不具有大的比表面积、三维多孔网络、柔性和与石墨烯材料的聚合物电解质稳定的耦合界面。因此，通过纳米复合技术将金属材料的高导电性与石墨烯材料的这些优异性能结合起来，用于高性能驱动器是一个很有前途的策略。

受上述设计策略的激励，研究小组开发了一种用于 IPGC 驱动器的石墨烯稳定的银纳米粒子（AgNP）电极。石墨烯/Ag 杂化材料的形成机制如图 8.8 所示[65]。首先，将石墨烯悬浮液与 $Ag(NH_3)_2OH$ 溶液混合。然后，带正电的 $Ag(NH_3)_2^+$ 离子很容易被吸附在带负

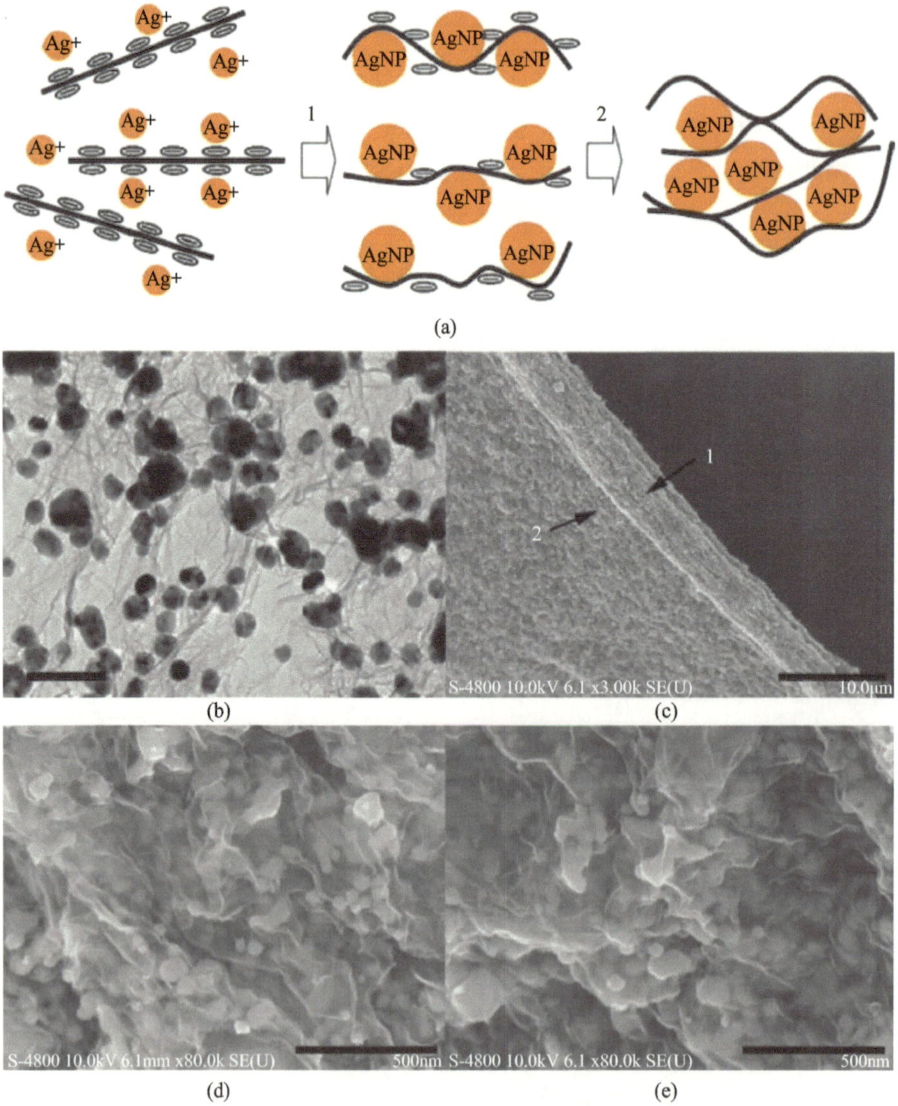

图 8.8 基于石墨烯稳定的银纳米粒子电极的 IPGC 驱动器

(a)在 GO 表面上沉积银纳米粒子并从溶液进一步还原为 rGO/Ag 杂化物的图示；(b) rGO/Ag 杂化物的 TEM 图像，比例尺表示 100nm；(c) rGO/Ag 杂化膜的 SEM 图像，比例尺表示 10μm；(d)(e)(c)中标记为 1 的区域的横截面和标记为 2 的区域的侧视图的高分辨率 SEM 图像，比例尺表示 500nm（经授权转载自文献[65]，2013 年约翰·威利父子出版公司版权所有）。

电的石墨烯表面，并被肼还原，导致 AgNP 在石墨烯表面沉积。TEM 图像还表明，AgNP 成功地沉积在石墨烯表面。新型杂化电极的电导率为 900S/cm，远高于石墨烯电极的 45S/cm。重要的是，由于 AgNP 的插入，有效地避免了石墨烯的再填充效应，从而改善了动态离子迁移过程。因此，石墨烯/Ag 电极基驱动器可以以比纯银电极基驱动器大得多的弯曲位移在宽的频率范围（0.01～10Hz）内致动。最重要的是，由于包裹在 AgNP 周围的石墨烯层可以有效地防止 AgNP 被腐蚀，杂化基 IPGC 驱动器表现出比纯金属电极的驱动器更好的致动稳定性。这一创新的复合策略将为下一代 IPGC 驱动器的电极设计提供新的思路。

8.3.3 高应变率的非均相掺杂石墨烯基驱动器

为了提高石墨烯材料的化学活性以获得更高的驱动性能，通过物理共混向石墨烯中添加金属氧化物和导电聚合物等活性材料，以提高石墨烯的电容[69-71]。然而，石墨烯复合材料中活性材料兼容性差，严重破坏了电极的导电性和界面传质。因此，迫切需要设计既能保持多孔网络、大比表面积、高电导率等固有特性，又能赋予电化学活性的石墨烯电极。

近年来的实验表明，原位氮掺杂方法可以提高纳米碳材料的电化学活性和保持结构稳定性，从而有效提高器件的电化学性能[73-74]。基于氮掺杂引起的这种物理化学效应，研究小组制备了多孔石墨氮化碳（g－C_3N_4）纳米片电极，并成功开发了具有高应变速率驱动性能的离子驱动器，如图 8.9 所示。该材料通过在氮气保护下煅烧葡萄糖、尿素和 CNT 的混合物来合成。具体地，尿素的热缩合产生石墨碳氮化物，而葡萄糖通过供体－受体相互作用形成芳族碳中间体。此外，在体系中引入了一些碳纳米管以增强材料的结构稳定性。

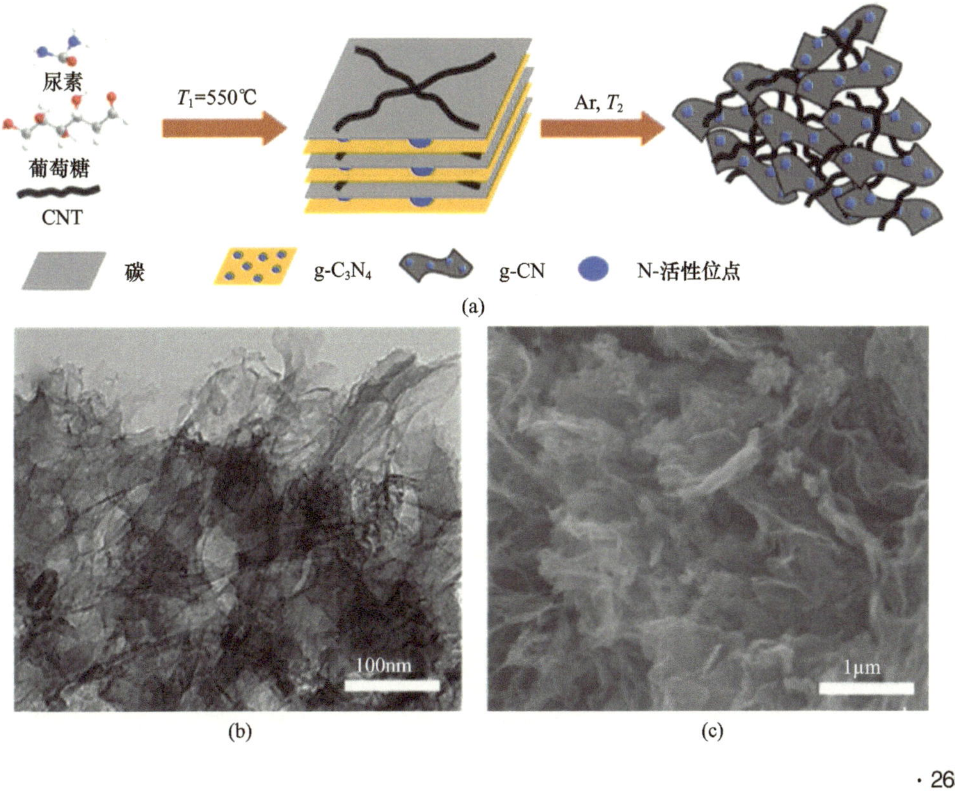

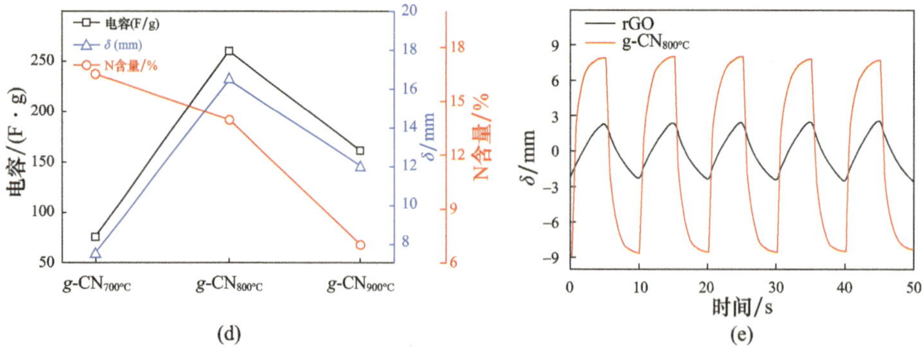

图 8.9　多孔图形氮化碳电极的制备及其机电性能

(a)材料的制备工艺；(b)g-C_3N_4 的 TEM 图像；(c)g-C_3N_4 的 SEM 图像；(d)氮活性位点分析；(e)g-C_3N_4 驱动器的制动性能(经授权转载自文献[72]，2015 年自然版权所有)。

因此，g-C_3N_4 基 IPGC 驱动器显示出优异的储能和机电转变性能，包括大的比电容(259.4F/g，比纯二维石墨烯电极高 7 倍)、快速电荷注入引起的快速致动响应[300ms 内 (0.5±0.03)%]以及 3V 时的大平衡机电应变[高达(0.93±0.03)%，比石墨烯电极高 3 倍][72]。其高性能主要归因于 N-活性位点增强了与离子的结合作用，提高了电荷密度。具有微孔的分级结构对电极膨胀具有主导作用。这种创新的异质原子掺杂方法为高性能 IPGC 驱动器的活性电极材料设计提供了新的视角。

基于 N 掺杂石墨烯的 IPGC 驱动器表现出优异的驱动性能，发展了 C 掺杂方法来进一步改善单原子掺杂石墨烯的性能，以获得更高的机电性能。Kotal 等设计了一种用于 IPGC 驱动器的硫和氮共掺杂的石墨烯电极材料，因为 N 的电负性与 C 的电负性相比，S 的电负性几乎与 C 的电负性相似，如图 8.10 所示。较大尺寸的 S 原子有利于调谐石墨烯的电子性质，容易极化电子对，产生电荷位点，显著增强电学、机械和电化学性能[75-77]。

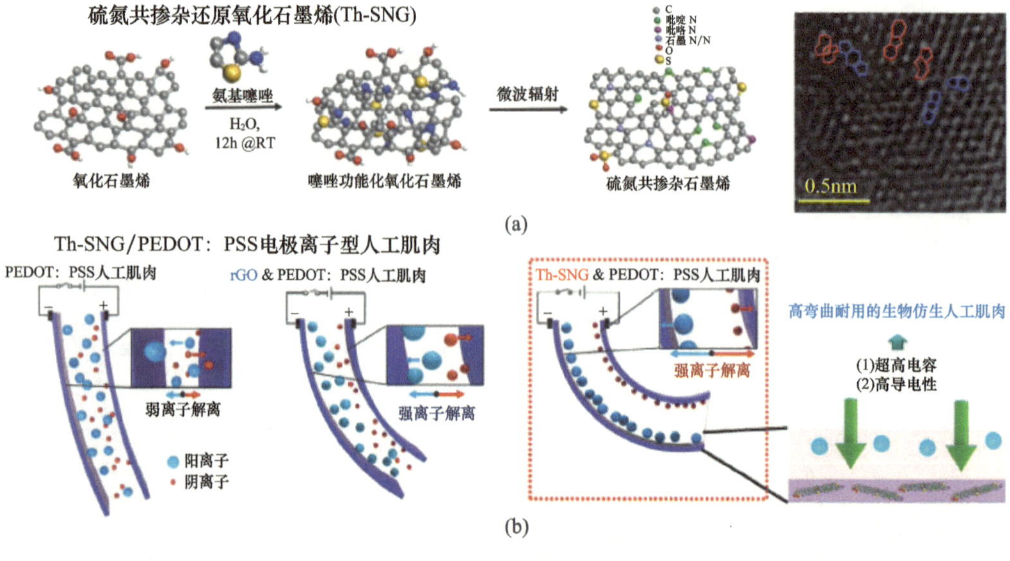

图 8.10　Th-SNG 合成路线示意图和新型离子人工肌肉的概念

(a)硫和氮共掺杂还原氧化石墨烯(Th-SNG)；(b)具有 Th-SNG/PEDOT：PSS 电极的生物启发离子人工肌肉(经授权转载自文献[75]，2016 年约翰·威利父子出版公司版权所有)。

他们充分利用杂原子共掺杂石墨烯的协同效应，通过 $\pi-\pi$ 相互作用效应，与聚乙烯二氧噻吩（PEDOT）：聚苯乙烯磺酸盐（PSS）制备了高效柔性电极。该电极出现的电化学活性、超高电容（在含水电解质中为 284F/g，在非水电解质中为 505F/g）和电导率（767S/cm）以及突出的机械稳定性（1.85GPa，比原始 PEDOT：PSS 高 85%）促进了显著改善的致动性能，包括大的弯曲应变（在 0.1Hz 下在 1V 时高达 0.36%，比 PEDOT：PSS 电极高 4.5 倍）和良好的耐久性（18000 次循环后初始应变的 96%）[75]。

虽然 S 和 N 共掺杂石墨烯基 IPGC 驱动器表现出较高的储能能力和稳定的循环稳定性，但机电性能并未达到预期结果。这意味着高性能电极对于高性能驱动器是不够的；界面耦合效应更为重要，因为离子迁移和电子导电主要发生在电极与聚合物电解质层的界面上。因此，研究和计算界面耦合效应，设计有效的界面离子和电子通道是下一代高性能 IPGC 驱动器的关键策略。

8.3.4 石墨烯表面与器件界面

众所周知，石墨烯是二维层状结构，很容易重新堆叠在一起，防止离子的插入。在外加电场作用下，离子可以迁移到电极与聚合物电解质层的界面，但不能继续插入石墨烯电极。这是因为石墨烯材料光滑致密的表面不存在任何用于进一步离子插入的通道。尽管以前的许多工作通过物理共混和化学改性制备了用于离子存储的高性能石墨烯电极，但高机电传递的 IPGC 驱动器近年来鲜有报道[13,32,79-80]。这是因为仅仅通过开发高性能电极不能改善离子迁移的界面动力学。因此，需要更有效地设计用于快速离子迁移的界面结构，从而提高驱动响应和机电转换性能。Zhang 等研究了电解质膜厚度对离子电活性器件中离子液体电荷动力学的影响，发现离子跨膜传输比界面附近的离子传输需要更多的时间[78]。因此，IPGC 界面周围聚集的离子在驱动性能中起着主导作用，如图 8.11 所示。

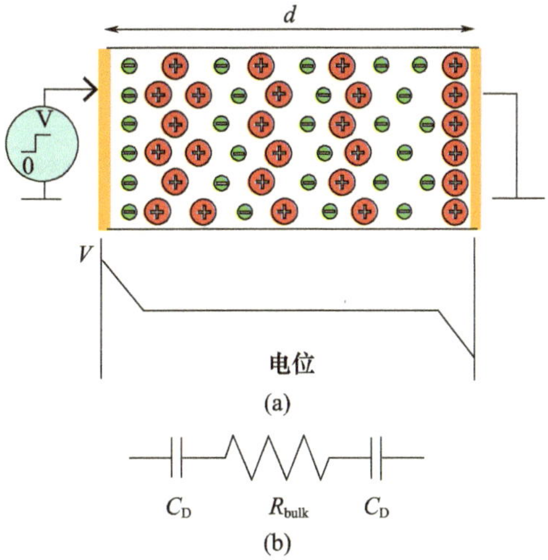

图 8.11 （a）在外加电压下夹在金属电极之间的含电解质的膜的示意图。膜充电后跨越膜的电压降示意图，说明大多数电压降发生在阻挡电极附近，其中移动离子屏蔽金属电极中的电荷。（b）离子膜金属系统的等效电路，其中 R_{bulk} 是膜的体电阻，C_D 是双电层电容

（经授权转载自文献[78]，2012 年美国化学学会版权所有）

为了进一步提高 IPGC 器件的机电性能，研究小组设计了一种基于 VA - NiONW@rGO - MWCNT 电极的新型电化学驱动器，如图 8.12 所示[14]。在石墨烯 - 碳纳米管混合薄膜上原位生长了垂直取向的 NiO 纳米壁阵列。通过 π - π 堆叠自组装制备了 rGO - MWCNT 杂化薄膜。二维 rGO 和一维 MWCNT 的这种整齐的组装保证了轻质和多孔电极以及整个驱动器(146.35MPa)的优异电导率(约 150S/cm)和力学性能(3 ~ 5GPa)。此外，具有大比表面积的纳米结构 VA - NiONW 阵列界面层可以为离子注入和积累提供更多的区域，垂直排列的纳米结构为离子快速嵌入和脱嵌提供了良好的电子转移路径和通道[81]。因此，伴随着纳米结构阵列界面电极的活性离子通道的大比表面积使我们能够在快速切换响应中实现大变形(每 0.05s 18.4 mm)、高应变和应力率(8.31%/s，12.16MPa/s)以及在空气中连续操作 500000 次时的优异耐久性。

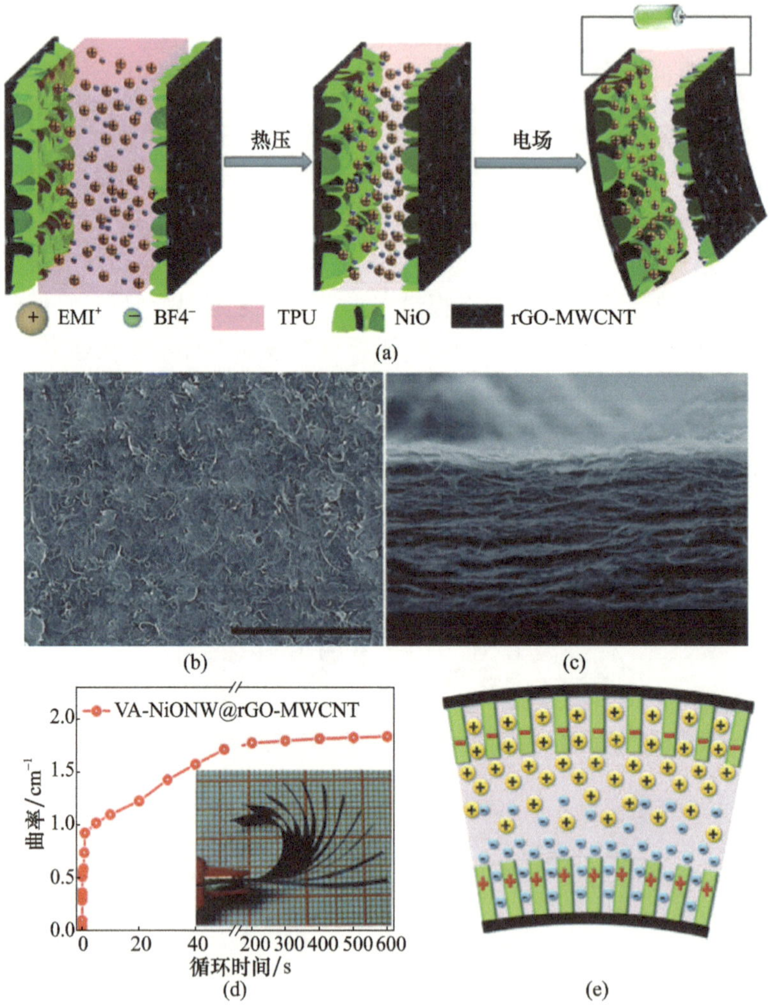

图 8.12 (a)基于 VA - NiONW@rGO - MWCNT 电极的电化学驱动器的结构和组装过程的图示；(b)rGO - MWCNT 的表面横截面 SEM 图像；(c)rGO - MWCNT 的横截面图像；(d)驱动器的曲率变化和插图显示了驱动器在 2.5V 时于 50s 内的弯曲运动；(e)施加电压时在电极层内外具有过量离子的驱动器产生的应变的示意图；黑色表示 rGO - MWCNT，绿色表示 NiO 纳米壁
(经授权转载自文献[14]，2014 年英国皇家化学学会版权所有)

在聚合物电解质和石墨烯电极之间集成纳米阵列结构作为界面离子通道后，随着离子迁移动态过程的增加，IPGC 驱动器的机电性能得到了很大的提高。为了验证 IPGC 界面的重要性，研究小组基于图 8.13 中的 PANI@ VA – CNT 纳米复合材料设计了具有多个垂直离子通道的有序活性 IPGC 电极[82]。采用电化学聚合方法制备了 PANI@ VA – CNT 薄膜。首先，通过在室温下流延 CNT 分散体来制备松散的 CNT 膜。然后，在电场下诱导松散的 CNT 并初步取向以沿电场方向排列。同时，在电场诱导下，PANI 纳米棒垂直生长在 CNT 表面。这种垂直对准的结构为更快的离子传输提供了有序的路径通道，并为更多的离子积累提供了高的电化学电容。另外，准电容 PANI 壳防止了 CNT 的团聚，提高了离子存

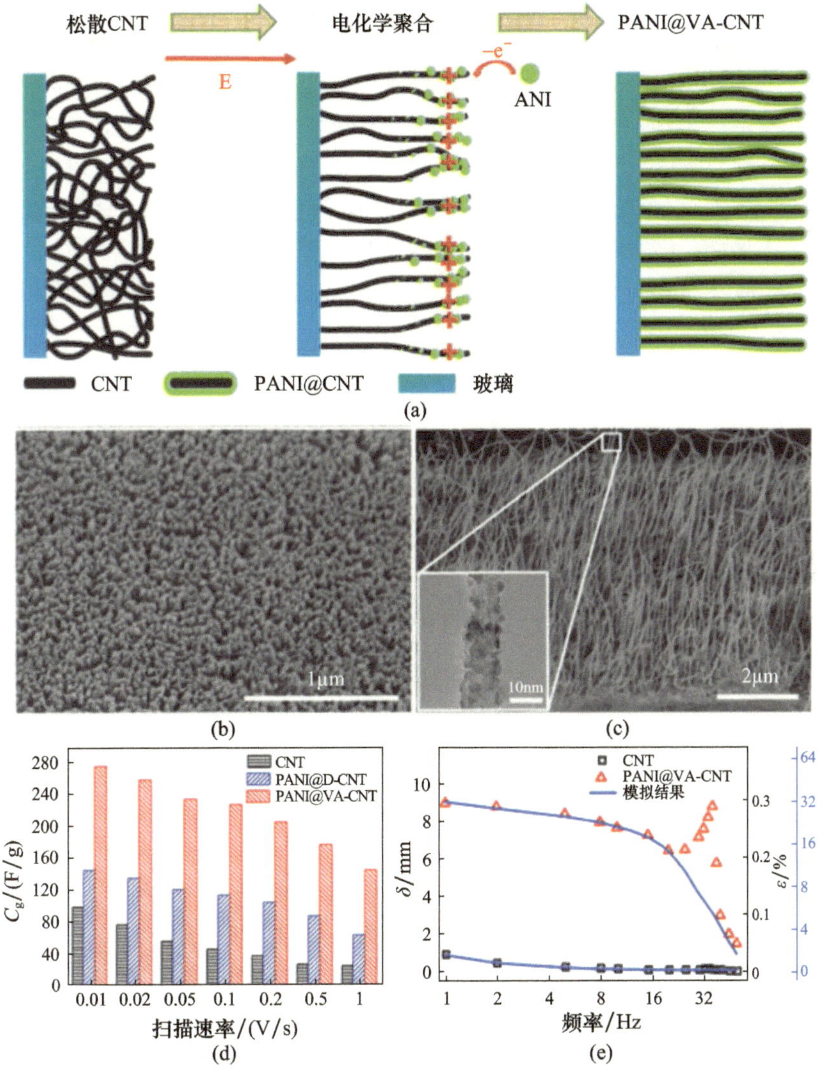

图 8.13 (a)制备 PANI@ VA – CNT 膜的示意图；(b)PANI@ VA – CNT 的表面 SEM 图像；(c)PANI@ VA – CNT 的横截面 SEM 图像，插图是 PANI@ CNT 的 TEM；(d)不同电极的倍率性能；(e)宽频弯曲位移响应(1 ~ 50Hz)以及使用驱动器中的机电动力学模型在产生的应变和转移的电荷之间的相关模拟结果(经授权转载自文献[82]，2016 年约翰・威利父子出版公司版权所有)

储能力。结果表明，该 IPGC 驱动器表现出有趣的驱动性能，包括较宽的频率范围（1～50Hz）、较快的驱动速度（42.5%·s^{-1}）以及在 3V 时较高的循环稳定性（200 万次）。因此，IPGC 界面上有序的活性纳米通道在促进机电转变性能方面发挥了重要作用，下一代 IPGC 驱动器的石墨烯材料离子通道的设计应成为进一步的工作重点。

8.4 压电传感器

8.4.1 高响应信号增强的本征石墨烯基传感器

Madden 等报道了一种聚氨酯水凝胶触摸传感器，并首次提出了离子压电效应，如图 8.14所示。当机械扰动导致聚合物基质非均匀变形时，离子物质将经历局部压差，并移位，使得化学势变化补偿所施加的压力，这由 Gibbs－Duhem 方程描述[83-85]。在这种去极化状态下，化学势的变化必须直接对应于电位的变化，可以使用与材料接触的电极来测量[86]。基于这种离子压电效应，他们使用各种电解质溶胀的聚氨酯水凝胶来模拟手指在传统触摸屏器件上的敲击。同样，IPMC 和 IPGC 器件也存在这种离子压电效应，因此对这种效应进行了系统的研究，并将这些传感器应用于健康监测和三维空间识别。

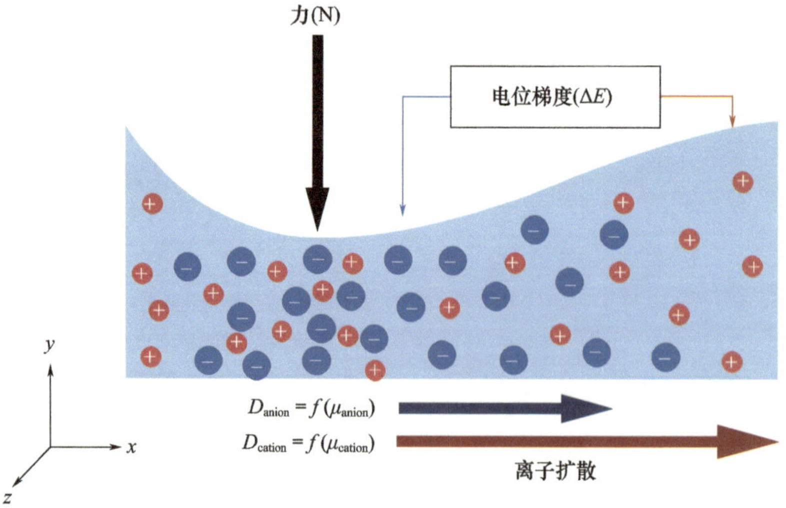

图 8.14 显示不均匀离子分布的离子电效应[83]

研究小组报告了一种 IPMC 结构的离子压电传感器，用于检测人类活动，包括细微的生理信号和大规模的身体运动，以及区分运动方向[15]。我们通过化学镀方法制备了 IPMC 传感器，如图 8.15 所示，并使用离子液体作为新的电解质，以取代水溶剂，因为其具有高离子电导率、高电压稳定性和不挥发性。当离子压电效应传感器机械变形时，传感器的一侧被拉伸，而另一侧被压缩。该施加的应力梯度导致内部可移动离子从压缩区域移动到扩展区域[87]。由于阳离子和阴离子之间的尺寸差异，离子运动是不均匀的，然后离子分布的不平衡产生跨越膜厚度的电信号输出[88]。当遇到来自外部的细微机械弯曲时，IPMC 传感器可产生 1.3mV 的输出电压。

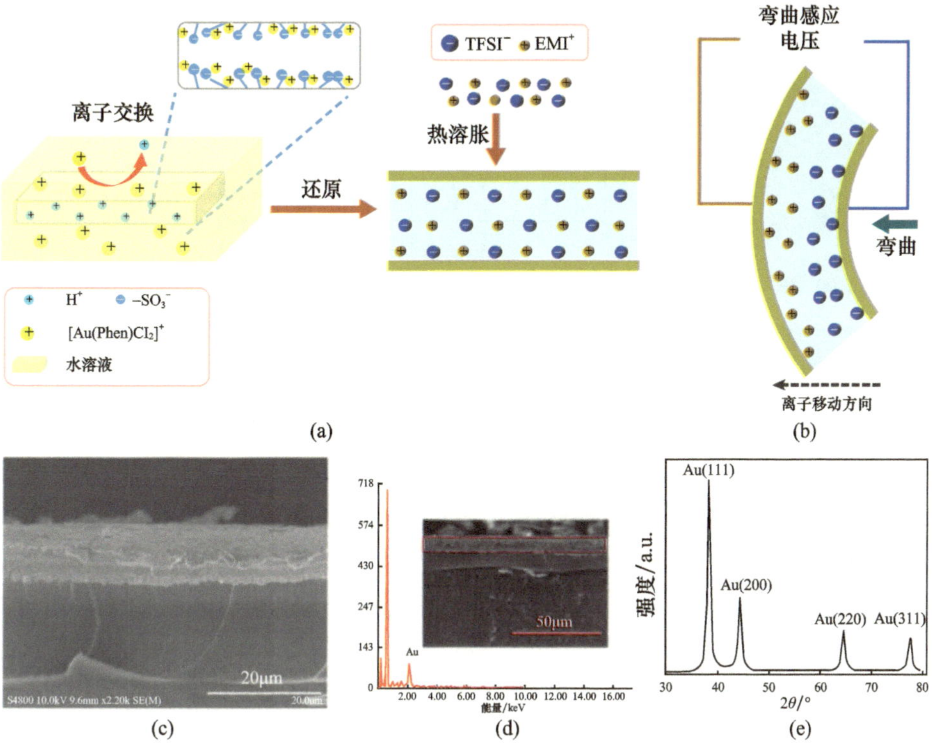

图 8.15 (a)IPMC 压离子传感器的制造过程示意图;(b)由于离子的重新分布而在压离子应变传感器中自供电感测的机制示意图;(c)电极聚合物界面的 IPMC 的横截面 SEM 图像;(d)IPMC 的 EDX(能量色散 X 射线)分析,插图显示了相应的 SEM 图像;(e)IPMC 的 XRD 图案(经授权转载自文献[15],2016 年约翰·威利父子出版公司版权所有)

众所周知,所产生的电信号强烈地取决于电极层和离子聚合物夹层之间的接触面积[89-90]。因此,电极的设计对压电离子传感器的性能至关重要。对于这种离子型传感器,电信号与电极处移动离子的数量有关。对于感测性能,电极处的较高数量的带电离子是优选的。为了提高传感信号,我们利用石墨烯电极代替传统的金电极,制备了 IPGC 传感器。在石墨烯基压电离子传感器的循环弯曲下,产生约 4.5mV 的电压(图 8.16),大于 IPMC 传感器产生的电压[15]。这主要归功于石墨烯基电极大的比表面积,有利于产生更大的机电信号[91-92]。大比表面积的石墨烯基电极与离子聚合物夹层提供了大的接触面积,能够存储更多的离子[93]。当施加弯曲变形时,更多数量的离子可以积聚在电极处,导致更大的电信号。因此,采用石墨烯电极取代传统 Au 电极的策略,可以大大提高传感信号。

信号大幅增加的 IPGC 压电离子传感器显示出作为监测各种人类活动的可穿戴传感器的巨大潜力,如图 8.17 所示[15]。IPGC 传感器直接连接在人的腕关节背面,用于监测关节弯曲运动,可以通过电感应信号检测和区分腕关节弯曲轨迹(图 8.17(a))[15]。我们知道,脊椎是人体非常重要的一部分,因此我们使用这种可穿戴传感器进行坐姿矫正。对于长期伏案工作的人来说,良好的坐姿对保护脊柱健康至关重要[94]。将可穿戴传感器贴在人的背部,成功检测到图 8.17(b)中坐姿从好到坏的变化。IPGC 传感器的这些应用只是冰山一角,未来更多的可穿戴应用形式还有待开发。

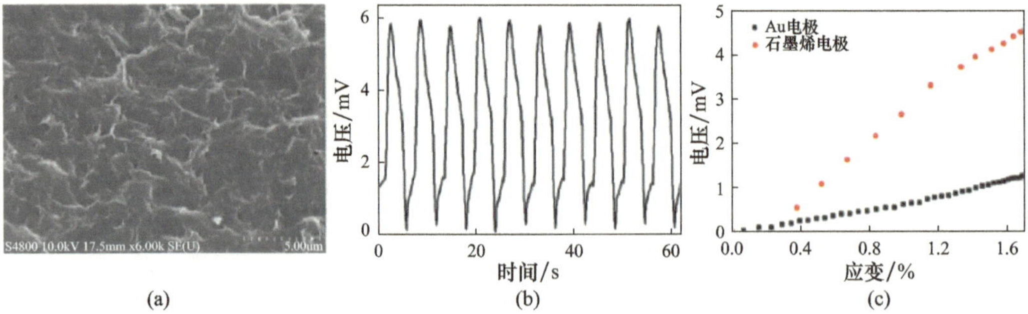

图 8.16 IPGC 压电离子传感器的响应

(a)石墨烯复合电极的 SEM 图像;(b)石墨烯基压电离子传感器响应于循环弯曲而产生的电压;(c)具有不同电极的 IPMC 压电离子传感器的电压作为弯曲诱导应变的函数(经授权转载自文献[15],2016 年约翰·威利父子出版公司版权所有)。

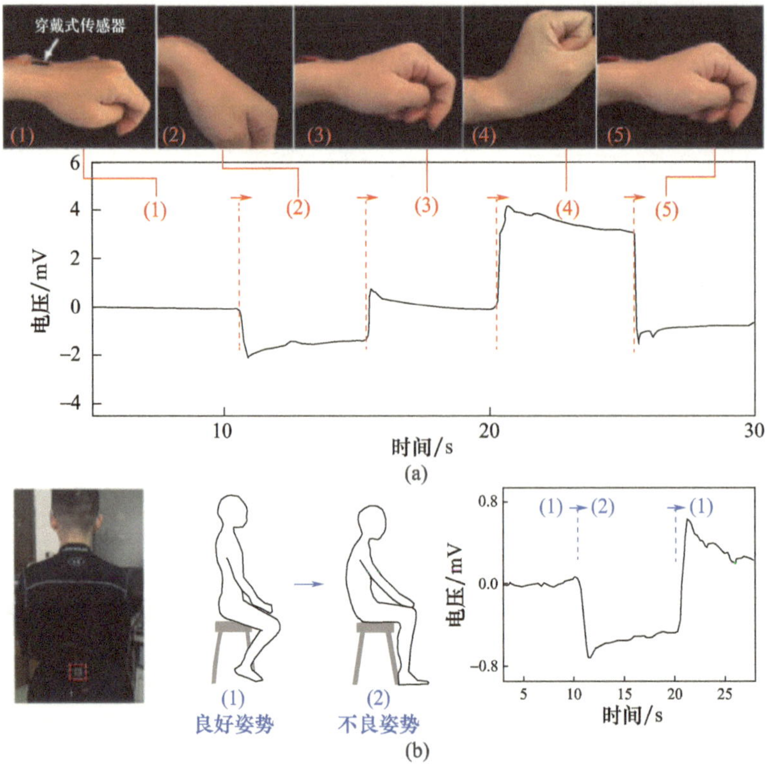

图 8.17 压离子传感器作为监测大规模人体运动的可穿戴传感器的应用

(a)监测不同方向手腕弯曲的可穿戴传感器的响应信号;(b)通过该可穿戴传感器监测人的坐姿。可穿戴传感器贴在人的背部,在照片中的红框中标记(经授权转载自文献[15],2016 年约翰·威利父子出版公司版权所有)。

8.4.2 高灵敏度的多孔石墨烯基传感器

根据压电机制,IPGC 传感信号主要取决于电极材料的离子存储能力。因此,与传统的基于 Au 电极的 IPMC 传感器相比,基于原始石墨烯电极的 IPGC 传感器极大地提高了响应信号,因为石墨烯材料的大比表面积为离子存储提供了足够的面积[96-97]。但是该感测信号水平仍然不足以用于可穿戴应用。为了提高 IPGC 传感响应,研究小组开发了一种新型的多孔石墨烯电极用于 IPGC 传感器。如图 8.18 所示,该柔性离子传感器由 H-rGO/CNT/Ag 电极和离子聚合物膜组成,可同时量化正常人体运动引起的机械变形[95]。

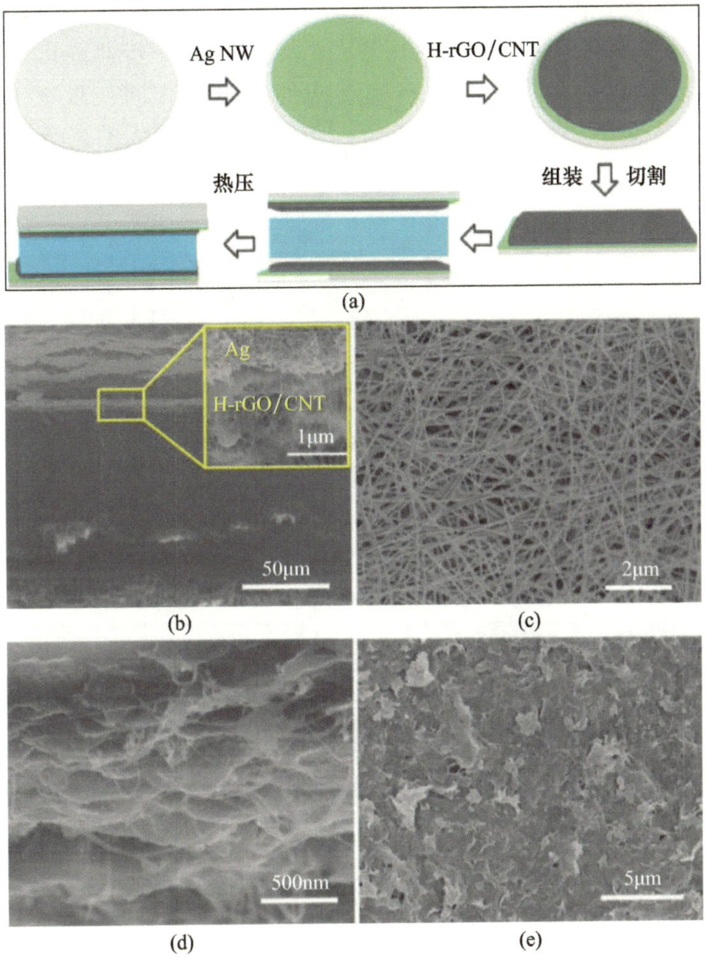

图 8.18 基于孔石墨烯的 IPGC 传感器的制造工艺示意图
(a)离子传感器的制造工艺示意图;(b)离子传感器的横截面 SEM 图像(插图:电极的放大 SEM 图像);
(c)Ag 纳米线层的 SEM 图像;(d)、(e)组装的 H-rGO/CNT 层的横截面和表面视图图像
(经授权转载自文献[95],2017 年美国化学学会版权所有)。

选择具有高离子可达表面积的二维多孔石墨烯(H-rGO)作为离子传感器的电极候选材料。为了防止 H-rGO 层通过范德瓦耳斯力相互作用重新堆叠,使用一维 CNT 作为智能间隔物[98]。H-rGO 上的空穴和 CNT 形成的间隙将增加离子积累的可接近空间,并为离子传输提供容易的通道[99-100]。此外,三维网络结构可以通过在电极中提供更多的连接通道来增强电和机械稳定性[101]。由于 Ag 纳米线层的高导电网络以及在空气中的稳定性能,Ag 纳米线层用于保证电极的良好电接触。换句话说,Ag 纳米线是外部电极,而 H-rGO/CNT 是内部界面电极。因此,特别设计的电极在感测过程中提供了自由的离子传输路径、大的离子累积体积和坚固的网络结构,使得它们与原始石墨烯电极相比,对实现高性能具有积极的影响[102-103]。

多孔石墨烯 IPGC 传感器的传感信号由弯曲过程通过图 8.19 中的离子重新分布产生[95]。当传感器处于平坦状态时，阴离子和阳离子均匀地分散在 TPU 膜中。当传感器变形到一定程度时，膜压缩侧上的阴离子和阳离子向膜的拉伸侧移动[104]。阴离子具有较大的相关体积，因此其具有较慢的移动速度。相反，阳离子小得多，也快得多。接触两个电极的离子数量的不平衡在膜上产生输出信号[22,105]。为了进一步评价和了解电极结构对传感器性能的影响，我们比较了 4 种不同结构的电极在相同变形下的性能。其中，H－rGO/CNT/Ag电极传感器由于其方便的离子传输路径和较大的离子存储体积而表现

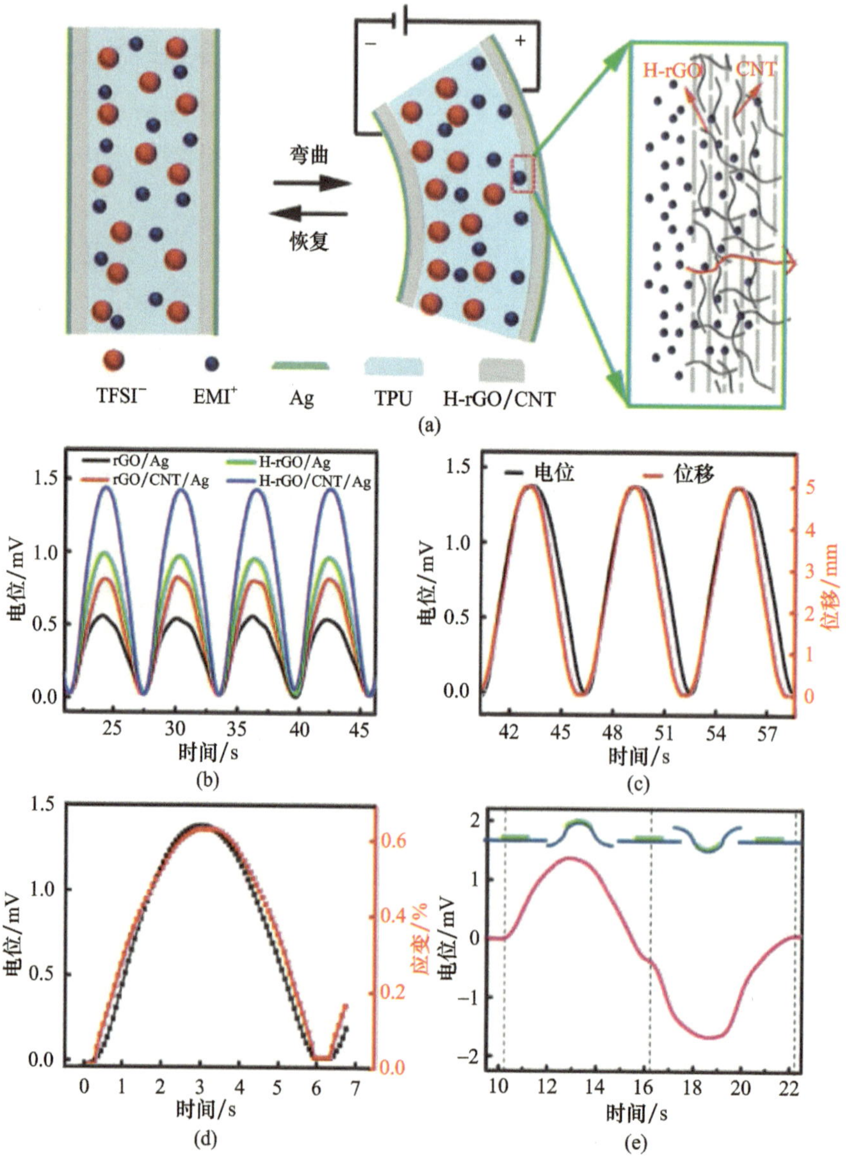

图 8.19　多孔石墨烯基 IPGC 传感器的传感性能

(a)传感器的工作机制；(b)4 种电极基传感器在相同弯曲运动下的电响应比较；(c)离子传感器的电位变化与分析模型的变形位移；(d)应变变化和同时产生的电压变化；(e)电位对弯曲方向变化的响应（经授权转载自文献[95]，2017 年美国化学学会版权所有）。

出最高的灵敏度。结果,IPGC 传感器的响应时间约为 200ms,灵敏度范围为 2.2 ~ 2.6mV/%。因此,具有多个离子通道和足够的离子存储面积的多孔石墨烯电极赋予了 IPGC 传感器更快的响应速度和更高的灵敏度。

8.4.3 石墨烯传感器的空间识别与被动特性

根据工作机制,传感电压信号完全是由变形过程中的 ios 运动和积累所产生的,因此,该 IPGC 传感器为无源传感器,因为其可以在不需要电源的情况下工作[106-107]。此外,得益于快速响应和高灵敏度,该传感器具有感知人体运动不同方向的能力。IPGC 传感器的弯曲运动可以通过感测电压的正负特性来区分。方向识别是空间识别的基础,在手语识别中具有潜在的应用前景。IPGC 传感器的这些创新应用在可穿戴电子领域发挥了重要作用,将为我们提供更智能、更便捷的生活。

为了观察 IPGC 传感器监测大规模人体运动的能力,将带状传感器粘贴在手指关节上,如图 8.20 所示[95]。实时记录手指和手腕运动过程中的电位变化。这些连接活动仅代表弯曲过程的一侧,而手腕可以提供 4 种代表性的变形,包括向下和向上弯曲、内旋和外旋。这些复杂的运动都可以用传感信号的细微差异来检测。向下和向上弯曲时检测到相反的信号价,说明 IPGC 传感器能够区分弯曲方向。该离子传感器可以明确地识别 4 种空间运动。考虑到空间识别能力,该离子应变传感器在复杂几何识别中表现出巨大的优势。利用传感器的多种传感特性,通过在人体的每个关节上安装离子传感器,可以完全识别全身的姿态和运动[108-109]。

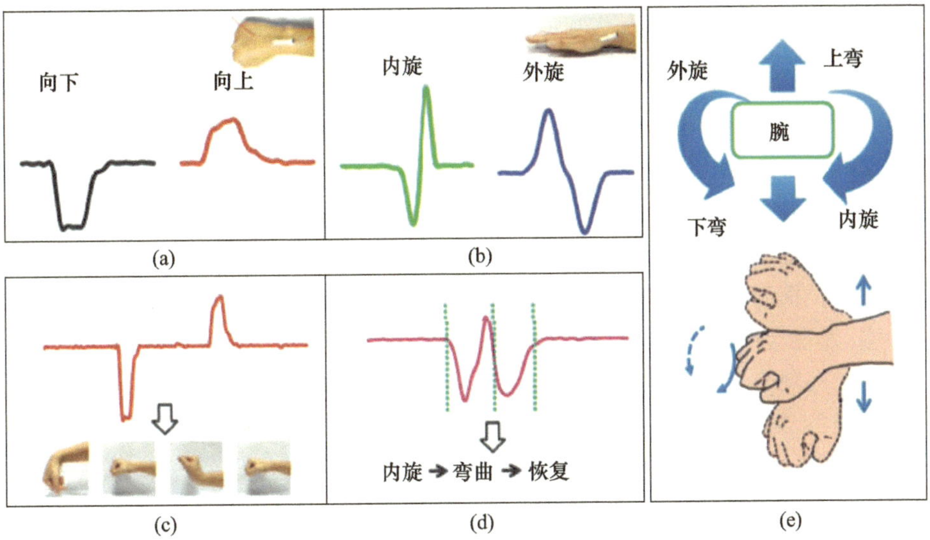

图 8.20 大规模和空间移动监测

(a)下弯、上弯(插图:放在人类手腕顶部的传感器的光学图像);(b)内旋和外旋(插图:放置在人类手腕内侧的传感器的光学图像)的相关潜在变化;(c)(d)信号形状及其相应的手腕变化;(e)从正视图和侧视图看的手腕运动的示意图(经授权转载自文献[95],2017 年美国化学学会版权所有)。

人类手语的检测与识别在与聋哑人交流、人机交互、智能控制等方面具有重要的学术价值和广阔的应用前景[110]。为了演示离子传感器的手语检测特性,在图 8.21 中制作了一个带有传感器单元阵列的智能手套(右手)[95]。为了更准确地描述手上动作的配置,我们从手上的几个目标点捕捉动作。手套上的每个应变传感器对应不同的关节变形。因此,该手套能够成功地检测手语空间变形过程中的整个手的形态。当手关节弯曲时,传感器检测到弯曲应变,产生传感信号。

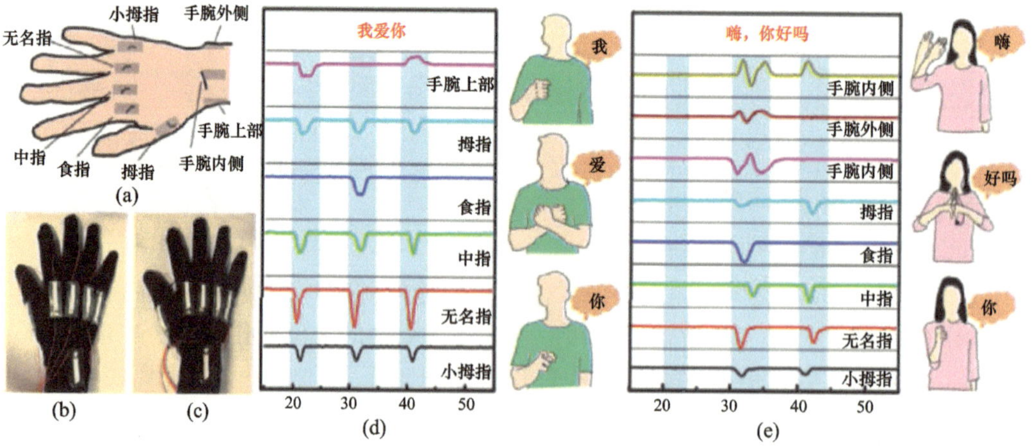

图8.21　智能手套离子传感器阵列的符号识别

(a)传感器位置示意图;(b)具有6个传感器(手腕顶部、拇指、食指、中指、无名指、小拇指);(c)8个传感器(手腕上部、手腕外侧、手腕内侧、拇指、食指、中指、无名指、小拇指)的智能手套;(d)(e)不同手语在手套传感器上的潜在映射(经授权转载自文献[95],美国化学学会2017年版权所有)。

受益于空间识别能力,也可以区分非常细微的手配置。例如,我们无法仅通过手指数据来区分单词“我”和“你”之间的区别。但手腕数据通过不同的弯曲方向来区分这两个词。通过收集这些动作数据,可以正确地阅读类似的手语。不同的数据形状清晰地指示了不同的运动模式,与不同手语的手部变形高度一致,展示了智能手套对手部运动的准确反应[111]。总之,智能手套可以获得具有简单输出电位形状的三维运动。可以检测和区分复杂和相似的配置,表明在复杂动作识别中的监控应用。

为了进一步探讨IPGC传感器的应用价值,研究小组设计了一种单离子导体来增强灵敏度和响应,发现这种传感器可以检测到细微的生理信号。肱二头肌和肱三头肌运动的传感信号记录在图8.22(a)中[112]。中上插图描绘了在弯曲肘部时,肱二头肌的放松状态转向收缩状态(或肱三头肌的收缩状态转向放松状态)。这两种状态可以通过电位的幅度来检测和区分。换句话说,对于肱二头肌,低电位对应于屈肘前的放松状态,而高电位反映屈肘后的收缩状态[113]。传感器的细节信号对运动员合理安排训练或防止意外伤害具有重要意义。

该传感器还可以实时检测特征脉冲峰,这是一个典型的微妙生理信号,如图8.22(b)所示。在健康男性的范围内,测得的正常脉率为72倍/min,而轻度运动后,这一数值增加到108倍/min。这两种类型的测量脉冲都显示出两个明显可区分的峰。强度较强的峰反映收缩过程,而强度较弱的峰代表舒张行为。该传感器具有检测脉率的灵敏度高、结构简单、携带方便等优点,为远程医疗提供了广阔的应用前景[114-115]。

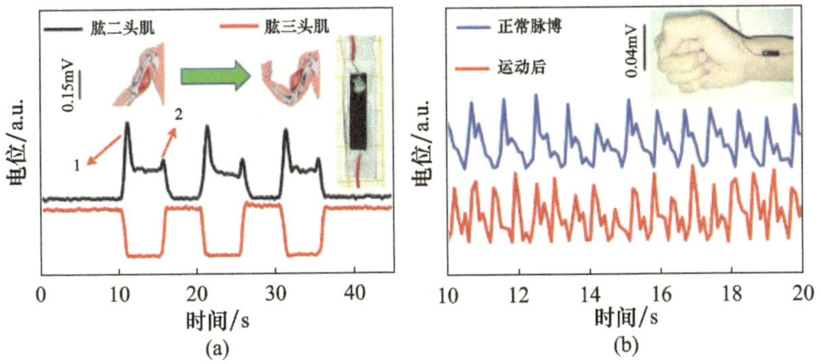

图8.22 (a)关于肱二头肌和肱三头肌运动的感测信号。中上插图描绘了屈肘时肱二头肌的放松状态转向收缩状态。右上插图为丙烯酸弹性体封装的可佩戴传感器;(b)正常脉搏和运动后脉搏的可佩戴传感器的响应信号(经授权转载自文献[112],2017年英国皇家化学学会版权所有)

8.5 超级电容器

8.5.1 高能量储存性能的石墨烯基超级电容器

IPGC器件除了具有驱动器和传感器的功能,还具有较高的储能能力,可用作超级电容器。超级电容器的结构由两个电极与由隔板隔开的电解质溶液接触组成,与电池相似[24,116]。超级电容器具有质量轻、循环寿命长、功率密度高等优点,作为现代可穿戴电子器件的电源,吸引了巨大的研究兴趣[52,117-118]。然而,市售活性炭基超级电容器相对较低的能量密度(通常为3~10W·h/kg)严重限制了其实际应用[119-120]。人们越来越需要开发具有高比电容的新型结构电极,这对提高超级电容器的能量密度至关重要。

超级电容器的工作机制基于Stern模型,如图8.23(a)所示。当遇到来自外部的电压刺激时,在电极表面上形成双电层结构。吸附的离子对器件的电容有贡献。基于这一理论,具有良好导电性的大比表面积对电极材料实现高能量密度至关重要。石墨烯具有高导电性、高比表面积、机械强度,是一种很好的候选电极材料[123-125]。石墨烯材料的SEM和TEM图像如图8.23(b)和(c)所示,显示了多孔结构和叠层形貌。图8.23(d)中的石墨烯的氮吸附等温线显示具有滞后环的IV型等温线特征,孔径分布主要低于10nm。介孔起到了离子通道的作用,促进了离子迁移过程,有利于器件的快速充放电过程。大比表面积可以在充电过程中容纳多种离子,从而大大提高了储能能力[126]。图8.23(e)中的电化学表征表明,IPGC超级电容器显示出高电容和高库仑效率。直的放电曲线和矩形CV形状都表明了理想的双电层电容器行为。图8.23(f)中IPGC超级电容器的Ragone图显示了其较高的储能能力。由于超级电容器系统的电极总重量通常为系统总重量的1/4~1/2,基于石墨烯的超级电容器的系统级比能量可达21.4~42.8W/(h·kg),与混合动力汽车中使用的现代镍氢电池相当[122]。IPGC的这种储能能力主要是由于石墨烯特别高的比表面积,可以容纳更多的电解质离子。

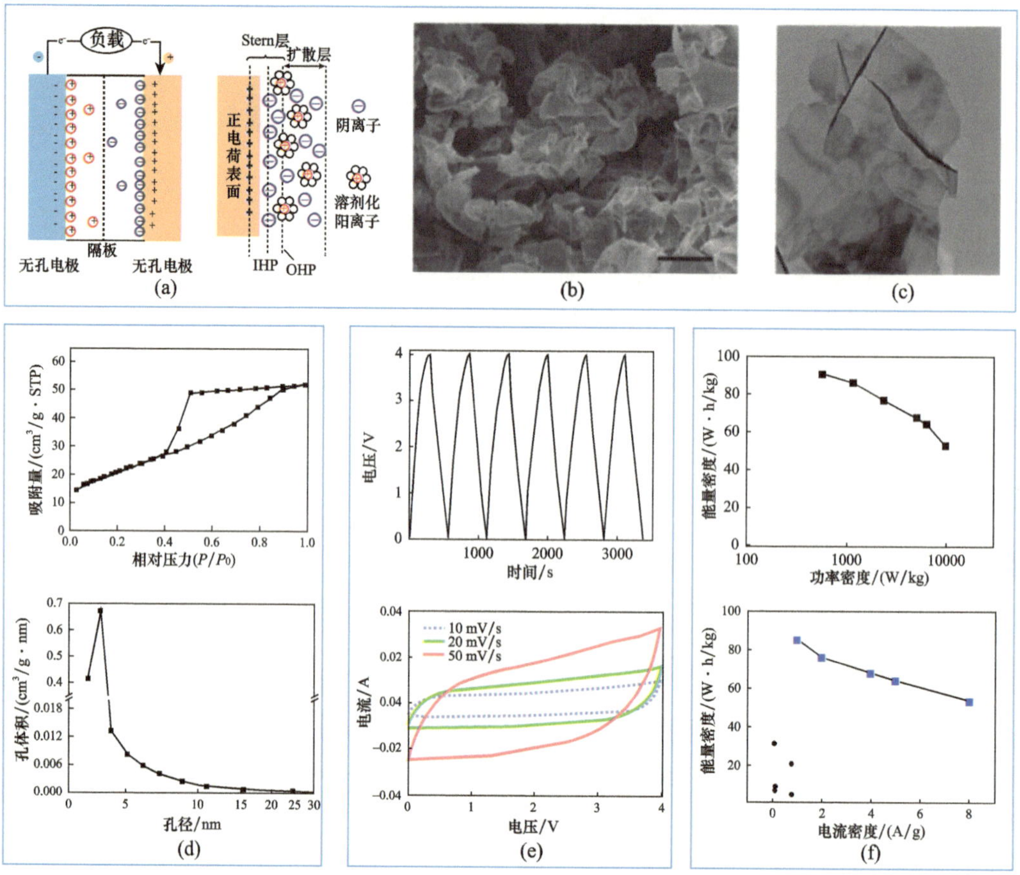

图 8.23 (a)IPGC 超级电容器充电状态示意图。经授权转载自文献[121]。2010 年皇家化学学会版权所有。(b)石墨烯的 SEM 图像。(c)石墨烯的 TEM 图像。(d)介孔石墨烯材料的氮吸附等温线和孔径分布。(e)使用 EMIMB F_4 离子液体电解质在不同扫描速率下石墨烯电极的恒电流充放电曲线和循环伏安图。(f)石墨烯超级电容器的 Ragone 图以及离子液体电解质中弯曲石墨烯电极的能量密度和电流密度之间的关系(经授权转载自文献[122],2010 年美国化学学会版权所有)

8.5.2 高柔性的杂化石墨烯基超级电容器

现如今,智能手表、运动手环、智能侦探器件等现代可穿戴电子器件不断出现在我们的日常生活中[127]。可穿戴器件需要灵活的电源供应器,因此,IPGC 超级电容器的高能量密度不能满足这一技术要求[127-128]。还需要开发用于柔性 IPGC 器件的新型电极材料。纯石墨烯基电极不能达到如此高的柔性,研究人员采用复合策略来提高石墨烯材料的力学性能。Zhang 等开发了基于石墨烯/聚苯胺复合材料的纳米纤维作为超级电容器电极,如图 8.24(a)所示,极大地提高了电极的柔韧性[129]。Cheng 等制造了一种基于石墨烯/CNT 纳米复合材料的导电、高度柔性和坚固的电极,如图 8.24(b)所示。复合材料的协同效应提供了优异的力学性能,拉伸强度为 48MPa,并具有单独使用任何这些部件都无法实现的优异的电化学活性(图 8.25(a)~(c))。这些柔性电极具有高活性材料负载、高面密度和 372F/g 的高比电容,对于超级电容器具有优异的倍率性能,而不需要集流体和黏合剂[130]。这种具有高储能性能的混合电极薄膜在可穿戴电子器件中显示出显著的潜力。

尽管杂化复合材料基电极大大提高了石墨烯材料的力学性能,但仍存在杂化策略的技术问题。大多数石墨烯复合材料是通过依靠分子间作用力的物理共混法制备的,因此这些复合材料在充放电过程中存在相分离,导致 IPGC 器件性能不稳定。经过多年的研究,发现原位组装策略是解决相分离问题的有效途径,而相分离会导致储能性能的下降。最近,研究小组通过原位制备方法报道了一种用于柔性超级电容器的连续石墨氮化碳多面体组件,如图 8.24(c)所示。所制造的 IPGC 器件在循环变形下保持稳定的能量供应,显示出在柔性甚至可穿戴条件下的广泛应用[132]。

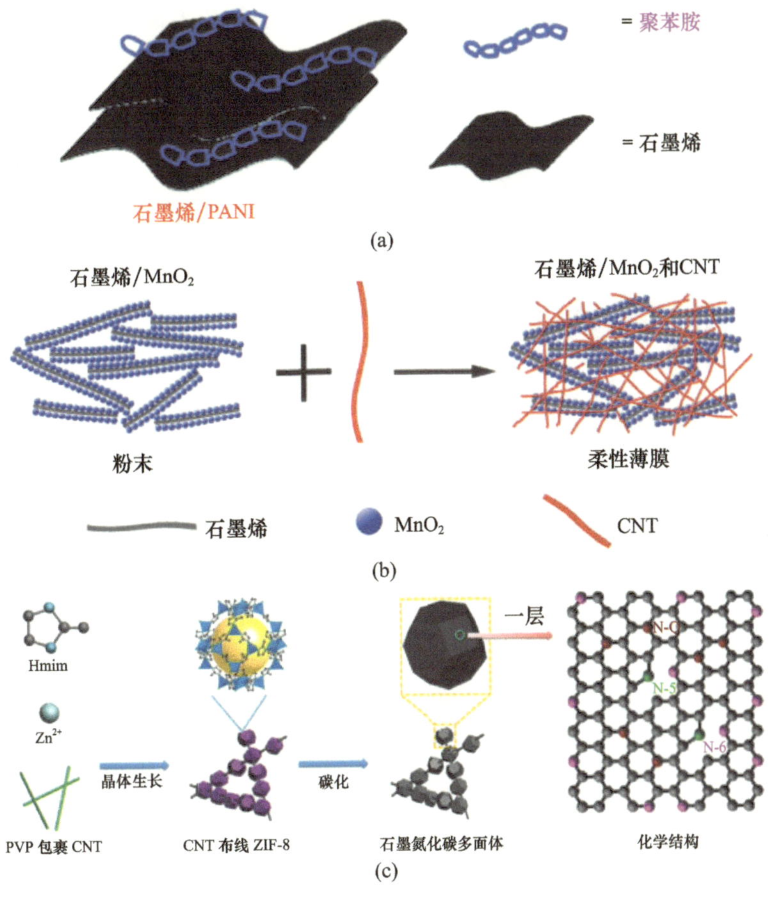

图 8.24 (a)石墨烯－PANI 复合材料基电极(经授权转载自文献[129],2010 年美国化学学会版权所有);(b)石墨烯－CNT 复合电极(经授权转载自文献[130],2012 年美国化学学会版权所有);(c)连续石墨氮化碳混合电极(经授权转载自文献[131],2017 年约翰·威利父子出版公司版权所有)

在氮环境下,热解碳纳米管链接的 MOF 复合材料来制备石墨碳氮化物,从图 8.25(d)中的 SEM 图像看出石墨碳氮化物具有连续结构。特别地,CNT 不仅用作黏合剂以改善材料的连续性,确保力学性能,而且还用作通道以提高电导率[131]。从图 8.25(e)电极膜的应力－应变曲线可知,电极膜的杨氏模量为 368MPa,断裂伸长率为 6.42%,保证了器件的坚固性和柔韧性。如图8.25(f)所示，在扭转状态下，器件的电化学性能未发生明显恶化。在伸长率为10%的可拉伸状态下，虽然器件表面出现了一些裂纹，但比电容仍保持在原始状态的78%，验证了电极材料连续性在柔性超级电容器中的关键作用[133-134]。

为了进一步测试器件的柔性，在图8.25(g)中的各种弯曲角度下进行CV实验。在矩形循环伏安曲线中观察到一对氧化还原峰，这是由于氮物种在电极中的假电容效应[135-136]。此外，与平坦状态相比，弯曲状态(弯曲角度为180°)下的CV曲线没有显示出明显的变化，表明器件具有良好的折叠性[137]。特别是，即使在180°弯曲角度的500次弯曲循环后，比电容仍保持94.8%(图8.25(h))。此外，柔性器件(尺寸为75mm×25mm)质量很轻，即使是一朵嫩花也能将其支撑(图8.25(h)插图)。图8.25(i)显示，当电流密度为1A/g时，能量密度约为59.40W·h/kg，优于商用器件[138]。优越的柔韧性主要源于电极材料的高力学性能[139]。这些优异的储能性能表明，高氮掺杂连续石墨氮化碳电极在柔性能量器件中具有巨大的应用潜力。

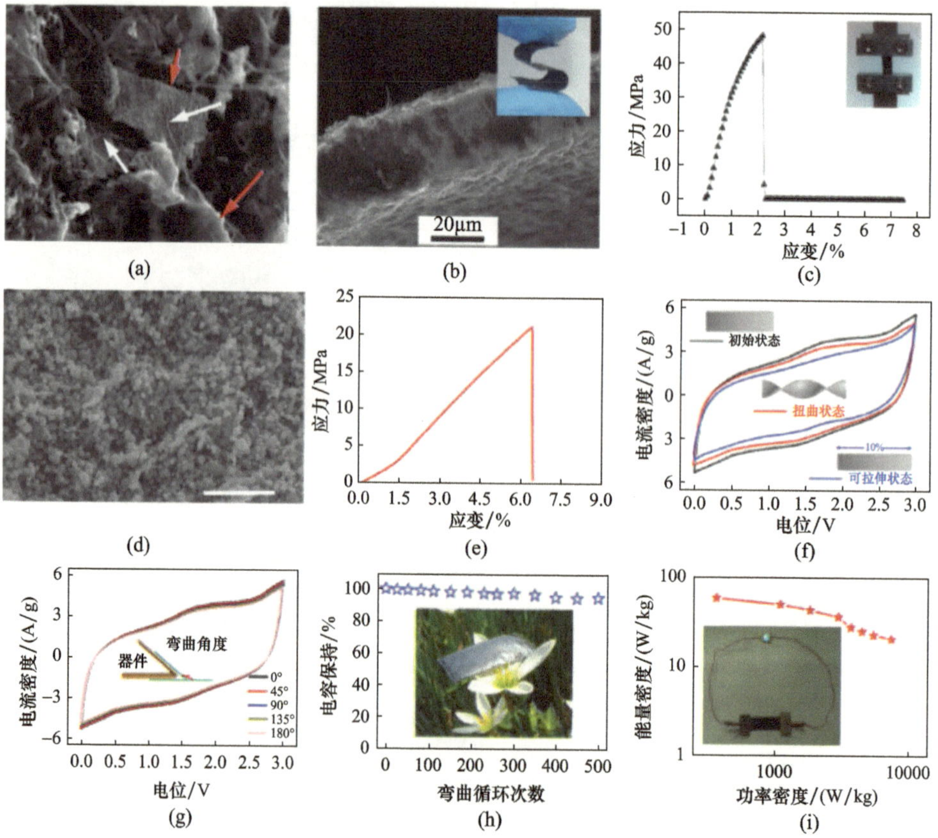

图8.25 (a)由石墨烯-CNT复合材料形成的互连结构的SEM图像；(b)显示这些结构柔性的横截面SEM图像和薄膜图片；(c)石墨烯-CNT复合薄膜的典型应力-应变曲线，经授权转载自文献[130]，2012年美国化学学会版权所有；(d)石墨氮化碳的SEM图像；(e)石墨氮化碳薄膜的应力-应变曲线；(f)IPGC器件在扭曲和可拉伸状态下的循环伏安曲线；(g)各种弯曲角度下的循环伏安曲线；(h)器件在500次弯曲循环后的电容保持，插图显示器件被一朵嫩花支撑；(i)器件的Ragone图，插图显示了由该器件供电的LED(经授权转载自文献131，2017年约翰·威利父子出版公司版权所有)

8.5.3 非常规的石墨烯基超级电容器

如上所述，通过设计和调节电极材料可以制造出具有稳健性能的柔性 IPGC 器件，但其都是以薄膜形式制造的。众所周知，商用纺织品是由柔性纱线和纤维制成的，因此，薄膜材料不能直接集成到可穿戴电子器件中[140-141]。为了将柔性超级电容器应用于可穿戴织物，迫切需要开发具有良好可编织性的非常规 IPGC 器件。近几十年来，纤维形 IPGC 超级电容器受到了特别的关注，不仅因为其体积小、柔性高和可编织性等独特优点，还因为其快速充电能力、高功率密度和长寿命[142-143]。然而，纤维形 IPGC 器件的储能能力仍保持在相对较低的水平，需要进一步提高，以满足可穿戴纺织电子产品的实际应用[144-145]。

最近，Wu 等报道了一种微流体指导策略，合成了均匀的氮掺杂多孔石墨烯纤维，基于石墨烯纤维的 IPGC 超级电容器显示出高比电容以及高能量密度[16]。图 8.26(a)示意性地示出了氮掺杂石墨烯纤维的两步制造工艺。图 8.26(b)展示了通过微流体技术制备石墨烯纤维的确切过程，该技术可以规模化合成并包裹在玻璃棒上进行大规模生产，如图 8.26(c)所示。此外，纤维可以编织成棉织物，并表现出良好的柔韧性，可以连续地前后弯曲，如图 8.26(d)所示[146-147]。特别地，柔性石墨烯纤维可以交织成织物结构，表现

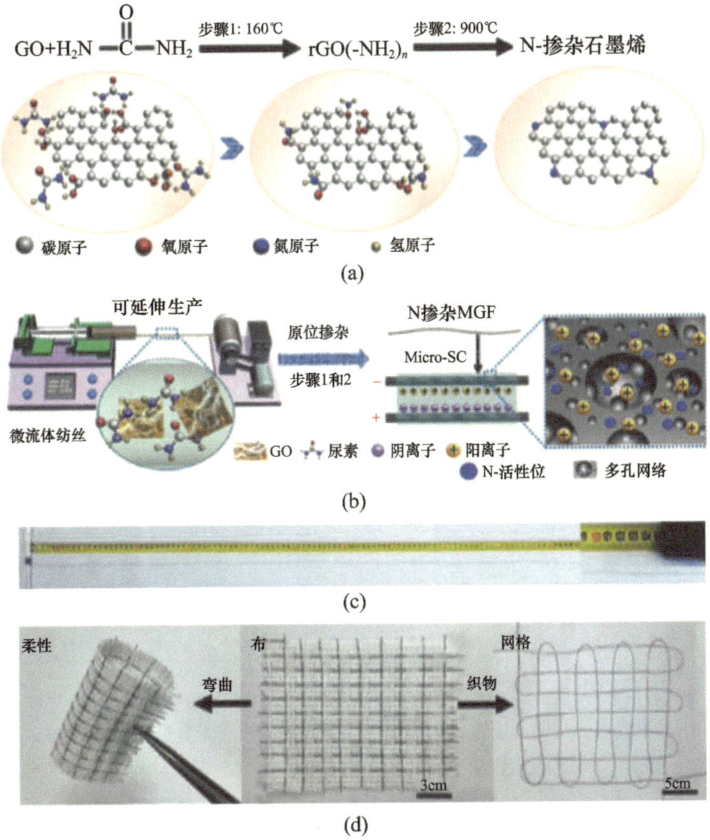

图 8.26 (a)石墨烯中氮掺杂机制的示意图；(b)N 掺杂石墨烯纤维的制备示意图；(c)N 掺杂 MGF 包裹在长度超过 1.25m 的玻璃棒上的照片；(d)N 掺杂 MGF 编织在棉织物中的照片，棉织物的弯曲过程，以及由两根单独的纤维编织的布(经授权转载自文献[16]，2017 年约翰·威利父子出版公司版权所有)

出良好的耐磨能力。相信这种纤维超级电容器将实现未来商业电子能源供应商的潜在应用[74,148]。纤维基 IPGC 器件表现出 1132mF/cm² 的高电容、10000 次循环后的高循环稳定性和在固体凝胶电解质中的长期弯曲稳定性。在离子液体电解质中，当功率密度为 15W/cm² 时，IPGC 器件的输出能量密度达到 95.7μW·h/cm²。由于这些突出的优点，纤维基 IPGC 超级电容器可以很容易地制备并集成到小型化的柔性和织物基底中，为可穿戴电子器件供电。

基于纤维的 IPGC 器件可以集成到柔性织物中，作为电力电子的能源供应商，显示了在可穿戴电子领域的巨大潜力。如图 8.27(a) 所示，微型 IPGC 器件可以为视听电子器件、发光二极管、智能手表和单色显示器件供电。图 8.27(b) 显示了光纤 IPGC 器件为各种电子器件供电的相应电流值，该器件实际上有望成为替代微电池的电源[149-150]。因此，认为具有高柔性和可编织性的纤维基 IPGC 超级电容器将极大地推动下一代可穿戴电子储能器件的进步，也为电极材料的架构设计提供了一条新的途径。

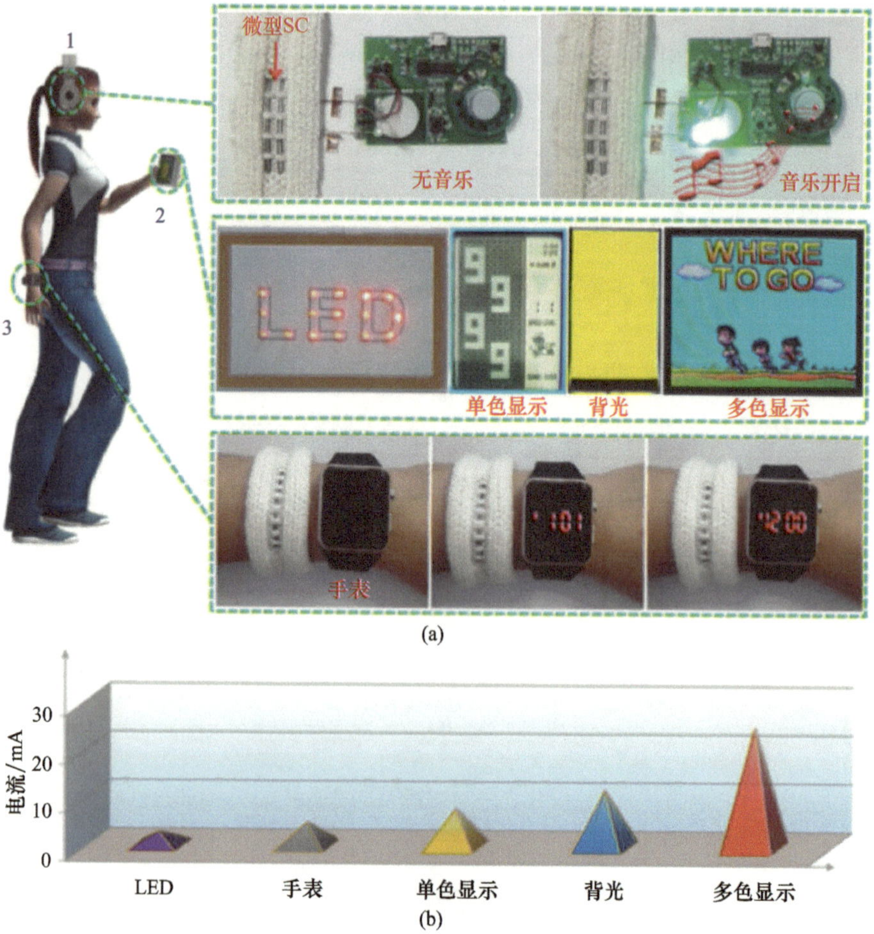

图 8.27 (a)集成到机织织物和柔性基板中并为各种电子器件(如音频、LED、单色显示器、背光、多色显示器和手表)供电的微型 SC 的方案和照片，全固态电解质为 EMIBF4/PVDF-HFP；(b)由微型 SC 为各种电子器件供电的相应电流值(经授权转载自文献[16]，2017 年约翰·威利父子出版公司版权所有)

8.6 小结

本章从工作机制、器件结构、材料和可穿戴应用等方面对离子聚合物石墨烯复合材料作为驱动器、传感器和超级电容器的现状进行了综述。石墨烯已被证明是电化学智能器件中基本组分的潜在候选者。通过适当的组成和结构调控,可以在原始石墨烯和复合材料中实现和增强石墨烯材料作为 IPGC 器件活性材料的良好物理和物理化学性能,包括离子/电荷传输、能量存储和智能识别性能。或许,我们正在见证一场石墨烯给智能科技领域带来的革命。然而,石墨烯基 IPGC 器件的研究仍处于起步阶段。由于石墨烯基电极膜的再填充程度、排列方向、孔隙率等性能会极大地影响器件的性能,原始石墨烯的潜力不能得到充分利用。通过物理混合和化学复合将其他功能单元引入系统将代表该问题的可行解决方案。在未来的研究中,基于计算建模的理论预测可能有助于提高 IPGC 器件的实际应用性能。

对于 IPGC 器件的操作机制,还存在许多未来挑战。一方面,由于传统电容驱动机制的限制,IPGC 驱动器的应变速率、阻断力和能量转换效率等性能不能得到进一步提高。从理论上证明了这是开发新型驱动机构和新型结构驱动部件的有效策略。另一方面,以往报道的聚电解质,包括水凝胶和离子胶,工作在不稳定和复杂的离子环境中,导致离子的不均匀扩散,从而导致传感信号不可靠。设计基于单离子导电体的聚电解质是解决这一问题的好方法,因为只有一种离子可以迁移,而另一种离子被固定在聚合物基质上。虽然具有高能量密度的 IPGC 超级电容器如雨后春笋般涌现,但其力学性能对于可穿戴应用来说并不那么理想。因此,开发具有高能量存储能力和优异力学性能的新型石墨烯基电极材料仍然是另一个关键挑战。

总体而言,用于 IPGC 器件的石墨烯相关材料的开发一直是一个令人兴奋的跨学科领域,但在这些器件实现实际应用之前仍存有许多挑战。例如,与传统的分步和逐个制造技术相比,可以引入先进的 3D 打印技术来提高 IPGC 器件的稳定性。也可以通过在该技术中同时印刷大量器件来实现大规模和批量生产。对于可穿戴应用,传统的薄膜器件不适合可穿戴纺织品,因此,开发新的产品形式,如纤维和纱线,是一个理想的策略。现已经提出了一些原型,但还需要做更多的工作来赋予它们更好的可编织性,以便集成到纺织品和织物中。随着材料和结构工程以及微观机制理论模型的不断发展,具有驱动、传感、能量采集等多功能的穿戴式 IPGC 器件将更有效地实现对人体生理信号的实时监测。

参考文献

[1] Huang, X. , Zeng, Z. , Fan, Z. , Liu, J. , Zhang, H. , Graphene - based electrodes. *Adv. Mater.* , 24, 5979,2012.

[2] Nair, R. R. , Blake, P. , Grigorenko, A. N. , Novoselov, K. S. , Booth, T. J. , Stauber, T. , Peres, N. M. R. , Geim, A. K. ,Fine structure constant defines visual transparency of graphene. *Science*,320,1308,2008.

[3] Li,X. ,Cai,W. ,An,J. ,Kim,S. ,Nah,J. ,Yang,D. ,Piner,R. ,Velamakanni,A. ,Jung,I. ,Tutuc,E. ,Banerjee,S. K. ,Colombo,L. ,Ruoff,R. S. ,Large - area synthesis of high - quality and uniformgraphene films on copper foils. *Science*,324,1312,2009.

[4] Li,D. and Kaner,R. B. ,Graphene – based materials. *Science*,32,1170,2008.
[5] Stankovich,S. ,Dikin,D. A. ,Dommett,G. H. ,Kohlhaas,K. M. ,Zimney,E. J. ,Stach,E. A. ,Piner,R. D. , Nguyen,S. T. ,Ruoff,R. S. ,Graphene – based composite materials. *Nature*,442,282,2006.
[6] He,Q. ,Wu,S. ,Yin,Z. ,Zhang,H. ,Graphene – based electronic sensors. *Chem. Sci.* ,3,1764,2012.
[7] Novoselov,K. S. ,Geim,A. K. ,Morozov,S. V. ,Jiang,D. ,Zhang,Y. ,Dubonos,S. V. ,Grigorieva,I. V. , Firsov,A. A. ,Electric field effect in atomically thin carbon films. *Science*,306,666,2004.
[8] Huang,X. ,Qi,X. ,Boey,F. ,Zhang,H. ,Graphene – based composites. *Chem. Soc. Rev.* ,41,666,2012.
[9] Du,X. ,Skachko,I. ,Barker,A. ,Andrei,E. Y. ,Approaching ballistic transport in suspendedgraphene. *Nat. Nanotechnol.* ,3,491,2008.
[10] Shahinpoory,M. ,Bar – Cohenz,Y. ,Simpsonx,J. O. ,Smithx,J. ,Ionic polymer – metal composites (IPMCs) as biomimetic sensors,actuators and artificial muscles—A review. *Smart Mater. Struct.* ,7, 15,1998.
[11] Kosidlo,U. ,Omastova,M. ,Micusik,M. ,Ciric – Marjanovic,G. ,Randriamahazaka,H. ,Wallmersperger, T. ,Aabloo,A. ,Kolaric,I. ,Bauernhansl,T. ,Nanocarbon based ionic actuators—Areview. *Smart Mater. Struct.* ,22,104022,2013.
[12] Stoller,M. D. ,Park,S. ,Zhu,Y. ,An,J. ,Ruoff,R. S. ,Graphene – based ultracapacitors. *Nano Lett.* ,8, 3498,2008.
[13] Kong,L. and Chen,W. ,Carbon nanotube and graphene – based bioinspired electrochemicalactuators. *Adv. Mater.* ,26,1025,2014.
[14] Wu,G. ,Li,G. H. ,Lan,T. ,Hu,Y. ,Li,Q. W. ,Zhang,T. ,Chen,W. ,An interface nanostructuredarray guided high performance electrochemical actuator. *J. Mater. Chem. A*,2,16836,2014.
[15] Liu,Y. ,Hu,Y. ,Zhao,J. ,Wu,G. ,Tao,X. ,Chen,W. ,Self – powered piezoionic strain sensor towardthe monitoring of human activities. *Small*,12,5074,2016.
[16] Wu,G. ,Tan,P. ,Wu,X. ,Peng,L. ,Cheng,H. ,Wang,C. – F. ,Chen,W. ,Yu,Z. ,Chen,S. ,Highperfor-mancewearable micro – supercapacitors based on microfluidic – directed nitrogen – dopedgraphene fiber e-lectrodes. *Adv. Funct. Mater.* ,27,1702493,2017.
[17] Zhao,Y. ,Song,L. ,Zhang,Z. ,Qu,L. ,Stimulus – responsive graphene systems towards actuatorapplica-tions. *Energy Environ. Sci.* ,6,3520,2013.
[18] Kim,O. ,Shin,T. J. ,Park,M. J. ,Fast low – voltage electroactive actuators using nanostructuredpolymer e-lectrolytes. *Nat. Commun.* ,4,2208,2013.
[19] Kamamichi,N. ,Yamakita,M. ,Asaka,K. ,Luo,Z. – W. ,A snake – like swimming robot usingIPMC actu-ator/sensor. *Robotics and Automation*,2006. ICRA 2006. Proceedings 2006 IEEEInternational Conference, 1812,2006.
[20] Kim,S. J. ,Pugal,D. ,Wong,J. ,Kim,K. J. ,Yim,W. ,A bio – inspired multi degree of freedomactuator based on a novel cylindrical ionic polymer – metal composite material. *Rob. Auton. Syst.* ,62,53,2014.
[21] Zolfagharian,A. ,Kouzani,A. Z. ,Khoo,S. Y. ,Moghadam,A. A. A. ,Gibson,I. ,Kaynak,A. ,Evolution of 3D printed soft actuators. *Sens. Actuators*,*A*,250,258,2016.
[22] Park,K. and Lee,H. – K. ,Evaluation of circuit models for an IPMC(ionic polymer – metal composite) sensor using a parameter estimate method. *J. Korean Phys. Soc.* ,60,821,2012.
[23] Chortos,A. ,Liu,J. ,Bao,Z. ,Pursuing prosthetic electronic skin. *Nat. Mater.* ,15,937,2016.
[24] Zhang,L. L. and Zhao,X. ,Carbon – based materials as supercapacitor electrodes. *Chem. Soc. Rev.* ,38, 2520,2009.
[25] Choudhary,N. ,Li,C. ,Moore,J. ,Nagaiah,N. ,Zhai,L. ,Jung,Y. ,Thomas,J. ,Asymmetric supercapaci-

torelectrodes and devices. *Adv. Mater.* ,29,1605336,2017.

[26] Qu,G. ,Cheng,J. ,Li,X. ,Yuan,D. ,Chen,P. ,Chen,X. ,Wang,B. ,Peng,H. ,A fiber supercapacitorwith high energy density based on hollow graphene/conducting polymer fiber electrode. *Adv. Mater.* ,28,3646, 2016.

[27] Mirvakili,S. M. and Hunter,I. W. ,Artificial muscles:Mechanisms,applications,and challenges. *Adv. Mater.* ,30, 1704407,2018.

[28] Shahinpoor,M. and Kwang,J. K. ,The effect of surface – electrode resistance on the performanceof ionic polymer – metal composite(IPMC)artificial muscles. *Smart Mater. Struct.* ,9,543,2000.

[29] Shahinpoor, M. and Kwang, J. K. , Ionic polymer – metal composites: IV. Industrial and medicalapplications. *Smart Mater. Struct.* ,14,197,2005.

[30] Shahinpoor,M. and Kim,K. J. ,Ionic polymer – metal composites:I. Fundamentals. *Smart Mater. Struct.* , 10,819,2001.

[31] Cottinet,P. – J. ,Souders,C. ,Tsai,S. – Y. ,Liang,R. ,Wang,B. ,Zhang,C. ,Electromechanical actuationof buckypaper actuator: Material properties and performance relationships. *Phys. Lett. A*, 376, 1132,2012.

[32] Lu,L. and Chen,W. ,Supramolecular self – assembly of biopolymers with carbon nanotubes forbiomimetic and bio – inspired sensing and actuation. *Nanoscale*,3,2412,2011.

[33] Madden,J. D. ,Mobile robots:Motor challenges and materials solutions. *Science*,318,1094,2007.

[34] Bhandari,B. ,Lee,G. – Y. ,Ahn,S. – H. ,A review on IPMC material as actuators and sensors:Fabrications,characteristics and applications. *Int. J. Precis. Eng. Manuf.* ,13,141,2012.

[35] Lu,L. ,Liu,J. ,Hu,Y. ,Zhang,Y. ,Randriamahazaka,H. ,Chen,W. ,Highly stable air workingbimorph actuator based on a graphene nanosheet/carbon nanotube hybrid electrode. *Adv. Mater.* ,24,4317,2012.

[36] Qian,W. ,Sun,F. ,Xu,Y. ,Qiu,L. ,Liu,C. ,Wang,S. ,Yan,F. ,Human hair – derived carbon flakesfor electrochemical supercapacitors. *Energy Environ. Sci.* ,7,379,2014.

[37] Baughman. Torsional carbon nanotube artificial muscles. *Science*,334,494,2011.

[38] Hu,Y. ,Li,Z. ,Lan,T. ,Chen,W. ,Photoactuators for direct optical – to – mechanical energyconversion: From nanocomponent assembly to macroscopic deformation. *Adv. Mater.* ,28,10548,2016.

[39] Khaldi, A. , Elliott, J. A. , Smoukov, S. K. , Electro – mechanical actuator with muscle memory. *J. Mater. Chem. C*,2,8029,2014.

[40] Hu,Y. ,Liu,J. ,Chang,L. ,Yang,L. ,Xu,A. ,Qi,K. ,Lu,P. ,Wu,G. ,Chen,W. ,Wu,Y. ,Electricallyand sunlight – driven actuator with versatile biomimetic motions based on rolled carbon nanotubebilayer composite. *Adv. Funct. Mater.* ,27,1704388,2017.

[41] Baughman. Electrically,chemically,and photonically powered torsional and tensile actuationof hybrid carbon nanotube yarn muscles,2012.

[42] Baughman,R. H. ,Playing nature's game with artificial muscles. *Science*,308,63,2005.

[43] Zeng,W. ,Shu,L. ,Li,Q. ,Chen,S. ,Wang,F. ,Tao,X. M. ,Fiber – based wearable electronics:Areview of materials,fabrication,devices,and applications. *Adv. Mater.* ,26,5310,2014.

[44] Wang,X. ,Liu,Z. ,Zhang,T. ,Flexible sensing electronics for wearable/attachable health monitoring. *Small*,13,1602790,2017.

[45] Gao,W. ,Emaminejad,S. ,Nyein,H. Y. Y. ,Challa,S. ,Chen,K. ,Peck,A. ,Fahad,H. M. ,Ota,H. ,Shiraki, H. ,Kiriya,D. ,Fully integrated wearable sensor arrays for multiplexed*in situ* perspirationanalysis. *Nature*, 529,509,2016.

[46] Wang,X. ,Gu,Y. ,Xiong,Z. ,Cui,Z. ,Zhang,T. ,Silk – molded flexible,ultrasensitive,and highlystable e-

lectronic skin for monitoring human physiological signals. *Adv. Mater.* ,26,1336,2014.

[47] Kim,K. J. and Shahinpoor,M. ,A novel method of manufacturing three – dimensional ionicpolymer – metal composites(IPMCs) biomimetic sensors,actuators and artificial muscles. *Polymer*,43,797,2002.

[48] Ji,J. ,Li,Y. ,Peng,W. ,Zhang,G. ,Zhang,F. ,Fan,X. ,Advanced graphene – based binder – free electrodesfor high – performance energy storage. *Adv. Mater.* ,27,5264,2015.

[49] Frackowiak,E. ,Carbon materials for supercapacitor application. *PCCP*,9,1774,2007.

[50] Ghaemi,M. ,Ataherian,F. ,Zolfaghari,A. ,Jafari,S. ,Charge storage mechanism of sonochemicallyprepared MnO 2 as supercapacitor electrode:Effects of physisorbed water and protonconduction. *Electrochim. Acta*,53,4607,2008.

[51] Cao,L. ,Xu,F. ,Liang,Y. Y. ,Li,H. L. ,Preparation of the novel nanocomposite Co(OH)2/ultra – stable Y zeolite and its application as a supercapacitor with high energy density. *Adv. Mater.* ,16,1853,2004.

[52] Pech,D. ,Brunet,M. ,Durou,H. ,Huang,P. ,Mochalin,V. ,Gogotsi,Y. ,Taberna,P. – L. ,Simon,P. ,Ultrahigh – power micrometre – sized supercapacitors based on onion – like carbon. *Nat. Nanotechnol.* ,5, 651,2010.

[53] Hu,Y. ,Wu,G. ,Lan,T. ,Zhao,J. ,Liu,Y. ,Chen,W. A. ,Graphene – based bimorph structure fordesign of high performance photoactuators. *Adv. Mater.* ,27,7867,2015.

[54] Winter,M. ,Wrodnigg,G. H. ,Besenhard,J. O. ,Biberacher,W. ,Novak,P. ,Dilatometric investigationsof graphite electrodes in nonaqueous lithium battery electrolytes. *J. Electrochem. Soc.* ,147,2427,2000.

[55] Zhao,Y. ,Li,X. ,Yan,B. ,Li,D. ,Lawes,S. ,Sun,X. ,Significant impact of 2D graphene nanosheetson large volume change tin – based anodes in lithium – ion batteries: A review. *J. Power Sources*, 274, 869,2015.

[56] Bunch,J. S. ,Van Der Zande,A. M. ,Verbridge,S. S. ,Frank,I. W. ,Tanenbaum,D. M. ,Parpia,J. M. , Craighead,H. G. ,McEuen,P. L. ,Electromechanical resonators from graphene sheets. *Science*, 315, 490,2007.

[57] Rogers,G. W. and Liu,J. Z. ,High – performance graphene oxide electromechanical actuators. *J. Am. Chem. Soc.* ,134,1250,2012.

[58] Rogers,G. W. and Liu,J. Z. ,Graphene actuators:Quantum – mechanical and electrostatic doublelayereffects. *J. Am. Chem. Soc.* ,133,10858,2011.

[59] Lu,L. ,Liu,J. ,Hu,Y. ,Chen,W. ,Large volume variation of an anisotropic graphene nanosheetelectrochemical – mechanical actuator under low voltage stimulation. *Chem. Commun.* ,48,3978,2012.

[60] Xie,X. ,Qu,L. ,Zhou,C. ,Li,Y. ,Zhu,J. ,Bai,H. ,Shi,G. ,Dai,L. ,An asymmetrically surfacemodifiedgraphene film electrochemical actuator. *ACS Nano*,4,6050,2010.

[61] Sugino,T. ,Kiyohara,K. ,Takeuchi,I. ,Mukai,K. ,Asaka,K. ,Actuator properties of the complexescomposed by carbon nanotube and ionic liquid:The effects of additives. *Sens. Actuators*,*B*,141,179,2009.

[62] Miller,J. R. ,Outlaw,R. A. ,Holloway,B. C. ,Graphene double – layer capacitor with ac linefilteringperformance. *Science*,329,1637,2010.

[63] Wimalasiri,Y. and Zou,L. ,Carbon nanotube/graphene composite for enhanced capacitivedeionization performance. *Carbon*,59,464,2013.

[64] Fan,Z. ,Yan,J. ,Zhi,L. ,Zhang,Q. ,Wei,T. ,Feng,J. ,Zhang,M. ,Qian,W. ,Wei,F. ,A threedimensionalcarbon nanotube/graphene sandwich and its application as electrode in supercapacitors. *Adv. Mater.* ,22, 3723,2010.

[65] Lu,L. ,Liu,J. ,Hu,Y. ,Zhang,Y. ,Chen,W. ,Graphene – stabilized silver nanoparticle electrochemicalelectrode for actuator design. *Adv. Mater.* ,25,1270,2013.

[66] Baughman, R. H. , Cui, C. , Zakhidov, A. A. , Iqbal, Z. , Barisci, J. N. , Spinks, G. M. , Wallace, G. G. , Mazzoldi, A. , De Rossi, D. , Rinzler, A. G. , Carbon nanotube actuators. *Science*, 284, 1340, 1999.

[67] Li, J. Z. , Ma, W. J. , Song, L. , Niu, Z. G. , Cai, L. , Zeng, Q. S. , Zhang, X. X. , Dong, H. B. , Zhao, D. , Zhou, W. Y. , Xie, S. S. , Superfast – response and ultrahigh – power – density electromechanical actuatorsbased on hierarchal carbon nanotube electrodes and chitosan. *Nano Lett.* , 11, 4636, 2011.

[68] Sridhar, V. , Kim, H. – J. , Jung, J. – H. , Lee, C. , Park, S. , Oh, I. – K. , Defect – engineered threedimensionalgraphene – nanotube – palladium nanostructures with ultrahigh capacitance. *ACS Nano*, 6, 10562, 2012.

[69] Liu, J. , Wang, Z. , Xie, X. , Cheng, H. , Zhao, Y. , Qu, L. , A rationally – designed synergetic polypyrrole/graphene bilayer actuator. *J. Mater. Chem.* , 22, 4015, 2012.

[70] Liu, A. , Yuan, W. , Shi, G. , Electrochemical actuator based on polypyrrole/sulfonated graphene/graphene tri – layer film. *Thin Solid Films*, 520, 6307, 2012.

[71] Liang, J. , Huang, Y. , Oh, J. , Kozlov, M. , Sui, D. , Fang, S. , Baughman, R. H. , Ma, Y. , Chen, Y. , Electromechanical actuators based on graphene and graphene/Fe_3O_4 hybrid paper. *Adv. Funct. Mater.* , 21, 3778, 2011.

[72] Wu, G. , Hu, Y. , Liu, Y. , Zhao, J. , Chen, X. , Whoehling, V. , Plesse, C. , Nguyen, G. T. , Vidal, F. , Chen, W. , Graphitic carbon nitride nanosheet electrode – based high – performance ionic actuator. *Nat. Commun.* , 6, 7258, 2015.

[73] Reddy, A. L. M. , Srivastava, A. , Gowda, S. R. , Gullapalli, H. , Dubey, M. , Ajayan, P. M. , Synthesisof nitrogen – doped graphene films for lithium battery application. *ACS Nano*, 4, 6337, 2010.

[74] Jeong, H. M. , Lee, J. W. , Shin, W. H. , Choi, Y. J. , Shin, H. J. , Kang, J. K. , Choi, J. W. , Nitrogen – dopedgraphene for high – performance ultracapacitors and the importance of nitrogen – doped sites atbasal planes. *Nano Lett.* , 11, 2472, 2011.

[75] Kotal, M. , Kim, J. , Kim, K. J. , Oh, I. K. , Sulfur and nitrogen co – doped graphene electrodes forhigh – performance ionic artificial muscles. *Adv. Mater.* , 28, 1610, 2016.

[76] Ito, Y. , Cong, W. , Fujita, T. , Tang, Z. , Chen, M. , High catalytic activity of nitrogen and sulfurco – doped nanoporous graphene in the hydrogen evolution reaction. *Angew. Chem. Int. Ed.* , 54, 2131, 2015.

[77] Yang, Z. , Yao, Z. , Li, G. , Fang, G. , Nie, H. , Liu, Z. , Zhou, X. , Chen, X. A. , Huang, S. , Sulfur – dopedgraphene as an efficient metal – free cathode catalyst for oxygen reduction. *ACS Nano*, 6, 205, 2012.

[78] Lin, J. , Liu, Y. , Zhang, Q. M. , Influence of the electrolyte film thickness on charge dynamics ofionic liquids in ionic electroactive devices. *Macromolecules*, 45, 2050, 2012.

[79] Wang, D. , Lu, C. , Zhao, J. , Han, S. , Wu, M. , Chen, W. , High energy conversion efficiency conductingpolymer actuators based on PEDOT:PSS/MWCNTs composite electrode. *RSC Adv.* , 7, 31264, 2017.

[80] Wang, Z. , Zhao, Y. , Cheng, H. , Hu, C. , Jiang, L. , Liu, J. , Qu, L. , Three – dimensional graphenepolypyrrolehybrid electrochemical actuator. *Nanoscale*, 4, 7563, 2012.

[81] Steinle, E. D. , Mitchell, D. T. , Wirtz, M. , Lee, S. B. , Young, V. Y. , Martin, C. R. , Ion channel mimeticmicropore and nanotube membrane sensors. *Anal. Chem.* , 74, 2416, 2002.

[82] Wu, G. , Hu, Y. , Zhao, J. , Lan, T. , Wang, D. , Liu, Y. , Chen, W. , Ordered and active nanochannelelectrode design for high – performance electrochemical actuator. *Small*, 12, 4986, 2016.

[83] Sarwar, M. , Dobashi, Y. , Glitz, E. , Farajollahi, M. , Mirabbasi, S. , Nafici, S. , Spinks, G. M. , Madden, J. D. , Transparent and conformal 'piezoionic' touch sensor. *Proc. SPIE*, 9430, 1, 2015.

[84] Biddiss, E. and Chau, T. , Electroactive polymeric sensors in hand prostheses: Bending responseof an ionic polymer metal composite. *Med. Eng. Phys.* , 28, 568, 2006.

[85] Shahinpoor, M. and Kim, K. J. , Ionic polymer – metal composites: IV. Industrial and medicalapplications. *Smart Mater. Struct.* ,14,197,2004.

[86] Lee, K. and Asher, S. A. , Photonic crystal chemical sensors: pH and ionic strength. *J. Am. Chem. Soc.* , 122,9534,2000.

[87] Shahinpoor, M. , Continuum electromechanics of ionic polymeric gels as artificial muscles forrobotic applications. *Smart Mater. Struct.* ,3,367,1994.

[88] Wu, C. – Y. , Liao, W. – H. , Tung, Y. – C. , Integrated ionic liquid – based electrofluidic circuits forpressure sensing within polydimethylsiloxane microfluidic systems. *Lab Chip*, 11,1740,2011.

[89] Onishi, K. , Sewa, S. , Asaka, K. , Fujiwara, N. , Oguro, K. , Morphology of electrodes and bendingresponse of the polymer electrolyte actuator. *Electrochim. Acta*, 46,737,2001.

[90] Akle, B. J. , Leo, D. , Hickner, M. , McGrath, J. E. , Correlation of capacitance and actuation in ionomericpolymer transducers. *J. Mater. Sci.* ,40,3715,2005.

[91] Bahramzadeh, Y. and Shahinpoor, M. , A review of ionic polymeric soft actuators and sensors. *Soft Rob.* ,1, 38,2014.

[92] Kruusamae, K. , Punning, A. , Aabloo, A. , Asaka, K. , Self – sensing ionic polymer actuators: Areview. *Actuators*, 4,17,2015.

[93] Sun, J. Y. , Keplinger, C. , Whitesides, G. M. , Suo, Z. , Ionic skin. *Adv. Mater.* ,26,7608,2014.

[94] Banos, O. , Villalonga, C. , Damas, M. , Gloesekoetter, P. , Pomares, H. , Rojas, I. , Physiodroid: Combining wearable health sensors and mobile devices for a ubiquitous, continuous, and personalmonitoring. *Sci. World J.* ,2014, http://dx. doi. org/10. 1155/2014/490824.

[95] Zhao, J. , Han, S. , Yang, Y. , Fu, R. , Ming, Y. , Lu, C. , Liu, H. , Gu, H. , Chen, W. , Passive andspace – discriminative ionic sensors based on durable nanocomposite electrodes toward signlanguage recognition. *ACS Nano*, 11,8590,2017.

[96] Lynch, J. P. and Loh, K. J. , A summary review of wireless sensors and sensor networks for structuralhealth monitoring. *Shock Vib. Dig.* ,38,91,2006.

[97] Nilius, B. and Honore, E. , Sensing pressure with ion channels. *Trends Neurosci.* ,35,477,2012.

[98] Chen, S. , Bao, P. , Wang, G. , Synthesis of Fe_2O_3 – CNT – graphene hybrid materials with an openthree – dimensional nanostructure for high capacity lithium storage. *Nano Energy*, 2,425,2013.

[99] Xu, Y. , Lin, Z. , Zhong, X. , Huang, X. , Weiss, N. O. , Huang, Y. , Duan, X. , Holey graphene frameworksfor highly efficient capacitive energy storage. *Nat. Commun.* ,5,4554,2014.

[100] Zhang, L. L. , Zhao, X. , Stoller, M. D. , Zhu, Y. , Ji, H. , Murali, S. , Wu, Y. , Perales, S. , Clevenger, B. , Ruoff, R. S. , Highly conductive and porous activated reduced graphene oxide films for highpowersupercapacitors. *Nano Lett.* ,12,1806,2012.

[101] Gadzekpo, V. P. Y. , Buhlmann, P. , Xiao, K. P. , Aoki, H. , Umezawa, Y. , Development of anion – channel sensor for heparin detection. *Anal. Chim. Acta*, 411,163,2000.

[102] Luo, L. , Yang, X. , Wang, E. , Ion channel sensor. *Anal. Lett.* ,32,1271,1999.

[103] Barsan, N. , Schweizer – Berberich, M. , Göpel, W. , Fundamental and practical aspects in the designof nanoscaled SnO2 gas sensors: A status report. *Fresenius J. Anal. Chem.* ,365,287,1999.

[104] Bakker, E. and Telting – Diaz, M. , Electrochemical sensors. *Anal. Chem.* ,74,2781,2002.

[105] De Gennes, P. , Okumura, K. , Shahinpoor, M. , Kim, K. J. , Mechanoelectric effects in ionic gels. *Europhys. Lett.* ,50,513,2000.

[106] Yamada, T. , Hayamizu, Y. , Yamamoto, Y. , Yomogida, Y. , Izadi – Najafabadi, A. , Futaba, D. N. , Hata, K. , A stretchable carbon nanotube strain sensor for human – motion detection. *Nat. Nanotechnol.* ,6,296,

2011.

[107] Webb, R. C., Bonifas, A. P., Behnaz, A., Zhang, Y., Yu, K. J., Cheng, H., Shi, M., Bian, Z., Liu, Z., Kim, Y. – S., Yeo, W. – H., Park, J. S., Song, J., Li, Y., Huang, Y., Gorbach, A. M., Rogers, J. A., Ultrathin conformal devices for precise and continuous thermal characterization of humanskin. *Nat. Mater.*, 12, 938, 2013.

[108] Park, J., Lee, Y., Hong, J., Lee, Y., Ha, M., Jung, Y., Lim, H., Kim, S. Y., Ko, H., Tactile – direction-sensitiveand stretchable electronic skins based on human – skin – inspired interlocked microstructures. *ACS Nano*, 8, 12020, 2014.

[109] Wu, X., Ma, Y., Zhang, G., Chu, Y., Du, J., Zhang, Y., Li, Z., Duan, Y., Fan, Z., Huang, J., Thermally stable, biocompatible, and flexible organic field – effect transistors and their applicationin temperature sensing arrays for artificial skin. *Adv. Funct. Mater.*, 25, 2138, 2015.

[110] Hou, C., Wang, H., Zhang, Q., Li, Y., Zhu, M., Highly conductive, flexible, and compressibleall – graphene passive electronic skin for sensing human touch. *Adv. Mater.*, 26, 5018, 2014.

[111] Schwartz, G., Tee, B. C. K., Mei, J., Appleton, A. L., Kim, D. H., Wang, H., Bao, Z., Flexible polymer-transistors with high pressure sensitivity for application in electronic skin and health monitoring. *Nat. Commun.*, 4, 1859, 2013.

[112] Han, S., Zhao, J., Wang, D., Lu, C., Chen, W., Bionic ion channel and single – ion conductordesign for artificial skin sensor. *J. Mater. Chem. B*, 5, 7126, 2017.

[113] Kwangmok, J., Ja Choon, K., Jae – do, N., Young Kwan, L., Hyouk Ryeol, C., Artificial annelidrobot driven by soft actuators. *Bioinspiration Biomimetics*, 2, S42, 2007.

[114] Tee, B. C. K., Wang, C., Allen, R., Bao, Z., An electrically and mechanically self – healing composite-with pressure – and flexion – sensitive properties for electronic skin applications. *Nat. Nanotechnol.*, 7, 825, 2012.

[115] Pang, C., Lee, G. – Y., Kim, T. – I., Kim, S. M., Kim, H. N., Ahn, S. – H., Suh, K. – Y., A flexible andhighly sensitive strain – gauge sensor using reversible interlocking of nanofibres. *Nat. Mater.*, 11, 795, 2012.

[116] Conway, B. E., Transition from "supercapacitor" to "battery" behavior in electrochemical energystorage. *J. Electrochem. Soc.*, 138, 1539, 1991.

[117] Chu, S. and Majumdar, A., Opportunities and challenges for a sustainable energy future. *Nature*, 488, 294, 2012.

[118] Simon, P. and Gogotsi, Y., Materials for electrochemical capacitors. *Nat. Mater.*, 7, 845, 2008.

[119] Portet, C., Taberna, P. L., Simon, P., Flahaut, E., Laberty – Robert, C., High power density electrodesfor carbon supercapacitor applications. *Electrochim. Acta*, 50, 4174, 2005.

[120] Kim, T., Jung, G., Yoo, S., Suh, K. S., Ruoff, R. S., Activated graphene – based carbons as supercapacitorelectrodes with macro – and mesopores. *ACS Nano*, 7, 6899, 2013.

[121] Zhang, L. L., Zhou, R., Zhao, X. S., Graphene – based materials as supercapacitor electrodes. *J. Mater. Chem.*, 20, 5983, 2010.

[122] Liu, C., Yu, Z., Neff, D., Zhamu, A., Jang, B. Z., Graphene – based supercapacitor with an ultrahighenergy density. *Nano Lett.*, 10, 4863, 2010.

[123] Lee, S. W., Kim, B. – S., Chen, S., Shao – Horn, Y., Hammond, P. T., Layer – by – layer assembly of allcarbon nanotube ultrathin films for electrochemical applications. *J. Am. Chem. Soc.*, 131, 671, 2008.

[124] Balandin, A. A., Ghosh, S., Bao, W., Calizo, I., Teweldebrhan, D., Miao, F., Lau, C. N., Superiorthermal conductivity of single – layer graphene. *Nano Lett.*, 8, 902, 2008.

[125] Xia, J., Chen, F., Li, J., Tao, N., Measurement of the quantum capacitance of graphene. *Nat. Nanotechnol.*, 4, 505, 2009.

[126] Zhang, L., Yang, X., Zhang, F., Long, G., Zhang, T., Leng, K., Zhang, Y., Huang, Y., Ma, Y., Zhang, M., Chen, Y., Controlling the effective surface area and pore size distribution of sp2carbon materials and their impact on the capacitance performance of these materials. *J. Am. Chem. Soc.*, 135, 5921, 2013.

[127] Fu, Y., Cai, X., Wu, H., Lv, Z., Hou, S., Peng, M., Yu, X., Zou, D., Fiber supercapacitors utilizingpen ink for flexible/wearable energy storage. *Adv. Mater.*, 24, 5713, 2012.

[128] Zhao, J., Lai, H., Lyu, Z., Jiang, Y., Xie, K., Wang, X., Wu, Q., Yang, L., Jin, Z., Ma, Y., Hydrophilichierarchical nitrogen - doped carbon nanocages for ultrahigh supercapacitive performance. *Adv. Mater.*, 27, 3541, 2015.

[129] Zhang, K., Zhang, L. L., Zhao, X. S., Wu, J., Graphene/polyaniline nanofiber composites assupercapacitor electrodes. *Chem. Mater.*, 22, 1392, 2010.

[130] Cheng, Y., Lu, S., Zhang, H., Varanasi, C. V., Liu, J., Synergistic effects from graphene and carbonnanotubes enable flexible and robust electrodes for high - performance supercapacitors. *Nano Lett.*, 12, 4206, 2012.

[131] Lu, C., Wang, D., Zhao, J., Han, S., Chen, W., A continuous carbon nitride polyhedron assemblyfor high - performance flexible supercapacitors. *Adv. Funct. Mater.*, 27, 1606219, 2017.

[132] Torop, J., Palmre, V., Arulepp, M., Sugino, T., Asaka, K., Aabloo, A., Flexible supercapacitor - likeactuator with carbide - derived carbon electrodes. *Carbon*, 49, 3113, 2011.

[133] Hu, S., Rajamani, R., Yu, X., Flexible solid - state paper based carbon nanotube supercapacitor. *Appl. Phys. Lett.*, 100, 104103, 2012.

[134] Choi, C., Lee, J. A., Choi, A. Y., Kim, Y. T., Lepro, X., Lima, M. D., Baughman, R. H., Kim, S. J., Flexible supercapacitor made of carbon nanotube yarn with internal pores. *Adv. Mater.*, 26, 2059, 2014.

[135] Wang, J., Polleux, J., Lim, J., Dunn, B., Pseudocapacitive contributions to electrochemicalenergy storage in TiO2 (anatase) nanoparticles. *J. Phys. Chem. C*, 111, 14925, 2007.

[136] Brousse, T., Bélanger, D., Long, J. W., To be or not to be pseudocapacitive? *J. Electrochem. Soc.*, 162, A5185, 2015.

[137] Horng, Y. - Y., Lu, Y. - C., Hsu, Y. - K., Chen, C. - C., Chen, L. - C., Chen, K. - H., Flexible supercapacitorbased on polyaniline nanowires/carbon cloth with both high gravimetric andarea - normalized capacitance. *J. Power Sources*, 195, 4418, 2010.

[138] Gogotsi, Y. and Simon, P., True performance metrics in electrochemical energy storage. *Science*, 334, 917, 2011.

[139] He, Y., Chen, W., Li, X., Zhang, Z., Fu, J., Zhao, C., Xie, E., Freestanding three - dimensionalgraphene/MnO2 composite networks as ultralight and flexible supercapacitor electrodes. *ACSNano*, 7, 174, 2012.

[140] Venkatasubramanian, R., Siivola, E., Colpitts, T., O'quinn, B., Thin - film thermoelectric deviceswith high room - temperature figures of merit. *Nature*, 413, 597, 2001.

[141] Talin, A. A., Centrone, A., Ford, A. C., Foster, M. E., Stavila, V., Haney, P., Kinney, R. A., Szalai, V., El Gabaly, F., Yoon, H. P., Tunable electrical conductivity in metal - organic framework thin - filmdevices. *Science*, 343, 66, 2014.

[142] Kim, R. - H., Kim, D. - H., Xiao, J., Kim, B. H., Park, S. - I., Panilaitis, B., Ghaffari, R., Yao, J., Li, M., Liu, Z., Waterproof AlInGaP optoelectronics on stretchable substrates with applications inbiomedicine and robotics. *Nat. Mater.*, 9, 929, 2010.

[143] Pu, X. , Liu, M. , Li, L. , Han, S. , Li, X. , Jiang, C. , Du, C. , Luo, J. , Hu, W. , Wang, Z. L. , Wearabletextile – based in – plane microsupercapacitors. *Adv. Energy Mater.* , 6, 1601254, 2016.

[144] Wang, G. , Zhang, L. , Zhang, J. , A review of electrode materials for electrochemical supercapacitors. *Chem. Soc. Rev.* , 41, 797, 2012.

[145] Bae, J. , Song, M. K. , Park, Y. J. , Kim, J. M. , Liu, M. , Wang, Z. L. , Fiber supercapacitors made ofnanowire – fiber hybrid structures for wearable/flexible energy storage. *Angew. Chem. Int. Ed.* , 50, 1683, 2011.

[146] Bazban – Shotorbani, S. , Dashtimoghadam, E. , Karkhaneh, A. , Hasani – Sadrabadi, M. M. , Jacob, K. I. , Microfluidic directed synthesis of alginate nanogels with tunable pore size for efficientprotein delivery. *Langmuir*, 32, 4996, 2016.

[147] Jahn, A. , Vreeland, W. N. , DeVoe, D. L. , Locascio, L. E. , Gaitan, M. , Microfluidic directed formationof liposomes of controlled size. *Langmuir*, 23, 6289, 2007.

[148] Paek, E. , Pak, A. J. , Kweon, K. E. , Hwang, G. S. , On the origin of the enhanced supercapacitorperformance of nitrogen – doped graphene. *J. Phys. Chem. C*, 117, 5610, 2013.

[149] Dong, Z. , Jiang, C. , Cheng, H. , Zhao, Y. , Shi, G. , Jiang, L. , Qu, L. , Facile fabrication of light, flexible and multifunctional graphene fibers. *Adv. Mater.* , 24, 1856, 2012.

[150] Wu, Z. S. , Winter, A. , Chen, L. , Sun, Y. , Turchanin, A. , Feng, X. , Müllen, K. , Three – dimensionalnitrogen and boron co – doped graphene for high – performance all – solid – state supercapacitors. *Adv. Mater.* , 24, 5130, 2012.

第9章 燃料电池中作为催化剂载体的石墨烯

S. I. Stevanović, V. M. Jovanović
塞尔维亚贝尔格莱德诺维萨德贝尔格莱德大学电化学系 ICTM

摘　要　石墨烯作为一种在材料科学中具有巨大应用潜力的新型碳材料,引起了人们极大的研究兴趣。石墨烯和还原氧化石墨烯具有高表面积、容易修饰和恢复的表面形貌(极性、疏水性、孔径和粗糙度),已经用作电化学分析中金属纳米粒子的载体材料。改性对粒子尺寸、粒子分散性、减少粒子在载体上的团聚以及催化剂在燃料电池反应中更好的催化性能的影响在本章中予以讨论。通过共价和非共价方法对石墨烯进行功能化,使其表面上形成的不同官能团增加。由于此类基团的存在,石墨烯不仅作为载体材料,而且这些官能团有助于提高催化剂的活性。因此,本章概述了石墨烯在燃料电池中作为催化剂载体及其与其他碳材料的比较。

关键词　石墨烯,纳米催化剂载体,燃料电池反应,碳材料,玻璃碳,碳官能团

英文缩写对照表

AFM	原子力显微镜
CFG	碳官能团
CRGO	化学还原的氧化石墨烯
CVD	化学气相沉积
EIS	电化学阻抗谱
ESCA	电活性表面积
GC	玻璃碳
GNS	氧化石墨烯纳米片
GO	氧化石墨烯
G - P - G	石墨烯 - Pt - 石墨烯
HGN	石墨烯纳米片
HOPG	高取向热解石墨
HRTEM	高分辨透射电子显微术
IUPAC	国际纯化学和应用化学联合会
MEO	甲醇电氧化
NC	纳米晶体

NMR	核磁共振
PDDA	聚二烯丙基二甲基氯化铵
rGO	还原氧化石墨烯
rGOS	还原氧化石墨烯纳米棒
SEM	扫描电子显微镜
STM	扫描隧道显微镜
TEM	透射电子显微镜
TMPyP	5,10,15,20 - 四(1 - 甲基 -4 - 吡啶)卟啉四(吡啶对甲苯磺酸盐)
XPS	X 射线光电子能谱
XRD	X 射线衍射
2D	二维
3D	三维

9.1 概述

减少环境污染的必要性日益增加、化石燃料的有限来源以及对更合理地使用能量的需求,这些因素均导致了替代能源的发展,如燃料电池等。其商业化需要高活性和高稳定性的催化剂,通常是负载在高比表面碳上的 Pt 或 Pt 合金。由于金属溶解、纳米粒子团聚、金属与碳载体的分离以及碳载体的腐蚀,催化剂在燃料工作时会发生降解。虽然测试了不同的金属氧化物作为载体具有改进的稳定性[1],但碳基材料由于其物理化学特性,作为催化剂载体仍是研究的热点。为了从整体上改善催化剂的功能,具有改善性能的新型碳材料正在进行开发。

其中一种新型材料是石墨烯,这是一种非凡的碳纳米材料,具有优异的力学、电学、热学和光学性能。由于这些特性,石墨烯的潜在应用不胜枚举,几乎没有一个科学技术领域找不到它的位置。粗略地,可以将其区分为几个可能应用的领域,例如:在光电子学中作为透明半导体;在多相催化中作为催化剂的衬底;作为光检测器中的传感器;在医学中作为药物的载体;等等。

石墨烯的优异特性是其具有约为 $10000cm^2/(V \cdot s)$ 的室温电导率[2]、$5000W/(m \cdot K)$ 的热导率[3]、97.7% 的透光率[4]。将石墨烯的电导率与作为最佳导体之一的铜的电导率进行比较[5],可以看出其电导率高出 35%。大多数金属导体是光学不透明的。然而,石墨烯在这里是个例外,其透明度与光的波长无关,因此其从红外到紫外光场都是透明的。在光电技术中,电极应该由导电的材料制成,同时对光透明。石墨烯的高性能和高透明度(白光吸光度为 2.3mm,反射率可忽略不计[4,6])使这些材料适用于触摸屏或太阳能电池。虽然一层石墨烯的厚度仅为 0.34nm,但其具有优异的力学性能,杨氏模量值为 1TPa[7-8]。其断裂强度是钢的 100 倍。得益于这样的强度,石墨烯可以加入到航空工业使用的环氧涂层材料中[9]。

除了上述物理特性,石墨烯还是一种非常稳定的化学材料。其比键焓为 585kJ/mol,这个值几乎是金刚石(345kJ/mol)的 2 倍[10]。石墨烯在 700℃ 的温度下完全转化为二氧化碳,具有对大量酸碱的物理和化学抗性。石墨烯的表面可以被含氢、氧或氮的官能团修饰，以这种方式修饰的石墨烯在生物医学中广泛用于细胞系统中催化活性材料的载体或药物物质的载体。石墨烯也是亲脂性的，还有一种仅由脂质层组成的细胞膜。由于其亲油性，它可以很容易地渗透到细胞内部，因此将药物分子引入其中。尽管石墨烯被认为具有高度的生物兼容性，但仍需临床研究来证实其对人体的无害。

这种材料的独特性能还包括极高的表面积（达到 $2630m^2/g$[11]）和发达的孔隙率。由于这些良好的性能，以及在其表面形成缺陷位点和大量亲水官能团的能力，石墨烯在燃料电池技术中受到了广泛的关注，特别是用于贵金属催化剂材料，支撑纳米粒子的强附着。只有在前面描述的石墨烯的关键特征的基础上，才能得出结论，它是一种独特的材料，其应用的可能性将在未来产生重大影响。

9.2 石墨烯的合成

石墨烯的成功合成是石墨烯研究和应用的重要步骤之一，也是石墨烯各个领域的起点。科学家发现了多种方法，通过机械或热剥离、金属表面化学气相沉积（CVD）（少层石墨烯）和外延生长来合成这种碳材料。这些合成方法并没有产生完美的石墨烯单层，而是产生了几个高迁移层。CVD 方法已经被进一步优化，并且是制备石墨烯的主要技术[12-13]。直到 2004 年，Andre Geim 和 Konstantin Novoselov[14]用一种方法分离石墨烯，用胶带将石墨去角质，直到得到石墨烯。该方法提供了具有数百微米尺寸的高质量石墨烯。通过化学还原氧化石墨烯（GO）是另一种非常有效的石墨烯大规模合成方法[15]。值得一提的还有 Hummers 法，常用于工程和实验室生产氧化石墨[16]。这个化学方法包括用浓高锰酸钾、硝酸钠和硫酸的无水混合物处理石墨。Hummers 方法最早发表于 1958 年，是一种快速高效的大量生产氧化石墨的方法。与 Hummers 方法相关的一个有趣且非常有用的事实是，它可以被修正以制备一个分子厚的氧化石墨烯。如今，开发了许多方法来改进 Hummers 方法，以获得更大量的亲水性氧化石墨烯材料[17-19]。但是，这种方法往往涉及使用危险化学品（如肼）和在非常高的温度下进行热处理。电化学方法是一种很有前途的石墨烯合成方法，多项研究工作均有报道[20-22]。科学家们仍在寻找一种更便宜、更简单、更有效的生产石墨烯的方法，该方法在经济上也适用于工业或科学应用。如今对石墨烯的研究还包括衬底上石墨烯层的结构控制和石墨烯的功能化。

术语“石墨烯”由 IUPAC[23]推荐，定义为以六边形晶格排列的碳原子的二维单层，是设计富勒烯和单壁或多壁纳米管等其他石墨材料的起始材料。

9.3 石墨烯的结构特性与功能化

石墨烯，碳元素的同素异形体，是由碳原子排列成二维六方蜂窝晶格（图 9.1（a））的平面单层，C—C 键长为 0.142nm[24]。它是迄今已知最薄的化合物，仅有一个原子厚度，也是最轻的材料，每平方米重约 0.77 mg。在石墨烯中，碳原子与另外三个原子结合，但它们有能力将自己与第四个原子结合。这种能力，加上优异的拉伸强度和高的表面积体积比，使其在复合材料中非常有用。单层石墨烯的晶胞由两个碳原子组成，相隔 1.42Å，晶格常数为 2.46Å，每个原子都有 p_x 和 p_y 轨道，并与晶格中的三个相邻原子结合，形成原子网络。相邻原子之间的 p_z 轨道重叠产生填充 π 态和空 π^* 态，分别形成石墨烯的价带和导带。石墨烯的各个层堆叠在一起，但彼此相对移动，使得一层中的碳原子位于下面一层中的空六边形中心的顶部[图 9.1(b)]。

如前所述，经常使用的大规模合成石墨烯的有效方法是石墨的氧化，层层萃取得到的氧化石墨烯，再将其还原。因此，石墨和 GO 是最有用的石墨烯异体。氧化石墨的表面和边缘具有含氧官能团。由于 GO 是通过石墨氧化物层萃取获得的，因此它也含有这些官能团。氧化石墨烯中氧官能团的存在使其易于分散在水和有机溶剂中，并且根据氧化程度，GO 是半导体或绝缘材料。该特征对于其在能量存储、生物装置、药物递送、晶体管和光电子学中的广泛应用非常理想。Alsam 等[25]利用简单的直流电源，通过电解施加极低电压的石墨棒，合成了氧化石墨烯纳米片(GNS)。

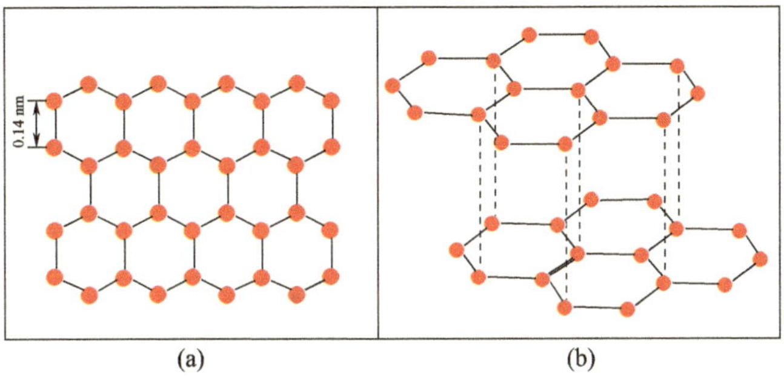

图 9.1 石墨烯(a)和石墨烯片(b)的结构

迄今为止，提出了许多关于氧化石墨结构的模型，但 Lerf - Klinowski[26-27]模型是最为被接受的，该模型指出氧化石墨的碳基面被环氧化物和羟基修饰，边缘被羧基官能团封端。该模型也适用于氧化石墨烯，因为氧化石墨的氧化层可以在适度的超声作用下在水中剥落，并且如果剥落的片仅包含一层或很少的层，那么这些片实际上被命名为氧化石墨烯[2]。氧化石墨的结构由长程有序 sp^2 区及小得多的非晶区和缺陷区组成。Lerf 及其同事[26-27]使用氧化石墨及其衍生物的固态 ^{13}C NMR(核磁共振)光谱来解释其结构性质。用碘化钾处理的氧化石墨的光谱和氧化石墨的热分解表明环氧基团的存在，环氧基团是材料的氧化性质的原因，模型如图 9.2 所示，表明氧化石墨由未被氧化的芳香"岛"所组成，其被脂族六元环彼此隔开。这些环含有 C—OH 和环氧基团以及双键。Lerf - Klinowski 模型还指出，连接到 OH 基团上的碳是轻微扭曲的四面体构型，正因为如此，一些层可以扭曲。官能团位于碳网格的上方和下方，它们形成氧原子层，由于其负电荷，可以防止对碳原子的亲核攻击。

氧化石墨烯最重要的性质是可以通过去除含氧官能团而部分还原成类石墨烯材料。到目前为止，提出的用于获得大量石墨烯的方法(如烃的化学气相沉积、石墨的微机械解理或外延生长)已经表明，在获得大的石墨烯片方面存在困难。GO 还原是一种新的低成本方法[28]。对单层还原氧化石墨烯(rGO)膜进行球差校正的 TEM 分析表明，该层的最大部分由六方晶格的良好结晶的石墨烯区域组成[29]。TEM 分析也揭示了 rGO 上存在大量的拓扑缺陷。这些缺陷有些是孤立的小的五边形 - 七边形对，有些是延伸的、聚集的缺陷，准非 sp^2 晶键合面积[29]。缺陷结构在能量存储应用中是非常有用的。通过 GO 的功能化和形成缺陷表面的可控形态变化是获得可用于催化反应的化学活性位点以及用于沉积金属纳米粒子的所需位点的方法。

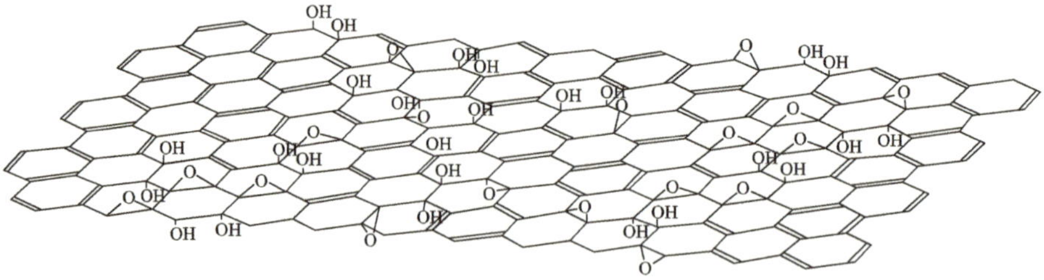

图 9.2 Lerf – Klinowski 模型的氧化石墨层结构[转载自《化学物理快报》,287,He,H.、Klinowski,J.、Forster,M.、Lerf,A.,《氧化石墨的新结构模型》,53。经爱思唯尔版权所有(1998 年)]

石墨烯技术中增长最快的领域之一是通过掺杂杂原子来控制和调节石墨烯的物理化学性质。氮原子掺杂导致石墨烯转变为 p 型或 n 型半导体,并且可以实现石墨烯晶格内的 3 种键合构型:季铵 – N(或石墨 – N)、吡啶 – N 和吡咯 – N[4]。氮掺杂石墨烯的这 3 种常见键合构型可见图 9.3[30]。

氮原子拥有一个额外的电子,如果该原子取代石墨烯晶格中的碳原子,那么石墨烯获得所需的半导体电子性质。Yadav 和 Dixit[31]详细综述了合成氮掺杂石墨烯的常用方法。他们将合成方法分为直接合成和后处理。直接合成法可采用化学气相沉积(CVD)[32]、偏析法[33]、电弧放电法[34]、溶剂热法[35],后处理方法有热处理[36]、等离子体处理[37]、N_2H_4处理[38]。XPS 分析是解释石墨烯中氮掺杂效应的最有用的光谱技术之一。在氮掺杂石墨烯的 XPS 光谱中,发现两个峰:400 eV 的峰值与 N 1s 有关,284 eV 的峰值代表 C 1s 光谱[36]。N 1s 与 C 1s 的峰强度之比揭示了 N – 石墨烯中的氮含量。N 1s 光谱的去卷积可以将光谱分解为几个单一的峰,如吡啶 – N、吡咯 – N 和季铵 – N[36]。在典型氧还原反应中,燃料电池发电,氮掺杂石墨烯可以作为催化剂载体。与原始石墨烯相比,氮掺杂石墨烯显示出不同的性质。当碳原子被氮包围时,碳原子的电荷分布发生变化,产生石墨烯表面的活化区[39]。因此,活化区可以直接参与催化反应,也可以锚定沉积在石墨烯表面的金属纳米粒子。例如,众所周知,在典型的氧还原反应中,O ═O 键应该断裂。碳载体中氮的引入增加了费米能级附近的电子态密度,提高了氧还原反应的动力学。

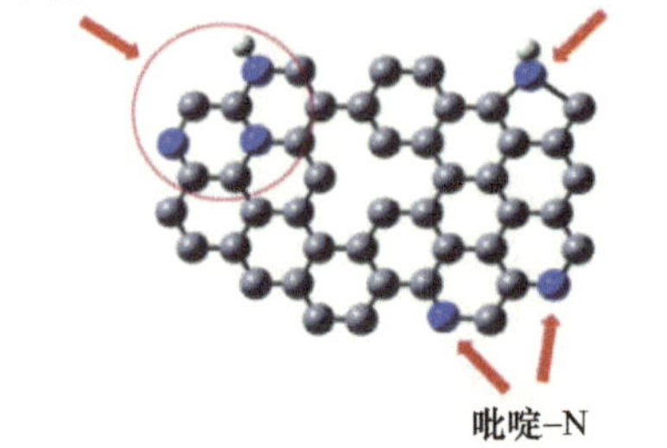

图 9.3 氮掺杂石墨烯的 3 种常见键合构型[转载自 Wang,Y.、Shao,Y.、Matson,D. W.、Hong,J.、Lin,Y.《氮掺杂石墨烯及其在电化学生物传感中的应用》,ACS Nano,4,1790 ,2010。美国化学学会版权所有(2010 年)]

9.4 石墨烯的结构表征

对石墨烯材料、原始石墨烯、GO 和 rGO 的结构表征应用了大量的实验技术。在这些技术中，主要使用拉曼光谱、X 射线衍射(XRD)和 X 射线光电子能谱(XPS)。可以在 Kim 及其同事[40]的论文中找到这些技术应用的案例。以天然石墨为原料，通过化学氧化和随后 GO 到 GNS 的热剥离，合成了表面功能化的石墨烯纳米片(GNS)。将合成的 GNS 用作 Pt 催化剂的载体。在不使用表面活性剂的情况下，通过用 Pt 前体浸渍 GNS 制备 GNS 负载的 Pt 催化剂。利用 XRD、XPS 和拉曼光谱研究了石墨、GO 和 GNS 的物理化学性质(图 9.4)。

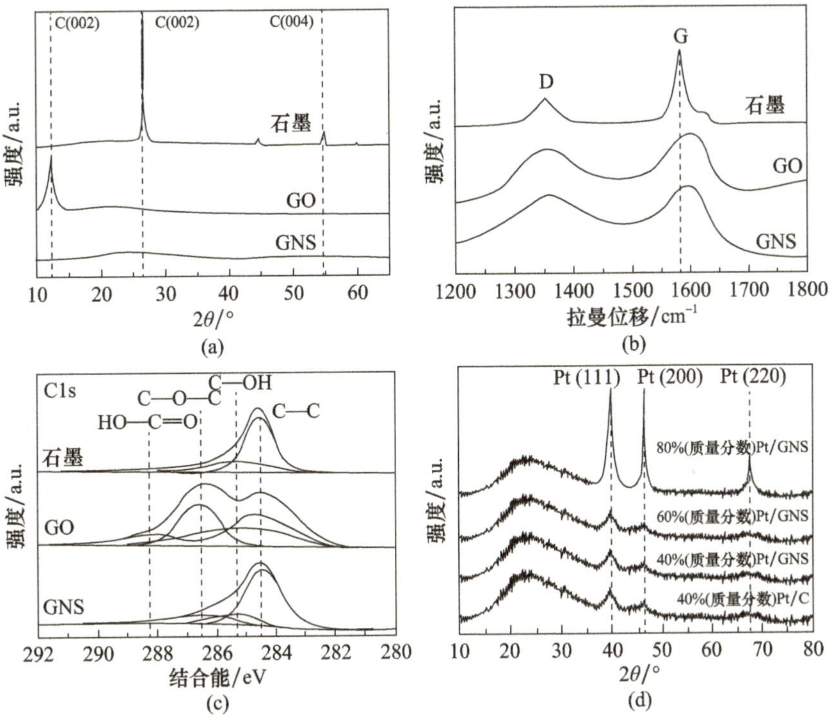

图 9.4 石墨、GO 和 GNS 的(a)XRD 图、(b)拉曼光谱和(c)C 1s XPS 光谱；(d)具有不同量的 40% ~80%(质量分数)Pt 金属负载量和 40%(质量分数)Pt/C 的 Pt/GNS 催化剂的 XRD 图[转载自 Carbon,49,Choi,S. M. 、Seo,M. H. 、Kim,H. J. 、Kim,W. B. ,《具有高 Pt 负载的表面功能化石墨烯纳米片的合成及其对甲醇电氧化的应用》,904。经爱思唯尔版权所有(2011 年)]

石墨、GO 和 GNS 的 XRD 分析(图 9.4(a))表明，在石墨的化学氧化之后，石墨的 C(002)峰移动了 12.2°，这表明，在引入氧化官能团(环氧、羟基和羧基)后，GO 相发生层膨胀。在 GO 的热剥离之后，与其他石墨材料相比，GNS 显示可忽略的 C(002)峰。结晶 C(002)峰的消失是热剥离过程中 GO 层分离的结果。拉曼光谱(图 9.4(b))与 XRD 结果一致。拉曼光谱中的特征 D 和 G 带代表石墨晶格的同相振动，D 带代表石墨边缘的无序，G 带指向结晶石墨[41-42]。D/G 比会受到缺陷的影响，可以用作石墨烯中无序的度量。通过 GO 上孤立双键的共振，GO 的 D 带和 G 带变宽，而 G 带移动到比石墨的 G 带更高的频率。G 带移至较低的值，表明生成了 GNS[41]。图 9.4(c)所示的 XPS 结果证实了在合成材料上形成了表面官能团。C1 XPS 谱包含 4 个分辨峰，与 sp^2 杂化的 C—C 和氧化官能团（C—OH、C—O—C 和 HO—C ═O）有关[43-44]。值得注意的是，由于石墨的化学氧化，与氧化碳相关的峰增加。GNS 上的氧化官能团的含量在石墨和 GO 之间，这表明 GNS 被适度功能化。图 9.4(d) 还显示了 Pt/GNS 催化剂的 XRD 图，并证实存在小 Pt 粒子（40%、60% 和 80%（质量分数）Pt/GNS 分别为 2.5nm、3.0nm 和 4.5nm）。基于上述分析，作者得出结论，在石墨制备 GNS 过程中形成的 GNS 表面官能团是导致 GNS 载体上出现小而高度分散的 Pt 纳米粒子的原因。

石墨烯材料结构表征广泛使用的另一种实验技术是透射电子显微镜（TEM）。这种技术可以给出石墨烯原子结构的信息。TEM 分析可以给出关于缺陷、位错边、晶界和许多其他特征的信息。Stobinski 等[45]介绍了商用氧化石墨烯和还原氧化石墨烯的 TEM 分析。所获得的 TEM 图像上的暗区指示具有一定量的氧官能团的几个氧化石墨烯和/或石墨烯层的厚堆叠纳米结构。透明度较高的区域表明石墨烯膜更薄。应用 TEM 技术，还表明还原的氧化石墨烯具有更大的表面积和高透明度，因此具有分层的石墨烯结构。

同一组作者展示了商用氧化石墨烯和还原氧化石墨烯的 X 射线衍射（XRD）分析。XRD 光谱表明了石墨烯层之间的距离以及堆叠的石墨烯层中的短程有序。根据(002)反射评估石墨烯层与平均高度堆叠层之间的距离，而根据二维(10)反射估计堆叠层的平均直径。发现氧化石墨烯由 6~7 个石墨烯层组成，堆叠结构的平均直径约为 22nm×6nm，石墨烯层间距为 0.9nm。还原的氧化石墨烯由堆叠纳米结构中的两三层组成，平均直径高度约为 8nm×1nm，石墨烯层距离为 0.4nm[45]。

9.5 石墨烯的形态学

自 Geim 和 Novoselov[14]剥离单个石墨烯片以来，原子力显微镜（AFM）和扫描隧道显微镜（STM）已用于石墨烯形态的研究。由于其能够在原子水平上提供纳米级细节，AFM 和 STM 已经成为最适合表征石墨烯的技术，并且已经开发了允许探测其不同物理性质的各种模式。三维（高度）图像能够测量石墨烯膜的横向尺寸和厚度，以及存在层的尺寸和数量。高度图像还估计了石墨烯层和下层衬底的粗糙度。Paredes 等[46]报道了使用 AFM/STM 显微镜来探测通过化学还原相应的氧化石墨烯分散体而产生的稳定水分散体中的石墨烯纳米片。将未还原和化学还原的氧化石墨烯水分散体滴加到新鲜裂解的、原子级平坦的高度取向热解石墨（HOPG）上。AFM 图像显示了未还原和化学还原的石墨烯纳米片之间的显著差异。对于未还原的石墨烯纳米片，测量相的轮廓分析与未氧化的原始 HOPG 载体的轮廓分析明显不同。另外，化学还原的石墨烯片的轮廓相分析与 HOPG 衬底的轮廓相分析相同。HOPG 和 rGO 片之间的相位值的这种相似性是亲水性降低的指示。对相位图的更深入的了解表明，即使对于单个片材，相位值也存在一些局部变化，这可能是纳米尺度上不同氧化水平的结果。Parades 等通过 STM 成像也证实了化学还原薄片上存在的结构紊乱的直接证据[46]。还原纳米片的这种结构无序可归因于化学还原后残留的连接到石墨烯片上的氧官能团的存在，以及在氧化-还原过程中产生的大量碳晶格的原子尺度缺陷。这种对石墨烯纳米片上晶格畸变的观察也被 Paredes 等通过拉曼光谱证实[46]。

当石墨烯的表征受到质疑时，Willinger 及其同事[47]已经取得了显著的进展，他们利用原位扫描电子显微镜(原位 SEM)的开创性工作给出了石墨烯生长动力学的直接观察。利用原位 SEM,该组作者可视化了从衬底退火到石墨烯生长和随后冷却的完整化学气相沉积过程,并提供了微米尺度下生长动力学的重要信息。图 9.5(a)显示了在此期间碳片的形成。

图 9.5(A)中的白色箭头突出显示了晶界处的成核,同时t^*对应于从 C_2H_4 定量给料直到检测到第一次成核的诱导期。石墨烯片的生长通过暗对比度来表征。铜表面的平滑对比是由于升华引起的表面屈曲。在左上图中,铜箔中的晶界由绿色虚线突出显示。不同晶粒对比度的差异是由电子沟道引起的。标尺的尺寸为 5μm。利用这种原位 SEM 分析,Willinger 及其同事[47]证明,当相邻片材的生长前沿彼此接近时,生长速度降低得更快。生长石墨烯片的形状演变作为局部环境的函数(图 9.5(B))表明,即使生长石墨烯片彼此接近成核,它们也不会合并。根据颜色图例中提供的生长时间对生长石墨烯片的轮廓进行颜色编码。表面扩散和捕获层内的生长竞争影响生长形状和速率,如图 9.5(B)中(e)和(f)所示。图 9.5(e)中的标尺测量值为 5μm。

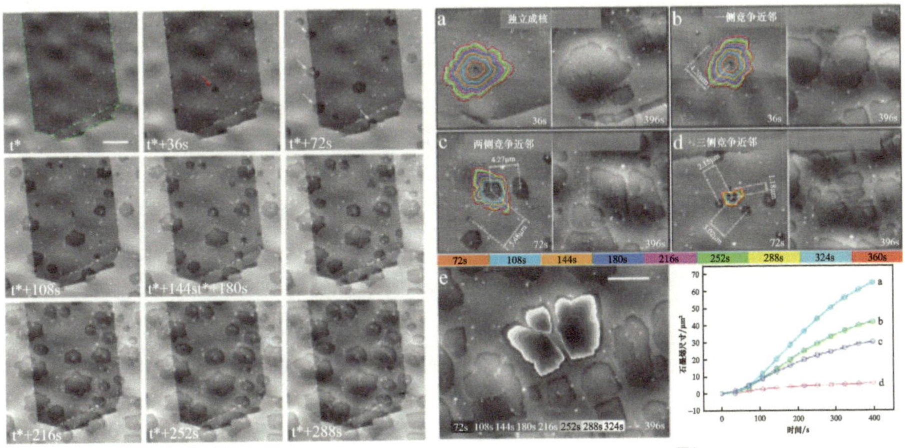

(A) (B)

图 9.5 在 LP－CVD 生长期间在 1000℃下记录的原位 SEM 图像,显示碳片的成核和生长(用较暗的对比来表征)(A);生长石墨烯片的形状演进作为局部周围的函数(B)。[经 Wang,Z. J.、Weinberg,G.、Zhang,Q.、Lunkenbein,T.、Klein－Hoffmann,A.、Kurnatowska,M.、Plodinec,M.、Li,Q.、Chi,L.、Schoegl,R.、Willinger,M. G. 许可转载自《通过原位扫描电子显微镜直接观察石墨烯生长和相关的铜衬底动力学》,ACS Nano,9,1506,2015。美国化学学会版权所有(2015 年)]

为了进一步提高石墨烯的性能,人们开发了三维石墨烯。因其不仅具有与石墨烯相同的良好本征性能,而且具有更高的表面积、更好的机械特性和优异的导电性,三维石墨烯材料备受关注[48]。众所周知,基面之间的 π－π 相互作用和范德瓦耳斯引力导致 GO 和 rGO 片的堆叠和聚集,从而导致活性表面积减小。为了解决 GO 和 rGO 的这一特性,科学家在石墨烯片之间加入了间隔材料,合成了由交联的石墨烯纳米片组成的三维石墨烯材料。这类新材料在许多应用领域以及最近在催化领域都具有巨大的潜力[49]。所有三维石墨烯材料(泡沫、水凝胶、气凝胶、海绵、网络、纳米网等)的主要特征是多孔结构。时至今日,已经开发了许多合成三维石墨烯材料(具有各种结构和性能)的方法:自组装、TEM 板辅助制备或直接沉积。Fan 及其同事[49]详细介绍了获得用于储能应用的三维石墨烯基材料的制备方法。自组装方法能够提供所需三维结构的受控制造的三维石墨烯基材料的合成。通过GO分散体的凝胶化过程随后还原GO来制备三维石墨烯。即在稳定的GO分散体中,在来自GO片的基面的范德瓦耳斯引力和来自GO片的官能团的静电排斥之间存在力平衡。因此,GO片很好地分散在水性溶剂中。当这两个力之间的平衡被打破时,形成GO凝胶。在凝胶过程中,GO片部分堆叠,形成三维结构的GO水凝胶[48]。化学气相沉积(CVD)方法也可以得到高质量的单层或很少层的三维石墨烯。在典型的CVD过程中,碳原子直接沉积在金属表面,作为模板和催化剂,形成三维结构。通过氧化石墨烯的还原,可以得到三维石墨烯的自组装制备方法。Chen等[50]提出了孔径为几百微米的镍泡沫作为模板,通过CVD技术生长三维石墨烯泡沫。Liu等[51]演示了一种有趣的方法来制备三维石墨烯。他们利用真空离心的方法通过范德瓦耳斯力获得三维多孔GO网络,之后利用氢气和氩气下的热退火将GO转化为三维还原GO。Wang及其同事[49]以泡沫镍为模板,采用CVD技术合成了单层和少层石墨烯的三维石墨烯泡沫。他们设计三维石墨烯是为了创造用于甲醇电氧化反应的Pt电极载体。在合成过程中,泡沫镍表面在H_2和Ar下加热至1000℃,退火10min以清洁镍表面。然后,用H_2/Ar混合气体向管中引入乙醇蒸气,生长过程结束后,用80℃的HCl溶液腐蚀掉镍衬底。通过拉曼光谱和SEM分析表征所获得的三维石墨烯(图9.6)。在该三维石墨烯中,无序碳的拉曼D带(在大约$1350cm^{-1}$处)强度低,表明所获得的材料质量高。

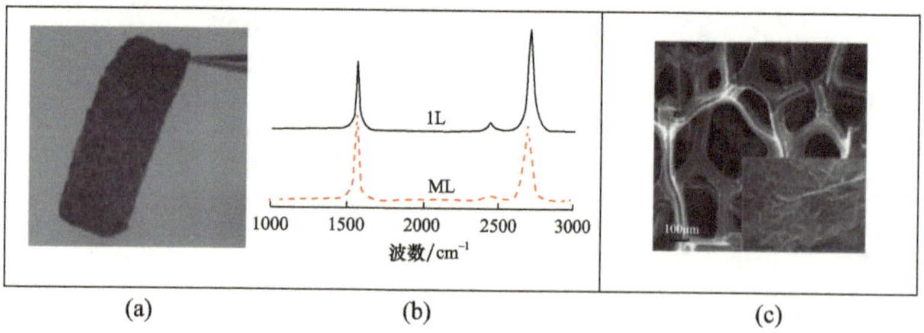

图9.6 (a)三维石墨烯泡沫的照片和(b)在三维石墨烯泡沫的不同点处测量的典型拉曼光谱揭示了单层(1 L)和少层(ML)畴的存在;(c)三维石墨烯载体的SEM图像(经英国皇家化学学会许可转载自Maiyalagan,T.、Dong,X.、Chen,P.、Wang,X.,《在三维互连石墨烯上电沉积Pt作为燃料电池应用的独立电极》,J. Mat. Chem.、22,6334,2012)

9.6 作为催化剂载体的碳材料

用于燃料电池应用的催化剂是沉积在载体上的金属(主要是贵重的如Pt或Pd)或其合金纳米粒子。然而,载体的作用不仅是负载这些粒子,而且有助于催化剂的活性和稳定性。载体材料应具有良好的分散作用,并因此确保催化剂纳米粒子更好的利用率、稳定性和牢固地附着。此外,衬底性能如电导率、形态和耐腐蚀性起着重要作用。由于其固有的物理和化学特性,碳基材料如活性炭、炭黑、碳多壁纳米管、空心碳球以及最近的石墨烯和rGO在电催化中用作金属纳米粒子的载体[40,49,52-56],还包括玻璃碳(GC),其已经用作模型系统。这些材料具有高表面积、高电阻率、化学惰性(在酸性和碱性介质中具有良好的耐受性)、高温下稳定的结构和更易恢复的表面。碳材料表面具有多个活性位点,这些活性位点是石墨六方微晶的边缘和缺陷以及含有杂原子(氧、氢和氮)的不同官能团,其中大部分是酚类、羰基和羧基[57]。这些活性位点实际上是金属粒子的成核中心[57-58]。这些材料最重要的特征之一是轻的表面形态修饰(极性、孔径、粗糙度和疏水性),这可以改善分散性,减小粒径,改善载体和金属粒子之间的相互作用,从而防止它们的团聚。改性包括表面官能团和结构缺陷的改变,这种改性使沉积的金属更好地分散和利用。碳材料的改性或活化可以通过物理[59-61]、化学[62-64]和电化学[65-67]进行处理,并且改性程度取决于施加的温度、化学试剂、电位、时间和溶液的 pH。

9.8 作为催化剂载体的石墨烯9.7 碳官能团的促进作用

如9.6节所述,碳的物理化学特性和表面化学影响碳载体以及催化剂粒子的性质。改变表面官能团引起的粒径变化以及粒子与载体间相互作用的变化对催化剂[68]的活性有很大的影响。通过X射线光电子能谱(XPS)研究具有不同官能团特征的铂化碳,Shukla及其同事[68]发现零价 Pt 和 Pt 被含氧物质覆盖,以及显著的金属-载体相互作用。XPS信号的强度由碳载体的酸性或碱性特性决定。作者的结论是,碱性碳抑制了含氧物质在铂上的形成,在含较高碱性表面官能团的碳载体上沉积 Pt 是较好的氧还原催化剂。另外,酸性基团促进含氧物质的形成及其在铂上的覆盖,铂是更好的甲醇氧化催化剂。大量关于甲醇在未处理和活化的高面积炭上氧化的研究表明,Pt 催化剂对该反应的比活性至少由3个因素决定:粒度、暴露的晶面和碳载体的氧化态[69-71]。Gloaguen 等[72]的结果证明,随着碳载体表面氧化量的增加,电化学沉积在炭黑上的 Pt 的甲醇氧化质量活性和比活性都增加。他们认为这种活性的增强与碳表面存在类似 OH 的基团有关,这些基团可用于氧化来自甲醇解离的吸附的中间物质。Jovanovic 等[73-77]应用玻璃碳作为非处理状态的模型,在不同条件下(时间、电位、溶液 pH)进行电化学活化,研究了形态和碳官能团(CFG)对电化学沉积 Pt 在甲醇和甲酸氧化中的活性的影响。结果表明,GC 的氧化导致氧化层的生长,导致更高的粗糙度和更多的表面缺陷,其表面缺陷的程度取决于所用的条件。例如,XPS 显示,在酸性溶液中的氧化(图9.7(A))导致所有确定的基团[石墨碳(1)、酚(2)、羰基(3)和羧基(4)]增加,其中酚和羧基最高,羰基最低。由于这些酸性基团,载体和 Pt 粒子的相互作用得到改善,与沉积在抛光基底上的 Pt 相比,沉积在氧化表面的 Pt 催化剂上的含氧物质的比例更高(图9.7(B))。此外,AFM 和 STM 分析证实了沉积在氧化 GC 上的 Pt 有更好的分布和更小的粒径[73-74]。在这种活化 GC 基底上的 Pt 催化剂的作用下,甲醇[73](图9.7(C))和甲酸[74](图9.7(D))的氧化显著增强。据推测,GC_{OX}/Pt 相对于 GC/Pt 活性增强的主要原因是 Pt 上的反应性含氧物质(OH 物质)和处理后的 GC 上的官能团(酚、羧基)的量增加,这导致在两个反应中吸附的中间体 CO_{ads} 对 Pt 的覆盖率较低。与甲醇氧化相比,GC_{OX}/Pt 在甲酸氧化中的活性增加较小,这可能是由于这两种分子的氧化机制不同所致。甲醇通过朗格缪尔-欣谢尔伍德机制型反应被氧化的事实[其中速率决定步骤是 CO_{ads} 被含 O 物质氧化(OH_{ads})[78-79],指出了 OH_{ad} 作为活性中间体的物质在反应中的关键作用。另外,Pt 电极上的甲酸氧化通过双路径机制进行[80],涉及反应性中间体(主要路径-脱氢)和作为毒性物质的吸附 CO(平行路径-脱水)。因此,OH 物质的作用仅限于通过氧化除去吸附的 CO 而增加用于脱氢路径的游离 Pt 位点的数量，并且可能它们在 GC_{OX}/Pt 电极上的量不足以实现 CO_{ad} 形成速率与其氧化之间的平衡，这导致该反应的催化剂活性增强较慢。

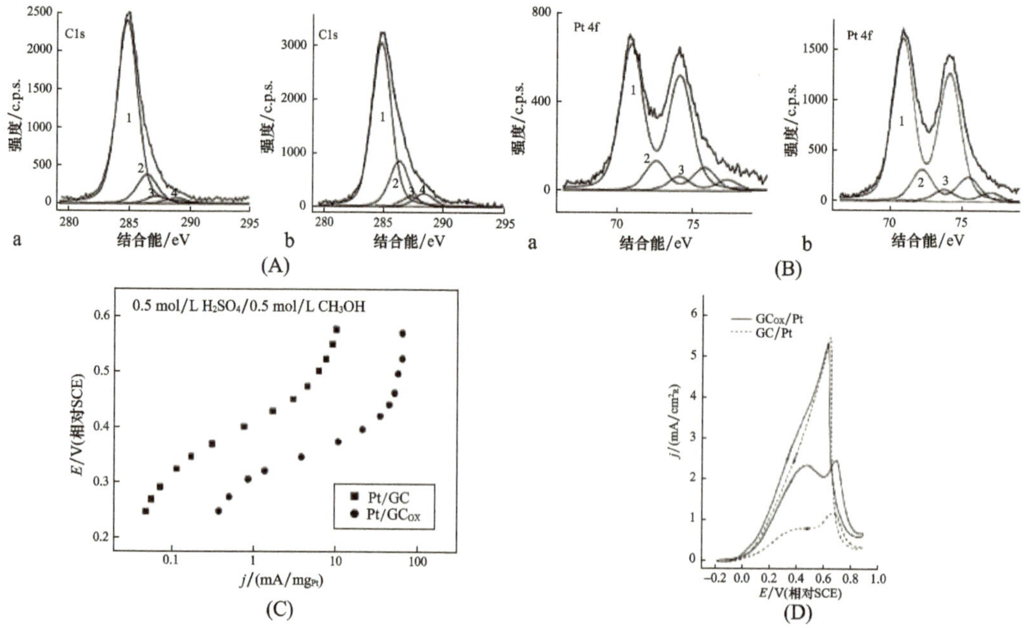

图 9.7 (A)抛光(a)和氧化(b)玻璃碳表面的去卷积 XPS C1s 光谱[74]；(B)沉积在抛光(a)和氧化(b)玻璃碳上的铂的 Pt4f XPS 光谱[74]；(C)在 Pt/GC 和 Pt/GC_{OX} 电极上硫酸溶液中甲醇氧化的质量比稳态电流密度。扫描速率：1mV/s[73]；(D)在 GC/Pt 和 GCox/Pt 电极上在 0.5mol/L H_2SO_4 中氧化 0.5mol/L HCOOH 的循环伏安图[扫描速率 50mV/s][74]。(经许可转载自 Electrochem. Commun. 7, Jovanovic, V. M.、Tripkovic, D.、Tripkovic, A.、Kowal, A.、Stoch J.，《在抛光和氧化的玻璃碳上电沉积的铂上的甲酸的氧化》，1039，(A)、(B)和(D)(2005 年)版权所有，和 Electrochem. Commun. 6 Jovanovic, V. M.、Terzic, S.、Tripkovic, A. V.、Popovic, K. Dj.、Lovic, J. D.，《电化学处理的玻璃碳对甲醇氧化中负载型 Pt 催化剂活性的影响》，1254，(C)为爱思唯尔(2004 年)版权所有]

所有结果表明，Pt 在氧化载体上沉积，导致粒径减小，Pt 沉积物分散更好，载体/铂相互作用更强，含氧物质在 Pt 沉积物上的覆盖度增加。由于这些变化中的每一个都参与了催化剂活性的增加，因此碳表面的含氧官能团是否可以如 Gloaguen 等[72]所假设的那样直接在反应中起一些作用的问题仍然存在。为了研究这种可能性，应当改变碳表面官能团的分数，保持负载型 Pt 催化剂在粒度、结构和含 O 物质的覆盖率方面相同。Jovanovic 及其同事[81-83]研究了碳官能团对甲醇氧化的影响，使用铂金黑以薄层形式附着在未处理的玻璃碳(GC)上，在 0.5mol/L H_2SO_4 中以不同电位(1.2V、1.5V、1.7V、2.0V 和 2.2V 相对 SCE)进行电化学氧化。通过伏安和阻抗行为的组合分析，以及由阳极氧化条件的强化引起的表面形态的变化，揭示了碳功能化对活化 GC 的电催化性能以及碳材料的本质影响。由于电极活性更高，GC 的基面和边缘平面的电容不断增加，表明 GC 的氧化导致表面功能化(主要影响边缘平面电容)和粗糙化(与基面电容相关)(图 9.8(a))。基面的粗糙化导致表面缺陷的形成，表面缺陷也会形成 CFG。同时，在适度的阳极氧化条件下，表面纳米粗糙度和氧化石墨电阻增加到最大值，然后，由于剧烈阳极氧化时氧化物层剥落的开始,表面纳米粗糙度和氧化石墨电阻降低(图9.8(a))。氧化的GC负载的Pt纳米粒子用于甲醇电氧化(MEO)的活性增加并不连续跟踪CFG的增加,而是严格遵循纳米粗糙度和氧化石墨电阻的变化(图9.8(b))。当石墨层之间的最佳距离和功能化程度使最高量的碳官能团与Pt表面紧密接触时,实际上达到最高的活性。CFG的作用是通过双功能MEO催化更新Pt表面[82]。

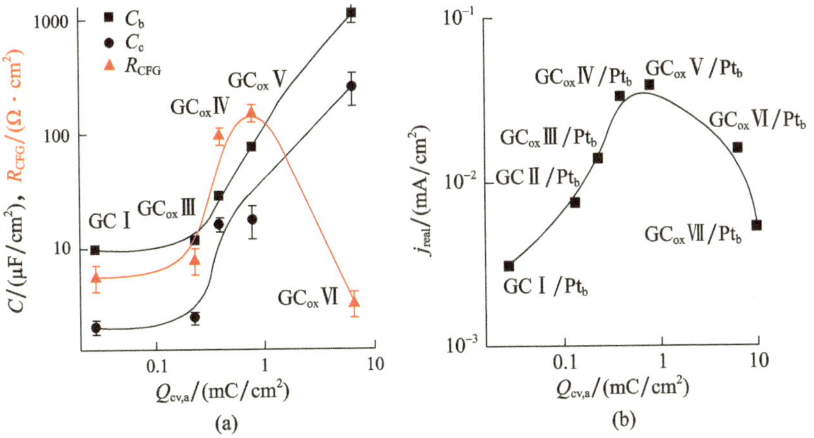

图9.8 (a)不同活化GC电极的电容和CFG电阻(EEC模拟数据)与阳极伏安电荷;(b)在不同活化的GC电极上支撑的Pt黑色的MEO的实际电流密度与GC的阳极伏安电荷的比值(经英国皇家化学学会许可转载自Stevanovic,S.、Panic,V.、Dekanski,A. B.、Tripkovic A. V.、Jovanovic V. M.,《碳作为电催化剂多功能载体的结构与活性的关系》。期刊《Phys. Chem. Chem. Phys.》14,9475,2012)

通过与吸附CO相关的“溢出”效应,研究结果有力地证实了CFG在提高碳负载Pt催化剂上甲醇电氧化(MEO)活性方面的作用。对负载在不同活化程度的GC电极[83]上的Pt炭黑的进一步研究表明,CFG促进了Pt/CFG修饰的GC界面上对反向氢气溢出的Pt解吸能力的影响。电化学阻抗谱(EIS)和循环伏安测试表明,GC阳极氧化程度对反向氢溢出解吸参数和甲醇氧化速率的影响与对活化GC本身电容和电阻的影响相似。换句话说,当Pt层的孔电阻和由于CFG的存在而引起的GC电阻最高时,即当GC被适度氧化时,用于氢溢出解吸的电荷转移电阻最低。因此,最强的反向溢出效应出现在负载在适度氧化的GC上的Pt层,即具有最高MEO活性的电极。基于EIS测量,还得出结论,CFG能够“渗透”上述施加的Pt层,并且在适度氧化的GC上负载Pt层的情况下也表现出最显著的CFG的渗透效果。由于CFG通过上述施加的Pt层的渗透,Pt/CFG修饰的GC界面增加,这也有助于提高Pt电化学活性。这表明负载在活性炭上的Pt活性增加的一般原因(即用CFG最佳修饰,使得Pt/CFG修饰的GC界面最大化)是活性炭表面接受、稳定和容易释放反应中间体的能力,从而增强了Pt上的电荷转移过程[83]。

值得一提的是,活性炭材料还能将较高标准电位的离子还原为元素态或较低价态的离子[84-86]。在这个过程中,CFG也发挥了主要作用。对浸入$AgNO_3$溶液的不同处理的银改性GC的研究表明,GC预处理对改性过程的影响[87-88]。银以元素状态沉积在材料的表层和近表层,Ag的含量与GC浸渍前的预处理有很大关系。对机械处理(抛光)以及在酸和碱中以相应电位和在相同时间电化学氧化的电极进行检查[88]。结果表明,银改性的速率和强度与玻璃碳表面官能团的数量成正比。因此,CFG作为活性中心参与Ag^+的还原。这些基团为电子供体，即其氧化能够还原 Ag^+ 离子。改性前后预处理 GC 的 XPS 检测证实 CFG 参与了 Ag^+ 离子还原。由解旋 XPS C_{1s} 谱计算的氧化碳与石墨碳之比在 GC 改性后降低。这种 CFG 量减少的唯一解释是银沉积在作为活性位点的官能团的位置上并覆盖活性位点，因此不可能在 XPS 光谱上检测到它们。这些官能团可以被指定为表面电子供体，但也可以假设其他电子供体是玻璃态碳结构中的缺陷，即其中的自由电子。银改性 GC 电极用于电催化[89]，与块体 Ag 相比，表现出改进的甲醛氧化活性[90-91]。

9.8 作为催化剂载体的石墨烯

与其他碳材料相比，石墨烯及其衍生物氧化石墨烯（GO）和还原氧化石墨烯（rGO）因其独特的性质而引起了人们的广泛关注。然而，由于碳原子间具有强 sp^2 键，与更便宜和更容易获得的氧化石墨烯相比，石墨烯表面与负载金属的相互作用更弱。与石墨烯不同，氧化石墨烯表面的结构缺陷和官能团也要多得多。氧化石墨烯含有一层或几层碳原子，可以通过氧化石墨的剥离制备，氧化石墨也像石墨烯一样具有层状结构，但在其平面之间存在含氧官能团和缺陷。这些特性使平面之间的层间距离更高，并使它们亲水。氧化石墨烯比石墨烯便宜得多，因为在其生产中，使用了廉价的石墨。氧化石墨烯非常重要的性质是可以被还原，这导致含氧基团的部分去除。除了化学还原，在过去几年中，诸如循环伏安法或计时安培法的电化学方法已经应用于氧化石墨烯材料的还原，以获得用于金属纳米粒子催化剂载体的石墨烯。石墨烯和还原氧化石墨烯作为燃料电池催化剂载体的优势将在本节重点介绍甲醇和甲酸的氧化。

这种概述将从 CO 开始，因为众所周知，CO 物质是由醇分子（甲醇、乙醇等）脱氢[77]和甲酸脱水[79]产生的毒性中间体。Tang 等发现，具有空位缺陷的石墨烯表面（单空位石墨烯）稳定了单个 Pt 吸附原子，使其带更多正电荷，这有助于削弱 CO 吸附[9]。该组作者还表明，与 Pt -原始石墨烯相比，Pt-单空位石墨烯上的 CO 氧化对 CO 氧化具有极高的催化活性。这是单空位（缺陷）石墨烯上吸附的 Pt 原子存在强共价键（Pt^+—C）的结果[9]。

Piao 及其同事[92]使用 rGO 作为催化剂的底物。这些作者提出了使用脉冲电流静态电沉积法沉积铂粒子，该方法还提供了氧化石墨烯的同时电化学还原。同时，GO 和 H_2PtCl_6 还原反应都可以在阴极条件下发生，使电化学过程成为可能。通过 XPS 分析获得关于表面化学组成的信息。GO 的 C1s XPS 光谱表明了显著的氧化程度和不同官能团中碳原子的存在：非氧化 C 环（284.6eV）、C—O 中的 C（约 286.8eV）、羰基 C（约 287.8eV）和羧酸碳（O—C ═O，约 289.5 eV）[93]。在电化学还原之后，作为氧化物质还原的结果，O/C 比降低。该作者认为，电化学还原的 Pt/石墨烯催化剂的 Pt 4f 的 XPS 光谱为 Pt 金属、Pt(Ⅱ)和 Pt(Ⅳ)物质提供了信号，但大量的表面元素以金属 Pt 的形式存在。根据大量文献数据，金属 Pt 量越大，催化活性越高[72,94]。由于 Pt 纳米粒子和石墨烯片的协同效应，催化反应位点数量的增加，电化学还原的 Pt/石墨烯催化剂显示出改进的甲醇电氧化反应活性。作者认为，催化位点的增强是由于 GO 电化学还原后显著的结构变化，这也导致电荷转移速率的增加。合成的 Pt/石墨烯催化剂对 CO 中间体也表现出更好的耐受性，这可归因于氧官能团数量的增加，氧官能团的存在可增加 Pt 纳米粒子与石墨烯片之间的结合[94]。

Jovanovic 及其同事[82]的研究已经清楚地证明，在催化剂沉积之前，碳载体的氧化增加了甲醇氧化反应的电极活性。修饰后形成的较高含量的酸性官能团，主要是类 OH 基团，参与甲醇解离中形成的吸收的中间物质的氧化[82]。这些基团也改变了碳载体的许多其他性质；其中之一反映在甲醇对电活性表面的可接近性的改善。Ukleja 及其同事[95]采用微波辅助多元醇工艺制备了还原氧化石墨烯/铂负载催化剂（Pt/rGO），并测试了催化剂对甲醇电氧化反应的活性。以天然石墨粉为原料，采用 Hummers 氧化法制备 GO。为了得到 Pt/rGO 催化剂，首先通过超声将 GO 悬浮在乙二醇中 60min。在加入适量 K_2PtCl_6（0.05～0.1mol/L）后，将多元醇混合物在微波炉中以 700W 加热 50～100s。将得到的催化剂命名为 Pt/RGO1（0.05mol/L K_2PtCl_6；50s）、Pt/rGO2（0.05mol/L K_2PtCl_6；100s）和 Pt/rGO3（0.1mol/L K_2PtCl_6；50s）。结果表明，Pt/rGO 比商业碳负载的 Pt/C 催化剂具有更好的催化活性，如图 9.9 所示。

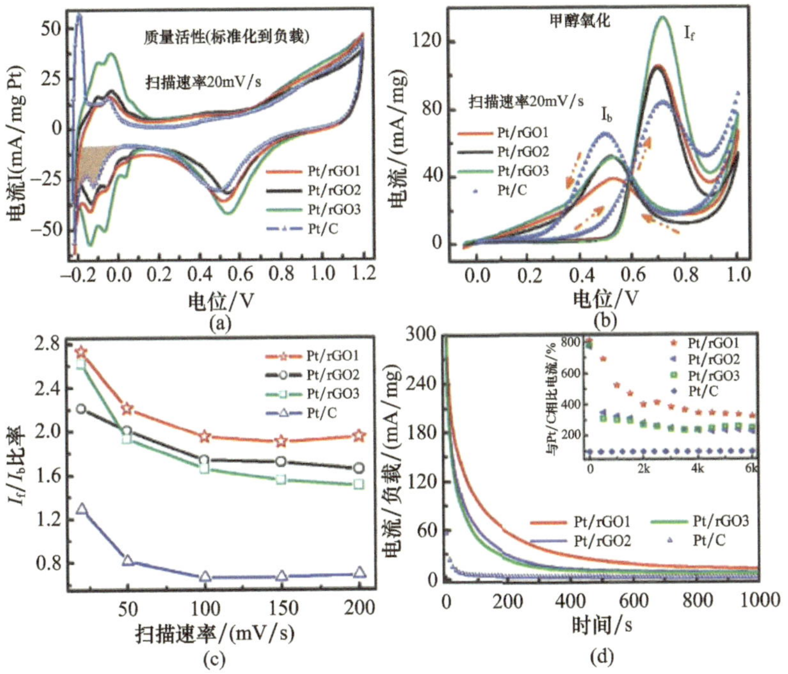

图 9.9 N_2－饱和（a）1mol/L H_2SO_4（阴影区域显示氢吸附的积分面积）和（b）（1mol/L H_2SO_4 +4mol/L CH_3OH）水溶液中 Pt/rGO 杂化物和 Pt/C 的 CV 响应。*Y* 轴：电催化电流归一化为 Pt 负载量；（c）I_f/I_b 比与扫描速率的关系，（d）所有样品在 N_2 饱和（1mol/L H_2SO_4 +4mol/L CH_3OH）溶液中各自 *Vp* 下的 CA 响应。插图：Pt/C 与时间的相应电流变化（%）［经 Sharma，S.、Ganguly，A.、Papakonstantinou，P.、Miao，X.、Li，M.、Hutchison，J. L.、Delichatsios，M.、Ukleja，S.、J. 许可转载。期刊 Phys. Chem. C，114，19459，2010，美国化学学会版权所有（2010 年）］

所有合成的 Pt/rGO 催化剂以及 Pt/C 催化剂的循环伏安图（图 9.9（a））表明，相较于在 Pt/C 上的明确的化学吸附和解吸峰，氢在 rGO 上 Pt 的不同低指数面上的明确的化学吸附和解吸峰更少。将 Pt/rGO 催化剂的电催化性能与 Pt/C 催化剂进行比较（图 9.9（b））。正向阳极峰电流密度（I_f）与反向阳极峰电流密度（I_b）之比是理解 Pt 催化剂对 CO 和其他干扰中间体的耐受性的常用参数。更高的 I_f/I_b 比率意味着更完全的甲醇氧化反应，以及更少的 CO_{ads} 催化剂表面上的累积，因此有更好的 CO 中毒耐受性。同一组作者获得了 Pt/rGO 催化剂比 Pt/C 催化剂高约 110% 的 I_f/I_b 比值。图 9.9(c) 显示，对于所有电极，I_f/I_b 最初随着扫描速率的增加而降低，这是 CO_{ads} 累积的结果，但所有 Pt/rGO 催化剂的 I_f/I_b 比率比 Pt/C 催化剂高得多。计时安培计研究（图 9.9(d)）也显示了初始的快速电流衰减，在随后长时间运行时衰减较慢，达到准平衡稳态，这也与中间毒性物质（CO_{ads}、CH_3OH_{ads}、CHO_{ads}）的形成有关。Ukleja 及其同事解释了通过含氧官能团，Pt/rGO 催化剂对 CO_{ads} 毒性的强耐受性，含氧官能团可以促进吸附的 CO 的氧化。他们提出了如下方程所描述的机制[94]。

$$rGO + H_2O \longrightarrow rGO - (OH)_{ads} + H^+ + e^- \qquad \text{正向扫描(9.1)}$$

$$Pt - CO_{ads} + rGO - (OH)_{ads} \longrightarrow CO_2 + H^+ + Pt + rGO + e^- \qquad \text{反向扫描(9.2)}$$

可以看出，水分子在 rGO 载体上的解离吸附产生了 $rGO - (OH)_{ads}$ 表面基团，这种表面基团容易在 Pt 原子上氧化 CO_{ads}。图 9.10(b) 显示了所提出机制的这种依赖性。

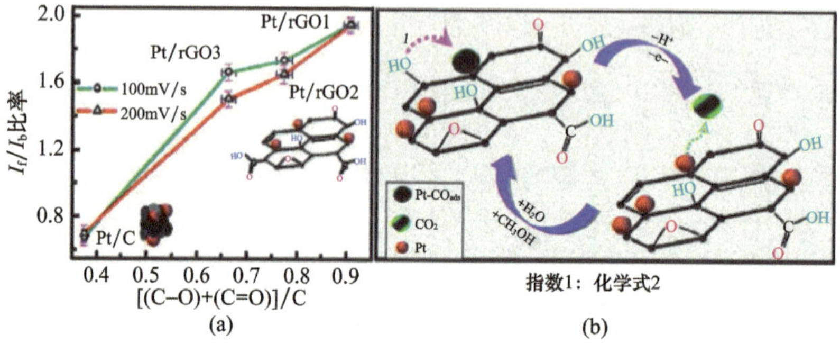

图 9.10 (a)I_f/I_b 比率与残余氧物质贡献的关系。x 轴表示(C—O) + (C ═O) 去卷积的峰下的总面积除以整个 C1s 峰下的面积；(C—O) 表示通过单键键合到碳上的氧，并且包括 C—OH（羟基）和 C—O—C（环氧，醚），而(C = O) 表示通过双键键合到碳上的氧，并且包括 > C = O（羰基，酮）和 OH—C ═O（羧基）基团；(b) 解释吸附 CO_{ads} 物质转化到 Pt/rGO 杂化物上 CO_2 的示意图。指数 1 表示由非常接近 Pt 催化剂的残余 O - 基团的存在促进的所建议的机制[经 Sharma, S.、Ganguly, A.、Papakonstantinou, P.、Miao, X.、Li, M.、Hutchison, J. L.、Delichatsios, M.、Ukleja, S.、J. 许可转载。期刊 Phys. Chem., 114, 19459, 2010, 美国化学学会版权所有(2010 年)]

然而，在 rGO 表面合成的催化剂往往倾向于堆叠，因为石墨烯纳米片之间强烈的 π - π 和范德瓦耳斯力相互作用会导致合成催化剂的聚集。为了避免 Pt/rGO 催化剂的团聚，Pan 及其同事等[96]提出了微波合成 Pt/还原氧化石墨烯纳米棒（Pt/rGOS）的方法。他们使用 GO（由 Hummers 氧化法合成）从乙二醇溶液中的 $H_2PtCl_6 \times 6H_2O$ 共还原 GO 和 Pt。在 120℃ 下微波辐射(800W)10min。为了制备涡旋，将过氧化氢溶液（H_2O_2）加入到先前获得的 Pt/rGO 的水悬浮液中。H_2O_2 的分解导致大量微氧气泡的产生，这引起了巨大的冲击力，使得 Pt/rGO 能够卷起成涡旋。这种纳米球结构不仅防止聚集，而且螺旋结构将提供具有高度可调层间距离的开放边缘和末端。Pt/rGOS 具有如此优异的结构性能，与用相同方法合成但没有纳米团结构的 Pt/rGO 催化剂相比，获得了更高的电化学活性表面积。因此，促进了甲醇和电解质通过内腔的渗透。结果表明，Pt/rGOS 催化剂对甲醇电氧化反应表现出比 Pt/rGO 更高的电催化质量活性。甲醇氧化反应的循环伏安扫描在 -0.25 ~ 1.0V 之间显示出较高的电流，与 Pt/rGO 相比，Pt/rGOS 催化剂的峰电位向负方向移动了 20 mV 以上。Pt/rGOS 在稳态计时电流测量以及长期循环期间也显示出比 Pt/rGO 更好的稳定性。Pt/rGOS 催化剂在 1000 次循环时的正向峰值电流约为第一次循环时的 84%，而 Pt/rGO 催化剂仅为 72.8%。可以得出结论，这种类型的结构提高了反应过程中反应物、产物和电解质的传质效率。Pt/rGOS 催化剂中较高数量的孔道也阻止了 Pt 纳米粒子迁移和团聚成较大的粒子。因此，在 Pt/rGO 催化剂中，功能化石墨烯的氧原子与 Pt 之间的电子相互作用可以降低 CO 在 Pt 上的吸附。已经提到，CO 物质是强烈吸附在 Pt 活性位点上的毒物。此外，Pt 与石墨烯上的氧官能团之间的电子相互作用可以通过配体效应提高 Pt 的电子密度。rGO 上形成的 OH 物质可以促进 Pt 位上吸附的 CO 的氧化，有助于提高这些催化剂的活性。

避免层状石墨烯纳米片聚集和堆叠，并降低电化学活性表面积的另一种成功方法是在石墨烯平面中引入纳米孔。这种充满纳米孔的多孔石墨烯结构可以提供更多的边缘和缺陷，提高石墨烯作为催化剂载体的性能。在石墨烯平面引入纳米孔的方式有很多种，最常用的一种是化学氧化法[97-99]。但是，这种方法通常包括使用危险的氧化剂。Zhou 等[99]开发了不使用化学危险试剂生产多孔石墨烯的合成方法。他们利用氧化石墨烯（Hummers 法合成）在空气中的快速热膨胀，以获得有孔石墨烯纳米片（HGN）。然后在 N_2 中 900℃下进行不同时间的热还原退火。将这些 HGN 的性能与用水合肼溶液化学还原合成的化学还原氧化石墨烯（CrGO）的性能进行了比较。同样，CrGO 也在 900℃的 N_2 大气中还原 2h。在两种合成的基底（HGN 和 CrGO）上，通过原位化学共还原工艺沉积了 Pt 纳米粒子[99]。HGN 的 SEM 分析证实，在热还原过程中，GO 的环氧和羟基位点的分解速率超过了析出气体的扩散速率，因此在空气中快速热膨胀是获得有孔石墨烯的一种简单方法。因此，释放的压力超过将石墨烯片保持在一起的范德瓦耳斯力，并且 HGN 表现出“蓬松”外观，相邻层之间的吸引相互作用减少。与 HGN 相比，化学还原 GO（CrGO）的 SEM 照片显示出致密光滑的结构，具有聚集层，这是 GO 还原过程中氧化物质去除的结果。TEM 图像进一步证实了在 HGN 表面上形成纳米孔，而 CrGO 表面相对无孔。TEM 图像还证实，层状石墨烯在热膨胀期间的剥离是石墨烯片上孔和边缘形成的原因。HGN 上的这些边缘和空位是 Pt 纳米粒子沉积和固定的有利位置。拉曼光谱表明，HGN 材料比 CrGO 具有更高的 I_D/I_G 比率。这些结果意味着更高程度的无序度，这可能是热膨胀后平面内纳米孔边缘上缺陷点数量增加的结果。用于 Pt/HGN 催化剂表征的 XPS 测量表明金属 Pt 和 Pt^{2+} 的峰，但金属 Pt 是主要物质。文献数据表明，金属 Pt 有助于甲醇的吸附和脱氢，同时 Pt^{2+} 促进 CO_{ads} 氧化为 CO_2[78]。与 Pt/CrGO 和商业 Pt/XC－72 催化剂相比，Pt/HGN催化剂的这种优异的结构特征的结果是大大改善了甲醇电氧化的电化学性能和电化学活性表面积。这一优点归因于 Pt 纳米粒子与具有纳米孔结构的多孔石墨烯之间的强相互作用，为离子吸附提供了位点，也为电子提供了导电路径。HGN 上的纳米孔可以作为通道，促进电解质溶液中离子在石墨烯纳米片上的传输，从而提高对甲醇电氧化反应的电催化活性[99]。

科学家面临的巨大挑战仍然是如何克服由范德瓦耳斯力相互作用引起的不必要的石墨烯纳米片的不可逆团聚，从而克服 Pt 纳米粒子在石墨烯表面上的不均匀分布。另一个挑战是提高稳定性并减少由吸附不需要的类 CO 中间体引起的 Pt/石墨烯催化剂的中毒。在过去的几年中，另一种成功的合成方法生产出纳米晶须结构的 Pt 石墨烯纳米催化剂[100-103]。Zhang 及其同事[103]合成了具有明确的纳米片形貌和对甲醇电氧化反应具有优异电催化活性的石墨烯-Pt-石墨烯(G-P-G)催化剂。合成过程包括微波辅助多元醇法制备 Pt/石墨烯催化剂,在超声处理下向 Pt/石墨烯混合物中加入适量的 GO(Hummers 法合成),在氩气气氛中于 140℃加热 1.5h。G-P-G 催化剂的 C1s XPS 谱显示出环氧基、羟基、羰基、羧基和羧酸酯基,但峰强度远小于 GO,这是 GO 在还原过程中脱氧的结果。拉曼光谱中可以看到 GO 在 G-P-G 催化剂制备过程中的结构变化。G-P-G 在约 $1332cm^{-1}$和约 $1592cm^{-1}$处的拉曼光谱中的两个峰分别对应于 D 带和 G 带,并且其强度比(I_D/I_G)高于 GO。I_D/I_G 比率的增加表明多元醇过程 GO 还原引起的 sp^2 碳的减少。TEM 分析表明,Pt 纳米粒子在 G-P-G 催化剂中的分散比在 Pt/石墨烯催化剂中更均匀。这种结构使得合成的 G-P-G 催化剂中的 Pt 纳米粒子锚定在两个石墨烯片之间。与 Pt/石墨烯相比,它还提供了更好的金属-载体相互作用和更多的含氧基团。因此,G-P-G 催化剂比 Pt/石墨烯催化剂具有更大的催化活性。在燃料电池技术中非常重要的问题是催化剂稳定性。G-P-G 催化剂的长时间电化学稳定性也得到了提高,是 Pt/石墨烯催化剂的 1.7 倍。可以得出结论,当催化剂稳定性有问题时,类三明治结构是一种理想的特性。在这种类三明治结构中,石墨烯充当“网袋”并防止 Pt 物质泄漏到电解质中。

在过去的 10 年里,许多科学论文已经指出了石墨烯表面功能化的优点,表面功能化主要通过引入含氧官能团来实现。除了以这种方式获得的有用性质的数量,还存在由引入这些官能团引起的不希望的效果。最不利的后果之一是破坏石墨烯的共轭结构和降低氧化石墨烯的电导率。最近,已经开发了石墨烯的非共价功能化。这种功能化通过超分子相互作用如氢键、静电相互作用或 π-π 堆叠连接分子来实现[104-106]。

Wang 等[107]通过水热多元醇法将铂纳米粒子负载在 5,10,15,20-四(1-甲基-4-吡啶基)卟啉四(*p*-甲苯磺酸盐)(TMPyP)功能化的石墨烯(TMPyP-石墨烯)上。他们选择卟啉分子是因为其能够通过 π-π 堆叠对石墨烯进行非共价功能化,也能够引入均匀的表面官能团[105]。制备过程包括将石墨烯与 TMPyP、乙二醇和 H_2PtCl_6溶液混合,在 180℃下水热处理 20h,然后在 60℃下真空干燥 24h。傅里叶变换红外光谱(FTIR)证实了石墨烯的功能化,根据峰强度可以推断出少量的 TMPyP 附着在石墨烯上。TMPyP、TMPyP-石墨烯和原始石墨烯的 UV-Vis 吸收光谱表明,TMPyP-石墨烯光谱显著降低了 TMPyP 特有的卟啉的特征 Soret 带的强度[108]。Soret 带的移动可能是由于 TMPyP 与石墨烯纳米片之间强烈的 π-π 相互作用导致卟啉分子形状的变化。TMPyP-石墨烯的拉曼光谱显示,具有 TMPyP 的石墨烯功能化后,I_D/I_G 比例没有变化。这意味着石墨烯的这种功能化没有减小平面内 sp^2 结构域的尺寸,平面内结构域负责石墨烯纳米片的导电性。与 Pt 纳米粒子在原始石墨烯上的分散不同,在原始石墨烯上 Pt 纳米粒子不均匀地沉积,由于沉积在石墨烯的不均匀缺陷位置上而具有广泛的聚集,Pt 纳米粒子在 TMPyP-石墨烯上均匀地沉积,即石墨烯表面上的 TMPyP 分子诱导磺酸和含氮基团的均匀分布,所述磺酸和含氮基团是用于 Pt 前体自组装的官能团。因此,Pt 纳米粒子以小粒度分布均匀地分散在石墨烯表面。TMPyP-石墨烯的 XPS 光谱显示出现 N 1s 信号,与吡咯-N、吡啶-N 和石墨-N 有关。在 Pt/TMPyP-石墨烯的 XPS 光谱中,N 1s 信号向较低的结合能移动,这表明 Pt 纳米粒子与含氮 TMPyP-石墨烯载体之间的电荷转移相互作用,因此 Pt 纳米粒子在石墨烯表面更加稳定。为了探索 Pt/TMPyP-石墨烯催化剂的潜在应用,测试了

Pt/TMPyP－石墨烯对甲醇电氧化反应的催化性能。结果表明，Pt/TMPyP－石墨烯的催化活性和长期电化学稳定性明显高于Pt/石墨烯催化剂和商用Pt/C催化剂的活性。还证实了在Pt/TMPyP石墨烯中引入TMPyP显著促进CO氧化反应。Pt/TMPyP－石墨烯催化剂对甲醇电氧化具有优异的电催化性能，这应归因于石墨烯纳米片通过与卟啉的π－π堆叠而具有适度的电子结构，使Pt与含氮TMPyP－石墨烯之间更有效地电荷转移，从而对甲醇氧化反应产生协同共催化效应。石墨烯的TMPyP功能化改善了Pt粒子在石墨烯片上的分布，具有更小的粒径和更高的电活性表面积（ESCA）值。此外，磺酸和含氮官能团改善了甲醇分子的润湿性和可及性，并与水分子产生强氢键，从而促进水分子的解离生成OH_{ads}，OH_{ads}是一种促进甲醇氧化反应的基团[109-110]。

Wang及其同事[49]在三维石墨烯材料上沉积了轮廓分明的铂纳米粒子（Pt/3D石墨烯），以研究甲醇氧化反应。以泡沫镍为模板，采用化学气相沉积法合成了具有连续单层和少层石墨烯的三维石墨烯泡沫。通过不同脉冲数的脉冲电位法将Pt纳米粒子从H_2PtCl_6溶液中沉积到三维石墨烯泡沫上。SEM分析表明，通过脉冲沉积（200个脉冲），获得了轮廓分明的球形Pt纳米粒子。这些Pt纳米粒子均匀地分散在三维石墨烯上，尺寸为10～30nm。三维石墨烯的拉曼光谱显示极弱的D带，表示所获得的石墨烯具有高质量。Pt/3D石墨烯对甲醇电氧化的正向阳极峰（I_f）的峰电流密度比Pt碳纤维催化剂的峰电流密度高近两倍。Pt/3D石墨烯催化剂的I_f/I_b比率显示出与市售E－TEK Pt/C催化剂类似的值。Pt/3D石墨烯催化剂的高催化活性表明Pt纳米粒子对甲醇产生更完全的氧化。基于结构、形态和电化学分析，Wang及其同事[49]表达了其对三维石墨烯材料制备催化电极的优点的看法。作者认为，改进的活性源于以下原因：①由于三维石墨烯具有独特的单片网络结构，电子传导具有多条路径；②在具有良好导电性的最有效接触区上，Pt纳米粒子发生电沉积；③全氟磺酸电解质覆盖孔，使发生电化学反应的三相边界最大化；④三维石墨烯的高孔隙率也有利于催化剂层内的传质过程，并进一步提高了Pt的利用率。由于这些事实，电沉积在三维石墨烯结构上的Pt纳米粒子表现出更高的稳定性和更高的电导率，并具有增强的电催化性能。

Li及其同事[111]提出了一种新的合成方法，通过加入部分水解的还原糖来制备负载在三维石墨烯上的超小Pt纳米晶体，以获得用于甲醇电氧化反应的高效催化剂。这项工作的独特性在于他们选择了果胶用于Pt催化剂合成。果胶是天然的水溶性多糖，存在于植物的细胞壁中。果胶因其无毒和优异的生物兼容性和生物降解性，广泛用作胶凝剂和稳定剂[112]。作者的目标是提出Pt催化剂合成的绿色方法。在合成过程中，首先采用改进的Hummers法合成GO，在70℃下高真空干燥，快速加热至230℃，得到高度疏松的黑色粉末，即三维石墨烯。将三维石墨烯的水悬浮液与H_2PtCl_6溶液和果胶混合，连续搅拌过夜后，将溶液在高压釜中于100℃加热9h。将得到的胶体混合物离心并在70℃下烘干12h。将合成的催化剂命名为Pt@3D石墨烯。Pt@3D石墨烯催化剂的HRTEM（高分辨率透射显微镜）分析表明，Pt具有明显的晶体结构，具有主要的（111）晶面。果胶的糊化过程是防止Pt纳米粒子团聚的关键。三维石墨烯的大孔结构实现了快速的传质过程，有助于形成超小的Pt纳米晶。通过两个明确的阳极电流峰（正扫描和反扫描）对Pt@3D石墨烯催化剂进行了甲醇氧化反应的伏安研究。正向扫描表示甲醇氧化为中间物质，而在反向扫描中，氧化峰与正向扫描中形成的吸附的碳质物质的去除有关。Pt@3D石墨烯催

化剂的 I_f/I_b 比率远高于商业 Pt/C 催化剂，表明 Pt@3D 石墨烯催化剂表面较少的中毒物质积累和较好地抗 CO 中毒性能。结果表明，Pt@3D 石墨烯催化剂对甲醇氧化具有较高的抗毒性，这可能是由于 Pt 表面修饰的残余果胶主链上的负电荷—COO^-之间的静电排斥作用，以及甲醇氧化反应过程中吸附的羧基$(—COOH)_{ad}$等活性中间体，即吸附甲醇分子以增强电极动力学的自由活性位点的结果。

Zhao 等[113]用三维互连多孔石墨烯制备了 Pt/石墨烯气凝胶催化剂，用于甲醇电氧化反应。以改进 Hummers 法制备的氧化石墨混合物和 H_2PtCl_6为原料，采用一锅溶剂热还原和冷冻干燥法制备了 Pt/气凝胶。用 NaOH 混合调节 pH 值后，将稳定的悬浮液转移到聚四氟乙烯内衬的高压釜中，在 160℃下进行溶剂热处理。为了在石墨烯表面获得包裹和锚定的 Pt 纳米粒子，作者选择了溶剂热法。GO 上的含氧官能团也促进了 Pt 纳米粒子的均匀沉积，拉曼光谱的 I_D/I_G 比值证实了 GO 的溶剂热还原过程是成功的。Pt/石墨烯气凝胶催化剂中氧键合碳的数量表明 GO 通过溶剂热过程进行了有效的脱氧，而 SEM 图像显示了发达的相互连接的三维多孔网络结构。这种结构在催化剂合成中是理想的，因为集成在石墨烯载体中的孔可以有效地促进反应物和产物的传质。TEM 观察显示，树枝状铂粒子平均尺寸为 2～5nm，大部分为面心立方(fcc)结构。作者将所制备的 Pt/石墨烯气凝胶催化剂对甲醇氧化的优异电催化性能归因于多孔石墨烯结构，该结构可以为反应物提供最大的活性位点，并具有快速电子转移的能力。令人满意的活性也是 Pt 纳米粒子与多孔石墨烯气凝胶结构协同作用的结果。

同组作者采用提高催化剂耐久性的策略，通过水热法合成了三维结构的 Pt/C/石墨烯气凝胶(Pt/C/GA)杂化催化剂[113]。他们通过微波辅助多元醇法合成了 Pt/C 催化剂，并通过改进的 Hummers 法获得了氧化石墨粉末。通过 GO 和 Pt/C 的水热组装和随后的冷冻干燥，将稳定的三维 GO 和 Pt/C 悬浮液在 180℃水热处理 12h。在水热组装过程中，Pt/C 催化剂被包封在石墨烯气凝胶中。拉曼光谱和 XPS 光谱再次分别证实了 GO 的成功还原和脱氧。TEM 图像显示 Pt 纳米粒子具有约 2nm 的均匀尺寸，而 HRTEM 图像显示 Pt 晶格边缘的面内间距为 0.227nm，该值对应于(fcc)Pt 结构的(111)晶格平面。Zhao 等用延长循环伏安法研究了 Pt/C 和 Pt/C/GA 催化剂对甲醇氧化反应的稳定性行为。经过 1000 次循环后，Pt/C 催化剂失去了近 40% 的活性，在 200 次循环期间急剧下降。而在相同条件下，Pt/C/GA 催化剂的活性仅损失 16%。

在 200 次循环后，Pt/C/GA 催化剂的质量活性显著高于 Pt/C 催化剂，表明由于独特的三维石墨烯结构，Pt/C/GA 催化剂具有更高的稳定性。基于对三维石墨烯结构在电催化中作用的详细研究，Zhao 等[113]总结了三维石墨烯结构的有益性质：①石墨烯气凝胶骨架可以为活性物质提供对 Pt 纳米粒子的良好可接近性，并将确保反应物和产物的有效传质；②三维石墨烯可以改善 Pt/C 催化剂和石墨烯层之间的有效组装；③石墨烯层可以作为防止 Pt 浸出到电解质中的屏障(也由 Li 等[114]证实)。

上述所有实例都涉及石墨烯作为燃料电池中阳极催化剂的载体的应用。下一个是石墨烯作为阴极催化剂载体的例子。在质子交换膜(PEM)燃料电池中，氧还原反应是在阴极处发生的反应。氧还原的动力学非常缓慢，是燃料电池大规模应用的主要干扰因素。为了研究微孔和大孔对氧还原反应的影响，Atanassov 及其同事[115]在分级结构的三维石墨烯(Pd/3D-GNS)上制备了钯纳米粒子。他们展示了一种可以获得具有以三维形态空间排列的石墨烯纳米片(GNS)的方法,成本低且高度可扩展。他们使用带牺牲载体的TEM电镀法。将作为牺牲载体的市售无定形热解法二氧化硅浸渍到通过Hummers方法获得的GO中。使用两种不同孔径的气相二氧化硅(EH5和L90)以了解模板形态在增强氧还原反应中的作用。采用软醇还原法在GNS载体上沉积钯粒子[116]。SEM和N_2吸附技术表明,经较小孔径二氧化硅模板(EH5)修饰的三维石墨烯纳米片具有较高的(<2nm)微孔密度。另外,用较大孔径二氧化硅(L90)修饰的三维石墨烯纳米片具有显著较小的微孔度和较大的(>50nm)大孔量。对氧还原反应的动电位研究证实,Pd/3D-GNS的电催化性能与三维石墨烯的孔隙率有关。以L90为模板的Pd/3D-GNS催化剂在碱性介质中具有最高的电流密度和直接四电子反应,即较大的孔体积有利于氧和电解质扩散到活性位点,并且还通过将过氧化物中间体重新吸附到其多孔基质中来抑制过氧化物的产生。作者还确定,较大尺寸的大孔为气体(O_2)、液体(H_2O)和钯纳米粒子提供了三维三相界面积。该组作者的研究突出了催化剂设计对储能应用的影响。

铂是用于有机小分子脱氢的极好的催化剂,但是铂非常容易CO中毒,CO是控制电氧化反应速率的主要毒性物质。CO无须中间体,其倾向于不可逆地结合到Pt上,因此阻断Pt活性表面用于进一步催化。铂也是非常昂贵的金属,并且在过去几十年中,有一种趋势,就是用价格较低、对CO抵抗力较强的其他金属替换一定数量的铂。石墨烯和rGO也被用作这种双金属催化剂的载体。

其中一种催化剂是Pt-Au,对CO氧化具有协同催化活性[117]。Vilian等[118]报道了用于甲醇电氧化反应的Pt-Au-rGO催化剂的合成。XPS分析表明,Pt-Au-rGO催化剂的表面组成具有6种强结合能:Au 4 $f_{7/2}$、Au 4 $f_{5/2}$、Pt 4 $f_{7/2}$、Pt 4 $f_{5/2}$、O 1s和C 1s。C 1s光谱还表明样品中存在C═C(sp^2)键、醇基(C—OH)、羰基(C═O)和羧基(O—C═O)等5种不同的碳化学环境。Au结合能证实Au原子处于Au^{3+}状态,表明Au粒子与石墨烯片之间有很强的化学相互作用。XPS分析还表明,在Au-rGO片表面形成了高度修饰的混合氧化物Pt^{0+}和Pt^{2+}离子。拉曼光谱分析证实了Au-Pt复合材料中氧化石墨烯片的部分还原。D带代表六方石墨层中的结构缺陷,其由羟基或环氧基的连接引起,并且还说明了面内sp^2畴尺寸的减小。另外,G带可以归属为二维六角晶格中sp^2键合碳原子的一级散射[118]。与GO(0.82)相比,Pt-Au-rGO催化剂(1.16)的I_D/I_G比率增加,表明GO成功还原为石墨烯。Pt-Au-rGO催化剂的ESCA比Pt-rGO高40%。Pt-Au-rGO催化剂对甲醇氧化的比活性明显高于Pt-rGO和市售Pt/C催化剂。作者得出结论,Au在rGO片上的存在可以促进形成小的、高浓度的、均匀分散的具有高Pt负载量的Pt纳米粒子,这增加了石墨烯的电导率。增加电导率可以促进中毒中间体的快速去除。因此,Pt-Au-rGO对CO的耐受性能高于Pt-rGO和Pt-C催化剂。

Yung等[119]通过水热法在聚二烯丙基二甲基氯化铵(PDDA)改性石墨烯片(PtAu/PDDA-G)上制备了PtAu纳米粒子,条件为在90℃下24h。对合成的催化剂进行了甲酸的电氧化实验。选择聚二烯丙基二甲基氯化铵是因为聚合物与石墨烯表面的官能团和非共价相互作用可以使双金属PtAu纳米粒子很好地在石墨烯片上生长。甲酸氧化实验表明,PtAu/PDDA-G催化剂比Au/PDDA-G催化剂具有更高的活性,这是良好的抗CO毒性的结果。虽然反应通过双路径机制进行,在较低电位(约0.5V)处的峰归因于HCOOH氧化为CO_2,而在较高电位(约0.92V)处的第二个峰与间接路径(脱水)有关,但PtAu/

PDDA－G 的高峰电流比（iP_I/iP_{II}）表明在该催化剂下甲酸氧化中的直接脱氢路径具有益处。此外，甲酸氧化中的低始电位值（0.2V）证实了在 PtAu/PDDA－G 催化剂上是有利的直接路径。

为了通过改善催化剂的形貌、粒径、电子和结构性能来提高催化剂的电催化性能，Xu 等[120]提出了 N 掺杂石墨烯负载 PtAu/Pt 金属间化合物核/树枝状壳纳米晶的湿法化学路线合成。所得催化剂是新一代 N 掺杂石墨烯负载 Pt 基纳米催化剂，具有较高的 Pt 利用率、较大的活性表面积和改进的电子效应，对甲酸的电氧化具有较高的电催化性能。在这项工作中，作者清楚地证明了 N 掺杂石墨烯载体的有益作用。他们选择使用 N 掺杂的石墨烯片作为催化剂载体，掺杂的氮元素可以诱导金属纳米粒子在石墨烯表面上良好分散，因此可以提供非常高的表面积。N 掺杂石墨烯还可以调节石墨烯的电子性质，以便以多向方式提供高电子迁移率[121－122]。TEM 分析清楚地证实了分布良好的异质结纳米晶体（NC），具有树枝状壳。核/壳 PtAu/Pt NC 很好地分散在石墨烯表面，并且彼此互连，该性质可以使活性表面积增加。高分辨透射电子显微镜（HRTEM）显示 PtAu 金属间化合物核和树枝状 Pt 壳的形成。Pt_1Au_1/NG 的 XPS 测量显示 Pt 和 Au 的金属态。XPS 峰与 sp^2/sp^3 杂化碳的 C—C 键有关，其余 4 个峰与碳官能团有关：C—C、C—N、C—O、C＝O 和 O—C＝O。核/壳 PtAu/Pt NC 由于金属间化合物 PtAu 核与树枝状 Pt 壳之间的紧密相互作用和良好暴露的活性面，对甲酸氧化表现出优异的电催化性能。N 掺杂的石墨烯通过调节基底的电子传输和加强纳米粒子之间的相互作用，对电催化活性做出了特殊的贡献。

为了加快氧还原反应动力学，需要有效的阴极催化剂。Bai 等[123]在氮掺杂石墨烯和原始石墨烯上合成了 Pt 和 Pt－Ru 催化剂，并证明氮掺杂石墨烯作为催化剂载体可以提供优异的电催化特性。正如预期的那样，氮掺杂石墨烯加速了酸溶液中氧还原反应的电子转移动力学，从而增强了 Pt－Ru 纳米粒子的电催化活性。通过改进的碳－催化剂结合来反映其作用之一，可以增加催化剂纳米粒子的稳定性。

还需要提到的是，与其他碳材料一样，GO 和 rGO 可以通过自发的氧化还原过程用金属纳米粒子修饰。简言之，将根据一些已经描述的方法制备的 GO 或 rGO 浸入金属前体溶液中，而不添加任何外部还原剂。例如，通过将Pd^{2+}还原且同时 rGO 中的 sp^2 碳氧化成含氧官能团来实现钯纳米粒子的自发合成[124]。rGO 的氧化释放出用于还原金属阳离子的电子，但也释放出改变溶液 pH 的质子。这再次影响金属前体和 rGO 之间的静电相互作用，这影响沉积的金属量，而 rGO 上的官能团的量的变化影响催化活性[124]。结果表明，在 pH 值小于 3 的溶液中，由于 rGO 中的羧基发生质子化，rGO 与 Pt 前体不发生反应[125]。阳极和阴极反应的标准氧化还原电位决定了自发的氧化还原反应，表明 Pt 和 Pd 以及 Au 和 Ag 可以自发地沉积在 rGO 上，仅检测到少量的 Zn、Ni 或 Cu[124]。Pt、Pd 和 Au 的自发沉积以及 Pd－Au 纳米粒子在石墨烯材料上的自发沉积使催化剂对甲醇、乙醇、甲酸的氧化或氧的还原具有增强的活性[125－128]。

参考文献

[1] 1. Zhang, Z., Liu, J., Gu, J., Su, L., Chang, L., An overview of metal oxide materials as electrocatalysts and supports for polymer electrolyte fuel cells. *Energy Environ. Sci.*, 7, 2535, 2014.

[2] Geim, A. K. and Novoselov, K. S. , The rise of graphene. *Nat. Mater.* , 6, 183, 2007.

[3] Balandin, A. A. , Ghosh, S. , Bao, W. Z. , Calizo, I. , Teweldebrhan, D. , Miao, F. , Lau, C. N. , Superior thermal conductivity of single – layer graphene. *Nano Lett.* , 8, 902, 2008.

[4] Nair, R. R. , Blake, P. , Grigorenko, A. N. , Novoselov, K. S. , Booth, T. J. , Stauber, T. , Peres, N. M. , Geim, A. K. , Fine structure constant defines visual transparency of graphene. *Science*, 320, 1308, 2008.

[5] Lu, L. , Shen, Y. , Chen, X. , Qian, L. , Lu, K. , Ultrahigh strength and high electrical conductivity in copper. *Science*, 304, 422, 2004.

[6] Bae, S. , Kim, H. , Lee, Y. , Xu, X. , Park, J. – S. , Zheng, Y. , Roll – to – roll production of 30 – inch graphene films for transparent electrodes. *Nat. Nanotechnol.* y 5, 574, 2010.

[7] Tan, X. , Wu, J. , Zhang, K. , Oeng, X. , Sun, L. , Zhong, J. , Nanoindentation models and Young's modulus of monolayer graphene: A molecular dynamics study. *Appl. Phys. Lett.* , 102, 071908, 2013.

[8] Lee, C. , Wei, X. , Kysar, J. W, Hone, J. , Measurement of the elastic properties and intrinsic strength of monolayer graphene. *Science*, 321, 385, 2008.

[9] Tang, L. – C. , Wan, Y. – J. , Yan, D. , Lai, G. – Q. , The effect of graphene dispersion on the mechanical properties of graphene/epoxy composites. *Carbon*, 60, 16 – 27, 2014.

[10] Shabalin, I. L. , *Ultra – High Temperature Materials I, Carbon (Graphene/Graphite) and Refractory Matels, chapter* 2, pp. 7 – 235, Springer Netherlands, Science + Business Media Dordrecht, 2014.

[11] Stoller, M. D. , Park, S. , Zhu, Y. , An, J. , Ruo, R. S. , Graphene – based ultracapacitors. *Nano Lett.* , 8, 3498, 2008.

[12] Somani, P. R. , Somani, S. P. , Umeno, M. , Planer nano – graphenes from camphor by CVD. *Chem. Phys. Lett.* , 430, 56, 2006.

[13] Reina, A. , Jia, X. T. , Ho, J. , Nezih, D. , Son, H. , Bulovic, V. , Dresselhaus, M. S. , Kong, J. , Large area, few – layer graphene films on arbitrary substrates by chemical vapor deposition. *Nano Lett.* , 9, 30, 2009.

[14] Novoselov, K. S. , Geim, A. K. , Morozov, S. V. , Jiang, D. , Dubonos, S. V. , Grigorova, I. V. , Firsov, A. A. , Electric field effect in atomically thin carbon films. *Science*, 306, 666, 2004.

[15] Stankovic, S. , Dikin, D. A. , Dommet, G. H. B. , Kohlhaas, K. M. , Zimney, E. J. , Stach, E. A. , Piner, R. D. , Nguyen, S. T. , Ruoff, R. S. , Graphene – based composite materials. *Nature*, 442, 282, 2006.

[16] Hummers, W. S. and Offeman, R. E. , Preparation of graphitic oxide. *J. Am. Chem. Soc.* , 80, 81339, 1958.

[17] Abdelkader, A. M. , Cooper, A. J. , Dryfe, R. A. W. , Kinloch, I. A. , How to get between the sheets: A review of recent works on the electrochemical exfoliation of graphene materials from bulk graphite. *Nanoscale*, 7, 6944, 2015.

[18] Marcano, D. C. , Kosynkin, D. V. , Berlin, J. M. , Sinitskii, A. , Sun, Z. , Slesarev, A. , Alemany, L. B. , Lu, W, Tour, J. M. , Improved synthesis of graphene oxide. *ACS Nano*, 4, 8, 4806, 2010.

[19] Woo, S. , Kim, Y. , Chung, T. D. , Piao, Y. , Kim, H. , Synthesis of a graphene – carbon nanotube composite and its electrochemical sensing of hydrogen peroxide. *Electrochim. Acta*, 59, 509, 2012.

[20] Eda, G. , Fanchini, G. , Chhowalla, M. , Large – area ultrathin films of reduced graphene oxide as a transparent and flexible electronic material. *Nat. Nanotechnol.* , 3, 270, 2008.

[21] Liu, N. , Luo, F. , Wu, H. X. , Liu, Y. H. , Zhang, C. , Chen, J. , One – step ionic – liquid – assisted electrochemical synthesis of ionic – liquid – functionalized graphene sheets directly from graphite. *Adv. Funct. Mater.* , 18, 1518, 2008.

[22] Wang, J. Z. , Manga, K. K. , Bao, Q. L. , Loh, K. P. , High – yield synthesis of few – layer graphene flakes through electrochemical expansion of graphite in propylene carbonate electrolyte. *J. Am. Chem. Soc.* , 133, 8888, 2011.

[23] https://goldbook. iupac. org/html/G/G02683. html, Recommended terminology for the description of carbon as a solid(IUPAC Recommendations 1995), page 491.

[24] Ren, Z., Lan, Y., Wang, Y, Aligned carbon nanotubes, *NanoScience and Technology*, Chapter 1, pp. 1 – 5, Springer – Verlag Berlin Heidelberg 2013.

[25] Alsam, S., Mustafa, F., Ahmad, M. A., Facile synthesis of graphene oxide with significant enhanced properties for optoelectronic and energy devices. *Ceram. Int.*, 44, 6823, 2018.

[26] He, H., Klinowski, J., Forster, M., Lerf, A., A new structural model for graphite oxide. *Chem. Phys. Lett.*, 287, 53, 1998.

[27] Lerf, A., He, H., Forster, M., Klinowski, J., Structure of graphite oxide revisited. *J. Phys. Chem. B*, 102, 4477, 1998.

[28] Pei, S. and Cheng, H. – M., The reduction of graphene oxide. *Carbon*, 50, 3210, 2012.

[29] Gomez – Navaro, C., Mayer, J. C., Sundaram, R. S., Chuvilin, A., Kurasch, S., Burghard, M., Kern, K., Kaiser, U., Atomic structure of reduced graphene oxide. *Nano Lett.*, 10, 1144, 2010.

[30] Wang, Y., Shao, Y., Matson, D. W., Hong, J., Lin, Y., Nitrogen – doped graphene and its application in electrochemical biosensing. *ACS Nano*, 4, 1790, 2010.

[31] Yadav, R. and Dixit, C. K., Synthesis, characterization and prospective applications of nitrogen – doped graphene. *J. Sci.*: *Adv. Mater. Devices*, 2, 141 – 149, 2017.

[32] Maldonado, S., Morin, S., Stevenson, K. J., Structure, composition, and chemical reactivity of carbon nanotubes by selective nitrogen doping. *Carbon*, 44, 1429, 2006.

[33] Qu, L., Liu, Y., Beak, J. B., Dai, L., Nitrogen – dopedgraphemeasefficientmetal – freeelectrocatalyst for oxygen reduction in fuel cells. *ACS Nano*, 4, 1321, 2010.

[34] Panchakarla, L. S., Subrahmanyam, K. S., Saha, S. K., Govindaray, A., Krishnamurthy, H. R., Waghmare., U. V., Rao, C. N. R., Synthesis, structure, and properties of boron – and nitrogen – doped graphene. *Adv. Mater.*, 21, 4726, 2009.

[35] Liu, Q., Guo, B., Rao, Z., Zhang, B., Gong, J. R., Strong two – photon – induced fluorescence from photostable, biocompatible nitrogen – doped graphene quantum dots for cellular and deep – tissue imaging. *Nano Lett.*, 13, 2436, 2013.

[36] Li, K., Geng, D., Zhang, Y., Meng, X., Li, R., Sun, X., Superior cycle stability of nitrogen – doped graphene nanosheets as anodes for lithium ion batteries. *Electrochem. Commun.*, 13, 822, 2011.

[37] Rubin, M., Pereyaslavtsev, A., Vasilievad, T., Myasnikov, V, Sokolov, I., Pavlova, A., Obraztsova, E., Khomich, A., Ralchenko, V, Obraztsova, E., Efficient nitrogen doping of graphene by plasma treatment. *Carbon*, 96, 196 – 202, 2016.

[38] Long, D., Li, W., Ling, L., Miyawaki, J., Mochida, I., Yoon, S. H., Preparation of nitrogen – doped graphene sheets by a combined chemical and hydrothermal reduction of graphene oxide. *Langmuir*, 26, 16096, 2010.

[39] Zhang, L. P. and Xia, Z. H., Mechanisms of oxygen reduction reaction on nitrogen – doped graphene for fuel cells. *J. Phys. Chem. C*, 115, 11170, 2011.

[40] Choi, S. M., Seo, M. H., Kim, H. J., Kim, WB., Synthesis of surface – functionalized graphene nanosheets with high Pt – loadings and their applications to methanol electrooxidation. *Carbon*, 49, 904, 2011.

[41] Kudin, K. N., Ozbas, B., Schniepp, H. C., Prudhomme, R. K., Aksay, I. A., Car, R., Raman spectra of graphite oxide and functionalized graphene sheets. *Nano Lett.*, 8, 36, 2008.

[42] Zhu, B. Y, Murali, S., Cai, W, Li, X., Suk, J. W, Potts, J. R., Graphene and graphene oxide: Synthesis, properties, and applications. *Adv. Mater.*, 22, 3906, 2010.

[43] Xu, C., Wang, X., Zhu, J., Graphene – metal particle nanocomposites. *J. Phys. Chem. C*, 112, 19841 – 19845, 2008.

[44] Puzy, A. M., Poddubnaya, O. I., Socha, R. P., Gurgul, J., Wisinewski, M., XPS and NMR studies of phosphoric acid activated carbons. *Carbon*, 46, 2113, 2008.

[45] Stobinski, L., Lesiak, B., Malolepszy, A., Mazurkiewicz, M., Mierzwa, B., Zemek, J., Jiricek, P., Bieloshapka, I., Graphene oxide and reduced graphene oxide studied by the XRD, TEM and electron spectroscopy methods. *J. Electron. Spectrosc. Relat. Phenom.*, 195, 154, 2014.

[46] Paredes, J. I., Villar – Rodil, S., Solis – Fernandez, P., Martinez – Alonso, A., Tascon, J. M. D., Atomic force and scanning tunneling microscopy imaging of graphene nanosheets derived from graphite oxide. *Langmuire*, 25, 5957, 2009.

[47] Wang, Z. J., Weinberg, G., Zhang, Q., Lunkenbein, T., Klein – Hoffmann, A., Kurnatowska, M., Plodinec, M., Li, Q., Chi, L., Schoegl, R., Willinger, M. G., Direct observation of graphene growth and associated copper substrate dynamics by in situ scanning electron microscopy. *ACS Nano*, 9, 1506, 2015.

[48] Cao, X. H., Yin, Z. Y., Zhang, H., Three – dimensional graphene materials: Preparation, structures and application in supercapacitors. *Energy. Environ. Sci.*, 7, 1850, 2014.

[49] Maiyalagan, T., Dong, X., Chen, P., Wang, X., Electrodeposited Pt on three – dimensional interconnected graphene as a free – standing electrode for fuel cell application. *J. Mater. Chem.*, 22, 6334, 2012.

[50] Fan, X., Chen, X., Dai, L., 3D graphene based materials for energy storage. *Curr. Opin. Colloid Interface Sci.*, 20, 429, 2015.

[51] Chen, Z. P., Ren, W. C., Gao, L. B., Liu, B. L., Pei, S. F., Cheng, H. M., Three – dimensional flexible and conductive interconnected graphene networks grown by chemical vapour deposition. *Nat. Mater.*, 10, 424, 2011.

[52] Liu, F. and Seo, T. S., A controllable self – assembly method for large – scale synthesis of graphene sponges and free – standing graphene films. *Adv. Funct. Mater.*, 20, 1930, 2010.

[53] Kinoshita, K., *Carbon: Electrochemical and Physicochemical Properties*, pp. 1 – 560, Wiley, New York, NY, 1988.

[54] Guldi, D. M. and Martín, N., *Carbon Nanotubes and Related Structures: Synthesis, Characterization, Functionalization, and Applications*, Dirk, M., Nazaro, M., (Eds.), pp. 1 – 562, Wiley, Weinheim, Germany, 2010.

[55] Li, S., Pasc. A., Fierro, V., Celzard, A., Hollow carbon spheres, synthesis and applications. *J. Mater. Chem. A*, 4, 12686, 2016.

[56] Hou, J., Shao, Y., Ellis, M. W., Moore, R. B., Yi, B., Graphene – based electrochemical energy conversion and storage: Fuel cells, supercapacitors and lithium ion batteries. *Phys. Chem. Chem. Phys.*, 13, 15384, 2011.

[57] Rodriguez – Reinoso, F., The role of carbon materials in heterogeneous catalysis. *Carbon*, 36, 3, 159, 1998.

[58] Fraga, M. A., Jordao, E., Mendes, M. J., Freitas, M. M. A., Faria, J. H., Figueiredo, J. L., Properties of carbon – supported platinum catalysts: Role of carbon surface sites. *J. Catal.*, 209, 355, 2002.

[59] Ahmadpour, A. and Do, D. D., The preparation of active carbons from coal by chemical and physical activation. *Carbon*, 34, 471, 1996.

[60] Sekulic, D. R., Babic, B. M., Kljajevic, L. M., Stasic, J. M., Kaludjerovic, B. V, The effect of gamma radiation on the properties of activated carbon cloth. *J. Serb. Chem. Soc.*, 74, 1125, 2009.

[61] McCreery, T. L., Advanced carbon electrode materials for molecular electrochemistry. *Chem. Rev.*, 108, 2646, 2008.

[62] Molina – Sabio, M. and Rodriguez – Reinoso, F., Role of chemical activation in the development of carbon

porosity. *Colloids Surf. A*, 241, 15, 2004.

[63] Molina – Sabio, M., Rodiguez – Reinoso, F., Caturla, F., Selles, M. J., Development of porosity in combined phosphoric acid – carbon dioxide activation. *Carbon*, 34, 457, 1996.

[64] Biniak, S., Szyman' ski, G., Siedlewski, J., S' wiatkowski, A., The characterization of activated carbons with oxygen and nitrogen surface groups. *Carbon*, 35, 1799, 1997.

[65] Musameh, M., Lawrence, N. S., Wang, Electrochemical activation of carbon nanotubes. *Electrochem. Commun.*, 7, 14, 2005.

[66] Engstom, R. C. and Strasser, V. A., Characterization of electrochemically pretreated glassy carbon electrodes. *Anal. Chem.*, 56, 136, 1984.

[67] Dekanski, A., Stevanovic, J., Stevanovic, R., Nikolic, B. Z., Jovanovic, V. M., Glassy carbon electrodes: I. Characterisation and electrochemical activation. *Carbon*, 39, 1195, 2001.

[68] Shukla, A. K., Hamnett, A., Roy, A., Barman, S. R., Sarma, D. D., Alderucci, V, Pino, L., Giordano, N., An X – ray photoelectron spectroscopic study on platinised carbons with varying functional – group characteristics. *J. Electroanal. Chem.*, 352, 337, 1993.

[69] Takasu, Y., Iwazaki, T., Sugimoto, W., Murakami, Y., Size effects of platinum particles on the electro – oxidation of methanol in an aqueous solution of $HClO_4$. *Electrochem. Commun.*, 2, 671, 2000.

[70] Frelink, T., Visscher, W., van Veen, J. A. R., Particle size effect of carbon – supported platinum catalysts for the electrooxidation of methanol. *J. Electroanal. Chem.*, 328, 65, 1995.

[71] Stoyanova, A., Naidenov, V., Pertov, K., Nikolov, I., Vitanov, T., Budevski, E., Effect of preparation conditions on the structure and catalytic activity of carbon – supported platinum for the electrooxidation of methanol. *J. Appl. Electrochem.*, 29, 1197, 1999.

[72] Gloaguen, F., Leger, J. M., Lamy, C., Electrocatalytic oxidation of methanol on platinum nanoparticles electrodeposited onto porous carbon substrates. *J. Appl. Electrochem.*, 27, 1052, 1997.

[73] Jovanovic, V. M., Terzic, S., Tripkovic, A. V., Popovic, K. Dj., Lovic, J. D., The effect of electrochemically treated glassy carbon on the activity of supported Pt catalyst in methanol oxidation. *Electrochem. Commun.*, 6, 1254, 2004.

[74] Jovanovic, V. M., Tripkovic, D., Tripkovic, A., Kowal, A., Stoch, J., Oxidation of formic acid at platinum electrodeposited on polished and oxidized glassy carbon. *Electrochem. Commun.*, 7, 1039, 2005.

[75] Terzic, S., Tripkovic, D., Jovanovic, V. M., Tripkovic, A., Kowal, A., Effect of glassy carbon properties on electrochemical deposition of platinum nano – catalyst and its activity for methanol oxidation. *J. Serb. Chem. Soc.*, 72, 165, 2007.

[76] Tripkovic, D., Stevanovic, S., Tripkovic, A., Kowal, A., Jovanovic, V. M., Structural effect in electrocatalysis: Formic acid oxidation on Pt electrodeposited on glassy carbon support. *J. Electrochem. Soc.*, 155, B281, 2008.

[77] Stevanovic, S., Tripkovic, D. A., Kowal, A., Minic, D., Jovanovic, V. M., Tripkovic, A., Influence of surface morphology on methanol oxidation at glassy carbon supported Pt catalyst. *J. Serb. Chem. Soc.*, 73, 2008, 845.

[78] Iwasita, T., Electrocatalysis of methanol oxidation. *Electrochim. Acta*, 47, 3663, 2002.

[79] Markovic, N. M. and Ross, P. N., Surface science studies of model fuel cell electro catalysts. *Surf. Sci. Rep.*, 45, 117, 2002.

[80] Capon, A. and Parsons, R., The oxidation of formic acid at noble metal electrodes Part III. Intermediates and mechanism on platinum electrodes. *J. Electroanal. Chem.*, 45, 205, 1973.

[81] Stevanovic, S., Panic, V., Tripkovic, D., Jovanovic, V. M., Promoting effect of carbon functional groups in

methanol oxidation on supported Pt catalyst. *Electrochem. Commun.* ,11,18,2009.

[82] Stevanovic, S. , Panic, V. , Dekanski, A. B. , Tripkovic, A. V. , Jovanovic, V. M. , Relationships between structure and activity of carbon as a multifunctional support for electrocatalysts. *Phys. Chem. Chem. Phys.* , 14,9475,2012.

[83] Stevanovic,S. I. ,Tripkovic,D. V. ,Panic,V. V. ,Dekanski,A. B. ,Jovanovic,V. M. ,Platinum electrocatalyst supported on glassy carbon:A dynamic response analysis of Pt activity promoted by substrate anodization. *RSC Adv.* ,4,3051,2014.

[84] Fu,R. ,Lu,Y. ,Zeng,X. H. ,The adsorption and reduction of Pt(IV) on activated carbon fibre. *Carbon*, 36,19,1998.

[85] Teirlinck,P. A. M. and Petersen,F. M. ,Factors influencing the adsorption of gold – iodide onto activated carbon. *Sep. Sci. Technol.* ,30,3129,1995.

[86] Fu,R. W. ,Zeng,A. M. ,Lu,Y. ,Studies on the mechanism of the reaction of activated carbon fibers with oxidants. *Carbon*,32,593,1994.

[87] Dekanski,A. ,Marinkovic,M. S. ,Stevanovic,J. ,Jovanovic,V. M. ,Lausevic,Z. ,Lauševic,M. ,Properties of glassy carbon modified by immersing in metal cation solution. *Vacuum*,41,1772,1990.

[88] Dekanski,A. ,Stevanovic,J. ,Stevanovic,R. ,Jovanovic,V. M. ,Glassy carbon – Modification by immersion in $AgNO_3$. *Carbon*,39,1207,2001.

[89] Avramov – Ivic,M. ,Jovanovic,V. M. ,Vlajnic,G. ,Popic,J. ,The electrocatalytic properties of the oxides of noble metals in electrooxidation of some organic molecules. *J. Electroanal. Chem.* ,423,119,1997.

[90] Ragoisha,G. A. ,Jovanovic,V. M. ,Avramov – Ivic,M. ,Atanasoski,R. T. ,Smyrl,W. H. ,Anodic oxidation of small organic molecules on silver modified glassy carbon electrodes. *J. Electroanal. Chem.* , 319, 373,1991.

[91] Jovanovic,V. M. ,Avramov – Ivic,M. ,Petrovic,S. ,Electrochemical oxidation of formaldehyde on silver modified glassy carbon electrodes in alkaline solution. *J. Serb. Chem. Soc.* ,60,879,1995.

[92] Woo,S. ,Lee,J. ,Park,S. ,Kim,K. ,Chung,H. T. D. ,Piao,Y. ,Electrochemical codeposition of Pt/graphene catalyst for improved methanol oxidation. *Curr. Appl. Phys.* ,15,219 –225,2015.

[93] Stankovic,S. ,Dikin,D. A. ,Piner,R. D. ,Kohlhas,K. A. ,Klenhammes,A. ,Jia,Y. ,Wu,Y. ,Nguyen, S. B. T. ,Ruoff,R] S. ,Synthesis of graphene based nanosheets via chemical reduction of exfoliated graphite oxide. *Carbon*,45,1558,2007.

[94] Xu,H. ,Yan,B. ,Li,S. ,Wang,J. ,Wang,C. ,Guo,J. ,Du,Y. ,N – doped graphene supported PtAu/Pt intermetallic core/dendritic shell nanocrystals for efficient electrocatalytic oxidation of formic acid. *Chem. Eng. J.* ,334,2638,2018.

[95] Sharma,S. ,Ganguly,A. ,Papakonstantinou,P. ,Miao,X. ,Li,M. ,Hutchison,J. L. ,Delichatsios,M. , Ukleja,S. ,Rapid microwave synthesis of CO tolerant reduced graphene oxide – supported platinum electrocatalysts for oxidation of methanol. *J. Phys. Chem. C*,114,19459,2010.

[96] Liu,Y. ,Xia,Y. ,Yang,H. ,Yhang,Y. ,Zhao,M. ,Pan,G. ,Facile preparation of high – quality Pt/reduced graphene oxide nanoscrolls for methanol oxidation. *Nanotechnology*,24,235401,2013.

[97] Yu,M. ,Zhang,J. ,Li,S. ,Meng,Y. ,Liu,J. ,Transparent conducting oxide – free nitrogen – doped graphene/reduced hydroxylated carbon nanotube composite paper as flexible counter electrodes for dye – sensitized solar cells. *J. Power Sources*,308,44,2016.

[98] Yan,L. ,Zheng,Y. B. ,Zhao,F. ,Li,S. J. ,Gao,X. F. ,Xu,B. Q. ,Weiss,P. S. ,Zhao,Y. L. ,Chemistry and physics of a single atomic layer:Strategies and challenges for functionalization of graphene and graphene – based materials. *Chem. Soc. Rev.* ,41,97,2012.

[99] Zhou, L., Wang, Y., Tang, J., Li, J., Wang, S., Wang, Y., Facile synthesis of holey graphene – supported Pt catalysts for direct methanol electro – oxidation. *Microporous Mesoporous Mater.*, 247, 116, 2017.

[100] Shen, Y., Zhang, Z., Xiao, K., Xi, J., Electrocatalytic activity of Pt subnano/nanoclusters stabilized by pristine graphene nanosheets. *Phys. Chem. Chem. Phys.*, 16, 21609, 2014.

[101] Wu, W. – M., Zhang, C. – S., Yang, S. – B., Controllable synthesis of sandwich – like graphene – supported structures for energy storage and conversion. *New Carbon Mater.*, 32, 1, 2017.

[102] He, D., Cheng, K., Peng, T., Pan, M., Mu, S., Graphene/carbon nanospheres sandwich supported PEM fuel cell metal nanocatalysts with remarkably high activity and stability. *J. Mater. Chem. A*, 20, 2126, 2013.

[103] Zhao, L., Wang, Z. – B., Li, J. – L., Zhang, J. – J., Sui, X. – L., Zhang, L. – M., A newly – designed sandwich – structured graphene – Pt – graphene catalyst with improved electrocatalytic performance for fuel cells. *J. Mater. Chem. A*, 3, 5313, 2015.

[104] Su, Q., Pang, S., Alijani, V., Li, C., Feng, X., Mulen, K., Composites of graphene with large aromatic molecules. *Adv. Mater.*, 21, 3191, 2009.

[105] Sun, J. H., Meng, D. L., Jiang, S. D., Wu, G. F., Yan, S. K., Geng, J. X., Huang, Y., Multiple – bilayered rGO – porphyrin films: From preparation to application in photoelectrochemical cells. *J. Mater. Chem.*, 22, 18879, 2012.

[106] Wang, S., Yang, L., Wang, Q., Fan, Y., Shang, J., Qiu, S., Li, J., Zhang, W., Wu, X., Supramolecular self – assembly of layer – by – layer graphene film driven by the synergism of π – π and hydrogen bonding interaction. *J. Photochem. Photobiol.*, *A*, 355, 249, 2018.

[107] Wang, R. – X., Fan, J. – J., Fan, Y. – J., Zhong, J. – P., Wang, L., Sun, S. – G., Shen, X. – C., Platinum nanoparticles on porphyrin functionalized graphene nanosheets as a superior catalyst for methanol electrooxidation. *Nanoscale*, 6, 14999, 2014.

[108] Zhou, W., Hu, B., Liu, Z., Metallo – deuteroporphyrin complexes derived from heme: A homogeneous catalyst for cyclohexane oxidation. *Appl. Catal.*, *A*, 358, 136, 2009.

[109] Li, L., Zhang, J., Liu, Y., Zhang, W, Yang, H., Chen, J., Xu, Q., Facile fabrication of Pt nanoparticles on 1 – pyrenamine functionalized graphene nanosheets for methanol electrooxidation. *Sustainable Chem. Eng.*, 1, 527, 2013.

[110] Hoa, L. Q., Vestrgaard, M. C., Yoshikowa, H., Saito, M., Tamiya, E., Functionalized multi – walled carbon nanotubes as supporting matrix for enhanced ethanol oxidation on Pt – based catalysts. *Electrochem. Commun.*, 13, 746, 2011.

[111] Zhang, L. Y., Zhang, W., Zhao, Z., Zhou, Z., Li, C. M., Highly poison – resistant Pt nanocrystals on 3D graphene toward efficient methanol oxidation. *RSC Adv.*, 6, 50726, 2016.

[112] Zhao, X. J., Zhang, W. L., Zhou, Z. Q., Sodium hydroxide – mediated hydrogel of citrus pectin for preparation of fluorescent carbon dots for bio imaging. *Colloids Surf.*, *B*, 123, 493, 2014.

[113] Zhao, L., Wang, Z. B., Li, J. L., Zhang, J. J., Sui, X. L., Zhang, L. M., One – pot synthesis of a three – dimensional graphene aerogel supported Pt catalyst for methanol oxidation. *RSC Adv.*, 5, 98160, 2015.

[114] Li, Y., Zhu, E., McLouth, T., Chiu, C. Y., Huang, X., Huang, Y., Stabilization of high – performance oxygen reduction reaction Pt electrocatalyst supported on reduced graphene oxide/carbon black composite. *J. Am. Chem. Soc.*, 134, 12326, 2012.

[115] Kabir, S., Serov, A., Atanassov, P., 3D – graphene supports for palladium nanoparticles: Effect of micro/macropores on oxygen electroreduction in anion exchange membrane fuel cells. *J. Power Sources*, 375, 255, 2018.

[116] Serov, A., Andersen, N. I., Kabir, S. A., Roy, A., Asset, T., Chatenet, M., Maillard, F., Atanassov, P., Palladium supported on 3D graphene as an active catalyst for alcohols electrooxidation. *J. Electrochem. Soc.*, 162, F1305, 2015.

[117] Feng, J. - J., He, L. - L., Fang, R., Wang, Q. - L., Yuan, J., Wang, A. - J., Bimetallic PtAu superlattice arrays: Highly electroactive and durable catalyst for oxygen reduction and methanol oxidation reactions. *J. Power Sources*, 330, 140, 2016.

[118] Ezhil Vilian, A. T., Hwang, S. K., Kwak, C. H., Oh, S. Y., Kim, C. Y., Lee, G. W., Lee, J. B., Huk, Y. S., Han, Y. K., Pt - Au bimetallic nanoparticles decorated on reduced graphene oxide as an excellent electrocatalysts for methanol oxidation. *Synth. Met.*, 219, 52, 2016.

[119] Yung, T. Y., Liu, T. Y., Huang, L. Y., Wang, K. S., Tzou, H. M., Chen, P. T., Chao, C. Y., Liu, L. K., Characterization of Au and bimetallic PtAu nanoparticles on PDDA - graphene sheets as electrocatalysts for formic acid oxidation. *Nanoscale Res. Lett.*, 10, 356, 2015.

[120] Xu, H., Yan, B., Li, S., Wang, J., Wang, C., Guo, J., Du, Y., N - doped graphene supported PtAu/Pt intermetallic core/dendritic shell nanocrystals for efficient electrocatalytic oxidation of formic acid. *Chem. Eng. J.*, 334, 2638, 2018.

[121] Xu, H., Yan, B., Li, S., Wang, J., Wang, C., Guo, J., Du, Y., N - doped graphene supported PtAu/Pt intermetallic core/dendritic shell nanocrystals for efficient electrocatalytic oxidation of formic acid. *Chem. Eng. J.*, 334, 2638, 2018.

[122] Liu, Y., Xia, Y., Yang, H., Yhang, Y., Zhao, M., Pan, G., Facile preparation of high - quality Pt/reduced graphene oxide nanoscrolls for methanol oxidation. *Nanotechnology*, 24, 235401, 2013.

[123] Bai, J., Zhu, Q., Lu, Z., Dong, H., Yu, J., Dong, L., Nitrogen - doped graphene as catalyst supports for oxygen reduction in both acidic and alkaline solutions. *Int. J. Hydrogen Energy*, 38, 1413, 2013.

[124] Zhang, X., Ooki, W., Kosaka, Y. R., Okonogi, A., Marzun, G., Wagener, P., Barcikowski, S., Kondo, T., Nakamura, J., Effect of pH on the spontaneous synthesis of palladium nanoparticles on reduced graphene oxide. *Appl. Surf. Sci.*, 389, 911, 2016.

[125] Wu, G., Huang, H., Chen, X., Cai, Z., Jiang, Y., Chen, X., Facile synthesis of clean Pt nanoparticles supported on reduced graphene oxide composites: Their growth mechanism and tuning of their methanol electro - catalytic oxidation property. *Electrochim. Acta*, 111, 779, 2013.

[126] Li, F., Guo, Y., Li, R., Wu, F., Liu, Y., Sun, X., Li, C., Wang, W., Gao, J., A facile method to synthesize supported Pd - Au nanoparticles using graphene oxide as the reductant and their extremely high electrocatalytic activity for the electrooxidation of methanol and ethanol. *J. Mater. Chem. A*, 1, 6579, 2013.

[127] Mondal, A. and Jana, N. R., Surfactant - free, stable noble metal - graphene nanocomposite as high performance electrocatalyst. *ACS Catal.*, 4, 593, 2014.

[128] Yin, H., Tang, H., Wang, D., Gao, Y., Tang, Z., Facile synthesis of surfactant - free Au cluster/graphene hybrids for high - performance oxygen reduction reaction. *ACS Nano*, 6, 82 - 88, 2012.

第10章 酸性介质中作为氧还原反应和析氧反应电催化剂的氮掺杂碳纳米结构

Kuldeep Mamtani, Umit S. Ozkan
美国俄亥俄州哥伦布市俄亥俄州立大学 William G. Lowrie 化学和生物分子工程系

摘　要　本章总结了俄亥俄州立大学 Ozkan 小组自 2000 年以来对酸性介质中用于氧还原反应(ORR)的碳基材料所开展的研究。研究了铁氮碳(FeNC)和氮掺杂碳纳米结构(CN_x)两种碳基材料中催化活性位点的性质。通过这些研究,证明 FeNC 和 CN_x 是本质不同的材料,具有不同的 ORR 活性位点,也确定了这两种材料中可能的活性位点。除了对 ORR 具有活性,CN_x 材料还表现出对析氧反应(OER)的显著催化活性。因此,CN_x 材料是用于 ORR 和 OER 的有效双功能电催化剂。还发现 CN_x 材料适合于直接甲醇燃料电池(DMFC),因为其即使在甲醇存在下也不会失去 ORR 活性。CN_x 催化剂与商用 Vulcan 碳不同,具有抗碳腐蚀的性能,这表明它们可能用作铂基催化剂的载体。此外,发现该 CN_x 材料具有抗 Cl^- 离子中毒的能力,因此认为是一种有前途的通过氧去极化阴极(ODC)-HCl 电解工艺制氯的催化剂。

关键词　CN_x,ORR,OER,FeNC,活性位点,双功能,ODC-HCl 电解

10.1 概述

煤、石油和天然气等化石燃料是满足我们当前能源需求的主要能源。然而,这些来源的有限储量以及不断增长的能源需求构成了严峻的挑战。此外,与燃烧矿物燃料有关的日益增加的环境问题使得开发可持续和清洁的发电技术极为重要。在这方面,氧电化学分析变得越来越重要。一个与氧电化学分析非常相关的例子是质子交换膜(PEM)燃料电池,其使用固体电解质(聚合物膜)并在低温(<100℃)下操作。这些特征有利并且可以快速启动。PEM 燃料电池特别适合于便携式和运输应用。燃料(H_2)被供给到阳极,经历氧化反应,形成质子和电子。质子通过质子传导膜(电解质)传输到阴极侧,而电子通过外部电路。在阴极侧供给的氧化剂(O_2)被还原成水。H_2—O_2 PEM 燃料电池中涉及的阳极、阴极和整个电池反应由以下反应表示。

$$\text{阳极}: 2H_2 \longrightarrow 4H^+ + 4e^- \text{(氢氧化反应)} \quad E^0 = 0.00V \tag{10.1}$$

$$\text{阴极}: O_2 + 4H^+ + 4e^- \longrightarrow 2H_2O\text{(氧还原反应)} \quad E^0 = 1.23V \tag{10.2}$$

$$整体:2H_2 + O_2 \longrightarrow 2H_2O \qquad E^0_{电池} = 1.23V \qquad (10.3)$$

与 PEM 燃料电池相关的关键技术挑战之一与其低操作温度和缓慢的 ORR 动力学有关。这就需要 Pt 基材料来催化 ORR。Pt 基催化剂昂贵并且不易获得。此外,Pt 源存在于非常不稳定的地理区域,如非洲和俄罗斯。此外,Pt 基催化剂极易因 CO 或 H_2S 燃料中的 CO 而中毒。这增加了 H_2 进料到 PEM 燃料电池的纯化成本。

10.2 氧还原反应中的无铂电催化剂

开发用于氧还原反应(ORR)的无铂电催化剂一直是许多研究的焦点。虽然这不是一个全面的文献综述,但下面提供了所使用的不同方法的简要概述。

10.2.1 未热解的大环化合物

大环是一类含氮原子稳定金属离子的环状化合物。实例包括酞菁和四苯基卟啉。支撑在高表面积碳上的大环化合物是具有 ORR 活性的第一类材料。约 50 年前,Jasinski [1] 首次观察到酞菁钴在 35% KOH 中的 ORR 活性。其他大环如铁酞菁和铁卟啉在酸性条件下也表现出显著的 ORR 活性。对 Fe、Co、Ni、Cu 等金属离子进行了研究。然而,发现这些未热解的大环不稳定。这种失活归因于氧的 $2e^-$ 还原而形成过氧化物或 PEMFC 的酸性环境而失去 $Me-N_x$(其中 Me 为 Fe 或 Co)位点。

10.2.2 热解的大环化合物

大环化合物的热解是该领域的下一个重要发展。据报道,在惰性气氛如 N_2 或 Ar 中在高于 400℃ 的温度下进行热处理不仅提高了活性,而且提高了稳定性。此后,凯斯西储大学中 Yeager 等几位研究人员[2-4]研究了含有 Fe、Co、Ni 和 Cu 的热解大环以及混合大环。研究了各种大环如卟啉、酞菁和四甲氧基苯基卟啉。通常,其负载在碳上。观察到热解温度以及金属负载量影响 ORR 活性。

由凯斯西储大学 Scherson 小组用原位 X 射线吸收光谱(XAS)检测吸附在黑珍珠上的热解铁卟啉[5]。作者证实了 Co 与催化剂的结合,并假设了由于 Co 引起的位点阻断。该研究还提供了这些催化剂中以金属为中心的 ORR 活性位点的证据。

Atanassov 和 Muknerjee 的研究小组也使用 TEM 方法研究了热解的钴和铁大环[6]。在惰性环境中在 600~1000℃ 的温度范围内进行热解 4h,然后在 7mol/L KOH 中蚀刻二氧化硅。作者提出了两类 ORR 活性位点和一种 $2+2e^-$ 机制。他们认为,O_2 首先要在 CoN_x 中还原为 H_2O_2。随后 H_2O_2 在 Co_xO_y/CO 粒子上还原为 H_2O。

10.2.3 简单前驱体制备的电催化剂

尽管负载在碳上的热解 $Me-N_4$(Me 为金属,如 Fe)大环被证明是非常有前途的 ORR 电催化剂,但其成本高和制备过程复杂。在 20 世纪 80 年代,Yeager 及其同事[7]提出了一个重要的见解,作者证明了用更简单和更便宜的前驱体取代大环是可能的。他们报道了负载在 Vulcan 碳上的乙酸钴(II)-聚丙烯腈体系在酸性和碱性电解质中的高 ORR 活性。在这篇开创性报告之后,一些研究人员使用聚丙烯腈(以及其他聚合物)和金属盐在高表面积碳载体上的热解合成了 ORR 电催化剂。虽然对 Fe、Co 和 Ni 等金属进行了探索，但发现 Fe 和 Co 更有研究前途。另外，还研究了乙酸盐、硫酸盐、氯化物和氢氧化物等盐。

Zelenay 在洛斯阿拉莫斯国家实验室的研究小组合成了钴－聚吡咯－碳复合催化剂[8]。与没有聚吡咯合成的对照样品相比，该复合催化剂表现出特别高的 ORR 活性，表明聚吡咯作为基底捕获 CO 并产生 Co－N_x活性位点[8]。该研究还提供了氮在赋予 ORR 活性方面至关重要的间接证据。新墨西哥大学 Atanassov 在碱性条件下提出了钴－聚吡咯－碳复合催化剂的双中心机制。作者认为，O_2 在 CoN_x 位上还原为过氧化氢自由基，过氧化氢自由基进一步在 Co_xO_y/Co 位上还原为水。

同时，Zelenay 的研究小组也对聚苯胺（PANI）－Fe－C、聚苯胺（PANI）－Co－C 和聚苯胺（PANI）－Fe/Co－C 体系进行了广泛的研究[9-13]。PANI－Fe－C 的 ORR 活性最高。此外，该催化剂在燃料电池中表现出前所未有的 700h（当保持在 0.4V 时）和 10000 次循环（当在半电池中以 50mV/s 在 0.6～1.0V 之间循环时）稳定性。

Dodelet 的研究小组在开发铁基 ORR 电催化剂方面做了一些开创性的工作[14-24]。他们小组的早期研究观察到，乙酸铁和氯铁四甲氧基苯基卟啉（ClFeTMPP）浸渍在热解的苝四羧酸二酐（PTCDA）上，然后在 900℃下热处理，具有类似的活性[25]。他们小组也研究了载体的影响，并证明具有较高无序碳含量的载体导致高活性 ORR 催化剂[26]。此外，证明了对 Vulcan 载体的联合 HNO_3－NH_3 处理对所得催化剂的 ORR 活性的积极影响[22]。还观察到，当 Fe(Ⅱ)乙酸浸渍在黑珍珠上然后在 NH_3 中高温热解时，载体的球磨提高了催化剂的 ORR 活性。他们还认为，高温氨处理诱导的载体中的微孔在赋予 ORR 活性方面很重要，可能是活性位点的宿主[21,24]。他们的研究小组还证实，ORR 活性随着金属负载量的增加几乎线性增加，直到超过该值，活性不会进一步增加或由于位点饱和效应而降低[27-28]。

Dodelet 研究小组最著名的工作之一包括球磨乙酸铁（Ⅱ）、邻菲咯啉和高度微孔黑珍珠载体的混合物，并将其首先在氩气中于 1050℃下热解 1h，然后在氨水中于 950℃下热解 20min[29]。合成样品的 ORR 活性与 H_2－O_2PEM 燃料电池中的 Pt/C（Pt 负载 0.4mg/cm^2）相当。他们后来使用金属有机骨架（MOF），即 ZIF－8 作为主体，而不是黑珍珠，进一步提高了催化剂的活性[16]。

10.2.4 氮掺杂碳材料与金属制备的电催化剂

Stevenson 的研究小组第一个证明了氮掺杂碳催化剂在碱性介质[30-31]中的 ORR 活性。作者认为引入氮可以赋予 ORR 活性，并提出在合成的催化剂上，氧通过 2＋$2e^-$ 还原途径被还原，H_2O_2 作为中间体。Ozkan 及其同事于 2006 年首次证明了含氮碳纳米结构（CN_x）有希望作为酸性介质中 Pt 的替代品[32-34]。

在其早期的研究[32-34]中，在惰性气氛中，通过在 600～900℃的温度下热解 Vulcan 碳（VC）上的含 C 和 N 的前驱体（如 CH_3CN）来制备催化剂样品。VC 载体“原样”使用或在使用金属的乙酸盐或硝酸盐前驱体热解之前“掺杂”Fe（或 Ni）。使用热重/差示扫描量热法（TGA－DSC）技术结合在线质谱法监测热解。观察到样品由于 C 沉积在表面上而“增重”。当使用程序升温氧化（TPO）表征这些热解后样品时，观察到经历热解的 VC 与未处理的 VC 相比具有较低的氧化起始温度。在这些 TPO 实验中还看到在热解后 VC 样品上

存在强 NO_x 信号，清楚地显示在这些材料中存在显著水平的氮。当使用 XPS 表征这些材料时，光谱的 N 1s 区域清楚地显示了与石墨烯结构相关的各种氮物种的存在（图 10.1）。这些物质的实例包括键合到两个碳原子上并在边缘上具有孤对电子的吡啶－N，其氧化形式吡啶－NO 和季铵－N。季铵－N 可以键合到三个碳原子并存在于基面中，或者键合到两个碳原子和一个氢原子并存在于边缘平面中。

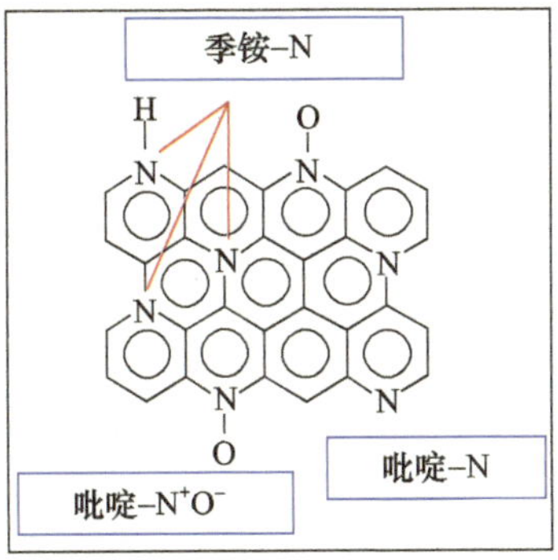

图 10.1 碳基 ORR 电催化剂表面上氮物种的实例

在 CH_3CN 热解之后，相对于未掺杂 VC，可以观察到活性明显改善，在没有金属中心的情况下可以实现 ORR 活性。然而，由于 VC 中存在金属杂质，关于活性的来源仍然存在问题。为了回答这个问题，使用溶胶－凝胶技术制备纯氧化铝载体，消除任何金属污染。为了比较，还使用掺杂有 Fe 或 Ni 的氧化铝载体合成样品。在 CH_3CN 热解之后，在具有或不具有金属掺杂的所有基底上观察到显著水平的碳沉积。用 HF 洗涤样品以除去氧化铝载体以及任何暴露的金属，并对洗涤的样品进行广泛的表征。在 Fe－Al_2O_3 载体上生长的 CN_x 催化剂仍然具有最高的 ORR 活性。然而，在没有金属掺杂的氧化铝载体上生长的 CN_x 催化剂上也有显著的活性。该结果表明在没有金属中心的情况下可以实现 ORR 活性[33]。

他们还研究了其他金属（如 Co）和其他载体（如 MgO 和 SiO_2）。随后将所得 CN_x 进行酸/碱洗涤以除去氧化物载体和非活性金属粒子[32-39]。根据所选择的金属和载体，各种纳米几何形状都是可能的。例如，在 Fe 掺杂 MgO 或 Fe 掺杂 Al_2O_3 上合成 CN_x 得到叠层杯，而在 Fe 掺杂 Al_2O_3 上合成得到“人”字形结构。这些纳米几何形状的例子如图 10.2 所示。这些纳米几何结构的不同之处在于不同晶面的暴露方式。“人”字形和叠杯结构具有更多的边缘平面暴露和更高的活性。在优先暴露边缘平面的纳米几何结构中，吡啶－N 含量也较高。具有平行于纤维轴的石墨烯平面并因此仅暴露基面的多壁纳米管具有低得多的活性。此外，在这些研究中注意到，没有氮含量的边缘平面没有 ORR 活性。在没有氮源的情况下制备的堆叠片结构，虽然大多有边缘平面暴露，但活性非常低。

除了 PEM 燃料电池，还发现这些 CN_x 材料适合于直接甲醇燃料电池（DMFC），因为它们对甲醇氧化没有活性，并且即使在甲醇存在下也不会失去 ORR 活性[39-40]。此外发现，与商用 Vulcan 碳载体不同，CN_x 催化剂抗碳腐蚀，这表明其可能用作铂的载体[39,41]。Ozkan 的研究小组随后工作集中在揭示碳基 ORR 电催化剂中的活性位点的性质，这将在后面的章节中讨论。

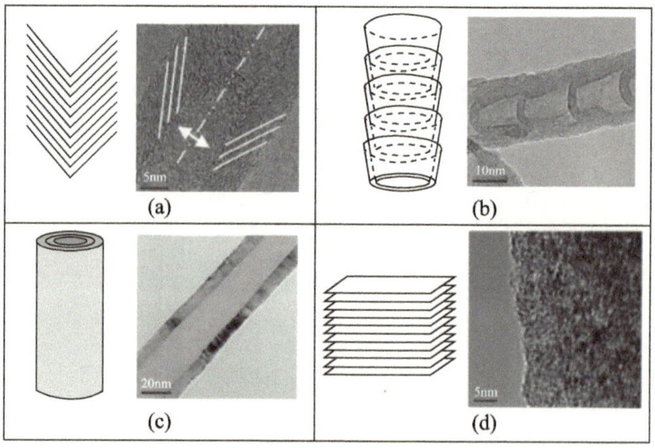

图 10.2 我们实验室合成的材料的碳纳米结构和相应的 TEM 图像
(a)“人”字形；(b)叠杯；(c)多壁纳米管；(d)叠片[经许可转载自施普林格：Springer Catalysis Letters[39]，版权所有(2015 年)]

Popov 的研究小组还通过在 Vulcan 碳/二氧化硅上浸渍 Co/Fe 盐，并使用乙二胺作为 C、N 源，合成了氮掺杂的碳材料[42-45]。在惰性气氛中在 600～1000℃的温度下热解该混合物并进行酸/碱洗涤后，观察到高的 ORR 活性和接近 4 的选择性。他们使用 X 射线光电子能谱(XPS)证实表面上没有 Co/Fe，并提出表面上的特定氮物质(如吡啶-N)是 ORR 活性位点[42-45]。他们组还比较了合成催化剂在酸性和碱性介质中的 ORR 性能[46-47]。在后者中观察到较高的 ORR 活性和稳定性。利用 XPS，提出了吡啶-N 在酸性介质中质子化为吡啶-NH 的失活机制[46-47]。

金属不能在表面上催化 ORR，即使在合成中使用时也不是 ORR 活性位点的基本部分，这一论点后来得到了几项独立研究的支持，包括来自 Ajayan 和 Dai 的研究小组的研究[48-51]。

在文献中有几项最近的研究报告氮掺杂的碳纳米材料作为有效的 ORR 电催化剂[30,33-34,39,50,52-56]。此外，还有报告称，当氮掺杂的碳纳米材料用作载体时，Pt 基催化剂的 ORR 性能得到改善[57-58]。

10.2.5 其他杂原子掺杂碳材料与卤素制备的电催化剂

在碳骨架中引入杂原子可用于改变纯碳的物理和化学性质。在异质原子中，氮是研究最多的一种，氮掺杂的碳纳米材料已经被证明是高效的 ORR 电催化剂。N 掺杂到碳中后 ORR 活性的增加归因于 N 比 C 具有更高的电负性(N 电负性是 3.04，C 电负性是 2.55)，这使相邻的 C 原子带正电荷，并促进在这些带正电荷的 C 位点上的 O_2 吸附。如果 C 掺杂有诸如 P 的杂原子，除了现在吸附在带正电荷的 P 位点上的 O_2，可以推测催化活性的类似增加。

Ozkan 等首次报道了在酸性介质中将 N 和 P 共掺杂到 CN_x 催化剂中作为 ORR 催化剂的研究[39,59-60]。以乙腈为催化剂，以掺杂乙酸铁和三苯基膦的镁为载体，在 900℃下热解合成了 CN_xP_y 催化剂。当 Fe/P 比值改变时，旋转圆盘电极测量的 ORR 活性有显著差异。在掺杂少量磷(P/Fe＜1)的 Fe/MgO 基底上生长的催化剂与不含 P 的样品相比显示出显著的活性提高，如其相对较高的起始电位所示[59]。虽然这种活性增强的确切原因尚不清楚,但可能的解释包括诱导的电荷再分布、N 和 P 的协同效应、增加的缺陷和促进 O_2 吸附的边缘位点。低磷水平也被认为降低在热解期间用于生长碳纳米结构的过渡金属的共晶点,这会影响碳生长过程。应当注意的是,在高得多的 P/Fe 比上生长的样品显示出相反的效果,这表明存在用于这些材料生长的最佳 P 掺杂水平。Ozkan 研究小组还观察到 P 掺杂的纳米纤维形态无序增加[59]。随后的文献也研究了共掺杂 P 和 N 的影响,例如,Dai 的研究小组合成了无金属共掺杂 P 和 N 的 ORR 电催化剂[61]。Woo 及其同事[62-64]已经证明,与仅 N 结合到碳骨架中的情况相比,将 P 和/或 B 与 N 一起共掺杂到 C 中产生更高的 ORR 活性。含有三个杂原子(N、B 和 P)的样品表现出最高的活性。分别以磷酸和硼酸为磷源和硼源,在 Co Cl_2 和 Fe Cl_2(生长催化剂)上热解双氰胺(C、N 源)合成了这些催化剂。B 掺杂提高了石墨化度[X 射线衍射(XRD)和激光拉曼光谱(LRS)证实了这点],从而提高了电子电导率和 ORR 活性。此外,认为由 XPS 测定的吡啶-N 物质的增加的位点密度是 B 掺杂后改善的 ORR 性能的原因。另外,P 掺杂增加了碳结构中缺陷和边缘位置的数量,因此有利于 O_2 还原。这一论点基于 P 和 C 的原子尺寸与 B 和 C(或 N 和 C)的显著差异[62-64]。文献中也有其他 B、P 和/或 N 双掺杂和三元掺杂的例子,具有促进 ORR 活性的作用,包括以 MOFs 为模板将 S、P、N 掺入多孔碳中。此处,二甲基亚砜、三苯基膦和二氰化物分别用作 S、P 和 N 源[65-67]。

Dai 及其同事[68-70]使用三聚氰胺二硼酸盐作为生长碳纳米管的 C、B 和 N 源。他们还通过在氨中热退火氧化石墨烯和硼酸混合物合成了 B 和 N 共掺杂的石墨烯,并注意到 B 掺入后 ORR 活性提高。他们将这种显著更高的 ORR 活性归因于 B 和 N 的协同效应[70]。

当 S 或 Se 等异质原子掺杂到 C 中时,掺杂剂引起的电荷再分布不被认为是一个重要因素。这是因为 S 或 Se 相对于 C 具有相似的电负性(分别为 2.58 或 2.55,vs. 2.55)。在此处,认为原子自旋密度的重新分布是 S 或 Se 掺入后 ORR 活性提高的原因[71-73]。Huang 及其同事[74]通过将氧化石墨烯和苄基二硫化物或二苯基二硒化物在氩气中 600~1050℃下退火,合成了 S 掺杂的石墨烯和 Se 掺杂的石墨烯。所得催化剂在碱性介质中具有优异的 ORR 活性[74]。Ozkan 及其同事也研究了 S 的影响。他们在裂解气混合物中使用了噻吩。发现硫作为生长促进剂,对活性没有有害影响[75]。

还有文献研究在 C 中掺入卤素原子对 ORR 活性的影响[76]。例如,据报道,通过在卤素气体(Cl_2、Br_2 和I_2)存在下球磨石墨合成的边缘卤化石墨烯纳米片比石墨具有改进的 ORR 性能[77]。Wang 及其同事还证明了 Cl 和 F 共掺杂的石墨烯具有显著的 ORR 活性[78]。

10.3 热解法生长氮掺杂碳催化剂的原位表征

利用原位 X 射线吸收光谱(XAS)、原位 X 射线衍射(XRD)、原位 X 射线光电子能谱(XPS)以及透射电子显微镜(TEM)表征了氮掺杂碳纳米结构(CN_x)的生长过程[79]。CN_x 纳米结构生长在两种不同的共掺杂基底上:Vulcan 碳和 MgO。通过在高温下热解含碳和氮的 CH_3CN 化合物,来实现 CN_x 纳米结构的形成[79]。

图 10.3 显示了 CH_3CN 热解过程中 Co/VC 和 Co/MgO 生长基底的原位 XANES 光谱。可以看出,Co 相在热解过程中经历不同的转变,这取决于所使用的生长基质。在热解之前,Co 以醋酸盐的形式存在,随着加热和 CH_3CN 处理被部分还原。在热解步骤结束时,负

载在VC上的Co被更多地还原[79]。在酸中洗涤样品后，XRD、XAS(X射线吸收光谱)和XPS分析显示留下的Co相主要是金属的，而与所使用的生长基底无关。图10.4显示了Co K边缘EXAFS谱的k^2加权傅里叶变换的XANES和幅度[79]。在热解过程结束时，尽管金属在两个基底上可能处于不同的氧化态，但在酸洗之后，残留在样品中的唯一金属被包裹在碳中，并且与所使用的载体无关。TEM成像显示，CN_x酸洗后为叠杯纳米结构的形式，金属钴粒子明显包裹在碳中。然而，与在Vulcan碳上生长的叠杯相比，MgO的叠杯更有序和丰富，具有更小的粒径和更小的壁厚。电化学半电池测量表明，在两种情况下，洗涤的样品相对于其未洗涤的对应物具有显著更高的ORR活性。在两种洗涤样品之间，CN_x与在共掺杂Vulcan碳上合成的样品相比，在共掺杂MgO上合成的样品表现出更高的催化活性[79]。

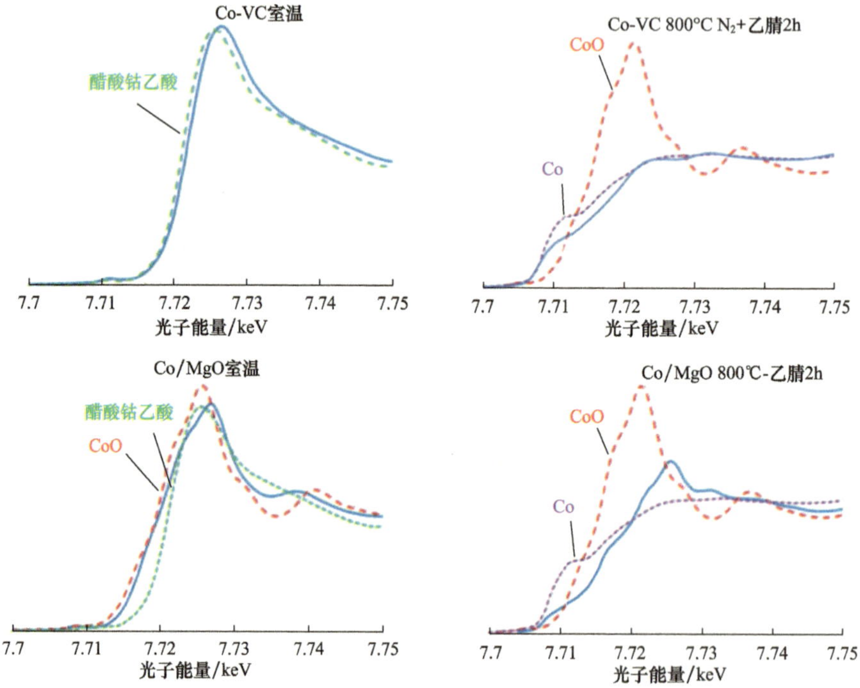

图10.3 在热解过程开始和结束时在Co/VC和CO/MgO基底上生长CN_x期间，Co K边缘的归一化原位XANES光谱[经爱思唯尔许可转载自参考文献[79]，版权所有(2013年)]

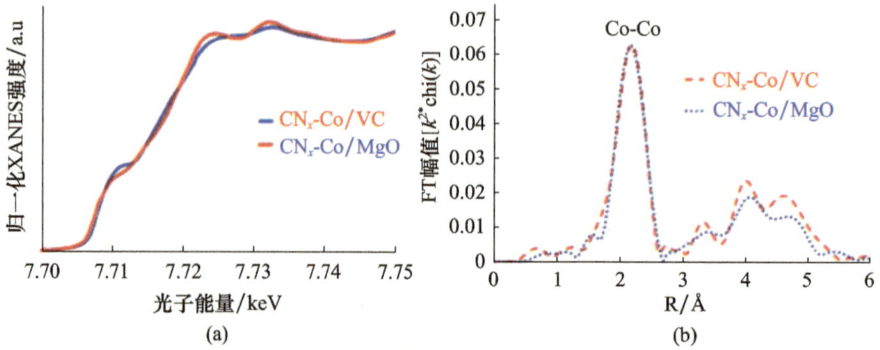

图10.4 在Co/VC和Co/MgO基底上生长的CN_x的EXAFS表征

(a)Co K边缘的归一化XANES光谱；(b)Co K边缘EXAFS光谱的k^2加权傅里叶变换的幅度。酸洗后获得光谱[经爱思唯尔许可转载自参考文献[79]，版权所有(2013年)]

10.4 关于氧还原反应中活性位点的探讨

尽管在该领域进行了广泛的研究活动，但碳基材料中 ORR 活性位点的性质仍然存在争议。争论的焦点是金属在赋予这些材料 ORR 活性中的作用。具体来说，问题是金属中心是否为 ORR 活性位点的必要部分。为了解决这一争论，我们小组在两种碳基材料上使用不同的毒物作为探针分子进行了一系列系统的研究[39,80-84]，即氮掺杂碳纳米结构（CN_x）和碳基质中的氮配位 Fe（FeNC）[39,80-84]。假设与金属不是活性位点的一部分不同，当暴露于这些毒物探针时，具有以 Fe 为中心的 ORR 活性位点的催化剂将显示出其催化活性的降低。

10.4.1 一氧化碳作为毒性探针

图 10.5（a）给出了 CO 暴露前后 CN_x 催化剂的极化曲线[82,84]。在 CO 暴露后，CN_x 催化剂的 ORR 活性没有降低。这些结果与 FeNC 催化剂（图 10.5（b））的结果形成鲜明对比[82,84]。与 CO 接触前相比，FeNC 的催化活性显著下降。CO 暴露后，起始电位和半波电位（$E_{1/2}$）降低了 20mV。0.7V 时的动电流密度（i_K）也降低了 35%（从 5.07mA/$mg_{催化剂}$ 降低到 3.07mA/$mg_{催化剂}$）。有趣的是，图 10.5（b）的插图所示的质量输送校正的极化曲线显示出类似的塔菲尔斜率。这表明在 CO 暴露后，ORR 机制中的速率决定步骤没有改变。应当提及的是，还进行了对照实验，其中使用 Ar 代替 CO。电化学半电池测量表明，对于 FeNC 或 CN_x 催化剂，在氩气暴露时 ORR 活性没有变化。因此，本文结果表明，CO 在 Fe 基活性位点上具有强结合，但 CO 与 CN_x 位点的相互作用很弱。这一论点也得到了表征实验以及与 Asthagiri 研究小组合作的支持，Asthagiri 研究小组使用密度泛函理论（DFT）计算来检测 CO 效应[82,84]。

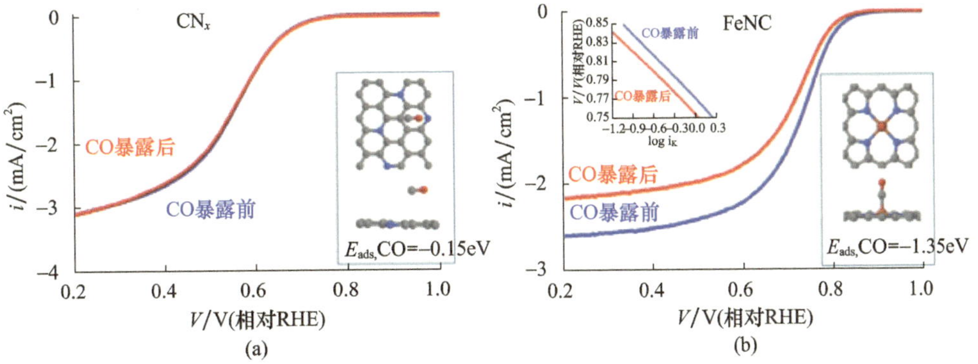

图 10.5 CO 暴露对（a）CN_x 和（b）FeNC 催化剂的 ORR 活性的影响；（b）中插入的两个样品的阴极极化曲线表示 CO 暴露前后的质量输送校正的极化曲线。CO 与 CN_x 和 FeNC 位点的相互作用也与吸附能一起表示在（a）和（b）中［CN_x 图示经爱思唯尔许可转载自参考文献［84］，版权所有（2012 年）；FeNC 图示经许可转载自文献［84］。美国化学学会版权所有（2016 年）］

漫反射红外傅里叶变换光谱（DRIFTS）实验也证实了半细胞活性测量。在 CO 暴露后，在不同时间在氦气中收集的两种催化剂的光谱如图 10.6 所示[82,84]。在文献[85-88]中，仅对 FeNC 样品观察到的 $2033cm^{-1}$ 处的峰通常被指定为线性结合的 CO。因此，当 CO 暴露时，这些线性吸附的 CO 物质可能是 FeNC 催化剂中 ORR 活性显著降低的原因。2339cm^{-1}处的谱带表明由于 CO 与吸附氧的相互作用而在 FeNC 催化剂表面上形成 CO_2。另外，由于 CO_2，CN_x 催化剂的光谱仅显示出弱的谱带，并表明 CO 与 CN_x 催化剂表面的相互作用很小[82,84]。

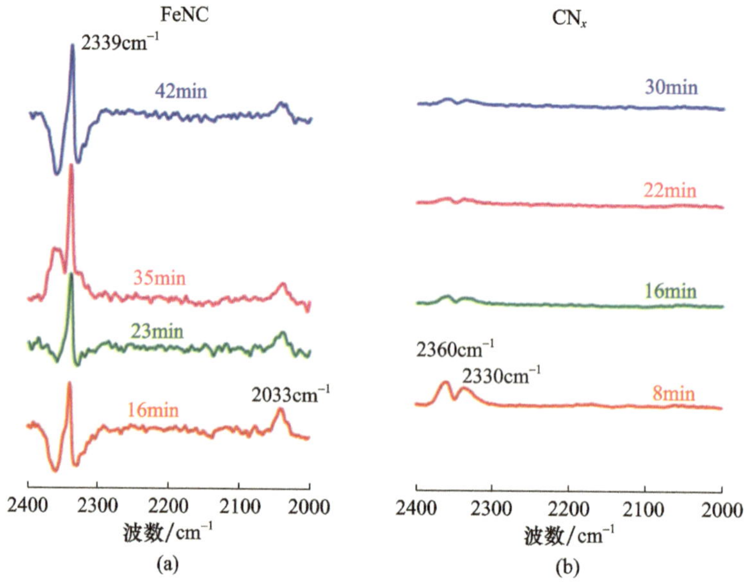

图 10.6 在 40℃条件下 CO 暴露 30min 后，于 He 下不同时间在 FeNC(a)和 CN_x(b)催化剂上获得的 DRIFTS 光谱[CN_x 图示经爱思唯尔许可转载自参考文献[84]，版权所有(2012 年)；FeNC 图示经许可转载自文献[84]。美国化学学会版权所有(2016 年)]

当CN^-离子用作探针时，获得与 CO 类似的结果。在不含氰和含氰的电解质中进行电化学活性测量。对照样品，即商用 Pt/VC，由于 Pt 位点的损失而表现出明显的中毒效应。在CN^-离子暴露时，起始电位降低超过 450mV。另外，在不含氰化物和含氰化物的电解质中的 CN_x 催化剂中，可以观察到相同的催化活性[84]。

10.4.2 硫化氢作为毒性探针

硫化氢(H_2S)暴露对 CN_x 和 FeNC 催化剂 ORR 活性的影响如图 10.7 所示[39,80,83]。显然，CN_x 暴露于 H_2S 时并未表现出任何失活。事实上，当暴露于 H_2S 时，其 ORR 活性显著增加。虽然这种增强的原因尚不完全清楚，但可能的解释包括 N 和 S 结合的协同效应、原子自旋密度的重新分布和促进 O_2 吸附。与 CN_x 不同的是，当用 H_2S 处理时，FeNC 催化剂显示出显著的中毒。这些观察结果提供了有力的证据，证明 Fe 基 ORR 活性位点存在于后一种情况中，而不存在于前一种情况中。

N 1s 区 XPS 光谱揭示了未处理和处理 H_2S 催化剂的有趣趋势(图 10.8)[39,80,83]。在硫暴露条件下，CN_x 中的吡啶 - N 物质的相对强度增加，吡啶 - N^+O^- 物质的相对强度降低。对于这种增加，可以推测为，通过 H_2S 暴露时除去氧，将吡啶 - N^+O^- 物质转化为吡啶 - N 官能团[39,80,83]。H_2S 处理后 ORR 活性的增强也可能与 CN_x 表面上吡啶 - N 位点密度的增加有关。另外，对于 FeNC 催化剂，在 H_2S 处理后，吡啶 - N 物质的相对分布降低。这些催化剂中吡啶 - N 贡献的降低可能是 H_2S 暴露时 ORR 活性损失的部分原因，特别是 Fe 和 C—N 位点都对活性有贡献时。然而，基于 XAS 研究，我们认为这些 FeNC 材料中的失活主要与硫与 Fe 基位点的强结合有关，如随后段落中所讨论。

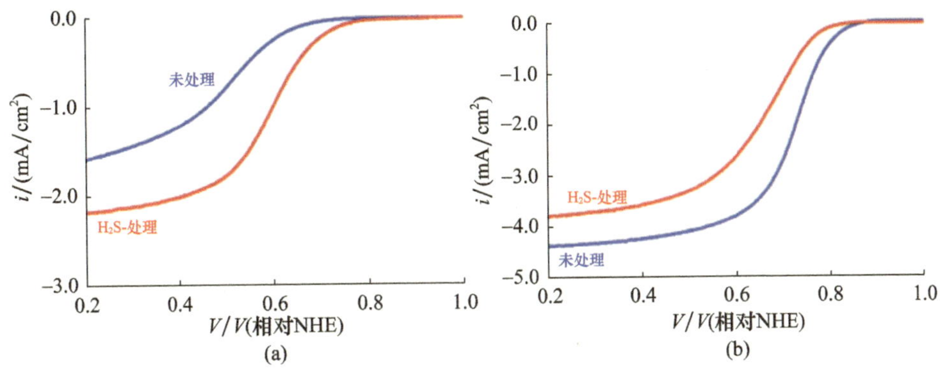

图 10.7 (a) CN_x 和 (b) FeNC(O_2 饱和 0.5mol/L H_2SO_4, 10mV/s) 在 0.5mol/L H_2SO_4 内由 RDE 测量的 ORR 活性[CN_x 图示经爱思唯尔许可转载自参考文献[83]，版权所有(2012 年)；FeNC 图示经许可转载自文献[80]，美国化学学会版权所有(2014 年)]

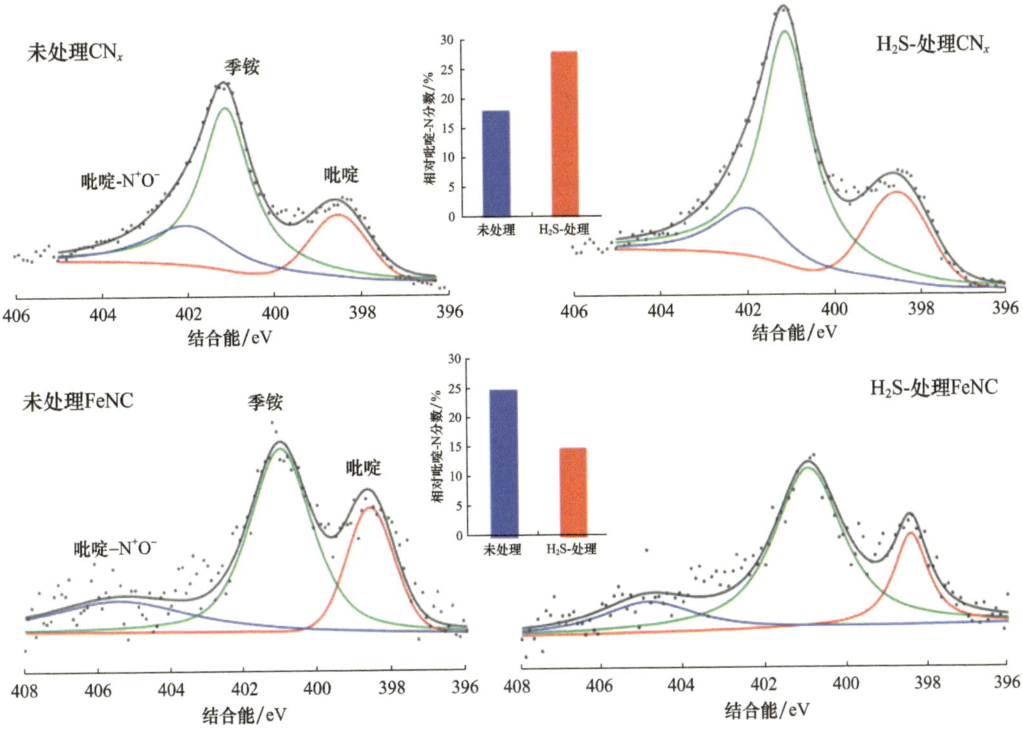

图 10.8 未处理和处理 H_2S 的 CN_x 和 FeNC 催化剂的 X 射线光电子能谱的 N 1s 区。插图显示了两种催化剂 H_2S 暴露前后吡啶 - N 物质的相对分布[CN_x 图示经爱思唯尔许可转载自参考文献[83]，版权所有(2012 年)；FeNC 图示经许可转载自文献[80]。美国化学学会版权所有(2014 年)]

原始 CN_x 的 XANES 和 EXAFS Fe - K 边缘光谱与 H_2S 处理 CN_x 样品相同(图 10.9)[39,80,83]。这表明 H_2S 处理后 Fe 氧化态和配位环境保持不变[39,80,83]。由于 TEM

图像显示铁被包裹在 CN_x 的几个石墨层中，考虑到铁在被碳片保护时不会受到化学处理的影响，预计在未处理和 H_2S 处理 CN_x 之间铁相不会发生任何变化。与 CN_x 不同的是，FeNC 催化剂在 H_2S 处理后其 XANES 光谱显示出显著变化（图 10.9）[39,80,83]。在 H_2S 处理过的催化剂和无硫催化剂中，前边缘能的差异明显。硫处理 FeNC 样品的 XANES 光谱中的前边缘特征与硫化铁（II）相似，表明为 a +2 氧化态。对于原始 FeNC 样品没有观察到这种相似性。EXAFS 结果与 XANES 结果一致。经 H_2S 处理的 FeNC 的 EXAFS 光谱显示来自 Fe－S 的贡献，未修正的值为 1.9Å，这表明铁—硫键的形成，在 S 2p 光谱的 XPS 分析中也观察到了这一点[39,80,83]。另外，原始催化剂显示出对应于具有肩部的 Fe—Fe 键的大峰，该肩部被指定为 Fe－C_x 或 Fe－N_x 键[89-91]。

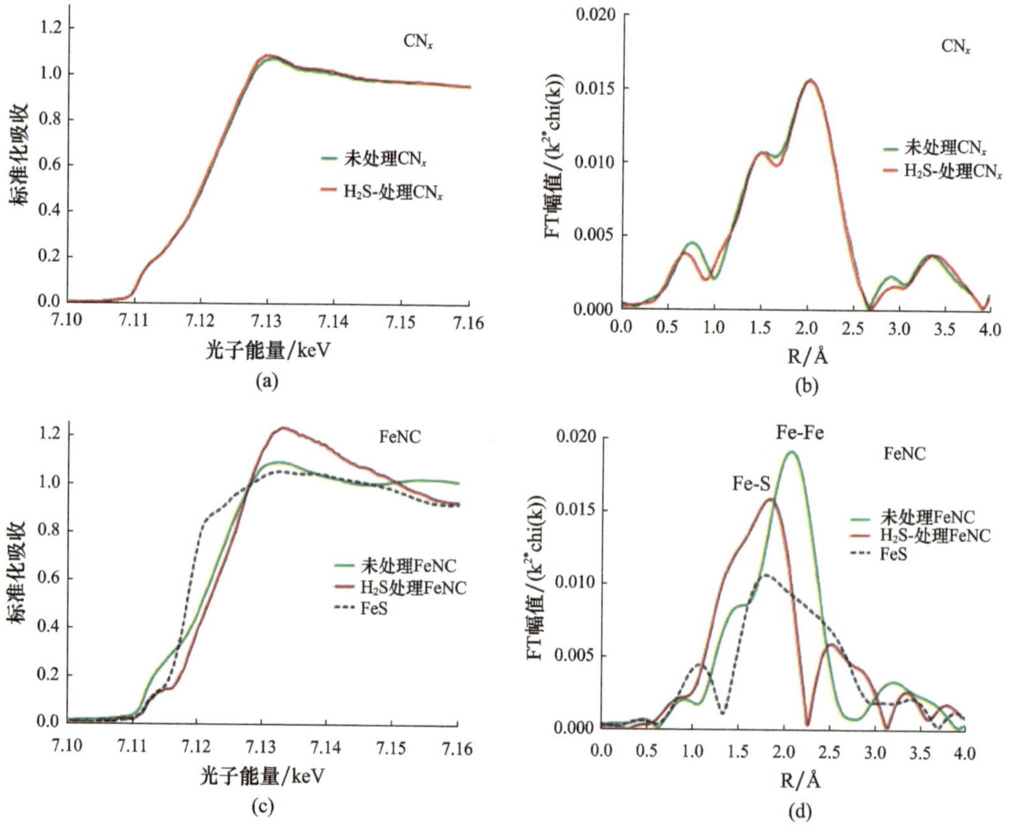

图 10.9 H_2S 处理前后 CN_x 和 FeNC 的 Fe K 边缘 XAS 光谱。(a)和(c)：XANES，(b)和(d)：EXAFS（CN_x 图示经爱思唯尔许可转载自参考文献[83]，版权所有（2012 年）；FeNC 图示经许可转载自文献[80]。美国化学学会版权所有（2014 年））

10.4.3 表面、结构和分子表征：铁氮掺杂碳与氮掺杂碳的比较

在下一阶段的工作中，重点了解 CN_x 和 FeNC 催化剂之间的结构和组成差异[81]。这些材料的 TEM 图像表明，CN_x 催化剂是高度石墨化的，并显示出轮廓分明的叠杯结构，零星的 Fe 粒子完全包裹在碳中。另外，FeNC 催化剂主要是无定形的，在表面上可见金属 Fe 粒子[81]。两种催化剂的酸洗效果也明显不同（图 10.10）。虽然 CN_x 在酸洗后显示出

活性的显著提高,但 FeNC 显示出其活性的显著降低。该观察提供了进一步的证据,即 ORR 的活性位点的性质在两种催化剂中是根本不同的。酸洗可能从 FeNC 中的活性位点浸出一些 Fe,从而导致催化活性的损失[81]。在 CN_x 的情况下,酸洗的效果是去除非活性暴露的铁物质以及非导电氧化物载体[81]。当这两种催化剂在 1mol/L HCl 中浸渍长时间时,又出现了进一步的差异。CN_x 中 77% 的铁在第一小时内浸出,表明这些样品中大量的铁在热解后暴露,容易地浸出。从 CN_x 中浸出的铁的总浓度也远大于 FeNC 的总浓度(第一小时后 CN_x 为 77%,而 FeNC 为 24%)。另一个重要的发现是,对于 CN_x,在浸入酸溶液中的前 1h 发生大多数酸浸出,此后铁含量几乎没有变化,而 FeNC 随着浸泡时间的增加继续损失 Fe(插图 10.10)。

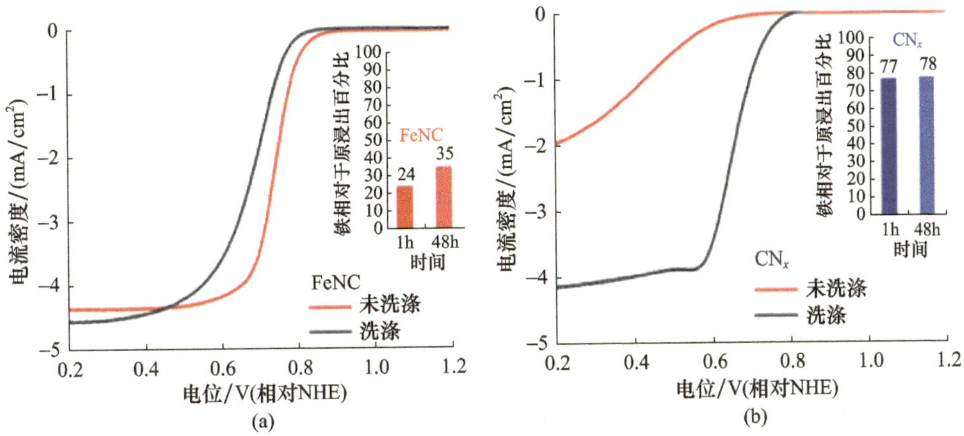

图 10.10 (a) FeNC 和 (b) CN_x 在 1600r/min 条件下于 0.5mol/L H_2SO_4 氧饱和溶液中未洗涤和酸洗催化剂的 ORR RRDE 结果的比较。插图显示了当浸入酸中时在 1h 和 48h 内浸出的铁的百分比比较[经爱思唯尔许可转载自参考文献[81],版权所有(2014 年)]

还使用超导量子干涉器件(SQUID)磁强计比较了这两种材料的磁化。图 10.11 显示了 CN_x 和 FeNC(洗涤和未洗涤)的磁化强度作为 300 K 磁场的函数。从曲线中可忽略的磁滞现象可以明显看出,所有样品都具有超顺磁性。酸洗步骤导致 CN_x 样品的饱和磁化强度增加,而对 FeNC 催化剂表现出相反的效果。使用穆斯堡尔谱对酸洗 CN_x 中的铁相进行表征表明,催化剂中的大部分铁为 Fe^0 或 Fe_3C[38],这支持了从 SQUID 获得的 CN_x 高饱和磁化强度值。此外,在酸洗涤之后,来自载体(氧化镁)的抗磁贡献及其稀释效应被消除,从而导致酸洗 CN_x 的饱和磁化强度增加。另外,在 FeNC 中,酸洗滤去一些表面铁物质,因此,酸洗 FeNC 具有比其未洗涤的对应物更低的饱和磁化强度[81]。

酸洗前后 CN_x 和 FeNC 中 N 1s 的拟合 XPS 光谱分别示于图 10.12 和图 10.13 中。在所有样品中观察到 3 种不同的氮物质,即吡啶 – N(398.0 ~ 398.9eV)[92-93]、季铵 – N(401 ~ 402eV)[92,94]和吡啶 – NO 组(> 402eV)[32,95-96]。CN_x 催化剂中吡啶 – N 的含量在洗涤前后是相同的,这表明浸出氧化物载体和暴露的金属的洗涤不会影响氮物质(图 10.12)。就 FeNC 而言(图 10.13),洗涤后吡啶 – N 的相对含量显著增加。这种增加的一种可能解释是,与两个石墨平面上的边缘氮物质配位的 Fe 物质被冲走,留下更多暴露的边缘氮,随后增加了 FeNC 中吡啶 – N 的百分比(图 10.13)。

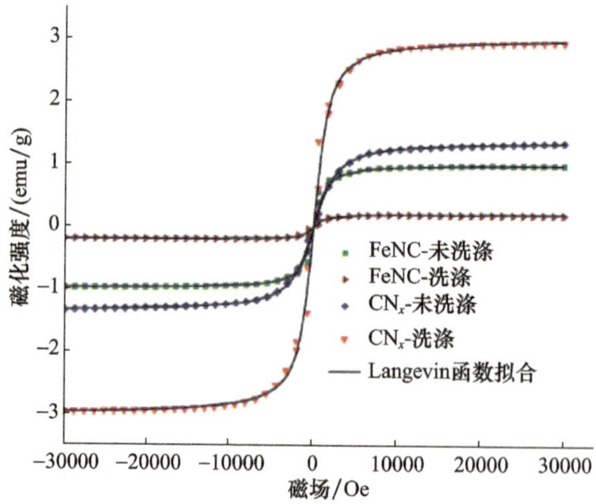

图 10.11 对于 CN_x 和 FeNC 催化剂,酸洗对磁化的影响作为 300K 下磁场的函数（经爱思唯尔许可转载自参考文献[81],版权所有(2014 年)）

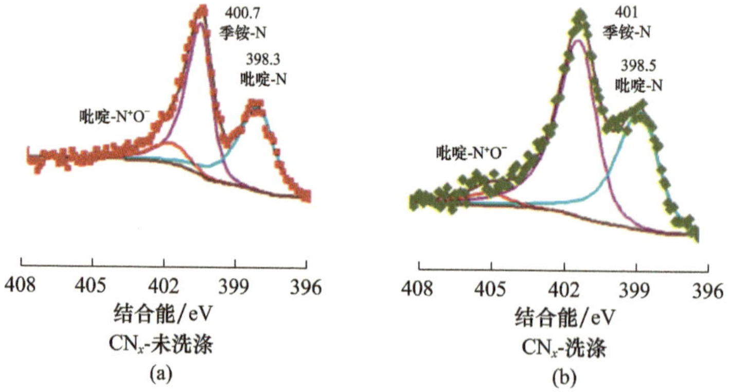

图 10.12 CN_x 酸洗前后的 N 1s XPS 光谱

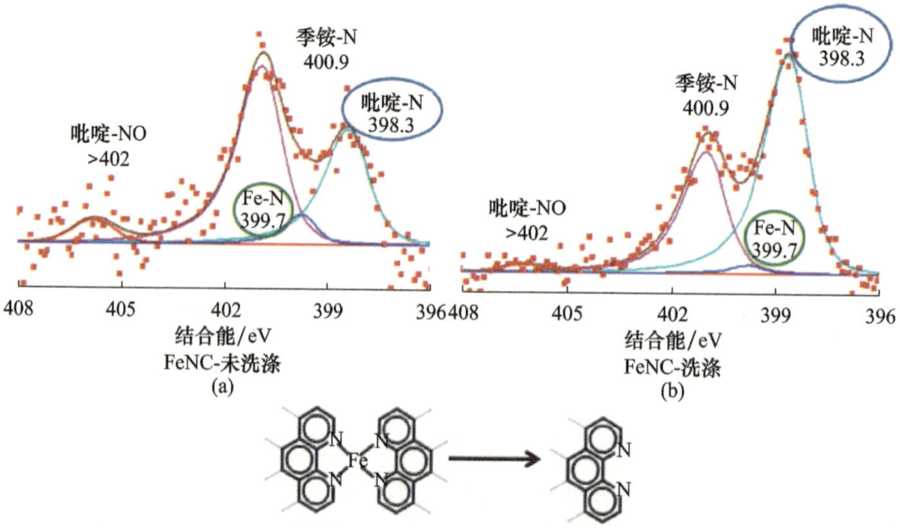

图 10.13 酸洗前后 FeNC 的 N1 s XPS 光谱[经许可转载自施普林格·自然:Springer Catalysis Letters[97],版权所有(2016 年)]

通过扩展 X 射线吸收光谱(EXAFS)进一步检测酸洗对两种催化剂的影响[81]。催化剂和标准的 Fe-K 边缘的 FT 值的比较如图 10.14 所示(值未校正)。CN_x 显示了由于洗涤引起的主要差异。未洗涤 CN_x 的 Fe 由于暴露的铁物质在热解后与空气接触时的氧化而处于2+氧化态。酸洗后,所有氧化的 Fe 物质被浸出,留下的主要是包裹在碳纳米结构中的碳化物或金属 Fe。另外,FeNC 的两个光谱非常相似,其特征可能对应于 Fe—Fe 和 Fe—C_x或者 Fe—N_x键[81]。

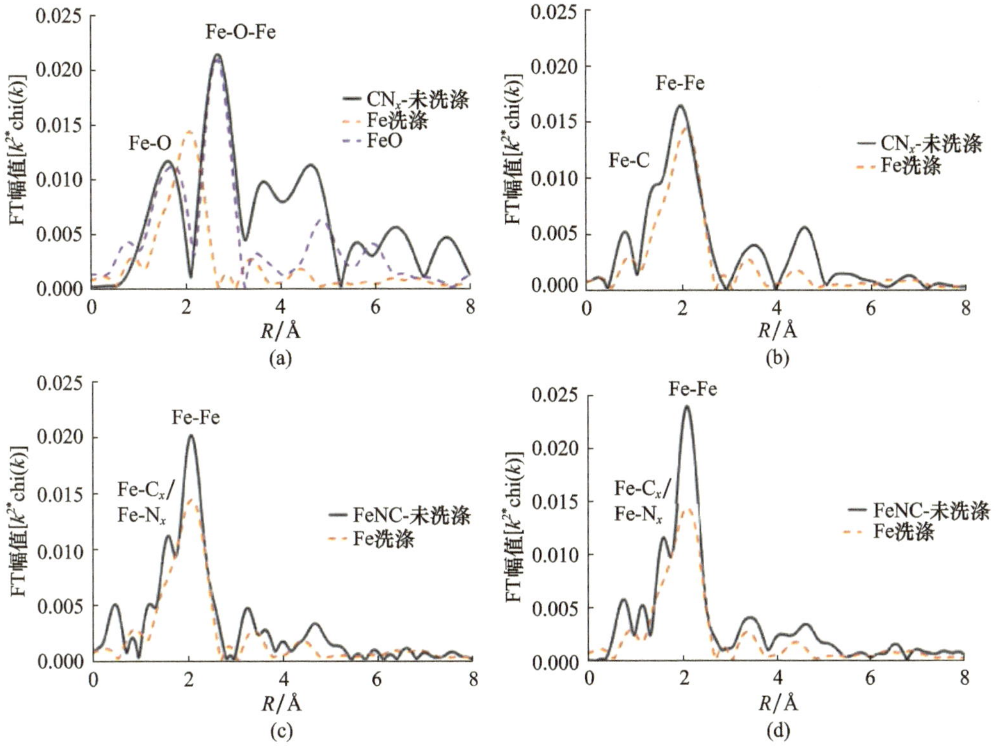

图 10.14 (a)CN_x 未洗涤、(b)CN_x 洗涤、(c)FeNC 未洗涤和(d)FeNCe 洗涤的 Fe-K 边缘的 FT 大小。包括用于比较的碳化铁、FeO 和 Fe 箔的参考光谱[经爱思唯尔许可转载自参考文献[81],版权所有(2014 年)]

CN_x 未洗涤和 CN_x 洗涤样品的穆斯堡尔(Mössbauer)光谱如图 10.15 所示,发现Fe^{2+}和Fe^{3+}是 CN_x 未洗涤样品的两个主要物质(图 10.15(a))。考虑到在热解之后和酸洗之前暴露于空气时铁的氧化,这很符合预期。MgO 中的氧可能是导致氧化铁存在的另一因素。对于未洗涤 CN_x 也观察到少量的 Fe_3C。发现 CN_x 洗涤后的光谱与未洗涤的光谱非常不同(图 10.15(b))。以 -0.08mm/s 的异构体移位(δ_{iso})为特征的单重态被归属为超顺磁性铁。还注意到大量的 Fe_3C(渗碳体)和 Fe-C 合金。观察到几乎可忽略含量的Fe^0和Fe^{3+}。因此,CN_x 酸洗可以明显地改变体内铁的种类。未洗涤 FeNC 和洗涤后 FeNC 的拟合 Mössbauer 光谱的比较见图 10.16。很明显,酸洗不改变存在的铁相,与 XAS 结果一致。注意到两个样品都存在 6 种铁物质。然后将 Mössbauer 光谱结果与电化学半电池测量相结合,获得平面 FeN_4 位点的位置密度值,其中处于低自旋状态的Fe^{2+}离子与 4 个吡咯氮基团配位并附着在碳载体上。分析证实酸洗后活性位点密度降低。该发现支持洗涤的样品相对于其未洗涤的对应物具有较低的活性。

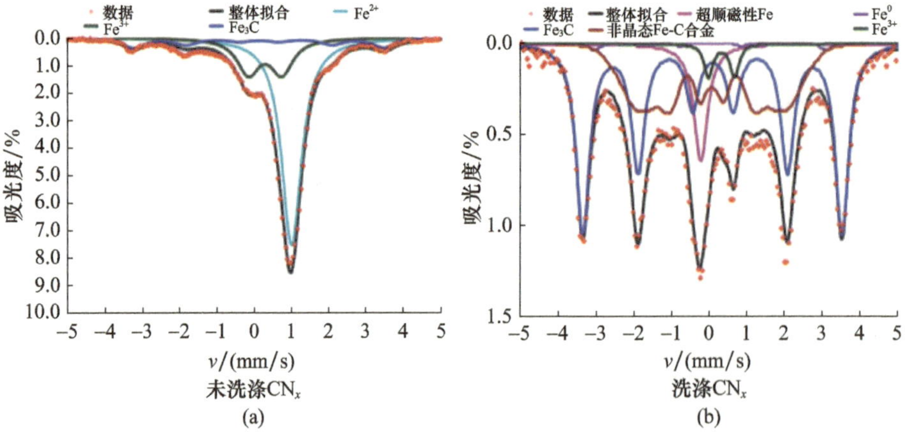

图 10.15　酸洗前(a)后(b)CN_x 的去卷积 Mössbauer 光谱

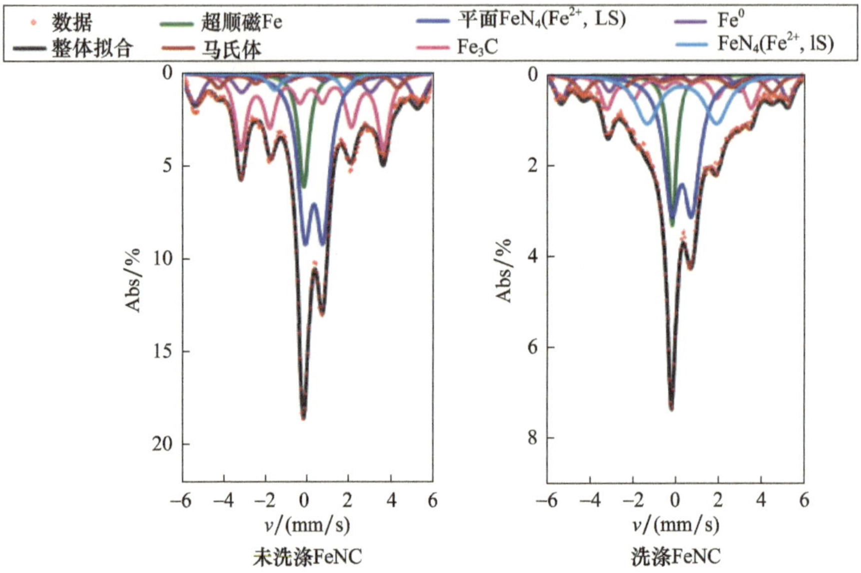

图 10.16　酸洗前后 FeNC 的去卷积 Mössbauer 光谱[经许可转载自施普林格·自然：Springer Catalysis Letters [97]，版权所有(2016 年)]

总之，这些研究清楚地确定了 CN_x 和 FeNC 催化剂确实是两类不同的材料：一类是金属(Fe)是 ORR 活性位点(FeNC)的基本部分；另一类是 Fe 保持包裹在碳纳米结构中并且不能在表面上接近以参与 ORR(CN_x)。

10.5 利用磷酸盐阴离子在氮掺杂碳催化剂上探测氧还原反应活性位点

如前所述，CN_x 催化剂不会因探针分子如 CO、CN^- 和 H_2S 中毒，因此其不含有 ORR 的金属中心活性位点。这种金属中心活性位点的缺乏使得诸如 Mössbauer 光谱和 X 射线吸收光谱(XAS)的技术在识别 CN_x 活性位点方面几乎没有用。与先前文献中关于赋予

CN_x 活性，以进一步增加鉴定 ORR 活性位点的挑战的报道相矛盾。解决目前问题的方法是鉴定确实毒害 CN_x 催化剂中 ORR 活性位点的探针分子。通过将电化学活性测量与表征实验相结合，可以确定 CN_x 材料中可能的 ORR 活性位点，如以下章节中所讨论[98]。

关于原始和 0.1mol/L H_3PO_4 浸泡的 CN_x 的 ORR 活性比较，如图 10.17 所示。浸泡过的 CN_x 样品显示出比原始 CN_x 样品显著低的 ORR 活性，并且发现浸泡过的 CN_x 样品的半波电位值分别比其原始 CN_x 对应物低 50mV 和 80mV。由于 H_3PO_4 浸泡，动力学电流密度（i_K）和 ORR 速率常数值也降低到其原始值的约 1/5 [98]。接下来，将 ORR 活性损失与加入的磷酸浓度相关联。进行了一系列半电池实验，其中向 0.1mol/L $HClO_4$ 电解质中逐渐增加 H_3PO_4 的加入量，并测量相应的 ORR 活性。图 10.18（a）给出了与主电解质中添加的不同浓度 H_3PO_4 相对应的质量传递校正塔菲尔曲线。从图 10.18（a）可以明显看出，ORR 活性随着 H_3PO_4 浓度的增加而稳定降低。当将 0.7V 时的比动力学电流（i_K）绘制为磷酸二氢盐（$H_2PO_4^-$）阴离子浓度的函数时（图 10.18（b）），观察到具有负斜率的线性相关性，即发现比动力学电流随着$H_2PO_4^-$阴离子浓度的增加而线性降低。这些结果表明，催化活性的损失与由$H_2PO_4^-$离子在 CN_x 催化剂表面上的强吸附引起的活性位点密度的损失有关。这一论点也得到了后面表征实验的支持[98]。在不同磷酸二氢（$H_2PO_4^-$）阴离子浓度下获得的类似 Tafel 斜率值表明，由于 H_3PO_4 的添加，速率决定步骤在 ORR 机制中未发生改变[98]。

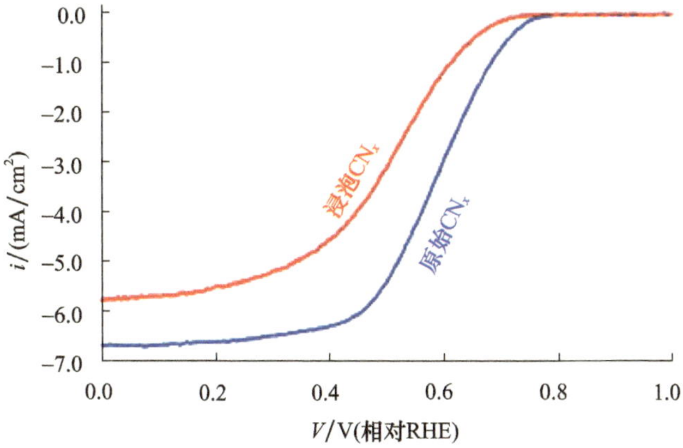

图 10.17 在 0.1mol/L H_3PO_4（O_2 饱和、0.1mol/L $HClO_4$、1600r/min、10mV/s 和 800$\mu g_{催化剂}/cm^2_{几何图形}$）浸泡前后 CN_x 催化剂的极化曲线［经许可转载自文献［98］。美国化学学会版权所有（2016 年）］

图 10.19（a）给出了浸泡 CN_x 透射 IR 光谱[98]。原始 CN_x 光谱被用作背景。观察到 3 个不同的条带。1612cm^{-1}处的振动带可以与 O—H 弯曲模式相关联[99-100]。在 1070cm^{-1}和 945cm^{-1}附近的两个带归因于浸泡过的 CN_x 样品中$H_2PO_4^-$物质的反对称和对称拉伸[101-105]。图 10.19（b）显示了原始和浸泡 CN_x 的拉曼光谱。原始 CN_x 样品和浸泡 CN_x 样品显示存在一阶 D 带和 G 带[106-108]。D 带是由于无序而产生的，而 G 带是由于石墨碳的存在。H_3PO_4 浸泡后的 CN_x 样品中两条带更尖锐，表明浸泡后无序减少[109]。仅在浸泡 CN_x 样品中存在的 996cm^{-1}处的拉曼带可归因于 P—O 键的不对称拉伸振动[110]。文献［111］中先前的研究也将这一范围内的拉曼带与表面上吸附的$H_2PO_4^-$离子联系起来。

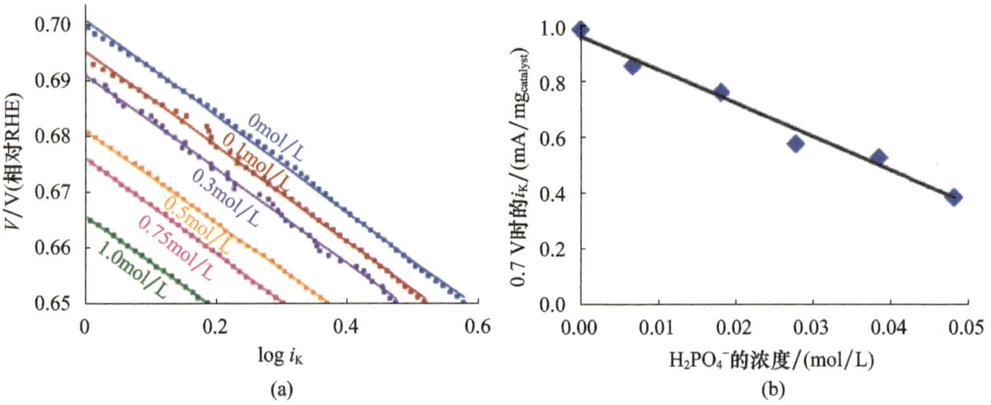

图 10.18 (a)不同浓度 H_3PO_4 添加到 0.1mol/L $HClO_4$ 时 CN_x 催化剂的质量传送校正 ORR 极化曲线；(b)$H_2PO_4^-$ 离子浓度对 0.7V 与 RHE(i_K)(O_2 饱和 0.1mol/L $HClO_4$、1600r/min、10mV/s 和 800μg$_{催化剂}$/cm$^2_{几何图形}$)时比动力学电流的影响[经许可转载自参考文献[98]。美国化学学会版权所有(2016 年)]

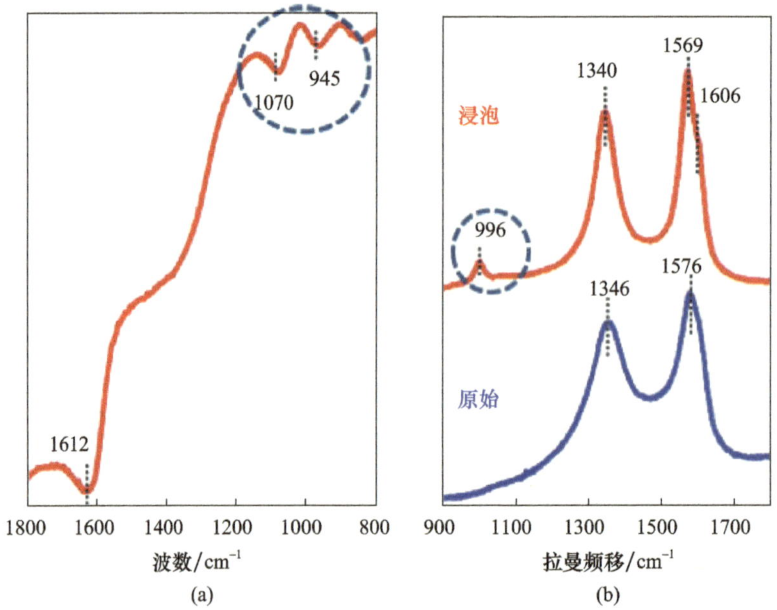

图 10.19 (a)室温下浸泡在 0.1mol/L H_3PO_4 中的 CN_x 的透射 IR 和(b)拉曼光谱。原始 CN_x 的光谱用作(a)中给出的 IR 光谱的背景[经许可转载自参考文献[98]。美国化学学会版权所有(2016 年)]

用 XPS 研究了 H_3PO_4 浸泡前后表面物质的性质。使用 H_3PO_4 浓度范围(0.1 ~ 1mol/L)。为了进行比较，原始样品和浸泡在 0.1mol/L H_3PO_4 中的样品光谱如图 10.20 所示。正如所料，在原始 CN_x 样品表面并未检测到磷。所有浸泡的 CN_x 样品在 133.2 eV 处显示出明显的 $2p_{3/2}$峰，其代表表面上的 P—O 键并与磷酸盐型物质相关。此外，在浸泡的 CN_x 样品中，P 以 +5 价态存在[61,112-117]。图 10.20 中给出了原始 CN_x 和 0.1mol/L H_3PO_4 浸泡的

CN_x N 1s XPS 光谱的比较。尽管相对分布不同,但两个样品均显示出 3 种类型的氮官能团,即吡啶 - N(398.3eV)[51,118],季铵 - N(400.7 ~ 400.8eV)[47] 和吡啶 - N^+O^-(402.4 ~402.5eV)[92]。将 N 1s 区 XPS 结果与电化学半电池活性测量相结合。作为催化剂的吡啶 - N含量的函数检测 ORR 活性的变化(图 10.21)。由 0.7 V 时的动力学电流损失表示的 ORR 活性损失百分数随着吡啶 - N 含量的降低线性降低[98]。结果支持了两种可能的活性位点模型,即吡啶 - N 位点和吡啶 - N 旁边的 C 原子。前者将通过质子化而失活[46-47],后者将通过磷酸根离子的位点阻断效应而失活,该位点阻断效应也将稳定吡啶 - NH 位点[98]。尽管可以问为什么当这些位点在其他高酸性介质(H_2SO_4、$HClO_4$、HCl)中时它们没有被质子化,但是可以想到的是,在相邻的 C 和 N 位点上的 H_3PO_4 解离吸附可以导致质子化的吡啶 - N 位点,其可以通过具有负电荷的相邻$H_2PO_4^-$离子的存在而稳定。另外,当涉及非吸附阴离子(如ClO_4^-)时,避免了这种质子化。为了验证该假设,我们进行了对照实验,其中不是将原始 CN_x 样品浸泡在 0.1mol/L H_3PO_4 中,而是使用 H_3PO_4 浸泡中使用的相同实验条件将其浸泡在 $HClO_4$ 或 HCl 或 H_2SO_4 溶液(均为 0.1mol/L)中。所有这些都是强酸,并将在介质中提供足够浓度的质子。当 CN_x 样品浸泡在这些强酸中时,相对于原始样品,ORR 活性没有降低[98]。

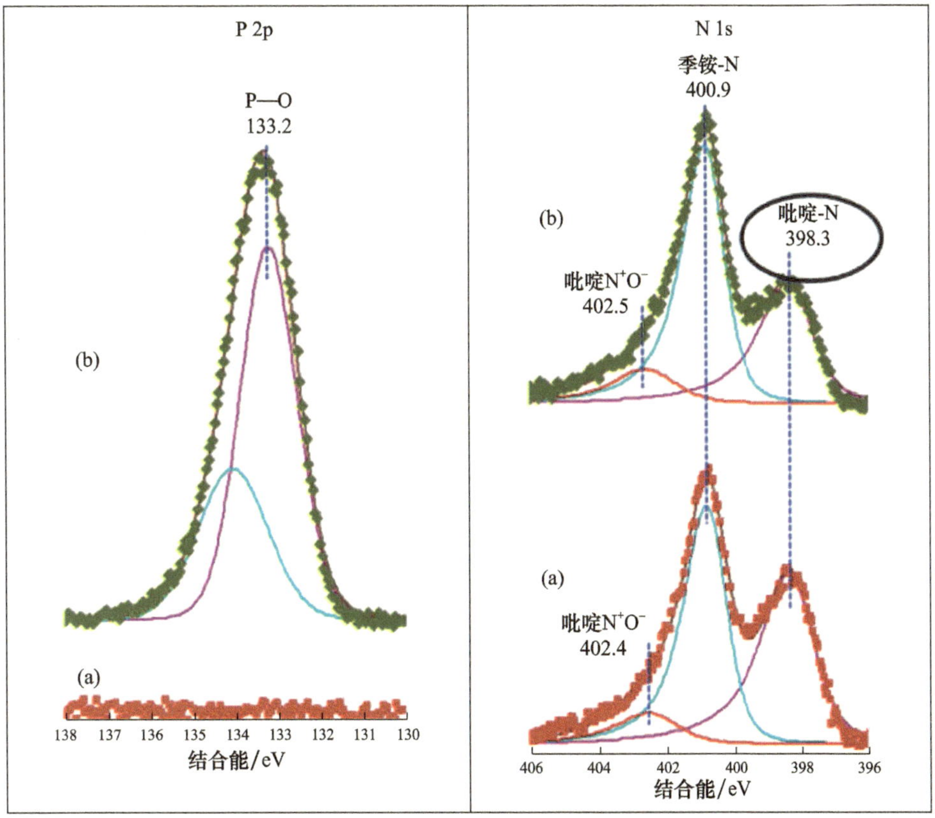

图 10.20 CNx 催化剂浸泡在 0.1mol/L H_3PO_4(a)之前和(b)之后的 P 2p 和 N 1s XPS 区域
[经许可转载自参考文献[98]。美国化学学会版权所有(2016 年)]

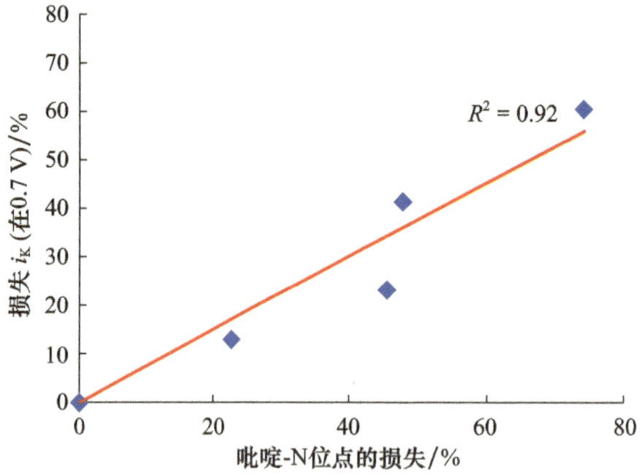

图 10.21 H_3PO_4 暴露导致的 i_K 损失和吡啶 - N 位点密度损失之间的相关性
[经许可转载自参考文献[98]。美国化学学会版权所有(2016 年)]

10.6 氮掺杂碳催化剂的其他电化学应用

本节讨论了我们小组的研究，其中我们探索了用于质子交换膜(PEM)燃料电池中除 ORR 之外的电化学应用的氮掺杂碳(CN_x)催化剂。

10.6.1 氮掺杂碳催化剂的碳腐蚀性质

PEM 和 DMFC 阴极的氧化和酸性环境为催化剂材料的开发提供了额外的挑战。炭黑在阴极中的长期稳定性仍然是一个问题。使用具有更好耐腐蚀性的导电载体来产生新的 ORR 催化剂。除了延长运行时间的全燃料电池测试，研究人员一直在使用加速半电池测试来研究阴极材料(包括炭黑和碳纳米结构的载体)的腐蚀性能。电化学氢醌/醌氧化还原对指示碳质材料的氧化(图 10.22(a))。在加速老化条件下，使用对苯二酚/醌循环伏安法对 CN_x 催化剂和 Vulcan 碳进行比较[41]。图 10.22(b)显示了在进行计时电流电位保持时对 Vulcan 碳进行的间歇 CV。在阳极(上部)线性扫描组中，氢醌/醌峰约在 0.6V (相对于 NHE)的电流随时间增加而明显。峰值的强度随着高电压保持的持续时间的增加而显著增加。图 10.22(c)显示了 CN_x 具有类似的 CV。CN_x 材料中对苯二酚/醌峰的强度增加远小于 Vulcan 碳中的强度增加，表明这些材料更耐腐蚀。这些结果证明了 CN_x 材料有望在燃料电池应用中作为 Pt 基电催化剂的载体使用[41]。

10.6.2 氮掺杂碳催化剂作为直接甲醇燃料电池的潜在催化剂

直接甲醇燃料电池(DMFC)利用将含水甲醇直接进料到阳极代替 PEM 燃料电池中的氢气。用含水甲醇代替氢气消除了对燃料重整和储氢的需要，因此大大简化了燃料电池系统的入口设备平衡。

以下是 DMFC 中的阳极和阴极半电池反应。

$$CH_3OH + H_2O \longrightarrow CO_2 + 6H^+ + 6e^- \quad (10.4)$$

$$3/2O_2 + 6H^+ + 6e^- \longrightarrow 3H_2O \quad (10.5)$$

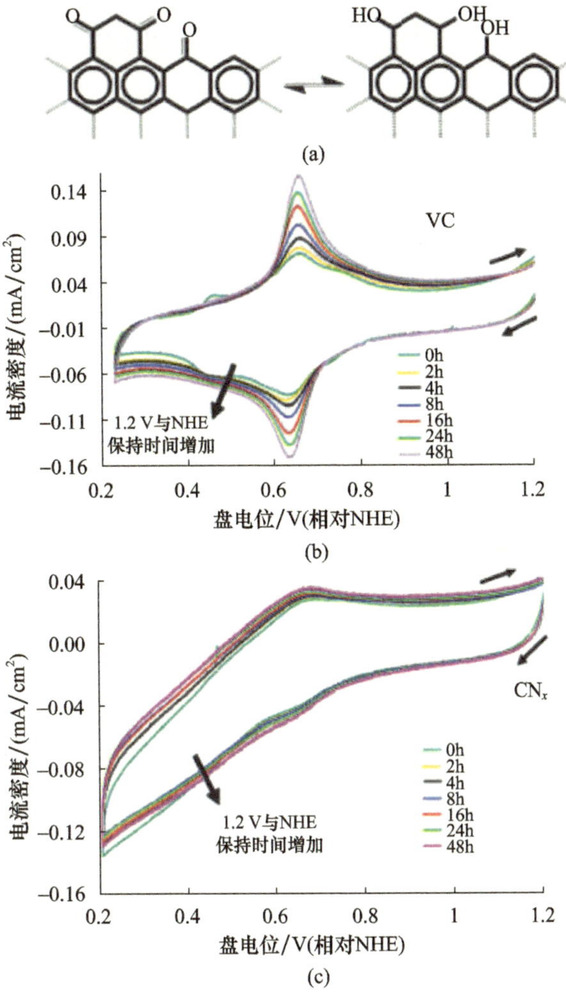

图 10.22 (a)石墨边缘的电化学活性对苯二酚(右)-醌(左)还原-氧化对。对苯二酚/醌物质在(b)Vulcan 碳、(c)CN_x 上的变化。当 1.2V 与 NHE 电位保持在 0.5mol/L H_2SO_4 时,于 0h、2h、4h、8h、16h、24h、48h 后取 CV[经施普林格·自然许可转载,施普林格·自然:Springer 应用电化学杂志[41]。版权所有(2011 年)]

虽然 DMFC 在燃料供应和储存方面具有优势,但甲醇交叉限制了目前的技术。Pt 基催化剂对甲醇氧化具有活性,但在甲醇存在下出现 ORR 活性损失,这对 DMFC 是一个严重的问题,因为在 DMFC 中,膜对甲醇可渗透。甲醇交叉(其中供给到阳极的甲醇渗透通过膜到达阴极侧)抑制 Pt 基阴极催化剂并导致燃料电池柱效率降低。甲醇氧化反应(MOR)在阴极处作为寄生反应发生,降低了开路电位。甲醇和 MOR 中间体和产物也有可能使阴极催化剂中毒。

研究的一个重要结果与甲醇氧化含氮碳结构的不活动性有关[40]。当在甲醇存在下测试 CN_x 催化剂时,没有显示出对 ORR 的活性损失,并且没有显示出对甲醇氧化的活性,使其成为 DMFC 或混合反应物 DMFC 的潜在材料。图 10.23 给出的伏安图表明,这些催化剂中没有甲醇氧化活性,也没有由于甲醇引起的活性损失,与 Pt/VC 相反,Pt/VC 显示出非常显著的甲醇氧化[40]。

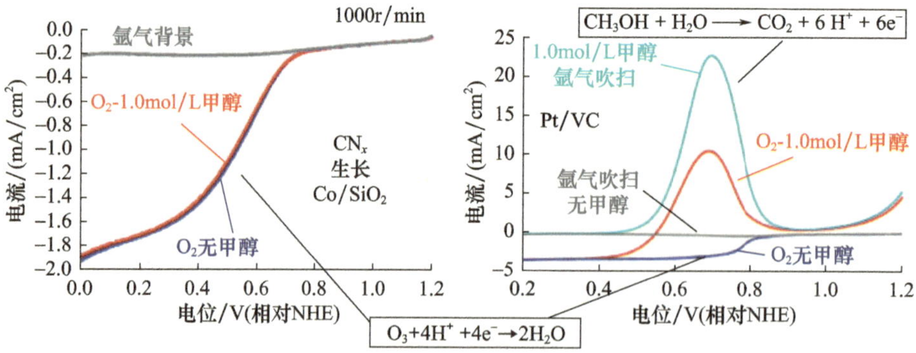

图 10.23 1000r/min 条件时，0.5mol/L H_2SO_4 溶液中 CN_x 和 Pt/VC 的还原扫描伏安图，显示 1.0mol/L 甲醇和无甲醇系统［经施普林格·自然许可转载，施普林格·自然：施普林格应用电化学杂志[40]。版权所有(2007 年)］

10.6.3 氮掺杂碳催化剂的耐氯离子毒性：关于氯制造业

在常规的 Cl_2 制造技术中有 HCl 电解法。这里，HCl 在阳极被氧化以形成 Cl_2 气体，同时 H_2 在阴极被放出。HCl 电解方法的一个主要缺点在于其能源消耗量大，通常每生产 1t Cl_2 需要 1500kW·h 的能量。此外，必须处理与纯氢相关的安全问题。氧去极化阴极(ODC)工艺的发展实现了重大的技术改进。ODC 工艺本质上涉及用酸性介质中的氧还原反应(ORR)代替常规 HCl 电解工艺中阴极处的析氢反应。当采用 ODC 工艺时，电解所需的理论电位降低约 1V，这使得该工艺具有高度吸引力[119-121]，尽管实际能量节省需要考虑 HER 与 ORR 的动力学差异。

因此，ODC 方法的成功在很大程度上依赖于有效 ORR 电催化剂的开发。此外，对 Cl^- 离子中毒的抵抗力极其重要。虽然 Cl^- 离子不与阴极催化剂直接接触，但其很可能交叉到阴极侧。由于金属溶解、表面钝化、氯离子的特异性吸附和腐蚀，这可能导致对 ORR 活性的有害影响。虽然 Pt 基材料被认为是最先进的 ORR 电催化剂，但其对 Cl^- 离子中毒高度敏感[122-123]。因此，努力研究开发替代 ODC 催化剂。证明硫化铑(Rh_xS_y)催化剂在腐蚀性 HCl 环境中表现出的稳定性有所改善，特别是当负载在碳纳米管(CNT)[119-120,124-129]上时。然而，用于合成这些硫氧化基催化剂的几种方法涉及很多毒性 H_2S，并且较为复杂[127-129]。因此，除了 Rh 的高价格及其与 Pt 相比相对差的 ORR 性能，安全性和可扩展性问题仍然存在。此外，这些 Rh_xS_y 材料对氯化物中毒也没有完全的免疫力[130]。基于这一动机，我们研究了使用碳基材料，更具体地说是氮掺杂的碳纳米结构(CN_x)作为 ODC 基 HCl 电解过程的阴极催化剂的可能性。基本原理是，这些材料不具有金属中心的 ORR 活性位点，具体表现为当其暴露于探针如 CO、H_2S 和 CN^- 时，对中毒的抗性[80,83-84]。因此，可以预期这些 CN_x 材料表现出抗 Cl^- 离子中毒性。本研究模拟了 HCl ODC 电解过程中的阴极环境，系统地研究了 CN_x 抗 Cl^- 离子中毒的能力。我们小组的这项工作的结果如下[131]。

在向 0.5mol/L H_2SO_4 电解质中加入 NaCl 之前和之后测量 Pt/C、Rh_xS_y/C 和 CN_x 催化剂样品的 ORR 活性。结果如图 10.24 所示[131]。如图 10.24(a)所示，Pt/C 暴露于氯离

子后，ORR 活性显著降低。这一观察结果与先前的几项研究一致。Pt/C 的 ORR 活性随着 Cl^- 离子浓度的增加而持续降低[图 10.24(a)]，这可归因于金属溶解或氯化物在 Pt 位点上的强结合，使其不可接近 O_2。Rh_xS_y/C 样品的趋势与 Pt/C 相似(图 10.24b)。然而，与 Pt/C 相比，Rh_xS_y/c 在氯离子暴露后，有较小的 ORR 活性降低。例如，当向电解质中加入 100mmol/L Cl^- 时，Pt/C 样品的 $E_{1/2}$ 降低了 490mV(从 0.81V 到 0.32V)，但 Rh_xS_y/c 样品仅降低了 140mV(从 0.68V 到 0.54V)。图 10.24(c)所示 CN_x 样品的结果与这里测试的其他两个样品非常不同。这些催化剂表现出明显更高的抗 Cl^- 离子中毒能力(图 10.24(c))。很明显，Cl^- 离子暴露后没有观察到活性降低。实际上，在加入 100mmol/L Cl^- 后，观察到 $E_{1/2}$ 有约 30mV 的增加。这是一个重要的观察结果，支持了我们的论断，即金属不是这些 CN_x 材料中 ORR 活性位点的一部分。此外，CN_x 材料的这种非凡的抗 Cl^- 离子中毒性表明它们适合作为 Cl_2 电解过程的氧去极化阴极催化剂。除了抗 Cl^- 离子中毒，催化剂还需要长时间承受腐蚀性 HCl 环境。因此，我们评价了 CN_x 在 0.5mol/L HCl 电解质中的稳定性。结果如图 10.25 所示。即使在 2000 次循环后，也没有观察到在 $-0.1mA/cm^2$ 电位或 $E_{1/2}$ 电位时的显著下降，这表明 CN_x 材料具有优异的稳定性[131]。

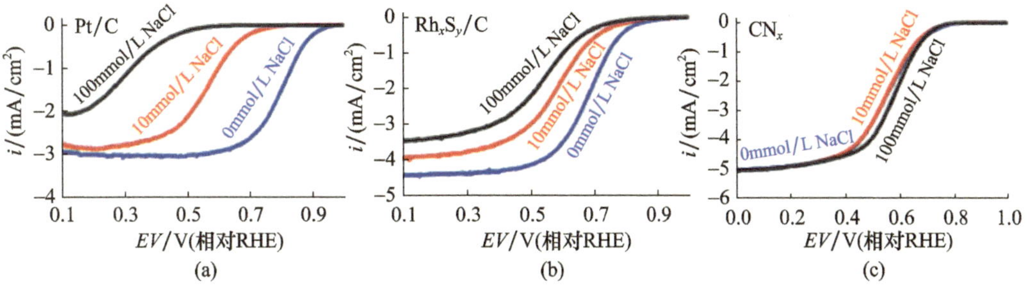

图 10.24 (a)ORR Pt/C、(b)Rh_xS_y/c 和(c)CN_x 样品的 RDE 极化曲线，电解液中存在和不存在氯离子(O_2 饱和，0.5mol/L H_2SO_4，1600r/min 和 10mV/s)[经施普林格·自然许可转载，施普林格·自然：施普林格应用电化学杂志[131]。版权所有(2017 年)]

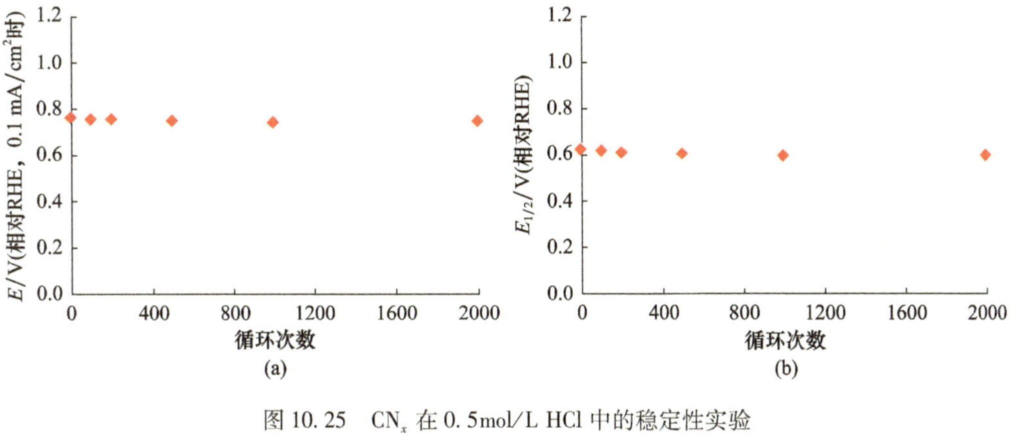

图 10.25 CN_x 在 0.5mol/L HCl 中的稳定性实验

(a) $-0.1mA/cm^2$ 和(b)$E_{1/2}$的电位[经施普林格·自然许可转载，施普林格·自然：施普林格应用电化学杂志[131]。版权所有(2017 年)]

总之，合成的 CN_x 催化剂材料在暴露于氯离子时不会中毒，并且在 HCl 环境中表现出优异的稳定性特性。因此，该材料是氧去极化阴极基 HCl 电解工艺的潜在阴极催化剂，可以以更节能和更安全的方案制氯[131]。

10.6.4 氮掺杂碳催化剂的双功能特性：关于可再生燃料电池

再生燃料电池可以作为燃料电池在一种模式下工作，也可以在相反模式下作为电解槽工作。因此，这种系统不仅涉及氧还原反应（ORR），而且涉及析氧反应（OER）。OER 像 ORR 一样具有动力学缓慢的缺点。此外，用于 ORR 的现有技术的 Pt 基催化剂是差的 OER 催化剂[132]。类似地，钌或铱基材料被认为是析氧反应的金标准，表现出非常低的 ORR 活性[132]。因此，再生燃料电池系统的技术成功在很大程度上依赖于具有 ORR 及 OER 高活性的催化剂材料的开发。因此，低成本的 ORR 和 OER 双功能电催化剂的开发在最近的文献[133-137]中受到了相当大的关注，包括 Jaramillo[132,138]、Dai[61]、Ajayan[49]、Chen[139]和 Muhler[140-141]的报道。尽管最近在该领域进行了这样的研究努力，用于 ORR 和 OER 的双功能催化剂开发仍然是一个主要挑战。上述材料的催化性能仍需要改进。此外，先前的研究是在碱性介质中进行的。此外，文献中关于 ORR 和 OER 的活性位点有矛盾的报道，特别是在碳基材料的情况下[32,42-43,46-48,50,53,108,142-147]。基于这些目的，我们系统地评价了 CN_x 催化剂在酸性电解质中的双功能特性，并与 ORR 和 OER 的最先进的催化剂材料进行了比较。为了确定 ORR 和 OER 活性的性质，使用不同的热解温度，但相同的 C、N 源合成了 CN_x 催化剂。这使我们能够控制各种氮官能团在合成材料中的分布。然后将这些样品的 ORR 和 OER 活性与这些氮物质中的每一种的量相关。本节总结了这项研究[148]的结果。

测定了 CN_x 催化剂的 ORR 活性以及商用 Ir/C 和 Pt/C 样品的 ORR 活性。如图 10.26(a)所示，Ir/C 显示最低的 ORR 活性，而 Pt/C 显示最高的 ORR 活性。结果表明，CN_x 催化剂的 ORR 活性高于 Ir/C，但低于 Pt/C 样品。然而，应当注意，CN_x 催化剂的起始电位和半波电位（$E_{1/2}$）值仅分别比 Pt/C 的低 140mV 和 110mV。这证明了 CN_x 材料的显著 ORR 活性。另外，与 Pt/C 和 CN_x 催化剂相比，Ir/C 样品显示出显著较低的起始电位（0.72）和 $E_{1/2}$（0.47）[148]。

在 Ar 饱和的 0.1mol/L $HClO_4$ 中收集 Ir/C、Pt/C 和 CN_x 样品的阳极线性扫描伏安图（LSV）以测量 OER 活性。在测得的总电流中减去电容分量后，这些样品的 OER 电流如图 10.26(b)所示。在这里研究的 3 个样品中，Pt/C 表现出最低的 OER 活性，其显著更高的过电位要求说明了这一点。另外，发现 CN_x 样品在电流密度为 $10mA/cm^2$ 时的电位（这里视作 OER 活性的量度）[132]，与用于 OER 的现有技术催化剂的电位相似，即 Ir/C（1.62V 和 1.59V）。CN_x 在 1.63V 时的 OER 电流约为 Ir/C 电流的 77%，如图 10.26(b)插图所示。如果我们考虑到这些催化剂成本的巨大差异，从实际观点来看，这是一个非常重要的结果。接下来针对 ORR 和 OER 评估所考虑的 3 个样品的双功能电催化活性。使用这些样品中的每一个对于两个反应的总过电位要求进行该分析。为此，将 ORR 电流密度为 $-3mA/cm^2$（η_{ORR}）时的过电位添加到 OER 电流密度为 $10mA/cm^2$（η_{OER}）时的过电位[132,140-141]。图 10.26(c)显示了该分析的结果。Ir/C 和 Pt/C 的总过电位要求相似（1.14V 和 1.11V）。考虑到前面提出的结果，这是相当令人期待的。注意到 Ir/C 具有较差的 ORR 活性但具有良好的 OER 活性,而 Pt/C 表现出优异的 ORR 活性但非常低的 OER 活性。因此,这些催化剂中的每一种仅对两个反应中的一个反应表现良好。这与 CN_x 催化剂材料形成鲜明对比,催化剂材料表现出更好的双功能特性,这从其显著较低的总过电位要求可以明显看出(图 10.26(c))[148]。

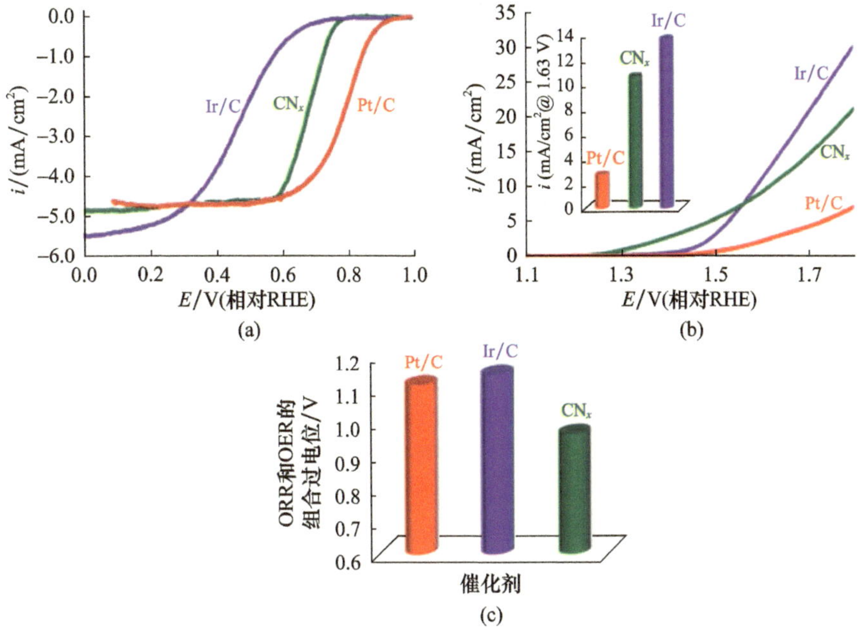

图 10.26 (a)ORR 和(b)OER 的 CNx、Ir/C 和 Pt/C 样品的极化曲线。插图表示 1.63 V 与 RHE 时所有样品的 OER 电流(ORR O_2 饱和,OER Ar 饱和,0.1mol/L $HClO_4$,1600r/min,10mV/s,800$\mu g_{催化剂}/cm^2_{几何图形}$)[经爱思唯尔许可转载自文献[148],版权所有(2017 年)]

如前所述,尚不清楚这些材料中 ORR 和 OER 活性位点的性质。为此,合成了表面氮物质相对分布不同的 CN_x 催化剂,如后续部分所述。应当注意,所有样品的总氮含量和 C∶N 比是相同的。考虑到相同的 C、N 源用于合成所有样品的事实,这可预期。使用不同热解温度合成的 CN_x 样品的 ORR 和 OER 活性由图 10.27 所示的阴极极化曲线测量。从图 10.27(a)和(b)可以明显看出,ORR 活性随着热解温度从 750℃ 增加到 900℃ 而增加。各种 CN_x 样品的 OER 伏安图如图 10.27(c)所示。OER 电流密度为 $10mA/cm^2$ 时的电位值(被认为是 OER 活性的量度)在 750℃ 时最低,在 900℃ 时最高。各种 CN_x 样品的 ORR 和 OER 活性接下来与使用 XPS 鉴定的各种氮物质的量相关。虽然所有 CN_x 样品的总氮含量相同,但各种氮形态的相对分布及其位密度在不同样品之间存在差异[148]。

当 0.7V 时的动力学电流密度(i_K)(ORR 活性的测量标准)被绘制成由 XPS 测定的各种氮相对分布的函数时,发现 ORR 活性与季铵 – N 的相对分布不相关。另外,i_K 与吡啶 – N 物质的量非常相关(图 10.28(a))。OER 活性也观察到类似的趋势,发现 $10mA/cm^2$ 时的电位和 1.63V 时的比 OER 电流与吡啶 – N 的量相关(图 10.28(b)),但与季铵 – N 官能团的量无关。此外,如上所述,根据双功能分析确定的 ORR 和 OER 的组合过电位随着吡啶 – N 含量的增加而降低,如图 10.28(c)所示[148]。

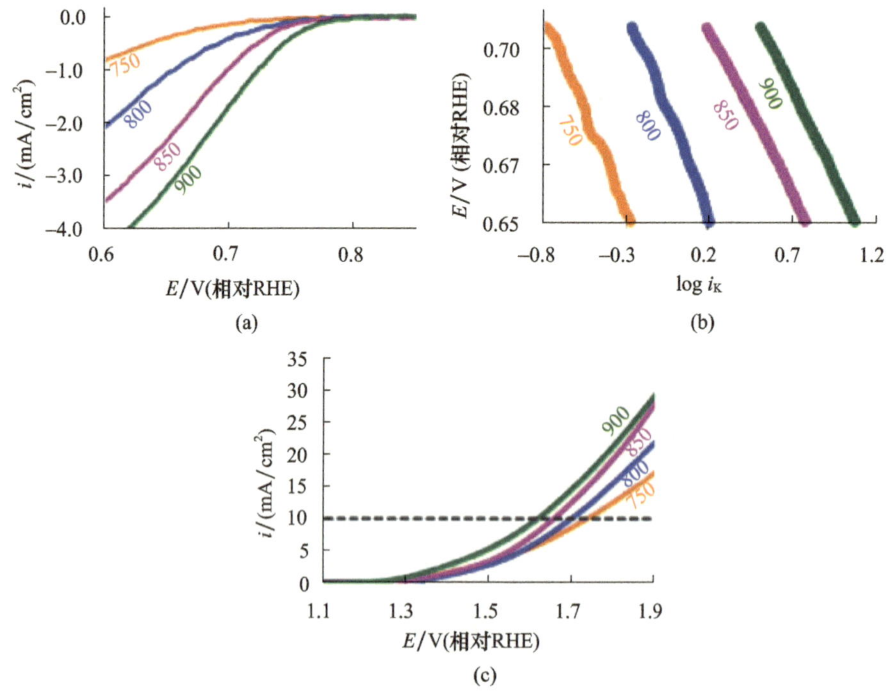

图 10.27 (a)阴极极化曲线的高电位区域和(b)在不同温度下热解的 ORR 样品的质量传送校正 Tafel 图；(c)表示这些样品的 OER 线性扫描伏安图（ORRO$_2$ 饱和，OER Ar 饱和，00.1mol/L HClO$_4$，1600r/min，10mV/s 和 800μ g$_{催化剂}$/cm$^2_{几何图形}$）［经爱思唯尔许可转载自文献［148］，版权所有（2017 年）］

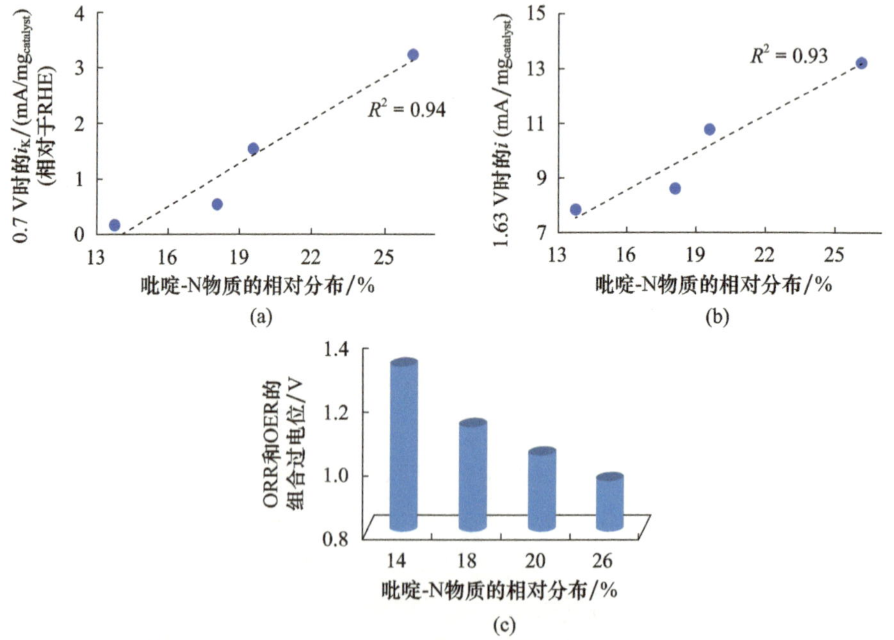

图 10.28 吡啶－N 官能团的相对分布与 CN$_x$ 催化剂的 ORR(a)和 OER(b)活性以及 ORR 和 OER 的组合过电位的相关性(c)［经爱思唯尔许可转载自文献［148］，版权所有（2017 年）］

因此，提供的结果证明，在酸性介质中催化 CN_x 材料上的吡啶-N对催化ORR和OER是重要的。然而，吡啶-N本身是活性位点还是仅仅赋予相邻C原子Lewis碱性从而使它们具有ORR和OER活性需要进一步研究。应当注意，这里不考虑用于讨论的吡啶-N^+O^-，因为其很可能由于吡啶-N物质的氧化而形成[148]。

10.7 小结

这些研究表明，氮掺杂的碳纳米结构（CN_x）在酸性介质中对ORR具有相当大的活性。使用电化学测试以及表征技术如透射电子显微镜（TEM）、X射线光电子能谱（XPS）、程序升温氧化（TPO）、X射线吸收光谱（XAS）、激光拉曼光谱（LRS）、红外光谱、穆斯堡尔谱和超导量子干涉器件（SQUID）测磁法来深入了解这些材料。

为了解决关于FeNC和 CN_x 催化剂中ORR活性位点性质的争论，将 CN_x 材料与碳上负载的氮配位铁催化剂（FeNC）进行了比较。发现酸洗降低了FeNC材料的ORR活性。利用^{57}FeMössbauer光谱和位置密度计算，将这种活性损失归因于平面 FeN_4（Fe^{2+}，LS）位置的损失。另外，酸洗通过去除可能阻塞活性位点的不导电氧化物载体和非活性金属粒子，提高了 CN_x 材料的ORR活性。

我们还用几种毒物如CO、氰离子和 H_2S 作为探针来研究这两种材料中ORR活性位点的性质。发现即使暴露于这些毒物之后，CN_x 催化剂的活性也没有任何降低，而FeNC催化剂在相同条件下的催化活性显著降低。因此，我们确定，FeNC和 CN_x 实际上是具有非常不同的ORR活性位点的根本不同材料。

为了确定 CN_x 催化剂中可能的ORR活性位点，我们鉴定了一种确实可用作 CN_x 催化剂毒物的探针分子。我们首次证明了磷酸盐阴离子吸附在 CN_x 催化剂表面后，CN_x 催化剂的电催化活性显著降低。发现ORR活性的损失与吡啶-N活性位点密度的损失相关，从而支持两种可能的活性位点模型，即吡啶-N位点和吡啶-N旁边的C原子。前者将通过质子化而失活，后者由于稳定吡啶-NH位点的磷酸根离子的位点阻断作用而失活。

除了适用于PEM燃料电池，还发现 CN_x 材料有希望用于直接甲醇燃料电池（DMFC），因为其对甲醇氧化没有活性，并且即使在甲醇存在下也不会失去ORR活性。此外，发现 CN_x 催化剂与商用Vulcan碳载体不同，抗碳腐蚀，这表明其可能用作铂的载体。

我们还证明了，与现有技术的Pt/C（用于ORR）和Ir/C（用于OER）不同，氮掺杂的碳纳米结构（CN_x）是用于ORR和析氧反应（OER）的有效的双功能电催化剂。ORR活性、OER活性以及双功能特性随着 CN_x 中吡啶-N相对含量的增加而增加。此外，CN_x 材料是有前途的催化剂，可以通过氧去极化阴极（ODC）——盐酸电解工艺制造氯。研究结果表明，与现有技术的Pt/C或 Rh_xS_y/C不同，CN_x 催化剂在暴露于 Cl^- 离子时不会失去活性。

参考文献

[1] 1. Jasinski, R., Cobalt phthalocyanine as a fuel cell cathode. *J. Electrochem. Soc.*, 112, 526, 1965.

[2] Scherson, D., Tanaka, A. A., Gupta, S. L., Tryk, D., Fierro, C., Holze, Z., Yeager, E. B., Transition metal macrocycles supported on high area carbon: Pyrolysis - mass spectrometry studies. *Electrochim. Acta*, 31,

1247,1986.

[3] Scherson,D. A. ,Fierro,C. A. ,Tryk,D. ,Gupta,S. L. ,Yeager,E. B. ,In – situ Mossbauer spectroscopy and electrochemcial studies of the thermal stability of iron phthalocyanine dispersed in high surface area carbon. *J. Electroanal. Chem.* ,184,419,1985.

[4] Scherson,D. A. ,Gupta,S. L. ,Fierro,C. ,Yeager,E. B. ,Kordesch,M. E. ,Eldridge,J. ,Hoffman,R. W. ,Blue,J. ,Cobalt tetramethoxyphenyl porphyrin – emission Mossbauer spectroscopy and O_2 reduction electrochemical studies. *Electrochim. Acta*,28,1205,1983.

[5] Bae,I. T. and Scherson,D. ,In situ x – ray absorption of a carbon monoxide – iron porphyrin adduct adsorbed on high – area carbon in an aqueous electrolyte. *J. Phys. Chem. B*,102,2519,1998.

[6] Pylypenko,S. ,Mukherjee,S. ,Olson,T. S. ,Atanassov,P. ,Non – platinum oxygen reduction electrocatalysts based on pyrolyzed transition metal macrocycles. *Electrochim. Acta*,53,7875,2008.

[7] Gupta,S. ,Tryk,D. ,Bae,I. ,Aldred,W. ,Yeager,E. ,Heat – treated polyacrylonitrile – based catalysts for oxygen electroreduction. *J. Appl. Electrochem.* ,19,19,1989.

[8] Bashyam,R. and Zelenay,P. ,A class of non – precious metal composite catalysts for fuel cells. *Nature*,443,63,2006.

[9] Li,Q. ,Wu,G. ,Cullen,D. A. ,More,K. L. ,Mack,N. H. ,Chung,H. T. ,Zelenay,P. ,Phosphate – tolerant oxygen reduction catalysts. *ACS Catal.* ,4,3193,2014.

[10] Ferrandon,M. ,Kropf,A. J. ,Myers,D. J. ,Artyushkova,K. ,Kramm,U. ,Bogdanoff,P. ,Wu,G. ,Johnston,C. M. ,Zelenay,P. ,Multitechnique characterization of a polyaniline – iron – carbon oxygen reduction catalyst. *J. Phys. Chem. C*,116,16001,2012.

[11] Wu,G. ,More,K. L. ,Johnston,C. M. ,Zelenay,P. ,High – performance electrocatalysts for oxygen reduction derived from polyaniline,iron,and cobalt. *Science*,332,443,2011.

[12] Wu,G. ,Chen,Z. ,Artyushkova,K. ,Garzon,F. H. ,Zelenay,P. ,Polyaniline – derived non – precious catalyst for the polymer electrolyte fuel cell cathode. *ECS Trans.* ,16,159,2008.

[13] Wu,G. ,Artyushkova,K. ,Ferrandon,M. ,Kropf,J. ,Myers,D. ,Zelenay,P. ,Performance durability of polyaniline – derived non – precious cathode catalysts. *ECS Trans.* ,25,1299,2009.

[14] Kramm,U. I. ,Lefevre,M. ,Larouche,N. ,Schmeisser,D. ,Dodelet,J. P. ,Correlations between mass activity and physicochemical properties of Fe/N/C catalysts for the ORR in PEM fuel cell via Fe – 57 Mossbauer spectroscopy and other techniques. *J. Am. Chem. Soc.* ,136,978,2014.

[15] Kramm,U. I. ,Herranz,J. ,Larouche,N. ,Arruda,T. M. ,Lefevre,M. ,Jaouen,F. ,Bogdanoff,P. ,Fiechter,S. ,Abs – Wurmbach,I. ,Mukerjee,S. ,Dodelet,J. P. ,Structure of the catalytic sites in Fe/N/C – catalysts for O – 2 – reduction in PEM fuel cells. *Phys. Chem. Chem. Phys.* ,14,11673,2012.

[16] Proietti,E. ,Jaouen,F. ,Lefevre,M. ,Larouche,N. ,Tian,J. ,Herranz,J. ,Dodelet,J. P. ,Iron – based cathode catalyst with enhanced power density in polymer electrolyte membrane fuel cells. *Nat. Commun.* ,2,416,2011.

[17] Jaouen,F. ,Proietti,E. ,Lefevre,M. ,Chenitz,R. ,Dodelet,J. P. ,Chung,H. T. ,Johnston,C. M. ,Zelenay,P. ,Recent advances in non – precious metal catalysis for oxygen – reduction reaction in polymer electrolyte fuel cells. *Energy Environ. Sci.* ,4,114,2011.

[18] Herranz,J. ,Jaouen,F. ,Lefevre,M. ,Ulrike,K. I. ,Proietti,E. ,Dodelet,J. P. ,Bogdanoff,P. ,Fiechter,S. ,Abs – Wurmbach,I. ,Bertrand,P. ,Arruda,T. M. ,Mukerjee,S. ,Unveiling N – protonation and anion – binding effects on Fe/N/C catalysts for O_2 reduction in proton – exchange – membrane fuel cells. *J. Phys. Chem. C*,115,16087,2011.

[19] Jaouen,F. ,Herranz,J. ,Lefevre,M. ,Dodelet,J. – P. ,Kramm,U. I. ,Herrmann,I. ,Bogdanoff,P. ,Maruy-

ama, J. , Nagaoka, T. , Garsuch, A. , Dahn, J. R. , Olson, T. S. , Pylypenko, S. , Atanassov, P. , Ustinov, E. A. , Cross – laboratory experimental study of non – noble – metal electrocatalysts for the oxygen reduction reaction. *ACS Appl. Mater. Interfaces*, 1, 1623, 2009.

[20] Proietti, E. and Dodelet, J. P. , Ballmilling of carbon supports to enhance the performance of Fe – based electrocatalysts for oxygen reduction in PEM fuel cells. *ECS Trans.* , 16, 393, 2008.

[21] Lefevre, M. and Dodelet, J. – P. , Fe – based electrocatalysts made with microporous pristine carbon black supports for the reduction of oxygen in PEM fuel cells. *Electrochim. Acta*, 53, 8269, 2008.

[22] Wang, H. , Cote, R. , Faubert, G. , Guay, D. , Dodelet, J. P. , Effect of the pre – treatment of carbon black supports on the activity of Fe – based electrocatalysts for the reduction of oxygen. *J. Phys. Chem. B*, 103, 2042, 1999.

[23] Faubert, G. , Cote, R. , Guay, D. , Dodelet, J. P. , Denes, G. , Bertrand, P. , Iron catalysts prepared by high – temperature pyrolysis of tetraphenylporphyrins adsorbed on carbon black for oxygen reduction in polymer electrolyte fuel cells. *Electrochim. Acta*, 43, 341, 1998.

[24] Lefevre, M. , Proietti, E. , Jaouen, F. , Dodelet, J. P. , Iron – based catalysts for oxygen reduction in PEM fuel cells: Expanded study using the pore filling method. *ECS Trans.* , 25, 105, 2009.

[25] Lefevre, M. , Dodelet, J. P. , Bertrand, P. , O_2 reduction in PEM fuel cells: Activity and active site structural information for catalysts obtained by the pyrolysis at high temperatures of Fe precursors. *J. Phys. Chem. B*, 104, 11238, 2000.

[26] Jaouen, F. , Charreteur, F. , Dodelet, J. P. , Fe – based catalysts for oxygen reduction in PEMFCs: Importance of the disordered phase of the carbon support. *J. Electrochem. Soc.* , 153, A689, 2006.

[27] Charreteur, F. , Ruggeri, S. , Jaouen, F. , Dodelet, J. P. , Increasing the activity of Fe/N/C catalysts in PEM fuel cell cathodes using carbon blacks with a high – disordered carbon content. *Electrochim. Acta*, 53, 6881, 2008.

[28] Jaouen, F. and Dodelet, J. – P. , Average turn – over frequency of O_2 electro – reduction for Fe/N/C and Co/N/C catalysts in PEFCs. *Electrochim. Acta*, 52, 5975, 2007.

[29] Lefevre, M. , Proietti, E. , Jaouen, F. , Dodelet, J. P. , Iron – based catalysts with improved oxygen reduction activity in polymer electrolyte fuel cells. *Science*, 324, 71, 2009.

[30] Maldonado, S. and Stevenson, K. J. , Influence of nitrogen doping on oxygen reduction electrocatalysis at carbon nanofiber electrodes. *J. Phys. Chem. B*, 109, 4707, 2005.

[31] Maldonado, S. , Morin, S. , Stevenson, K. J. , Structure, composition, and chemical reactivity of carbon nanotubes by selective nitrogen doping. *Carbon*, 44, 1429, 2006.

[32] Matter, P. H. , Zhang, L. , Ozkan, U. S. , The role of nanostructure in nitrogen – containing carbon catalysts for the oxygen reduction reaction. *J. Catal.* , 239, 83, 2006.

[33] Matter, P. H. , Wang, E. , Arias, M. , Biddinger, E. J. , Ozkan, U. S. , Oxygen reduction reaction catalysts prepared from acetonitrile pyrolysis over alumina supported metal particles. *J. Phys. Chem. B*, 110, 18374, 2006.

[34] Matter, P. H. and Ozkan, U. S. , Non – metal catalysts for dioxygen reduction in an acidic electrolyte. *Catal. Lett.* , 109, 115, 2006.

[35] Matter, P. H. , Wang, E. , Ozkan, U. S. , Preparation of nanostructured nitrogen – containing carbon catalysts for the oxygen reduction reaction from SiO_2 and MgO supported metal particles. *J. Catal.* , 243, 395, 2006.

[36] Matter, P. H. , Biddinger, E. J. , Ozkan, U. S. , Non – precious metal oxygen reduction catalysts for PEM fuel cells, in: *Catalysis*, J. J. Spivey (Ed.), p. 338, The Royal Society of Chemistry, Cambridge, UK, 2007.

[37] Matter, P. H., Wang, E., Arias, M., Biddinger, E. J., Ozkan, U. S., Oxygen reduction reaction activity and surface properties of nanostructured nitrogen – containing carbon. *J. Mol. Catal.*, 264, 73, 2007.

[38] Matter, P. H., Wang, E., Millet, J. – M. M., Ozkan, U. S., Characterization of the iron phase in CN_x – based oxygen reduction reaction catalysts. *J. Phys. Chem. C*, 111, 1444, 2007.

[39] Mamtani, K. and Ozkan, U. S., Heteroatom – doped carbon nanostructures as oxygen reduction reaction catalysts in acidic media: An overview. *Catal. Lett.*, 145, 436, 2015.

[40] Biddinger, E. J. and Ozkan, U. S., Methanol tolerance of CN_x oxygen reduction catalysts. *Top. Catal.*, 46, 339, 2007.

[41] von Deak, D., Biddinger, E. J., Ozkan, U. S., Carbon corrosion characteristics of CN_x nanostructures in acidic media and implications for ORR performance. *J. Appl. Electrochem.*, 41, 757, 2011.

[42] Nallathambi, V, Lee, J. – W, Kumaraguru, S. P., Wu, G., Popov, B. N., Development of high performance carbon composite catalyst for oxygen reduction reaction in PEM proton exchange membrane fuel cells. *J. Power Sources*, 183, 34, 2008.

[43] Subramanian, N. P., Li, X., Nallathambi, V., Kumaraguru, S. P., Colon – Mercado, H., Wu, G., Lee, J. – W, Popov, B. N., Nitrogen – modified carbon – based catalysts for oxygen reduction reaction in polymer electrolyte membrane fuel cells. *J. Power Sources*, 188, 38, 2009.

[44] Li, X., Popov, B. N., Kawahara, T., Yanagi, H., Non – precious metal catalysts synthesized from precursors of carbon, nitrogen, and transition metal for oxygen reduction in alkaline fuel cells. *J. Power Sources*, 196, 1717, 2011.

[45] Liu, G., Li, X., Lee, J. – W., Popov, B. N., A review of the development of nitrogen – modified carbon – based catalysts for oxygen reduction at USC. *Catal. Sci. Technol.*, 1, 207, 2011.

[46] Li, X., Liu, G., Popov, B. N., Activity and stability of non – precious metal catalysts for oxygen reduction in acid and alkaline electrolytes. *J. Power Sources*, 195, 6373, 2010.

[47] Liu, G., Li, X., Ganesan, P., Popov, B. N., Studies of oxygen reduction reaction active sites and stability of nitrogen – modified carbon composite catalysts for PEM fuel cells. *Electrochim. Acta*, 55, 2853, 2010.

[48] Wu, J., Ma, L., Yadav, R. M., Yang, Y., Zhang, X., Vajtai, R., Lou, J., Ajayan, P. M., Nitrogen – doped graphene with pyridinic dominance as a highly active and stable electrocatalyst for oxygen reduction. *ACS Appl. Mater. Interfaces*, 7, 14763, 2015.

[49] Yadav, R. M., Wu, J., Kochandra, R., Ma, L., Tiwary, C. S., Ge, L., Ye, G., Vajtai, R., Lou, J., Ajayan, P. M., Carbon nitrogen nanotubes as efficient bifunctional electrocatalysts for oxygen reduction and evolution reactions. *ACS Appl. Mater. Interfaces*, 7, 11991, 2015.

[50] Gong, K., Du, F., Xia, Z., Durstock, M., Dai, L., Nitrogen – doped carbon nanotube arrays with high electrocatalytic activity for oxygen reduction. *Science*, 323, 760, 2009.

[51] Qu, L., Yong, L., Baek, J. – B., Dai, L., Nitrogen – doped graphene as efficient metal free electrocatalyst for oxygen reduction in fuel cells. *ACS Nano*, 4, 1321, 2010.

[52] Liu, J., Yu, S., Daio, T., Ismail, M. S., Sasaki, K., Lyth, S. M., Metal – free nitrogen – doped carbon foam electrocatalysts for the oxygen reduction reaction in acid solution. *J. Electrochem. Soc.*, 163, F1049, 2016.

[53] Dorjgotov, A., Ok, J., Jeon, Y., Yoon, S. – H., Shul, Y. G., Activity and active sites of nitrogen – doped carbon nanotubes for oxygen reduction reaction. *J. Appl. Electrochem.*, 43, 387, 2013.

[54] Liao, Y., Gao, Y., Zhu, S., Zheng, J., Chen, Z., Yin, C., Lou, X., Zhang, D., Facile fabrication of N – doped graphene as efficient electrocatalyst for oxygen reduction reaction. *ACS Appl. Mater. Interfaces*, 7, 19619, 2015.

[55] Xiong, C., Wei, Z., Hu, B., Chen, S., Li, L., Guo, L., Ding, W., Liu, X., Ji, W., Wang, X., Nitrogen –

doped carbon nanotubes as catalysts for oxygen reduction reaction. *J. Power Sources*,215,216,2012.

[56] Zhang,J. and Dai,L. ,Heteroatom – doped graphitic carbon catalysts for efficient electrocatalysis of oxygen reduction reaction. *ACS Catal.* ,5,7244,2015.

[57] Higgins,D. C. ,Meza,D. ,Chen,Z. ,Nitrogen – doped carbon nanotubes as platinum catalyst supports for oxygen reduction reaction in proton exchange membrane fuel cells. *J. Phys. Chem. C*,114,21982,2010.

[58] Chen,Y. ,Wang,J. ,Liu,H. ,Banis,M. N. ,Li,R. ,Sun,X. ,Sham,T. – K. ,Ye,S. ,Knights,S. ,Nitrogen doping effects on carbon nanotubes and the origin of the enhanced electrocatalytic activity of supported Pt for proton – exchange membrane fuel cells. *J. Phys. Chem. C*,115,3769,2011.

[59] von Deak,D. ,Biddinger,E. J. ,Luthman,K. A. ,Ozkan,U. S. ,The effect of phosphorus in CN_x catalysts for the oxygen reduction in PEM fuel cells. *Carbon*,48,3637,2010.

[60] Ozkan,U. ,von Deak,D. ,Biddinger E. ,Phosphorus – doped carbon – containing catalyst for proton exchange membranes And method for making same. U. S. Patent 9,136,542,September 2015.

[61] Zhang,J. ,Zhao,Z. ,Xia,Z. ,Dai,L. ,A metal – free bifunctional electrocatalyst for oxygen reduction and oxygen evolution reactions. *Nat. Nanotechnol.* ,10,444,2015.

[62] Choi,C. H. ,Chung,M. W. ,Park,S. H. ,Woo,S. I. ,Additional doping of phosphorus and/or sulfur into nitrogen – doped carbon for efficient oxygen reduction reaction in acidic media. *Phys. Chem. Chem. Phys.* , 15,1802,2013.

[63] Choi,C. H. ,Park,S. H. ,Woo,S. I. ,Binary and ternary doping of nitrogen,boron,and phosphorus into carbon for enhancing electrochemical oxygen reduction activity. *ACS Nano*,6,7084,2012.

[64] Choi,C. H. ,Park,S. H. ,Woo,S. I. ,Phosphorus – nitrogen dual doped carbon as an effective catalyst for oxygen reduction reaction in acidic media:Effects of the amount of P – doping on the physical and electrochemical properties of carbon. *J. Mater. Chem.* ,22,12107,2012.

[65] Byambasuren,U. ,Jeon,Y. ,Altansukh,D. ,Shul,Y. – G. ,Doping effect of boron and phosphorus on nitrogen – based mesoporous carbons as electrocatalysts for oxygen reduction reaction in acid media. *J. Solid State Electrochem.* ,20,645,2015.

[66] Wu,J. ,Yang,Z. ,Sun,Q. ,Li,X. ,Strasser,P. ,Yang,R. ,Synthesis and electrocatalytic activity of phosphorus – doped carbon xerogel for oxygen reduction. *Electrochim. Acta*,127,53,2014.

[67] Li,J. – S. ,Li,S. – L. ,Tang,Y. – J. ,Li,K. ,Zhou,L. ,Kong,N. ,Lan,Y. – Q. ,Bao,J. – C. ,Dai,Z. – H. ,Heteroatoms ternary – doped porous carbons derived from MOFs as metal – free electrocatalysts for oxygen reduction reaction. *Sci. Rep.* ,4,5130,2014.

[68] Yu,D. ,Xue,Y. ,Dai,L. ,Vertically aligned carbon nanotube arrays co – doped with phosphorus and nitrogen as efficient metal – free electrocatalysts for oxygen reduction. *J. Phys. Chem. Lett.* ,3,2863,2012.

[69] Wang,S. ,Zhang,L. ,Xia,Z. ,Roy,A. ,Chang,D. W,Baek,J. B. ,Dai,L. ,BCN graphene as efficient metal – free electrocatalyst for the oxygen reduction reaction. *Angew. Chem. Jnt.* 51,4209,2012.

[70] Wang,S. ,Iyyamperumal,E. ,Roy,A. ,Xue,Y. ,Yu,D. ,Dai,L. ,Vertically aligned BCN nanotubes as efficient metal – free electrocatalysts for the oxygen reduction reaction:A synergetic effect by Co – doping with boron and nitrogen. *Angew. Chem. Int. Ed.* ,50,11756,2011.

[71] Wu,Z. ,Iqbal,Z. ,Wang,X. ,Metal – free,carbon – based catalysts for oxygen reduction reactions. Front. *Chem. Sci. Eng.* ,9,280,2015.

[72] Zhang,J. ,Zhang,S. ,Dai,Q. ,Zhang,Q. ,Dai,L. ,Heteroatom – doped carbon nanotubes as advanced electro catalysts for oxygen reduction reaction,in:*Nanocarbons for Advanced Energy Conversion*,X. Feng (Ed.),Wiley – VCH Verlag GmbH & Co. KGaA,Germany,2015.

[73] Dai,L. ,Xue,Y. ,Qu,L. ,Choi,H. – J. ,Baek,J. – B. ,Metal – free catalysts for oxygen reduction reac-

tion. *Chem. Rev.* ,115,4823,2015.

[74] Yang,Z. ,Yao,Z. ,Li,G. ,Fang,G. ,Nie,H. ,Liu,Z. ,Zhou,X. ,Chen,X. a. ,Huang,S. ,Sulfur – doped graphene as an efficient metal – free cathode catalyst for oxygen reduction. *ACS Nano*,6,205,2012.

[75] Biddinger,E. J. ,Knapke,D. S. ,von Deak,D. ,Ozkan,U. S. ,Effect of sulfur as a growth promoter for CNx nanostructures as PEM and DMFC ORR catalysts. *Appl. Catal.* ,B,96,72,2010.

[76] Yao,Z. ,Nie,H. ,Yang,Z. ,Zhou,X. ,Liu,Z. ,Huang,S. ,Catalyst – free synthesis of iodine – doped graphene via a facile thermal annealing process and its use for electrocatalytic oxygen reduction in an alkaline medium. *Chem. Commun.* (*Camb*),48,1027,2012.

[77] Jeon,I. Y. ,Choi,H. J. ,Choi,M. ,Seo,J. M. ,Jung,S. M. ,Kim,M. J. ,Zhang,S. ,Zhang,L. ,Xia,Z. ,Dai,L. ,Park,N. ,Baek,J. B. ,Facile,scalable synthesis of edge – halogenated graphene nanoplatelets as efficient metal – free eletrocatalysts for oxygen reduction reaction. *Sci. Rep.* ,3,1810,2013.

[78] Xu,Q. – Z. ,Su,Y. – Z. ,Wu,H. ,Cheng,H. ,Guo,Y. – P. ,Li,N. ,Liu,Z. – Q. ,Effect of morphology of Co_3O_4 for oxygen evolution reaction in alkaline water electrolysis. *Curr. Nanosci.* ,11,1,2015.

[79] Singh,D. ,Soykal,I. I. ,Tian,J. ,Von Deak,D. ,King,J. C. ,Miller,J. T. ,Ozkan,U. S. ,In situ characterization of the growth of CNx carbon nanostructures as oxygen reduction reaction catalysts. *J. Catal.* ,304,100,2013.

[80] Singh,D. ,Mamtani,K. ,Bruening,C. R. ,Miller,J. T. ,Ozkan,U. S. ,Use of H_2S to probe the active sites in FeNC catalysts for the oxygen reduction reaction(ORR)in acidic media. *ACS Catal.* ,4,3454,2014.

[81] Singh,D. ,Tian,J. ,Mamtani,K. ,King,J. ,Miller,J. T. ,Ozkan,U. S. ,A comparison of N – containing carbon nanostructures(CNx)and N – coordinated iron – carbon catalysts(FeNC)for the oxygen reduction reaction in acidic media. *J. Catal.* ,317,30,2014.

[82] Zhang,Q. ,Mamtani,K. ,Jain,D. ,Ozkan,U. ,Asthagiri,A. ,CO poisoning effects on FeNC and CNx ORR catalysts:A combined experimental – computational study. *J. Phys. Chem. C*,120,15173,2016.

[83] von Deak,D. ,Singh,D. ,Biddinger,E. J. ,King,J. C. ,Bayram,B. ,Miller,J. T. ,Ozkan,U. S. ,Investigation of sulfur poisoning of CNx oxygen reduction catalysts for PEM fuel cells. *J. Catal.* ,285,145,2012.

[84] von Deak,D. ,Singh,D. ,King,J. C. ,Ozkan,U. S. ,Use of carbon monoxide and cyanide to probe the active sites on nitrogen – doped carbon catalysts for oxygen reduction. *Appl. Catal.* ,*B*,126,113 – 114,2012.

[85] Kappers,M. J. and van der Maas,J. H. ,Correlation between CO frequency and Pt coordination number. A DRIFT study on supported Pt catalysts. *Catal. Lett.* ,10,365,1991.

[86] Rioux,R. M. ,Hoefelmeyer,J. D. ,Grass,M. ,Song,H. ,Niesz,K. ,Yang,P. ,Somorjai,G. A. ,Adsorption and co – adsorption of ethylene and carbon monoxide on silica supported monidisperse Pt nanoparticles: Volumetric adsorption and infrared spectroscopy studies. *Langmuir*,24,198,2008.

[87] Rasko,J. ,CO – induced surface structural changes of Pt on oxide – supported Pt catalysts studied by DRIFTS. *J. Catal.* ,217,478,2003.

[88] Kappers,M. ,Dossi,C. ,Psaro,R. ,Recchia,S. ,Fusi,A. ,DRIFT study of CO chemisorption on organometallics – derived Pd/MgO catalysts:The effect of chlorine. *Catal. Lett.* ,39,183,1996.

[89] Liu,S. – H. ,Wu,J. – R. ,Pan,C. – J. ,Hwang,B. – J. ,Synthesis and characterization of carbon incorporated Fe – N/carbons for methanol – tolerant oxygen reduction reaction of polymer electrolyte fuel cells. J. Power Sources,250,279,2014.

[90] Bron,M. ,Radnik,J. ,Fieber – Erdmann,M. ,Bogdanoff,P. ,Fiechter,S. ,EXAFS,XPS and electrochemical studies on oxygen reduction catalysts obtained by treatment of iron phenanthroline complexes supported on high surface area carbon black. *J. Electroanal. Chem.* ,535,113,2002.

[91] Tsai,C. – W. ,Chen,H. M. ,Liu,R. – S. ,Asakura,K. ,Zhang,L. ,Zhang,J. ,Lo,M. – Y. ,Peng,Y. –

M. ,Carbon incorporated FeN/C electrocatalyst for oxygen reduction enhancement in direct methanol fuel cells:X - ray absorption approach to local structures. *Electrochim. Acta*,56,8734,2011.

[92] Pels,J. R. ,Kapteijn,F. ,Moulijn,J. A. ,Zhu,Q. ,Thomas,K. M. ,Evolution of nitrogen functionalities in carbonaceous materials during pyrolysis. *Carbon*,33,1641,1995.

[93] Jaouen,F. ,Marcotte,S. ,Dodelet,J. - P" Lindbergh,G. ,Oxygen reduction catalysts for polymer electrolyte fuel cells from the pyrolysis of iron acetate adsorbed on various carbon supports. *J. Phys. Chem. B*, 107,1376,2003.

[94] Kapteijn,F. ,Moulijn,J. A. ,Matzner,S. ,Boehm,H. - P. ,The development of nitrogen functionality in model chars during gasification in CO_2 and O_2. *Carbon*,37,1143,1999.

[95] Biddinger,E. J. ,von Deak,D. ,Ozkan,U. S. ,Nitrogen - containing carbon nanostructures as oxygen - reduction catalysts. *Top. Catal.* ,52,1566,2009.

[96] Biddinger,E. J. and Ozkan,U. S. ,Role of graphitic edge - plane exposure in carbon nanostructures for oxygen reduction reaction. *J. Phys. Chem. C*,114,15306,2010.

[97] Mamtani,K. ,Singh,D. ,Tian,J. ,Millet,J. - M. M. ,Miller,J. T. ,Co,A. C. ,Ozkan,U. S. ,Evolution of N - coordinated iron - carbon(FeNC) catalysts and their oxygen reduction(ORR) performance in acidic media at various stages of catalyst synthesis:An attempt at benchmarking. *Catal. Lett.* ,146,1749,2016.

[98] Mamtani,K. ,Jain,D. ,Zemlyanov,D. ,Celik,G. ,Luthman,J. ,Renkes,G. ,Co,A. C. ,Ozkan,U. S. ,Probing the oxygen reduction reaction active sites over nitrogen - doped carbon nanostructures(CNx) in acidic media using phosphate anion. *ACS Catal.* ,6,7249,2016.

[99] Liu,H. ,Sun,X. ,Yin,C. ,Hu,C. ,Removal of phosphate by mesoporous ZrO2. *J. Hazard. Mater.* ,151, 616,2008.

[100] Long,F. ,Gong,J. - L. ,Zeng,G. - M. ,Chen,L. ,Wang,X. - Y. ,Deng,J. - H. ,Niu,Q. - Y. , Zhang,H. - Y. ,Zhang,X. - R. ,Removal of phosphate from aqueous solution by magnetic Fe - Zr binary oxide. *Chem. Eng. J.* ,171,448,2011.

[101] Weber,M. and Nart,F. C. ,On the adsorption of ionic phosphate species on Au(III) - An in situ FTIR study. *Electrochim. Acta*,41,653,1996.

[102] Moraes,I. R. and Nart,F. C. ,Vibrational study of adsorbed phosphate ions on rhodium single crystal electrodes. *J. Electroanal. Chem.* ,563,41,2004.

[103] Paulissen,V. B. and Korzeniewski,C. ,Vibrational analysis of interfacial phosphate equilibria. *J. Electroanal. Chem.* ,290,181,1990.

[104] Ye,S. ,Kita,H. ,Aramata,A. ,Hydrogen and anion adsorption at platinum single crystal electrodes in phosphate solutions over a wide range of pH. *J. Electroanal. Chem.* ,333,299,1992.

[105] Weber,M. ,Nart,F. C. R. ,d. ,M. I. ,Iwasita,T. ,Adsorption of phosphate species on Pt(111) and Pt (100) as studied by in situ FTIR spectroscopy. *J. Phys. Chem.* ,100,19933,1996.

[106] Imran Jafri,R. ,Rajalakshmi,N. ,Ramaprabhu,S. ,Nitrogen doped graphene nanoplatelets as catalyst support for oxygen reduction reaction in proton exchange membrane fuel cell. *J. Mater. Chem.* ,20,7114, 2010.

[107] Chen,Z. ,Higgins,D. ,Tao,H. ,Hsu,R. S. ,Chen,Z. ,Highly active nitrogen - doped carbon nanotubes for oxygen reduction reaction in fuel cell applications. *J. Phys. Chem. C*,113,21008,2009.

[108] Rao,C. V. ,Cabrera,C. R. ,Ishikawa,Y. ,In search of the active site in nitrogen - doped carbon nanotube electrodes for the oxygen reduction reaction. *J. Phys. Chem. Lett.* ,1,2622,2010.

[109] Kudin,K. N. ,Ozbas,B. ,Schniepp,H. C. ,Prud'homme,R. K. ,Aksay,I. A. ,Car,R. ,Raman spectra of graphite oxide and functionalized graphene sheets. *Nano Lett.* ,1,36,2008.

[110] Jastrzębski, W., Sitarz, M., Rokita, M., Bulat, K., Infrared spectroscopy of different phosphates structures. *Spectrochim. Acta, Part A*, 79, 722, 2011.

[111] Niaura, G., Gaigalas, A. K., Vilker, V. L., Surface - enhanced Raman spectroscopy of phosphate anions: Adsorption on silver, gold, and copper electrodes. *J. Phys. Chem. B*, 101, 9250, 1997.

[112] Puziy, A. M., Poddubnaya, O. I., Socha, R. P., Gurgul, J., Wisniewski, M., XPS and NMR studies of phosphoric acid activated carbons. *Carbon*, 46, 2113, 2008.

[113] Majjane, A., Chahine, A., Et - tabirou, M., Echchahed, B., Do, T. - O., Breen, P. M., X - ray photoelectron spectroscopy (XPS) and FTIR studies of vanadium barium phosphate glasses. *Mater. Chem. Phys.*, 143, 779, 2014.

[114] Viornery, C., Chevolot, Y., Leonard, D., Aronsson, B. - O., Pechy, P., Mathieu, H. J., Descouts, P., Gratzel, M., Surface modification of titanium with phosphonic acid to improve bone bonding: Characterization by XPS and ToF - SIMS. *Langmuir*, 18, 2582, 2002.

[115] Kannan, A. G., Choudhury, N. R., Dutta, N. K., Synthesis and characterization of methacrylate phospho - silicate hybrid for thin film applications. *Polymer*, 48, 7078, 2007.

[116] Boukhvalov, D. W., Korotin, D. M., Efremov, A. I., Kurmaev, E. Z., Borchers, C., Zhidkov, I. S., Gunderov, D. V., Valiev, R. Z., Gavrilov, N. V., Cholakh, S. O., Modification of titanium and titanium dioxide surfaces by ion implantation: Combined XPS and DFT study. *Physica Status Solidi B*, 252, 748, 2015.

[117] Zhao, D., Chen, C., Wang, Y., Ji, H., Ma, W., Zang, L., Zhao, J., Surface modification of TiO_2 by phosphate: Effect on photocatalytic activity and mechanism implication. *J. Phys. Chem. C*, 112, 5993, 2008.

[118] Kim, S. Y., Lee, J., Na, C. W., Park, J., Seo, K., Kim, B., N - doped double - walled carbon nanotubes synthesized by chemical vapor deposition. *Chem. Phys. Lett.*, 413, 300, 2005.

[119] Gulla, A. F., Gancs, L., Allen, R. J., Mukerjee, S., Carbon - supported low - loading rhodium sulfide electrocatalysts for oxygen depolarized cathode applications. *Appl. Catal.*, *A*, 326, 227, 2007.

[120] Ziegelbauer, J. M., Gulla, A. F., O'Laoire, C., Urgeghe, C., Allen, R. J., Mukerjee, S., Chalcogenide electrocatalysts for oxygen - depolarized aqueous hydrochloric acid electrolysis. *Electrochim. Acta*, 52, 6282, 2007.

[121] Chlistunoff, J., Advanced chlor - alkali technology, in: *Final Technical Report*, Los Alamos National Laboratory, Los Alamos, NM, USA, 2005.

[122] Schmidt, T. J., Paulus, U. A., Gasteiger, H. A., Behm, R. J., The oxygen reduction reaction on a Pt/carbon fuel cell catalyst in the presence of chloride anions. *J. Electroanal. Chem.*, 508, 41, 2001.

[123] Arruda, T. M., Shyam, B., Ziegelbauer, J. M., Mukerjee, S., Ramaker, D. E., Investigation into the competitive and site - specific nature of anion adsorption on Pt using in situ X - ray absorption spectroscopy. *J. Phys. Chem. C*, 112, 18087, 2008.

[124] Ziegelbauer, J. M., Gatewood, D., Gulla, A. F., Guinel, M. J. F., Ernst, F., Ramaker, D. E., Mukerjee, S., Fundamental investigation of oxygen reduction reaction on rhodium sulfide - based chalcogenides. *J. Phys. Chem. C*, 113, 6955, 2009.

[125] Ziegelbauer, J. M., Murthi, V. S., O'Laoire, C., Gulla, A. F., Mukerjee, S., Electrochemical kinetics and X - ray absorption spectroscopy investigations of select chalcogenide electrocatalysts for oxygen reduction reaction applications. *Electrochim. Acta*, 53, 5587, 2008.

[126] Jin, C., Xia, W., Nagaiah, T. C., Guo, J., Chen, X., Li, N., Bron, M., Schuhmann, W., Muhler, M., Rh - Rh S_x nanoparticles grafted on functionalized carbon nanotubes as catalyst for the oxygen reduction reaction. *J. Mater. Chem.*, 20, 736, 2010.

[127] Jin, C., Nagaiah, T. C., Xia, W., Bron, M., Schuhmann, W., Muhler, M., Polythiophene - assisted vapor

phase synthesis of carbon nanotube - supported rhodium sulfide as oxygen reduction catalyst for HCl electrolysis. *ChemSusChem*,4,927,2011.

[128] Jin,C. ,Xia,W,Guo,J. ,Nagaiah,T. C. ,Bron,M. ,Schuhmann,W,Muhler,M. ,Carbon nanotube - supported sulfided Rh catalysts for the oxygen reduction reaction,in:10*th International Symposium "Scientific Bases for the Preparation of Heterogeneous Catalysts"* Gaigneaux,E. M. ,Devillers,M. ,Hermans,S. ,Jacobs,P,Martens,J. ,Ruiz,P(Eds.),2010.

[129] Jin,C. ,Xia,W,Nagaiah,T. C. ,Guo,J. ,Chen,X. ,Bron,M. ,Schuhmann,W,Muhler,M. ,On the role of the thermal treatment of sulfided Rh/CNT catalysts applied in the oxygen reduction reaction. *Electrochim. Acta*,54,7186,2009.

[130] Tylus,U. ,Jia,Q. ,Hafiz,H. ,Allen,R. J. ,Barbiellini,B. ,Bansil,A. ,Mukerjee,S. ,Engendering anion immunity in oxygen consuming cathodes based on Fe - Nx electrocatalysts:Spectroscopic and electrochemical advanced characterizations. *Appl. Catal.* ,*B*,198,318,2016.

[131] Mamtani,K. ,Jain,D. ,Co,A. C. ,Ozkan,U. S. ,Investigation of chloride poisoning resistance for nitrogen - doped carbon nanostructures as oxygen depolarized cathode catalysts in acidic media. *Catal. Lett.* ,147,2903,2017.

[132] Gorlin,Y. and Jaramillo,T. F. ,A bifunctional nonprecious metal catalyst for oxygen reduction and water oxidation. *J. Am. Chem. Soc.* ,132,13612,2010.

[133] Zhao,Y. ,Nakamura,R. ,Kamiya,K. ,Nakanishi,S. ,Hashimoto,K. ,Nitrogen - doped carbon nanomaterials as non - metal electrocatalysts for water oxidation. *Nat. Commun.* ,4,2390,2013.

[134] Lin,Z. ,Waller,G. H. ,Liu,Y. ,Liu,M. ,Wong,C. - P,Simple preparation of nanoporous few - layer nitrogen - doped graphene for use as an efficient electrocatalyst for oxygen reduction and oxygen evolution reactions. *Carbon*,53,130,2013.

[135] Chen,S. ,Duan,J. ,Jaroniec,M. ,Qiao,S. Z. ,Nitrogen and oxygen dual - doped carbon hydrogel film as a substrate - free electrode for highly efficient oxygen evolution reaction. *Adv. Mater.* ,26,2925,2014.

[136] Tian,G. L. ,Zhao,M. Q. ,Yu,D. ,Kong,X. Y. ,Huang,J. Q. ,Zhang,Q. ,Wei,F. ,Nitrogen - doped graphene/carbon nanotube hybrids:In situ formation on bifunctional catalysts and their superior electrocatalytic activity for oxygen evolution/reduction reaction. *Small*,10,2251,2014.

[137] Tian,G. - L. ,Zhang,Q. ,Zhang,B. ,Jin,Y. - G. ,Huang,J. - Q. ,Su,D. S. ,Wei,F. ,Toward full exposure of"active sites":Nanocarbon electrocatalyst with surface enriched nitrogen for superior oxygen reduction and evolution reactivity. *Adv. Funct. Mater.* ,24,5956,2014.

[138] Pickrahn,K. L. ,Park,S. W. ,Gorlin,Y. ,Lee,H. - B. - R. ,Jaramillo,T. F. ,Bent,S. F. ,Active MnOx electrocatalysts prepared by atomic layer deposition for oxygen evolution and oxygen reduction reactions. *Adv. Energy Mater.* ,2,1269,2012.

[139] Chen,Z. ,Yu,A. ,Higgins,D. ,Li,H. ,Wang,H. ,Chen,Z. ,Highly active and durable core - corona structured bifunctional catalyst for rechargeable metal - air battery application. *Nano Lett.* ,12,1946,2012.

[140] Aijaz,A. ,Masa,J. ,Rosler,C. ,Xia,W. ,Weide,P. ,Botz,A. J. ,Fischer,R. A. ,Schuhmann,W. ,Muhler,M. ,Co@ Co_3O_4 encapsulated in carbon nanotube - grafted nitrogen - doped carbon polyhedra as an advanced bifunctional oxygen electrode. *Angew. Chem. Int. Ed. Engl.* ,55,4087,2016.

[141] Masa,J. ,Xia,W. ,Sinev,I. ,Zhao,A. ,Sun,Z. ,Grutzke,S. ,Weide,P. ,Muhler,M. ,Schuhmann,W. ,Mn(x)O(y)/NC and Co(x)O(y)/NC nanoparticles embedded in a nitrogen - doped carbon matrix for high - performance bifunctional oxygen electrodes. *Angew. Chem. Int. Ed. Engl.* ,53,8508,2014.

[142] Kundu,S. ,Nagaiah,T. C. ,Xia,W. ,Wang,Y. ,Van Dommele,S. ,Bitter,J. H. ,Santa,M. ,Grundmeier,

G. , Bron, M. , Schuhmann, W. , Muhler, M. , Electrocatalytic activity and stability of nitrogen - containing carbon nanotubes in the oxygen reduction reaction. *J. Phys. Chem. C*, 113, 14302, 2009.

[143] Guo, D. , Shibuya, R. , Akiba, C. , Saji, S. , Kondo, T. , Nakamura, J. , Active sites of nitrogen - doped carbon materials for oxygen reduction reaction clarified using model catalysts. *Science*, 351, 361, 2016.

[144] Nagaiah, T. , Kundu, S. , Bron, M. , Muhler, M. , Schuhmann, W. , Nitrogen - doped carbon nanotubes as a cathode catalyst for the oxygen reduction reaction in alkaline medium. *Electrochem. Commun.* , 12, 338, 2010.

[145] Sharifi, T. , Hu, G. , Jia, X. E. , Wagberg, T. , Formation of active sites for oxygen reduction reactions by transformation of nitrogen functionalities in nitrogen - doped carbon nanotubes. *ACS Nano*, 6, 8904, 2012.

[146] Xia, W. , Masa, J. , Bron, M. , Schuhmann, W. , Muhler, M. , Highly active metal - free nitrogen - containing carbon catalysts for oxygen reduction synthesized by thermal treatment of polypyridine - carbon black mixtures. *Electrochem. Commun.* , 13, 593, 2011.

[147] Qiu, Y. , Yu, J. , Shi, T. , Zhou, X. , Bai, X. , Huang, J. Y. , Nitrogen - doped ultrathin carbon nanofibers derived from electrospinning: Large - scale production, unique structure, and application as electrocatalysts for oxygen reduction. *J. Power Sources*, 196, 9862, 2011.

[148] Mamtani, K. , Jain, D. , Dogu, D. , Gustin, V, Gunduz, S. , Co, A. C. , Ozkan, U. S. , Insights into oxygen reduction reaction (ORR) and oxygen evolution reaction (OER) active sites for nitrogen - doped carbon nanostructures (CN x) in acidic media. *Appl. Catal.* , *B*, 220, 88, 2018.

第 11 章 石墨烯基材料用于光催化析氢的最新进展

Min Li, Lu Bai, Xudong Wen, Jingqi Guan
吉林大学化学学院

摘　要　通过人工光合作用将水分解为氢气和氧气是解决能源和环境问题的一个有前途的策略。多相催化剂具有易分离、可回收等优点，在光催化 H_2 生产中得到了广泛的应用。石墨烯被认为是合成用于水分解为清洁氢能的石墨烯基光催化剂的最有前途的高性能候选材料之一。由于结合了均相光催化剂和多相光催化剂的优点，石墨烯基光催化剂可以显著增加 H_2 的产量。在本章中，我们将回顾通过将各种金属或金属氧化物固定到石墨烯载体上制备石墨烯基材料的各种方法的研究进展，以及其在光催化分解水中的应用。讨论了结构、电荷转移和界面相互作用对产氢速率的影响。合理的结构可以提高光催化过程中光生电子的转移能力，而界面相互作用和电荷转移可以有效提高光催化活性。最后，阐述了石墨烯基光催化剂在制氢中的进一步发展所面临的挑战，为设计和制备高效的石墨烯基光催化剂提供了必要的信息。

关键词　石墨烯，光催化，H_2 生产，电荷转移

11.1 概述

目前的能源主要是化石燃料（煤、石油和天然气），化石燃料的燃烧造成了严重的环境污染，迫切需要可再生和环境友好的替代能源[1-2]。太阳能是地球上最大的清洁可再生能源，有潜力满足全球能源需求。太阳能水分解产生的氢可作为燃料储存[3]。H_2 具有较高的能量密度，其燃烧后的产物是水，被认为是重要的清洁能源之一[4]。在过去的几十年中，人们研究了大量的光催化剂，从水和阳光中获得氢气和氧气，以缓解化石能源消耗带来的环境危机和日益严重的能源危机。

利用半导体光催化剂进行 H_2 光催化生产是太阳能应用于燃料转化的潜在策略[5-6]。自 1972 年 Fujishima 和 Honda 首次报道使用二氧化钛的 H_2 光催化生产以来，已经开发了各种半导体材料用于太阳能燃料的重复性[7]。但到目前为止，在光催化领域还没有令人满意的半导体器件投入实际应用。虽然二氧化钛因其无毒和良好的溶液稳定性被认为是光催化制氢最稳定的半导体之一[8]，但 TiO_2（E_g = 3.2eV）的宽带隙只能吸收太阳光中的

紫外部分[9]。另外，由于光催化过程中 TiO_2 上光生电子－空穴对的快速复合，量子效率相当低，严重阻碍了二氧化钛的实际应用。因此，抑制电荷载流子的复合是提高半导体光催化剂催化活性的重要措施[10]。因此，对于窄带的催化材料来说，有效利用阳光促进光催化将水分解成氢气是至关重要的[11-12]。一直以来，研究人员试图通过各种方法提高半导体光催化剂的光催化性能。

近年来，石墨烯因其强大的吸附能力、独特的物理化学性质、优异的电子传输性能以及与材料的协同效应，被认为是一种明星材料。因此常被认为是制造各种功能复合材料的重要组成部分。最早使用“石墨烯”一词的是由 Mouras 提出的[13]。2004 年，曼彻斯特大学的科学家 Geim 和 Novoselov 利用微机械剥离法成功制备了石墨烯[14]。石墨烯是一种新型二维蜂窝碳材料，具有规则的六方晶格排列[15]，其中碳原子 sp^2 杂化[16]。此外，石墨烯具有优异的导电性和力学性能[17]，在储能、复合材料、环境管理等方面有着广泛的应用[18-20]。此外，石墨烯具有较大的理论表面积（$S_{BET}=2630m^2/g$）[21,22]，在光催化领域具有潜在的应用。石墨烯稳定的晶格结构使其具有良好的导热性。实验结果表明，石墨烯的热导率可达 5000W/(m·K)，禁带宽度几乎为零[23]，远高于室温下测得的金属铜的热导率（400W/(m·K)），甚至高于金刚石和碳纳米管的热导率[24-26]。因此，许多研究者将石墨烯与一些半导体材料相结合，合成了一系列石墨烯基复合光催化剂[27-29]。

例如，将金属纳米粒子（Au、Cu）[30-31]、半导体材料如金属氧化物（TiO_2）[32]和金属硫化物（CdS、ZnS、CuS、Sn_2S_3）[33-35]固定在石墨烯载体上。该复合材料在水的光催化分解中表现出独特的性能。值得注意的是，使用石墨烯作为光敏剂拓宽了光响应范围[36-37]。高效制氢可归因于光催化材料独特的电子结构。以石墨烯为例，碳原子很容易被质子接近，质子通过接受光生电子而被还原为氢分子。石墨烯基光催化材料可以通过杂化组分之间的相互作用来调节电荷分离行为。因此，合适的异质结构的构建使得能够有效分离光诱导电荷载流子，这增强了光电响应和光催化活性。对于多种复合材料，增强的光催化 H_2 生产活性归因于石墨烯与杂化助催化剂之间的正协同效应，能有效抑制电荷复合，改善界面电荷转移，提供更多的活性吸附位点和光催化反应中心[38-39]。本章综述了各种石墨烯基光催化剂的光催化 H_2 研究进展。总结了可能的光反应机理。

11.2 石墨烯基光催化材料的应用

11.2.1 石墨烯衍生物

石墨烯，又称为“单层石墨烯”，是指紧密排列在二维晶格中的单层碳原子。石墨烯具有优异的力学性能[40]和热导率[41]。此外，石墨烯还能吸收 2.3% 的可见光，因为其具有突出的光学性质。也就是说，传播率高达 97.7%[42-43]。石墨烯中垂直于晶面的大 π 键赋予其优异的电学性能（电子迁移率为 $2\times10^5cm^2/(V\cdot s)$）[45]，约为硅中的 140 倍。

氧化石墨烯（GO）还具有优异的电学、热学、光学和力学性能。近年来，实验研究表明，石墨氧化的衍生物氧化石墨根据氧化程度表现出不同的光催化活性。吸收光谱表明，随着氧含量的增加，GO 的带隙增加[46]。结合莫特－肖特基方程分析，Teng 等发现适当调整 GO 的导带和价带有利于水的还原和氧化。同时，他们还发现，由于 GO 的亲水性高，与水接触面积大,反应活性高[47],适当氧化可以稳定地分解水以产生 H_2。根据改进的 Hummers 方法合成氧化石墨,在低温氧化过程中,通过控制氧化时间为 4h、12h 和 24h,分别得到不同程度的氧化石墨烯[48]。能带图(图 11.1)显示,随着氧化程度的增加,价带位置向下移动,但导带电位几乎保持不变。禁带宽度会导致光吸收降低,不利于水的光解。从光解水制氢的实验结果可以看出。在 GO1 上的产氢速率比 GO2 高 3.1 倍,比 GO3 高得多。之后,他们试图通过在氧化石墨表面引入氮来调整其电子结构。实验结果表明,经过氨处理后,氧化石墨的能带隙从 2.5eV 降低到 2.2eV[49]。这不仅提高了太阳光的利用效率,而且增强了光反应性。

11.2.2 石墨烯 - 金属光催化材料

一般来说,石墨烯 - 金属光催化材料是一种将金属纳米粒子负载在石墨烯上的光催化材料。得到的复合材料不仅具有比金属本身更好的催化性能,而且降低了贵金属的消耗。因此,这类复合材料具有潜在的经济价值。在本节中,我们总结了 Au、Pt 和 Cu 纳米粒子负载在石墨烯片上用于水的光催化分解。

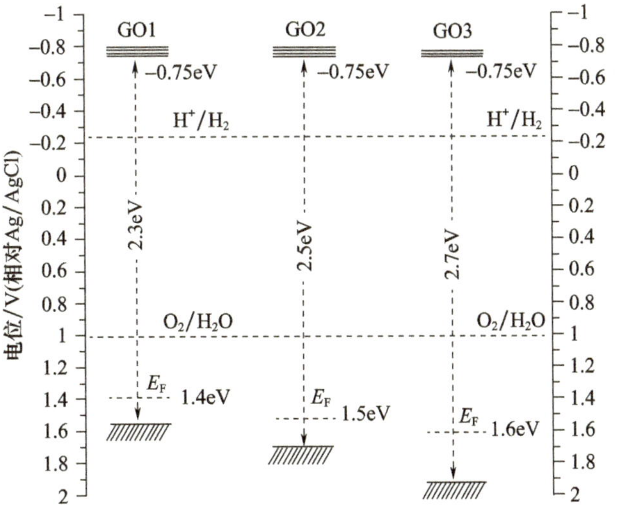

图 11.1 不同氧化水平的 GO 样品的能级示意图(经许可转载自文献[48],美国化学学会 2011 年版权所有)

Mateo 等通过将(111)面取向的 Au 纳米粒子负载到石墨烯上制备了高活性的光催化剂,用于整体光催化水分解[50]。他们发现,在不牺牲性电子供体的情况下,获得了 1.2mol/(g·h)的氢产率。这种优异的光催化活性可归因于金的择优取向行为。此外,由于金等离子体激发带的激发,提高了多层石墨烯上金纳米片在紫外线照射模拟太阳光下的光催化活性,产品收率大于 0.1mol/(g·h)。由此可以推断,Au - G 的光催化活性也得益于 Au - G 之间的强相互作用。Xu 的研究小组采用离子液体辅助的方法将双金属 AuPt 合金纳米枝晶负载到氧化石墨表面,对析氢反应表现出优异的活性[51]。Majima 研究小组合成了具有二维结构的 Au - 纳米棱镜/还原氧化石墨烯/Pt - 纳米架,表现出比双金属等离子体光催化剂 Pt - Au 更高的光催化制氢活性[30],可能的机制如图 11.2 所示。在可见光照射下,Au、Cu 等金属粒子的表面等离子体共振(SPR)效应可以改善半导体的吸收,加快半导体光生电子 -

空穴对的生成速率，使半导体催化活性的光捕获增加，氢产率相应增加[52-56]。

Cu纳米粒子具有光催化活性强、导电性优异、成本低等优点[57-59]。Cu纳米粒子的化学稳定性是光催化H_2发展中的一个主要挑战。因此，需要设计有效的工艺来获得高度稳定的铜纳米粒子。Zeng等在真空条件下，通过简易的原位光还原工艺，成功将Cu纳米粒子负载在还原氧化石墨烯纳米片上[60-61]。在可见光照射下，以乳酸溶液为牺牲剂，研究了Cu纳米粒子和Cu/rGO复合材料的光催化析氢性能。实验结果表明，Cu/rGO比纯Cu纳米粒子具有更高的产氢速率，最高H_2沉淀率为59mmol/(g·h)[31]。GO纳米片具有非常高的电导率，它可以在没有势垒的情况下接受和转移光生电子。因此，可以有效地抑制光致电荷的复合，并且受体电子可以快速地转移到反应位点以在其二维平面中进行H_2演进。事实上，不仅由于表面等离子体共振(SPR)效应，而且实际上由于氧化石墨载体的协同效应，所获得的材料(Cu/rGO)显示出良好的光催化析氢。

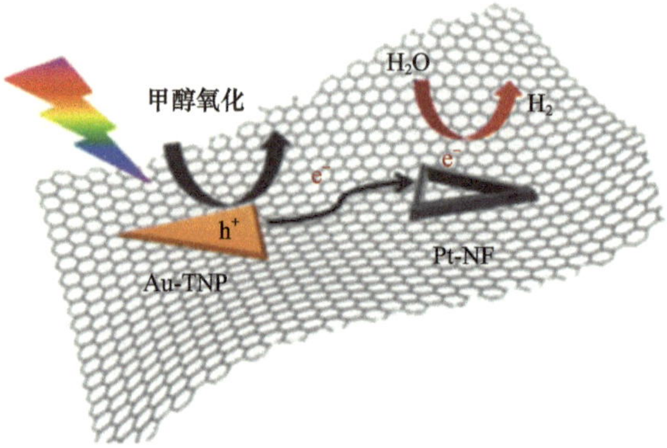

图11.2 Au-TNP/rGO/Pt-NF光催化产氢机理示意图
AUTNP上留下的空穴与甲醇反应，电子从Au-TNP转移到rGO，导致氢的产生。
（经许可转载自参考文献[30]，美国化学学会2017年版权所有）

11.2.3 石墨烯-金属氧化物材料

石墨烯与金属氧化物光催化材料的复合是提高光催化产氢的常用方法。石墨烯具有较大的比表面积。将金属氧化物纳米粒子负载在石墨烯上，可以有效提高氢气的产率。其中，常见的半导体都是用TiO_2负载在石墨烯上。

TiO_2是一种相对常见的n型半导体。自然界中的TiO_2主要晶相为锐钛矿相、金红石相和板钛矿相，其中锐钛矿相已广泛应用于光催化领域。但由于其只能吸收紫外线，不能充分利用光能，对TiO_2进行了进一步的研究。TiO_2具有较强的抗氧化性、较高的光催化活性、较高的稳定性、较低的毒性[62]。但TiO_2价带(VB)和导带(CB)之间的带隙(E_g=3.0~3.2eV)很高，存在光生电子和空穴的快速复合，因此只能吸收不到5%的UV-Vis光，限制了其实际应用。为了有效分离TiO_2的光生电子-空穴对，Li等以草酸钾钛(PTO)、二甘醇、氧化石墨烯(GO)为原料，环氧乙烷(rGO@TiO_2. DEG)作为还原剂，成功制备了锐钛矿TiO_2纳米管和接枝还原石墨，表现出非常高的光降解效率[63]。Choi等探索了TiO_2基石墨烯复合光催化剂在制氢中的应用[64]。实验结果表明，氧化石墨烯上的纳米二氧化钛是一种光催化氢助催化剂。在紫外线照射下，GO/TiO_2杂化物的活性强于纯TiO_2。此外，

Lu 的团队通过一步水热法构建了光催化剂 GQD - 偶联 TiO_2(TiO_2/GQD)[65]。值得注意的是,TiO_2/GQD 的光催化活性是裸 TiO_2 纳米粒子的 7 倍。

11.2.4 石墨烯 - 金属硫化物材料

具有窄带隙的硫化物光催化剂是一类非常有前途的半导体光催化材料[66]。CdS 由于其带隙宽度为 2.4 eV[67-69],可以有效地利用可见光。然而,这些材料往往聚集形成较大的粒子,导致光生电子 - 空穴对的复合率较高,吸收系数较低,限制了这类材料在光催化领域的应用。为提高这些材料在光催化领域的应用,将其与石墨烯结合成为研究热点。

石墨烯的二维平面 π 共轭结构使其成为良好的半导体材料,可以快速转移光催化过程中产生的光生电子。电荷的快速分离可以有效抑制石墨烯基硫化镉纳米复合材料中电子 - 空穴对的复合。因此,石墨烯基 CdS 复合材料可以显著提高其光催化性能。龚氏团队采用溶剂热法,以氧化石墨烯(GO)为载体,醋酸镉($Cd(Ac)_2$)为 CdS 前驱体,制备了 CdS 簇修饰的石墨烯纳米片[66]。所制备的纳米复合材料的 H_2 产率比纯 CdS 纳米粒子高大约 4.87 倍。为了进一步加速光电电荷分离以获得更好的氢气产率,Ao 等认为在光催化体系中引入助催化剂是一种有效且简单的策略[34]。他们合成了 CoP - CdS/g - C_3N_4 复合材料作为光催化剂,表现出良好的光催化活性和稳定性。其 H_2 产率约为纯 CdS 纳米粒子的 14 倍。

由于活性边缘位点的存在,纳米尺寸 MoS_2 被认为是用于水活化制氢的低成本助催化剂[70]。Qu 等通过生物分子辅助一锅法合成 CdS/MoS_2/石墨烯空球光催化剂进行析氢反应[71]。惊奇地发现,负载在 CdS 纳米棒上的 Cu_2MoS_4 纳米片可以有效地控制和利用电荷载流子,这对于光催化析氢过程具有重要性[72]。Zou 的团队构建了一个高效的混合系统,用于从水中进行可见光驱动的 H_2 生产。使用$[ZnTMPyP]^{4+}$作为光敏剂,MoS_2/rGO 作为催化剂,TEOA 作为牺牲电子供体[73]。$[ZnTMPyP]^{4+}$ - MoS_2/RGO - TEOA 中电荷载流子转移的示意图如图 11.3 所示。优异的光催化性能可归因于石墨烯作为电子转移桥改善了载流子转移。Jia 等报道了一种简单且高产率的室温固相法制备氧化石墨烯——金属硫化物复合材料。所得复合材料比纯金属硫化物具有更好的光催化活性[74]。

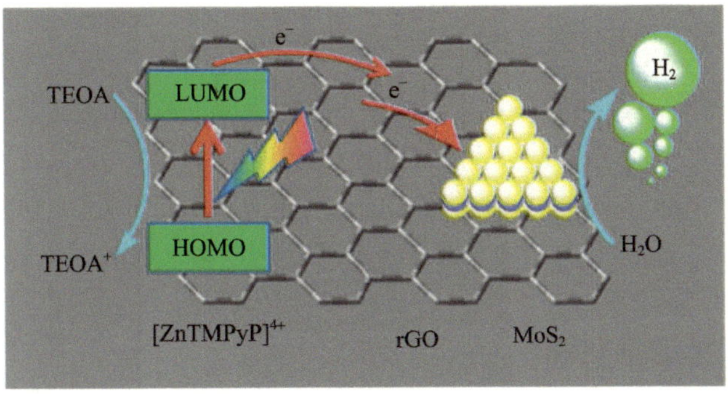

图 11.3 $[ZnTMPyP]^{4+}$ - MoS_2/rGO - TEOA 体系在可见光照射下的载流子转移示意图
(经许可转载自文献[35],2017 年美国化学学会版权所有)

为了合成高效的石墨烯基光催化剂,已经开发了各种制备方法。例如,Yang 报道了通过简单的一锅水热法将 CdS - Sn_2S_3 均匀分散到还原的氧化石墨烯(rGO)共晶团簇异质结构上[75]。这种异质结构的结构使材料具有优异的析氢性能，在可见光下分解水。Chang 等参照生长在纳米 MoS_2/石墨烯杂化物表面的 CdS 纳米晶体制备了复合材料，该复合材料具有在可见光照射下 H_2 演进的高性能无贵金属光催化剂[76]。MoS_2/G – CdS 复合材料中电荷转移和分离的示意图如图 11.4 所示。通过调整各组分的最佳配比，当 MoS_2 与石墨烯的摩尔比为 1∶2 时，光催化活性最高。在一些光催化体系中，基于石墨烯的材料通常用作助催化剂。例如，Yuan 等报道了 MoS_2 – 石墨烯复合材料作为高效助催化剂增强 $ZnIn_2S_4$ 的光催化活性，在可见光照射下 H_2 的最高转化率为 4.169mmol/(h·g)[73]。

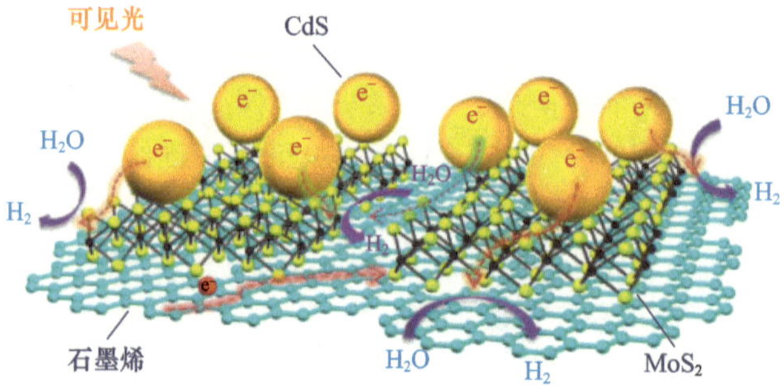

(a)

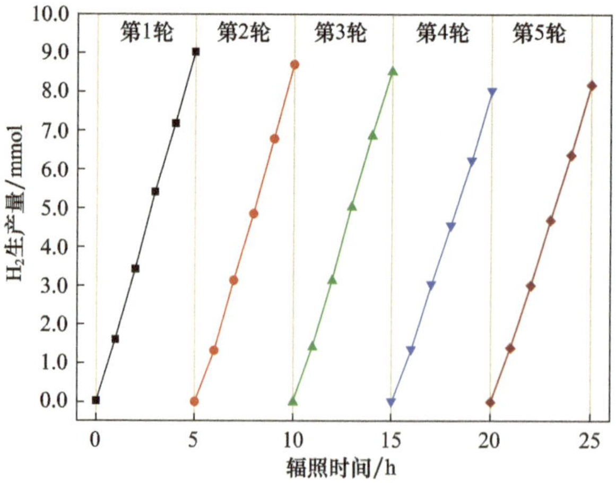

(b)

图 11.4 (a)可见光照射下MoS_2/G – CdS 复合材料中电荷转移的示意图。石墨烯为光生电子转移提供了模板。(b)具有 2.0%（质量分数）助催化剂和 MoS_2 与石墨烯的摩尔比为 1∶2，在 573K 下退火 2h 的 MoS_2/G – CdS 复合材料的光催化性能的循环试验。光源：300W 氙灯，$\lambda > 420$ nm。反应液：300mL 乳酸水溶液（20%）。催化剂 0.2 g

11.2.5 其他石墨烯基材料

二元复合石墨烯基光催化制氢材料一直受到广大研究人员的青睐。石墨烯与金属或半导体相互作用，调节光催化剂电荷分离过程。大量实验表明，石墨烯基多组分复合材料可以有效地转移电荷载流子并增强光电流。通过对比二元材料 TiO_2/MoS_2[77] 和 TiO_2/石墨烯[78] 的光催化 H_2 产量，发现三元 TiO_2/MoS_2/石墨烯复合材料的 H_2 产率比二元光催化剂高出数倍。

Gurunathan 及其同事通过简单的热处理合成了纳米复合材料。这种 PTh – rGO –

TiO_2 纳米复合材料的产氢速率高达214.08mmol/h,主要是由于这种纳米结构降低了空穴的复合速率,使活性激子的数量最大化[79]。为了提高石墨烯复合体系的催化制氢活性,通常在复合体系中引入一些贵金属元素作为助催化剂。贵金属优异的导电性能可大大提高复合体系中光生电子的传导速度,促进光生电子-空穴分离。此外,当金属沉积在氧化石墨表面时,可以形成Schottky势垒,提高了光解的效率[80-82]。然而,稀有昂贵的贵金属限制了其实际应用。因此,开发基于丰富资源和绿色理念的高效光催化剂是未来的发展方向。

11.3 石墨烯在光催化材料中的作用

半导体的光催化性能取决于其电子价带(VB)和高能导带(CB)。更具体地说,当入射光子的能量等于或大于半导体带隙的能量时,半导体中的电子将被光化学激发到其高能导带,在电子价带中留下正空穴。基于实现整体水分解的热力学要求,半导体的高能导带和电子价带水平必须分别大于或小于还原和氧化电位[83]。石墨烯被描述为零带隙半导体,其中π态构成价带,π*态构成导带,在狄拉克点处相互接触[84]。而正交π和π*态不相互作用,所以它们的交叉是允许的。功能化石墨烯的非金属半导体光催化剂具有多种含氧官能团(如羟基、环氧基和羧基),是一种潜在的候选者[85]。sp^3 杂化碳原子的形成破坏了石墨烯中的离域π—共轭。事实表明,GO是绝缘体,但还原的氧化石墨烯(rGO)是电导体。rGO通常表现出p型半导体行为,这是由于具有几个纳米的芳香 sp^2 畴,并且被 sp^3 杂化的碳原子包围。其LUMO位置比 H^+/H_2 的还原电位更低[86]。

石墨烯基光催化剂的潜在用途被广泛探索[87]。首先,石墨烯作为吸附和催化的场所;其次,石墨烯作为理想的电子受体接受和转移电子;再次,石墨烯作为光敏剂,延长光的吸收;最后,石墨烯代替通常的贵金属助催化剂作为助催化剂。图11.5所示为石墨烯基光催化剂提高光催化性能的机理[88]。

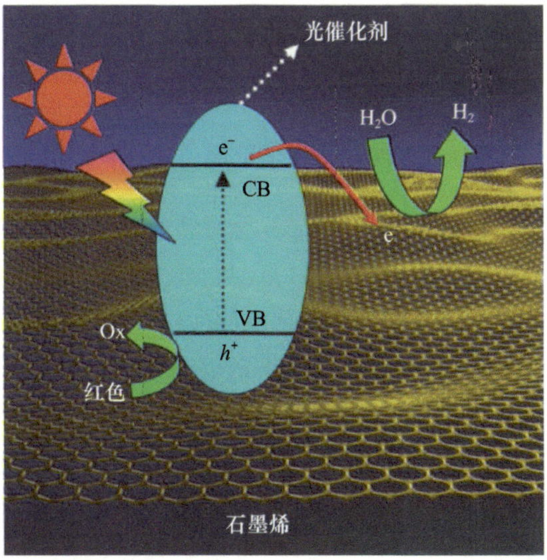

图11.5 石墨烯基光催化剂提高光催化性能的机理(经许可转载自文献[88]。美国化学学会2013年版权所有)

11.3.1 石墨烯作为支撑基体

石墨烯具有较大的表面积，良好的热稳定性和化学稳定性，其表面有许多缺陷位点和含氧基团。因此，其提供了纳米粒子成核和负载的位置，以及当与纳米粒子结合时保持其结构和性质恒定[89]。Mukherji 等报道了氮掺杂 $Sr_2Ta_2O_7$ 与石墨烯片偶联作为光催化剂用于太阳能照射下的光催化制氢。以 Pt 为助催化剂时，在 280 ~ 550nm 光照射下，光催化剂的析氢速率为 293μmol/h，高于不加石墨烯的 $Sr_2Ta_2O_7-xN-Pt$ 催化剂的析氢速率(194μmol/h)。此外，石墨烯可以作为电子转移高速公路发挥重要作用，促进电荷载流子收集到 Pt 助催化剂上。如图 11.6 所示，电子从 CB 转移到石墨烯片上，并在石墨烯片上移动。负载在石墨烯表面的 Pt 纳米簇作为析氢的活性位点[90]。Xiang 等使用还原的氧化石墨烯(rGO)作为二维载体来负载 TiO_2 和 Ag 纳米粒子。在紫外线照射下，从 TiO_2 激发的电子转移到氧化石墨烯上。一些电子在 rGO 中消耗，而一些电子存储在 rGO 网络中。存储的电子从 rGO 转移到 Ag^+ 离子，rGO 穿梭电子穿过 π - π 网络从 TiO_2 到达 Ag^+。通过逐步电子转移过程，rGO 证明了其作为催化剂载体并根据需要将电子转移到吸附物种的能力[91]。

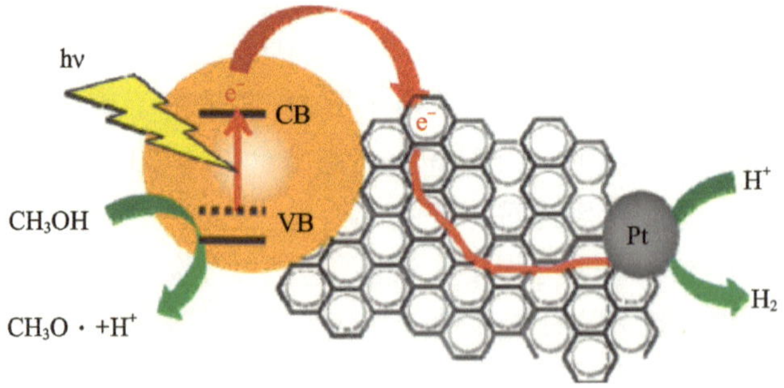

图 11.6 pPt - 石墨烯 - $Sr_2Ta_2O_7-xNx$ 光催化剂上载流子分离$Sr_2Ta_2O_7$示意图
(经许可转载自文献[90]。版权:2011 年美国化学学会)

11.3.2 石墨烯作为接受和转移电子的理想电子阱

在紫外线和可见光照射下，TiO_2/石墨烯复合材料的 UV 光催化活性显著提高。Wang 等采用瞬态光电压(TPV)技术证明了光诱导电子将从 TiO_2 转移到 rGO 中，而空穴在 TiO_2 被激发后留在 TiO_2 中。通过这种电子转移过程，可以有效地分离在 TiO_2 激发中产生的电子 - 空穴对。另一个特点是电子 - 空穴对的平均寿命从 10^{-7} s 延长到 10^{-5} s。这表明 - rGO - TiO_2 将大大延迟 TiO_2 激发的中的复合电子 - 空穴对[92]。此外，石墨烯的这种效应由石墨烯含量、界面相互作用以及石墨烯与 TiO_2 之间的接触面积复合而成。Zhang 等利用溶胶 - 凝胶法合成了一系列不同 GS 含量的 TiO_2 和石墨烯片复合材料(TiO_2/GS)。GS 含量为 5% 的样品具有最高的光催化活性，而过高的 GS 含量会通过在复合材料中引入电子 - 空穴复合中心而降低光催化活性[93]。光催化活性的提高是由于 GS 的电子电导率和 TiO_2 与 GS 之间的化学键所致。

石墨烯与 TiO_2 的界面相互作用也能显著影响石墨烯的电子受体和转运蛋白作用[94]。Huang 等发现，TiO_2 纳米晶体通过形成 C－Ti 键与石墨烯纳米片进行化学键连接[95]。光催化活性增强的机理主要归因于 TiO_2 与石墨烯之间的化学键界面接触。载流子的转移在光催化过程中起着关键的作用。Fan 等用不同的方法制备了各种 P25/rGO 光催化剂。水热法合成的稳定的 P25/rGO 性能最好。P25 与 rGO 形成紧密接触，加速了光生电子从 P25 向 rGO 的转移[96]。石墨烯的电子受体/转运体作用受石墨烯与 TiO_2 光催化剂的接触面积的影响。

总体而言，当纳米粒子负载在石墨烯片上时，只有小部分纳米粒子表面与石墨烯片直接接触。小的接触界面不能强烈地实现其相互作用，并延迟了用于光催化反应的高效电子转移。Kim 等开发了一种新型的还原纳米氧化石墨烯(图 11.7)。与 TiO_2 纳米粒子自组装形成核/壳结构时，表现出良好的光催化和光电化学活性。该结构是三维紧密接触，并最大限度地提高了两种复合材料之间的相互作用，这有利于电荷分离和氢气的产生[97]。Zhang 采用共沉淀法和随后的水热处理制备了 rGO/NiS/$Zn_{0.5}Cd_{0.5}S$ 复合光催化剂。光催化剂的 3 个组分彼此连接良好。这种连接使得 rGO 成为有效的电子受体和转运体，以捕获来自 $Zn_{0.5}Cd_{0.5}S$ 的 CB 的光致电子，并增加了 H_2 演进的活性中心。NiS 能极大地抑制电荷复合，为光催化反应提供了大量的活性位点[98]。

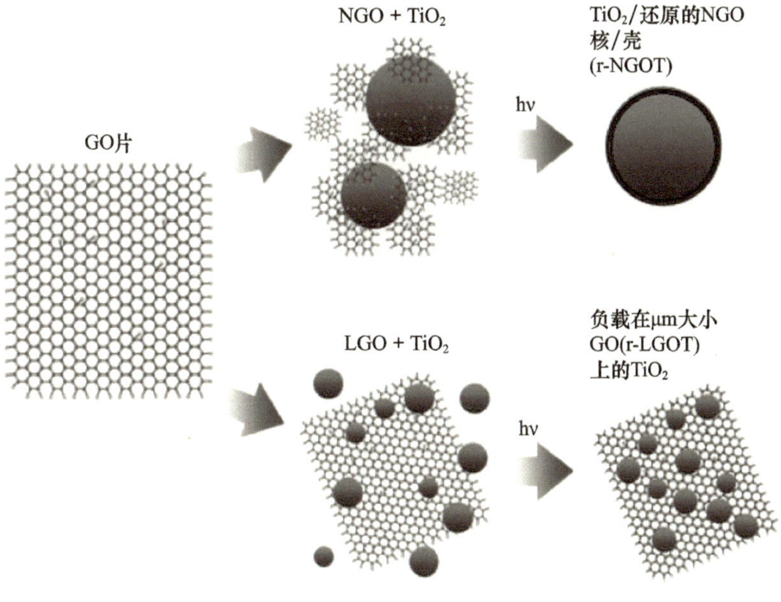

图 11.7　r－NGOT 和 r－LGOT 制备程序示意图
(经许可转载自文献[97]，美国化学学会 2012 年版权所有)

11.3.3　石墨烯作为光敏剂

许多研究人员通过降低光催化剂的带隙和/或使用石墨烯作为光敏剂来扩展光响应范围，从而设计了石墨烯基光催化剂。众所周知，具有立方形式的 ZnS 是宽带隙(约 3.6eV)半导体，这意味着 ZnS 仅在紫外线下是活性的，而不响应于可见光[37,99]。在可见光照射下，石墨烯的光生电子可以转移到 ZnS 的导带，尽管 ZnS 本身没有被激发。因此，宽带隙

ZnS 通过石墨烯的光敏过程表现出对选择性好氧化过程的可见光光催化活性。Wang 等制备了含有 0.1% 石墨烯的 ZnS - 石墨烯复合材料，表现出较高的光催化制 H_2 活性。一般来说，ZnS 的 VB 电子不能被激发到 CB，样品在可见光照射下具有很低的光催化活性。他们提出了光催化反应的机理，即石墨烯作为有机染料类大分子"光敏剂"。在可见光照射下，石墨烯的最高占据分子轨道（HOMO）上的电子首先被激发到石墨烯的最低未占分子轨道（LUMO）。石墨烯中的光生电子注入到 ZnS 的 CB 中，导致空穴 - 电子分离。然后，电子转移到半导体表面，与吸附的 H^+ 离子反应，形成 H_2[100-102]。类似的光催化剂可以通过使用石墨烯作为光敏剂进一步扩展。Zeng 等使用简便的水热法制备了 rGO/TiO_2 纳米复合材料。得到的 rGO/具有优异的光催化性能[103]。其机理是在可见光照射下，rGO 光敏剂的激发光生电子通过 d - π 相互作用注入 TiO_2 的 CB 中，然后将激发电子转移到 TiO_2 上的活性位点，产生 H_2[86]。

11.3.4 石墨烯作为助催化剂

合适的助催化剂对于实现光催化制氢的高效率是不可缺少的。助催化剂可以提供活性位点并催化反应。它能捕获电荷载流子，抑制光生电子和空穴的复合，降低激活能[103]。石墨烯可作为光催化的高功函数助催化剂。石墨烯的费米能级低于耦合半导体的 CB，但高于 H^+/H_2 的还原电位[104]。Zhou 等通过简单的"原位控制生长"溶剂热工艺制备了 rGO - $ZnIn_2S_4$ 复合材料。在可见光照射下，rGO - $ZnIn_2S_4$ 复合材料表现出高 H_2 产量，没有昂贵的 Pt 负载作为助催化剂[36]。电子在可见光照射下从 VB 被激发到形成的 CB，这在 VB 中产生空穴。这些来自 $ZnIn_2S_4$ 的 CB 的光生电子倾向于转移到 rGO，这导致空穴 - 电子分离。如图 11.8 所示，电化学阻抗谱分析证实，rGO 有利于 rGO - $ZnIn_2S_4$ 体系中的电荷转移和减少电荷复合。由于独特的片对片结构具有协同效应，H_2 生产光活性具有显著增强。Xiang 等报道了一种用于 H_2 演进反应的高性能光催化剂 TiO_2/MoS_2/石墨烯混合物。这种杂化催化剂中的 MoS_2 和石墨烯分别用作电子收集器和活性吸附位点的来源。MoS_2 和石墨烯之间的正协同效应提高光催化活性（图 11.9）[80]。

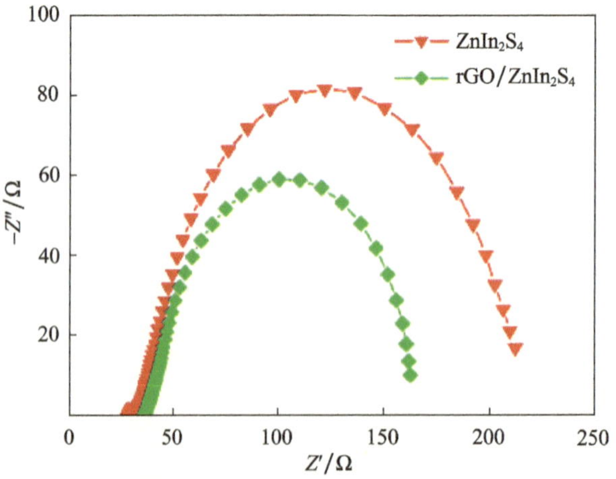

图 11.8　0.1M Na_2S + 0.02 M Na_2SO_3 水溶液中 Zn In_2S_4 和 rGO/Zn In_2S_4 电极的 Nyquist 图
（经许可转载自文献[36]。2011 年美国化学学会版权所有）

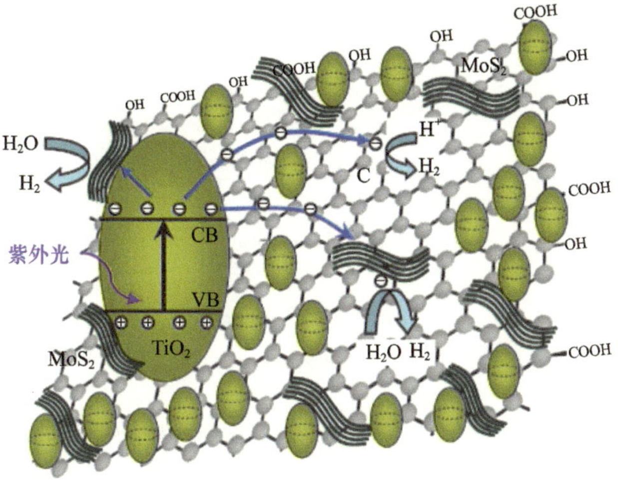

图 11.9 TiO_2/MG 复合材料中电荷转移的示意图

（经许可转载自文献[80]2012 年美国化学学会版权所有）

11.4 小结

氢气因其具有替代化石燃料的潜力而受到广泛关注，光催化分解水是获得氢能的有效策略之一。开发有效的光催化材料已成为人们的迫切追求。然而，由于较宽的带隙宽度，一些半导体材料对可见光的利用率低。此外，激发态光生电子和空穴不稳定，容易重新结合，导致光催化效率低。石墨烯具有独特的 sp^2 杂化碳网络和优异的性能，如高比表面积和优异的光学性能、机械强度、水热稳定性和电子导电性。将石墨烯引入到各种半导体光催化剂中以形成石墨烯基复合材料是太阳能转换的可行选择。制备石墨烯材料的方法有水热法、离子液体辅助法、生物分子辅助法、原位光还原法等。当金属元素、金属氧化物、硫化物等材料负载在石墨烯基底上时，其光催化分解水为 H_2 的性能显著提高。石墨烯的引入改变了复合材料的结构，并通过界面的相互作用调节电荷分离行为。通常，石墨烯不仅用作提供吸附和催化位点的载体，而且还用作在制氢反应中接受和转移电子的理想电子受体。此外，它还可以作为光敏剂延长光的吸收，并作为助催化剂代替通常的贵金属助催化剂。

尽管石墨烯基光催化剂在光催化制氢方面取得了巨大成就，但现阶段仍面临巨大挑战。首先，界面电荷转移的动力学仍然不清楚。复合材料的界面是界面结还是 Z - scheme 结，很难区分。应进一步深入研究石墨烯复合光催化剂光催化制氢的潜在机理，特别是 p - n 结、异质结、z - 方案结和肖特基结的载流子分离和传输途径。这将有利于合理设计和构建用于制氢和各个领域的高效石墨烯半导体复合材料。此外，在探索合成高质量石墨烯或石墨烯基纳米材料的新方法时，仍面临许多挑战。纯石墨烯纳米片缺乏亲水基团。因此，非常希望在不久的将来产生无缺陷功能化的石墨烯材料。界面、复合材料和结构（形态控制）的组合可能为设计作为下一代光催化剂制氢系统的高效石墨烯基复合光催化剂提供有希望的机会。最后，石墨烯基光催化材料主要是在有牺牲剂的情况下用于光催化制氢反应。未来的研究应更倾向于研究光催化整体分解水的问题。

参考文献

[1] Cortright, R. D., Davda, R. R., Dumesic, J. A., Hydrogen from catalytic reforming of biomass – derived hydrocarbons in liquid water. *Nature*, 418, 964, 2002.

[2] Xu, D., Hai, Y., Zhang, X., Zhang, S., He, R., Bi_2O_3 cocatalyst improving photocatalytic hydro – gen evolution performance of TiO_2. *Appl. Surf. Sci.*, 400, 530, 2017.

[3] Reece, S. Y., Hamel, J. A., Sung, K., Jarvi, T. D., Esswein, A. J., Pijpers, J. J. H., Nocera, D. G., Wireless solar water splitting using silicon – based semiconductors and earth – abundant catalysts. *Science*, 334, 645, 2011.

[4] Hisatomi, T., Kubota, J., Domen, K., Recent advances in semiconductors for photocatalytic and photoelectrochemical water splitting. *Chem. Soc. Rev.*, 43, 7520, 2014.

[5] Barber, J., Photosynthetic energy conversion: Natural and artificial. *Chem. Soc. Rev.*, 38, 185, 2009.

[6] Kudo, A. and Miseki, Y., Heterogeneous photocatalyst materials for water splitting. *Chem. Soc. Rev.*, 38, 253, 2009.

[7] Fujishima, A. and Honda, K., Electrochemical photolysis of water at a semiconductor electrode. *Nature*, 238, 37, 1972.

[8] Li, X., Yu, J., Low, J., Fang, Y., Xiao, J., Chen, X., Engineering heterogeneous semiconductors for solar water splitting. *J. Mater. Chem. A*, 3, 2485, 2015.

[9] Asahi, R., Morikawa, T., Ohwaki, T., Aoki, K., Taga, Y., Visible – light photocatalysis in nitrogen – doped titanium oxides. *Science*, 293, 269, 2011.

[10] Xiang, Q., Yu, J., Jaroniec, M., Graphene – based semiconductor photocatalysts. *Chem. Soc. Rev.*, 41, 782, 2012.

[11] Wu, M., Jin, J., Liu, J., Deng, Z., Li, Y., Deparis, O., Su, B. – L., High photocatalytic activity enhancement of titania inverse opal films by slow photon effect induced strong light absorption. *J. Mater. Chem. A*, 1, 15491, 2013.

[12] Wu, M., Liu, J., Jin, J., Wang, C., Huang, S., Deng, Z., Li, Y., Su, B. – L., Probing significant light absorption enhancement of titania inverse opal films for highly exalted photocatalytic degradation of dye pollutants. *Appl. Catal.*, *B*, 150, 411, 2014.

[13] Mouras, S., Hamm, A., Djurado, D., Cousseins, J., Synthesis of first stage graphite intercalation compounds with fluorides. *Rev. Chim. Miner.*, 24, 572, 1987.

[14] Novoselov, K. S., Geim, A. K., Morozov, S. V., Jiang, D., Zhang, Y., Dubonos, S. V., Grigorieva, I. V., Firsov, A. A., Electric field effect in atomically thin carbon films. *Science*, 306, 666, 2004.

[15] Geim, A. K. and Novoselov, K. S., The rise of graphene. *Nat. Mater.*, 6, 183, 2007.

[16] Rao, C. N. R., Sood, A. K., Subrahmanyam, K. S., Govindaraj, A., Graphene: The new two – dimensional nanomaterial. *Angew. Chem. Int. Ed.*, 48, 7752, 2009.

[17] Guo, W., Liu, C., Sun, X., Yang, Z., Kia, H. G., Peng, H., Aligned carbon nanotube/polymer composite fibers with improved mechanical strength and electrical conductivity. *J. Mater. Chem.*, 22, 903, 2012.

[18] Stankovich, S., Dikin, D. A., Dommett, G. H. B., Kohlhaas, K. M., Zimney, E. J., Stach, E. A., Piner, R. D., Nguyen, S. T., Ruoff, R. S., Graphene – based composite materials. *Nature*, 442, 282, 2006.

[19] Stoller, M. D., Park, S., Zhu, Y., An, J., Ruoff, R. S., Graphene – based ultracapacitors. *Nano Lett.*, 8,

3498,2008.

[20] Kyzas, G. Z. , Deliyanni, E. A. , Matis, K. A. , Graphene oxide and its application as an adsorbent for wastewater treatment. *J. Chem. Technol. Biotechnol.* ,89,196,2014.

[21] Park, S. and Ruoff, R. S. , Chemical methods for the production of graphenes. *Nat. Nanotechnol.* , 4, 217,2009.

[22] Geim, A. K. , Graphene: Status and prospects. *Science*,324,1530,2009.

[23] Balandin, A. A. , Ghosh, S. , Bao, W. , Calizo, I. , Teweldebrhan, D. , Miao, F. , Lau, C. N. , Superior thermal conductivity of single – layer graphene. *Nano Lett.* ,8,902,2008.

[24] Weitz, R. T. and Yacoby, A. , Graphene rests easy. *Nat. Nanotechnol.* ,5,699,2010.

[25] Ziegler, K. , Minimal conductivity of graphene: Nonuniversal values from the Kubo formula. *Phys. Rev. B*, 75,233407,2007.

[26] Nair, R. R. , Blake, P. , Grigorenko, A. N. , Novoselov, K. S. , Booth, T. J. , Stauber, T. , Peres, N. M. R. , Geim, A. K. , Fine structure constant defines visual transparency of graphene. *Science*,320,1308,2008.

[27] Zhang, N. , Zhang, Y. , Xu, Y. – J. , Recent progress on graphene – based photocatalysts: Current status and future perspectives. *Nanoscale*,4,5792,2012.

[28] Han, L. , Wang, P. , Dong, S. , Progress in graphene – based photoactive nanocomposites as a promising class of photocatalyst. *Nanoscale*,4,5814,2012.

[29] Kamat, P. V. , Graphene – based nanoassemblies for energy conversion. *J. Phys. Chem. Lett.* ,2,242 – 251, 2011.

[30] Lou, Z. , Fujitsuka, M. , Majima, T. , Two – dimensional Au – nanoprism/reduced graphene oxide/Pt – nanoframe as plasmonic photocatalysts with multiplasmon modes boosting hot electron transfer for hydrogen generation. *J. Phys. Chem. Lett.* ,8,844,2017.

[31] Zhang, P. , Song, T. , Wang, T. , Zeng, H. , Plasmonic Cu nanoparticle on reduced graphene oxide nanosheet support: An efficient photocatalyst for improvement of near – infrared photocatalytic H_2 evolution. *Appl. Catal.* ,*B*,225,172,2018.

[32] Razzaq, A. , Grimes, C. A. , In, S. – I. , Facile fabrication of a noble metal – free photocatalyst: TiO_2 nanotube arrays covered with reduced graphene oxide. *Carbon*,98,537,2016.

[33] Li, L. , Xue, S. , Xie, P. , Feng, H. , Hou, X. , Liu, Z. , Xu, Z. , Zou, R. , Facile synthesis and character – ization of GO/ZnS nanocomposite with highly efficient photocatalytic activity. *Electron. Mater. Lett.* , 14, 739,2018.

[34] Wang, P. , Wu, T. , Wang, C. , Hou, J. , Qian, J. , Ao, Y. , Combining heterojunction engineering with surface cocatalyst modification to synergistically enhance the photocatalytic hydrogen evolution performance of cadmium sulfide nanorods. *ACS Sustain. Chem. Eng.* ,5,7670,2017.

[35] Yuan, Y. – J. , Chen, D. , Zhong, J. , Yang, L. – X. , Wang, J. – J. , Yu, Z. – T. , Zou, Z. – G. , Construction of a noble – metal – free photocatalytic H_2 evolution system using MoSg/reduced graphene oxide catalyst and zinc porphyrin photosensitizer. *J. Phys. Chem. C*,121,24452,2017.

[36] Youssef, Z. , Colombeau, L. , Yesmurzayeva, N. , Baros, F. , Vanderesse, R. , Hamieh, T" Toufaily, J. , Frochot, C. , Roques – Carmes, T. , Acherar, S. , Dye – sensitized nanoparticles for heterogeneous photocatalysis: Cases studies with TiO_2, ZnO, fullerene and graphene for water purification. *Dyes. Pigments*, 159, 49,2018.

[37] Zhang, Y. , Zhang, N. , Tang, Z. – R. , Xu, Y. – J. , Graphene transforms wide band gap ZnS to a visible light photocatalyst. The new role of graphene as a macromolecular photosensitizer. *ACS Nano*,6,9777,2012.

[38] Liu, S. , Yu, J. , Cheng, B. , Jaroniec, M. , Fluorinated semiconductor photocatalysts: Tunable synthesis and

unique properties. *Adv. Colloid Intrface Sci.* ,173,35,2012.

[39] Liu,S. ,Yu,J. ,Jaroniec,M. ,Anatase TiO_2 with dominant high – energy {001} facets:Synthesis,properties,and applications. *Chem. Mater.* ,23,4085,2012.

[40] Lee,C. ,Wei,X. ,Kysar,J. W. ,Hone,J. ,Measurement of the elastic properties and intrinsic strength of monolayer graphene. *Science*,321,385,2008.

[41] Allen, M. J. , Tung, V. C. , Kaner, R. B. , Honeycomb carbon: A review of graphene. *Chem. Rev.* , 110, 132,2010.

[42] Novoselov,K. S. ,Fal'ko,VI. ,Colombo,L. ,Gellert,P. R. ,Schwab,M. G. ,Kim,K. ,A roadmap for graphene. *Nature*,490,192,2012.

[43] Xia,F. ,Mueller,T. ,Lin,Y. – M. ,Valdes – Garcia,A. ,Avouris,P. ,Ultrafast graphene photodetector. *Nat. Nanotechnol.* ,4,839,2009.

[44] Wang, W. L. , Meng, S. , Kaxiras, E. , Graphene nanoflakes with large spin. *Nano Lett.* , 8, 241 – 245,2008.

[45] Bolotin,K. I. ,Sikes,K. J. ,Jiang,Z. ,Klima,M. ,Fudenberg,G. ,Hone,J. ,Kim,P. ,Stormer,H. L. ,Ultrahigh electron mobility in suspended graphene. *Solid State Commun.* ,146,351,2008.

[46] Zhang,Y. and Park,S. – J. ,Au – Pd bimetallic alloy nanoparticle – decorated BiPO4 nanorods for enhanced photocatalytic oxidation of trichloroethylene. *J. Catal.* ,355,1,2017.

[47] Yeh,T. – F. ,Syu,J. – M. ,Cheng,C. ,Chang,T. – H. ,Teng,H. ,Graphite oxide as a photocatalyst for hydrogen production from water. *Adv. Funct. Mater.* ,20,2255,2010.

[48] Yeh,T. – F. ,Chan,F. – F. ,Hsieh,C. – T. ,Teng,H. ,Graphite oxide with different oxygenated levels for hydrogen and oxygen production from water under illumination: The band positions of graphite oxide. *J. Phys. Chem. C*,115,22587,2011.

[49] Yeh,T. – F. ,Chen,S. – J. ,Yeh,C. – S. ,Teng,H. ,Tuning the electronic structure of graphite oxide through ammonia treatment for photocatalytic generation of H_2 and O_2 from water splitting. *J. Phys. Chem. C*,117,6516,2013.

[50] Mateo,D. ,Esteve – Adell,I. ,Albero,J. ,Royo,J. F. S. ,Primo,A. ,Garcia,H. ,111 oriented gold nanoplatelets on multilayer graphene as visible light photocatalyst for overall water splitting. *Nat. Commun.* ,7,11819,2016.

[51] Feng,J. – J. ,Chen,L. – X. ,Ma,X. ,Yuan,J. ,Chen,J. – R. ,Wang,A. – J. ,Xu,Q. – Q. ,Bimetallic AuPt alloy nanodendrites/reduced graphene oxide:One – pot ionic liquid – assisted synthesis and excellent electrocatalysis towards hydrogen evolution and methanol oxidation reactions. *Int. J. Hydrogen Energy*,42,1120,2017.

[52] Zhou,X. ,Liu,G. ,Yu,J. ,Fan,W. ,Surface plasmon resonance – mediated photocatalysis by noble metal – based composites under visible light. *J. Mater. Chem.* ,22,21337,2012.

[53] Linic,S. ,Christopher,P. ,Ingram,D. B. ,Plasmonic – metal nanostructures for efficient conversion of solar to chemical energy. *Nat. Mater.* ,10,911,2011.

[54] Clavero,C. ,Plasmon – induced hot – electron generation at nanoparticle/metal – oxide interfaces for photovoltaic and photocatalytic devices. *Nat. Photonics*,8,95,2014.

[55] Li,J. ,Cushing,S. K. ,Meng,F. ,Senty,T. R. ,Bristow,A. D. ,Wu,N. ,Plasmon – induced resonance energy transfer for solar energy conversion. *Nat. Photonics*,9,601,2015.

[56] Zeng,J. ,Song,T. ,Lv,M. ,Wang,T. ,Qin,J. ,Zeng,H. ,Plasmonic photocatalyst Au/g – CgNq/Ni Fe_2O_4 nanocomposites for enhanced visible – light – driven photocatalytic hydrogen evolution. *RSC Adv.* ,6,54964,2016.

[57] Zhang, P., Wang, T., Zeng, H., Design of Cu – Cu_2O/g – C_3N_4 nanocomponent photocatalysts for hydrogen evolution under visible light irradiation using water – soluble Erythrosin B dye sensitization. *Appl. Surf. Sci.*, 391, 404, 2017.

[58] Zhang, Y., Park, M., Kim, H. Y., Ding, B., Park, S. – J., In – situ synthesis of nanofibers with variousratios of $BiOCl_x/BiOBr_y/BiOI_z$ for effective trichloroethylene photocatalytic degradation. *Appl. Surf. Sci.*, 384, 192, 2016.

[59] Zhang, P., Song, T., Wang, T., Zeng, H., In – situ synthesis of Cu nanoparticles hybridized with carbon quantum dots as a broad spectrum photocatalyst for improvement of photocatalytic H_2 evolution. *Appl. Catal.*, *B*, 206, 328, 2017.

[60] Afkhamipour, M. and Mofarahi, M., Review on the mass transfer performance of CO_2 absorption by amine – based solvents in low – and high – pressure absorption packed columns. *RSC Adv.*, 7, 17857, 2017.

[61] Song, T., Zhang, L., Zhang, P., Zeng, J., Wang, T., Ali, A., Zeng, H., Stable and improved visible – light photocatalytic hydrogen evolution using copper(ii) – organic frameworks: Engineering the crystal structures. *J. Mater. Chem. A*, 5, 6013, 2017.

[62] Jiang, P" Ren, D., He, D., Fu, W, Wang, J., Gu, M., An easily sedimentable and effective TiO] photocatalyst for removal of dyes in water. *Sep. Purif. Technol.*, 122, 128, 2014.

[63] Lv, K., Fang, S., Si, L., Xia, Y., Ho, W., Li, M., Fabrication of TiO_2 nanorod assembly grafted rGO(rGO @ TiO_2 – NR) hybridized flake – like photocatalyst. *Appl. Surf. Sci.*, 391, 218, 2017.

[64] Park, Y., Kang, S. – H., Choi, W., Exfoliated and reorganized graphite oxide on titania nanopar – ticles as an auxiliary co – catalyst for photocatalytic solar conversion. *Phys. Chem. Chem. Phys.*, 13, 9425, 2011.

[65] Min, S., Hou, J., Lei, Y., Ma, X., Lu, G., Facile one – step hydrothermal synthesis toward strongly coupled TiO_2/graphene quantum dots photocatalysts for efficient hydrogen evolution. *Appl. Surf. Sci.*, 396, 1375, 2017.

[66] Li, Q., Guo, B., Yu, J., Ran, J., Zhang, B., Yan, H., Gong, J. R., Highly efficient visible – light – driven photocatalytic hydrogen production of CdS – cluster – decorated graphene nanosheets. *J. Am. Chem. Soc.*, 133, 10878, 2011.

[67] Lei, Y., Yang, C., Hou, J., Wang, F., Min, S., Ma, X., Jin, Z., Xu, J., Lu, G., Huang, K. – W., Strongly coupled CdS/graphene quantum dots nanohybrids for highly efficient photocatalytic hydrogen evolution: Uraveling the essential roles of graphene quantum dots. *Appl. Catal.*, *B*, 216, 59, 2017.

[68] Wang, T., Chai, Y., Ma, D., Chen, W., Zheng, W., Huang, S., Multidimensional CdS nanowire/Cd In_2S_4 nanosheet heterostructure for photocatalytic and photoelectrochemical applications. *Nano Res.*, 10, 2699, 2017.

[69] Xu, J., Wang, L., Cao, X., Polymer supported graphene – CdS composite catalyst with enhanced photocatalytic hydrogen production from water splitting under visible light. *Chem. Eng. J.*, 283, 816, 2016.

[70] Sun, W., Li, P., Liu, X., Shi, J., Sun, H., Tao, Z., Li, F., Chen, J., Size – controlled M0S2 nanodots supported on reduced graphene oxide for hydrogen evolution reaction and sodium – ion batteries. *Nano Res.*, 10, 2210, 2017.

[71] Yu, X., Du, R., Li, B., Zhang, Y., Liu, H., Qu, J., An, X., Biomolecule – assisted self – assembly of CdS/MoSg/graphene hollow spheres as high – efficiency photocatalysts for hydrogen evolution without noble metals. *Appl. Catal.*, *B*, 182, 504, 2016.

[72] Chen, W, Chen, H., Zhu, H., Gao, Q., Luo, J., Wang, Y., Zhang, S., Zhang, K., Wang, C., Xiong, Y., Wu, Y., Zheng, X., Chu, W., Song, L., Wu, Z., Solvothermal synthesis of ternary Cu_2MoS_4 nanosheets: Structural characterization at the atomic level. *Small*, 10, 4637, 2014.

[73] Yuan, Y. - J., Tu, J. - R., Ye, Z. - J., Chen, D. - Q., Hu, B., Huang, Y. - W., Chen, T. - T., Cao, D. - P., Yu, Z. - T., Zou, Z. - G., MoS_2 - graphene/Zn In_2S_4 hierarchical microarchitectures with an electron transport bridge between light - harvesting semiconductor and cocatalyst: A highly efficient photocatalyst for solar hydrogen generation. *Appl. Catal.*, *B*, 188, 13, 2016.

[74] Chen, F. - J., Cao, Y. - L., Jia, D. - Z., A room - temperature solid - state route for the synthesis of graphene oxide - metal sulfide composites with excellent photocatalytic activity. *CrystEngComm*, 15, 4747, 2013.

[75] Xue, C., Yan, X., An, H., Li, H., Wei, J., Yang, G., Bonding CdS - Sn_2S_3 eutectic clusters on graphene nanosheets with unusually photoreaction - driven structural reconfiguration effect for excellent H_2 evolution and Cr(VI) reduction. *Appl. Catal.*, *B*, 222, 157, 2018.

[76] Chang, K., Mei, Z., Wang, T., Kang, Q., Ouyang, S., Ye, J., MoS2/Graphene cocatalyst for efficient photocatalytic H_2 evolution under visible light irradiation. *ACS Nano*, 8, 7078, 2014.

[77] Bai, S., Wang, L., Chen, X., Du, J., Xiong, Y., Chemically exfoliated metallic MoSg nanosheets: A promising supporting co - catalyst for enhancing the photocatalytic performance of TiO_2 nano - crystals. *Nano Res.*, 8, 175, 2015.

[78] Štengl, V, Henych, J., Vomáčka, P., Slušná, M., Doping of TiO_2 - GO and TiO_2 - rGO with noble metals: Synthesis, characterization and photocatalytic performance for azo dye discoloration. Photochem. *Photobiol.*, 89, 1038, 2013.

[79] Kalyani, R. and Gurunathan, K., PTh - rGO - TiO_2 - nanocomposite for photocatalytic hydrogen production and dye degradation. *J. Photochem. Photobiol.*, *A*, 329, 105, 2016.

[80] Xiang, Q., Yu, J., Jaroniec, M., Synergetic effect of MoS_2 and graphene as cocatalysts for enhanced photocatalytic H_2 production activity of TiO_2 nanoparticles. *J. Am. Chem. Soc.*, 134, 6575, 2012.

[81] Mou, Z., Yin, S., Zhu, M., Du, Y., Wang, X., Yang, P., Zheng, J., Lu, C., $RuO_2/TiSi_2$/graphene composite for enhanced photocatalytic hydrogen generation under visible light irradiation. *Phys. Chem. Chem. Phys.*, 15, 2793, 2013.

[82] Agegnehu, A. K., Pan, C. - J., Rick, J., Lee, J. - F., Su, W. - N., Hwang, B. - J., Enhanced hydrogen generation by cocatalytic Ni and NiO nanoparticles loaded on graphene oxide sheets. *J. Mater. Chem.*, 22, 13849, 2012.

[83] Li, X., Yu, J., Wageh, S., Al - Ghamdi, A. A., Xie, J., Graphene in photocatalysis: A review. *Small*, 12, 6640, 2016.

[84] Avouris, P., Graphene: Electronic and photonic properties and devices. *Nano Lett.*, 10, 4285, 2010.

[85] Szabo, T., Berkesi, O., Forgo, P., Josepovits, K., Sanakis, Y., Petridis, D., Dekany, I., Evolution of surface functional groups in a series of progressively oxidized graphite oxides. *Chem. Mater.*, 18, 2740, 2006.

[86] Xie, G., Zhang, K., Guo, B., Liu, Q., Fang, L., Gong, J. R., Graphene - based materials for hydrogen generation from light - driven water splitting. *Adv. Mater.*, 25, 3820, 2013.

[87] An, X. and Yu, J. C., Graphene - based photocatalytic composites. *RSC Adv.*, 1, 1426, 2011.

[88] Xiang, Q. and Yu, J., Graphene - based photocatalysts for hydrogen generation. *J. Phys. Chem. Lett.*, 4, 753, 2013.

[89] Cao, S. and Yu, J., Carbon - based H2 - production photo catalytic materials. *J. Photochem. Photobiol.*, *C*, 27, 72, 2016.

[90] Mukherji, A., Seger, B., Lu, G. Q., Wang, L., Nitrogen doped $Sr_2Ta_2O_7$ coupled with graphene sheets as photocatalysts for increased photocatalytic hydrogen production. *ACS Nano*, 5, 3483, 2011.

[91] Lightcap, I. V., Kosel, T. H., Kamat, P. V., Anchoring semiconductor and metal nanoparticles on a two - dimensional catalyst mat. storing and shuttling electrons with reduced graphene oxide. *Nano Lett.*, 10,

577, 2010.

[92] Wang, P., Zhai, Y., Wang, D., Dong, S., Synthesis of reduced graphene oxide – anatase TiO_2 nanocomposite and its improved photo – induced charge transfer properties. *Nanoscale*, 3, 1640, 2011.

[93] Zhang, X. – Y., Li, H. – P., Cui, X. – L., Lin, Y., Graphene/TiO_2 nanocomposites: Synthesis, charac – terization and application in hydrogen evolution from water photocatalytic splitting. *J. Mater. Chem.*, 20, 2801, 2010.

[94] Zhang, X., Sun, Y., Cui, X., Jiang, Z., A green and facile synthesis of TiO_2/graphene nanocomposites and their photocatalytic activity for hydrogen evolution. *Int. J. Hydrogen Energy*, 37, 811, 2012.

[95] Huang, Q., Tian, S., Zeng, D., Wang, X., Song, W., Li, Y., Xiao, W., Xie, C., Enhanced photocatalytic activity of chemically bonded TiO_2/graphene composites based on the effective interfacial charge transfer through the C – Ti bond. *ACS Catal.*, 3, 1477, 2013.

[96] Fan, W., Lai, Q., Zhang, Q., Wang, Y., Nanocomposites of TiO_2 and reduced graphene oxide as efficient photocatalysts for hydrogen evolution. *J. Phys. Chem. C*, 115, 10694, 2011.

[97] Kim, H. – I., Moon, G. – H., Monllor – Satoca, D., Park, Y., Choi, W., Solar photoconversion using graphene/TiO_2 composites: Nanographene shell on TiO_2 core versus TiO_2 nanoparticles on graphene sheet. *J. Phys. Chem. C*, 116, 1535, 2012.

[98] Zhang, J., Qi, L., Ran, J., Yu, J., Qiao, S. Z., Ternary NiS/ZnxCd1 – xS/reduced graphene oxide nanocomposites for enhanced solar photocatalytic Hg – production activity. *Adv. Energy Mater.*, 4, 1301925, 2014.

[99] Wang, G., Huang, B., Li, Z., Lou, Z., Wang, Z., Dai, Y., Whangbo, M. – H., Synthesis and charac – terization of ZnS with controlled amount of S vacancies for photocatalytic H_2 production under visible light. *Sci. Rep.*, 5, 8544, 2015.

[100] Faze, W., Maojun, Z., Changqing, Z., Bin, Z., Wen, C., Li, M., Wenzhong, S., Visible light photocatalytic H_2 – production activity of wide band gap ZnS nanoparticles based on the photosensitization of graphene. *Nanotechnology*, 26, 345402, 2015.

[101] Bai, X., Wang, L., Zhu, Y., Visible photocatalytic activity enhancement of $ZnWO_4$ by graphene hybridization. *ACS Catal.*, 2, 2769, 2012.

[102] Du, A., Sanvito, S., Li, Z., Wang, D., Jiao, Y., Liao, T., Sun, Q., Ng, Y. H., Zhu, Z., Amal, R., Smith, S. C., Hybrid graphene and graphitic carbon nitride nanocomposite: Gap opening, electron – hole puddle, interfacial charge transfer, and enhanced visible light response. *J. Am. Chem. Soc.*, 134, 4393, 2012.

[103] Zeng, P., Zhang, Q., Zhang, X., Peng, T., Graphite oxide – TiO_2 nanocomposite and its efficient visible – light – driven photocatalytic hydrogen production. *J. Alloys Compd.*, 516, 85, 2012.

[104] Yang, J., Wang, D., Han, H., Li, C., Roles of cocatalysts in photocatalysis and photoelectrocatalysis. *Acc. Chem. Res.*, 46, 1900, 2013.

第12章 石墨烯热功能器件及其性能表征

Haidong Wang[1], Hiroshi Takamatsu[2], Xing Zhang[1]
[1] 清华大学工程力学系
[2] 日本福冈九州大学机械工程系

摘　要　近十年来,人们利用实验和理论方法对石墨烯的力学、电学和热学性质进行了深入的研究。现在,许多研究人员一直在思考如何利用石墨烯的优异性能开发高效的纳米功能器件,例如:由于其高机械强度和小重量而具有高品质的石墨烯致动器;由于其高柔性和导电性而具有高品质的石墨烯电子器件;由于其宽带高光响应而具有高灵敏度的石墨烯光电探测器等。然而,人们对石墨烯热功能器件的发展关注较少。石墨烯中超强的 sp^2 碳—碳键产生超过2200W/m·K的极高热导率,可用于高效散热。此外,石墨烯独特的二维结构凸显了丰富的热传导物理性能,为纳米尺度的主动热流控制开辟了新的路径。

在本章中,我们介绍了有关悬浮单层石墨烯的电学和热学性质的一些实验结果,在此基础上开发了高效的热功能器件。首先,提出了一种制备悬浮石墨烯带和金属纳米膜传感器的新方法,并将其用作精密电阻温度计。在没有基底影响的情况下,可以同时测量石墨烯的本征电学和热学性质。随后,深入研究了尺寸、污染和缺陷对石墨烯中电荷和热传输的影响。结果表明,杂质和纳米孔缺陷会显著降低石墨烯的电荷迁移率和热导率。此外,由于边缘处的强声子散射,较窄的石墨烯带比较宽的石墨烯带具有更低的热导率。为了清除石墨烯表面的污染物,开发了一种原位退火方法。最近,开发了具有不同非对称纳米结构的石墨烯热整流器。采用精密H形传感器法测量了热整流系数。最高整流系数达到28%。此外,利用大规模动态分子模拟分析了不同石墨烯热整流器的物理机理。热导率的非对称空间/温度依赖性和声子散射是热整流的原因。结果表明,石墨烯是一种很有前途的热功能器件材料,可广泛应用于主动热流控制、高效散热、热传感和管理等领域。

关键词　石墨烯,功能器件,传感器,热导率,热整流

12.1 概述

作为单原子厚度最薄的膜,石墨烯在过去十年中引起了广泛关注[1-3]。实验表明,自支撑单层石墨烯具有高弹性模量(约1TPa)[4]、高电子迁移率(2.5×10^5 cm^2/

(V·S)[5-6]和超过2200W/(m·K)的高热导率[7-9]。人们一直在尝试将石墨烯制成高品质因数的致动器[10]、场效应晶体管[11]、可穿戴石墨烯电子器件[12]、高灵敏度石墨烯光电探测器[13]、超级电容器[14]、太阳能电池[15]、高效散热器[16]等。其中,石墨烯在热器件中的开发更加困难,因为必须制造悬浮的石墨烯结构并在纳米尺度精确地执行温度测量。

悬浮结构可以避免石墨烯与基底之间的分子相互作用,将石墨烯的热导率从600W/m·K[17]提高到2200W/m·K[7]。同时,悬浮石墨烯的电子迁移率大约是负载石墨烯的25倍[5,18]。为了充分利用石墨烯的高导热性,制作高效的散热器,悬浮石墨烯器件的设计和制作是关键。另外,为了评估石墨烯热器件的性能,石墨烯上的精确温度测量很重要。拉曼光谱是一种广泛使用的检测石墨烯温度的方法[19-21]。该方法是在高真空下测量悬浮石墨烯的拉曼光谱。石墨烯的温升可以从1300 cm^{-1}附近G带峰的红移来计算。温度变化和拉曼峰移之间的线性关系需要预先校准。拉曼法为石墨烯提供了简单、非接触的热测量,但测量精度受到拉曼峰移有限的温度灵敏度的影响[22]。此外,精确测量一个原子厚的石墨烯膜的吸收率相当具有挑战性,这可能在计算石墨烯的热导率时引起显著的不确定性。

为了提高石墨烯等纳米材料上温度测量的精度,开发了电热微桥法[22-25]。在这种方法中,在独立SiN_x的微垫上沉积两层铂薄膜。一个薄膜垫被用作焦耳加热器,而另一个被用作电阻温度计。将石墨烯带或纳米线悬浮在两个焊盘之间,形成微桥结构。可以精确测量铂薄膜的电加热功率,微垫的温度分辨率优于0.1K。与拉曼法相比,微桥法具有更高的测量精度。更重要的是,可以同时测量石墨烯的电学性质。然而,悬浮石墨烯器件的制造是相当具有挑战性的。单层石墨烯带在转移过程中容易破裂。此外,在微机电系统(MEMS)加工过程中容易在石墨烯上产生污染,抑制了石墨烯中的热和电荷传输。这些因素限制了石墨烯电子器件的进一步应用。

在本章中,我们报道了石墨烯的性能表征和新的热功能器件的一些最新进展。实验和理论研究基于我们小组的出版物和其他相关文献。我们的目标是开发用于精确测量本征电学和热学性质的悬浮石墨烯电子器件。在此基础上,利用纳米制造技术在石墨烯中实现主动热流控制。首先讨论了悬浮石墨烯器件的制备方法。在该方法中,在悬浮的石墨烯带上同时创建用于温度检测的微传感器。其次采用T形传感器方法同时测量了单层石墨烯的电学和热学性质,同时关注纳米孔缺陷和有限宽度的影响。最后开发了新型石墨烯热整流器。采用H形传感器法测量热整流系数。通过大规模分子动力学模拟揭示了其物理机理。这里描述的方法为制作主动热流控制、高效散热、热管理等方面的石墨烯热功能器件开辟了新的路径。

12.2 悬浮性石墨烯电子器件的制备

如上所述,下面的基底可以通过分子相互作用对支撑的石墨烯引起显著的扰动[26-27]。因此,负载型石墨烯的热导率和电子迁移率远小于悬浮石墨烯。因此,从基底上释放石墨烯以接近其固有性质并探索其应用范围是至关重要的。为制备悬浮石墨烯结构进行了持续的努力[26-35]。通常,石墨烯被转移到具有预钻孔和自然悬浮的基底上[30-31,36-37]。聚甲基丙烯酸甲酯(PMMA)是通常用于转移石墨烯的材料。得益于新开发的倒置漂浮法[30]和热分解法[29]，悬浮单层石墨烯尺寸可达500μm。然而，在悬浮的石墨烯上沉积金属电极或传感器而不破坏它非常困难。由此看来，这样的PMMA转移法只适合制备用于拉曼测量[19]、分子检测[28]、薄膜滤波器[36]的石墨烯样品，而没有电传感，实质上限制了石墨烯在电子器件中的应用。

最近，开发了一种新方法，将悬浮单层石墨烯与任意形状的金属电极或传感器一起制备[38]。在该方法中，使用组合的湿/干法蚀刻方法来去除石墨烯下面的SiO_2和Si基底。为了避免对石墨烯晶格的化学损伤，在蚀刻过程中将石墨烯膜夹在薄聚合物和SiO_2层之间。在最后一步中，去除两个保护层，并通过使用超临界点干燥技术干燥石墨烯器件，以避免表面张力。由于刻蚀深度大，悬浮单层石墨烯的尺寸可能大于5μm。制作悬浮石墨烯器件的详细路线如图12.1所示。

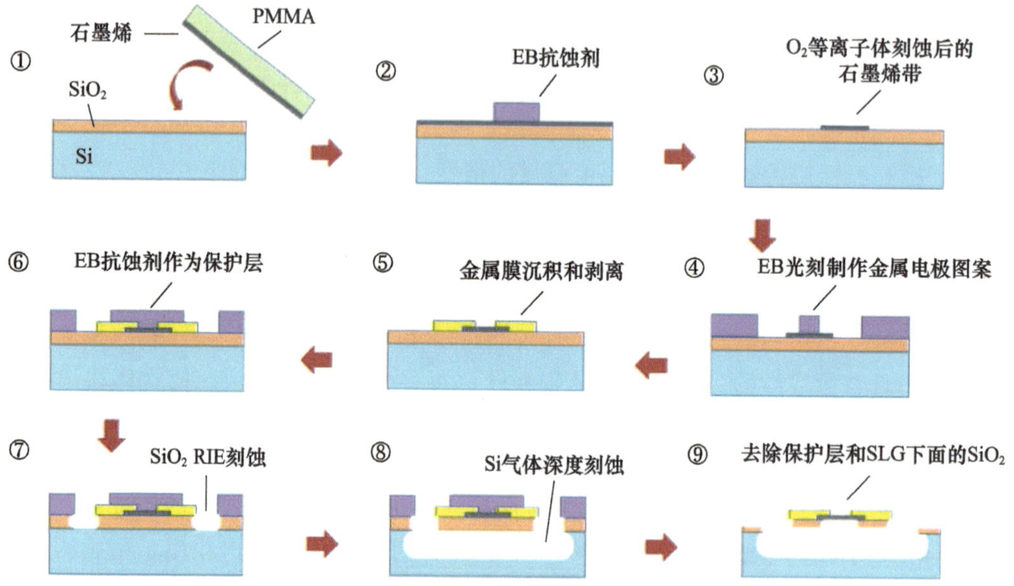

图12.1 制作带有电极的悬浮石墨烯带的制作路线
(经许可转载自文献[38]，2016年爱思唯尔版权所有)

①采用标准PMMA方法将生长在铜上的单层石墨烯转移到SiO_2/Si基底上。②用丙酮除去PMMA层。在芯片上旋涂300nm厚的电子束(EB)抗蚀剂层(ZEP520A)，并通过EB光刻将其图案化为微带。③将芯片暴露于O_2等离子体，去除未被EB抗蚀剂条覆盖的石墨烯。④在芯片上旋涂另一层EB抗蚀剂，并图案化成电极的形状。⑤通过使用物理气相沉积(PVD)方法在具有10nm厚的铬黏附层的表面上沉积金薄膜(100nm厚)。在提升过程之后，电极在石墨烯上产生。⑥将第三层EB抗蚀剂层旋涂在表面上并形成覆盖所有石墨烯带的条。该抗蚀剂层在随后的蚀刻工艺中用作石墨烯的保护层。⑦将芯片置于反应离子蚀刻(RIE)室中，并蚀刻掉未被抗蚀剂覆盖的SiO_2层。由于该SiO_2层非常薄(约200nm)，较短的离子蚀刻时间是足够的，并且离子不能穿透抗蚀剂层并且不会对下面的石墨烯造成损伤。⑧将芯片置于XeF_2气体反应器内，并从最后步骤中产生的"开口窗口"蚀刻掉Si基底。石墨烯带和部分金属电极悬挂在基底上。悬浮区域的大小可以通过

调节XeF_2气体蚀刻时间来控制。XeF_2气体不能穿透抗蚀剂层并且不会对石墨烯带造成损坏。⑨在最后的步骤中,通过将芯片浸入温热的二甲基乙酰胺(ZDMAC)溶液中来去除EB抗蚀剂层。然后,将芯片在去离子水中漂洗并转移到缓冲氢氟酸(BHA)中以去除石墨烯下面的SiO_2层。之后,通过使用超临界点干燥器小心地干燥芯片,以避免石墨烯由于表面张力而破裂。

图12.2显示了4个悬浮的石墨烯样品。单层石墨烯带连接在金属电极焊盘或传感器之间。与通过PMMA转移悬浮石墨烯膜的传统方法相比,当前方法可以与石墨烯带一起制造悬浮金属传感器,这对于执行电和热测量是必要的。这一技术大大拓展了悬浮石墨烯器件的应用范围。将电学传感与独立式石墨烯的超高灵敏度相结合,可以开发出各种石墨烯传感器和探测器。另外,值得一提的是,目前的方法不适合制作像几百微米的超大悬浮石墨烯膜,因为图12.1中复杂的MEMS工艺很容易使悬浮的石墨烯断裂。根据我们的经验,该方法中悬浮石墨烯的合适尺寸为10μm左右。

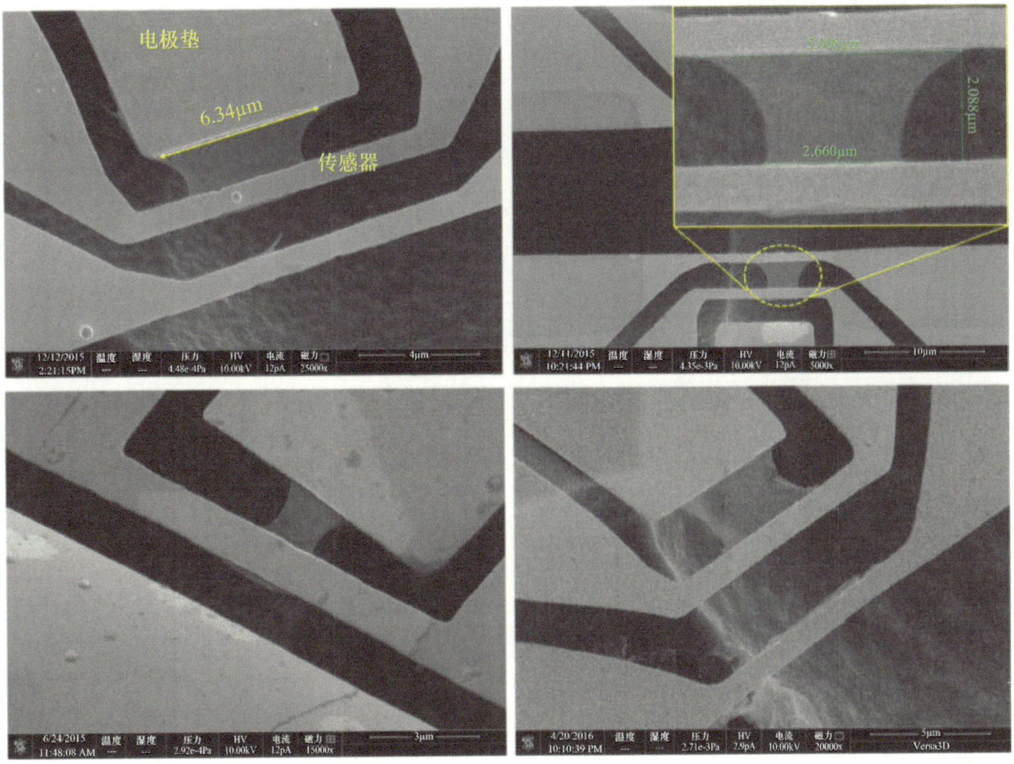

图12.2 带有金属电极或传感器的悬浮石墨烯的扫描电子显微镜(SEM)图像

(经许可转载自文献[38]2016年爱思唯尔版权所有)

图12.3显示了4个悬浮石墨烯带的放大SEM图像,其宽度如图所示。石墨烯在电子束下看起来是半透明的。由于石墨烯和下面的蚀刻基底之间的高对比度,可以在悬浮的石墨烯上观察到比支撑的样品上更多的细节。石墨烯上可以看到一些褶皱和纳米粒子,这意味着悬浮的石墨烯不是完全平坦的膜。石墨烯带悬浮后很好地保持了原有的矩形形状。不过,可以观察到一些边缘滚动和变形。由于单层石墨烯的超小厚度,在去除保护层和超临界点干燥的最后一步过程中,悬浮带在液体环境中不那么稳定。在

这种情况下，石墨烯带的边缘很容易滚动到中心。这也是石墨烯带比将膜转移到具有预钻孔的基底上困难得多的原因，在预钻孔的基底上，所有侧面都被密封而没有开放边缘。

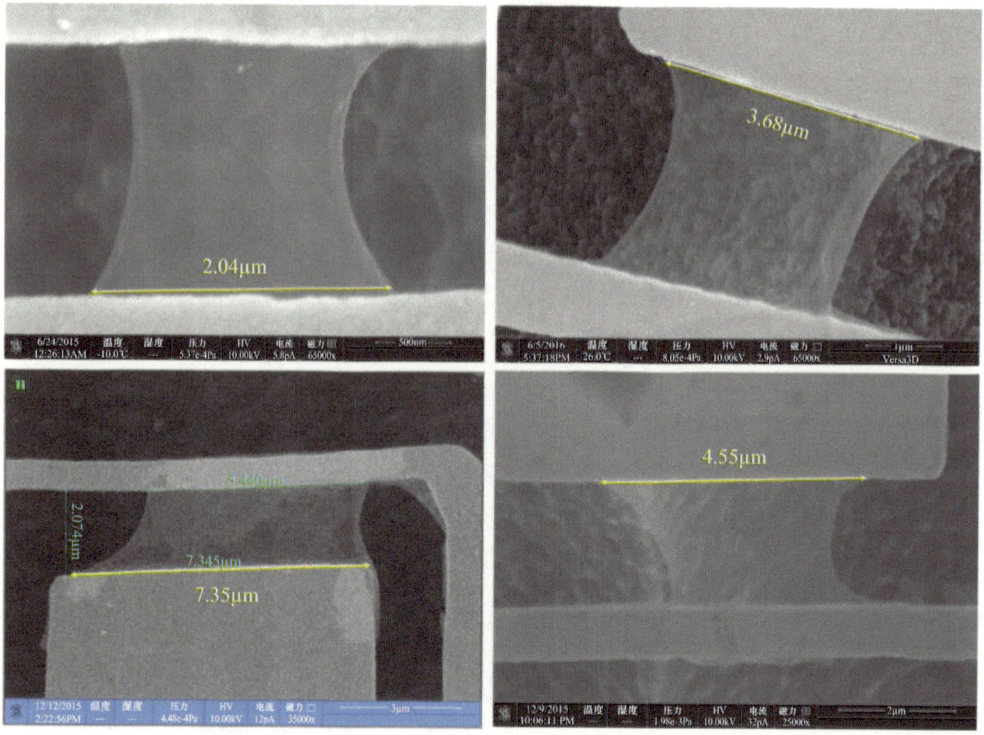

图 12.3　悬浮石墨烯带的放大 SEM 图像（石墨烯带的宽度在每个子图中示出）

图 12.4 显示了悬浮的石墨烯带和边缘滚动的代表图。注意，带的宽度在石墨烯由电极支撑的端部处最大。在中央，石墨烯边缘滚动，宽度更小。这种边缘滚动的行为对于较长的独立式石墨烯带更为显著。显然，石墨烯边缘不是单层，但由于最初设计的矩形形状，带状物的横截面积在其长度方向上几乎相同。

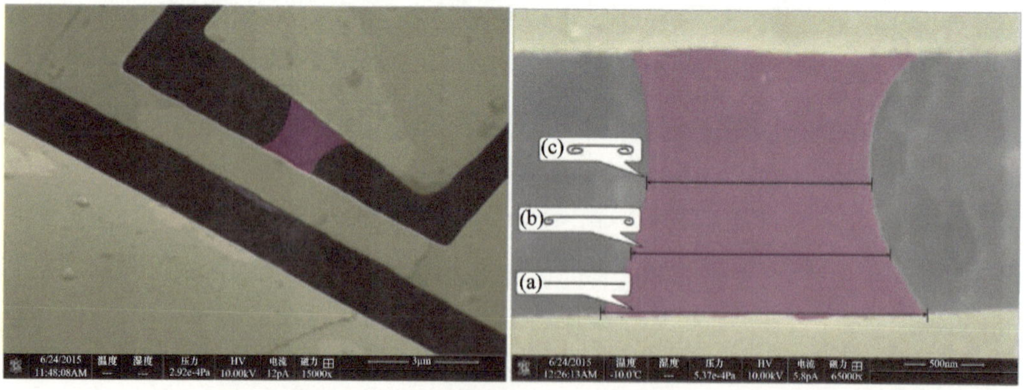

图 12.4　具有卷边的悬浮石墨烯带的 SEM 图像（黄色和粉色是为了突出样品的形状。经许可转载自文献[39]，2016 年自然出版集团版权所有）

图 12.5 显示了在去除保护层之前和之后测量的石墨烯样品的拉曼光谱。红色实线是悬浮石墨烯的结果,而黑色点画线是支撑石墨烯的结果。据报道,缺陷或聚合物污染会增加基线噪声,并降低拉曼光谱的 2D 峰与 G 峰之比[40]。从图 12.5 可以看出,悬浮的石墨烯具有平坦的基线,没有波动,其 2D 峰/G 峰比与原始石墨烯的 2D 峰/G 峰比几乎相同。这些特征证明了悬浮石墨烯样品的良好晶格质量。悬浮石墨烯在 MEMS 处理后存在小的 D 峰。代表悬浮样品中的缺陷,其可能来自制造过程。悬浮石墨烯的 D 带和 G 带之间的强度比约为 0.2;在这种情况下每 4×10^4 碳原子只有一个缺陷[41]。拉曼结果证实,石墨烯上方和下方的保护层有效地防止了在制造过程中对晶格的损伤。可以通过这种方式创建高质量的悬浮石墨烯器件。

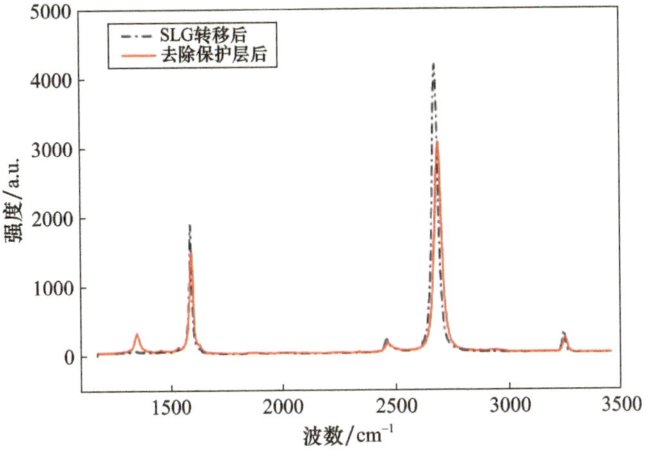

图 12.5 悬浮前后石墨烯样品的拉曼光谱
(经许可转载自文献[39]2016 年自然出版集团版权所有)

12.3 石墨烯的电学和热学性质

12.3.1 石墨烯的电学性质

悬浮石墨烯器件为我们研究石墨烯的本征性质提供了一个完美的平台。金属电极和传感器可用于输入电流或测量石墨烯的局部温度。本部分详细介绍了石墨烯性质表征的一些最新进展。

据报道,独立式石墨烯具有优于支撑式石墨烯的电性能。下层基底影响石墨烯内部的电荷传输,降低其电荷迁移率[42]。类似地,即使是一层薄的污染物也会对石墨烯的原子厚膜产生同样的影响,并限制其电荷迁移率。人们一直在努力实现超清洁石墨烯以增强其性能。通常,建议在最后步骤中退火以清洁石墨烯上的污染物[43-48]。通过在真空或 Ar/H_2 气体环境中将石墨烯样品加热到几百摄氏度,可以从表面去除大部分污染物。然而,石墨烯具有独特的负热膨胀系数[49],剧烈的加热可能使悬浮的石墨烯样品破裂。另外,对于不同的样品,很难找到最优化的退火条件(退火时间、温度等)。更好的方法是使用电流退火,通过焦耳加热来加热石墨烯[50-52]。该方法可以精确控制石墨烯的加热功率/温度，加热效果仅集中在石墨烯区域。但这种情况下石墨烯样品需要悬浮；否则，大部分热量将消散到基底中。石墨烯的电阻直接关系到样品的清洁度。通过测量电流 - 电压曲线，可以现场监测石墨烯上污染物的去除情况。

已经按照12.2节中讨论的制造方法制备了几个悬浮的石墨烯样品。样品的SEM图像如图12.6所示，其中单层石墨烯带连接在100nm厚的金膜电极和传感器之间。实验中，采用超声微引线键合技术将四根30μm直径的引线连接到电极焊盘上。两根导线用于将电流施加到石墨烯，而另外两根导线用于测量沿石墨烯的电压降。

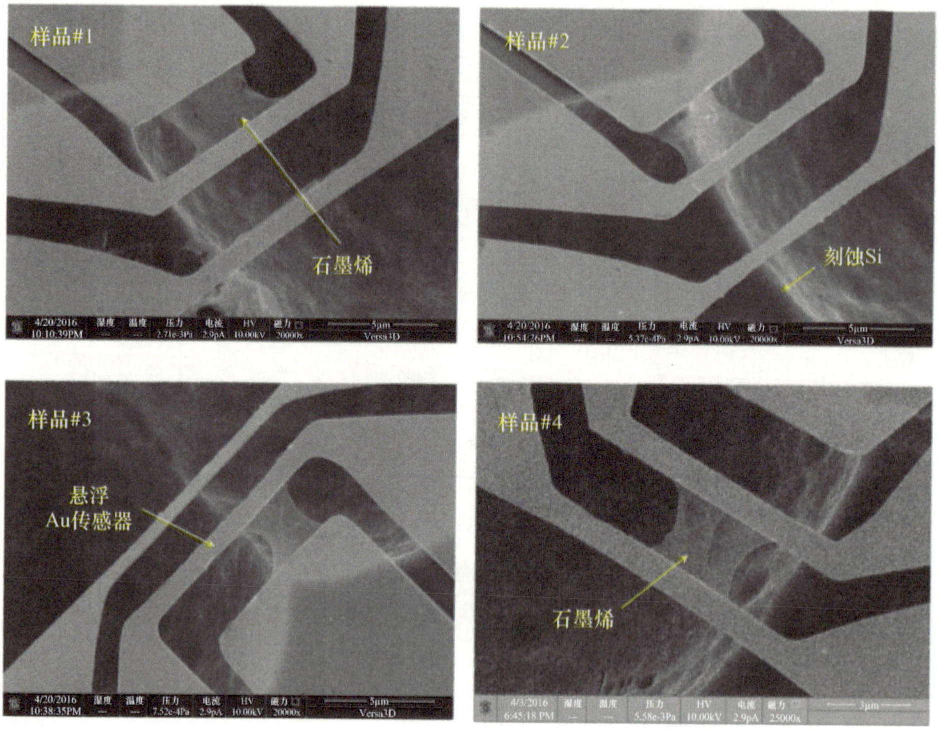

图12.6 制备的悬浮石墨烯样品用于电学测量
（经许可转载自文献[53]2016年英国物理学会出版社版权所有）

图12.7显示了当前退火过程中石墨烯的一系列SEM图像。在退火过程中拍摄原位图像。电流值和加热时间如图所示。开始时，当电流为零时，悬浮的石墨烯对电子束看起来是半透明的。石墨烯在电子束下的透明度与其清洁度有关。最后，当电流为1.08mA时，石墨烯的透明度大大提高。可以看出，随着电流的增加，SEM图像的背景颜色变深，这对应于电极处的偏置电压的增加。在电流增加到0.56mA，加热15min后，聚合物残余物开始通过熔化或升华从表面除去。然后，清洁面积随着电流和加热时间的增加而扩大。残留物的整个去除过程可在图12.7中清楚地看到。值得一提的是，残留物先在石墨烯带的中心消失，然后在电极附近的区域消失。该观察包括沿带的温度分布。最大的温升发生在中心，并且由于电极焊盘的厚度比石墨烯的厚度大300倍，所以石墨烯和电极连接处的温度几乎是环境温度。这一结果表明，高温是清洗石墨烯上残留物的关键因素。

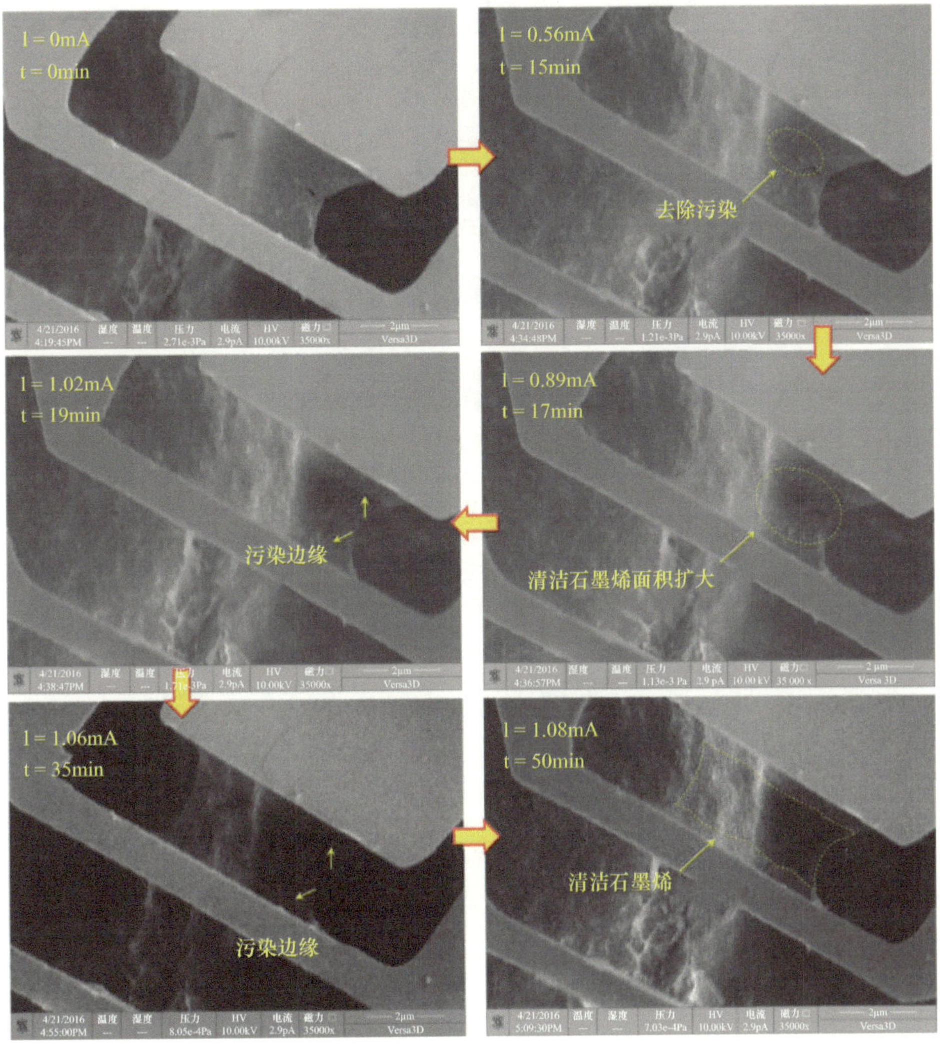

图 12.7　悬浮石墨烯上电流退火的原位测量(经许可转载自文献[53],
2016 年英国物理学会出版社版权所有)

使用商业有限元软件 COMSOL Multiphysics™ 计算石墨烯和电极垫的温度分布,如图 12.8所示。当污染开始在石墨烯上消失时,电流被设置为 0.56mA 用于模拟。石墨烯的平均温度和最高温度分别为 700K 和 851K。这个温度可以看作是清洗石墨烯的临界值。注意,该温度远高于用于真空退火的正常温度。另外,这可能是使用正常退火方法完全清洗石墨烯极其困难的原因。

图 12.9 显示了在退火过程中测量的悬浮石墨烯的电导率。黑色实线符号是在第一当前退火工艺中获得的数据,红色开路符号是在第二探测工艺期间再次测量的数据。可以看出,在第一加热过程中,电导率随着电压的增加而显著增加,最高 7V。在第二探测过程中,电导率随着电压的增加的斜率比以前小得多。在零电压下,样品#3 的电导率在电流退火后大 8 倍,这表明大多数污染物已经从石墨烯表面去除。注意,对于样品#1,电导率几乎与电压无关,这对于清洁的石墨烯非常独特。

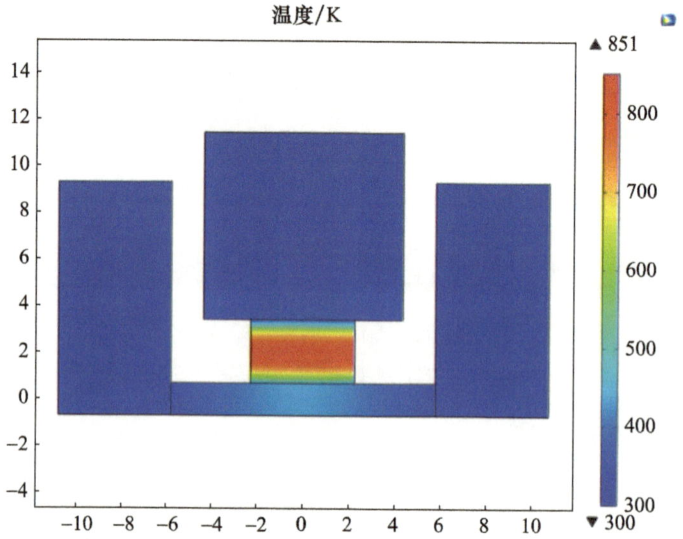

图 12.8　悬浮石墨烯以及电极焊盘和传感器的温度分布
（经许可转载自文献[53]，2016 年英国物理学会出版社版权所有）

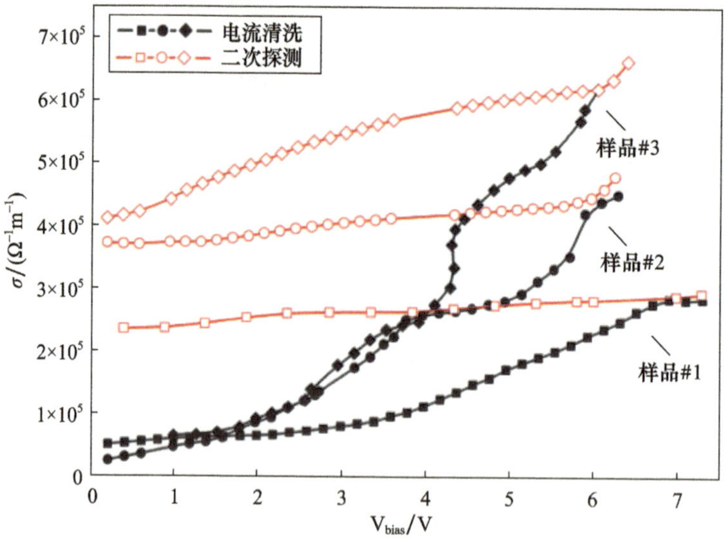

图 12.9　悬浮石墨烯带的电导率作为偏置电压的函数
（经许可转载自文献[53]，2016 年英国物理学会出版社版权所有）

虽然已知较高的温度（偏置电压）有助于更有效地清洁石墨烯，但是沿着悬浮的石墨烯的电压存在上限。如果偏置电压过高，样品将被破坏。

图 12.10 显示了悬浮石墨烯在高偏置电压下击穿前后的 SEM 图像。对于我们的样品，破坏石墨烯的临界电压约为 8V，这对于不同的样品可能不同。注意，石墨烯在击穿后在中间断裂。这与由严重焦耳加热引起的最高温度的位置一致。研究还表明，温度是影响石墨烯电子器件在高偏置电压下稳定性的重要因素。

拉曼光谱被认为是测试石墨烯表面清洁度的另一种可能的方法。我们制备了两种不同清洁度的样品用于拉曼测量。

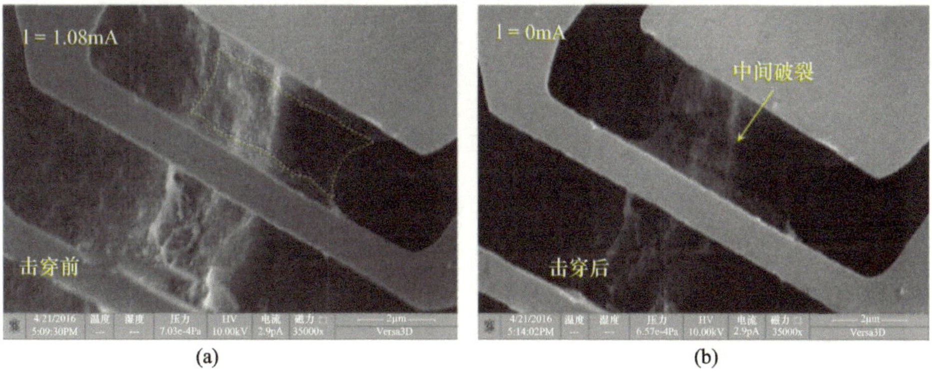

图 12.10　高偏置电压下悬浮石墨烯的击穿。(b)为中间断裂的样品 SEM 图像。

图 12.11 显示了用于测试的两个悬浮石墨烯带。很明显,左样品比右样品具有更多的污染。这两个样品的拉曼光谱已经测量,如图 12.12 所示。

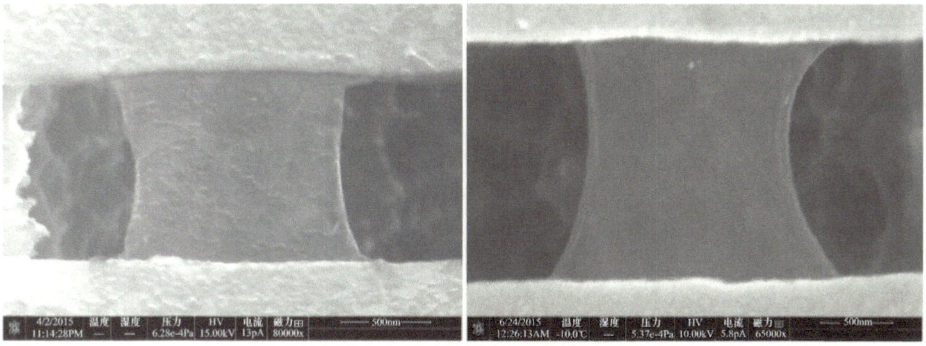

图 12.11　两种不同表面清洁度的悬浮石墨烯带的 SEM 图像。经许可可转载自文献[53]。2016 年英国物理学会出版社版权所有

从图 12.12 中可以清楚地看出,污染较多的样品表现出噪声较多的基线,并且 2D 峰和 G 峰之间的比率小于干净样品的比率。这表明拉曼光谱可用于检测石墨烯上的污染。然而,拉曼光谱对检测石墨烯上纳米厚的残留物不是那么敏感。在这种情况下,建议使用电流 - 电压测量或透射电子显微镜(TEM)。

实验中还测量了悬浮石墨烯的电导率和电荷迁移率。其结果如图 12.13 所示。

图 12.13 显示了悬浮清洁石墨烯的迁移率与栅极电压的函数关系。电荷迁移率可以计算为

$$\propto_{cv} = \frac{1}{n_{cv} e \rho} \tag{12.1}$$

式中:n_{cv}、e 和 ρ 分别为栅致载流子密度、元素、电荷和电阻。此处,n_{cv} 为

$$n_{cv} = C(V_g - V_{g0})/e \tag{12.2}$$

式中:C、V_g 和 V_{g0} 分别为栅极电容、栅极电压和电荷中和点处的电压。对于清洁的未掺杂石墨烯,V_{g0} 接近于 0[42,50]。

由于大部分污染物已经从石墨烯中去除,在计算中可以忽略不均匀性引起的载流子。载流子密度 n_{cv} 随栅极电压 V_g 的增加而增加;结果,测量的迁移率 μ_{cv} 降低并接近某一值。

高栅电压下的最终迁移率与文献中报道的值相当一致[42]。这种一致性是下述两个相反因素的结果。

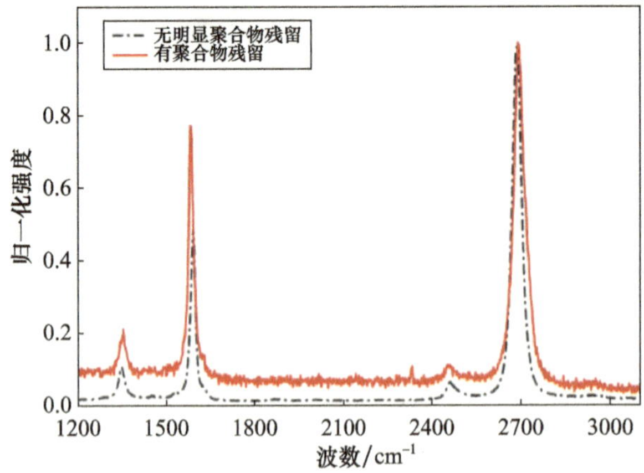

图 12.12 两种不同表面清洁度样品的拉曼光谱

（经许可转载自文献[53]，2016 年英国物理学会出版社版权所有）

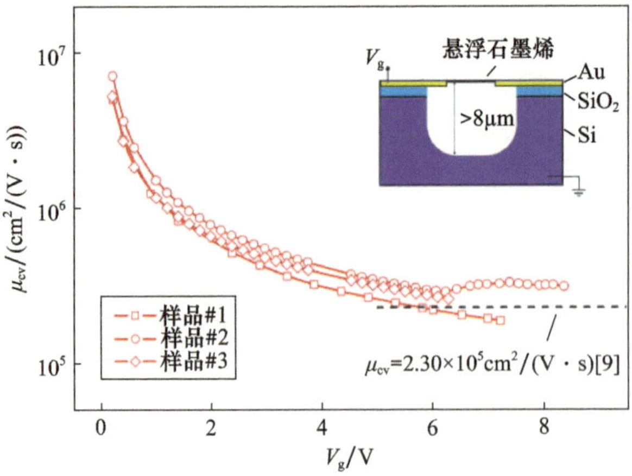

图 12.13 清洁石墨烯的电荷迁移率与栅极电压的函数关系

（虚线表示文献[42]中报道的最高迁移率之一，经许可转载自文献[53]，2016 年英国物理学会出版社版权所有）

一个是独立石墨烯和基底之间的大距离，约为 8μm。基于平行板电容器的模型，栅极电容可以计算为 $C=\varepsilon_0/d$，其中，ε_0 为真空介电常数；d 为石墨烯和硅基底之间的距离。石墨烯下方的大深度导致小电容 C 和低载流子密度 n_{cv}。对于样品，栅极电容约为 1.1aF/μm^2，远小于文献[42]中报道的 47aF/μm^2。根据式(12.1)，在相同的栅极电压下，较低的载流子密度导致较大的充电器迁移率。

第二个因素是石墨烯样品的大电阻。由于图 12.6 所示样品长度较大，石墨烯的电阻（清洗后约 3000 Ω）大于文献报道的短样品[42]。如式(12.1)所示，迁移率与电阻 ρ 成反比，而不是与电导率 σ 成反比。在相同清洁度等级下，较长的石墨烯具有较大的电阻和较低的电荷迁移率。

电流退火后的清洁石墨烯的迁移率 $3.8\times10^5 cm^2/(V\cdot s)$ 是迄今为止报道的最高值

之一。这一结果比基底上负载石墨烯的迁移率大 38 倍[54]。证明了悬浮结构对于制造高性能石墨烯电子器件至关重要。

到目前为止,我们已经讨论了基底和污染对石墨烯电性能的影响。影响电性能的另一个重要因素是石墨烯中的缺陷。如果石墨烯中产生更多的缺陷,其电导率将显著降低。

图 12.14 显示了间接聚焦离子束(FIB)照射下的悬浮石墨烯带。这里,间接照射是指离子束不直接聚焦在石墨烯上,而是通过样品的左侧。如果石墨烯经历直接 FIB 照射,即使在毫秒内,膜上也会出现纳米孔。在图 12.14 的情况下,一些从主束散射的高能镓离子将损坏石墨烯晶格。FIB 照射前后的拉曼光谱清楚地反映了样品中增加的缺陷。D 带峰值显著增加,而 2D 带峰值变得小得多。与 FIB 照射前的原始样品相比,所有峰值变宽,基线噪声增加。

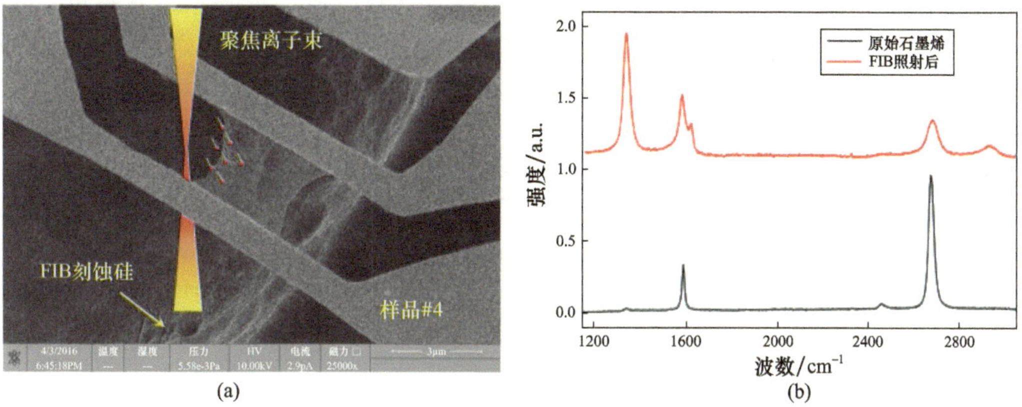

图 12.14 (a)悬浮石墨烯间接 FIB 照射示意图;(b) FIB 照射前后石墨烯样品的拉曼光谱
(经许可转载自文献[53],2016 年英国物理学会出版社版权所有)

图 12.15 显示了具有和不具有来自 FIB 照射的人工缺陷的两个样品之间的比较。具有缺陷的样品#4 的电荷迁移率是原始样品#3 的电荷迁移率 1/100。结果表明,与基底和污染物的影响相比,缺陷对石墨烯电学性能的影响最为显著。另外,这为通过控制 FIB 的辐照剂量来有效调节石墨烯的电性能开辟了一条新的途径,这可能有助于设计新的电子器件。

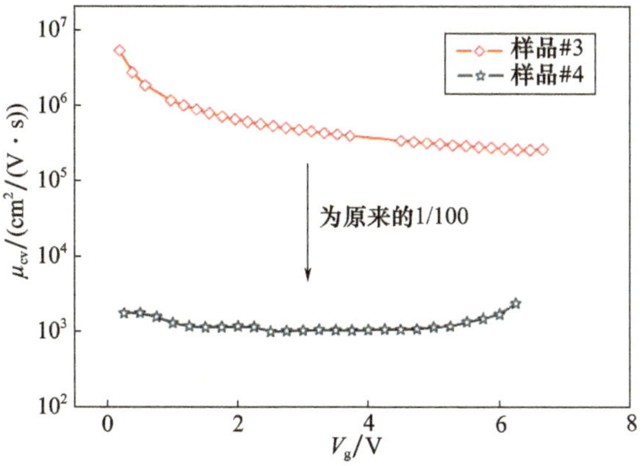

图 12.15 有无人工缺陷的石墨烯样品的电荷迁移率
样品#3 是没有 FIB 照射的原始石墨烯;样品#4 是 FIB 照射后的石墨烯
(经许可转载自文献[53],英国物理学会出版社 2016 年版权所有)。

12.3.2 石墨烯的热学性质

声子是石墨烯中的主要能量载体。几种声子散射因子，即倒逆散射、声子边界散射、声子缺陷散射等，对石墨烯中的热传输有不同的影响。精确测量和理解石墨烯的热导率可以揭示石墨烯独特的二维传热机制，为进一步设计热功能器件提供重要价值。到目前为止，已经提出了一些测量技术来测量悬浮石墨烯的热导率[39,54-58]。其中，常用的有拉曼光谱和微桥法。在拉曼方法中，通过检测G带峰位移来测量石墨烯的温度。由于拉曼峰位移对许多不同的因素敏感，即掺杂浓度、应力、激光能量、聚焦条件、温度等，温度测量的精度和灵敏度受到限制。其次，只有具有完美晶格结构的原始石墨烯才具有强而尖锐的拉曼峰，这是温度测量的基础。对于缺陷工程石墨烯，晶格结构被破坏，G带峰明显减弱和加宽。在这种情况下，拉曼峰位移几乎与温度无关，并且拉曼光谱不再可用于热测量。

相反，电热微桥法不受上述限制。在这种方法中，铂电阻加热器和温度计支撑在两个悬挂的微垫上，确保了较高的温度灵敏度。石墨烯带悬挂在两个微垫之间，其热导率可以通过测量两个垫之间的温差和铂加热器的电加热功率来确定[57-58]。铂电阻温度计可以进行精确的温度测量，分辨率优于0.1K。更重要的是，该方法不受样品晶格质量的限制。可以以相同的精度测量具有完美晶格结构或具有明显缺陷的石墨烯。该方法特别适用于缺陷工程样品的测试。然而，将单层石墨烯带转移到悬浮的微垫上相当具有挑战性，限制了该方法的广泛应用。目前12.2节描述的悬浮石墨烯器件的制造方法为我们提供了一个测量石墨烯热导率的完美平台，拓展了微桥法的应用范围。

已经制备了几个悬浮的石墨烯样品用于测量，如图12.16所示。这里，石墨烯带以100nm的厚度悬浮在金微传感器和散热器之间。所有的器件从硅基底上释放。

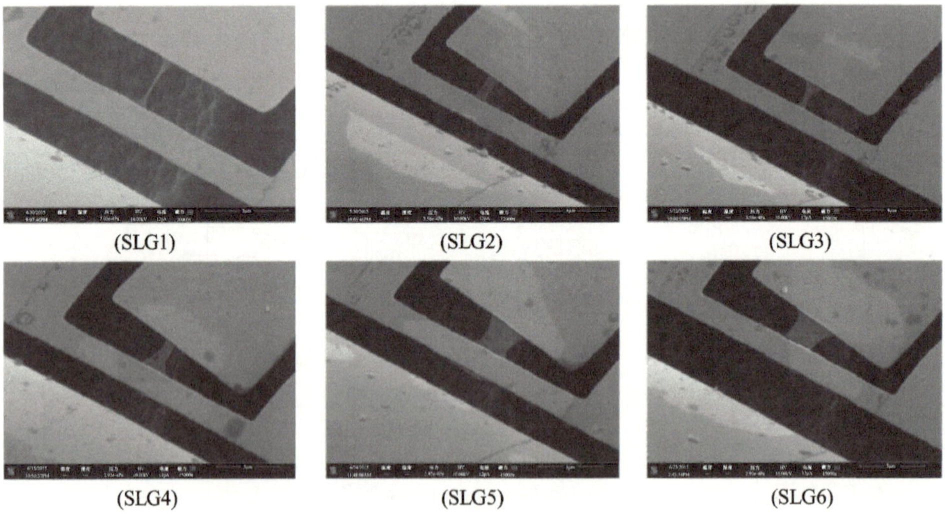

图12.16 六个悬浮单层石墨烯(SLG)样品的SEM图像。经许可转载自文献[39]。2016年自然出版集团版权所有

图12.16中的石墨烯带有不同的形式，如完整的平膜(SLG5和SLG6)、卷成绳状的膜(SLG1)和具有纳米孔的膜(SLG4)。不同的带状宽度和缺陷会影响石墨烯中的热传输。

由于石墨烯带和传感器形成一个“T”字母形，这种方法也被命名为T形传感器法。

T形传感器的原理如图12.17所示。T形传感器法已广泛应用于测量不同纳米材料的热导率,如单个碳纳米管、纳米线等[59-60]。首先,用直流电流加热没有样品的裸露传感器,并通过检测传感器的电阻变化来测量传感器T_1的平均温度。在这里,传感器同时用作焦耳加热器和电阻温度计。由于传感器的尺寸(10μm×1μm×100 nm)远小于电极垫,电极垫可以看作是恒温T_0的散热器。在相同的电加热功率下测量连接到石墨烯带的传感器的温度T_2。由于部分热量通过石墨烯从传感器传导到散热器,温度$T_2 < T_1$。T_1和T_2之间的温差与石墨烯的热导率直接相关。如果热导率较高,则可以将更多的热量从传感器传输到散热器,并且温差将变得更大。因此,可以通过测量T_1和T_2之间的温度差来确定石墨烯的热导率。值得注意的是,石墨烯带的宽度可与传感器的长度相媲美。一维热传导模型不适用于石墨烯。二维热分析是计算石墨烯热导率的必要手段。这里使用商业有限元软件COMSOL Multiphysics™来计算传感器以及石墨烯带的温度分布。结果如图12.18所示。

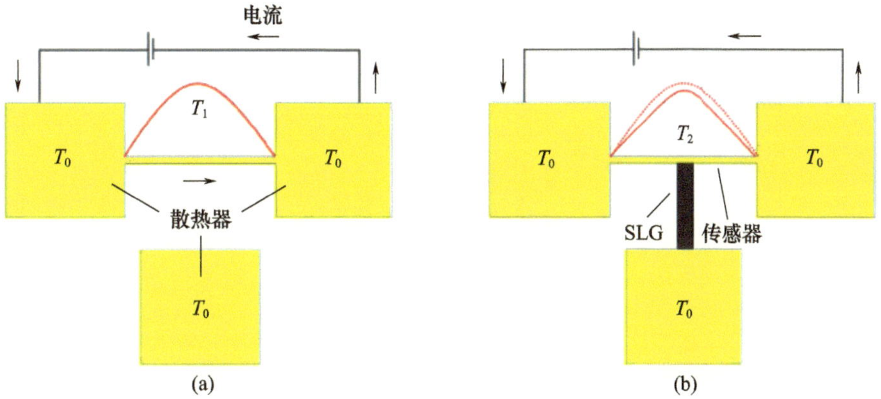

图12.17 测量石墨烯热导率的T形传感器原理
(a)没有样品的传感器的温度分布;(b)热传导到样品中的传感器的温度分布
(经许可转载自文献[39],2016年自然出版集团版权所有)。

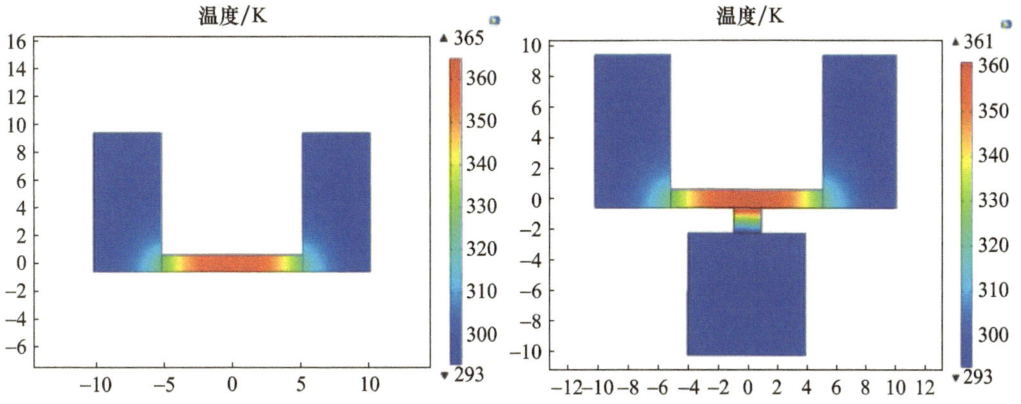

图12.18 有和没有石墨烯带的T形传感器的温度分布
(经许可转载自文献[39],2016年自然出版集团版权所有)

传感器和石墨烯带的几何尺寸、传感器的热导率和电加热功率作为给定参数输入。石墨烯的热导率是唯一的未知参数。将计算出的有无石墨烯带的传感器温差与实验数据进行比较，可以确定石墨烯的热导率。图 12.18 显示了原始石墨烯 SLG5 的示例；其他样品遵循相同的方法。根据仿真结果，如果石墨烯带两端的温差为 17K，有和没有石墨烯时，传感器的平均温度变化约为 1K。这就是具有高热导率的原始石墨烯的情况。对于热导率较低的缺陷工程石墨烯，实验中需要较大的温度梯度。

热分析中的另一个重要问题是石墨烯与金属薄膜之间的接触热阻。采用翅片模型估算了接触热阻[57]，分析了支撑石墨烯与金属薄膜之间的热传导。在此模型中，$R_{int} = 4 \times 10^{-8} m^2/(K \cdot W)$为单位面积界面热阻，表示石墨烯与金属之间的热相互作用[61]。计算出的接触热阻的数量级为 1×10^5K/W，约为石墨烯带总热阻的 10%。考虑到这一点，6 个石墨烯样品的测量热导率如图 12.19 所示。

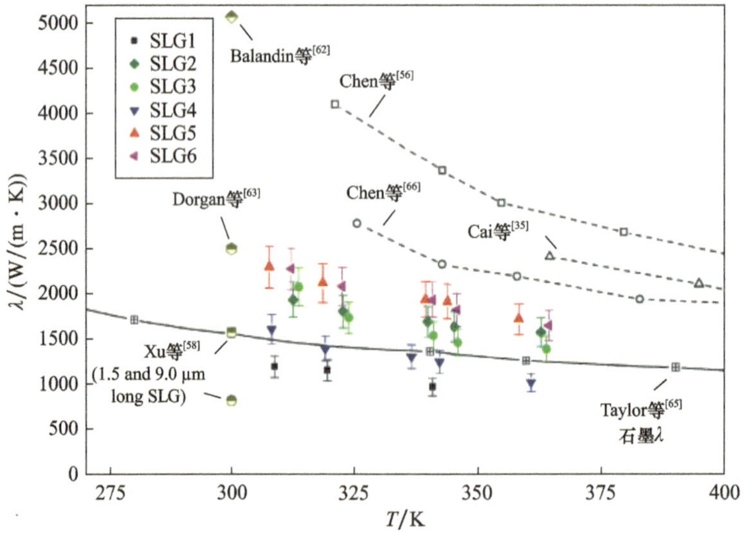

图 12.19　6 个悬浮石墨烯样品的热导率（经许可转载自文献[39]，2016 年自然出版集团版权所有）

单层石墨烯的厚度为 0.334nm。测量温度范围为 313～263K，这受到商用 Peltier 台的限制。所有的测量都在真空优于10^{-3}Pa 的 SEM 室中完成。热对流和热辐射的影响可以忽略。利用拉曼光谱证实了石墨烯样品良好的晶格质量。结果表明，无明显边缘卷曲或缺陷的宽而清洁的石墨烯在 2200W/(m·K)附近具有最高的热导率。由于声子的倒逆散射，热导率随着温度的升高而降低。对于具有纳米孔的样品，由于额外的声子－缺陷散射，热导率会降低。样品 SLG1 的热导率在所有 6 个样品中最低，因为卷边引起强烈的界面散射。理论上，卷边石墨烯不再是单层，更像多层碳纳米管。这也表明悬浮单层结构是石墨烯优异热导率的基础[64]。

人们一直试图通过缺陷工程来调谐石墨烯的热物理性质。如果对石墨烯晶格进行额外的缺陷，其热导率可以大大降低。然而，由于样品制作和测量的困难，该技术的数据报道很少。在此，我们使用聚焦 FIB 在石墨烯样品 SLG5 和 SLG6 中产生纳米孔缺陷，如图 12.16 所示。由于石墨烯的厚度极小，短时间（小于 1s）的照射就可以在石墨烯中形成孔隙。

图 12.20 显示了 FIB 照射后石墨烯的 SEM 图像，其中 12.20(a)～(c)是照射 0s、1s 和几秒后 SLG5 的图像。在照射几秒后，带被完全切断。图 12.20(d)～(f)是 SLG6 在照射 0s、1s 和 3s 后的图像。显然，孔的尺寸随着照射时间的增加而增加。通过仔细控制

FIB 的照射时间和剂量,我们可以在石墨烯中产生直径为 40nm 左右的纳米孔。采用 EB/FIB 双光束系统 FEI Versa3D™进行纳米加工。

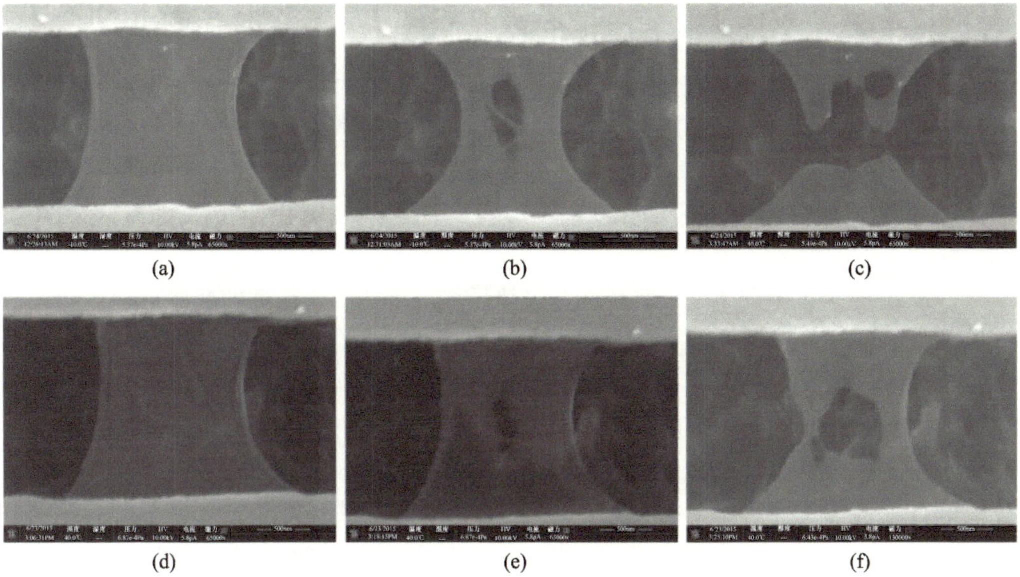

图 12.20 通过 FIB 照射制备的石墨烯中的纳米孔
(a)~(c)离子束辐照 0s、1s 和几秒后的样品#5;(d~f)离子束辐照 0s、1s 和 3s 后的样品#6。
经许可转载自文献[39]。2016 年自然出版集团版权所有

再次测量了具有纳米孔的石墨烯的热导率,以与 FIB 照射前的值进行比较。其结果如图 12.21 所示。可见,SLG5 的热导率在 1s FIB 照射后降低到约 50%。结果表明,离子束对石墨烯晶格产生明显的缺陷,抑制了石墨烯中的热传输。另外,纳米孔为石墨烯带来了额外的边缘,并增加了边界处的声子散射。比较辐照 1s 后的样品 SLG4 和 SLG5,两种

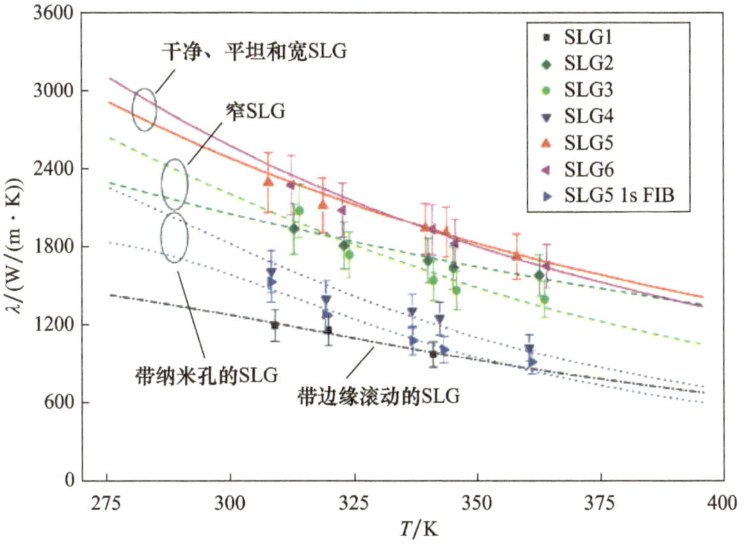

图 12.21 具有纳米孔的石墨烯的热导率。经许可转载自文献[39]。
2016 年自然出版集团版权所有

样品的宽度几乎相同，这意味着两种样品的声子边界散射效应相似，但 SLG4 的热导率更高。结果表明，离子束在远离纳米孔的石墨烯晶格上产生点缺陷。这种影响进一步降低了石墨烯的热导率。图 12.21 的结果证实，FIB 是石墨烯缺陷工程的有效方法，并且可以通过改变 FIB 的剂量和照射时间来调节其热导率。

除缺陷的影响之外，石墨烯带的几何尺寸对石墨烯的热导率也有显著影响。最近的实验指出，单层石墨烯的热导率在长度上具有不寻常的对数发散趋势[58]。作者认为，石墨烯的发散长度相关的热导率是由于在非平衡稳态条件下声子布局的降维和位移共同造成的。自然可以预期，石墨烯带的宽度也对其热导率有影响。利用 T 形传感器方法，在实验中测量了不同宽度的石墨烯带。

图 12.22 显示了不同宽度石墨烯的测量热导率。用拉曼法得到的实验数据也用于比较[55-56]。可见，使用 T 形传感器测量的结果与拉曼法测量的结果处于同一水平，但 T 形传感器的测量精度要好得多。两种方法都给出了热导率随温度升高而下降的趋势。在相同温度下，拉曼法的结果高于 T 形传感器法。这很可能是由于拉曼法中石墨烯样品尺寸大、清洁度较高，其中样品的制备相当简单，只需将石墨烯从铜箔转移到有孔的基底上。图 12.22 中最重要的结论是，较宽的石墨烯带比较窄的带具有更高的热导率。当样品宽度从 1μm 变为 2μm 时，热导率将提高 10%。图 12.22 中所示的石墨烯样品具有相同的长度，约为 1.6μm。为了提供石墨烯热导率的定量分析，这里使用晶格动力学理论：

$$\lambda = \frac{1}{4\pi k_B T^2 \delta} \sum_{s=\mathrm{TA,LA,ZA,TO,LO,ZO}} \int_{q_{\min}}^{q_{\max}} \left\{ [\hbar\omega_s(\boldsymbol{q})\, v_s(\boldsymbol{q})]^2 \times \tau_s(\boldsymbol{q}) \frac{\exp[\hbar\omega_s(\boldsymbol{q})/k_B T]}{(\exp[\hbar\omega_s(\boldsymbol{q})/k_B T]-1)^2} \boldsymbol{q} \right\} \mathrm{d}\boldsymbol{q} \tag{12.3}$$

式中：λ、k_B、$\hbar$、ω_s、τ_s、$\boldsymbol{q}$ 和 T 分别为热导率、玻耳兹曼常数、约化普朗克常数、声子频率、弛豫时间、波矢量和温度，$\delta = 0.35$ nm 是石墨的平面间距。$v_s = \mathrm{d}\,\omega_s/\mathrm{d}\boldsymbol{q}$ 是群速度。下标 s 代表 6 个不同的声子极化分支，包括 3 个声学分支（TA、LA、ZA）和 3 个光学分支（TO、LO、ZO）。变量 ω_s、v_s 和 τ_s 由价力场方法计算[68]。模型中考虑了两种重要的声子散射机制，即倒逆散射和边界散射。

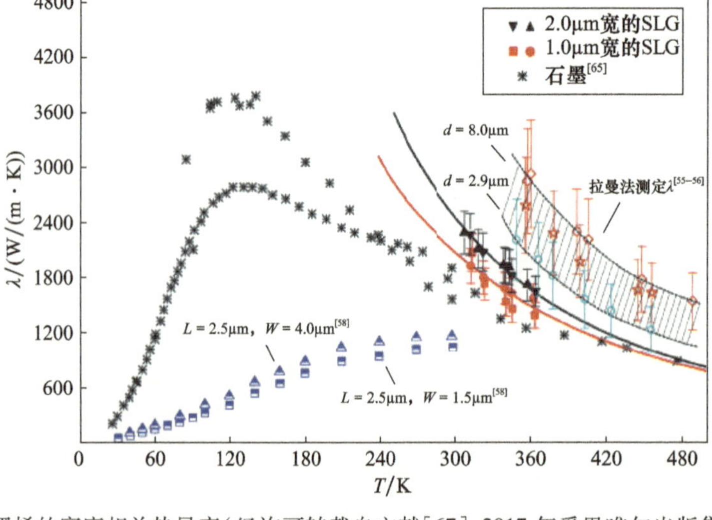

图 12.22 石墨烯的宽度相关热导率（经许可转载自文献[67]，2017 年爱思唯尔出版集团版权所有）

$$\tau_{U,s}(\boldsymbol{q})=\frac{1}{\gamma_s^2}\frac{M\bar{v}_s^2}{k_B T}\frac{\omega_{s,\max}}{\omega_s^2(\boldsymbol{q})},\tag{12.4}$$

$$\tau_{B,s}(\boldsymbol{q})=\frac{W}{v_s(\boldsymbol{q})}\frac{1+p}{1-p},\tag{12.5}$$

式中：$\tau_{U,s}$和$\tau_{B,s}$为声子倒逆散射和边界散射的弛豫时间；γ_s、$\bar{v}_s$ 和 M 分别为石墨烯晶胞的 Gruneisen 参数、平均声子速度和石墨烯单位晶格的质量；$\omega_{s,\max}=\omega_s(q_{\max})$ 为最大截止频率；W 为 SLG 带的宽度；p 为石墨烯边缘处的镜面反射度参数。使用马西森定则，总松弛时间可计算为

$$\tau_s(\boldsymbol{q})=\left[\frac{1}{\tau_{U,s}(\boldsymbol{q})}+\frac{1}{\tau_{B,s}(\boldsymbol{q})}\right]^{-1}\tag{12.6}$$

需要提及的是，式(12.3)是计算石墨烯热导率的经验公式。该模型中的几个可调节参数，即 p 和 $\omega_{s,\max}$，只能从实验中确定。图 12.22 中的实线是基于式(12.1)的最佳拟合结果。

理论模型表明，边界处的声子散射对石墨烯的热导率有不可忽略的影响，但这种影响不及长度效应显著。在长度方向上，声子的平均自由程(MFP)直接受到悬浮石墨烯有限长度的限制。最近的声子理论表明，悬浮单层石墨烯中声子的 MFP 可以大于几微米[69]。由此看来，有限的长度缩短了声子的 MFP，并相应地降低了热导率。然而，在宽度方向上，声子边界散射不直接影响 MFP。横向边界限制了二维膜中的声子输运。对于宽石墨烯带，镜度参数 $p=0.90$，而对于窄带，镜度参数 p 略小，$p=0.85$。这意味着窄带具有更粗糙的边界，更多的声子在边缘漫散射。这种有限宽度的限制仅在声子的 MFP 与石墨烯的宽度相当时才有效。当样品宽度远大于声子的 MFP 时，这种限制将消失。这也是石墨烯的宽度依赖热导率具有收敛效应的原因，而不像长度依赖的发散效应。

12.4 悬浮性石墨烯的热蒸馏效应

根据 12.2 节和 12.3 节讨论的实验结果，可以得出结论，悬浮石墨烯的电学和热学性质对样品质量和表面条件非常敏感。基底耦合、污染、纳米孔缺陷和边缘变形对石墨烯的性能有显著影响。另外，其证明了悬浮的石墨烯是设计电和热功能器件的完美平台。例如，石墨烯的热导率随其几何尺寸和结构缺陷而变化。这意味着我们能够通过改变石墨烯的尺寸或在原始晶格中引入更多的缺陷来调节石墨烯的热导率。一个有趣的研究课题是制造高效的石墨烯热整流器。

热整流是一种类似二极管的现象，其中热通量在温度梯度的不同方向上变化[70-71]。广泛应用于独立热驱动计算机以及能量采集和存储系统[72-73]。热校正因子定义为 $\eta=|\lambda_F-\lambda_B|/\lambda_B$，其中，$\lambda_F$ 和 λ_B 为向前和向后热流方向上的热导率。预计在过去十年中，纳米材料将具有较高的热整流系数。但早期的实验表明，不对称质量沉积的单个碳纳米管仅具有 7% 的热整流系数[70]。近年来，人们发现石墨烯是一种很有前途的制造高效热整流器的材料。许多分子动力学(MD)模拟报道通过设计不同的不对称石墨烯结构来实现高的热整流系数，其中最高因子超过 100%[74-78]。然而，据我们所知，石墨烯热整流的实验演示仍然是一个缺失的部分。

实验中的关键问题是用高精度传感器和电极制备悬浮单层石墨烯。为了测量同一石

墨烯样品在不同热流方向的热导率，微桥法是最推荐的策略。然而，如上所述，将单层石墨烯带转移到悬浮传感器上是一项相当具有挑战性的工作。12.2 节中描述的新制造方法提供了一种更可行的方法来创建悬浮石墨烯器件。

图 12.23 显示了中间连接有悬浮石墨烯带的 H 形传感器的 SEM 图像。H 形传感器的测量原理与上述 T 形传感器相似。一个传感器用作焦耳加热器，另一个传感器用作精密电阻温度计。试样连接在两个传感器之间，作为唯一的导热通道。两个传感器的温度通过使用四端感测方法测量。如果样品的热导率较高，则两个传感器之间的温差将较小。通过测量两个传感器之间的温差和加热器的电功率来确定样品的热导率。与 T 形传感器相比，H 形传感器的温度灵敏度更高，精度更大，因为同时测量样品两端的温度，实验中不需要切割样品。更重要的是 H 形传感器非常适合测量热整流系数。通过简单地改变两个传感器的电功率，可以反转测试样品中的热流方向。

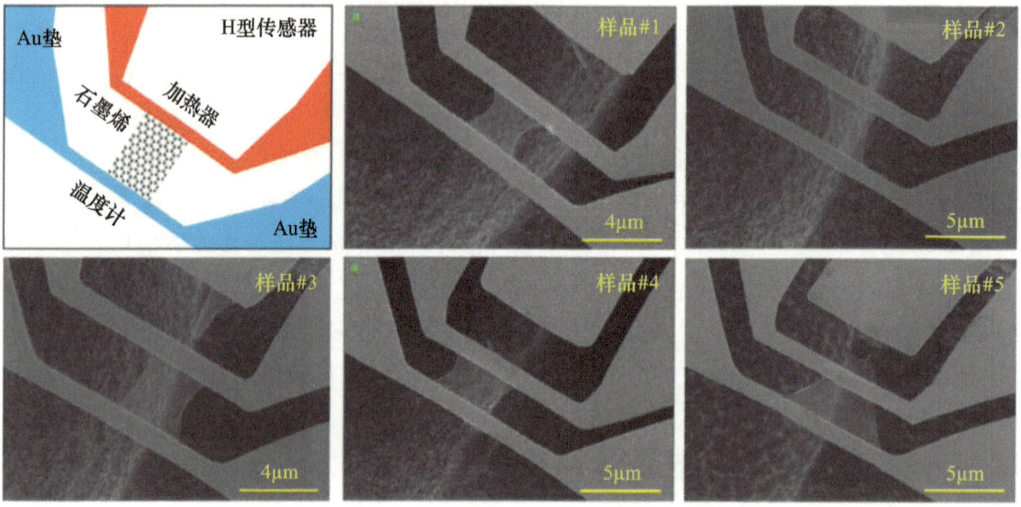

图 12.23 悬浮石墨烯带的 H 形传感器的 SEM 图像
（经许可转载自文献[79]，2017 年自然出版集团版权所有）

在 H 形传感器方法中，基于 COMSOL Multiphysics™ 的二维热分析计算石墨烯的热导率。图 12.24 显示了图 12.23 中石墨烯样品#1 的热分析结果示例。图 12.24(a)、(b)分别代表 H 形传感器在不同热流方向上的温度分布。

图 12.25 显示了两个传感器测量的电阻随加热功率的变化。可以看出，传感器的电阻随着加热功率的增加而成比例地增加。对每个传感器预先校准电阻温度系数。考虑到这一点，可以精确地计算每个传感器的温度。在实验中，传感器的最高温升控制在约 35K。缺陷工程后，传感器的高温升使我们可以获得低热导率石墨烯可检测的温度响应。H 形传感器的温度分辨率估计为 0.01K。在考虑尺寸测量、珀尔帖级温度波动、电阻测量和热分析的误差后，传感器温度和热导率的不确定度分别约为 2.3% 和 5%。实验在高真空下进行。通过对流和热辐射的热损失可以安全地忽略。

与 12.3 节 T 形传感器相同，需要详细考虑接触热阻的影响。经过仔细计算，石墨烯带的接触热阻与总热阻的最大比值为 12.3%[79]。如果缺陷工程后石墨烯的热导率降低到 500 W/(m·K)，则接触热阻小于总热阻的 3%。

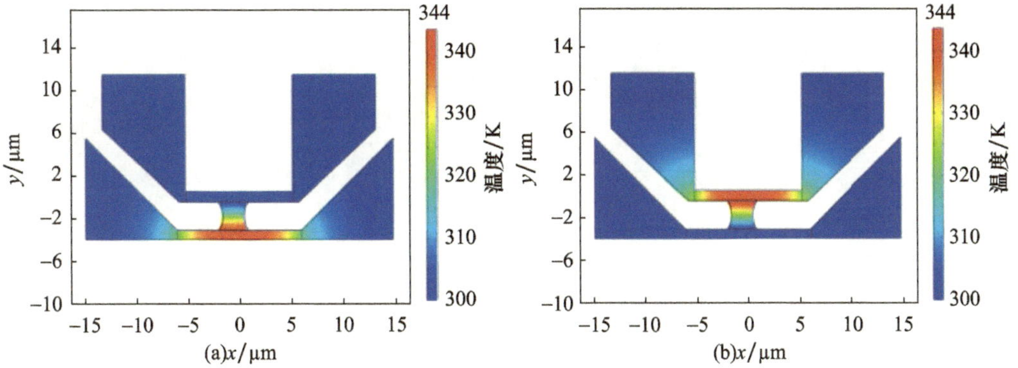

图 12.24　石墨烯带 H 形传感器的温度分布
(a)热量从下向上流动的 H 形传感器的温度分布;(b)热量从上向下流动的 H 形传感器的温度分布。
(经许可转载自文献[79],2017 年自然出版集团版权所有)

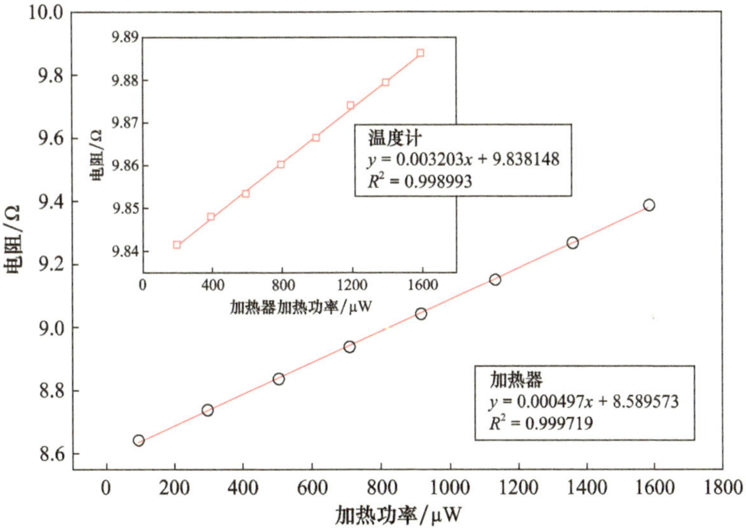

图 12.25　两个传感器的电阻变化作为加热功率的函数
(经许可转载自文献[79],2017 年自然出版集团版权所有)

图 12.26 显示了 FIB 制造后 3 个石墨烯样品的 SEM 图像。离子束聚焦在石墨烯带的一端附近,并产生几个纳米孔。平均孔径约为 100 nm。石墨烯在引入非对称纳米孔缺陷后发生热整流。

图 12.27 给出了带和不带纳米孔的石墨烯样品#1、#2 和#3 的测量热导率。可以看出,没有纳米孔缺陷的原始石墨烯具有超过 2000W/(m·K)的高热导率。该结果与 12.3 节中 T 形传感器测量的值一致。由于声子 - 声子散射,石墨烯的热导率随着温度的升高而降低,表明样品具有良好的晶格质量。更重要的是,原始石墨烯在不同热流方向的热导率在 2% 误差内相同。在这种情况下不发生热整流。另外,由于强烈的声子 - 缺陷散射,具有纳米孔的石墨烯的热导率明显小于原始样品的热导率。然而,在这些缺陷样品中发生明显的热整流。热导率在从纳米孔区域到没有孔的区域的热流方向上最多大 28%。图 12.27 中的实线是通过使用 12.3 节中描述的晶格动力学模型计算的石墨烯热导率的理论预测。

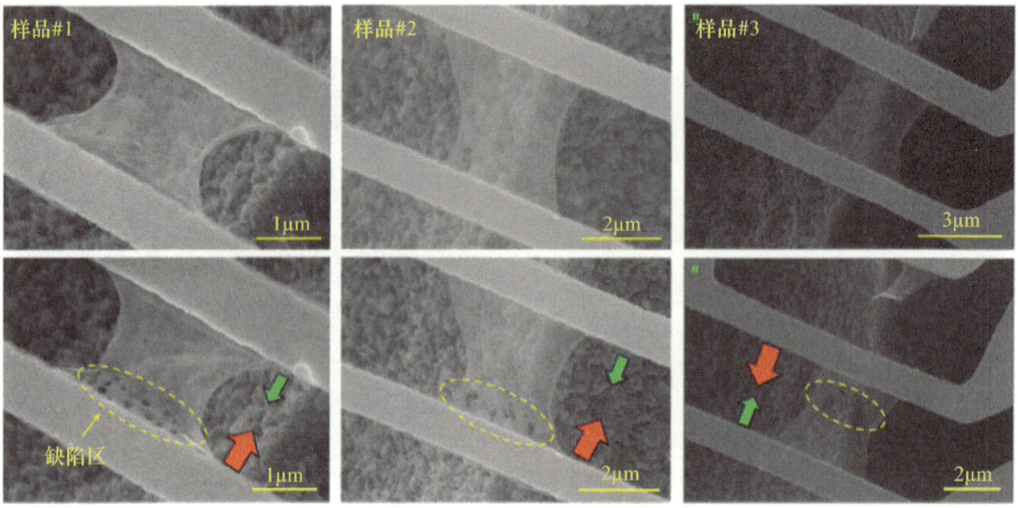

图 12.26 具有和不具有纳米孔的悬浮石墨烯带的 SEM 图像。经许可转载自文献[79]。2017 年自然出版集团版权所有

图 12.27 中观察到的热整流的物理机制可以用石墨烯热导率的非对称温度依赖性来解释。图 12.28 为热整流原理示意图。

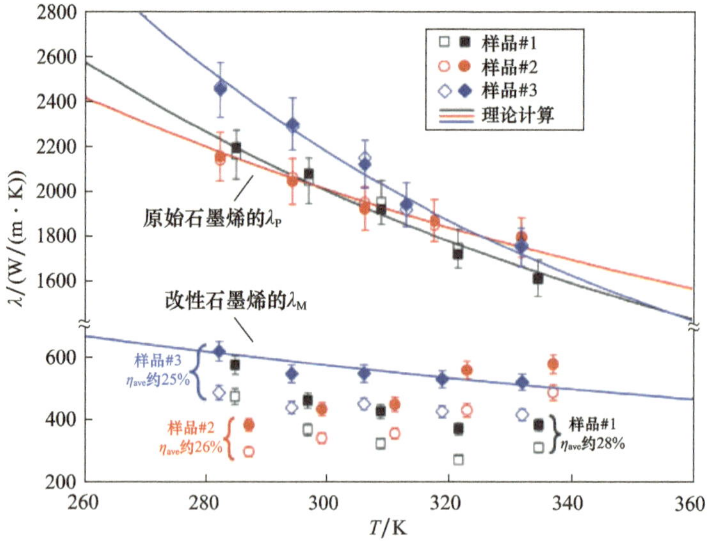

图 12.27 两个热流方向的石墨烯样品#1、#2 和#3 的热导率

实线和空心符号表示不同热流方向的结果。

（经许可转载自文献[79]，2017 年自然出版集团版权所有）

如图 12.27 所示，纳米孔缺陷降低了石墨烯的热导率。同时，热导率的温度依赖性也发生了变化。在缺陷工程石墨烯样品中，主要的声子散射因子是声子－缺陷散射。由于石墨烯中的缺陷浓度主要由离子束辐照的剂量决定，与温度无关。因此，声子－缺陷散射与温度无关。在不同温度下，缺陷石墨烯的热导率几乎恒定。如图 12.28 所示，如果石墨烯的纳米孔区域处于低温，则缺陷对石墨烯中的传输声子施加更多的限制，热导率将更多

地降低。相反,如果石墨烯的纳米孔区域处于高温,则在低温区的传输声子受纳米孔缺陷的影响较小,并且石墨烯的总热导率变得相对较大。值得一提的是,热整流系数取决于石墨烯带两端的温差。温差小,整流系数降低。

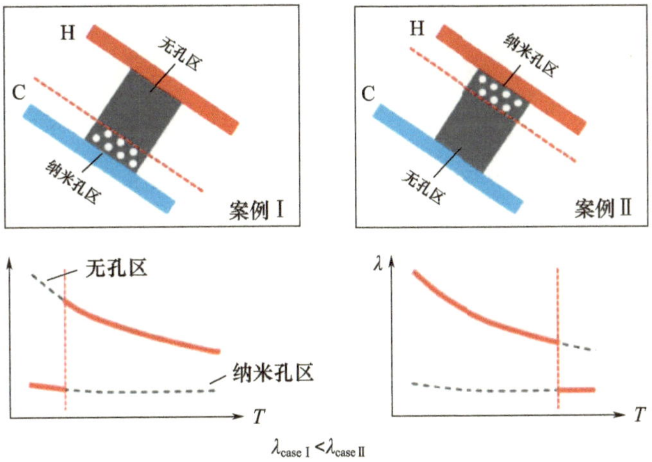

图 12.28 缺陷石墨烯带中热整流的物理机制(经许可转载自文献[79],2017 年自然出版集团版权所有)

另一种在石墨烯中引起热整流的方法是在不破坏原始晶格的情况下产生不对称结构。在这种情况下,石墨烯在保持其高热导率的同时发生热整流。

图 12.29 显示了具有非对称结构的石墨烯样品#4 和#5 的 SEM 图像。在样品#4 中,通过使用电子束诱导沉积(EBID)方法在石墨烯的一端上沉积几个碳纳米粒子。黄色虚线圆突出显示了石墨烯的沉积区域。在样品#5 中,在电子束光刻和 O_2 等离子体照射过程中将石墨烯带切割成梯形形状。按照上述相同的实验时间表,在 EBID 前后在两个相反的热流方向上测量了石墨烯的热导率两次。图中红色大箭头表示热导率较大的方向。

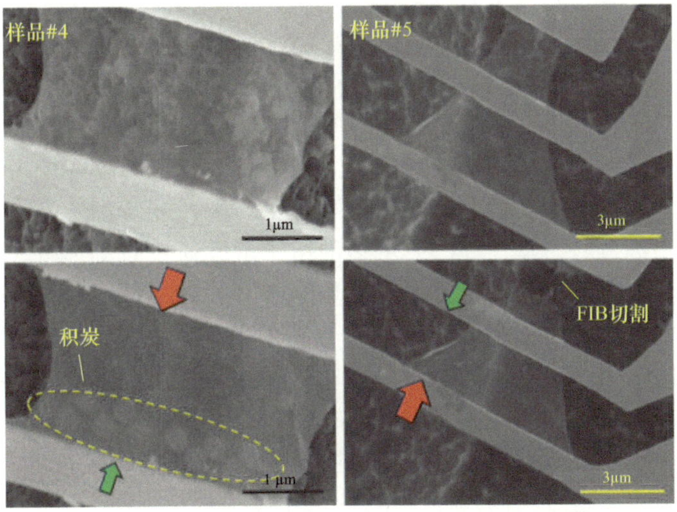

图 12.29 具有非对称结构的石墨烯带的 SEM 图像(经许可转载自文献[79],2017 年自然出版集团版权所有)

测得的石墨烯样品#4 和#5 的热导率如图 12.30 所示，其中实心和空心符号表示两个相反热流方向的结果。对于沉积纳米粒子之前的样品#4，当反转热流方向时，石墨烯的热导率几乎恒定。在石墨烯的一端沉积纳米粒子后，在从清洁区到沉积区的热流方向上，热导率较大。整流系数约为 10%。类似地，样品#5 的热导率在从宽端到窄端的热流方向上较大，并且整流系数也为 10%。

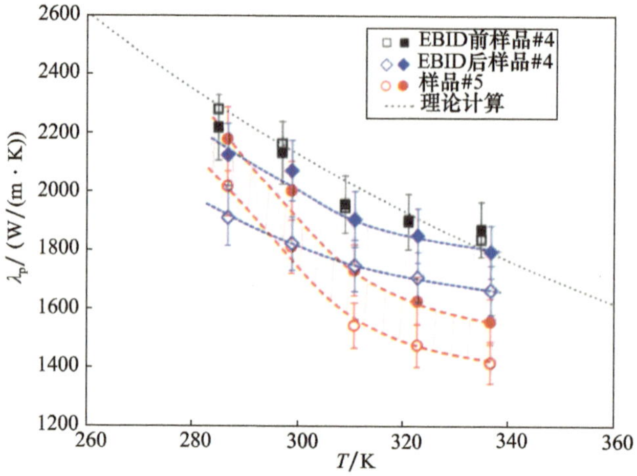

图 12.30 石墨烯样品#4 和#5 在两个热流方向上的热导率

实线和空心符号表示不同热流方向的结果(经许可转载自文献[79]。2017 年自然出版集团版权所有)。

样品#4 和#5 的相同的热整流系数可以表明这两个样品具有相似的物理机制。为了理解实验数据背后的物理，我们进行了大型 MD 模拟来研究非对称石墨烯带中的声子转移。MD 模拟畴的正常尺寸为几十或几百纳米，远小于真实石墨烯样品的尺寸。这种尺寸差异给 MD 模拟结果的真实性打上了一个问号。因此，我们努力将 MD 模拟尺度扩大到 1μm 左右，这与被测石墨烯样品的真实尺寸相似。仿真结果如图 12.31 所示。

图 12.31 显示了梯形石墨烯样品#5 中传输声子的能量分布。红色代表较高能量的声子，而蓝色代表较低能量的声子。显然，从宽端到窄端的热流方向上的声子携带更多的能量。因此，该方向上的热导率相对较高。由于石墨烯独特的单原子晶格结构，石墨烯中声子的 MFP 可以长达几微米[69,80]。由于声子的 MFP 与石墨烯样品的宽度相似，边缘的横向限制对石墨烯中的声子输运有显著影响。如果石墨烯窄端温度较高，大量长波长声子必须通过窄端来传输能量。边缘散射堵塞了窄端的声子，并引起瓶颈效应。另外，如果石墨烯宽端的温度更高，瓶颈效应将降低，更多的声子可以通过石墨烯带。图 12.31(c) 和图 12.31(d) 中不同的能量分布证明了这种瓶颈效应。图 12.31(b) 显示了热整流系数和石墨烯宽度之间的关系。当石墨烯的尺寸远大于声子的 MFP 时，边缘散射的影响可以忽略不计，整流系数也可以减小到零。在图 12.31(b) 中，红圈为实验数据，与模拟结果吻合较好。

对样品#5 进行了类似的 MD 模拟，结果如图 12.32 所示。可以看出，在从清洁区到沉积区的热流方向上，声子能量较高。样品#5 的物理解释类似于样品#4 的物理解释。沉积的纳米粒子对传输声子造成限制，就像样品#4 的窄端一样。当声子流入沉积区时发生瓶颈效应。总热导率在该方向上减小。因为样品#4 和样品#5 的尺寸相似，所以这两个样品的最终热整流系数几乎相同。

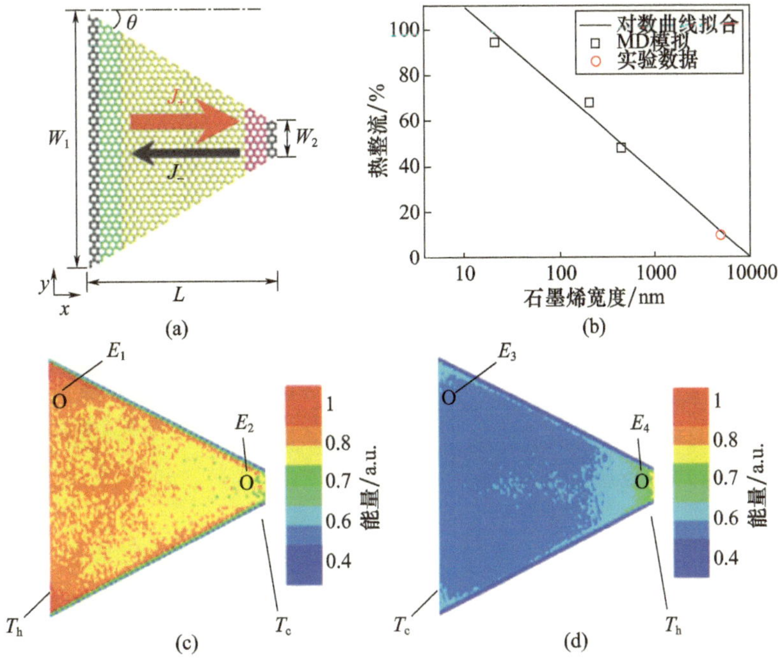

图 12.31 梯形石墨烯样品#5 的 MD 模拟结果

(a)梯形石墨烯带的计算模型;(b)计算的热整流比相对于石墨烯宽度变化;(c)热流从宽端流向窄端的能量分布;(d)热流从窄端流向宽端的能量分布。(经许可转载自文献[79],2017 年自然出版集团版权所有)。

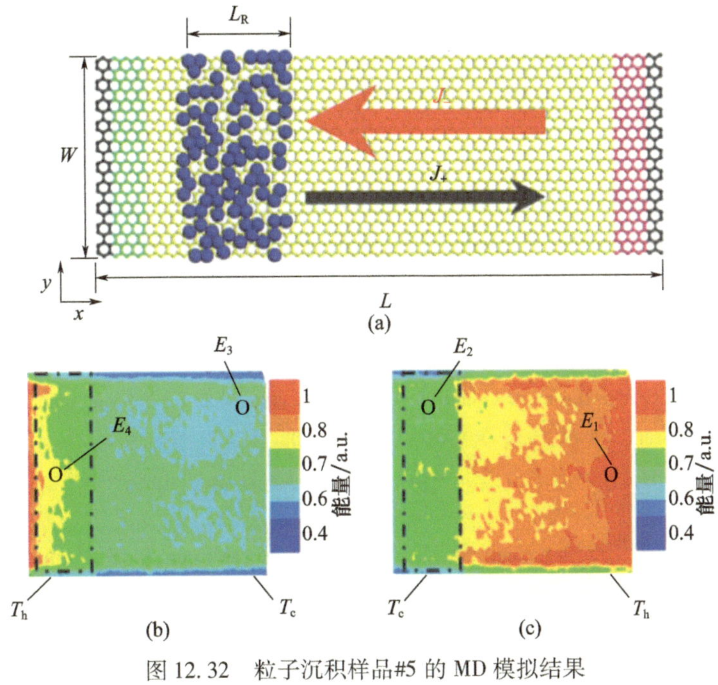

图 12.32 粒子沉积样品#5 的 MD 模拟结果

(a)具有纳米粒子沉积的石墨烯带的计算模型;(b)具有从沉积区域到清洁区域的热流的能量分布;(c)具有从清洁区域到沉积区域的热流的能量分布(经许可转载自文献[79],2017 年自然出版集团版权所有)。

12.5 小结

在本章中，我们介绍了一种制备悬浮单层石墨烯器件的新方法。设计了T形传感器和H形传感器用于测量单层石墨烯的本征电学和热学性质。与传统的转移方法不同，这是一种用于制造石墨烯器件的自下而上的制造方法。所有的电极或传感器都直接沉积在石墨烯上，而没有额外的界面电阻。整个器件从基底释放，避免基底扰动，实现超高灵敏度。

结果表明，污染、纳米孔缺陷和几何尺寸对悬浮石墨烯的输运性质有显著影响。另外，它暗示悬浮的石墨烯是制造热功能器件的完美平台。作为一个例子，我们通过引入不同的非对称纳米结构，设计并制作了几种石墨烯热整流器。纳米孔石墨烯带的热整流系数最高，为28%。具有粒子沉积或锥形宽度的石墨烯带具有10%的整流系数。通过大型MD模拟，很好地解释了这些物理机制。

参考文献

[1] Geim, A. K. and Novoselov, K. S., The rise of graphene. *Nat. Mater.*, 6, 183 – 191, 2007.

[2] Meyer, J. C., Geim, A. K., Katsnelson, M. I., Novoselov, K. S., Booth, T. J., Roth, S., The structure of suspended graphene sheets. *Nature*, 446, 60 – 63, 2007.

[3] Novoselov, K. S., Geim, A. K., Morozov, S. V., Jiang, D., Zhang, Y., Dubonos, S. V., Grigorieva, I. V., Firsov, A. A., Electrical field effect in atomically thin carbon films. *Science*, 22, 666 – 669, 2004.

[4] Lee, C., Wei, X. D., Kysar, J. W., Hone, J., Measurement of the elastic properties and intrinsic strength of monolayer graphene. *Science*, 321, 385 – 388, 2008.

[5] Novoselov, K. S., Geim, A. K., Morozov, S. V., Jiang, D., Katsnelson, M. I., Grigorieva, I. V., Dubonos, S. V., Firsov, A. A., Two – dimensional gas of massless Dirac fermions in graphene. *Nature*, 438, 197 – 200, 2005.

[6] Bolotin, K. I., Sikes, K. J., Jiang, Z., Klima, M., Fudenberg, G., Hone, J., Kim, P., Stormer, H. L., Ultrahigh electron mobility in suspended graphene. *Sol. State Commun.*, 146, 9 – 10, 2008.

[7] Pop, E., Varshney, V., Roy, A. K., Thermal properties of graphene: Fundamentals and applications. *MRS Bull.*, 37, 1273 – 1281, 2012.

[8] Ghosh, S., Calizo, I., Teweldebrhan, D., Pokatilov, E. P., Nika, D. L., Balandin, A. A., Bao, W, Miao, F., Lau, C. N., Extremely high thermal conductivity of graphene: Prospects for thermal management applications in nanoelectronic circuits. *Appl. Phys. Lett.*, 92, 151911, 2008.

[9] Kim, T. Y., Park, C. H., Marzari, N., The electronic thermal conductivity of graphene. *Nano Lett.*, 16, 2439 – 2443, 2016.

[10] Barton, R. A., Ilic, B., van der Zande, A. M., Whitney, W. S., McEuen, P. L., Parpia, J. M., Craighead, H. G., High, size – dependent quality factor in an array of graphene mechanical resonators. *Nano Lett.*, 11, 1232 – 1236, 2011.

[11] Reddy, D., Register, L. F., Carpenter, G. D., Banerjee, S. K., Graphene field – effect transistors. *J. Phys. D: Appl. Phys.*, 44, 019501, 2012.

[12] Lee, H., Choi, T. K., Lee, Y. B., Cho, H. R., Ghaffari, R., Wang, L., Choi, H. J., Chung, T. D., Lu, N. S., Hyeon, T., Choi, S. H., Kim, D. H., A graphene – based electrochemical device with thermoresponsive mi-

croneedles for diabetes monitoring and therapy. *Nat. Nanotech.* ,11,566 – 572,2016.

[13] Xia, F. N. , Mueller, T. , Lin, Y. M. , Garcia, A. V. , Avouris, P. , Ultrafast graphene photodetector. *Nat. Nanotech.* ,4,839 – 843,2009.

[14] Yoo, J. J. , Balakrishnan, K. , Huang, J. S. , Meunier, V. , Sumpter, B. G. , Srivastava, A. , Conway, M. , Reddy, A. L. M. , Yu, J. , Vajtai, R. , Ajayan, P. M. , Ultrathin planar graphene supercapacitors. *Nano Lett.* ,11,1423 – 1427,2011.

[15] Wang, X. , Zhi, L. , Mullen, K. , Transparent, conductive graphene electrodes for dye – sensitized solar cells. *Nano Lett.* ,8,323 – 327,2008.

[16] Yan, Z. , Liu, G. X. , Khan, J. M. , Balandin, A. A. , Graphene quilts for thermal management of high – power GaN transistors. *Nat. Commun.* ,3,827,2012.

[17] Seol, J. H. , Jo, I. , Moore, A. L. , Lindsay, L. , Aitken, Z. H. , Pettes, M. T. , Li, X. S. , Yao, Z. , Huang, R. , Broido, D. , Mingo, N. , Ruoff, R. S. , Shi, L. , Two – dimensional phonon transport in supported graphene. *Science*,9,213 – 216,2010.

[18] Lv, H. M. , Wu, H. Q. , Liu, J. B. , Yu, J. H. , Niu, J. B. , Li, J. F. , Xu, Q. X. , Wu, X. M. , Qian, H. , High carrier mobility in suspended – channel graphene field effect transistors. *Appl. Phys. Lett.* ,103,193102,2013.

[19] Calizo, I. , Balandin, A. A. , Bao, W. , Miao, F. , Lau, C. N. , Temperature dependence of the Raman spectra of graphene and graphene multilayers. *Nano Lett.* ,7,2645 – 2649,2007.

[20] Calizo, I. , Ghosh, S. , Bao, W. , Miao, F. , Lau, C. N. , Balandin, A. A. , Raman nanometrology of graphene: Temperature and substrate effects. *Sol. State Commun.* ,149,1132 – 1135,2009.

[21] Zhou, H. Q. , Qiu, C. Y. , Yu, F. , Yang, H. C. , Chen, M. J. , Hu, L. J. , Guo, Y. J. , Sun, L. F. , Raman scattering of monolayer graphene: The temperature and oxygen doping effects. *J. Phys. D: Appl. Phys.* ,44, 185404,2011.

[22] Moore, D. S. and McGrane, S. D. , Raman temperature measurement. *J. Phys. Confer. Series*,500,192011,2014.

[23] Lee, J. U. , Yoon, D. , Kim, H. , Lee, S. W. , Cheong, H. , Thermal conductivity of suspended pristine graphene measured by Raman spectroscopy. *Phys. Rev. B*,83,081419,2011.

[24] Shi, L. , Li, D. Y. , Yu, C. , Jang, W. , Kim, D. , Yao, Z. , Kim, P. , Majumdar, A. , Measuring thermal and thermoelectric properties of one – dimensional nanostructures using a microfabricated device. *J. Heat Transfer*,125,881 – 888,2003.

[25] Kim, P. , Shi, L. , Majumdar, A. , McEuen, P. L. , Thermal transport measurements of individual multiwalled nanotubes. *Phys. Rev. Lett.* ,87,215502,2001.

[26] Aleman, B. , Regan, W. , Aloni, S. , Altoe, V. , Alem, N. , Girit, C. , Geng, B. , Maserati, L. , Crommie, M. , Wang, F. , Zettl, A. , Transfer – free batch fabrication of large – area suspended graphene membranes. *ACS Nano*,4,4762 – 4768,2010.

[27] Pourzand, H. and Tabib – Azar, M. , Graphene thickness dependent adhesion force and its correlation to surface roughness. *Appl. Phys. Lett.* ,104,171603,2014.

[28] Traversi, F. , Raillon, C. , Benameur, S. M. , Liu, K. , Khlybov, S. , Tosun, M. , Krasnozhon, D. , Kis, A. , Radenovic, A. , Detecting the translocation of DNA through a nanopore using graphene nanoribbons. *Nat. Nanotech.* ,8,939 – 945,2013.

[29] Chen, Y. M. , Ho, S. M. , Huang, C. H. , Huang, C. C. , Shih, W. P. , Kong, J. , Li, J. , Su, C. Y. , Ultra – large suspended graphene as highly elastic membrane for capacitive pressure sensor. *Nanoscale*,8,3555 – 3564,2016.

[30] Lee, C. K. , Hwangbo, Y. , Kim, S. M. , Lee, S. K. , Lee, S. M. , Kim, S. S. , Kim, K. S. , Lee, H. J. , Choi, B. I. , Song, C. K. , Ahn, J. H. , Kim, J. H. , Monatomic chemical – vapor – deposited graphene membranes

bridge a half – millimeter – scale gap. *ACS Nano*,8,2336 – 2344,2014.

[31] Chen,C. Y. ,Rosenblatt,S. ,Bolotin,K. I. ,Kalb,W. ,Kim,P. ,Kymissis,I. ,Stormer,H. L. ,Heinz,T. F. , Hone,J. , Performance of monolayer graphene nanomechanical resonators with electrical readout. *Nat. Nanotech.* ,4,861 – 867,2009.

[32] Chappanda,K. N. and Tabib – Azar,M. ,Novel graphene bridge for NEMS based devices. *IEEE Sens. Conf. Proc.* ,*Limerick*,*Ireland*,1358 – 1361,2011.

[33] Ong,F. R. ,Cui,Z. ,Yurtalan,M. A. ,Vojvodin,C. ,Papaj,M. ,Orgiazzi,J. L. F. X. ,Deng,C. Q. ,Bal, M. ,Lupascu,A. ,Suspended graphene devices with local gate control on an insulating substrate. *Nanotechnology*,26,405201,2015.

[34] Rickhaus,P. ,Maurand,R. ,Liu,M. H. ,Weiss,M. ,Richter,K. ,Schönenberger,C. ,Ballistic interferences in suspended graphene. *Nat. Commun.* ,4,2342,2013.

[35] Cai,W. W. ,Moore,A. L. ,Zhu,Y. W. ,Li,X. S. ,Chen,S. S. ,Shi,L. ,Ruoff,R. S. ,Thermal transport in suspended and supported monolayer graphene grown by chemical vapor deposition. *Nano Lett.* ,10,1645 – 1651,2010.

[36] Celebi,K. ,Buchheim,J. ,Wyss,R. M. ,Droudian,A. ,Gasser,P. ,Shorubalko,I. ,Kye,J. ,Lee,C. ,Park, H. G. ,Ultimate permeation across atomically thin porous graphene. *Science*,344,289 – 292,2014.

[37] Bao,W. Z. ,Miao,F. ,Chen,Z. ,Zhang,H. ,Jang,W. Y. ,Dames,C. ,Lau,C. N. ,Controlled ripple texturing of suspended graphene and ultrathin graphite membranes. *Nat. Nanotech.* ,4,562 – 566,2009.

[38] Wang,H. D. ,Kurata,K. ,Fukunaga,T. ,Takamatsu,H. ,Zhang,X. ,Ikuta,T. ,Takahashi,K. ,Nishiyama, T. ,Ago,H. ,Takata,Y. ,A general method of fabricating free – standing,monolayer graphene electronic device and its property characterization. *Sens. Actuators*,*A*,247,24 – 29,2016.

[39] Wang,H. D. ,Kurata,K. ,Fukunaga,T. ,Takamatsu,H. ,Zhang,X. ,Ikuta,T" Takahashi,K. ,Nishiyama, T. ,Ago,H. ,Takata,Y. ,In – situ measurement of the heat transport in defect – engineered free – standing single – layer graphene. *Sci. Rep.* ,6,21823,2016.

[40] Eckmann,A. ,Felten,A. ,Mishchenko,A. ,Britnell,L. ,Krupke,R. ,Novoselov,K. S. ,Casiraghi,C. ,Probing the nature of defects in graphene by raman spectroscopy. *Nano Lett.* ,12,3925 – 3930,2012.

[41] Cancado,L. G. ,Jorio,A. ,Martins Ferreira,E. H. ,Stavale,F" Achete,C. A. ,Capaz,R. B. ,Moutinho, M. V. O. ,Lombardo,A. ,Kulmala,T. S. ,Ferrari,A. C. ,Quantifying defects in graphene via raman spectroscopy at different excitation energies. *Nano Lett.* ,11,3190,2011.

[42] Hirai,H. ,Tsuchiya,H. ,Kamakura,Y. ,Mori,N. ,Ogawa,M. ,Electron mobility calculation for graphene on substrates. *J. Appl. Phys.* ,116,083703,2014.

[43] Lin,Y. C. ,Lu,C. C. ,Yeh,C. H. ,Jin,C. H. ,Suenaga,K. ,Chiu,P. W. ,Graphene annealing:How clean can it be. *Nano Lett.* ,12,414 – 419,2012.

[44] Ni,Z. H. ,Wang,H. M. ,Luo,Z. Q. ,Wang,Y. Y. ,Yu,T. ,Wu,Y. H. ,Shen,Z. X. ,The effect of vacuum annealing on graphene. *J. Raman Spectrosc.* ,41,479 – 483,2010.

[45] Ahn,Y. K. ,Kim,J. Y. ,Ganorkar,S. ,Kim,Y. H. ,Kim,S. ,Thermal annealing of graphene to remove polymer residues. *Mater. Express.* ,6,69 – 76,2016.

[46] Xie,W. J. ,Weng,L. T. ,Ng,K. M. ,Chan,C. K. ,Chan,C. M. ,Clean graphene surface through high temperature annealing. *Carbon*,94,740 – 748,2015.

[47] Wang, X. S. , Li, J. J. , Zhong, Q. , Zhong, Y. , Zhao, M. K. , Thermal annealing of exfoliated graphene. *J. Nanomater.* ,2013,101765,2013.

[48] Kumar,K. ,Kim,Y. S. ,Yang,E. H. ,The influence of thermal annealing to remove polymeric residue on the electronic doping and morphological characteristics of graphene. *Carbon*,65,35 – 45,2013.

[49] Yoon,D. ,Son,Y. W. ,Cheong,H. ,Negative thermal expansion coefficient of graphene measured by Raman spectroscopy. *Nano Lett.* ,11,3227 - 3231,2011.

[50] Bolotin,K. I. ,Sikes,K. J. ,Hone,J. ,Stormer,H. L. ,Kim,P. ,Temperature dependent transport in suspended graphene. *Phys. Rev. Lett.* ,101,096802,2008.

[51] Hertel,S. ,Kisslinger,F. ,Jobst,J. ,Waldmann,D. ,Krieger,M. ,Weber,H. B. ,Current annealing and electrical breakdown of epitaxial graphene. *Appl. Phys. Lett.* ,98,212109,2011.

[52] Moser, J. , Barreiro, A. , Bachtold, A. , Current - induced cleaning of graphene. *Appl. Phys. Lett.* , 91, 163513,2007.

[53] Wang,H. D. ,Zhang,X. ,Takamatsu,H. ,Ultraclean suspended monolayer graphene achieved by in situ current annealing. *Nanotechnology*,28,045706,2016.

[54] Hsieh,Y. P. ,Kuo,C. L. ,Hofmann,M. ,Ultrahigh mobility in polyolefin supported graphene. *Nanoscale*,8, 1327 - 1331,2016.

[55] Balandin,A. A. ,Thermal properties of graphene and nanostructured carbon materials. *Nat. Mater.* ,10,569 - 581,2011.

[56] Chen,S. S. ,Wu,Q. Z. ,Mishra,C. ,Kang,J. Y. ,Zhang,H. J. ,Cho,K. ,Cai,W. W. ,Balandin,A. A. , Ruoff,R. S. ,Thermal conductivity of isotopically modified graphene. *Nat. Mater.* ,11,203 - 207,2012.

[57] Pettes,M. T. ,Jo,I. ,Yao,Z. ,Shi,L. ,Influence of polymeric residue on the thermal conductivity of suspended bilayer graphene. *Nano Lett.* ,11,1195 - 1200,2011.

[58] Xu,X. F. ,Pereira,L. F. C. ,Wang,Y. ,Wu,J. ,Zhang,K. W,Zhao,X. M. ,Bae,S. K. ,Bui,C. T. ,Xie, R. G. ,Thong,J. T. L. ,Hong,B. H. ,Loh,K. P. ,Donadio,D. ,Li,B. W. ,Ozyilmaz,B. ,Length - dependent thermal conductivity in suspended single - layer graphene. *Nat. Commun.* ,5,3689,2014.

[59] Fujii,M. ,Zhang,X. ,Xie,H. Q. ,Ago,H. ,Takahashi,K. ,Ikuta,T. ,Abe,H. ,Shimizu,T. ,Measuring the thermal conductivity of a single carbon nanotube. *Phys. Rev. Lett.* ,95,065502,2005.

[60] Ma,W. G. ,Miao,T. T. ,Zhang,X. ,Takahashi,K. ,Ikuta,T. ,Zhang,B. P. ,Ge,Z. H. ,A T - type method for characterization of the thermoelectric performance of an individual free - standing single crystal Bi_2S_3 nanowire. *Nanoscale*,8,2704 - 2710,2016.

[61] Koh,Y. K. ,Bae,M. H. ,Cahill,D. G. ,Pop,E. ,Heat conduction across monolayer and few - layer graphenes. *Nano Lett.* ,10,4363 - 4368,2010.

[62] Balandin,A. A. ,Ghosh,S. ,Bao,W. Z. ,Calizo,I. ,Teweldebrhan,D. ,Miao,F. ,Lau,C. N. ,Superior thermal conductivity of single - layer graphene. *Nano Lett.* ,8,902 - 907,2008.

[63] Dorgan,V. E. ,Behnam,A. ,Conley,H. J. ,Bolotin,K. I. ,Pop,E. ,High - field electrical and thermal transport in suspended graphene. *Nano Lett.* ,13,4581 - 4586,2013.

[64] Lindsay, L. and Broido, D. A. , Mingo, Natalio. , Flexural phonons and thermal transport in graphene. *Phys. Rev. B*,82,115427,2010.

[65] Klemens,P. G. ,Theory of the a - plane thermal conductivity of graphite. *J. Wide Bandgap Mater.* ,7,332, 2000.

[66] Chen,S. S. ,Li,Q. ,Zhang,Q. ,Qu,Y. ,Ji,H. ,Ruoff,R. S. ,Cai,W. W. ,Thermal conductivity measurements of suspended graphene with and without wrinkles by micro - Raman mapping. *Nanotechnology*,23, 365701,2012.

[67] Wang,H. D. ,Kurata,K. ,Fukunaga,T. ,Zhang,X. ,Takamatsu,H. ,Width depended intrinsic thermal conductivity of suspended monolayer graphene. *Int. J. Heat Mass Transf.* ,105,76 - 80,2017.

[68] Nika,D. L. ,Pokatilov,E. P. ,Askerov,A. S. ,Balandin,A. A. ,Phonon thermal conduction in graphene: Role of Umklapp and edge roughness scattering. *Phys. Rev. B*,79,155413,2009.

[69] Fugallo, G. , Cepellotti, A. , Paulatto, L. , Lazzeri, M. , Marzari, N. , Mauri, F. , Thermal conductivity of graphene and graphite: Collective excitations and mean free paths. *Nano Lett.* , 14, 6109 – 6114, 2014.
[70] Chang, C. W. , Okawa, D. , Majumdar, A. , Zettl, A. , Solid – state thermal rectifier. *Science*, 314, 1121 – 1124, 2006.
[71] Li, B. W. , Wang, L. , Casati, G. , Thermal diode: Rectification of heat flux. *Phys. Rev. Lett.* , 93, 184301, 2004.
[72] Zhu, J. , Hippalgaonkar, K. , Shen, S. , Wang, K. , Abate, Y. , Lee, S. , Wu, J. Q. , Yin, X. B. , Majumdar, A. , Zhang, X. , Temperature – gated thermal rectifier for active heat flow control. *Nano Lett.* , 14, 4867 – 4872, 2014.
[73] Wang, Y. , Vallabhaneni, A. , Hu, J. N. , Qiu, B. , Chen, Y. P. , Ruan, X. L. , Phonon lateral confinement enables thermal rectification in asymmetric single – material nanostructures. *Nano Lett.* , 14, 592 – 596, 2014.
[74] Ouyang, T. , Chen, Y. P. , Xie, Y. , Wei, X. L. , Yang, K. K. , Yang, P. , Zhong, J. X. , Ballistic thermal rectification in asymmetric three – terminal graphene nanojunctions. *Phys. Rev. B*, 82, 245403, 2010.
[75] Liu, X. J. , Zhang, G. , Zhang, Y. W. , Graphene – based thermal modulators. *Nano Res.* , 8, 2755 – 2762, 2015.
[76] Zhong, WR. , Huang, WH. , Deng, X. R. , Ai, B. Q. , Thermal rectification in thickness – asymmetric graphene nanoribbons. *Appl. Phys. Lett.* , 99, 193104, 2011.
[77] Hu, J. N. , Ruan, X. L. , Chen, Y. P. , Thermal conductivity and thermal rectification in graphene nanoribbons: A molecular dynamics study. *Nano Lett.* , 9, 2730 – 2735, 2009.
[78] Yang, N. , Zhang, G. , Li, B. W. , Thermal rectification in asymmetric graphene ribbons. *Appl. Phys. Lett.* , 95, 033107, 2009.
[79] Wang, H. D. , Hu, S. Q. , Takahashi, K. , Zhang, X. , Takamatsu, H. , Chen, J. , Experimental study of thermal rectification in suspended monolayer graphene. *Nat. Commun.* , 8, 15843, 2017.
[80] Feng, T. L. , Ruan, X. L. , Ye, Z. Q. , Cao, B. Q. , Spectral phonon mean free path and thermal conductivity accumulation in defected graphene: The effects of defect type and concentration. *Phys. Rev. B*, 91, 224301, 2015.

第13章 石墨烯与荧光体的自组装及其在传感和成像领域中的应用

David G. Calatayud[1], Fernando Cortezon – Tamarit[2], Boyang Mao[3], Vincenzo Mirabello[2], Sofia I. Pascu[2]

[1]西班牙马德里 Instituto de Ceramicay Vidrio – CSIC 电陶瓷系

[2]英国巴思 Claverton Down 巴思大学化学系

[3]英国曼彻斯特,曼彻斯特大学国家石墨烯研究所和物理与天文学院

摘　要　本章重点介绍了自组装、定向组装和超分子纳米技术在石墨烯功能材料方面的最新进展,旨在成为有兴趣探索功能石墨烯材料设计新途径和新兴生物应用的研究人员感兴趣的焦点。这里重点介绍了功能石墨烯材料的合成材料化学技术,涉及设计元素、合成方法以及在医疗保健和环境等可持续技术中的应用,特别是在分子成像和生物传感领域。因为石墨烯是导电透明材料,其生产成本的不断降低,促进了工业规模应用,且环境影响低,所以是用于构造传感器和生物传感器器件的理想材料,该传感器具有可从电和电化学换能到光学的各种模式。由于其多功能的表面功能化和超高表面积,石墨烯及其衍生物可以很容易地被小分子染料、聚合物、纳米粒子、药物或生物分子功能化,以获得用于不同生物成像应用的石墨烯基纳米材料。操纵功能材料设计,并在构建优异的光学成像性质的新纳米杂化物中利用碳纳米材料、金属卟啉、金属氧化物和/或有机和有机金属荧光团之间的非共价相互作用的能力,也可以导致在物理和生命科学之间的界面处,将碳纳米材料用作可持续化学应用的构建块方面的发展。因此,本章重点介绍了合成材料的一些化学和应用探索。

关键词　功能化石墨烯,生物传感,分子成像,荧光分析

13.1 概述

自2004年被A. K. Geim和K. S. Novoselov分离以来,石墨烯及其功能衍生物迅速成为研究的热门领域[1-2]。如此快速发展的原因可能是由于石墨烯的优异性质,即石墨烯具有大表面积2630m^2/g,与其他纳米结构材料相比是一个高值,高本征迁移率200000$cm^2/(V \cdot s)$[3-4],以及高杨氏模量(约1.0TPa[5])。石墨烯的热导率为5000W/(m·K),透光率高达97.7%[6]。除了这些显著的物理特性之外,石墨烯片还具有源自延伸的芳族sp^2的电子结构,赋予该材料有趣的电子性质,例如,异常量子霍尔效

应[7]，并且在室温下，对于相对高的电荷载流子浓度，具有非常高的载流子迁移率[3]。

关于该材料在实践中的操作，通常有3种策略来生产石墨烯：①溶剂中的石墨剥落；②微机械剥落；③外延石墨烯。Ruoff及其同事[8]介绍了通过微机械剥离生产石墨烯。虽然微机械剥离石墨烯生产出高质量的二维纳米片，但这种方法不适合批量生产石墨烯，因此不能满足许多商业应用的要求。2009年推出了通过在普通有机溶剂（如二甲基甲酰胺（DMF）和 *N*-甲基-2-吡咯烷酮（NMP））中剥离石墨直接生产石墨烯，并包括延长时间的超声处理[9]。这种特殊的方法可以生产具有低缺陷浓度的石墨烯，并允许分离大的和多层的石墨烯片，但其耗时和耗能[10]。还有报道称，可以从快速电化学剥离制备高质量的石墨烯薄膜[11]。外延石墨烯可通过涉及金属催化工艺（如铜、钌、铱、铂、镍或钴）的化学气相沉积（CVD）获得[12]。该方法已用于产生具有非常薄尺寸且高度导电的高质量单层（或几层）石墨烯[13-15]。外延石墨烯的制备是目前研究最广泛的方法。通过CVD方法大规模生产高纯度石墨烯可以为商业技术以及基础科学提供足够量的所需材料。然而，外延石墨烯生产的挑战仍然在于将生成的石墨烯片从金属催化剂有效地转移到其他衬底。出现了一种生成石墨烯的替代方法，并被描述为无衬底气相合成[16]。该方法提供了一种合成石墨烯的新方法，尽管规模相当有限。

氧化石墨烯及相应还原氧化石墨烯的合成和结构表征如下。

尽管石墨烯具有多种优异的物理化学性质，但其批量生产和功能化仍然是一个挑战。为了找到一种成本有效的方法在实验室规模生产石墨烯、氧化石墨烯及其化学重新成为一个热门的研究领域。与石墨烯相比，氧化石墨烯层具有类似结构性质的构造。氧化石墨烯可以被认为是一种有缺陷的石墨烯片，通过在其表面引入包括羧基、羟基和环氧化物在内的含氧基团进行功能化。从这个意义上说，氧化石墨烯的生成主要是通过氧化石墨的直接剥离。氧化石墨具有与石墨相似的结构，但氧化石墨中的碳原子平面被含氧基团严重修饰，这不仅扩大了各层之间的距离，而且使薄层亲水，从而增加了在水相中的溶解性。因此，可以通过包括适度超声处理的温和技术从氧化石墨中剥离氧化石墨烯。通常，通过Brodie[17]、Staudenmaier[18]或Hummers法[19]合成氧化石墨。Brodie和Staudenmaier使用氯酸钾（$KClO_3$）与硝酸（HNO_3）的组合来氧化石墨，而Hummers方法涉及用高锰酸钾（$KMnO_4$）和硫酸（H_2SO_4）处理石墨。氧化的水平可以根据方法、反应条件和所使用的石墨前体而不同。在将含氧基团引入到石墨烯层的表面上之后，氧化石墨烯片具有显著的亲水性。因此，氧化石墨烯可以形成稳定的水性胶体悬浮液。水胶体悬浮液中的每个氧化石墨烯片之间的内部距离可以变化（如X射线衍射所证明的：氧化石墨烯的XRD峰，通常位于16°左右，被认为是根据增加的湿度和氧化方法具有轻微变化的特征峰），并且这可以使其表征特别具有挑战性[20]。最近的研究表明，水分散的氧化石墨烯表现出负表面电荷[21]。氧化石墨烯表面的负电荷可以使带负电荷的片之间形成静电排斥，有助于使水悬浮液更加稳定。

氧化石墨烯的还原代表了扩大石墨烯生产的替代方法之一。氧化石墨烯可以通过在惰性或还原气氛下的高温退火工艺来还原。热还原过程可以分解含氧基团。据Gao等[22]报道，附着在GO边缘的羟基的临界解离温度 T_c 为650℃，只有高于该温度才能完全去除羟基。Becerril等[23]和Wang等[24]也报道了在1000℃左右的热还原，并表明形成了表现出高电导率的材料。普通的退火还原必须在900～1100℃进行，才能有效去除氧化石墨烯表面的氧基团，C/O 比显著提高[25]。微波辐射还原氧化石墨烯可以作为替代工艺[26-27]。微波辐射加热的主要优点是过程均匀且通常快速。通过在商用微波炉中处理氧化石墨粉末，氧化石墨烯可以在 1min 内容易地还原为石墨烯[26-27]。还测试了用化学还原剂处理 GO。通过在室温或适度加热下进行的方法，可以获得化学还原的氧化石墨烯。最常见、应用最广泛的还原剂是肼或水合肼[28-30]。肼及其衍生物如二甲基肼[31]的还原可通过将相应的试剂加入到 GO 的水分散体中来解决。这导致由于疏水性增加而形成团聚的石墨烯基纳米片。最近有研究报道了在这个过程中利用 $NaBH_4$ 产生 rGO[32]。如上所述，热还原和化学还原方法的使用是最常用的方法。最近提出了一种结合热还原和化学还原的新方法，使用过热的超临界水，超临界水又用作还原剂[33-34]。

其他方法，如光还原[35]、光催化剂还原[36]和电化学还原[37]可用于 rGO 生产，并用于还原氧化石墨烯。与热还原和化学还原方法相比，由于还原速率通常不适用于大规模纳米技术应用，这些方法不适合于石墨烯的批量还原。

13.2 石墨烯和石墨烯基功能材料在生物传感中的应用

在最广泛的意义上，传感可以定义为机械、电或磁检测物理现象（如光、温度、放射性等）的能力。因此，传感器可以被定义为检测其环境中的事件或变化并将信息发送到其他电子部件（通常为微处理器）的设备、模块或子系统。在传感器作为独立分析器件提供关于其环境（液相或气相）的化学成分的信息的情况下，这通常表示为化学传感器。在这种情况下，信息作为可测量的物理信号提供，其与被称为分析物的特定化学物质的浓度相关。分子传感器结合了分子识别，可以视为一种宿主，揭示其客体的存在，产生可读信号。超分子分析化学这一术语最近被创造出来，用于描述分子传感器和超分子原理在分析化学中的应用[38]。

传感过程通常分为两个步骤：识别和转导。在识别中，分析物选择性地与受体分子或传感器结构的特定位点相互作用。一旦发生，物理特性发生变化，这种变化通过集成传感器报告，该传感器产生输出信号（图 13.1）[39]。在化学传感器基于生物性质的识别材料的情况下，指的是生物传感器。然而，生物传感器和标准化学传感器之间的区别有时是模糊的。在生物医学和生物技术中，由于某种生物成分（如细胞、蛋白质、核酸或仿生聚合物）而检测分析物的传感器称为生物传感器[38]。

传感包括各种检测模式、方法和/或过程，具体取决于用于检测的物理特性或使用的传感器类型[40]。可以讨论基于场效应晶体管、阻抗传感器、电化学传感器、发光等的不同感测模态。然而，我们将本章集中在这两个最相关的方面：发光[41]和电化学检测[42-44]。

13.2.1 石墨烯及其衍生物作为在荧光共振能量转移分析中的作用

从给定荧光团的激发态到第二分子的能量转移通常称为共振能量转移[45]。参与能量转移的两个分子通常称为供体和受体。能量转移通常发生在供体的发射光谱与受体的吸收光谱重叠时（图 13.2）[46]。结果，供体在其激发态的荧光能力降低。因此，这种过程也称为荧光共振能量转移（FRET）并被认为是荧光猝灭机制。由于荧光猝灭的程度取决于 Förster 距离（或 Förster 半径）R_0，该过程也称为 Förster 共振能量转移（FRET）[47]。

Förster 距离R_0定义为共振能量转移效率为50%并且在2nm和10nm之间最大的供体和受体分子(R)之间的距离(式(13.1)和式(13.2))[48]。

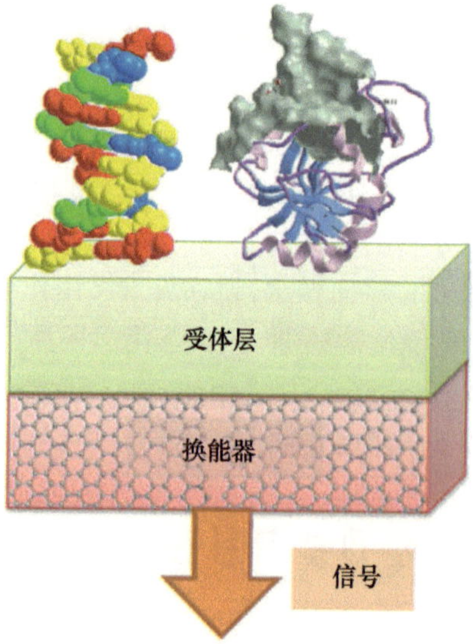

图13.1　生物传感器示意图

生物传感器由受体层和换能器组成，受体层由生物分子(如DNA或蛋白质)组成，换能器是基于石墨烯的材料(经许可转载自文献[39])。

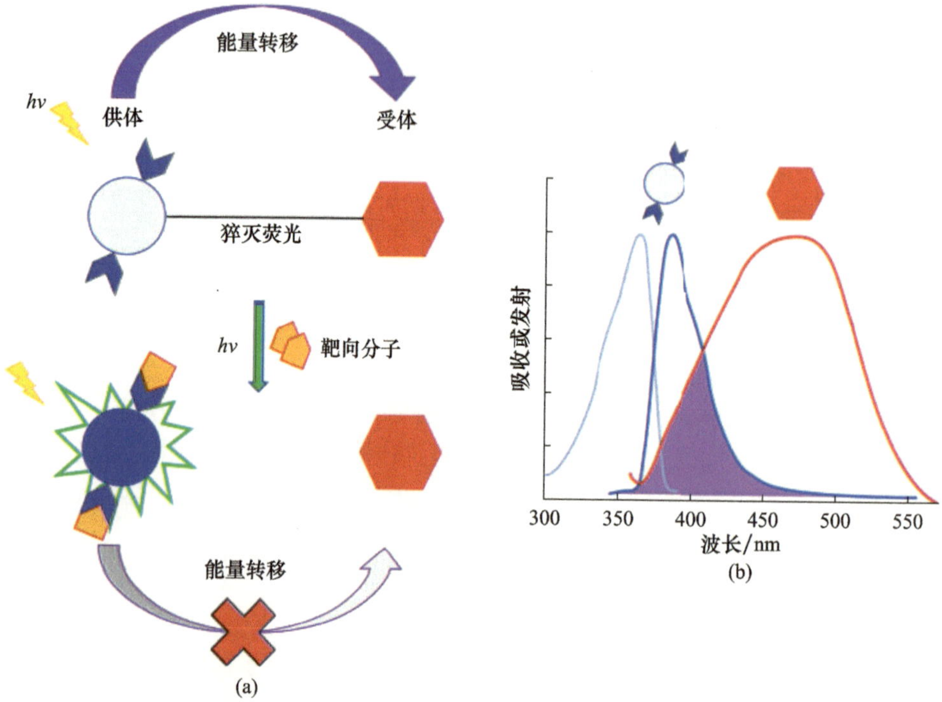

图13.2　(a)FRET机制、其破坏以及供体、受体和靶向分析物的作用的示意图；(b)供体的吸收(浅蓝色)和发射(蓝色)光谱和受体的吸收光谱(红色)。供体的发射光谱和受体的吸收光谱之间的重叠以紫色突出显示，并触发供体－受体FRET

能量转移效率由以下两个方程式确定：

$$E_{\mathrm{FRET}} = \frac{1}{1+\left(\dfrac{R}{R_0}\right)^6} \tag{13.1}$$

式中：R 为供体和受体之间的距离；R_0 为 Förster 半径。

$$R_0^6 = \frac{9000(\ln 10)k^2 Q_{\mathrm{D}}}{128\pi^5 N_{\mathrm{A}} N^4} J \tag{13.2}$$

式中：k^2 是指供体和受体的双极角取向的因子；Q_{D} 为不存在淬灭剂（受体）时供体分子的量子产率；N_{A} 为阿伏伽德罗数；J 为供体和受体的光谱重叠的积分。

FRET 已广泛用于研究基于蛋白质和细胞内分子相互作用的生物过程，因为 Förster 距离 R_0 在大小上可与生物大分子相媲美[49]。此外，基于供体－受体 FRET 系统的光谱工具已经被用作评估大分子的距离位点和构象变化对这些距离的影响的测量。在基于 FRET 的系统的生物传感和光学成像应用中，发光信号取决于供体的量子产率和受体的猝灭能力，并与供体和受体之间距离的六次方成反比[38]。因此，FRET 系统的两个部件之间的距离对于光信号的识别至关重要。

Feng 等[50]报道的用于选择性检测 DNA 的有效荧光传感平台的形成为理解完全 GO 基衍生物的供体－受体 FRET 测定的基本原理提供了一个简单和有效的例子。石墨烯量子点（GQD）由于其优异的荧光性能[51]，被用作供体物种，GO 片作为受体或猝灭剂。GQD 与单链 DNA（ss－DNA）共价功能化（或配对）以形成加合物 ssDNA－rGQD（供体）。通过 π－π 堆叠作用，发光单元 ssDNA－rGQD 被吸附在 GO（受体）表面。结果，供体的荧光基本上被猝灭，导致形成稳定的 ssDNA－rGQD－GO FRET 复合物。而 ssDNA－rGQD－GO 之间的 FRET 是一个可逆的过程。在靶 DNA（tDNA）存在下，ssDNA－rGQD 供体捕获（或杂交）tDNA，产生 dsDNA－rGQD，其降低了 π－π 堆叠相互作用的效率：①与 GO 表面分离；②破坏 GO 和供体分子之间的 FRET；③再生非猝灭荧光物质 dsDNA－rGQD。这种过程是检测生物靶的 FRET 测定的基础，总结在图 13.3 和式（13.3）～式（13.6）中。

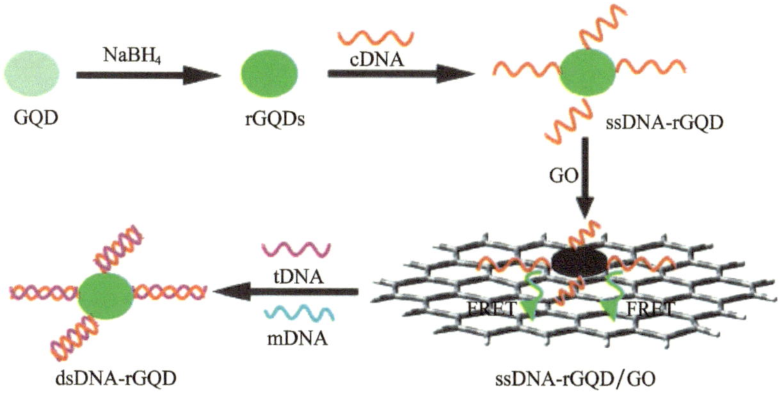

图 13.3　Feng[50]提出的用于检测 DNA 的 FRET 分析的示意图
该体系以 GQD 为供体分子，GO 为受体体系（经英国皇家化学学会许可转载自文献[50]）。

$$\mathrm{rGQD} + \mathrm{ssDNA} \longrightarrow \mathrm{ssDNA}-\mathrm{rGQD}_{(\text{供体})} \tag{13.3}$$

$$ssDNA-rGQD_{(供体)}+GO_{(受体)} \longrightarrow ssDNA-rGQD-GO_{(FRET复合体)} \quad (13.4)$$

$$ssDNA-rGQD-GO+tDNA \longrightarrow dsDNA-rGQD-GO \quad (13.5)$$

$$dsDNA-rGQD-GO \longrightarrow dsDNA-rGQD_{(荧光体)}+GO \quad (13.6)$$

13.2.2 石墨烯基共振能量转移复合体的设计

物理化学吸附和共价相互作用是两种广泛用于将各种生物分子连接到石墨烯材料上的功能化方法。石墨烯和氧化石墨烯包含一层或多层 sp^2 碳结构，其本质上能够与许多层和分子（例如肽、寡核苷酸或含有能够供体－受体相互作用的芳族单元的有机染料）进行 $\pi-\pi$ 堆叠[53-55]。这种结构特征允许基于石墨烯的材料与芳族分子如金属酞菁[56]、二萘嵌苯[57]以及蛋白质、DNA 和发光物质相互作用，产生自组装动态二维纳米测定，而不使用任何共价键[58]。单链脱氧核糖核酸（ssDNA）与碳基材料的 sp^2 蜂窝网络之间的相互作用先前已被用于促进单壁碳纳米管（SWNT）的分散性并促进它们通过离子交换色谱的分离。除了 $\pi-\pi$ 堆叠，表面带负电荷的石墨烯、GO 和 GQD 也可以与带正电荷的生物分子相互作用，Liu 等[60]证明了这一点。基于自组装 ssDNA－GO 相互作用，Ye 及其同事[58]报道了一种多功能分子塔状探针的形成，作为靶向 ssDNA、蛋白质和金属离子的多重平台。该探针是“开/关”荧光开关的实例，并且已经成功地应用于检测 DNA 的特定序列，以及凝血酶、金属离子，如 Ag^+ 和 Hg^{2+}，和氨基酸，如半胱氨酸，检测限分别为 5nmol/L、20nmol/L、5.7nmol/L 和 60nmol/L。

先前广泛探索了生物分子和分子种类与类石墨烯材料表面的化学缀合，并由 Georgakilas 进行了全面综述[61]。许多化学反应来将有机分子负载到石墨烯和氧化石墨烯的表面，例如偶极或 Bingel 环加成[62-63]，氮烯加成[64]，使用重氮盐[65]和自由基与碳烯[66]。然而，实现石墨烯类材料的化学共轭的最常见策略之一是利用 GO 中存在的缺陷，这些缺陷导致羧基（－COOH）以及环氧和羟基官能团的存在。用 1－乙基－3－(3－二甲基氨基丙基)碳二亚胺（EDC）和 *N*－羟基琥珀酰亚胺（NHS）可以很容易地活化 GO 表面的羧基。活化的羧基与分子的氨基端基亚顺序反应并产生共价键。这种方法通过活化的碳二亚胺中间体产生石墨烯样物质和蛋白质、氨基酸或简单功能分子的加合物。

13.2.3 共振能量转移分析中氧化石墨烯作为底物的作用

自 2004 年被发现以来，石墨烯及其衍生物，特别是氧化石墨烯（GO），用于杂化纳米复合材料，与荧光有机分子结合开发供体－受体 FRET 复合物。这些已被用作检测各种生物靶标的研究工具，如 DNA[67-68]、肝素[60]、胰蛋白酶[69]甚至肿瘤细胞[54,70]。类石墨烯材料的扩展富电子 sp^2碳表面能够通过 $\pi-\pi$ 堆叠和其他非共价相互作用与许多基态有机和无机物种相互作用[54]。被认为在分子尺度上与经历 π 轨道混合的能力直接相关[71]，这些相互作用在许多情况下为形成激发态供体－受体复合物奠定了基础，由此 GO 主要作为 FRET 受体[53]。然而，在过去几年中，已经开发了石墨烯量子点（GQD）和化学修饰的 GO 等石墨烯的衍生物，它们也可以作为 FRET 中的发光供体。GO 具有猝灭能力，尽管低于其还原的衍生物（还原的氧化石墨烯，rGO），但其可以成为用于光学感测的合适的猝灭剂。其表面上大量的羧基、环氧基和羟基提供了吸收 200nm 和 800nm 之间的任何地方的复杂基质，并提供了化学共轭的位点。由于这些原因和实验室中的可扩展性，

GO 可以说是 FRET 分析中使用的最常见的 FRET 受体之一[72]。

13.3 石墨烯和石墨烯基材料在生物传感中的应用

13.3.1 共振能量转移中荧光传感器的供－受体相互作用

在共振能量转移(FRET)系统中,石墨烯、GO 等二维纳米材料因其较强的吸收和猝灭能力而通常被用作受体[53-54]。传统上,供体分子与石墨烯结合使用,其衍生物主要分为两类:荧光有机染料[73]或荧光蛋白[74]以及半导体量子点(QD)[75-76]、上转换纳米粒子(UCNP)[77]、石墨烯量子点[50]等发光纳米材料和粒子。这种化学物质具有高量子产率、光稳定性和长荧光寿命。表 13.1 报告了石墨烯及其衍生物在供体－受体 FRET 分析中的作用,以及相关的生物靶标和检测限[78]。

Kundu 等报道了一种氧化石墨烯－甲基纤维素杂化物,其通过瞬时光致发光猝灭作为检测硝基芳烃的良好传感器,检测限为 2mg/L[86]。GO 在酸性介质(pH = 4)中发射蓝光,但在中性和碱性介质(pH = 9.2)中,发射可忽略不计。在 GO 溶液中加入甲基纤维素(MC),发光强度在每个 pH 下显著增加,但随着 pH 的增加,各组分的 PL(光致发光)强度降低。在 pH = 4 时,GO 的平均寿命随着 MC 的加入而增加。不同 MC 含量的 GO－MC 杂合体的荧光显微图像表明,杂合体在 pH = 4 时的形态为核糖型,而在 pH = 7.0 和 pH = 9.2 时,没有表现出特征形态。研究表明,体系中存在超分子相互作用。硝基芳烃的加入使体系的光致发光强度急剧下降,苦味酸的光致发光强度下降幅度很大(91%)。Dinda 及其同事以类似的方式描述了一种明亮发光的 2,6－二氨基吡啶功能化氧化石墨烯(DAP－rGO),用于在其他硝基化合物存在下选择性检测三硝基酚(TNP)[87]。使用该材料的主要优点是在通过 FRET 和光能转移(PET)机制检测水性介质中的 TNP 时,不仅实现了约 96% 的高荧光猝灭,而且实现了大于 80% 的优异选择性。

表 13.1 最近基于石墨烯衍生物的供体－受体 FRET 分析总结

生物靶标	供体/受体	检测限	参考文献
DNA	GQD/AuNP	1nmol/L	[79]
DNA	GQD/CNT	0.4nmol/L	[80]
多重 DNA	双色 GQD/CNT	3.6～4.2nmol/L	[81]
DNA	GQD/GO	75pmol/L	[50]
DNA FITC/GO 6.25pmol/L	FITC/GO	6.25pmol/L	[82]
DNA	FAM/GO	40pmol/L	[83]
DNA	QD/GO	100fg/μL	[84]
DNA	UCNP/GO	5pmol/L	[77]
肝素	RB/GO	10nmol/L	[60]
RAP1 GTPase 与 HIV 集成酶	DNA/CNT	200μL 中 1.66×10^{-24} 摩尔	[85]

Mitra 和 Saha 报道了用于光学"开启"检测有机污染物(双酚 A、1－萘酚、苯酚、苦味酸)的石墨烯基复合平台[88]。首先合成 GO,再通过肼还原工艺转化为还原氧化石墨烯

(rGO)。然后与聚苯乙烯磺酸盐(PSS)连接，得到可溶性 RGO - PSS 复合体系。在优化的条件下，葡聚糖 - 荧光素(Dex - fl)最终负载在该材料上作为荧光团探针。由于石墨烯表面与荧光团分子之间的紧密接近，所获得的复合物(RGPD - fl)导致完全猝灭的荧光，促进了从荧光团到石墨烯的能量转移。加入不同浓度(毫摩尔至皮摩尔)的有机污染物后，污染物与石墨烯表面强烈相互作用，并从石墨烯表面释放葡聚糖 - 荧光素，导致溶液中荧光增强(图 13.4)。这种“开启”检测方法具有较高的灵敏度和良好的重现性。

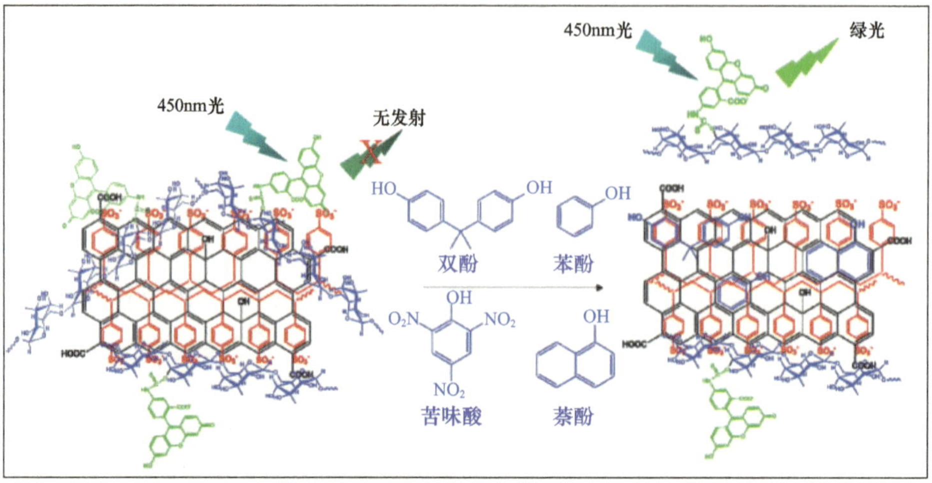

(a)

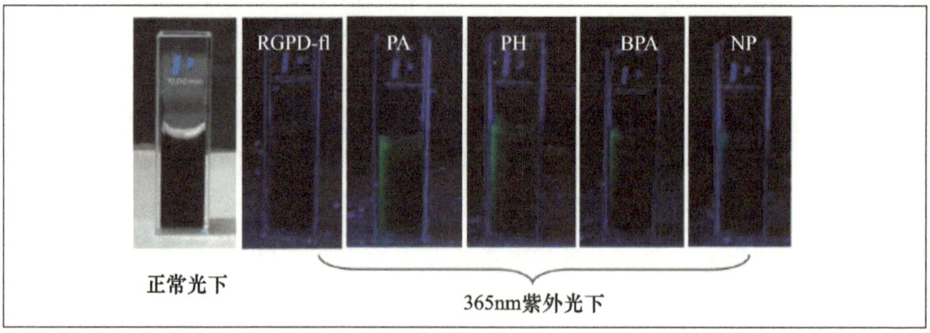

(b)

图 13.4　有机污染物检测的示意图(a)和通过用苦味酸(PA)、苯酚(PH)、双酚 A(BPA)和1 - 萘酚(NP)(b)处理复合物而在 365nm 紫外线下恢复荧光的数字图像(经许可转载自文献[88]，2012 年美国化学学会版权所有)

石墨烯基衍生物由于其大的表面积和独特的 $sp^2(sp^2/sp^3)$ - 键合网络，被认为是生物分子负载和检测的极好候选者[89]。目前，基于 GQD 的荧光生物传感器由于其易于合成、稳定性好、组织内化快和生物兼容性等优点而受到广泛关注。在这个意义上，例如，根据单链 DNA(ssDNA)和双链 DNA(dsDNA)与石墨烯片的结合亲和力差异，GO 已被成功地用作区分 DNA 序列的平台。荧光、电化学、表面增强拉曼散射(SERS)等方法可用于实现灵敏、可选择和准确的 DNA 识别[90-92]。

荧光是一种高灵敏度的生物分子检测工具，氧化石墨烯作为底物被应用于荧光猝灭检测方法。Chang 等描述了一种基于染料标记适配体组装石墨烯的用于凝血酶检测的高灵敏度和特异性荧光共振能量转移(FRET)适配体传感器(用作生物传感器的适配体)[93]。由于适配体与石墨烯之间的非共价组装,染料的荧光猝灭由于FRET而发生。凝血酶的加入导致荧光恢复,这是由于形成对石墨烯具有弱亲和力的四链凝血酶复合物,并使染料远离石墨烯表面。由于石墨烯的高荧光猝灭效率、独特的结构和电子性质,石墨烯适配体传感器在缓冲液和血清中都表现出极高的灵敏度和优异的特异性。基于石墨烯FRET适配体传感器的检测限低至31.3pmol/L,比基于碳纳米管的荧光传感器低两个数量级。基于石墨烯的FRET适配体的优异性能归因于石墨烯独特的结构和电子性质。

Jung及其同事报道了一种用于病原体检测的氧化石墨烯免疫生物传感器,通过使用氧化石墨烯阵列的光致发光实现了灵敏和选择性的轮状病毒检测[94]。通过改进的Hummers方法合成的GO沉积在氨基改性的玻璃表面上。通过碳二亚胺辅助的酰胺化反应将轮状病毒抗体固定在GO阵列上,通过特异性抗原-抗体相互作用捕获被轮状病毒感染的细胞(图13.5)。通过观察GO和AuNP之间的FRET对GO的荧光猝灭来验证对靶细胞的捕获。为了实现这种新型的GO免疫生物传感器,作者合成了与100-聚体单链DNA分子桥接的AuNP连接的抗体。DNA分子用作介体,因为合成方法容易控制抗体和AuNP之间的距离,因此,AuNP靠近GO表面放置。当Ab-DNA-AuNP复合物选择性地结合到附着在GO阵列上的靶细胞时,通过猝灭检测到GO的荧光发射的减少,从而能够鉴定致病靶细胞。

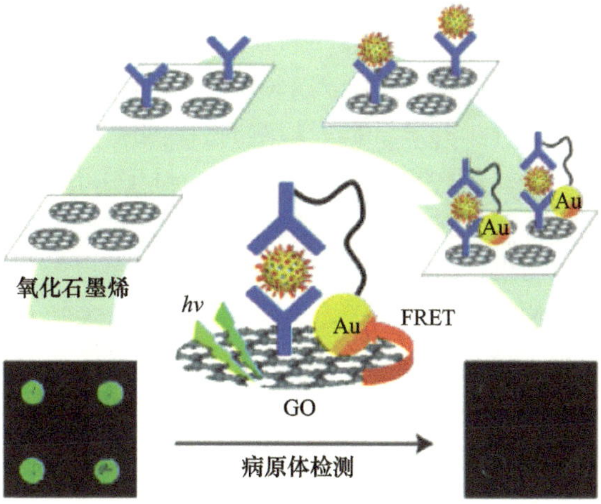

图13.5 GO基免疫生物传感器的图示(经许可转载自文献[94])

Qin及其同事报道了一种荧光传感器测定法(FSA),使用组装在GO上的荧光素标记的适配体来测定牛奶中的β-内酰胺酶[95]。在优化条件下,FSA的检测范围为1~46U/mL,检测限(LOD)为0.5U/mL($R^2=0.999$,$n=3$)。酶联免疫分析(ELISA)验证了FSA的可靠性和敏感性,相关性为0.993。因此,结合分析的简易性和速度,数据表明,FSA代表了一种监测牛奶中β-内酰胺酶污染的可用方法[95]。

13.3.2 基于石墨烯及其衍生物的电化学传感器

电化学传感,特别是溶出伏安法[96-100],是一种非常有吸引力的技术,用于金属离子和其他物质的现场监测,以及用于解决其他环境需求。这些传感器对电活性物质具有固有的敏感性、选择性、快速和准确性,携带方便,价格低廉[101]。在此背景下,碳基材料(石墨或玻璃碳）因其成本低、化学稳定性、宽电位窗口、相对惰性的电化学[102]、对多种氧化还原反应的电催化活性[103]而广泛用作电极材料[104]。然而，迄今为止，与原子吸收光谱相比，这些材料的灵敏度仍然非常低。解决这些问题的方法是使用微米或纳米电极，其具有几个优点，如更高的表面积，其可以提高电子转移速率、增加质量转移速率、更低的溶液电阻和更高的信噪比。

在此背景下，石墨烯和氧化石墨烯由于其优异的性能，作为电极材料[105]具有巨大的电化学应用潜力：大的表面体积比、室温下的高电导率和电子迁移率、稳健的力学性能和柔性[106-107]。因此，迄今为止，已经开发了几种基于石墨烯的电化学传感器[108]，用于环境分析和重金属离子的检测[109-110]。这些传感器通常具有比石墨和玻璃碳电极更有利的电子转移动力学。使用氧化石墨烯的主要优点是可获得大的活性表面积，并且在其边缘和/或表面上存在含氧基团，这导致容易基于目标分析物各自的峰来区分目标分析物，这些峰通常与常规石墨电极重叠[111]。

Willemse 等报道了全氟磺酸－G（全氟磺酸－石墨烯，其中全氟磺酸是磺化四氟乙烯基氟聚合物－共聚物）纳米复合溶液与原位电镀汞膜电极组合作为高灵敏度的电化学平台，用于通过方波阳极溶出伏安法（SWASV）测定作为分析物的金属离子，如 Zn^{2+}、Cd^{2+}、Pb^{2+} 和 Cu^{2+}[112]。该全氟磺酸－G 纳米复合材料适用于在电极表面 Zn^{2+}、Cd^{2+}、Pb^{2+} 和 Cu^{2+} 的堆叠，产生高灵敏度，对单个金属离子具有以下较低的检测限：Pb^{2+} 为 0.07μg/L（0.338nmol/L），Zn^{2+} 为 0.08μg/L（1.23nmol/L），Cu^{2+} 为 0.13μg/L（2.03nmol/L），Cd^{2+} 为 0.08μg/L（0.71nmol/L）。此外，单个金属检测的线性响应范围：Zn^{2+}、Cd^{2+} 和 Pb^{2+} 为 1～7μg/L，和 Cu^{2+} 为 20～180μg/L。同时检测时，检测限/相关系数：Pb^{2+} 为 0.07μg/L（0.338nmol/L）/0.990，Cd^{2+} 为 0.13μg/L（1.16nmol/L）/0.983，Zn^{2+} 为 0.14μg/L（2.15nmol/L）/0.999。值得注意的是，全氟磺酸－G 修饰电极在实际应用中的分析精度与电感耦合等离子体质谱（ICP－MS）相当。这种高灵敏度可以解释为 rGO 增强的电子传导和全氟磺酸的阳离子交换能力的组合。虽然上面讨论的全氟磺酸－G 复合电化学传感器对金属离子的检测表现出较高的灵敏度，但由于单个石墨烯片之间的范德瓦耳斯力和 $\pi-\pi$ 堆叠相互作用，这种制备纳米复合材料的简单混合方法很容易导致分散溶液干燥后石墨烯的不可逆团聚和重新堆叠形成石墨烯纳米片[113]。最小化石墨烯片的聚集问题的一种策略是将 NP 结合到石墨烯片中。近来，已经制造了基于石墨烯的纳米传感器，目的是将它们用于电化学重金属离子传感器，如用金属或金属氧化物修饰的石墨烯。Gong 等[109]将单分散的 AuNP 分布在石墨烯纳米片基体上，极大地促进了 Hg^{2+} 和电极之间的电子转移过程，对水样中 Hg^{2+} 的检测表现出良好的性能。该传感器的灵敏度为 708.3μA/（μg/L），检测限为 6ng/L。Wei 等报道了一种 SnO_2/还原 GO 纳米复合修饰玻碳电极，用于饮用水中超痕量 Cd^{2+}、Pb^{2+}、Cu^{2+} 和 Hg^{2+} 离子的同时选择性电化学检测[114]。基于石墨烯的电化学传感器在实际水传感中也表现出良好的性能，这对实际应用至关重要。最近，Liu 等报道了用于天然水体中 Ag^{+} 选择性检测的半胱氨酸/还原 GO 复合膜，其显示出较高的灵敏度和较低的检测限（1nmol/L）[115]。

使用还原氧化石墨烯（rGO）作为用于电化学应用的一系列纳米电极的组分，其具有优于常规宏观电极的优点[116-117]，包括以下几点。

（1）高信噪比，大概是由于石墨烯超高的电子迁移率及其独特的结构特性，如单原子厚度。

(2)低功率,能够在高电阻介质中进行剥离分析,因此不需要电解质,从而减少了干扰效应。

(3)石墨烯基电极是容纳金属离子和促进金属离子电子转移的理想平台。

(4)基于石墨烯的电化学电极可以检测单个离子以及同时监测具有低检测限的多种金属离子。

(5)现场测量地下水样品中金属离子浓度变化的能力。

13.3.3 基于功能化石墨烯技术的有机物电化学检测

使用功能石墨烯技术的有机物质的电化学检测由 S. Wang 及其同事首创,他们描述了一种新型纳米杂化物,基于:被聚(酰胺 - 胺)、多壁碳纳米管和 Au 纳米粒子功能化的还原氧化石墨烯(rGO - PAMAM - MWCNT - AuNP);用于同时电化学测定抗坏血酸(AA)、多巴胺(DA)和尿酸(UA)(图 13.6)[118]。在研究中,合成的 rGO - PAMAM - MWCNT - AuNP 修饰电极对 AA、DA 和 UA 的氧化表现出较高的选择性,并将其重叠的氧化峰确定为 3 个明确的峰。在最佳条件下,DPV 法测定共存体系中 AA、DA 和 UA 的线性范围分别为 1.8 ~ 20mmol/L、0.32 ~ 10mmol/L 和 0.114 ~ 1mmol/L。相应的检测限分别为 6.7mmol/L、3.3mmol/L 和 0.33mmol/L($S/N=3$)。

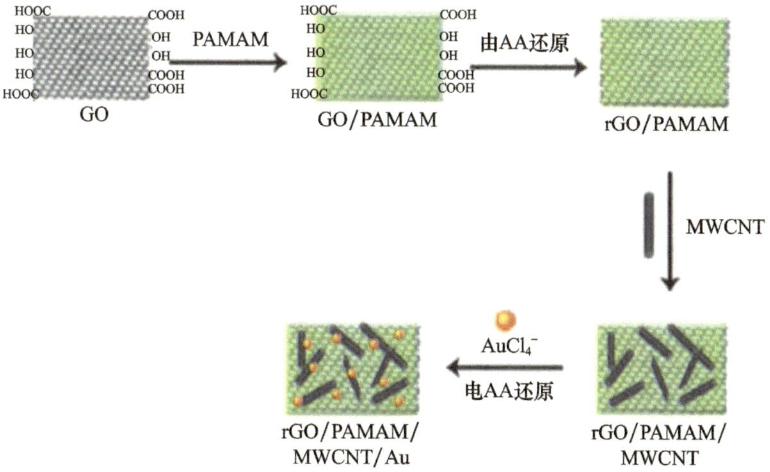

图 13.6 rGO - PAMAM - MWCNT - AuNP 纳米杂化材料的制备
(经英国皇家化学学会许可转载自文献[118])

X. Wang 等最近报道了一种超灵敏的夹心状光电化学(PEC)免疫传感器,用于检测前列腺特异性抗原(PSA)[119]。在其研究中,设计了 Au 纳米粒子负载的氧化钨(WO_3 - Au)杂化复合材料作为 PEC 传感平台。还形成了还原氧化石墨烯、离子 Ca^{2+} 和 CdSe(rGO - Ca:CdSe)的纳米复合材料,并用作信号放大探针(图 13.7)。由于 WO_3 - Au 大的比表面积和良好的生物 WO_3兼容性,通过 Au - NH_2 纳米粒子与抗体基团之间的化学结合,在表面形成了大量的 Au 纳米粒子,为负载大量的抗体提供了新的纳米载体。rGO 的引入和钙离子的掺杂可以有效地提高 CdSe 纳米粒子的电导率,阻碍电子 - 空穴对的复合,从而提高光电流转换效率。基于夹心免疫反应,将一抗固定在 WO_3 - Au 基底上,形成的 rGO - Ca:CdSe 标记物通过特异性抗体 - 抗原相互作用捕获在电极表面,由于增敏作用,光电流强度进一步增强。在5pg/mL～50ng/mL范围内，光电流变化与PSA浓度的对数呈良好线性关系，检测限为2.6pg/mL（信噪比为3）。

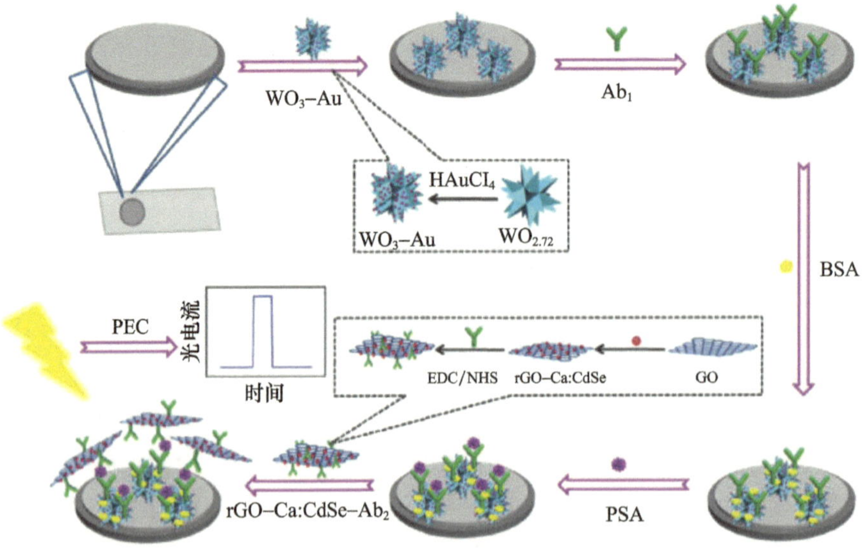

图13.7 光电化学夹心状免疫传感器的构建过程（经许可转载自文献[119]）

Wang K及其同事报道了通过基于聚腺嘌呤（polydA）－适配体修饰的金电极（GE）和polydA－适配体功能化金纳米粒子/氧化石墨烯（AuNP/GO）杂交的夹心电化学生物传感器简单、快速、灵敏和特异性地检测癌细胞，用于通过差分脉冲伏安法（DPV）技术无标记和选择性检测乳腺癌细胞（MCF－7）（图13.8）[120]。Wang K及其同事提出由于polydA序列的多个连续的腺嘌呤与金之间的内在亲和力，将polydA修饰的适配体代替硫醇封端的适配体固定在GE和AuNP/GO的表面上。因此，无标记的MCF－7细胞可以被polydA适配体识别并自组装到GE表面。polydA－适配体功能化的AuNP/GO杂交体可进一步与MCF－7细胞结合形成夹心传感系统。在优化的实验条件下，该传感器对MCF－7细胞的检测限为8个晶格/mL（3σ/斜率），线性范围为10～105个晶格/mL。

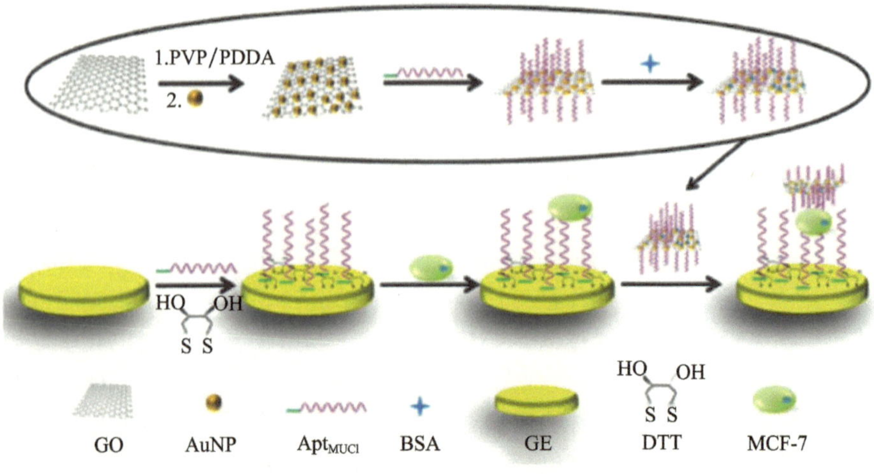

图13.8 用于MCF－7检测的夹层电化学生物传感器的示意图（经许可转载自文献[120]）

13.4 石墨烯和类石墨烯材料在生物成像中的应用

对石墨烯用于生物成像的应用不限于荧光或光学技术，研究人员致力于确定功能化策略以确保石墨烯衍生物的生物兼容性，以将其用作成像剂制备中的平台。石墨烯在该领域的应用最近已在文献[121－127]中涉及。

13.4.1 光学生物成像中涉及石墨烯衍生物的能量共振转移

在过去，大量研究了用于生物传感和生物成像的类石墨烯材料的荧光纳米复合材料的使用[127]。由于 sp^2碳基纳米杂化物的可扩展性、抗光漂白的稳定性和相对较长的寿命，它引起了人们的广泛关注[128]。碳基 FRET 复合物的形成也为研究早期疾病[129]和检测这种杂交体的摄取及其在细胞内环境中的相互作用提供了机会。

Pascu 等[54]报道了热还原氧化石墨烯（TrGO）的能量共振转移（FRET）复合物的使用，通过包含生物兼容的荧光 D－α 和 L－α 氨基酸衍生的萘二亚胺（NDI）[130]作为能量共振转移（FRET）供体。这样的 TrGO－NDI 加合物用于前列腺癌细胞（PC－3）的光学成像。荧光寿命成像显微镜（FLIM）研究表明，TRGO 与 NDI 的相互作用在体外仍然稳定，共聚焦荧光显微镜显示 NDI－TrGO 复合物穿透 PC－3 细胞膜并定位于整个细胞质。已经使用其他荧光有机染料来功能化 GO 的衍生物，以试图增加用于体外和体内生物成像的碳材料的量子效率。例如，Liu 及其同事[131]报道了用聚乙二醇（PEG）功能化并用发光花青 7（Cy7）标记的纳米石墨烯片的体内行为。研究人员证明，*n*GO－PEG－Cy7 加合物在体内显示出高渗透性，并在相关组织中积累，允许肿瘤异种移植小鼠成像。最近，Pascu 等[132]研究了用发射 NIR 的卟啉对 GO 片的功能化及其发光性质，证明了纳米复合物的光稳定性及其在光物理应用中的潜力。Chen 及其同事将卟啉分子的衍生物，如中华卟啉钠（DVDMS）负载到 GO 片上。有趣的是，DVDMS 和 GO－PEG 之间的分子内电荷转移显著增强了染料的荧光效率，这使得体内 DVDMS 递送和生物分布的实时可视化成为可能（图 13.9）[133]。

GO 作为联合生物成像和治疗平台的作用已经由同一研究小组进行了研究。作者提出了一个很好的 GO 基治疗范例，其中 GO 负载了 IR800，成功地靶向 VEGF 受体（图 13.10）。VEGF－IR800－GO 纳米杂化物在长时间内保持缺血组织中的高 VEGF 水平，形成缺血肌肉治疗性血管，并为多模式成像提供了可靠的平台[134]。最近开发了一种 FRET 开启生物传感器用于检测活 L929 细胞中的谷胱甘肽 S－转移酶（GST）。作者报道了用谷胱甘肽（GSH）功能化的 Mn 掺杂 ZnS 量子点的形成。QD@ GSH 加合物的荧光特性被受体 QDs 与 GO 片的相互作用猝灭，形成了 QD@ GSH－GO 杂化 FRET 体系。与式（13.3）～式（13.6）中所描述的类似，GST 与 QD@ GSH－GO 的相互作用允许形成 QD@ GSH－GST，这减少了这些物质从 sp^2C－C 表面的释放。这种机制不仅影响探针荧光强度的恢复，而且导致其寿命衰减的显著变化。事实上，通过比较 QD@ GSH－GO 的较短荧光寿命（1.38ns）与 QD@ GSH 物质的较长衰减（1.87ns）来证实细胞内 GST 的存在。Xing 等[135]也通过用各种有机染料涂覆 GO 研究了利用 GO 作为受体的 FRET 复合物。通过 π－π 堆叠，将花青 5 和 7（Cy5 和 Cy7）和罗丹明 B（RhB）附着在 sp^2 蜂窝表面，得到能够将吸收的光能转化为热能并通过光声（PA）效应产生声波的猝灭体系。这项工作证明，GO 的 FRET 复合物除了作为光学成像剂外，还可用于 PA 成像和治疗，开辟了使用石墨烯样材料进行更深身体组织成像的前景。

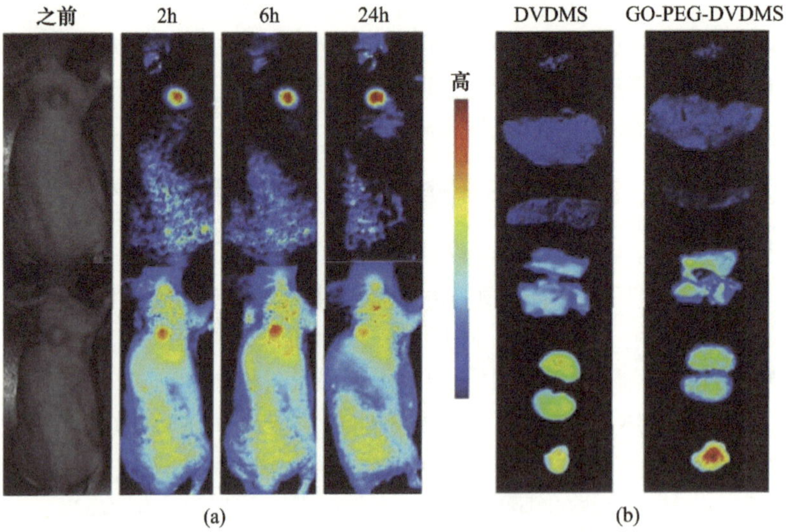

图 13.9 (a)静脉注射探针(2 mg/kg)前、2h、6h 和 24h 后，氧化石墨烯－聚乙二醇－芥子油苷钠(GO－PEG－DVDMS)和芥子油苷钠(DVDMS)的体内分布。(b)给予 GO－PEG－DVDMS 和 DVDMS 24h 后肿瘤和主要器官的离体近红外(NIR)荧光成像。(经许可转载自文献[133])

尽管使用类石墨烯材料来产生用作 FRET 受体的二维平台，但是已经设计了石墨烯衍生物，以尝试利用其固有的发光性质，用于生物感测和生物成像剂的 FRET 供体。更多延伸的二维类石墨烯片段，通常称为碳量子点(GQD)、石墨烯量子点(GQD)或简称 C 点，被认为是半导体 Cd 基和其他无机量子点(QD)的有希望的替代品[136]。由于光致发光特性和其结构中不存在有毒重金属原子，C 点在生物成像和生物传感中的应用得到了广泛的探索[137]。2004 年在 SWNT 粗悬浮液的杂质中发现了荧光碳纳米粒子，并通过电泳进行了分离[138]。自发现以来，C 点引起了人们的广泛关注，是当今化学和材料科学中一个具有巨大潜力的领域。在撰写本书时，我们估计，在 2016—2017 年中，已有超过 60% 以 C 点为主题的科学文章被发表。通过溶剂热反应获得的非功能化蓝色、绿色和红色发射 C 点已用于 MCF－7 细胞的成像[139]。这种纳米结构显示出低毒性和上转换光致发光。这项工作证明了这种 C 点在生物成像和构建石墨烯作为新型“开/关”荧光开关的基于 FRET 组分衍生物的 FRET 供体中的潜力。最近，已经研究了 C 点的表面功能化，并且已经报道了许多生物靶向成像探针的实例。例如，Yang 及其同事[140]描述了 GQD 与Fe_3O_4@SiO_2 的缀合，产生负载 DOX 药物分子的称为 GQD@Fe_3O_4@SiO_2 FRET 受体的新型荧光石墨烯衍生物。由于 DOX 分子充当 FRET 供体，GQD@Fe_3O_4@SiO_2－DOX 系统同时充当荧光/MRI 试剂和基于 FRET 的药物输送感测。还在 HeLa 细胞中测试了这种纳米粒子的摄取，显示高达 100 mg/mL 的良好细胞活力。最近，Huang 等[141]报道了通过使用基于硼(B)和氮(N)共掺杂的单层 GQD 的 FRET 分析将人类免疫缺陷病毒(HIV)DNA 成像到 HeLa 细胞中。作者推测，与靶向 HIV DNA 的 DNA－BHQ2 偶联的 BN－GQD 具有监测 HIV 病毒动态入侵活细胞的潜力。由 Du 和 Xiao[142]研制了活细胞内Hg^{2+}荧光比率传感器。通过 NHS/ED C 偶联,用罗丹明 B 的衍生物(SR)对 GQD 表面进行功能化。使用桥接 GQD 表面和染料的有机接头。在Hg^{2+}离子存在下,有机接头充当螯合剂,并且 GQD－SR－Hg 的形成触发 FRET 机制,其中 GQD 充当供体,罗丹明充当受体,这又降低了探针的荧光。这种 FRET 测定允许在细胞内检测积累成活 HeLa 细胞中的有毒金属Hg^{2+}离子。

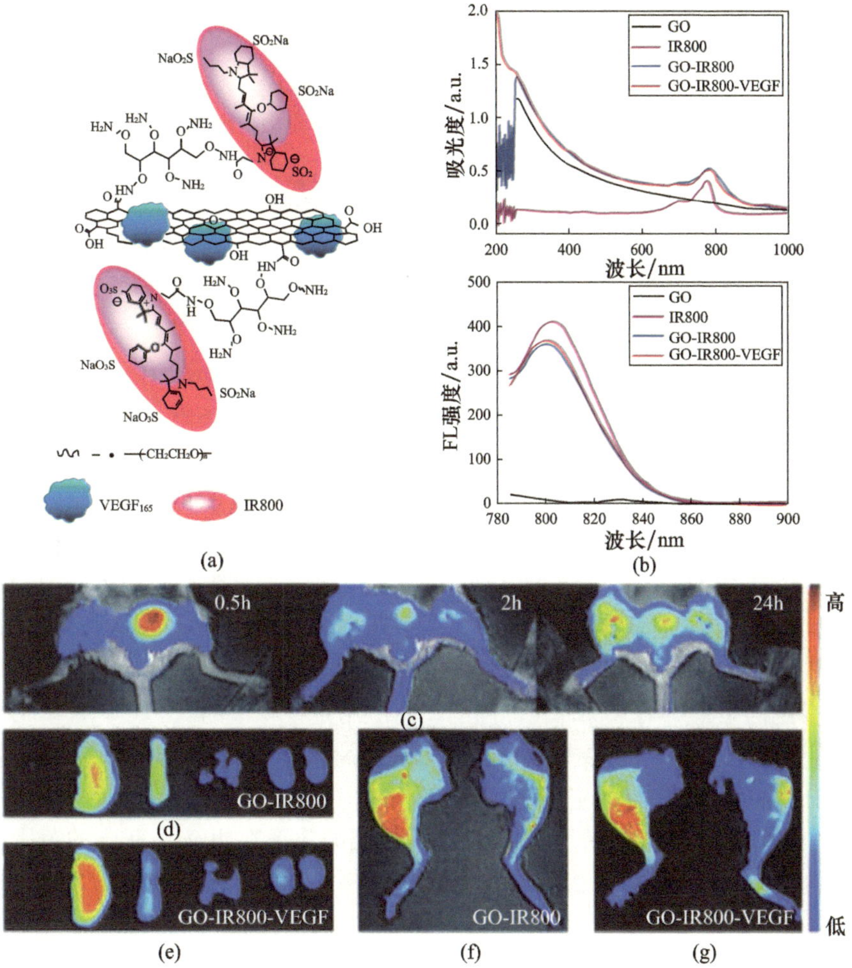

图 13.10 (a)Niu、Cao 和 Chen 报道的 NIR 发射血管内皮生长因子(VEGF－IR8800)共轭 GO 的示意图;(b)GO、NIR 发射 IR800、GO－IR800 复合材料和 GO－IR800－VEGF 加合物的 UV－Vis 和荧光光谱;(c)在不同时间注射 GO－IR800－VEGF 后小鼠的实时体内 NIR 荧光成像;(d)和(e)小鼠组织的离体 NIR 荧光成像;从右到左:在施用 GO－IR800－VEGF 后 24h 的心、肝、脾、肺、肾;(f)注射 GO－IR800 的小鼠缺血(左肢)和非缺血(右肢)组织的代表性成像;(g)注射 GO－IR800－VEGF 的小鼠缺血(左肢)和非缺血(右肢)组织的代表性成像。经英国皇家化学学会许可转载自文献[134]

13.4.2 医学成像中作为纳米药剂合成平台的石墨烯材料

核成像技术利用从给予患者的不稳定放射性同位素的衰变中发射的电离辐射。检测发射的粒子以允许重建三维结构图像。这些技术对于生物成像具有几个优点,如对探针的高灵敏度、需要很少的信号放大、提供定量结果、对组织穿透没有限制或执行代谢成像的能力[143]。

正电子发射断层摄影(PET)依赖于使用正电子发射核，该核在行进短距离(正电子范围)后在体内与组织中存在的电子湮灭，在180°方向上发射两个伽马射线，该伽马射线由围绕对象以环形布置的准直器晶体检测。多个衰变事件的重建允许创建探头环境的三维图像[144]。

由于探针在生理条件下增强的稳定性，这些技术的高灵敏度及它们提供定量结果的能力，石墨烯探针用于核成像最近引起了广泛关注[124,126]。

Liu 等研究了用碘－125($t_{1/2}$ =59.5d)标记包覆石墨烯，以跟踪材料的体内命运。两种不同的聚合物，即聚乙二醇(PEG)和葡聚糖，分别用于包覆纳米片和氧化石墨烯[145－146]。生物兼容性聚合物的应用有助于增加材料的分散性和改善它们在生理条件下的稳定性并降低细胞毒性。在这两种情况下，作者观察到石墨烯复合材料在测试小鼠的肝脏和脾脏中的积累。此外，在肾和粪便途径注射后一周内观察到小鼠器官内的毒性有相当大的清除，有助于石墨烯材料用于生物医学应用的研究。

Hong 等[147]研究了用铜－64 放射性标记的靶向纳米探针。在这种情况下，探针由PEG 链包被的纳米 GO、1,4,7－三氮杂环壬烷－1,4,7－三乙酸(NOTA)和单克隆抗体组成。如前面的情况，用 PEG 链的涂层增加了纳米探针在生理介质中的分散性，而 NOTA 的引入使得铜－64($t_{1/2}$ =12.7h)能够螯合。抗体 CD105 的使用提供了对肿瘤血管生成中存在的血管标记物的靶向。主要通过肝胆和肾系统观察到纳米 GO 的清除。该纳米 GO 探针具有良好的稳定性和靶特异性。同一组在乳腺癌鼠模型中探索类似的构建体，但使用还原 GO(rGO)，并使用铜－64 对其成像[148]。类似地，rGO 探针在体内显示出良好的稳定性和高特异性。PET 成像实验显示在注射后 3h 具有最大强度的快速肿瘤摄取。同一作者还探索了在含有纳米 GO 探针的 NOTA 中使用镓－66($t_{1/2}$ =9.3h)作为放射性核素的可能性，观察到的结果对纳米探针在体内的靶向应用是很积极的[149]。

最近的趋势是探索基于石墨烯的材料的无螯合剂放射性标记[150]。螯合剂的去除有助于减少功能化并保持纳米材料的天然性质。在铜－64 的情况下，放射性标记基于金属－π 相互作用。为此，对于 rGO 纳米片，观察到本征标记的效率在 40% ~80% 的范围内，而在氧化石墨烯的情况下，效率下降到低得多的水平(5% ~20%)，因为结构的破坏为铜的配位提供了较少的 π 电子密度[151]。使用包括螯合剂的纳米探针的标记效率变得更高，但在血清中的稳定性在两种情况下相当，并且用不含螯合剂的探针在小鼠模型中观察到更高的肿瘤摄取[150]。这种策略最近与氟－18($t_{1/2}$ =1.8h)一起用作 PET 应用的放射性同位素[152]。将聚乙二醇化纳米 GO 与氟－18 混合得到放射性标记的复合材料。作者认为，氟－18 原子与纳米 GO 的氧化缺陷相互作用，复合材料在 PBS 和细胞介质中表现出良好的稳定性。细胞毒性研究具有很好的前景，但在 CT26 荷瘤小鼠中的体内研究并未显示肿瘤摄取随时间的增加。

单光子发射计算机断层摄影(SPECT)利用 γ 发射放射性同位素。在成像过程中，伽马射线由旋转检测器检测。就 PET 而言，SPECT 的灵敏度较低，但允许不同能量的放射性同位素同时成像，SPECT 扫描仪的可用性在临床世界中更胜一筹[153]。

将含有铟－111($t_{1/2}$ =2.8d)螯合剂的靶向纳米探针功能化。金属被苄基－二亚乙基三胺五乙酸(BnDTPA)螯合，配合物通过 π－π 堆叠结合到纳米片上。此外，还掺入了抗体曲妥珠单抗，以靶向 HER2 阳性肿瘤。小鼠模型中的 SPECT 成像实验显示良好的药代动力学和高肿瘤摄取,优于放射性标记的曲妥珠单抗衍生物。

结合金-198,199,对另一种 SPECT 探针进行了描述。在这种情况下,氧化石墨烯片被氨丙基甲硅烷基功能化,并用金-198,199 纳米粒子标记。探针显示在肿瘤(大鼠中的纤维肉瘤肿瘤)中的高摄取和通过肾脏的快速排泄(约 24h)。

13.4.3 磁共振成像和多模成像中的含石墨烯造影剂

磁共振成像(MRI)是一种非侵入性成像技术,其不利用电离辐射,并且可以获得高分辨率的解剖图像,但是相对于 PET/SPECT 具有低的灵敏度。由于环境不同,MRI 测量了水中质子(H^+)与外部磁场对准时的不同弛豫时间。外源性 MRI 造影剂(顺磁物质)可以通过改变这些弛豫时间(纵向弛豫时间 T_1 或横向弛豫时间 T_2[154])来增强图像对比度并减少采集时间。T_1 造影剂通常是具有大量未成对电子的金属,Gd^{3+} 是应用最广泛的(7 个未成对电子),并产生更亮的图像,而 T_2 造影剂通常是磁性氧化铁纳米粒子,并产生更暗的图像[155-156]。通过大量的研究,致力于寻找稳定钆离子的理想方法,包括分子螯合系统[157]、超分子实体[158]或碳纳米材料(富勒烯[159]、纳米管[160]和纳米金刚石[161])。在描述了纳米材料的革命性性质之后,自过去十年以来,研究者一直在探索石墨烯复合材料的应用,并且已经报道了可实现和可重复的合成路线[162]。基于石墨烯的两大类 MRI 造影剂是包括顺磁性离子(主要是 Gd^{3+})或包括氧化铁纳米粒子的复合材料。

石墨烯衍生物螯合顺磁性金属可以作为降低金属毒性的方法[121]。尽管大多数 MRI 金属基造影剂集中于钆化合物,但石墨烯 Mn^{2+} 的使用也有相关研究[163]。将金属离子插入葡聚糖包覆的石墨烯纳米片中,形成 T_1 加权 MRI 造影剂。该材料以高浓度(100mg/mL)形成稳定的水悬浮液,并且所测量的弛豫性被证明弛豫性是其他临床 Gd^{3+} 或 Mn^{2+} 探针的 20~30 倍。

Hung 等比较了掺入表面活性剂的石墨烯和氧化石墨烯与被描述为"gadographenes"的化合物家族中的游离钆离子或大环络合物之间形成的石墨烯复合物[164]。所有复合材料都显示出相当大的弛豫,大于构成用于 MRI 应用的有前途的衍生物的其他大分子 Gd(Ⅲ)化合物。研究了弛豫增加背后的基本原理,作者认为当用金属物种功能化时,碳材料可能在复合材料的磁性行为中起作用。以同样的方式,引入羧基苯基的石墨烯纳米带用 $GdCl_3$ 功能化[165]。作者认为 Gd^{3+} 离子通过与羧酸盐基团的相互作用而配位到纳米材料上,因为他们观察到可以通过用酸性水溶液洗涤从复合材料中提取金属离子,但当用碱性溶液应用相同的程序时,未发生变化。在这种情况下,弛豫率很高,性能与其他碳纳米材料相当,优于临床上可用的大环钆配合物。在文献中也出现了具有靶向部分的功能化衍生物;对掺入钆(Ⅲ)离子并用抗癌药物和 RNA 载体功能化的纳米 GO 衍生物进行了描述[166]。该多功能探针可应用于小鼠模型的肿瘤成像,并有助于评价药物在治疗过程中的有效性。

石墨烯层可以很容易地用氧化铁纳米粒子(IONP)修饰,这使得它们成为开发用于 MRI 造影剂的石墨烯-IONP 复合材料的理想平台[167]。此外,纳米粒子可包括生物兼容性涂层。在这个意义上,葡聚糖包覆的氧化铁纳米粒子通过酰胺键与氧化石墨烯片共价连接[168]。该复合材料表现出良好的稳定性和低细胞毒性,证明了涂覆策略的成功。

在其他实例中,在聚乙二醇化 GO 上生长氧化铁纳米棒,产生作为 T_2 加权造影剂的复合材料,呈现出高弛豫时间[170]。当负载阿霉素时,该材料还可作为具有大容量的药物载体。体内实验证明，作为 MRI 造影剂和在生理条件下，可以成功释放药物。研究了具有类似特性的复合材料（用氧化铁纳米粒子功能化的聚乙二醇化 GO，rGO－IONP－PEG）作为 NIR 荧光、MRI 和 PAI 的多峰成像探针（图 13.11）[169]。此外，该探针用于评价在 808 nm 时 NIR 激光照射具有 4T1 肿瘤移植瘤小鼠后的光热治疗的结果。照射后 1 天肿瘤消失，其余组织无明显损伤。

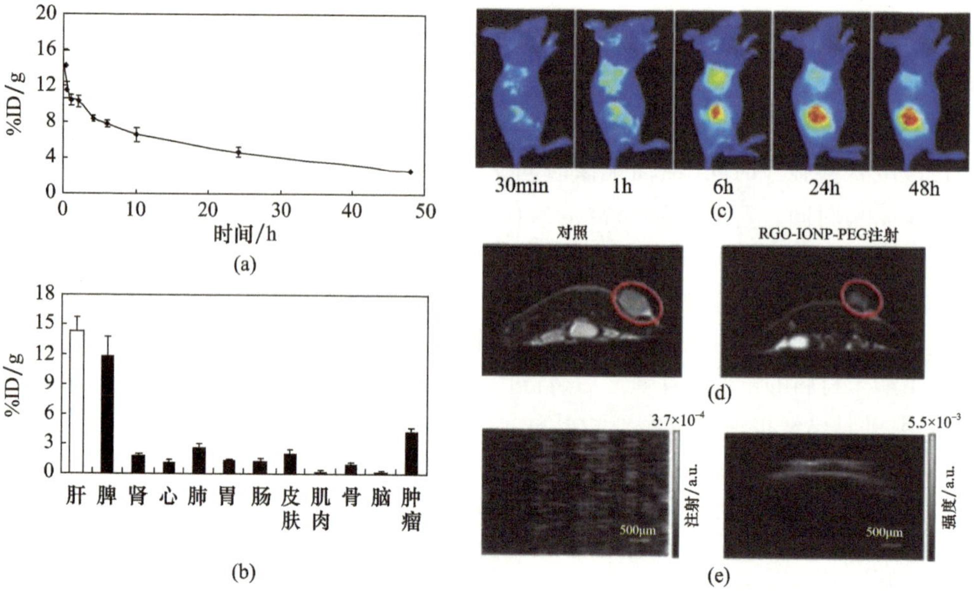

图 13.11　rGO－IONP－PEG 复合材料作为多峰探针和体内生物分布在 4T1 肿瘤荷瘤小鼠中的评价
（a）碘－125－标记的 rGO－IONP－PEG 的血液循环谱；（b）碘－125－标记的 rGO－IONP－PEG（显示相当大肿瘤摄取）的生物分布；（c）cy5－标记 rGO－IONP－PEG 的 NIR 荧光成像；（d）T_2 加权 MRI 图像；（e）肿瘤区域的 PAI 图像。经许可转载自文献[169]。

13.4.4　用于光声成像的石墨烯衍生物

光声成像（PAI）是基于光声效应，其中组织或材料吸收非电离激光脉冲形式的光辐射；发生瞬时热弹性膨胀，导致收缩时发射超声（声）波，换能器可以检测到声波并重建为图像[171－173]。

PA 成像具有许多优点，这些优点有助于克服其他光学成像方法的一些限制，例如使用较低能量的辐射、在组织中更大的穿透或较低的散射（与光学成像相比低两到三个数量级）[171,174－175]。PAI 可以使用内源性物质作为提供结构信息的造影剂进行。最常用的是血红蛋白[176]，用于测量组织中的总 O_2 浓度、脂质[177]，提供体内水和黑色素的映射分布[178]，作为黑色素瘤或转移细胞的生物标记。然而，用于 PAI 的内源性造影剂仅提供了有限数量的生物过程，因此是制备外源性造影剂的原因。理想 PAI 造影剂的特性包括高摩尔消光系数、在 NIR 区域中的尖锐吸收光谱、高的光稳定性和低的量子产率，以有利于光向热的非辐射转换[179]。

由于石墨烯衍生物可以有效吸收 NIR 区域中的辐射，并且，与用作 PAI 造影剂的其他材料（如碳纳米管或其他无机纳米粒子）相比，其具有更加有利的性质，如更大的表面积、更低的纵横比、在生理介质中更好的分散性,或者与在生物兼容性涂层中发生功能化的其他纳米粒子相比,其可以直接功能化,石墨烯衍生物可用作 PAI 造影剂。对于 PAI 应用,基于 rGO 的探针是优选的,因为 sp^2 区域的存在更高,并且其吸收 NIR 光的能力提高[180]。然而,与 GO 类似物相比,rGO 在生理条件下的分散性降低,这构成了这些材料在体内应用的困难。这一问题已经通过制备具有减小的横向尺寸的纳米尺寸石墨烯来克服,以便通过受控的硝鎓氧化反应[181]或通过蛋白质辅助还原纳米 GO 来提高分散性[182]。另一个策略是用强 NIR 吸收染料功能化 GO,以增强材料在该光谱区域的吸收[183]。根据这一策略,描述了用吲哚氰绿(FDA 批准的 NIR 染料)功能化的 GO 复合物用于 PAI 和光热治疗中的应用。染料通过 π－π 堆叠与 GO 相互作用,复合材料有额外的叶酸涂层,以提高对癌细胞的靶向性。该纳米探针显示出有希望的成像结果和低细胞毒性,为制备生物兼容性 PAI 造影剂提供了有希望的功能化策略[183]。基于纳米 GO 的类似探针凸显了尺寸缩小的石墨烯片的优势[184]。在装载吲哚菁绿染料之前,将纳米 GO 进行 PEG－基化和还原,显示出最小的毒性和以优异 PA 和荧光信号进行多峰成像的能力。与体内游离染料的比较表明,纳米复合材料在 HeLa 肿瘤模型中(特别是注射后 48h)具有更长的血液循环时间、更高的稳定性和更大的被动积累(图 13. 12)[184]。

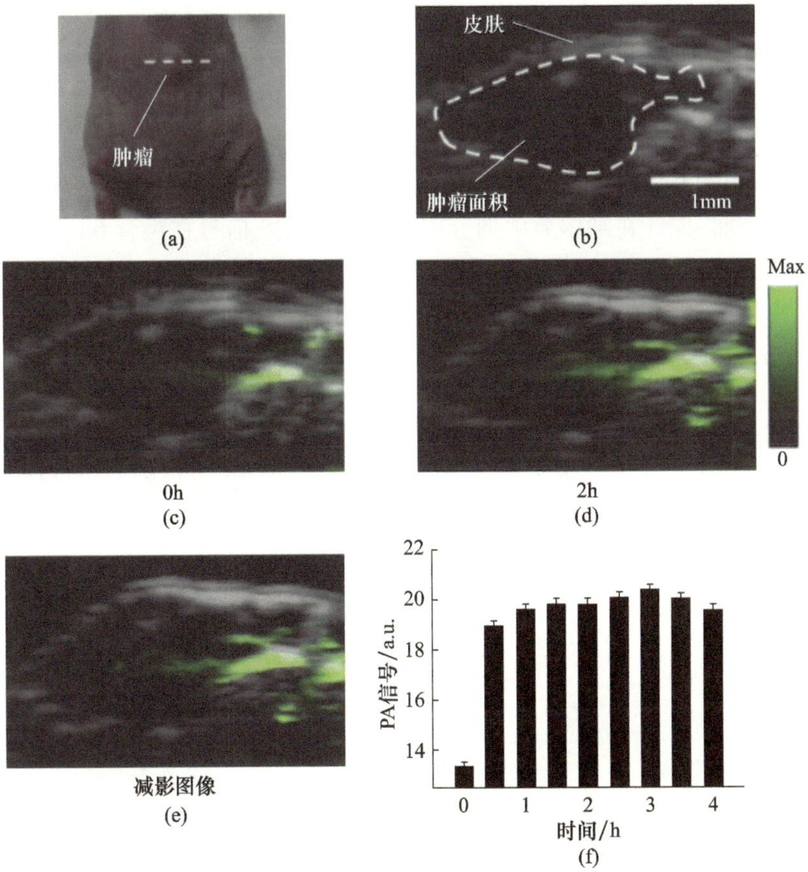

图 13. 12 (a)具有 MCF－7 异种移植肿瘤的小鼠的图像;(b)包含肿瘤的区域的超声图像;(c)~(e)使用 BSA 功能化的纳米 rGO 探针作为造影剂的肿瘤区域的多模态超声(灰色)和 PA(绿色)图像;(f)直到注射后 4h 肿瘤区域内的 PA 信号(经许可转载自文献[182])

在BSA(牛血清白蛋白)包覆和还原的纳米GO的情况下,还在携带MCF-7肿瘤异种移植物的小鼠中体内测试纳米探针[182]。成像过程中通过超声监测肿瘤的位置和边界。观察到肿瘤中的PA信号在注射纳米探针后增加,在0.5h达到最大值,该强度保持恒定至少4h。肿瘤中的被动靶向积累归因于还原的纳米GO与BSA的功能化以及增强的渗透性和保留(EPR)效应[182,185]。

据报道与隔离材料相比,用氧化石墨烯涂覆金纳米棒也产生具有增强的光声振幅的生物兼容性探针[186]。由于观察到的增强的光热效应,纳米材料被认为是光热治疗的有效试剂。

13.4.5 用于机体内/外拉曼成像的石墨烯基材料

拉曼光谱是碳纳米材料(如石墨烯)结构研究的重要工具,因为它可以提供关于层的数量和取向、边缘类型或掺杂或无序的存在的信息[187]。拉曼光谱的原理是由分子振动激发模式产生的声子对光子的非弹性散射。这种技术用于研究石墨烯的主要优点包括高信噪比、可忽略的光漂白以及以非破坏和非扰动方式提供信息的复用能力[124]。GO的拉曼光谱特征在于两个不同的带:G峰,在$1600cm^{-1}$附近,由于sp^2碳的E_{2g}模式;D峰,在$1350\ cm^{-1}$附近,由于具有A_{1g}对称性的六原子环的呼吸模式,并且需要缺失进行激活[188]。这些带在GO中本质上很强,但是可以通过在碳表面中原位生长金属纳米粒子或用GO功能化/涂覆纳米粒子来增强,用于表面增强拉曼散射(SERS)中的应用[189-191]。

将包含共价连接AuNP到GO表面的探针用于研究石墨烯基纳米材料的体外内化机制[193]。当与单独的GO或AuNP相比时,作者观察到复合材料的拉曼信号强度显著增强。内化研究表明,探针在细胞质中的分布不均匀,SERS信号在孵育6h后出现最大值,其摄取机制可能与能量依赖的内吞过程有关。成像研究中的SERS分辨率与荧光显微镜的分辨率相当。在HeLa细胞中通过还原过程对非共价功能化的GO与AuNP进行了类似的研究,显示了关于细胞吸收该复合材料的机制的类似结论[194]。纳米GO还用于包裹AuNP,以增强用于细胞成像的SERS信号[195]。具有球形形貌的复合材料进一步用阿霉素功能化,作为潜在的化疗剂。观察到药物的逐渐释放,从而增强了纳米材料的治疗应用。rGO的纳米片也采用了类似的方法[196]。在这种情况下,金以纳米星形状存在,该纳米星在晶种介导的方法中获得。还研究了阿霉素的负载和随后的pH依赖性释放。在带有HeLa肿瘤的小鼠模型中[192],用类似的系统进行了体内研究,GO-Au纳米棒负载阿霉素(图13.13)。该复合材料允许遵循药物的药代动力学,并确定应用光热治疗的适当时机。

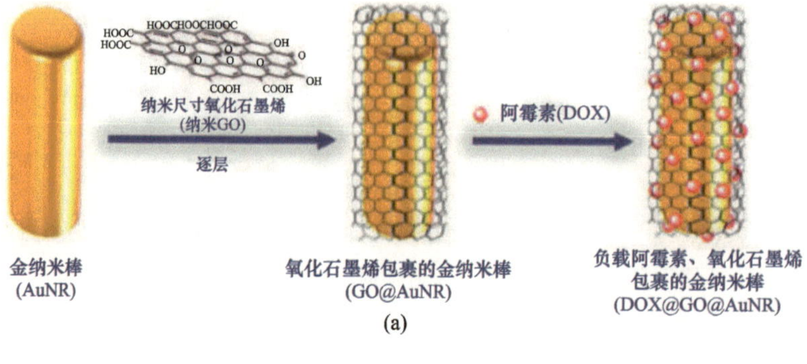

(a)

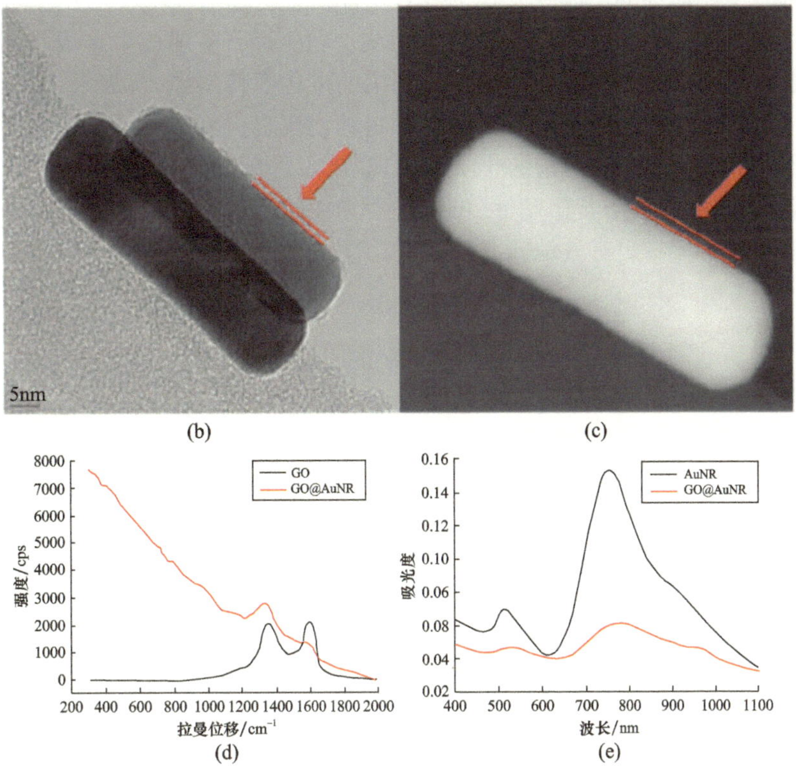

图 13.13 (a)用阿霉素功能化的 GO 包裹的金纳米棒(GO@ AuNR)的制备;(b)纳米棒的高分辨率 TEM 显微照片(GO 涂层由红色箭头指示);(c)STEM 图像;(d)GO 和 GO@ AuNR 的拉曼光谱;(e)AuNR 和 GO@ AuNR 的 UV - Vis - NIR 光谱(经许可转载自文献[192])

NP 也与 GO 一起应用[197]。用聚乙烯吡咯烷酮(PVP)原位还原得到的 GO 和 Ag NP形成的探针,与单独的纳米材料相比,SERS 信号显著增强[198]。此外,通过随后用叶酸功能化以靶向已知在许多癌细胞系中过表达的叶酸受体,实现了癌细胞的排他性靶向。

13.5 小结

虽然石墨烯的存在和性质是由 Wallace 在 1947 年首次提出的[199],但在 2004 年之前没有制造出比几层石墨更薄的材料,在一个重要的实验中,Geim 和 Novoselov 分离出了单层原子厚度的石墨材料,并对其进行了表征。虽然在 20 世纪的最后 10 年,围绕石墨烯主题发表的著作不超过十几篇,但迄今为止,据估计,在过去 10 年中,已经发表了超过 37000 篇探索石墨烯及其衍生物潜在应用的科学文章。值得注意的是,整个石墨烯相关科学文献中,22% 是在 2017 年单独发表。Geim 和 Novoselov 的发现对科学界来说确实是一个开创性的事件,并为化学、物理和材料科学等许多学科带来了巨大的挑战。石墨烯、氧化石墨烯及其功能衍生物由于其电子特性和通过共价和非共价相互作用结合有机分子的能力,在生物传感领域得到了广泛的研究。类石墨烯材料具有宝贵的发光猝灭剂,可用作纳米平台，能够产生功能性的供体－受体 FRET 复合物。这种纳米探针已用于有机和无机物种以及生物靶标如 DNA、酶和病毒的光学检测。功能性石墨烯衍生物也已用于开发用于检测金属离子、有机分子和抗体的快速且精确的电化学传感器，实现了广泛的生物、环境和医疗设备。在体外和体内成像中，碳基材料的使用也得到了广泛的探索。在过去的几年中，已经报道了 sp^2 蜂窝结构的化学和物理改性，旨在设计光学、MRI、PET 和 PAI 合同试剂。这种纳米材料由于其稳定性、可扩展性和在纳米医学中的潜在适用性而引起了极大的关注，从而为旨在更有效地研究、诊断和治疗早期疾病的新器件提供了作为合成支架的机会。

参考文献

[1] Novoselov, K. S. , Geim, A. K. , Morozov, S. V. , Jiang, D. , Zhang, Y. , Dubonos, S. V. , Grigorieva, I. V. , Firsov, A. A. , Electric field effect in atomically thin carbon films. *Science*, 306, 666, 2004.

[2] Geim, A. K. and Novoselov, K. S. , The rise of graphene. *Nat. Mater.* , 6, 183, 2007.

[3] Bolotin, K. I. , Sikes, K. , Jiang, Z. , Klima, M. , Fudenberg, G. , Hone, J. , Kim, P. , Stormer, H. , Ultrahigh electron mobility in suspended graphene. *Solid State Commun.* , 146, 351, 2008.

[4] Morozov, S. , Novoselov, K. , Katsnelson, M. , Schedin, F. , Elias, D. , Jaszczak, J. , Geim, A. , Giantintrinsic carrier mobilities in graphene and its bilayer. *Phys. Rev. Lett.* , 100, 016602, 2008.

[5] Lee, C. , Wei, X. , Kysar, J. W. , Hone, J. , Measurement of the elastic properties and intrinsicstrength of monolayer graphene. *Science*, 321, 385, 2008.

[6] Balandin, A. A. , Ghosh, S. , Bao, W. , Calizo, I. , Teweldebrhan, D. , Miao, F. , Lau, C. N. , Superiorthermal conductivity of single－layer graphene. *Nano Lett.* , 8, 902, 2008.

[7] Novoselov, K. S. , Jiang, Z. , Zhang, Y. , Morozov, S. , Stormer, H. , Zeitler, U. , Maan, J. , Boebinger, G. , Kim, P. , Geim, A. , Room－temperature quantum Hall effect in graphene. *Science*, 315, 1379, 2007.

[8] Lu, X. , Yu, M. , Huang, H. , Ruoff, R. S. , Tailoring graphite with the goal of achieving single sheets. *Nanotechnology*, 10, 269, 1999.

[9] Hernandez, Y. , Nicolosi, V. , Lotya, M. , Blighe, F. M. , Sun, Z. , De, S. , McGovern, I. , Holland, B. , Byrne, M. , Gun'Ko, Y. K. , High－yield production of graphene by liquid－phase exfoliation ofgraphite. *Nat. Nanotech.* , 3, 563, 2008.

[10] Lotya, M. , Hernandez, Y. , King, P. J. , Smith, R. J. , Nicolosi, V. , Karlsson, L. S. , Blighe, F. M. , De, S. , Wang, Z. , McGovern, I. , Liquid phase production of graphene by exfoliation of graphite insurfactant/water solutions. *J. Am. Chem. Soc.* , 131, 3611, 2009.

[11] Su, C. －Y. , Lu, A. －Y. , Xu, Y. , Chen, F. －R. , Khlobystov, A. N. , Li, L. －J. , High－quality thin graphenefilms from fast electrochemical exfoliation. *ACS Nano*, 5, 2332, 2011.

[12] Seah, C. －M. , Chai, S. －P. , Mohamed, A. R. , Mechanisms of graphene growth by chemical vapourdeposition on transition metals. *Carbon*, 70, 1, 2014.

[13] Losurdo, M. , Giangregorio, M. M. , Capezzuto, P. , Bruno, G. , Graphene CVD growth on copperand nickel: Role of hydrogen in kinetics and structure. *PCCP*, 13, 20836, 2011.

[14] Reina, A. , Jia, X. , Ho, J. , Nezich, D. , Son, H. , Bulovic, V. , Dresselhaus, M. S. , Kong, J. , Large area, few－layer graphene films on arbitrary substrates by chemical vapor deposition. *Nano Lett.* , 9, 30, 2008.

[15] Li, X. , Cai, W. , An, J. , Kim, S. , Nah, J. , Yang, D. , Piner, R. , Velamakanni, A. , Jung, I. , Tutuc, E. , Large－area synthesis of high－quality and uniform graphene films on copper foils. *Science*, 324,

1312,2009.
[16] Dato, A. , Radmilovic, V. , Lee, Z. , Phillips, J. , Frenklach, M. , Substrate – free gas – phase synthesisof graphene sheets. *Nano Lett.* ,8,2012,2008.
[17] Brodie, B. , Sur le poids atomique du graphite. *Ann. Chim. Phys.* ,59,e472,1860.
[18] Staudenmaier, L. , Verfahren zur darstellung der graphitsaure. *Ber. Dtsch. Chem. Ges.* ,31,1481,1898.
[19] Hummers, W. S. , Jr. and Offeman, R. E. , Preparation of graphitic oxide. *J. Am. Chem. Soc.* ,80,1339,1958.
[20] Buchsteiner, A. , Lerf, A. , Pieper, J. , Water dynamics in graphite oxide investigated with neutronscattering. *J. Phys. Chem. B*,110,22328,2006.
[21] Lee, H. – Y. , Li, Z. , Chen, K. , Hsu, A. R. , Xu, C. , Xie, J. , Sun, S. , Chen, X. , PET/MRI dual – modalitytumor imaging using arginine – glycine – aspartic(RGD) – conjugated radiolabeled iron oxidenanoparticles. *J. Nucl. Med.* ,49,1371,2008.
[22] Gao, X. , Jang, J. , Nagase, S. , Hydrazine and thermal reduction of graphene oxide: Reactionmechanisms, product structures, and reaction design. *J. Phys. Chem. C*,114,832,2009.
[23] Becerril, H. A. , Mao, J. , Liu, Z. , Stoltenberg, R. M. , Bao, Z. , Chen, Y. , Evaluation of solutionprocessedreduced graphene oxide films as transparent conductors. *ACS Nano*,2,463,2008.
[24] Wang, X. , Zhi, L. , Mullen, K. , Transparent, conductive graphene electrodes for dye – sensitizedsolar cells. *Nano Lett.* ,8,323,2008.
[25] Eda, G. , Fanchini, G. , Chhowalla, M. , Large – area ultrathin films of reduced graphene oxide asa transparent and flexible electronic material. *Nat. Nanotech.* ,3,270,2008.
[26] Zhu, Y. , Murali, S. , Stoller, M. D. , Velamakanni, A. , Piner, R. D. , Ruoff, R. S. , Microwave assistedexfoliation and reduction of graphite oxide for ultracapacitors. *Carbon*,48,2118,2010.
[27] Hassan, H. M. , Abdelsayed, V. , Abd El Rahman, S. K. , AbouZeid, K. M. , Terner, J. , El – Shall, M. S. , Al – Resayes, S. I. , El – Azhary, A. A. , Microwave synthesis of graphene sheets supporting metalnanocrystals in aqueous and organic media. *J. Mater. Chem.* ,19,3832,2009.
[28] Gomez – Navarro, C. , Weitz, R. T. , Bittner, A. M. , Scolari, M. , Mews, A. , Burghard, M. , Kern, K. , Electronic transport properties of individual chemically reduced graphene oxide sheets. *NanoLett.* , 7, 3499,2007.
[29] Mattevi, C. , Eda, G. , Agnoli, S. , Miller, S. , Mkhoyan, K. A. , Celik, O. , Mastrogiovanni, D. , Granozzi, G. , Garfunkel, E. , Chhowalla, M. , Evolution of electrical, chemical, and structuralproperties of transparent and conducting chemically derived graphene thin films. *Adv. Funct. Mater.* ,19,2577,2009.
[30] Stankovich, S. , Dikin, D. A. , Piner, R. D. , Kohlhaas, K. A. , Kleinhammes, A. , Jia, Y. , Wu, Y. , Nguyen, S. T. , Ruoff, R. S. , Synthesis of graphene – based nanosheets via chemical reduction ofexfoliated graphite oxide. *Carbon*,45,1558,2007.
[31] Stankovich, S. , Dikin, D. A. , Dommett, G. H. , Kohlhaas, K. M. , Zimney, E. J. , Stach, E. A. , Piner, R. D. , Nguyen, S. T. , Ruoff, R. S. , Graphene – based composite materials. *Nature*,442,282,2006.
[32] Shin, H. J. , Kim, K. K. , Benayad, A. , Yoon, S. M. , Park, H. K. , Jung, I. S. , Jin, M. H. , Jeong, H. K. , Kim, J. M. , Choi, J. Y. , Efficient reduction of graphite oxide by sodium borohydride and its effecton electrical conductance. *Adv. Funct. Mater.* ,19,1987,2009.
[33] Dubin, S. , Gilje, S. , Wang, K. , Tung, V. C. , Cha, K. , Hall, A. S. , Farrar, J. , Varshneya, R. , Yang, Y. , Kaner, R. B. , A one – step, solvothermal reduction method for producing reduced grapheneoxide dispersions in organic solvents. *ACS Nano*,4,3845,2010.
[34] Zhou, Y. , Bao, Q. , Tang, L. A. L. , Zhong, Y. , Loh, K. P. , Hydrothermal dehydration for the "green" reduction of exfoliated graphene oxide to graphene and demonstration of tunable optical limitingproperties.

Chem. Mater. ,21,2950,2009.

[35] Zhang,Y. ,Guo,L. ,Wei,S. ,He,Y. ,Xia,H. ,Chen,Q. ,Sun,H. – B. ,Xiao,F. – S. ,Direct imprinting ofmicrocircuits on graphene oxides film by femtosecond laser reduction. *Nano Today*,5,15,2010.

[36] Williams,G. ,Seger,B. ,Kamat,P. V. ,TiO2 – graphene nanocomposites. UV – assisted photocatalyticreduction of graphene oxide. *ACS Nano*,2,1487,2008.

[37] Zhou, M. , Wang, Y. , Zhai, Y. , Zhai, J. , Ren, W. , Wang, F. , Dong, S. , Controlled synthesis of largeareaand patterned electrochemically reduced graphene oxide films. *Chem. Eur. J.* ,15,6116,2009.

[38] Mirabello,V. ,Cortezon – Tamarit,F. ,Pascu,S. I. ,Oxygen sensing,hypoxia detection and *in vivo*imaging with functional metalloprobes for the early detection of non – communicable diseases. *Front. Chem.* ,6,27, 2018.

[39] Pumera,M. ,Graphene in biosensing. *Mater. Today*,14,308,2011.

[40] Roh,S. ,Chung,T. ,Lee,B. ,Overview of the characteristics of micro – and nano – structured surfaceplasmon resonance sensors. *Sensors*,11,1565,2011.

[41] Lakowicz,J. R. ,*Principles of Fluorescence Spectroscopy*,Springer,Boston,MA,2006.

[42] Gooding,J. J. ,Nanostructuring electrodes with carbon nanotubes:A review on electrochemistryand applications for sensing. *Electrochim. Acta*,50,3049,2005.

[43] McCreery,R. L. ,Advanced carbon electrode materials for molecular electrochemistry. *Chem. Rev.* ,108, 2646,2008.

[44] Katz,E. and Willner,I. ,Biomolecule – functionalized carbon nanotubes:Applications in nanobioelectronics. *ChemPhysChem*,5,1085,2004.

[45] Forster,T. ,Energiewanderung und fluoreszenz. *Naturwissenschaften*,33,166,1946.

[46] Dos Remedios,C. G. and Moens,P. D. ,Fluorescence resonance energy transfer spectroscopy isa reliable "ruler" for measuring structural changes in proteins:Dispelling the problem of theunknown orientation factor. *J. Struct. Biol.* ,115,175,1995.

[47] Ha,T. ,Single – molecule fluorescence resonance energy transfer. *Methods*,25,78,2001.

[48] Stryer,L. and Haugland,R. P. ,Energy transfer:A spectroscopic ruler. *Proc. Natl. Acad. Sci. U. S. A.* ,58, 719,1967.

[49] Fleming,K. G. ,*Encyclopedia of Spectroscopy and Spectrometry*(*Third Edition*),G. E. Tranter andD. W. Koppenaal(Eds.),p. 647,Academic Press,Oxford,2017.

[50] Qian,Z. S. ,Shan,X. Y. ,Chai,L. J. ,Ma,J. J. ,Chen,J. R. ,Feng,H. ,A universal fluorescence sensingstrategy based on biocompatible graphene quantum dots and graphene oxide for the detectionof DNA. *Nanoscale*,6,5671,2014.

[51] Shen,J. ,Zhu,Y. ,Yang,X. ,Li,C. ,Graphene quantum dots:Emergent nanolights for bioimaging,sensors, catalysis and photovoltaic devices. *Chem. Commun.* ,48,3686,2012.

[52] Angelova,P. ,Vieker,H. ,Weber,N. E. ,Matei,D. ,Reimer,O. ,Meier,I. ,Kurasch,S. ,Biskupek,J. ,Lorbach,D. ,Wunderlich,K. ,Chen,L. ,Terfort,A. ,Klapper,M. ,Mullen,K. ,Kaiser,U. ,Golzhauser,A. , Turchanin,A. ,A universal scheme to convert aromatic molecular monolayersinto functional carbon nanomembranes. *ACS Nano*,7,6489,2013.

[53] Mao,B. ,Calatayud,D. G. ,Mirabello,V. ,Kuganathan,N. ,Ge,H. ,Jacobs,R. M. J. ,Shepherd,A. M. , Ribeiro Martins,J. A. ,Bernardino De La Serna,J. ,Hodges,B. J. ,Botchway,S. W. ,Pascu,S. I. ,Fluorescence – lifetime imaging and super – resolution microscopies shed light on the directedandself – assembly of functional porphyrins onto carbon nanotubes and flat surfaces. *Chem. Eur. J.* ,23,9772,2017.

[54] Tyson,J. A. ,Mirabello,V. ,Calatayud,D. G. ,Ge,H. ,Kociok – Kohn,G. ,Botchway,S. W. ,DanPantoş,

G. ,Pascu,S. I. ,Thermally reduced graphene oxide nanohybrids of chiral functionalnaphthalenediimides for prostate cancer cells bioimaging. *Adv. Funct. Mater.* ,26,5641,2016.

[55] Chen,J. – L. ,Yan,X. – P. ,Meng,K. ,Wang,S. – F. ,Graphene oxide based photoinduced charge transferlabel – free near – infrared fluorescent biosensor for dopamine. *Anal. Chem.* ,83,8787,2011.

[56] Mao,J. ,Zhang,H. ,Jiang,Y. ,Pan,Y. ,Gao,M. ,Xiao,W. ,Gao,H. – J. ,Tunability of supramolecularkagome lattices of magnetic phthalocyanines using graphene – based moire patterns astemplates. *J. Am. Chem. Soc.* ,131,14136,2009.

[57] Huang,H. ,Chen,S. ,Gao,X. ,Chen,W. ,Wee,A. T. S. ,Structural and electronic properties of PTCDA thin films on epitaxial graphene. *ACS Nano*,3,3431,2009.

[58] Zhang,M. ,Yin,B. – C. ,Tan,W. ,Ye,B. – C. ,A versatile graphene – based fluorescence "on/off" switch for multiplex detection of various targets. *Biosens. Bioelectron.* ,26,3260,2011.

[59] Zheng,M. ,Jagota,A. ,Semke,E. D. ,Diner,B. A. ,Mclean,R. S. ,Lustig,S. R. ,Richardson,R. E. ,Tassi,N. G. ,DNA – assisted dispersion and separation of carbon nanotubes. *Nat. Mater.* ,2,338,2003.

[60] Liu,J. ,Liu,G. ,Liu,W. ,Wang,Y. ,Turn – on fluorescence sensor for the detection of heparin basedon rhodamine B – modified polyethyleneimine – graphene oxide complex. *Biosens. Bioelectron.* ,64,300,2015.

[61] Georgakilas,V. ,*Functionalization of Graphene*,p. 21,Wiley – VCH Verlag GmbH & Co. KGaA,Weinheim,Germany. 2014.

[62] Georgakilas,V. ,Bourlinos,A. B. ,Zboril,R. ,Steriotis,T. A. ,Dallas,P. ,Stubos,A. K. ,Trapalis,C. ,Organic functionalisation of graphenes. *Chem. Commun.* ,46,1766,2010.

[63] Georgakilas,V. ,Otyepka,M. ,Bourlinos,A. B. ,Chandra,V. ,Kim,N. ,Kemp,K. C. ,Hobza,P. ,Zboril,R. ,Kim,K. S. ,Functionalization of graphene:Covalent and non – covalent approaches,derivatives and applications. *Chem. Rev.* ,112,6156,2012.

[64] Liu,L. – H. ,Lerner,M. M. ,Yan,M. ,Derivitization of pristine graphene with well – defined chemicalfunctionalities. *Nano Lett.* ,10,3754,2010.

[65] Sinitskii,A. ,Dimiev,A. ,Corley,D. A. ,Fursina,A. A. ,Kosynkin,D. V. ,Tour,J. M. ,Kinetics of diazoniumfunctionalization of chemically converted graphene nanoribbons. *ACS Nano*,4,1949,2010.

[66] Kosynkin,D. V. ,Higginbotham,A. L. ,Sinitskii,A. ,Lomeda,J. R. ,Dimiev,A. ,Price,B. K. ,Tour,J. M. ,Longitudinal unzipping of carbon nanotubes to form graphene nanoribbons. *Nature*,458,872,2009.

[67] Liu,F. ,Choi,J. Y. ,Seo,T. S. ,Graphene oxide arrays for detecting specific DNA hybridization byfluorescence resonance energy transfer. *Biosens. Bioelectron.* ,25,2361,2010.

[68] Mei,Q. and Zhang,Z. ,Photoluminescent graphene oxide ink to print sensors onto microporousmembranes for versatile visualization bioassays. *Angew. Chem. Int. Ed.* ,51,5602,2012.

[69] Gu,X. ,Yang,G. ,Zhang,G. ,Zhang,D. ,Zhu,D. ,A new fluorescence turn – on assay for trypsinand inhibitor screening based on graphene oxide. *ACS Appl. Mater. Interfaces*,3,1175,2011.

[70] Cao,L. ,Cheng,L. ,Zhang,Z. ,Wang,Y. ,Zhang,X. ,Chen,H. ,Liu,B. ,Zhang,S. ,Kong,J. ,Visualand high – throughput detection of cancer cells using a graphene oxide – based FRET aptasensingmicrofluidic chip. *Lab Chip*,12,4864,2012.

[71] Martinez,C. R. and Iverson,B. L. ,Rethinking the term "pi – stacking". *Chem. Sci.* ,3,2191,2012.

[72] Shi,J. ,Guo,J. ,Bai,G. ,Chan,C. ,Liu,X. ,Ye,W. ,Hao,J. ,Chen,S. ,Yang,M. ,A graphene oxidebased fluorescence resonance energy transfer(FRET)biosensor for ultrasensitive detection ofbotulinum neurotoxin A(BoNT/A)enzymatic activity. *Biosens. Bioelectron.* ,65,238,2015.

[73] Resch – Genger,U. ,Grabolle,M. ,Cavaliere – Jaricot,S. ,Nitschke,R. ,Nann,T. ,Quantum dotsversus organic dyes as fluorescent labels. *Nat. Methods*,5,763,2008.

[74] Piston, D. W. and Kremers, G. – J., Fluorescent protein FRET: The good, the bad and the ugly. *Trends Biochem. Sci.*, 32, 407, 2007.

[75] Calatayud, D. G., Ge, H., Kuganathan, N., Mirabello, V., Jacobs, R. M. J., Rees, N. H., Stoppiello, C. T., Khlobystov, A. N., Tyrrell, R. M., Como, E. D., Pascu, S. I., Encapsulation of cadmium selenide-nanocrystals in biocompatible nanotubes: DFT calculations, x – ray diffraction investigations, and confocal fluorescence imaging. *ChemistryOpen*, 7, 144, 2018.

[76] Lledos, M., Mirabello, V., Sarpaki, S., Ge, H., Smugowski, H. J., Carroll, L., Aboagye, E. O., Aigbirhio, F. I., Botchway, S. W., Dilworth, J. R., Calatayud, D. G., Plucinski, P. K., Price, G. J., Pascu, S. I., Synthesis, Radiolabelling and *in vitro* imaging of multifunctional nanoceramics. *ChemNanoMat*, 361, 2018.

[77] Alonso – Cristobal, P., Vilela, P., El – Sagheer, A., Lopez – Cabarcos, E., Brown, T., Muskens, O. L., Rubio – Retama, J., Kanaras, A. G., Highly sensitive DNA sensor based on upconversion nanoparticlesand graphene oxide. *ACS Appl. Mater. Interfaces*, 7, 12422, 2015.

[78] Tian, F., Lyu, J., Shi, J., Yang, M., Graphene and graphene – like two – denominational materialsbased fluorescence resonance energy transfer (FRET) assays for biological applications. *Biosens. Bioelectron.*, 89, 123, 2017.

[79] Shi, J., Chan, C., Pang, Y., Ye, W., Tian, F., Lyu, J., Zhang, Y., Yang, M., A fluorescence resonanceenergy transfer (FRET) biosensor based on graphene quantum dots (GQDs) and gold nanoparticles (AuNPs) for the detection of mecA gene sequence of Staphylococcus aureus. *Biosens. Bioelectron.*, 67, 595, 2015.

[80] Qian, Z. S., Shan, X. Y., Chai, L. J., Ma, J. J., Chen, J. R., Feng, H., DNA nanosensor based on biocompatiblegraphene quantum dots and carbon nanotubes. *Biosens. Bioelectron.*, 60, 64, 2014.

[81] Qian, Z., Shan, X., Chai, L., Chen, J., Feng, H., Simultaneous detection of multiple DNA targetsby integrating dual – color graphene quantum dot nanoprobes and carbon nanotubes. *Chem. Eur. J.*, 20, 16065, 2014.

[82] Pang, S., Gao, Y., Li, Y., Liu, S., Su, X., A novel sensing strategy for the detection ofStaphylococ cus aureus DNA by using a graphene oxide – based fluorescent probe. *Analyst*, 138, 2749, 2013.

[83] Xing, X. J., Liu, X. G., He, Y., Lin, Y., Zhang, C. L., Tang, H. W., Pang, D. W., Amplified fluorescentsensing of DNA using graphene oxide and a conjugated cationic polymer. *Biomacromolecules*, 14, 117, 2013.

[84] Liao, Y., Zhou, X., Xing, D., Quantum dots and graphene oxide fluorescent switch based multivariatetesting strategy for reliable detection of *Listeria monocytogenes*. *ACS Appl. Mater. Interfaces*, 6, 9988, 2014.

[85] Landry, M. P., Ando, H., Chen, A. Y., Cao, J., Kottadiel, V. I., Chio, L., Yang, D., Dong, J., Lu, T. K., Strano, M. S., Single – molecule detection of protein efflux from microorganisms using fluorescentsingle – walled carbon nanotube sensor arrays. *Nat. Nanotech.*, 12, 368, 2017.

[86] Kundu, A., Layek, R. K., Nandi, A. K., Enhanced fluorescent intensity of graphene oxide – methylcellulose hybrid in acidic medium: Sensing of nitro – aromatics. *J. Mater. Chem.*, 22, 8139, 2012.

[87] Dinda, D., Gupta, A., Shaw, B. K., Sadhu, S., Saha, S. K., Highly selective detection of trinitrophenolby luminescent functionalized reduced graphene oxide through FRET mechanism. *ACSAppl. Mater. Interfaces*, 6, 10722, 2014.

[88] Mitra, R. and Saha, A., Reduced graphene oxide based "turn – on" fluorescence sensor for highlyreproducible and sensitive detection of small organic pollutants. *ACS Sustain. Chem. Eng.*, 5, 604, 2017.

[89] Kim, T., Jung, G., Yoo, S., Suh, K. S., Ruoff, R. S., Activated graphene – based carbons as supercapacitorelectrodes with macro – and mesopores. *ACS Nano*, 7, 6899, 2013.

[90] Hu, Y., Li, F., Han, D., Niu, L., *Biocompatible Graphene for Bioanalytical Applications*, Springer, Berlin,

Heidelberg,2014.
[91] Lu,C. – H. ,Yang,H. – H. ,Zhu,C. – L. ,Chen,X. ,Chen,G. – N. ,A graphene platform for sensingbiomolecules. *Angew. Chem. Int. Ed.* ,121,4879,2009.
[92] Hong,B. J. ,Compton,O. C. ,An,Z. ,Nguyen,S. T. ,Tunable biomolecular interaction and fluorescence-quenching ability of graphene oxide:Application to "turn – on" DNA sensing in biologicalmedia. *Small*,8, 2469,2012.
[93] Chang,H. ,Tang,L. ,Wang,Y. ,Jianq,J. ,Li,J. ,Graphene fluorescence resonance energy transferaptasensor for the thrombin detection. *Anal. Chem.* ,82,2341,2010.
[94] Jung,J. H. ,Cheon,D. S. ,Liu,F. ,Lee,K. B. ,Seo,T. S. ,A graphene oxide based immuno – biosensorfor pathogen detection. *Angew. Chem. Int. Ed.* ,49,5708,2010.
[95] Qin,Cui,X. ,Wu,P. ,Jiang,Z. ,Chen,Y. ,Yang,R. ,Hu,Q. ,Sun,Y. ,Zhao,S. ,Fluorescent sensorassay for β – lactamase in milk based on a combination of aptamer and graphene oxide. *FoodControl*, 73, 726,2017.
[96] Wang,B. ,Chang,Y. H. ,Zhi,L. J. ,High yield production of graphene and its improved propertyin detecting heavy metal ions. *New Carbon Mat.* ,26,31,2011.
[97] Wu, S. X. ,He, Q. Y. ,Tan, C. L. ,Wang, Y. D. ,Zhang, H. ,Graphene based electrochemical sensors. *Small*,9,1160,2013.
[98] Tang,F. J. ,Zhang,F. ,Jin,Q. H. ,Zhao,J. L. ,Determination of trace cadmium and lead in waterbased on graphene – modified platinum electrode sensor. *Chinese J. Anal. Chem.* ,41,278,2013.
[99] Zhou,N. ,Chen,H. ,Li,J. H. ,Chen,L. X. ,Highly sensitive and selective voltammetric detectionof mercury(II) using an ITO electrode modified with 5 – methyl – 2 – thiouracil,graphene oxideand gold nanoparticles. *Microchim. Acta*,180,493,2013.
[100] Zhang,H. W. ,Abiraj,K. ,Thorek,D. L. J. ,Waser,B. ,Smith – Jones,P. M. ,Honer,M. ,Reubi,J. C. , Maecke,H. R. ,Evolution of bombesin conjugates for targeted PET imaging of tumors. *PLoSOne*, 7, e44046,2012.
[101] Ceken,B. ,Kandaz,M. ,Koca,A. ,Electrochemical metal – ion sensors based on a novel manganesephthalocyanine complex. *Synth. Met.* ,162,1524,2012.
[102] Mohapatra,J. ,Ananthoju,B. ,Nair,V. ,Mitra,A. ,Bahadur,D. ,Medhekar,N. ,Aslam,M. ,Enzymatic and non – enzymatic electrochemical glucose sensor based on carbon nano – onions. *Appl. Surf. Sci.* ,442, 332,2018.
[103] Jiang,P. ,Chen,J. ,Wang,C. ,Yang,K. ,Gong,S. ,Liu,S. ,Lin,Z. ,Li,M. ,Xia,G. ,Yang,Y. ,Tuningthe activity of carbon for electrocatalytic hydrogen evolution via an iridium – cobalt alloy coreencapsulated in nitrogen – doped carbon cages. *Adv. Mater.* ,30,1705324,2018.
[104] Alshehri,S. M. ,Alhabarah,A. N. ,Ahmed,J. ,Naushad,M. ,Ahamad,T. ,An efficient and costeffectivetri – functional electrocatalyst based on cobalt ferrite embedded nitrogen doped carbon. *J. Colloid Interface Sci.* ,514,1,2018.
[105] Shao,Y. Y. ,Wang,J. ,Wu,H. ,Liu,J. ,Aksay,I. A. ,Lin,Y. H. ,Graphene based electrochemicalsensors and biosensors:A review. *Electroanalysis*,22,1027,2013.
[106] Quinlan,R. A. ,Javier,A. ,Foos,E. E. ,Buckley,L. ,Zhu,M. Y. ,Hou,K. ,Widenkvist,E. ,Drees,M. , Jansson,U. ,Holloway,B. C. ,Transfer of carbon nanosheet films to nongrowth,zero thermalbudget substrates. *J. Vac. Sci. Technol.* ,*B*,29,030602,2011.
[107] Gan,T. and Hu,S. S. ,Electrochemical sensors based on graphene materials. *Microchim. Acta*,175,1,2011.
[108] Pumera,M. ,Ambrosi,A. ,Bonanni,A. ,Chng,E. L. K. ,Poh,H. L. ,Graphene for electrochemicalsensing

and biosensing. *Trends Anal. Chem.* ,29,954,2010.

[109] Gong,J. M. ,Zhou,T. ,Song,D. D. ,Zhang,L. Z. ,Monodispersed Au nanoparticles decoratedgraphene as an enhanced sensing platform for ultrasensitive stripping voltammetric detectionof mercury(Ⅱ). *Sens. Actuators B*,150,491,2010.

[110] Li,Z. J. and Xia,Q. F. ,Recent advances on synthesis and application of graphene as novel sensingmaterials in analytical chemistry. *Rev. Anal. Chem.* ,31,57,2012.

[111] Brownson,D. A. C. and Banks,C. E. ,Graphene electrochemistry:An overview of potentialapplications. *Analyst*,135,2768,2010.

[112] Willemse,C. M. ,Tlhomelang,K. ,Jahed,N. ,Baker,P. G. ,Iwuoha,E. I. ,Metallo – graphene nanocompositeelectrocatalytic platform for the determination of toxic metal ions. *Sensors*,11,3970,2011.

[113] Liu,J. B. ,Fu,S. H. ,Yuan,B. ,Li,Y. L. ,Deng,Z. X. ,Toward a universal "adhesive nanosheet" forthe assembly of multiple nanoparticles based on a protein – induced reduction/decoration ofgraphene oxide. *J. Am. Chem. Soc.* ,132,7279,2010.

[114] Zhang,W. ,Wei,J. ,Zhu,H. J. ,Zhang,K. ,Ma,F. ,Mei,Q. S. ,Zhang,Z. P. ,Wang,S. H. ,Selfassembledmultilayer of alkyl graphene oxide for highly selective detection of copper(Ⅱ)basedon anodic stripping voltammetry. *J. Mater. Chem.* ,22,22631,2012.

[115] Liu,L. ,Wang,C. Y. ,Wang,G. X. ,Novel cysteic acid/reduced graphene oxide composite filmmodified electrode for the selective detection of trace silver ions in natural waters. *Anal. Methods*,5,5812,2013.

[116] Devadas,B. ,Rajkumar,M. ,Chen,S. M. ,Saraswathi,R. ,Electrochemically reduced grapheneoxide/neodymium hexacyanoferrate modified electrodes for the electrochemical detection ofparacetomol. *Int. J. Electrochem. Sci.* ,7,3339,2012.

[117] Wang,Z. J. ,Zhang,J. ,Chen,P. ,Zhou,X. Z. ,Yang,Y. L. ,Wu,S. X. ,Niu,L. ,Han,Y. ,Wang,L. H. , Chen,P. ,Boey,F. ,Zhang,Q. C. ,Liedberg,B. ,Zhang,H. ,Label – free,electrochemical detectionof methicillin – resistant staphylococcus aureus DNA with reduced graphene oxide – modifiedelectrodes. *Biosens. Bioelectron.* ,26,3881,2011.

[118] Wang,S. ,Zhang,W. ,Zhong,X. ,Chai,Y. ,Yuan,R. ,Simultaneous determination of dopamine,ascorbic acid and uric acid using a multi – walled carbon nanotube and reduced grapheneoxide hybrid functionalized by PAMAM and Au nanoparticles. *Anal. Methods*,7,1471,2015.

[119] Wang,X. ,Xu,R. ,Sun,X. ,Wang,Y. ,Ren,X. ,Du,B. ,Wu,D. ,Wei,Q. ,Using reduced grapheneoxide – Ca:CdSe nanocomposite to enhance photoelectrochemical activity of gold nanoparticlesfunctionalized tungsten oxide for highly sensitive prostate specific antigen detection. *Biosens. Bioelectron.* ,96,239,2017.

[120] Wang,K. ,He,M. – Q. ,Zhai,F. – H. ,He,R. – H. ,Yu,Y. – L. ,A novel electrochemical biosensor basedon polyadenine modified aptamer for label – free and ultrasensitive detection of human breastcancer cells. *Talanta*,166,87,2017.

[121] Yoo,J. M. ,Kang,J. H. ,Hong,B. H. ,Graphene – based nanomaterials for versatile imaging studies. *Chem. Soc. Rev.* ,44,4835, 2015.

[122] Garg,B. ,Sung,C. – H. ,Ling,Y. – C. ,Graphene – based nanomaterials as molecular imaging agents. *Wiley Interdiscip. Rev. Nanomed. Nanobiotechnol.* ,7,737,2015.

[123] Hong,G. ,Diao,S. ,Antaris,A. L. ,Dai,H. ,Carbon nanomaterials for biological imaging andnanomedicinal therapy. *Chem. Rev.* ,115,10816,2015.

[124] Lin,J. ,Chen,X. ,Huang,P. ,Graphene – based nanomaterials for bioimaging. *Adv. Drug Del. Rev.* ,105, 242,2016.

[125] Zhu,X. ,Liu,Y. ,Li,P. ,Nie,Z. ,Li,J. ,Applications of graphene and its derivatives in intracellularbio-

sensing and bioimaging. *Analyst*,141,4541,2016.

[126] Tyson,J. A. ,Calatayud,D. G. ,Mirabello,V. ,Mao,B. ,Pascu,S. I. ,Chapter Nine – Labeling ofGraphene,Graphene Oxides,and of Their Congeners:Imaging and Biosensing Applications ofRelevance to Cancer Theranostics in *Adv. Inorg. Chem.* ,*Volume* 68,E. Rudi van and D. H. Colin(Eds.),p. 397,Academic Press,Cambridge,MA. 2016.

[127] Zhao,H. ,Ding,R. ,Zhao,X. ,Li,Y. ,Qu,L. ,Pei,H. ,Yildirimer,L. ,Wu,Z. ,Zhang,W. ,Graphene-basednanomaterials for drug and/or gene delivery,bioimaging,and tissue engineering. *DrugDiscov. Today*,22,1302,2017.

[128] Demchenko, A. P. and Dekaliuk, M. O. , Novel fluorescent carbonic nanomaterials for sensingand imaging. *Method. Appl. Fluoresc.* ,1,042001,2013.

[129] Mirabello,V. ,Calatayud,D. G. ,Arrowsmith,R. L. ,Ge,H. ,Pascu,S. I. ,Metallic nanoparticles assynthetic building blocks for cancer diagnostics:From materials design to molecular imagingapplications. *J. Mater. Chem. B*,3,5657,2015.

[130] Hu,Z. ,Arrowsmith,R. L. ,Tyson,J. A. ,Mirabello,V. ,Ge,H. ,Eggleston,I. M. ,Botchway,S. W. ,Dan Pantos,G. ,Pascu,S. I. ,A fluorescent Arg – Gly – Asp(RGD) peptide – naphthalenediimide(NDI) conjugate for imaging integrin $\alpha(v)\beta(3)$ *in vitro*. *Chem. Commun.* ,51,6901,2015.

[131] Yang,K. ,Zhang,S. ,Zhang,G. ,Sun,X. ,Lee,S. – T. ,Liu,Z. ,Graphene in mice:Ultrahigh*in vivo*tumor uptake and efficient photothermal therapy. *Nano Lett.* ,10,3318,2010.

[132] Mao,B. ,Calatayud,D. G. ,Mirabello,V. ,Hodges,B. J. ,Martins,J. A. R. ,Botchway,S. W. ,Mitchels,J. M. ,Pascu,S. I. ,Interactions between an aryl thioacetate – functionalized Zn(II) porphyrin andgraphene oxide. *Adv. Funct. Mater.* ,26,687,2016.

[133] Yan,X. ,Niu,G. ,Lin,J. ,Jin,A. J. ,Hu,H. ,Tang,Y. ,Zhang,Y. ,Wu,A. ,Lu,J. ,Zhang,S. ,Huang,P. ,Shen,B. ,Chen,X. ,Enhanced fluorescence imaging guided photodynamic therapy of sinoporphyrinsodium loaded graphene oxide. *Biomaterials*,42,94,2015.

[134] Sun,Z. ,Huang,P. ,Tong,G. ,Lin,J. ,Jin,A. ,Rong,P. ,Zhu,L. ,Nie,L. ,Niu,G. ,Cao,F. ,Chen,X. ,VEGF – loaded graphene oxide as theranostics for multi – modality imaging – monitored targetingtherapeutic angiogenesis of ischemic muscle. *Nanoscale*,5,6857,2013.

[135] Qin,H. ,Zhou,T. ,Yang,S. ,Xing,D. ,Fluorescence quenching nanoprobes dedicated to *in vivo*photoacoustic imaging and high – efficient tumor therapy in deep – seated tissue. *Small*,11,2675,2015.

[136] Wang,Y. and Hu,A. ,Carbon quantum dots:Synthesis,properties and applications. *J. Mater. Chem. C*,2,6921,2014.

[137] Luo,P. G. ,Sahu,S. ,Yang,S. – T. ,Sonkar,S. K. ,Wang,J. ,Wang,H. ,LeCroy,G. E. ,Cao,L. ,Sun,Y. – P. ,Carbon "quantum" dots for optical bioimaging. *J. Mater. Chem. B*,1,2116,2013.

[138] Xu,X. ,Ray,R. ,Gu,Y. ,Ploehn,H. J. ,Gearheart,L. ,Raker,K. ,Scrivens,W. A. ,Electrophoreticanalysis and purification of fluorescent single – walled carbon nanotube fragments. *J. Am. Chem. Soc.* ,126,12736,2004.

[139] Jiang,K. ,Sun,S. ,Zhang,L. ,Lu,Y. ,Wu,A. ,Cai,C. ,Lin,H. ,Red,green,and blue luminescenceby carbon dots:Full – color emission tuning and multicolor cellular imaging. *Angew. Chem. Int. Ed.* ,54,5360,2015.

[140] Su,X. ,Chan,C. ,Shi,J. ,Tsang,M. – K. ,Pan,Y. ,Cheng,C. ,Gerile,O. ,Yang,M. ,A graphenequantum dot@ Fe_3O_4@ SiO_2 based nanoprobe for drug delivery sensing and dual – modal fluorescenceand MRI imaging in cancer cells. *Biosens. Bioelectron.* ,92,489,2017.

[141] Li,R. S. ,Yuan,B. ,Liu,J. H. ,Liu,M. L. ,Gao,P. F. ,Li,Y. F. ,Li,M. ,Huang,C. Z. ,Boron and nitro-

genco – doped single – layered graphene quantum dots: A high – affinity platform for visualizing thedynamic invasion of HIV DNA into living cells through fluorescence resonance energy transfer. *J. Mater. Chem. B*,5,8719,2017.

[142] Liu,M. ,Liu,T. ,Li,Y. ,Xu,H. ,Zheng,B. ,Wang,D. ,Du,J. ,Xiao,D. ,A FRET chemosensor basedon graphene quantum dots for detecting and intracellular imaging of Hg2 +. *Talanta*,143,442,2015.

[143] Janib, S. M. , Moses, A. S. , MacKay, J. A. , Imaging and drug delivery using theranostic nanoparticles. *Adv. Drug Del. Rev.* ,62,1052,2010.

[144] Paul,M. ,Douglas,J. R. ,Jason,S. L. ,Michael,J. W. ,Positron – emitting isotopes produced on biomedicalcyclotrons. *Curr. Med. Chem.* ,12,807,2005.

[145] Zhang,S. ,Yang,K. ,Feng,L. ,Liu,Z. ,*In vitro* and *in vivo* behaviors of dextran functionalizedgraphene. *Carbon*,49,4040,2011.

[146] Yang,K. ,Wan,J. ,Zhang,S. ,Zhang,Y. ,Lee,S. – T. ,Liu,Z. ,*In vivo* pharmacokinetics,longtermbiodistribution,and toxicology of PEGylated graphene in mice. *ACS Nano*,5,516,2011.

[147] Hong,H. ,Yang,K. ,Zhang,Y. ,Engle,J. W. ,Feng,L. ,Yang,Y. ,Nayak,T. R. ,Goel,S. ,Bean,J. , Theuer,C. P. ,Barnhart,T. E. ,Liu,Z. ,Cai,W. ,*In vivo* targeting and imaging of tumorvasculature with radiolabeled,antibody – conjugated nanographene. *ACS Nano*,6,2361,2012.

[148] Shi,S. ,Yang,K. ,Hong,H. ,Valdovinos,H. F. ,Nayak,T. R. ,Zhang,Y. ,Theuer,C. P. ,Barnhart, T. E. ,Liu,Z. ,Cai,W. ,Tumor vasculature targeting and imaging in living mice with reducedgraphene oxide. *Biomaterials*,34,3002,2013.

[149] Hong,H. ,Zhang,Y. ,Engle,J. W. ,Nayak,T. R. ,Theuer,C. P. ,Nickles,R. J. ,Barnhart,T. E. ,Cai, W. ,*In vivo* targeting and positron emission tomography imaging of tumor vasculature with66Ga – labeled nano – graphene. *Biomaterials*,33,4147,2012.

[150] Shi,S. ,Xu,C. ,Yang,K. ,Goel,S. ,Valdovinos,H. F. ,Luo,H. ,Ehlerding,E. B. ,England,C. G. , Cheng,L. ,Chen,F. ,Nickles,R. J. ,Liu,Z. ,Cai,W. ,Chelator – free radiolabeling of nanographene: Breaking the stereotype of chelation. *Angew. Chem. Int. Ed.* ,56,2889,2017.

[151] Shi,S. ,Xu,C. ,Yang,K. ,Nickles,R. ,Liu,Z. ,Cai,W. ,Chelator – free radiolabeling: A new approachfor graphene nanomaterials. *J. Nucl. Med.* ,57,392,2016.

[152] Jang,S. C. ,Kang,S. M. ,Lee,J. Y. ,Oh,S. Y. ,Vilian,A. T. E. ,Lee,I. ,Han,Y. K. ,Park,J. H. ,Cho, W. S. ,Roh,C. ,Huh,Y. S. ,Nano – graphene oxide composite for*in vivo* imaging. *Int. J. Nanomed.* ,13, 221,2018.

[153] Lu,F. – M. and Yuan,Z. ,PET/SPECT molecular imaging in clinical neuroscience: Recentadvances in the investigation of CNS diseases. *Quant. Imaging Med. Surg.* ,5,433,2015.

[154] Faulkner,S. and Blackburn,O. A. ,*The Chemistry of Molecular Imaging*,p. 179,John Wiley &Sons,Inc, New York,NY,2014.

[155] Laurent,S. ,Elst,L. V. ,Muller,R. N. ,*The Chemistry of Contrast Agents in Medical MagneticResonance Imaging*,p. 427,John Wiley & Sons,Ltd,New York,NY,2013.

[156] Toth,E. ,Helm,L. ,Merbach,A. ,*The Chemistry of Contrast Agents in Medical Magnetic ResonanceImaging*,p. 25,John Wiley & Sons,Ltd,New York,NY,2013.

[157] Raymond,K. N. and Pierre,V. C. ,Next generation,high relaxivity gadolinium MRI agents. *Bioconjugate Chem.* ,16,3,2005.

[158] Tang,J. ,Sheng,Y. ,Hu,H. ,Shen,Y. ,Macromolecular MRI contrast agents: Structures,propertiesand applications. *Prog. Polym. Sci.* ,38,462,2013.

[159] Mikawa,M. ,Kato,H. ,Okumura,M. ,Narazaki,M. ,Kanazawa,Y. ,Miwa,N. ,Shinohara,H. ,Paramag-

netic water – soluble metallofullerenes having the highest relaxivity for MRI contrastagents. *Bioconjugate Chem.* ,12,510,2001.

[160] Richard,C. ,Doan,B. – T. ,Beloeil,J. – C. ,Bessodes,M. ,Toth,E. ,Scherman,D. ,Noncovalent functionalizationof carbon nanotubes with amphiphilic Gd3 + chelates:Toward powerful T1 andT2 MRI contrast agents. *Nano Lett.* ,8,232,2008.

[161] Manus,L. M. ,Mastarone,D. J. ,Waters,E. A. ,Zhang,X. – Q. ,Schultz – Sikma,E. A. ,MacRenaris, K. W. ,Ho,D. ,Meade,T. J. ,Gd(Ⅲ) – nanodiamond conjugates for MRI contrast enhancement. *Nano Lett.* ,10,484,2010.

[162] Paton,K. R. ,Varrla,E. ,Backes,C. ,Smith,R. J. ,Khan,U. ,O' Neill,A. ,Boland,C. ,Lotya,M. ,Istrate,O. M. ,King,P. ,Higgins,T. ,Barwich,S. ,May,P. ,Puczkarski,P. ,Ahmed,I. ,Moebius,M. ,Pettersson,H. ,Long,E. ,Coelho,J. ,O' Brien,S. E. ,McGuire,E. K. ,Sanchez,B. M. ,Duesberg,G. S. , McEvoy,N. ,Pennycook,T. J. ,Downing,C. ,Crossley,A. ,Nicolosi,V. ,Coleman,J. N. ,Scalableproduction of large quantities of defect – free few – layer graphene by shear exfoliation in liquids. *Nat. Mater.* , 13,624,2014.

[163] Kanakia,S. ,Toussaint,J. D. ,Chowdhury,S. M. ,Lalwani,G. ,Tembulkar,T. ,Button,T. ,Shroyer, K. R. ,Moore,W. ,Sitharaman,B. ,Physicochemical characterization of a novel graphene – basedmagnetic resonance imaging contrast agent. *Int. J. Nanomed.* ,8,2821,2013.

[164] Hung,A. H. ,Duch,M. C. ,Parigi,G. ,Rotz,M. W. ,Manus,L. M. ,Mastarone,D. J. ,Dam,K. T. ,Gits, C. C. ,MacRenaris,K. W. ,Luchinat,C. ,Hersam,M. C. ,Meade,T. J. ,Mechanisms ofgadographene – mediated proton spin relaxation. *J. Phys. Chem. C*,117,16263,2013.

[165] Gizzatov,A. ,Keshishian,V. ,Guven,A. ,Dimiev,A. M. ,Qu,F. ,Muthupillai,R. ,Decuzzi,P. ,Bryant, R. G. ,Tour,J. M. ,Wilson,L. J. ,Enhanced MRI relaxivity of aquated Gd3 + ions by carboxyphenylatedwater – dispersed graphene nanoribbons. *Nanoscale*,6,3059,2014.

[166] Yang,H. – W. ,Huang,C. – Y. ,Lin,C. – W. ,Liu,H. – L. ,Huang,C. – W. ,Liao,S. – S. ,Chen,P. – Y. ,Lu,Y. – J. ,Wei,K. – C. ,Ma,C. – C. M. ,Gadolinium – functionalized nanographene oxide for combineddrug and microRNA delivery and magnetic resonance imaging. *Biomaterials*,35,6534,2014.

[167] Yang,K. ,Feng,L. ,Shi,X. ,Liu,Z. ,Nano – graphene in biomedicine:Theranostic applications. *Chem. Soc. Rev.* ,42,530,2013.

[168] Chen,W. ,Yi,P. ,Zhang,Y. ,Zhang,L. ,Deng,Z. ,Zhang,Z. ,Composites of aminodextran – coatedFe_3O_4 nanoparticles and graphene oxide for cellular magnetic resonance imaging. *ACS Appl. Mater. Interfaces*,3, 4085,2011.

[169] Yang,K. ,Hu,L. ,Ma,X. ,Ye,S. ,Cheng,L. ,Shi,X. ,Li,C. ,Li,Y. ,Liu,Z. ,Multimodal imagingguided photothermal therapy using functionalized graphene nanosheets anchored with magneticnanoparticles. *Adv. Mater.* ,24,1868,2012.

[170] Chen,M. – L. ,Shen,L. – M. ,Chen,S. ,Wang,H. ,Chen,X. – W. ,Wang,J. – H. ,*In situ* growth of β – FeOOH nanorods on graphene oxide with ultra – high relaxivity for *in vivo* magnetic resonanceimaging and cancer therapy. *J. Mater. Chem. B*,1,2582,2013.

[171] Wang,L. V. ,Multiscale photoacoustic microscopy and computed tomography. *Nat. Photonics*,3,503,2009.

[172] Wang,L. V. and Hu,S. ,Photoacoustic tomography:*In vivo* imaging from organelles to organs. *Science*, 335,1458,2012.

[173] Tam,A. C. ,Applications of photoacoustic sensing techniques. *Rev. Mod. Phys.* ,58,381,1986.

[174] Duck,F. A. ,*Physical Properties of Tissues*,p. 73,Academic Press,London,1990.

[175] Zhang,H. F. ,Maslov,K. ,Stoica,G. ,Wang,L. V. ,Functional photoacoustic microscopy forhigh – resolu-

tion and noninvasive*in vivo* imaging. *Nat. Biotechnol.* ,24,848,2006.

[176] Bohndiek,S. E. ,Sasportas,L. S. ,Machtaler,S. ,Jokerst,J. V. ,Hori,S. ,Gambhir,S. S. ,Photoacoustictomography detects early vessel regression and normalization during ovarian tumor responseto the antiangiogenic therapy trebananib. *J. Nucl. Med.* ,56,1942,2015.

[177] Guggenheim,J. A. ,Allen,T. J. ,Plumb,A. ,Zhang,E. Z. ,Rodriguez - Justo,M. ,Punwani,S. ,Beard, P. C. ,Photoacoustic imaging of human lymph nodes with endogenous lipid and hemoglobincontrast. *J. Biomed. Opt.* ,20,3,2015.

[178] Schwarz,M. ,Buehler,A. ,Aguirre,J. ,Ntziachristos,V. ,Three - dimensional multispectraloptoacoustic mesoscopy reveals melanin and blood oxygenation in human skin *in vivo*. *J. Biophotonics*,9,55,2016.

[179] Weber,J. ,Beard,P. C. ,Bohndiek,S. E. ,Contrast agents for molecular photoacoustic imaging. *Nat. Methods*,13,639,2016.

[180] Lalwani,G. ,Cai,X. ,Nie,L. ,Wang,L. V. ,Sitharaman,B. ,Graphene - based contrast agents forphotoacoustic and thermoacoustic tomography. *Photoacoustics*,1,62,2013.

[181] Patel,M. A. ,Yang,H. ,Chiu,P. L. ,Mastrogiovanni,D. D. T. ,Flach,C. R. ,Savaram,K. ,Gomez,L. , Hemnarine,A. ,Mendelsohn,R. ,Garfunkel,E. ,Jiang,H. ,He,H. ,Direct production of graphenenanosheets for near infrared photoacoustic imaging. *ACS Nano*,7,8147,2013.

[182] Sheng,Z. ,Song,L. ,Zheng,J. ,Hu,D. ,He,M. ,Zheng,M. ,Gao,G. ,Gong,P. ,Zhang,P. ,Ma,Y. ,Cai, L. ,Protein - assisted fabrication of nano - reduced graphene oxide for combined *in vivo* photoacousticimaging and photothermal therapy. *Biomaterials*,34,5236,2013.

[183] Wang,Y. - W. ,Fu,Y. - Y. ,Peng,Q. ,Guo,S. - S. ,Liu,G. ,Li,J. ,Yang,H. - H. ,Chen,G. - N. , Dyeenhancedgraphene oxide for photothermal therapy and photoacoustic imaging. *J. Mater. Chem. B*,1, 5762,2013.

[184] Chen,J. ,Liu,C. ,Zeng,G. ,You,Y. ,Wang,H. ,Gong,X. ,Zheng,R. ,Kim,J. ,Kim,C. ,Song,L. ,Indocyanine green loaded reduced graphene oxide for *in vivo* photoacoustic/fluorescencedual - modality tumor imaging. *Nanoscale Res. Lett.* ,11,85,2016.

[185] Elsadek,B. and Kratz,F. ,Impact of albumin on drug delivery—New applications on the horizon. *J. Controlled Release*,157,4,2012.

[186] Moon,H. ,Kumar,D. ,Kim,H. ,Sim,C. ,Chang,J. - H. ,Kim,J. - M. ,Kim,H. ,Lim,D. - K. ,Amplifiedphotoacoustic performance and enhanced photothermal stability of reduced graphene oxidecoated gold nanorods for sensitive photoacoustic imaging. *ACS Nano*,9,2711,2015.

[187] Malard,L. M. ,Pimenta,M. A. ,Dresselhaus,G. ,Dresselhaus,M. S. ,Raman spectroscopy ingraphene. *Phys. Rep.* ,473,51,2009.

[188] Ferrari,A. C. and Basko,D. M. ,Raman spectroscopy as a versatile tool for studying the propertiesof graphene. *Nat. Nanotech.* ,8,235,2013.

[189] Liu,J. ,Qin,L. ,Kang,S. - Z. ,Li,G. ,Li,X. ,Gold nanoparticles/glycine derivatives/graphenequantum dots composite with tunable fluorescence and surface enhanced Raman scatteringsignals for cellular imaging. *Mater. Des.* ,123,32,2017.

[190] Chen,H. ,Liu,Z. ,Li,S. ,Su,C. ,Qiu,X. ,Zhong,H. ,Guo,Z. ,Fabrication of graphene and AuNPcore polyaniline shell nanocomposites as multifunctional theranostic platforms for SERS realtimemonitoring and chemo - photothermal therapy. *Theranostics*,6,1096,2016.

[191] Lu,G. ,Li,H. ,Liusman,C. ,Yin,Z. ,Wu,S. ,Zhang,H. ,Surface enhanced Raman scattering ofAg or Au nanoparticle - decorated reduced graphene oxide for detection of aromatic molecules. *Chem. Sci.* ,2, 1817,2011.

[192] Deng, L. , Li, Q. , Yang, Y. , Omar, H. , Tang, N. , Zhang, J. , Nie, Z. , Khashab, N. M. , "Two – step" Raman imaging technique to guide chemo – photothermal cancer therapy. *Chem. Eur. J.* ,21,17274,2015.

[193] Huang, J. , Zong, C. , Shen, H. , Liu, M. , Chen, B. , Ren, B. , Zhang, Z. , Mechanism of cellularuptake of graphene oxide studied by surface – enhanced raman spectroscopy. *Small*,8,2577,2012.

[194] Liu, Q. , Wei, L. , Wang, J. , Peng, F. , Luo, D. , Cui, R. , Niu, Y. , Qin, X. , Liu, Y. , Sun, H. , Yang, J. , Li, Y. , Cell imaging by graphene oxide based on surface enhanced Raman scattering. *Nanoscale*,4,7084, 2012.

[195] Ma, X. , Qu, Q. , Zhao, Y. , Luo, Z. , Zhao, Y. , Ng, K. W. , Zhao, Y. , Graphene oxide wrapped goldnanoparticles for intracellular Raman imaging and drug delivery. *J. Mater. Chem. B*,1,6495,2013.

[196] Wang, Y. , Polavarapu, L. , Liz – Marzan, L. M. , Reduced graphene oxide – supported gold nanostarsfor improved SERS sensing and drug delivery. *ACS Appl. Mater. Interfaces*,6,21798,2014.

[197] Song, Z. – L. , Chen, Z. , Bian, X. , Zhou, L. – Y. , Ding, D. , Liang, H. , Zou, Y. – X. , Wang, S. – S. , Chen, L. , Yang, C. , Zhang, X. – B. , Tan, W. , Alkyne – functionalized superstable graphitic silver nanoparticlesfor Raman imaging. *J. Am. Chem. Soc.* ,136,13558,2014.

[198] Liu, Z. , Guo, Z. , Zhong, H. , Qin, X. , Wan, M. , Yang, B. , Graphene oxide based surface – enhancedRaman scattering probes for cancer cell imaging. *PCCP*,15,2961,2013.

[199] Wallace, P. R. , The band theory of graphite. *Phys. Rev.* ,71,622,1947.

第14章 智能医疗中的刺激响应性石墨烯基材料

Sabine Szunerits[1], Alina Vasilescu[2], Valentina Dinca[3], Serban Peteu[4], Rabah Boukherroub[1]

[1] 法国里尔瓦朗谢讷大学里尔中央理工学院 CNRS 里尔大学

[2] 罗马尼亚布加勒斯特国际生物动力学中心

[3] 罗马尼亚布加勒斯特国家激光、等离子体和辐射物理研究所

[4] 美国密歇根州东兰辛密歇根州立大学化学系

摘 要 长期以来以受控方式释放药物是用于治疗诸如癌症、糖尿病和慢性疼痛等医学病症的最有前途的生物医学技术之一,这些病症需要按需和长时间地服用药物。针对该需求,开发了能够在外部触发时释放药物的载药纳米载体。理想的刺激响应性递送系统允许通过响应于外源或内源刺激的空间、时间和剂量控制来定制释放曲线。此外,靶向药物输送将允许最小化低效的药物输送和次级效应。自从首个基于热敏脂质体的刺激响应性药物输送系统(其中通过高温实现药物释放)以来,已经提出了多种刺激响应性系统。在不同的药物载体中,基于石墨烯的纳米结构已经显示出在按需递送应用中具有巨大的潜力,因为它们的高电导率和良好的生物兼容性,再加上其可用于有效结合或装载生物分子的超高表面积。石墨烯纳米材料与神经元和神经元电路接口的能力使得基于石墨烯的材料能够作为多功能纳米载体用于智能治疗,特别是按需靶向药物输送。本章严谨地回顾了近3年来在刺激响应石墨烯基纳米材料的开发方面取得的进展。将更详细地讨论和比较用于受控释放的不同内源和外部刺激,如pH、温度、光、氧化还原、酶和磁性。本章最后讨论了与石墨烯释放机制相关所面临的挑战,以及基于石墨烯的疗法的前景。由于该领域的大量文献,数量仅次于刺激响应介导的药物输送,表现出成像和传感能力的其他"智能"石墨烯混合纳米结构在此不再详细讨论。

关键词 石墨烯,负载,释放,刺激响应,纳米材料

14.1 概述

药物在人体内的效力会因非特异性结合不时从疾病细胞和组织上转移而作用于健康细胞和组织,因此需要开发高效且特异性靶向体内疾病区域的载体。此外,几种药物在水性介质中的溶解度低,在到达目标部位之前迅速代谢或从体内排出。控制治疗药物的生物分布以及细胞内控制释放,不仅由于其在靶室中的积累而有助于提高治疗效率,而且还是减少不良副作用的重要途径[1-3]。以癌症治疗为例,化疗单独或联合放疗仍是恶性胶

质瘤手术切除后的标准治疗方法。然而,预后仍然极差,通常归因于目前的化疗缺乏特异性,导致对正常组织产生不良影响,且对患病区域的用药剂量不足。为了避免复杂的给药和提高患者的依从性,非常需要"智能"药物输送系统。刺激响应性纳米材料处于满足这些需求的前沿,作为在细胞内递送和控制治疗剂释放的一种方式引起了广泛的关注。

在各种类型的递送系统中,基于石墨烯的纳米片包括 CVD 石墨烯、化学衍生的氧化石墨烯(GO)、还原氧化石墨烯(rGO)和不同形状的石墨烯(纳米带、波状石墨烯等)、掺杂和多孔结构,具有独特的可能性,作为有效地将水不溶性癌症药物以及蛋白质、基因等递送到细胞中的新兴载体(图 14.1)。这组纳米材料的主要优点是其适于通过外源刺激(温度、磁场、超声以及光和电场)、内源刺激(pH、酶浓度和氧化还原)或多刺激响应的药物输送来递送药物。这允许增加药物生物利用度和跨越物理障碍的能力,并减少剂量和毒副作用[4]。

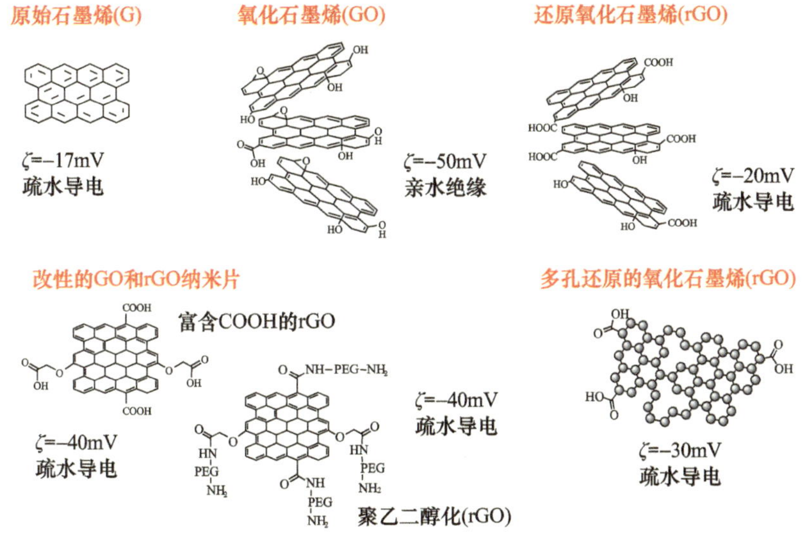

图 14.1 用于药物输送的石墨烯基纳米材料家族

一些最广泛用于药物输送的石墨烯基材料的化学结构及其一些物理化学性质。

2008 年,Dai 及其同事对石墨烯纳米材料作为药物输送平台表现出兴趣[5]。此后开展了大量研究,探索和应用石墨烯基纳米载体作为药物/基因递送平台[6-9]。虽然化疗药物和 DNA 的递送处于研究的前沿,但必须将抗微生物剂(表 14.1)和治疗性蛋白质如胰岛素等添加到使用基于石墨烯的载体递送的药物列表中[10-37]。

表 14.1 装载到基于石墨烯的基质上的药物以及用于释放的刺激物的一些实例

石墨烯纳米复合材料	药物	刺激	参考文献
GO	吲哚美辛	pH	[10]
GO	DOX	电化学	[11]
GO	双氢青蒿素转铁蛋白	pH	[12]
GO/HA	米托蒽醌	pH 近红外光	[13]
GO/FA/壳聚糖	针对 MDR1、DOX 的 siRNA	pH	[14]

续表

石墨烯纳米复合材料	药物	刺激	参考文献
GO/PEI	GFP 的 pDNA		[16]
GO/PEG	TRAIL DOX	pH	[17]
GO/PEI/PEG	针对 Polo 样激酶 1siRNA	近红外光	[18]
GO-PEG/FA/PEI	siRNA DOX	光 pH	[21]
GO/PEI/Au NP/PEG	针对 Bcl-2 的 siRNA	pH	[22]
GO/PEG/聚(甲基丙烯酸2-二甲基氨基乙酯)	用于荧光素酶 siRNA	近红外光	[23]
GO/(PNIPAAm-co-PS)	万古霉素	温度	[24]
GO-COOH/磁性 NP	喜树碱甲氨蝶呤	光	[25]
GO/海藻酸钠/丙烯酸	头孢羟氨苄	pH	[26]
GO/聚吡咯	地塞米松	电化学	[27]
GO/罗丹明染料	聚 dT30	pH	[28]
G/CNT	与 GFP 基因缀合的 pIRES 质粒	pH	[29]
G/聚酰胺胺树状大分子/油酸	增强型绿色荧光蛋白的质粒 DNA	pH	[30]
叶酸偶联三甲基壳聚糖/GO	DOX 和质粒 DNA(pDNA)	pH	[31]
石墨烯/介孔二氧化硅/聚吡咯	氯喹醇	电化学的	[32]
rGO/壳聚糖	胰岛素	电化学的	[33]
rGO/介孔二氧化硅 NP/PEI/FA	DOX	近红外光 pH	[34]
rGO@介孔二氧化硅/HA	DOX	近红外光 pH	[35]
rGO/Ni(OH)$_2$	胰岛素	电化学	[36]
rGO/pPoly(β-氨基酯)	卵白蛋白	电化学	[37]

FA:叶酸;HA:羟基磷灰石;PEI:聚乙烯亚胺;PSS:聚(*N*-异丙基丙烯酰胺-共-苯乙烯)聚(4-苯乙烯磺酸钠);pDNA:质粒 DNA;TRAIL:肿瘤坏死因子相关凋亡诱导配体;siRNA:小干扰 RNA。

14.1.1 为何石墨烯在智能医疗领域极具吸引力

石墨烯的二维特征使其具有大的表面积,允许对各种不同药物具有非凡的负载能力,这是其他材料不容易实现的。事实上,作为其他碳同素异形体的基本成分,石墨烯具有由单原子厚度的蜂窝网络中的六原子环组成的二维结构[38]。每个碳原子通过三个sp^2杂化轨道与三个碳原子形成三个σ键;其余的p轨道与其他碳原子形成共轭体系。石墨烯的键合形式与苯结构完全相同,可以看作是一种巨大的多环芳烃。大小高达500nm的石墨烯片被尿排泄[39]消除的事实使它们成为未来在纳米医学中应用的有前景的材料[40]。

石墨烯及其衍生物的合成进展以及大规模制备原始石墨烯和化学衍生石墨烯,使石墨烯在生物医学中的应用开辟了新的前景。通过使用自下而上的方法,CVD 合成更大的单层或少层石墨烯，通过石墨的氧化反应形成化学衍生的石墨烯，称为氧化石墨烯（GO）。氧化法是制备GO最常用的方法，利用强酸和氧化剂破坏石墨的晶体结构并在基面和边缘上引入含氧官能团。这种方法是由Brodie[41]于1859年提出的，他利用发烟硝酸作为溶剂和$KClO_3$作为氧化剂来氧化石墨。然而，最流行的方法是Hummers方法[42]。在该方法中，通过向浓硫酸中加入石墨和$NaNO_3$，然后$KMnO_4$作为氧化剂和30% H_2O_2以还原剩余的氧化剂来获得GO。虽然原始石墨烯由于缺乏含氧基团而是一种高度疏水的材料，但大量的羧酸、羟基和环氧基团具有负表面电荷和亲水特性（图14.1）。然而，在使用大范围的还原剂（如肼、抗坏血酸等）将GO还原为rGO时，可以通过去除氧官能团来部分恢复芳族网络[43-44]。

还原的GO，即rGO，具有较少的氧缺陷，并显示出疏水特性，因为它通常是水不溶性的。虽然rGO的大部分芳族支架不含任何官能团，但在边缘和其他缺陷点存在少数羧酸和醇基。这限制了rGO通过共价转化的有效功能化。然而，水溶性rGO纳米片可以由GO与氯乙酸在80℃强碱条件下反应形成的富含羧酸的rGO制备[45-46]。EDC官能团可以通过COOH活化反应用聚乙二醇二胺（$H_2N-PEG-NH_2$；$M_W=1.5$kDa）进一步修饰。

人们对GO和rGO负载和释放药物的关注源自于其与不同药物和基质结合的方式与概率（表14.2）。GO和rGO与生物分子的相互作用基于共价和非共价相互作用。GO和rGO上存在的不同氧官能团主要用于聚乙二醇（PEG）官能团的共价连接，以赋予基质在生物介质中的防污和分散性能，或连接其他聚合物，如聚乙烯醇、聚乙烯亚胺（PEI）、葡聚糖或壳聚糖，以改善生物兼容性和溶解性[47]。这种方法用于靶向药物输送的靶位点（如共价固定叶酸[47]）。

表14.2 石墨烯纳米材料与高效负载药物之间的相互作用

相互作用	优势	劣势
共价	结合力强，稳定性好	释放复杂
π-π堆叠	操作简便，反应条件温和，不改变材料性能	低稳定性 易于释放
静电	容易、自身具有	改变易破坏的基质电荷
氢键	容易、自身具有	弱结合可被有机溶剂破坏

药物分子的共价集成较少见，但已有报道显著地通过肿瘤细胞中增加的谷胱甘肽（GSH）水平来切割二硫键[48]。肿瘤细胞内外GHS浓度存在显著差异，肿瘤细胞GSH水平高于正常细胞。这使得二硫键在肿瘤细胞内GSH存在下可断裂，而在其他情况下是稳定的。然而，随着刺激触发药物释放的想法，rGO支架的非共价相互作用被优先利用[49-54]。

非共价集成主要用于通过氢键、疏水、π-π堆叠和/或静电相互作用来实现基质的良好释放特性以及亲水和疏水药物、蛋白质、肽甚至核酸的负载[6,9]。尽管核酸是高度亲水的大分子，但是核碱基的环结构能够与GO π-π堆叠相互作用。此外，由于磷酸盐骨架的额外存在，单链DNA和RNA对GO的亲和力比双链DNA高得多，导致与带负电荷的GO支架产生静电排斥。大量文献基于使用π-π堆叠相互作用将具有芳族结构的抗癌药物［如阿霉素（DOX）］负载到石墨烯基质上。另外，在中性pH下，GO/rGO和DOX的

OH 基团或 GO/rGO 的 OH 基团和 NH_2 基团之间可以形成氢键[55]。然而，不能与 rGO 发生这种结合的分子的缀合是具有挑战性的。芳族锚定基团，如芘[49,56]、四硫富瓦烯(TTF)[51,53]和多巴胺衍生物[52,54]，通过与上述相同的 π－π 堆叠相互作用，可用于 rGO 功能化。我们中的一些人最近报道了马来酰亚胺功能化的多巴胺配体的合成，该配体可以 π－π 堆叠在 rGO 上，同时易于被含硫醇的分子功能化[57]。

14.1.2 药物释放的方式

尽管基于石墨烯的控释系统的开发已经取得了令人印象深刻的进展，但释放主要是由癌细胞内部的酸化诱导的，并且这不是特异性的。虽然 pH 仍然是最广泛使用的内源性刺激，但 Mo 及其同事[58]采用细胞内 ATP 水平作为细胞内触发器，以增强药物从 GO 纳米载体的释放。为了使药物按需释放，需要更好地适应外部刺激。由于精心设计的载药石墨烯纳米片具有不同的理化性质，采用了多种不同的外源刺激(图 14.2)。

基于 rGO 优异的光热特性的光响应递送系统已广泛用于在 NIR 照射下直接杀死癌细胞。rGO 纳米片在 NIR 光谱上的强光学吸收使得这些纳米结构成为优异的光热剂。在将吸收的光转化为热时，可以以高度的空间和时间控制释放药物负载。与高温(如，>50℃)直接光热消融癌细胞不同，使用温和的光热效应，可以将肿瘤温度升高至 43～45℃，且不造成明显的细胞死亡，增强细胞对药物的摄取并促进药物释放，可以获得更有效的癌症治疗。事实上，药物释放的远程光控制由于其显著的时空分辨率而增强了解决生物系统复杂性的能力。

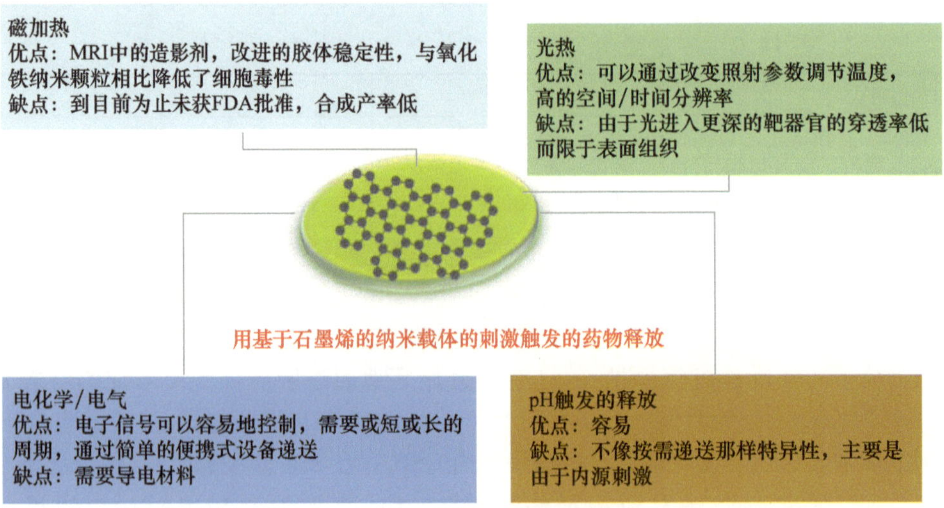

图 14.2 药物从石墨烯基质中的释放策略及其优缺点

然而，由于光对更深的靶器官的穿透率低，激光触发的控释仅限于组织表面。将磁性粒子集成到石墨烯上将允许在存在替代磁场的情况下产生热量。这种现象已广泛用于磁热疗癌症治疗。除了光和磁响应性外，与石墨烯连接的温度响应性聚合物中的热效应已经被证明是控制药物释放的可行替代品。聚(N－异丙基丙烯酰胺)(PNIPAM)可能是已知的最好的热敏聚合物，其在水中的临界溶解温度可调。按需电触发器必须包括在可用的致动机构中，因为电信号可以在需要时容易地控制和触发短周期和长周期。它确实是一个非常有发展前景的策略，因为其可以通过简单的便携式设备来实现[59]。目前先进的传感器和微芯片技术不仅可以无线传输患者的健康状况，还可以从体外远程控制[60]。

本章概述了文献中提出的使用不同的药物释放触发器的不同方法。我们决定关注释放策略，而不是每种方法的优点和局限性。不同方面之间的折中将指导选择使用一种方法进行治疗。本章希望介绍每种方法的背景和解释。

14.2 酸碱值响应系统

肿瘤细胞的快速扩散意味着细胞代谢过程中发生无氧糖酵解和乳酸量增加[61]，导致肿瘤微环境周围 pH 降低[62]。根据细胞或组织水平，pH 可以触发转运的药物释放到晚期内体或溶酶体中，或者促进纳米载体从溶酶体逃逸到细胞质[2]。然而，体内 pH 变化不限于肿瘤，也发生在炎症、感染或缺血情况中[63]。一种智能治疗方法设想使用基于 pH 敏感材料、石墨烯和药物协同使用的 pH 响应混合系统。阿霉素是一种具有芳香结构的抗肿瘤治疗药物，可以通过石墨烯材料 $\pi-\pi$ 堆叠、静电和氢键与氧官能团有效地负载到 rGO 上，是 pH 控制负载和释放的理想模型体系之一[7-8,11,28,34-35,64-69]。由于 DOX 的 pKa 约为 8.2，氨基在较低 pH 下被质子化，有利于 DOX 与带负电荷的 rGO 基质分离[70]。然而，为了在 pH = 5.8 的肿瘤细胞微环境下 DOX 递送的药物有效性和特异性方面的增强效果，Yang 等[67-68]用羧甲基壳聚糖（CMC）、透明质酸（HA）和异硫氰酸荧光素（FI）修饰 GO（HA－FI－CMC－GO）以获得高达 95% 的 DOX 负载能力。Pan 等[68-69]使用 CMC、FI 和乳糖酸（La）功能化的 GO 实现了更高的 DOX 负载（>96%）。所合成的负载 DOX 的复合系统具有高度的 pH 响应性，在 pH 调节下有效地将药物靶向递送到肝细胞。

在与使用这种系统进行癌症治疗的有效性相关的关键因素中，药物向特定肿瘤细胞系的位点特异性递送，是癌症治疗中非常具有挑战性和重要性的操作[68]。为了解决 DOX 的位点特异性递送，提出了用 Ga 肿瘤坏死因子相关凋亡诱导配体（TRAIL）修饰的聚乙二醇化 GO 基质[17]。

此外还有用于增强药物负载到石墨烯－普朗尼克 F127 基质上的疏水和 $\pi-\pi$ 堆叠相互作用的各种其他实例。普朗尼克 F127/石墨烯纳米片（PF127/GN）杂化体系具有超高的 DOX 负载效率、pH 响应性药物释放行为，并对人乳腺癌 MCF－7 细胞具有显著的细胞毒性[71]。

双载药策略显著增强肿瘤递送特异性和细胞毒性。因此，通过使用与转铁蛋白一起负载在纳米级 GO 上的二氢青蒿素（最近研究用于癌症治疗的独特的抗疟疾药物），在小鼠上实现了完全的肿瘤治愈，副作用最小[12]。

除了疏水作用和 $\pi-\pi$ 堆叠机理外，还研究了 GO 与聚甲基丙烯酸 2－（二乙氨基）乙酯（GO－PDEA）的共价功能化，制备了水不溶性喜树碱包合物[72]。除了药物之外，基于石墨烯的材料的基因递送被广泛利用。通过核酸酶与石墨烯的多芳香基面的相互作用，遗传材料可以与石墨烯复合。由于阳离子聚合物（如聚乙烯亚胺（PEI））促进与带负电荷的细胞膜的相互作用，且有利于遗传物质（如带负电的核酸）的缩合，与该类聚合物的络合经常通过静电相互作用使石墨烯功能化，或将 DOX 负载到石墨烯基质上[73-74]。

最近基于分子模拟的药物在石墨烯和氧化石墨烯递送 pH 依赖性系统中的扩散、负载和释放的研究表明，由于不同的表面氧密度，药物在石墨烯基质上的吸附可以在系统内进行调节，以 pH 作为控制机制[65]。石墨烯表面氧密度的增加影响药物（如姜黄素 - Cur、DOX）在不同 GO 体系中的吸附动力学和传输特性，而药物扩散系数随着 pH 的降低而增加，这是总的水 - 纳米载体相互作用减少的结果[65,75]。

案例之一是将碱性介质中的疏水性药物姜黄素（二阿魏酰基甲烷，Cur）吸附在氧化石墨烯（GO）、双氧化石墨烯（DGO）和石墨烯量子点（GQD）上，用于原位产生具有增加的抗癌活性的纳米复合材料 75（图 14.3）。姜黄素，一种从姜黄根（姜黄）中提取的多酚，具有三个可电离质子，pKa 为 8.5 和 10 ~ 10.5，并且是酮和烯醇互变异构体的混合物，在平衡中共存[76]。载药因子和溶液稳定性随 pH（pH 为 5 ~9）和石墨烯衍生物上所含氧官能团的数量增加而增加，顺序为 GO - Cur < DGO - Cur < GQD - Cur，因为在较低的 pH 下，Cur 被质子化，其与石墨烯的相互作用减少。在体外培养的人结肠癌细胞（HCT116）和体内 HCT116 荷瘤小鼠中，GQD 基复合物的抗肿瘤效果最好，其粒径为 100nm，Cur 的载药量高达 40 ~ 800mg/g。

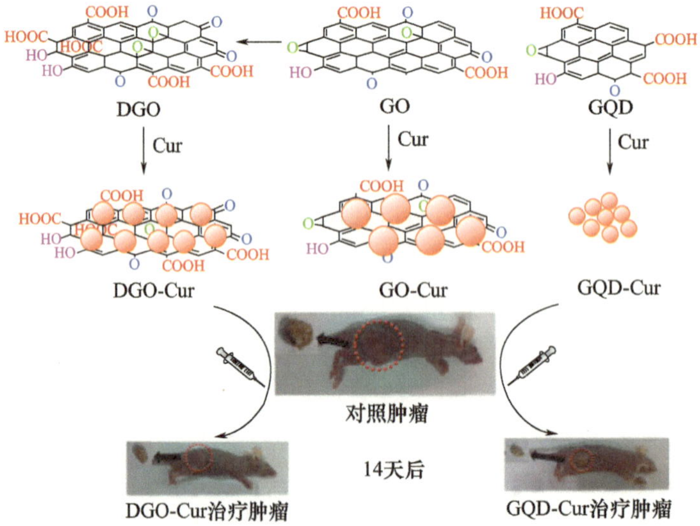

图 14.3 通过将 Cur 吸附在氧化石墨烯（GO）、双氧化石墨烯（DGO）和石墨烯量子点（GQD）上制备各种姜黄素 - 石墨烯复合材料及其相对体内抗肿瘤作用（经许可转载自文献[75]）。在体内，在具有移植瘤人结肠癌肿瘤（HCT116）的小鼠中，与其他纳米复合材料相比，GQD - Cur 纳米复合材料在减小肿瘤尺寸方面最有效

各种基于石墨烯的水凝胶，特别是基于海藻酸钠（Alg）和丙烯酸（AAc）的天然共聚物的水凝胶，被用于装载和释放药物[15-16]。此外，氧化石墨烯 - 明胶纳米复合水凝胶[77]或壳聚糖功能化的氧化石墨烯[78-79]实现了 pH 敏感的药物输送。

除了药物在酸性环境中的释放之外，最近的方法证明了使用在酸性 pH 下稳定并能够在碱性介质中提供受控释放的 pH 响应基质。例如，GO 和经 2 - 硝基多巴胺包覆的磁性粒子（GO - MPdop）修饰的 GO pH 响应基质用于负载胰岛素，GO 上的高容量为 100

(±3%),GO-MPdop 上的高容量为88(±3%),用于口服给药[80]。

通常,在pH变化时负载药物的电荷变化,使药物分子和石墨烯表面之间的π-π堆叠和疏水相互作用不稳定或减弱。在载有药物的pH敏感聚合物的情况下,pH触发的释放机制基于聚合物响应于环境pH变化的构象和/或溶解度变化[2]。对于水凝胶,在酸性环境中由氨基质子化诱导的溶胀导致包封的治疗因子或药物的释放[77-79]。

在上述背景下,治疗性递送基质的设计必须考虑通过由细胞表面受体识别的配体的连接与特定细胞或组织类型的特异性相互作用。因此,石墨烯/药物复合物靶向特定细胞类型或组织可以促进细胞摄取并促进细胞内运输的特定模式,用于降低细胞癌症抗性或治疗目的。

14.3 磁场控制药物输送

在一些基于外源刺激(如磁场)的智能治疗方法中使用了磁性石墨烯纳米材料。在这种方法中,除了高药物负载之外,磁场的应用能够引导药物的靶向传输以及局部加热。癌症治疗在过去几十年中使用各种新型磁场控制药物输送系统,这是由于使用生物兼容性磁性纳米粒子(MNP)的显著优势,当施加交变磁场时,通过增加42~45℃之间的温度,MNP可以积聚在肿瘤部位并诱导局部肿瘤细胞死亡[81]。

该方法的主要缺点是MNP在肿瘤部位的积累有限。因此,通过使用基于磁性石墨烯的纳米材料,可以满足在整个肿瘤体积上对大浓度MNP的需要,除了高药物负载之外,其可以提供药物输送的引导和靶向,以及在上述温度区间内的局部加热。

在这些方法中使用基于磁性石墨烯的系统的主要原因是由于GO的高导热性而协同改善超热性能。然而,当使用磁性NP将肿瘤加热到足以破坏肿瘤细胞的温度(42.5℃以上)时,与磁场暴露相关的参数保持在特定的最大值内(即场的振幅 H 和频率 f 的乘积小于 5×10^9 A/(m·s))至关重要[81]。

氧化铁-石墨烯混合基质是与磁性金属-石墨烯领域相关应用研究最广泛的材料之一[82-85],采用非原位和原位方法制备。在氧化铁纳米粒子(IONP)中,与微米级(MPION)粒子(尺寸>1μm)相比,优选尺寸大于50nm的超顺磁性(SPION)和尺寸小于50nm的超小型(USPION)[82-83]。然而,最常用的方法是使用无机盐和矿物源作为前体在石墨烯材料上原位沉积磁性纳米粒子[图14.4(a)]。通过用氢氧化钠处理,GO的羧酸根阴离子与 $FeCl_3$ 和 $FeCl_2$ 的强络合作用将 Fe_3O_4 纳米粒子沉积到GO上。将磁性石墨烯纳米材料用于磁感应药物输送,要求在施加外部磁场时,在生物血管内不发生或发生最小程度的磁性石墨烯纳米材料聚集[84]。此外,磁性粒子的存在,使得在浸入细胞培养基时容易发生腐蚀。因此,可使用壳聚糖或其他合成聚合物(PEG[85-86])来控制聚集和腐蚀,并达到稳定性、溶解性和生物兼容性。

在任何形式的石墨烯表面上控制负载MNP和药物,并施加交变磁场,为新型磁性石墨烯杂化物打开了大门,该杂化物用于将药物释放到肿瘤细胞和组织中[83-87]。

氧化石墨烯-氧化铁-DOX(GO-IO-DOX)组成的多功能纳米复合材料的代表性实例为用作治疗平台,在肿瘤CT26细胞系上显示了双重协同的热疗和化疗活性(图14.4(b))[87]。

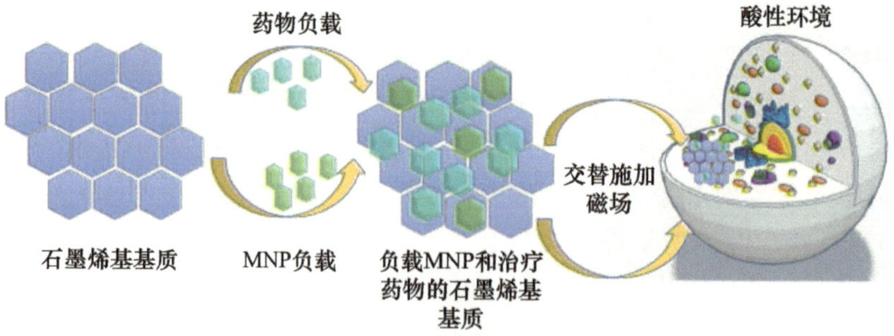

(a)

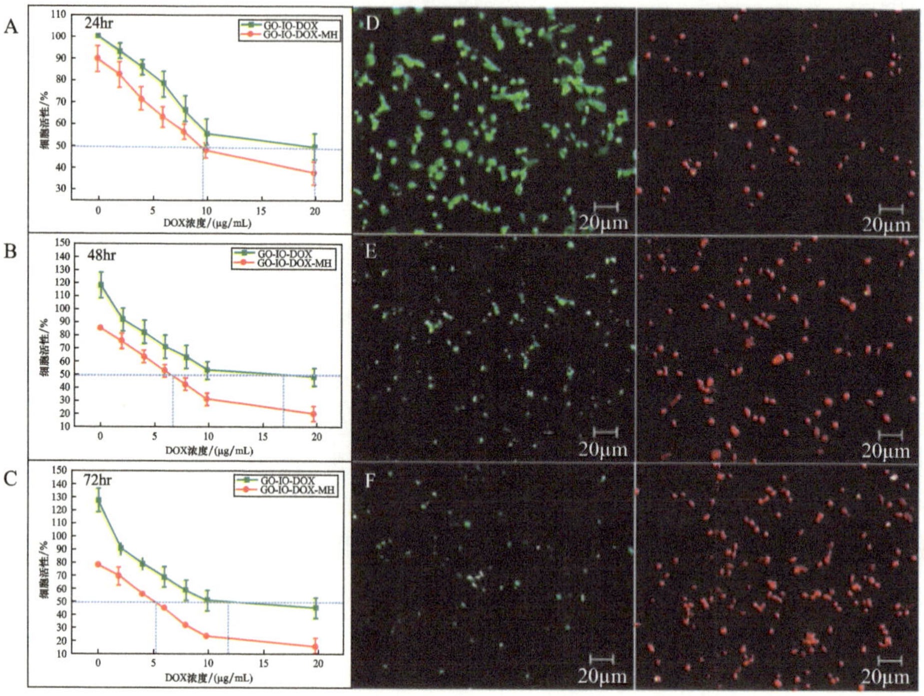

(b)

图 14.4 (a)磁性石墨烯纳米杂化物的制备过程和药物控制释放的机理。(b)当在没有和有向 CT26 细胞系施加磁场 GO - IO - DOX - MH 影响的情况下将 DOX 浓度从 0 变化到 20μg/mL 时，杂化物 GO - IO - DOX 的效果的实例。(A ~ C)GO - IO - DOX 和 GO - IO - DOX - MH 在前 24h(A)、48h(B)和 72h(C)的细胞毒性。(D ~ F)针对固定(12μg/mL)药物浓度和周期性热疗应用进行的活力/死活力/细胞毒性测定[87]

通过改变 DOX 浓度(0 ~ 20μg/mL)和热疗，对药物细胞毒性的热增强进行分析。当进行 3 个周期的周期性热疗(15min/24h)时，在低得多的 DOX 浓度(12μg/mL)下，在 48 ~ 72h 之间观察到明显的抑制作用(图 14.4(b))。

Yang 等使用超顺磁性 GO - IONP 和超顺磁性 GO - IONP - AuNP 混合基质设计了基于双磁和 pH 控制的受控 DOX 递送系统[88-89]。设计了一种碳纳米管负载 GO - Fe_3O_4，其具有良好结合和负载 5 - FU(0.27mg/mg)，并递送抗癌药物[90]。该混合复杂系统的优点是，其能够被肝细胞 HepG2 有效内化，即使在 80μg/mL 的高浓度下，也对张氏肝细胞无毒。但是，对其他细胞系的毒性较高。这主要问题的解决方案是掺入可能影响稳定性、溶解性和生物兼容性的聚合物和/或其他化合物。

14.4 光热触发药物释放

光热疗法(PTT)已广泛用于利用在近红外(NIR)光照射下产生热量的光吸收纳米剂直接杀死癌症和细菌细胞。考虑到远程控制和最小侵入性的优点,光活化被认为是最有希望控制货物分子从纳米载体释放的方法。与 UV 和可见光相比,NIR 光(在 750nm 和 1000nm 之间)具有良好的组织渗透性,因为水、黑色素和血红蛋白在该波长范围内具有最小吸收。光线最有可能直接穿过组织,没有明显的吸收和热量产生[91]。上转换纳米粒子(UCNP)、CuS 以及在近红外(NIR)中具有最大吸收的金纳米结构如纳米棒(Au NR)是优异的 NIR 光热剂。然而,当使用 Au NR 时,主要关注的问题之一是用于制造纳米棒的表面活性剂十六烷基三甲基溴化铵(CATB)的细胞毒性[92]。被公认用于光热治疗的替代材料是还原氧化石墨烯(rGO)[7,93-95]。水溶性聚乙二醇修饰的 rGO 在 NIR 光谱上的强光学吸收,以及较高的化学和热稳定性,允许快速温升和有效的加热方式。Dai 及其同事是第一批利用纳米还原氧化石墨烯(nano - rGO)片的高 NIR 光吸收潜力进行光热治疗的人之一。使用平均横向尺寸约为 20nm 的单层纳米 rGO 片,被两亲性聚乙二醇化聚合物链非共价功能化以提高在生物溶液中的稳定性。该支架显示出比未还原的、共价聚乙二醇化的纳米 GO 高 6 倍的 NIR 吸收。此外,将带有 Arg - Gly - Asp(rGD)基序的靶向肽连接到纳米 rGO 上,提供了 U87MG 癌细胞的选择性细胞摄取和体外细胞的高效光消融[96]。

另外,与高温(> 50℃)直接光热消融癌细胞不同,温和的光热效应可将肿瘤温度提高到 43 ~45℃,不会引起明显的细胞死亡,可作为增强细胞对药物摄取和促进药物从石墨烯纳米片中释放的一种策略。Tian 等报道[97]通过 π - π 堆叠和疏水相互作用与 rGO - PEG 结合的光敏剂氯 6(Ce6)可以在 808nm 的激光照射下被细胞有利地摄取,而不会诱导明显的细胞毒性。同样的方法适用于 PEG 和 PEI 修饰的 GO,集成质粒 DNA[18],形成光热增强的癌症基因治疗。Chen 等最近证明了来自聚乙二醇化 GO 的白藜芦醇的光热控制递送[98]。在 NIR 照射 3min 下,白藜芦醇释放,促进细胞凋亡。聚乙二醇化和聚醚酰亚胺(PEI)修饰的 rGO(PEG - PEI - rGO)也用于通过 π - π 堆叠和氢相互作用负载阿霉素(DOX),并进一步用于通过诱导内体破坏和随后的药物释放来光热触发的胞质药物输送[99]。PEG - BPEI - rGO 对 DOX 的负载能力远大于未还原的 GO,具有较高的水稳定性。重要的是,发现 PEG - BPEI - rGO/DOX 复合物在细胞摄取后通过光热诱导的内体破坏和质子海绵效应从内体逃逸,随后 GSH 诱导的 DOX 释放到胞质溶胶中。与不照射相比,用 NIR 光处理导致更大的癌细胞死亡效果,显示出协同的化学 - 光热效应。此后,大量的基于 rGO 的纳米复合材料被用于光热辅助癌症治疗。

药物的载药量和释放高度依赖于药物的化学结构。我们最近使用体外细胞实验表明,集成到 rGO/dopa - MAL - c(RGDfC)纳米结构上的 DOX 保持附着在纳米结构上,并且在具有相同离子强度但具有不同 pH 的生理溶液中孵育 24h 后,仅释放小于 1% 的 DOX(图 14.5A)[57]。在 $4W/cm^2$ 的 NIR 照射下,释放可以以某种方式增加。有趣的是,虽然 HeLa 细胞不受负载 DOX 和激光照射的纳米结构的影响(图 14.5A),但纳米结构对 MDA - MB - 231 细胞有效,负载 DOX 的 rGO/dopa - MAL - c(RGDfC)的 IC_{50} =58μg/mL,对应于基质中 DOX 的 IC_{50} =9.9μg/mL。

近年来提出了一种基于中空硫化铜(CuS)纳米球负载 DOX 并包覆 GO－PEG 的新型核壳纳米结构作为 DOX 的递送载体。两种光热剂 GO 和 CuS 的集成显著改善了系统的光热释放特性，并导致使用光热和化疗的组合提高了 HeLa 细胞的杀伤效率[101]。

由于聚多巴胺在 NIR 区域的强吸收和高的光热转换效率(40%)，聚多巴胺修饰的 rGO 对于 PTT 也是有吸引力的[101]。通过集成介孔二氧化硅并用透明质酸功能化以靶向递送，可以克服药物负载效率低和表面改性困难的缺点(图 14.5B)[100]。已知介孔二氧化硅纳米粒子本身是不溶性化疗药物的良好载体。石墨烯纳米片的垂直包覆改善了石墨烯的界面性能，结合了两种体系的优点，如增大了表面积，增强了亲水性和分散性，更容易共价功能化，并通过 π－π 堆叠和孔吸附有效地实现了高载药量。热刺激导致药物的释放[86]。

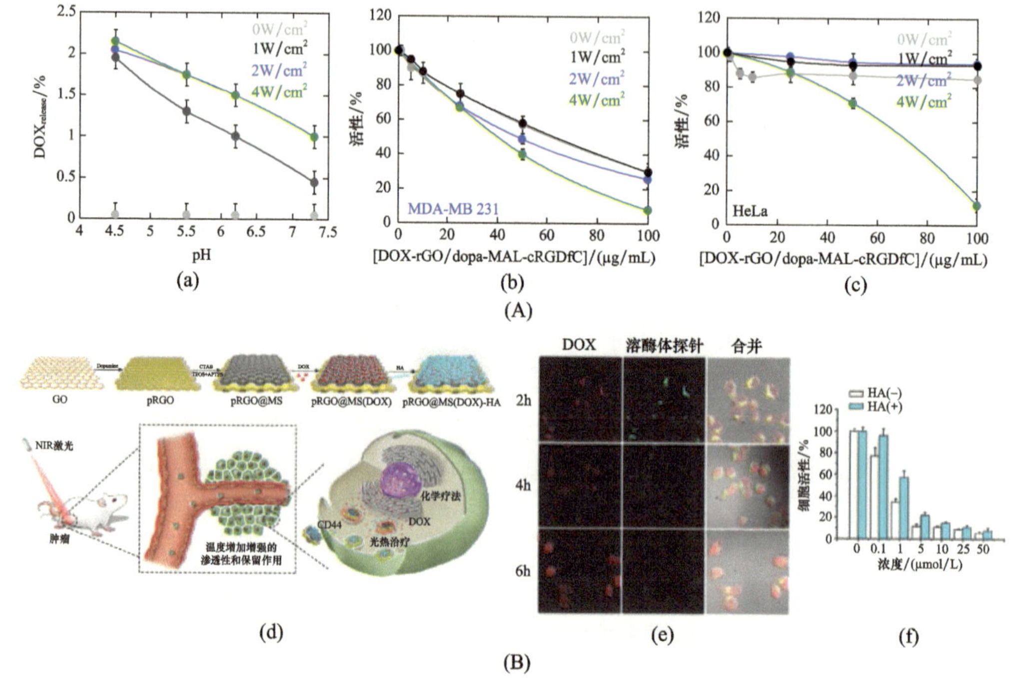

图 14.5　(A)(a)从负载 DOX 的 rGO/dopa－MAL－cRGDfC(100μgrGO/dopa－MAL－cRGDfC 为 17μgDOX)基质中释放的 DOX 的百分比；(b)在 980nm 下照射 10min 后，使用不同的激光功率密度，在 6h 孵育后，然后再孵育 18h 后 MDA－MB－231 细胞的活性；(c)在 980nm 下照射 10min 后，使用不同的激光功率密度，在 6h 孵育后，然后再孵育 18h 后，HeLa 细胞的活性(经许可转载自文献[57])；(B)(a)用于联合化学－光治疗的 prGO@MS(DOX)－HA 的合成路线；(b)与纳米系统孵育 2h、4h 和 6h 的 HeLa 细胞的激光共聚焦扫描显微镜图像，用溶酶体标记绿染色内体/溶酶体，DOX 为红色；(f)HeLa 细胞的细胞活性(经许可转载自文献[100])

14.5 电化学控制药物释放

当要求按需给药时，使用电信号被认为是一种有吸引力的方式。该方式简单、安全和便宜，并且具有触发释放的广泛可能性。改变施加电位的偏压、电流密度、使用连续或脉冲条件、负或正电位偏压，以及短周期或长周期都能够以独特的方式按需释放药物。随着纳米技术的进步，能够在几乎标准的基础上实现小型化的电气系统和电路，使得电触发的药物释放非常有吸引力。虽然必须特别注意药物被氧化/还原的敏感性以及所施加的电流对细胞和组织行为的影响，但是材料科学的发展已经考虑了这些问题。继石墨表面[102]后，氧化石墨烯(GO)和还原氧化石墨烯(rGO)修饰的界面可用于对疗剂的电化学受控递送[11,27,32-33,103]。rGO 可以容易地集成到电接口上以产生受控药物输送平台。

Weaver 等[27]报道了从掺杂 GO 的聚吡咯膜电化学控制递送地塞米松(图 14.6(a))，通过电沉积到玻碳(GC)电极上，从含有 GO、吡咯单体和药物的溶液中形成负载地塞米松的 GO/聚吡咯膜。药物释放可以通过利用聚吡咯独特的氧化还原性质来实现。少量可以响应于温和的电刺激(-0.5℃持续 5s)而释放，而更多的负偏压导致药物分子的大爆发。此外，可通过改变膜形态来微调释放曲线。由于当多层 GO 纳米片被剥离时在悬浮液中产生的更大量的 GO 表面积，超声处理导致每单位质量的 GO 具有更大量的药物。有趣的是，纳米复合材料中较高的药物负载没有显示出响应于电压脉冲刺激的药物释放速率的提高。人们认为，地塞米松在 GO 片上的强吸附是缓慢药物释放速率的机制。Wu 等将负载氯碘羟喹的 rGO 纳米片用作聚吡咯膜中的掺杂剂，以证明这些界面作为用于治疗阿尔茨海默病的电响应性药物输送平台的效用[32]。

最近证明了 rGO[33]和多孔 rGO 纳米片可用于装载和释放胰岛素[33]、昂丹司琼(ODS)和抗生素[104](图 14.6(b))。事实上，针对糖尿病的治疗，几十年来一直致力于寻找蛋白质药物，如胰岛素的调节递送平台。糖尿病是由于胰岛素血浆水平不足以满足机体需求而造成的疾病。在 1 型糖尿病中，胰岛素的绝对缺乏源于胰腺 β 细胞的大量自身免疫破坏[105]。为此，主要疗法在于递送外源性胰岛素。一些学者提出了一种电化学控制的胰岛素递送系统，该系统基于装载有胰岛素的 rGO 纳米片，集成到电换能器接口上并用薄壳聚糖膜保护(图 14.6(b))。胰岛素(一种由 51 个氨基酸残基组成的多肽，等电点 pI = 5.4)负载到 rGO 纳米片上被认为是通过 $\pi-\pi$ 堆叠相互作用发生的。将 rGO-胰岛素纳米复合材料滴铸到金电极上，可以制备可电寻址的界面。胰岛素的释放能力表现为电位依赖性，其最佳释放在 -0.8VAG/AgCl。胰岛素浓度可电化学释放高达 7μmol/L。为了将糖尿病血糖浓度降低到正常水平，仅需要 250~330nmol/L 的胰岛素[106]，表明这种方法导致比血糖调节所需的胰岛素释放高两个数量级。

以类似的方式，DOX 可以从用 rGO-DOX 混合物电泳修饰的柔性电极上电化学释放[11]。施加正电位脉冲局部降低 pH 并导致 DOX 释放。通过体外细胞试验，验证释放的 DOX 的存活力(图 14.6(c))。我们进一步报道了多孔还原的氧化石墨烯(prGO)纳米片有利于药物负载和电化学释放，如盐酸昂丹司琼(ODS)，一种选择性 5-HT3 受体拮抗剂，用于预防由化疗和放疗引起的恶心和呕吐，以及氨苄青霉素(AMP)，一种预防和治疗许多细菌感染如呼吸道感染、尿路感染和脑膜炎的抗生素[104]。在 ODS 的情况下，施加 -0.8 V 的负偏压导致 ODS 的持续缓慢释放，ODS 通量为 47μg/(cm^2·h)。在氨苄青霉素的情况下，表明聚乙烯亚胺修饰的 prGO(prGO/PEI)是用于装载 AMP 的非常有效的基质。施加 +0.8V 时，可在 2h 的时间内从电接口释放 24% 的 AP。抗菌试验表明，释放的 AP 保持了其抗菌活性。这些例子说明了所开发的方法用于生物医学应用的主要益处。

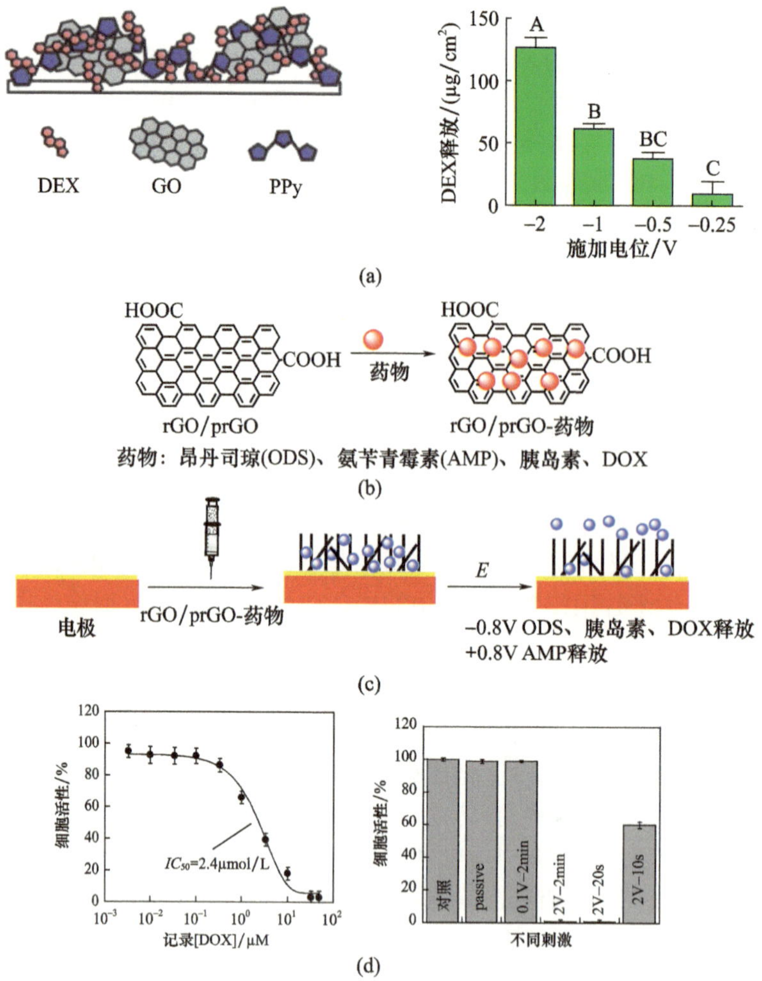

图 14.6 (a)电压刺激调制对从负载 DEX/GO 的聚吡咯(PPy)纳米复合材料释放的 DEX 量的影响(经许可转载自文献[27]);(b)电化学触发药物从浸渍有药物的 rGO 或 prGO 电极释放[33];(c)游离 DOX 对 HeLa 细胞的剂量－反应曲线;(d)电压刺激方式和时间对 HeLa 细胞活性的影响(DMEM/10% FBS 中 100000 个细胞,蓝染 4h,在 540/590 nm 处读出荧光)($n=3$)[104]

14.6 多模式刺激

学者们已经研究了用于药物输送的多模式方法以提高针对抗性肿瘤细胞的治疗效率。考虑到其固有的 NIR 吸收和光热治疗、通过不同机制的药物负载/释放的潜力,以及其易于与其他粒子或聚合物结合以形成具有与靶向药物输送、成像和治疗有关的复杂容量[107]的“智能”纳米复合材料,石墨烯极大地促进了这种组合治疗策略。几位研究人员提出了一种结合 pH 诱导的药物释放和光热治疗的方法[13,34－35,108－112]。基于对 4T1 乳腺癌细胞培养的体外研究和荷瘤小鼠的体内研究,负载 DOX 的 GO－AuNP/聚苯胺纳米复合材料被认为是同时进行 SERS－荧光成像和化学－光热治疗[113]的有希望的治疗平台。Shen 等[25]获得了由超细、羧化 GO、磁性纳米粒子和油酸组装而成的超顺磁性纳米复合物。80nm

复合材料负载喜树碱和甲氨蝶呤两种药物，并应用于磁性导向PTT。对HeLa细胞的体外研究表明，药物的pH依赖性释放诱导细胞死亡，优选在肿瘤细胞周围。在携带S－180肉瘤的Balb/c小鼠中测定的肿瘤抑制率为73.9%，这表明了新纳米复合材料的治疗潜力。

叶酸缀合聚乙烯亚胺/聚乙二醇化石墨烯的纳米复合材料可用于小干扰RNA(siRNA)和DOX的共递送[21]。siRNA递送与其通过参与多重耐药性的基因使癌细胞恢复对药物的敏感性的能力有关。事实上，与单独递送药物相比，共递送siRNA和DOX的纳米复合材料增加了DOX的细胞毒性。此外，通过将氧化石墨烯(GO)在近红外(NIR)照射下的光热效应(其有助于渗透癌细胞膜)与DOX的化疗效应相结合，观察到协同效应[21]。据报道，通过混合微胶囊作为药物输送载体，DOX高度受控、按需释放，实现了联合光热、磁热疗和靶向化疗的体外和体内协同治疗效果[114]。该胶囊由多糖(藻酸盐、壳聚糖、透明质酸)、氧化铁和氧化石墨烯通过静电相互作用组装而成。多糖的作用是确保生物兼容性和癌细胞的主动靶向，而氧化铁和GO的纳米复合材料通过同步施加交变磁场和NIR光，能够精确控制药物释放和高渗透深度进入肿瘤组织。

通过用Pt(Ⅳ)复合物和荧光细胞凋亡传感器修饰聚乙二醇化纳米氧化，Li等[115]获得了能够靶向药物输送、NIR光下联合化学和光热治疗，以及通过荧光成像监测治疗的单一平台(图14.7)。Pt(Ⅳ)药物引起的细胞凋亡的指示剂存在于FITC－标记的半胱氨酸天冬氨酸蛋白酶3识别序列中。在小鼠中的4T1肿瘤细胞中的体内观察强调了当化学药物输送与通过氧化石墨烯作为光热剂实现的在NIR光下对癌细胞的局部加热结合时，Pt药物的增强的功效和较低的细胞毒性。基于多种刺激的药物释放的治疗性石墨烯基纳米复合材料的主要实例如表14.3所列。

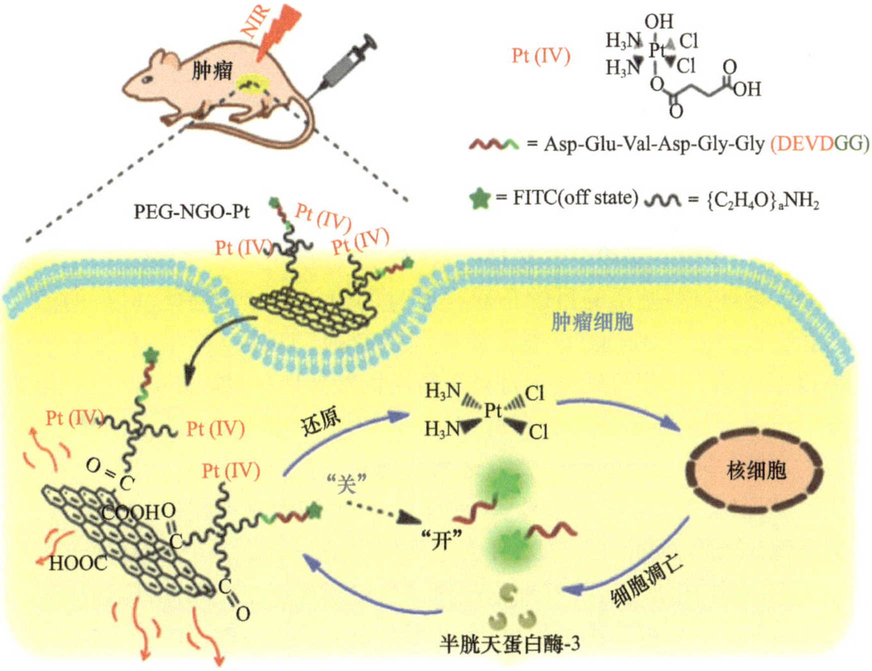

图14.7　PEG－NGO－Pt纳米复合材料作为协同抗癌治疗和无创细胞成像的多功能平台的图示(经爱思唯尔许可转载自文献[115])

表 14.3 基于通过多种刺激的药物释放的治疗性石墨烯基纳米复合材料的实例

刺激	构型	药物	参考文献
光照和 pH	叶酸(FA)共轭聚乙烯亚胺/聚乙二醇化纳米石墨烯	siRNA DOX	[21]
光照和 pH	rGO - 介孔二氧化硅/羟基磷灰石	DOX	[35]
光照和 pH	PEI 和叶酸修饰的 rGO 门控介孔二氧化硅	DOX	[34]
光照和 pH	氧化石墨烯 - AuNP/聚苯胺核壳结构	DOX	[113]
光照和 pH	石墨烯量子点包覆的介孔二氧化硅纳米粒子	DOX	[111]
光照和 pH	超顺磁性 GO - COOH - MNP - OA 纳米复合材料；磁靶向	喜树碱 甲氨蝶呤	[25]
光照和 pH	rGO - 聚(甲基丙烯酸 2 - 二甲基氨基乙酯)	吲哚菁绿	[110]
光照和 pH	聚乙二醇包覆纳米氧化石墨烯和 2,3 - 二甲基马来酸酐改性聚烯丙胺盐酸盐	DOX	[109]
光照和 pH	负载 rGO 的超小等离子体金纳米棒囊泡	DOX	[116]
光照和 pH	烷基链接枝的 rGO - 介孔二氧化硅(MSN - C18)	DOX	[108]
光照和 pH	聚 - L - 赖氨酸接枝石墨烯/Zn(Ⅱ) - 酞菁(光敏剂)；pH 触发的药物释放，以及在光激发下产生$^1O_2$的能力	DOX	[117]
光照和 pH	透明质酸 - 氧化石墨烯/多糖醛酸	米托蒽醌	[13]
交变磁场与光	包含多糖(Alg、Chi、HA)、氧化铁和氧化石墨烯的杂化微胶囊	DOX	[114]
pH 与磁场	GO - 氧化铁；在施加交变磁场时传递热量的 pH 依赖性药物释放和高热剂；增强的肿瘤杀伤效果和改善的 MRI 对比度	DOX	[87]
pH 和/或 GSH 和/或加热	葡萄糖还原氧化石墨烯	DOX	[118]

14.7 结论与展望

自 10 年前首次发现石墨烯纳米材料以来，基于石墨烯纳米材料的药物输送系统引起了极大的兴趣。设计这些基质的目的是获得改进的药代动力学特征、提高的治疗效率和减少药物的非特异性副作用。与许多脂质体药物制剂(如阿霉素、白蛋白结合型紫杉醇等)相比，可以使用基于石墨烯的纳米材料来解决低特异性和耐药性的问题。虽然在该领域取得了重大进展，但仍有几个问题有待解决，必须做出更多的改进，以实现有效的临床转译。事实上，众多基于石墨烯的药物输送系统均未获 FDA 批准。

这一焦点的原因之一是石墨烯的平面结构与其他纳米材料相比，提供了超高的表面积。这通常导致高药物负载。然而，这种大表面积也是一个缺点，因为其促进了与血液成分的相互作用，并在体内给药后与红细胞或血清蛋白形成沉淀。因此，体内应用的一个关键设计特征是将非特异性相互作用最小化，并提高石墨烯材料的血液兼容性。此外，为了进一步的临床应用，包括生物分布和身体消除，需要确保体内安全性。事实上，石墨烯基材料的生物集成和新陈代谢仍然是一个关键问题。石墨烯的尺寸和厚度的影响是这方面的关键参数。目前的合成方法允许精确地控制该参数。另外获得了许多关于石墨烯还原度和氧官能团对于药物输送载体的特性的作用的知识,特别是关于药物负载因子和光热治疗中的性能。

由于许多体外研究强调基于石墨烯的递送系统对各种细胞系的不同效率,需要进行更多的研究以探索这种治疗手段用于不同类型病理的潜力。

在基于石墨烯的药物输送系统领域中的主要研究重点是用于协同治疗作用或用于将靶向药物输送与治疗和成像能力相结合的多刺激响应方法。石墨烯的光热能力加上其易于装载药物、聚合物、靶向配体和磁性纳米粒子,必将促进这种"智能"药物输送系统的设计。

石墨烯量子点正在成为药物释放应用的下一代碳基纳米材料[119]。其尺寸依赖性光致发光和多种官能团的存在,使其目前成为生物医学应用的理想候选材料。由于尺寸减小,石墨烯量子点的化学反应性不同于其他石墨烯基纳米材料。相对于基底面,其化学修饰将优先在边缘碳原子上进行。在过去的5年里,有许多关于石墨烯点作为有效药物载体的不同报道[119-122]。由于其固有的荧光性,可以容易地实时成像细胞运动,从而允许实时监测细胞摄取。添加靶向配体如叶酸、生物素、透明质酸和精氨酸-甘氨酸-天冬氨酸(RGD)肽允许改善负载药物的石墨烯量子点的治疗反应。更重要的是,石墨烯制造技术正在不断改进,新型高质量的石墨烯基材料正在以工业规模生产,如CealTech公司宣布今年推出的三维(垂直生长)石墨烯(www.cealtech.com)。目前,学者们设想了在制造反应器中的直接功能化和基于新材料的抗癌药物的开发应用,这必将推动基于石墨烯的药物输送系统进一步走向实际应用。

参考文献

[1] Peer, D., Karp, J. M., Hong, S., Farokhzad, O. C., Margalit, R., Langer, R., Nanocarriers as an emerging platform for cancer therapy. *Nat. Nanotechnol.*, 2, 751, 2007.

[2] Mura, S., Nicolas, J., Couvreur, P., Stimuli - responsive nanocarriers for drug delivery. *Nat. Mater.*, 12, 991, 2013.

[3] Kim, H. J., Kim, A., Miyata, K., Kataoka, K., Recent progress in development of siRNA delivery vehicles for cancer therapy. *Adv. Drug Delivery Rev.*, 104, 61, 2016.

[4] McCallion, C., Burthem, J., Rees - Unwin, K., Golovanov, A., Pluen, A., Graphene in therapeutics delivery: Problems, solutions and future opportunities. *Eur. J. Pharm. Biopharm.*, 104, 235, 2016.

[5] Liu, Z., Robinson, J. T., Sun, X., Dai, H., PEGylated nanographene oxide for delivery of water - insoluble cancer drugs. *J. Am. Chem. Soc.*, 130, 10876, 2008.

[6] Shim, G., Kim, M. - G., Park, J. Y., Oh, Y. - K., Graphene - based nanosheets for delivery of chemo - therapeutics and biological drugs. *Adv. Drug Delivery Rev.*, 105, 205, 2016.

[7] Yang, K., Feng, L., Liu, Z., Stimuli responsive drug delivery systems based on nano - graphene for cancer therapy. *Adv. Drug Delivery Rev.*, 105, 228, 2016.

[8] Zhang, Q., Wu, Z., Li, N., Pu, Y., Wang, B., Zhang, T., Tao, J., Advanced review of graphene - based nanomaterials in drug delivery systems: Synthesis, modification, toxicity and application. *Mater. Sci. Eng.*, *C*, 77, 1363, 2017.

[9] Li, D., Zhang, W., Yu, X., Wang, Z., Su, Z., Wei, G., When biomolecules meet graphene: From molecular level interactions to material design and applications. *Nanoscale*, 8, 19491, 2016.

[10] Kumeria, T., Bariana, M., Altalhi, T., Kurkuri, M., Gibson, C. T., Yang, W., Losic, D., Graphene oxide decorated diatom silica particles as new nano - hybrids: Towards smart natural drug microcarriers. *J. Mater. Chem. B*, 1, 6302, 2013.

[11] He, L., Sarkar, S., Barras, A., Boukherroub, R., Szunerits, S., Mandler, D., Electrochemically stimulated drug release from flexible electrodes coated electrophoretically with doxorubicin loaded reduced graphene oxide. *Chem. Commun.*, 53, 4022, 2017.

[12] Liu, L., Wei, Y., Zhai, S., Chen, Q., Xing, D., Dihydroartemisinin and transferrin dual - dressed nano - graphene oxide for a pH - triggered chemotherapy. *Biomaterials*, 62, 35, 2015.

[13] Lin, H., Qianhua, F., Yating, W., Xiaomin, Y., Junxiao, R., Yuyang, S., Xiaoning, S., Yujie, Y., Yongchao, W, Zhenzhong, Z., Multifunctional hyaluronic acid modified graphene oxide loaded with mitoxantrone for overcoming drug resistance in cancer. *Nanotechnology*, 27, 015701, 2016.

[14] Cao, X., Feng, F., Wang, Y., Yang, X., Duan, H., Chen, Y., Folic acid - conjugated graphene oxide as a transporter of chemotherapeutic drug and siRNA for reversal of cancer drug resistance. *J. Nanopart. Res.*, 15, 1965, 2013.

[15] Bruggencate, F. T., Laroche, F., Zhang, Y., Song, G., Yin, S., Abrahams, J. P, Liu, Z., Visualizing the localization of transfection complexes during graphene nanoparticle - based transfection. *J. Mater. Chem. B*, 1, 6353, 2013.

[16] Tripathi, S. K., Goyal, R., Gupta, K. C., Kumar, P, Functionalized graphene oxide mediated nucleic acid delivery. *Carbon*, 51, 224, 2013.

[17] Jiang, T., Sun, W, Zhu, Q., Burns, N. A., Khan, S. A., Mo, R., Gu, Z., Furin - mediated sequential delivery of anticancer cytokine and small - molecule drug shuttled by graphene. *Adv. Mater.*, 27, 1021, 2015.

[18] Feng, L., Yang, X., Shi, X., Tan, X., Peng, R., Wang, J., Liu, Z., Polyethylene glycol and polyeth - ylenimine dual - functionalized nano - graphene oxide for photothermally enhanced gene delivery. *Small*, 9, 1989, 2013.

[19] Yin, D., Li, Y., Lin, H., Guo, B., Du, Y., Li, X., Jia, H., Zhao, X., Tang, J., Zhang, L., Functional graphene oxide as a plasmid - based Stat3 siRNA carrier inhibits mouse malignant melanoma growth *in vivo*. *Nanotechnology*, 24, 105102, 2013.

[20] Zhi, F., Dong, H., Jia, X., Guo, W., Lu, H., Yang, Y., Ju, H., Zhang, X., Hu, Y., Functionalized graphene oxide mediated adriamycin delivery and miR - 21 gene silencing to overcome tumor multidrug resistance *in vitro*. *PloS One*, 8, e60034, 2013.

[21] Zeng, Y., Yang, Z., Li, H., Hao, Y., Liu, C., Zhu, L., Liu, J., Lu, B., Li, R., Multifunctional nanographene oxide for targeted gene - mediated thermochemotherapy of drug - resistant tumour. *Sci. Rep.*, 7, 43506, 2017.

[22] Cheng, F. - F., Chen, W., Hu, L. - H., Chen, G., Miao, H. - T., Li, C., Zhu, J. - J., Highly dispersible PEGylated graphene/Au composites as gene delivery vector and potential cancer therapeutic agent. *J. Mater. Chem. B*, 1, 4956, 2013.

[23] Sun, Y., Zhou, J., Cheng, Q., Lin, D., Jiang, Q., Dong, A., Liang, Z., Deng, L., Fabrication of mPEGylated graphene oxide/poly(2 - dimethyl aminoethyl methacrylate) nanohybrids and their primary application for small interfering RNA delivery. *J. Appl. Polym. Sci.*, 133, n/a, 2016.

[24] Dong, F., Firkowska - Boden, I., Arras, M. M. L., Jandt, K. D., Responsive copolymer - graphene oxide hybrid microspheres with enhanced drug release properties. *RSC Adv.*, 7, 3720, 2017.

[25] Shen, J. - M., Gao, F. - Y., Guan, L. - P., Su, W, Yang, Y. - J., Li, Q. - R., Jin, Z. - C., Graphene oxide - Fe_3O_4 nanocomposite for combination of dual - drug chemotherapy with photothermal therapy. *RSC*

Adv. ,4,18473,2014.

[26] Raafat,A. I. and Ali,A. E. – H. ,pH – controlled drug release of radiation synthesized graphene oxide/(acrylic acid – co – sodium alginate) interpenetrating network. *Polym. Bull.* ,74,2045,2017.

[27] Weaver,C. L. ,LaRosa,J. M. ,Luo,X. ,Cui,X. T. ,Electrically controlled drug delivery from graphene oxide nanocomposite films. ACS Nano,8,1834,2014.

[28] Hsieh,C. – J. ,Chen,Y. – C. ,Hsieh,P. – Y. ,Liu,S. – R. ,Wu,S. – P. ,Hsieh,Y. – Z. ,Hsu,H. – Y. ,Graphene oxide based nanocarrier combined with a pH – sensitive tracer:A vehicle for concurrent pH sensing and pH – responsive oligonucleotide delivery. *ACS Appl. Mater. Interfaces*,7,11467,2015.

[29] Hollanda,L. M. ,Lobo,A. O. ,Lancellotti,M. ,Berni,E. ,Corat,E. J. ,Zanin,H. ,Graphene and carbon nanotube nanocomposite for gene transfection. *Mater. Sci. Eng.* ,*C*,39,288,2014.

[30] Liu,X. ,Ma,D. ,Tang,H. ,Tan,L. ,Xie,Q. ,Zhang,Y. ,Ma,M. ,Yao,S. ,Polyamidoamine den – drimer and oleic acid – functionalized graphene as biocompatible and efficient gene delivery vectors. *ACS Appl. Mater. Interfaces*,6,8173,2014.

[31] Hu,H. ,Tang,C. ,Yin,C. ,Folate conjugated trimethyl chitosan/graphene oxide nanocomplexes as potential carriers for drug and gene delivery. *Mater. Lett.* ,125,82,2014.

[32] Wu,L. ,Wang,J. ,Gao,N. ,Ren,J. ,Zhao,A. ,Qu,X. ,Electrically pulsatile responsive drug delivery platform for treatment of Alzheimer' s disease. *Nano Res.* ,8,2400,2015.

[33] Teodorescu,F. ,Rolland,L. ,Ramarao,V. ,Abderrahmani,A. ,Mandler,D. ,Boukherroub,R. ,Szunerits,S. ,Electrochemically triggered release of human insulin from an insulin – impregnated reduced graphene oxide modified electrode. *Chem. Commun.* ,51,14167,2015.

[34] Wang,T. T. ,Lan,J. ,Zhang,Y. ,Wu,Z. L. ,Li,C. M. ,Wang,J. ,Huang,C. Z. ,Reduced graphene oxide gated mesoporous silica nanoparticles as a versatile chemo – photothermal therapy system through pH controllable release. *J. Mater. Chem. B*,3,6377,2015.

[35] Yang,Y. ,Wang,Y. ,Xu,W. ,Zhang,X. ,Shang,Y. ,Xie,A. ,Shen,Y. ,Reduced graphene oxide@ mesoporous silica – doxorubicin/hydroxyapatite inorganic nanocomposites:Preparation and pH – light dual – triggered synergistic chemo – photothermal therapy. *Eur. J. Inorg. Chem.* ,2017,2236,2017.

[36] Belkhalfa,H. ,Teodorescu,F. ,Queniat,G. ,Coffinier,Y. ,Dokhan,N. ,Sam,S. ,Abderrahmani,A. ,Boukherroub,R. ,Szunerits,S. ,Insulin impregnated reduced graphene oxide/$Ni(OH)_2$ thin films for electrochemical insulin release and glucose sensing. *Sens. Actuators*,*B*,237,693,2016.

[37] Choi,M. ,Kim,K. – G. ,Heo,J. ,Jeong,H. ,Kim,S. Y. ,Hong,J. ,Multilayered graphene nano – film for controlled protein delivery by desired electro – stimuli. *Sci. Rep.* ,5,17631,2015.

[38] Geim,A. K. and Novoselov,K. S. ,The rise of graphene. *Nat. Mater.* ,6,183,2007.

[39] Jasim,D. A. ,Menard – Moyon,C. ,Begin,D. ,Bianco,A. ,Kostarelos,K. ,Tissue distribution and urinary excretion of intravenously administered chemically functionalized graphene oxide sheets. *Chem. Sci.* ,6,3952,2015.

[40] Tu,Z. ,Wycisk,V,Cheng,C. ,Chen,W,Adeli,M. ,Haag,R. ,Functionalized graphene sheets for intracellular controlled release of therapeutic agents. *Nanoscale*,9,18931,2017.

[41] Brodie,B. C. ,XIII. On the atomic weight of graphite. *Philos. Trans. R. Soc. London*,149,249,1859.

[42] Hummers,W. S. and Offeman,R. E. ,Preparation of graphitic oxide. *J. Am. Chem. Soc.* ,80,1339,1958.

[43] Dreyer,D. R. ,Park,S. ,Bielawski,C. W. ,Ruoff,R. S. ,The chemistry of graphene oxide. *Chem. Soc. Rev.* ,39,228,2010.

[44] Pei,S. and Cheng,H. – M. ,The reduction of graphene oxide. *Carbon*,50,3210,2012.

[45] Sun,X. ,Liu,Z. ,Welsher,K. ,Robinson,J. T. ,Goodwin,A. ,Zaric,S. ,Dai,H. ,Nano – graphene oxide

for cellular imaging and drug delivery. *Nano Res.* ,1,203,2008.

[46] Zhang,W. ,Guo,Z. ,Huang,D. ,Liu,Z. ,Guo,X. ,Zhong,H. ,Synergistic effect of chemo – photothermal therapy using PEGylated graphene oxide. *Biomaterials*,32,8555,2011.

[47] Liu,J. ,Cui,L. ,Losic,D. ,Graphene and graphene oxide as new nanocarriers for drug delivery applications. *Acta Biomaterialia*,9,9243,2013.

[48] Chen,H. ,Wang,Z. ,Zong,S. ,Wu,L. ,Chen,P. ,Zhu,D. ,Wang,C. ,Xu,S. ,Cui,Y. ,SERS – fluorescence monitored drug release of a redox – responsive nanocarrier based on graphene oxide in tumor cells. *ACS Appl. Mater. Interfaces*,6,17526,2014.

[49] Guo,C. X. ,Ng,S. R. ,Khoo,S. Y. ,Zheng,X. ,Chen,P. ,Li,C. M. ,RGD – peptide functionalized graphene biomimetic live – cell sensor for real – time detection of nitric oxide molecules. *ACS Nano*,6,6944,2012.

[50] Xu,L. Q. ,Wang,L. ,Zhang,B. ,Lim,C. H. ,Chen,Y. ,Neoh,K. – G. ,Kang,E. – T. ,Fu,G. D. ,Functionalization of reduced graphene oxide nanosheets via stacking interactions with the fluorescent and water – soluble perylene bisimide – containing polymers. *Polymer*,52,2376,2011.

[51] Kaminska,I. ,Barras,A. ,Coffinier,Y. ,Lisowski,W,Roy,S. ,Niedziolka – Jonsson,J. ,Woisel,P. ,Lyskawa,J. ,Opallo,M. ,Siriwardena,A. ,Boukherroub,R. ,Szunerits,S. ,Preparation of a responsive carbohydrate – coated biointerface based on graphene/azido – terminated tetrathiaful – valene nanohybrid material. *ACS Appl. Mater. Interfaces*,4,5386,2012.

[52] Kaminska,I. ,Das,M. R. ,Coffinier,Y. ,Niedziolka – Jonsson,J. ,Sobczak,J. ,Woisel,P. ,Lyskawa,J. ,Opallo,M. ,Boukherroub,R. ,Szunerits,S. ,Reduction and functionalization of graphene oxide sheets using biomimetic dopamine derivatives in one step. *ACS Appl. Mater. Interfaces*,4,1016,2012.

[53] Kaminska,I. ,Das,M. R. ,Coffinier,Y. ,Niedziolka – Jonsson,J. ,Woisel,P. ,Opallo,M. ,Szunerits,S. ,Boukherroub,R. ,Preparation of graphene/tetrathiafulvalene nanocomposite switchable surfaces. *Chem. Commun.* ,48,1221,2012.

[54] Kaminska,I. ,Qi,W,Barras,A. ,Sobczak,J. ,Niedziolka – Jonsson,J. ,Woisel,P" Lyskawa,J. ,Laure,W,Opallo,M. ,Li,M. ,Boukherroub,R. ,Szunerits,S. ,Thiol – yne click reactions on alkynyl – dopamine – modified reduced graphene oxide. *Chem. Eur. J.* ,19,8673,2013.

[55] Yang,X. ,Zhang,X. ,Liu,Z. ,Ma,Y. ,Huang,Y. ,Chen,Y. ,High – efficiency loading and controlled release of doxorubicin hydrochloride on graphene oxide. *J. Phys. Chem. C*,112,17554,2008.

[56] Qu,S. ,Li,M. ,Xie,L. ,Huang,X. ,Yang,J. ,Wang,N. ,Yang,S. ,Noncovalent functionalization of graphene attaching [6,6] – phenyl – C61 – butyric acid methyl ester(PCBM)and application as electron extraction layer of polymer solar cells. *ACS Nano*,7,4070,2013.

[57] Oz,Y. ,Barras,A. ,Sanyal,R. ,Boukherroub,R. ,Szunerits,S. ,Sanyal,A. ,Functionalization of reduced graphene oxide via thiol – maleimide "click" chemistry:Facile fabrication of targeted drug delivery vehicles. *ACS Appl. Mater. Interfaces*,9,34194,2017.

[58] Mo,R. ,Jiang,T. ,Sun,W. ,Gu,Z. ,ATP – responsive DNA – graphene hybrid nanoaggregates for anticancer drug delivery. *Biomaterials*,50,67,2015.

[59] Jeon,G. ,Yang,S. Y. ,Byun,J. ,Kim,J. K. ,Electrically actuatable smart nanoporous membrane for pulsatile drug release. *Nano Lett.* ,11,1284,2011.

[60] Deo,S. K. ,Moschou,E. A. ,Peteu,S. F. ,Bachas,L. G. ,Daunert,S. ,Eisenhardt,P. E. ,Madou,M. J. ,Peer reviewed:Responsive drug delivery systems. *Anal. Chem.* ,75,206 A,2003.

[61] Vander Heiden,M. G. ,Cantley,L. C. ,Thompson,C. B. ,Understanding the Warburg effect:The metabolic requirements of cell proliferation. *Science*,324,1029,2009.

[62] Alfarouk, K. O. , Verduzco, D. , Rauch, C. , Muddathir, A. K. , Adil, H. H. , Elhassan, G. O. , Ibrahim, M. E. ,David Polo Orozco,J. ,Cardone,R. A. ,Reshkin,S. J. ,Harguindey,S. ,Glycolysis,tumor metabolism,cancer growth and dissemination. A new pH - based etiopathogenic perspective and therapeutic approach to an old cancer question. *Oncoscience*,1,777,2014.

[63] Nakagawa,Y. ,Negishi,Y. ,Shimizu,M. ,Takahashi,M. ,Ichikawa,M. ,Takahashi,H. ,Effects of extracellular pH and hypoxia on the function and development of antigen - specific cytotoxic T lymphocytes. *Immunol. Lett.* ,167,72,2015.

[64] Hashemi, M. , Yadegari, A. , Yazdanpanah, G. , Omidi, M. , Jabbehdari, S. , Haghiralsadat, F. , Yazdian, F. ,Tayebi,L. ,Normalization of doxorubicin release from graphene oxide:Newapproach for optimization of effective parameters on drug loading. *Biotechnol. Appl. Biochem.* ,64,433,2017.

[65] Mahdavi,M. ,Rahmani,F. ,Nouranian,S. ,Molecular simulation of pH - dependent diffusion,loading,and release of doxorubicin in graphene and graphene oxide drug delivery systems. *J. Mater. Chem. B*, 4, 7441,2016.

[66] Song,E. ,Han,W. ,Li,C. ,Cheng,D. ,Li,L. ,Liu,L. ,Zhu,G. ,Song,Y. ,Tan,W,Hyaluronic acid - decorated graphene oxide nanohybrids as nanocarriers for targeted and pH - responsive anticancer drug delivery. *ACS Appl. Mater. Interfaces*,6,11882,2014.

[67] Yang,H. ,Bremner,D. H. ,Tao,L. ,Li,H. ,Hu,J. ,Zhu,L. ,Carboxymethyl chitosan - mediated synthesis of hyaluronic acid - targeted graphene oxide for cancer drug delivery. *Carbohydr. Polym.* ,135,72,2016.

[68] Pan,Q. ,Lv,Y. ,Williams,G. R. ,Tao,L. ,Yang,H. ,Li,H. ,Zhu,L. ,Lactobionic acid and car - boxymethyl chitosan functionalized graphene oxide nanocomposites as targeted anticancer drug delivery systems. *Carbohydr. Polym.* ,151,812,2016.

[69] Pan,Y. ,Sahoo,N. G. ,Li,L. ,The application of graphene oxide in drug delivery. *Expert Opin Drug Deliv*, 12(9):1365 - 1376 2012.

[70] Huang,J. ,Zong,C. ,Shen,H. ,Cao,Y. ,Ren,B. ,Zhang,Z. ,Tracking the intracellular drug release from graphene oxide using surface - enhanced Raman spectroscopy. *Nanoscale*,5,10591,2013.

[71] Hu,H. ,Yu,J. ,Li,Y. ,Zhao,J. ,Dong,H. ,Engineering of a novel pluronic F127/graphene nano¬ hybrid for pH responsive drug delivery. *J. Biomed. Mater. Res. Part A*,100,141,2012.

[72] Kavitha,T. ,Haider Abdi,S. I. ,Park,S. - Y. ,pH - Sensitive nanocargo based on smart polymer functionalized graphene oxide for site - specific drug delivery. *Phys. Chem. Chem. Phys.* ,15,5176,2013.

[73] Feng,L. ,Zhang,S. ,Liu,Z. ,Graphene based gene transfection. Nanoscale,3,1252,2011.

[74] Yang, K. , Feng, L. , Shi, X. , Liu, Z. , Nano - graphene in biomedicine: Theranostic applications. *Chem. Soc. Rev.* ,42,530,2013.

[75] Some,S. ,Gwon,A. R. ,Hwang,E. ,Bahn,G. - H. ,Yoon,Y. ,Kim,Y. ,Kim,S. - H. ,Bak,S. ,Yang,J. , Jo,D. - G. , Lee, H. , Cancer therapy using ultrahigh hydrophobic drug - loaded graphene derivatives. *Sci. Rep.* ,4,6314,2014.

[76] Lee,W. - H. ,Loo,C. - Y. ,Bebawy,M. ,Luk,F. ,Mason,R. S. ,Rohanizadeh,R. ,Curcumin and its derivatives:Their application in neuropharmacology and neuroscience in the 21st century. *Curr. Neuropharmacol.* ,11,338,2013.

[77] Piao,Y. and Chen,B. ,Self - assembled graphene oxide - gelatin nanocomposite hydrogels:Characterization,formation mechanisms, and pH - sensitive drug release behavior. *J. Polym. Sci.* , *Part B*: *Polym. Phys.* ,53,356,2015.

[78] Rana,V. K. ,Choi,M. - C. ,Kong,J. - Y. ,Kim,G. Y. ,Kim,M. J. ,Kim,S. - H. ,Mishra,S. ,Singh, R. P. ,Ha,C. - S. ,Synthesis and drug - delivery behavior of chitosan - functionalized graphene oxide hy-

brid nanosheets. *Macromol. Mater. Eng.* ,296,131,2011.

[79] Justin, R. and Chen, B. , Characterisation and drug release performance of biodegradable chitosan – graphene oxide nanocomposites. *Carbohydr. Polym.* ,103,70,2014.

[80] Turcheniuk, K. , Khanal, M. , Motorina, A. , Subramanian, P, Barras, A. , Zaitsev, V, Kuncser, V, Leca, A. , Martoriati, A. , Cailliau, K. , Bodart, J. – F. , Boukherroub, R. , Szunerits, S. , Insulin loaded iron magnetic nanoparticle – graphene oxide composites: Synthesis, characterization and appli¬ cation for in vivo delivery of insulin. *RSC Adv.* ,4,865,2014.

[81] Latorre, M. and Rinaldi, C. , Applications of magnetic nanoparticles in medicine: Magnetic fluid hyperthermia. *Puerto Rico Health Sci. J.* ,28,227,2009.

[82] Wei, W, Zhaohui, W, Taekyung, Y. , Changzhong, J. , Woo – Sik, K. , Recent progress on magnetic iron oxide nanoparticles: Synthesis, surface functional strategies and biomedical applications. *Sci. Technol. Adv. Mater.* ,16,023501,2015.

[83] Alegret, N. , Criado, A. , Prato, M. , Recent advances of graphene – based hybrids with magnetic nanoparticles for biomedical applications. *Curr. Med. Chem.* ,24,529,2017.

[84] Ma, X. , Tao, H. , Yang, K. , Feng, L. , Cheng, L. , Shi, X. , Li, Y. , Guo, L. , Liu, Z. , A functionalized graphene oxide – iron oxide nanocomposite for magnetically targeted drug delivery, photothermal therapy, and magnetic resonance imaging. *Nano Res.* ,5,199,2012.

[85] Chen, W. , Wen, X. , Zhen, G. , Zheng, X. , Assembly of Fe_3O_4 nanoparticles on PEG – functionalized graphene oxide for efficient magnetic imaging and drug delivery. *RSC Adv.* ,5,69307,2015.

[86] Wang, Y. , Wang, K. , Zhao, J. , Liu, X. , Bu, J. , Yan, X. , Huang, R. , Multifunctional mesoporous silica – coated graphene nanosheet used for chemo – photothermal synergistic targeted therapy of glioma. *J. Am. Chem. Soc.* ,135,4799,2013.

[87] Ramachandra Kurup Sasikala, A. , Thomas, R. G. , Unnithan, A. R. , Saravanakumar, B. , Jeong, Y. Y. , Park, C. H. , Kim, C. S. , Multifunctional nanocarpets for cancer theranostics: Remotely controlled graphene nanoheaters for thermo – chemosensitisation and magnetic resonance imaging. *Sci. Rep.* ,6,20543,2016.

[88] Yang, X. , Zhang, X. , Ma, Y. , Huang, Y. , Wang, Y. , Chen, Y. , Superparamagnetic graphene oxide – Fe_3O_4 nanoparticles hybrid for controlled targeted drug carriers. *J. Mater. Chem.* ,19,2710,2009.

[89] Balcioglu, M. , Rana, M. , Yigit, M. V. , Doxorubicin loading on graphene oxide, iron oxide and gold nanoparticle hybrid. *J. Mater. Chem. B*,1,6187,2013.

[90] Fan, X. , Jiao, G. , Gao, L. , Jin, P. , Li, X. , The preparation and drug delivery of a graphene – carbon nanotube – Fe_3O_4 nanoparticle hybrid. *J. Mater. Chem. B*,1,2658,2013.

[91] Weissleder, R. , A clearer vision for in vivo imaging. *Nat. Biotechnol.* ,19,316,2001.

[92] Goodman, C. M. , McCusker, C. D. , Yilmaz, T. , Rotello, V. M. , Toxicity of gold nanoparticles functionalized with cationic and anionic side chains. *Bioconjugate Chem.* ,15,897,2004.

[93] Yang, K. , Feng, L. , Shi, X. , Liu, Z. , Preparation and functionalization of graphene nanocompos¬ ites for biomedical applications. *Chem. Soc. Rev.* ,42,530,2013.

[94] Robinson, J. T. , Tabakman, S. M. , Liang, Y. , Wang, H. , Sanchez Casalongue, H. , Vinh, D. , Dai, H. , Ultrasmall reduced graphene oxide with high near – infrared absorbance for photothermal therapy. *J. Am. Chem. Soc.* ,133,6825,2011.

[95] Turcheniuk, K. , Boukherroub, R. , Szunerits, S. , Gold – graphene nanocomposites for sensing and biomedical applications. *J. Mater. Chem. B*,3,4301 –4324,2015.

[96] Robinson, J. T. , Tabakman, S. M. , Liang, Y. , Wang, H. , Casalongue, H. S. , Vinh, D. , Dai, H. , Ultrasmall reduced graphene oxide with high near – infrared absorbance for photothermal therapy, *J. Am. Chem. Soc.* ,

133(17),6825 - 31,2011.

[97] Tian, B., Wang, C., Zhang, S., Feng, L. Z., Liu, Z., Photothermally enhanced photodynamic therapy delivered by nano - graphene oxide. *ACS Nano*, 5, 7000 - 7009, 2011.

[98] Chen, J., Liu, H., Zhao, C., Qin, G., Xi, G., Li, T., Wang, X., Chen, T., One - step reduction and PEGylation of graphene oxide for photothermally controlled drug delivery. *Biomaterials*, 35, 4986, 2014.

[99] Kim, H., Lee, D., Kim, J., Kim, T. - I., Kim, W. J., Photothermally triggered cytosolic drug delivery via endosome disruption using a functionalized reduced graphene oxide. *ACS Nano*, 7, 6735, 2013.

[100] Shao, L., Zhang, R., Lu, J., Zhao, C., Deng, X., Wu, Y., Mesoporous silica coated polydopamine functionalized reduced graphene oxide for synergistic targeted chemo - photothermal therapy. *ACS Appl. Mater. Interfaces*, 9, 1226, 2017.

[101] Liu, Y., Ai, K., Liu, J., Deng, M., He, Y., Lu, L., Dopamine - melanin colloidal nanospheres: An efficient near - infrared photothermal therapeutic agent for *in vivo* cancer therapy. *Adv. Mater.*, 25, 1353, 2013.

[102] Cao, M., Fu, A., Wang, Z., Liu, J., Kong, N., Zong, X., Liu, H., Gooding, J. J., Electrochemical and theoretical study of π - π stacking interactions between graphitic surfaces and pyrene derivatives. *J. Phys. Chem. C*, 118, 2650, 2014.

[103] Szunerits, S., Teodorescu, F., Boukherroub, R., Electrochemically triggered release of drugs. *Eur. Polym. J.*, 83, 467, 2016.

[104] Boulahneche, S., Jijie, R., Barras, A., Chekin, F., Singh, S. K., Bouckaert, J., Medjram, M. S., Kurungot, S., Boukherroub, R., Szunerits, S., On demand electrochemical release of drugs from porous reduced graphene oxide modified flexible electrodes. *J. Mater. Chem. B*, 5, 6557, 2017.

[105] van Belle, T. L., Coppieters, K. T., von Herrath, M. G., Type 1 diabetes: Etiology, immunology, and therapeutic strategies. *Physiol. Rev.*, 91, 79, 2011.

[106] Suckale, J. and Solimena, M., Pancreas islets in metabolic signaling—Focus on the beta - cell. *Front. Biosci.*, 13, 7156, 2008.

[107] Chen, Y. - W., Su, Y. - L., Hu, S. - H., Chen, S. - Y., Functionalized graphene nanocomposites for enhancing photothermal therapy in tumor treatment. *Adv. Drug Delivery Rev.*, 105, 190, 2016.

[108] He, D., Li, X., He, X., Wang, K., Tang, J., Yang, X., He, X., Yang, X., Zou, Z., Noncovalent assembly of reduced graphene oxide and alkyl - grafted mesoporous silica: An effective drug carrier for near - infrared light - responsive controlled drug release. *J. Mater. Chem. B*, 3, 5588, 2015.

[109] Feng, L., Li, K., Shi, X., Gao, M., Liu, J., Liu, Z., Smart pH - responsive nanocarriers based on nano - graphene oxide for combined chemo - and photothermal therapy overcoming drug resistance. *Adv. Healthcare Mater.*, 3, 1261, 2014.

[110] Sharker, S. M., Lee, J. E., Kim, S. H., Jeong, J. H., In, I., Lee, H., Park, S. Y., pH triggered in vivo photothermal therapy and fluorescence nanoplatform of cancer based on responsive polymer - indocyanine green integrated reduced graphene oxide. *Biomaterials*, 61, 229, 2015.

[111] Yao, X., Tian, Z., Liu, J., Zhu, Y., Hanagata, N., Mesoporous silica nanoparticles capped with graphene quantum dots for potential chemo - photothermal synergistic cancer therapy. *Langmuir: ACS J. Surf. Colloids*, 33, 591, 2017.

[112] Lee, J., Park, H., Kim, W. J., Nano "Chocolate Waffle" for near - IR responsive drug releasing system. *Small*, 11, 5315, 2015.

[113] Chen, H., Liu, Z., Li, S., Su, C., Qiu, X., Zhong, H., Guo, Z., Fabrication of graphene and AuNP core polyaniline shell nanocomposites as multifunctional theranostic platforms for SERS real¬ time monitoring

and chemo – photothermal therapy. *Theranostics*,6,1096,2016.

[114] Deng, L., Li, Q., Al – Rehili, S. A., Omar, H., Almalik, A., Alshamsan, A., Zhang, J., Khashab, N. M., Hybrid iron oxide – graphene oxide – polysaccharides microcapsule: A micro – matryoshka for on – demand drug release and antitumor therapy in vivo. *ACS Appl. Mater. Interfaces*,8,6859,2016.

[115] Li, J., Lyv, Z., Li, Y., Liu, H., Wang, J., Zhan, W., Chen, H., Chen, H., Li, X., A theranostic prodrug delivery system based on Pt(IV) conjugated nano – graphene oxide with synergistic effect to enhance the therapeutic efficacy of Pt drug. *Biomaterials*,51,12,2015.

[116] Song, J., Yang, X., Jacobson, O., Lin, L., Huang, P, Niu, G., Ma, Q., Chen, X., Sequential drug release and enhanced photothermal and photoacoustic effect of hybrid reduced graphene oxide – loaded ultrasmall gold nanorod vesicles for cancer therapy. *ACS Nano*,9,9199,2015.

[117] Wu, C., He, Q., Zhu, A., Li, D., Xu, M., Yang, H., Liu, Y., Synergistic anticancer activity of photo – and chemoresponsive nanoformulation based on polylysine – functionalized graphene. *ACS Appl. Mater. Interfaces*,6,21615,2014.

[118] Liu, H., Li, T., Liu, Y., Qin, G., Wang, X., Chen, T., Glucose – reduced graphene oxide with excellent biocompatibility and photothermal efficiency as well as drug loading. *Nanoscale Res. Lett.*, 11,211,2016.

[119] Qiu, J., Zhang, R., Li, J., Sang, Y., Tang, W., Rivera Gil, P., Liu, H., Fluorescent graphene quan¬ tum dots as traceable, pH – sensitive drug delivery systems. *Int. J. Nanomed.*, 10,6709,2015.

[120] Wang, C., Wu, C., Zhou, X., Han, T., Xin, X., Wu, J., Zhang, J., Guo, S., Enhancing cell nucleus accumulation and DNA cleavage activity of anti – cancer drug via graphene quantum dots. *Sci. Rep.*, 3, 2852,2013.

[121] Iannazzo, D., Ziccarelli, I., Pistone, A., Graphene quantum dots: Multifunctional nanoplatforms for anticancer therapy. *J. Mater. Chem. B*,5,6471,2017.

[122] De, S., Patra, K., Ghosh, D., Dutta, K., Dey, A., Sarkar, G., Maiti, J., Basu, A., Rana, D., Chattopadhyay, D., Tailoring the efficacy of multifunctional biopolymeric graphene oxide quantum dot – based nanomaterial as nanocargo in cancer therapeutic application. *ACS Biomater. Sci. Eng.*, 4,514,2018.

第15章 石墨烯材料在分子诊断学中的应用

Foad Salehnia[1]、Neda Fakhri[2]、Morteza Hosseini[3]和 Mohammad Reza Ganjali[1,4]

[1] 伊朗德黑兰,德黑兰大学化学系电化学卓越中心

[2] 伊朗德黑兰,德黑兰大学工程学院化学工程学院

[3] 伊朗德黑兰,德黑兰大学新科学与技术学院生命科学工程系

[4] 伊朗德黑兰,德黑兰医科大学内分泌和代谢分子细胞科学研究所生物传感器研究中心

摘　要　本章介绍了探索石墨烯材料在分子诊断中的独特性质所必须给出的初始步骤。人们对使用石墨烯及其衍生物材料进行各种威胁生命疾病的早期诊断和实时健康监测有着显著的兴趣。其独特的物理化学性质、优异的导电性、光学性质、生物兼容性、易于功能化和灵活性对于创建先进的生物传感器和诊断平台具有重要价值。

在对制造协议和组装的重要性进行介绍和讨论之后,本章旨在评估为什么石墨烯材料适合构建更好的医疗诊断平台、现有诊断方案的工作,以及它们在可穿戴诊断和预后设备商业化方面的现状。我们相信,本章将为利用石墨烯材料作为合适的生物传感器用于临床诊断、其前景和未来的挑战提供重要的见解。

关键词　石墨烯材料,分子诊断,石墨烯功能化,光学生物传感器,FRET 生物传感器,电化学生物传感器,SPR 生物传感器,FET 生物传感器

15.1 概述

15.1.1 分子诊断中的功能化石墨烯材料

由于传感器在分子诊断中起着重要作用,生物受体的高效和选择性捕获被认为是传感器发展的挑战之一。为了对所需要的分析物达到合适的检测限(LOD),纳米材料已被报道为传感器涂层的候选材料。在所考虑的不同纳米材料中,石墨烯及其衍生物如氧化石墨烯(GO)、还原氧化石墨烯(rGO)、石墨烯量子点(GQD)等因传感器的发展受到世界范围的关注[1]。石墨烯奇特的物理和化学性质使其成为未来分子诊断的有趣材料。墨烯基传感器(G-传感器)基于石墨烯基材料的优异性能,利用包括光学、电化学或电学的不同感测机制。

在电化学 G 传感器和电感测概念[石墨烯基场效应晶体管(G-FET)]的情况下,高电子转移速率、高电荷载流子迁移率和低电噪声水平对于血清和血液样品中的生物标记和其他生物分析物的高灵敏度检测最具重要性。此外,石墨烯的高密度边缘平面状缺陷

位点可以为电子转移到化学和生物物种提供足够的活性位点。

此外，石墨烯单层的高光学透明度使其成为光学基G传感器的理想材料，并非常有利于提高等离子体传感器的传感性能。GO猝灭荧光信号的能力导致了几种荧光共振能量转移(FRET)基G传感器的发展，这被认为是当今检测少量分析物的精确方法之一。最近，人们发现石墨烯可以产生强烈的化学增强，使其成为作为表面增强拉曼基底(SERS)的新兴材料。

15.1.2 分子诊断中的石墨烯基反应平台构建

石墨烯具有独特的二维结构，由sp^2杂化碳原子的单原子层组成。最初用于合成石墨烯的方法有3种，包括Brodie法(1859年)[2]、Staudenmaier法(1898年)[3]和Hummers法和Offeman法(1958年)[4]。可以控制在不同方法存在下的石墨烯基材料合成，以给出用于特定和所需应用的性能。

通过机械剥离块体石墨[5]，首次获得了单层可转移石墨烯纳米片。此后，创建了机械剥离或液基剥离[6]、化学气相沉积(CVD)[7]、在碳化硅(SiC)[8]上外延生长等几种化学合成程序，利用氧化和还原反应间接合成石墨烯衍生物。

基于应用，已经开发了不同的合成程序来赋予石墨烯所需的性能。从石墨前体获得的化学衍生GO和rGO纳米片是用于构造G传感器的最常用的合成方法，以便驱动逐渐变弱的石墨烯层之间的范德瓦耳斯力。这是一种大规模获得GO/rGO的相对便宜的方法，具有可能调节纳米片的形态和孔隙率的额外益处[1]。此外，为了制备大面积单层和少层石墨烯纳米片，基于镍或铜进行化学气相沉积方法。目前，这种石墨烯片通常使用主要由聚二甲基硅氧烷支撑的转移工艺转移到任何换能器界面，并且它们可通过市售获得[9]。存在用化学衍生的石墨烯材料涂覆电表面和惰性表面的不同技术，包括滴铸、旋涂、带正电荷界面和带负电的GO/rGO纳米片之间的静电相互作用、电泳沉积(EPD)和GO的电化学还原。选择的方法取决于用途和采用的换能器元件[1]。CVD石墨烯的高质量和获得单层和双层改性电接口的可能性使得这种电极有利于G－FET和等离子体感测。此外，铸造非金属元素如氮、硫或硼允许调节这些材料的电子结构并改善电和电催化性能。此外，GO－薄片尺寸的减小导致由不超过五层组成的更佳可分散结构，这些结构表现出高表面积，并被称为石墨烯量子点(GQD)[10]。

15.2 光学诊断法

15.2.1 石墨烯在光学诊断法中的应用潜力

如前所述，生物传感器衍生于配体－受体结合反应与转导机制的偶联。在光学生物传感器中，反应产物影响换能器对入射光的响应的显著变化，或者反应产生由换能器感测的光信号，可能在放大和/或转换成一些其他形式之后。目前，光学生物传感正广泛应用于医学诊断、成像和环境监测等领域。在光学传感器的应用中，医学诊断受到了许多研究人员的关注，因为其提供了不需要复杂仪器的廉价和快速的诊断，以及使用光学非侵入性地测量血糖浓度的各种技术，如通过分析来自组织的光学散射、通过眼睛中的流体的偏振测量、光学相干断层扫描和皮肤光学成像[11]。

15.2.2 石墨烯在光学中的应用

为了将石墨烯材料应用于生物化学和生物医学领域,必须考虑生物分子与纳米材料之间的相互作用。考虑到这一点,Xu 等将抗免疫球蛋白 G(抗 IgG)和辣根过氧化物酶(HRP)与氧化石墨烯(GO)结合,开发了一种石墨烯基探针。通过 HRP 和抗 IgG 在 GO 表面的共吸附形成双功能纳米探针。纳米探针提供改进的结合能力和信号放大能力[12]。结果表明,体系中保留了酶的天然活性和天然 α-螺旋含量。纳米探针的生物活性实际上是通过 HRP 和抗 IgG 的共吸附而保留,因为其将防止生物分子之间的化学缀合。纳米探针的表征表明,抗-IgG 吸附在 GO 的两侧,这有助于具有合适的抗-IgG 分子的新型探针用于检测目标。Xu 等将该纳米探针应用于甲胎蛋白(AFP)癌症标记物的夹心状免疫测定中获得扩增信号,进一步将常规比色缀合物提高到 10pg/mL 甲胎蛋白(AFP)的检测限,远高于常规酶联免疫吸附测定(ELISA)方法。

GO 在生物反应中也能起到催化作用。例如,GO 可用作对苯二酚在 H_2O_2 存在下反应的催化剂,以产生棕色溶液[13]。基于该结果,将二级抗 PSA 抗体(Ab2)改性 GO(GO-Ab2)作为标记物用于检测癌症生物标志物 PSA 的比色免疫分析。事实上,前列腺细胞产生 PSA,少量 PSA 存在于前列腺健康的男性的血清中。然而,PSA 量通常在前列腺癌和其他前列腺疾病中增加。1980 年,Papsidero 首次报道 PSA 是前列腺癌标志物,现在,已被证明是前列腺癌最可靠、最特异的肿瘤标志物[14]。

为了检测 PSA,基于 GO 表面上的羧基,通过 EDC 和 NHS 将 Ab2 固定到 GO 上。然后,将得到的 GO-Ab2 用作夹心免疫测定的标记。此外,为了固定抗 PSA 初级抗体(Ab1),使用磁珠。在将 PSA 和 GO-Ab2 捕获到 Fe_3O_4 表面上之后,使用磁珠以分离得到的 Fe_3O_4 纳米粒子溶液。对于免疫测定中使用的给定量 GO-Ab2,可以检测各种 PSA 浓度,导致留下不同量的 GO-Ab2,当其与氢醌和 H_2O_2 混合时,显示出不同的颜色。这种颜色变化即使用肉眼也能识别。特别地,对于用于分离正常人和可能患有前列腺癌的人的 PSA 浓度(4 ng/mL),颜色变化可以容易地与高于 4 ng/mL 或低于 4 ng/mL 的那些区分开来。这意味着利用这种方法初步检测前列腺癌是可行的[15]。

石墨烯材料也可以用其他分子修饰,以赋予所需平台的特殊特征。例如,血红素-石墨烯缀合物(H-GN)具有血红素和石墨烯的优点,导致它们的优异性质,如在单链或双链 DNA 序列存在下在高盐浓度下的不同分散性[16]。此外,由于氯化血红素在石墨烯表面的存在,它们具有内在的类过氧化物酶活性,使它们能够催化过氧化物酶底物的反应[17]。对此,Xu 等采用了一种利用血红素-石墨烯纳米材料检测尿液中人类端粒酶活性的无标签比色方法[18]。端粒酶(TS)是被广泛接受的癌症早期诊断生物标志物,被认为是重要的治疗靶点[19]。

基于上述方法,形成了新的探针,基于该探针,通过在原始 TS 引物存在下选择所含的 nacl 量来调节 H-GN 以使其凝结到适当的程度。然后,由于溶液的上清液含有很少的 H-GN,观察到淡蓝色。在端粒酶的作用下,TS 引物被(TTAGGG)n 的重复序列拉长。这些带负电荷的 DNA 导致单个 H-GN 的静电排斥增强,也抵抗盐诱导的 H-GN 凝固。结果,由于上清液中存在更分散的 H-GN,溶液变成深蓝色。因此,端粒酶活性被认为是检测真实尿样中端粒酶活性的一种裸眼比色技术。该方法的线性范围为 100~2300 HeLa

细胞/mL，检测限为60细胞/mL。

Yang的研究小组提出了另一种改进，在此基础上将链霉亲和素/GO/AuNP复合物固定在环氧活化的玻璃基底上用于化学发光免疫分析。为了固定化蛋白质提供生物兼容性微环境，将壳聚糖浇铸在电极上[20]。改性后的复合材料具有良好的生物兼容性、高的蛋白质负载能力和低的空间位阻，有利于分析物的快速传质。链霉亲和素对生物素化抗体的识别产生了一种用于高效化学发光免疫分析的新型免疫传感器，具有低至亚皮克水平的检测限、宽的线性范围和优异的特异性。该免疫传感器已成功应用于临床血清中甲胎蛋白（AFP）的检测。

利用氧化石墨烯丰富的官能团、良好的电子输运性质、大的表面积等优异特性，Lu等提出了基于GO的法拉第笼型模型的新概念，可以通过提高反应产率来改善电极的性能[21]。法拉第笼是空心导体，其中的电荷保留在笼的外表面上。在所提出的法拉第笼型ECL生物传感器中，电极的外亥姆霍兹平面（OHP）被GO扩展，这是由于大的表面积和良好的电子传输性能。结果所有的电化学氨基直接固定在电极表面上。因此，信号单元直接覆盖电极表面，使得电子可以在信号单元和电极之间流动。即信号单元成为电极的一部分。根据法拉第笼的概念，标记在信号单元上的所有电化学基团都在“法拉第笼”的表面，因此它们都可以参与电极反应以发射ECL信号。因此，ECL传感器能够检测非常低水平的靶蛋白。

Lu等基于法拉第笼型策略，通过GO和HCR辅助级联扩增，使用所提出的生物传感器灵敏检测飞摩尔miRNA－141。在该研究中，通过核酸杂交将miRNA－141捕获探针固定在$Fe_3O_4-SiO_2-Au$纳米粒子上。此外，通过将所有HCR产物锚定在GO表面上，ECL信号进一步增强，因为所有这些信号分子都可以参与电化学反应。因此，通过将HCR与法拉第笼型策略集成而构建的传感器显示出对miRNA－141的良好检测平台，可接受的极限为0.03fmol/L。

在另一项工作中，Ahmed等提出了一种简便的方法，在石墨烯表面上使用甲酸钠作为AuNP的还原和稳定剂来制备石墨烯－AuNP杂化物[22]。该方法是不需要额外稳定剂的一种方案。AuNP和石墨烯的组合增强了体系的类过氧化物性能，这是由于石墨烯和AuNP（G－AuNP）各自的类过氧化物活性。因此，这种纳米杂化物可以催化H_2O_2对TMB的氧化，以在水溶液中呈现蓝色。加入TMB－H_2O_2溶液后，G－AuNP杂化溶液表现出比裸石墨烯更强的类过氧化物酶活性。利用石墨烯材料的生物兼容性，石墨烯－AuNP杂化材料能够很容易地与抗体、肽等生物分子结合。考虑到该特征，进一步将G－AuNP杂交体与抗病毒抗体（Ab）缀合以获得Ab缀合的G－AuNP（Ab－G－AuNP）。这些Ab－G－AuNP通过杂交体的优异的类过氧化物酶活性被用作定量和比色检测诺如病毒样粒子的稳健纳米探针。根据这项研究，诺如病毒样粒子是全球病毒性胃肠炎爆发的主要原因。诺如病毒通常通过食用贝类、食源性和水传播途径传播。然而，贻贝中肠道病毒的水平通常较低，检测限为92.7 pg/mL，是常规酶联免疫吸附测定（ELISA）1/112，这是非常重要的。这些生物传感器具有开发精确的生物传感系统的潜力，通过该系统，每个个体都可以对自己进行快速、特异性的诊断。

近年来的研究表明，通过对石墨烯材料的修饰，可以制备人工酶。开发高效的人工酶是纳米生物技术的一个新兴领域，因为这些人工酶可以克服天然酶的严重缺点。在这方面，Maji等开发了一种新的纳米结构杂交体作为模拟酶，用于宫颈癌细胞的体外检测和治疗[23]。宫颈癌是一种在宫颈组织中形成恶性(癌)细胞的疾病。人乳头瘤病毒(HPV)感染可认为是宫颈癌的主要危险因素。宫颈癌通常会随着时间的推移慢慢发展。在宫颈形成癌肿瘤之前,宫颈组织中开始出现异常细胞,称为发育不良。随着时间的推移,异常细胞可能会转化为癌细胞,生长并扩散到更深的宫颈和周围区域。早期宫颈癌通常没有征兆或症状,但通过定期检查可以早期发现。

上述杂化物(GSF@ AuNP)是通过 EDC – NHS 化学将金纳米粒子(AuNP)固定在与癌细胞靶向配体叶酸缀合的介孔二氧化硅包覆的纳米还原氧化石墨烯上而制备的。在 H_2O_2 存在下,通过催化氧化 3,3′,5,5′ – 四甲基苄啶(TMB)监测 GSF@ AuNP 杂交体显示出非凡的类过氧化物酶活性,通过该杂交体观察到用于癌细胞(HeLa)检测的显著颜色变化,检测限低至 50 个细胞。此外,除了癌细胞检测能力之外,由于其通过过氧化物酶活性有效产生 OH · 自由基,GSF@ AuNP 杂交体还用于癌细胞的治疗。其原理在于通过激活氧化应激产生剧烈和过量的活性氧(ROS),这导致对癌细胞的损伤。然而,由于抗氧化能力,正常细胞具有耐受一定水平的外源 ROS 应激的能力。在使用人宫颈癌细胞(HeLa 细胞)的体外实验中,在由抗坏血酸产生的外源性 H_2O_2 或内源性 H_2O_2 的过氧化半活性 GSF@ AuNP 存在下,活性氧(OH · 自由基)的形成,导致对 HeLa 细胞的细胞毒性增强。在正常细胞(人胚胎肾 HEK293 细胞)的情况下,已经报道用杂化物和 H_2O_2 或抗坏血酸处理没有显示出明显的损伤,这是由于正常细胞的抗氧化能力,这赋予它们耐受一定水平的外源 ROS 应激能力。证明了杂交体对癌细胞的选择性杀伤作用。

近年来,纸基分析器件已经越来越多地用作低成本和用户友好的护理点(POC)诊断工具。考虑到高通量打印机的可用性,这种设备也适合于快速和可扩展的制造,并且可以被设置为执行小型化测试。到目前为止,绝大多数纸基传感器依赖于利用酶和抗体的蛋白质基测定,或者使用核酸杂交来检测 DNA。

侧流分析(LFA)是用于检测和定量复杂混合物中分析物的纸基平台,其中将样品放置在测试器件上,并在 5 ~ 30min 内显示结果。LFA 的低开发成本和易于生产导致其应用扩展到需要快速测试的多个领域。然而,LFA 具有一些缺点,如在低浓度的分析物下,该技术可能存在灵敏度方面的问题。此外,其膜在高浓度的分析物下可能饱和,并且可能出现假阴性,因为膜可能被分析基质中存在的不同化合物阻塞,并引起非特异性吸收[24-25]。为了改善上述缺点,Zamora – Galvez 等基于侧流技术结合量子点和使用氧化石墨烯揭示试剂蛋白检测,提出了一种用于检测模型蛋白(人免疫球蛋白 G)的光致发光(PL)技术[26]。所提出的器件在标准缓冲液中实现了 1. 35 ng/mL 的检测限,与金纳米粒子报道的常规横向流动技术(包括其他扩增策略)相比,这相当低。

15.3 荧光共振能量转移诊断法

15.3.1 石墨烯在荧光共振能量转移诊断法中的应用潜力

在现有的所有光学方法中,荧光共振能量转移(FRET)已广泛应用于医学研究,以研究生物分子的特性、功能和动力学,包括蛋白质、核酸等[27]。

事实上,FRET 发生在具有不同激发和发射波长的非常接近的两个荧光团之间[28]。

在基于荧光的生物传感器中，荧光团的价电子称为激发光的外部能量源辐射。当光激发电子降回基态时，它发射弱得多的光子（或一束光），该光子可以被荧光检测器分选出来，基于该光子，可以通过测量被测光的强度来检测分析物浓度。根据先前的研究，该过程（E）的效率取决于供体和受体之间的倒数第六距离（R）：$E = 1/[1 + (R/R_0)6]$，其中 R_0 是传递 1/2 能量的距离。

Swathi 和 Sebastian 通过理论计算提出，由于石墨烯的电子性质，以及与金属表面的异同，该材料可以成为高效的荧光团猝灭剂[29-30]。这种远程共振能量转移的速率被认为具有（距离）-4 依赖性，而传统 FRET 具有（距离）-6 依赖性，意味着更高的 E。他们估计猝灭能力将呈现显著，并且可以在大约 300Å 的距离处观察到。

如上所述，FRET 涉及从光激发供体到封闭受体的能量转移。一方面，由于 GO 具有光致发光特性，GO 可以作为 FRET 供体激活（图 15.1）；另一方面，由于 GO 行为与半金属相似，它也可以作为 FRET 受体激活（图 15.2）[31]。

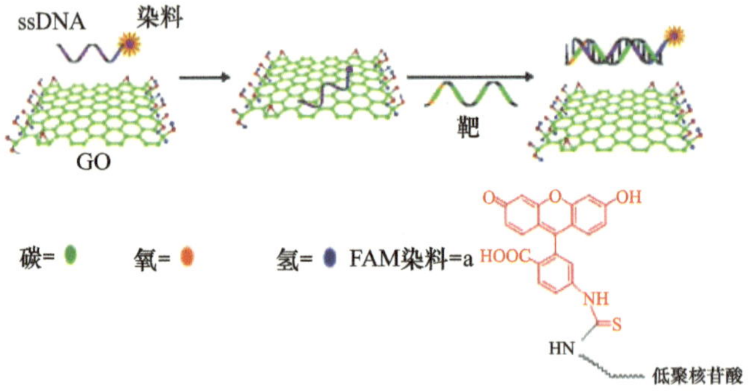

图 15.1 ssDNA - FAM - GO 复合材料靶诱导荧光变化的示意图（FAM 是荧光素基荧光染料[33]）

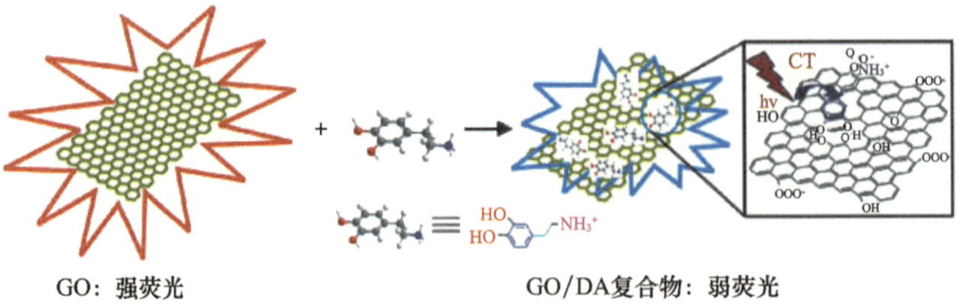

图 15.2 DA 开发的基于 GO 的光诱导电荷转移荧光生物传感器示意图[33]

作为受体，在作为以二维结构暴露于表面的受体分子晶格的石墨烯存在下，荧光团的激发电子不会落回基态，结果将检测不到荧光信号。因此，石墨烯具有很强的猝灭能力，使其成为基于荧光的生物传感器的候选材料。如上所述，石墨烯的结构由一个原子厚的 sp^2 合碳原子的平面片组成，这些碳原子密集堆叠在蜂窝状晶格中。事实上，石墨烯具有空轨道，这被认为是一个电子空穴，使其成为一个极好的电子受体。因此，在石墨烯存在的情况下，当荧光团电子被激发时，该电子与其相邻的电子空穴形成键，这是石墨烯的空轨道，形成激子。这样，被激发的电子不会回到基态，不会发光。因此，荧光强度显著降低[32]。

另外 GO 也可以作为光诱导电荷转移和 FRET 的供体。实际上,GO 与多巴胺(DA)等生物分子之间的非共价相互作用(如静电相互作用、π-π 堆叠和氢键)以及 GO 发射光谱的快速衰减导致生物分子在 GO 表面的自组装和合适的荧光猝灭。在这点上,生物分子的吸收和 GO 的发射之间不存在光谱重叠,FRET 效应被丢弃,这使得可以开发无标签的基于光诱导电荷转移的生物传感器[32]。

15.3.2 石墨烯在荧光共振能量转移中的应用

氧化石墨烯(GO)是近年来生物医学领域理想的生物兼容性纳米材料。GO 可以通过 π-π 电子堆叠作用结合 DNA 和 RNA,并且具有高度距离依赖性的荧光猝灭特性。作为应用,创建了基于 GO-核酸适配体的 DNAse I 酶解荧光扩增系统,用于检测结直肠癌(CRC)外泌体,检测限为 2.1×10^4 粒子/μL[34]。外泌体是大多数细胞和组织分泌的小囊泡(30~100nm),研究表明,癌症患者的血液中有多个外泌体。越来越多的研究报道使用外泌体和外泌体相关分子作为诊断生物标志物[35]。外泌体已被证明是具有显著潜力的有效癌症生物标志物,在结直肠癌(CRC)外泌体中发现了几种细胞特异性分子。尽管如此,由于外泌体的纳米级及缺乏方便有效的检测平台,很难将外泌体用于临床实验室诊断[36]。

在上述传感系统中,DNase I 酶可以帮助消化外泌体表面上的单链 DNA 适体,结果外泌体可以自由地与更多的荧光适配体探针相互作用,后者又放大荧光信号。由于外泌体的直接检测不需要任何隔离,因此该系统节省了时间。基于所提出的策略,荧光 DNA 适体可通过与 GO 水溶液孵育而猝灭。在特定蛋白质存在下,适体脱离 GO 并与它们的靶蛋白结合,其对靶蛋白具有很强的亲和力。这导致荧光恢复和荧光信号从“关”切换到“开”。GO 的使用使探针的设计变得容易,由于高效淬火,大大降低了干扰[37]。

2018 年,Hong 等报道了一种新型金纳米粒子(AuNP)和氧化石墨烯(GO)基纳米复合探针(AuNP/GO 探针),用于同时检测和荧光成像活细胞中的 miRNA 前驱体和成熟 miRNA[38]。事实上,微小 RNA(miRNA)是一类具有 19~23 个核苷酸的单链、短的内源性非编码 RNA。miRNA 的表达水平与多种癌症直接相关,但 miRNA 可作为肿瘤分子诊断的生物标志物。miRNA 在疾病诊断过程中的低浓度对开发高灵敏度的肿瘤生物标志物检测方法提出了很大的要求。肿瘤标志物用于检测体内某些类型癌症的存在,并监测癌症治疗的进展。事实上,肿瘤标志物是在血液、体液或组织中发现的由癌细胞产生的物质。如果在体内发现某种肿瘤标志物,可以表明癌症仍然存在,仍可能建议进行治疗[39]。

事实上,金纳米探针的想法是受到 Mirkin 报告的启发,这是由 Hong 及其同事进一步开发,以实现一个高效的传感平台。首先,Cy5 标记的发光-DNA 通过与硫醇标记的(HS)-DNA 形成 DNA 双链体而被 AuNP 猝灭。然后,通过释放和开启猝灭的 Cy5 标记的发光-DNA 来检测 pre-miRNA。Li 等首先介绍了用于检测溶液中成熟 miRNA 的石墨烯-氧化物负载杂交链反应(HCR/GO)系统[40]。在先前的研究之后,Hong 的团队成功地开发了信号扩增策略,将两种成熟 miRNA 同时成像嵌入同一活细胞中。此外,利用基于 HCR/GO 的系统与基于 AuNP 的纳米荧光探针的组合,Hong 及其同事成功地检测了活细胞中的端粒酶。AuNP/GO 复合探针在生物分子原位检测中具有良好的应用前景,Hong 还将 HCR/GO 系统作为细胞内成熟 miRNA 的信号输出平台,监测前 miRNA 和成熟

miRNA在细胞质中的相对分布。

2018年，又一个石墨烯基平台被设计用于蛋白激酶活性（PKA）的检测。利用双链DNA负载的铜纳米簇（dsDNA－CuNC）和氧化石墨烯（GO）制备了一种新型荧光探针[41]。蛋白激酶（PTK）是调节蛋白质生物活性的酶。在磷酸化过程中，蛋白激酶经历从无活性形式到活性形式的构象变化，通过该构象变化，蛋白激酶用从ATP获得的磷酸基团修饰其他蛋白。此外，蛋白激酶已经吸引了很多关注，因为这些蛋白在药物开发和疾病检测中非常重要[33]。

使用dsDNA的逻辑是dsDNA由两部分组成，一部分可以与另一个互补DNA（cDNA）链杂交以稳定荧光CuNC，另一部分结构域是5'－三磷酸腺苷（ATP）适体。dsDNA－CuNC在GO表面固定化过程中形成π－π堆叠作用，产生荧光共振能量转移（FRET），猝灭了dsDNA－CuNC的荧光信号。如果样品含有ATP，则ATP将形成ATP－ATP适体结合复合物，其对GO具有非常小的亲和力。因此，荧光发射将显著增加。相反，如果样品含有PKA，则现有的ATP不能附着在ATP适体上，因此，荧光发射将被dsDNA－CuNC进一步猝灭。根据荧光信号的变化，Wang等成功地监测了0.1～5.0U/mL范围内的PKA活性，检测限为0.039U/mL。通过电解法进行了另一种修饰，合成了用于荧光检测碱性磷酸酶的硼掺杂石墨烯量子点[42]。

碱性磷酸酶（ALP）是一种同源二聚体蛋白酶，其催化从各种底物（包括核酸、蛋白质和碳水化合物）中除去磷酸基团[43]。其在活细胞中的活性显著影响磷酸化/去磷酸化状态，在信号转导和调节细胞内过程中起重要作用[44]。此外，由于细胞或血清中ALP水平异常与许多疾病密切相关，如乳腺癌和前列腺癌、骨质疏松和骨肿瘤、糖尿病、肝炎和肝功能障碍，因此ALP已被认为是医学诊断中的重要生物标志物[45-47]。

2017年，Chen等利用掺硼石墨烯量子点（BGQD）的荧光特性，设计了检测活细胞中ALP的荧光失超与恢复过程。改性量子点的原理依赖于铈离子（Ce^{3+}）与掺硼石墨烯量子点的羧基配位，进而降低荧光发射。由于在ALP催化水解中由ATP产生的磷酸根离子从表面除去Ce^{3+}离子，在存在三磷酸腺苷（ATP）的情况下，猝灭的荧光信号可以被ALP阳性表达细胞恢复到系统中。该方法可用于特异性鉴定不同类型细胞的ALP表达水平，并检测（10 ± 5）个/mL的ALP阳性表达细胞。

15.4 电化学诊断法

15.4.1 石墨烯在电化学生物传感器中的应用潜力

电化学是一门可以通过应用电子流来操纵化学成分的学科，反之亦然，可以通过改变化学成分来产生电子流[48]。已知电化学传感器是第一个科学提出的以及成功商业化的生物传感器，其已经用于许多应用。自电化学诊断法发展以来，许多不同的电极类型已用于传感器，包括金、悬挂汞滴和各种碳基材料。然而，碳基材料由于其低成本、宽电位范围、化学惰性和低背景电流，在电极制造中显示出巨大的潜力[31]。

在碳基材料中，石墨烯电极最近受到了极大的关注。实际上，石墨烯是由sp^2键连接的碳原子组成的二维片。由于片不是无限的，并且它包含终止边缘，所以石墨烯片有两个主要表面供电子参与非均相电子转移:基面和边缘,提供足够的表面积在电化学反应中交换电子。此外,在石墨烯的每层中,碳具有蜂窝晶格中的六边形结构。每个碳有 4 个电子价,其中 3 个与它们最邻近的原子电子产生 σ - 化学键。而且,每个原子拥有另一个电子,该电子在整个石墨烯层上离域,允许电流传导。事实上,非导电材料和金属材料中的电子的能带是不同的。在非导电材料中,能带或满或空,并被能隙隔开。另外,在金属中,其中一个能带被部分填充,使它们成为导电材料。石墨烯呈现出一种独特的行为。

事实上,石墨烯能带产生了两个圆锥体,称为狄拉克锥。这些锥体在它们的末端彼此连接。它们不像不具有间隙的绝缘体,也不像不具有部分填充带的金属。由于这些锥体首先通过蜂窝晶格传播的电子波完全失去其有效质量,这导致准粒子由类似狄拉克的方程而不是薛定谔方程描述。其次石墨烯表现出惊人的电子质量。其电子可以覆盖亚微米距离而不散射,即使在放置在原子粗糙基底上、覆盖有吸附物和室温下的样品中也是如此。这些特征允许它们以最低的电阻率在石墨烯内自由移动,甚至小于银,银在室温下是已知的最低的,使其成为用于电化学生物传感器的有前途的材料[49-50]。

基于 Zhou 等的报告,石墨烯表现出宽的电化学电位窗口,与石墨、玻璃碳(GC),甚至掺硼金刚石电极相当,从交流阻抗谱测定的石墨烯上的电荷转移电阻远低于石墨和 GC 电极上的电荷转移电阻[51]。利用氧化还原对的循环伏安法(CV)研究石墨烯的电子转移行为显示出明确的氧化还原峰。CV 中阳极峰电流和阴极峰电流均与扫描速率的平方根成线性关系,这表明石墨烯电极上的氧化还原过程主要受扩散控制。对于大多数单电子转移氧化还原对,CV 中的峰 - 峰电位分离(DEp)非常低,非常接近 59mV 的理想值。实际上,峰 - 峰电位分离与电子转移(ET)系数有关,低 DEp 值表明石墨烯上单电子电化学反应的快速 ET。石墨烯这些优异的电化学行为表明石墨烯是一种很有前途的电分析电极材料[52]。

15.4.2 石墨烯在电化学中的应用

利用石墨烯材料有趣的电化学性质,报道了一种新型纸基生物传感器检测人乳头瘤病毒(HPV)[53]。为此,将蒽醌标记吡啶基的肽核酸探针固定在石墨烯 - 聚苯胺电极上。为了能够静电固定在通过喷墨印刷法印刷的阳离子石墨烯 - 聚苯胺电极上,使用带负电的氨基酸对探针进行修饰。在石墨烯表面修饰带负电荷的氨基酸的情况下,通过测量蒽醌标记物的电化学信号响应,检测到合成的序列与人乳头瘤病毒(HPV)16 型 DNA 相对应的 14 碱基寡核苷酸靶,以鉴别宫颈癌的初级阶段。该传感器的检测限为 2.3nmol/L,线性范围为 10 ~ 200nmol/L。此外,为了发现所提出的生物传感器的性能,进行了实际测试以检测来自 HPV 16 型阳性细胞系的 PCR 扩增 DNA 样品。

在另一项研究中,Ye 等制造了氯化血红素功能化的氧化石墨烯,以利用氯化血红素核心的铁的氧化还原反应[55]。基于金纳米粒子(AuNP)改性玻碳电极和氯化血红素(血红素 - rGO)功能化的还原氧化石墨烯(GO),构建了电化学型 DNA 生物传感器。然后,使用金 - 硫醇化学,将捕获 DNA(21 聚体)固定在 AuNP 上以形成传感探针。事实上,氯化血红素是一种铁卟啉衍生物,以其模拟各种酶的活性位点的能力而闻名。已经发现,氯化血红素核心的铁的氧化还原反应可以对包括硫化物、过氧化氢、亚硝酸盐和多巴胺的小分子产生电催化能力,并且具有端粒酶活性。利用氯化血红素的类过氧化物酶活性和石墨烯对单链 DNA(ssDNA)和 dsDNA 的固有识别能力，开发了几种基于血红素 - 石墨烯杂交纳米片的 DNA 生物传感器来检测 DNA 损伤和单核苷酸多态性[17,55]。然而，由于固定化探针 DNA(pDNA)与互补 DNA(cDNA)的杂交，阻断了氯化血红素的氧化还原反应，Ye 等诱导 dsDNA 降低了氯化血红素的伏安响应电流。因此，构建了用于检测 cDNA 的传感平台，基于该平台，铁(III)的伏安电流的降低与互补 DNA 的浓度线性相关，这导致低至 0.14amol/L 的检测限。随着电化学技术的发展，石墨烯与双层脂膜(BLM)集成的微电极在静态和搅拌实验中都显示出了很好的结果。此外，由脂质膜制成的载体，生物传感器实现了良好的重现性、可重复使用、高选择性、快速响应时间、长保存期限和良好的灵敏度，使得其能够直接进行电位测量。此外，生物传感表面处的基于脂质膜的界面提供了有利于抵抗血清成分的非特异性吸附的生物兼容性环境，从而确保测定中的低背景信号[56]。此外，将原始石墨烯剥离成薄铜线上的石墨烯纳米片为小型化基于电位石墨烯的生物传感器铺平了道路，该生物传感器进一步用于尿素检测[57]。

以甲型流感病毒(一种负链 RNA 病毒)早期诊断的方式，Anik 等开发了一种新的电化学平台，以帮助患者康复并防止奢侈消费。事实上，根据血凝素(HA)和神经氨酸酶(NA)这两种表面糖蛋白的抗原特性，甲型流感病毒被分类为亚型。流感病毒的诱变特性很容易改变 H 和 N 蛋白的抗原部分，引起非常严重的可以检测到的抗原漂移。由于病毒的毒株具有很高的变异性，每年很有可能出现新的流行病和大流行的疾病爆发，这可能导致很大的发病率和死亡率。这就是为什么在早期阶段快速检测这种病毒如此重要的原因[58]。

根据 Anik 的报道，石墨烯金杂化纳米复合材料已被用于修饰 Au 丝网印刷电极，以制备电化学阻抗谱监测的电化学甲型流感生物传感器[59]。然后，通过 EDC - NHS 化学用胎球蛋白 A(一种糖蛋白)覆盖电极。为了使胎球蛋白 A 氨基与 NHS 之间的交换反应完成，应给系统足够的时间。然而，随着温育时间的增加，电阻差将减小，这可能归因于非特异性结合与电极表面的分离。最后，在 N 之后出现与半乳糖分子特异性结合的凝集素，并切割胎球蛋白 A 分子。这样，用电化学方法测定了所研制的甲型流感生物传感器的 N 活性。事实上，当凝集素结合到半乳糖分子上时，电子转移变得更加困难，并且奈奎斯特图半圆直径由于电极表面上的电阻增加而增加[59]。稳定的聚合物脂膜和人体生物流体之间的强生物兼容性提供了将所提出的传感器用于真实血液样品和其他生物应用的可能性。

在最近发表的一篇论文中，另一种石墨烯基复合材料被用来开发一种高效的电化学生物传感器。MoS_2 - 石墨烯(MG)复合材料被报道作为一个平台来测量患者血清样品中甲状旁腺激素(PTH)浓度[60]。根据研究，镁被 L - 半胱胺酸功能化，并用循环伏安法分析了 PTH 与镁的相互作用。然后，通过在 GO 和镁修饰电极上应用电化学阻抗谱，进行单克隆抗体靶向 PTH 的捕获，这证明了样品中 PTH 的浓度。

为了实现更有效的感测系统，已经提出了通过将稳定的聚合物脂膜固定到石墨烯电极上来制造电位胆固醇生物传感器[61]。事实上，稳定的高分子脂膜由胆固醇氧化酶和高分子混合物组成，对胆固醇生物传感器的性能有着至关重要的影响。该生物传感器在尿液或血清等生物样品中显示出明显的重现性、良好的选择性和高的生物兼容性。

2017 年，Singh 等提出了一种基于微流体的电化学生物传感器，用于以无标签的方式有效检测 1 ~ 104PFU · mL^{-1}的甲型 H1N1 流感病毒。利用具有大表面积的 rGO 涂覆电化学免疫传感器,以提供缺陷和电活性位点,进一步提高灵敏度和选择性[62]。为了改善生物分子的固定化,通过 rGO 表面上的羧基和抗体(Ab)上氨基之间的直接连接进行 EDC - NHS 偶联,而没有插入的接头或间隔基[63]。该电化学免疫传感器与微流体平台集成,以能够检测收集缓冲液中的流感病毒,其中先前从大风量中收集流感病毒[64-65]。所提出的免疫传感器能够检测整个病毒,而不是它们的核酸,允许简单的样品制备,这在诊断应用中很有用。

15.5 表面等离子体共振诊断法

表面等离子体共振(SPR)方法在仪器开发和应用方面都取得了长足的进步。SPR 传感器技术已经商业化,SPR 生物传感器已经成为表征和定量生物分子相互作用的中心工具。然而,对于小分子或低浓度的靶,SPR 信号不足以被分析。为了提高 SPR 信号和生物传感性能,将多层石墨烯引入 SPR 传感器系统。石墨烯包覆 SPR 芯片优异的传感性能与固定在石墨烯基界面上的生物分子中存在的疏水畴和 π - 富电子体系的自发吸附以及它们与氧化石墨烯和还原氧化石墨烯上存在氧官能团的静电相互作用有关。本节旨在回顾表面等离子体共振应用领域的主要发展及表面等离子体共振石墨烯传感器技术的应用实例[66]。

15.5.1 石墨烯在表面等离子体共振诊断法中的应用潜力

石墨烯和 GO 在 SPR 生物传感器中的应用潜力已经被研究,并且已经证明这些碳基材料可以增强它们的性能。该理论认为,沉积在传感器芯片表面的石墨烯薄膜厚度可以直接影响 SPR 生物传感器的灵敏度。金表面的石墨烯基层作为生物分子的连接层,可以将生物传感的灵敏度提高几倍[66]。2010 年,Wu 等表明,在 $\lambda = 633$ nm 处通过石墨烯单层的透光率约为 97.7%,这意味着一个原子厚的石墨烯层将吸收 2.3% 的入射光,并且每个额外的石墨烯层吸收等量的光[67]。对于 SPR,这意味着每增加一层石墨烯都会导致向更高的等离子体角的偏移[66,68]。

15.5.2 石墨烯在表面等离子体共振中的应用

为了增强 SPR 传感器,rGO 被用于涂覆 SPR 界面,以实现小细胞器检测所需的灵敏度,如溶菌酶[69]。事实上,溶菌酶是生物液中的一种蛋白质,通常被称为"人体自身的抗生素",它可以水解细菌的多糖壁。溶菌酶的名称与其酶活性有关,因为溶菌酶水解革兰氏阳性细菌细胞壁中存在的肽聚糖中 *N* - 乙酰基胞壁酸和 *N* - 乙酰葡萄糖胺之间的糖苷键。随着尿和血清中溶菌酶浓度的增加,白血病和肾脏疾病的风险将随着时间的推移而增加[70]。因此,溶菌酶浓度的精确测定至关重要。

Subramanian 及其同事通过 GO 的电泳沉积将 rGO 结合到金膜上,GO 是通过改进的 Hummers 方法对片状石墨进行化学剥离而合成的[69]。通过 π - 堆叠作用,将得到的 SPR 芯片被抗溶菌酶 DNA 适体进一步功能化,以检测生物样品中纳摩尔浓度的溶菌酶。当适体与溶菌酶结合时,SPR 响应将发生增加,其大小可用于定量测量分析物样品中溶菌酶的浓度。使用所提出的 SPR 传感器，检测下限为 0.5nmol/L，线性范围可达 200nmol/L。

在金界面上结合 rGO 的另一种方法是逐层沉积，其有利于石墨烯基生物传感器的开发，因为其提供了具有受控组成、厚度和功能性的多层涂层。在 Vasilescu 小组进行的一项研究中，通过聚阳离子聚（二烯丙基二甲基铵）（PDDA）与带负电荷的 GO 之间的强静电相互作用制备了 GO 涂覆的 SPR 界面[71]。首先，利用物理气相沉积形成 SPR 系统的 Au 界面。然后，使用具有相反电荷的化合物的沉积进行逐层方法。通过将细菌溶液滴加到界面上，然后在湿度饱和的气氛中干燥，用溶壁微球菌进一步改性 PDDA/GO 改性 SPR 界面。最后，将双通道聚二甲基硅氧烷（PDMS）微流体芯片连接到 SPR 系统，然后将组装的系统连接到注射泵以提供所需的流速。每个通道都有自己的功能：一个用于评估血清对生物传感器的影响，而另一个用于研究添加了相关浓度溶菌酶的相同血清。当将含溶菌酶的系统引入传感器时，溶壁微球菌细胞从传感器表面沉积。这种解吸与细菌细胞形态的显著变化一同引起 SPR 信号的特征性降低，这导致 0.05 mg/mL 的检测限。由于所使用的样品不需要任何稀释，该传感器似乎是临床诊断中有前途的平台。

在另一项工作中，GO 被用作连接层，进一步吸附生物分子在 GO 改性传感器芯片上[66]。在研究中，采用气刷技术在金层表面沉积 GO，可以在较宽的范围内形成厚度可控的均匀膜。此外，与电泳沉积法不同，气刷法允许 GO 涂覆在 SPR 传感器芯片的界面上，而无须化学还原。为此，通过 Hummers 方法合成的 GO 膜从溶液中喷刷到金传感器芯片的表面。然后，将用于膜沉积的基板放置在热板上，并使用氮气作为载体的喷刷技术将 GO 喷涂在基板上。之后，使用聚甲基丙烯酸甲酯（PMMA）作为中间膜将石墨烯膜转移到金传感器芯片表面。然后，分别旋涂和烘烤 PMMA。最后，为了去除芯片上不需要的材料，如 PMMA 和石墨烯支撑 Cu 层，分别使用了蚀刻程序和丙酮去溶剂化。为了评价该传感器的性能，将其应用于 DNA - DNA 相互作用的分析，对分子诊断具有一定的参考价值。利用这种石墨烯改性 SPR 传感器，开发了基于链霉亲和素（SA）分子的生物传感方法，其允许选择性捕获含有生物素的生物分子。

利用 GO 连接层的外部特征，传感器表面沉积的链霉亲和素的容量变大，为传感器提供了更多的结合位点，PMMA 中间膜的应用，使生物传感器的性能更好。然而，大于 10nm 厚度的 GO 强烈地限制了光吸收，这又导致生物传感器的灵敏度显著降低。

最近，有演示显示通过添加羧基来改善和控制基于 GOSPR 的免疫亲和生物传感器中的等离子体偶联机制[72]。通过用羧基功能化石墨烯，碳可以调制其可见光谱，因此可以用于改善等离子体耦合机制。据报道，上述羧基功能化的石墨烯 SPR 芯片可以比 SPR 角度偏移改进 4 倍，并且可以实现 0.01pg/mL 的最低抗体检测限。

如前所述，旋涂是另一种在基底上改性石墨烯以有利于石墨烯性质的方法。利用该方法，Jian 等报道了一种用于检测免疫球蛋白 G（IgG）的还原 GO 基 SPR 传感器，其检测限为 0.0625 μg/mL[73]。为了更详细地说明，使用氧等离子体来蚀刻预清洁的石英基底，其通过旋涂用 GO 进一步改性。然后将涂层样品在 800℃下进行热退火。然后使用氧等离子体将传感器结合到 PDMS 芯片上。最后通过 EDC - NHS 化学将抗体捕获到 rGO 表面。生物传感原理在于诱导石墨烯的偏振相关吸收的变化。事实上，石墨烯对横向电波的吸收大于横向磁波，横向磁波对与石墨烯接触的介质的折射率的变化非常敏感。抗原 - 抗体相互作用诱导的折射率变化导致偏振依赖性吸收的变化，可以通过平衡光电检测器测量和记录。

大多数 SPR 传感器使用棱镜来反射光；然而，光纤 SPR 传感器由于其紧凑、质量轻、灵敏度高、易于复用、遥感、机械灵活性，以及能够远距离传输光信号等优异特性，近年来吸引了大量的研究人员。此外，这种生物传感器允许小型化和在不可接近的位置进行化学或生物传感[74]。

2017 年，Rahman 等利用光纤 SPR 生物传感器检测使用 Ag－MoS_2－石墨烯杂交的 DNA 杂交。由于石墨烯的光学特性和较高的 MoS_2 荧光猝灭能力，传感器的灵敏度显著提高。该生物传感器能够通过评估共振角和透射功率谱的变化水平来区分杂交和单核苷酸多态性。观察到，与不存在混合层相比，通过仅添加一层 MoS_2－石墨烯混合物，SPR 光纤生物传感器的灵敏度显著增强。此外，还研究了石墨烯－MoS_2 混合结构作为 SPR 传感平台的潜力[75]。研究了在金属和 MoS_2 具有最佳厚度的金和硅层之间添加硅层的效果。结果表明，将石墨烯的层数增加到 5 层（对于特定的 MoS_2 层数）和将层数 MoS_2 增加到 5 层都可以增加 SPR 生物传感器的共振角。

15.6 表面增强拉曼散射诊断法

15.6.1 石墨烯在表面增强拉曼散射诊断法中的应用潜力

拉曼光谱被认为是一种呈现与分子结构和组成相关的化学指纹信息的分子光谱技术。作为一种强大的化学分析和医学应用技术，其引起了学者的广泛关注[76]。然而，分析物的低散射截面、低信号转换效率和高荧光干扰等特性可能导致固有的弱拉曼散射信号，限制了其实际应用[77]。幸运的是，随着 Fleischmann 等的表面增强拉曼散射（SERS）的出现，拉曼光谱技术得到了迅速的发展。样品分子在银、金、铜等粗糙金属表面的吸附可使拉曼散射信号增强 106～1014 倍，这种现象被称为 SERS[76]。2010 年，石墨烯首次被测试作为增强拉曼散射信号的基底，导致了石墨烯介导的增强拉曼散射（GERS）的发现。在石墨烯介导的增强拉曼散射（GERS）中，用石墨烯层代替粗糙的金属基底来进行拉曼增强[77]。

与贵金属相比，石墨烯具有一个原子厚的均匀结构，具有成本低、生物兼容性好、化学稳定性强等优点[79]。原始石墨烯或石墨烯衍生物的互联 sp^2 结构通过 $\pi-\pi$ 和静电相互作用为探针分子提供了几个吸附位点。这些吸附位点是化学增强机制的基础。如前所述，石墨烯基底能够猝灭从分子发射的最终荧光，这通常提高了拉曼光谱的信噪比，因此允许实现分析物的较低检测限[77]。同时，将石墨烯与金属基底结合，可以进一步放大石墨烯的增强效应。石墨烯的上述所有特性使其成为可以在未来 SERS 应用中用作基底的良好候选材料[78]。

15.6.2 石墨烯在表面增强拉曼散射中的应用

为了提高 SERS 传感器的性能，建议将激光包裹的石墨烯－Ag 用于表面增强拉曼光谱传感器，以检测甲基化 DNA（5－甲基胞嘧啶，5mC）及其氧化衍生物，即 5－羟甲基胞嘧啶（5hmC）和 5－羧基胞嘧啶（5－caC）。更详细地说，甲基化（将胞嘧啶修饰为 5－甲基胞嘧啶,5mC)是控制基因表达的重要表观遗传 DNA 修饰。已知甲基化 DNA 及其衍生物的基因组水平是癌症起始和进展的重要指标[79]。

采用抗体亲和力基富集策略捕获痕量靶 DNA 并用 SERS 标签标记,石墨烯包裹的 Ag 阵列基底进一步增强 SERS 标签的信号。这种策略在传感器中显示出巨大的潜力,因为银纳米阵列上的超薄石墨烯层增强了拉曼信号,这是通过壳在金属芯和探针分子之间进行有效电磁场传递的结果[80]。同时,稳定无针孔的石墨烯外壳可以保护内部金属核,从而防止金属分子直接接触。进一步注意到,通过简单地用石墨烯覆盖 Ag 阵列,由于单层石墨烯和 AgNP 之间的弱相互作用,相互作用不是那么有效。这种现象主要是由于电磁场的传递不充分,现有的间隙阻止了两个部件之间的有效耦合。因此,激光包裹的石墨烯 - Ag 平台能够增强 SERS 信号,以获得混合物中 0.2 pg/μL(1.8pmol/L)的 5mC 水平的检测限。

Ren 的团队开发了新型氧化石墨烯/Ag 纳米粒子杂化材料(GO/PDDA/AgNP),其表现出较强的 SERS 活性。该杂化发展基于自组装策略,利用功能大分子聚二烯丙基二甲基氯化铵(PDDA)形成稳定的阳离子聚电解质功能化氧化石墨烯,并保持 AgNP[81]。然后,杂化纳米粒子可以通过改性正电位 GO 捕获带负电的目标分子。所得 GO/PDDA/AgNP表现出较强的 SERS 活性,这是由于 AgNP 和叶酸分子产生静电作用而在氧化石墨烯上富集所致的。利用所获得的 GO/PDDA/AgNP,以及叶酸固有的 SERS 光谱,创建了一种检测水和血清中叶酸的无标签 SERS 策略。叶酸,被称为一种广泛分布的水溶性维生素,是维生素 B - 9 的一种形式,可以溶于水。它是核酸生产的关键成分。已知叶酸在涉及一系列疾病如巨细胞贫血、智力退化、心脏病发作和先天性畸形的人类健康中具有重要作用。有研究报道,叶酸的受体存在于不同肿瘤细胞表面,使其成为可能的癌细胞生物标志物[82]。

将 p - ATP 和叶酸在 AgNP 胶体上的 SERS 光谱与 GO/PDDA/AgNP 进行比较,表明氧化石墨烯修饰 AuNP 对叶酸的 SERS 检测非常有效。根据叶酸的 SERS 光谱,检测水中叶酸的最小检测限为 9nmol/L,线性响应范围为 9 ~ 180nmol/L。在含有已知量叶酸的血清中进一步评估了 GO/PDDA/AgNP 在用于叶酸生物传感的 SERS 方法中的独特性质。结果表明,该方法的灵敏度和线性响应范围与水中的灵敏度相当。

15.7 场效应晶体管诊断法

迄今为止,已经提出了几种传感器概念用于生物分子的无标签检测。在这些方法中,半导体场效应器件因其小型化、并行感测和快速响应时间的潜力而被认为是最有吸引力的平台之一。随着医学技术向基于生物标记的诊断和治疗的发展,场效应器件被证明是一个有前途的无标签、快速和实时检测生物分子的平台[83]。第一个 FET 传感器于 20 世纪 70 年代提出,其中使用金属氧化物半导体作为场效应晶体管(FET)平台[84]。此后,已经生产了许多不同的 FET 传感器结构和感测材料,共享相同的整体结构。

石墨烯基 FET 传感器的一般工作原理主要在于传感通道(石墨烯纳米片)中的电导率在目标生物分子结合时发生变化[28]。在传感步骤中,当目标生物分子与探针结合时,会引起石墨烯纳米片电导的变化,可通过外部电路/测量系统进行测量[85]。

15.7.1 石墨烯在场效应晶体管诊断法中的应用潜力

场效应晶体管(FET)平台的电子性质和电子电导率对器件的灵敏度起着重要作用。因此,利用石墨烯等具有相当导电性的材料对金属导体表面进行改性,可以作为导电通道,提高传感效率。石墨烯不仅具有优异的电子迁移率、热导率、机械强度和大的表面体积比,而且由于高电导率和极少的表面缺陷,还表现出独特的可调谐双极性特性和极低的热和电噪声。这些优点使石墨烯成为 FET 换能器的有吸引力的沟道材料,也是用于检测各种分析物的感测元件[31,86]。

石墨烯具有超高载流子迁移率和一个原子厚的结构,成为解决纳米级金属氧化物半导体场效应晶体管中短沟道效应问题的有前途的半导体候选材料。二维纳米材料可以导致与金属电极的共形和紧密接触,并且由于它们相对较大的横向尺寸,其更容易操纵,便于对 FET 传感器中的沟道结构的控制。此外,石墨烯的二维纳米片可以生长成设计的形状和厚度,并被精确地转移到传感器基底上。石墨烯纳米材料由于其优异的电子性质(在环境条件下的迁移率为 $15000cm^2/(V \cdot s)$、高柔性和生物兼容性、大的比表面积和容易的化学功能化而引起了人们对用作 FET 传感器中沟道材料的显著兴趣。此外,石墨烯的单层结构意味着所有的碳原子都可以直接与分析物相互作用,有望实现终极灵敏度[87]。

15.7.2 石墨烯在场效应晶体管中的应用

通过应用场效应晶体管(FET)方法,Afsahi 研究小组演示了使用商用石墨烯芯片作为生物传感器,配合便携式电子硬件读取器进行 FET 生物传感测试[88]。使用固定的单克隆抗体,传感器能够检测低至 0.45nmol/L 浓度的寨卡病毒。更详细地说,寨卡是一种病媒传播的病毒感染,起源于 20 世纪中期乌干达的寨卡森林[89]。寨卡的长期影响包括胎儿严重脑缺陷[90]和成人 Guillain - Barre 综合征[91]。因此,寨卡流行病毒被认为是公共卫生日益关注的问题。在所提出的生物传感器中,将单克隆抗体共价固定在石墨烯改性 FET 传感器表面,以检测寨卡病毒抗原。传感过程是基于响应于人造人血清中抗原剂量的电容变化。利用非临床生物物理动力学工具,传感器提供了定量数据,这使得石墨烯平台成为临床研究和诊断应用的有前途的方法。

在另一项使用石墨烯基 FET 传感器的工作中,Yeh 等开发了新的方法,基于该方法检测到低至 0.01fmol/L 的硫酸软骨素蛋白聚糖 -4(CSPG4),比常规比色测定检测到的低 5 个数量级[92]。实际上,硫酸软骨素蛋白聚糖 -4 是一种由人类黑色素瘤细胞高度表达的硫酸软骨素蛋白聚糖。这种系统发育保守的肿瘤抗原在人黑色素瘤中发挥重要的生物学作用,其中它被用作诊断具有不寻常特征的形式(如结缔组织增生性黑色素瘤)的标记,并用于检测淋巴结和外周血中的黑色素瘤细胞,由于其在正常组织中的有限分布而被用作免疫治疗的靶标。因此,其检测对几种躯体疾病的早期诊断有很大帮助[93]。为此,通过限制和屏蔽石墨烯与通过传输通道连接的亲水极性基团之间的相互作用,通过六甲基二硅氮烷的图案化的自组装单层阵列来修饰石墨烯电极器件,以增强石墨烯基 FET 传感器的电特性,所述传输通道被限制在修饰区域上。这种方法提高了 G - FET 的射频性能,反映在增强的电流和功率增益,以及灵敏的生物传感,因为其抑制了不需要的掺杂[92]。

2016 年,Zhou 的团队报道了一种基于抗体改性石墨烯基 FET 的无标签免疫传感器,用于检测癌胚抗原(CEA)，CEA是一种可以在癌症患者血液中测量的蛋白质。CEA是在一些细胞表面发现的物质，是胚胎发育过程中胃肠道细胞产生的一种糖蛋白。它在出生后产生的量非常少。因此，血流中的CEA水平相对较低，除非存在某些疾病，包括某些形式的癌症[94]。因此，需要灵敏的方法来检测血液中的这些生物分子。为了对石墨烯表面进行改性，利用芘和反应性琥珀酰亚胺酯基团通过共价结合和π-堆叠作用对石墨烯表面进行功能化。然后，表面准备用于抗癌胚抗原(抗CEA)固定，因为酯基对大量存在于抗CEA表面上的伯胺和仲胺的亲核取代具有高度反应性。抗CEA改性G-FET的传感机理是由石墨烯表面固定的CAE蛋白作为电子供体引起的电导变化。因此，通过引入每个浓度的目标CEA，漏极电流逐步增加。G-FET生物传感器显示对CEA蛋白的实时特异性监测，检测限小于100 pg/mL[95]。

在另一项研究中，石墨烯基FET生物传感器被用于检测儿童血样中的铅离子，这被认为是一个非常复杂的基质。区分Pb^{2+}离子与血液中常见离子(包括Na^+、K^+、Mg^{2+}和Ca^{2+}，低于0.1mol/L)的机制是CVD石墨烯上固有的p掺杂性能和通过G-四链体、凝血酶结合适体(TBA)和8-17DNA酶的表面工程。诱导DNA结构切换的G-四链体形成可以显著改变石墨烯表面的电荷分布，从而激发GFET的导电响应。GFET器件可定量Pb^{2+}浓度，检测限水平低至163.7ng/L，远低于血液中Pb^{2+}的安全限值(100μg/L)。其机理是基于铅离子与双层DNA/CVD石墨烯电极结合后，石墨烯表面的电荷分布变化导致石墨烯能带结构中狄拉克点的位移[96]。

研究表明，在石墨烯表面添加纳米材料可以通过增加石墨烯表面固定探针的量来扩展响应范围。考虑到这一点，构建了一个纳米粒子改性基于GO的FET平台，作为不含酶葡萄糖溶液的葡萄糖传感器。在该传感器中，由于GO在不同浓度的非酶葡萄糖存在下的电阻变化，GO被用作葡萄糖生物传感器中的感测元件。加入Cu和Ag纳米粒子后，传感器的灵敏度提高到1μmol/L。这些纳米粒子由于其良好的导电性、大的表面体积比和(化学/物理)性质[97]，在葡萄糖传感器应用的化学物种的相互作用和吸收中发挥着重要作用。在其他复杂平台中，使用rGO结合铂纳米粒子(PtNP)和抗BNP的FET生物传感器已被开发为早期脑钠肽(BNP)检测器，是心力衰竭诊断和预后中众所周知的生物标志物[98]。通过将rGO滴铸到预制的FET芯片上，然后将PtNP组装到石墨烯表面，获得了PtNP改性rGO FET传感器。使用固定在PtNP表面上的抗BNP，实现了100fmol/L的低检测限。

在传感器表面上集成酶是检测特定底物的有吸引力的方法。然而，如果必需基团参与固定，生物分子共价连接到石墨烯上可以引起对石墨烯sp^2结构的破坏，并将其变成具有增加到约2.5eV的带隙的sp^3结构，并破坏天然生物分子的折叠和功能性[99-100]。为此，提出了静电逐层组装方法，将酶非共价固定在FET表面上[101]。采用聚乙烯亚胺(PEI)和尿素酶的层层组装，在rGO表面上构建了灵敏的尿素FET生物传感器[102]。生物样品如血液或尿液中的尿素浓度是人类有机体功能状况的相关指标。因此，尿素浓度的测定在多种肾脏和肝脏疾病的诊断和控制中非常重要。其机理是基于测量液门的pH变化和尿素催化水解产生的局部pH。在尿素存在下，FET在小于500mV的最小电压下显示出狄拉克点的偏移。该传感器对尿素的监测范围为1~1000μmol/L，检测限可达1μmol/L。

参考文献

[1] Szunerits, S. and Boukherroub, R., Graphene – based biosensors. Interface Focus, 8, 3, 20160132, 2018.

[2] Brodie, B. C., XIII. On the atomic weight of graphite. Philos. Trans. R. Soc. London, 149, 249 – 259, 1859.

[3] Staudenmaier, L., Verfahren zur darstellung der graphitsäure. Eur. J. Inorg. Chem., 31, 2, 1481 – 1487, 1898.

[4] Humers, W. and Offeman, R., Preparation of graphitic oxide. J. Am. Chem. Soc., 80, 6, 1339, 1958.

[5] Novoselov, K. S. et al., Electric field effect in atomically thin carbon films. Science, 306, 5696, 666 – 669, 2004.

[6] Niu, L. et al., Production of two – dimensional nanomaterials via liquid – based direct exfoliation. Small, 12, 3, 272 – 293, 2016.

[7] Dong, X. C. et al., 3D graphene – cobalt oxide electrode for high – performance supercapacitor and enzymeless glucose detection. ACS Nano, 6, 4, 3206 – 3213, 2012.

[8] Berger, C. et al., Electronic confinement and coherence in patterned epitaxial graphene. Science, 312, 5777, 1191 – 1196, 2006.

[9] Reina, A. et al., Transferring and identification of single – and few – layer graphene on arbitrary substrates. J. Phys. Chem. C, 112, 46, 17741 – 17744, 2008.

[10] Lee, J. S. et al., Recent advances in quantum dots for biomedical applications. J. Pharm. Invest., 48, 2, 209 – 214, 2018.

[11] Khansili, N., Rattu, G., Krishna, P. M., Label – free optical biosensors for food and biological sensor applications. Sens. Actuators, B, 265, 35 – 49, 2018.

[12] Xu, H. et al., Graphene – based nanoprobes and a prototype optical biosensing platform. Biosens. Bioelectron., 50, 251 – 255, 2013.

[13] Qu, F., Li, T., Yang, M., Colorimetric platform for visual detection of cancer biomarker based on intrinsic peroxidase activity of graphene oxide. Biosens. Bioelectron., 26, 9, 3927 – 3931, 2011.

[14] LeBeau, A. M. et al., Prostate – specific antigen is a "chymotrypsin – like" serine protease with unique P1 substrate specificity. Biochemistry, 48, 15, 3490 – 3496, 2009.

[15] Lilja, H., Ulmert, D., Vickers, A. J., Prostate – specific antigen and prostate cancer: Prediction, detection and monitoring. Nat. Rev. Cancer, 8, 4, 268 – 278, 2008.

[16] Xue, T. et al., Graphene – supported hemin as a highly active biomimetic oxidation catalyst. Angew. Chem., 124, 16, 3888 – 3891, 2012.

[17] Guo, Y. et al., Hemin – graphene hybrid nanosheets with intrinsic peroxidase – like activity for label – free colorimetric detection of single – nucleotide polymorphism. ACS Nano, 5, 2, 1282 – 1290, 2011.

[18] Xu, X. et al., A simple, fast, label – free colorimetric method for detection of telomerase activity in urine by using hemin – graphene conjugates. Biosens. Bioelectron., 87, 600 – 606, 2017.

[19] Rodier, F. and Campisi, J., Four faces of cellular senescence. J. Cell. Biol., 192, 4, 547 – 556, 2011.

[20] Yang, Z. et al., A streptavidin functionalized graphene oxide/Au nanoparticles composite for the construction of sensitive chemiluminescent immunosensor. Anal. Chim. Acta, 839, 67 – 73, 2014.

[21] Lu, J. et al., Ultrasensitive Faraday cage – type electrochemiluminescence assay for femtomolar miRNA – 141 via graphene oxide and hybridization chain reaction – assisted cascade amplification. Biosens. Bioelectron., 109, 13 – 19, 2018.

[22] Ahmed, S. R. et al., Size – controlled preparation of peroxidase – like graphene – gold nanoparticle hybrids for the visible detection of norovirus – like particles. Biosens. Bioelectron., 87, 558 – 565, 2017.

[23] Maji, S. K. et al., Cancer cell detection and therapeutics using peroxidase – active nanohybrid of gold nanoparticle – loaded mesoporous silica – coated graphene. ACS Appl. Mater. Interfaces, 7, 18, 9807 – 9816, 2015.

[24] Sajid, M., Kawde, A. – N., Daud, M., Designs, formats and applications of lateral flow assay: A literature review. J. Saudi Chem. Soc., 19, 6, 689 – 705, 2015.

[25] Wang, Y. and Ni, Y., Molybdenum disulfide quantum dots as a photoluminescence sensing platform for 2, 4, 6 – trinitrophenol detection. Anal. Chem., 86, 15, 7463 – 7470, 2014.

[26] Zamora – Galvez, A. et al., Photoluminescent lateral flow based on non – radiative energy transfer for protein detection in human serum. Biosens. Bioelectron., 100, 208 – 213, 2018.

[27] Okamoto, K. and Sako, Y., Recent advances in FRET for the study of protein interactions and dynamics. Curr. Opin. Struct. Biol., 46, 16 – 23, 2017.

[28] Wang, Y. et al., Graphene and graphene oxide: Biofunctionalization and applications in biotechnology. Trends Biotechnol., 29, 5, 205 – 212, 2011.

[29] Swathi, R. S. and Sebastian, K. L., Resonance energy transfer from a dye molecule to graphene. J. Chem. Phys., 129, 5, 054703, 2008.

[30] Swathi, R. S. and Sebastian, K. L., Long range resonance energy transfer from a dye molecule to graphene has(distance)(– 4) dependence. J. Chem. Phys., 130, 8, 086101, 2009.

[31] Pumera, M., Graphene in biosensing. Mater. Today, 14, 7, 308 – 315, 2011.

[32] Lu, C. H. et al., A graphene platform for sensing biomolecules. Angew. Chem. Int. Ed. Engl., 48, 26, 4785 – 4787, 2009.

[33] Avendaño, C. et al., Drugs that inhibit signalling pathways for tumor cell growth and proliferation, Medicinal Chemistry of Anticancer Drugs, pp. 251 – 305, Elsevier BV, 2008.

[34] Wang, H. et al., DNase I enzyme – aided fluorescence signal amplification based on graphene oxide – DNA aptamer interactions for colorectal cancer exosome detection. Talanta, 184, 219 – 226, 2018.

[35] Melo, S. A. et al., Glypican – 1 identifies cancer exosomes and detects early pancreatic cancer. Nature, 523, 7559, 177 – 182, 2015.

[36] Tang, M. K. and Wong, A. S., Exosomes: Emerging biomarkers and targets for ovarian cancer. Cancer Lett., 367, 1, 26 – 33, 2015.

[37] Wang, R. et al., Terminal protection – mediated autocatalytic cascade amplification coupled with graphene oxide fluorescence switch for sensitive and rapid detection of folate receptor. Talanta, 174, 684 – 688, 2017.

[38] Hong, M. et al., In situ monitoring of cytoplasmic precursor and mature microRNA using gold nanoparticle and graphene oxide composite probes. Anal. Chim. Acta, 1021, 129 – 139, 2018.

[39] Chatterjee, S. K. and Zetter, B. R., Cancer biomarkers: Knowing the present and predicting the future. Future Oncol., 1, 1, 37 – 50, 2005.

[40] Yang, L. et al., Graphene surface – anchored fluorescence sensor for sensitive detection of microRNA coupled with enzyme – free signal amplification of hybridization chain reaction. ACS Appl. Mater. Interfaces, 4, 12, 6450 – 6453, 2012.

[41] Wang, M. et al., DNA – hosted copper nanoclusters/graphene oxide based fluorescent biosensor for protein kinase activity detection. Anal. Chim. Acta, 1012, 66 – 73, 2018.

[42] Chen, L. et al., Real – time fluorescence assay of alkaline phosphatase in living cells using boron – doped graphene quantum dots as fluorophores. Biosens. Bioelectron., 96, 294 – 299, 2017.

[43] Coleman, J. E., Structure and mechanism of alkaline phosphatase. Annu. Rev. Biophys. Biomol. Struct.,

21,441 - 483,1992.

[44] Choi, Y. , Ho, N. H. , Tung, C. H. , Sensing phosphatase activity by using gold nanoparticles. Angew. Chem. Int. Ed. Eng. ,46,5,707 - 709,2007.

[45] Al Mamari,S. et al. ,Improvement of serum alkaline phosphatase to < 1. 5 upper limit of normal predicts better outcome and reduced risk of cholangiocarcinoma in primary sclerosing cholangitis. J. Hepatol. ,58, 2,329 - 334,2013.

[46] Gyurcsanyi, R. E. et al. , Amperometric microcells for alkaline phosphatase assay. Analyst,127,2,235 - 240,2002.

[47] Chen,X. et al. ,Colorimetric detection of alkaline phosphatase on microfluidic paper - based analysis devices. Chin. J. Anal. Chem. ,44,4,591 - 596,2016.

[48] Pumera,M. ,Graphene - based nanomaterials and their electrochemistry. Chem. Soc. Rev. ,39,11,4146 - 4157,2010.

[49] Geim,A. K. ,Graphene:Status and prospects. Science,324,5934,1530 - 1534,2009.

[50] Antonio Castro,N. ,Francisco,G. ,Nuno Miguel,P. ,Drawing conclusions from graphene. Phys. World,19, 11,33,2006.

[51] Zhou,M. ,Zhai,Y. ,Dong,S. ,Electrochemical sensing and biosensing platform based on chemically reduced graphene oxide. Anal. Chem. ,81,14,5603 - 5613,2009.

[52] Yuyan,S. et al. ,Graphene based electrochemical sensors and biosensors:A review. Electroanalysis,22, 10,1027 - 1036,2010.

[53] Teengam,P. et al. ,Electrochemical paper - based peptide nucleic acid biosensor for detecting human papillomavirus. Anal. Chim. Acta,952,32 - 40,2017.

[54] Ye,Y. et al. ,Electrochemical gene sensor based on a glassy carbon electrode modified with hemin - functionalized reduced graphene oxide and gold nanoparticle - immobilized probe DNA. Microchim. Acta,184, 1,245 - 252,2016.

[55] Wei,W et al. ,Label - free and rapid colorimetric detection of DNA damage based on self - assembly of a hemin - graphene nanocomposite. Microchim. Acta,181,13 - 14,1557 - 1563,2014.

[56] Nikoleli,G. - P. ,Nikolelis,D. P. ,Tzamtzis,N. ,Development of an electrochemical biosensor for the rapid detection of cholera toxin using air stable lipid films with incorporated ganglioside GM1. Electroanalysis,23, 9,2182 - 2187,2011.

[57] Nikoleli,G. - P. et al. ,Structural characterization of graphene nanosheets for miniaturization of potentiometric urea lipid film based biosensors. Electroanalysis,24,6,1285 - 1295,2012.

[58] Abraham,M. K. et al. ,Influenza in the emergency department:Vaccination,diagnosis,and treatment:Clinical practice paper approved by American Academy of Emergency Medicine Clinical Guidelines Committee. J. Emergency Med. ,50,3,536 - 542,2016.

[59] Anik,U. et al. ,Towards the electrochemical diagnostic of influenza virus:Development of a graphene - Au hybrid nanocomposite modified influenza virus biosensor based on neuraminidase activity. Analyst,143,1, 150 - 156,2017.

[60] Kim,H. U. et al. ,A sensitive electrochemical sensor for in vitro detection of parathyroid hormone based on a MoS_2 - graphene composite. Sci. Rep. ,6,34587,2016.

[61] Nikoleli,G. - P. et al. ,Potentiometric cholesterol biosensing application of graphene electrode with stabilized polymeric lipid membrane. Central European Journal of Chemistry, Springer, 11, 9, 1554 - 1561,2013.

[62] Singh,R. ,Hong,S. ,Jang,J. ,Label - free detection of influenza viruses using a reduced graphene oxide -

based electrochemical immunosensor integrated with a microfluidic platform. Sci. Rep. ,7,42771,2017.

[63] Srivastava,R. K. et al. ,Functionalized multilayered graphene platform for urea sensor. ACS Nano,6,1,168 – 175,2012.

[64] Shen,F. et al. ,Integrating silicon nanowire field effect transistor,microfluidics and air sampling techniques for real – time monitoring biological aerosols. Environ. Sci. Technol. ,45,17,7473 – 7480,2011.

[65] Hong,S. et al. ,Gentle sampling of submicrometer airborne virus particles using a personal electrostatic particle concentrator. Environ. Sci. Technol. ,50,22,12365 – 12372,2016.

[66] Stebunov,Y. V. et al. ,Highly sensitive and selective sensor chips with graphene – oxide linking layer. ACS Appl. Mater. Interfaces,7,39,21727 – 21734,2015.

[67] Wu,L. et al. ,Highly sensitive graphene biosensors based on surface plasmon resonance. Opt. Express,18,14,14395 – 14400,2010.

[68] Szunerits,S. et al. ,Recent advances in the development of graphene – based surface plasmon resonance (SPR) interfaces. Anal. Bioanal. Chem. ,405,5,1435 – 1443,2013.

[69] Subramanian,P. et al. ,Lysozyme detection on aptamer functionalized graphene – coated SPR interfaces. Biosens. Bioelectron. ,50,239 – 243,2013.

[70] Johnson,D. E. et al. ,The position of lysosomes within the cell determines their luminal pH. J. Cell. Biol. ,212,6,677 – 692,2016.

[71] Vasilescu,A. et al. ,Surface plasmon resonance based sensing of lysozyme in serum on Micrococcus lysodeikticus – modified graphene oxide surfaces. Biosens. Bioelectron. ,89,Pt 1,525 – 531,2017.

[72] Chiu,N. F. et al. ,Carboxyl – functionalized graphene oxide composites as SPR biosensors with enhanced sensitivity for immunoaffinity detection. Biosens. Bioelectron. ,89,Pt 1,370 – 376,2017.

[73] Jiang, W. – S. et al. ,Reduced graphene oxide – based optical sensor for detecting specific protein. Sens. Actuators,B,249,142 – 148,2017.

[74] Rahman,M. S. et al. ,Modeling of a highly sensitiveMoS_2 – graphene hybrid based fiber optic SPR biosensor for sensing DNA hybridization. Optik,140,989 – 997,2017.

[75] Maurya,J. B. et al. ,Performance of graphene – MoS_2 based surface plasmon resonance sensor using silicon layer. Opt. Quantum Electron. ,47,11,3599 – 3611,2015.

[76] Zhang,Y. et al. ,A preliminary study of surface enhanced Raman scattering immunoassay based on graphene oxide substrate. Optik,170,146 – 151,2018.

[77] Jiang,Y. et al. ,Highly durable graphene – mediated surface enhanced Raman scattering(G – SERS) nanocomposites for molecular detection. Appl. Surf. Sci. ,450,451 – 460,2018.

[78] Liu,D. et al. ,Raman enhancement on ultra – clean graphene quantum dots produced by quasiequilibrium plasma – enhanced chemical vapor deposition. Nat. Commun. ,9,1,193,2018.

[79] Timp,W. and Feinberg,A. P. ,Cancer as a dysregulated epigenome allowing cellular growth advantage at the expense of the host. Nat. Rev. Cancer,13,7,497 – 510,2013.

[80] Xu,Y. et al. ,Adsorbable and self – supported 3D AgNPs/G@ Ni foam as cut – and – paste highly – sensitive SERS substrates for rapid in situ detection of residuum. Opt. Express,25,14,16437 – 16451,2017.

[81] Ren,W. ,Fang,Y. ,Wang,E. ,A binary functional substrate for enrichment and ultrasensitive SERS spectroscopic detection of folic acid using graphene oxide/Ag nanoparticle hybrids. ACS Nano,5,8,6425 – 6433,2011.

[82] Wei,S. et al. ,Voltammetric determination of folic acid with a multi – walled carbon nanotube – modified gold electrode. Microchim. Acta,152,3 – 4,285 – 290,2005.

[83] Arshak,P. and S. M. ,J. ,Label – free sensing of biomolecules with field – effect devices for clinical appli-

cations. Electroanalysis,26,6,1197 – 1213,2014.

[84] Bergveld,P. ,Thirty years of ISFETOLOGY:What happened in the past 30 years and what may happen in the next 30 years. Sen. Actuators,B:Chemical,88,1,1 – 20,2003.

[85] Mao,S. and Chen,J. ,Graphene – based electronic biosensors. J. Mater. Res. ,32,15,2954 – 2965,2017.

[86] Mansouri Majd,S. and Salimi,A. ,Ultrasensitive flexible FET – type aptasensor for CA 125 cancer marker detection based on carboxylated multiwalled carbon nanotubes immobilized onto reduced graphene oxide film. Anal. Chim. Acta,1000,273 – 282,2018.

[87] Mao,S. et al. ,Two – dimensional nanomaterial – based field – effect transistors for chemical and biological sensing. Chem. Soc. Rev. ,46,22,6872 – 6904,2017.

[88] Afsahi,S. et al. ,Novel graphene – based biosensor for early detection of Zika virus infection. Biosens. Bioelectron. ,100,85 – 88,2018.

[89] Sikka,V. et al. ,The emergence of Zika virus as a global health security threat:A review and a consensus statement of the INDUSEM Joint working Group(JWG). J. Global Infect. Dis. ,8,1,3 – 15,2016.

[90] Rasmussen,S. A. et al. ,Zika virus and birth defects – Reviewing the evidence for causality. N. Engl. J. Med. ,374,20,1981 – 1987,2016.

[91] Ladhani,S. N. et al. ,Outbreak of Zika virus disease in the Americas and the association with microcephaly,congenital malformations and Guillain – Barre syndrome. Arch. Dis. Child,101,7,600 – 602,2016.

[92] Yeh,C. H. et al. ,High – performance and high – sensitivity applications of graphene transistors with self – assembled monolayers. Biosens. Bioelectron. ,77,1008 – 1015,2016.

[93] Mayayo,S. L. et al. ,Chondroitin sulfate proteoglycan – 4:A biomarker and a potential immunotherapeutic target for canine malignant melanoma. Vet. J. ,190,2,e26 – e30,2011.

[94] Casey,B. J. and Kofinas,P. ,Selective binding of carcinoembryonic antigen using imprinted polymeric hydrogels. J. Biomed. Mater. Res. A,87,2,359 – 363,2008.

[95] Zhou,L. et al. ,Label – free graphene biosensor targeting cancer molecules based on non – covalent modification. Biosens. Bioelectron. ,87,701 – 707,2017.

[96] Li,Y. et al. ,Fully integrated graphene electronic biosensor for label – free detection of lead(II)ion based on G – quadruplex structure – switching. Biosens. Bioelectron. ,89,Pt 2,758 – 763,2017.

[97] Said,K. et al. ,Fabrication and characterization of graphite oxide – nanoparticle composite based field effect transistors for non – enzymatic glucose sensor applications. J. Alloys Compd. ,694,1061 – 1066,2017.

[98] Lei,Y. M. et al. ,Detection of heart failure – related biomarker in whole blood with graphene field effect transistor biosensor. Biosens. Bioelectron. ,91,1 – 7,2017.

[99] Eigler,S. ,Graphene. An introduction to the fundamentals and industrial applications. S. Madhuri and S. Maheshwar(eds.),Angew. Chem. Int. Ed. ,55,17,5122 – 5122,Wiley Online Library,2016.

[100] Niyogi,S. et al. ,Spectroscopy of covalently functionalized graphene. Nano Lett. ,10,10,4061 – 4066,2010.

[101] Sheldon,R. A. and van Pelt,S. ,Enzyme immobilisation in biocatalysis:Why,what and how. Chem. Soc. Rev. ,42,15,6223 – 6235,2013.

[102] Piccinini,E. et al. ,Enzyme – polyelectrolyte multilayer assemblies on reduced graphene oxide field – effect transistors for biosensing applications. Biosens. Bioelectron. ,92,661 – 667,2017.

第 16 章 氧化石墨烯膜在液体分离中的应用

Zhiqian Jia
北京师范大学化学学院

摘　要　氧化石墨烯(GO)膜以其优异的传输和筛分性能在液体分离中受到越来越多的关注。本章综述了本征 GO 膜(结构和应用)、通过调节 GO 片尺寸、沉积速率控制、叠层排列改善、物理限制、部分还原、热致褶皱、纳米间隔物和交联来调节孔径等方面的研究进展。讨论了 GO 膜制备和应用中面临的挑战。

关键词　氧化石墨烯,液体分离,交联,部分还原,纳米间隔物

16.1 概述

膜工艺,如纳滤、超滤、渗透汽化、透析等,是最有效的液体分离策略之一[1]。然而,传统膜仍然面临重要的技术限制,如抗氯性、抗污性及厚度和孔径分布的控制[2]。为满足更高的要求,必须开发高性能的先进过滤膜。

理论研究表明,单原子厚的多孔石墨烯膜对气体、水和离子表现出优异的分离性能[3]。然而,多孔石墨烯膜的大规模制备及其在压力驱动分离中的应用仍然是一项挑战[4]。

近年来,氧化石墨烯(GO)由于其化学稳定性、易于合成和放大而被证明是另一种有前途的膜材料。GO 可以通过对石墨使用强氧化剂,如溶解在浓缩 H_2SO_4 中的 $KMnO_4$,进行化学剥离来制备[5-6]。GO 在基面上含有羟基和环氧官能团,此外还有位于片材边缘的羰基和羧基[7]。因此,GO 可以容易地剥离以产生液晶行为表现优异的水性胶体悬浮液。GO 片可通过真空过滤[8]、滴铸、旋涂[9]、界面自组装[10]、L-B[11]等方式重新组装成具有互锁结构和厚度可控的大面积膜。多层 GO 层压材料具有独特的结构和优异的性能,使得能够开发新型膜[12]。

本章介绍了 GO 膜的制备和性能,包括本征 GO 膜、通过调整 GO 膜尺寸、沉积速率控制、对准改进、物理限制、局部还原、热致褶皱、纳米间隔和交联等来调整 GO 膜孔径。由于空间的限制,聚合物基质中 GO 作为填料的混合基质膜不在讨论范围内。

16.2 本征氧化石墨烯膜

16.2.1 氧化石墨烯膜的结构

我们知道,石墨的层间距为 3.4Å。由于氧化石墨烯(GO)片上含氧官能团的存在,真空过

滤制成的GO膜在干燥条件下的层间距为6～7Å(GO纳米片之间的空隙间距约为0.3nm),只有排列成单层的水蒸气才能透过纳米通道。随着湿度增大,更多的水分子扩散到GO片之间的夹层中,导致夹层空间增大[13]。

Mi等[14]使用具有耗散和椭偏仪的集成石英晶体微天平以及分子动力学(MD)模拟表征了水性环境中GO膜的d－间距。当干燥的GO膜浸泡在水中时,其最初保持0.76nm的d－间距。由于GO上含氧基团的存在,GO通道中的水分子形成半有序网络,其密度比本体水的密度高30%,但比石墨烯通道中形成的完全排列的菱形水网络的密度低20%。水在GO沟道中的相应迁移率远低于石墨烯沟道中的迁移率,其中水表现出与本体中几乎相同的迁移率。当GO膜保持在水中时,其d－间距增加并在平衡时达6～7nm。NaCl的存在和在水性环境中的Na_2SO_4引入了压缩静电双层的电荷屏蔽效应,因此随着离子强度的增加d－间距显著地减小(例如,在100mmol/L处约2nm)。

16.2.2 应用

16.2.2.1 透析

在透析中,U形管被GO膜分成两个隔室,称为进料侧和渗透侧(充满纯水)[15]。Joshi等[16]发现,在水溶液中,水合将GO间距增加到0.9nm[17]。较小的离子以比简单扩散预期快数千倍的速度渗透通过膜(图16.1)。异常快的渗透归因于作用在离子上的毛细状高压[18-19]。GO上的含氧官能团倾向于聚集在一起并保持相对大的片间距离,留下其他非氧化区以形成纳米毛细管的二维网络[20-21]。这些纳米毛细管提供高的毛细管压力,促进水的低摩擦流动,而氧化区内的水分子由于与官能团的氢键相互作用而表现出差的迁移率。GO膜阻断水合半径大于4.5 Å的所有溶质(如$[Fe(CN)_6]^{3-}$、甘油、蔗糖、$[Ru(bipy)_3]^{2+}$)。大分子,包括苯甲酸、DMSO和甲苯,没有可检测的渗透(图16.2)。

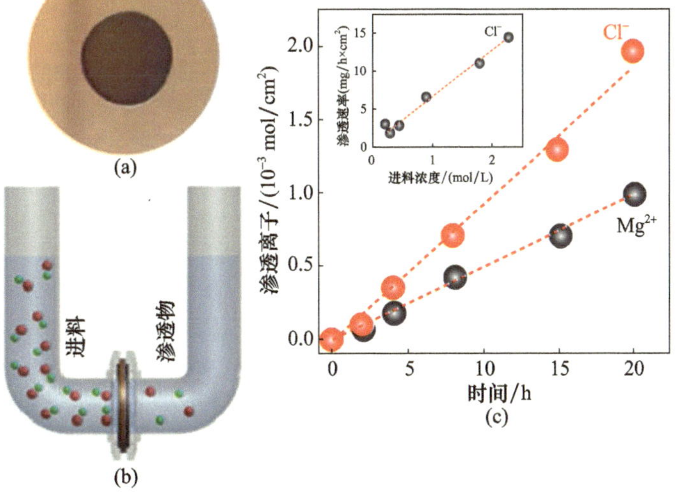

图16.1 通过GO层压板的离子渗透

(a)覆盖铜箔中1cm开口的GO膜的照片;(b)实验装置示意图,直径为2.5cm的U形管被GO膜分成两个隔室,称为进料和渗透物;(c)用0.2mol/L的$MgCl_2$溶液从进料隔室渗透通过5μm厚的GO;(插图)渗透速率与进料溶液中浓度的函数关系。

Sun 等[22]发现，钠盐快速渗透通过独立式 GO 膜，而重金属盐渗透慢得多。有趣的是，铜盐完全被 GO 膜阻断，罗丹明 B 等有机污染物也不会渗透。金属离子与 GO 之间的静电相互作用、阳离子－π 相互作用和金属配位作用是 GO 膜选择性渗透性能的主要原因。

从环境和公共健康的角度来看，有效去除受污染水中的放射性锝(^{99}Tc)非常重要。Williams 等[23]证明 GO 膜可以以高选择性从水中除去^{99}Tc(以 TcO_4^- 的形式)。分子动力学模拟表明，与所研究的其他阴离子(SO_4^{2-}、I^- 和 Cl^-)不同，由于其弱水合性质，TcO_4^- 从水溶液进入毛细管的自由能降低。例如，在毛细管宽度为 0.68nm 的模型中，$\Delta F(TcO_4^-) = -6.3$kJ/mol，而 $\Delta F(SO_4^{2-}) = +22.4$kJ/mol。

通常，GO 膜对不同分子和离子的选择性可以通过层间空间的尺寸排斥、不同离子与带负电荷的 GO 片之间的静电相互作用以及离子吸附(包括对 GO 片的阳离子－π 相互作用和金属配位)来实现[24]。通过控制溶液的 pH，可以调节 GO 膜的电离度，相应地调节分离性能[25]。

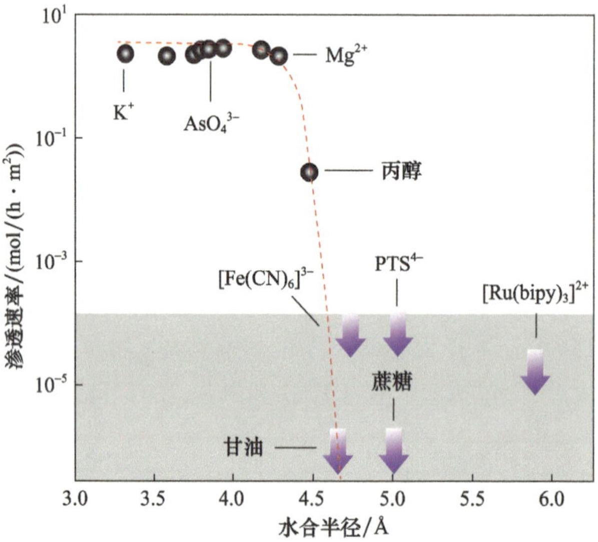

图 16.2　通过 GO 膜进行筛分。每 1mol/L 进料溶液归一化渗透速率，并通过使用 5μm 厚的膜测量。在持续至少 10 天的测量期间，对于灰色区域内所示的溶质不能检测到渗透。粗箭头表示检测极限，其取决于溶质。虚线曲线是眼睛的引导，在 4.5Å 处显示指数尖锐的截止，宽度为≈0.1Å

16.2.2.2　渗透汽化

渗透汽化是一种很有前景的液体分离技术，广泛应用于有机溶剂的脱水、有机－有机混合物的分离，以及从水流中除去稀有机化合物等[26]。Hung 等[27]使用 GO 膜通过渗透汽化从异丙醇水溶液(水含量为 30%(质量分数))中分离水。异丙醇被 GO 膜阻挡，因为其直径大于层间空间，而水透过 GO 膜。分离性能达到高效率，渗透物中的水浓度达到 99.5%(质量分数)。当 GO 膜厚度从 250nm 增加到 1μm 时，水通量变化不大，说明对于较薄的 GO 膜，GO 膜厚度的增加对水的扩散速率影响不大。

Jin 等[28]采用真空抽吸法在陶瓷中空纤维上制备 GO 膜。在碳酸二甲酯/水混合物[含水量为 2.6%(质量分数)]的渗透汽化中，GO 膜表现出优异的水渗透性，渗透物中的含水量达到 95.2%(质量分数)，具有高的渗透通量(1702g/(m^2 · h)，25℃)。考虑到 GO

的热稳定性,渗透汽化时的温度不宜过高[29]。

16.3 孔径调节

相比于商业聚合物膜较宽的孔径分布,GO 膜的窄通道尺寸分布确实有利于精确筛分[30]。脱盐要求 GO 间距应小于 0.7nm,以从水中筛选水合的 Na^+(水合半径为 0.36nm)。然而,GO 在水溶液中的水合使得在亚纳米范围内操纵 GO 间距更具挑战性。

调节 GO 膜孔径的方法包括调节 GO 片尺寸、沉积速率控制、叠层排列改善、物理限制、部分还原、热致褶皱、纳米尺寸间隔物、交联等。

16.3.1 GO 片层尺寸调节

Sun 等[31]发现,分子或离子通过由纳米尺寸片制成的 GO 膜的渗透速率比从微米尺寸片制成的 GO 膜的渗透速率快,因为在由纳米尺寸片制成的 GO 膜中非互锁的相邻 GO 片的边缘之间存在更多的间隙。较大数量的间隙为沿垂直于 GO 片的方向扩散通过 GO 膜的分子和离子提供了更多的通道。

16.3.2 沉积速率控制

选择性和通量之间的权衡显著阻碍了 GO 膜的发展。Xu 等[32]以较快的速率和慢 12 倍的速率沉积单层 GO(SLGO),以控制所得膜的层间纳米结构。作者提出,在缓慢的沉积速率下,SLGO 薄片的自组装接近热力学有利的夹层结构,相邻 GO 层上的功能化贴片彼此面对,相邻 GO 层上的本征石墨烯贴片形成快速水传输通道(I 型结构,图 16.3)。在快速沉积速率下,SLGO 层以相对随机的方式填充并锁定在不太有利的层间结构中,在相邻 GO 层上的功能化和本征斑块之间具有显著的失配(II 型结构),导致显著延迟的水渗透。结构表征和 MD 模拟证实 I 型结构更有利于热力学和促进快速水渗透。实验结果表明,通过慢沉积速率制备的 GO 膜表现出显著提高的盐截留率,同时与直觉相反地具有比通过快沉积速率制备的膜高 2.5~4 倍的水通量。因此,可以通过简单地控制沉积速率来调节超薄 GO 膜的层间纳米结构。

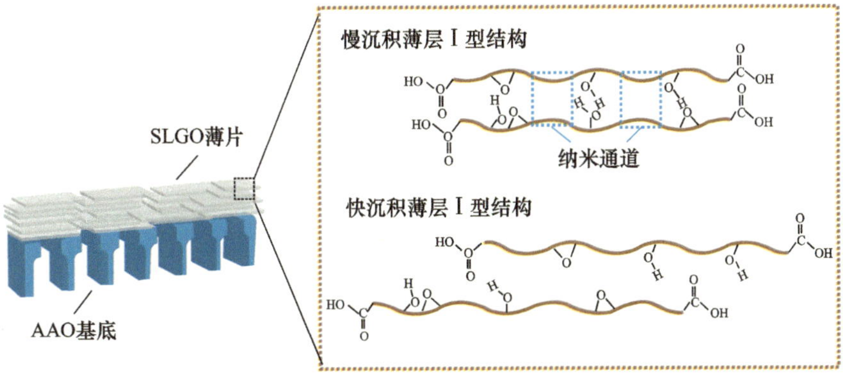

图 16.3 通过慢沉积速率和快沉积速率制备的 GO 膜的拟议概念层间纳米结构。当以慢沉积速率制备时,相邻 SLGO 薄片上的含氧基团优选彼此自组装以形成热力学有利的层间结构。相反,在较快的沉积速率下,含氧基团可以以更随机的方式排列

16.3.3 叠层排列改善

Akbari 等[33]证明,GO 的盘状向列相可以剪切对准,以通过工业上适用的方法在 5s 内生产大面积膜(13cm×14cm),在支撑膜上形成高度有序的、连续的多层 GO 薄膜。发现这种结构顺序显著增强了水通量[对于(150 ± 15) nm 厚的膜,为(71 ± 51)/(m^2 · h · bar),同时通过分子筛和静电排斥促进了对有机分子和离子的截留。该通量甚至高于市售的陶氏 Filmtec NF270 膜,并且该通量可以通过简单的溶剂清洗来恢复。对于水合半径大于 5Å 的带电和不带电的有机探针分子,截留率大于 90%,对于单价和二价盐,截留率为 30% ~40%。

16.3.4 物理封装限制

为了限制 GO 层压板在暴露于 RH 或液态水时的膨胀,Abraham 等[34]使用 Stycast 环氧树脂封装 GO 条(厚度为 100μm),然后堆叠在一起,以将可用横截面增加到 1mm,用于过滤(图 16.4(a)、(b))。

(a) (b)

图 16.4 使用 Stycast 环氧树脂封装的 GO

(a)GO 膜横截面的光学显微照片,由于表面划痕,环氧树脂呈淡黄色,带有深色条纹;
(b)(a)中由红色矩形标记的区域的扫描电子显微镜图像(比例尺表示 1μm)

将叠层黏合到在金属或塑料板制成的狭槽中。然后修剪这些堆叠 GO 膜的两侧,以确保在进行渗透实验之前所有的纳米通道都是开放的,其中离子和水分子沿着层压方向渗透。证明了 d 为 9.8 ~6.4Å 的膜,表现出 97% 的 NaCl 截留率。在这种状态下,发现离子渗透被热激活,能量势垒 10 ~100 kJ/mol 取决于 d。渗透速率随筛孔尺寸的减小呈指数下降,但对水传输的影响较小。抑制机理可以用额外的能量势垒来描述,所述能量势垒是由于需要从离子的水合壳中部分剥离离子以使它们能够装配在毛细管内而产生。后者归因于水分子进入的屏障低和石墨烯毛细管内的滑移长度大。

16.3.5 部分还原

GO 膜的部分还原可以部分消除 GO 片上的含氧官能团,从而减小 GO 片之间的层间距,提高膜的阻隔性能[20]。还原 GO 纳米通道的窄尺寸分布为其提供了比通常使用的聚合物膜更好的精确分子筛性能。由于还原 GO 片之间的 π-π 相互作用增强,还原 GO 膜在水溶液中也表现出较高的稳定性。

Huang 等[35]用肼还原 GO 形成水分散体,然后通过微滤膜过滤。将湿复合膜立即浸泡在有机溶剂或水中,以保持其溶剂化状态(命名为 S-rGO)。具有 18nm 厚的 S-rGO 涂层的膜显示出高达 215L/(m^2·h·bar)的丙酮透过率。该膜在有机溶剂、强酸性、碱性或氧化性介质中稳定。本征的 S-rGO 涂层由于其残余羧基的电离而带负电荷,表现出对带负电荷小分子的高排斥。通过用超支化聚(乙烯亚胺)功能化 S-rGO 膜以将其表面电荷切换为正,可以排斥具有正电荷的小溶质分子(如 1.6nm)。

16.3.6 热致褶皱

Qiu 等[36]报道了用于压力驱动分离的热致褶皱 GO 膜,其渗透性提高 45 L/(m^2·h·bar),这归因于 GO 中存在微观皱纹。这一结果表明,如果很好地定义,重构的层状 GO 膜中的纳米通道非常有希望用于硫化物纳米级分离。然而,GO 膜中纳米通道的形成不能很好地控制。

16.3.7 层间纳米掺杂

通过将适当尺寸的间隔物夹在 GO 纳米片之间来调节 GO 间距,可以制备广谱的 GO 膜,每个都能够从本体溶液中精确地分离特定尺寸范围内的目标离子和分子。例如,通过在 GO 纳米片之间插入大的刚性化学基团或软聚合物链,可以方便地实现扩大的 GO 间距(1~2nm),从而得到理想的用于水净化、废水再利用及药物和燃料分离的 GO 膜。如果将甚至更大尺寸的纳米粒子或纳米纤维用作间隔物,则可以生产具有大于 2nm 间距的 GO 膜,以可能用于需要精确分离大生物分子和小废物分子的生物医学应用[30]。

Huang 等[37]报道了具有窄尺寸分布(3~5nm)和优异分离性能的纳米通道网络的纳米通道(NSC)GO 超滤膜。制备方案包括(图 16.5):①通过静电相互作用在多孔载体上积累带正电荷的氢氧化铜纳米链(CHN,直径为 2.5nm,长度可达数十微米)和带负电的 GO 片混合分散体;②用肼进行 15min 的短时间处理;③使用 EDTA 除去 CHN。由纳米链复制的纳米通道的高度估计为 3.77nm。与 GO 膜相比,这种膜的渗透性在不牺牲截留率的情况下提高了 10 倍,并且比具有类似截留率的商业超滤膜高出 100 倍以上。研究还报道了异常的压力相关分离行为,其中纳米通道的弹性变形提供了可调节的渗透和排斥。这种纳米通道方法也可扩展到其他层压膜,为加速分离和水净化过程提供了潜力。

Wang 等[38]制作了一种 GO 膜,内部嵌入纳米碳点,以调节膜的层间距。通过添加不同尺寸的碳点,水渗透速率提高了 2~9 倍,对罗丹明 B、亚甲基蓝和甲基橙的去除率均达 99% 以上,变化不大。与其他纳米材料相比,碳点和 GO 之间的组成相似性有利于碳点在

GO上更好的分布。

Xu等[39]通过在GO纳米片之间引入Ti O_2纳米粒子来加宽间隙并形成通道，制备了平均孔径为3.5nm的GO/Ti O_2复合纳滤膜。该GO/Ti O_2膜实现了对水中罗丹明B(RB)和甲基橙(MO)的100%截留。

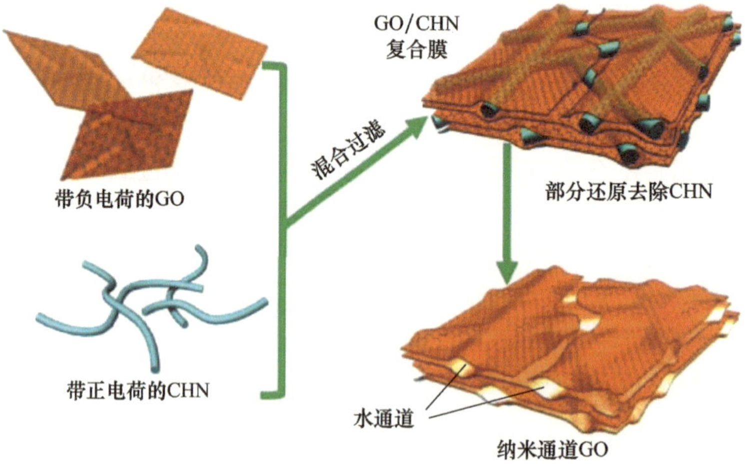

图16.5 NSC-GO膜制造工艺图示

一种多步骤方法，包括在多孔载体上形成带正电荷的氢氧化铜纳米链(CHN)和带负电的GO片的分散体，随后进行肼还原，最后除去CHN

16.3.8 交联

GO膜极具亲水性，导致其在水中不稳定[40]。在应用中，GO片与GO膜的分离将对水环境造成潜在的污染[41-42]。此外，尽管单层GO片具有高的机械强度，但由于GO片之间的弱相互作用，GO膜表现出脆性和弱的力学性能[43]。因此，GO膜的稳定性和机械强度被认为是实际分离的关键挑战。

为了解决这些问题，可以在GO片之间产生化学结合，以防止它们在水中的分散，并提高力学性能[44]。使用二价金属离子[45]、硼酸盐[46]、聚烯丙胺[47]、聚醚胺[48]、多巴胺[49]、环氧功能化多面体低聚倍半硅氧烷等[50]对GO片进行化学交联产生稳定且力学性能改善的膜[51]。考虑到键强度，共价交联更为优选。考虑到通过GO膜的输送，纳米毛细管结构(如片间距、化学结构)的设计、调节和控制对于分离至关重要。

Jia等[52-53]通过使用二羧酸、二醇或多元醇作为交联剂和盐酸作为催化剂的酯化反应制备了具有可调片间距的共价交联的GO膜。对于二羧酸，随着分子链长度的增加，GO膜的片间距、弹性模量和渗透通量通常增加。己二酸交联膜的弹性模量是原膜的15.6倍，K^+/Mg^{2+}理想的选择性达到6.1。交联剂存在最佳链长。首次报道溶胀程度对渗透通量的影响[54]。在0.05mol/L KCl、$CaCl_2$、$MgCl_2$、$CuCl_2$、$CaCl_2$和$NiCl_2$的单一溶液中，丙二酸交联GO膜的溶胀度显示出的趋势$NiCl_2 > MgCl_2 > CuCl_2 > CaCl_2 > KCl$，这与渗透通量的趋势一致，表明高溶胀度导致大的片间距，然后导致高的渗透通量(图16.6)。对于二醇或多元醇交联膜，疏水取代基(—CH_3)倾向于增大片层间距，而亲水取代基(—OH)有利于水合离子的渗透。二醇或多元醇交联膜的弹性模量、渗透通量和选择性相对低于二羧酸交联膜。其原因是二羧酸交联 GO 基面上的羟基,GO 片之间的相互作用大大增强,而二元或多元醇交联 GO 边缘上的羧基,它们对 GO 片之间的相互作用的影响有限。

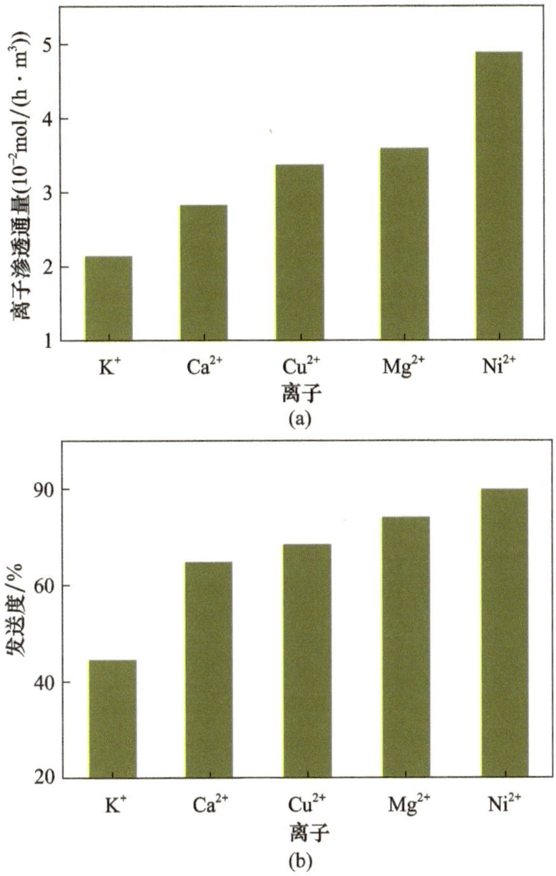

图 16.6 (a)金属氯化物(0.05mol/L)通过丙二酸交联 GO 膜的渗透通量。(b)丙二酸交联 GO 膜在 0.05mol/L 单一盐溶液中的溶胀度

为了同时交联 GO 片的边缘和基面,使用一系列二胺(包括脂肪族和芳香族二胺)作为交联剂[55]。随着脂肪族二胺链长的增加,其弹性模量和与水的接触角普遍增大,而在水中的溶胀度降低。交联 GO 膜显示出比原始膜更高的通量和 K^+/Mg^{2+} 分离因子。由于其刚性结构,对苯二胺交联膜表现出优异的弹性模量(10.5 GPa)和高的 K^+/Mg^{2+} 选择性因子(7.15),以及低的溶胀度。

Hung 等[56]还用 3 种二胺单体(乙二胺、丁二胺和对苯二胺)交联 GO 膜,用于通过渗透汽化分离乙醇-水混合物。用乙二胺交联的 GO 膜具有短的层间 d-间距,并提供优异的渗透通量(2297g/(m^2·h),80℃),渗透物中的水浓度为 99.8%(质量分数)。该膜在 30℃下长期运行 120 小时期间表现出良好的稳定性。

16.4 小结

氧化石墨烯膜因其优异的性能在液体分离方面具有广阔的应用前景。通过调节 GO

片尺寸、沉积速率控制、叠层排列改善、物理封装限制、部分还原、热致褶皱、层间纳米掺杂和交联等来调节孔径，可以进一步提高 GO 膜的渗透性能。在实际应用中，GO 膜的耐久性、稳定性、可扩展性和再现性应在未来的研究中加以解决。

参考文献

[1] Ho, W. W. and Sirkar, K. K., *Membrane Handbook*, Springer, Boston, MA, 1992.

[2] Jia, Z. Q. and Wu, G. R., Metal – organic frameworks based mixed matrix membranes for per – vaporation. *Microporous Mesoporous Mater.*, 235, 11, 2016.

[3] Sint, K. and Aluru, N. R., Selective ion passage through functionalized graphene nanopores. *J. Am. Chem. Soc.*, 130, 16448, 2008.

[4] Koenig, S. P., Wang, L., Pellegrino, J., Bunch, J. S., Selective molecular sieving through porous graphene. *Nat. Nanotech.*, 7, 728, 2012.

[5] Luo, J., Cote, L. J., Tung, V. C., Tan, A. T., Goins, P. E., Wu, J., Huang, J., Graphene oxide nano colloids. *J. Am. Chem. Soc.*, 132, 17667, 2010.

[6] Li, X., Wang, Zhang, X., Lee, L. S., Dai, H., Chemically derived, ultrasmooth graphene nanoribbon semiconductors. *Science*, 319, 1229, 2008.

[7] Kim, J., Cote, L. J., Huang, J., Two dimensional soft material: New faces of graphene oxide. *Acc. Chem. Res.*, 45, 1356, 2012.

[8] Li, H., Song, Z., Zhang, X., Huang, Y., Li, S., Mao, Y., Ploehn, H. J., Bao, Y., Yu, M., Ultrathin molecular – sieving graphene oxide membranes for selective hydrogen separation. *Science*, 342, 95, 2013.

[9] Kim, H. W., Yoon, H. W., Yoon, S. M., Yoo, B. M., Ahn, B. K., Cho, Y. H., Shin, H. J., Yang, H., Paik, U., Kwon, S., Choi, J. – Y., Park, H. B., Selective gas transport through few – layered graphene and graphene oxide membranes. *Science*, 2342, 91, 2013.

[10] Chen, C., Yang, Q. H., Lv, Y., en, W. Y., Hou, P. X., Wang, M., Cheng, H. M., Self – assembled free – standing graphite oxide membrane. *Adv. Mater.*, 21, 3007, 2009.

[11] Szaloki, G., Sevez, G., Berthet, J., Pozzo, J. – L., Delbaere, S., A simple molecule – based octastate switch. *J. Am. Chem. Soc.*, 136, 13510, 2014.

[12] Joshi, R. K., Alwarappan, S., Yoshimura, M., Sahajwalla, V., Nishina, Y., Graphene oxide: The new membrane material. *Appl. Mater. Today*, 1, 1, 2015.

[13] An., D., Yang, L., Wang, T. J., Liu., B. Y., Separation performance of graphene oxide membrane in aqueous solution. *Ind. Eng. Chem. Res.*, 55, 4803, 2016.

[14] Zheng, S. X., Tu, Q. S., Urban, J. J., Li, S. F., Mi, B. X., Swelling of graphene oxide membranes in aqueous solution: Characterization of interlayer spacing and insight into water transport mechanisms. *ACS Nano*, 11, 6440, 2017.

[15] Li, W., Zhang, Y., Huang, J., Zhu, X., Wang, Y., Separation and recovery of sulfuric acid from acidic vanadium leaching solution by diffusion dialysis. *Sep. Purif. Technol.*, 96, 44, 2012.

[16] Joshi, R. K., Carbone, P., Wang, F. C., Kravets, V. G., Su, Y., Grigorieva, I. V., Nair, R. R., Precise and ultrafast molecular sieving through graphene oxide membranes. *Science*, 343, 752 – 754, 2014.

[17] Sun, P., Zhu, M., Wang, K., Zhong, Wei, M. J., Wu, Xu, D., Zhu, H., Selective ion penetration of graphene oxide membranes. *ACS Nano*, 7, 428, 2012.

[18] Yang, Y. – H., Bolling, L., Priolo, M. A., Grunlan, J. C., Super gas barrier and selectivity of graphene ox-

ide - polymer multilayer thin films. *Adv. Mater.* ,25,503,2013.

[19] Zangi,R. and Mark,A. E. ,Monolayer ice. *Phys. Rev. Lett.* ,91,025502,2003.

[20] Nair,R. R. ,Wu,H. A. ,Jayaram,P. N. ,Grigorieva,I. V. ,Geim,A. K. ,Unimpeded permeation of water through helium - leak - tight graphene - based membranes. *Science*,335,442 - 444,2012.

[21] Guo,F. ,Silverberg,G. ,Bowers,S. ,Kim,S. P. ,Datta,D. ,Shenoy,V. ,Hurt,R. H. ,Graphene - based environmental barriers. *Environ. Sci. Technol.* ,46,7717,2012.

[22] Sun,P. Z. ,Hu,M. ,Wang,K. L. ,Zhong,M. L. ,Wei,J. Q. ,Wu,D. H. ,Xu,Z. P. ,Zhu,H. W. ,Selective ion penetration of graphene oxide membranes. *ACS Nano*,7,428,2013.

[23] Williams,C. D. and Carbone,P" Selective removal of technetium from water using graphene oxide membranes. *Environ. Sci. Technol.* ,50,3875,2016.

[24] Perreault,F. ,Fonseca,F. A. ,Elimelech,M. ,Environmental applications of graphene - based nanomaterials. *Chem. Soc. Rev.* ,44,5861,2015.

[25] Huang,H. ,Mao,Y. ,Ying,Y. ,Liu,Y. ,Sun,L. ,Peng,X. ,Salt concentration,pH and pressure on trolled separation of small molecules through lamellar graphene oxide membranes. *Chem. Commun.* ,49,5963,2013.

[26] Wu,G. R. ,Jiang,M. C. ,Zhang,T. T. ,Jia,Z. Q. ,Tunable pervaporation performance of modified MIL - 53(Al) - NH_2/Poly(vinyl Alcohol)mixed matrix membranes. *J. Membr. Sci.* ,507,72,2016.

[27] Hung,WS. ,An,Q. F. ,De Guzman,M. ,Lin,H. Y. ,Huang,S. H. ,Liu,WR. ,Hu,C. C. ,Lee,K. R. ,Lai,J. Y. ,Pressure - assisted self - assembly technique for fabricating composite membranes consisting of highly ordered selective laminate layers of amphiphilic graphene oxide. *Carbon*,68,670,2014.

[28] Huang,K. ,Liu,G. P. ,Lou,Y. Y. ,Dong,Z. Y. ,Shen,J. ,Jin,W. Q. ,A graphene oxide membrane with highly selective molecular separation of aqueous organic solution. *Angew. Chem. Int. Ed.* ,53,6929,2014.

[29] Krishnan,D. ,Kim,F. ,Luo,J. ,Cruz - Silva,R. ,Cote,L. J. ,Jang,H. D. ,Huang,J. ,Energetic graphene oxide:Challenges and opportunities. *Nano Today*,7,137,2012.

[30] Mi,B. X. ,Graphene oxide membranes for ionic and molecular sieving. *Science*,343,740,2014.

[31] Sun,P. Z. ,Zheng,F" Zhu,M. ,Song,Z. G. ,Wang,K. L. ,Zhong,M. L. ,Wu,D. H. ,Little,R. B. ,Xu,Z. P. ,Zhu,H. W. ,Selective trans - membrane transport of alkali and alkaline earth cations through graphene oxide membranes based on cation - pi interactions. *ACS Nano*,8,850,2014.

[32] Xu,W,Fang,C. ,Zhou,F. L. ,Song,Z. N. ,Liu,Q. L. ,Qiao,R. ,Yu,M. ,Self - assembly:A facile way of forming ultrathin,high - performance graphene oxide membranes for water purification. *Nano Lett.* ,17,2928,2017.

[33] Akbari,A. ,Sheath,P. ,Martin,S. T. ,Shinde,D. B. ,Shaibani,M. ,Banerjee,P. C. ,Tkacz,R. ,Bhattacharyya,D. ,Majumder,M. ,Large - area graphene - based nanofiltration membranes by shear alignment of discotic nematic liquid crystals of graphene oxide. *Nat. Commun.* ,7,10891,2016.

[34] Abraham,J. ,Vasu,K. ,Williams,C. D. ,Gopinadhan,K. ,Su,Y. ,Cherian,C. T. ,Dix,J. ,Haigh,S. J. ,Grigorieva,I. V. ,Carbone,P. ,Geim,A. K. ,Rahul,R. ,Nair,Tunable sieving of ions using graphene oxide membranes. *Nat. Nanotech.* ,12,546,2017.

[35] Huang,L. ,Chen,J. ,Gao,T. T. ,Zhang,M. ,Li,Y. R. ,Dai,L. M. ,Qu,L. T. ,Shi,G. Q. ,Reduced graphene oxide membranes for ultrafast organic solvent nanofiltration. *Adv. Mater.* ,28,8669,2016.

[36] Qiu,L. *et al.* ,Controllable corrugation of chemically converted graphene sheets in water and potential application for nanofiltration. *Chem. Commun.* ,47,5810,2011.

[37] Huang,H. B. ,Song,Z. G. ,Wei,N. ,Shi,L. ,Mao,Y. Y. ,Ying,Y. L. ,Sun,L. W. ,Xu,Z. P. ,Peng,X. S. ,Ultrafast viscous water flow through nanostrand - channelled graphene oxide membranes. *Nat. Commun.* ,4,2979,2013.

[38] Wang, W, Eftekhari, E. , Zhu, G. , Zhang, X. , Yan, Z. , Li, Q. , Graphene oxide membranes with tunable permeability due to embedded carbon dots. *Chem. Commun.* ,50,13089,2014.

[39] Xu, C. , Cui, A. , Xu, Y. , Fu, X. , Graphene oxide – TiO_2 composite filtration membranes and their potential application for water purification. *Carbon*,62,465,2013.

[40] Compton, O. C. and Nguyen, S. T. , Graphene oxide, highly reduced graphene oxide, and graphene: Versatile building blocks for carbon – based materials. *Small*,6,711 – 723,2010.

[41] Zhao, J. , Wang, Z. , White, J. C. , Xing, B. , Graphene in the aquatic environment: Adsorption, dispersion, toxicity and transformation. *Environ. Sci. Technol.* ,48,9995 – 10009,2014.

[42] Lv, M. , Zhang, Y. , Liang, L. , Wei, M. , Hu, W. , Li, X. , Huang, Q. , Effect of graphene oxide on undifferentiated and retinoic acid – differentiated SH – SY5Y cells line. *Nanoscale*,4,3861,2012.

[43] Zou, J. and Kim, F. , Self – assembly of two – dimensional nanosheets induced by interfacial polyionic complexation. ACS Nano,6,10606,2012.

[44] Cheng, Q. , Wu, M. , Li, M. , Jiang, L. , Tang, Z. , Ultratough artificial nacre based on conjugated cross – linked graphene oxide. *Angew. Chem. Int. Ed.* ,52,3750,2013.

[45] Park, S. , Lee, K. S. , Bozoklu, G. , Cai, W. , Nguyen, S. T. , Ruoff, R. S. , Grapheme oxide papers modified by divalent ions – enhancing mechanical properties via chemical cross – linking. *ACS Nano*,2,572,2008.

[46] An, Z. , Compton, O. C. , Putz, K. W. , Brinson, L. C. , Nguyen, S. T. , Bio – inspired borate cross – linking in ultra – stiff grapheme oxide thin films. *Adv. Mater.* ,23,3842,2011.

[47] Park, S. , Dikin, D. A. , Nguyen, S. T. , Ruoff, R. S. , Graphene oxide sheets chemically – linked by polyallylamine. *J. Phys. Chem. C*,113,15801,2009.

[48] Chen, L. , Huang, L. , Zhu, J. , Stitching graphene oxide sheets into a membrane at a liquid/liquid interface. *Chem. Commun.* ,50,15944,2014.

[49] Tian, Y. , Cao, Y. , Wang, Y. , Yang, W. , Feng, J. , Realizing ultrahigh modulus and high strength of macroscopic grapheme oxide papers through crosslinking mussel – inspired polymers. *Adv. Mater.* , 25, 2980,2013.

[50] Liu, Y. , Zhou, J. , Zhu, E. , Tang, J. , Liu, X. , Tang, W, Covalently intercalated graphene oxide for oil – water separation. *Carbon*,82,264,2015.

[51] Gao, Y. , Liu, L. Q. , Zu, S. Z. , Peng, K. , Zhou, D. , Han, B. H. , Zhang, Z. , The effect of interlayer adhesion on the mechanical behaviors of macroscopic graphene oxide papers. *ACS Nano*,5,2134,2011.

[52] Jia, Z. Q. and Wang, Y. , Covalently cross – linked graphene oxide membranes by esterification reactions for ions separation. *J. Mater. Chem. A*,3,4405,2015.

[53] Jia, Z. Q. and Shi, W. X. , Tailoring permeation channels of graphene oxide membranes for precise ion separation. *Carbon*,101,290,2016.

[54] Jia, Z. Q. , Shi, W. X. , Wang, Y. , Wang, J. L. , Dicarboxylic acids cross – linked graphene oxide membranes for salt solution permeation. *Colloid Surf. A*,494,101,2016.

[55] Jia, Z. Q. , Wang, Y. , Shi, W. X. , Wang, J. L. , Diamines cross – linked graphene oxide free – standing membranes for ion dialysis separation. *J. Membr. Sci.* ,520,139,2016.

[56] Hung, W. S. , Tsou, C. H. , Guzman, M. D. , An, Q. F. , Liu, Y. L. , Zhang, Y. M. , Hu, C. C. , Lee, K. R. , Lai, J. Y. , Cross – linking with diamine monomers to prepare composite graphene oxide – framework membranes with varying d – spacing. *Chem. Mater.* ,26,2983,2014.